中外建筑
与家具风格

ZHONGWAI JIANZHU YU JIAJU FENGGE

林福厚　编著

中国建筑工业出版社

图书在版编目（CIP）数据

中外建筑与家具风格/林福厚编著．—北京：中国建筑工业出版社，2006
ISBN 978-7-112-08273-5

Ⅰ．中… Ⅱ．林… Ⅲ．①建筑风格－对比研究－中国、外国②家具－对比研究－中国、外国 Ⅳ．TU-86
②TS664.01

中国版本图书馆CIP数据核字(2006)第035308号

责任编辑：曹　扬　姚荣华
责任设计：崔兰萍
责任校对：张树梅　王金珠
绘　　图：林福厚　亦　山　林中梅　林智泉　林智源　张海燕

中外建筑与家具风格

林福厚　编著

*

中国建筑工业出版社 出版、发行（北京西郊百万庄）
新 华 书 店 经 销
北京盛通彩色印刷有限公司印刷

*

开本：880×1230毫米　1/16　印张：41¼　字数：1277千字
2007年1月第一版　2007年1月第一次印刷
印数：1—2000册　　定价：180.00元
ISBN 978-7-112-08273-5
(14227)

本社网址：http://www.cabp.com.cn
网上书店：http://www.china-building.com.cn

林福厚个人小传

林福厚，男，1936年3月生于黑龙江省海伦县，祖籍山东省掖县，1956年考取留学去捷克，学习环艺设计、展示设计与工业设计专业。1961年毕业于捷克布拉格工艺美院（VšUP），同年回国被分配到中央工艺美术学院从事教育工作，现职称为正教授，曾被借调主持设计全国大型展览及外省市重大展览。身为中国美术家协会会员、中国工艺美术学会展示艺术委员会名誉理事长、欧美同学会会员、中国老教授协会会员、中国科学技术馆二期工程设计艺术顾问、任中国国际招标总公司、北京科技招标公司评委、任中国大型展览会艺术设计评审委员、美国夏威夷国家大学（NUA）美术设计学院特聘客座教授、研究生导师，生平与业绩被《世界文化名人辞海华人卷》、《中国画家大词典》、《中国专家人名词典》等十余部专书收录。

由林福厚编写的教材有18种，发表专业论文（涉及面广泛）70余篇，发表专著12本：《灯具设计》、《家具设计与室内布置》、《透视网格与阴影画法》、《展示设计精要》、《展示设计》（繁简两种版本）、《世界著名展示空间道具设计大图典》、《建筑装修做法与施工图》、《室内设计》等。其中《灯具设计》是我国第一本论述灯具设计与制作的专著，对我国灯具业的发展起到了促进作用：《展示设计精要》、《展示设计》也是我国最早和影响较大的专著：《透视网格与阴影画法》具有独创性，影响深远。受中国国际商业美术设计师资格审定委员会委托，编写了《商业展示设计》一书，作为培训教材。2006年，又有《中外建筑与家具风格》、《展示艺术设计》两本新书出版。

由林福厚主持、设计的全国性大中型展览会、博物馆陈列设计60余个，还设计了橱窗、建筑装修、封面、灯具、旅游纪念品和广告等。获设计一等奖两次，获得著作与论文奖四次。有六七本著作被一些院校选作教材。

前　言

本人曾受命参加《中外建筑家具风格》（1962年文化部下达的全国高校统编教材）的编写工作，我分担的外国建筑部分于1963年完成，其余三位（徐振鹏、王世襄、胡东初先生）尚未完成，文化大革命就来了。这本书就不能按计划出版；我写的《外国建筑风格》于1963年10月在中央工艺美院作为内部教材印成讲义，供建筑装饰系学生使用。

随着我国改革开放以来，建筑装饰装修事业蓬勃发展，仿欧式或其他外国历史风格的设计也逐渐增多。但由于这方面中文出版物十分缺乏，加之许多设计师不熟悉建筑与家具风格，所以在设计作品中（门面装修、室内装修、影视作品等）就出现不少胡拼乱凑、张冠李戴的现象，成为外国人的笑柄。为了扭转这种状况和提高设计师们的素质，本人花两年多的时间，将中国和外国的建筑与家具，按照时间顺序，将其风格特点、用材、构造与装饰特点及手法等，整理编写成《中外建筑与家具风格》一书，其中以大量的黑白线图为主，辅以150多幅彩图与彩照，文字叙述简明扼要，以期使本书的实用性更强。

本书文字约19万字；黑白图513页（每页含线图5～20幅，共计约5100多幅）；手绘彩图110幅；彩照42张，其中4幅伊斯兰家具系由张海燕女士所拍。参与绘图的人员，除本书编著者外，还有高贵兰、林中梅、张海燕、林智泉和林智源五位。

本书插图不到1/2是由六位作者根据照片或图画成的。另外1/2则是参照英国、德国、捷克、法国和美国等国的出版物，精选、编排并作了修改或更正，全部加上汉字说明、标注了公制尺寸。这样一来，对建筑设计师和环艺设计、展示设计、舞美设计专业的大专院校学生，更有参考价值。不论作为参考书，还是工具书，都有意义。

由于接触资料有限，加之时间仓促，不足和疏漏之处在所难免，敬请专家学者不吝赐教，以便使本书得到改进和完善。

在本书出版过程中，一直都得到中国建筑工业出版社领导与编辑的大力支持与帮助。在此，本人及参编人员深表衷心的感谢。

编著者　林福厚

2005年12月于北京

目 录

序篇　风格及其成因

1.什么是“风格”？

一个时代的占主导地位的社会思潮、民众的人生观与世界观在建筑与家具文化上的视觉形象反映，就形成了建筑与家具的“风格”。例如，欧洲中世纪的“哥特式”建筑、家具风格，强调垂直线和高大的尺度，采用簇柱、尖券门窗洞、交叉带肋券的拱顶、大量尖塔与飞券（飞扶壁）等，体现了广大教徒期望飞升天国、接近上帝的思想和人生观。“巴洛克”与“洛可可”风格的建筑与家具则体现了贵族与资产阶级追求豪华与享乐的人生观与世界观。

2.建筑与家具风格形成的原因

建筑、家具风格形成的因素综合起来有以下八种：

⑴ 人生观与世界观

人们的人生观与世界观，特别是统治阶级的人生观与世界观，对建筑、家具风格的形成起着决定性的作用。例如，古代埃及的法老王也是神的化身，他（她）们重视死后的生活，认为“死后才能得到永生”，所以宫殿建筑用土坯建造，而对于神庙、死后居住的陵墓则使用最好的花岗石、大理古建造；对代表自己的象征物（日盘、飞鹰、眼镜蛇、圣甲虫——屎克郎等）广泛使用。中国古建筑中，充分地体现了“天人合一”、“礼制和等级”等思想观念。

⑵ 地理环境与自然气候条件

古代希腊和古罗马（今意大利中西部）地处地中海、爱琴海，盛产石材，天气经常是阳光明媚，所以建筑以石材为主，柱廊式建筑形成开朗、明快的风格。古代中国，由于多林木少石料，所以建筑以木结构为主，主要用石材造地基，墙由木材与砖砌造；东南部多雨，所以屋顶采用翘檐，以免雨水冲蚀地基。古代西亚（巴比仑、亚述）由于气候干旱少雨、缺少石材，所以用黏土坯砖砌墙，外贴琉璃砖，墙体截面上窄下宽而且加凸棱使其牢固。

⑶ 宗教信仰

世界上有九大宗教，它们对宗教建筑的平面形制、立面形态、建筑装饰、门窗形状和屋顶构造等，都产生了重大影响。例如，基督教的纵向式教堂平面是拉丁十字形，长臂端部入口两侧建高塔，十字交叉部分的顶部是八角形鼓座上驮塔顶，东部短臂以一个或多个半圆龛收尾，室内是两排券柱的三通廊或四排券柱的五通廊；通廊顶部是二层或三层的两坡顶，采用高侧窗采光。《可兰经》规定建筑中不许表现偶像崇拜，所以伊斯兰教建筑的内外墙上只有植物纹或几何纹、文字纹作装饰。

⑷ 文化与历史传统

不少民族与国家有着悠久的文化历史传统，建筑风格上有着一脉相承的特征。比如， 中国皇宫的平面布局，从古代至清朝，一直是“前朝后寝”、“三朝五门”、入口“五凤楼”制度，南北排成轴线，生活区有御花园。从古至今，中国建筑一直致力于“人与自然的融合”。而有的国家则没有文化历史传统，没有统一的民族风格，而只有大杂烩。美国就是如此。

⑸ 风俗习惯与生活方式

由于中国古人尊崇封建礼教，长幼有序，男女有别，藏而不露，所以形成二至三进的中轴式四合院，大门里有影壁遮挡的民居格式。再有，中国在宋朝以前，由于人们起居多为跪坐，所以家具尺度、类型等都与宋朝以后的垂足坐生活方式，有很大的不同。古代的蒙古等游牧民族，由于生活、生产的需要，房屋是可拆装的毛毡帐篷，坐具则是可折叠又能随身携带的马扎。

⑹ 民族性格

由于中华民族大多数性格含蓄、内向，所以建筑中门多、院子多，还有影壁、花墙与漏窗，同时十分重视文学性很强的匾额和富有隐喻性的装饰浮雕或花纹（诸多吉祥图案）。古希腊和古罗马人由于性格开朗、奔放，所以在建筑中多用外柱廊、半裸或全裸的人物雕像。

⑺ 民族素质与才干

中华民族聪慧勤劳、心灵手巧、富有创造精神，所以古代建筑平面形式丰富多彩，特别是用“减柱造”来创造开阔的室内空间，将结构件加以装饰美化（斗拱、雀替、驼峰、梁枋彩画等），用“挂落”与折叠屏风分隔室内空间，自然山水式园林与盆景艺术等，是对全人类作出的伟大贡献。德国人认真、严谨、求实，唯理性强，所以建筑上表现出庄重、规范和一丝不苟，经得起推敲。

(8) 继承与借鉴

在中国建筑与家具中，可以看出绵延不断的民族传统，也可找到学习和借鉴外国外民族的痕迹。日本的建筑与园林受到中国的深远影响，但也有自己的创造。古罗马人除基本全部承袭了古希腊的建筑文化外，在连续券柱和砌造穹顶的方面有独到的成就。

复习题与思考题

1.什么是“风格”？

2.建筑与家具风格形成的原因有哪些？

第1篇　远古的建筑
（公元前25万年～前8000年）

在旧石器时代，原始人住在天然的掩避所（山洞与树洞）里，在山洞的岩壁上留下了彩画和石刻画，这显现出了人类文明和艺术的曙光。

从中石器时代起，人类才真正有了自己修造的房舍。由于社会发展和建筑技术的进步，住所由临时性的逐渐变成固定性的，由不坚固的发展成坚实可靠的；从氏族群居一室发展为每家一室或男女分居；从零散的住所发展成汇聚的村落；人们不仅建造了生活必需的实用性住所，而且也建造了对前辈和超自然力崇拜的纪念性（或宗教性）建筑物。

1.原始建筑的类型与特点

(1) 实用性建筑

这类建筑具有居住、防御敌人和保护家畜的用途。有以下十类：

a.地穴及半地穴——地穴底大口小，有的单个，有的几个成群（主室左右有耳室，前后也有小室，中间有廊道相连，各穴室有特定用途），参见图1-1。半地穴是大部分室内空间凹入地下，上部用树干、芦苇、黏土或石板覆盖并且袒露在地面上，入口处由台阶下到地穴。

b.茅屋——以树干或动物骨骼作支架，用芦苇或茅草、禾楷编织屋顶或墙壁，或用树叶及树皮覆盖，有的内墙包覆兽皮。平面多为圆形，个别为方形。有门出入，有的另设小窗。参见图1-2。

c.窝棚——用树干、树枝做骨架，用草帘子或大树叶遮盖，可移动或固定。

d.帐篷——用树木做骨架，以植物纤维编成草或树叶帘，有的用兽皮，覆盖防雨遮阳，根据需要，可方便地迁移别处。平面为方或圆形。

e.天幕——平面有圆、方或长方形，屋顶为坡顶，屋顶正中的孔洞可以采光和排除中央地上篝火产生的烟和气。大天幕可容纳数百人，室内有一或两圈立柱，周围各户还可有自用的小堆篝火。这是明堂式房屋和四合院的雏形。

f.伊格鲁（Iglu）——北极地区爱斯基摩人的雪屋，是从印第安人的维格瓦姆（Wigwam）发展而来，平面为圆形，墙与半球顶浑然一体，由雪或冰块螺旋盘砌而成，朝阳处开天窗采光，入口处有台阶；有的前有门厅、后有贮藏室，门厅前有挡风墙［这种复杂平面的雪屋又叫“爱斯基摩”(eskymo)］。

g.长屋——北美洲易洛魁（Irokèse）人使用轻巧的木梁和树皮盖成的，平面为长方形（长15～30m不等），中央是纵贯的通道，两旁由短墙分隔成向通道敞开的若干个隔间，过道设一排炉灶（约四间共用一灶），房两端皆为出入口。每所长屋住8～20户人家；整座村落有20至30个这样的房屋。有的村落用栅栏或壕沟围护。

h.努拉吉（Nuraghi）——是两层以上石砌堡垒式建筑，高10～20m，直径6～18m（平面多近似圆形，或拐角为圆棱、每边向内凹进的长方形），墙上薄下厚，内有螺旋形楼梯，室内有叠涩拱顶。四面墙皆有窗，具有防卫性。在意大利南部及地中海一些岛屿上均有发现。参见图1-3。

i.蒲埃布洛（Pueblos）——拉丁美洲土著人的村庄，它是平面呈环形或方框形、中央为大庭院、周围的房屋上下重叠呈看台状、一般为4或5层高（高者达8层），从庭院到各层每户需登梯而上，下层屋顶是上层房屋的晒台，这样的人口聚居的大村落，大者有几百个房间，可客纳三千多人。庭院中有一至数个深入地下的圆形空间（由上部洞口下去），用作男子集会或祭神的厅堂，是用砂石、土坯砌成或在岩坡上凿成。在北美洲西部有这种原始建筑。参见图1-4。

j.水上建筑——将木桩削尖打入浅河或湖、海湾、池沼的水下地中，向上距水面2～3m处做平台，上架棚舍（平面为圆或方形，顶为圆锥或方锥形，或为两坡顶），墙与屋顶用树木、芦苇或禾秸做成，有门窗。房屋距河岸边一般为50～200m，用吊桥搭连。有的几栋水上建筑连在一起，构成水上村落，这种建筑给捕鱼、经营池沼农业提供方便，又能有效地防御猛兽和敌人的侵害。在瑞士、意大利、德国、奥地利、捷克、波兰、白俄罗斯等地都有遗存。在今印尼、美拉尼西亚、新几内亚和佛罗里达等地仍流行水上建筑。参见图 1-5。

(2) 纪念性建筑

这类建筑用作墓葬和祭祀，或作为图腾崇拜或供奉神佛的场所，有以下两类：

a.陵墓——有的深入地下，用石块砌成墓室；有的又用土和石埋藏。有的地下为墓葬，地上砌成馒头状。廊道式的石室用作埋葬。

b.巨石建筑——有高大的圆柱形单石柱，高达22m，重300多吨。有的多个石柱排成行，具有象征性。用巨石搭建成石桌形状，用于祭祀或祈祷。石栏是人类社会最早的祭坛，它是由许多的高大石柱排成直行或曲线、环形，上有横石梁搭连；有的排成几个同心圆，中间为一平板石。英、法和印度都有石栏遗存，以英国保留下来的最完整。石柱与石室常连在一起。巨石建筑（单石柱、巨石列柱、半石桌、石桌、石室、石栏等）在亚、欧、非和大洋洲都有发现。参见附图。

2.原始建筑的用材、结构与技术

(1) 建筑材料

远古时期的建筑材料已很丰富，有树木、芦苇、茅草、禾秸、树叶、植物纤维，有动物的骨骼、兽皮，有黏土、石条、石板和石块、砂土等，还有雪块与冰块。基本都是就地取材。

(2) 结构与技术

在长期的实践中，原始人已经解决了许多力学问题，创造了建筑中最基本的梁柱结构，创造了圆锥顶、方锥顶、两坡顶、叠涩拱顶、穹窿顶和平顶诸多屋顶构造形式。在新石器时代，木结构建筑中已有了榫卯结构。这些虽然都是雏形，但为后世的建筑技术的发展打下了良好的基础。

当时的人知道将石柱的下端埋入地下才能站立牢固，将重达数千公斤的花岗石搬运现场并架设到石柱之上，可见运输和施工组织都很先进（滚动搬运、堆砂竖起立柱和架设楣梁）。

用兽皮覆盖屋顶及墙身可防雨、挡风、御寒，内墙包复兽皮以保温，入口的挡风墙可以遮挡大风和雪花。屋顶开天窗既可采光，又可排出烟和气。水上建筑用吊桥与河岸连接，既实用又安全可靠。这些都证明原始建筑在结构与技术上已取得巨大进步。

3.原始建筑艺术与装饰

远古建筑在建筑艺术与装饰方面也取得了一定的成就。

(1) 建筑艺术方面

在原始建筑中，建筑的两种基本平面形制（纵向式和向心式）都已产生。易洛魁人的长屋和长廊式的石室，都是纵向式构图。圆窝棚和雪屋、天幕、圆帐篷等，则都是向心式构图。

在建筑立面构图上，除有单一的元素（单石柱）、同一元件的组合排列（巨石列柱）之外，还有柱、梁、墙、屋面板、室内空间、庭院等多种元素的组合（石栏、石室、蒲埃布洛等）。巨石列柱形成节奏感，其中的高石柱又得到重点突出。石柱排列上既有统一又有变化。

比例尺度的运用也很恰当：实用性建筑的三维尺寸和门的高宽、台阶的尺寸等，都是以人体尺度为依据的。而纪念性与宗教性建筑则运用超常尺度来增强感染力和宏伟感。

(2) 建筑装饰方面

远古的建筑装饰，在建筑外墙、屋顶、门楣等处，不仅用立体的装饰（野兽头骨、牙齿和禽鸟翎毛等，或雕刻成形），有的也用颜色绘成或雕刻成抽象的几何纹（锯齿、波纹等），或者简化了的自然物象（山、树、禽兽等）。这些装饰既有崇拜或象征意义，又具有美化生活的功能。

复习题与思考题

1.原始建筑有哪些类型？各有什么特点？

2.原始建筑的建材、结构和技术如何？

3.简述原始建筑在建筑艺术与装饰方面的情况。

远古建筑·建筑类型

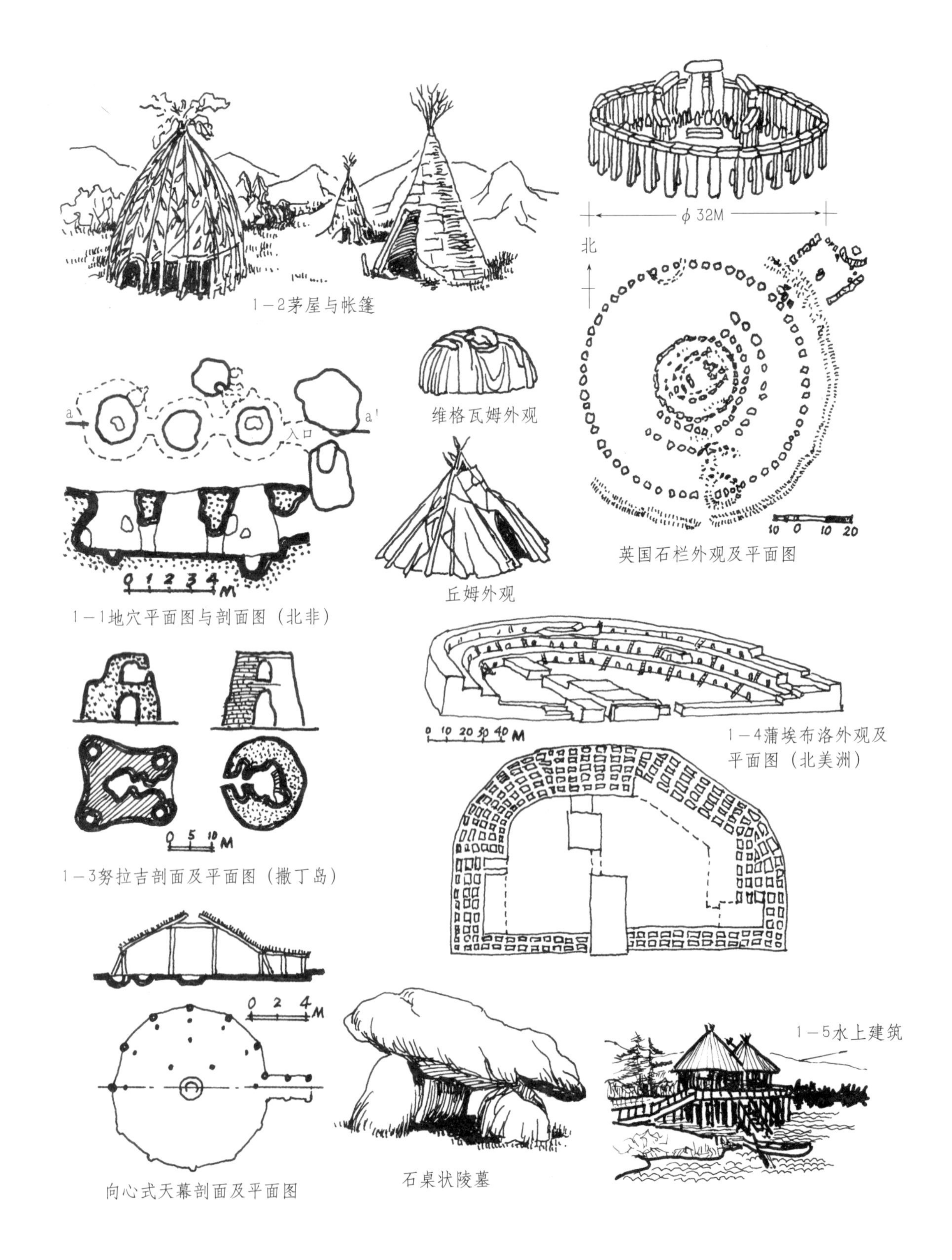

1－2茅屋与帐篷

英国石栏外观及平面图

维格瓦姆外观

丘姆外观

1－1地穴平面图与剖面图（北非）

1－4蒲埃布洛外观及平面图（北美洲）

1－3努拉吉剖面及平面图（撒丁岛）

1－5水上建筑

向心式天幕剖面及平面图

石桌状陵墓

远古建筑·建筑类型

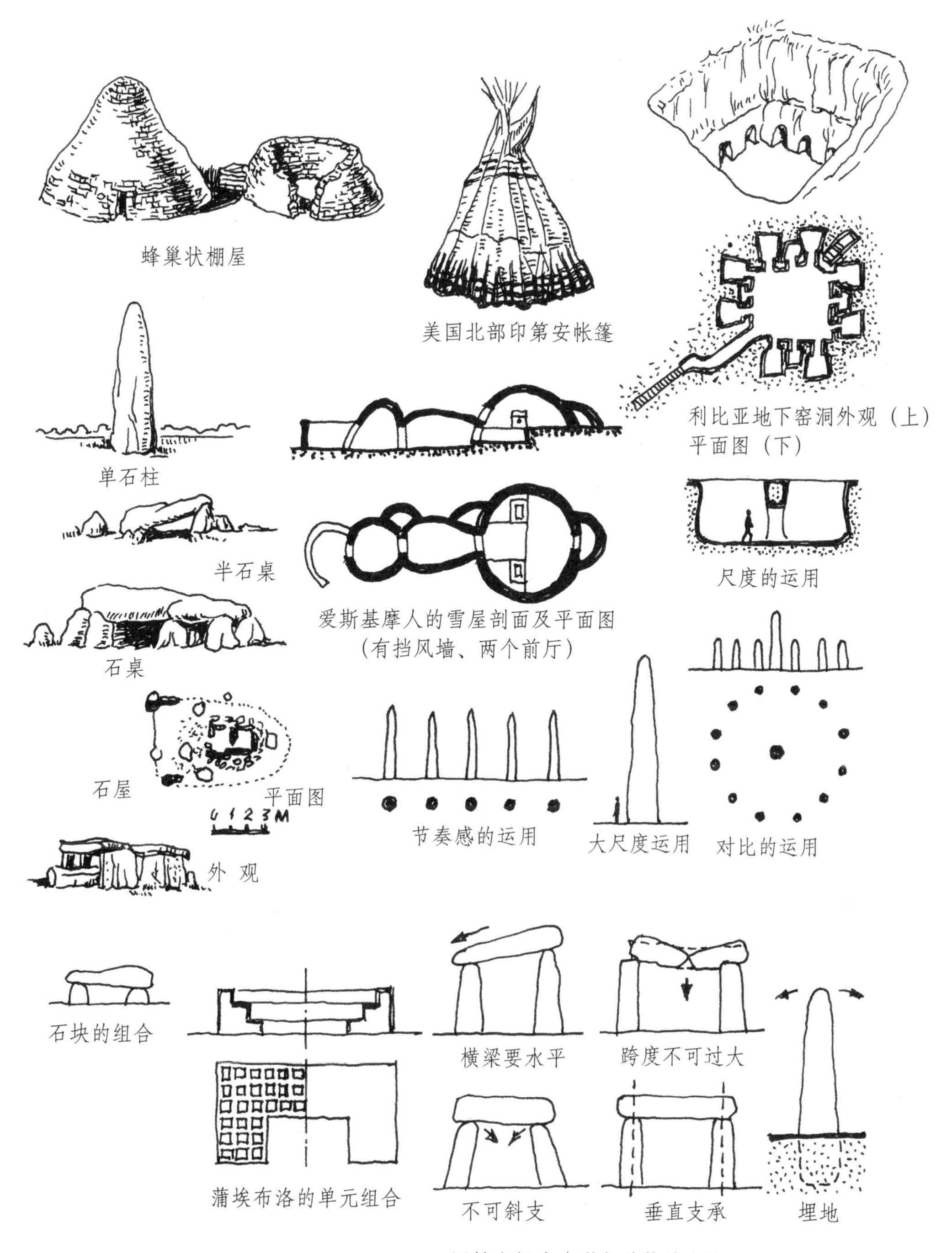

原始人解决力学与结构的方法

远古建筑·建筑装饰

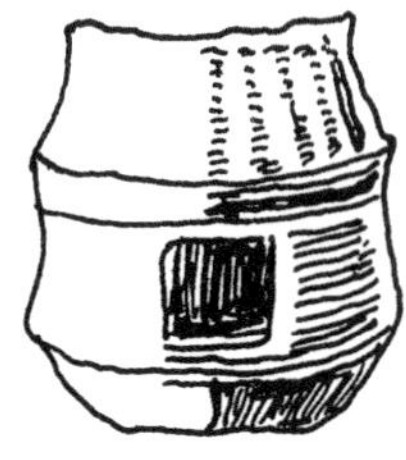

建筑化的青铜骨灰罐

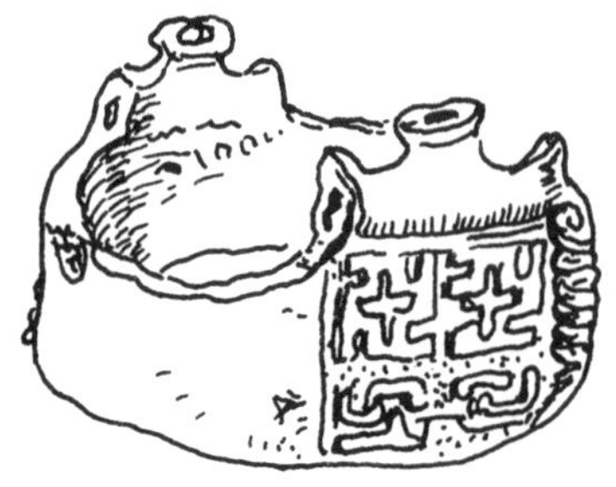

带浮雕的陶灶

石碑

古尼尔特人的石雕

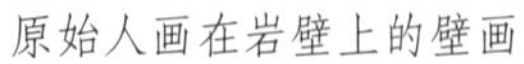

原始人画在岩壁上的壁画

编制篱笆

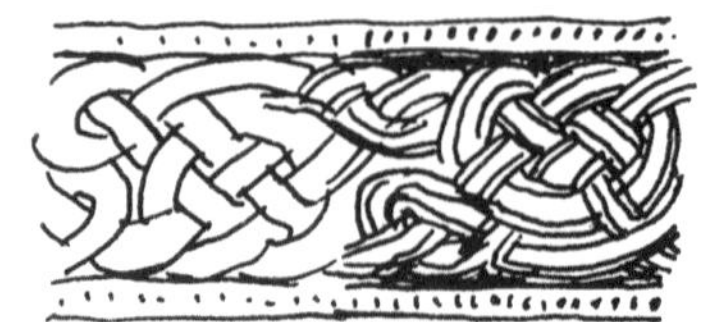

纹饰残片及编结纹

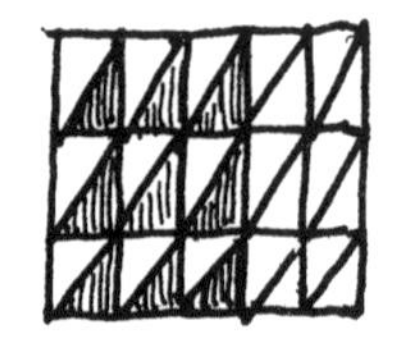

原始人创造的几何纹样

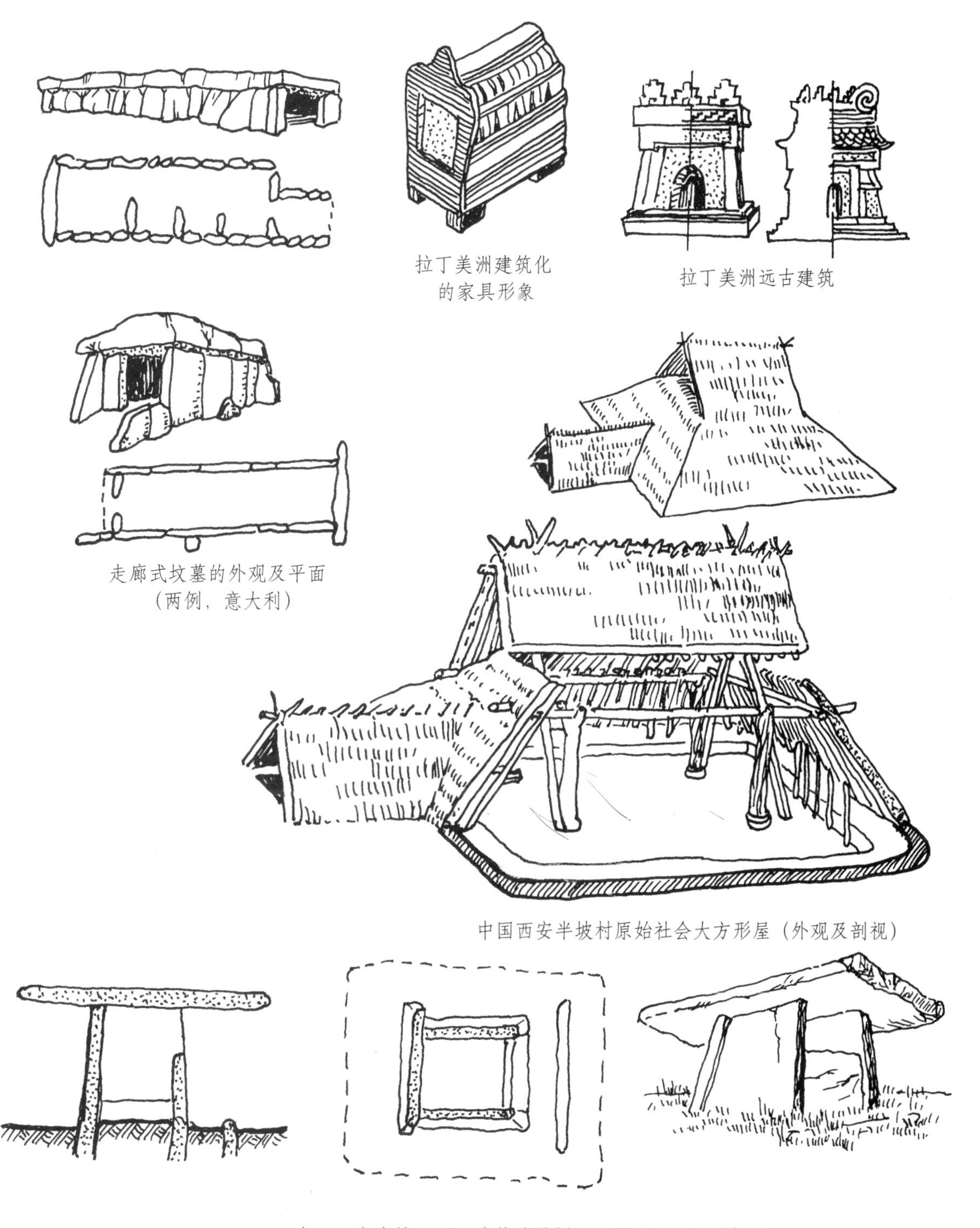

拉丁美洲建筑化的家具形象

拉丁美洲远古建筑

走廊式坟墓的外观及平面（两例，意大利）

中国西安半坡村原始社会大方形屋（外观及剖视）

中国辽宁海城县巨石建筑的纵剖面图、平面图及透视图

第2篇 古埃及建筑与家具
（公元前3500年～前30年）

古埃及是人类最早的文明发祥地之一，是由法老王掌管军政大权的奴隶制国家。

1.总体建筑风格

古埃及建筑体形庞大、沉重，给人以压抑感和威慑力，体现了神王合一的威严和强权，以及江山永固的思想，反映出悬殊的阶级差别。

2.建筑类型及特点

按着用途，古埃及建筑分三类：

(1) 居住建筑

a.民用房舍——最早是木框架加苇席做墙和顶棚的“帐篷”式房舍（上埃及），或者用土坯、木板及乱石砌筑的平顶房屋（下埃及），已有2至3层的房子，城中的楼层有晒台。底层有地窖、库房或作坊、厨房，二层为客厅或休息室，三层是私人寝间。晒台或乘凉或睡眠，上有甘蔗做成的栏杆；有的上设棚檐或亭子、粮仓。楼梯可上至晒台、下达地下室。窗扇用石板镂雕。劳役者居留区的房屋狭小、设施简陋。

b.宫殿与别墅——由于古埃及人崇尚死后的生活，认为死后才能得到永生，尘世的生活是短暂的、过渡性的。所以，使用极不坚固的土坯、芦苇和木材等建造住宅；宫殿、别墅也是如此，只不过房间较多而且比普通民宅宽大，陈设讲究而已。把坚固耐久的石材、金属材料用到“永久性”房舍（庙宇和陵墓）上去。

开始时宫殿、别墅仿民居，平面布局零散，建材用黏土、芦苇、土坯。后来平面采用纵深带轴线的布局，有柱厅、宝殿、附属用房，特别是增设了花园，园中建人工湖、亭子、林阴路和动物训养场等。还有普通库房、珍宝库和奴仆住房等。宫殿仿神庙建筑，用侧顶篦窗采光。室内木柱下有石础、柱子、木框架及梁枋刷暗红色灰泥。墙上有多种贴面或彩色粉刷、湿壁画，有的用石砌，墙上部用花、叶和果纹样组成横饰带。地上铺带花纹的方砖，有的房门悬挂红黄两色的布帘。

(2) 工程建筑

古埃及由于以农牧业为本，所以在水利方面有完善的灌溉系统，修水渠、堤坝、水位观测站等，堤坝长达40km，将山谷变成大水库。

在尼罗河三角洲一带，曾修筑堡垒抵御亚洲人的侵犯。

古埃及还曾修筑三券孔旱桥（连接皇宫和寝宫的高架桥），桥上有御道，这是最早的立交桥。

(3) 纪念性建筑

a.神庙——一般都采用中轴对称的纵深构图，四面由向内倾斜的高墙围护，正门入口处是由两垛高厚石墙中夹矮门组成“塔门”，门前往往有高大立像或坐像人物雕刻，门墙上有竖凹槽可插旗杆，庙门前有一对方尖碑和两排圣羊或圣牛分列两边。神庙平面基本包括三部分：前面是有围柱廊的庭院，中部是柱厅，后部则为神堂和辅助房间。从塔门经柱厅到神堂，空间由开敞渐变成封闭，顶棚逐次降低、地面逐渐升高，光照由明亮渐变成幽暗，空间逐渐变小，使朝拜者产生神秘和敬畏感。

根据构筑方法和用途，神庙分砌筑的神庙、安葬与祭拜用的墓庙，以及凿岩而成的石窟庙三种；石窟庙又有半凿和全凿之分。平面也是中轴纵深布局，中轴两侧有些小祠堂。见图。

b.陵墓——按性质分民墓和官墓两大类。官墓按造型可分为玛斯塔巴、金字塔和石窟墓三种。

①玛斯塔巴（Mastaba）　这是阿拉伯人对古埃及早期形似跳箱的陵墓的称呼。意为长凳。地下墓室有的距地面30m，有垂直或倾斜墓道下达。墓室墙上有浮雕，平面从单一墓室发展成有柱厅、回廊、庭院与房间的复杂布局。见30页图。

②金字塔　在玛斯塔巴基础上，逐步发展形成阶梯形金字塔，再到折边形金字塔，最后形成正三角形金字塔，造型趋向简洁。最初是砖砌造，后来用石料，表面贴花岗石或石灰石板。塔内有墓室、珍宝葬品室，由多条墓道连接，有通风孔，空间顶用叠涩券或折面拱。

③石窟墓　在11和12王朝时大量开凿，最初平面为矩形，纵向排两列立柱，入口梁柱来自民间或受爱琴文明影响。后期有多室、廊道，形状多变化，面积增大，入口柱子被看成是希腊多立克柱子的雏形。

3.建筑艺术

建筑的风格特征体现在建筑形态的各个具体部位上。古埃及建筑艺术风格具体体现在以下各方面。

(1) 墙垣

最初的黏土夯筑墙或土坯砌筑墙，上薄下厚，为了使墙坚固，在墙的一侧或两侧，有节奏地加筑凸棱，不仅能抗风砂、防崩裂，而且也有利于防守。最初石砌墙也有这种肋条（这种加强筋即凸棱的截面有矩形、半圆形，墙转角的阳角则用3/4圆棱）。

(2) 柱式

古埃及柱子种类较多。

a.衔咬柱——在短墙端部两角处，使用3/4圆壁柱，起加强作用。

b.连理柱——两个圆柱中间有窄墙相连，有共用的柱础与垫板，也是起加强与美化作用。

c.壁柱——由树干立柱演变而来。有的模仿木柱或芦苇束（身上的凹槽和榫眼），有的模仿纸草茎及上部的花朵，有的形态像古希腊的多立克柱式。

d.方棱柱——古王国时期，方柱没有柱头和柱础，八棱柱也是如此。后来八棱柱有四个棱面未到达横梁，而是斜向上方或横向中止，上部形成最简单的柱头，柱子也秀丽得多了。后来出现上有垫板、类似希腊多立克柱式的柱子（柱身刻沟槽）。也有的方柱正面柱身上刻有象征上下埃及统一的纸草和百合花浮雕，或者雕出奥西里斯神立像浮雕。

e.完整独立的柱式——古埃及柱子种类较多。从柱头上分，有莲花式（又分开放莲花式和闭合莲花式）、纸草式（又分开放纸草式和闭合纸草式）、棕榈式（由8～9片棕榈叶组成）、复合花瓣式（由多片纸草花、莲花、花蕾和叶子组成朝天钟形）、人像柱头（柱头顶端四面雕成庙门形，门下为哈托尔女神头像，个别的在头像下加花环浮雕）。柱头上有方形垫板与楣梁相连接。

从柱身上看，大多上下变细，柱身上端多有四五道箍环（圆凸线）。有的柱身为光整的圆柱体，有的柱身雕出莲花茎束条或纸草茎条（有的中间夹有纸草茎芽或花蕾），有的上画红、蓝和灰色，有的上刻浮雕或象形文字。

古埃及的柱础比较单纯，通常呈圆片状，只是厚度不同或圆片的壁有垂直、倾斜、弧形与扁球形之区别。圆片柱础直径比柱身粗大，有结构作用，但不利于交通。

(3) 线脚

线脚是在建筑物表面砌出或雕出水平向和竖向的凸线或凹线，以便使立面丰富，或加强尺度感。古埃及的线脚只有三种：

a.平凸线——用在檐口部位的最上端；

b.颏颈曲线——用在檐口的平凸线下面，这是从最原始芦苇墙顶部向前弯曲的垂穗演变来的；

c.半圆凸线——紧接在颏颈曲线之下，在墙的左右两端再折向下到地面，形成边框。这种线脚是从芦苇墙顶部捆扎用的横夹杆和墙角的木杆演变来的。

(4) 虚假建筑

在昭赛尔金字塔院落里，许多附属建筑外观似屋，而内为实体、没有空间，是虚假的建筑。有些建筑虽然躯体庞大，但内为实体或空间小得可怜。还有假门、假窗和假卷门帘。这些虚假建筑仅有象征意义，或是为防止盗墓而建造。

此外，房间顶棚、墙上构件等以石料仿木结构。地下墓室的绿釉砖是仿原始帐篷的绿苇墙。将仿芦苇干枯的黄色和仿木材的红色涂在石质的模品上，未能充分表现出石材的特性。

(5) 采光方式

古埃及建筑外墙平整，没有窗子。房间的采光方式基本有三种：一是高侧篦板（安在墙上部）；二是屋顶或檐下设置方形孔眼；三是利用出入口（无门扇）以及柱间只砌矮墙（上部空如敞窗）。

(6) 艺术手法

古埃及的宫廷建筑师伊姆霍特普（Imhotep）就掌握并论述了一些艺术法则，在尺度、对称、节奏、对比等手法的运用方面，以及对比例和克服视觉偏差方面，都作出了有益的探索。

a.大尺度和巨量——建筑物的绝对尺寸极大，如胡夫金字塔高146m，阿蒙神庙群长470m，方尖碑高45m，昭赛尔金字塔围墙高达10m。所以，用材量巨大，如胡夫金字塔用了265万m^3石料，阿蒙神庙的柱厅中有134根巨柱。

b.节奏——墙上加的凸棱（壁柱，加强筋）、庙前成排的人头狮列像、院内和厅中立柱的有规律排列，以及空间的逐步深入和缩小等，形成鲜明的节奏感。

c.对称、轴线和前视性——庙宇和陵墓的空间多半是对称地沿中轴线纵深布置的。圆雕像都是呆板僵直的正面雕刻，造成国王威严和统治牢固的印象。

d.对比——高瘦的方尖碑与矮小的人头狮列像以及平光厚大的庙塔门形成对比，规整几何形的建筑物和不规则的自然环境形成对比，水平与垂直线条的对比等，达到矛盾统一、主体突出。

e.比例——许多庞大的建筑与环境是和谐适度的，但不以人作为衡量的尺度，没有体现出对人的尊重与关怀。柱高是柱径的六至八倍。墩柱粗笨、柱距较小造成压抑和紧张感。

f.视觉偏差之矫正——高低不同的两个方尖碑，矮的排列时偏向前方。列柱排成弧形，上面的梁枋也呈弧形（正中向前凸出），令观者感到梁枋是平直的，避免直条梁容易产生的中间塌腰错觉。

(7) 建筑装饰

古埃及建筑中大量使用壁画、雕刻、纹样和象形文字作装饰。这起源于原始帐篷中带有许多图画和文字的围幔。

a.雕刻——用在建筑上有圆雕和浮雕两类。国王和王后以及神灵多半雕成圆雕坐或立像，位于门两旁或依附在立柱上，人像面孔森严，动作呆板。国王的额上刻有眼镜蛇，许多像镶装宝石眼球。

浮雕分两种：一是普通高浮雕，用于室内；二是阴刻平浮雕，用于外墙上，轮廓线深凹，阳光下形体鲜明突出，但似嵌入墙中。

古埃及雕刻采用正侧视相结合的雕刻法：人面、四肢为侧视，眼、胸、肩为正视。雕刻多涂以写实的色彩，以增强表现力。

b.绘画——古埃及墙画的构图、形象特征和题材皆同浮雕。壁画和浮雕里的人物，不论是立或是坐，头部皆在同一水平线上。国王画像极大，奴仆体形微小。壁画先以三合土灰泥打底，上面平涂强烈的纯色，没有明暗变化。象形文字主要用于铭刻，也具有装饰作用。

c.纹饰——取材于自然与生活形成几何纹和动植物纹两类纹样。几何纹有波纹、螺纹、锯齿纹、万字纹、交叉线纹、棋盘纹、网格纹、瓦片纹和鱼鳞纹等。或以C或S形螺纹、万字纹、波纹纵横连成二方或四方连续纹，中间再加玫瑰、纸草、牛头或蚱蜢等写实纹，用来点缀墙面或天花、柱身等处。

写实的动植物纹有：纸草、莲花为主，其次是棕榈、玫瑰、百合花、葡萄、圣甲虫（屎克郎）、眼镜蛇、秃鹰、狮、麋鹿、牛、羊和日盘等，并且多具有象征意义。如纸草象征上埃及；百合、莲花象征下埃及；玫瑰象征幸福；屎克郎代表永生；日盘代表王权；鹰表示维护王权；牡羊是神王阿蒙·拉的化身；等等。

d.色彩——古埃及建筑内部的纹饰多半轮廓线深凹，再平涂纯亮的红、蓝、黄、绿、黑、白、金或茶褐等色，爱用黄、绿、蓝和红四色勾轮廓线。

建筑构件的色彩往往模拟自然，如树木的红色，芦苇的绿或黄。除涂刷外，也有用彩色拼镶的。

常用的色彩也多具有象征意义：白表示纯洁；暗蓝表示幸福、美满和如意；绿象征欢慰、丰收和充满希望；黑表示悲哀、黑暗和地狱；红象征流血、灾祸与不幸；黄表示妒忌；等等。

由于气候干燥和使用一种芳香油做颜色的调料，所以，古埃及建筑上的色彩一直鲜艳如新，充分显示了古埃及人的智慧。

4.建筑材料、构造与技术

古时虽然生产力低下、科技尚不发达，铁器在埃及出现也较晚，但古埃及劳动人民在建筑技术上还是有许多惊人的成就。

(1) 建筑材料

最早使用芦苇、纸草、木材、黏土和土坯，后来使用石料和金属等。由于人生观与信仰，以及多石少木的自然条件，所以石料成为主要的建材。

a.黏土和芦苇——用芦苇做骨架，上面抹黏土做墙。或用芦苇做土坯的筋骨，也可用黏土做夯筑墙；或做土坯，然后烧成砖。有各种形状的砖范，最普通的砖尺寸为38cm×18cm×12cm，上刻法老王名字。

b.木材——本国出产棕榈、无花果、金合欢和各种果树加工成的木材。也使用从努比亚、斜利亚和黎巴嫩进口的雪松木，用木材制作立柱、顶棚、贴面板、门扇、门框、家具、船只、旗杆和脚手架等。

c.石材——主要有石灰岩、砂岩，庙宇和陵墓的重要部分使用花岗岩和正长岩，雕像和重要厅堂的贴面石料用闪长岩、玄武岩和雪花石膏石。

d.粗瓷——在一些建筑中曾用粗瓷（Fajans）砖做贴面，瓷砖背面有固定时用的孔眼，早在公元前2900年就开始这样做了。

e.金属——金是从努比亚进口，用作门的构件、木旗杆的包镶和用在雕像上。用铜与青铜制造工具、武器、门的包镶和方尖碑之顶饰；铜来自西奈半岛和东部的沙漠地区。也使用产自阿斯旺和红海沿岸的铅。

(2) 砌筑与施工技术

古埃及最早使用石器和金刚砂做工具，后来使用青铜和铜做工具（螺旋钻、锯、凿子和锤子等）。公元前1500年才开始使用铁器。

a.砌筑——砌墙是逐层找平，石材磨光看不出接缝。金字塔的贴面是自上而下地进行，一般为干砌，少数用燕尾榫木块和石膏砂浆连接。最初用整块石料制作柱和墩，后来用碎石或鼓形石堆砌。顶棚多数是平顶，少数是叠涩（有时呈弧形）拱顶或折面顶棚。使用砂、石灰和石膏混合成的三合土灰泥刷墙，再施以彩画。

b.采石——劈开石材是先在石上凿出一排10cm见方、10cm深的槽，插入干透的木楔，再灌水，因木楔膨胀而将石材劈开。也使用青铜楔子。锯断石板则使用金属缆绳，锯沟中添加尖棱角的石灰石和金刚砂。打眼是使用螺旋钻或管眼钻。

c.运输——巨块石材用木橇或船来拖运，走木橇的路要先铺河泥，行进中还需不断浇水，重量可减至1/10。用人来拉木橇。缆绳与石材接触处包皮革保护。河上运输是用许多只小船来拖拉载石的大船。

d.竖起——竖立石材采用坡道、杠杆和摇摆梯：两夹墙中充满细砂，一端使砂逐渐减少，致使柱子滑下，再用杠杆、摇摆梯和绳索，将柱子竖起。石楣梁用砂抬起，再和墙或柱搭接——砂堆起到脚手架的作用。

e.放大——雕刻巨大石像或绘制大画时，采用方格网将原稿放大：木框穿绳做成格网，绳网结点上做彩色记号，确定大形后再深入加工。

5.古埃及家具

(1) 家具品种

古埃及家具品种较多，有凳（四足、三足）、马扎、靠背椅、扶手椅、沙发椅、躺椅、榻、床、箱、柜、台与几（分高矮，有三腿和四腿的）、梳妆盒、篮子和脚踏等。

(2) 造型特点

古埃及台几类家具的台面有平直的，也有一边或两边带翘头的。下部有箱形的座，或垂直四腿、四脚八叉腿、内弯腿、外弯腿。腿间有的无枨，有的带1~2根横枨，有的是斜向枨，有的是落地枨，还有的用竖枨连接台面与下面的横枨，有的腿做成狮兽腿。

坐具类：小凳有方形、三角形和圆形三种，腿型有方直带枨腿、下部外弯的的三条腿、箱形底座（上加软垫）、下为落地枨的腿和兽足腿等。靠背椅的靠背有倾角和凹弧面，座面为藤编，腿脚绝大部分是兽足（而且有动物的前后腿之分）；也有带收分的圆腿、方腿。沙发椅座面是软包镶。小凳座面也有用皮革做的，以便适应臀形。扶手椅多用兽足，在腿、靠背、扶手、座面框和望板上有精美的雕饰。

榻也多用兽足，榻面有硬板的和软包的。有的带兽头和翘起的尾巴，有的在两端有把手（可抓握抬起），有的装有床头板或靠架。床的床头板雕饰，不仅使用兽足，而且在两端加兽头（狮子，头带盔甲的牛）和尾巴，床面有木板的和藤（绳）编的、软包的。有的床框上贴薄木镶嵌装饰。

木箱和柜的基本形为长方体，顶部为两坡顶或马鞍形、筒拱形，下部多为四条腿。箱柜表面用彩画、镶嵌作装饰，檐口部分多雕出整排的眼镜蛇线脚。

(3) 装饰与色彩

古埃及家具的装饰手法有：一用皮革包覆；二用木片镶嵌；三用金银象牙宝石镶嵌；四用象形文字作装饰；五用彩画饰面；六用浮雕；七用镟制的构件；八用编织；九是在节点部位都加装饰。

具体的装饰纹样有莲花、百合花、纸草、芦苇、人字纹、波纹、鱼鳞纹、三角排齿、菱形串链、锯齿纹、日轮、网纹、五角星纹、X形纹、层迭叶片纹、羊、雄鹰、狮、牛、眼镜蛇和圣甲虫等。

家具色彩以黑色或红色为主色，再配以红、黄、绿、棕、黑和白等色。

(4) 家具的构造与材质

古埃及人已经掌握了框架结构做法、框中镶板技术、胶合薄木片技术、木片镶嵌技术、雕刻技艺和镟木技术。

榫卯结构有插入榫、透榫、企口榫等。椅凳下部用枨子加固，枨有直枨、斜枨、落地枨等。有能折叠的交机（马扎）和交椅。另外，软包靠背与座面的技术也掌握了。

用材以木料为主，雪松木是从黎巴嫩进口的。皮革有牛皮、羊皮和狮皮。有草纸编、藤编和绳编。镶嵌用料有木片、金、银、象牙、宝石和螺钿等。还有包镶用的布料和金属构件（用青铜或铜、铁制成的钉子和轴销等）。

复习题与思考题

1.古埃及建筑的总体风格怎样？有哪些建筑类型，其特点是什么？
2.古埃及建筑艺术各方面的特点是什么？建筑装饰的特点是什么？
3.古埃及建筑在建材、结构和技术上有何特点？
4.古埃及家具有哪些品种？造型与装饰上有什么特点？在用材与构造上是怎样的？

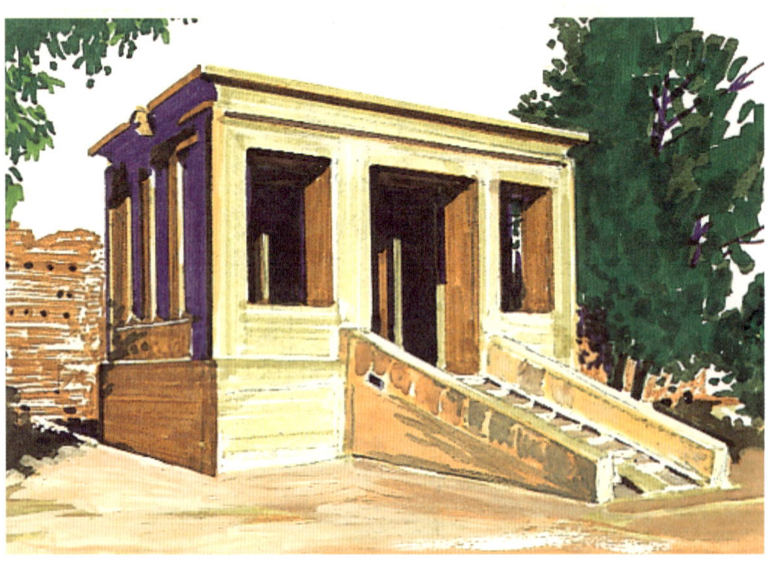

1	2
3	4

1. 吉萨金字塔旁的狮身人面像（第四王朝法者）长57m，高20m
2. 古埃及第18王朝的女王祀庙残迹（森姆特设计）
3. 1938年重修的古埃及第12王朝时的殿亭（公元前20世纪）
4. 古埃及新王国时（公元前1575～1075年）的扶手椅，木质

古埃及建筑·神庙

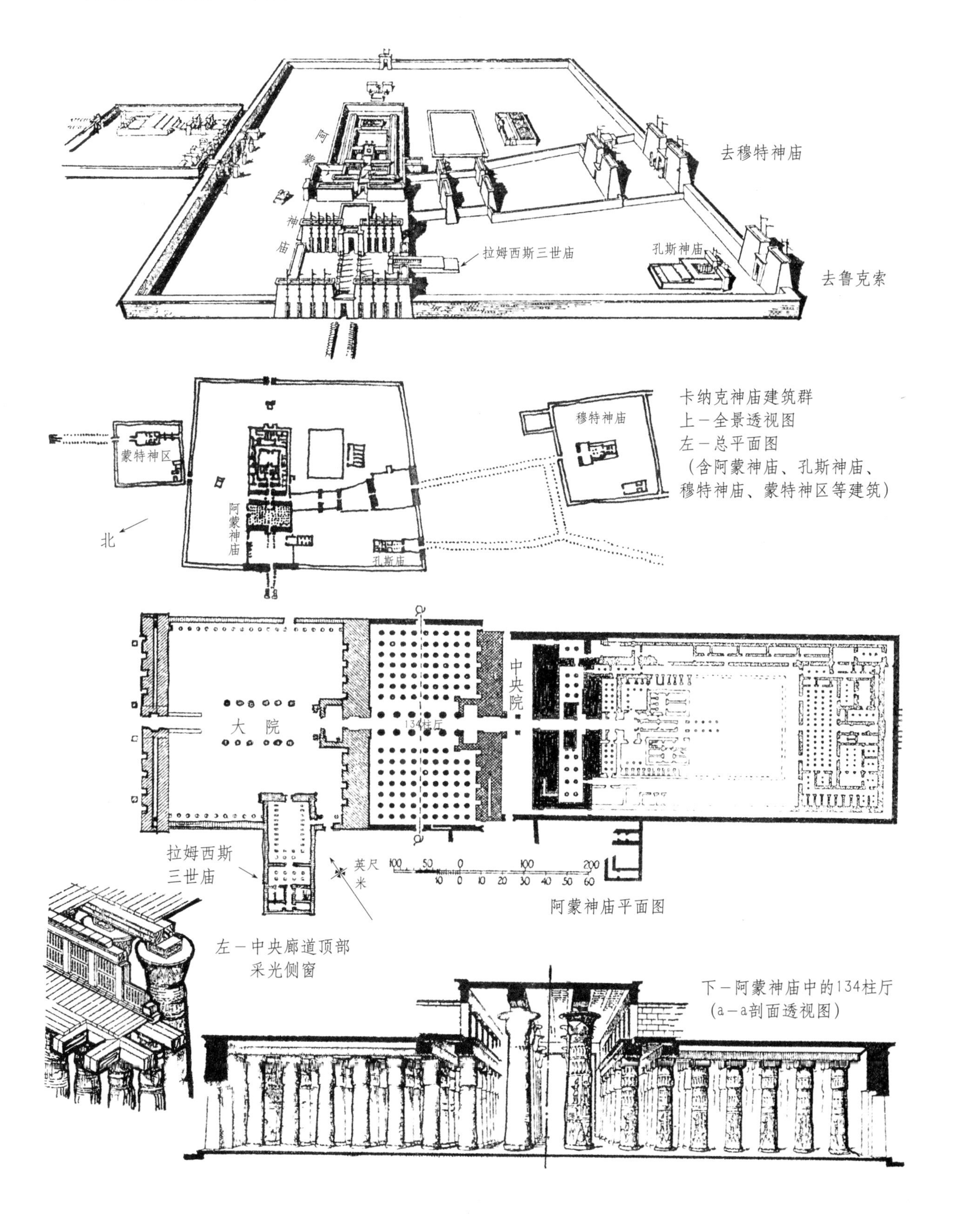

卡纳克神庙建筑群
上－全景透视图
左－总平面图
（含阿蒙神庙、孔斯神庙、穆特神庙、蒙特神区等建筑）

阿蒙神庙平面图

左－中央廊道顶部采光侧窗

下－阿蒙神庙中的134柱厅（a－a剖面透视图）

古埃及建筑·神庙

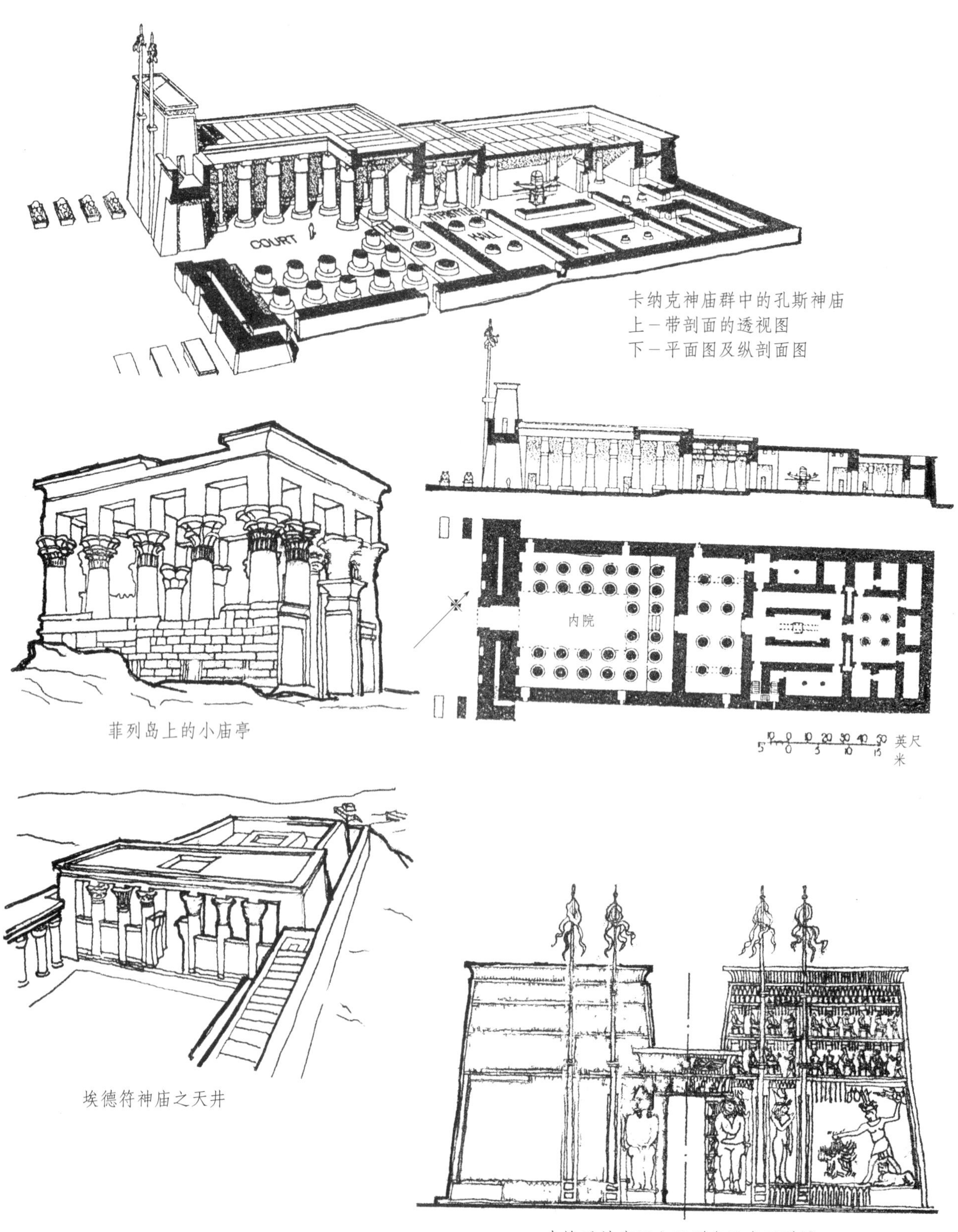

卡纳克神庙群中的孔斯神庙
上—带剖面的透视图
下—平面图及纵剖面图

菲列岛上的小庙亭

埃德符神庙之天井

古埃及神庙正立面形态及表面浮雕

古埃及建筑·神庙与岩凿墓

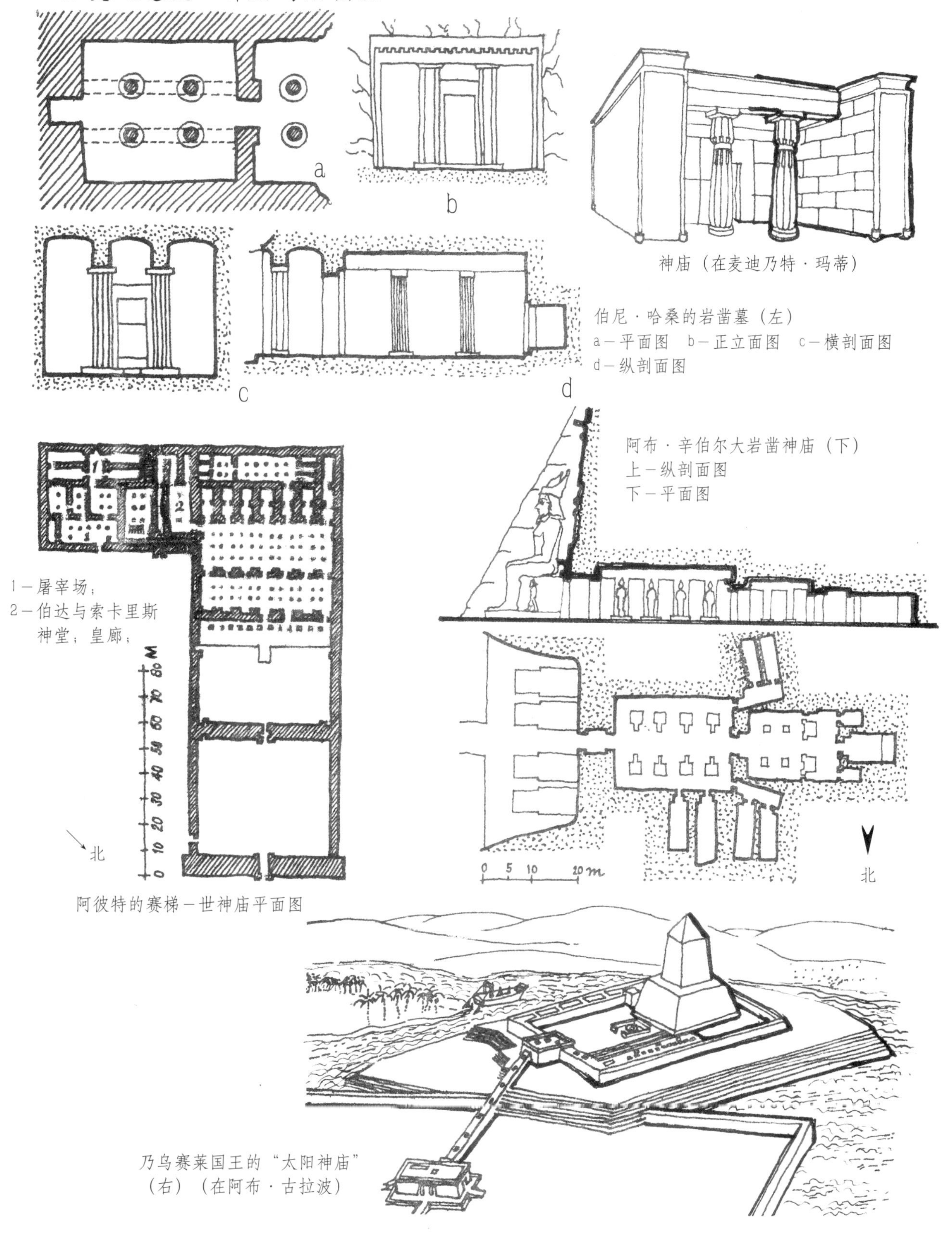

神庙（在麦迪乃特·玛蒂）

伯尼·哈桑的岩凿墓（左）
a—平面图 b—正立面图 c—横剖面图
d—纵剖面图

阿布·辛伯尔大岩凿神庙（下）
上—纵剖面图
下—平面图

阿彼特的赛梯一世神庙平面图

乃乌赛莱国王的“太阳神庙”
（右）（在阿布·古拉波）

古埃及建筑 · 金字塔与玛斯塔巴

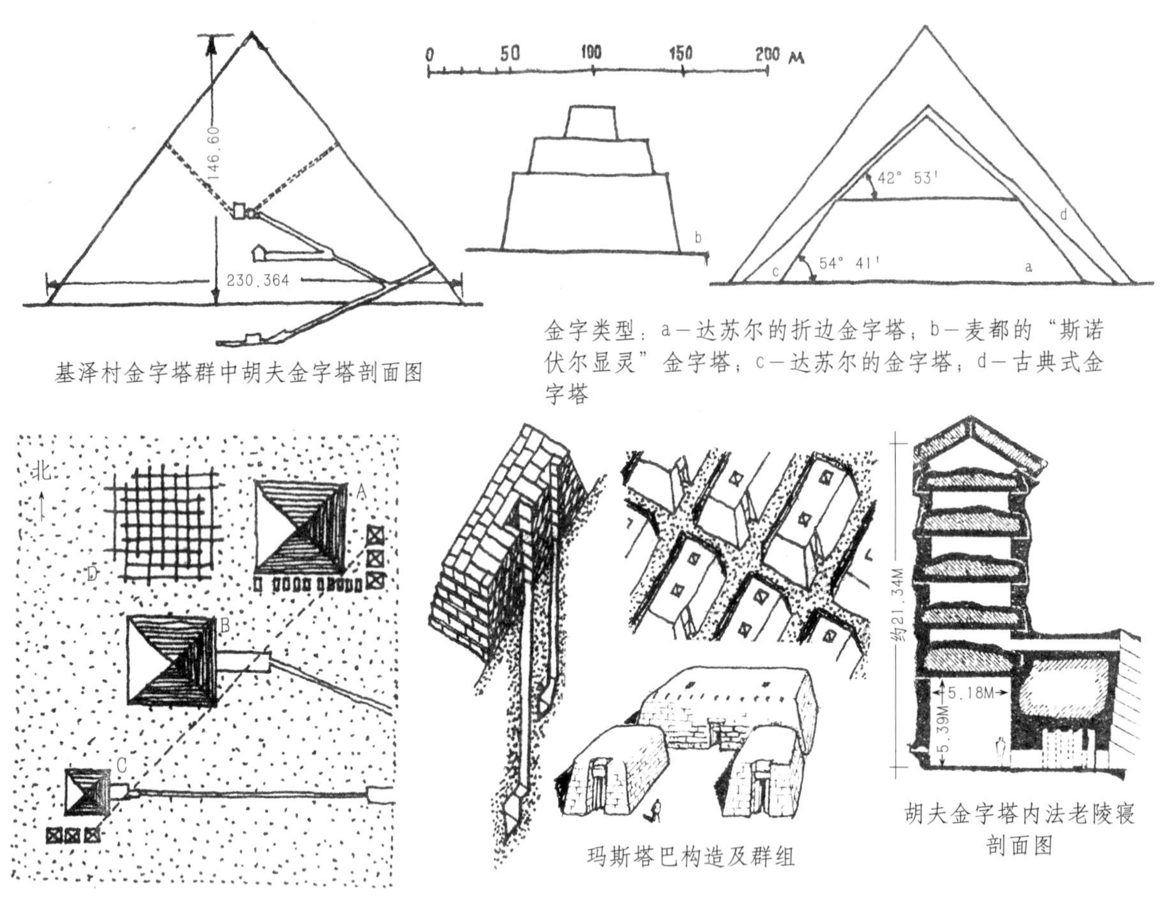

基泽村金字塔群中胡夫金字塔剖面图

金字类型：a—达苏尔的折边金字塔；b—麦都的“斯诺伏尔显灵”金字塔；c—达苏尔的金字塔；d—古典式金字塔

玛斯塔巴构造及群组

胡夫金字塔内法老陵寝剖面图

基泽村的金字塔群：A—胡夫塔；B—哈伏莱塔；C—曼卡优莱塔；D—玛斯塔巴群

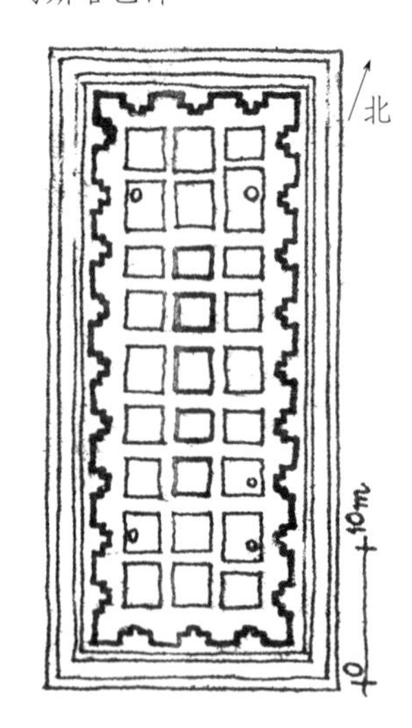

古王国时的皇陵平面图

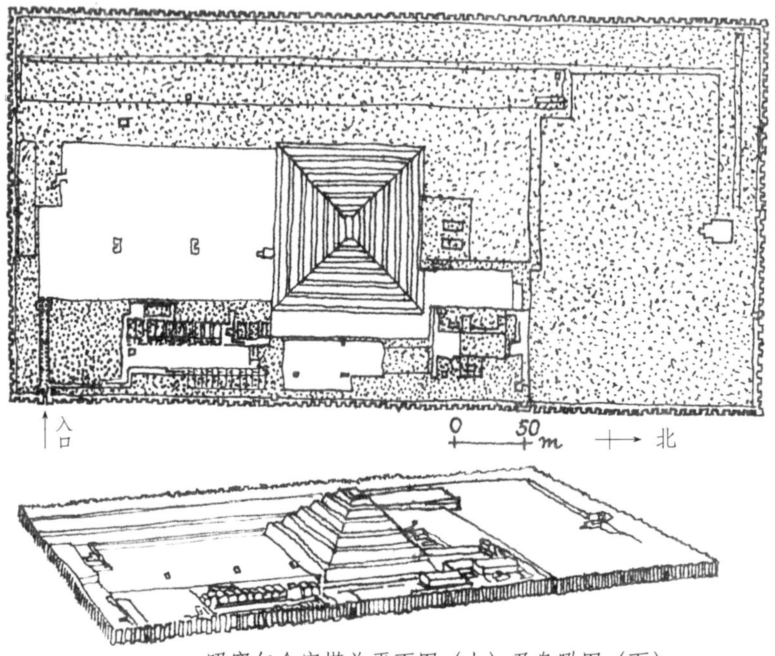

昭赛尔金字塔总平面图（上）及鸟瞰图（下）

古埃及建筑·神庙、城墙、民居及墓地

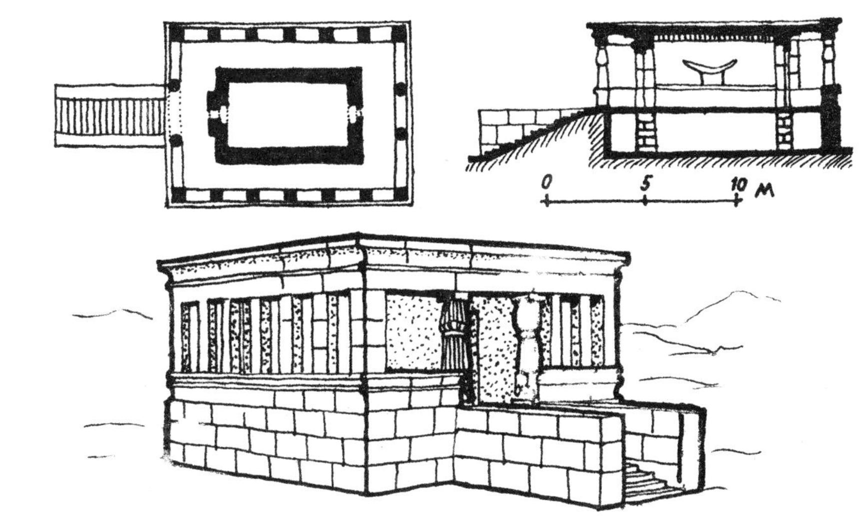

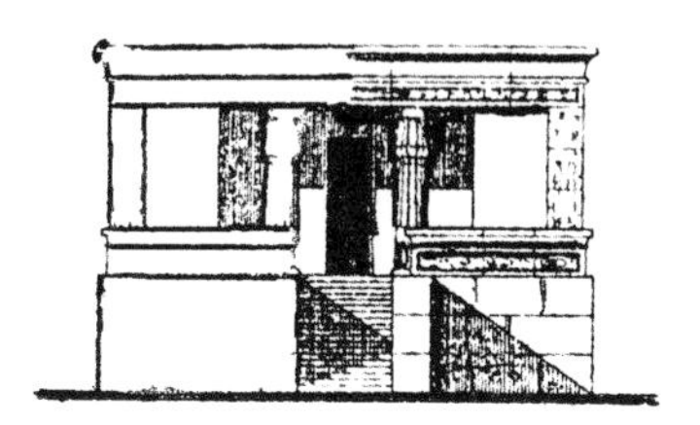

象岛小神庙
上左－平面图
上中－纵剖面图
上右－正立面图
左下－透视图

拉姆西斯三世的“皇城”外观（在麦迪乃特·哈伯）

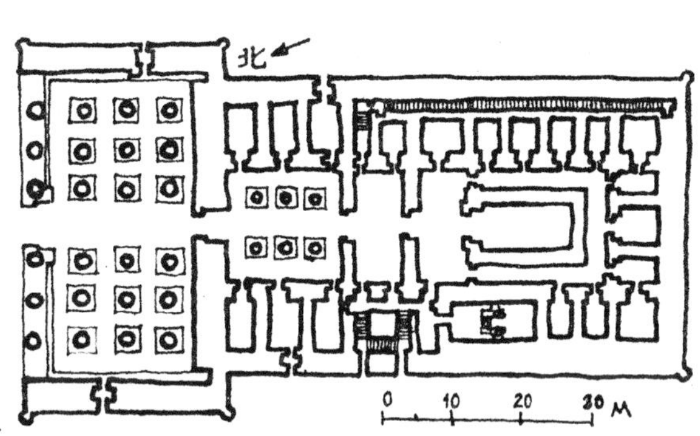

哈朵尔女神庙平面图（在丹代拉）

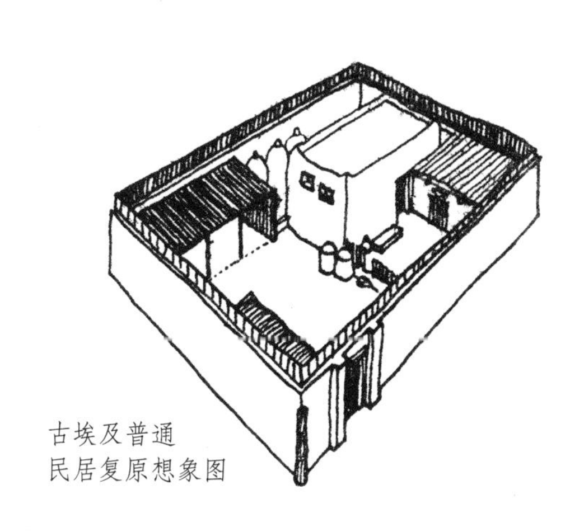

古埃及普通
民居复原想象图

平民墓地
（在代尔·埃尔·麦迪纳）

古埃及建筑·神坛、墓庙、祠堂

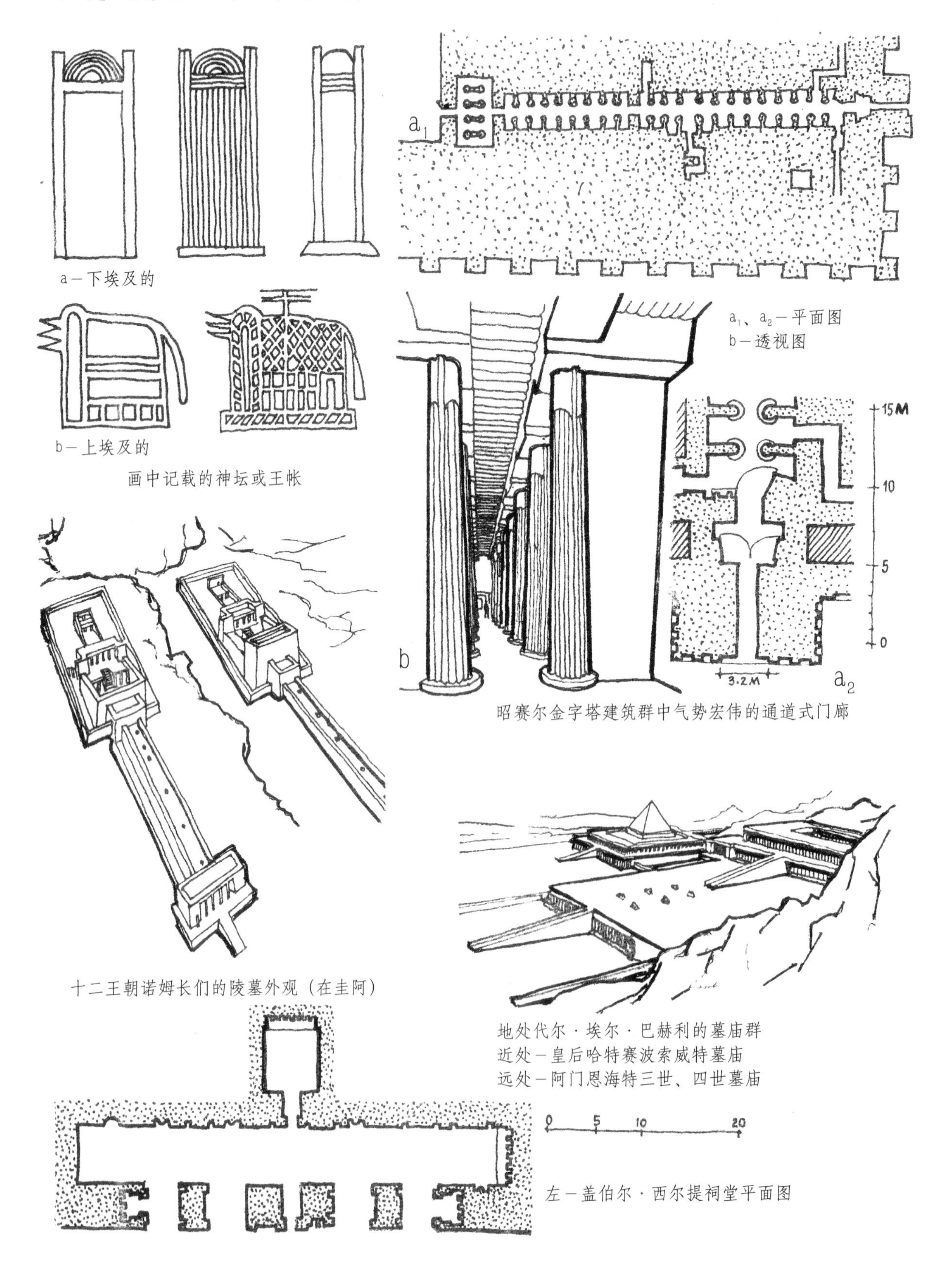

a—下埃及的

b—上埃及的

画中记载的神坛或王帐

a₁、a₂—平面图

b—透视图

昭赛尔金字塔建筑群中气势宏伟的通道式门廊

十二王朝诺姆长们的陵墓外观（在圭阿）

地处代尔·埃尔·巴赫利的墓庙群

近处—皇后哈特赛波索威特墓庙

远处—阿门恩海特三世、四世墓庙

左—盖伯尔·西尔提祠堂平面图

古埃及建筑·居住建筑

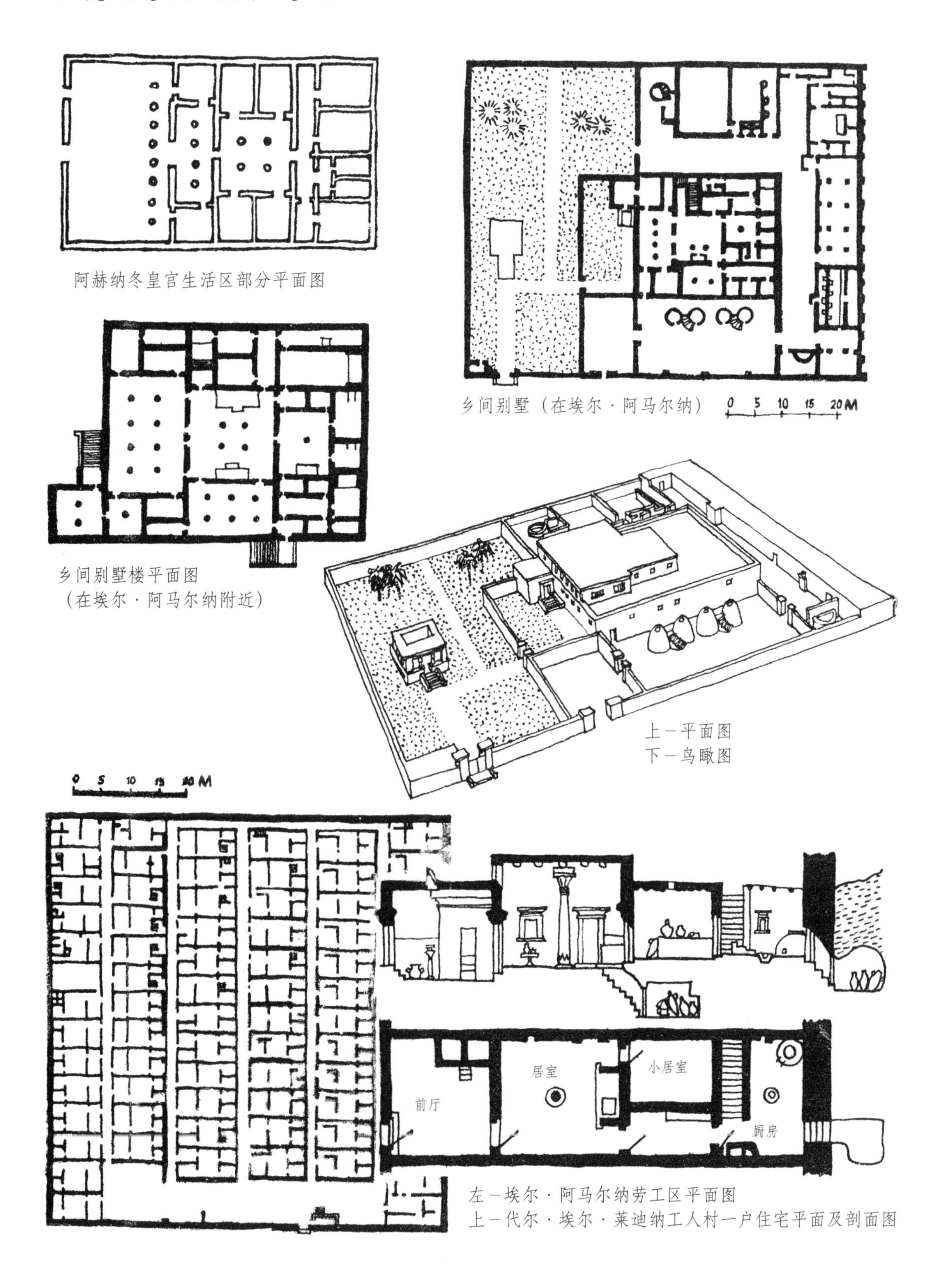

阿赫纳冬皇宫生活区部分平面图

乡间别墅（在埃尔·阿马尔纳）

乡间别墅楼平面图
（在埃尔·阿马尔纳附近）

上－平面图
下－鸟瞰图

左－埃尔·阿马尔纳劳工区平面图
上－代尔·埃尔·莱迪纳工人村一户住宅平面及剖面图

古埃及建筑·柱式

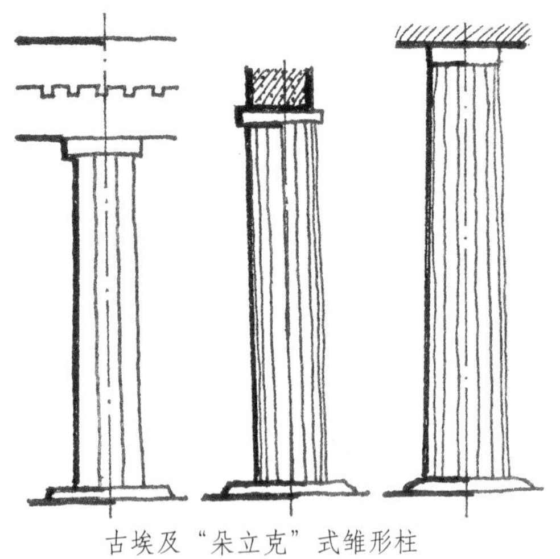

古埃及"朵立克"式雏形柱

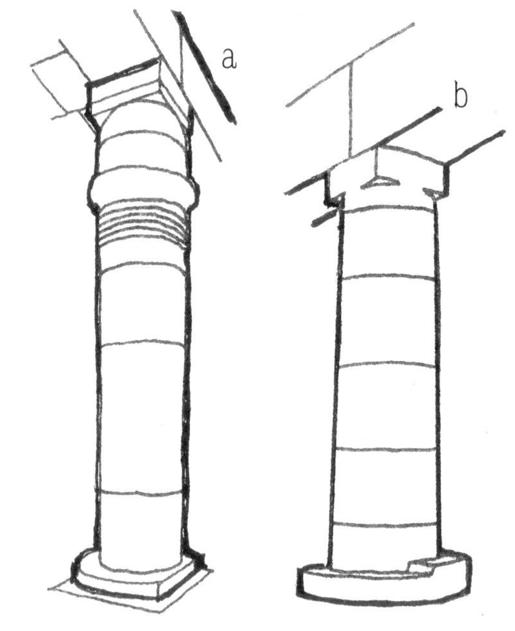

古埃及特殊式样的柱式

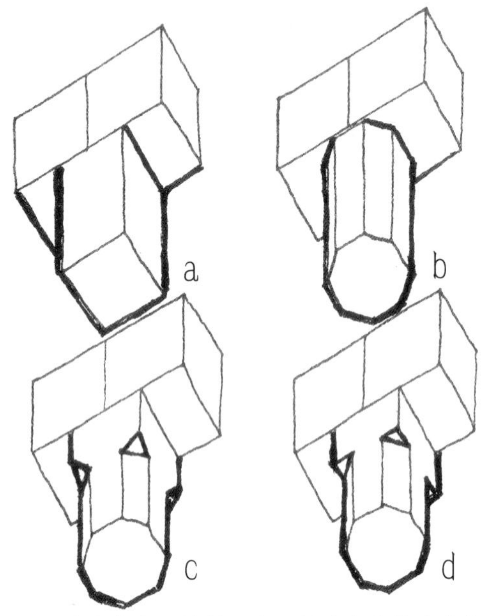

由方柱向八棱柱、由无柱头向有柱头演变

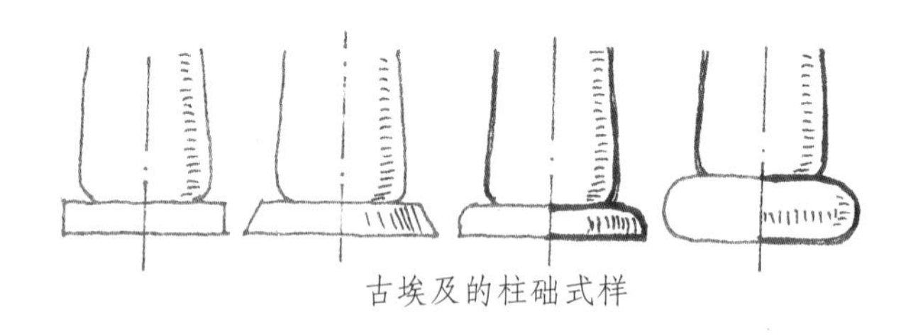

古埃及的柱础式样

下图：不同比例的柱子
a—八棱柱　b—矮圆柱　c—带纸草浮雕的方柱
d—带百合花浮雕的方柱
e—奥西里斯式方柱（侧立面与正立面图）
f—闭合纸草式束柱

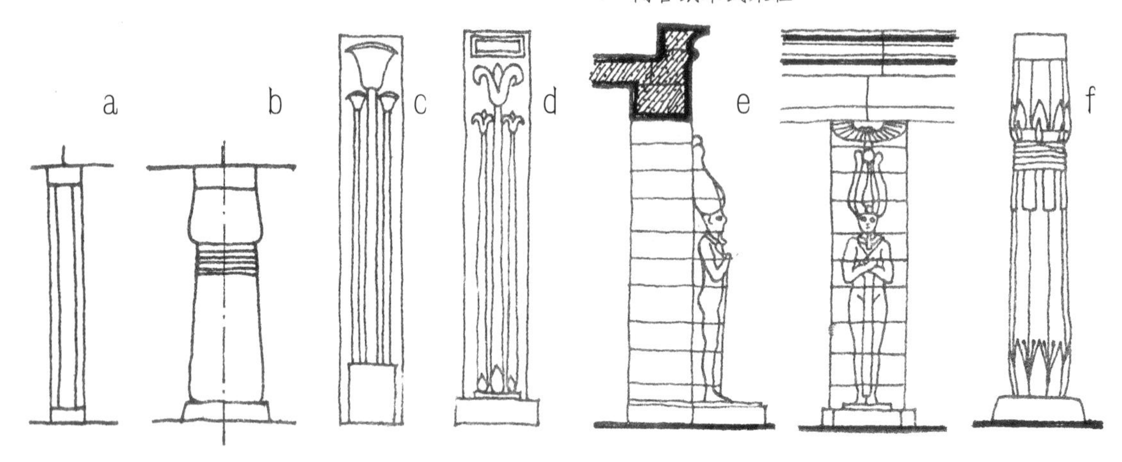

古埃及建筑·柱式

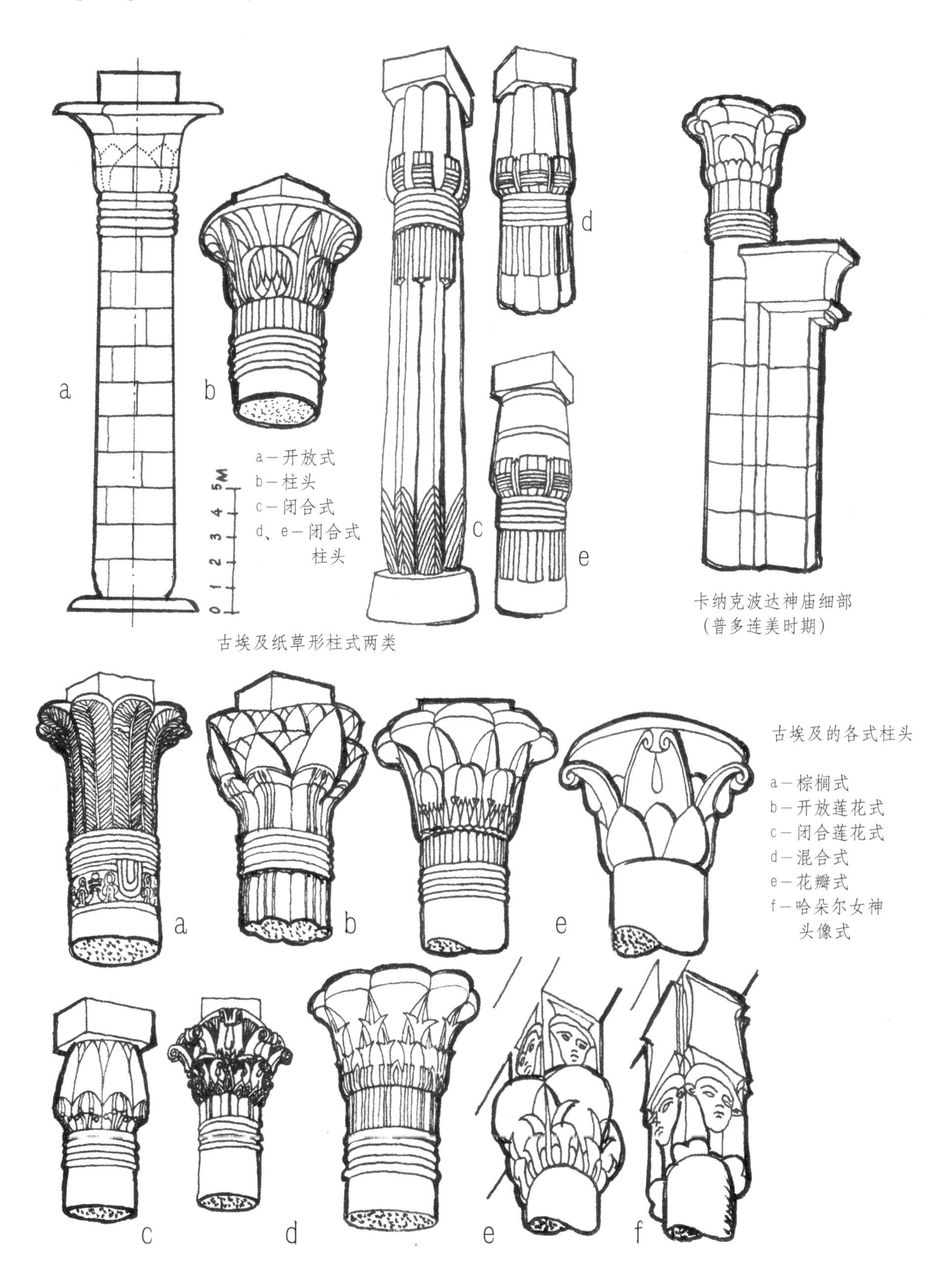

古埃及纸草形柱式两类

卡纳克波达神庙细部
（普多连美时期）

古埃及的各式柱头

a—棕榈式
b—开放莲花式
c—闭合莲花式
d—混合式
e—花瓣式
f—哈朵尔女神
头像式

古埃及建筑·艺术手法

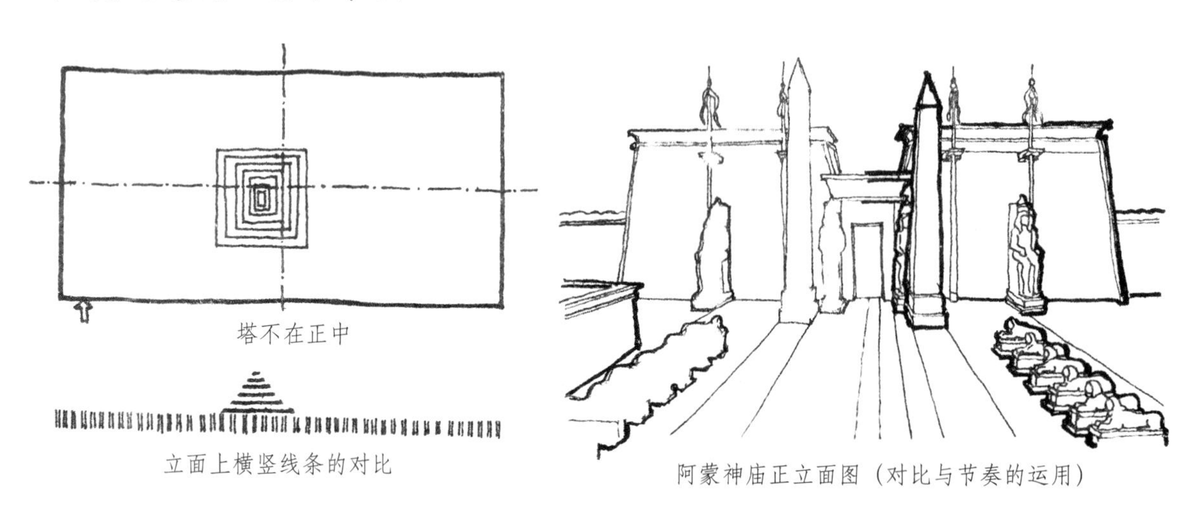

塔不在正中

立面上横竖线条的对比

阿蒙神庙正立面图（对比与节奏的运用）

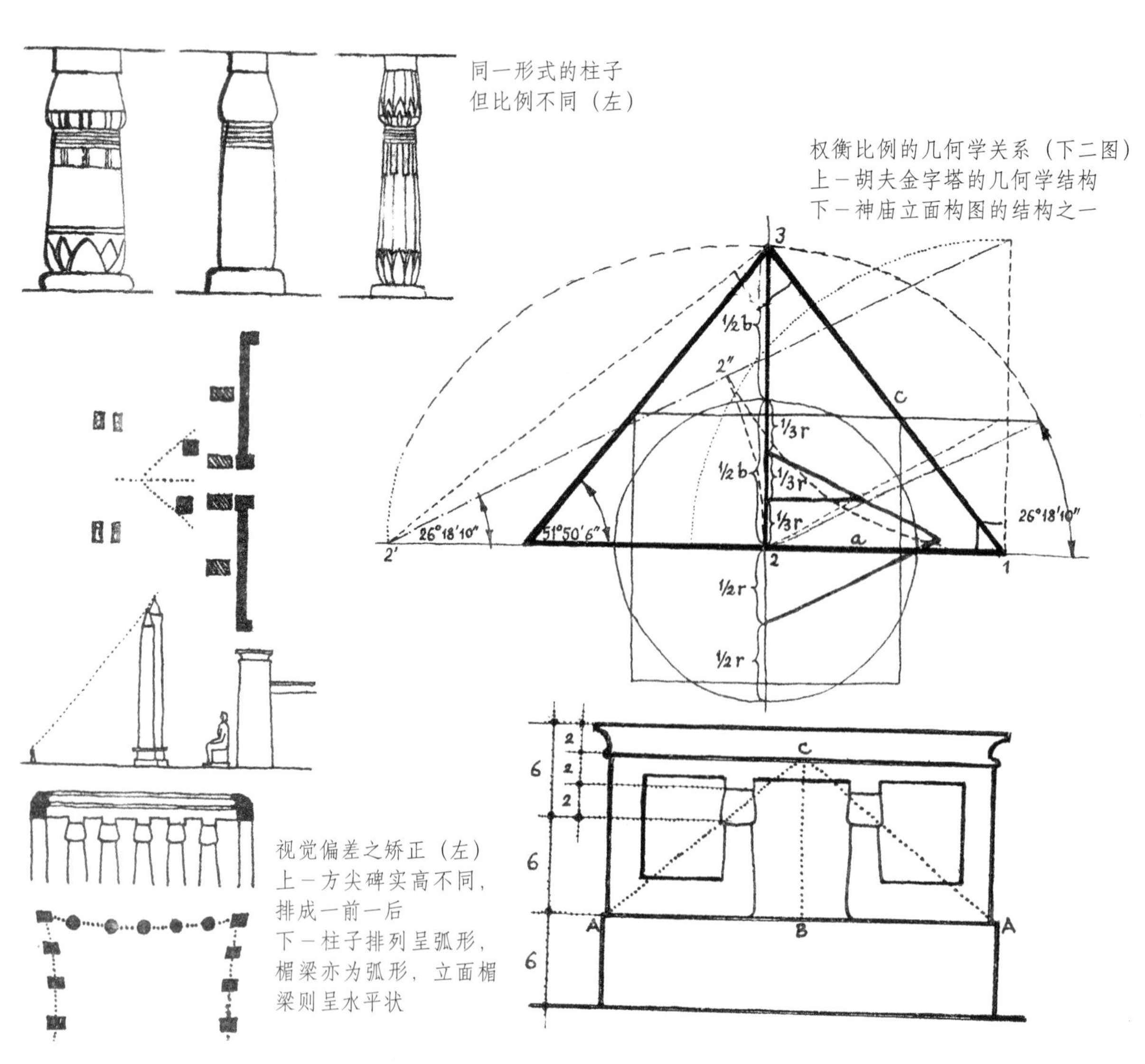

同一形式的柱子但比例不同（左）

权衡比例的几何学关系（下二图）
上－胡夫金字塔的几何学结构
下－神庙立面构图的结构之一

视觉偏差之矫正（左）
上－方尖碑实高不同，排成一前一后
下－柱子排列呈弧形，楣梁亦为弧形，立面楣梁则呈水平状

古埃及建筑·建筑艺术处理

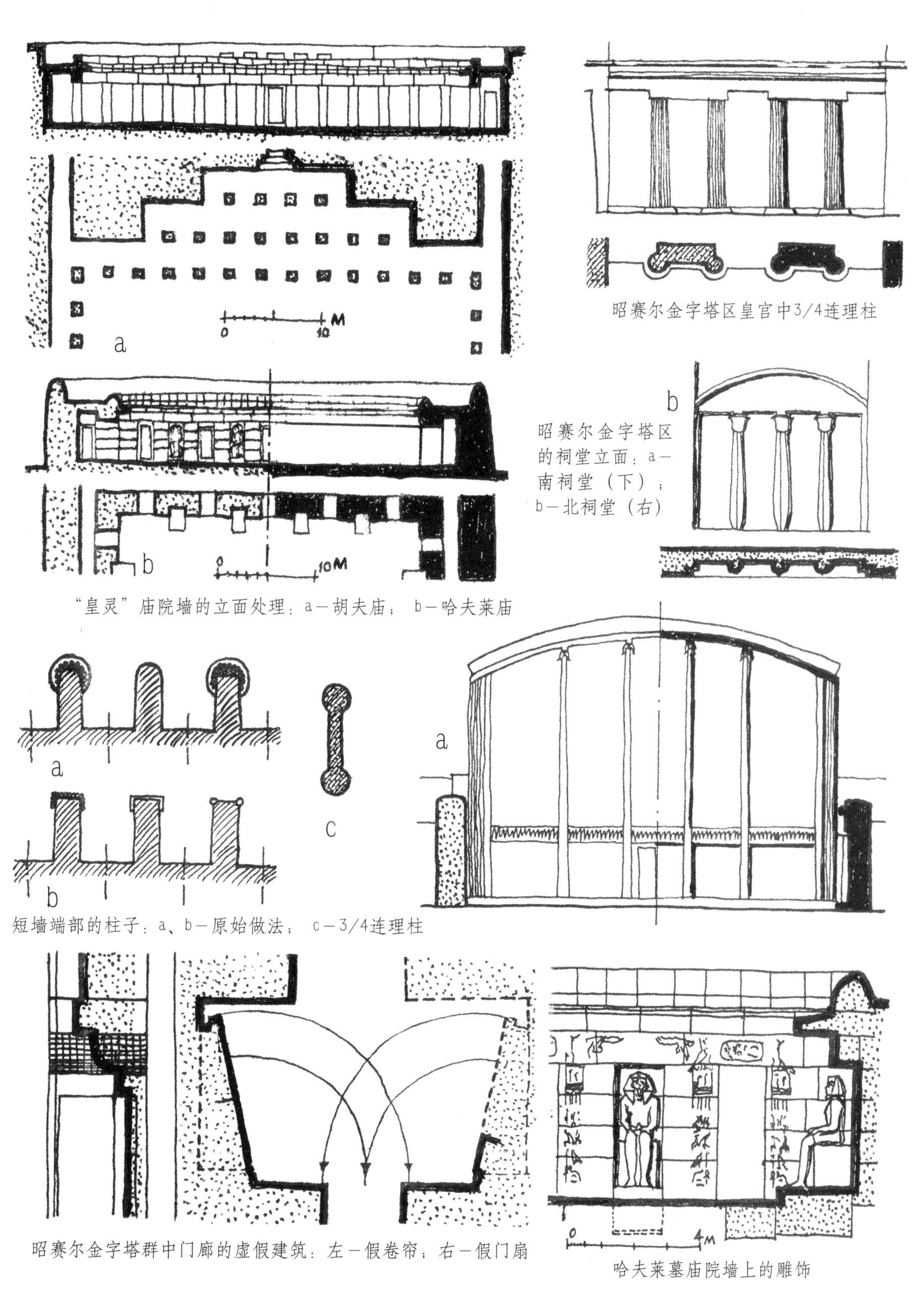

昭赛尔金字塔区皇宫中3/4连理柱

昭赛尔金字塔区的祠堂立面：a—南祠堂（下）；b—北祠堂（右）

“皇灵”庙院墙的立面处理：a—胡夫庙；b—哈夫莱庙

短墙端部的柱子：a、b—原始做法；c—3/4连理柱

昭赛尔金字塔群中门廊的虚假建筑：左—假卷帘；右—假门扇

哈夫莱墓庙院墙上的雕饰

古埃及建筑·建筑艺术

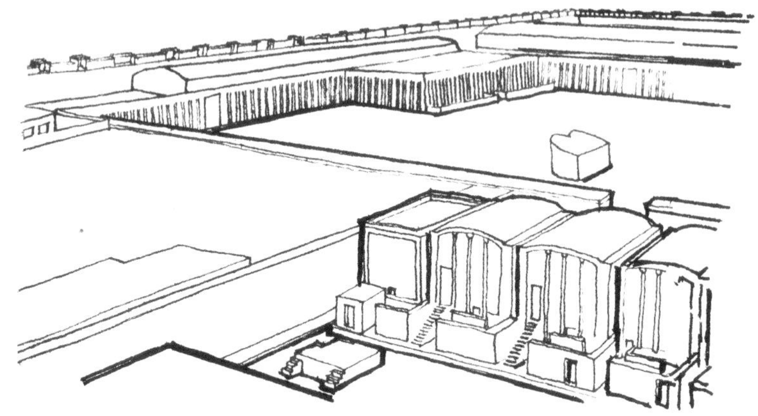

昭赛尔金字塔庭院建筑造型及节奏感处理方式

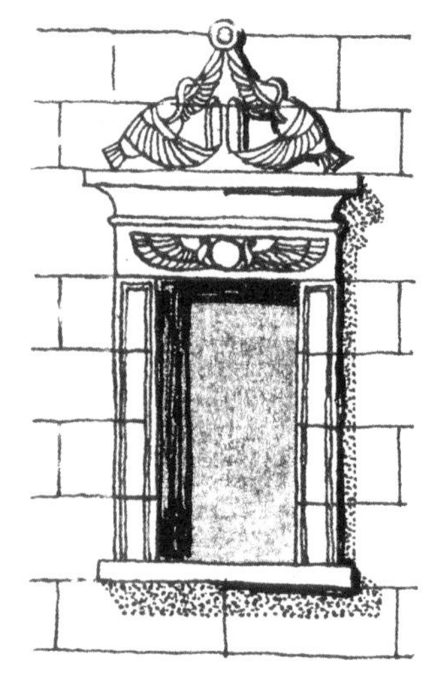

窗子装饰细部

墙上的平浮雕

塔门门套及墙上的雕饰

墓室中的假门

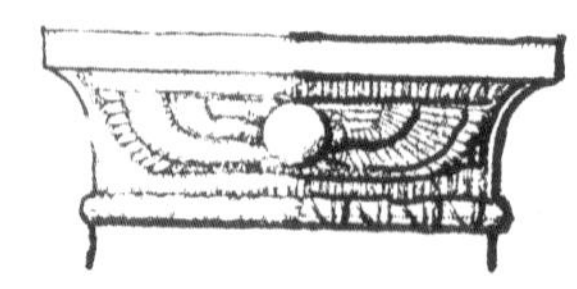

柱头上刻有日盘及眼镜蛇，以表示威严

左：各种装饰纹样（几何形、自然形）选例

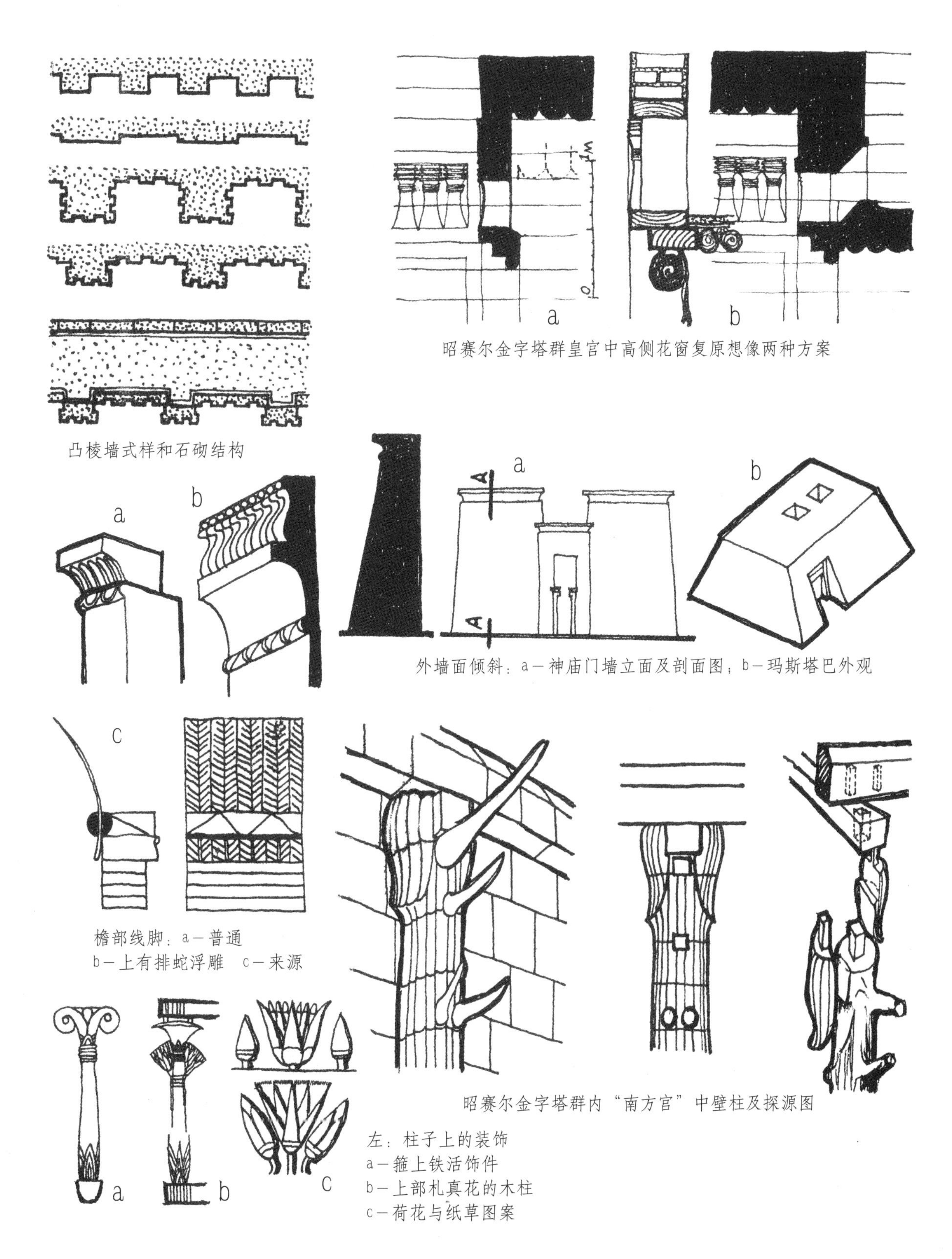

昭赛尔金字塔群皇宫中高侧花窗复原想像两种方案

凸棱墙式样和石砌结构

外墙面倾斜：a－神庙门墙立面及剖面图；b－玛斯塔巴外观

檐部线脚：a－普通
b－上有排蛇浮雕 c－来源

昭赛尔金字塔群内“南方宫”中壁柱及探源图

左：柱子上的装饰
a－箍上铁活饰件
b－上部札真花的木柱
c－荷花与纸草图案

古埃及建筑·建筑装饰与构造

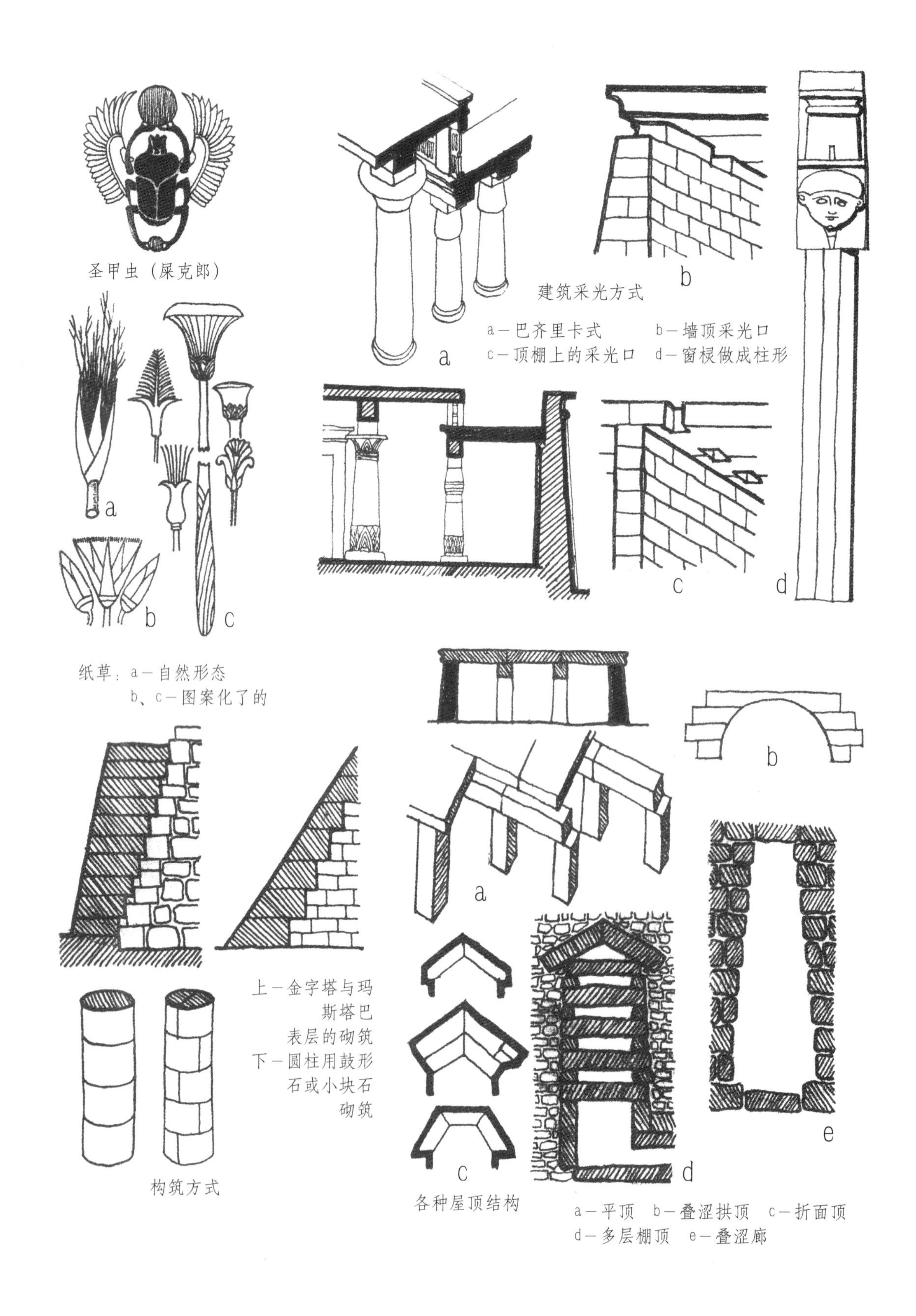
圣甲虫（屎克郎）
a
b
c
纸草：a—自然形态
b、c—图案化了的
a
b
c
d
建筑采光方式
a—巴齐里卡式
b—墙顶采光口
c—顶棚上的采光口
d—窗棂做成柱形
上—金字塔与玛
斯塔巴
表层的砌筑
下—圆柱用鼓形
石或小块石
砌筑
构筑方式
a
b
c
d
e
各种屋顶结构
a—平顶 b—叠涩拱顶 c—折面顶
d—多层棚顶 e—叠涩廊

古埃及家具·凳子

古埃及家具·凳子与靠背椅

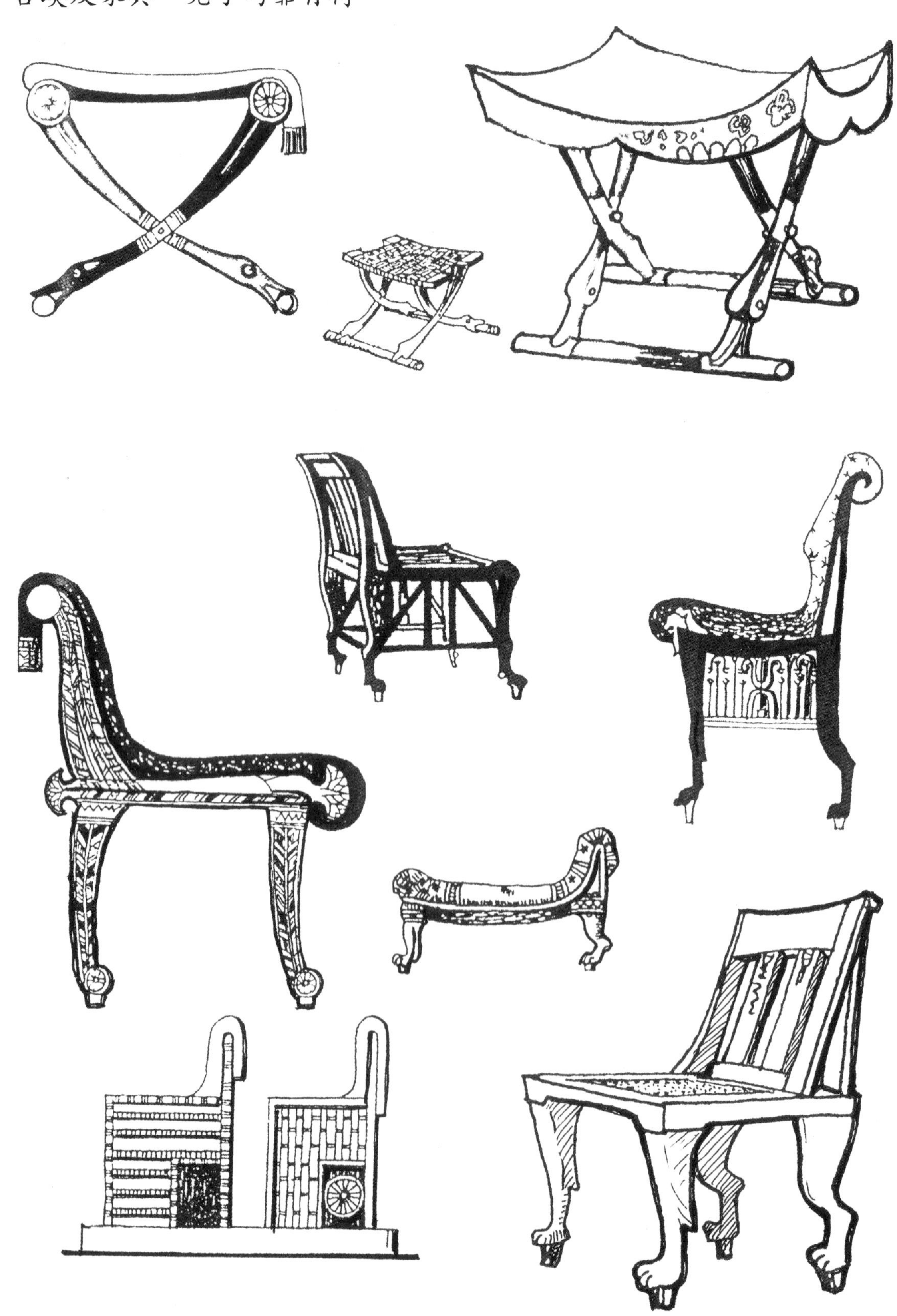

古埃及家具·靠背椅与扶手椅

古埃及家具·桌与柜

古埃及家具·各种床

第3篇　古代西亚、小亚与中亚建筑
（公元前4000年～公元640年）

古代西亚、小亚和中亚一带，由于地理环境、自然条件和气候的影响，加上频繁的战争，迫使这里的建筑从生活实用和防卫出发，建筑物体形庞大或居高临下，有高而厚的护墙。建筑风格上无大的变化，多半是直接承袭被灭亡国家的建筑文化，同时也汲取邻国的建筑元素。尽管战乱摧残了一些文明，但在文化交流上也起了促进作用。

1.古代西亚的建筑与家具

(1) 建筑类型及特点

a.工程建筑——水利工程有堤坝、运河、暗河和贮水池。还有公路、旱桥、河桥。在两河流域，发券和砌拱的技术成熟较早。

b.宫殿建筑——是主要建筑品种，多半规模宏大、精美，大都立于天然或人工砌筑的高台基上，有高围墙和封闭的四合院，房间、庭院都很多。新巴比仑城面积达2268万m^2（540m×420m），用釉砖和石灰石贴面，以玄武岩和砂岩石板铺装“仪仗路”。亚述王国萨尔贡二世皇宫台基高14m，城墙由土坯砌成，外包石灰石板，上刻精美浮雕，共有210个房间和大小30个庭院，皇宫大门两侧的五腿兽高约4m。古波斯王国的伯萨波利斯王宫台基450m×300m，接待厅、王宫、庙宇建在上面，并有树木花草，挺拔的双羊立柱，精美的浮雕，十分华丽。

c.庙宇建筑——平面类似皇宫，有高围墙；多半有四至七级阶梯形高塔，供祭神、观星或瞭望用。因波斯人信奉火教，故没有庙宇建筑，只有小型祭坛。

宫殿、庙宇的围墙使用凸棱加固，上部的垛口增强了防卫性。

d.陵墓建筑——陵墓建筑不发达。在巴比仑和亚述只有少量带穹顶的陵墓。在波斯有基座为阶梯形或截方锥形、上建两坡顶墓室的石砌墓，或石窟墓。这是受埃及、巴比仑和希腊的影响。

e.居住建筑——基本平面格局是四合院（或称“天井式”），有三个主要部分：前厅、庭院、坐南朝北的宽大房间。从前厅可沿楼梯登上屋顶。庭院四周架设的挑廊常由四根木柱支承。屋内有厕所。

(2) 建筑材料

a.土坯——两河流域多冲积土，所以土坯、焙砖大量使用，早期只使用土坯和芦苇。所以墙很厚（最厚的城墙达24m），并且外面加凸棱使之坚固。也有黏土夯筑的墙。

b.芦苇——两河流域也大量产芦苇，用来做墙筋、砖筋。

c.焙砖——经焙烧的土坯，硬度有所提高，用来砌墙、小型穹顶。

d.琉璃——彩色釉砖用来包贴墙面。在古巴比仑和古波斯多有使用。

e.木料——两河流域木材较少，建筑中使用棕榈、雪松、杨树、柏树等，用作立柱、顶棚骨架、门窗和家具。燕尾形木钉可连接砖与石板。

f.石料——有雪花石膏石、亮石灰石和玄武岩等石材，用来贴墙面、做地基、铺地，或做门窗框。黏土夯筑或土坯砌筑的墙，外包贴石板或琉璃砖。

g.金属——有青铜、铜、金和银等，主要用来做贴面，或用来连接、加固石板或琉璃砖，或做雕像、家具等。

h.地沥青与石灰浆——用来粘结砌砖和石块，或粘贴面砖、石面板。木构件表面涂地沥青保护层，以防腐或防蚁蛀。

巴比仑建筑很少用石材，主要用琉璃。亚述和波斯建筑用石料较多；尤其波斯建筑使用木材、石料和金属都较多。

(3) 建筑艺术、艺术手法与技术

a.两河流域（巴比仑与亚述）——建筑中凸棱墙和垛口的做法，一方面是模仿古代的芦苇建筑（芦苇捆成柱状做加强筋），另一方面主要是为了坚固和便于防守。屋顶和阴沟做成筒拱或折面尖拱，来源于早期芦苇拱顶。穹顶最早用于坟墓。后来，亚述流行半圆券门，住宅多用穹顶或尖锥透孔顶。黏土夯筑墙的外面镶嵌锥形琉璃楔钉以加固，后来成为一种重要的装饰手法。最早期的柱子是普通树干涂以沥青表层，有的包以金箔，最初只有象征意义，开始多为多棱柱或四股束柱，后来才出现带涡卷、棕榈或莲花形的柱头，个别是有连券环饰的扁球形柱头或柱础，还有用金属包镶的花瓣状柱头。室内采光方法是顶棚开孔洞和门朝庭院敞开。

b.波斯——由于自然条件优越，建材以石料为主，建筑物造型仿古希腊：三段式楣梁（檐板）与爱奥尼式相同，屋顶有垛口，柱头多半是由背对背连生的双羊、双牛或双独角兽组成，有的在柱头下还有四对涡卷，由花瓣和莲叶包覆，形似钟铃。柱础上有半圆凸线、小平凸线、钟形波线。柱子细高，最高者达20m，柱身平光，或刻有40～52个凹槽，柱子中到中距离约9m。大厅很宽敞，空间利用率很高。用铜或金、琉璃来保护木质构件或墙面。

波斯建筑台口使用的颏颈曲线线脚，还有岩凿墓做法，都是从埃及学来的。将建筑物建造在大台基上、凸棱墙、檐顶垛口、浮雕手法和琉璃制造以及应用，是从亚述和巴比仑学到的。宏大的穹顶厅堂（采用了帆拱）是受小亚和拜占庭影响。使用连券柱是受古罗马的影响。

c.艺术手法——两河流域的建筑首先是成功地运用了大尺度和巨量性；其次是与周围环境的强烈对比；第三是采用凸棱墙与垛口形成节奏感，也相应地夸张了城堡的宏大；第四是平面布局不全采用轴线，许多是均衡地布置。

波斯建筑艺术手法有：一用巨大台基突出主体；二是采用垛口、连券列柱造成节奏感；三是平面多为非对称格局，灵活自然；四是柱式秀丽挺拔；五是以装饰华美和色彩艳丽出众。

(4) 建筑装饰

古代西亚的建筑上主要的装饰手法是浮雕和纹样。只有室内的神像为圆雕，户外几乎不用圆雕。有了原始的湿壁画，用三合土灰泥装饰墙面。琉璃镶嵌画砖较为发达。

a.浮雕——在石板和琉璃砖上做出浮雕；石灰石和雪花石膏石浮雕主要用做入口门饰（门柱、门楣）和大台基表面装饰；琉璃浮雕主要用来包贴墙面（含基座、墙身、垛口）。厚石板有40cm厚，1～2.5m见方。

亚述建筑正门两侧的守门神像多半是人头、牛（或狮）身并带有翅膀的五腿兽，可供两面观赏。墙上的浮雕主要描写战争、狩猎、宗教仪式、王公生活、自然景物或幻想性场景。

巴比仑琉璃浮雕起初是在一小块砖上塑造出全貌，后来是用多块砖拼砌出宏大的场面。有全身侧视的狮子、羊、怪兽、花朵、国王和圣人等。

波斯的浮雕有石浮雕（雕在门两侧壁、石台基、门楣等处）、琉璃浮雕（用来贴台基和墙面等处），还有青铜浮雕。

以上三个地区的浮雕的共同特点是：刻画动物最生动。人物和埃及的相同，人脸和腿是侧视、眼和上身是正视，头发和胡须是程式化的，人物多半是简单的排列，没有透视变化，比例不大匀称，人的肌肉骨骼表现得比较突出。为了强调王权和神圣，往往将国王像的尺寸加大。

b.纹样——分写实植物纹和几何纹两类。植物经程式化变成对称的卷草纹或者编织纹、四方连续纹。出现了由七片棕榈叶组成的“掌状纹”，它常和由莲花瓣及花蕾组成的纹样搭配使用。还有由菠萝果或莲花蕾变化来的“石松果纹”，它和掌状纹连用。也还有由枣椰树变化来的“生命树纹”（也叫“圣树纹”）。波斯地毯是在几何形骨架内填充植物纹和几何纹，用作铺地、墙饰或门帘。也用玫瑰、葡萄和芦苇花变化图案纹样。

几何纹有圆、同心圆、星纹、回纹、锯齿纹、链索、纽结纹，有用瓦片纹或鱼鳞纹组成的连券纹，还有对伊斯兰建筑产生影响的网状纹。形似木楔或箭头、燕尾的楔形文字也起一定的装饰作用。无论平面或立体的纹样，皆均匀地施色，无明暗变化。

巴比仑、亚述的浮雕和纹饰受埃及影响不小。而波斯的浮雕、纹饰则受亚述、埃及和希腊的影响，后来又深远地影响了阿拉伯伊斯兰艺术。

c.色彩——古代西亚建筑色彩不完全忠于自然。用蓝、红、白和黑画平面的纹样，多半用黄色打底、白色勾边；用蓝、红和黄（或金）色描绘凸起的纹饰。亚述的红色倾向于褐色。巴比仑和波斯的琉璃多为绿、橙黄、淡黄、白、黑和少量的蓝色。琉璃的彩釉里含氧化锡（SnO_2）较多。古代西亚制造琉璃的技术，在中国北魏时，经大月氏（今阿富汗）人传入中国，并由中华民族发扬光大。

墙面如果无浮雕，仅涂单一颜色（只用石灰和石膏浆粉刷），或用黄、绿和红等色刷出横饰带。

(5) 家具

古代西亚的家具无实物遗存。但从浮雕上可以看出大概情况。

a.家具品种——有凳、交杌（马扎）、靠背椅、扶手椅、沙发椅、长凳、桌台、供桌、几和榻等。马扎有三腿和四腿的。榻的端部有扶手，下部是框架式的枨子。所有坐具多是编织的座面，上放活的坐垫；扶手椅前配有脚踏（垫脚凳）。

b.造型与装饰——椅、桌和榻多是石松果形的脚，也有用兽足（狮爪、牛蹄）的；有的兽足下又加石松果形脚。家具腿上往往雕有几圈连排倒垂叶片组成的浮雕，其上下还有凸起的箍环。在枨子上有上下对称的涡卷雕饰。在扶手下的嵌板和座面望板上，常雕有成排的侧立人物浮雕；有的是马形高浮雕。桌子有的在台面四角雕兽头，有的在侧面台面与横枨之间加有相对而立的人物雕刻，两人之间则是带叶片箍环的竖枨。有的家具腿上刻有水平或垂直的凹线或者凸线。台形家具的立面上刻有重叠的冂形线脚。有的靠背立柱顶端雕出带翅膀的狮子圆雕。

c.结构——榫卯结构已经普遍使用。亚述与巴比仑人不熟悉框架结构和嵌板结构；大面积台面使用青铜皮覆面。平浮雕与高浮雕技术熟练，有直角沟和V形沟雕法。

2.腓尼基和巴勒斯坦建筑

古腓尼基和巴勒斯坦的建筑没有突出的成就，而是受到埃及和亚述等国的影响较深。

(1) 建筑类型与特点

a.工程建筑——腓尼基人早在公元前10世纪就建造出坚固的护堤和高大的石城墙。

b.宫殿和庙宇——公元前10世纪，犹太人在耶路撒冷建都，所建宫殿、庙宇都采用纵深轴线构图，规模宏大。

c.民宅——古腓尼基的城市多建在海岸线或岛屿之上，由于地少人多，故房屋都是高层的楼房。

(2) 建筑艺术

a.巴勒斯坦——宫殿、庙宇建在高大的台基上，由几圈围墙围成几个纵深排列的庭院，每个入口都建一对高大的塔门。室内墙面用雪松木板和金箔贴面，再配加木雕和挂毯，十分华丽。木贴面上刻棕榈和展翼天使图形。这显然是受埃及和亚述的影响。

b.腓尼基——建筑顶部使用垛口和颏颈曲线型线脚，墙上用凸棱加固，阶梯形塔角、塔楼，是受埃及和亚述的影响。立柱的截面为矩形，柱头带涡卷（一般认为它是希腊爱奥尼柱式的雏形）。

(3) 建筑材料与构造、技术

a.建材——腓尼基与巴勒斯坦古建筑用材有石料、木材、金属和织物等。粘结料是石灰浆。

b.构造——除用块石砌筑外，还用石灰泥浆和碎石浇筑墙垣（类似混凝土）。石材的左右、上下连接，一是使用石灰浆，二是使用燕尾形铜钉。

c.技术——腓尼基人多为石匠、木匠和其他手工艺人，技术与技艺上都是十分高超的。例如，将截面4m×4m、高19m、重达600吨的巨石运到很高的地方。再有木雕、石雕都很精美。

3.小亚与中亚的建筑

整个小亚和中亚地区，由于地处几个文化的交会处，古代民族迁徙变动大、战争频繁，而且过着游牧生活，所以建筑特点是堡垒式。而且有些地方又以土坯和木材作为主要建材。因此建筑遗迹较少，仅有城市遗址与石窟墓等。

(1) 赫梯

a.建筑类型——有宫殿、庙宇、陵墓等。城市多有内外两道围墙，中央是保养马群的大空场。宫殿是非对称的四合院，自内院有入口通向主厅，院子四周有柱廊。门厅是顶有平台下有双柱支承的敞廊（bit-chiláni）。高围墙顶有垛口，建筑下面是高大的台基。

b.建筑艺术——建筑坐落在高大台基上，墙基部（勒脚部位）有浮雕装饰，入口门厅墙裙和人像柱础下面有动物雕刻（柱础下基座部有圆雕狮兽，类似亚述的守门怪物“人头带翼五腿兽”）。这是从美索波达米亚地区的米太人（Mitáni）那里学来的。建筑外墙顶部有垛口。木柱上雕带胡须的人头，中为身形，下有石柱础。墙上有壁画装饰。这是受亚述与波斯的影响。

c.建材与构造——建筑用材有土坯、木材和石料，城墙多用乱石砌筑，土坯砌墙后外包石板贴面。

(2) 小亚其他地区

赫梯王国灭亡后，在地中海沿岸出现了许多小国。这一带的建筑遗迹主要是陵墓，有砌筑墓和石窟墓两类。

a.砌筑墓——以弗里几亚（Frýgia）和里底亚（Lýgia）的砌筑墓最著名：圆形平面，有辐射状和同心圆式的骨架墙，圆锥形墓顶有石板贴面。内部墓室为叠涩拱顶，墙裙部位有束腰线脚。

b.石窟墓——在弗里几亚、巴弗拉考尼亚（Paflagonia）、里底亚和里几亚（Lýgia）有许多岩凿墓。弗里几亚的石窟墓上有三角顶楣，立面刻满编织纹，里面有埃及式的假门扇。巴弗拉考尼亚的石窟墓雕凿在高大的崖壁上，正面多有立柱。里底亚的岩凿墓，在正面三角顶楣上，雕二狮守护中间立体，是受迈锡尼文化的影响。在里几亚有上下数排重叠的石窟墓，忠实地模仿木结构建筑，在山墙脊顶和檐角有装饰构件。

c.墓碑——有用整块巨石雕成的、形似房屋或立柱的墓碑，下有墓座，尖拱顶上有动物雕饰，说明受到希腊的影响。

(3) 乌拉尔图建筑与家具

位于小亚之东、美索波达米亚之北、高加索以南、里海以西的乌拉尔图王国，曾盛极一时。该古国中心在今亚美尼亚首都埃里温和塞丸湖一带，还包括今格鲁吉亚和阿塞拜疆一部分，发现不少古建遗迹。

a.建筑类型——城堡、宫殿、庙宇、沟渠和葡萄酒储藏库等遗址。

b.建筑艺术——有类似希腊神庙的建筑，三角顶由六根立柱支承。守门怪兽和墙裙雕刻类似赫梯和亚述。礼仪厅中有宽达一米的装饰带（上绘纹样或壁画、楔形文字，或用彩石镶嵌）；人像面部用白石镶嵌，眼和眉用其他色石。

c.建材与构造——主要建材是土坯和石材，还用木材，金属（铜、铁、铅、银等）。城市地基多用石灰石、凝灰岩和玄武岩石块铺砌。砌墙构造，一是用大石块砌筑高达20m的墙，二是石灰乱石墙。

d.家具——木质家具无遗存。只发现了石桌和陶器等。

(4) 花刺子模

在今伊朗、阿富汗以北的土库曼斯坦和乌兹别克斯坦毗邻地带，因地处“丝绸之路”上，所以这里的建筑受到多方面的影响。

a.建筑类别——宫殿、皇堡、庙宇、民居（分贵族和平民用房），还有灌溉用的沟渠网、地下蓄水池等。

王宫建筑群很大，有寝宫、礼仪殿、胜利殿、武士殿、库房、望楼和卫兵住房等。

最早的住房是用木材与芦苇建成的圆锥形天幕，下有矮座。后来改用土坯砌筑的长屋，由正中纵向墙分成两条长廊，墙两边设隔墙及各家的炊灶，上为两坡顶。

为保护牲畜和有利于防卫，建造了中央为大空场的假城：石砌的厚围墙二至三条，环绕通连住人的廊道，廊道顶为筒拱，上有排烟气的方孔。墙顶外墙建高大的女儿墙，上有成排的竖条箭头形炮眼，可向斜下方射击。有的在墙的转角处也设炮眼，以加强防守。城门处的平面复杂得像迷宫，使敌人不易侵入。

城内路两旁的民房连列成砌块状，中间有一些庭院，像两河流域的民居。有的在城内一角建造位于高台上并且有围墙的皇堡。城的周围往往有水壕，城墙外侧有凸棱防卫塔，塔上炮眼也是箭头形，墙座内有顶棚为筒拱的廊道。

b.建筑艺术——花刺子模的建筑艺术明显地受波斯和印度犍陀罗艺术的影响，以及两河流域文化的影响。例如，建造大台基，凸棱墙。建筑中的圆雕与浮雕有希腊特点，但全施以彩绘，为求真实生动。墙上有龛，龛中有彩绘神像。墙上成片的浮雕表现征战、农牧、欢庆等场面。壁画表现的内容很广泛，多半是世俗生活。画的边缘有装饰花纹。

c.建材与结构——建材有土坯、芦苇、砂、石等。墙有石砌墙和夯筑墙，夯筑墙有台基时，土里掺杂土坯和砂石。土坯墙的土坯里掺有麦秸，在未干时砌筑，中间加芦苇夹层，以防潮湿和盐渍。

复习题与思考题

1.古代西亚的建筑有哪些类型？使用哪些建材？
2.古代西亚在建筑艺术与艺术手法上有什么特点？建筑装饰有何特点？
3.古代西亚的家具品种有哪些？其在造型、装饰和结构上有什么特点？
4.简述腓尼基和巴勒斯坦古建筑类型、建筑艺术的特点。
5.简述小亚与中亚四国的古代建筑状况。
6.古代西亚的家具品种、造型与装饰特点有哪些？

后页：古巴比仑城墙上的琉璃浮雕

古巴比仑城墙上的琉璃浮雕

古代西亚建筑·古巴比仑建筑

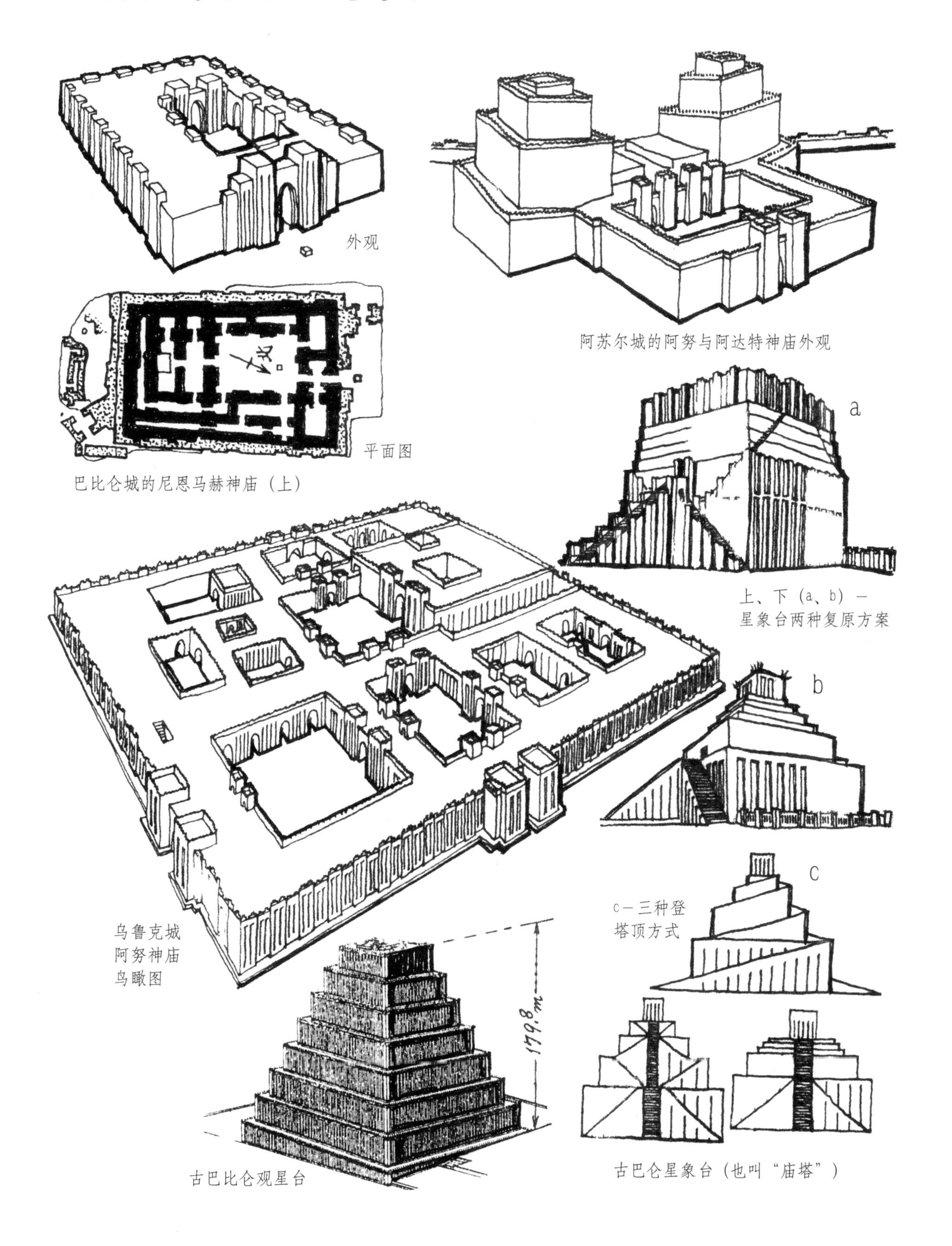

巴比仑城的尼恩马赫神庙（上）

阿苏尔城的阿努与阿达特神庙外观

上、下（a、b）—星象台两种复原方案

乌鲁克城阿努神庙鸟瞰图

古巴比仑观星台

古巴仑星象台（也叫“庙塔”）

古代西亚建筑·古巴比仑建筑

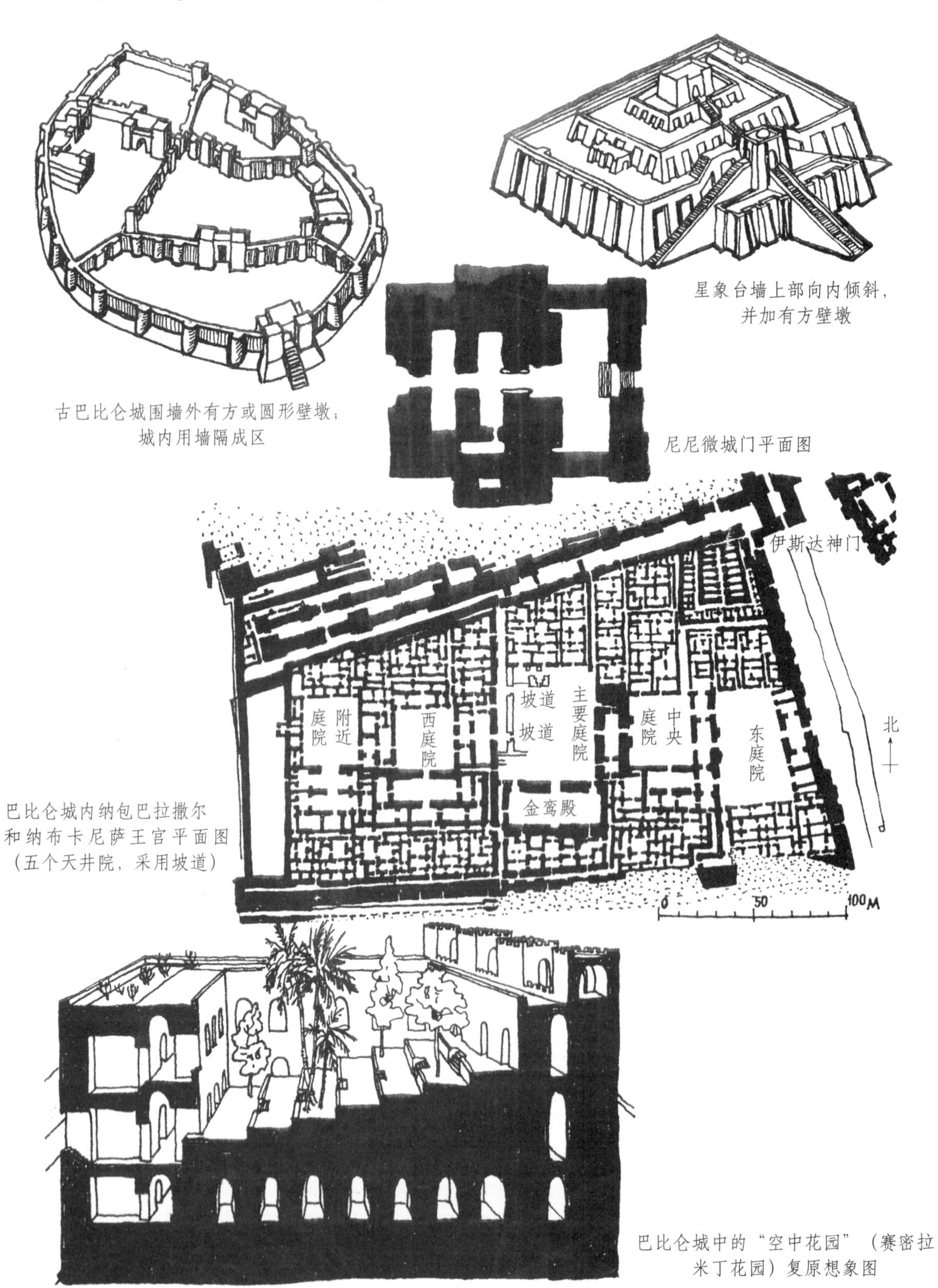

古巴比仑城围墙外有方或圆形壁墩；城内用墙隔成区

星象台墙上部向内倾斜，并加有方壁墩

尼尼微城门平面图

巴比仑城内纳包巴拉撒尔和纳布卡尼萨王宫平面图（五个天井院，采用坡道）

巴比仑城中的“空中花园”（赛密拉米丁花园）复原想象图

古代西亚建筑·古巴比仑建筑

阿苏尔城之城墙与护城河

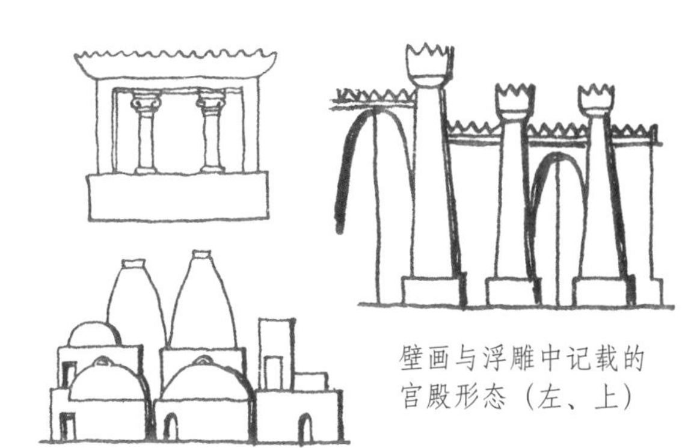

壁画与浮雕中记载的宫殿形态（左、上）

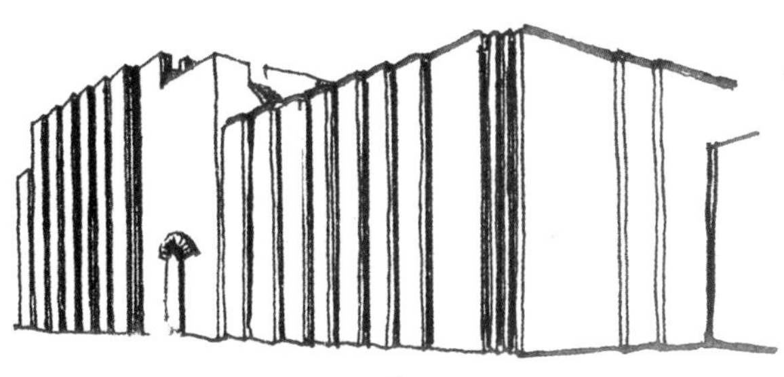

输水道建在尖券洞拱桥上

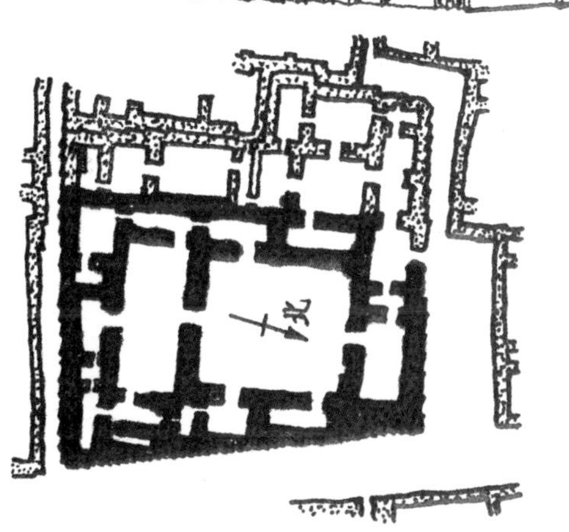

左－巴比仑城中的住宅平面图
左上－外墙复原图

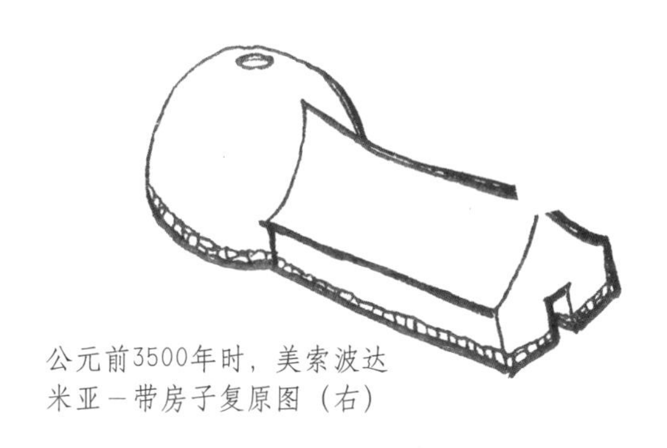

公元前3500年时，美索波达米亚一带房子复原图（右）

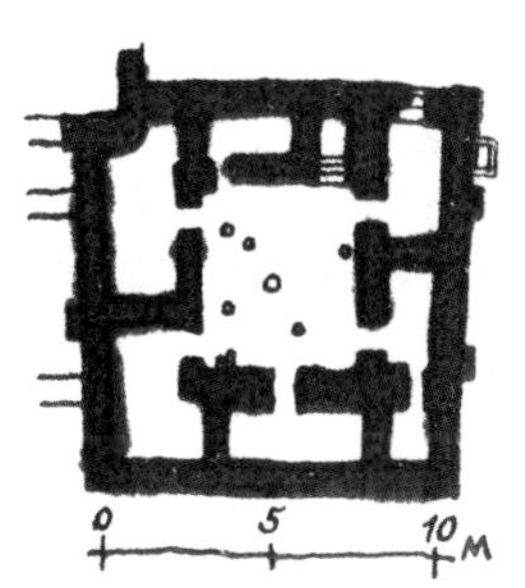

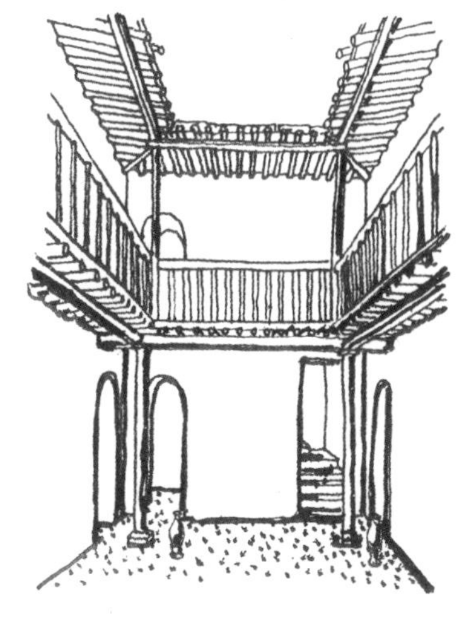

乌尔城的民居
左上－平面图　中上－剖面图　右－内院

古代西亚建筑·亚述建筑

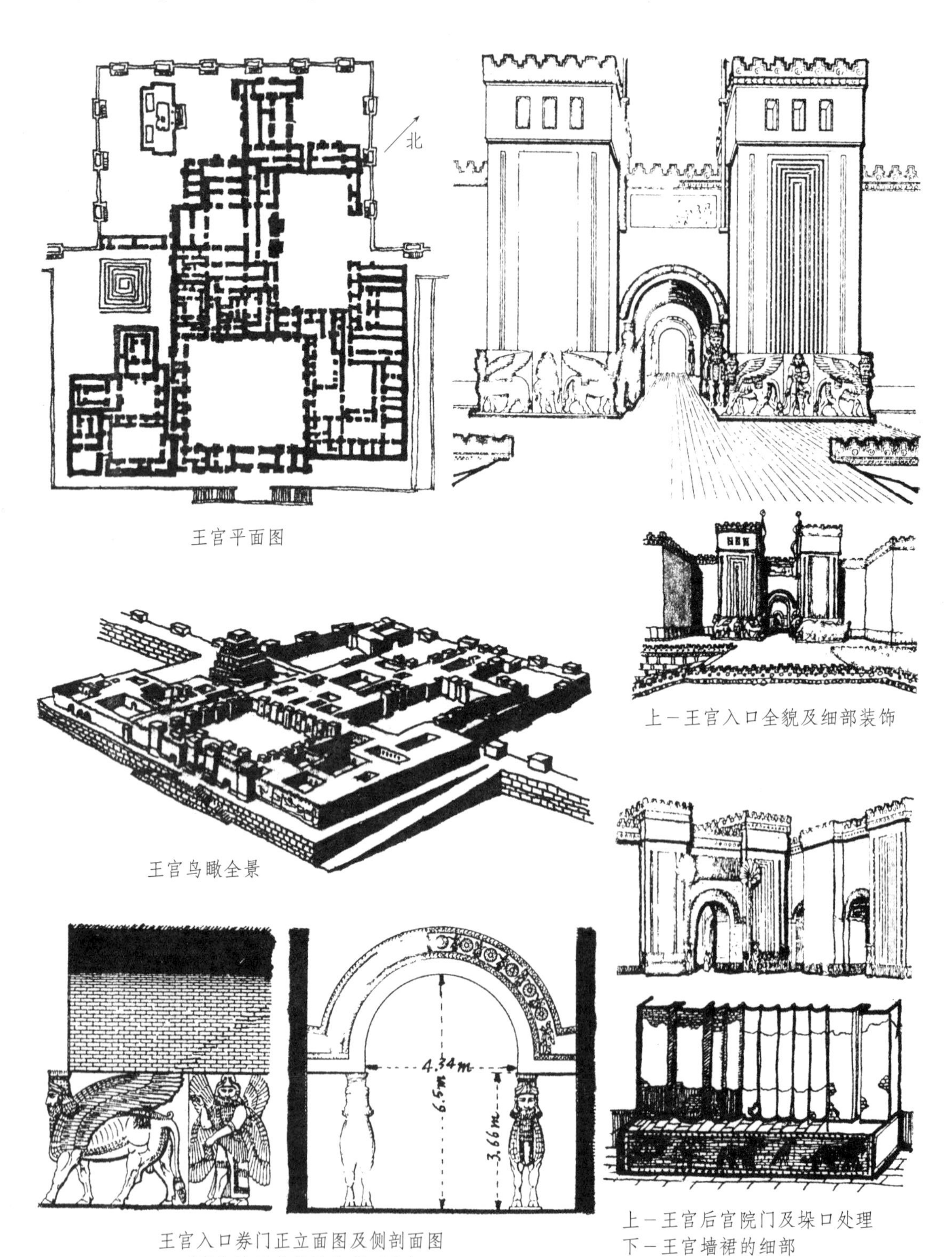

王宫平面图

上－王宫入口全貌及细部装饰

王宫鸟瞰全景

王宫入口券门正立面图及侧剖面图
(霍尔沙巴特的沙尔贡王宫)

上－王宫后宫院门及垛口处理
下－王宫墙裙的细部

古代西亚建筑·古巴比仑与亚述

古代西亚的柱式
a—玄武岩石柱
b—带金属饰件的柱头
c—柱头式样
d—柱础四种

亚述的“五腿兽雕刻”（用在大门券洞下）

墙上的浮雕（飞马战车）

巴比仑城墙上的琉璃狮子浮雕

西亚的浮雕

古代西亚镶板式装配人物浮雕墙

古代西亚建筑·古巴比仑与亚述建筑装饰

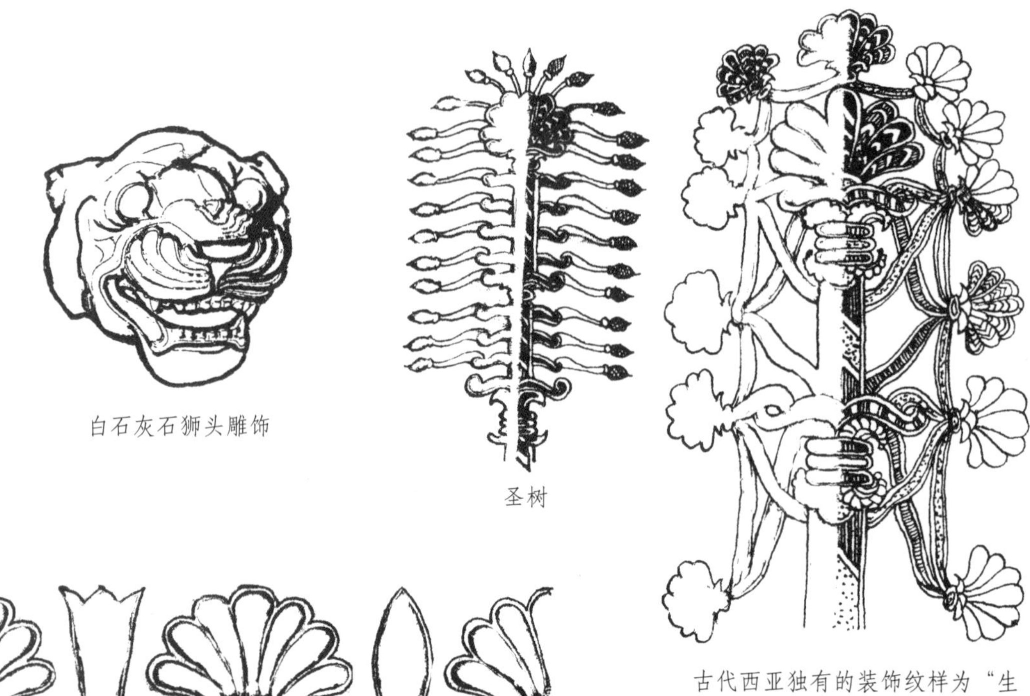

白石灰石狮头雕饰

圣树

古代西亚独有的装饰纹样为“生命树”（“枣椰树”，即圣树）

古亚述纹样用套环、石松果、掌状棕榈纹、杯状莲花纹和玫瑰花等组成

天花图案（莲花）

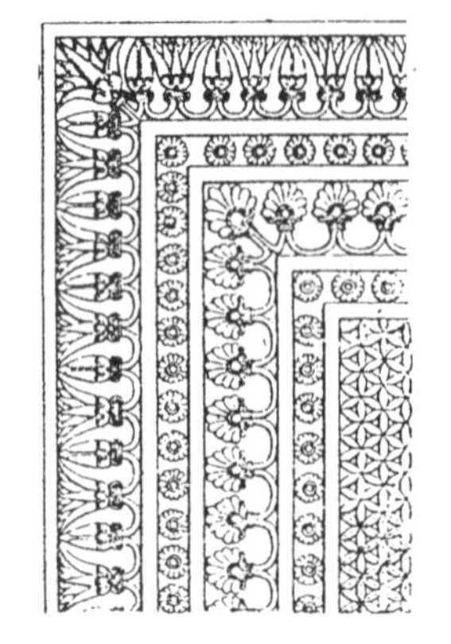

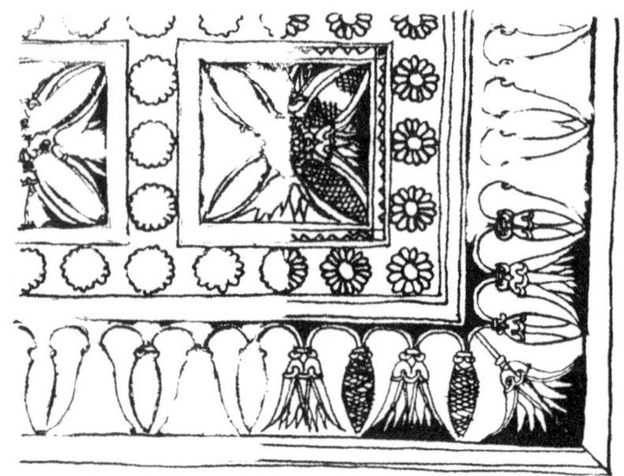

古亚述大理石地砖纹样

古代西亚建筑 · 古巴比仑与亚述装饰与构造

古巴比仑与亚述起初用芦苇
做建筑骨架

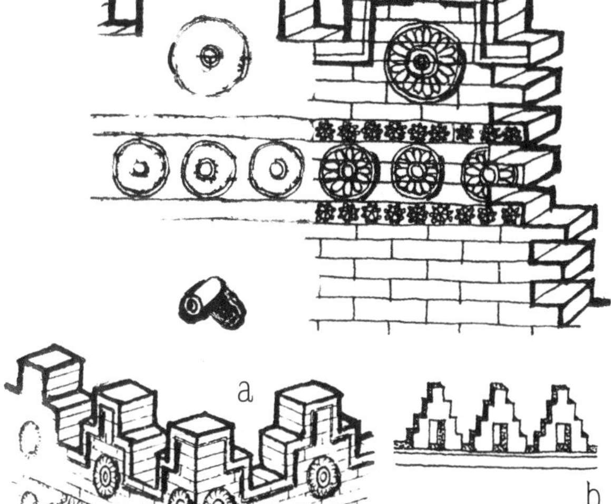

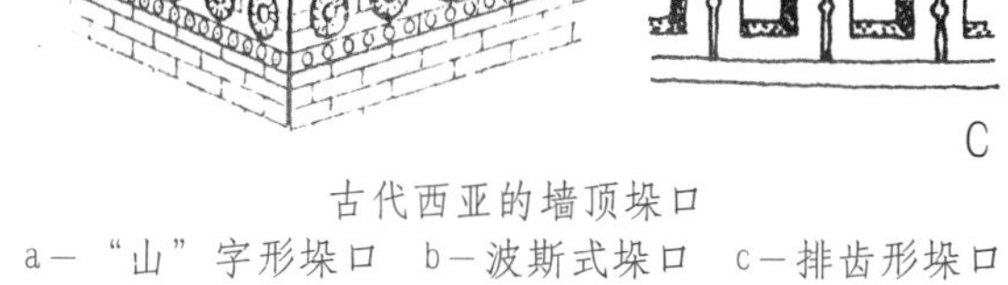

古代西亚的墙顶垛口
a—"山"字形垛口　b—波斯式垛口　c—排齿形垛口

拼板式的墙与垛口（庙塔转角细部）

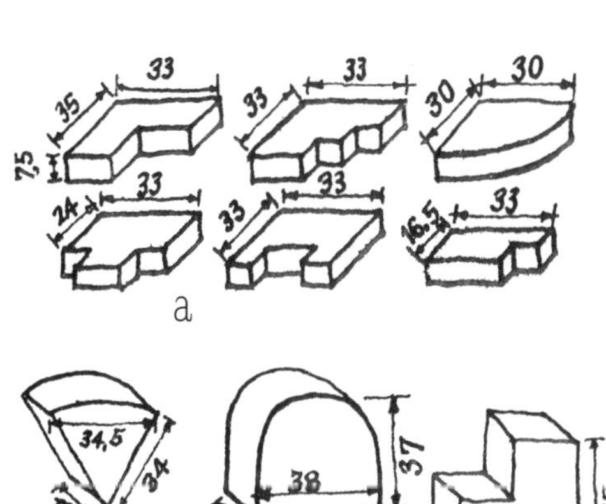

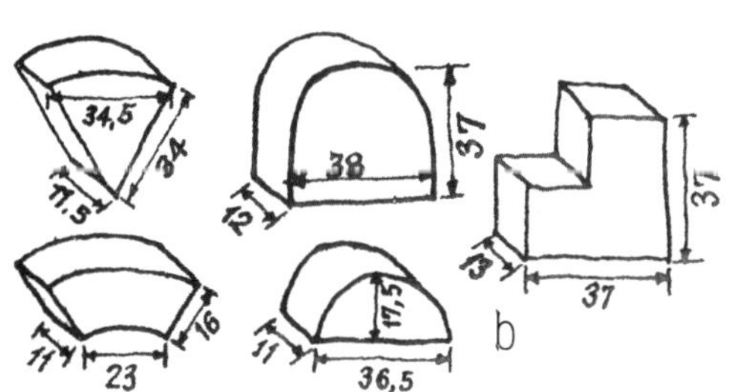

古代西亚型砖
a— 巴比仑的
b—亚述的
c—带楔形字的"玉砖"
(cm)

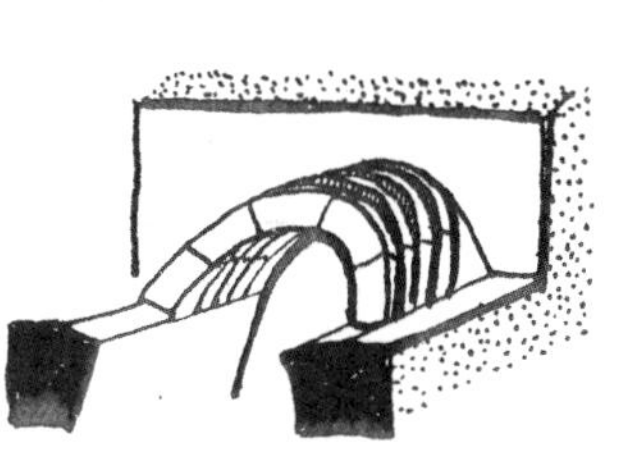

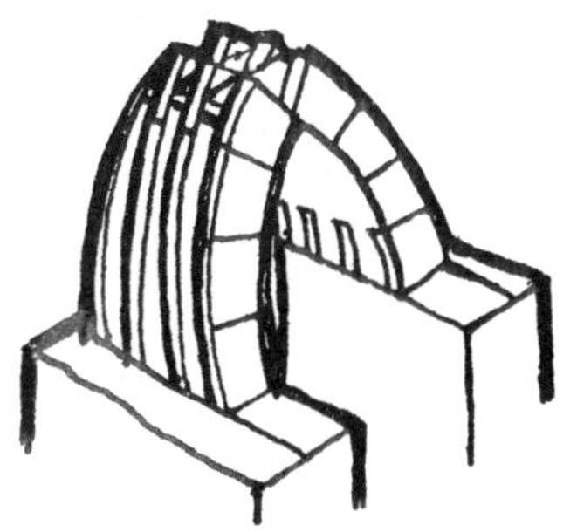

古代西亚的涵洞
上—巴比仑筒拱
下—亚述的尖拱

古西亚巴比仑家具·凳、扶手椅、桌与床

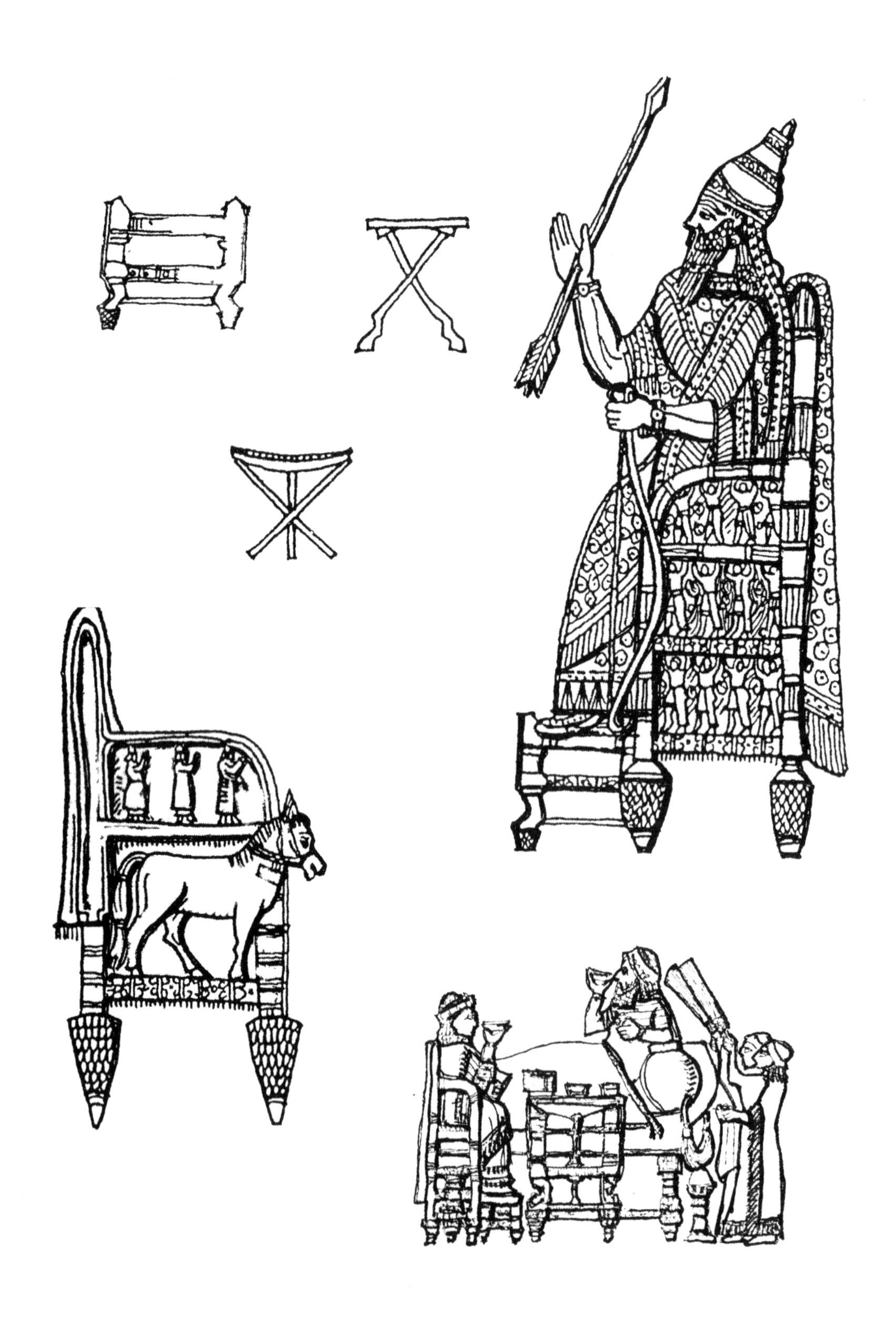

古西亚巴比仑与亚述家具·桌、台、几

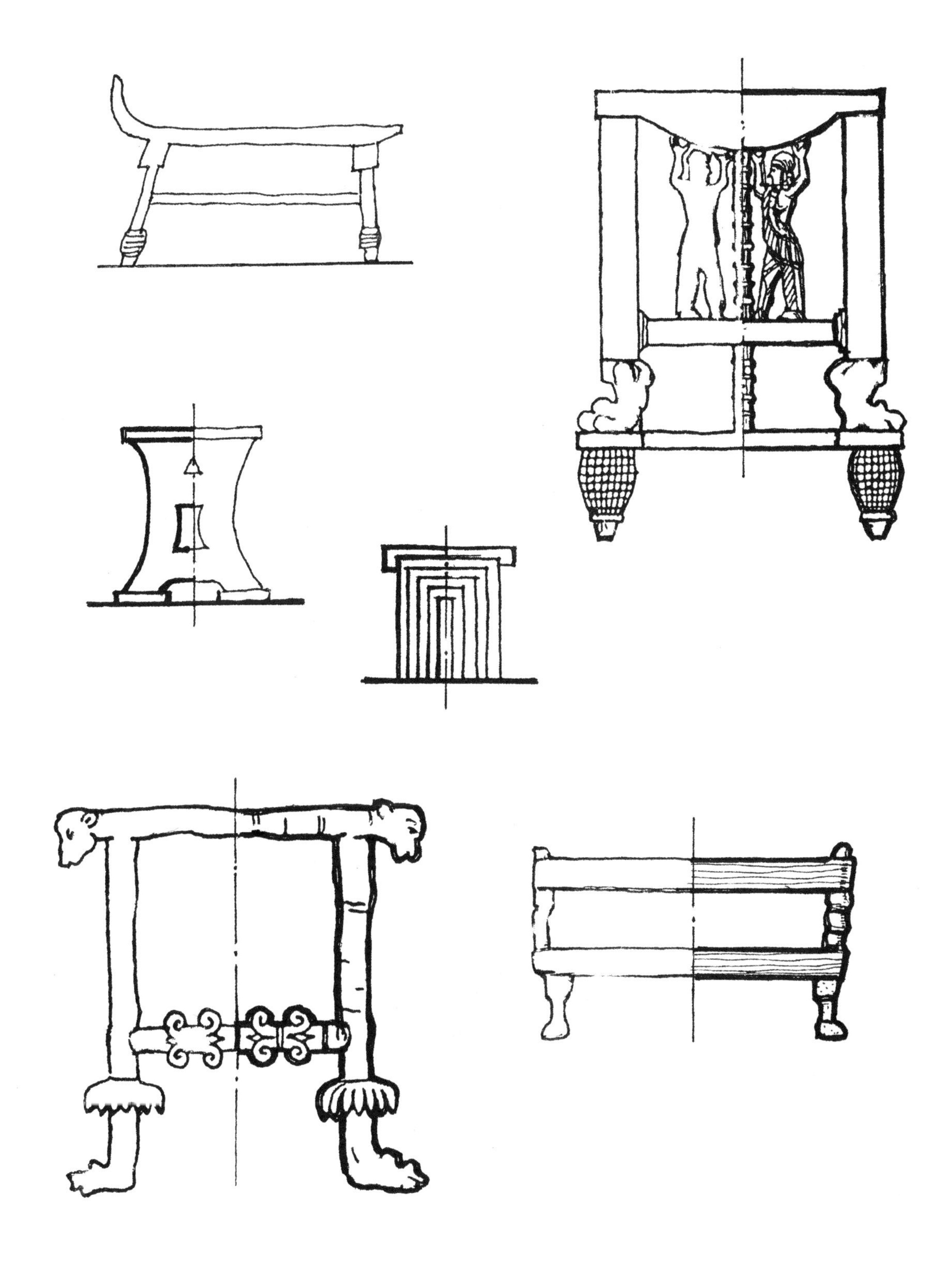

古代西亚建筑·古波斯建筑

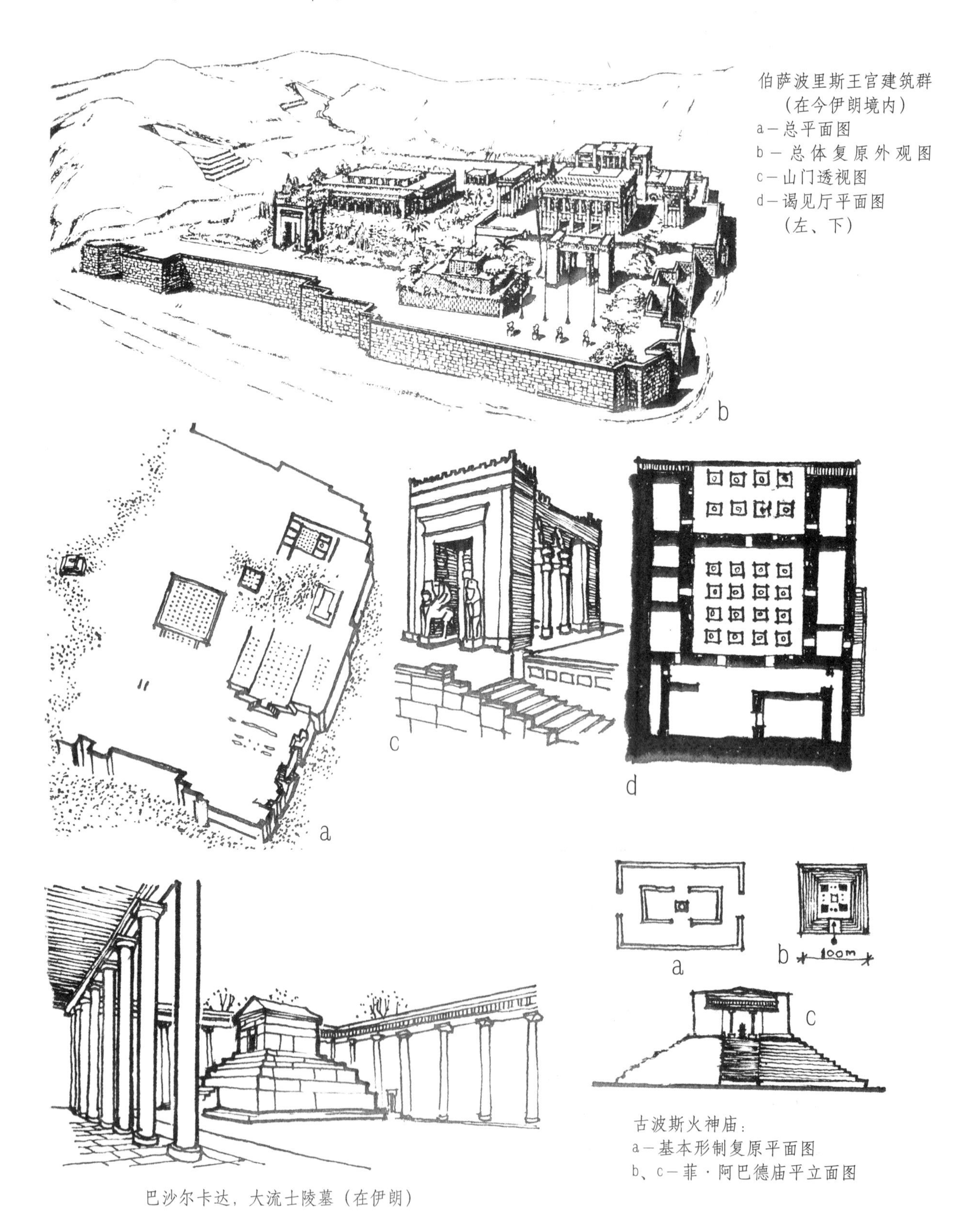

伯萨波里斯王宫建筑群
（在今伊朗境内）
a—总平面图
b—总体复原外观图
c—山门透视图
d—谒见厅平面图
（左、下）

巴沙尔卡达，大流士陵墓（在伊朗）

古波斯火神庙：
a—基本形制复原平面图
b、c—菲·阿巴德庙平立面图

古代西亚建筑·古波斯建筑

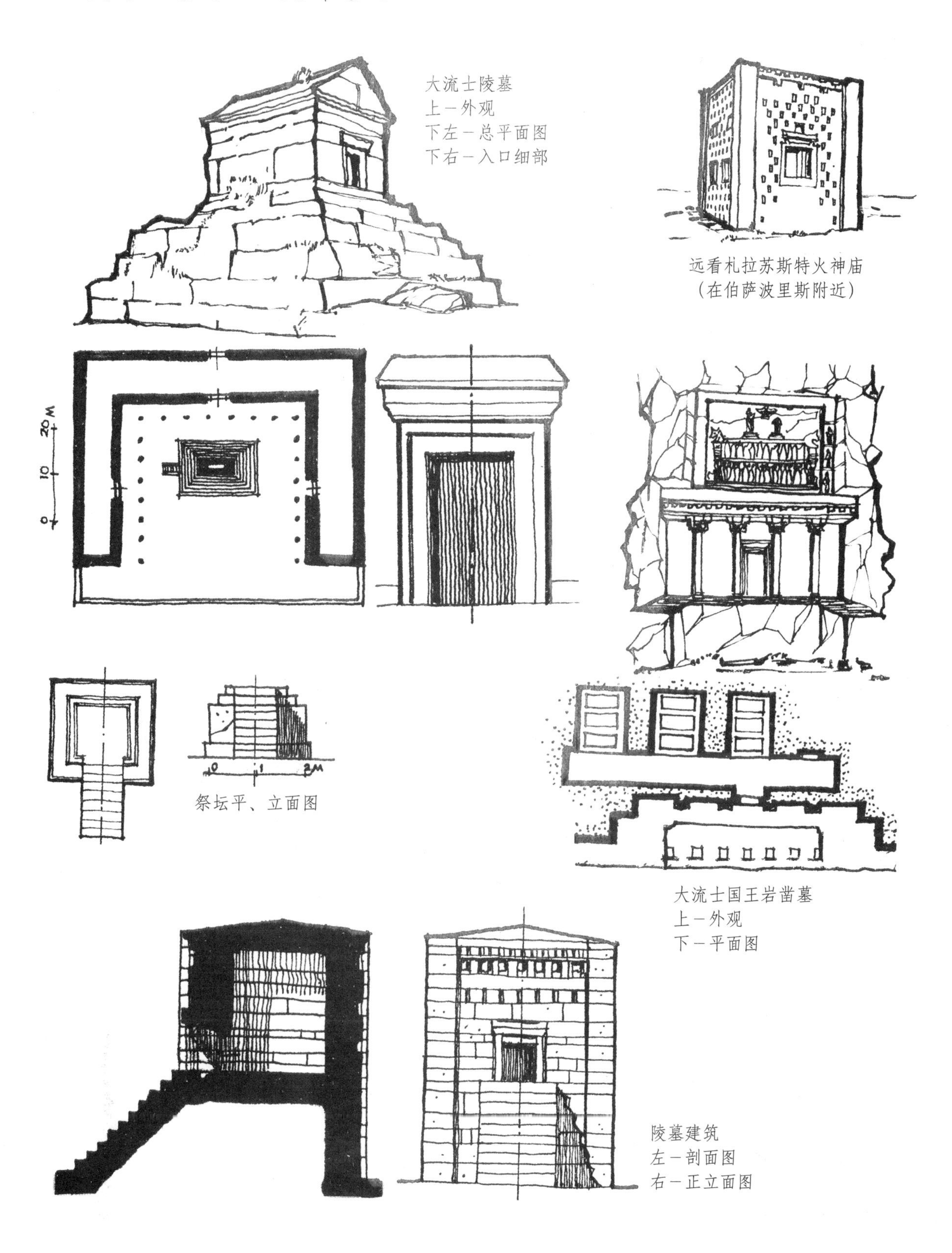

大流士陵墓
上－外观
下左－总平面图
下右－入口细部

远看札拉苏斯特火神庙
（在伯萨波里斯附近）

祭坛平、立面图

大流士国王岩凿墓
上－外观
下－平面图

陵墓建筑
左－剖面图
右－正立面图

古代西亚建筑·古波斯建筑

萨桑尼朝王宫（在菲卢兹·阿巴德）左、上
a—平面图　b—正立面（右部半剖）
c—外观　d—券门构造
e—门立面图　f—柱头立面

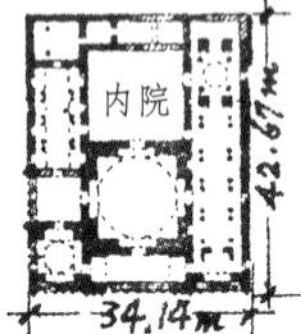

萨桑尼朝王宫
（在沙尔维斯坦）
上—复原外观
左—平面图
右—内部局部构造

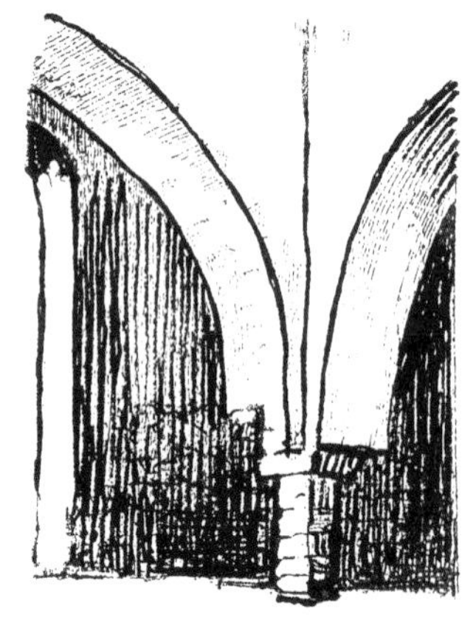

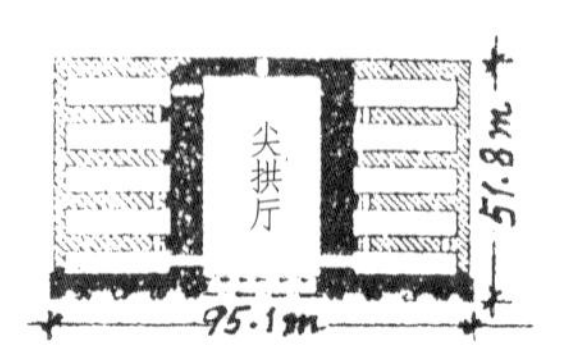

萨桑尼朝王宫建筑
（在克台西丰，今伊拉克）
左—残迹外观
中上—平面图
右—局部立、剖面图

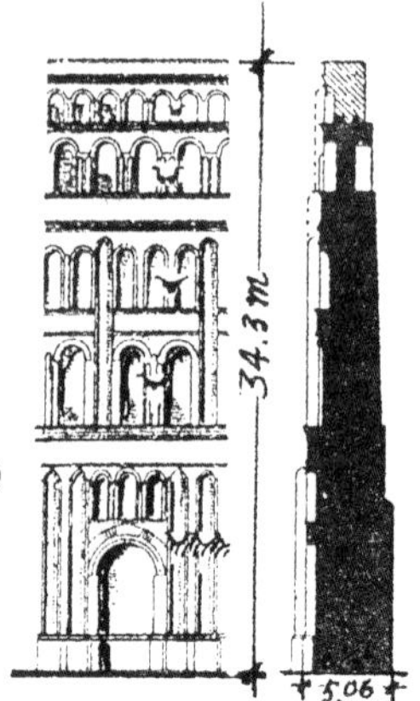

古代西亚建筑·古波斯的建筑细部及家具

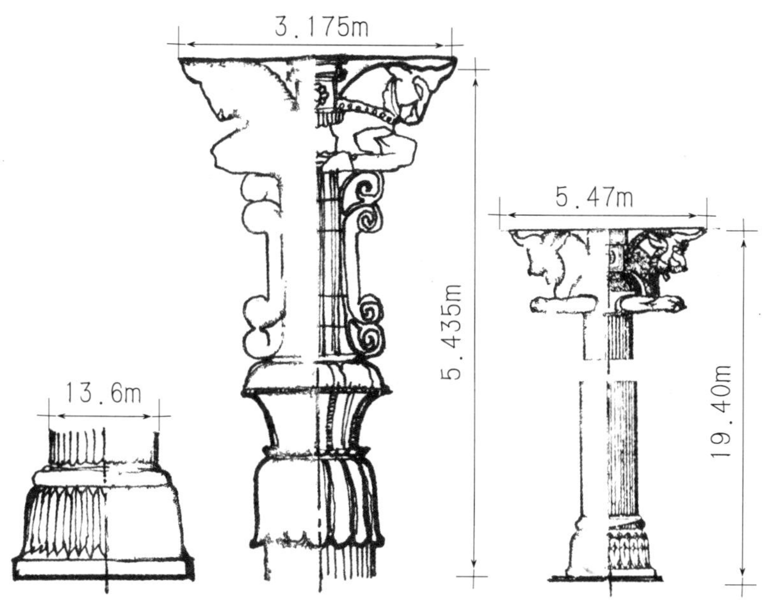

古波斯柱式：左－柱础　中－三段式双牛柱头
右－连体双独角兽柱子全貌立面

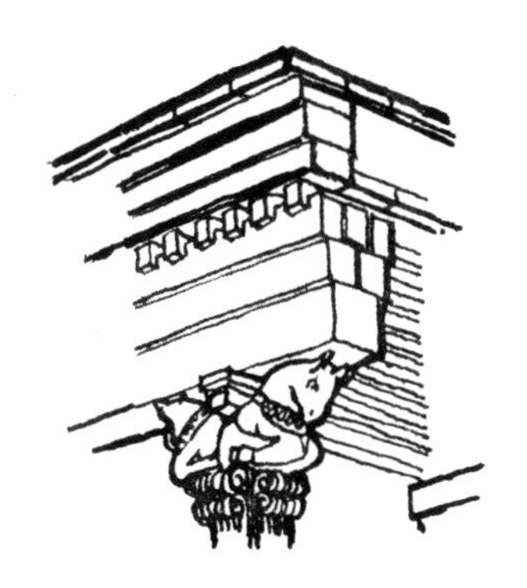

建筑中的三段式
楣梁细部

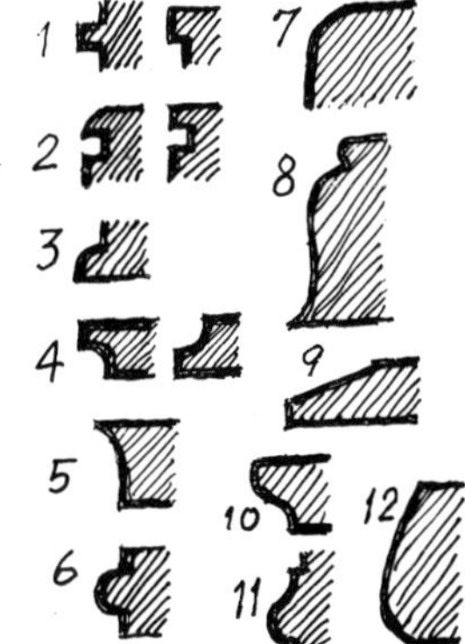

1－平凸线
2－平凹线
3－1/4圆凸线
4－1/4圆凹线
5－颏颈曲线
6－圆凸线
7－肩头线
8－覆钟线
9－斜坡线
10－反波纹线
11－重颏曲线
12－肚皮线

古波斯建筑的线脚

墙上浅浮雕（在苏
沙－今伊拉克境内）

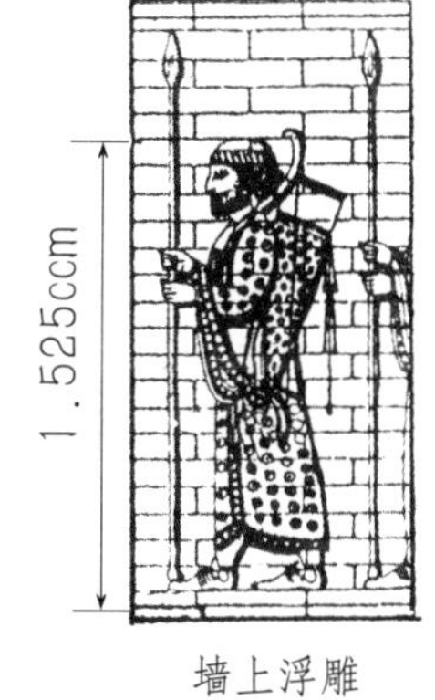

墙上浮雕
（同左）

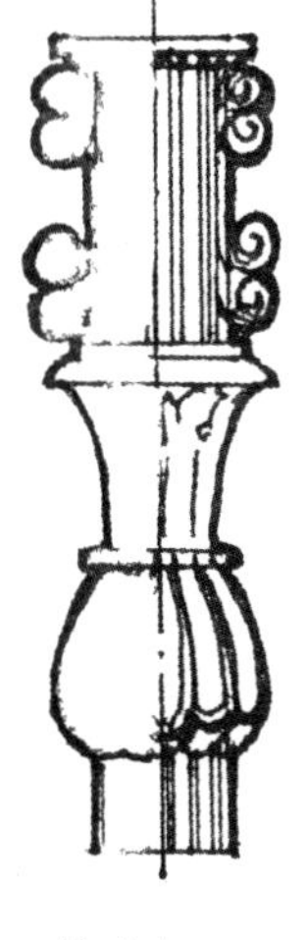

柱头之一

檐部狮子浮雕及带状纹饰

宝座正立面（家具）

古代小亚建筑·古腓尼基建筑

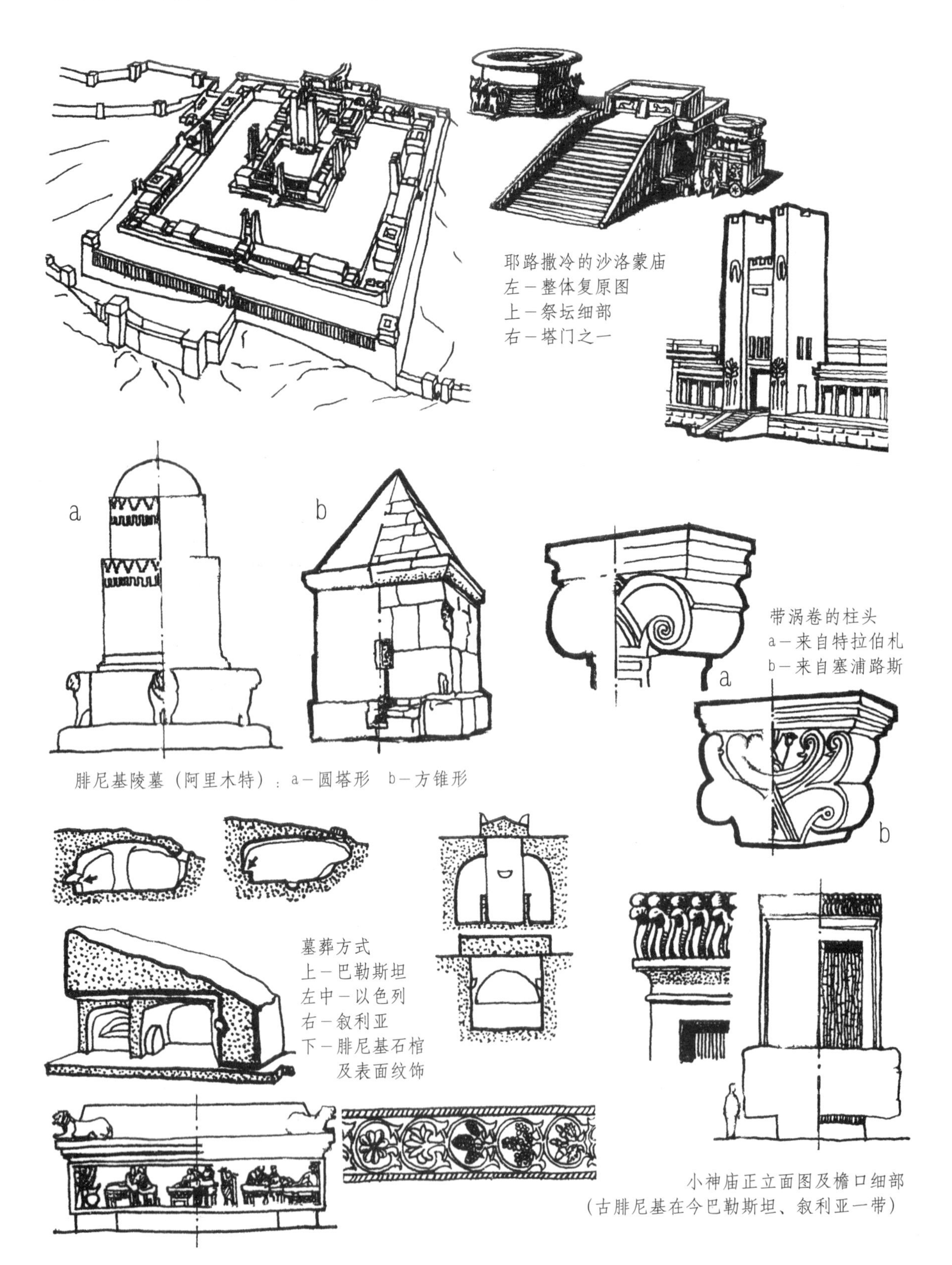

耶路撒冷的沙洛蒙庙
左－整体复原图
上－祭坛细部
右－塔门之一

带涡卷的柱头
a－来自特拉伯札
b－来自塞浦路斯

腓尼基陵墓（阿里木特）：a－圆塔形　b－方锥形

墓葬方式
上－巴勒斯坦
左中－以色列
右－叙利亚
下－腓尼基石棺
及表面纹饰

小神庙正立面图及檐口细部
（古腓尼基在今巴勒斯坦、叙利亚一带）

古代小亚建筑·地中海沿岸古国的陵墓

大月氏人的陵墓

古巴夫拉克尼陵墓平、立面图

古里底亚陵墓立面及平面图（1/2）

古里几亚岩凿墓平面图

古弗里几亚岩凿墓立面（上、右）

古里几亚岩凿墓立面二例

古里几亚石墓碑（左、上）

左一古卡里亚陵墓平面及剖面图

（这些古国在地中海沿岸）

古代小亚与中亚建筑·古里几亚、乌拉尔图与花剌子模的建筑

古代里几亚的陵墓建筑
a、b、c—岩凿墓外观
d、e—石墓透视与立面图
f—石墓平面图

古乌拉尔图木沙西尔城中的神庙正立面图
（仿古希腊神庙，古亚述壁画记载）

花剌子模古城复原图（有护城河）
上—Toprak—Kala城　下—Desik—Kala城

古代小亚与中亚建筑·花剌子模的建筑

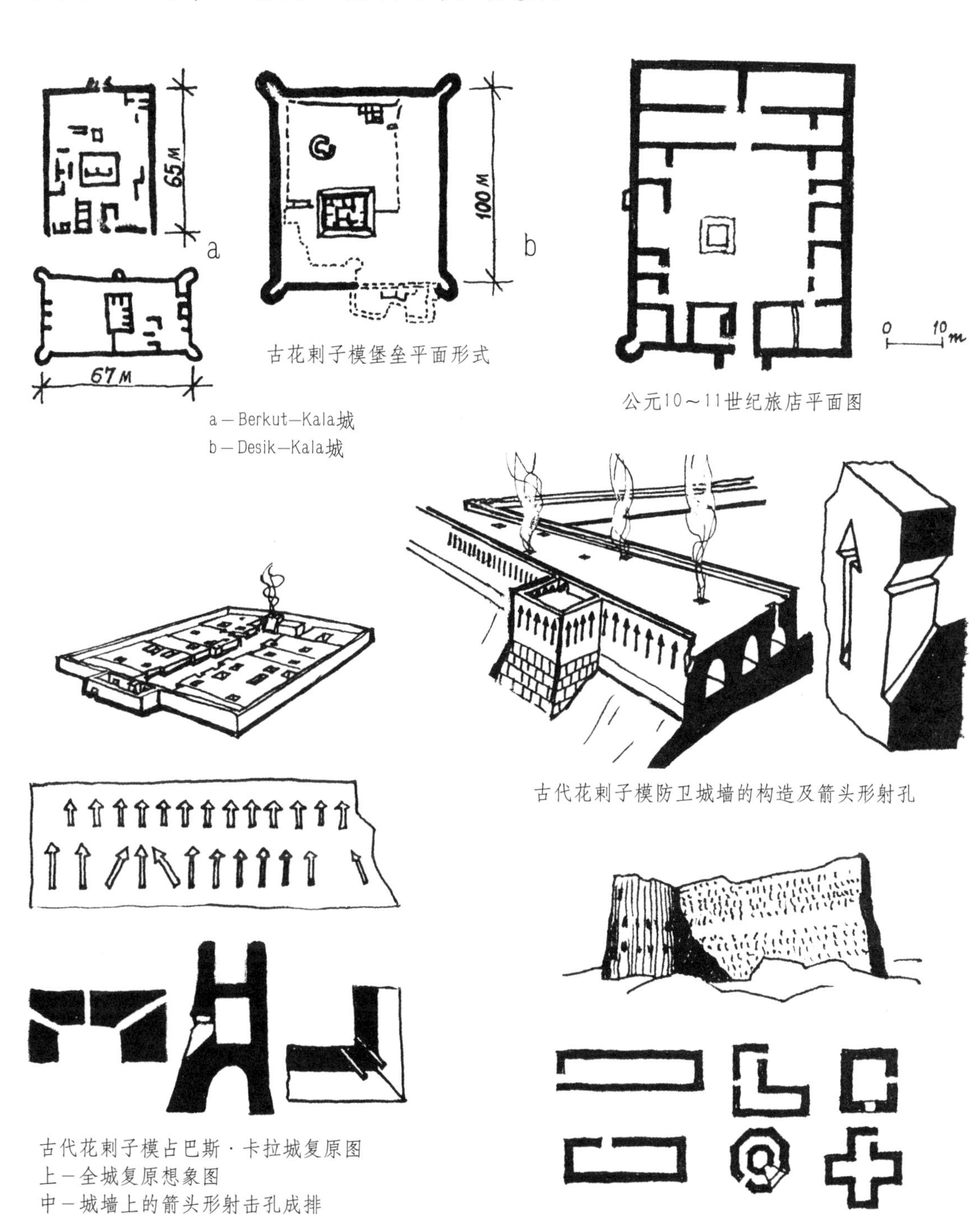

古花剌子模堡垒平面形式

a—Berkut—Kala城

b—Desik—Kala城

公元10～11世纪旅店平面图

古代花剌子模防卫城墙的构造及箭头形射孔

古代花剌子模古巴斯·卡拉城复原图

上—全城复原想象图

中—城墙上的箭头形射击孔成排

下—城墙剖面图及射击孔剖面图

建筑中客厅平面六种及建筑残迹（上）

（以上大部分为公元前8～7世纪时花剌子模的建筑）

古代小亚建筑·赫梯王国的建筑

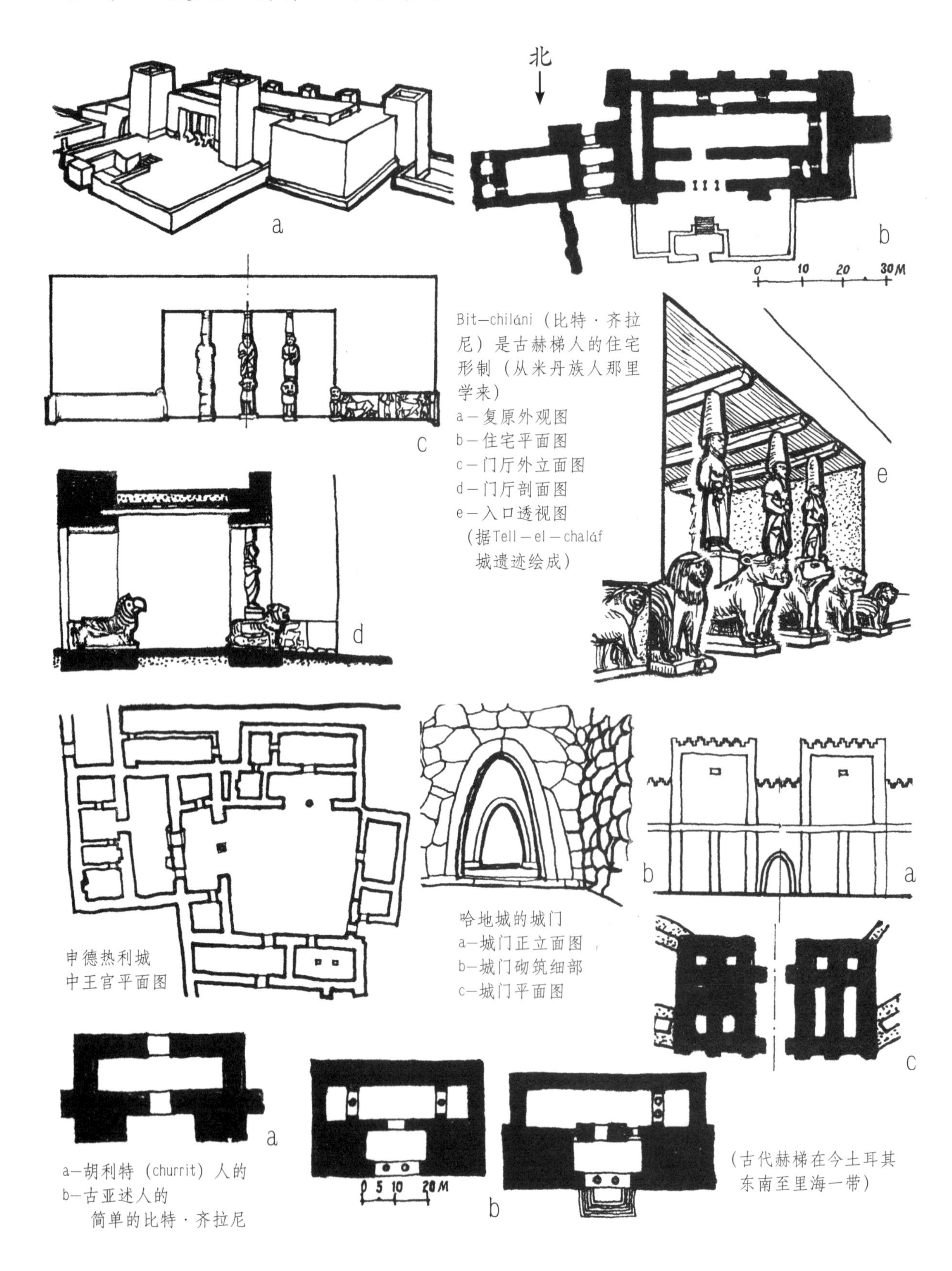

Bit—chiláni（比特·齐拉尼）是古赫梯人的住宅形制（从米丹族人那里学来）
a—复原外观图
b—住宅平面图
c—门厅外立面图
d—门厅剖面图
e—入口透视图
（据Tell—el—chaláf城遗迹绘成）

申德热利城中王宫平面图

哈地城的城门
a—城门正立面图
b—城门砌筑细部
c—城门平面图

a—胡利特（churrit）人的
b—古亚述人的
简单的比特·齐拉尼

（古代赫梯在今土耳其东南至里海一带）

第4篇　古希腊建筑与家具
（公元前1100年～公元27年）

古爱琴世界地处欧亚非三大洲的交会处，文明起源早。古希腊的建筑文化就是继承和发展了爱琴海地区（克里特岛、伯罗奔尼撒半岛、希腊本土一部分和小亚一带）的建筑文化。

在克里特岛、希腊本土梯林斯和小亚的特洛雅，都发现了“男子厅”（Megaron）式平面布局：由有双柱的敞门廊、前厅和一矩形房间这三部分组成的纵向构图住宅。这是古希腊神庙平面的基本形制。在希腊本土迈锡尼城，城堡狮门之过梁上开三角形孔洞，内镶装浮雕板；还有梯林斯卫城宫殿敞廊之三角顶檐，也直接影响到古希腊神庙建筑的三角顶。此外，四合院的平面是古希腊居住建筑的基础；用壁画和浮雕作装饰，还有纹样，建筑构造等，都对古希腊建筑产生影响。

1.建筑总的风格特点

古希腊建筑总的风格特点是：明朗、轻快、和谐、华丽、实用、健康朴实，既不同于古埃及与巴比仑的庞大、压抑，也不同于亚述与波斯的浮华。古希腊建筑还体现出高度的精确性和审美性。这是由于宗教信仰、世界观、社会经济体制、地理位置和自然条件不同于周围邻国的缘故。

2.建筑类型与特征

古希腊建筑类型较多，对后世影响较大。

⑴ 居住建筑

围绕内院布置房间是基本形制，内院是重要的交通、采光和通风用空间。后期在院子两面或四面增设围柱廊。主厅向阳，用作餐室和接待厅。女用房间在底层后部或在楼层上。底层房间的窗子朝向内院，楼层房间有的窗子开向街面。进临街的入口，经走廊可达内院。临街的底层有的作店铺或作坊，外墙平光简朴。富人和有地位的人，家的庭院里有喷泉水池、雕像和花木，一般都有后花园和水井。

统治者的宫殿和别墅非常华丽，有三合土灰泥抹灰墙和石材铺装的地面。而民宅和后来的多层出租房屋都很简陋，反映出显著的阶级差别。

住宅最初是用土坯和砖建于石基之上。后来多用石材建房，有木制的平顶，外墙多刷成白色。

⑵ 工程建筑

古希腊曾修有地下取水管道和蓄水池，也修筑了保护海港的堤坝。

⑶ 防卫和经济性建筑

小的城邦国家用石材砌围墙，墙上有垛口和塔楼。在海岸岩崖上修建瞭望塔和灯塔。还修建有交易所、海关总署、手工业作坊、珍宝库、仓库和船坞等。

⑷ 行政性建筑

古希腊行政性建筑有：长老会议大厦、市政厅、法庭和总裁办公所等，里面装修和设施很讲究，平面、立面处理都很好。

作为审判用的法庭建筑是新形制：由二至三排列柱将矩形厅分成了3～4个通廊，两坡顶檐下设置许多高侧窗采光，人称“巴西里卡”（BASILIKA）。这是后来纵向式基督教堂的原型。

⑸ 公共建筑

公共建筑包括集会、文化娱乐、教育和体育用的建筑物。剧场是利用天然的盆地或山坡做成梯阶式看台（观众席），再加上舞台和歌坛。

音乐堂是供诗朗诵和音乐表演用的有顶的小型剧场式建筑。

青年体育馆是有庭院、健身房和浴池的，专为培养青少年具有健康体魄的建筑物。大而长的竞技场有运动场（竞走和赛跑用）和赛马场两种。

广场和敞廊最初仅用于商业，后来用来集会、贸易或手工业，平面多为矩形，也有梯形的。敞廊是广场的主要部分，用来散步、避风雨或遮阳，有时也用作哲学讲座、诗朗诵、艺术品展览或交易的场所。廊前有英雄雕像。广场周围有庙宇、行政用房、军事机关、店铺、旅馆、仓库和调解处等，场内设有日晷、风塔、水池、喷泉、纪念像和休息平台等。各城市都有广场和敞廊。

还有俱乐部和画廊。卫城、市政厅和体育馆都有门楼（也叫“山门”）

⑹ 纪念性建筑

古希腊的纪念性建筑有庙宇、纪念碑、祭坛和陵墓等。庙宇不是聚众祈祷的场所，而是象征性的祭坛，所以几百年来形制未变。它是由爱琴文化中的“男子厅”演变来的。有的正殿被单或双排列柱纵向分成二至三个通廊；后来又出现叠柱，上有回廊，沿梯阶可上。殿内放圣物和圣像。平面长宽比为2∶1，下为阶梯状基座，两坡顶，山墙上有浮雕，檐部为三段式，柱廊形式多样，也有外墙加壁柱形成“伪围柱式”（有单、双排之分）。

素祭或火祭用的祭坛，最早为立于高地上的简单石台，后来发展成为华丽和宏大的纪念性建筑物。

纪念碑是颂扬统治者、富人或竞赛优胜者的纪念性建筑。

早期的陵墓在希腊本土以为場，在小亚、北非及岛屿为石窟墓。后来多为墓碑，刻有铭文或浮雕，上为三角顶，用掌状棕榈叶作装饰。后期在希腊本土以外的陵墓都很庞大，这显然是受东方的影响。

3.建筑艺术

由于希腊人多是讲究实际的海上探险者或机灵的工匠、精明的商人，所以在建筑艺术上流露出精确的“数学和几何性”、“严密的逻辑性”，造型简洁、明朗，充分反映出材料的特性，建筑的各个构成部分都有功能意义、且互相谐调得当、比例匀称，富有高度的审美价值。许多富有创造性的设计，对古罗马以及后来的世界建筑产生重大和深远的影响。

(1) 柱式

古希腊人创立了以柱的直径1/2为模数的设计方法，建筑的整体和各个局部的尺度的确定都以这个模数为基本单位。古希腊人创造了三种优美的柱式：

a.多立克式——由多立克 (Doric) 人创造，流行于希腊西部、意大利南部和西西里等地。它的显著特点是庄重、简朴、饱满和茁壮有力，具有男性美，主要由粗糙的贝壳石灰岩制成。它的线脚和立体雕饰不甚发达，多用来作围柱。

多立克柱式下为三级石台基；没柱础；柱身刻竖向凹槽16～24个（是4的倍数），柱身高是底径的4～65倍，顶径收缩后等于底径的2/3或5/6；柱头为扁圆盘形；柱头上为四棱形垫板；檐壁檐口由三部分组成。檐部下为光面檐板，其顶部为一小平凸线，平凸线下按一定间距排列下带六个小凸棱的平凸线段；中部为三垄板和垄间壁，垄间壁上有浮雕，三垄板和垄间壁上有一排带六个小凸棱的平凸线段；最上部为上下有线脚的出挑较大的窄檐板。再向上，房山为三角顶（有的内有浮雕），侧面为坡面屋顶；坡面屋顶下沿为水平曲面线脚，上面有狮头形滴水口。有些构件涂颜色：柱头用红、蓝、绿和金画出整排负荷垂卷的叶子；三垄板多刷成蓝色；垄间壁和三角顶壁面涂成红褐色。参见图。

b.爱奥尼式——由爱奥尼 (Ionia) 人创立，流行于希腊东部和小亚一带。其特点是轻巧、挺拔、华丽，具有柔和的女性美。它以优质大理石做建材，确保了精美雕刻的质量。

此式有柱础，个别的柱础下还有柱座或柱下部有浮雕；柱身下部1/3是垂直的圆柱形，上部2/3则呈弧线收缩，顶径是底径的5/6，柱身上的凹槽通常是20～24个，并有平垄台，沟深影暗；檐部为三段式，檐壁与檐口的线脚丰富，浮雕多样。按地域又可分成两种：

一是亚细亚爱奥尼式：柱子挺秀纤细，柱高为底径的8～10倍，收分不明显，凹槽较深；柱础由带或不带凹槽的半圆凸线、秋叶凹线、1/4圆凸或凹线、小平凸线和四棱柱脚组成；柱头主体为长方体，两端有涡卷（两涡卷相距较远），用青铜做涡心球，涡卷较小，下为圆托盘，上为薄的方形垫板，上有卵形、串珠或叶片状水平浮雕；檐部三段式，檐壁平光无装饰。坡顶下沿以正波纹线脚收尾。台口线、束腰线都很小巧，檐壁与屋顶交界处有排齿横饰带浮雕。也有无檐壁的。见图。

二是阿提卡 (Atica) 爱奥尼式：与前者稍有不同。其檐壁上饰以人物或植物浮雕，有的施加复色；柱础下无四棱柱脚，柱础仅由半圆凸线、秋叶凸线组成，半圆凸线表面多带凹槽或叶片纹、编结纹浮雕；柱头上的涡卷较大；檐部没有排齿浮雕饰带。见图。

爱奥尼柱头原来只适合两面看；后来转角处相邻两面的涡卷接合后沿对角线方向伸出，其他涡卷不变；最后四个角皆沿对角线方向伸出，就可以从任何角度来观赏柱头了。在此式中，首次用圆雕人像作承重的柱子。见图。

c.科林斯式——据传此式是科林斯 (Korinth) 城的雕刻家卡里玛考斯 (Kalimachos) 仿一少女坟上花篮之形，于公元前400年左右首创的。是亚历山大时期和在他死后广为流行的一种柱式。它的造型特点是优美、富丽，可和当时以华丽著称的科林斯城相媲美，故被称为“科林斯式”。

此柱式的柱高是底径的8.5～10.5倍，顶径是底径的6/7或5/6；柱身有24个凹槽；柱础同阿提卡爱奥尼式，但多个方柱脚；柱头的主要特征是：形似酒杯或篓筐，较高大，上面覆盖一排或数排毛茛叶。见图。柱头的毛茛叶雕饰后又生出涡卷，后来垫板各面正中增添动物、人头、蔷薇花和掌状棕榈叶等浮雕，最后变成纯雕刻品。檐部同爱奥尼式，檐壁多呈波状起伏或饰以浮雕。后期在檐口排齿浮雕上面加一排托拱。

此式最初用于室内，公元前335年首次用于户外。它是希腊文明走向衰落时的产物，在希腊普化时期和罗马帝国时期用得最多。

(2) 线脚

古希腊的线脚造型丰富多彩，体现出古希腊人的艺术才华。按功能可分出四类线脚。

a.支撑线脚——将檐部或楣梁的重力转嫁到下面的承重构件上。

轻荷载波线：也叫“多立克波线”或“鸟嘴线”，形似负重很轻的卷叶。表面常用红、蓝和金等颜色绘出几何形叶纹装饰。

重荷载波线：也叫“爱奥尼波线”，形似负重较大、垂卷贴花梗的叶片。表面由卵球和箭头相间组成饰带，下部是一排念珠。

重颏波线：也叫"反波纹线"，因负重较大，故使叶子垂向花梗后又卷曲向外而成S形。表面由垂舌形叶片和箭头交错排成饰带，下面是一排念珠。

b.斜撑线脚——在柱础或勒脚部分，使用由上部窄小部分向下面较宽部分过渡的线脚。

半圆凸线：可作为柱身向柱脚过渡，或墙身向勒脚过渡的线脚。

半圆凹线：亦可作为过渡用线脚。

秋叶凹线：特别适合上窄下宽部分的过渡处理。

钟铃线：也叫"反向正波纹线"，非常适合上窄下宽构件的过渡（连接）。

重颏曲线：也叫"反向反波纹线"，作用同钟铃线。

平凸线：是上下两部分过渡常用的线脚。

c.捆扎线脚——起收紧、束结作用的线脚。

平凸线：在视觉上也有捆绑、束结作用。

小圆凸线：表面光挺或雕成念珠链。

半圆凸线：表面刻沟槽或圆棱，或刻编结纹、叶片纹。

折角凹线：也起收紧作用。

平凹线：多用在柱础塑造上。

d.檐顶线脚及雕刻装饰件——在檐口部分的线脚也叫"台口线"，也有很多种。

颏颈曲线：形似人侧立时由下颏向脖颈弯下的曲线，和古埃及的差不多。有挺拔之感。

秋叶凸线：用在台口檐口显得饱满有力。

正向正波纹线：光影变化多，显得丰满。

正向反波纹线：光影丰富，显得既饱满又坚挺有力。

1/4圆凸线：光影柔和，显得轻巧。

1/4圆凹线：光影少，显得轻盈。

台口线上均为平凸线；台口线下多为平凸线，也有圆凸线。台口线表面多雕出或彩绘出叶纹饰带。其中由棕榈叶或莲花再加卷须组成的花纹，被称为"小花饰"（Anthemion）。

除了檐口线脚之外，屋顶上还有一些雕刻装饰元件：

脊顶和檐头饰件——是掌状棕榈叶雕刻元件安装在正脊或檐头上，压住脊瓦和瓦垄。

正吻雕件——由棕榈叶或动物、人物雕刻构成，安装在正脊两端的山墙顶部，既有结构意义，又有装饰美化作用。

垂脊雕饰件——在山墙两底角的屋檐上，安装动物或掌状叶雕刻装饰构件，也有结构意义。

(3) *建筑造型的演变*

古希腊庙宇建筑的井字格顶棚、三垄板造型、钉头饰和排齿横饰带等，说明都源于木结构，造型由粗糙、笨重向精细、纤巧发展；柱子拉长、檐部宽由1/2柱高缩小到1/4柱高、各柱式在后期互有影响（多立克柱加上柱础、排齿横饰带、托拱和檐部联列式浮雕；爱奥尼柱也有简化或多加浮雕装饰；科林斯柱也加牛或狮头雕饰）、用金箔包柱头或贴墙面及屋瓦等。

在希腊普化时期因追求奢华，出现了毫无结构意义的壁柱。

后期在方柱相背的两面加半圆柱，构成"扁圆柱"；在方柱相邻的两面加半圆柱，则形成"心形"截面柱子。这不仅满足了结构需要，也具有美观的效果。

虽然古希腊建筑艺术也和宗教崇拜息息相关，而且早在公元前3世纪由海尔茅根乃斯（Hermogenes）创立建筑学院，确立整套的柱式法规。但由于有较好的奴隶民主制，以及古希腊人具有艺术敏感力和创造力，所以就打破了宗教与建筑法规的束缚。不像古埃及建筑几千年一直变化不大。

(4) *采光设计*

古希腊的庙宇建筑最初是靠朝东的庙门和三垄板中间的空洞采光的，后来用天窗，个别也有在侧墙上开窗的。

居住建筑和其他类型建筑则以天窗、侧窗和庭院采光。

(5) *城市规划*

在城邦共和国初期，城市建设并无规划，多半在高地上建卫城，在城内圣区建庙宇，平民的住宅则随便在卫城外建造。

后来随着经济发展、贸易兴隆和人口不断增长，城市建设就变成有计划的了。特别是希腊普化时期：城市规模宏大，房屋都有良好的朝向和完善的铅质地下排水管道，街道呈方格网状，用许多梯阶和平台来弥补地面高差。各城都有几个大广场，广场四周建有宏大的公共建筑（图书馆、学校和剧场等）。整个广场、街道、每栋房屋乃至花园的造型都很考究。

当时不仅有大商业城，而且也有专供统治者居住的"禁城"（总督们的私人官邸）。城里有富人区和穷人区。后期的卫城和庙宇已失去原有的意义。

城市规划的形制基本有两种：一是不规则的，即根据地形自然地布置街道和街坊。二是规则的"几何式规划"，即不考虑地形的起伏，街道排列成方格网状，主要街道两旁的房子敞柱廊连在一起。这种网格规划的原则是由公元前5世纪中叶的米利都人西包达茅斯（Hippodamos）创立的，这种城市规划形式在希腊普化时期很流行。

(6) *建筑艺术形式法则的运用*

古希腊由于国家不统一，人们在精神上没有束缚，没有超越一切的王权，神也具有人的特性，因此建筑中体现出现实生活和人的观念，通过形式法则的运用，表达出轻快、明朗和亲切的感受。

a.比例——建筑物各部分按一定的比例关系组合起来，

以求得和谐、均衡。一般以柱子的底径、中径或顶径的1/2做基本单位（模数），其他各部分皆是此半径的倍数。

b.尺度——建筑物的绝对尺寸不很庞大，不像古埃及和东方军事专制国家的建筑那样咄咄逼人，而较注重相对尺寸。绝对尺寸各异的大小建筑的比例是相同的。在希腊普化时期才采用大尺度，以人来衡量而不用模数了。

c.对比——整个建筑是多种对比的综合体：柱与柱间净空、水平线与垂直线、明和暗、规则的几何形建筑与粗犷的环境，等等，处理得当，产生生动活泼的效果。

d.节奏——节奏能使建筑物具有严谨性和规整性，但用得过多则会造成呆板与冰冷感。古希腊人运用节奏既适度、生动，又有微妙变化，并不乏味。

e.对称与均衡——单体建筑采用对称式构图；群体建筑组合则使用均衡布局。建筑很少以纵向正面为主，而常是突出横向这个侧面。在希腊普化时期，流行轴线对称的构图。

f.匀称——建筑物的各构件之间，比例尺寸适度、和谐；雕刻、绘画和纹饰等各种因素之间，关系平衡。表现出开朗、欢乐的气氛和自由思想。

g.视觉偏差之矫正——有意识地将建筑物的某些构件做适当的改变，或安装上使角度有所改变，以矫正视觉之偏差，达到稳定与均衡的目的。例如，角柱比中间的柱子要粗而且中线微向内倾；边柱的柱间净空比中间柱子的柱间净空窄小；三角顶（房山）略向前倾斜；阶座上沿及檐部楣梁正中皆向上呈弧形隆起；将背衬为天空的柱子中部加粗；帕提农神庙里面的柱子比外面的柱子短且细，造成深远感；等等。

(7) 建筑装饰

雕刻、绘画和纹样在古希腊建筑中均被大量运用作装饰。

a.雕刻——分圆雕和浮雕两类。由于崇拜人体美、把神人格化和经常举办体育竞赛，所以圆雕浮雕都受到重视。

圆雕最早使用树心木，脸与手用象牙，其他部分用金箔或透明珐琅包贴。后来改用石灰石、大理石和青铜，有的上面涂色。青铜像镶宝石眼珠。庙中的神像、屋脊和山墙上、广场与庭院中，都有圆雕；还有用人像做柱子的。

浮雕一般用在檐壁、垄间壁、山墙、基座、墓碑和纪念碑上，个别用在柱子下部。除石雕外，赤陶屋瓦和装饰件也很精致。

b.绘画——古希腊的湿壁画、彩石镶嵌（马赛克）、陶瓶彩画、木板彩画和蜡色烫染画（Enkaustika）的造型准确，色彩和谐，精工细作，并有透视变化。画种有风景画、风俗画，用于室内墙面、地面、墓碑与石棺上。

c.纹样——最初为几何纹，后来才有植物纹、动物纹、人物与器物纹。公元前7世纪的纹样与古埃及、西亚的相似。

几何纹有锯齿、回纹、波纹、链环、念珠链、卵球、连券和编结纹等。

写实纹样从棕榈、毛茛、荆棘、芦苇、月桂、松、葡萄、玫瑰、长青藤、石榴、醉心花、牵牛花、忍冬和海藻等变化而来，而以毛茛叶、掌状棕榈叶和忍冬花最常见，还有双勾螺线。用作装饰的海洋动物居多（海豚、鱿鱼等），此外还有牛、狮、蛇和怪兽等。

有些纹样做横饰带，有的则用作框边。适合纹样的构图不是由中心向四周辐射，就是由四周向中心汇聚。总之，纹样设计注重构图的均称、和谐，分枝自然合理，线条流畅和多样统一。平面纹饰涂色以便和衬地有别；立体（浮雕）纹饰轮廓清晰、起伏显明，用作重点装饰。多立克柱式中多用平面纹样；爱奥尼柱式中平面与立体纹样并用；科林斯柱式中则以立体纹样为主。

d.色彩——古希腊建筑往往在粗糙石面上先抹一层大理石细粉灰泥，然后再涂黑、红、棕和黄等色，或者用蜡色烫染（将溶于蜡中的颜色烫在木材或石材上），使色泽滋润艳丽、经久不变。建筑构件的颜色以红、蓝为主，重点部位用金色。棚顶井字格底面为蓝色，上有金色玫瑰花图案纹样。有浮雕的垄间壁的壁面为红色，无浮雕时为白色。水平构件多刷红色，垂直构件多刷蓝色；有的三垄板刷成黑色，水珠饰则为白或黄色。多立克式建筑多用原色和金色。爱奥尼式建筑的檐部多为彩绘，柱头涡卷常涂金色，后来受东方影响，用金箔包贴柱头、墙面和屋瓦。

平面与立体纹饰则用黄褐、金、褐、暗红、鲜红、白、蓝、绿和黑等色，多半是两三个色的交错，很朴实、和谐。红、黄、蓝是基本色，也喜欢用补色。

4.建筑材料与构造

(1) 建筑材料

古希腊的建筑用材，最初为木材、土坯，后来使用砖与石、陶瓦、铁、铅、铜，后期用灰泥和琉璃贴面。

(2) 建筑构造

古希腊建筑在结构上有些独特的地方。

a.地面构造——地面采用夯筑或石块拼砌，地基用乱石砌筑。

b.台阶——台阶的阶座用乱石砌成或石块互相衔接，表面铺平光的石板。阶座中央向上呈弧形隆起，既防止下沉，又矫正了视错觉。台基过大时，则采用增添或凹减的办法，做出梯阶。

c.筑墙——公元前6~5世纪时，用砖或石砌墙，采用全顶、全顺，或顶顺结合的砌法。到公元前4世纪时，墙心用碎石，墙皮为块石，石块衔接不用灰浆，而是用蚂蝗钉或“合钉”（先为木质，后改铁质）：榫槽内灌铅液固定。接缝一般很精确；不精确时，则用红粘土将缝隙抹平。为了使墙面石材外表光滑美观，在多孔石材（贝壳石灰石、凝灰岩）表面，抹一层大理石细粉灰浆。内墙用彩色石板或金属（金箔、铜等）贴面。

d.*柱子的构造*——柱子最先用木料制作；后来用整块石条做成；再后，巨大柱子则用多个鼓形石墩砌成：在上面鼓形石的下部先固定榫钉（用木材或铜制成），在下面鼓形石的顶面凿出榫槽和流出多余铅液的沟槽；摞砌时，先在榫槽中浇灌铅液，然后将上部的鼓形石安装到位。柱子逐渐向上收缩或中部较粗，既可矫正视错觉，又有结构意义。

e.*屋顶结构*——屋顶由平顶演变为单坡顶和两坡顶。两坡顶之高等于跨度的1/6~1/8。最初是在木屋架上盖陶瓦片和石板，后来全部用石材。屋脊、檐顶的雕饰件，屋檐上的狮头状的雨水口，不仅是结构与功能的需求，而且起到了美化作用。

后来从东方学到发券和砌拱（穹顶）的技术。

f.*施工技术*——古希腊用缆丝锯断石料。将鼓形石放在砂盘上旋转，将其磨平。用车或木滚轮运输石材。吊竖起石料使用复式吊车，石上刻凹槽，捆住石材，再吊起。

5.古希腊的家具

古希腊家具最初受古埃及和亚述的影响较大（在造型与结构上），后来具有自己的特点。

(1) *家具品种*

古希腊的家具品种比较齐全。坐具类有凳（三足或四足）、交杌（马扎）、靠背椅、扶手椅和宝座等；凳、靠背椅和扶手椅有固定或活动的软坐垫。

卧具类有榻、床和倚床。床和榻的一端为高出床面的斜台；或加枕头；有的两端皆有软头垫。倚床是在床的一端装靠背，人可坐在床头，背部有倚靠，可长时间坐在床上，又很舒服。有与椅或床榻相匹配的脚踏。

台座类有长方桌、方桌（齐头、一边挑头）和长方形三腿桌（桌面齐头或一边挑头）、供桌和圆桌（三条鹿腿，马蹄足）等。桌子体积小、重量轻，饭桌不用时放在床榻下面。

藏具类有盛器皿钱物的盒子、放衣服的箱子，尺寸变化较多。样式上受古埃及影响。大的精制的箱子可做棺椁。

(2) *造型特点*

早期受古埃及和两河文化影响，后来形成自己的风格。

许多小凳的腿形似上粗下细的竹节，或镟出装饰性的圆球。也有的腿像爱奥尼柱式，还有的像野兽腿。马扎的腿多为野兽腿。

靠背椅和扶手椅的靠背几乎都向后倾斜一定角度，不少呈弧线形，个别是垂直靠背（顶部有向后弯脖的鹅头）。椅子腿有一部分是下部向外弯并逐渐变细，一部分是直立的狮虎腿或爱奥尼柱式腿，个别还有竹节腿。

桌子腿一部分是上粗下细的垂直腿，另一部分是直立的兽腿，或接地处微向外弯的腿。在桌面与帐子之间镶牙板加固，也有加多条竖枨的。三腿桌的单腿上部有类似夹头榫的造型，用丁字形横枨联结三条腿。

床腿有爱奥尼柱形的、竹节形的、箱形的和兽腿形的。床头有的像椅子靠背，有的是带涡卷的弧形围板。

(3) *装饰手法*

古希腊家具的装饰手法多样化。

a.*纹饰*——在蓝底色上，用金色绘出忍冬花或毛莨叶纹，十分流行。也有画月桂、葡萄和卍字纹的。

b.*镶嵌*——在家具表面镶嵌象牙、金银、龟甲或玳瑁等，以表示使用者身份地位显赫。

c.*雕刻与镟制*——在家具上雕出浮雕或圆雕，或镟出有收分变化的圆腿、圆枨。

d.*浸染*——用蜡色烫染法，在家具表面浸染出纹样或图画。

(4) *家具用材*

古希腊用石料雕凿的家具（靠背椅、宝座等）仍保存完好。从绘画、雕刻和文字记载中，可知制作家具的用材还有木材、青铜、藤条、麻绳、金银、象牙、玳瑁和布料等。

(5) *家具的构造与加工工艺*

a.古希腊人除已知普通榫卯结构外，还掌握了透榫、开口榫和插夹榫。并且已熟悉了框架结构、嵌镶板技术、胶合层板技术等。

b.古希腊人已用刨子、镟床加工部件，知道了弯曲木技术与工艺，熟练掌握雕刻和浸染、镶嵌工艺。椅凳桌面与腿交接时，除用榫卯外，还有钉子加固。

c.编织与软包镶，椅凳的座面有用绳、藤编结的；也有用皮革、布料软包椅面或凳面、床面的；有的是活动的坐垫。

复习题与思考题

1.古希腊建筑总的风格特点是什么?

2.古希腊的建筑类型与特征怎样?

3.古希腊建筑有几种柱式?有哪些线脚?

4.古希腊建筑中运用了哪些艺术形式法则?装饰上有何特点?

5.古希腊在建材与构造上有什么特点?

6.古希腊家具在品种、造型、装饰手法、用材、构造与工艺上都是什么样的?

古希腊建筑·爱琴海迈锡尼文化遗迹

迈锡尼城狮门：左－全貌

中－尺度

右－门楣细部

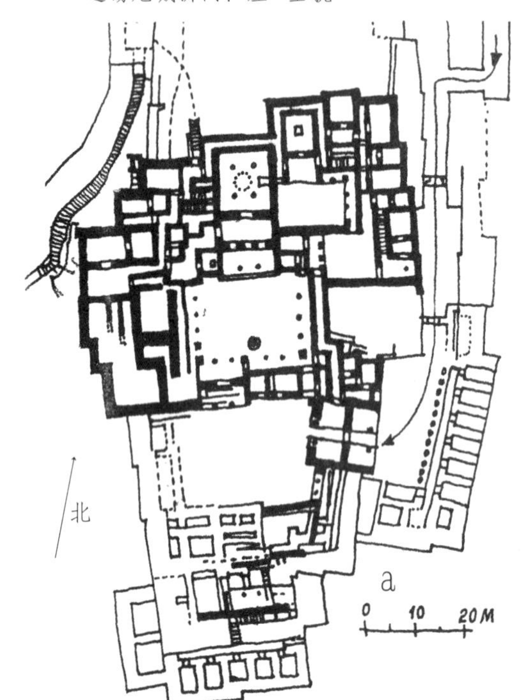

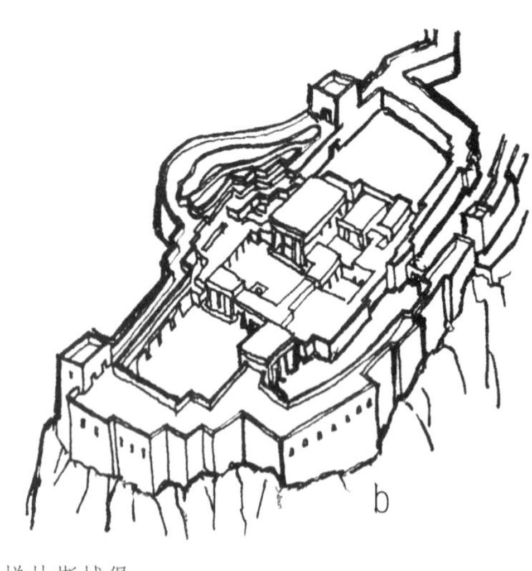

梯林斯城堡

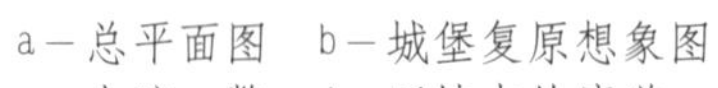

a－总平面图　b－城堡复原想象图

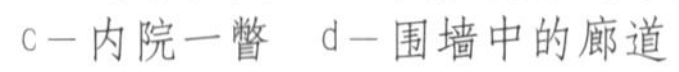

c－内院一瞥　d－围墙中的廊道

古希腊建筑·爱琴海迈锡尼文化遗迹

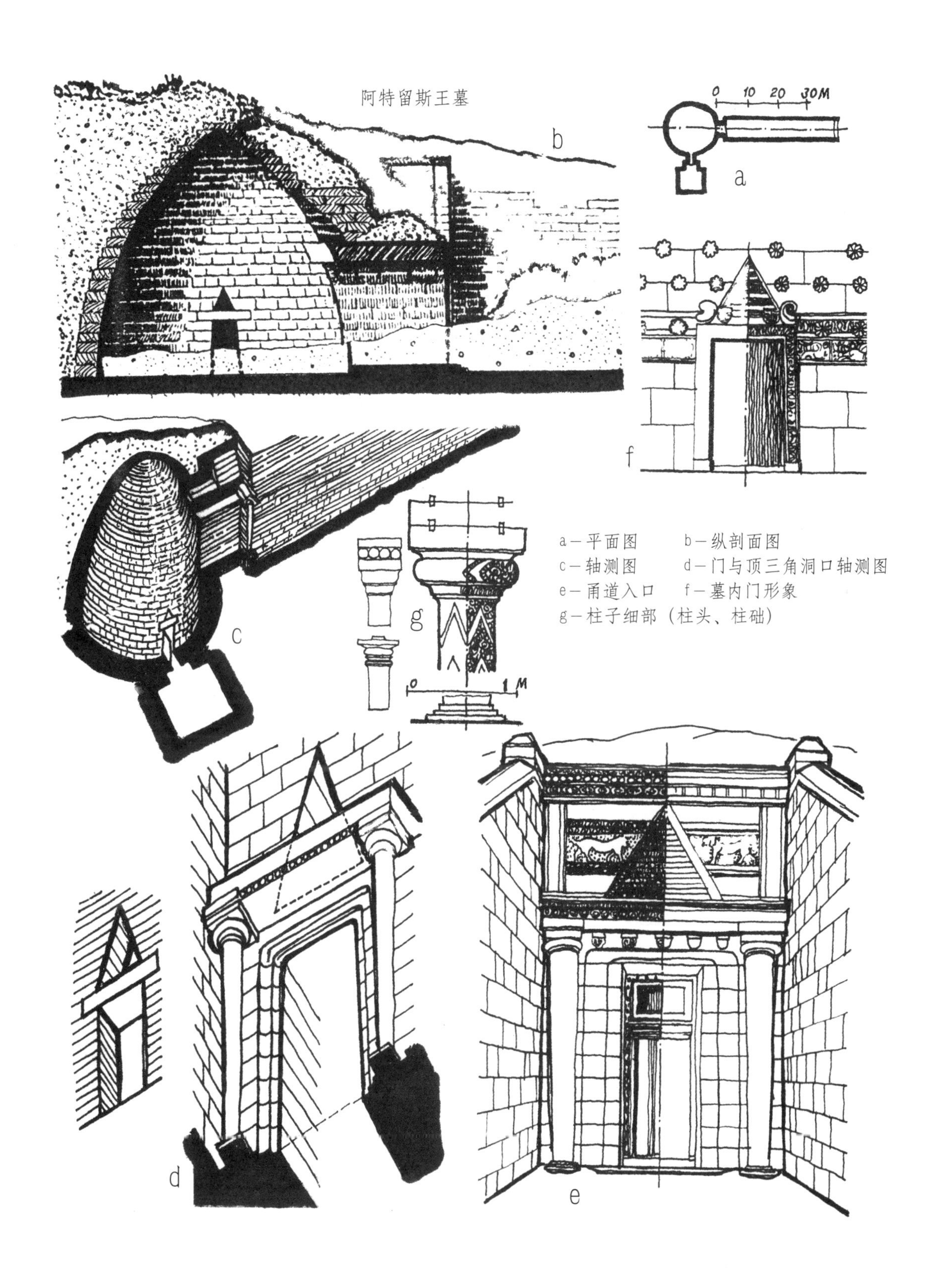

古希腊建筑·爱琴海克里特岛等地的文化遗迹

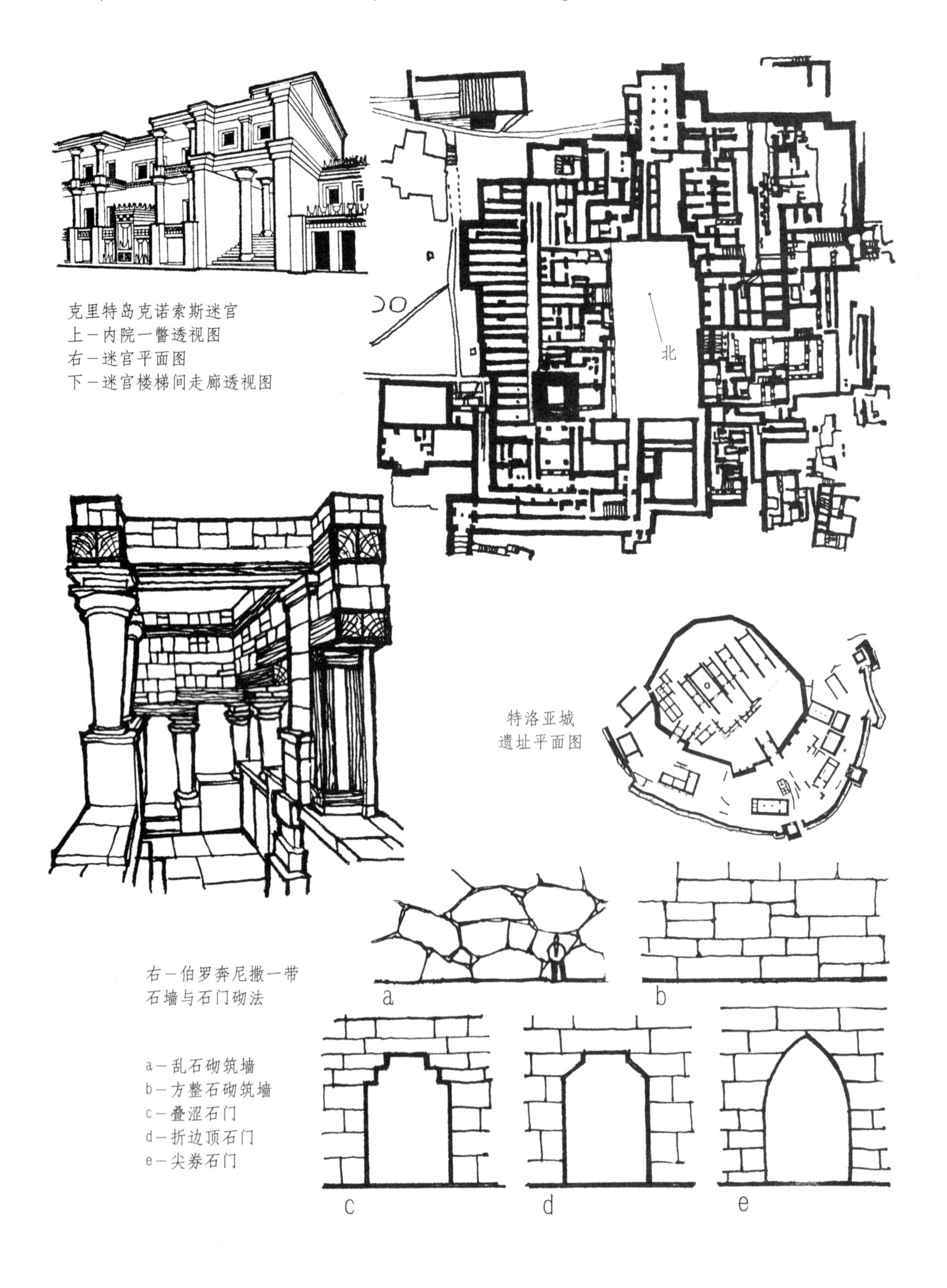

克里特岛克诺索斯迷宫
上－内院一瞥透视图
右－迷宫平面图
下－迷宫楼梯间走廊透视图

特洛亚城
遗址平面图

右－伯罗奔尼撒一带
石墙与石门砌法

a－乱石砌筑墙
b－方整石砌筑墙
c－叠涩石门
d－折边顶石门
e－尖券石门

古希腊建筑·雅典卫城

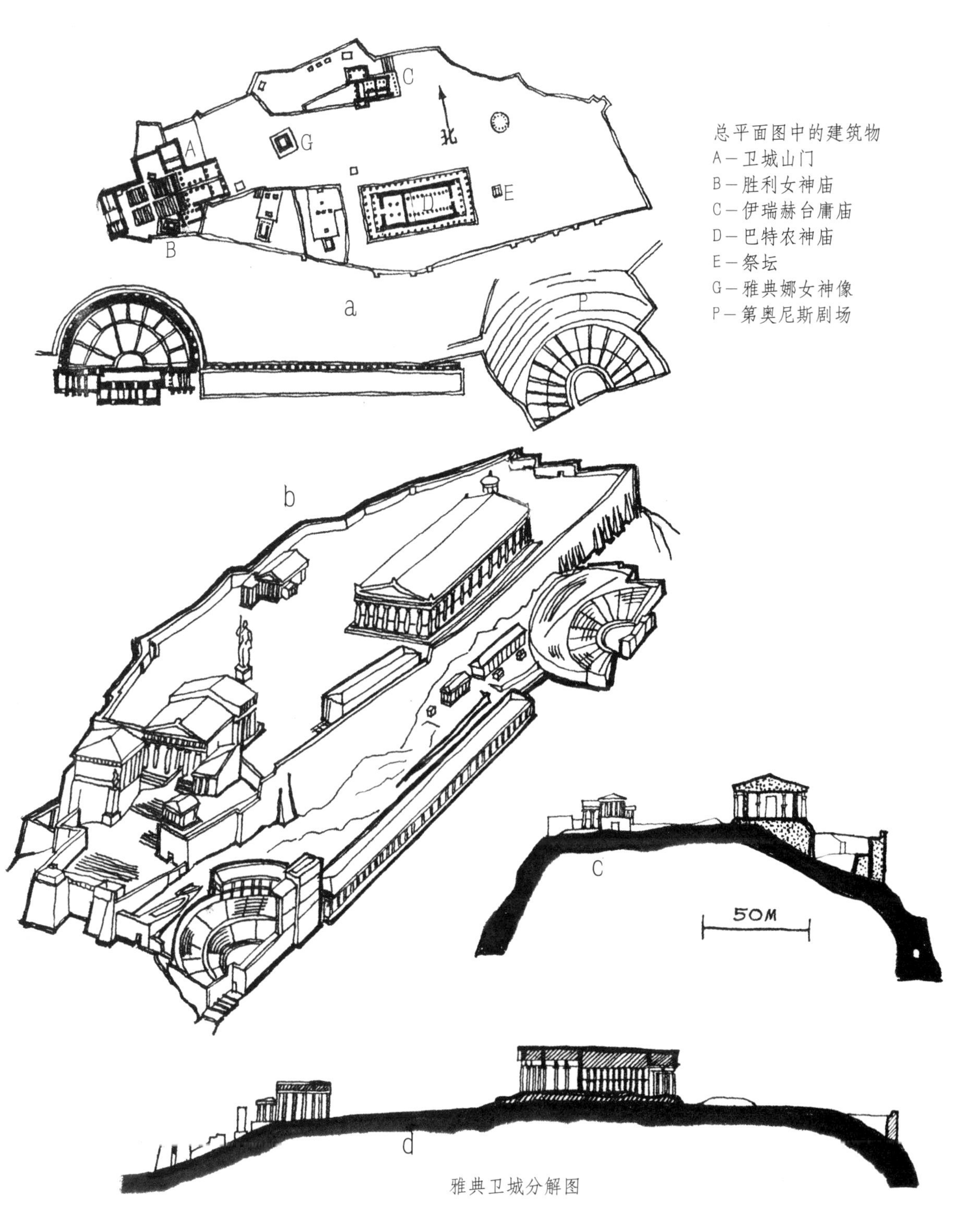

总平面图中的建筑物

A—卫城山门

B—胜利女神庙

C—伊瑞赫台庸庙

D—巴特农神庙

E—祭坛

G—雅典娜女神像

P—第奥尼斯剧场

雅典卫城分解图

a—总平面图 b—鸟瞰卫城全貌 c—横剖面图 d—纵剖面图

古希腊建筑 · 神庙平面及立面形制

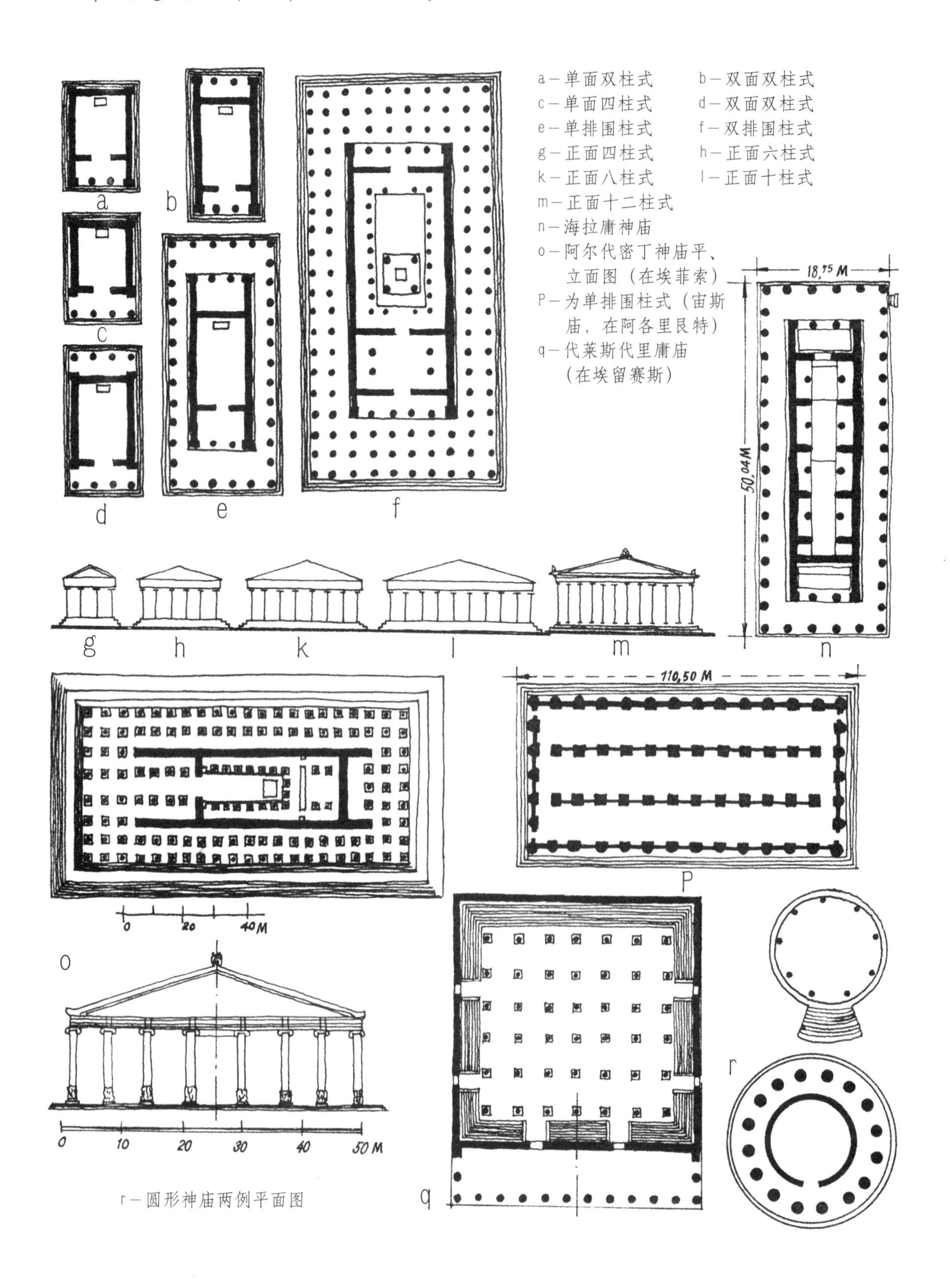

r—圆形神庙两例平面图

古希腊建筑·典型神庙

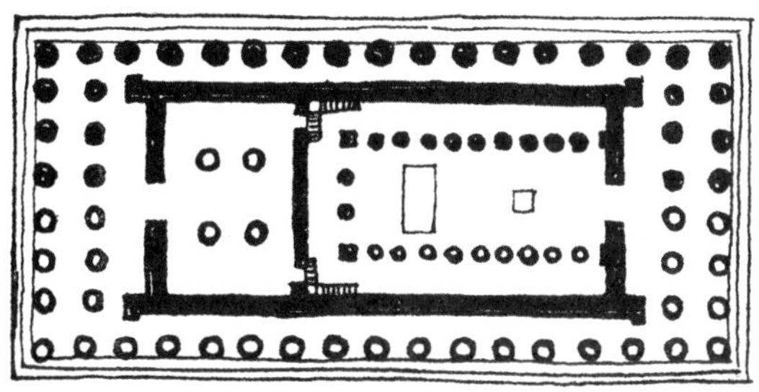

巴特农神庙（雅典）
上－正面的1/2立面及1/2剖面图
左－平面图
右－檐部及屋顶的构造图

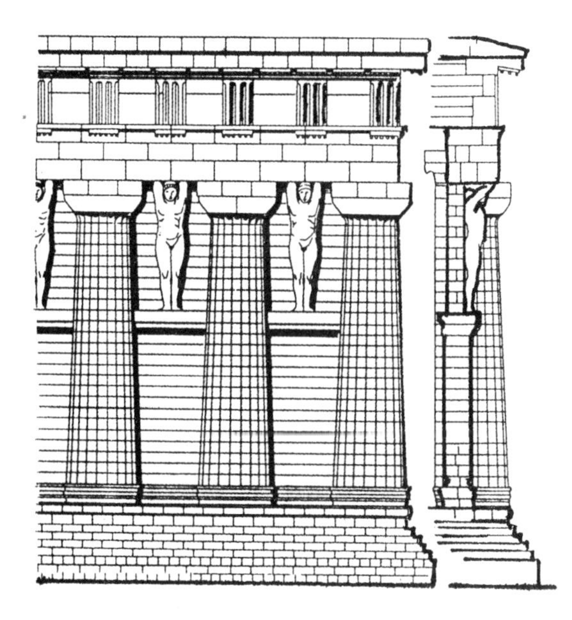

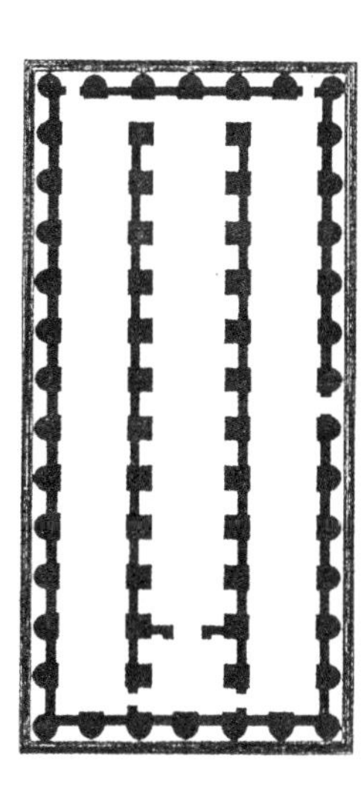

宙斯神庙（阿各里艮特）
左－立面局部
中－侧立面图局部
右－平面图（为围柱式）

古希腊建筑·多立克式神庙立面特点及柱子比例之演变

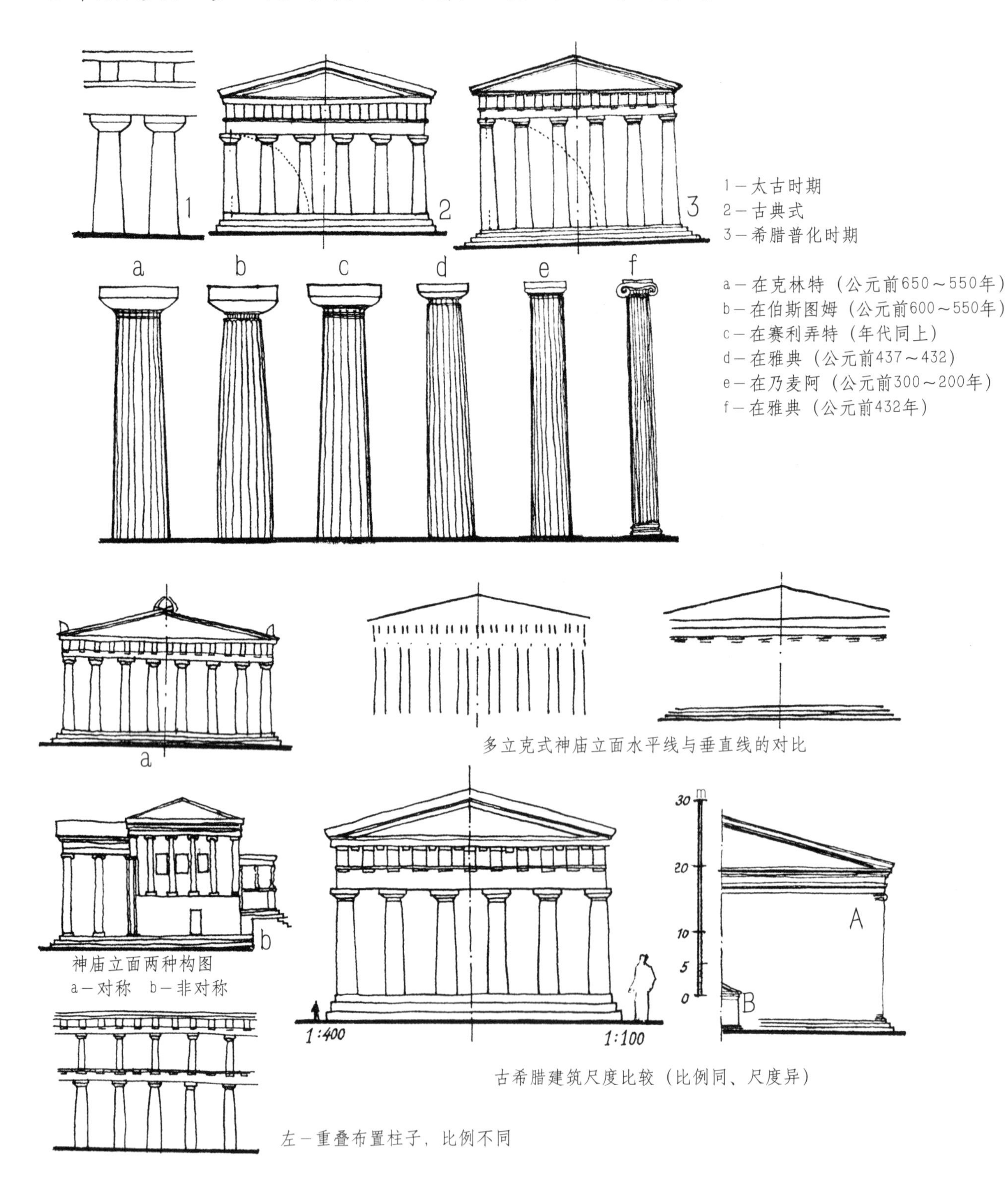

多立克式神庙立面水平线与垂直线的对比

神庙立面两种构图
a—对称 b—非对称

古希腊建筑尺度比较（比例同、尺度异）

左—重叠布置柱子，比例不同

古希腊建筑·特种神庙

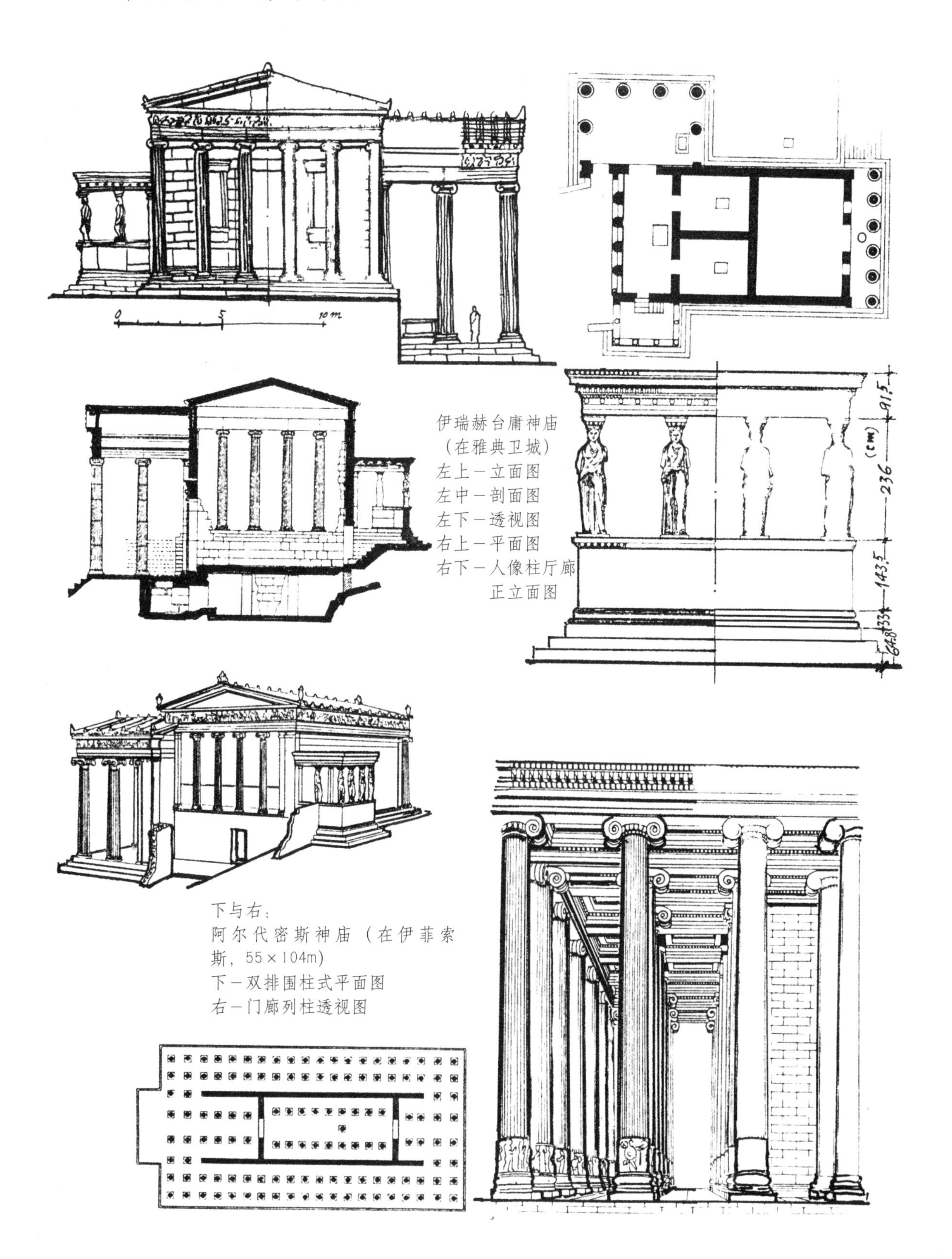

伊瑞赫台庙神庙
（在雅典卫城）
左上－立面图
左中－剖面图
左下－透视图
右上－平面图
右下－人像柱斤廊
正立面图

下与右：
阿尔代密斯神庙（在伊菲索斯，55×104m）
下－双排围柱式平面图
右－门廊列柱透视图

古希腊建筑·山门建筑与神庙

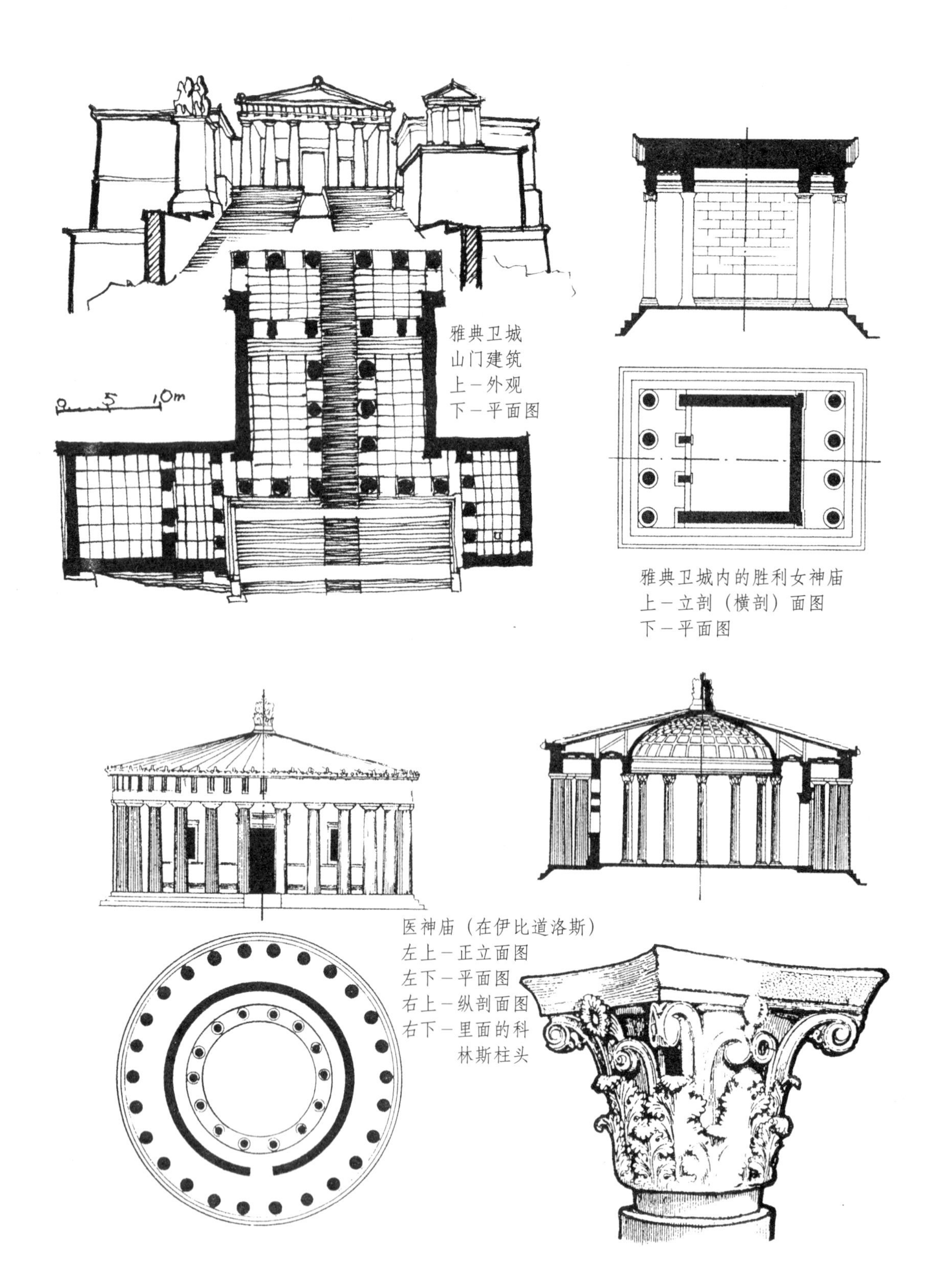

雅典卫城
山门建筑
上－外观
下－平面图

雅典卫城内的胜利女神庙
上－立剖（横剖）面图
下－平面图

医神庙（在伊比道洛斯）
左上－正立面图
左下－平面图
右上－纵剖面图
右下－里面的科林斯柱头

古希腊建筑·圆形神庙、纪念碑、风塔

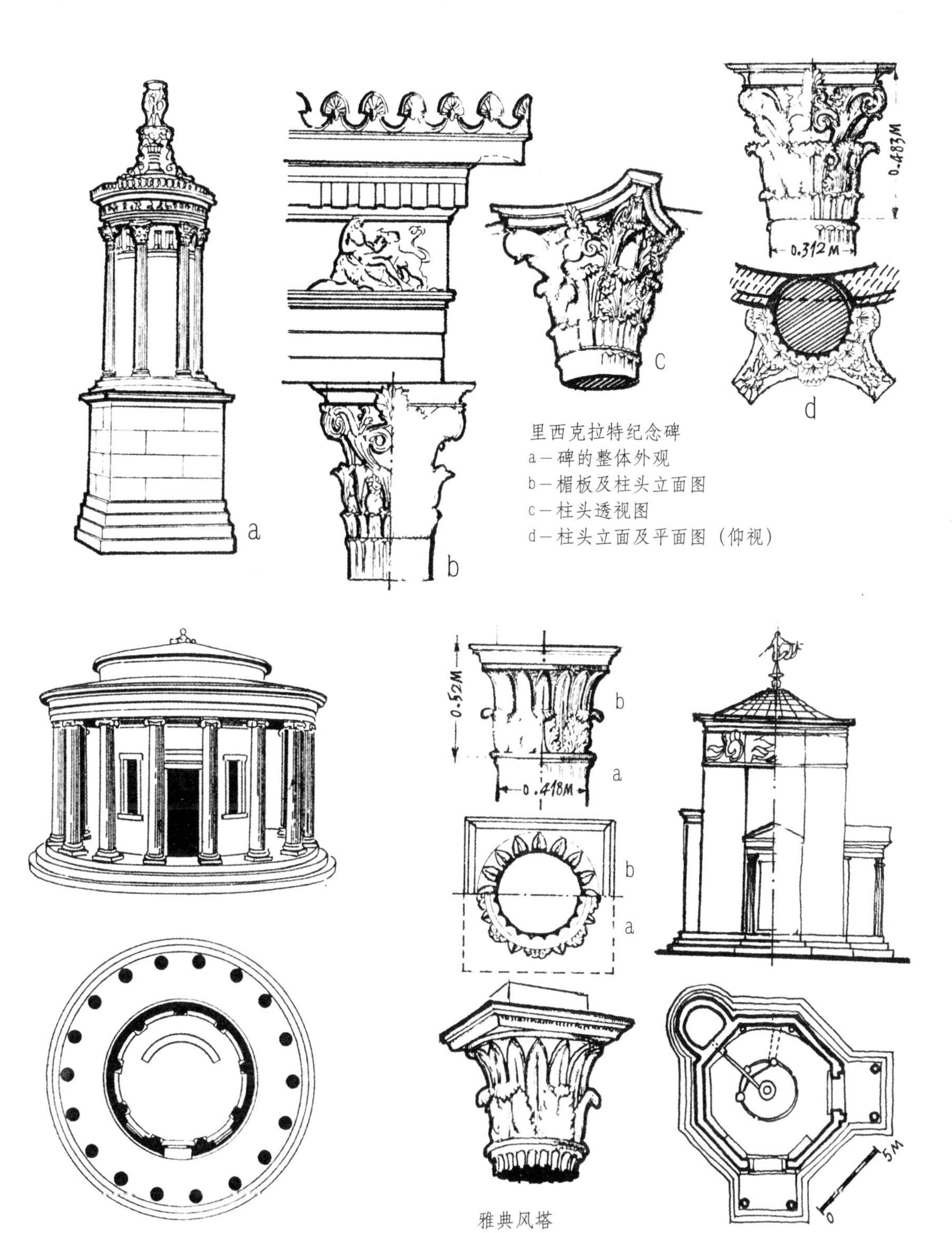

里西克拉特纪念碑
a－碑的整体外观
b－楣板及柱头立面图
c－柱头透视图
d－柱头立面及平面图（仰视）

腓力比神庙（在奥林匹亚）
上－外观　下－平面图

雅典风塔
左上－柱头立面图
左中－柱头及柱径半剖面图
左下－柱头透视图
右上－风塔正立面图
右下—风塔平面图

古希腊建筑·体育建筑与陵墓建筑

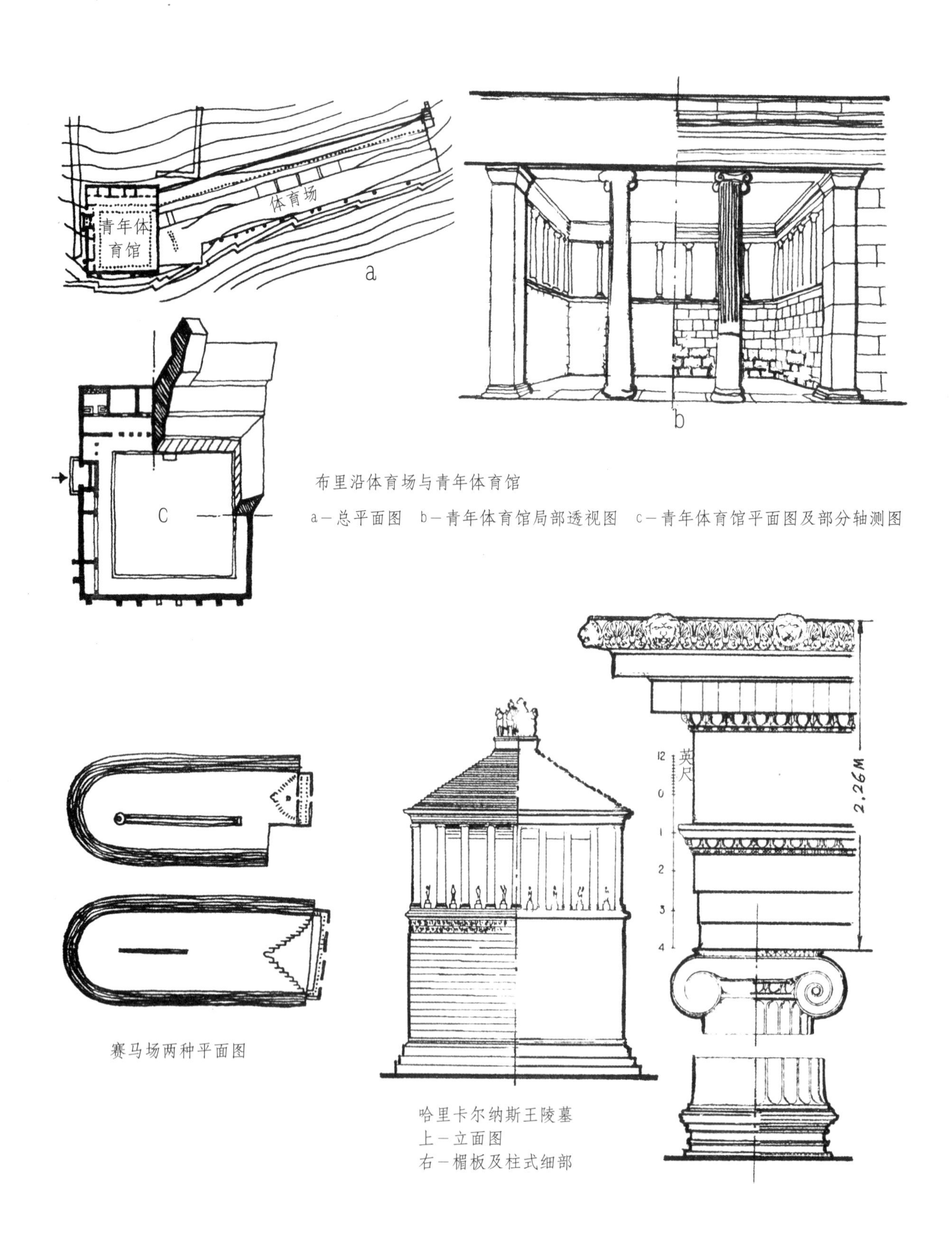

布里沿体育场与青年体育馆

a—总平面图　b—青年体育馆局部透视图　c—青年体育馆平面图及部分轴测图

赛马场两种平面图

哈里卡尔纳斯王陵墓
上—立面图
右—楣板及柱式细部

古希腊建筑·陵墓与石棺

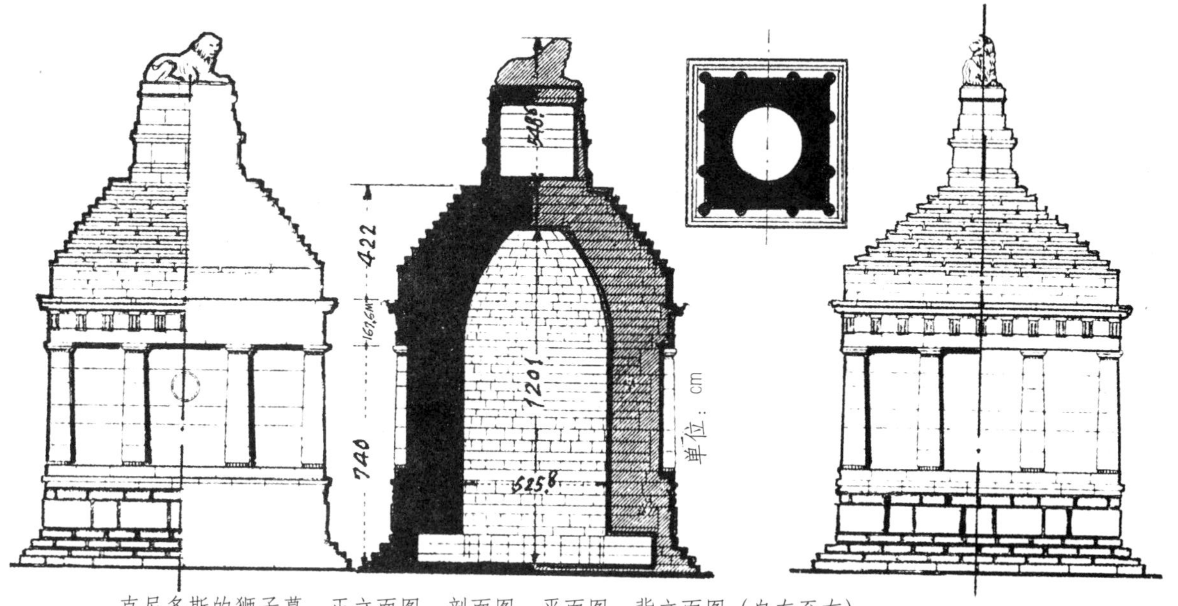

克尼多斯的狮子墓：正立面图、剖面图、平面图、背立面图（自左至右）

三种石棺（上与右）

两种坟墓（上与右）

古希腊建筑·多立克柱式细部及构造

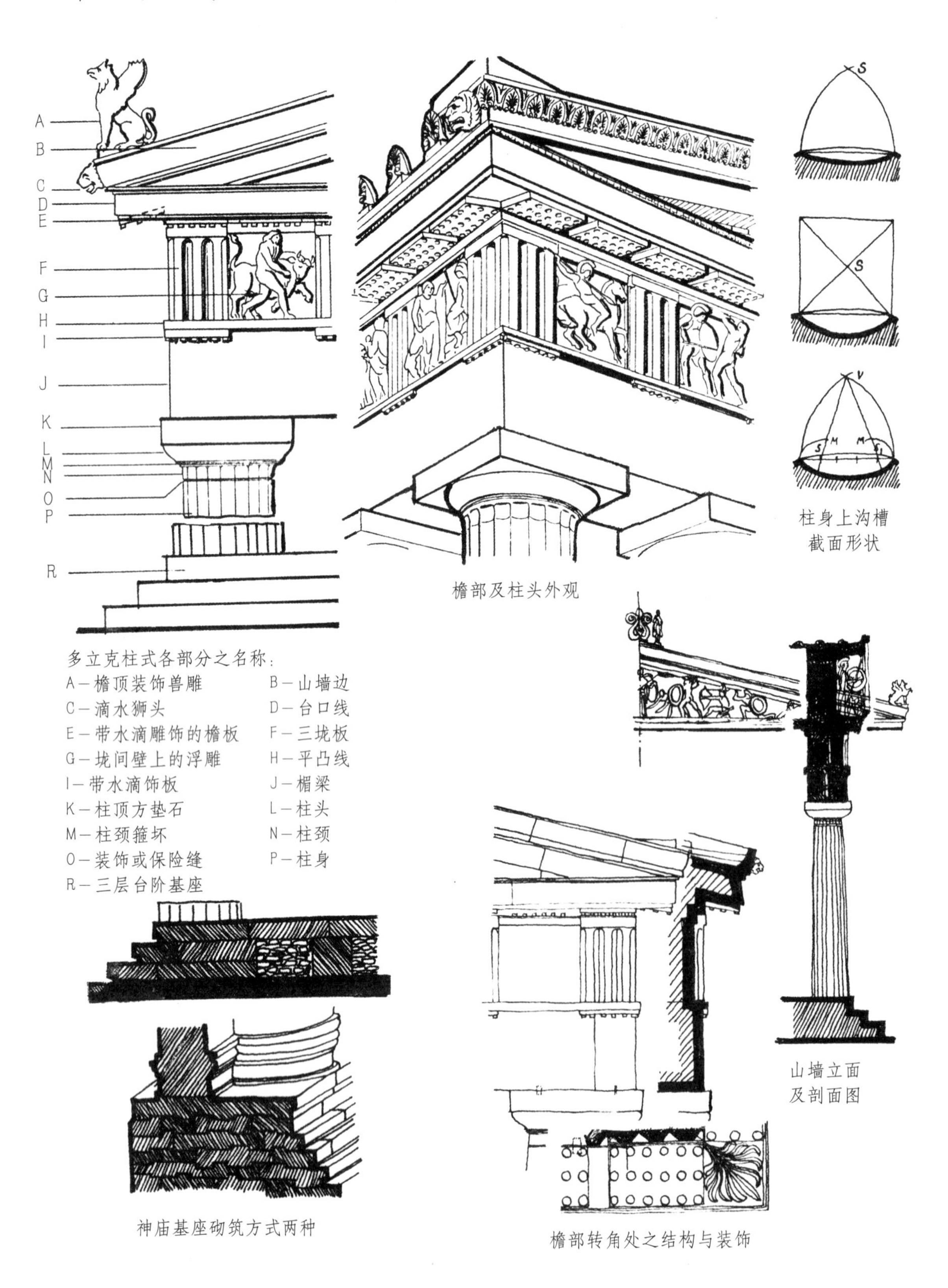

多立克柱式各部分之名称：

A—檐顶装饰兽雕 B—山墙边
C—滴水狮头 D—台口线
E—带水滴雕饰的檐板 F—三垅板
G—垅间壁上的浮雕 H—平凸线
I—带水滴饰板 J—楣梁
K—柱顶方垫石 L—柱头
M—柱颈箍坏 N—柱颈
O—装饰或保险缝 P—柱身
R—三层台阶基座

檐部及柱头外观

柱身上沟槽截面形状

山墙立面及剖面图

神庙基座砌筑方式两种

檐部转角处之结构与装饰

古希腊建筑·爱奥尼柱式细部

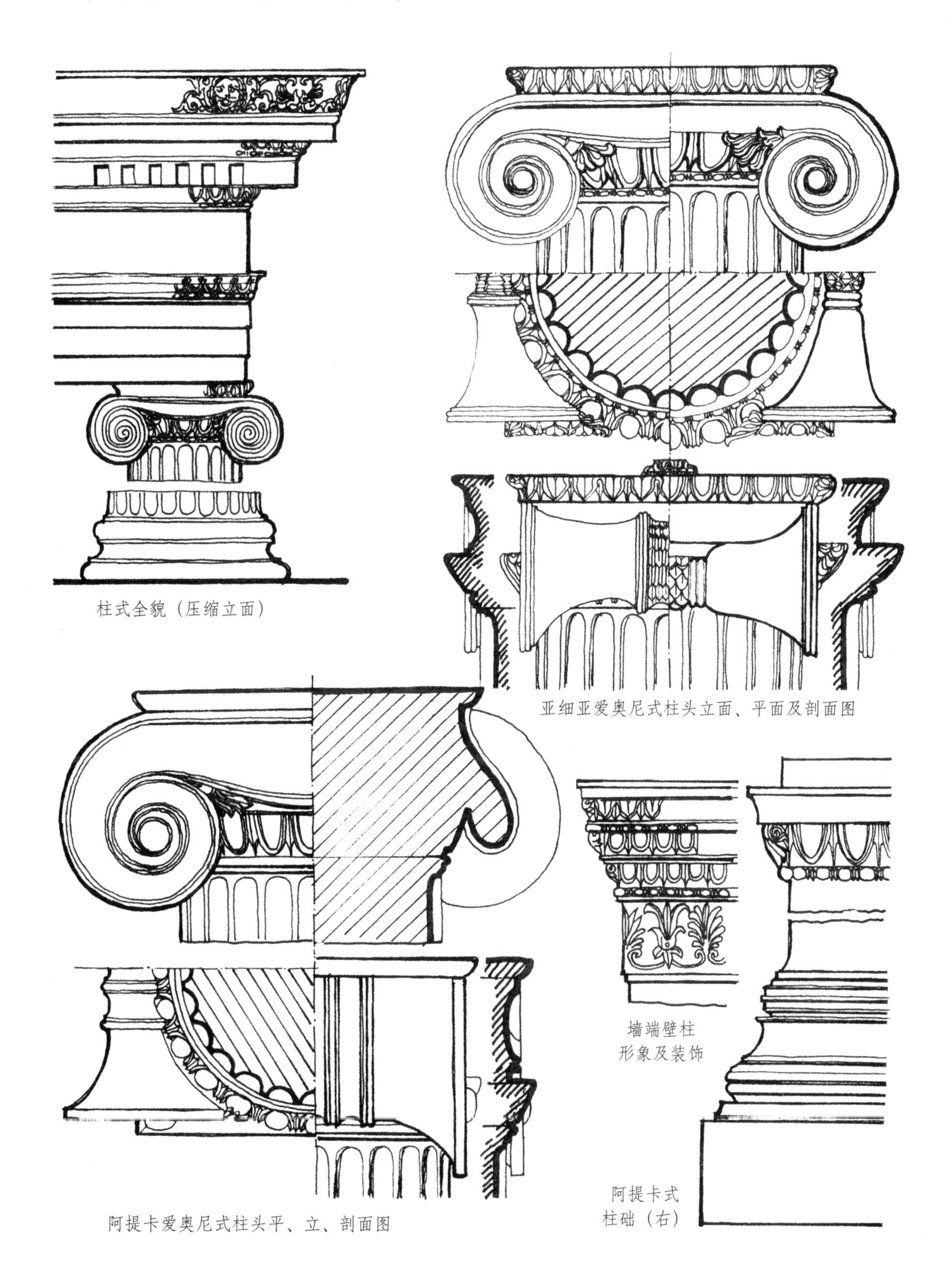

柱式全貌（压缩立面）

亚细亚爱奥尼式柱头立面、平面及剖面图

墙端壁柱
形象及装饰

阿提卡式
柱础（右）

阿提卡爱奥尼式柱头平、立、剖面图

古希腊建筑·爱奥尼柱式

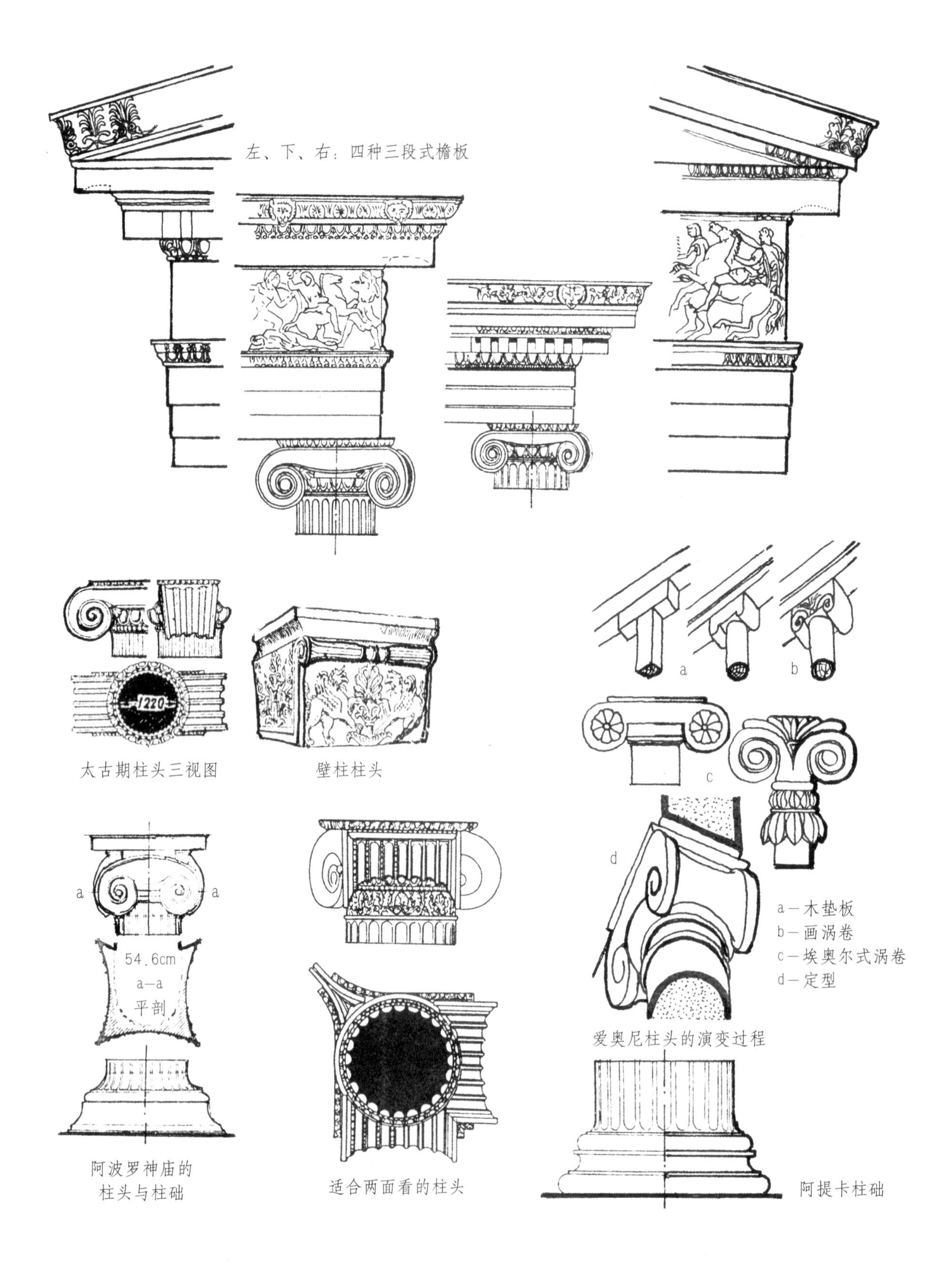

太古期柱头三视图

壁柱柱头

爱奥尼柱头的演变过程

阿波罗神庙的柱头与柱础

适合两面看的柱头

阿提卡柱础

古希腊建筑·爱奥尼柱式的若干特例

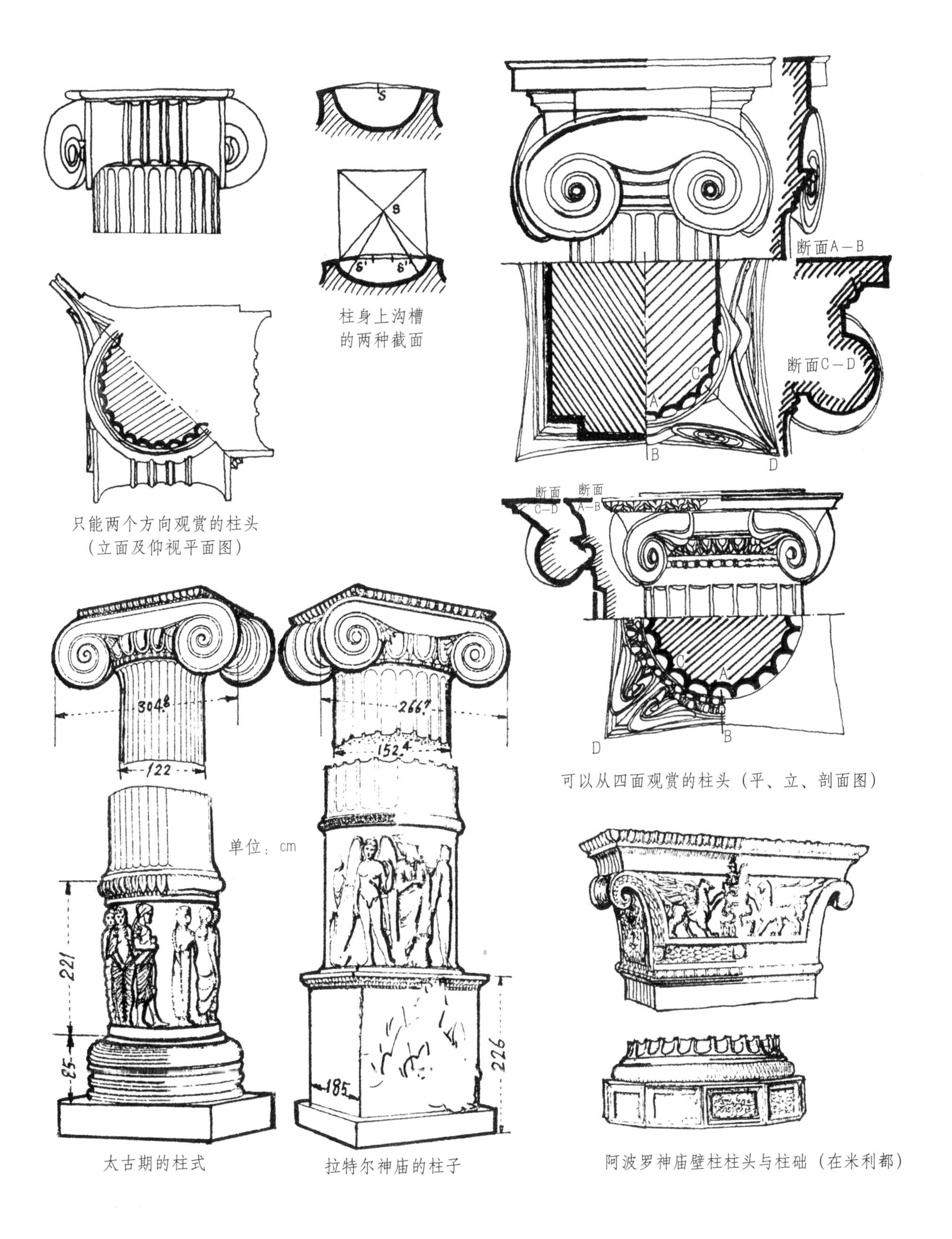

只能两个方向观赏的柱头（立面及仰视平面图）

柱身上沟槽的两种截面

可以从四面观赏的柱头（平、立、剖面图）

太古期的柱式

拉特尔神庙的柱子

阿波罗神庙壁柱柱头与柱础（在米利都）

古希腊建筑·科林斯柱式及其细部

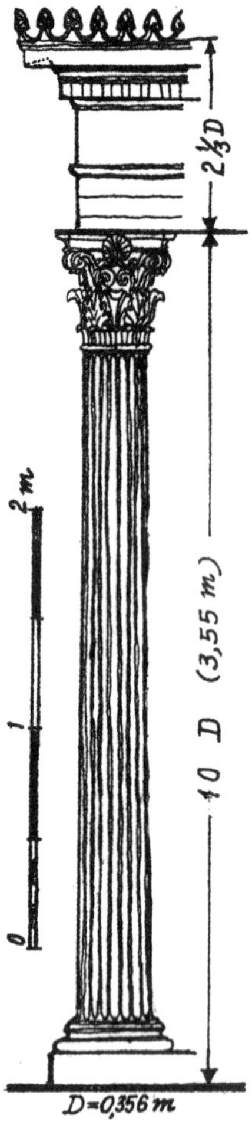

2⅓D
10 D (3,55 m)
D=0,356 m

柱式全貌

a

C

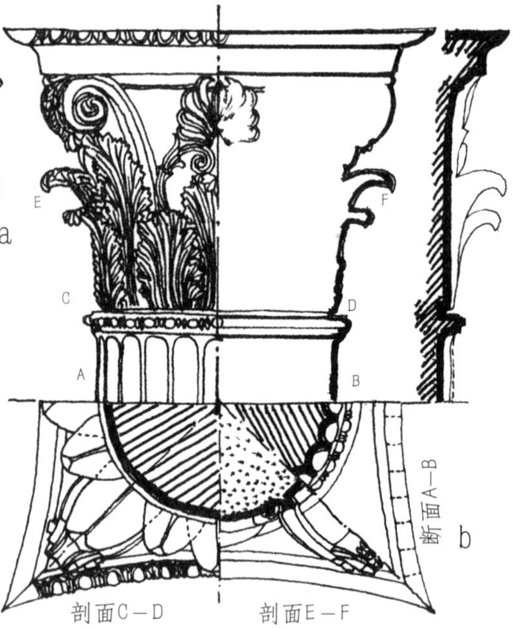

E
F
C
D
A
B

断面A—B

b

剖面C—D 剖面E—F

柱头的几种变体
a—带剑形叶雕装饰的
b—带涡卷的
c—带人头雕饰的

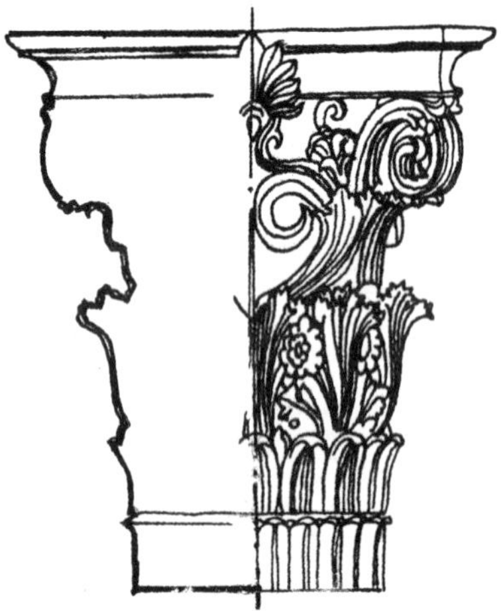

柱头（里西克拉特碑）

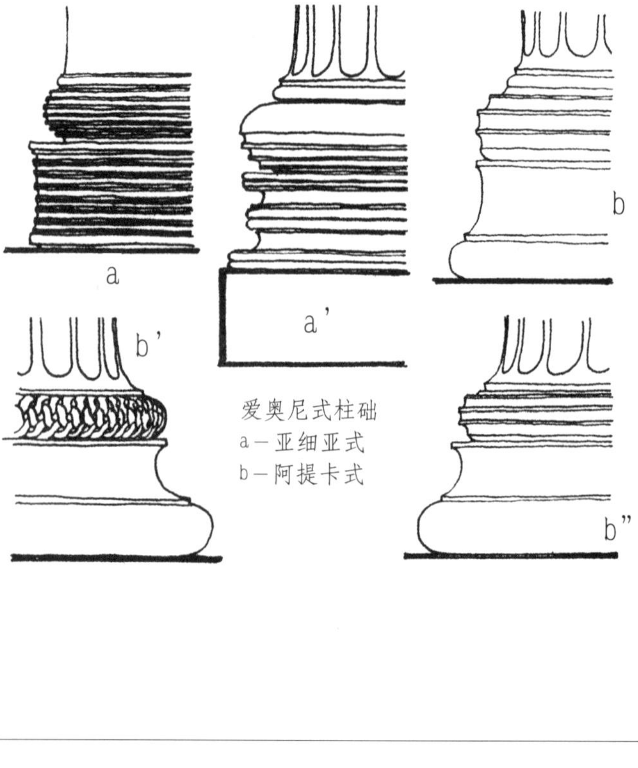

a a' b b' b"

爱奥尼式柱础
a—亚细亚式
b—阿提卡式

古希腊建筑·柱式比较列图

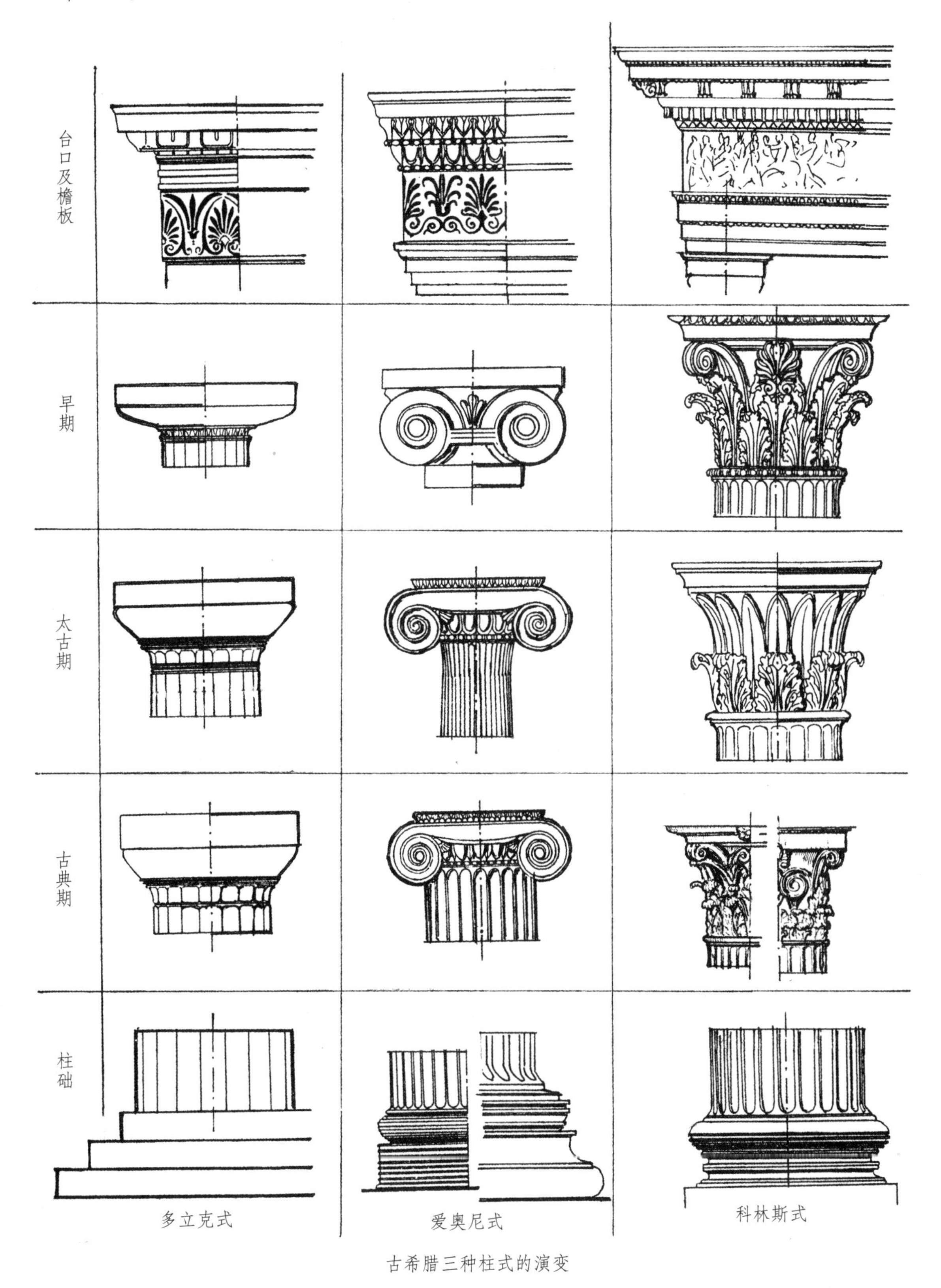

古希腊三种柱式的演变

古希腊建筑·特种柱式

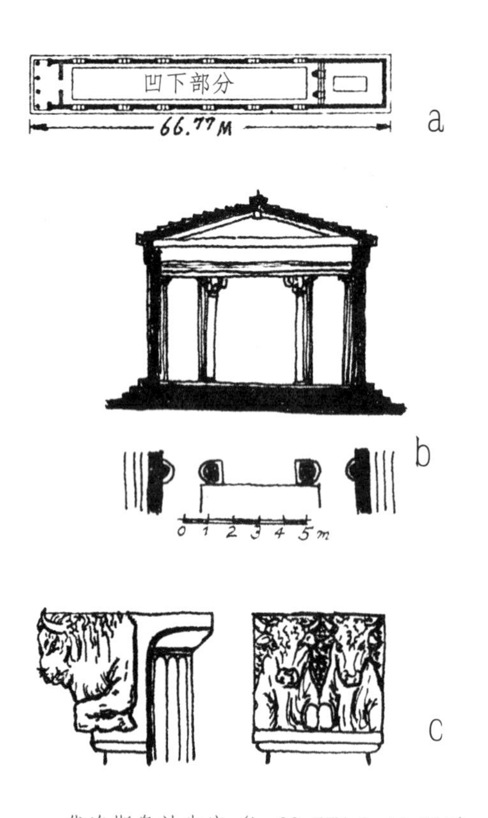

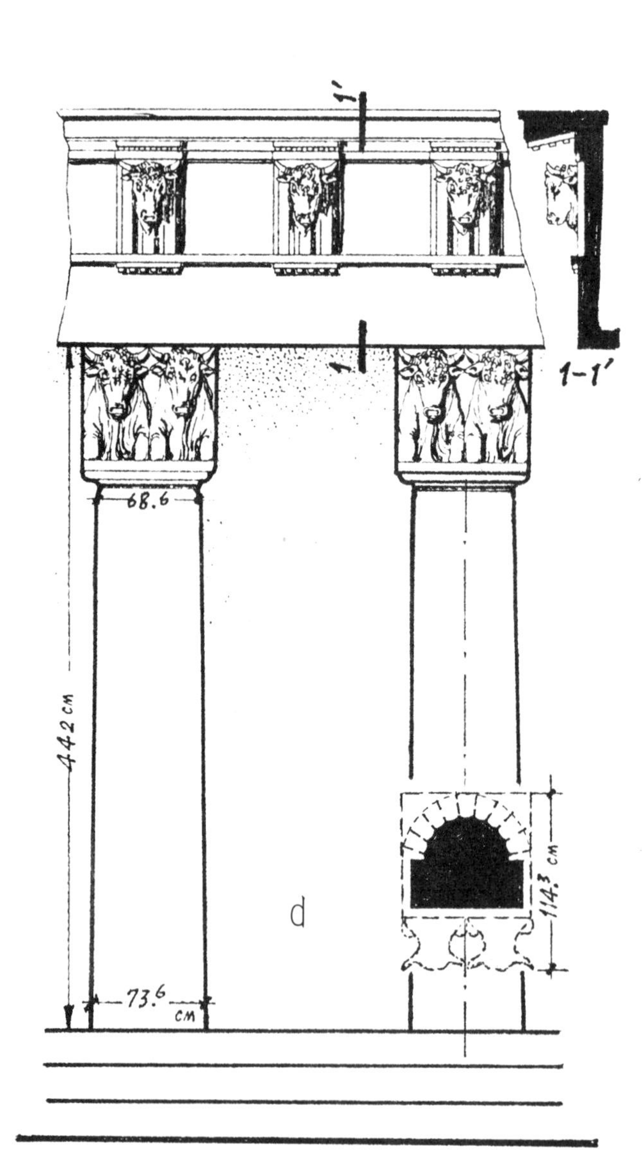

代洛斯岛神牛庙（L=66.77M,B=10.21M）
a—平面图
b—横剖面及局部平面图
c—柱头侧面图及正立面图
d—内檐板浮雕及剖面图，柱子全貌
（正立面图及平剖面图）

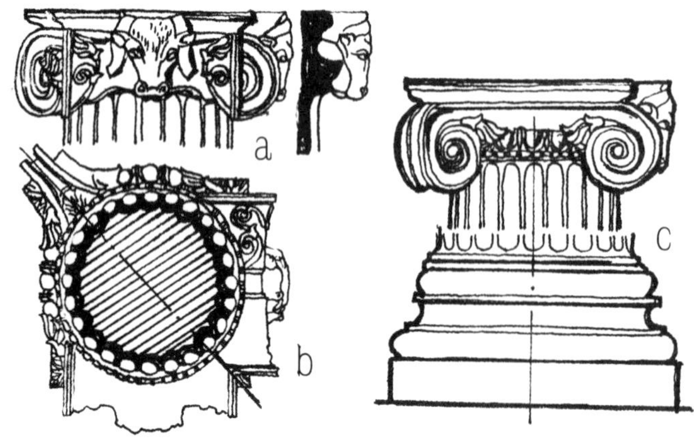

希腊普化时期的特种柱头
a—柱头侧立面图及局部剖视图
b—柱头仰视平面图
c—柱头与柱础正立面图

古希腊建筑·特种柱头及情节性浮雕

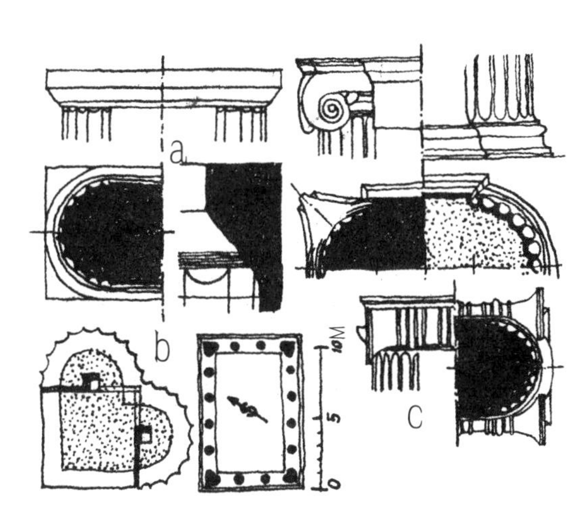

椭圆形与心形柱身实例
a—椭圆形柱身立面图、半个平面图及柱头细部剖面图（多立克柱式）
b—心形柱身平面图及神庙平面图
c—椭圆形柱身立面、平面及柱础立面图（右为1/2爱奥尼柱式）

希腊普化时的科林斯柱头
上—柱头立面图　下—平面图

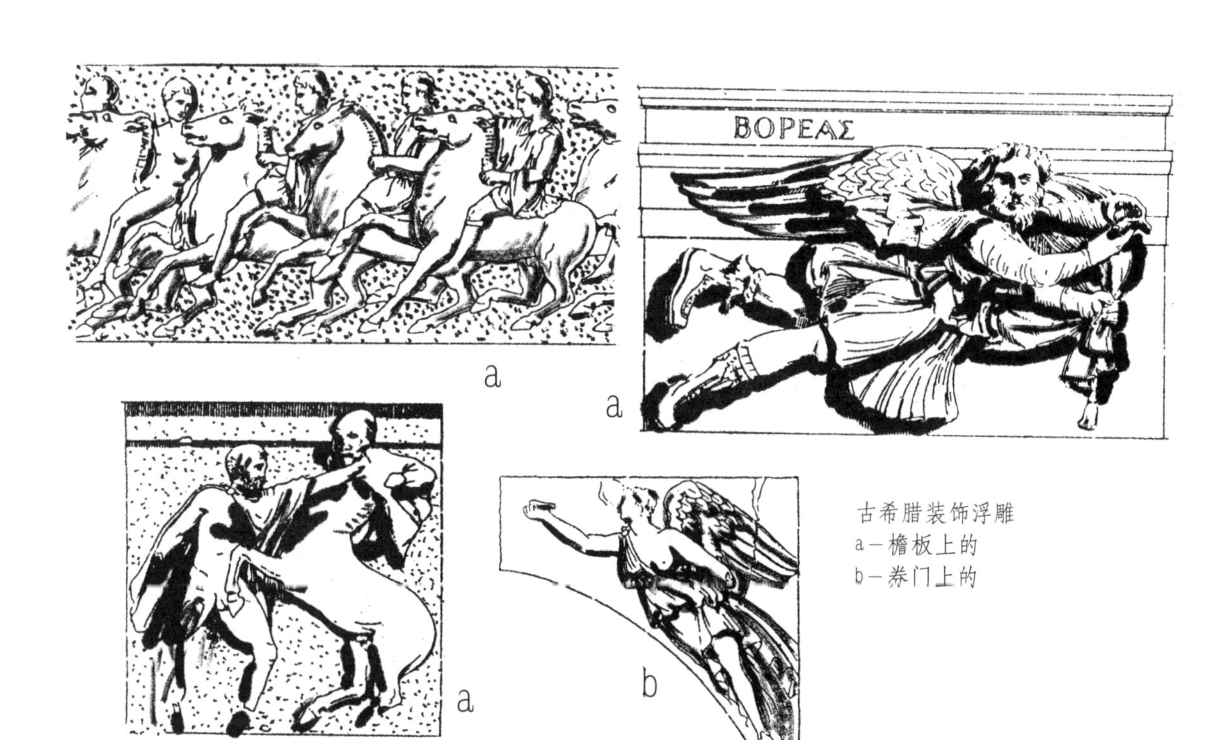

古希腊装饰浮雕
a—檐板上的
b—券门上的

古希腊建筑·人像柱、建筑顶部装饰

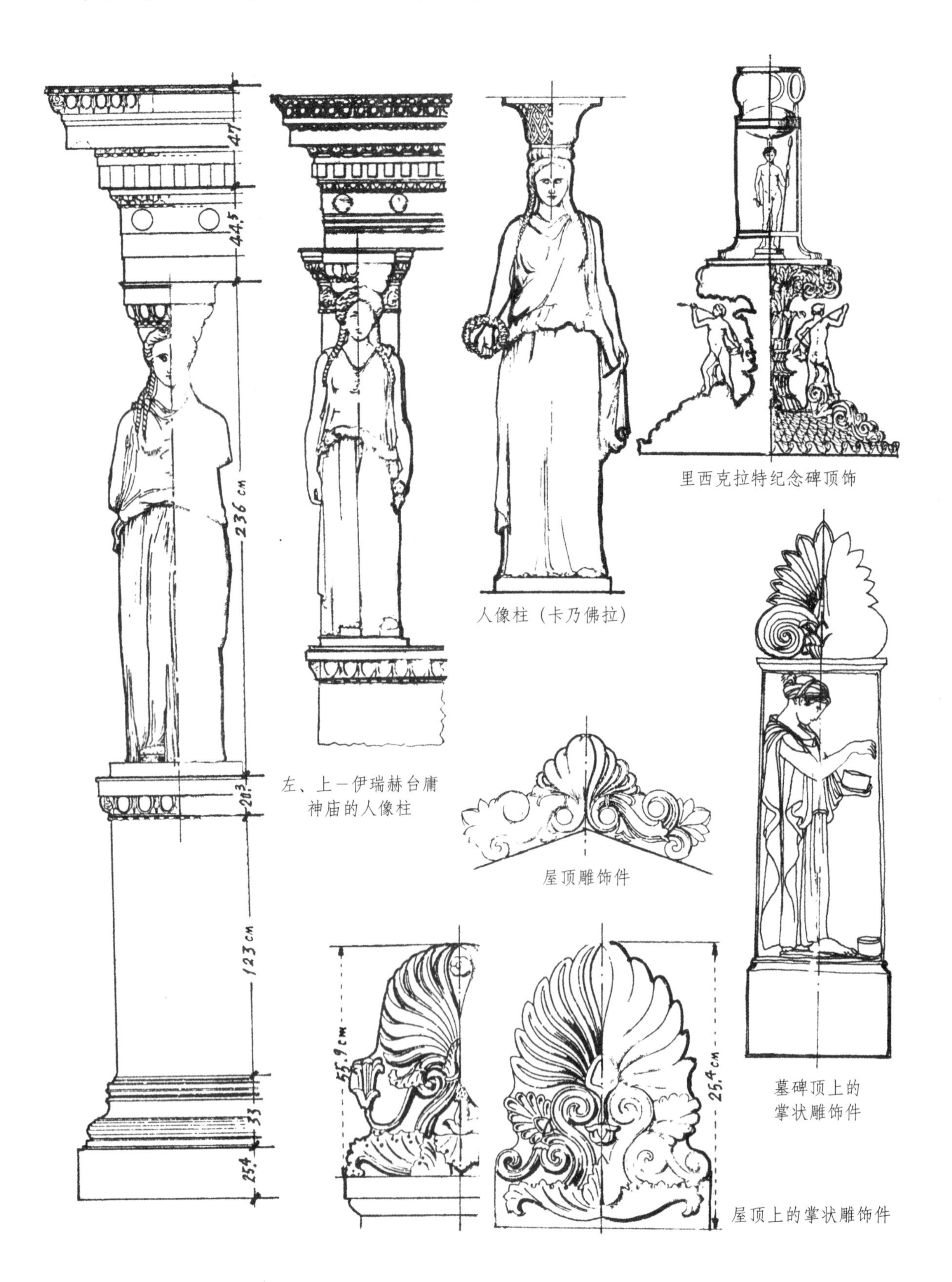

里西克拉特纪念碑顶饰

人像柱（卡乃佛拉）

左、上一伊瑞赫台庸神庙的人像柱

屋顶雕饰件

墓碑顶上的掌状雕饰件

屋顶上的掌状雕饰件

古希腊建筑·模数制、柱子的收分、柱头细部等

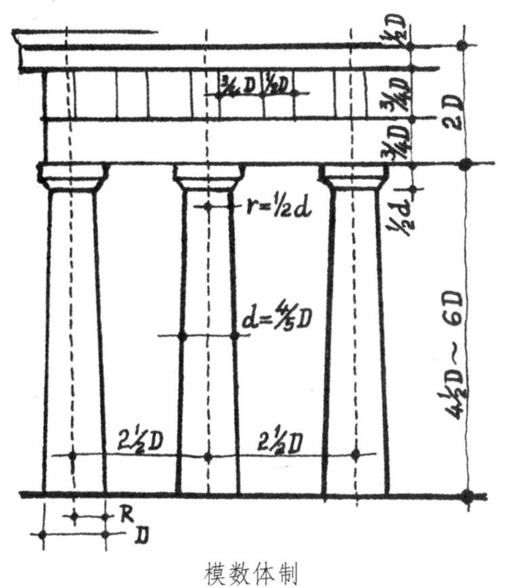

模数体制

M=R=1/2D　r=1/2d=4/5D　d=4/5D

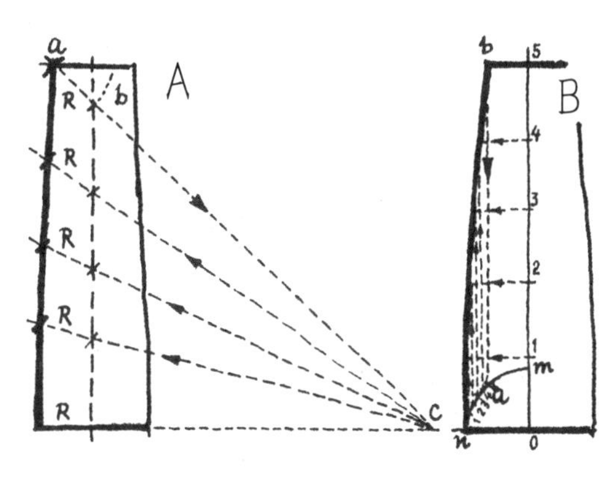

多立克柱式柱身收分的做法

A—自顶径一端a，以底半径R为半径画弧，与中轴线相交于b点，连ab并延长与底线相交于c点，自c点任意引线与中轴线相交并延长，再以R长截取之，然后连接各点即可画出柱身轮廓线。

B—以R为半径画弧mn，自顶径一端b引垂线与弧交于a点，将柱高及an弧分成相同等分，互引垂直与水平线；将相交各点连起来，得出柱身轮廓

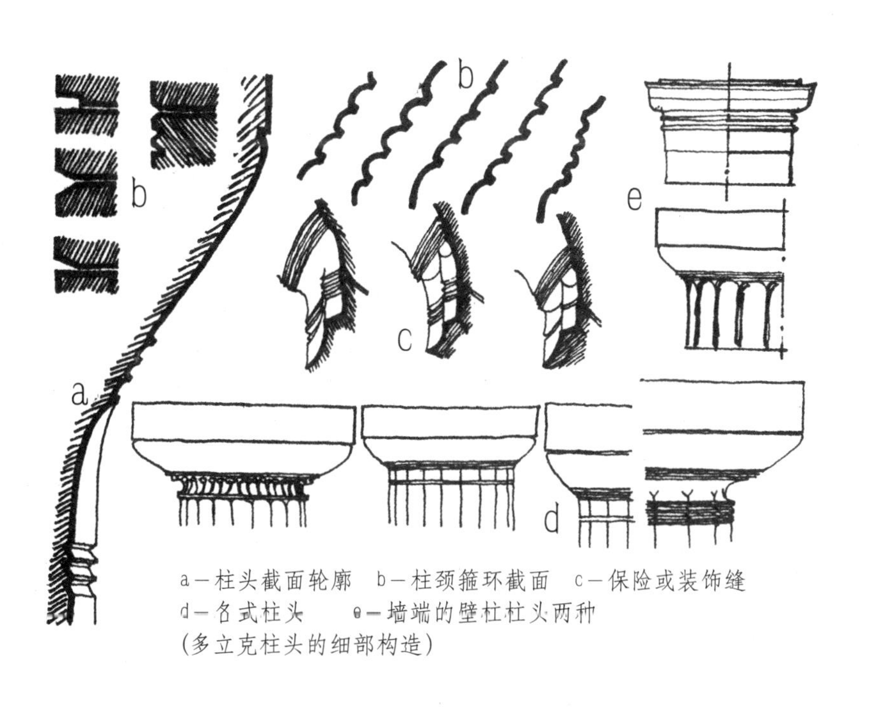

a—柱头截面轮廓　b—柱颈箍环截面　c—保险或装饰缝

d—名式柱头　　e—墙端的壁柱柱头两种

(多立克柱头的细部构造)

人像柱的柱头是多立克式

古希腊建筑·古希腊与古罗马线脚比较以及线脚上的纹饰

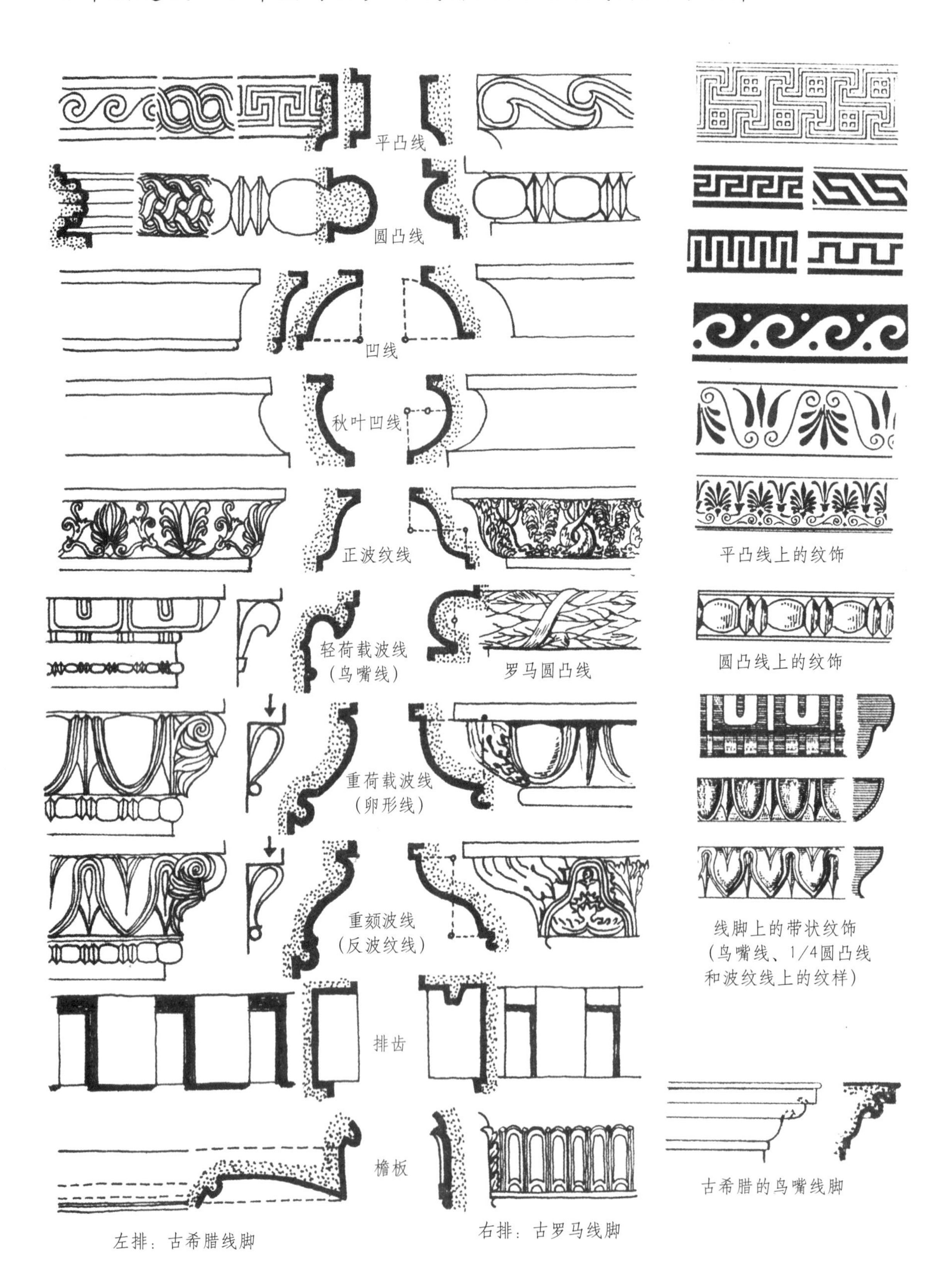

古希腊建筑·住宅与屋顶檐部结构

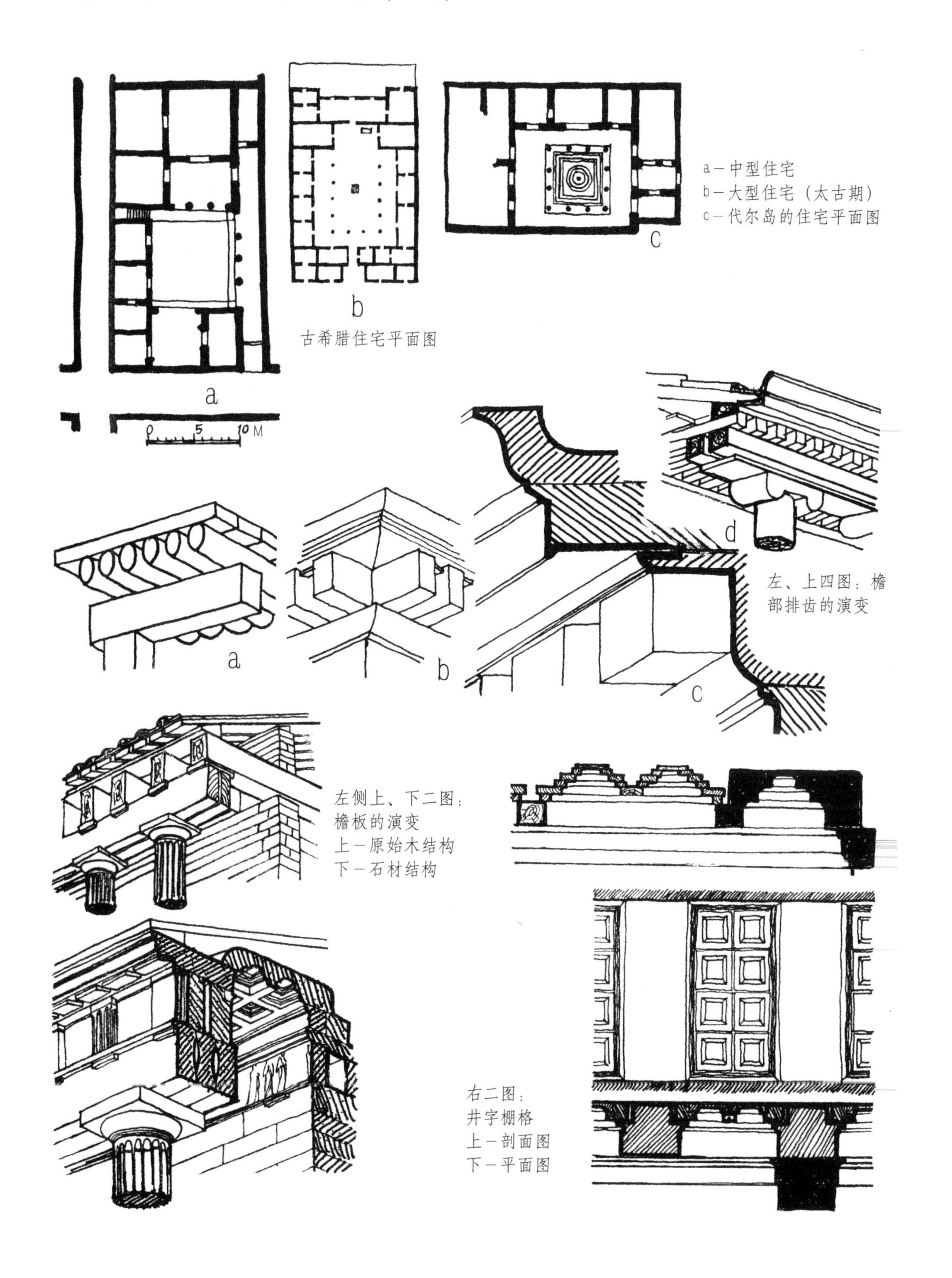

古希腊建筑·托拱、屋瓦的局部构造

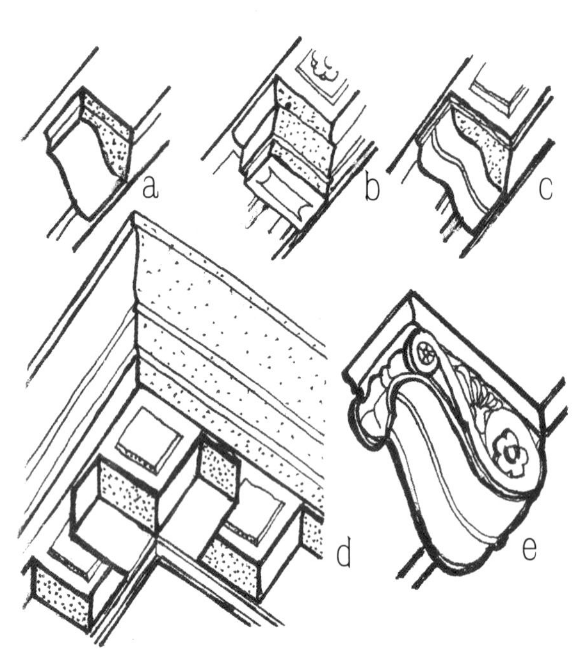

古希腊的托拱种类
a—小反波纹线托拱　b—竖条托拱
c—弧面托拱　d—方形托拱
e—带双涡卷和雕花的托拱

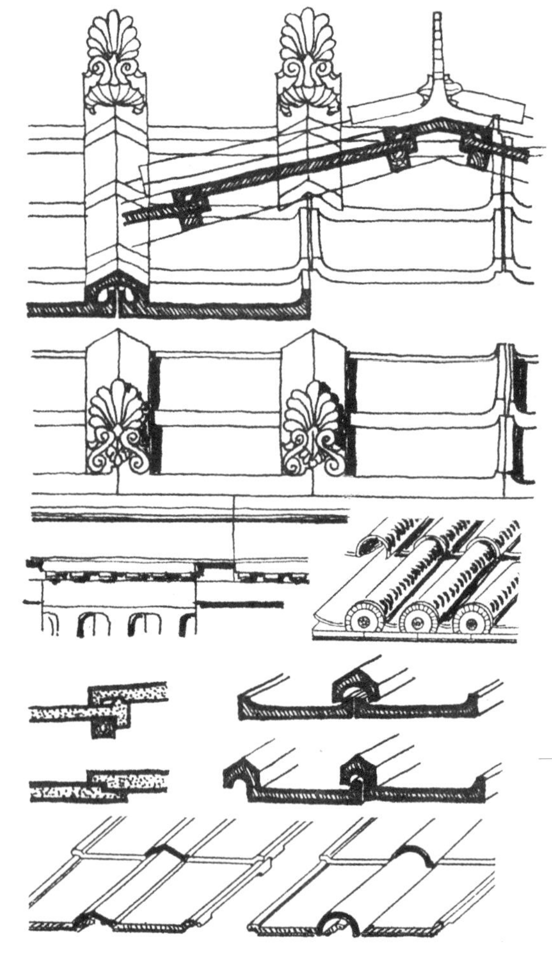

屋瓦构造及装饰

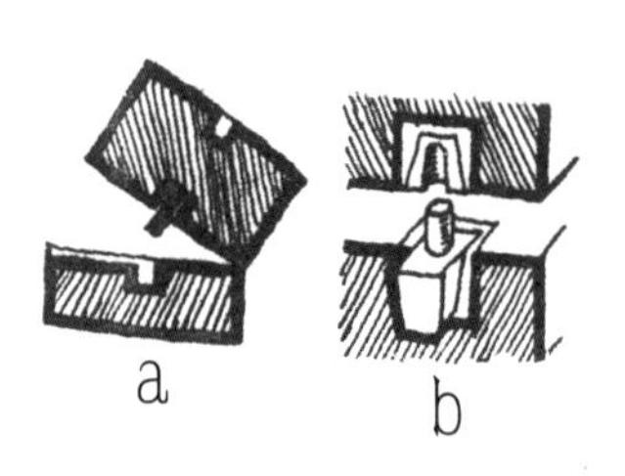

柱身的构造

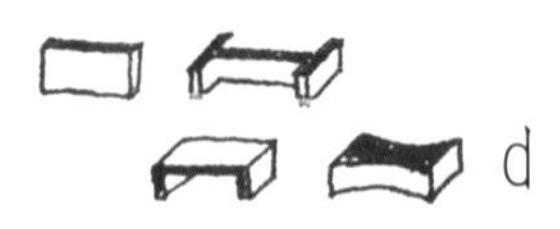

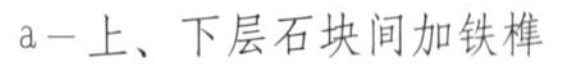

a—上、下层石块间加铁榫
b—榫卯的具体结构
c—圆柱上下的榫接（平面与剖面）
d—石块拼接的扒钉（四种）

屋檐滴水的剖面形状

古希腊建筑·屋顶及檐口上的装饰构件、纹饰

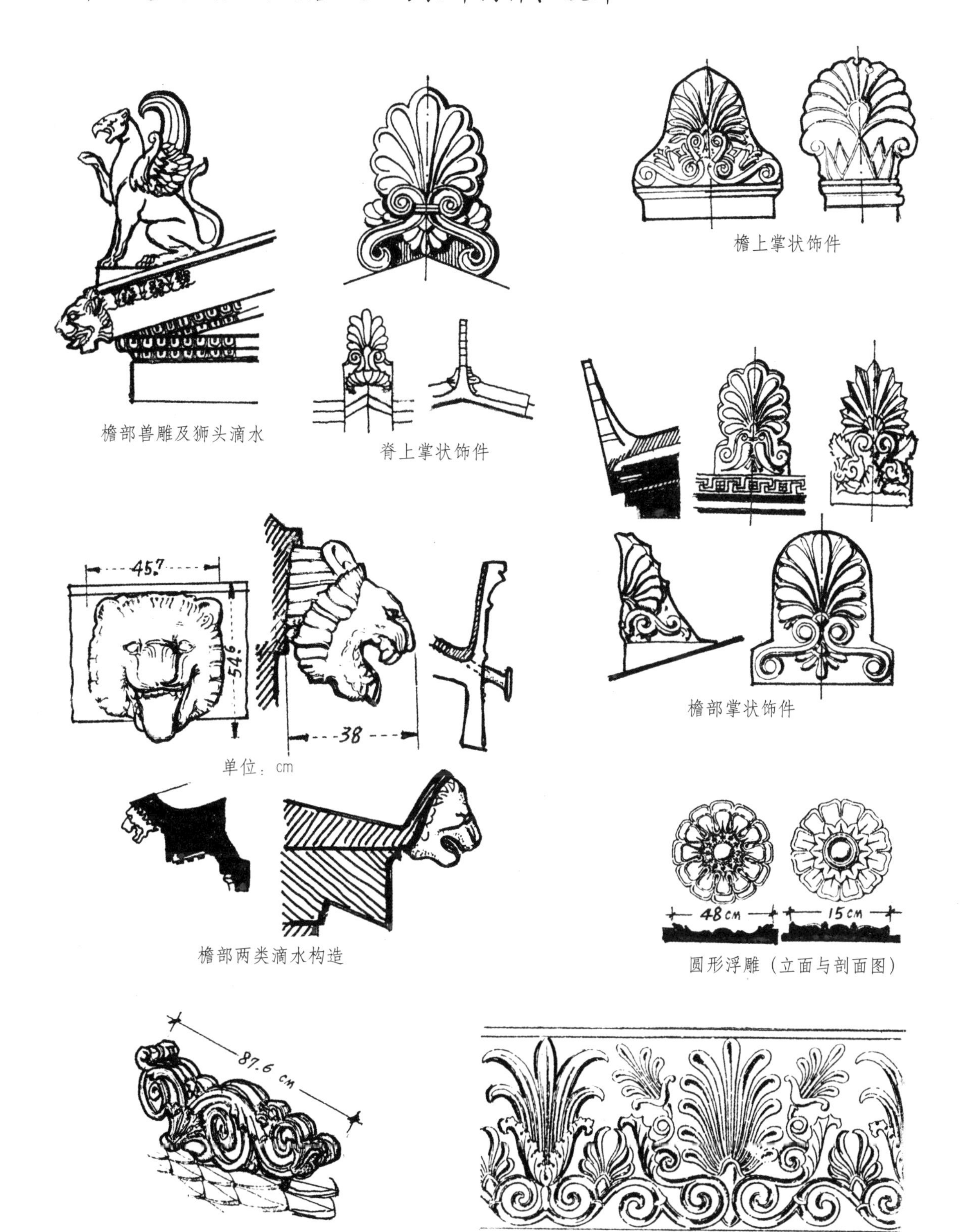

檐部兽雕及狮头滴水

脊上掌状饰件

檐上掌状饰件

檐部掌状饰件

檐部两类滴水构造

圆形浮雕（立面与剖面图）

屋顶上卷草形雕饰件

建筑檐板带状浮雕纹饰

古希腊建筑·装饰纹样

几何纹样

带状“排齿”和“串卵”浮雕

装饰纹样的形成

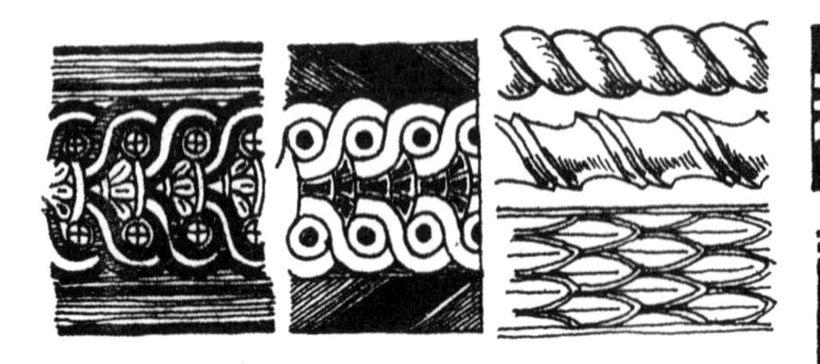

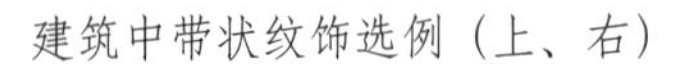

建筑中带状纹饰选例（上、右）

古希腊家具·凳与椅

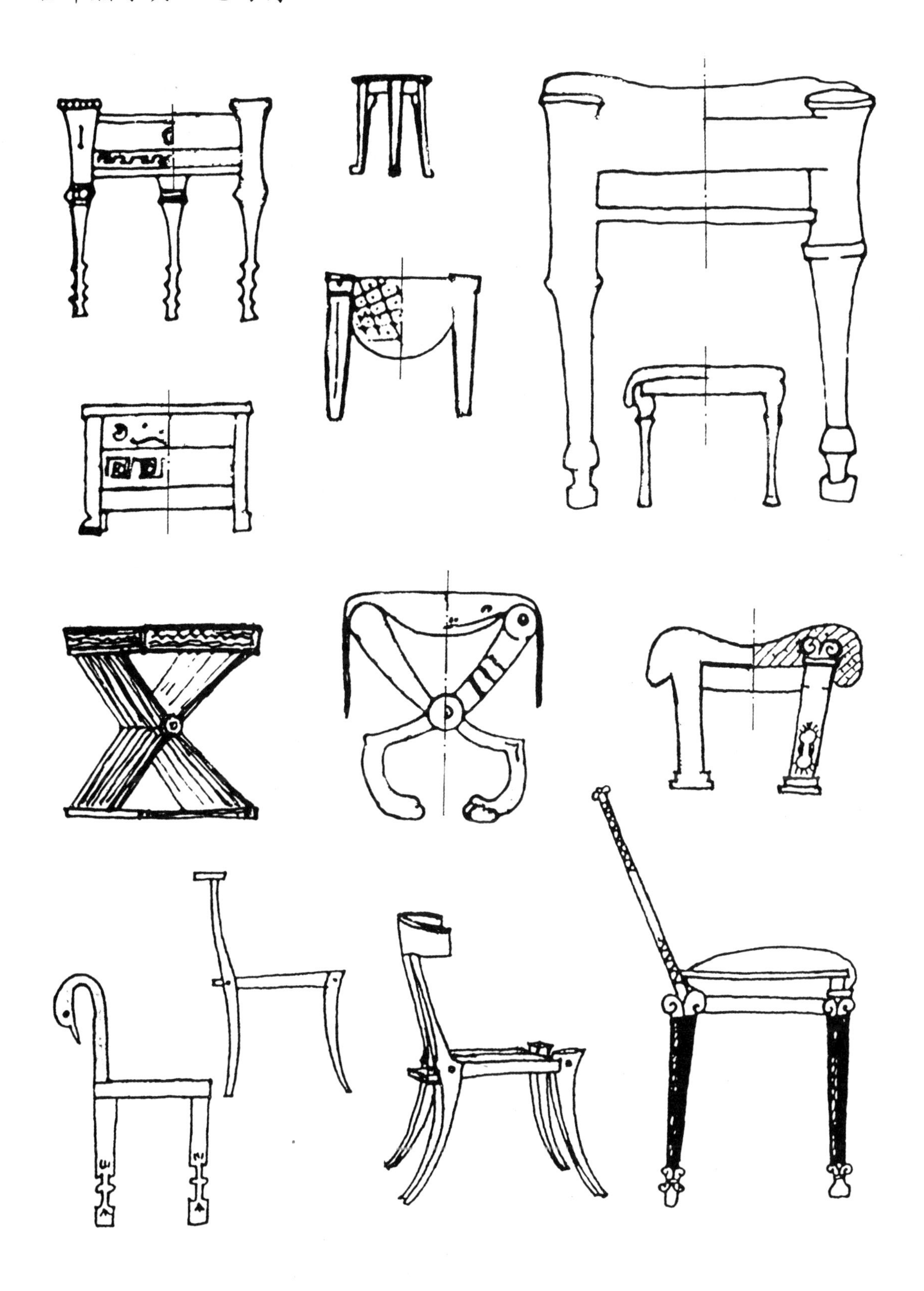

古希腊家具 · 椅与桌

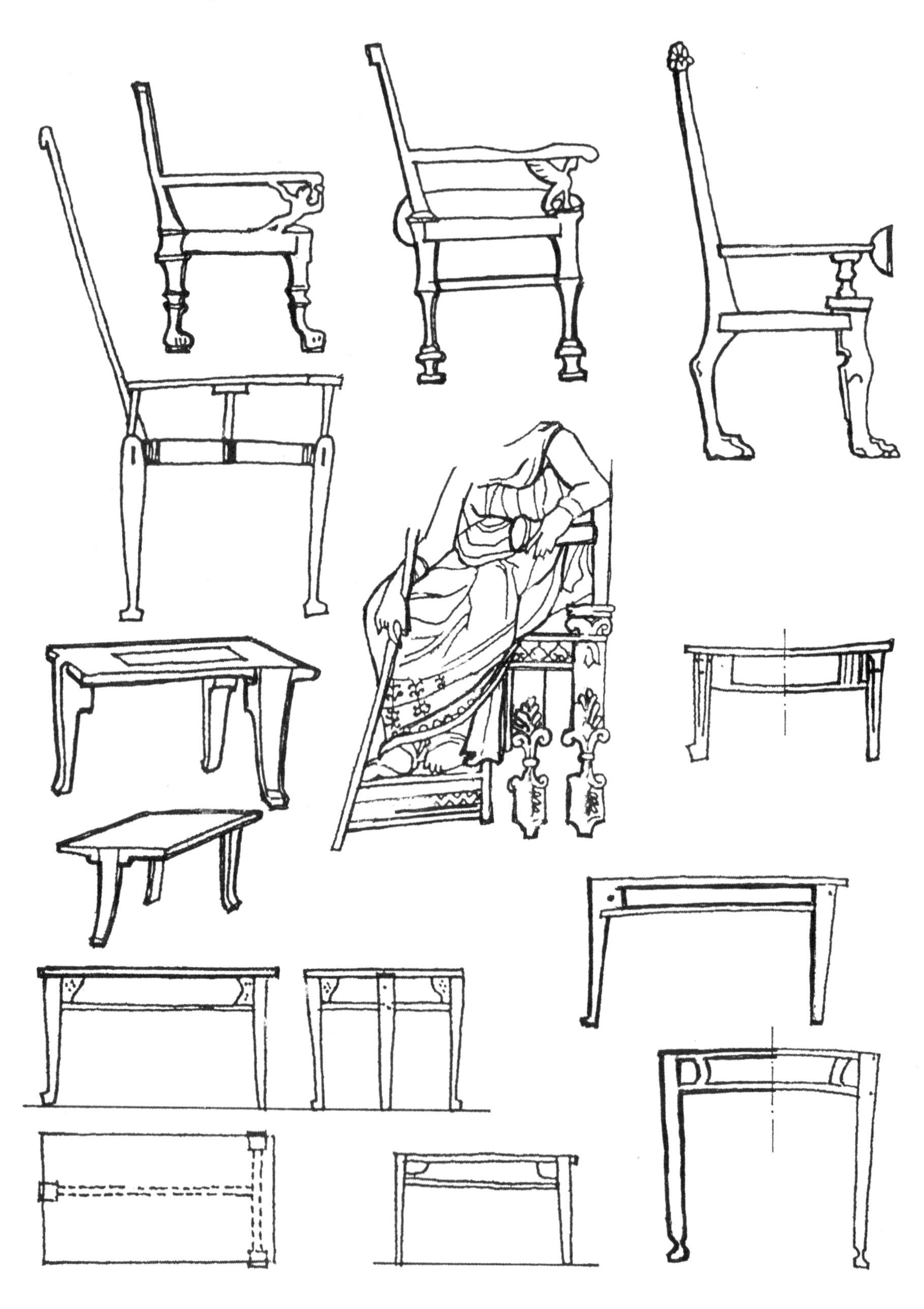

古希腊家具·柜与床榻

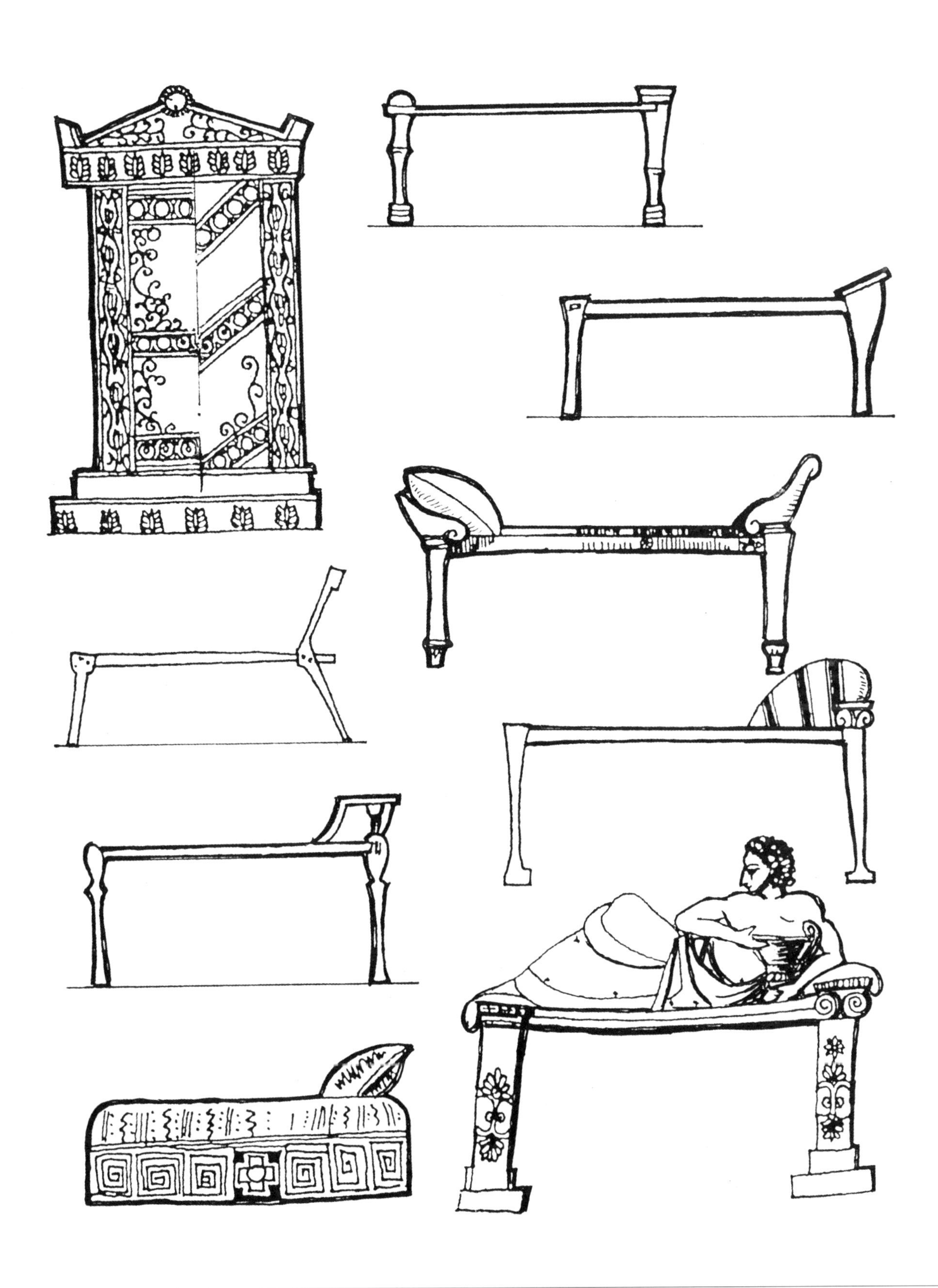

第5篇　古罗马建筑与家具
（公元前300年～公元476年）

居住在意大利中西部的埃特卢斯克人，文明起源也较早，对后来罗马帝国的建筑文化产生了一定的影响：一是“明堂式”（Atrium，敞厅）住宅被罗马人继承和发扬。因为顶部天窗既可采光，又可排烟和通风；单坡屋顶向内倾斜，雨水可滴入地面的浅池中。从明堂向两旁伸出翼廊，后面是餐室和花园。二是埃特卢斯克人自公元前5世纪开始用楔形石块（叫“键石”）砌出曲线流畅的券门和穹顶的技术，被罗马人继承和发扬光大。三是埃特卢斯克的柱子成为罗马“塔斯干（Toskana）柱式”的雏形。四是在券脚下以及在连券中间加壁柱的装饰手法，也是罗马人从埃特卢斯克人那里学来，并有所发展的。五是宗教性建筑形制影响了罗马庙宇。六是地下水道渠网采用筒拱顶、大跨度也影响到罗马的工程建筑。

1.建筑总的风格特点

古罗马建筑风格特点可概括成以下五点：

（1）占地多、规模大，用穹顶和券柱创造出前所未有的宏大空间；

（2）建筑结构与外观不完全一致，比较注重虚华的外表，使用贵重的建材，追求奢侈、显贵和气魄，具有折衷主义特点；

（3）注重平面布局、空间组合设计以及建筑装饰，装饰手法多样；

（4）建筑立面起伏变化多，使用大量券柱、连续盲券、圆券凸凹线、圆壁龛和山形檐顶等，来丰富墙面，还用阁楼或较高的女儿墙来增强宏伟感；

（5）维特鲁威（Vitruvius）于公元前13年写成的《建筑十书》、创立的古罗马建筑形制与手法等，对从文艺复兴起直到公元19世纪的欧洲建筑，产生了深刻的影响。

2.建筑类型及特点

古罗马帝国继承了埃特卢斯克和古希腊的建筑文化，并也有突出成就。

⑴ 工程建筑

早期的公路、桥梁、围墙、输水道和边防重镇的建设，都有工程技术和军事工程的特点。输水道和桥梁结合，采用上下几层和连券支承的做法。在意大利、法国、西班牙、德国、小亚细亚和北非，都有输水道桥的遗存。

⑵ 居住建筑

古罗马居住建筑的形制是受埃特卢斯克的明堂和古希腊有围柱廊的庭院的影响：前为明堂，中为庭院，后为花园，是两进或三进的纵深构图，有的带楼层（2～3层）。

公寓（Insula）无中央庭院，狭小、简陋，高达5～7层。由于建筑商投机赚钱，致使公寓经常倒塌或失火。

统治者和富商居住的是豪华的宫殿和别墅建筑群，百姓则只有简陋的贫民窟和阴暗狭小的公寓，阶级差别十分显著。

⑶ 公共建筑

古罗马的巴西利卡用作审判或贸易，是有三或五个通廊并带横向前厅的矩形建筑，中通廊比侧通廊高，而且中通廊端部以圆龛收尾，那里设审判台。墙顶部有整排的高侧窗采光。屋顶为两坡顶；室内顶棚做成筒拱或连续十字交叉拱顶。

浴室由古希腊的青年体育馆演变来的，以淋浴为主，里面设有冷、温、热水和蒸汽浴室。在大矩形庭院周围设置图书馆、音乐厅、讲堂和展览厅，还有竞赛场地。屋顶皆为穹顶，空间宏大，装饰装修华丽。

除了有希腊式半圆形剧场外，还有椭圆形剧场，都是从平地上砌起来的，不是利用天然地形。有的中央舞台底下设有复杂的廊道，可以注水变成人工湖。剧场外墙高分3～4层，最顶上有挑挂帐幕的支杆。

此外，还有赛马场、水上游戏场（Naumachie）等公共建筑。

⑷ 纪念性建筑

古罗马的纪念性建筑有庙宇、陵墓、凯旋门和胜利（纪念）柱等。

庙宇受埃特卢斯克和古希腊的影响：高大台基、三个神堂的正殿、带侧护墙的宽大梯阶、柱式、两坡顶和三角形山墙等。后来出现了圆形庙宇。在意大利、法国、叙利亚和北非等地都有遗迹。

陵墓的形式繁多，有金字塔形、圆丘冢、石棺墓、祭坛和墓碑等。富人墓宏伟、华丽，多建在路旁；穷人只能葬在地下墓室里。最大的向心式陵墓是哈德良王陵（今意大利罗马市内的“天使堡”）。

凯旋门是为迎接军事首领凯旋归来而修建的大券门，有单跨和三跨的两种。本来是封闭街道的牌楼，后来成为纯纪念性的建筑物。

胜利柱也叫纪念柱，也是颂扬个人或纪念历史事件的。纪念海战胜利的纪念柱上有船的模型。在罗马市有图拉真（Trajan）皇帝纪念柱。

3.建筑艺术

古罗马建筑以埃特卢斯克艺术造型为基础，又继承了古希腊建筑文化传统，自己的艺术创造性不高，追求奢华，重视建筑装饰。

(1) 造型特点

建筑规模大，在建筑形制、造型、柱式、券柱和装饰上，都直接承袭埃特卢斯克或古希腊，但又有所发展。

a.券柱式造型——发券技术源自埃特卢斯克，但使用连券柱（梁变成券）、柱式中间夹券洞、连券中间加壁柱的形式，是古罗马人的发展。另外，叠柱式（上下几层都有券柱相对应）、后期的"高柱式"（也叫"巨柱式"，柱子通贯各层，可统一立面，造成平易近人的效果）、连续盲券和圆壁龛的运用，都对丰富建筑立面起很大作用。

b.砌筑穹顶——古罗马人受埃特卢斯克穹顶建筑的启发，创造出宏大的穹顶建筑（罗马市的"万神殿"内径435m，外径49m），并首次造出架在铜柱上的金属穹顶，空间高大、高度统一的效果都是空前的。

c.屋顶形式——外观上除穹顶、半圆穹顶、两坡顶、单坡顶，还有筒拱、十字拱、锥形顶等多种。室内顶棚有筒拱、十字交叉拱、连续十字交叉拱，带藻井的穹顶、半穹顶和平顶等多种。

d.檐顶处理——除采用带雕饰的山墙（三角顶）之外，还在坡顶上加阁楼、檐上建女儿墙和山形顶下加券龛的手法，增强宏伟感。

(2) 柱式

古罗马建筑柱式有五种。除直接搬用古希腊的三种柱式稍加改变外，只有两种属于自己的柱式。

a.塔斯干式——它是将埃特卢斯克的柱子加以改进，使之在比例和细部上臻于完美。

b.混合式——是罗马人将爱奥尼柱头的涡卷和科林斯柱头的杯状体相结合，组成新的柱头，涡卷皆沿对角线方向伸出，柱头表面雕饰丰富。檐部也有大量浮雕。后来受外族影响，在柱头上添加动物、人物、战利品和盾牌等。此柱式体现了古罗马人的奢侈性。

c.多立克式——与希腊多立克基本相同，仅在檐口下加排齿浮雕，三垄板正骑在柱中线之上，下加柱础。

d.爱奥尼式——装饰比希腊爱奥尼式繁多，两涡卷的间距较大，或和亚细亚爱奥尼式相近。

e.科林斯式——柱身细而且凹槽多（彩色大理石的柱身无凹槽），有的在柱身下部加浮雕。

为了不使人由于跨度大而感到柱子过细过小，所以在各式柱础下都加上柱座。高大的建筑物则运用不同的柱子做叠柱，造成稳定和轻巧的效果。

(3) 线脚

古罗马建筑的线脚与古希腊的相同，只是线脚表面的雕饰更加多样化。也有新创的线脚。

(4) 平面布局

古罗马神庙建筑平面基本形制仍承袭古希腊，不同的是：一在外面用围柱多了，有的是双排围柱；二是圆形平面的增多了。踏步两边有护墙。

民用住宅建筑继承古希腊和埃特卢斯克住宅内院和明堂式格局，但变成纵深轴线构图，房间也多了。

巴西里卡的平面基本形未变（矩形），但多在两个短边加半圆形厅（有的带许多凹龛），而且室内柱子排列成长方形，中央通廊宽大。

(5) 城市规划

古罗马的城市规划沿用希腊普化时期流行的"网格式"构图，两条主干道呈十字交叉，街道两旁是连续不断的柱廊；其他较窄的街道也都十字交叉，并与两条主干道相通。广场、神庙、剧场、交易所和法厅、公共浴池等主要建筑散布在城内。每座城市都建有围墙，这种"营寨式"围墙具有军事意义，这一特征在边境城市和殖民城市中表现得最为突出。例如提姆噶德（Timgad）城等。

(6) 建筑论著

公元前13年即奥古斯特皇帝当政初期，来自包里奥的宫廷建筑师维特鲁威写成《建筑十书》，他根据自己的实践体会，又参考了前人（Hermogenes和Varron等人）的著述，系统地总结了希腊普化时期所积累下来的建筑理论、科学知识和经验，使之成为一部建筑艺术与工程技术的百科全书。

该书内容包括三个方面：一是狭义地论述建筑工程技术和建筑艺术；二是日圭学，讲述计时仪器的制造；三是机械学，论述制造起重、取（引）水、攻城和弩炮等机具的。此书对人类文明的产生、人类起居用房的沿革、建筑工程的内容和构成成分、建筑地点与方位的选择、气候条件与水源、建筑的各种类型、柱式、各种建筑材料、构造、施工方法、施工工具和器械、装饰技法和色彩颜料等，都分别和详尽地作了阐述。

此书在1486年首次用拉丁文出版，1521年被译成意大利文本，此后才被译成多国文字出版。它是世界上最早的建筑专著之一，从公元15世纪起直到公元19世纪，对欧美建筑产生深远的影响。研究“维学”（维特鲁威著作）和著书立说的人倍增，促进了建筑理论与建筑艺术的发展，其中以阿尔伯蒂（L·B·Alberti）、维尼奥拉（G·B·Vignola）、帕拉第奥（A·Palladio）和伯娄特（C·Perault）最有成就。我国宋代的《营造法式》一书虽然写成于公元11世纪初，但出版早于《建筑十书》421年，对东方建筑产生重大影响，在学术质量和文化价值方面，完全可以和《建筑十书》相媲美的。

(7) 建筑装饰

古罗马的建筑装饰手法多半是承袭古希腊的，独创很少。

a.雕刻——圆雕和浮雕都具有希腊普化时期的特点：更多地表现美神和爱神、胜利女神的圆雕，表现社会生活的风俗雕刻较流行，表现人体美和深刻的心理、表情。浮雕起伏较大，接近圆雕。凯旋门和胜利柱上面多加有圆雕人物。雕刻的题材内容十分广泛。

b.绘画——庞贝城的发掘，证明古罗马的湿壁画的水平很高：将颜料画在半干的灰泥层上，灰泥中掺有陈旧石灰；颜色所以鲜艳，是因为黄色含氧化铁，红色里含氧化铁和朱砂（或氧化汞），白色由石灰岩制成，黑色由煤灰或炭做成。为了使颜色耐久，颜料均加皂化石灰石粉或大理石粉，画面也光洁漂亮。绘画题材广泛。

彩石镶嵌画不仅用在墙上，也做在顶棚和地面上，特别是用彩色大理石块和金箔装饰墙面。

还有蜡色烫染画，烫在木材或石料上。

此外，还有彩色三合土灰泥（细砂、石灰和石膏粉调在一起，再加颜料），用来作浮雕和纹饰。

c.纹饰——题材与装饰手法均承袭古希腊，但很繁琐，太自然主义。

纹样的构图常用对称、交错和连续等形式，常用叶子、果实和条带组成编织纹，也喜欢用羊头、狮头、动物的爪和头骨作装饰。动植物纹相混合组成阿拉伯式花纹。用植物的花与果组成悬垂花环。也用各种武器组成纹样。毛茛叶用得很多，不论是形如橄榄叶的尖叶，还是宽短叶的，在重叠的地方，都有由小叶片构成的“眼窝”（小圆坑）。卷须的收尾多半是蔷薇花、果实或渐变的人、动物。

纹样一种是平涂颜色画成的，另一种是浮雕，或加画阴影以加强表现力。主要的用色有红、绛红、黄（或金）、蓝、绿、黑和白等。

室内的墙裙、壁柱、横饰带和墙身上，都有丰富的色彩变化；墙上大画中含有小幅画。

几乎室内所有界面与物品表面都有丰富的装饰。

4.建筑材料与构造

(1) 建筑材料

古罗马最早用土坯和本地产的凝灰岩、椒色岩做建筑材料。从公元前3世纪开始，使用从外地运来的质佳而且易加工的石灰岩，用细粘土制造的焙砖代替了土坯。在共和国后期，又用大理石替代了石灰岩。到帝国时期，普遍采用种类繁多的大理石，作为一切建筑的用材。粘接材料为石灰浆和金属件（蚂蝗钉、合钉）。用青铜或金做屋瓦。还有彩石镶嵌。

(2) 建筑构造

古罗马的墙有多种砌法：规则砌法、不规则砌法、粗面石砌法、混合砌法和网状砌法等。常用的是粗面石砌法（石块表面粗糙，深凹的接缝用石灰浆抹平）和混合砌法（墙心和表层使用不同的材料。网状砌法（方锥石块的基面朝外排成斜方格砌墙外层，里面则浇进混凝土）最受欢迎。因为它耗力小、施工速度快，所以很流行。这种混凝土是由石灰、卵石和火山灰加水调和而成的，同现代混凝土已很相似。

古罗马发券和起拱技术学自埃特卢斯克，但做出大跨度、技术上又有所发展，达到前所未有的高峰。最初的穹顶是砌筑的，穹顶上深凹的井字格内有雕饰。大跨度的穹顶，先用砖或石砌出带状肋或券形肋骨，然后再浇灌混凝土。有的穹顶壳体内加有陶瓶式的预制构件，以减轻荷载。在多边形平面上起拱（砌穹顶）时，使用了帆拱。在浴池建筑中，首次在铜柱上架起金属穹顶。在圆环形厚墙上起拱，则用凹龛和壁柱减少笨重感。出现了柱与卷相结合的“卷柱式”和十字拱。

广场上的建筑物的外墙，用石灰石或大理石贴面，也有的外墙、水池和喷泉用彩石镶嵌来装饰；个别的屋瓦是用青铜或金做成的。

礼仪厅的地面铺以大块石材，皇宫内部用金、宝石、彩色大理石和彩色三合土灰泥来装饰墙、棚和家具等。

5.古罗马的家具

(1) 家具品种

古罗马的家具品种较多，有坐具、卧具、藏具、承具、庋具和杂项六类。

坐具类有凳、交杌（马扎类折叠凳）、长凳、靠背椅、扶手椅、圈椅、沙发和宝座等。

卧具类有榻、床等。

藏具有小匣（盒）、柜子、箱和带架子的碗柜。餐具柜是从东方引进的家具品种。

承具有三腿圆桌、三腿圆兀、三腿方桌、四腿方桌、独腿小方桌、餐桌和石台座等。

庋具类有三角架和架柜等。

杂项类有三脚的高烛台、与床榻或高形椅子搭配使用的脚踏等。

(2) 造型与装饰

古罗马家具在造型与装饰上，既承袭了埃特卢斯克和古希腊一些形式，但又有所发展，使家具结构更合理，造型更美观，装饰更华丽。

坐具的腿有直腿的、底座式的，但多数是兽腿，或用带翼的圆雕狮子做腿与扶手。圈椅的靠背与扶手是连贯的，椅子靠背有弧面，有的也倾斜呈一定角度。凳子完全照搬古希腊。

床有床尾板、床头板（板上有雕饰），追求华贵雅，曲腿的脚上镶青铜。有的床架、腿和落地帐都用青铜制造。有的床下是底座。榻有直腿和曲腿之分，有的还安有扶手和床围子（上面有装饰），有的是高靠背。

桌子腿也多为兽形腿，人头或人上半身像作为腿的上半部，桌、几特别爱用三条兽腿，腿之间用三叉形枨子；台桌多半为圆形。方桌的四条兽腿之间有X形枨连接。有平面为S形的餐桌。石台座在台面以下部分也雕出有涡卷形带翅膀的狮子。

盒、匣有方形、矩形和圆柱形的。箱子多半是长方形，顶盖为平的或两坡、卷棚形，仿古埃及。柜子仿埃特卢斯克。有格板和柜体各占一半的柜架。

三角架和高烛台也用兽腿，立杆上雕小动物；有的用叶片作装饰。

家具装饰上，用植物（忍冬、棕榈、毛茛叶等）纹、几何纹作装饰，卷草、悬垂花环用得较多。此外，也用雄鹰、带翼狮子、女神像雕刻。

在箱子表面包镶一些金属片作装饰，也有木片镶嵌图案。

(3) 家具制作用材与结构、工艺

古罗马制作家具的材料有：木材（最多用雪松，还有岑、枫、檀香木、柳木和柑橘等）、青铜、银、铁、大理石、布料和皮革等。

椅子多用木材制作，宝座用大理石或木材制造，榻的腿用木材或青铜制作，马扎用铁、青铜或白银制作。床用青铜或木材加工。桌子有全部用青铜的；也有桌面为大理石或白银的，而腿是青铜或檀香木的。桌面也有用木板或页岩、板岩制成的。桌面边框用大理石条，内镶木板或青铜板。

从构造上讲，常用的榫卯结构都有了，框架结构、嵌板结构、胶粘技术、镟木工艺、木片镶嵌工艺、雕刻技艺、金银龟甲宝石镶嵌等，都很高超。金属的冶炼、铸造、焊接、铆接等工艺技术，达到很高的水平。

坐具座面和靠背的软包镶、床垫、头靠和枕垫的包镶、靠垫的制作，都很精致。紫红色的棉织布和天鹅绒最爱用。

复习题与思考题

1. 古罗马建筑总的风格特点是什么？有哪些建筑类型？其特点怎样？
2. 古罗马建筑的造型特点是什么？有几种柱式？有哪些线脚？建筑装饰有哪些特点？
3. 古罗马建筑平面布局及城市规划有何特点？在用材与构造上是怎样的？
4. 古罗马家具在品种、造型与装饰、用材、结构与工艺上有什么特点？

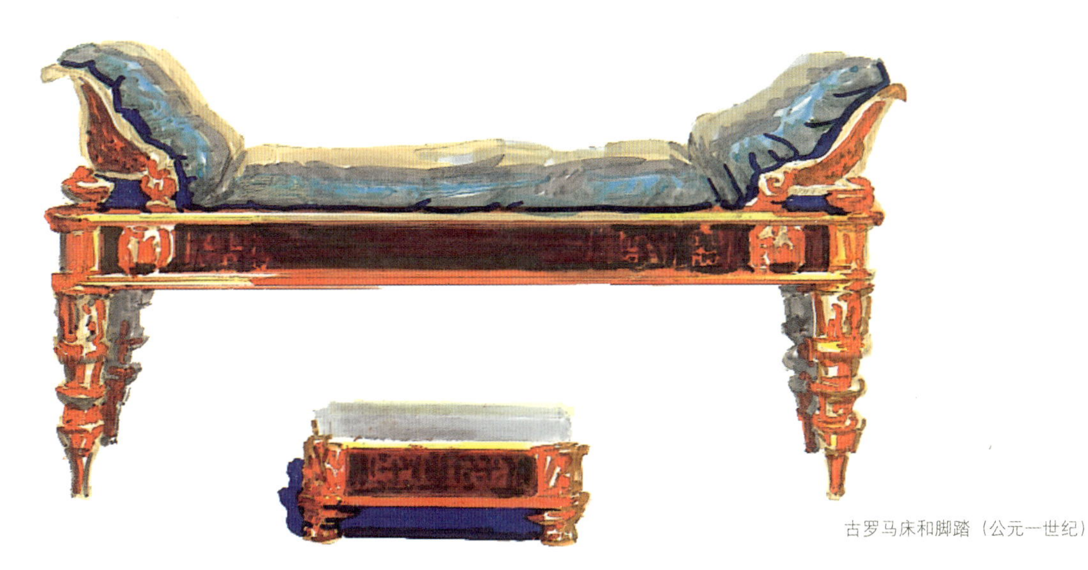

古罗马床和脚踏（公元一世纪）

古罗马建筑·埃特卢斯克建筑

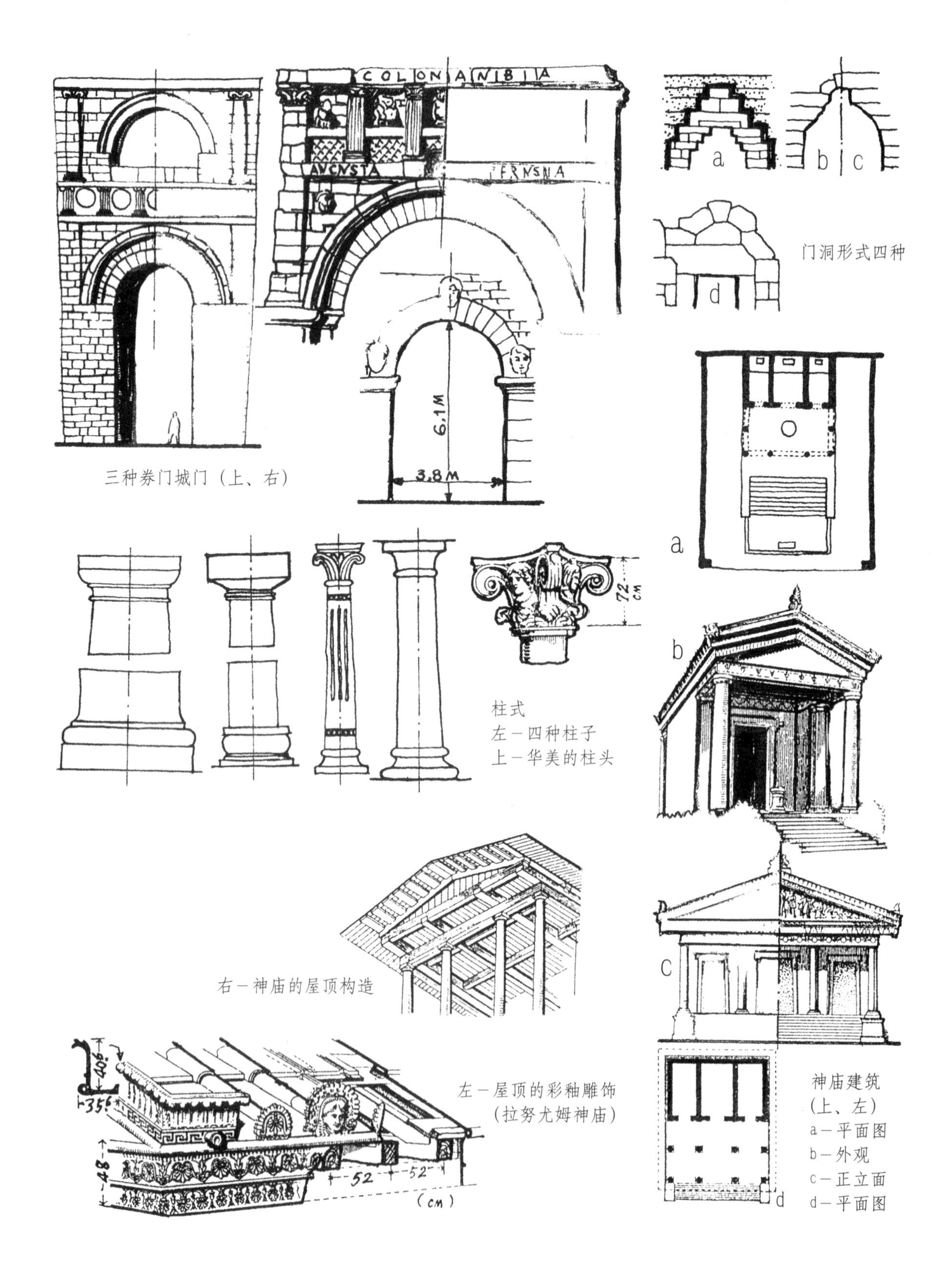

三种券门城门（上、右）

门洞形式四种

柱式
左—四种柱子
上—华美的柱头

右—神庙的屋顶构造

左—屋顶的彩釉雕饰
（拉努尤姆神庙）

神庙建筑
（上、左）
a—平面图
b—外观
c—正立面
d—平面图

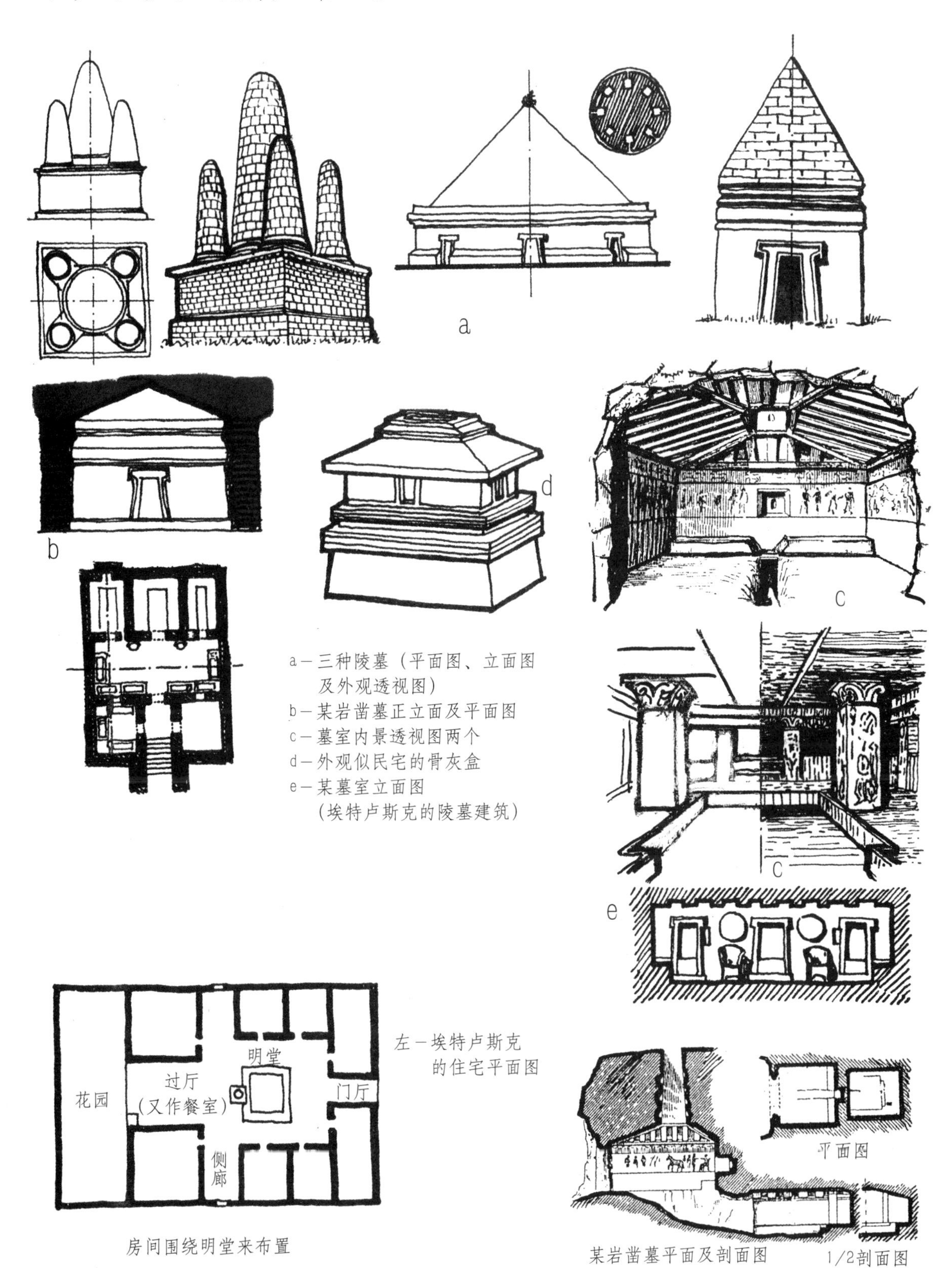

a—三种陵墓（平面图、立面图及外观透视图）
b—某岩凿墓正立面及平面图
c—墓室内景透视图两个
d—外观似民宅的骨灰盒
e—某墓室立面图
（埃特卢斯克的陵墓建筑）

左—埃特卢斯克的住宅平面图

房间围绕明堂来布置

某岩凿墓平面及剖面图　1/2剖面图

埃特卢斯克家具

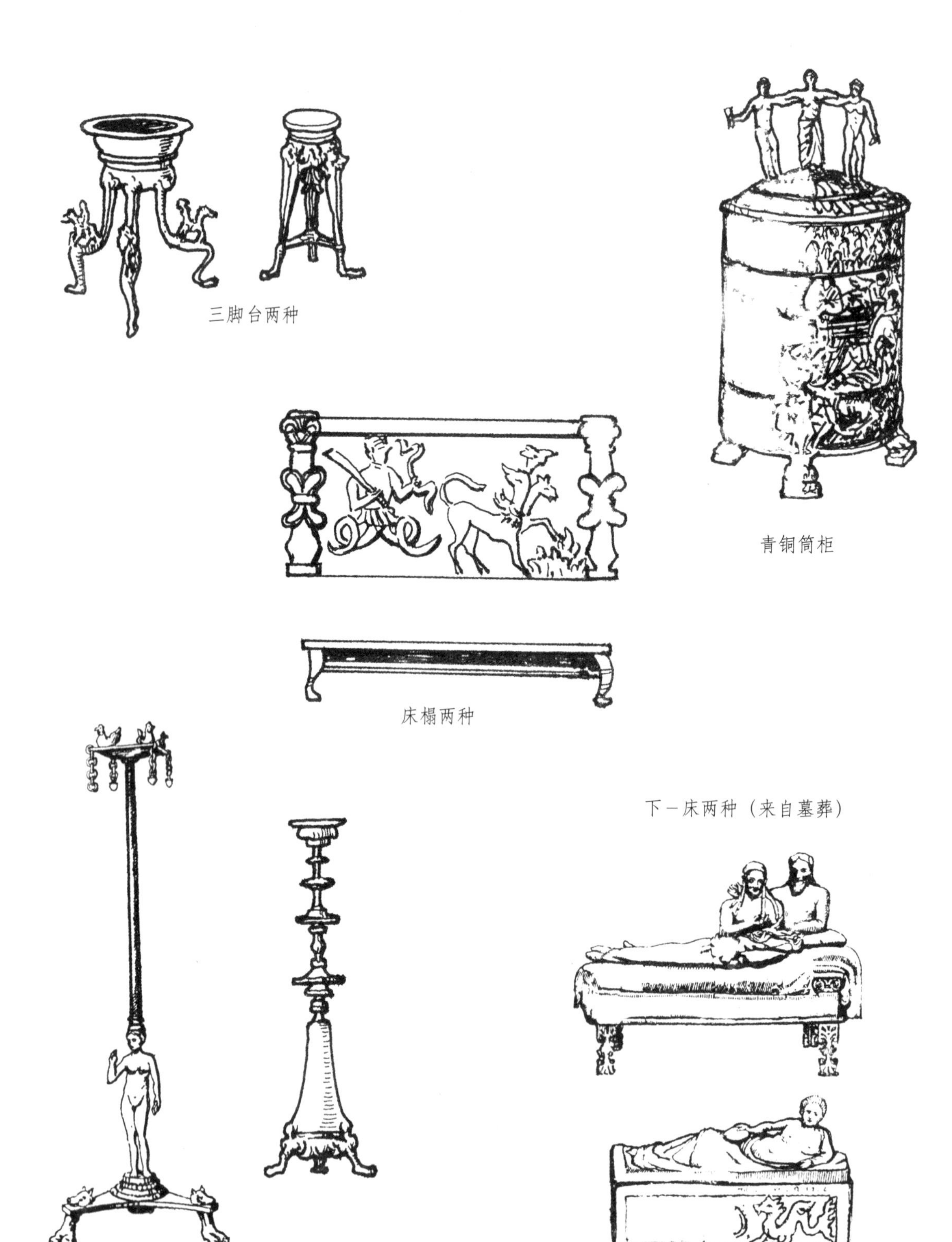

三脚台两种

青铜筒柜

床榻两种

下一床两种（来自墓葬）

青铜柱灯两种

古罗马建筑·神庙平面图

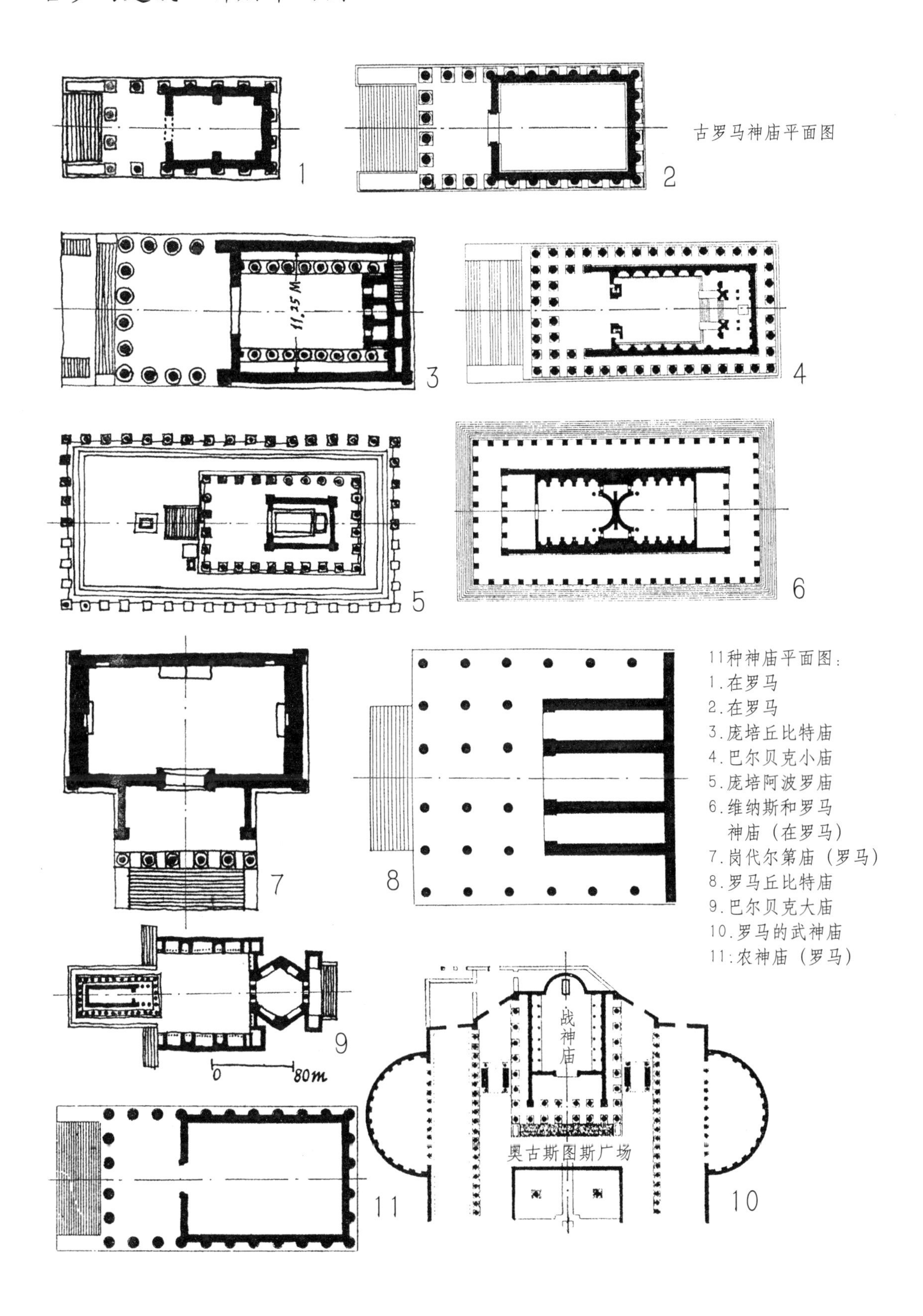

古罗马神庙平面图
11,35 M
1
2
3
4
5
6
7
8
9
10
11
0
80m
战神庙
奥古斯图斯广场
11种神庙平面图：
1.在罗马
2.在罗马
3.庞培丘比特庙
4.巴尔贝克小庙
5.庞培阿波罗庙
6.维纳斯和罗马神庙（在罗马）
7.岗代尔第庙（罗马）
8.罗马丘比特庙
9.巴尔贝克大庙
10.罗马的武神庙
11.农神庙（罗马）

古罗马建筑·重要的神庙遗存

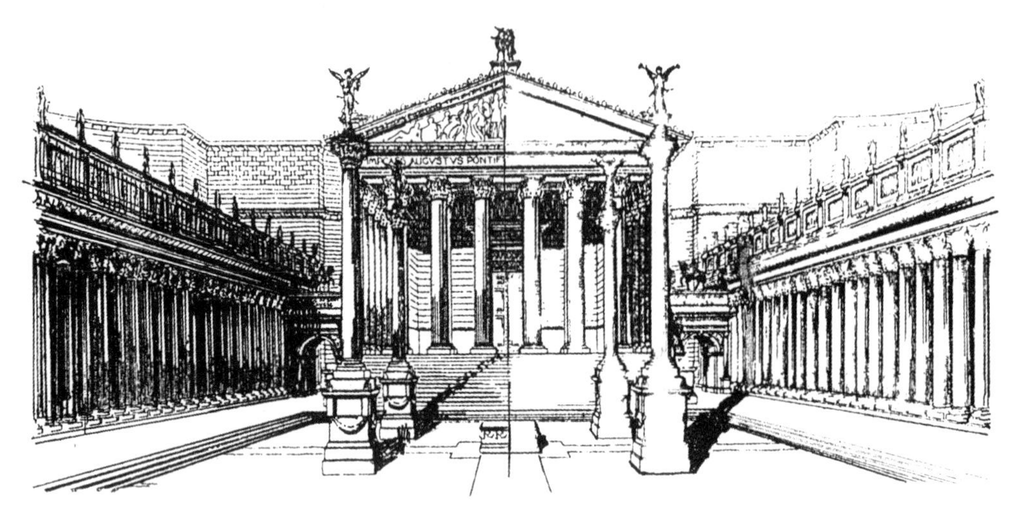

罗马战神庙（外观复原想象图）

下—尼麦斯神庙外观

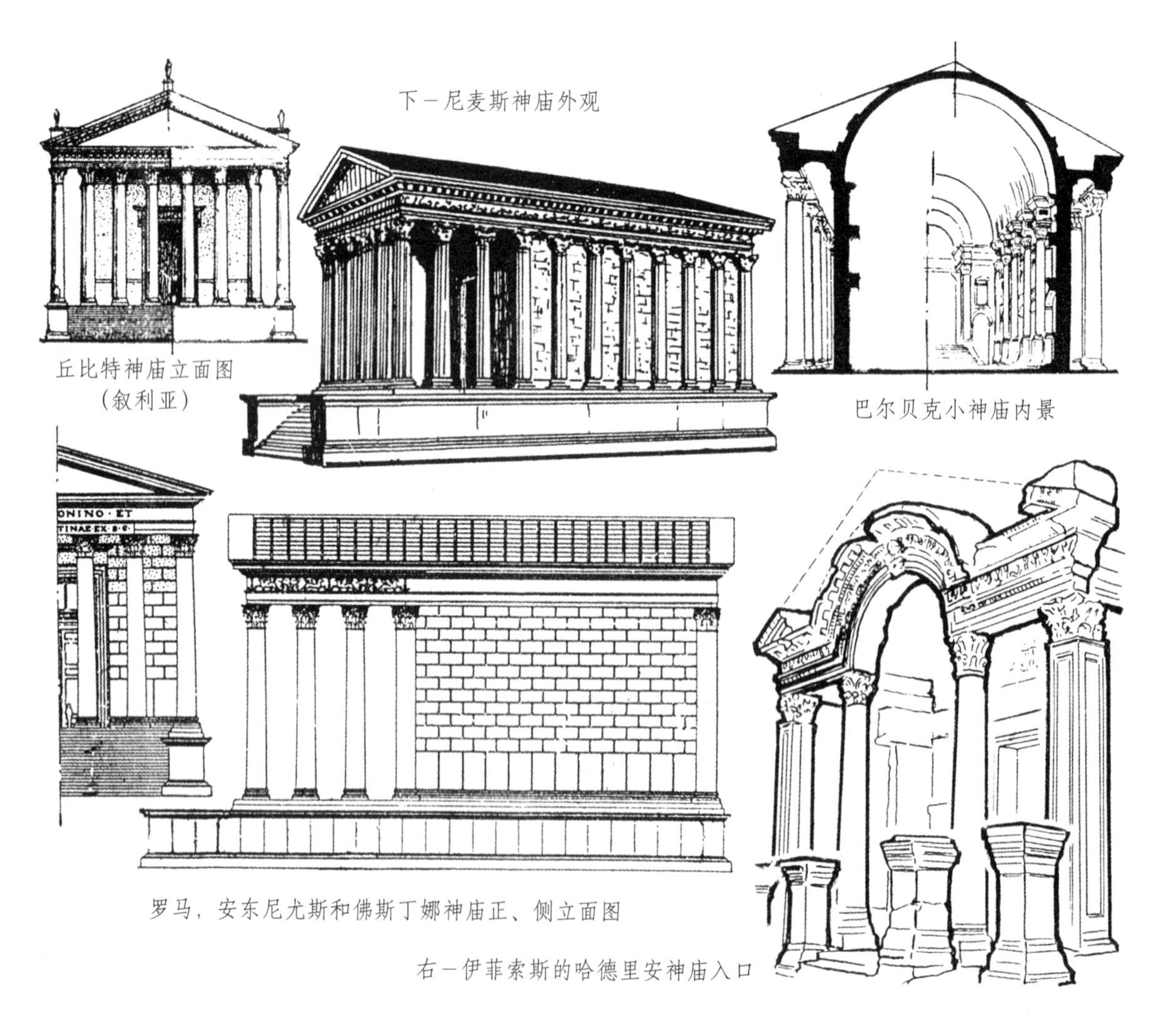

丘比特神庙立面图（叙利亚）

巴尔贝克小神庙内景

罗马，安东尼尤斯和佛斯丁娜神庙正、侧立面图

右—伊菲索斯的哈德里安神庙入口

古罗马建筑·重要神庙遗存

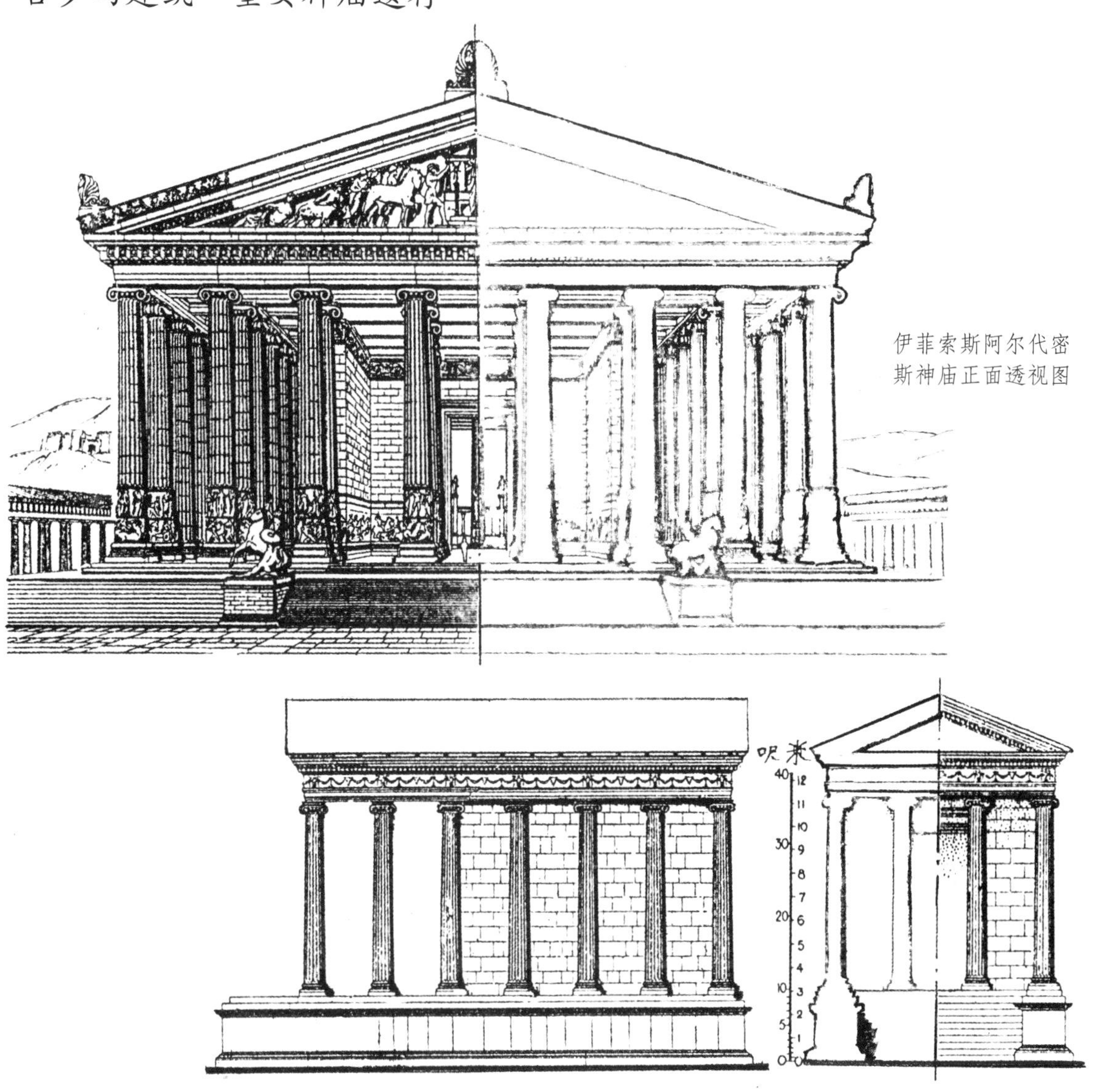

伊菲索斯阿尔代密斯神庙正面透视图

威利里斯（罗马司命运女神）庙
左－侧立面图
右－正立面图

罗马农神庙正立面图

古罗马建筑·重要神庙遗存

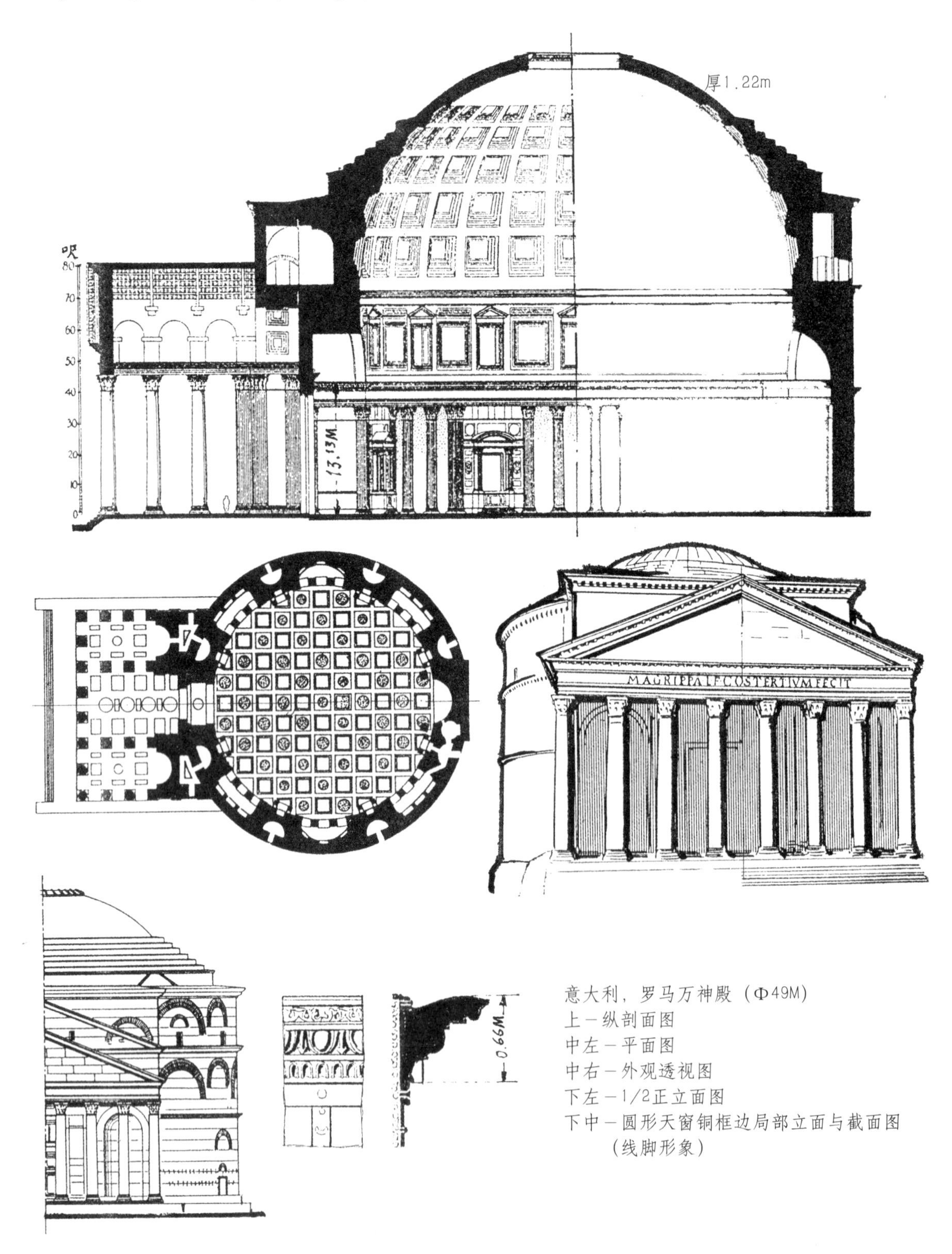

意大利，罗马万神殿（Φ49M）
上－纵剖面图
中左－平面图
中右－外观透视图
下左－1/2正立面图
下中－圆形天窗铜框边局部立面与截面图
（线脚形象）

巴尔贝克大庙（在叙利亚）的遗存情况

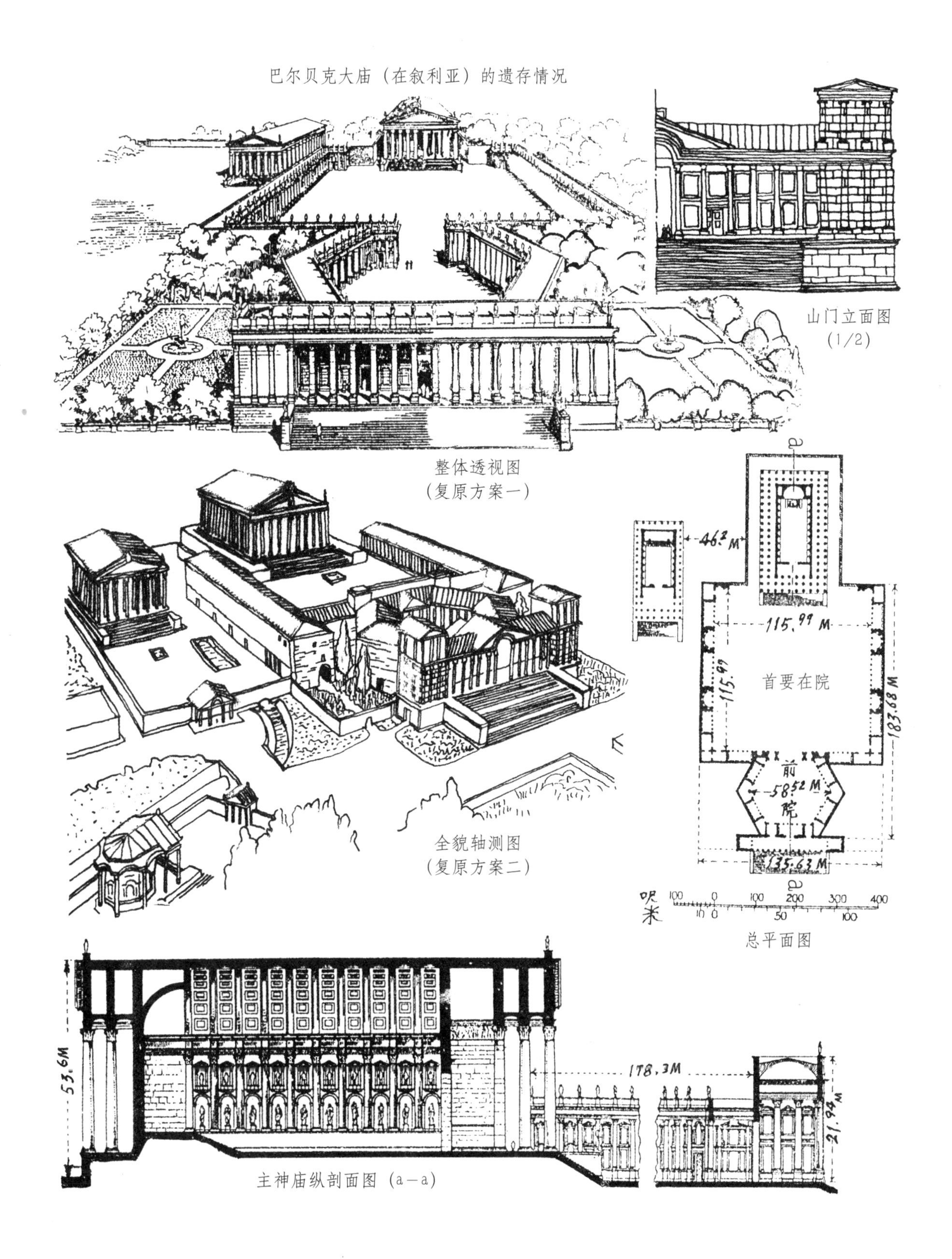

山门立面图（1/2）

整体透视图（复原方案一）

全貌轴测图（复原方案二）

总平面图

主神庙纵剖面图（a—a）

古罗马建筑·多种圆形神庙

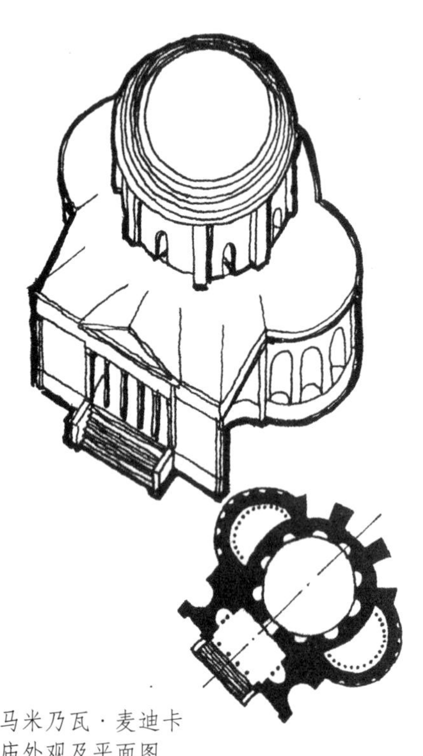

罗马米乃瓦·麦迪卡
庙外观及平面图

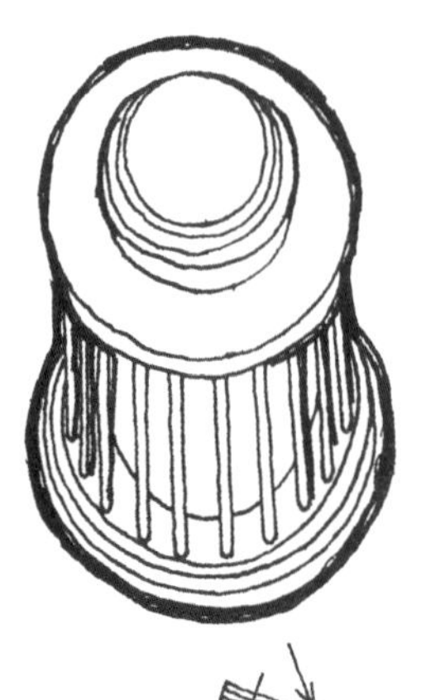

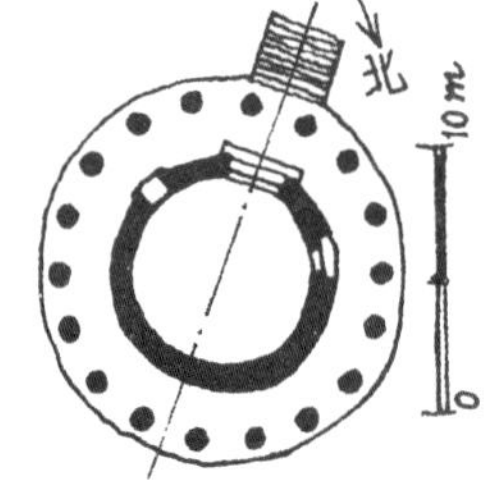

威斯达庙外观及平面图
（蒂沃里）

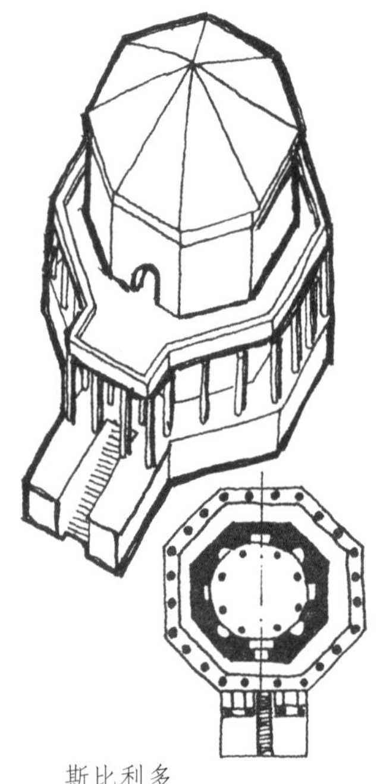

斯比利多
丘比特庙外观及平面图

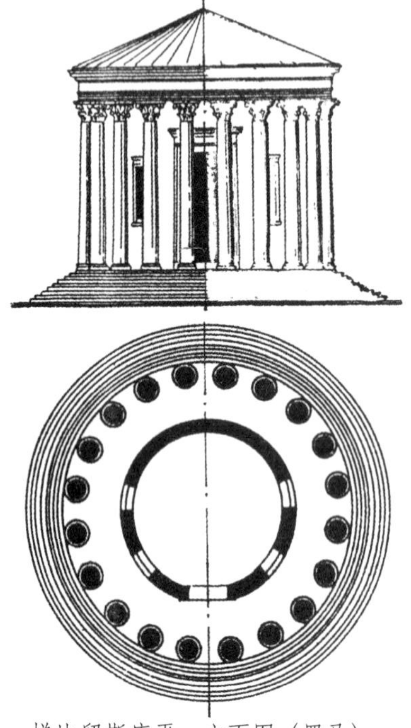

梯比留斯庙平、立面图（罗马）

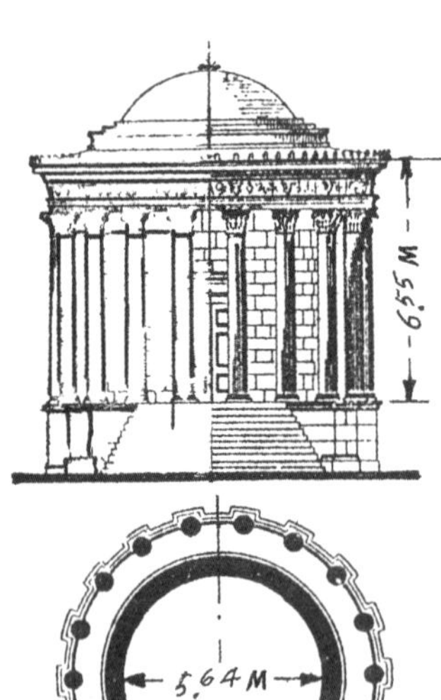

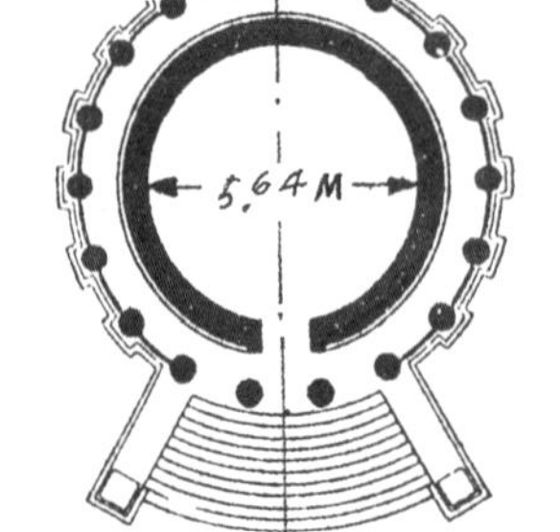

女灶神庙平、立面图（罗马）

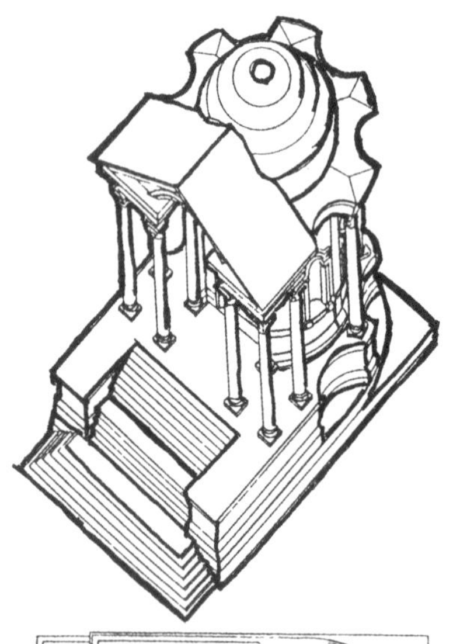

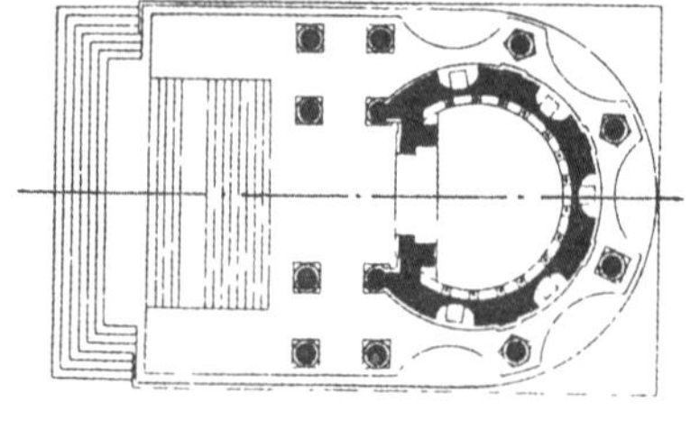

巴洛克式神庙外观及平面图
（在巴尔贝克）

古罗马建筑·陵墓与祭坛

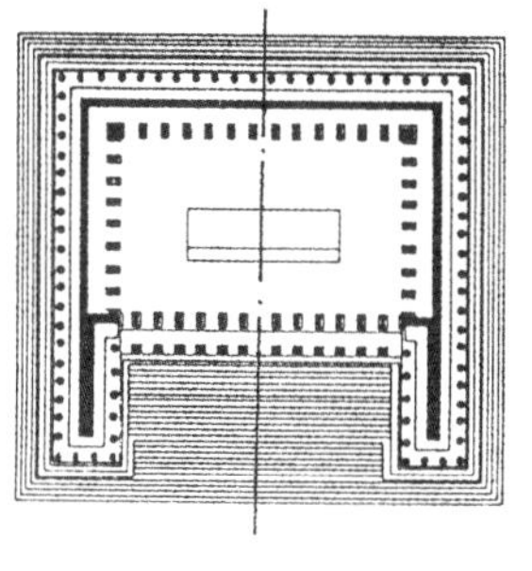

左一局部透视图
上一全貌透视图
中、下一平面图

贝加蒙的宙斯祭坛

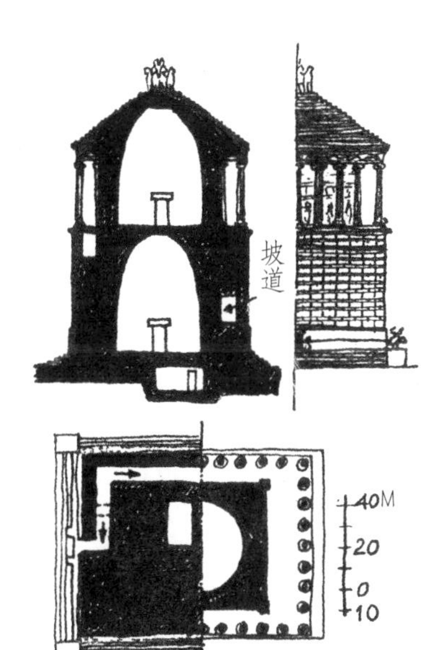

茅舒尔王陵（哈里卡尔纳斯）
上左一横剖面图
上右一1/2正立面图
下一一、二层平面图

撒摩特拉岛上的
圆形陵墓建筑外观

海神墓碑外观
（在克山道斯）

古罗马建筑·陵墓建筑

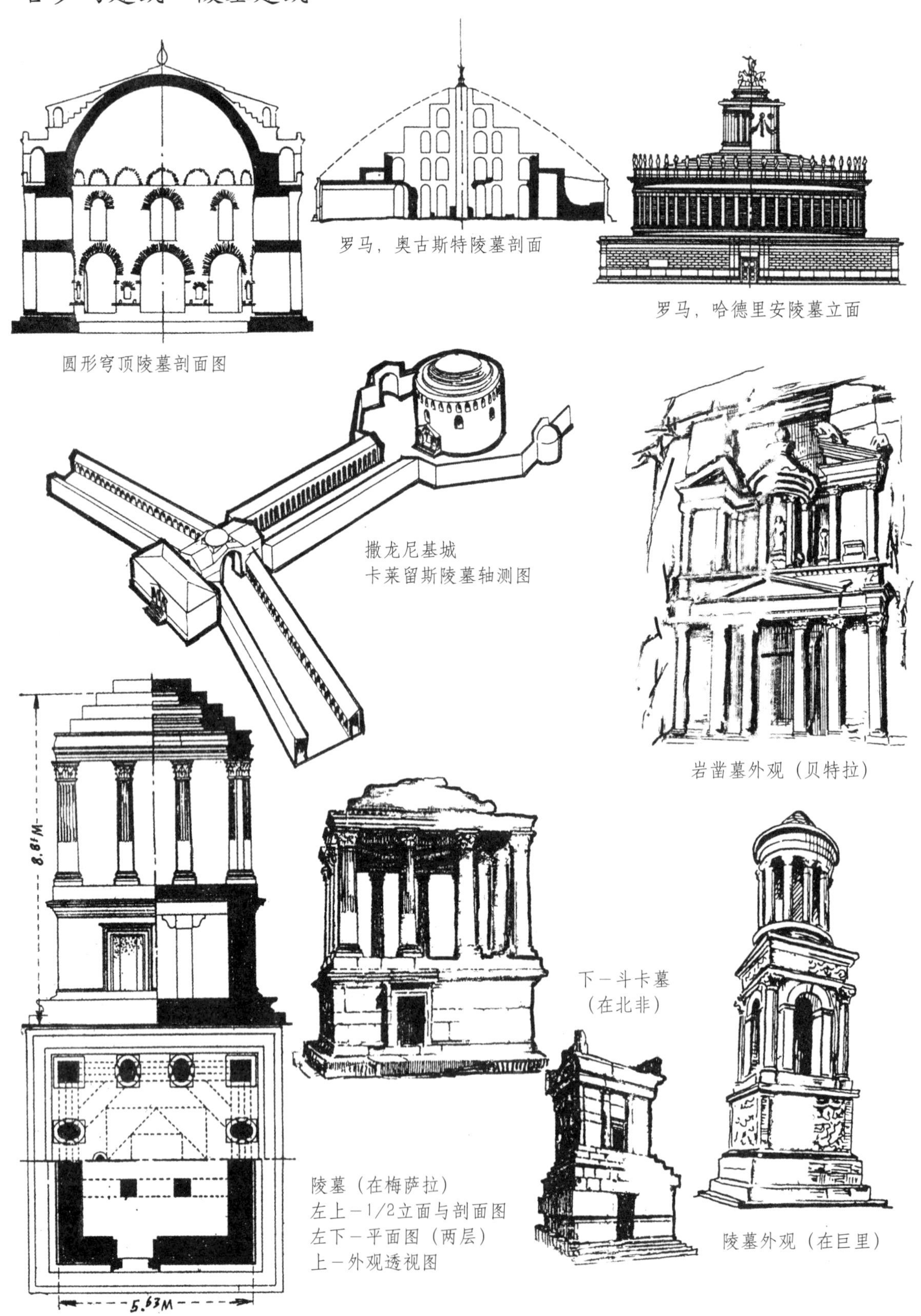

圆形穹顶陵墓剖面图

罗马，奥古斯特陵墓剖面

罗马，哈德里安陵墓立面

撒龙尼基城
卡莱留斯陵墓轴测图

岩凿墓外观（贝特拉）

陵墓（在梅萨拉）
左上－1/2立面与剖面图
左下－平面图（两层）
上－外观透视图

下－斗卡墓
（在北非）

陵墓外观（在巨里）

古罗马建筑·纪念柱

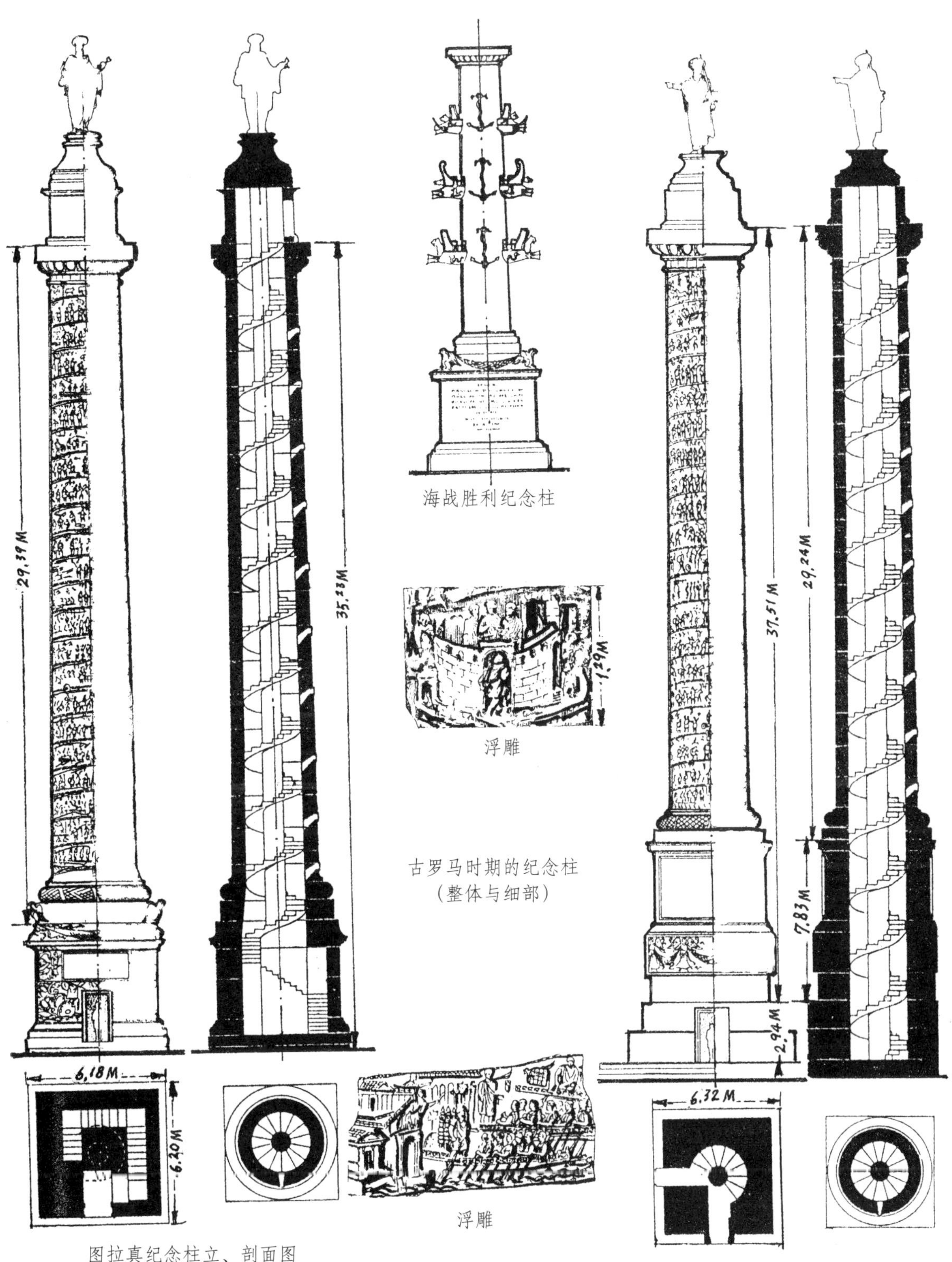

海战胜利纪念柱

浮雕

古罗马时期的纪念柱
（整体与细部）

浮雕

图拉真纪念柱立、剖面图
及平面图

马·欧来留斯纪念柱立、剖及平面图

古罗马建筑·凯旋门

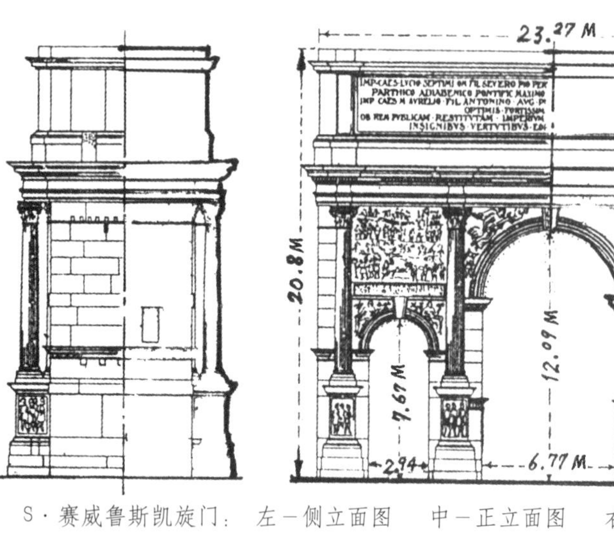

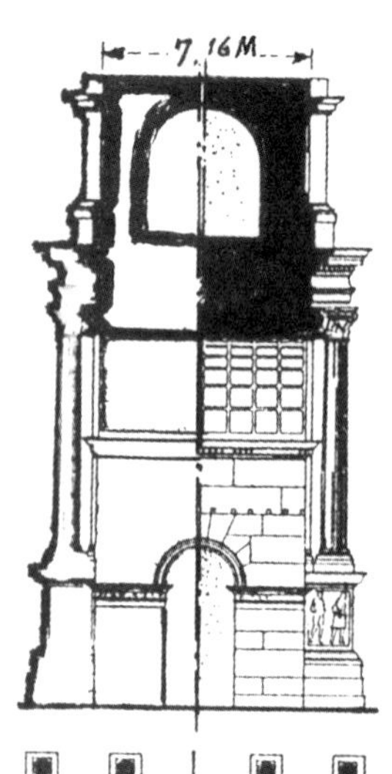

S·赛威鲁斯凯旋门：左－侧立面图　中－正立面图　右－侧剖面图及平面图

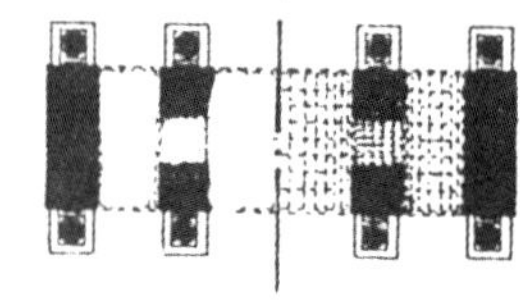

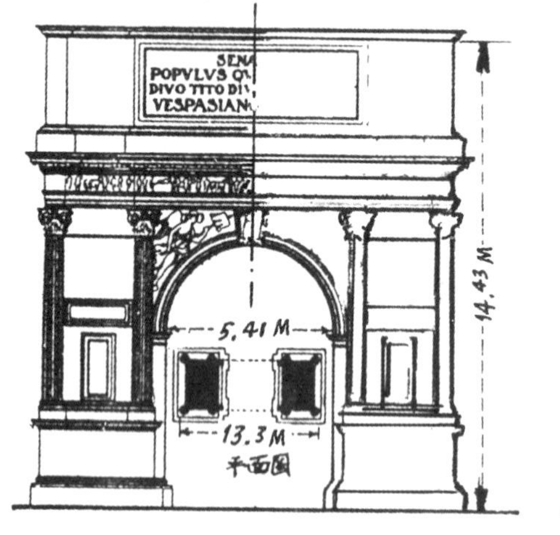

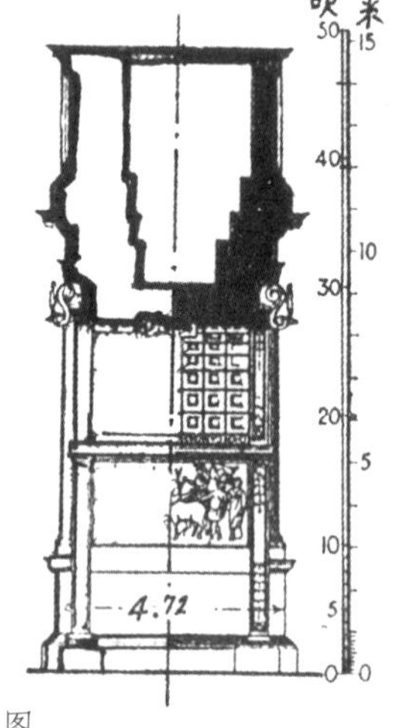

梯都斯凯旋门立面图及侧剖面图

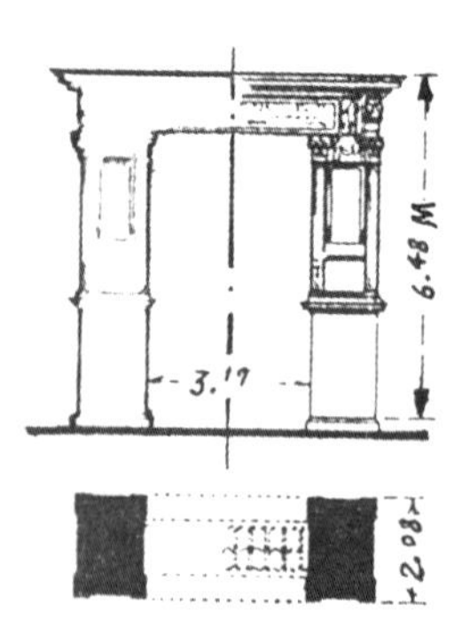

梯都斯凯旋门透视图

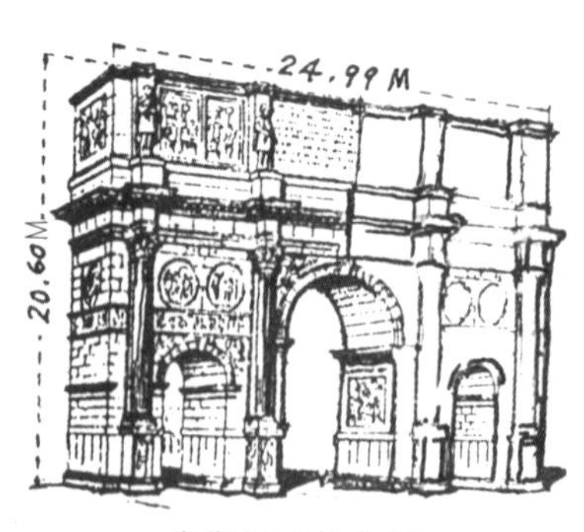

康斯坦丁凯旋门

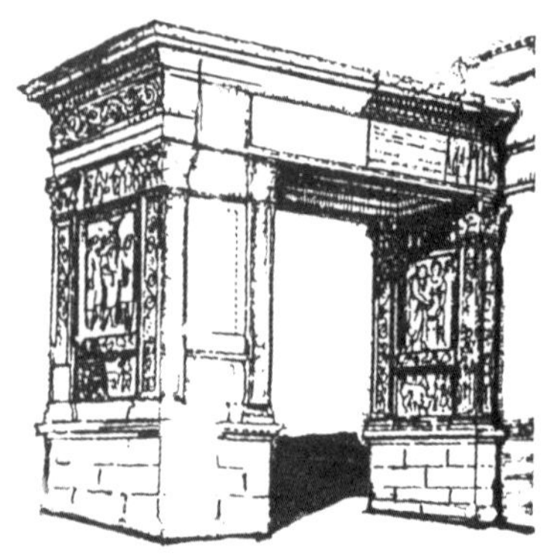

金斯密茨凯旋门透视图
上－正立面图
中－平面图
下－外观透视图

古罗马建筑·巴西里卡（纵向式平面教堂）

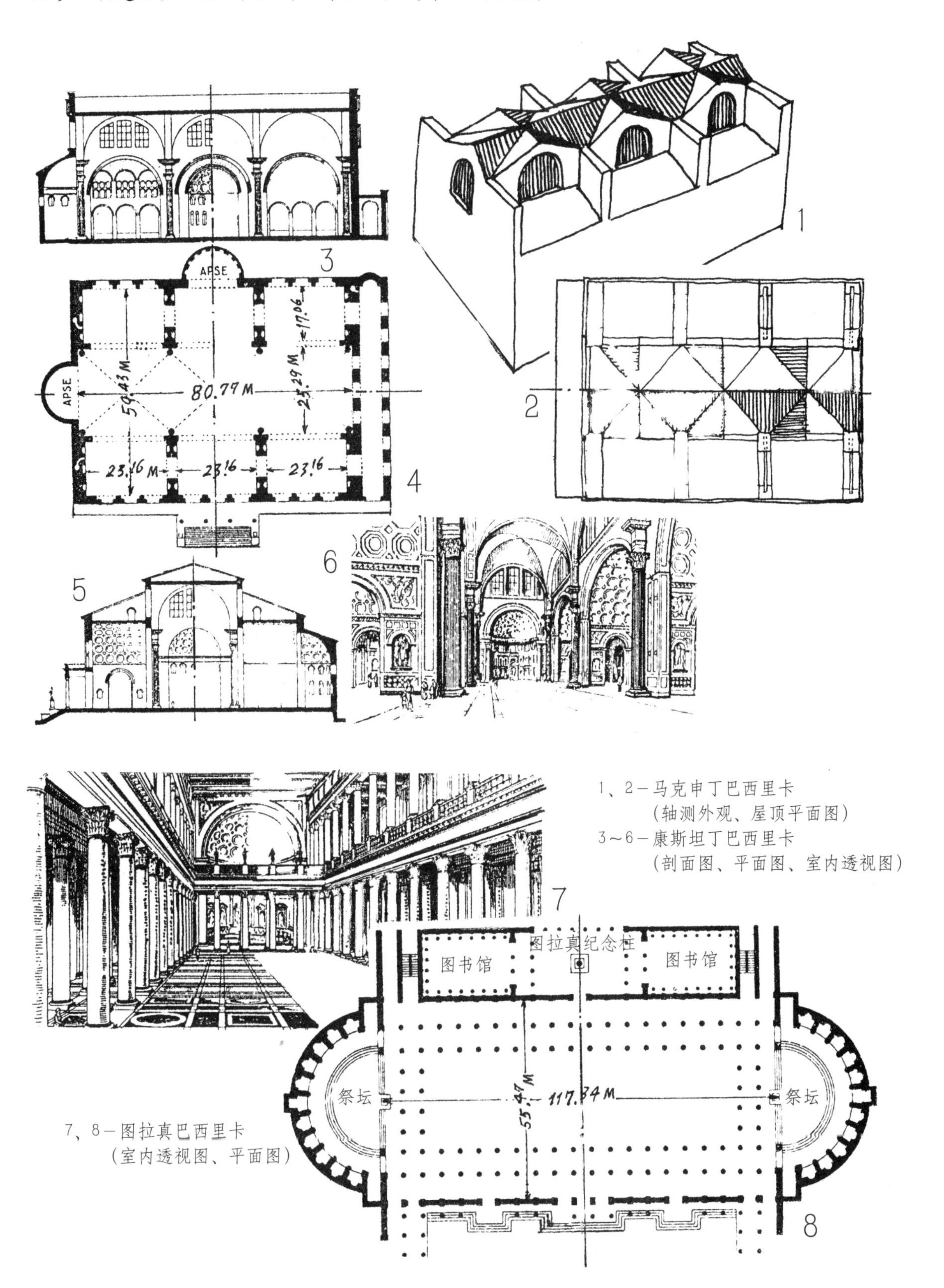

1、2－马克申丁巴西里卡
（轴测外观、屋顶平面图）
3～6－康斯坦丁巴西里卡
（剖面图、平面图、室内透视图）

7、8－图拉真巴西里卡
（室内透视图、平面图）

古罗马建筑·重要建筑遗迹

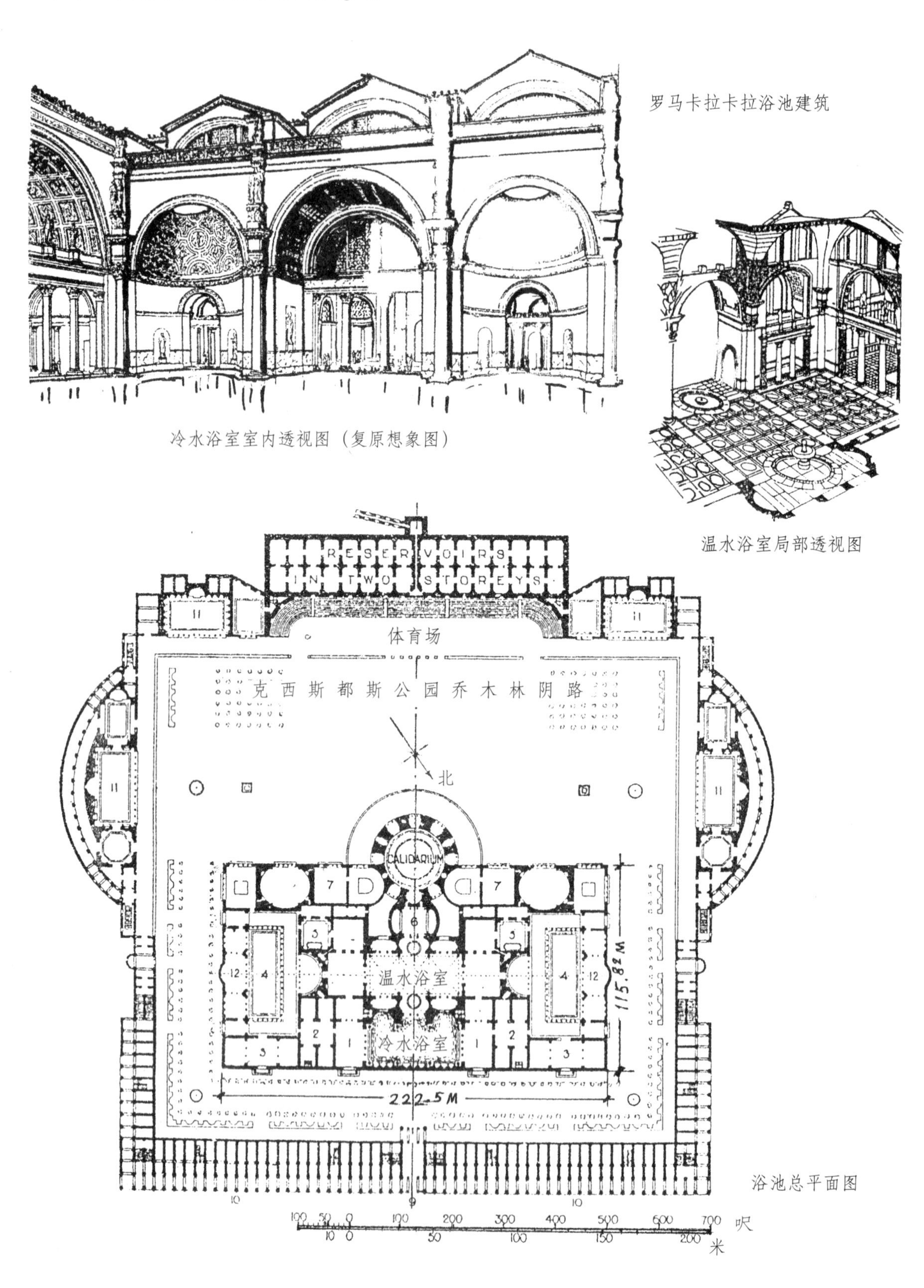

罗马卡拉卡拉浴池建筑

冷水浴室室内透视图（复原想象图）

温水浴室局部透视图

浴池总平面图

古罗马建筑·市政厅、市场、体育馆

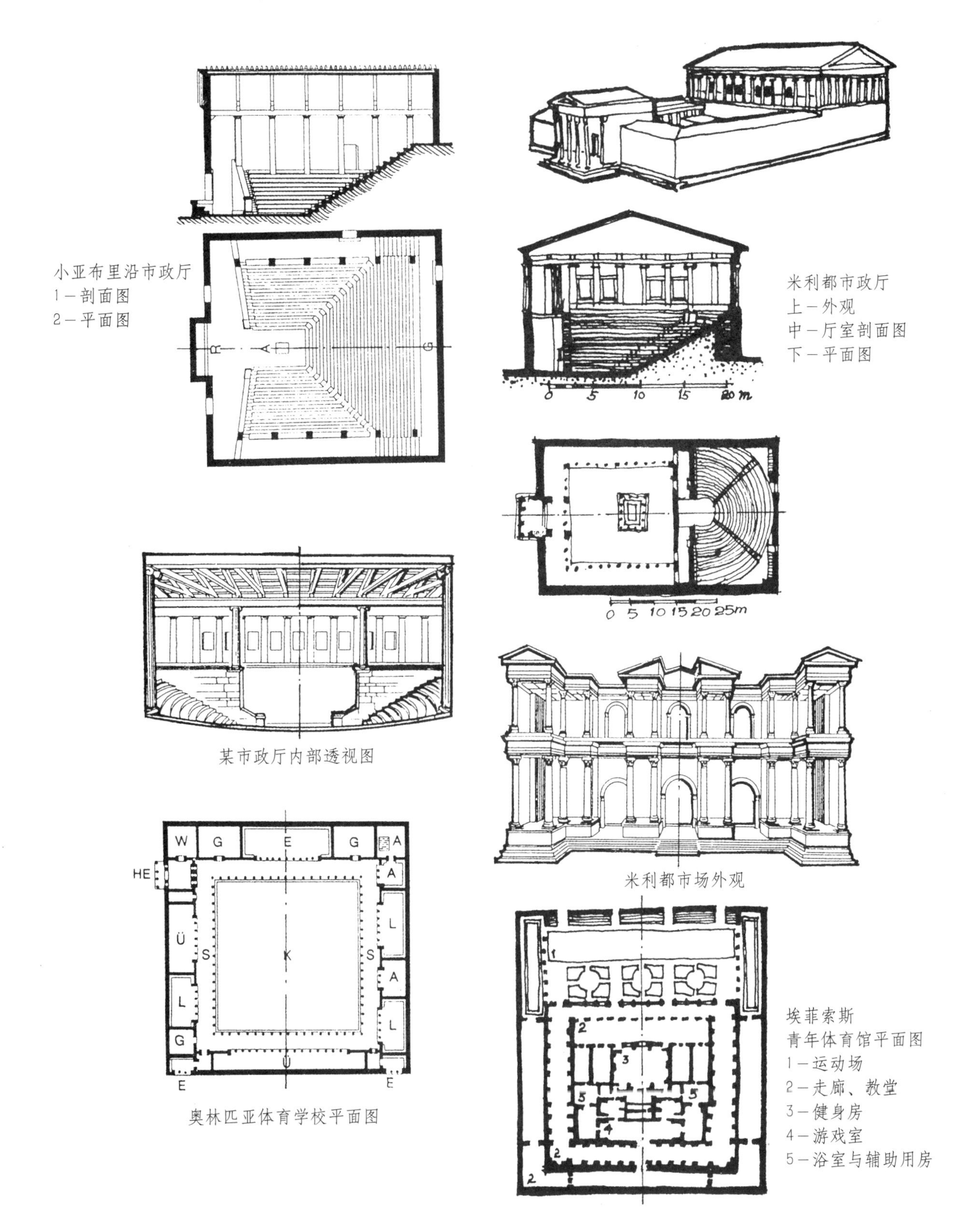

小亚布里沿市政厅
1—剖面图
2—平面图

米利都市政厅
上—外观
中—厅室剖面图
下—平面图

某市政厅内部透视图

米利都市场外观

奥林匹亚体育学校平面图

埃菲索斯
青年体育馆平面图
1—运动场
2—走廊、教堂
3—健身房
4—游戏室
5—浴室与辅助用房

古罗马建筑·竞技建筑

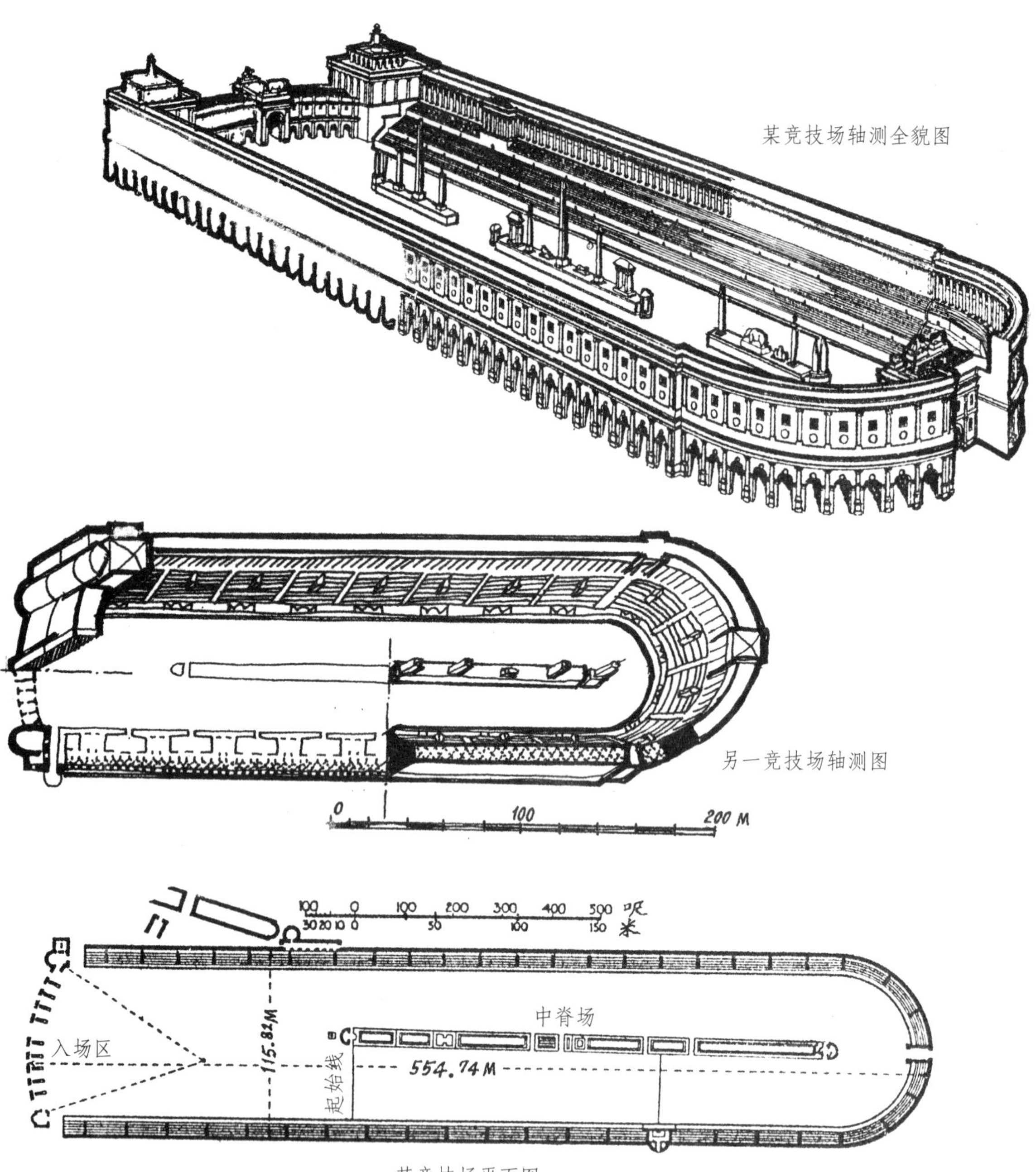

某竞技场轴测全貌图

另一竞技场轴测图

某竞技场平面图

水上游戏场（浮雕中记载）

古罗马建筑·斗兽场

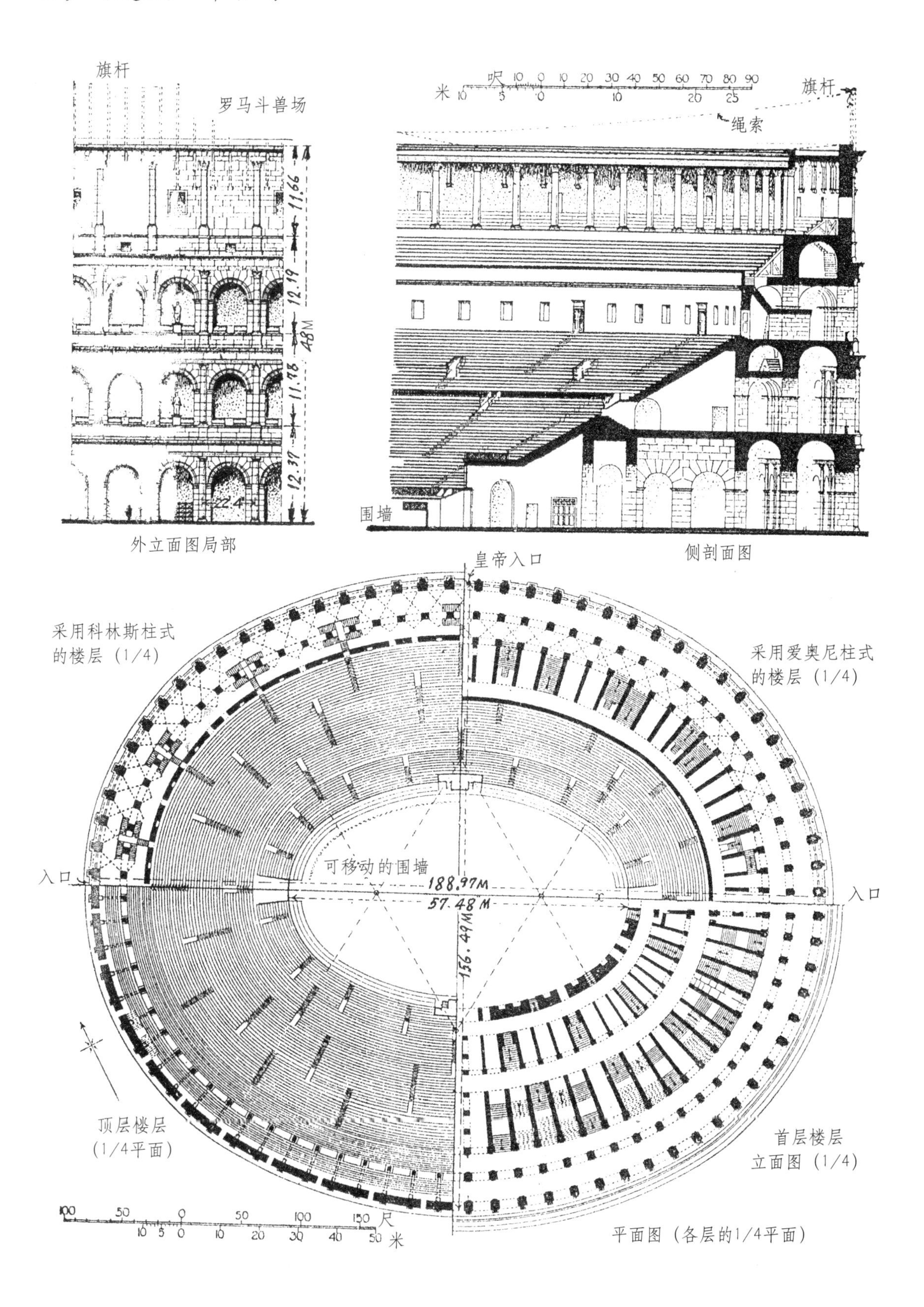

旗杆
罗马斗兽场
11.66
12.19
48M
11.98
12.37
22.4
外立面图局部
吠 10 0 10 20 30 40 50 60 70 80 90
米 10 5 0 10 20 25
旗杆
绳索
围墙
侧剖面图
皇帝入口
采用科林斯柱式的楼层（1/4）
采用爱奥尼柱式的楼层（1/4）
入口
可移动的围墙
188.97M
57.48M
156.49M
入口
顶层楼层（1/4平面）
首层楼层立面图（1/4）
100 50 0 50 100 150 尺
10 5 0 10 20 30 40 50 米
平面图（各层的1/4平面）

古罗马建筑·剧场建筑

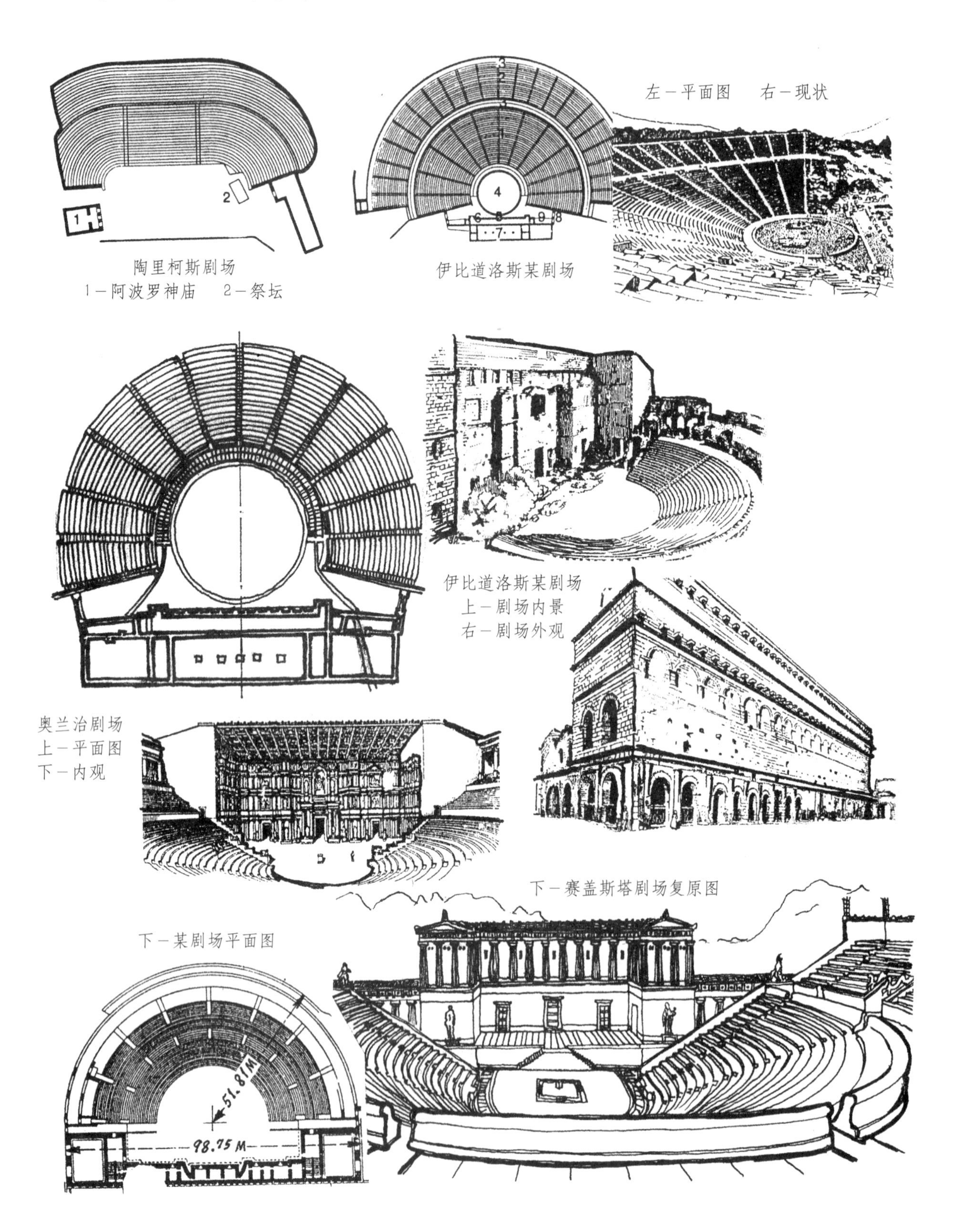

左－平面图　右－现状

陶里柯斯剧场
1－阿波罗神庙　2－祭坛

伊比道洛斯某剧场

伊比道洛斯某剧场
上－剧场内景
右－剧场外观

奥兰治剧场
上－平面图
下－内观

下－赛盖斯塔剧场复原图

下－某剧场平面图

古罗马建筑·城门、图书馆、灯塔等

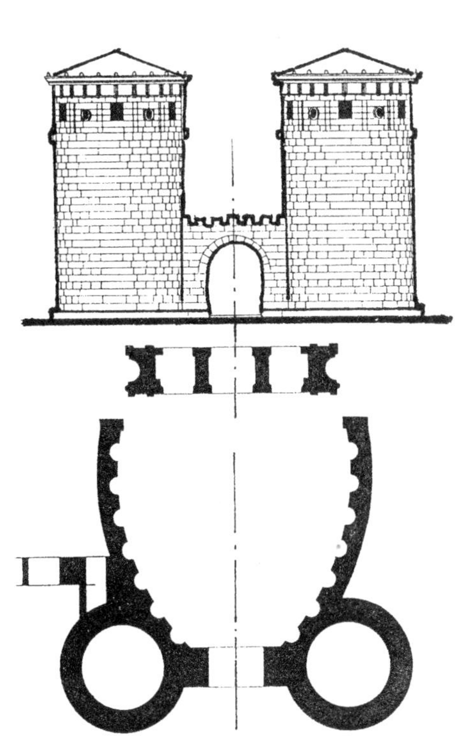

潘菲里沿，城门平、立面图

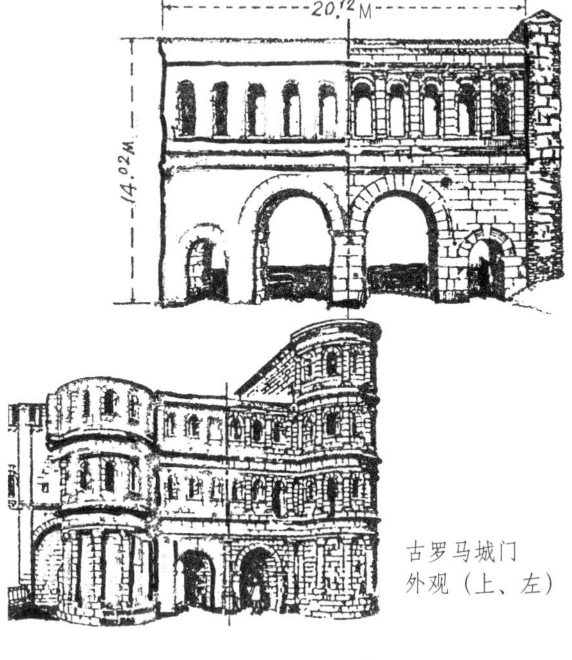

古罗马城门
外观（上、左）

埃及，亚历山大，法尔岛灯塔复原图

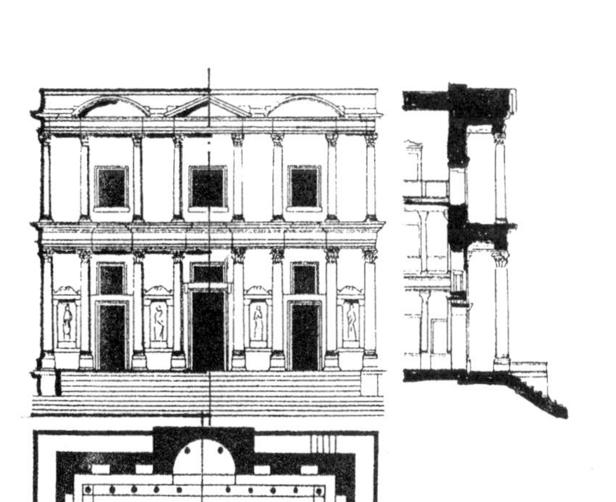

上左－正立面图
上右－侧剖面局部
下－平面图

伊菲索斯，赛苏斯图书馆

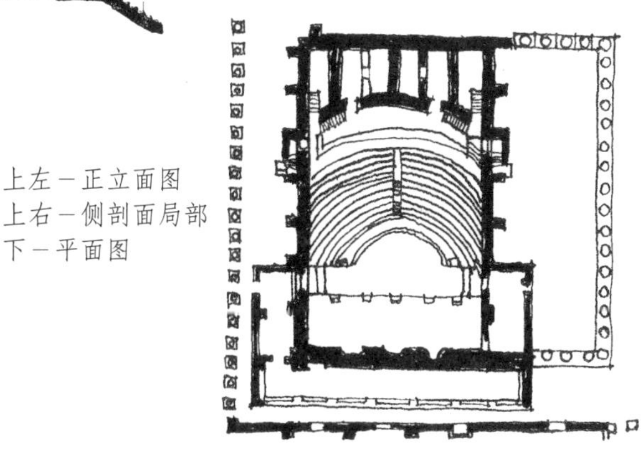

埃比多尔音乐
堂平面图

古罗马建筑 · 连券桥梁与输水栈道

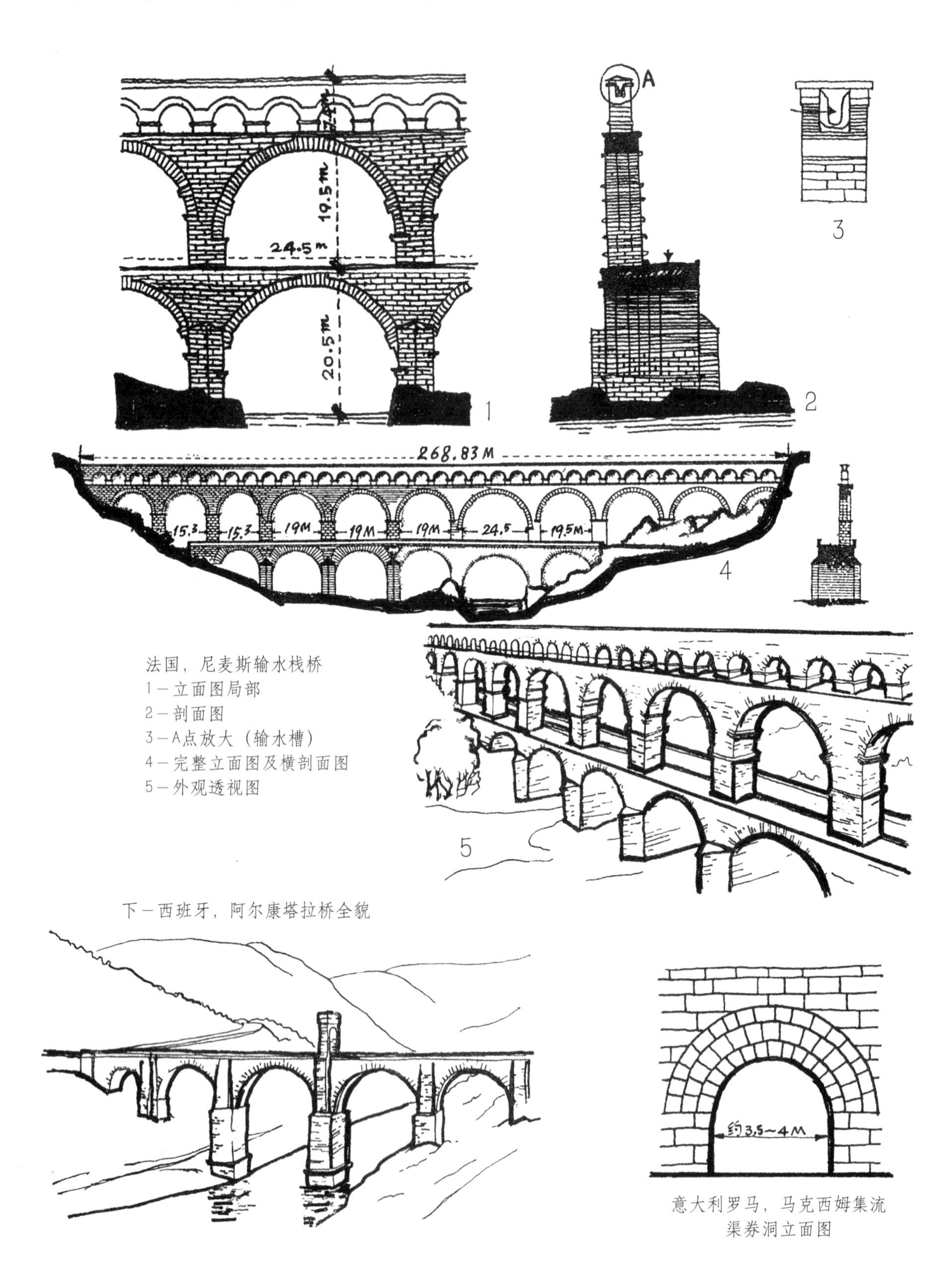

法国，尼麦斯输水栈桥
1－立面图局部
2－剖面图
3－A点放大（输水槽）
4－完整立面图及横剖面图
5－外观透视图

下－西班牙，阿尔康塔拉桥全貌

意大利罗马，马克西姆集流渠券洞立面图

古罗马建筑·居住建筑

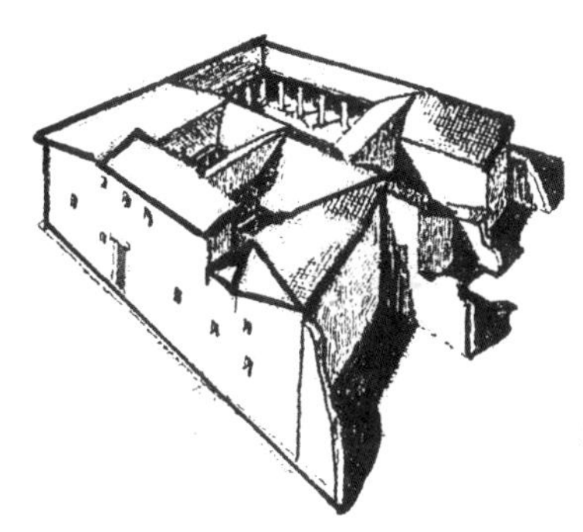

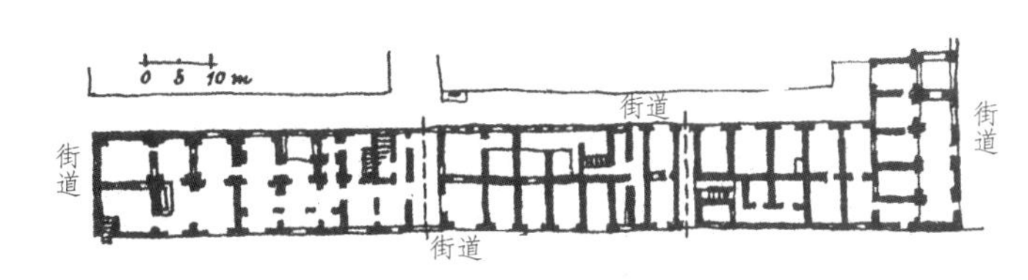

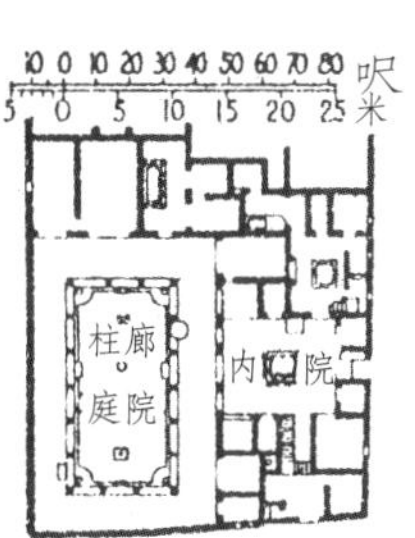

上二图－古罗马贫民居住的
公寓式住宅平面图两例

左三图—庞培城的古罗马富人私宅
左上－外观鸟瞰图
左中－平面图
左下－柱廊庭院局部透视图

下－意大利，庞培，古罗马望族住宅纵剖面图与平面图

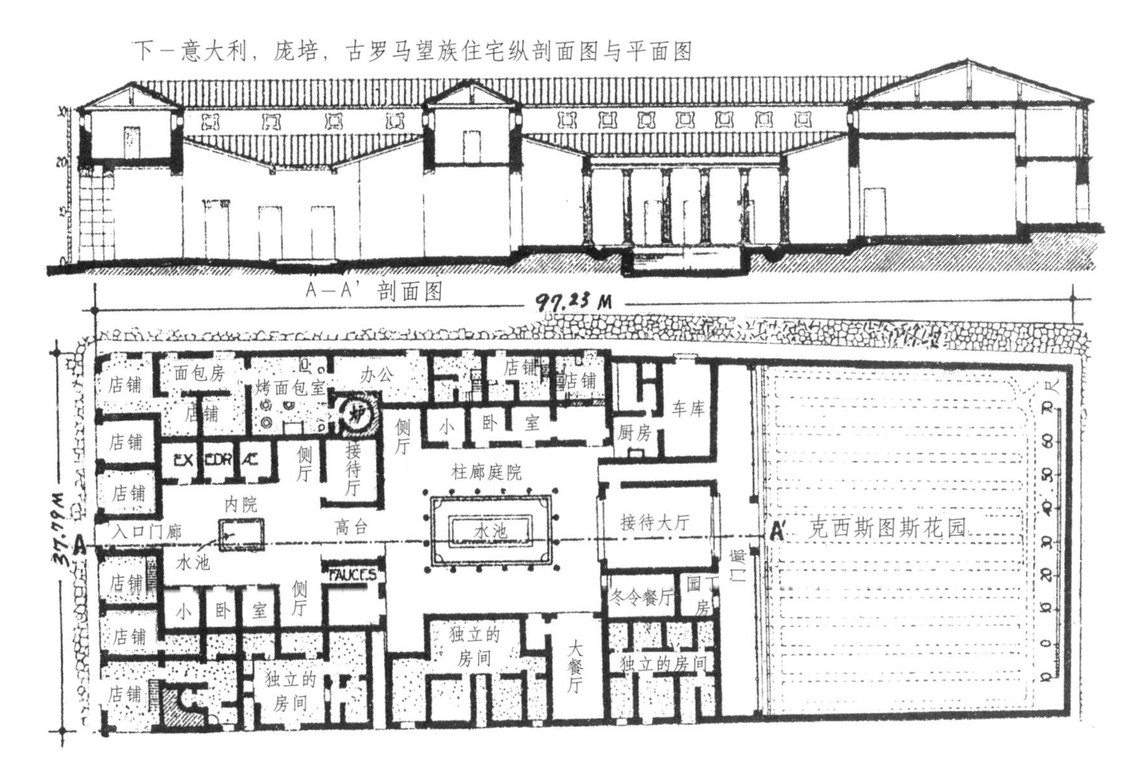

古罗马建筑·城市广场

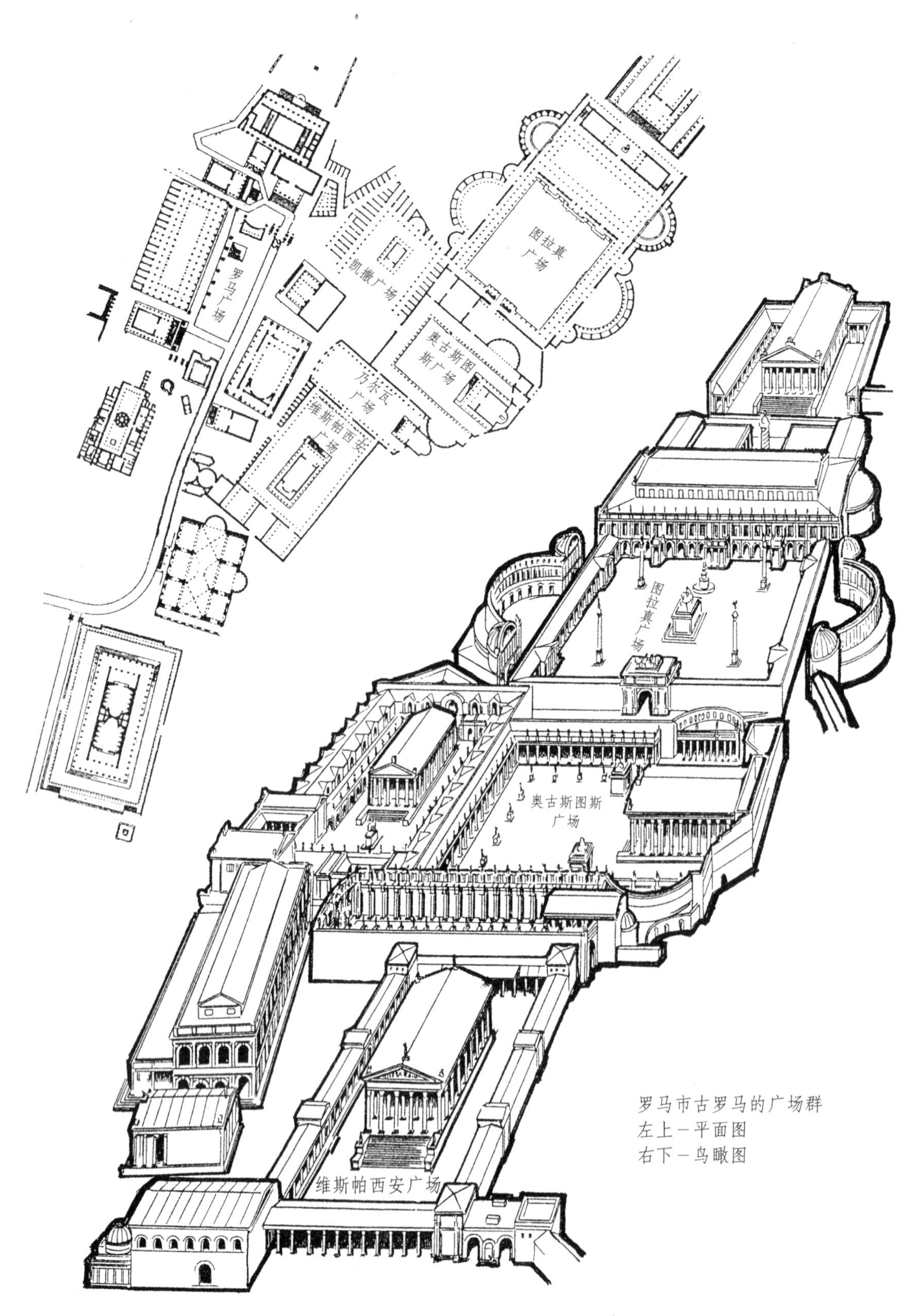

罗马市古罗马的广场群
左上－平面图
右下－鸟瞰图

古罗马建筑·希腊普化时期的城市规划

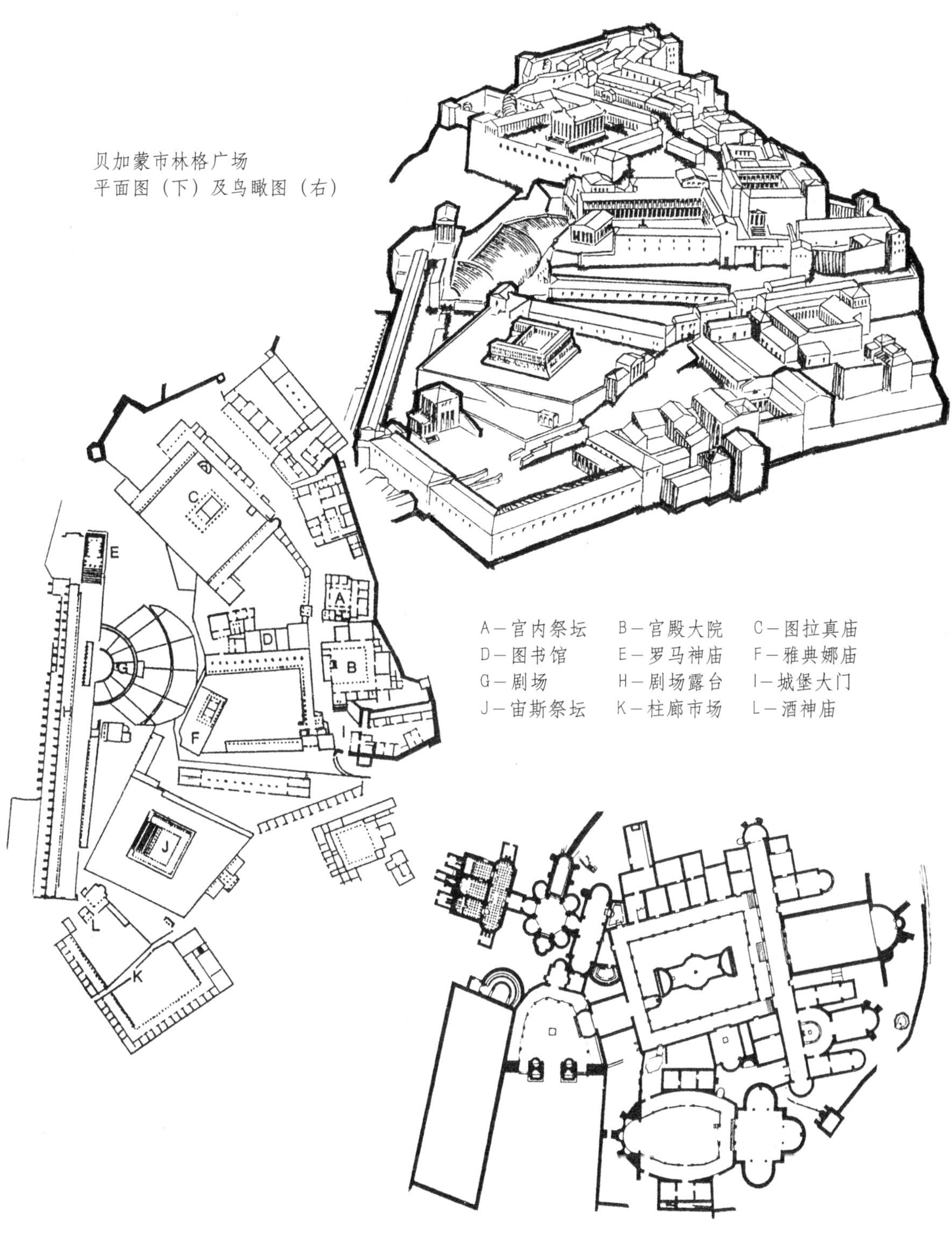

贝加蒙市林格广场
平面图（下）及鸟瞰图（右）

西西里岛，阿尔麦里纳广场平面图

古罗马建筑·希腊普化时的广场与城市规划

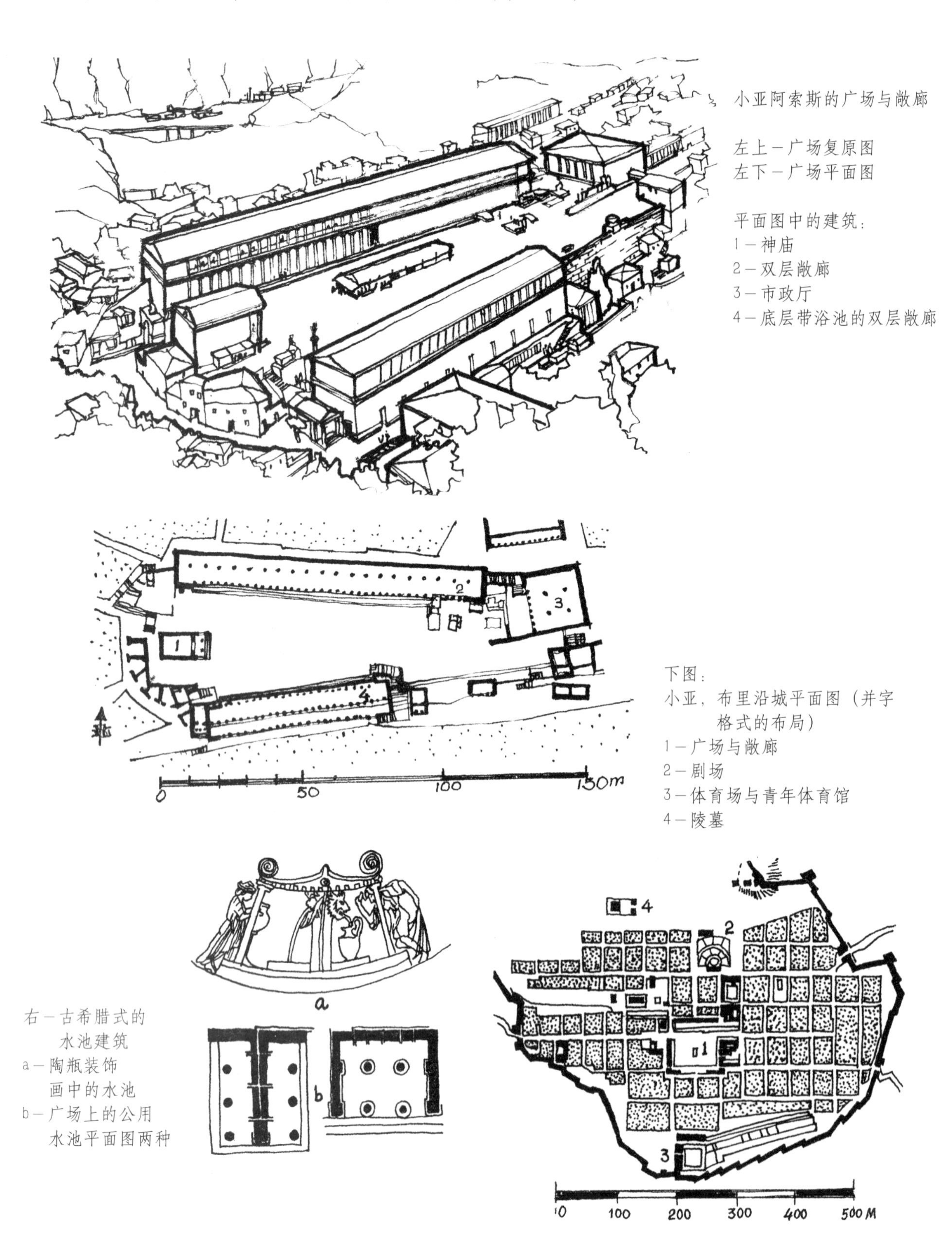

小亚阿索斯的广场与敞廊

左上－广场复原图
左下－广场平面图

平面图中的建筑：
1－神庙
2－双层敞廊
3－市政厅
4－底层带浴池的双层敞廊

下图：
小亚，布里沿城平面图（并字格式的布局）
1－广场与敞廊
2－剧场
3－体育场与青年体育馆
4－陵墓

右－古希腊式的水池建筑
a－陶瓶装饰画中的水池
b－广场上的公用水池平面图两种

古罗马建筑·克林斯柱式

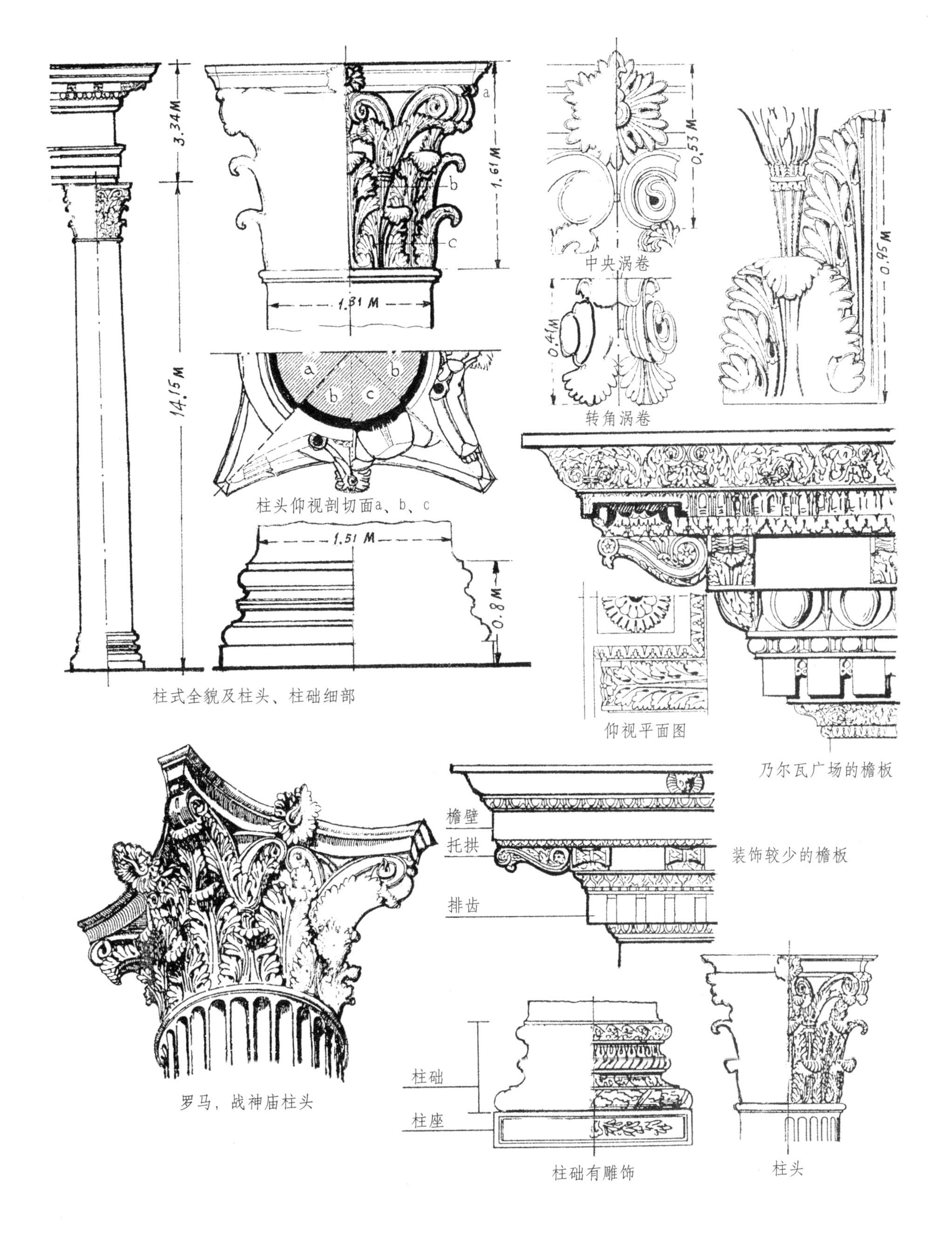

柱头仰视剖切面a、b、c

柱式全貌及柱头、柱础细部

仰视平面图

乃尔瓦广场的檐板

装饰较少的檐板

罗马，战神庙柱头

柱础有雕饰

柱头

古罗马建筑·塔斯干柱式及混合柱式

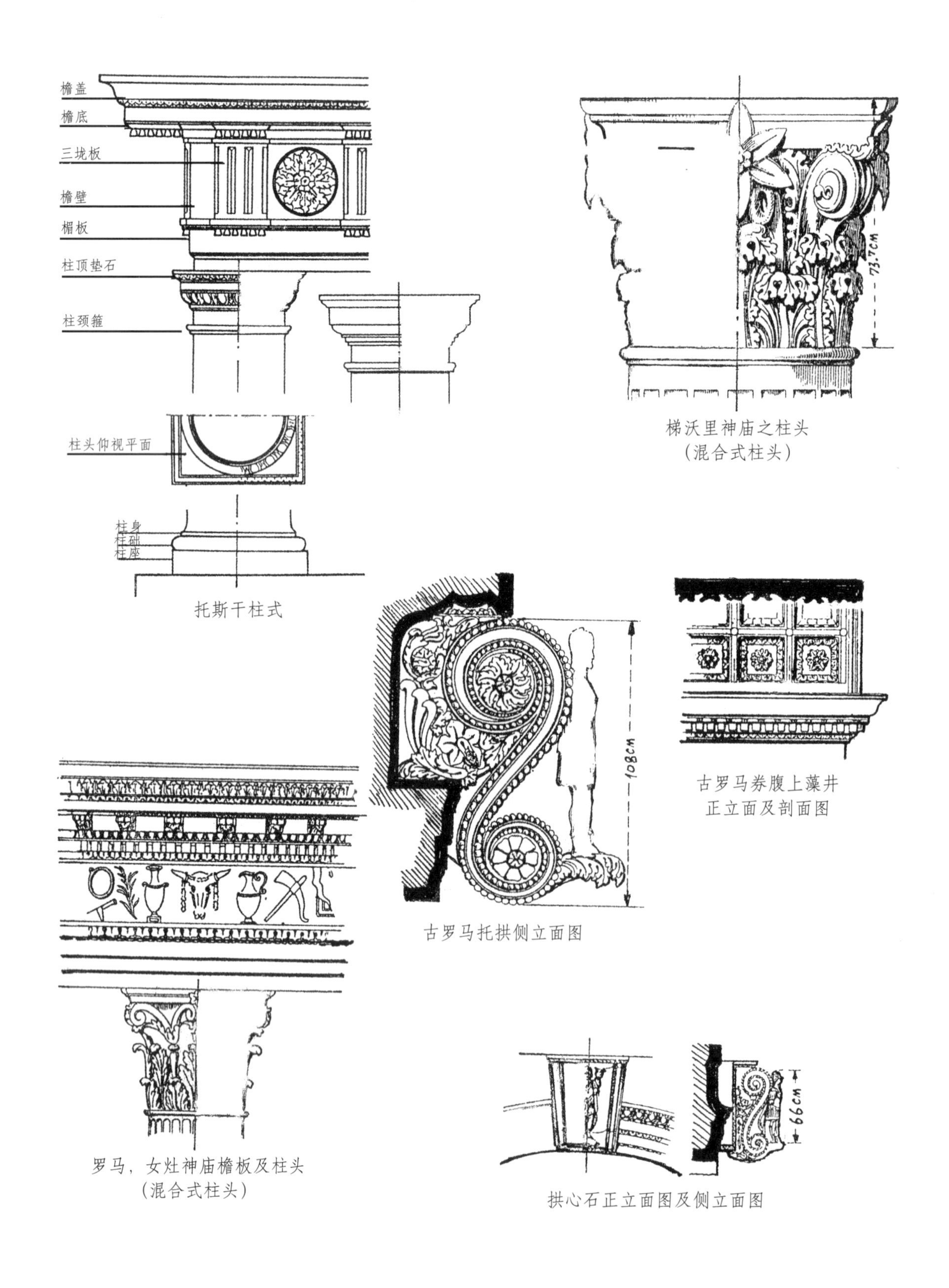

托斯干柱式

梯沃里神庙之柱头
（混合式柱头）

古罗马托拱侧立面图

古罗马券腹上藻井
正立面及剖面图

罗马，女灶神庙檐板及柱头
（混合式柱头）

拱心石正立面图及侧立面图

古罗马建筑·混合柱式

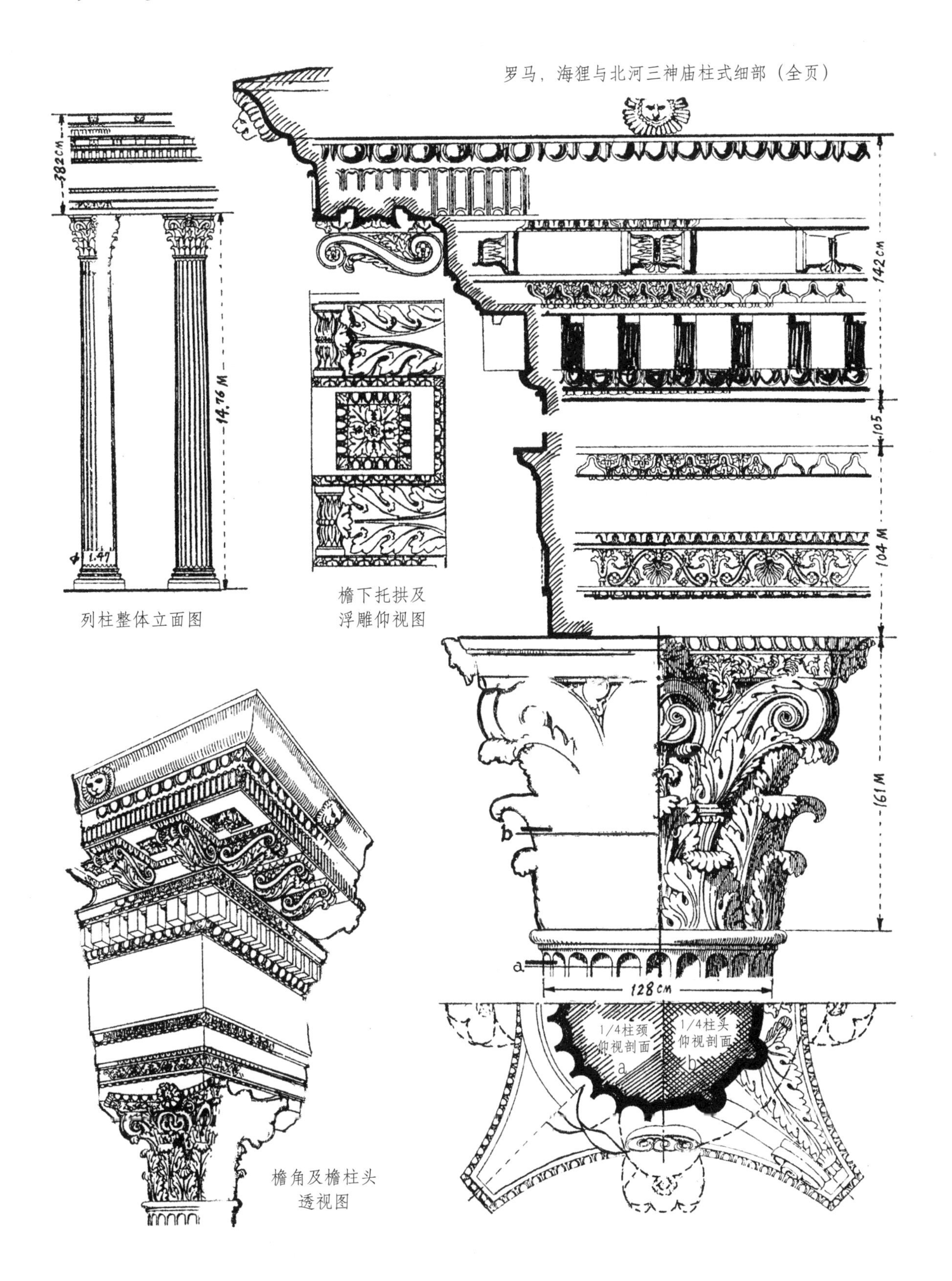

列柱整体立面图

檐下托拱及浮雕仰视图

檐角及檐柱头透视图

古罗马建筑·各种柱头及浮雕

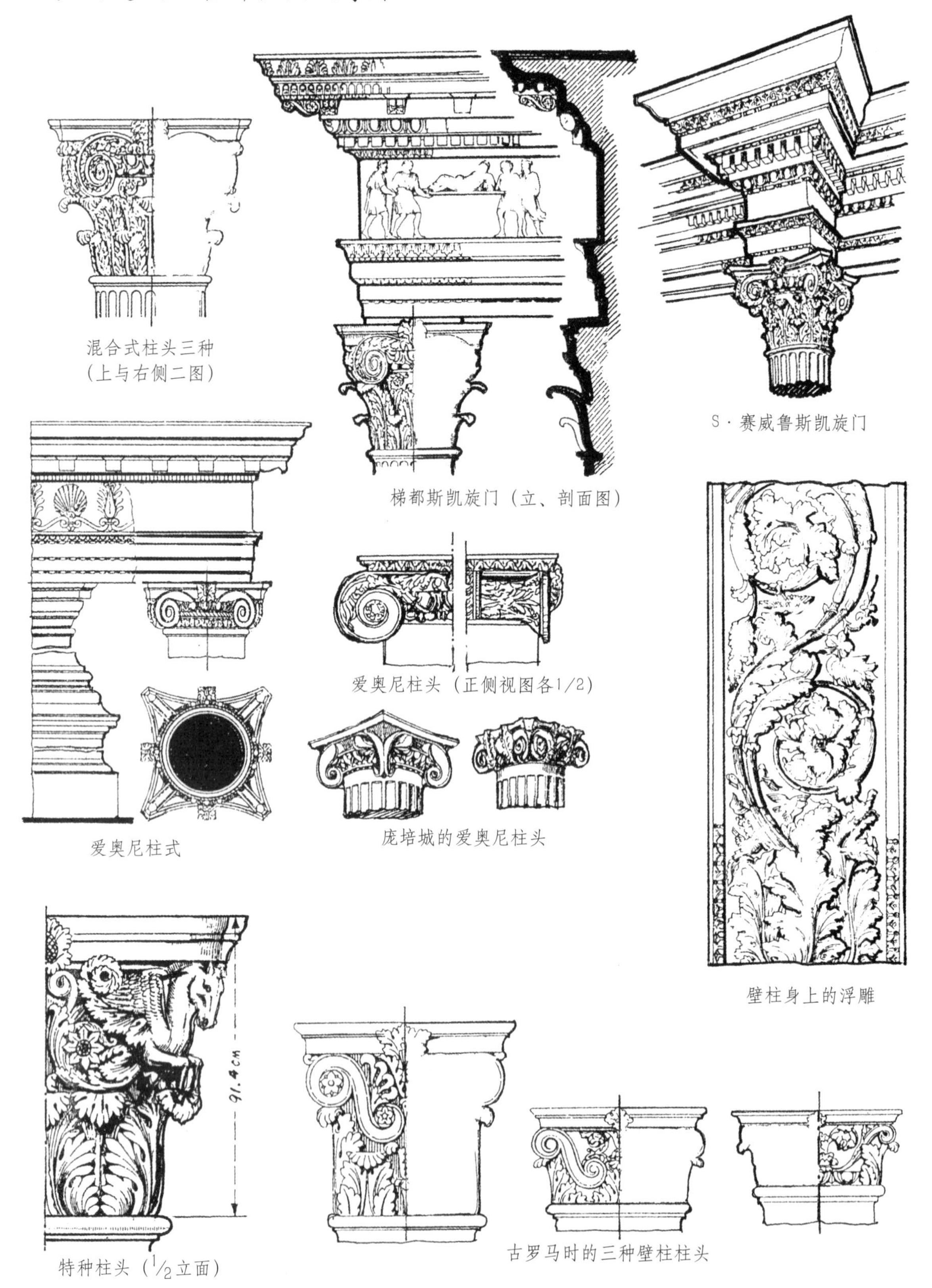

混合式柱头三种
（上与右侧二图）

梯都斯凯旋门（立、剖面图）

S·赛威鲁斯凯旋门

爱奥尼柱头（正侧视图各1/2）

爱奥尼柱式

庞培城的爱奥尼柱头

壁柱身上的浮雕

特种柱头（1/2立面）

古罗马时的三种壁柱柱头

古罗马与古希腊门套之比较

以下为古希腊门套及托拱细部

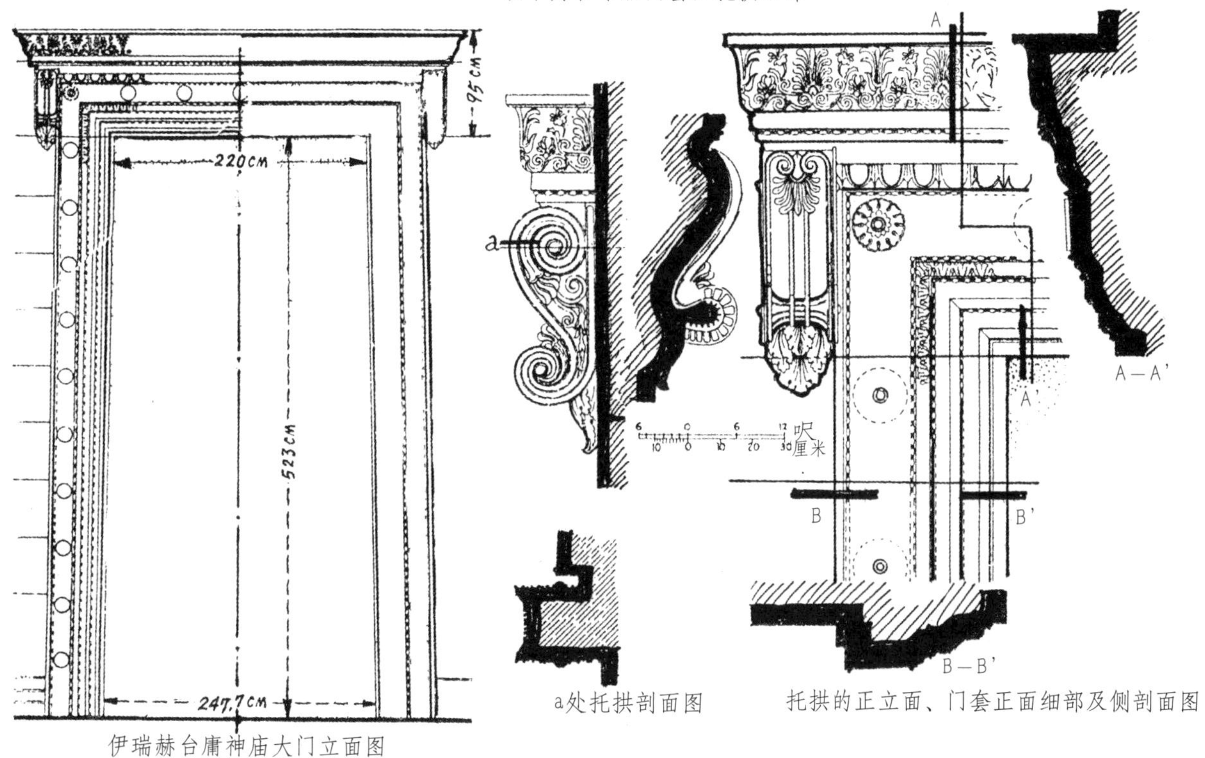

伊瑞赫台庸神庙大门立面图

a处托拱剖面图

托拱的正立面、门套正面细部及侧剖面图

以下为古罗马门套细部（门头、门套、门柱及风窗等）

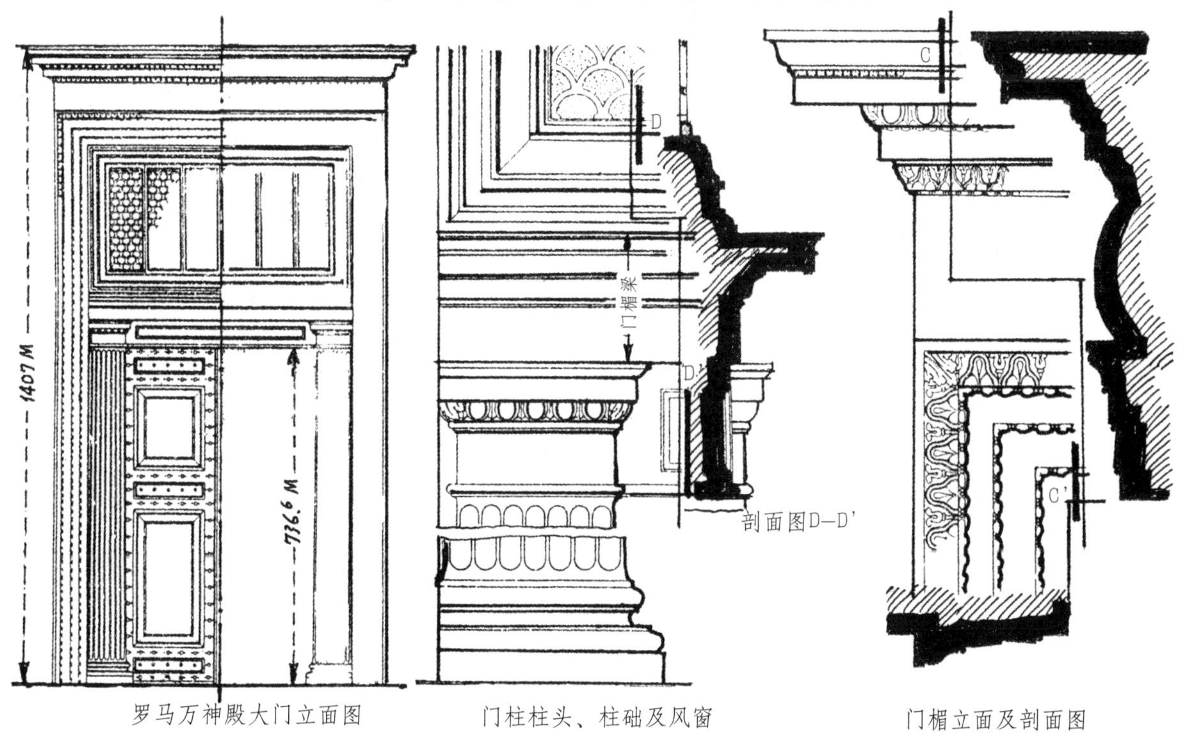

罗马万神殿大门立面图

门柱柱头、柱础及风窗

剖面图D—D'

门楣立面及剖面图

古罗马建筑·古罗马柱式与古希腊柱式之比较

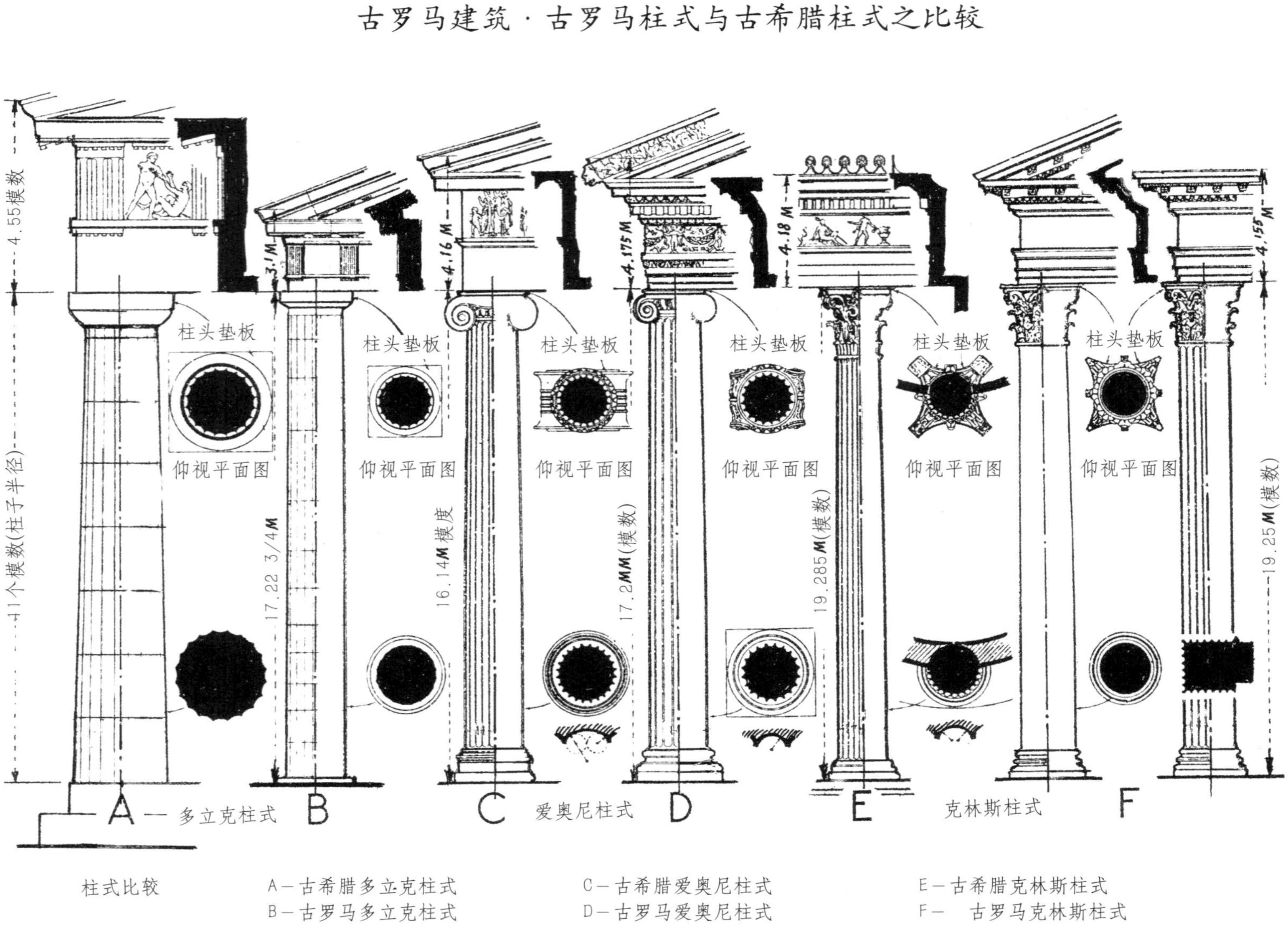

柱式比较

A—古希腊多立克柱式
B—古罗马多立克柱式

C—古希腊爱奥尼柱式
D—古罗马爱奥尼柱式

E—古希腊克林斯柱式
F— 古罗马克林斯柱式

古罗马家具·各种坐具

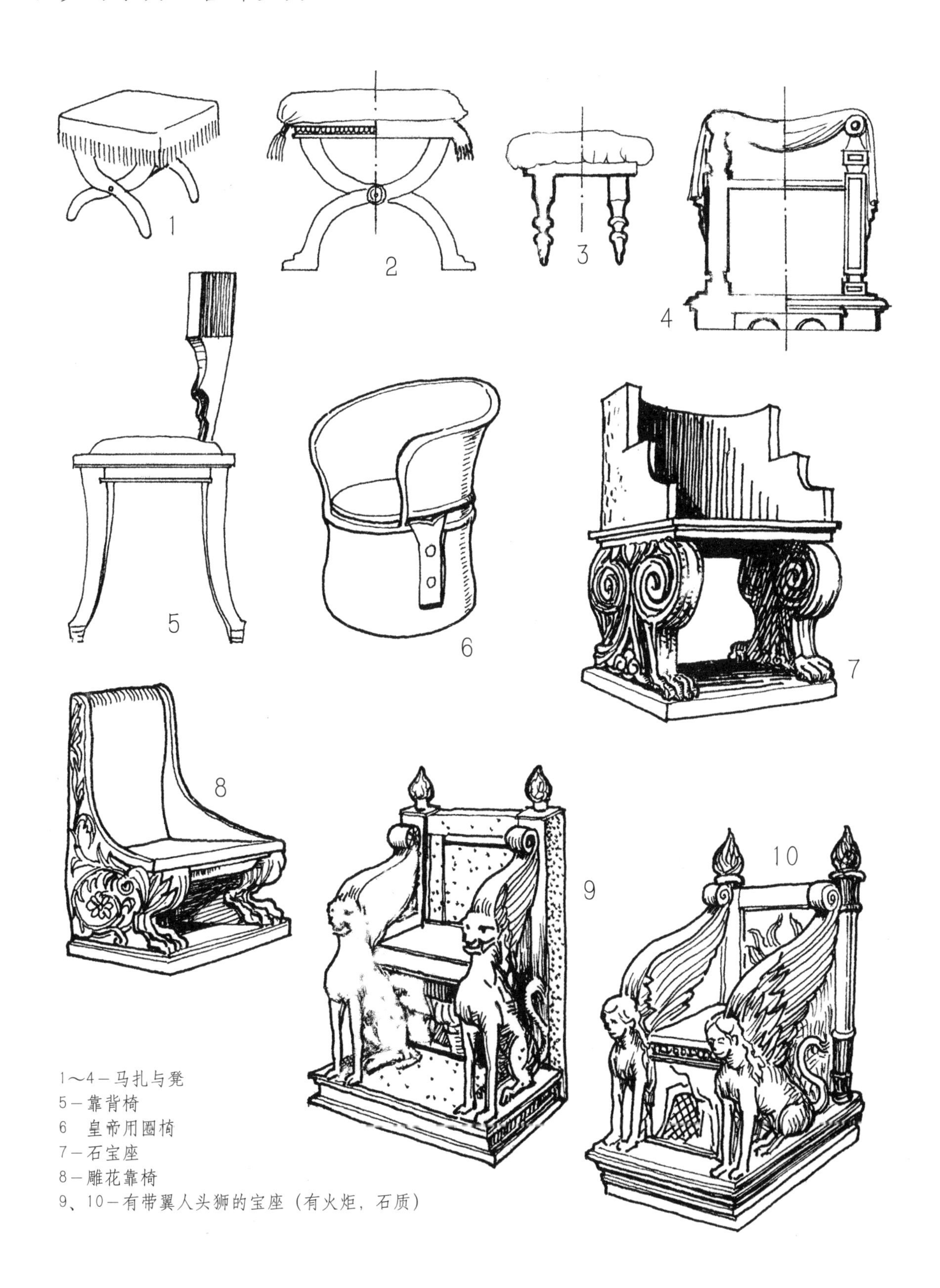

1～4－马扎与凳
5－靠背椅
6　皇帝用圈椅
7－石宝座
8－雕花靠椅
9、10－有带翼人头狮的宝座（有火炬，石质）

古罗马家具·各种桌与台

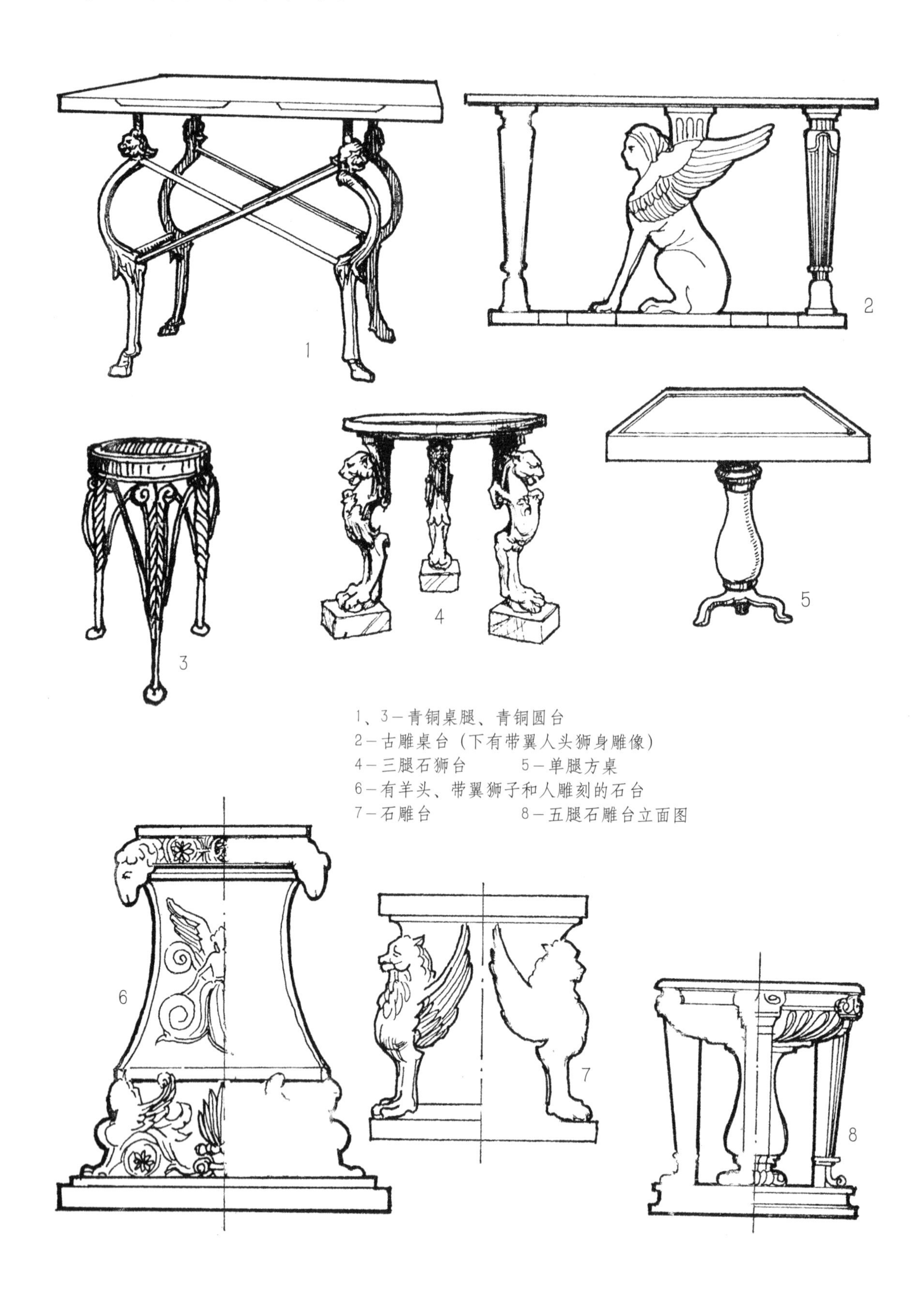

1、3－青铜桌腿、青铜圆台
2－古雕桌台（下有带翼人头狮身雕像）
4－三腿石狮台　　5－单腿方桌
6－有羊头、带翼狮子和人雕刻的石台
7－石雕台　　8－五腿石雕台立面图

古罗马家具·台、箱、床

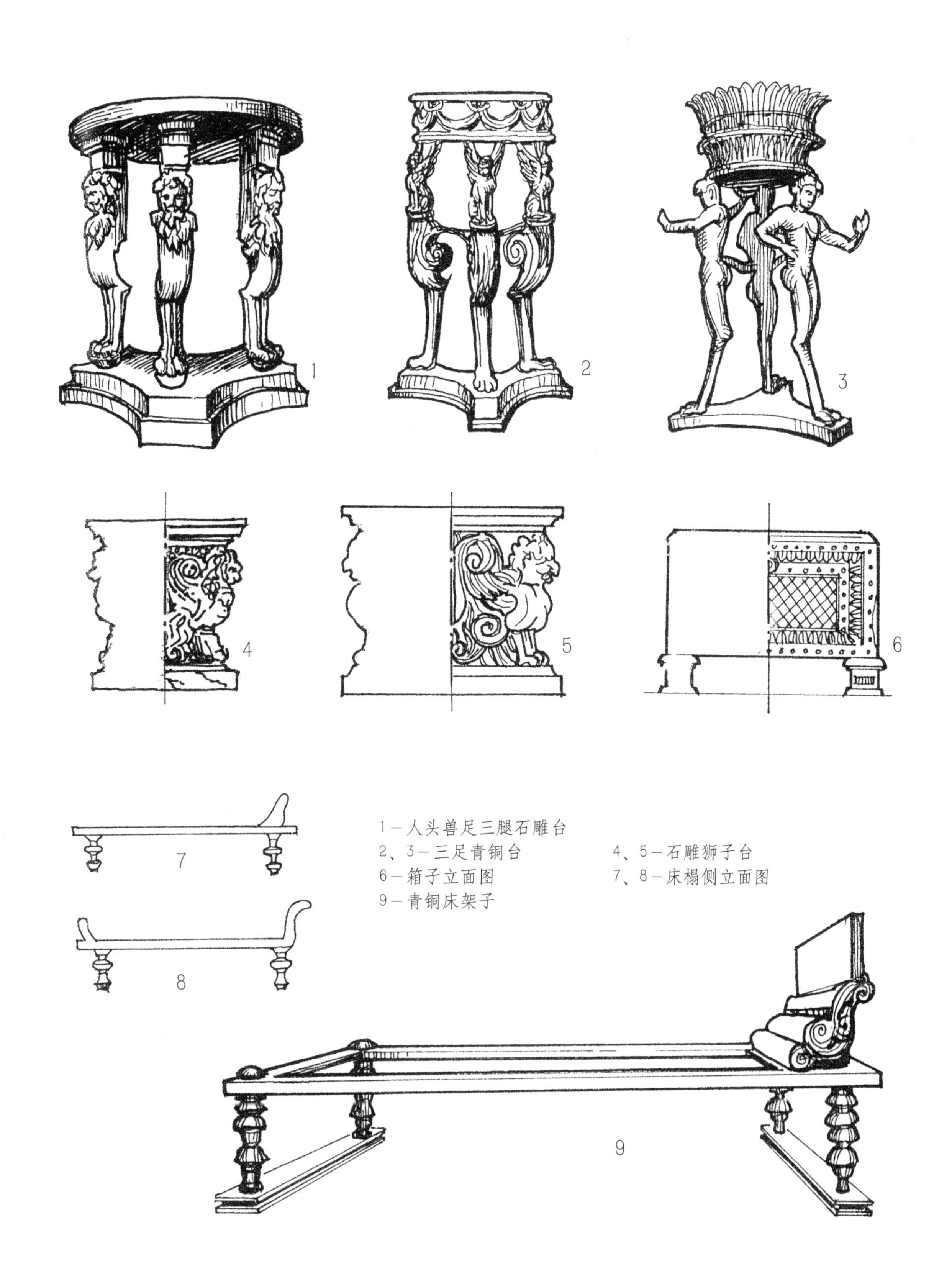

1－人头兽足三腿石雕台

2、3－三足青铜台

4、5－石雕狮子台

6－箱子立面图

7、8－床榻侧立面图

9－青铜床架子

第6篇　拜占庭建筑与家具
（公元4～15世纪）

拜占庭建筑是继承了古希腊、古罗马的艺术精神，又汲取了亚美尼亚、西亚（叙利亚、巴勒斯坦）、波斯和阿拉伯等地的先进经验与建筑成分发展而成的，实际是多民族智慧的结晶。

拜占庭作为国家，从公元4世纪开始于今土耳其境内，至公元5～6世纪，发展成为强大的帝国，疆域包括巴尔干半岛、叙利亚、巴勒斯坦、小亚细亚、意大利及地中海一些岛屿、北非等地。公元7世纪后，分裂成一些小国，领土缩小。特别是经公元13世纪初十字军东征的打击，一度瓦解。但公元14世纪又恢复起来。直到公元1453年被土耳其人灭掉。

1.总的建筑风格特点

拜占庭建筑的纪念性、宏伟性很强，创造出集中、统一而又开阔的室内空间。建筑外观极具个性特点，建筑装饰十分精美、华丽。建筑技术与艺术上有独到的成就。

2.建筑平立面形制特征

(1) *早期拜占庭教堂平面的两种形制*

a.巴西利卡式平面的中廊顶部加有若干个圆顶，并在鼓座上开窗。这是吸收了古基督教巴西利卡式教堂平面和小亚的圆顶做法的混合物。

b.平面为圆形或方形、多角形，内有一圈列柱支承上部的圆顶。环形的侧廊覆以筒拱，有明显的轴心。有个别的向心式教堂平面形似花瓣，并且无鼓座。

(2) *后期拜占庭教堂（五个圆顶的向心式）*

a.平面呈希腊十字形。正中交叉处为高大的圆顶，四臂之上的圆顶则较小。北东南三臂端为圆龛。

b.　平面为正方形。五个圆顶分布在顶的中央和四角。鼓座加高。

3.建筑构造的突出特点

早在查士丁尼（Justinian，古罗马末代皇帝，也是拜占庭开国之君）时代，就已有了带帆拱的圆顶式建筑，是受波斯、巴勒斯坦、叙利亚和亚美尼亚建筑的启发。

拜占庭建筑构造的突出成就是：把穹顶架设在独立的四根立柱上，由帆拱（Pendentive）和鼓座做过渡元件，形成富有变化的屋顶结构，打破了古罗马纪念性建筑那种单一的密封式室内空间。参见147和150页的图。

所有的向心式教堂、洗礼堂和陵墓（平面为圆形，或方形、八角形和等臂十字形）的顶部都建圆顶；圆顶下是开一圈窗子的鼓座。圆顶的形状有半球形、1/4球面形、扁盏形、蛤蜊壳形和瓜瓣形等多种；极个别的在圆顶外又罩以圆锥或多角锥形屋顶。

4.建筑材料与结构

拜占庭建筑的主要用材是优秀黏土砖和灰浆、罗马混凝土（火山石）。此外，也用石材、陶瓷瓦和铅板。

(1) *圆顶的砌筑*

圆顶用黏土砖或石材砌筑，或用罗马混凝土浇筑，也有用多孔的轻质石块砌成，或用空陶瓶拼砌，以减轻荷载。外用瓦、砂浆或铅板覆盖。

圆顶或鼓座下多半用四根以上的巨墩支承。早期的鼓座较矮，后期的鼓座很高，鼓座壁开一圈窗子。无鼓座的也在圆顶下部开一排小窗。

(2) *墙的砌筑*

建筑的墙体主要用黏土砖砌造，砌法为叠砌或斜砌，形成变化丰富的纹饰与肌理。砖中间夹有较厚的灰泥层，有的墙心浇灌罗马混凝土。此外，还有砖石混砌的墙体，以达到坚固和美观的目的。

5.建筑造型特点

拜占庭建筑在外观形态、柱式和线脚运用上都有自己的特点。

(1) *外观形态*

外部造型与内部结构是相一致的。

最初的教堂形态是东西方因素的综合：古罗马巴齐里卡式平面和连券、柱式，东方的砌拱（圆顶、鼓座）和装饰手法。

后来形成自己的独特造型：下面基本上是方形基座，上部为五个圆顶。这种中央圆顶高出四角圆顶的构图手法，不仅造成了金字塔式的安定感，而且体现了教权的尊严和高度统一的思想。

圆顶加高鼓座产生轻巧感，比例上也比较匀称。为了不使鼓座产生笨重感，同时也为了更好地承重，鼓座墙外表加有壁柱，柱顶上有连续盲券，造成轻巧与活泼的效果。

外墙上的大盲券中套有券洞窗，或用连券柱组成的“复式窗”，与砖石混砌成的横条纹、几何纹形成对比。建筑绝对尺寸小时，则把门窗洞拉高，并且用券洞狭高的重叠连券、横条饰带和重叠的排齿浮雕等手法，造成宏大的效果。这都是设计的成功之处。

(2) 柱式特点

拜占庭建筑中的柱式，在公元6世纪以前，是受古希腊和古罗马的影响，采用科林斯柱式，由此演变出“台奥多斯”（Théodosien）式：上部四角有小涡卷，卷中间是细小的毛莨叶；下部是由两排各八根齿多且肥大的毛莨叶组成的两个重叠筐形，表面叶筋明显。

公元6世纪以后，出现纯拜占庭式的柱子：券脚下是斗形垫石，下面紧接着是斗形柱头，再下是圆柱身和柱础。有的垫石和柱头合起来呈斗形。为了克服肥大的垫石与柱头的笨重感，在斗形垫石和斗形柱头上布满沟深的浮雕花饰，形似透雕。见图。

(3) 常用线脚

拜占庭建筑中的线脚种类不多，只有简单的平凸线、圆凸线、凹线和波纹线等，而且多用作框边。

后来，受古罗马、伊斯兰建筑和哥特式建筑的影响，在建筑的檐部加上钟乳石拱饰、交叉连续盲券、重叠波线和绳纽凸线，个别也有用连续尖券与船背形盲券的。

6.建筑装饰

拜占庭建筑装饰的手法有以下几类：

(1) 雕刻

拜占庭建筑表面的雕刻有“平浮雕”（浅浮雕）、深浮雕、透雕等，根本不雕刻人物。

a.平浮雕——三角形凹槽比较浅，无大的起伏变化，犹如线刻。

b.深浮雕——刻的凹槽较深，为了加强黑白对比效果，更在凹坑中填抹黑灰泥（黑色大理石粉或煤粉加胶调合）；金属器物上则有“黑合金镶嵌”（Niello)，用铜、银、铅和硫磺化合而成的黑色涂料）来填充凹槽。浮雕多是植物纹和几何纹。

c.透雕——花窗、栅栏与隔断等，采用镂空雕刻，钻孔后再雕。这是从小亚、波斯和叙利亚学来的方法。

(2) 绘画

用绘画装饰建筑的手法有马赛克（彩石镶嵌画）、湿壁画（Fresko）和木板圣像画。

a.彩石镶嵌画——在穹顶内表面及内墙面上，先用大理石粉和石灰混合泥浆作底层，后抹细水泥层，再镶嵌彩石、大理石、彩色玻璃和珐琅，有时还嵌螺钿。在公元6世纪前，镶嵌画的底色（背景）是蓝色的；后来改用金箔作底，上面再用金、银箔包裹玻璃块镶嵌，造成金碧辉煌的效果。各色镶嵌在光照下形成灿烂耀目的奇幻景象。镶嵌画所表现的题材多是宗教故事或皇帝业迹。

b.湿壁画——在穹顶内表面和内墙面往往画有湿壁画。抹灰基层是由石灰、大理石粉和火山灰调成的灰浆，八分干时，用矿物质颜料在其上作画。

c.木板圣像彩画——是以蜡、胶和蛋白混合液来调配矿物质颜料，在木板上画有基督、圣母或圣徒的生平事迹。在建筑物中，人物画像的安排都有固定的位置。从公元7~14世纪，拜占庭圣像画影响到塞尔维亚、保加利亚、亚美尼亚、俄罗斯和格鲁吉亚等地区。

(3) 纹样装饰

拜占庭建筑中的纹样装饰，无论是彩绘而成，还是彩石拼镶、石上雕刻，其效果都是非常平整的，像织物一样。

纹样以卷草植物纹和几何纹居多，里面往往配加动物、禽鸟、人物、器物和文字，构成华美的纹饰。色彩柔和统一，金色占主导地位。

纹样的结构和造型，很显然是受到古希腊和东方波斯的影响。其突出的特点是：植物的叶尖是很尖的或是椭圆形，并以细密的网纹作背衬。写实纹样在建筑的各部位没有区别的使用，或者大同小异。这是纯东方的纹饰特点。

在外墙上，用砖石混砌，或拼贴彩色大理石板和彩陶片，组成横条纹或几何纹饰。也用大理石、彩石在地面上拼铺出丰富多采的几何图案。

还常用十字架作装饰，每个支臂上都嵌有宝石。有些纹样具有象征意义，比如孔雀表示永生，绳结表示连续不断，等等。

公元11世纪以后，受到阿拉伯伊斯兰建筑装饰的影响，拜占庭的纹饰更加精美了。

7.拜占庭家具

真正的拜占庭时期的家具遗存，只有一件小桌，保存在梵蒂冈圣·彼得大教堂中，它雕刻精美，镶有象骨。从手抄本的插图、象牙雕刻品和镶嵌图案中，可以了解拜占庭家具的总体情况。

(1) 家具的总体风格

拜占庭家具承袭了古希腊和古罗马家具的庄重和典雅的特点，同时又受东方文化（波斯和小亚的精细和镶嵌）的影响，雕刻精美。

(2) 家具品种与用材

拜占庭家具品种较多，用材上也较多样。

a.家具品种

坐具类有骨架简单的凳子、模仿古希腊古罗马的长凳、交杌和交椅上有皮座垫（腿上有狮头雕饰，触地部分为蹄爪形）、靠背椅、长椅(腿上有球形雕饰，腿呈弯曲状，有横枨)、宝座和扶手椅有一定的结构形式，还有与椅子、宝座配套使用的脚踏。有的椅、凳坐落在方整的底托上。

台子有方形、圆形、矩形，小型台子中腰部分有小抽屉，大台下部为碗橱。用于布道、写字或用餐(餐台还有半圆形的)。枨子有直条形和X形的。

桌子下为弯腿，上有可放书本和纸卷的台架。有的桌面是圆形，三条腿并带有碗橱。

箱柜有长条箱(可作长凳和床榻用)、椭圆形箱子，还有带盖顶形箱子。

衣橱、碗橱形式多样，有方整直线形的、带券柱浮雕的、固定在墙上的、带彩绘图案的，有的下面是碗橱而上部则为开放式书架。

床模仿古希腊和古罗马，有带床头板和装饰柱的，有的上有床顶盖并在四面加遮帘。

b.制作家具的用材

拜占庭帝国的家具用材有：木材、石材、青铜等用作骨架和形体，再用木片、螺钿、象牙、金、银、珐琅等镶嵌家具表面；或在表面绘出彩色图案；或者在表面进行雕刻。还有皮革或布料作软垫。

(3) 造型与装饰

坐具的靠背造型有房山形、圆券形、花瓣形、半圆形，扶手多为方条状，腿有方腿、镟制的(带球形或瓶形镟活)、带底座(托)的、带兽爪的和用圆雕大象当腿的。此外，还使用圆形、梯形等元素。

在装饰上，比较爱用希腊十字、花朵、圆环、连券柱、花冠、狮和马形雕刻；也有用人物浮雕的。再就是爱用阿拉伯伊斯兰式的纹样装饰(交叉网纹、波纹、涡卷纹、卷草纹等)。

(4) 结构与做法

拜占庭家具结构普遍使用插接的榫卯接合，并已采用嵌镶板技术。当时已使用铰链(合页)。家具上浮雕和镶嵌使用普遍。

复习题与思考题

1.拜占庭建筑总的风格特点是什么?其平面立面形制的特征是什么?
2.拜占庭建筑构造的突出特点是什么?圆顶与墙是如何砌筑的?
3.拜占庭建筑造型特点(外观形态、柱式特点和线脚)是什么?建筑装饰有何特点?
4.拜占庭家具在风格特点、品种、造型、装饰、用材与结构上都有什么特点?

拜占庭建筑·教堂

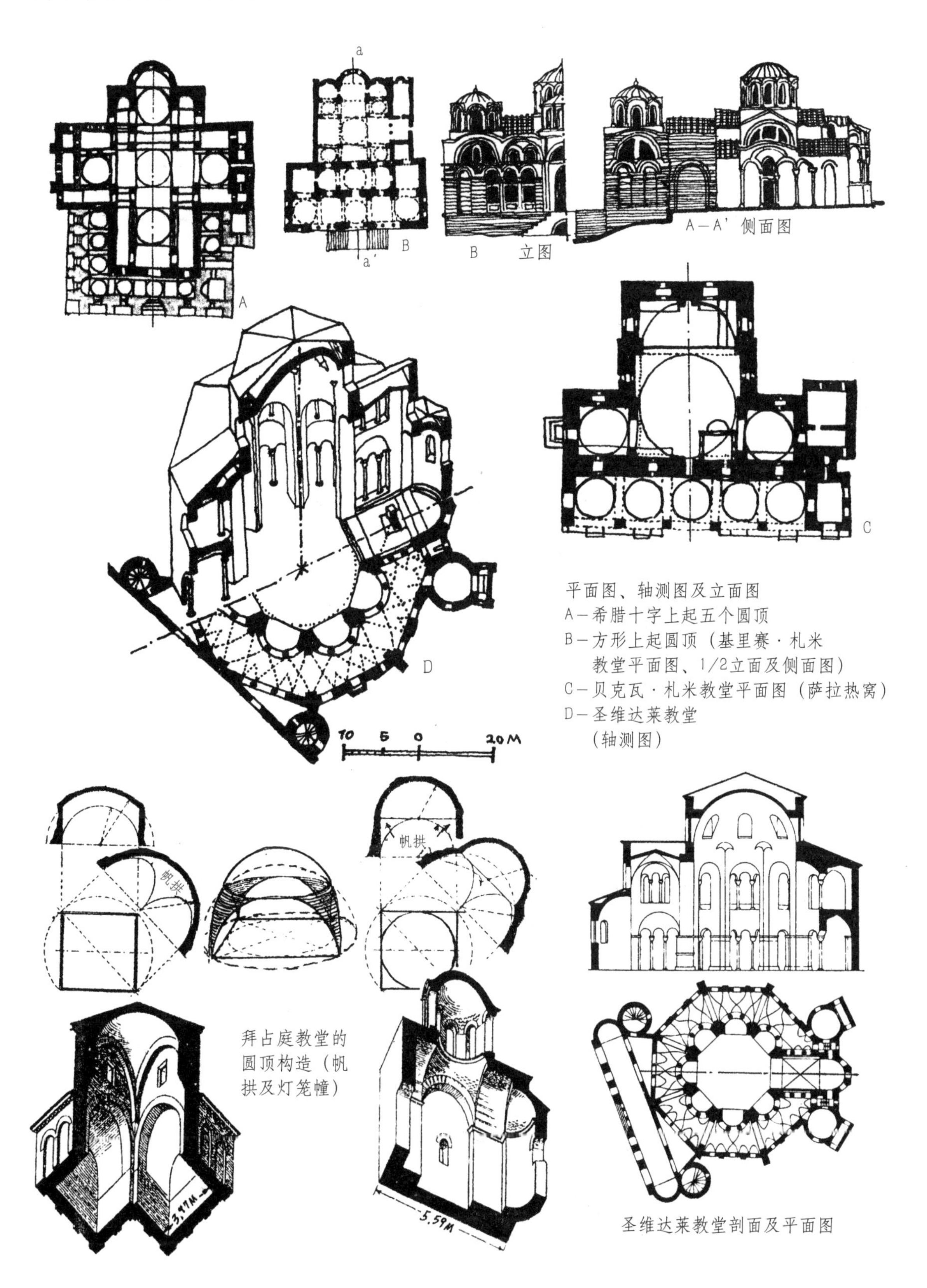

平面图、轴测图及立面图
A—希腊十字上起五个圆顶
B—方形上起圆顶（基里赛·札米教堂平面图、1/2立面及侧面图）
C—贝克瓦·札米教堂平面图（萨拉热窝）
D—圣维达莱教堂（轴测图）

拜占庭教堂的圆顶构造（帆拱及灯笼幢）

圣维达莱教堂剖面及平面图

拜占庭建筑·代表性教堂

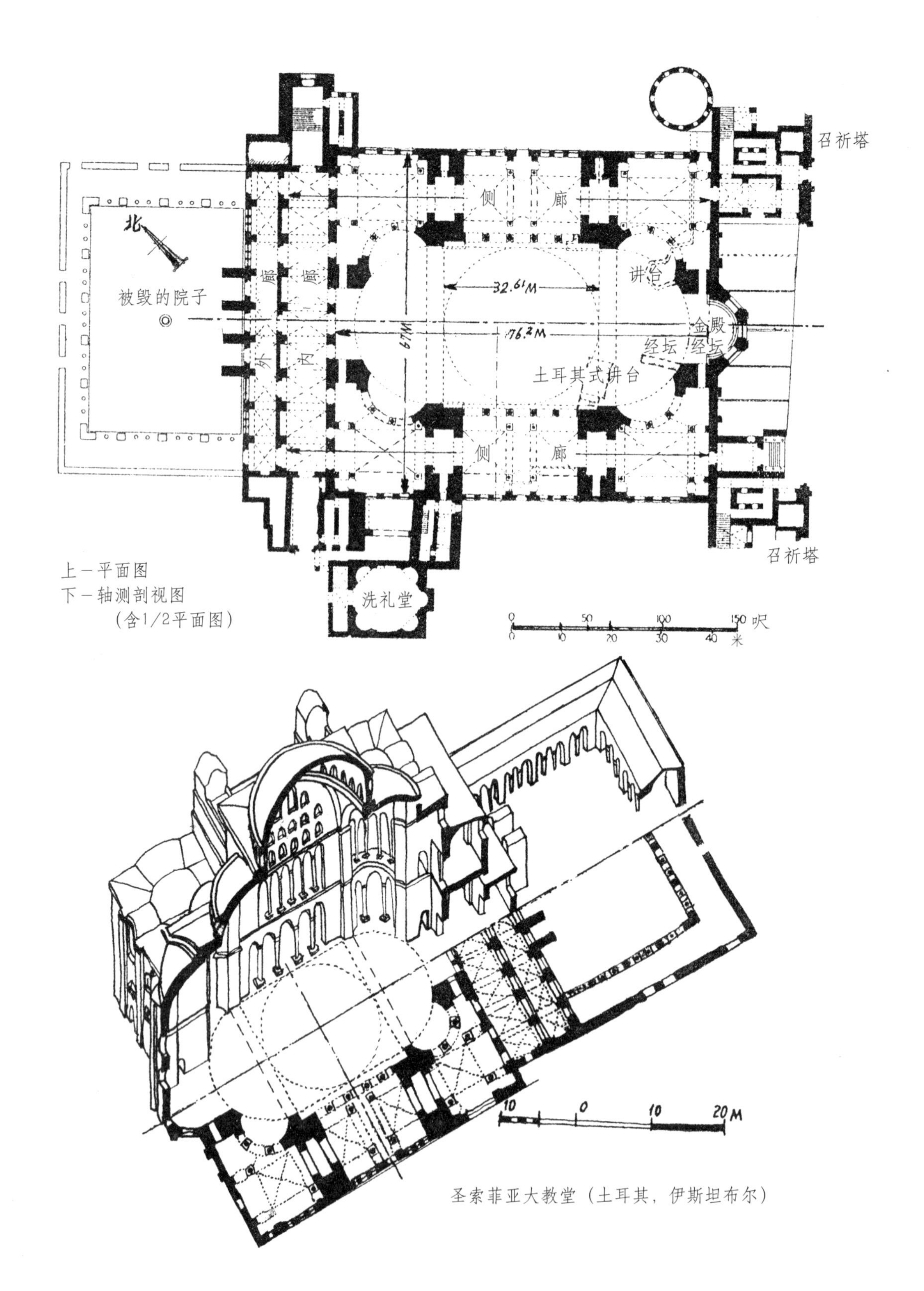

上—平面图
下—轴测剖视图
(含1/2平面图)

圣索菲亚大教堂（土耳其，伊斯坦布尔）

拜占庭建筑·圣索菲亚大教堂细部

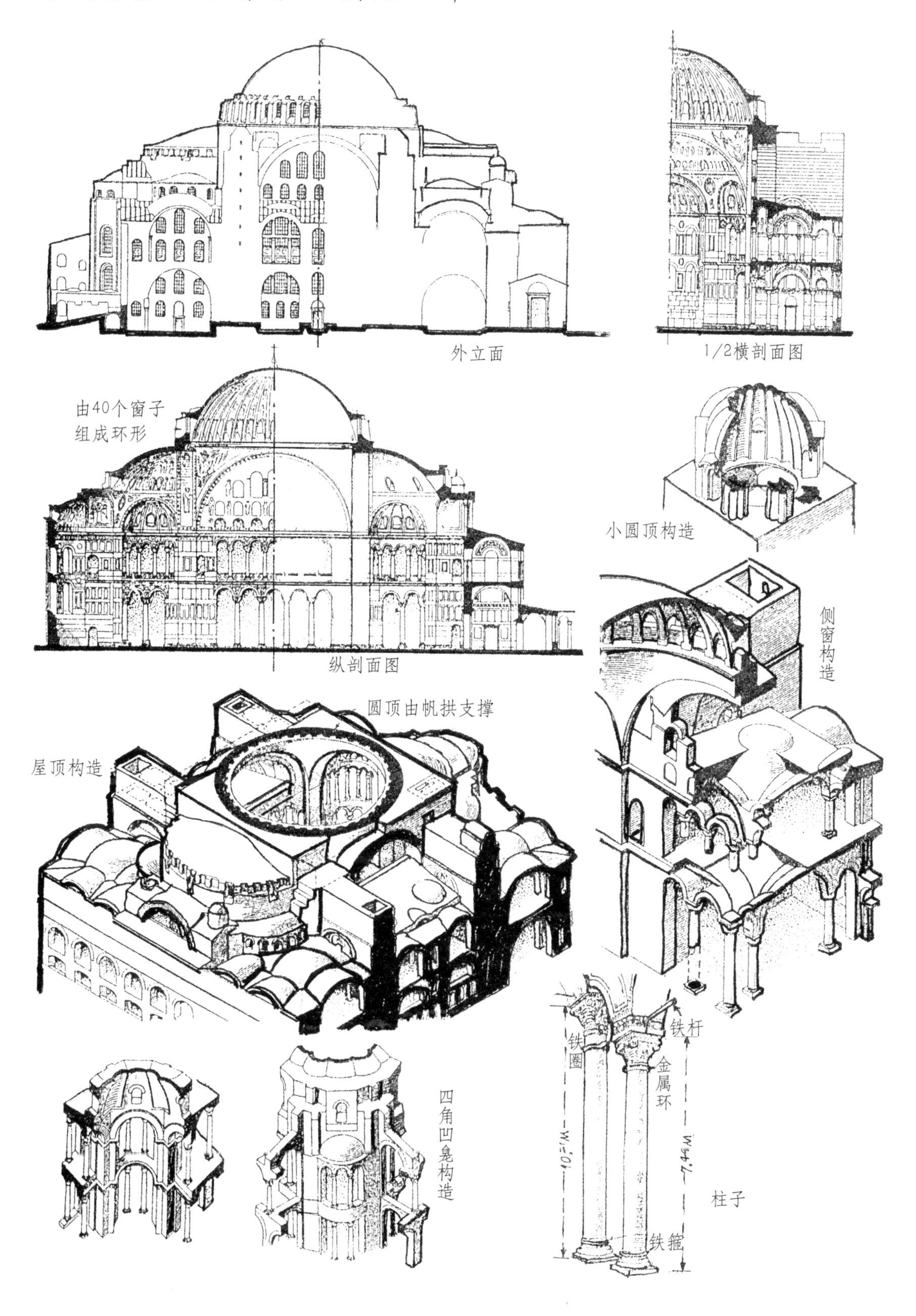

拜占庭建筑·代表性教堂

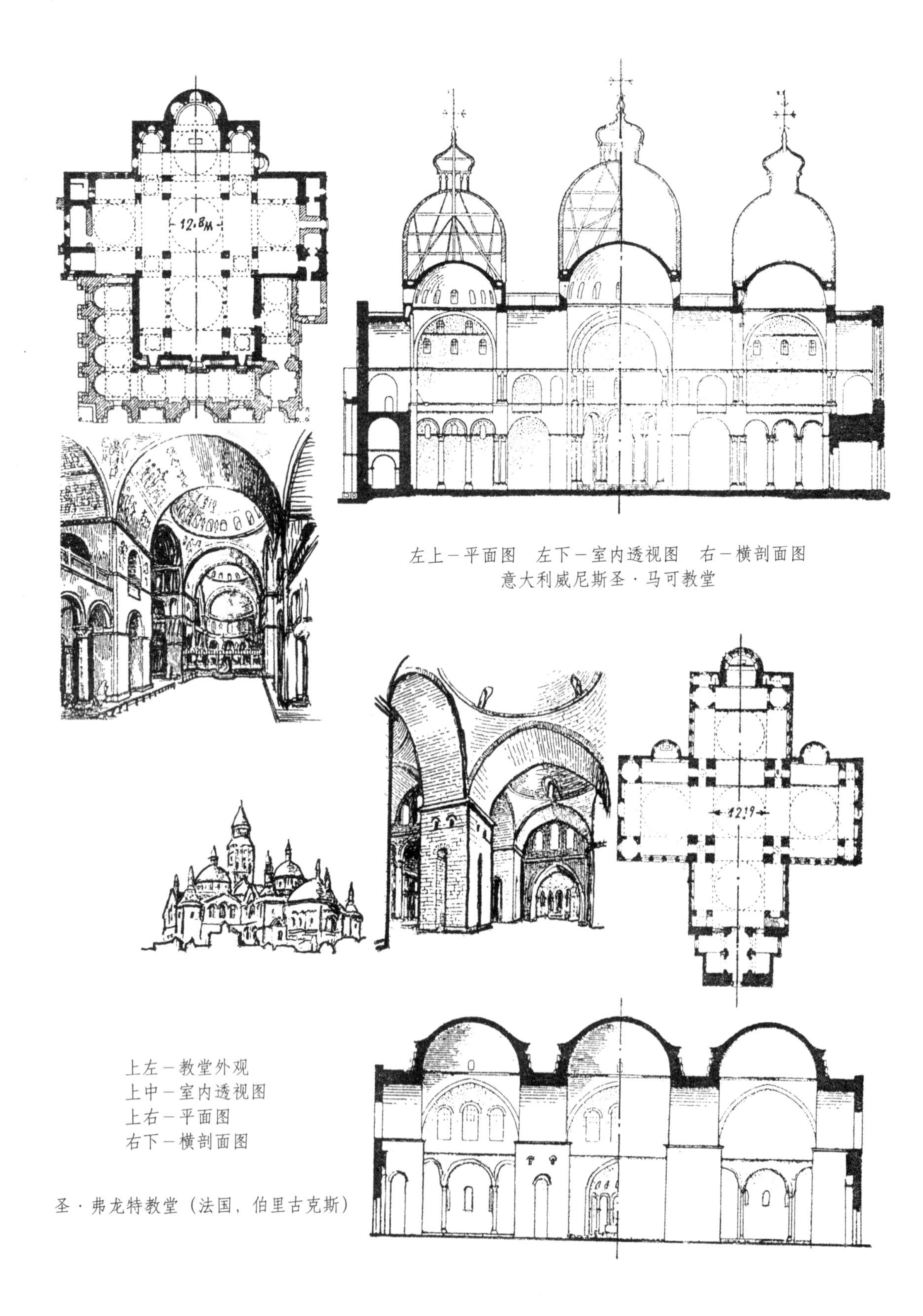

左上—平面图　左下—室内透视图　右—横剖面图
意大利威尼斯圣·马可教堂

上左—教堂外观
上中—室内透视图
上右—平面图
右下—横剖面图

圣·弗龙特教堂（法国，伯里古克斯）

拜占庭建筑·希腊境内的拜占庭式教堂

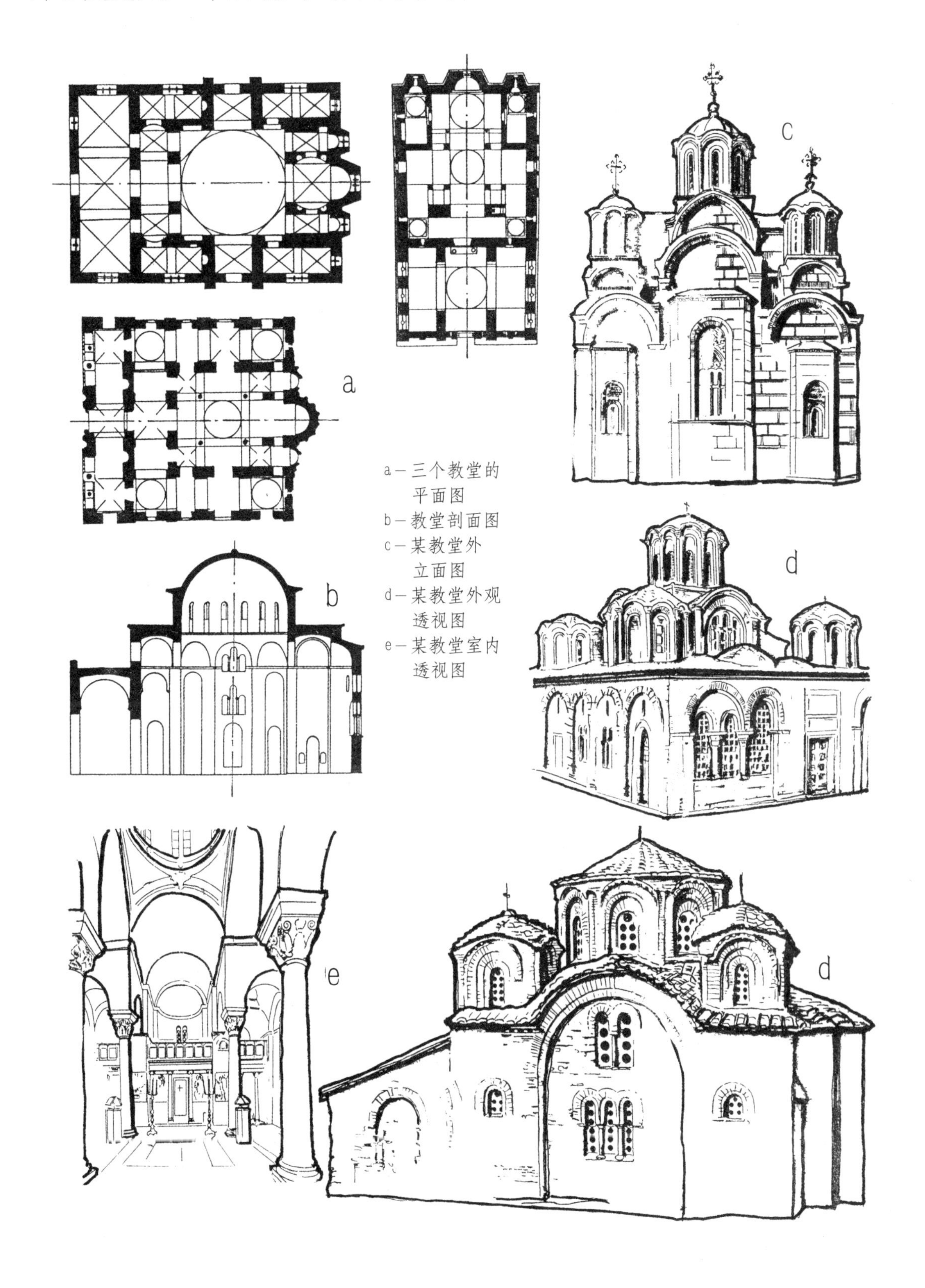

a—三个教堂的平面图
b—教堂剖面图
c—某教堂外立面图
d—某教堂外观透视图
e—某教堂室内透视图

拜占庭建筑·亚美尼亚境内的拜占庭式教堂

左上－三个教堂平面图
右上与右－立面、外观、局部外观图

拜占庭建筑·各式柱头与柱础

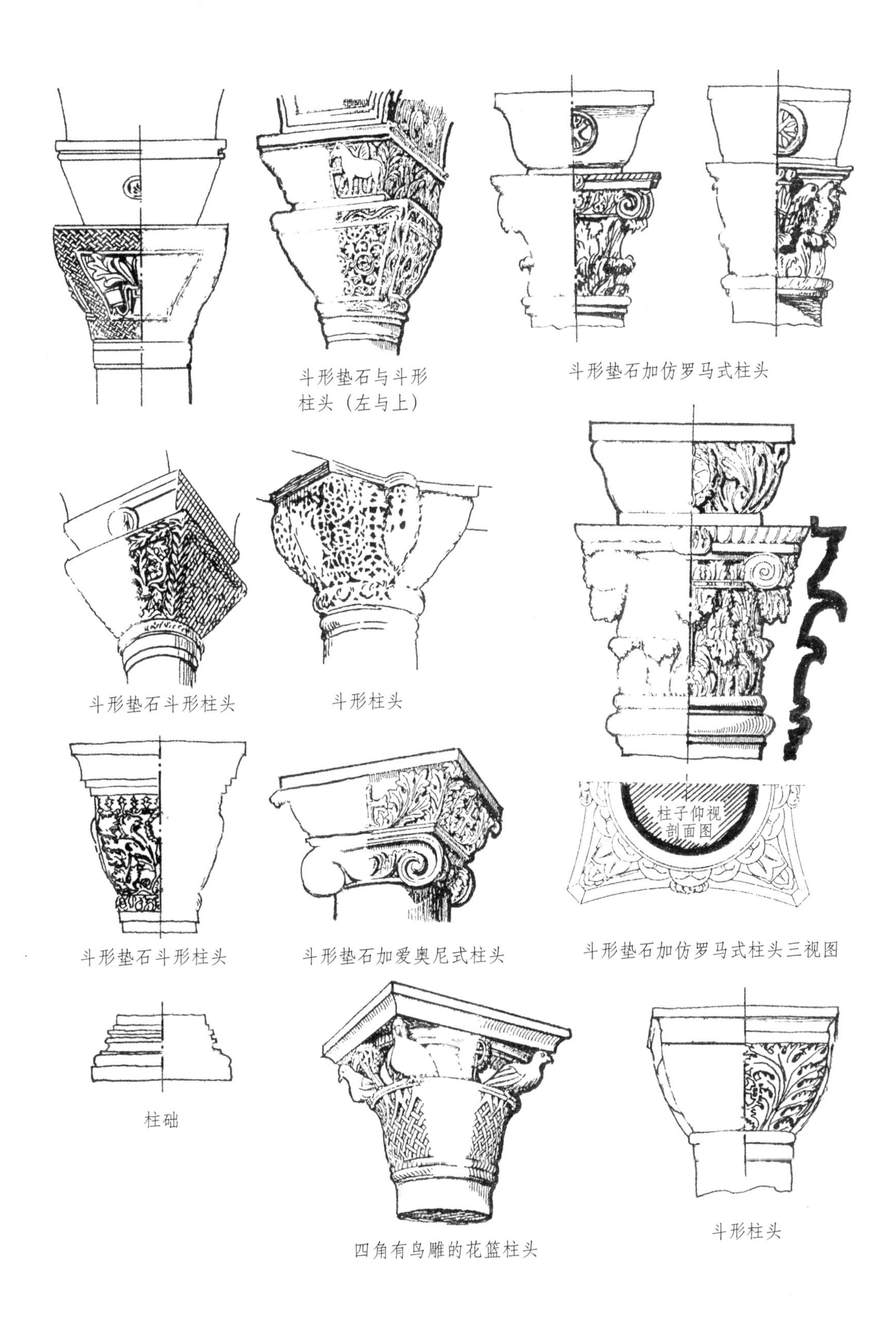

斗形垫石与斗形柱头（左与上）

斗形垫石加仿罗马式柱头

斗形垫石斗形柱头

斗形柱头

斗形垫石斗形柱头

斗形垫石加爱奥尼式柱头

斗形垫石加仿罗马式柱头三视图

柱础

四角有鸟雕的花篮柱头

斗形柱头

拜占庭建筑·建筑细部及石棺等

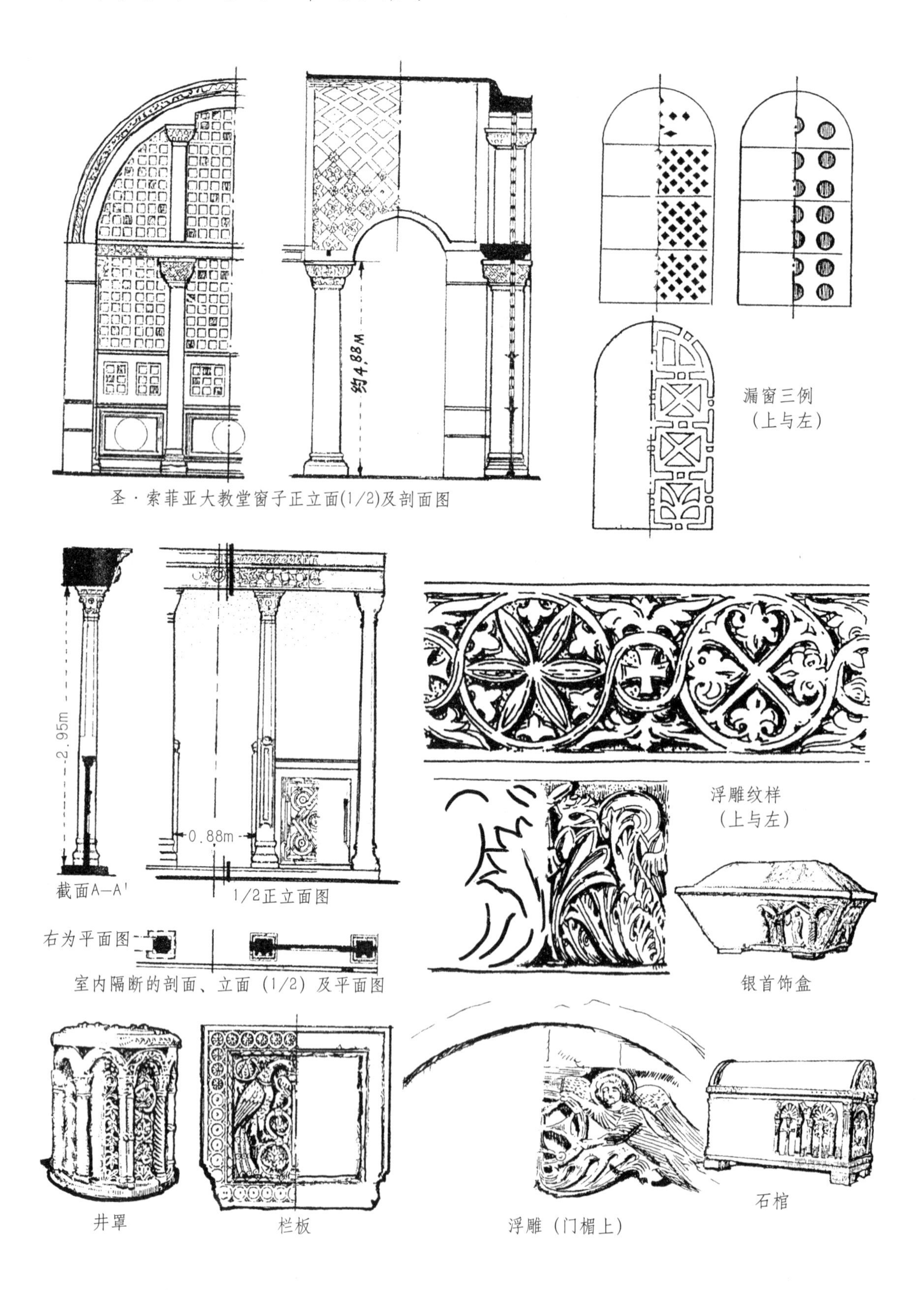

圣·索菲亚大教堂窗子正立面(1/2)及剖面图

漏窗三例（上与左）

室内隔断的剖面、立面（1/2）及平面图

浮雕纹样（上与左）

银首饰盒

井罩

栏板

浮雕（门楣上）

石棺

拜占庭家具·各种坐具

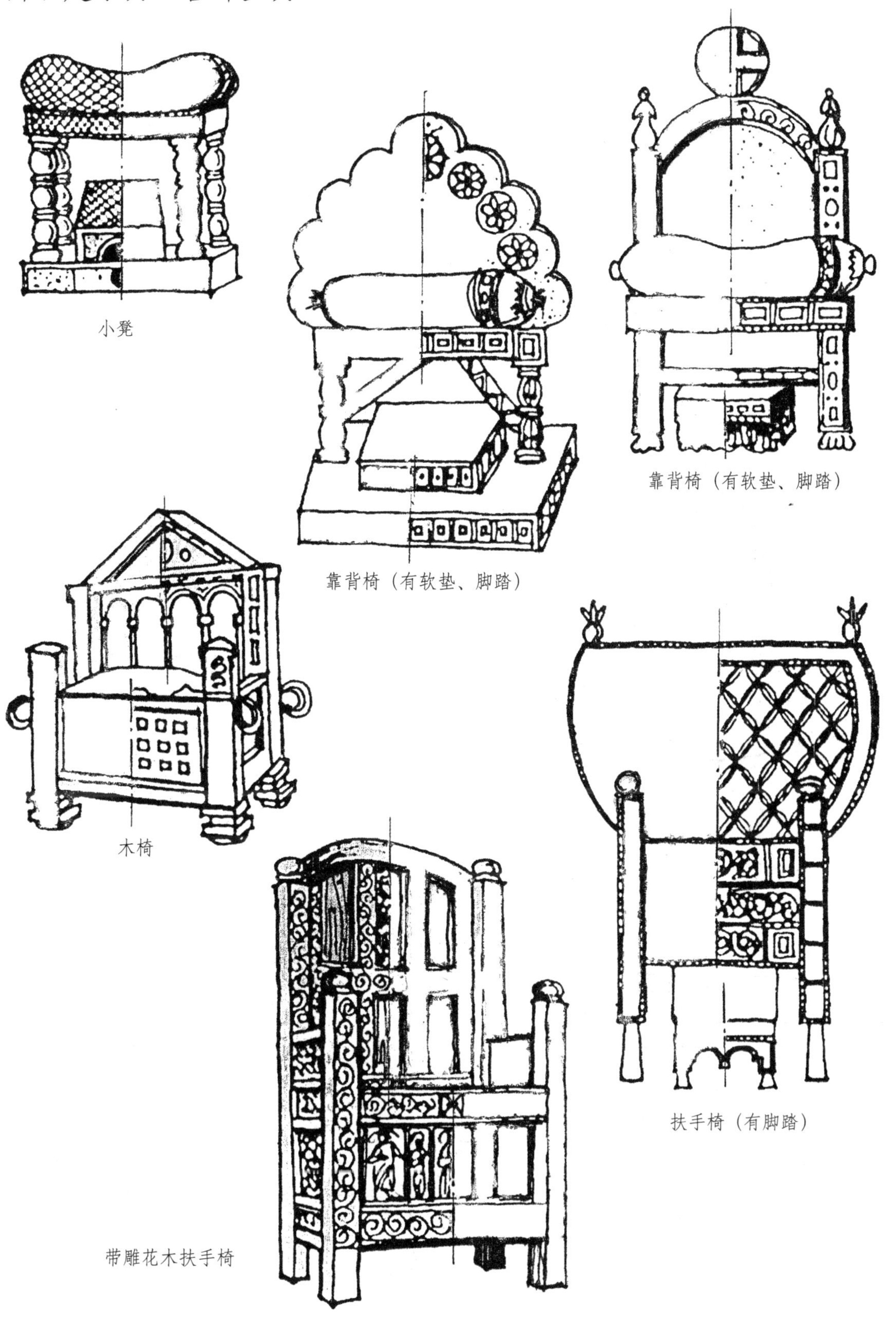

小凳

靠背椅（有软垫、脚踏）

靠背椅（有软垫、脚踏）

木椅

扶手椅（有脚踏）

带雕花木扶手椅

拜占庭家具·坐具、床、箱等

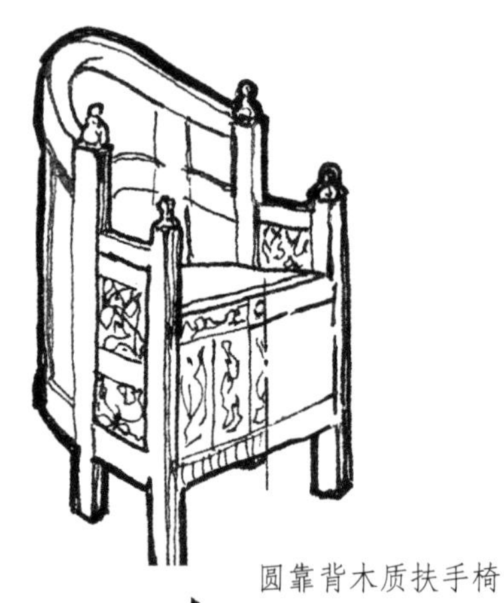
圆靠背木质扶手椅

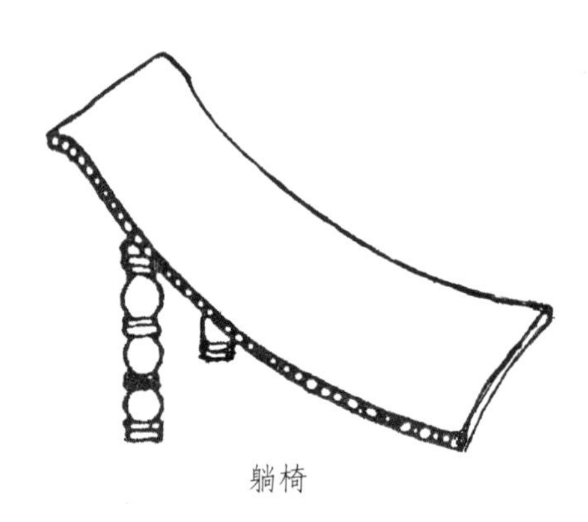
躺椅

石雕象足宝座

石刻宝座

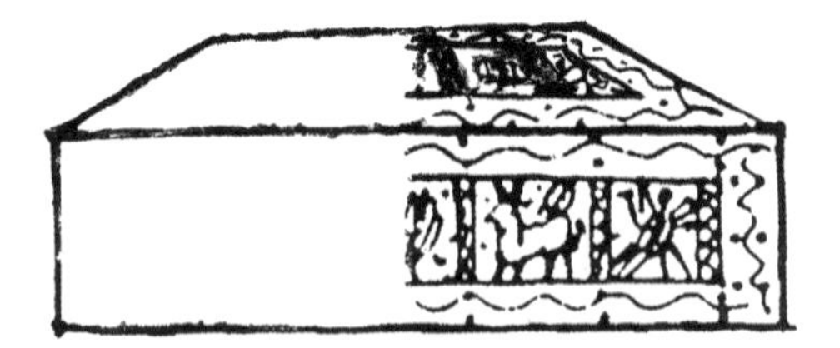
盝顶柜立面图（有雕饰）

脚踏

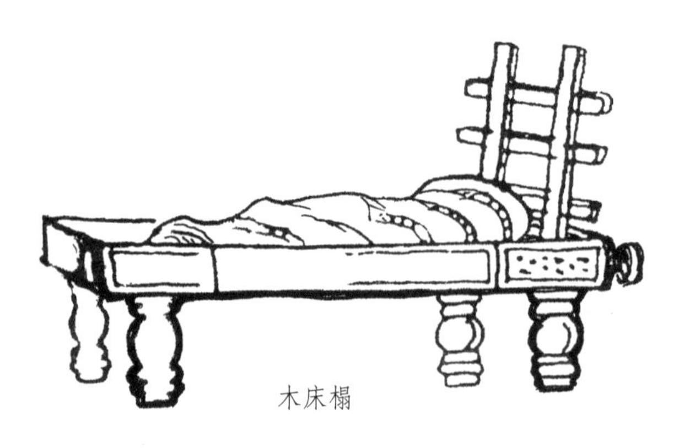
木床榻

第7篇　伊斯兰建筑与家具
（公元7～17世纪）

伊斯兰教从公元7世纪在阿拉伯兴起，逐步扩大影响，从公元9世纪起，逐渐形成了西起西班牙，东至波斯、印度西北部，西南到北非，北到小亚细亚（黑海和黑海的南半环）的阿拉伯帝国，到公元16世纪被土耳其奥斯曼帝国灭掉。

由伊斯兰教和阿拉伯语维系、包括黑白黄三个人种、横跨欧亚非三大洲的几十个国家的伊斯兰建筑，除具有共同的特征外，在五个地区又各有自己的特点。

1.总的建筑风格特点

伊斯兰建筑高雅、华丽，实用性强，体现出统一和博爱思想。建筑中没有偶像崇拜，装饰具有抽象化、图案化和大众化特点。

2.建筑类型与特征

伊斯兰建筑类别有清真寺、宫堡、纪念塔、陵墓和城市规划建设五个方面。

清真寺的平面形制有两种：一是类似巴西利卡式的平面格局；二是拜占庭的向心式，最受欢迎。每个清真寺都有宽大的礼拜殿（内有一个背向麦加的神龛，顶部是拜占庭式的圆顶）、一个存放《古兰经》的圣亭（圣亭位于用连券柱廊围成的四合院中央；有的设在一个厅中，该厅叫“教经堂”）、一至几个召祈塔（亦叫“宣礼塔”，多节，早期为方形，后期变成圆柱形）。放有圣亭的院子或教经堂大厅中设有圣水池，是穆斯林（Muslin，伊斯兰教信徒的通称）集会和祈祷的场所。

哈里发们的陵墓也往往与清真寺相连。陵墓的顶部带圆顶，圆顶形状有船背形、梨形，受拜占庭艺术影响：方基座上有五个圆顶，中央的大，四周的矮小。另外四角再建塔。

宫堡即堡垒式宫殿，是包括正殿、寝宫、礼拜厅和浴场等多种功能的综合性建筑，采用古巴比伦、亚述的院落格局，运用古希腊古罗马的柱廊与拱顶，使用伊斯兰的“阿拉伯纹饰”。最著名的宫堡是阿拉伯半岛北部的姆萨塔宫、西班牙的阿尔罕伯拉宫。

纪念塔以阿富汗境内的马斯乌德三世纪念塔最著名（底座圆形，塔身八棱形，上罩八角帐篷顶）。

另外，还有大学建筑与民宅，上部也都有圆顶，都采用船背形、花瓣形券门窗。

3.伊斯兰建筑造型与装饰的共有特征

凡是有穆斯林的地方，都有阿拉伯伊斯兰式建筑。虽然各地气候、建材和民族不同，自然有地方性差异，但还是具有一些共同的特征。

(1) 造型上

a.建筑顶部都有圆顶。尽管外形有船背形、梨形、尖拱形等，都体现出团结、统一思想。

b.船背形券。门与窗洞、门墙基本都采用船背形券的造型。船背形券又叫“驴背形券”，源于古波斯。所以，也叫“波斯券”。其次是花瓣形券门也很受欢迎。

c.都有召祈塔。尽管各地的塔形状不同。

d.钟乳石拱。钟乳石装饰拱（也叫“蜂巢拱”，英文为Stalaktit，阿拉伯语叫ruôarnas）用得较普遍。一般用在帆拱、圆顶向墙过渡之处、柱头等部位。

(2) 装饰上

a.阿拉伯纹饰。建筑的表面使用“阿拉伯纹饰”（Arabesque），即以方、圆、三角形、菱形、六边形为基本形，再用直线、曲线进行交连，或将基本形变换角度再组合，组成丰富多彩的几何纹。或以几何纹做网架再用植物纹编结，或使用卷草纹、花头纹。禁止使用人物和动物图案。

b.蛇形文字。普遍使用“蛇形文字”（阿拉伯文字）作装饰。在清真寺里，常用蛇形文字组成格言、谚语或者警句，在墙上制成浮雕，或制成标牌挂在厅中。

4.五大地区的建筑造型与装饰特点

(1) 叙利亚与埃及

叙利亚、巴勒斯坦和阿拉伯半岛的伊斯兰建筑多属于早期的伊斯兰建筑。最早的麦加（在今沙特阿拉伯）和麦地那的清真寺，都有长方形的院子，院子周围是柱廊（柱子由单向券连接），背朝麦加方向的是多柱厅堂，供信徒集会、祈祷用。这是受波斯的影响，成为早期清真寺的范本。

巴勒斯坦和叙利亚的早期清真寺有不少是由基督教堂改建而成的：在教堂大殿前（巴西利卡），加建祈祷用的大方院，巴西利卡上部建圆顶。这表明是受古罗马、巴比伦和拜占庭建筑的影响。伊拉克伊斯兰建筑也是这样。

埃及的清真寺，从公元9～15世纪，方院周围已不是简单的连券柱廊，而是每面都加建一个上有拱顶的长方形柱厅，形成一个十字形平面，有四个召祈塔（现存一个，高达81m）。圆顶上和外墙上的纹饰精美，高大多节并有几个挑台的召祈塔造型优美，用钟乳石排拱承托环形挑台，是伊斯兰建筑史上的里程碑。公元16世纪后，清真寺建筑全部模仿伊斯坦布尔市的圣索菲亚教堂。

装饰上，爱用白色大理石和其他颜色大理石交替砌墙和发券。纹饰是刻成或塑好，也有的是画出的或填色而成。公元17世纪则流行在白石地上嵌出彩色大理石纹样，并且爱用彩色玻璃窗（窗棂是由大理石镂雕而成）。

门窗洞的形状是船背形券。圆顶向墙顶过渡处、券脚下的柱头多用钟乳石拱。

(2) 西北非和西班牙

西北非洲的摩洛哥、阿尔及利亚和突尼斯的伊斯兰建筑也很著名，它使用古罗马柱式，用黑红白三色大理石交替在墙上砌造装饰带条（影响到西班牙、西西里岛、意大利和法国南部）。

西班牙由摩尔族穆斯林建造的清真寺和宫堡，在庭园布局、空间组织、连券柱的构造、钟乳石拱的应用及纹饰等方面，都富有创造性和取得极大成就。

著名的古迹有考尔多瓦（Cordova）清真寺、格拉纳达（Granada）城的阿尔罕伯拉（Alhambra）宫堡、塞维利亚（Seville）城的阿尔卡扎（Alcasar）宫堡。

西班牙伊斯兰建筑最具特色的是：a.双层马蹄形券和花瓣券，白红两色大理石块交替砌成的券环。b.由于院子周围连券跨度不等，所以细巧挺秀的钟乳石拱柱子，在券脚下有一根的和两根或三根成组的。c.墙上部是石膏花饰，墙裙用彩石镶嵌，墙上有挂毯。d.钟乳石拱支承挑台。e.由钟乳石拱组成蜂巢状顶棚。

西北非和西班牙伊斯兰建筑外观具有防卫性（堡垒特征）：檐口有各式的垛口，用粗块石砌墙。也常用彩石交替砌出墙上的条带。除用船背形券外，特别喜欢用马蹄形券和重叠花瓣券以及钟乳石拱。庭院中常用水池或喷泉和树木。装饰花纹以蓝色为主，并夹杂有红、黄和金色。多边形重叠交叉而成的几何纹样最常用，也用些植物纹样。

(3) 波斯与中亚

在波斯（今伊朗）地区，伊斯兰建筑仍保持新波斯帝国的砌砖、发券和建圆拱顶的技术，拱顶是十字交叉拱，从方形基座向圆顶过渡采用"喇叭拱"或钟乳石拱。整个建筑形体几何性强，十分简洁，注重大的轮廓和比例适当，高凸的圆顶外表用琉璃镶嵌纹饰，或用石膏和灰泥塑出美丽的纹饰。有的建筑物内墙使用带花纹的粗瓷片贴面。

发券和穹顶的形状最早是长轴直立的椭圆形，后来普遍采用船背形（被称为"驴背券"或"波斯券"，流传到整个阿拉伯世界）券柱与穹顶。

在中亚地区（阿塞拜疆、乌兹别克斯坦、塔吉克、土库曼、哈萨克、吉尔吉斯等国），陵墓建筑下为方形或八角形基座，中为圆柱形鼓座，上为双圆心拱顶（穹顶体形饱满，有的像子弹头，有的穹顶外凸起很多瓜棱）；有的正面基座开辟一个船背形大凹廊，凹进的墙上再开门窗。四角有圆塔。也有的陵墓底座为八边形，中部为多圆棱柱形，上部是圆锥形顶。在建筑的外表多包贴彩色琉璃砖（蓝、绿、白色），十分庄重、华丽。

伊朗和中亚的清真寺基本上是沿庭院四周布置柱厅。每一面中央有一个带大圆顶的主厅，厅内柱子在纵横方向上都有券相连，或由十字拱覆盖。在主殿的四根大立柱上，砌高大的鼓座，最上是造型饱满的穹顶。左右侧殿顶部也是较大的穹顶，其余全是小穹顶。清真寺入口、院内主殿入口处均砌竖长方形高墙，高墙正中开辟船背形大凹廊，凹进的墙上再开船背形券门；高墙两侧砌高于高墙檐部的八角形平面的召祈塔。塔顶是圆锥形顶，顶下为出挑的回廊，回廊下部用钟乳石拱与较细的塔身连接。有的挑廊顶上再砌细高的圆塔柱，塔柱顶端为小穹顶。从内院看左右侧殿入口，则是稍矮的高墙，墙正中也是船背形凹廊，凹进的墙中是船背形门洞。两侧殿顶部带高鼓座的穹顶与入口上的高大船背形凹门廊相距很近。

伊朗和中亚的伊斯兰建筑装饰手法有：a.通过砖块的横竖、凹凸、直或斜排、出挑等方法，在外墙砌出几何纹样（普通黏土砖与彩色釉砖、经过雕刻的砖搭配，局部用石膏浮雕）；b.在建筑物外表面满贴各色釉砖（琉璃砖），达到绚丽豪华的效果，这是从古巴比伦学来的；c.固定的门窗扇与栏板是用雪花石膏石透雕而成，十分精美。活动的门窗扇则使用木或铁做框架与花格，或在木板上刻出花纹，喜欢嵌装彩色玻璃；d.室内墙面使用白色和彩色石膏模塑成的浮雕花饰（深蓝与浅蓝多用，还有红、橙、黄、绿、黑和赭等色，个别地方贴金箔，但以白石膏本色为主色）；e.室内墙面也常用湿壁画作装饰，题材多是花草、树木，也有生活场面。

(4) 土耳其

公元11世纪末，久居小亚细亚的土耳其人征服波斯后，建都考尼亚（Konya），直到13世纪末，清真寺是叙利亚式的，又受到拜占庭、高加索的影响，多数礼拜殿不向庭院敞开，上部不是穹顶，而是采用圆锥或多棱锥形顶，雕饰集中在大门上（有钟乳石拱）。清真寺都附设浴室，穹顶中央开孔采光。

公元14世纪初，奥斯曼帝国建立后，则主要采用向心式（集中式）构图，继承拜占庭、波斯和中亚的传统：柱廊式的清真寺平面被单一封闭的向心式大殿所代替，中央大穹顶周围附加二或四个半圆顶。清真寺的四角建有瘦高和顶似尖针的召祈塔（有的清真建六个这样的钟塔），这是土耳其伊斯兰建筑惟一仅有的特征。

城市住宅高不过3层，分堂屋和闺阁两部分。室内有放食具的龛和放床的凹角。软椅沿一边或两边的墙来放置。闺房的窗子镶有彩色玻璃并有木栅格罩护。房屋的出檐很大，二层多向外出挑。宫殿布局零乱，装饰繁琐。还有驿馆和公共浴室。

纹样的色彩非常鲜艳，常加金色以求调和。纹饰的造型不肯定、虚弱无力，有时甚至是很古怪的；色彩搭配的效果是主要的。

(5) 印度

公元12世纪末，印度的西北部被回教徒征服并建立了巴坦（Pathan）王朝，后分裂成多个小国，到16世纪又统一并扩展到印度大部分地区，成为莫卧尔（Moghul）王朝，一直延续到18世纪初英国入侵时。

巴坦王朝时的伊斯兰建筑形制是波斯中亚式的，如清真寺的柱厅、围廊院格局、用钟乳石支托挑台、钟塔体表覆盖着笛管式垂直棱条等做法，但装饰细部则具有印度耆那教建筑的特点。例如德里附近的库都伯（Kutub）清真寺。还有阿格拉堡附近一所离宫的清真寺的正门，它的正立面是中亚地区常采用的船背形大凹廊，凹墙上开门洞和窗洞。但使用大台基、外形八角形与八角形凹廊相组合、侧面用小凹廊，檐口设成排带小穹顶的亭廊，以及在红砂石墙镶嵌白色大理石花纹等做法，却是印度伊斯兰建筑所特有的。陵墓建筑采用中亚向心式平面，四个立面正中为船背形凹廊，顶部中央为大穹顶，四角有八角形钟塔。但不使用琉璃砖，而是用紫赭色和白色大理石砌造。从方形大厅向穹顶过渡，是采用八个大券组成的八边形，施工难度大，内部空间形体更简洁统一，在穹顶结构上是一大进步（以哥尔·良巴兹墓为代表）。将佛教建筑中的相轮、华盖（宝顶）安放在穹顶之上，更加强了穹顶的大一统的作用。这也是印度伊斯兰建筑的一个特点。

莫卧尔王朝在阿克巴和沙杰罕两国王统治时期（公元1556～1658年），印度的伊斯兰建筑取得了极其辉煌的成就。早期的宫殿是由大建筑师希南的弟子设计的，用红白大理石相间砌造，不用琉璃，别具特色。也有全部用白色大理石砌筑的，如被誉为“印度的珍珠”的泰姬·玛哈尔王后陵墓。这个建筑是整个伊斯兰世界的建筑精品，是中亚、伊朗、阿富汗、土耳其和巴格达等地的建筑师和工匠，以及全印度的优秀建筑师、工匠们的智慧结晶。

印度伊斯兰清真寺和陵墓建筑在平面和立面设计上受到拜占庭建筑的影响：顶部五个穹顶的集中式构图，下面为四方形基座；四角加圆柱形或八角形钟塔的做法受土耳其影响。整个建筑底部设高大台基是印度自己特有的。

雕刻与镶嵌装饰精美，重点部位嵌宝石。室内屏风、隔断和窗棂则用大块大理石板雕成，玲珑剔透。

在印度的拉吉斯坦地区有一些小王国始终未被身边的伊斯兰帝国征服，因此保存了古印度佛教建筑传统。但在建筑式样与做法上也汲取了印度伊斯兰建筑的元素：碉楼加些圆柱形或八角形壁塔，塔顶是带穹顶的小亭（穹顶用镀金的铜板覆盖），有的方形楼顶也呈穹顶造型。墙用砂石砌筑，并用蓝、绿、黄色琉璃嵌成横条形装饰，图案都是阿拉伯式纹样。

5.伊斯兰世俗建筑的类型及特点

(1) 住宅

在伊斯兰世界，由于宗教律条的束缚，男女生活用空间是分开的：男人会客、劳作、起居一般在首层楼内。女子家务、工作等在二或三楼，对外开敞的阳台和窗子都用细密的格子封起来。大型住宅还分设夏季用和冬季用的房间，夏季用的房间与小庭院之间设置向庭院开敞的廊厅，即可遮阳又利于通风。这种廊厅往往通贯上下两层或三层；无廊厅的房间则设出挑的阳台，阳台有顶，多用连券细木柱支承，栏杆与券身上常有阿拉伯式纹饰。底层用砖石砌墙。楼层则以土坯填充木框架。在伊朗、中亚和埃及以及小亚一带，房屋多为平顶（有的上有小穹顶），上面可晾晒东西。

住宅室内墙上设置一些船背形凹龛，盛放日用物品。墙上也有用雪花石膏石透雕的。窗扇用木材或石材制作。厅内柱子纤细，上雕精美花饰，在土耳其、中亚和中国新疆都盛行。

(2) 经文学院

经文学院的平面类似清真寺，柱厅和主侧殿部位被分划成许多小开间宿舍（一般分前后间，没有廊）和教室（方形或十字形平面，上面有穹顶，教室和礼拜堂在正门的左右侧；大殿正中凹廊处往往作为夏季的教室）。宿舍有的有楼层和楼梯。

(3) 驿馆

驿馆的布局类似经文学院，但院落十分宽大，给商队安顿驮畜提供了方便。位于旷野里的驿馆，则建有高大的围墙、射击孔和碉楼。因土耳其雨量较多，所以在驿馆中央院落上搭建大穹顶的较多。否则，庭院设一圈外围廊。

(4) 商场

由于商业贸易的需要，在一些重要的城镇都有市场，有的规模还很大，而且往往形成商业街，并有驿馆在其中。连续排列的房间上有小穹顶，作为店铺或作坊。在十字路口正中搭建大穹顶，周围则是带小穹顶的由方形或八角形空间连成的环廊，供设摊儿交易。

在土耳其、伊朗和中亚地区，这样的市场是很多的。

(5) 公共浴室

在伊斯兰世界，除清真寺里设有浴室外，在城市里也有很多公共浴室。

浴室建筑大多由几个集中式（方形、圆形或八角形）带穹顶的大厅串连组成，分别作为衣帽厅、按摩厅、热水浴厅和温水浴厅等。室内有立柱支承上面的穹顶，穹顶正中设采光窗。有的浴室是半地下建筑，有利于水温的稳定。

6.建筑材料与做法

在整个伊斯兰世界，由于地域、自然条件和工人技艺的不同，在使用的建筑材料与装饰做法上，也有显著的差异。

(1) 建筑用材

伊斯兰建筑，在伊拉克比较多地使用土坯和晒干砖作为主要建材，重要建筑物外墙贴釉砖装饰。在中亚和北非，主要建材为焙砖，少量也用石材、釉砖，砖的不同砌法和釉砖拼花十分优美。在印度，主要建材是木材与石料，爱用红色砂岩和大理石，建筑外墙多用彩石镶嵌做法。在伊朗，建筑主要用石材，也爱用瓷砖和彩石镶嵌装饰墙面。在叙利亚和土耳其，主建材为焙砖和石材，土耳其尤其喜欢用石板贴面。在西班牙，主要建材是大理石和红砖。

(2) 装修做法

中亚、土耳其、伊拉克一带，主要在砖的砌法上花样繁多，并掺杂釉面砖。伊朗和印度则使用釉砖或彩石做建筑表面的镶嵌。在埃及更多的是在石砌墙上做雕刻（几何纹、植物纹）。

7.伊斯兰家具

古代伊斯兰家具保存下来的很少，从绘画和浮雕、记载上看，曾以跪坐、盘腿坐为主，家具品种不是很多，受古波斯和东亚的中国影响。

(1) 家具品种

伊斯兰世界的家具有讲经台（在清真寺内的壁龛旁，体形高大，有阶梯可达顶上平台；有的上有锥形顶或穹顶）、读经台（家中使用）、屏风（独扇、折扇）、隔断壁、马扎、小凳、折叠式小台架、六角形桌台和几架、带三面围子的床榻（有的软包镶，状如长沙发）、首饰盒（匣，方形、矩形、六角形、圆形等）、钱箱、衣箱等。

此外，还有火盆、香炉、水盆、镜台、金属灯具（烛台、吊灯灯盏）、玻璃油灯和瓷珠门帘等。

(2) 造型与装饰

伊斯兰世界的家具造型，比较多地受波斯萨珊王朝和中国汉唐的影响，家具和器物的造型爱仿动物形态，或加有兽腿、兽足和动物的头作装饰。有的只是简洁的几何形体。

装饰上，大多采用雕刻（含镂刻）、镶嵌、着色或贴金等几类，制作十分精美。

(3) 制作家具的用材

在整个伊斯兰世界里，制作家具的用材有木材、石材、青铜、铜、铁，少量的用黄金、白银、象牙、玻璃、玻璃质陶土等。其中，青铜、铁和木材用得最多。

(4) 技术与工艺

伊斯兰家具与工艺品的制作工艺种类较多。

a.镟制——木制的腿、枨和杆等，手工镟制。

b.雕刻——木器上的浮雕，还有钢板的镂刻、陶瓷件的镂刻等。

c.镶嵌——除金银宝石螺钿镶嵌外，还有花丝镶嵌。

d.辗压、层压和锤锻——金属件制作时采用。

e.车制——金属、玻璃器件的制作用车制。

f.打磨——木制品、金属制品最后表面都要打磨光洁闪亮。

g.玻璃染色和贴金——玻璃器件染上鲜艳颜色或贴金箔作装饰。

复习题与思考题

1.伊斯兰建筑总的风格特点是什么？有哪些建筑类型？其特点怎样？

2.伊斯兰建筑在造型与装饰上的共有特征是什么？五大地区又各有哪些突出特点？

3.伊斯兰家具在品种、造型、装饰、用材、技术与工艺上都有什么特点？

1	2	3	4
5	6	7	8

1.埃及开罗伊本·图伦清真寺（9世纪）
2.伊朗伊斯法罕·沙阿清真寺（1611～16）
3.土耳其伊斯坦布尔，阿赫默德一世清真寺（蓝清真寺）建于1610～1616年
4.用钟乳石拱组成的凹龛（11世纪伊斯兰建筑特有的装饰形式）
5.乌兹别克清真寺的木柱
6.印度阿格拉红堡上的一个角塔（1638年）
7.撒马尔罕的帖木儿墓（1404年）
8.西班牙考·尔多瓦大清真寺的双层券柱

| 1 | 3 |
| 2 | |

1.撒马尔罕的清真寺群（乌兹别克斯坦）
2.印度　泰姬·玛哈尔陵外观
3.布哈拉清真寺（乌兹别克斯坦）召祈塔塔顶雕饰

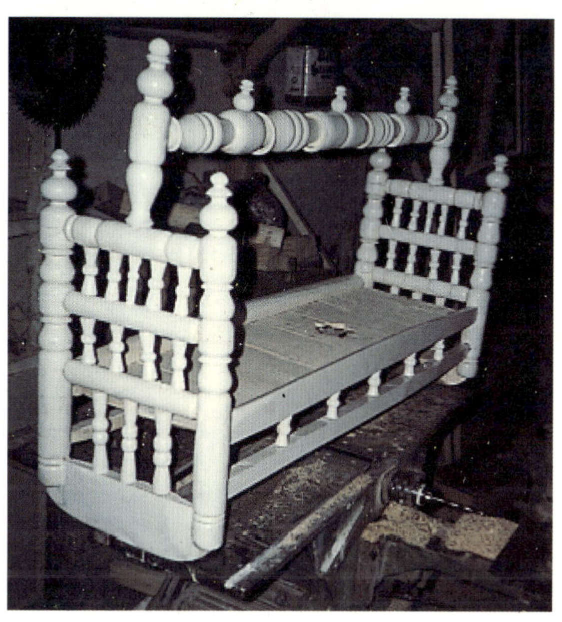

以上三幅照为张海燕提供（伊斯兰家具）

1.高柜
2.箱子
3.婴儿床

炊具

伊斯兰建筑·特有的形态

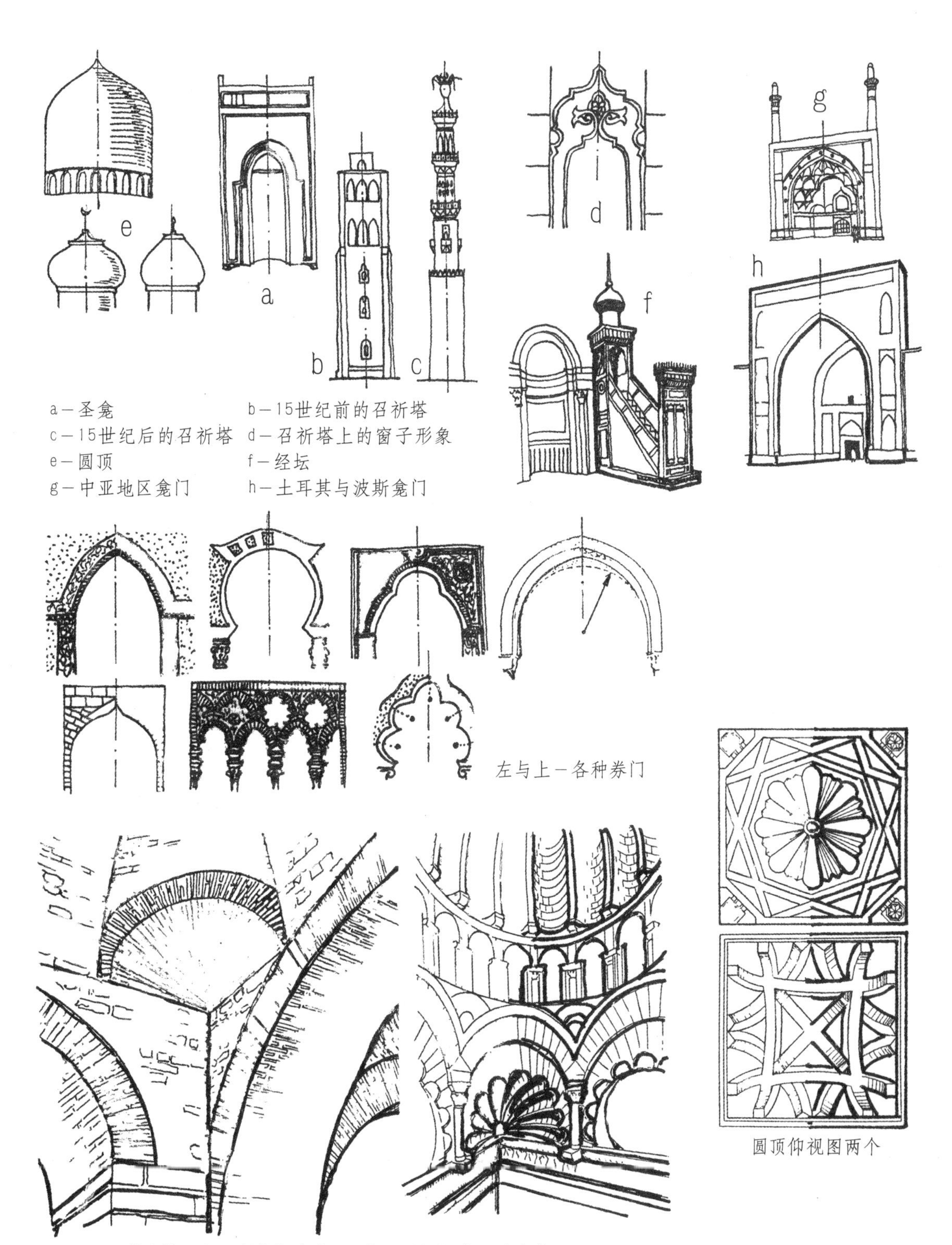

a—圣龛　　b—15世纪前的召祈塔
c—15世纪后的召祈塔　　d—召祈塔上的窗子形象
e—圆顶　　f—经坛
g—中亚地区龛门　　h—土耳其与波斯龛门

左与上—各种券门

圆顶仰视图两个

喇叭拱：左—伊斯坦布尔　　右—开罗阿克巴清真寺

伊斯兰建筑·钟乳石拱饰与垛口

开罗－清真寺龛门
左上－正立面图
左下－平面图
右上－透视图

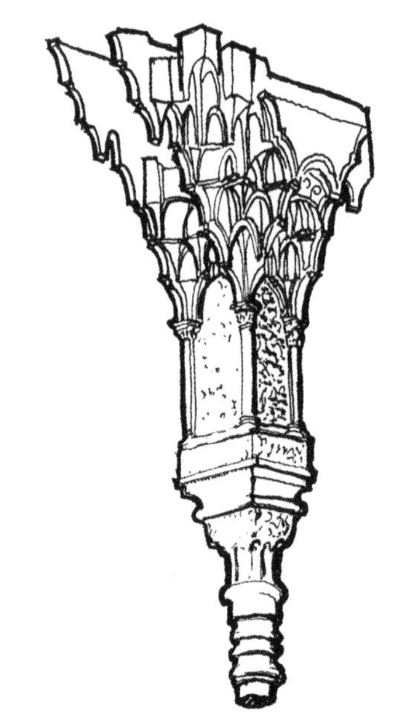

柱头与券脚由钟乳石拱作装饰

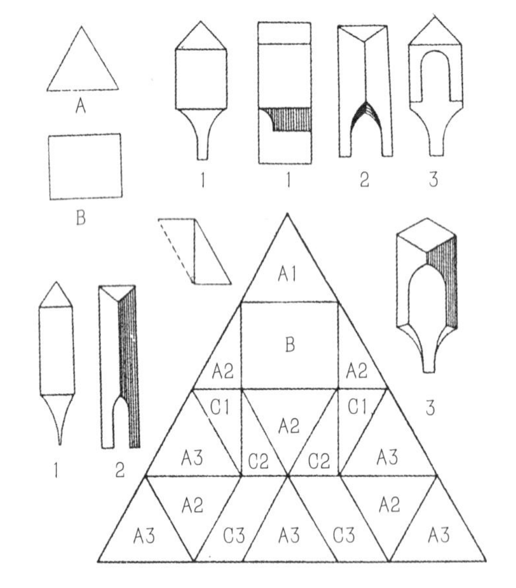

由几种构件（元素）组成圆龛
顶部的钟乳石拱

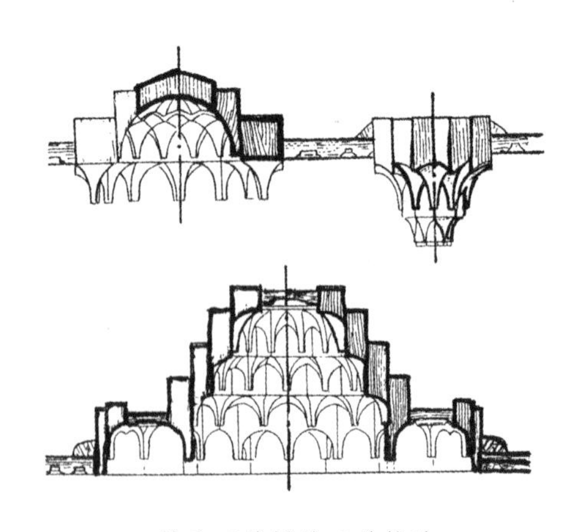

钟乳石花拱的三种构造

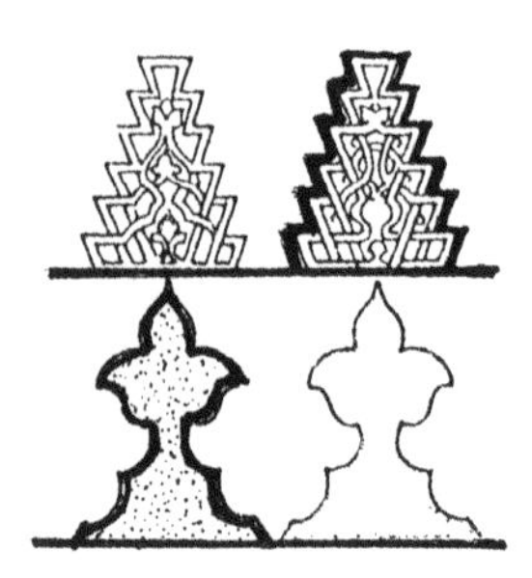

左－伊斯兰建筑的垛口两种

伊斯兰建筑·独特的柱头与连券

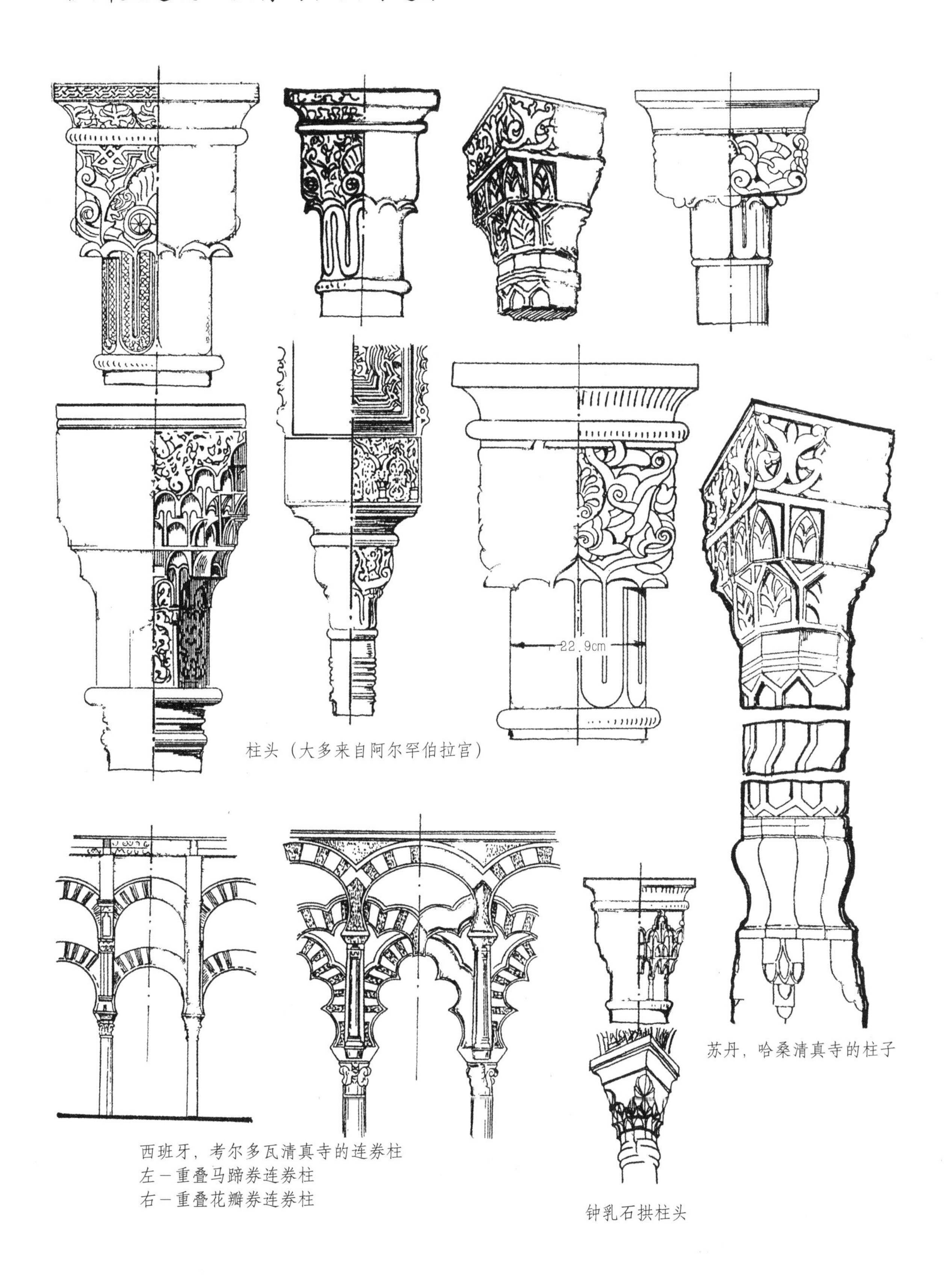

柱头（大多来自阿尔罕伯拉宫）

西班牙，考尔多瓦清真寺的连券柱
左一重叠马蹄券连券柱
右一重叠花瓣券连券柱

钟乳石拱柱头

苏丹，哈桑清真寺的柱子

伊斯兰建筑·特殊的装饰

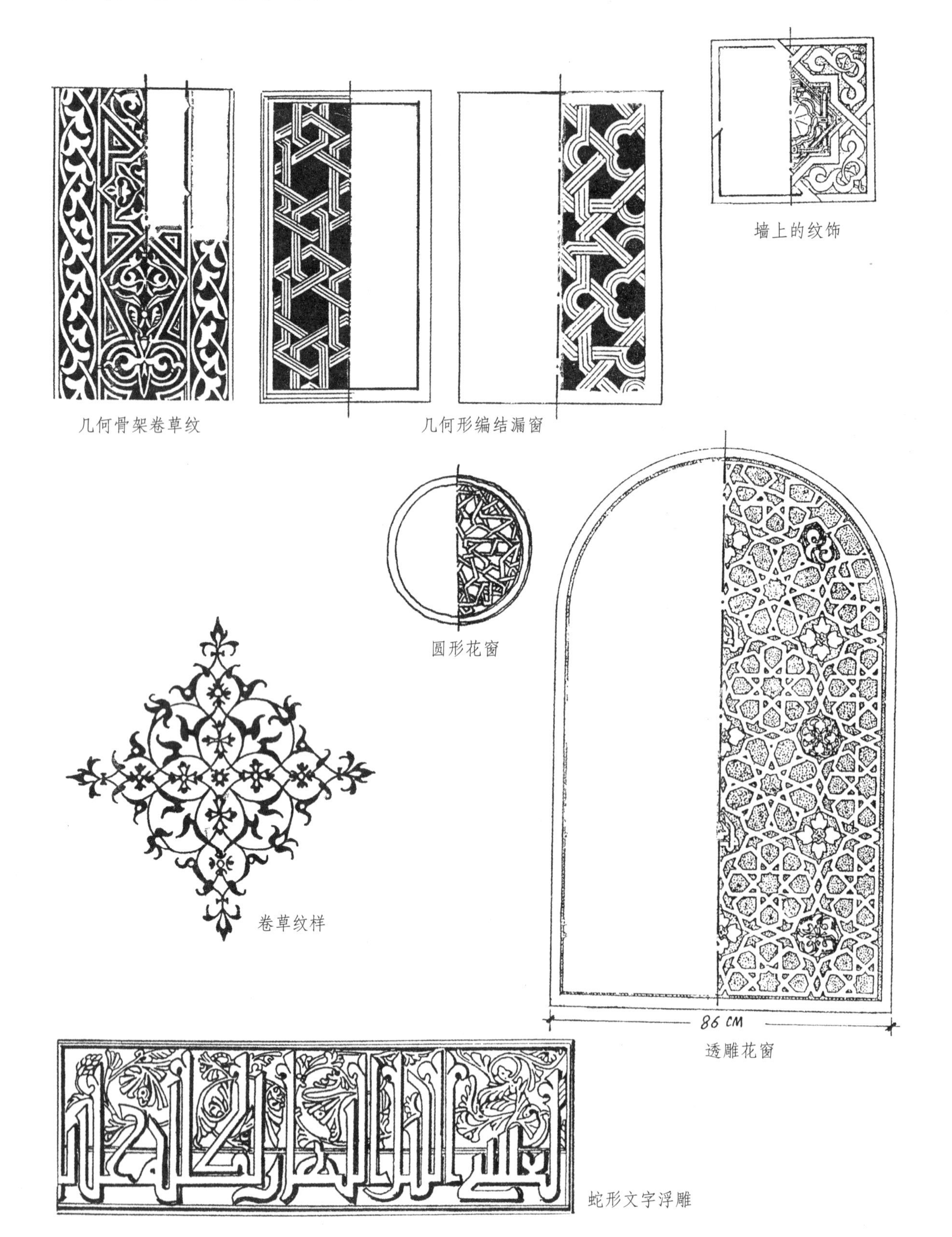

墙上的纹饰

几何骨架卷草纹

几何形编结漏窗

圆形花窗

卷草纹样

透雕花窗

蛇形文字浮雕

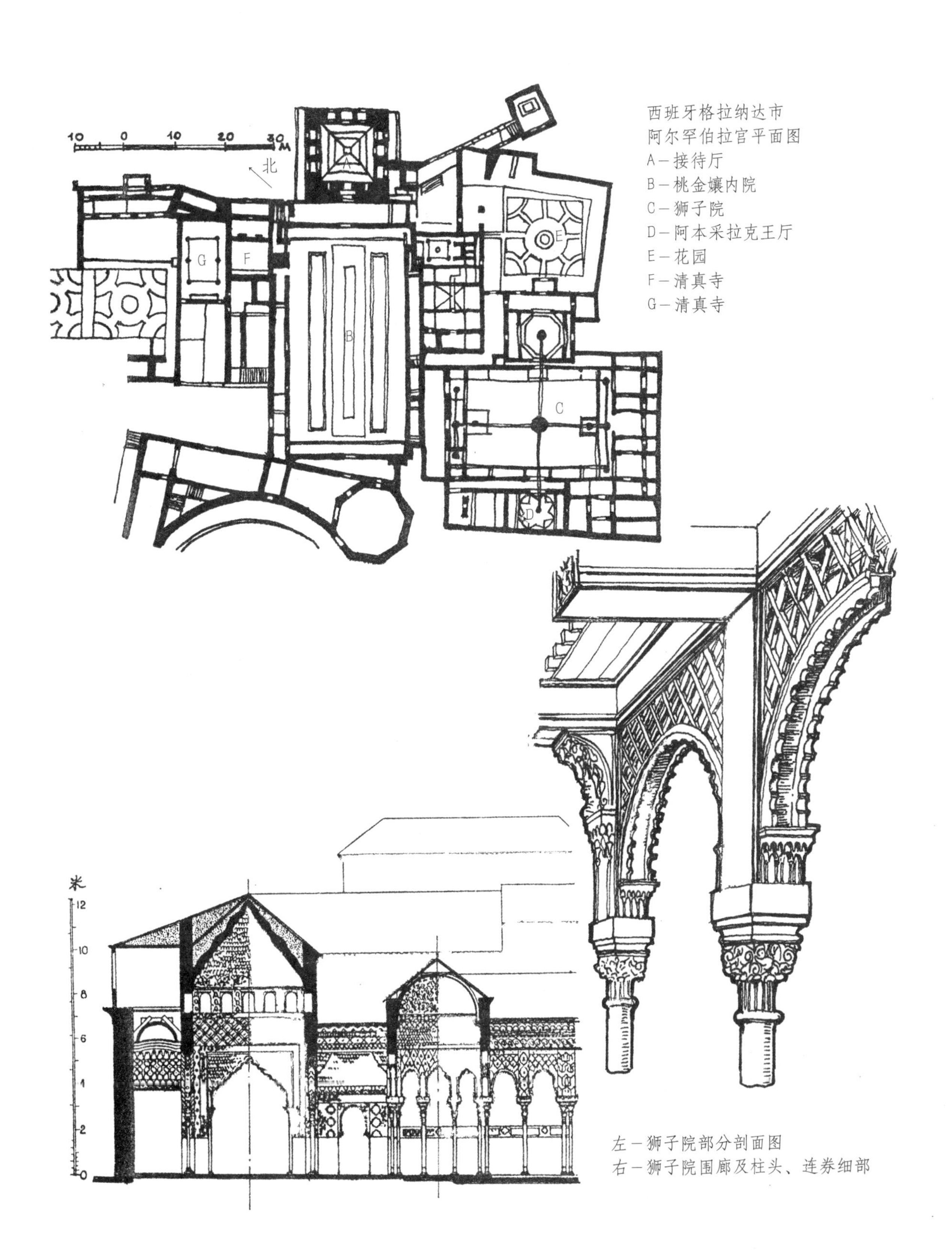

西班牙格拉纳达市
阿尔罕伯拉宫平面图
A－接待厅
B－桃金孃内院
C－狮子院
D－阿本采拉克王厅
E－花园
F－清真寺
G－清真寺

左－狮子院部分剖面图
右－狮子院围廊及柱头、连券细部

伊斯兰建筑·著名的清真寺

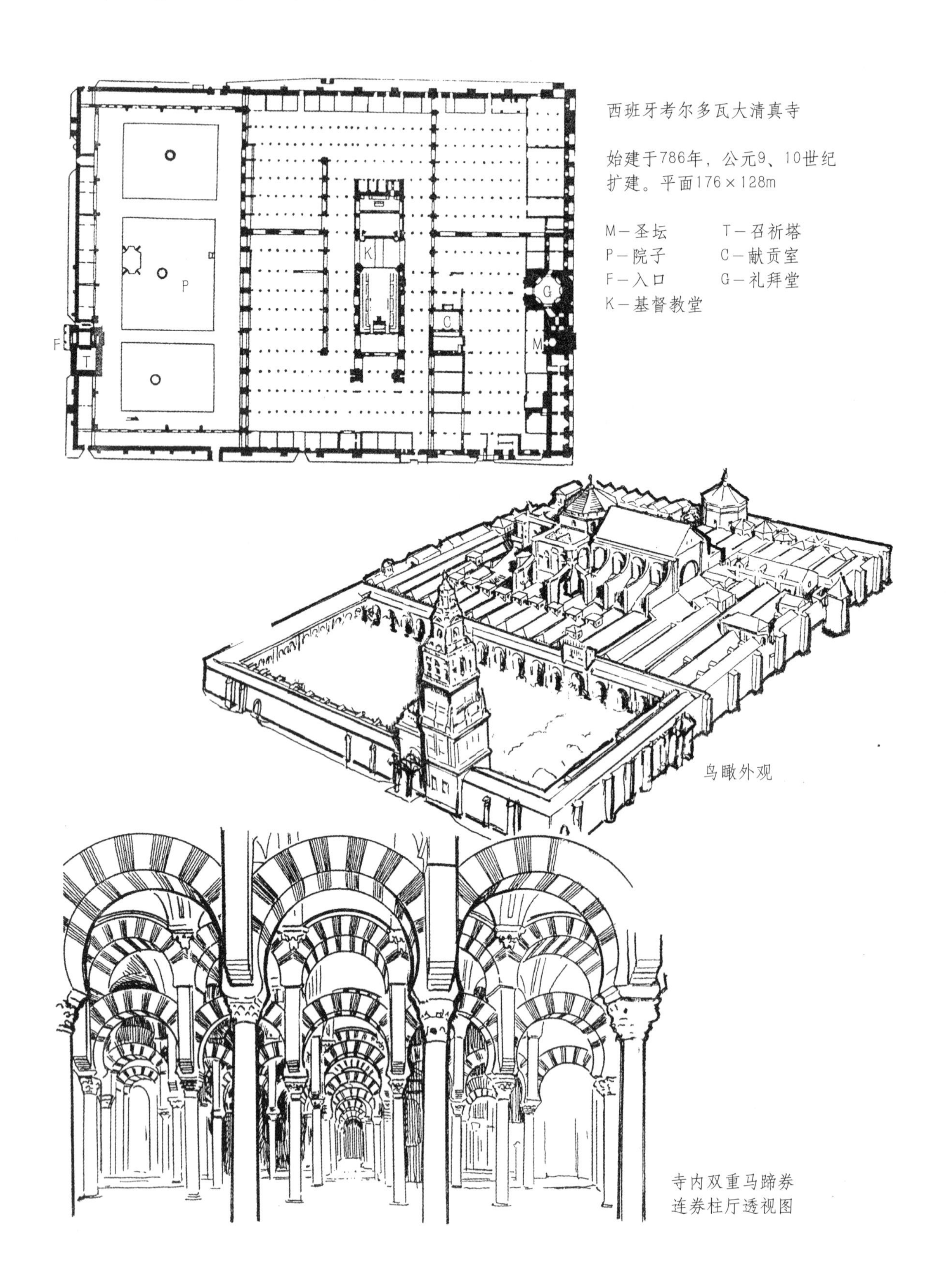

西班牙考尔多瓦大清真寺

始建于786年，公元9、10世纪扩建。平面176×128m

M—圣坛　　T—召祈塔
P—院子　　C—献贡室
F—入口　　G—礼拜堂
K—基督教堂

鸟瞰外观

寺内双重马蹄券连券柱厅透视图

考尔多瓦清真寺内花瓣券连券柱（西班牙）

开罗，伊本·托伦清真寺
上—部分内院立面图
下—总平面图

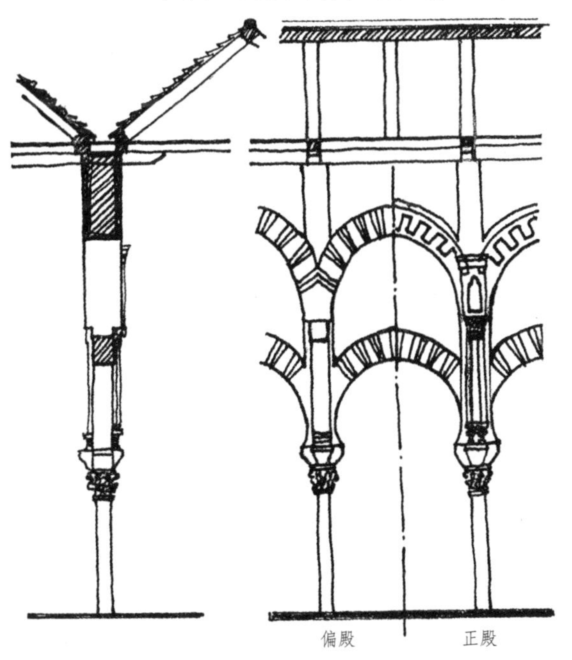

考尔多瓦清真寺重叠连券剖面及立面图

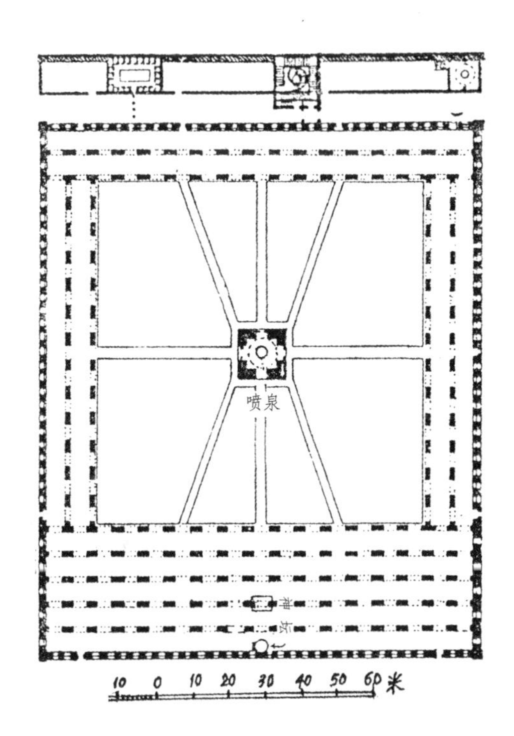

伊斯兰建筑·建筑风格的影响

a—a剖面图　开罗，苏丹·哈桑清真寺

左—主殿1/2剖面图（纵向）
右上—总平面图

西班牙多莱托市建筑
受考尔多瓦清真寺影响
（上、右）

西班牙圣·米契尔
教堂内景与平面图
（属于摩尔伊斯兰式）

下—在意大利佛罗伦萨
圣·玛丽亚教堂内廊立面（1283年）
受西班牙伊斯兰建筑影响

伊斯兰建筑·重要的遗迹

西班牙建于公元15世纪的砖砌建筑

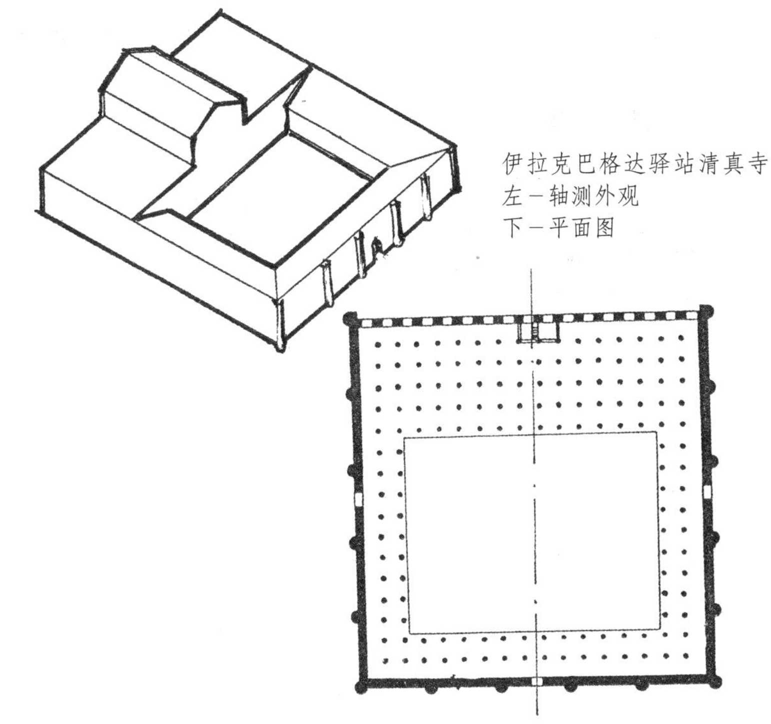

伊拉克巴格达驿站清真寺
左－轴测外观
下－平面图

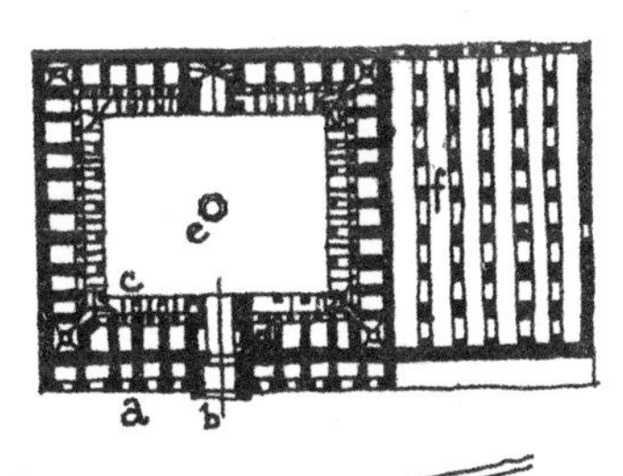

东方的驿站（店铺与仓库）
a－店铺　　b－入口
c－门厅　　d－客房
c－水井　　f　马厩

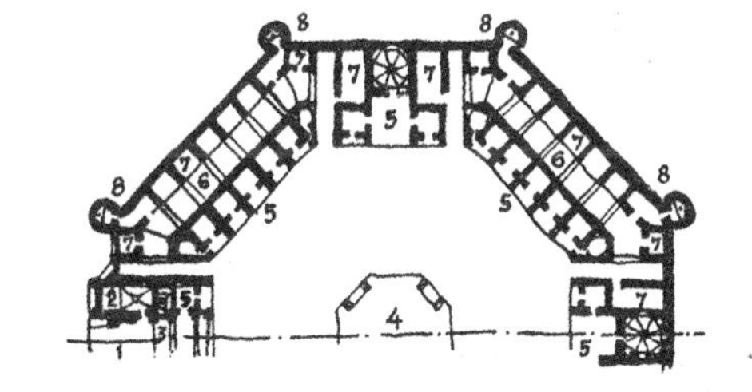

从伊斯法罕到射拉兹的驿站（1/2平面图）
1－入口　　2－门卫　　3－楼梯
4－升高的祈祷台　　5－客房
6－马厩　　7－驴骡圈或行李房
8－厕所

伊斯兰建筑·具有印度特色的陵墓与清真寺

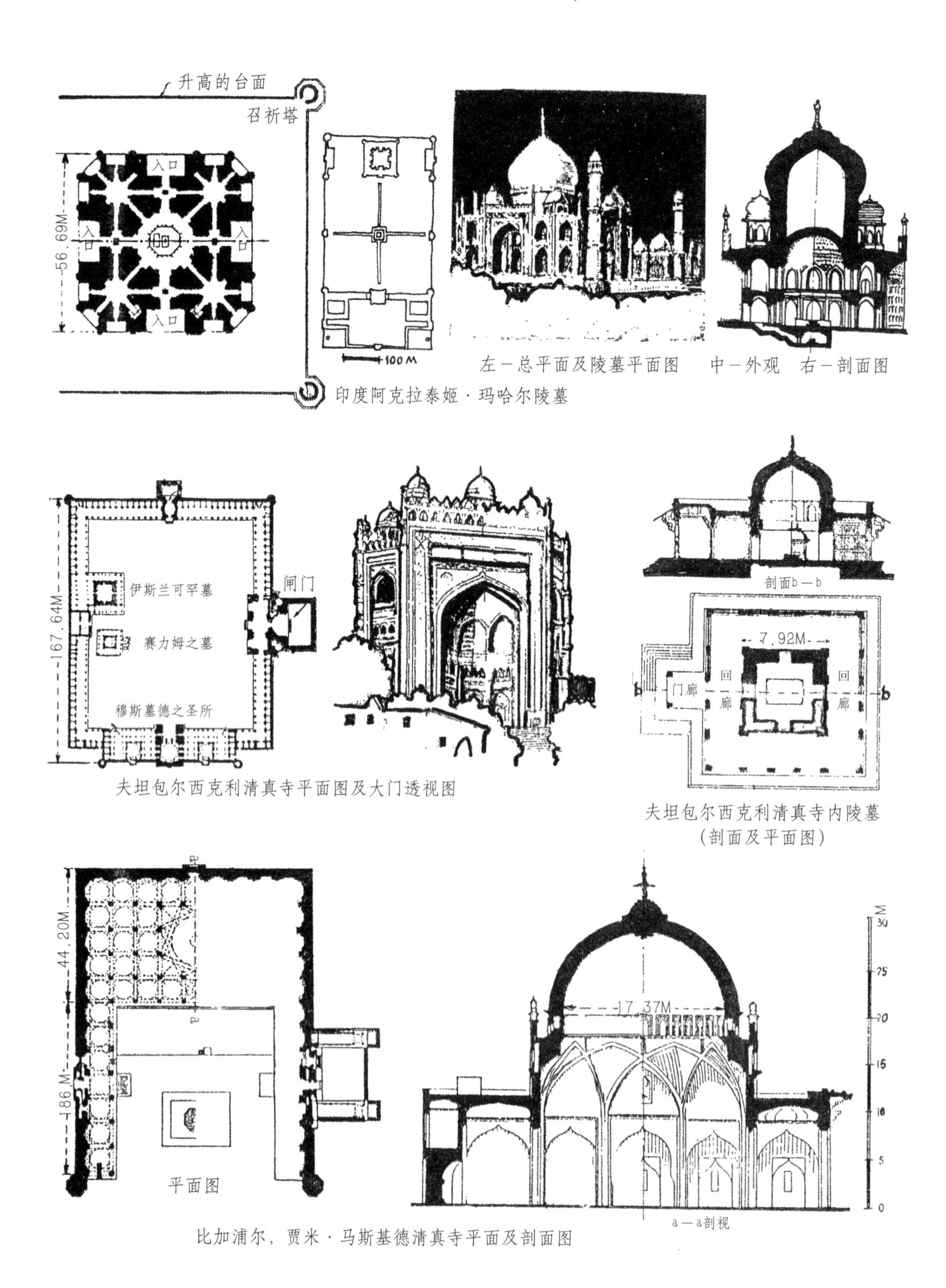

左—总平面及陵墓平面图　中—外观　右—剖面图

印度阿克拉泰姬·玛哈尔陵墓

夫坦包尔西克利清真寺平面图及大门透视图

夫坦包尔西克利清真寺内陵墓（剖面及平面图）

比加浦尔，贾米·马斯基德清真寺平面及剖面图

伊斯兰建筑·印度风建筑的细部

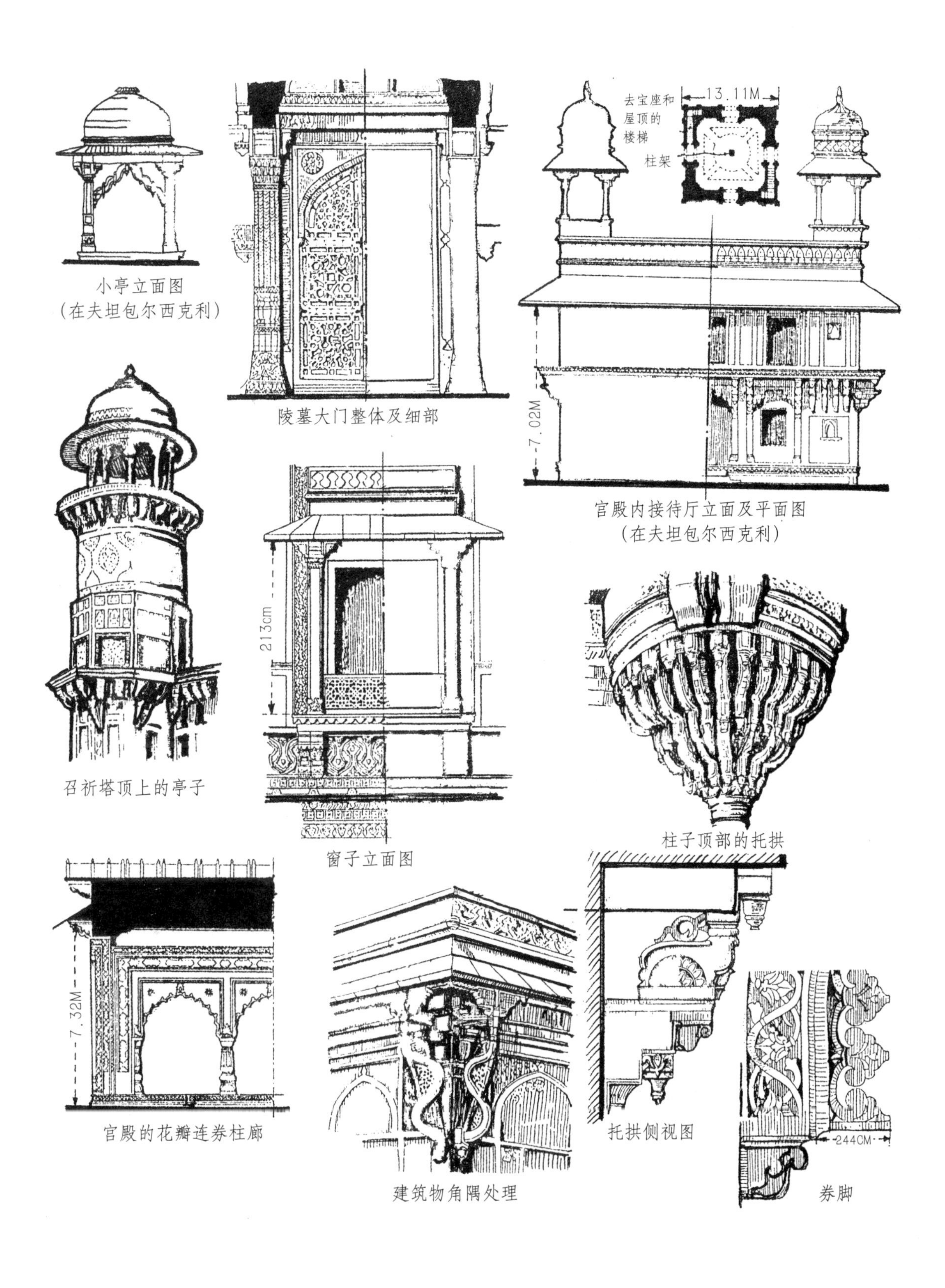

小亭立面图（在夫坦包尔西克利）

陵墓大门整体及细部

宫殿内接待厅立面及平面图（在夫坦包尔西克利）

召祈塔顶上的亭子

窗子立面图

柱子顶部的托拱

宫殿的花瓣连券柱廊

建筑物角隅处理

托拱侧视图

券脚

伊斯兰家具·镟活

伊斯兰家具·杂项

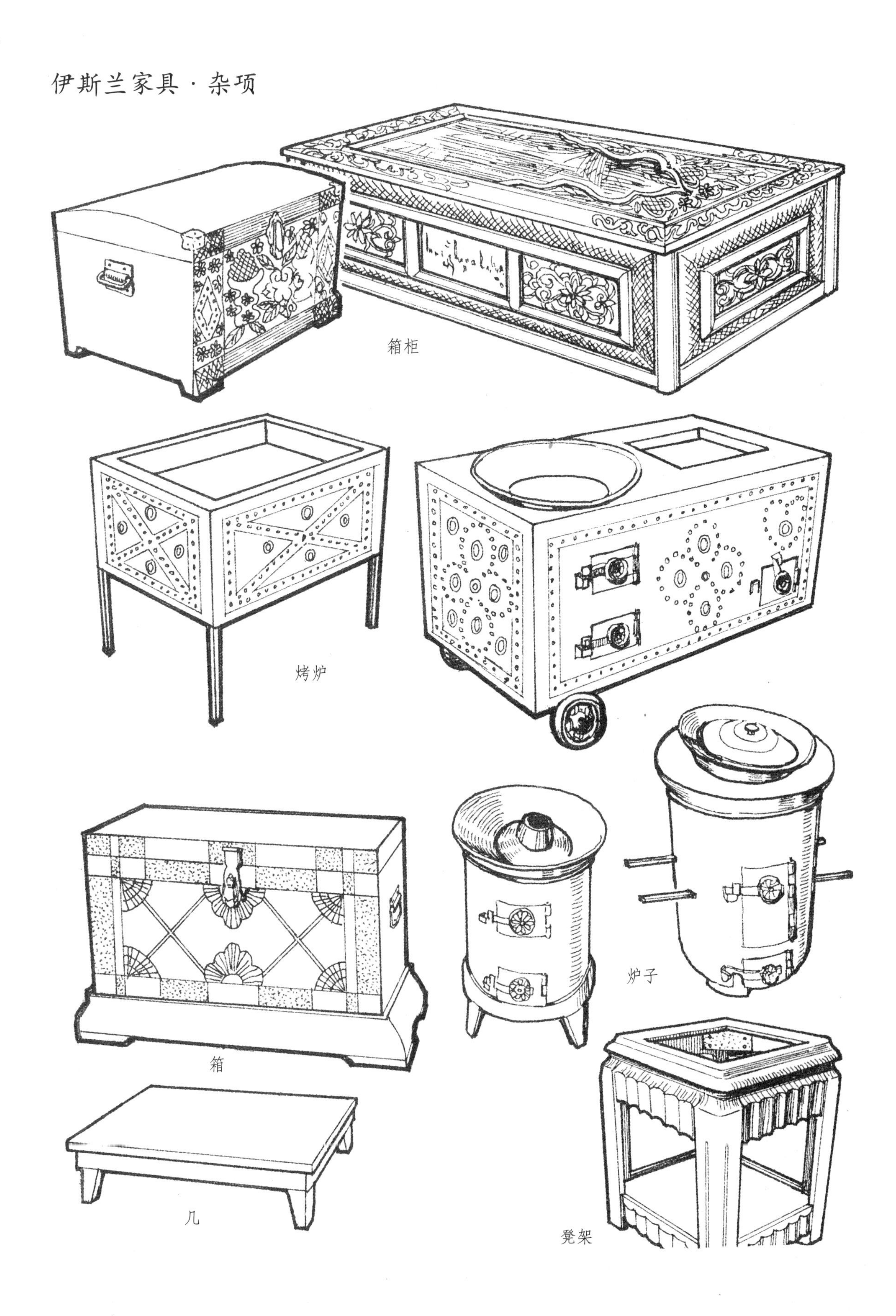

第8篇　印度古代建筑

（公元前25世纪～公元17世纪）

大约在五千年前，印度河及恒河流域就已出现了高度文明。公元前1800年，雅利安人侵入印度，制定严格的种姓制度，创立了古婆罗门教。公元前5世纪，在印度又兴起了佛教和耆那教。到了公元9世纪，佛教在印度本土衰落，但在整个东南亚地区却得到了大发展。

公元12世纪末，印度西北部被伊斯兰教徒征服，建立帕坦（Pathan）王朝，后分裂为多个小国，直到公元16世纪初，又统一并扩大成为莫卧尔（Moghul）王朝。所以，印度北方多伊斯兰建筑，而在中部、南部多婆罗门教建筑；北部、中部多佛教和耆那教建筑。

1.古城遗址

在新石器时代末期，在印度河下游和旁遮普省，就有了巨大的城市。从考古发掘中得知：这些城市有铺石的宽而直的马路，街道是东西、南北走向，交叉成规则的格网，主干道宽达十米，十字路口转角呈圆弧形。

用焙砖建造2～3层住房，室内有水井、浴室、厕所、贮藏室、厨房，隔墙不砌至顶棚，所以通风良好。污水通过砖砌的地下排水渠排走，砖表面敷抹了不透水的树脂层，以便防渗漏。居室都设在二层。

2.佛教建筑

(1) 建筑类型及特征

印度佛教建筑有以下几类：

a.纪念柱——柱头是四狮连体，是佛祖释迦牟尼的象征。下面是大圆盘（大法轮），大法轮弧面上有四个小法轮和象、狮、牛、马浮雕，代表东西南北方向。柱身刻有铭文。

b.佛塔——是在佛祖悟道或传道的地方修建的高塔。在伽耶城南，有中为大方锥形、四角有小方锥形的佛塔两座，叫菩提伽耶塔，表面有很多雕刻，塔尖为重叠式宝顶，高55m。此外，还有圆柱形佛塔。

c.窣堵坡（Stupa）——是佛祖圣骨存放地。基本形态是：中央为底座圆柱形大圆丘，上有法轮和宝顶，周围为一圈石护栏，护栏中有四个带雕梁的石门洞。在印尼的爪哇，有世界上最大的窣堵坡，它基座120m见方，七级阶梯，上层中央为一大窣堵坡，周围有72个小窣堵坡，总高40m，叫巴罗布都尔（Barobudur）。印度最大的窣堵坡在桑契。

d.石窟——佛教石窟有三种：

支提窟（Chaitya）：是佛教举行仪式的建筑物。一种是在山脚，向山岩内凿出里面为半圆形的纵深呈矩形的空间，纵向中央为主通廊；两侧各一排柱子，到尽头柱子连成半圆形；在主通廊远端部、围柱里侧，建一个窣堵坡。整个矩形空间顶棚为筒拱造型。另一种是砌筑的支提窟，它长方体形、屋顶似船篷，内部平面同凿石支提窟。

毗诃罗（Vihara）——是僧侣们静修的禅室，也叫“精舍”。其基本平面格局是：大方形石窟洞内，一面是入口门廊，另外三面各开凿多个小方形的禅室。

以上两种石窟常相邻布置，立面中央上为大马蹄船背形券，下为入口门洞，门两侧及券身、券周围，多有复杂的雕刻装饰。

岩凿庙——是利用一大块山脉，雕凿出庭院、纪念柱、柱廊、厅堂、厅内窣堵坡及雕像等，工程浩大，是公元8世纪时的建筑奇迹。在阿旃陀（Ajanta）、埃洛拉（Ellora）等地，都有石窟庙群。

此外，还有石砌的庙，平面为“男子厅”式，表明受到古希腊神庙建筑的影响。

(2) 风格特点

佛教建筑中的窣堵坡形如水泡，表示一切都是虚幻的泡影，是忘掉世间一切的象征。建筑力图表现生长感，佛塔、纪念柱犹如从地下钻出，蓬勃生长，表面的雕刻如繁茂的枝叶，许多造型与装饰具有象征作用。石窟宛如天成。

(3) 造型与装饰

佛教建筑中，既使用横楣梁，也使用券门和筒拱形顶棚；也有平棚，有的带方形藻井。柱子多数柱身较短，柱头和柱础（或基座）较大，柱头和柱身上的起伏多呈圆饼形，表面有竖沟雕刻或由荷花、无花果、棕榈等变化成的写实浮雕，或几何形浮雕。整个建筑像一件大雕塑品。表面雕刻特别多。

3.婆罗门教（印度教）建筑

(1) 建筑类型及特征

a.寺庙——在古代印度北、中、南三部分，寺庙形制不大一样。

北部庙宇：独立单体，无院落，整个庙宇由前面的门厅和后部的神堂两部分构成。门厅的顶部为密檐方锥形（门厅平面为方形）塔，有的上置扁球法轮和宝顶。神堂顶部则是弧形球根状上带竖棱条的锥形塔；其高度有的高达68m。塔顶也往往有扁球形法轮，方锥塔身微呈弧线，竖棱上有很多雕刻。有门厅和神堂共用的底座，该基座多数较高。

中部庙宇：在长方形院落（周围为柱廊和许多小精舍）中央偏后的位置，有一基本形为十字形的高而且宽大的台基，其上的庙宇平面也是与台基相同的十字形；庙宇的门厅为方形柱厅，门厅向里延伸为正殿，由正殿向左右后三个方向伸出三个平面为星形的配殿。门厅上出挑屋檐，屋顶三面为高大的女儿墙，顶中间略高。后面三个配殿及正殿上的塔，下为勒脚和壁柱，中为明显的挑檐，上为微呈弧线的圆锥形塔，塔身上显著的竖棱与下面的壁柱相对应。竖棱和壁柱上有很多雕刻，大台基和庙宇勒脚上有明显的水平分划和大量雕刻。门厅的外围柱间镶有透雕石板采光。

南部寺院——是一组庞大的建筑群，因此叫“寺庙城”。平面基本为矩形，寺庙城由高围墙围起来，四堵围墙的中间都建高大的方锥形塔门。城内有许多个由围墙和柱廊围成的院落，主庙在中部轴线上，另外有次要的神堂、僧舍、浴场、花园、驿馆和马厩等多种附属建筑，城内的矮围墙上也建有扁方锥形塔门。塔门最多者有 10座，塔门最高者达60m。这种寺庙城是在公元10~18世纪建造的，具有很强的防卫性。

在南方还有从整块岩石中雕凿而成的岩凿婆罗门庙：顶为方锥形（上下分四段，下面三层共雕出36个小船篷屋顶；顶部为近似穹顶的屋顶，下部周围有八个券门浮雕），中部为柱与墙身，最下为基座。还有券棚顶的庙宇。

b.宫殿——从平面布局、梯形塔门造型、可满足各种功能的房间来看，与寺庙大致相同。只是造型简洁些，居室严格分为男用和女用两部分。

c.其他——一些石窟、水渠和蓄水池等。

(2) 造型与装饰

婆罗门教（公元8世纪以后改名为印度教）建筑的造型，北方庙宇的门厅是密檐方锥顶，神堂的顶部则是微带弧线的圆锥形塔，大多底部为一共用基座。有时神堂周围还有一些附属的小建筑物。整体形态臃肿、拙笨，雕刻繁琐。

中部的庙宇位于宽大的十字形高台基上；门厅为开敞式柱厅或柱廊，顶为平顶并有高大的女儿墙；后面三个星形平面的配殿，顶为呈弧线的圆锥形塔，塔身上的竖向凸棱与壁柱、星形勒脚是上下对应的。庙宇被矩形带许多禅室和柱廊的围墙包围起来。台基上用水平浮雕装饰带，建筑上的雕饰最多，十分琐碎、堆砌。

南部寺庙占地广、规模宏大，气势雄伟，梯形塔门均为扁方锥形，塔顶造型采用卷棚形，在塔顶棚脊上有一排圆雕饰件，在长边檐口中央为高出檐口的券形雕刻；整个塔身上竖向分划比横向分划明显，有的表面雕刻十分繁琐、堆砌。庙宇本身的造型，门厅顶部与北方寺庙相同，但神堂的顶子则是多层的截顶方锥形高塔，与北部和中部地区的庙宇不同。

(3) 风格特点

印度教建筑从整体上看，具有挺拔、雄伟和壮观的特点。但在具体造型上，则有臃肿、沉重和零乱的缺点。在雕刻装饰上，杂乱、繁琐、毫无节制，而且充满淫靡气味。

4.耆那教建筑

耆那教与佛教同时产生，主张禁欲与苦修，极残酷地折磨自己的肉体，没有明确的教义，吸收佛教、婆罗门教的一些因素。在公元11~13世纪，因统治者的提倡而有所发展，寺庙主要集中在印度北方阿布（Abu）山一带。

(1) 建筑类别及特征

a.庙宇——门厅比较开敞，柱厅外墙不全封闭，柱厅平面为十字形，或内部柱子排列相交成十字形；顶棚是叠涩圆顶或八角形藻井；下面由一圈儿柱子支承顶棚，柱上有柱头和由柱子上部向左右伸出的长斜撑，结构科学。后部神堂空间较小，平面是与门厅呈45°倾斜的方形，顶部塔的造型类似北部婆罗门寺庙神堂上的塔，主塔下部周围又冒出一些形状类似的小塔，总高度在20m左右。整个庙宇下部也是宽大的台基，在正面和左右两侧有台阶可上下。个别的门厅是上下两层敞廊，上部为方锥形顶。

b.庙堡——由带垛口的高围墙围成方或矩形院落，墙内侧有柱廊和精舍，院墙拐角处是圆柱形碉塔，院内有若干座耆那教寺庙及其他附属建筑，犹如一座城堡。

c.休息棚亭——是在朝圣拜佛的路上，为信徒修建的棚亭，在高大的基座上，由若干根柱子支承有挑檐的平屋顶，四面开敞，柱子之间只有矮的栏板连接，在基座的一或两面有可以上下的台阶。基座表面有水平向线脚与浮雕。

(2) 风格特征及装饰

耆那教庙宇建筑的造型与北部婆罗门教庙宇建筑相似（塔的形状、挑檐、柱式和台基），但庙堡的墙、转角碉塔的形式有自己的特点。在雕刻装饰上，比较多地使用白色大理石，浮雕除起伏大（雕刻较深）外，雕琢十分精细，而且建筑内外全是如此。高台基和大挑檐下部都有精美的雕饰，檐部用石料仿木结构。还有透雕的窗子与栏板。耆那教建筑雕刻之华丽使佛教建筑、婆罗门建筑相形见绌。并且它对印度回教建筑装饰产生较大的影响。

5.建筑论著

从公元前2000年的《吠陀经》和写成于公元前1200年的《玛哈帕拉达》、写成于公元前1000年的《拉玛迦纳》两部史诗中，我们可以知道：早在至少公元前1000年时，印度就有了关于建筑、雕刻和手工艺的书籍。

但比较系统地论述建筑的书是《艺术·科学》（Silpa Sastra），是在公元3～6世纪时成书的，它是一部有关印度艺术与建筑的规程，共64卷（正、副卷各32卷），各卷书名常用神的名字。有些保存完好，如"玛纳萨拉"（Manasara）这卷就以58章的篇幅论述了度量、匠师、仪典建筑平面的配置、建筑施工的初期阶段、比例和造型等内容，里面区分出12种不同的寺庙形制。这部书对建筑理论、造型、装饰和象征性等，都按宗教要求作出严格的规定。例如，特定的神要求特定的柱子和线脚以及庙宇；家中祭坛的特定方位；建筑物各部分的尺寸和比例关系；由于种姓不同在房屋高度上也要有差别；等等。

6.印度古建筑中的柱式与线脚

(1) 柱式

古印度由于宗教多样和地域辽阔，所以柱子的种类较多，而且有的还十分复杂，柱身起线或雕饰较多；没有统一规范的柱式。主要的有：

a.纪念柱——柱顶上由1或4头狮子做成坐姿圆雕，坐在扁圆盘（法轮）上，下接收缩的平凸线、圆凸线和下垂微卷的棕榈叶包球根，最下是高大的圆柱身，无柱础。柱身高是柱头高的5～6倍。后来，宗教纪念柱有所改变：一种是柱头三重莲瓣形；圆柱身上有悬垂花环浮雕、全身人物高浮雕；柱础是向下逐渐扩展的八角形截锥体。另一种是方柱形，从上到下有多种线脚变化和象征性浮雕。

b.初始方柱——柱身是方石柱，柱身上为梯形、斜边呈凹弧线的石条（最早的柱头），再上为石楣梁，没有柱础。还有无柱头、柱础的八棱柱。

c.有柱头和柱础的方柱——梁下为扁方垫石；下接轮廓为斗形的雕刻柱头；方柱身上端起两条凹凸线，下部在棱面上有一聚点式浮雕；柱础为倒置斗形（截方锥形）。上面有1/4圆凹线、平凸线、圆凸线和覆盆线。

d.只有柱头的方柱——一种最上是凹凸线垫石，下为动物雕刻坐落在斗形体上形成柱头；下面为方柱身。另一种是由四个连体坐狮坐落在方台上组成柱头；方柱身上端与柱头相连时有收分。方柱身表面有分块的浮雕。

e.上圆下方柱——柱头有块方垫石；柱头形似压扁的中国风灯；柱身顶端有收分，然后是稍粗的圆柱一小段，下接方截锥体（四个面上有雕刻），柱身最下段为向下稍微变粗的方柱形；无柱础。最下方柱长约占柱总高的1/2。

f.带收分的圆柱——柱头上为方或十字形垫石；柱头由广口碗沿儿、大扁珠和碗形体组成；柱身上端收分显著，下部粗大並带许多竖棱面；柱础上下为平凸线、中间是正波纹线组成的圆截锥体。

g.下有坐兽的圆柱——柱身下部1/2雕成坐狮或虎形，上部为六棱或八棱、圆柱形，顶端收缩；柱头为大扁珠，扁珠下为梯形叠涩，上加广口碗形体；最上为大方形顶板。顶板上为方垫石。有的在坐兽下面加方或圆形柱础（中间有束腰）。

h.有圆柱头圆柱础的八棱柱——柱头上部为大扁珠，下为平凸线；柱身与柱头相接处有收分，柱身为八棱形，在上部1/4处有一组水平向线脚；柱础为截圆锥形，下为1/4圆凸线；最下为台阶。

i.收分很多的柱子——此种柱式的柱头直径较大，是重叠的盆形；柱身上下分四段、一三两段都有多种收分线脚、二四两段为六棱或八棱形；柱础上为盆形下为扁方座。

j.四段式柱子——柱头上部为连体狮或虎；柱头为大斗形，上有平凸线、颏颈曲线，下接小斗形，上刻涡卷；柱身上部为圆珠（或扁珠）形，下接平凹线和圆凸线，向下变圆柱；最下1/3柱高部分为方柱座，圆柱变方柱时，四角变成四个棱面。有用此种柱式做廊柱的，但柱身是六棱或八棱形，最下是栏杆墙。

k.柱身上有人物浮雕的柱子——柱头为扁珠形，扁珠上下均有凸凹线脚；柱身上半段为六棱体，表面有浅浮雕，下半段为一圈竖向人物浮雕；下面柱座变细，上有丰富的线脚变化。

l.柱身上有方棱体的柱子——柱头由倒截圆锥与风灯体组成；柱身由三部分组成，上为带竖棱的多棱体，中为带浮雕的方棱体，下为高瓶形圆柱体；下部柱座是竖长方体。

m.有十字形垫石的柱子——柱头为两盆相扣下加覆盆的造型；柱身顶部有圆凸线，下部为圆柱形接灯笼形；柱座为方块体。有的下接拦杆墙或勒脚墙。

n.带长斜撑的柱子——在柱高上1/3处是十字形托拱柱头，在左右两托拱上，向45°斜上方伸出满刻浮雕的长斜托拱，与梁相交处有小垂花雕刻。从托拱柱头中央向上为直立小圆柱，小圆柱上方，也有稍小的十字形托拱柱头与梁相接。柱身上细下粗圆柱形，上有多重收分起伏线脚。柱座上端为凸凹线脚；下部为钟铃线脚，表面有棕榈叶雕饰。

(2) 线脚

古印度佛教建筑使用的线脚很多，至少有十七八种。组合使用后，使柱身及建筑立面的变化丰富、表现力很强。

a.平凸线——在檐部、墙面及柱身上多有应用，平凸线的宽窄有多种，有的表面有雕刻。

b.倒阶梯线——宽窄不同或相同的平凸线阶梯形排列呈叠涩状，用于柱头、檐口部分。

c.正阶梯线——宽窄相同或不同的平凸线阶梯状排列，用于檐部、柱身、柱础或台基。

d.横反波纹线——也可叫“盆形线”，上、下皆和平凸线或圆凸线相连，多用于柱头上。

e.颏颈曲线——多用于柱头部分。

f.竖反波纹线——也可叫“广口碗形线”，用于柱头上和十字托拱上。

g.1/4圆凸线——用于柱头、柱身、檐口和柱础。

h.1/4圆凹线——用在柱头上、柱身顶端和柱础上。

i.半圆凸线——半径有大有小，用在柱头、柱身、柱础及墙上。

j.直口碗形线——也叫“肿颏线”，用于柱头和柱础部分。

k.覆钟线——也叫“钟铃线”，用于柱头和柱础部分。

l.坛肩线——也叫“叶形线”，用于柱身、柱础部分。

m.竖正波纹线——用于柱础部分较多。也叫“扣碗线”。

n.斜坡凸线——多用在檐口、柱础、柱基等部位上。还有斜面凹线，用于柱座上。

o.平凹线——用在檐壁、柱身、柱础和台基等处。

p.灯笼线——由小平凸线、大圆凸线和小平凸线摞叠组合而成，用在柱头、柱身上。

q.半圆凹线——用于檐部、墙上和柱身上。

r.瓶形线——用于柱身较多。

s.斗形线——倒方截锥形，有的是由倒阶梯线组成方斗形。多用在柱头，少数用于柱础。

7.古印度建筑用材

古印度建筑材料有木材、石材、土坯、焙砖和青铜。

最早是芦苇、土坯，再后来加上焙砖（黏土砖）和木材。再后来以石料为主，再辅以木材与青铜。

复习题与思考题

1.古印度佛教建筑在类型、风格、造型与装饰上有哪些特点？
2.婆罗门教建筑在类型、造型、装饰和风格上有什么特点？
3.耆那教建筑在类型、风格特点与装饰上有什么特点？
4.古印度有什么建筑论著？简要介绍之。
5.古印度建筑中的柱式和线脚是怎么样的？
6.古印度的建筑用材情况怎样？

1 2

1.印度家具
2.印度公元18世纪的柜子（欧式与印度式相结合）

古印度建筑·窣堵坡与精舍

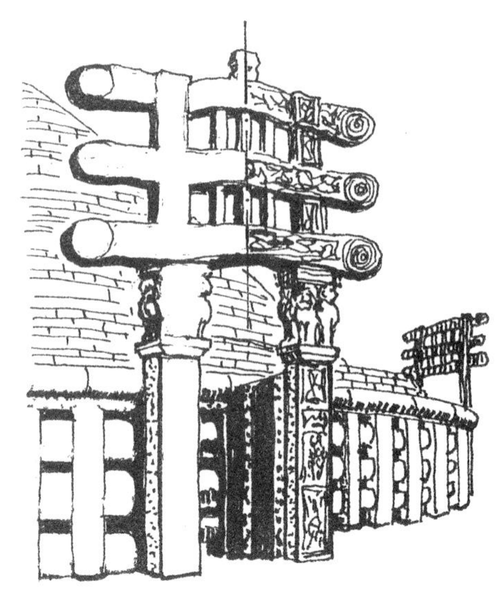

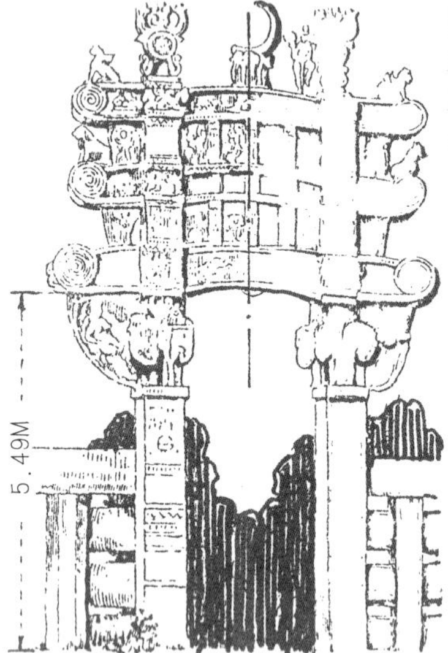

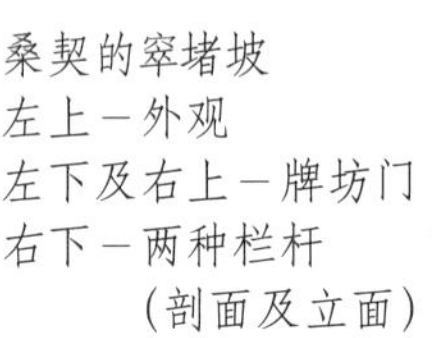

桑契的窣堵坡
左上－外观
左下及右上－牌坊门
右下－两种栏杆
(剖面及立面)

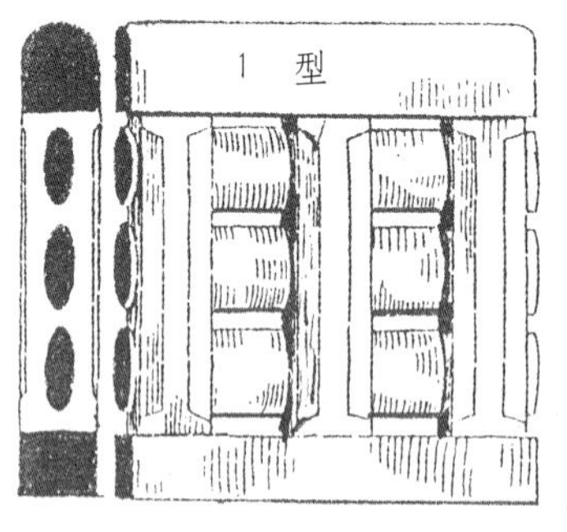

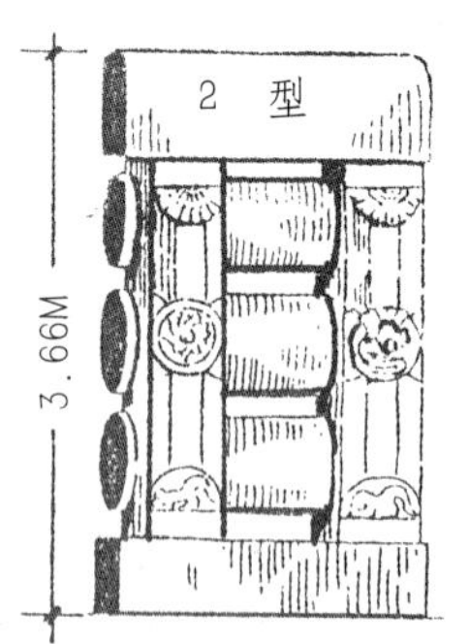

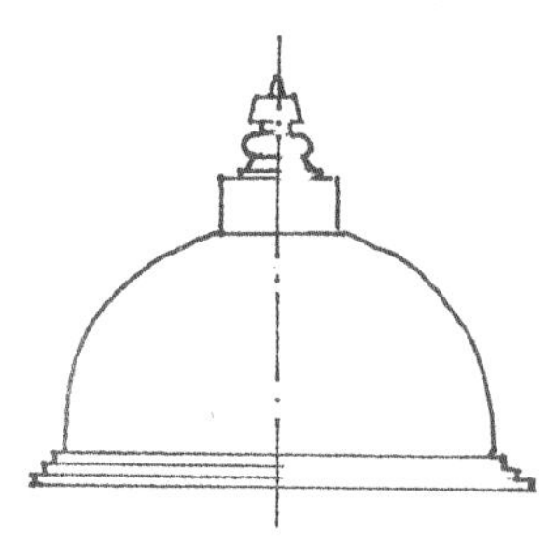

简单的窣堵坡立面

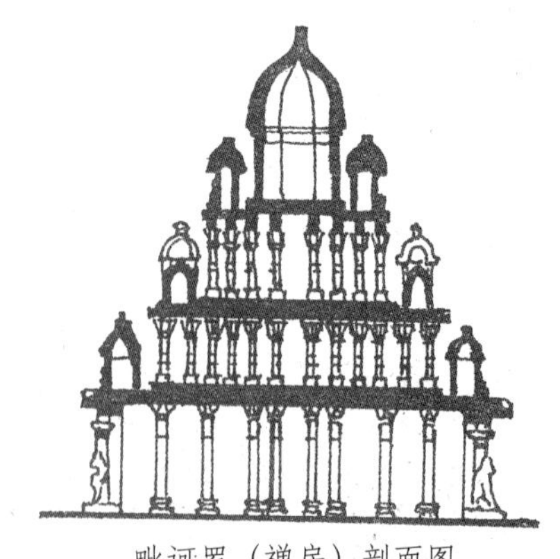

毗诃罗（禅房）剖面图

古印度建筑·佛祖塔与支提窟

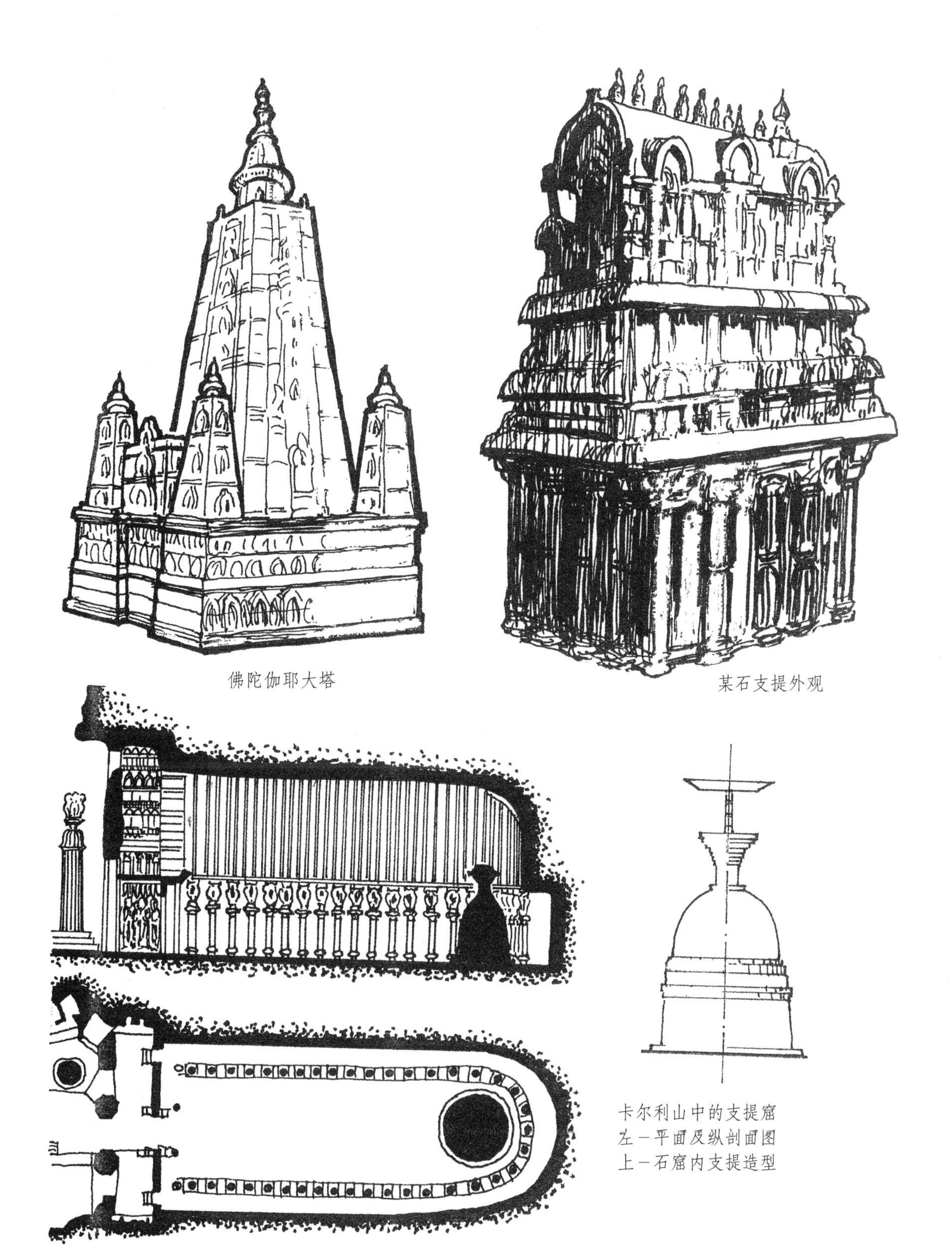
佛陀伽耶大塔

某石支提外观

卡尔利山中的支提窟
左—平面及纵剖面图
上—石窟内支提造型

古印度建筑·岩凿庙、婆罗门教庙宇

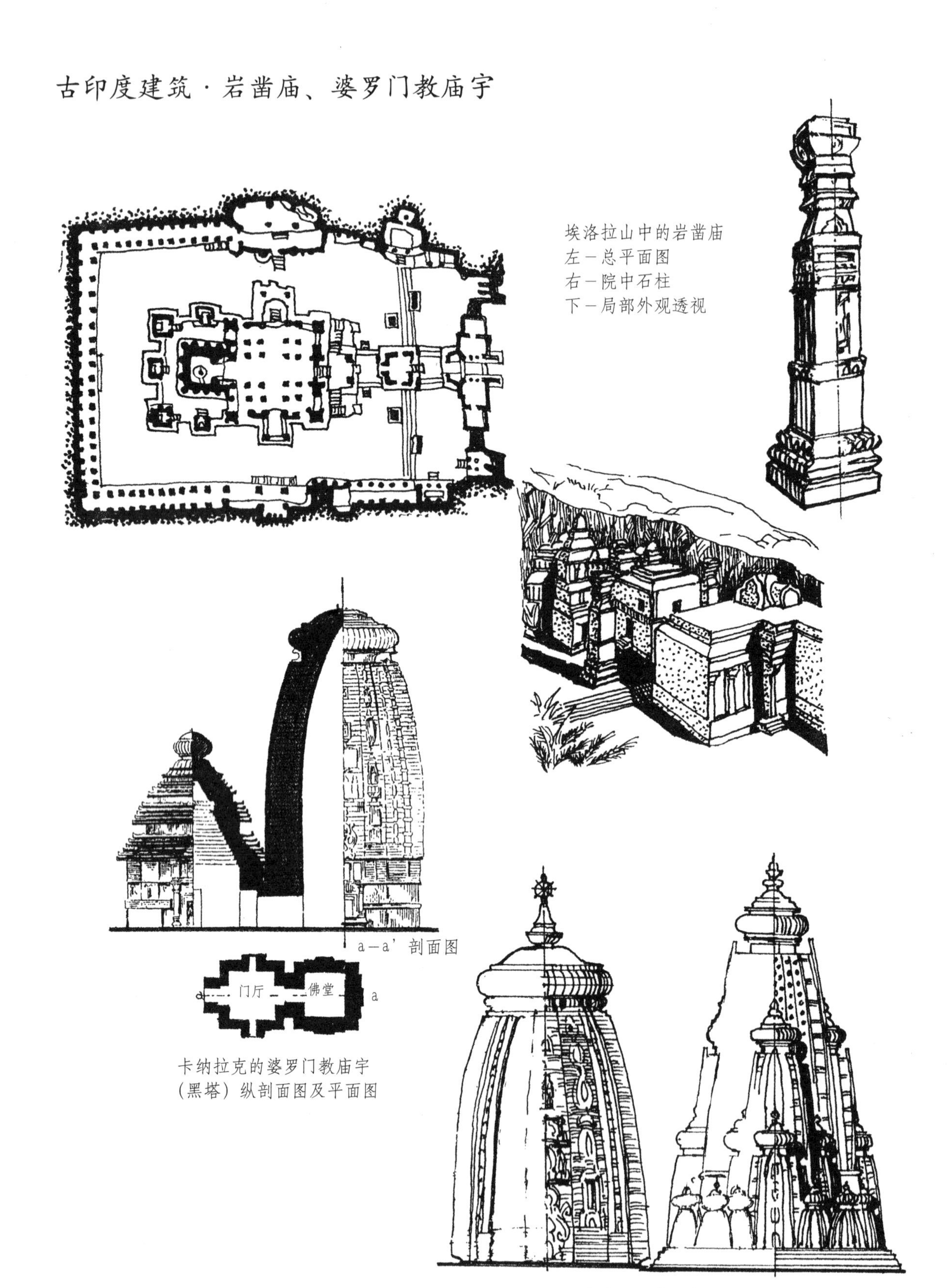

埃洛拉山中的岩凿庙
左—总平面图
右—院中石柱
下—局部外观透视

卡纳拉克的婆罗门教庙宇
(黑塔)纵剖面图及平面图

两座婆罗门教庙宇立面图

婆罗门教庙宇四例

古印度建筑·婆罗门教庙宇组群

提路凡纳马雷庙（婆罗门教，在印度南部，建于公元17世纪，气势宏伟）

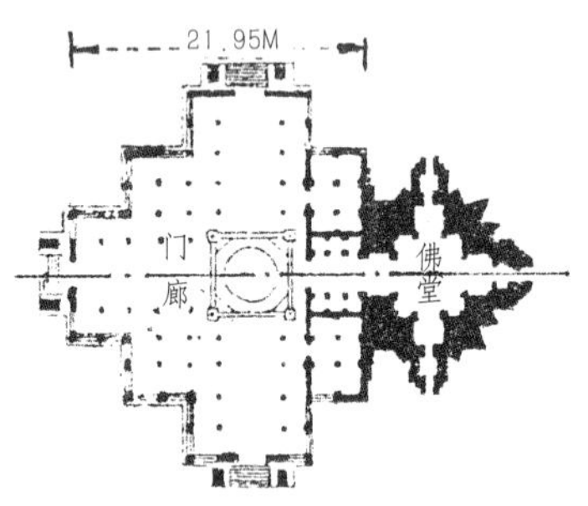

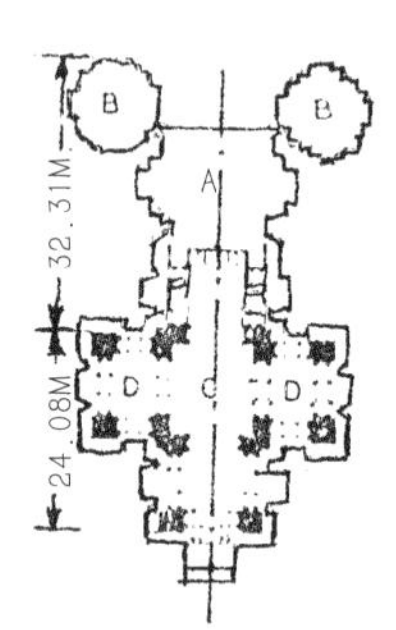

左–两个庙宇的平面图
左–贝卢尔的大庙
右–阿克拉的布林达班庙
A–寺院　B–独立佛堂
C–中殿　D–偏殿

卡撒瓦庙外观（婆罗门教，在印度中部，建于公元13世纪）

寺庙
(Aihole)

塔顶装饰

耆那教庙宇
(局部)

婆罗门教式的宫殿外观

古印度建筑·耆那教庙宇中的柱子与顶棚

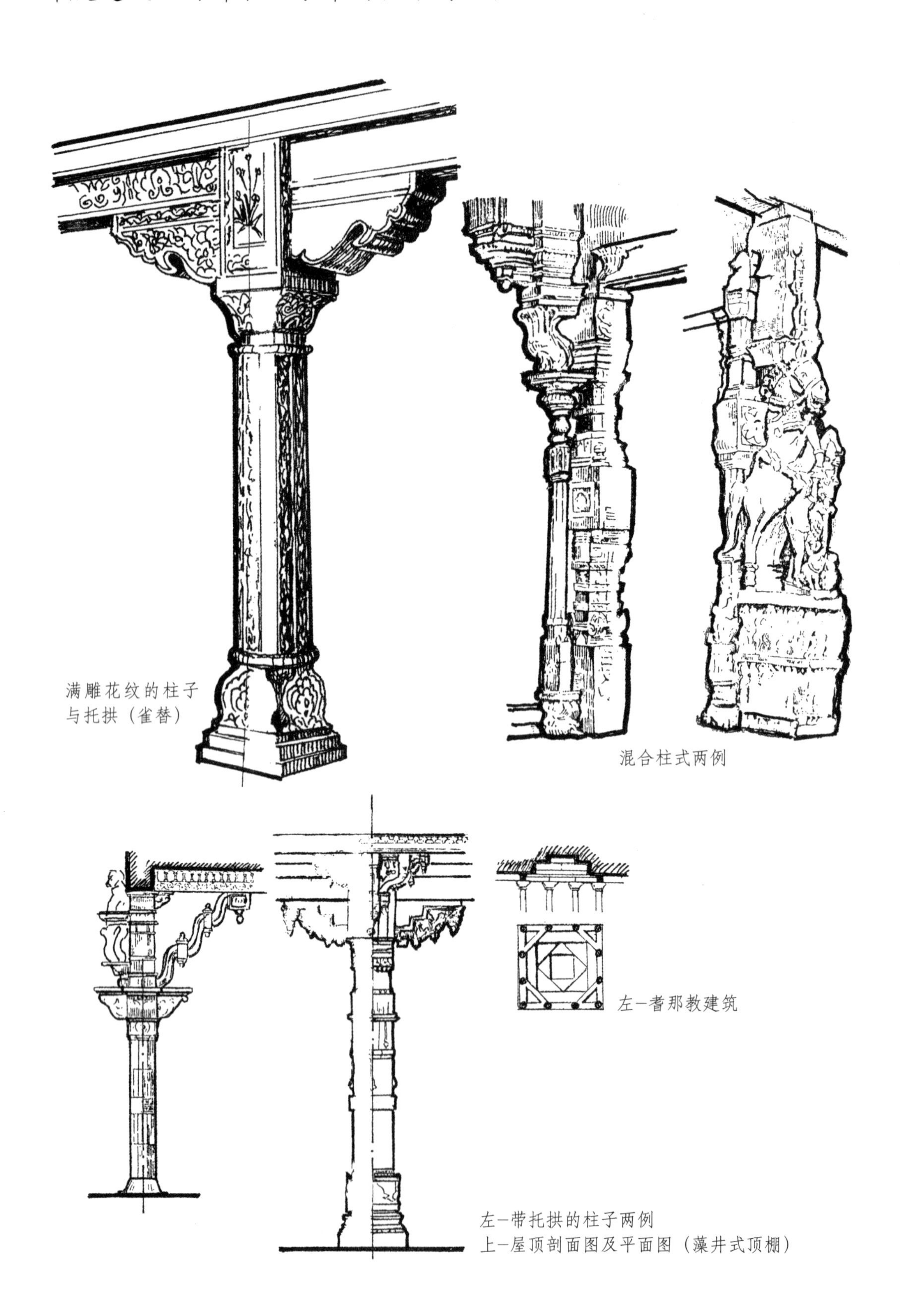

满雕花纹的柱子
与托拱（雀替）

混合柱式两例

左一耆那教建筑

左一带托拱的柱子两例
上一屋顶剖面图及平面图（藻井式顶棚）

古印度建筑·柱式

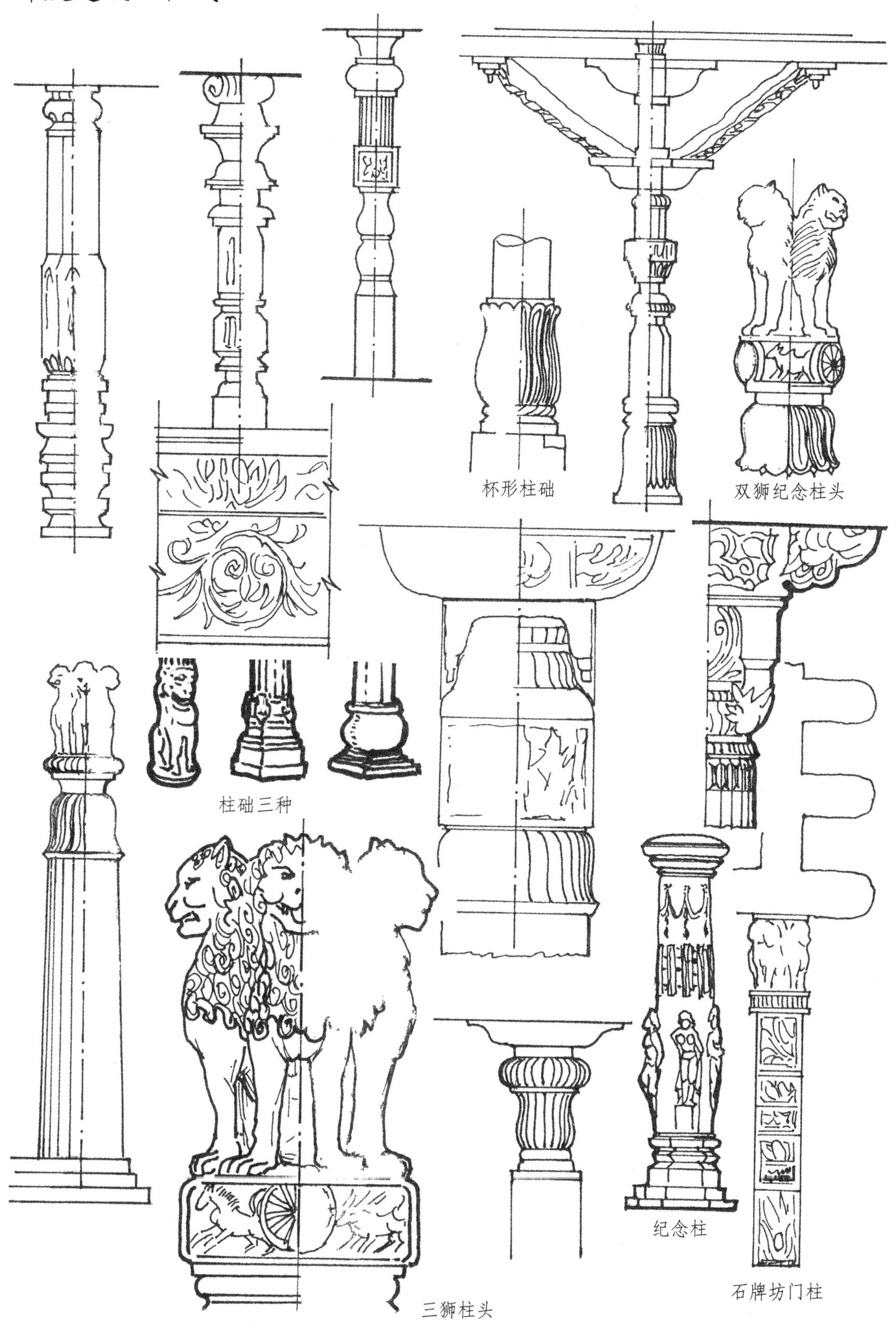
杯形柱础
双狮纪念柱头
柱础三种
纪念柱
石牌坊门柱
三狮柱头

古印度建筑·柱式

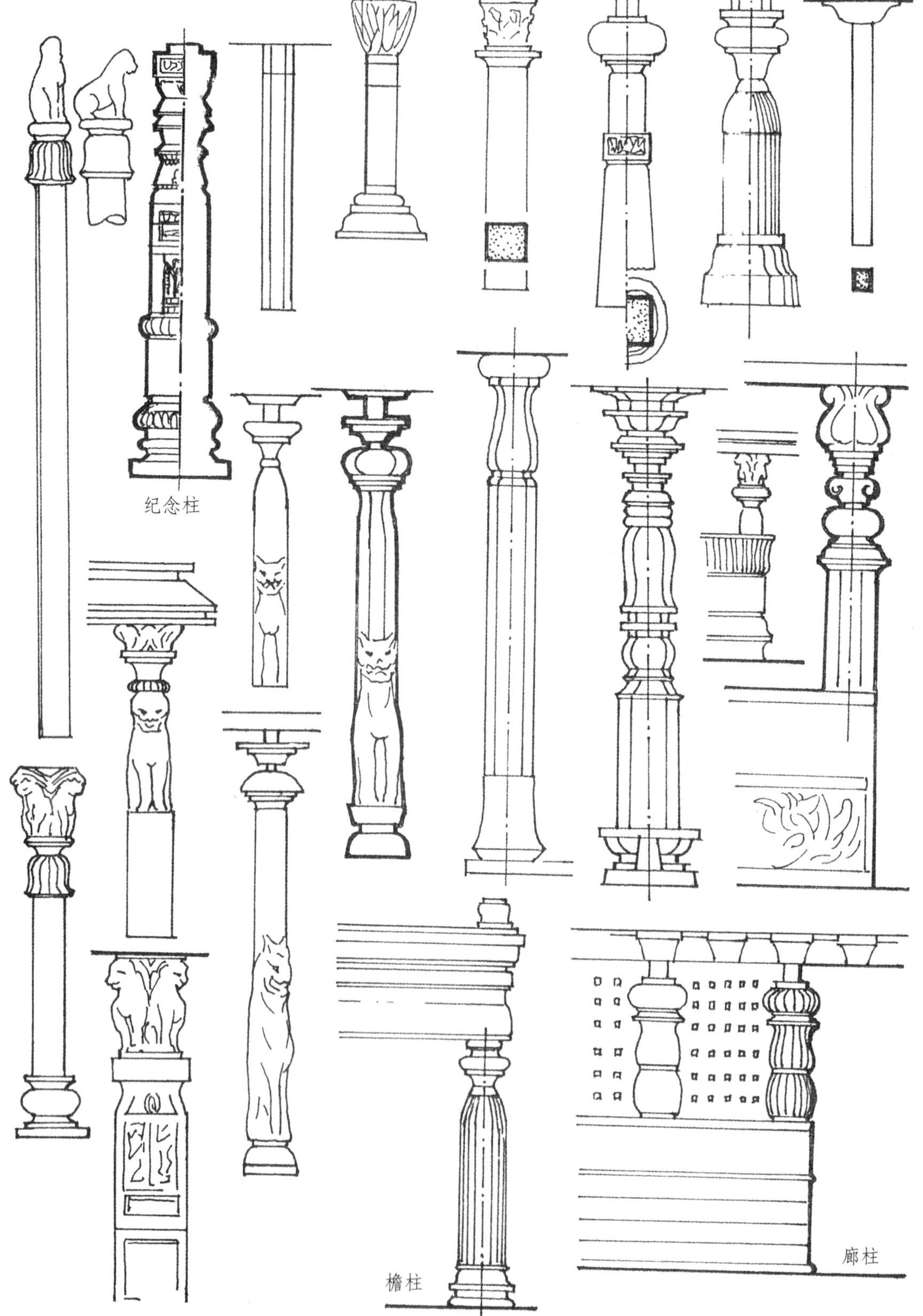

古印度建筑·建筑细部处理

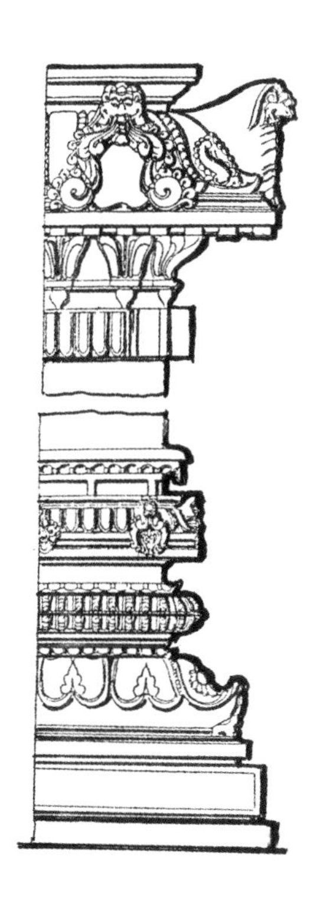

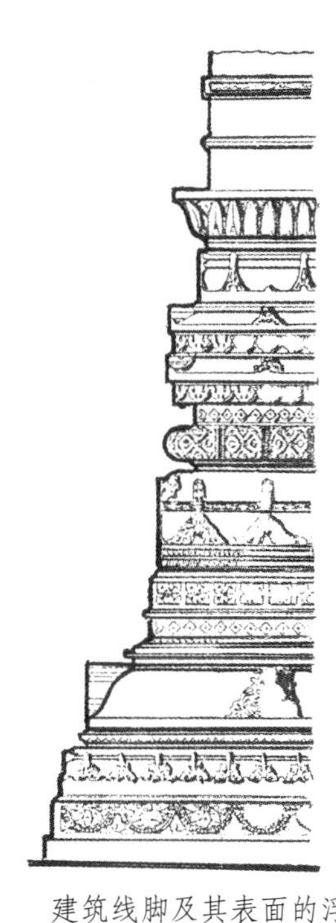

建筑线脚及其表面的浮雕

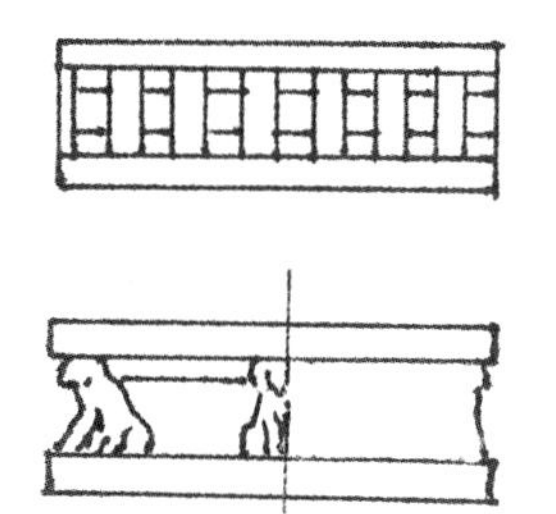

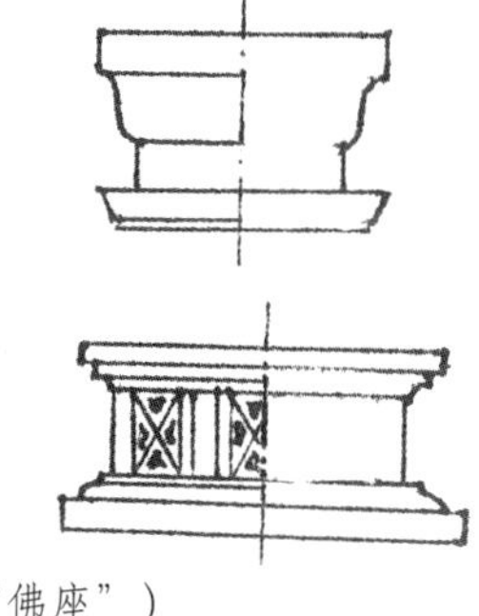

印度的须弥座（“佛座”）
（公元前200年至公元后500年）

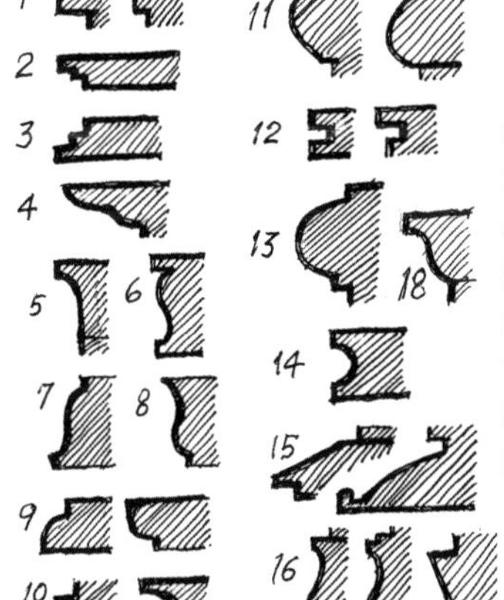

古印度建筑中的线脚

1—平凹线
2—倒阶梯线
3—正阶梯线
4—横反波纹线
5—颏颈曲线
6—竖反波纹线
7—覆钟线
8—竖正波纹线
9—1/4圆凸线
10—1/4圆凹线
11—坛肩线
12—平凹线
13—灯笼线
14—圆凹线
15—斜坡线
16—瓶形线
17—斗形线
18—广口碗形线

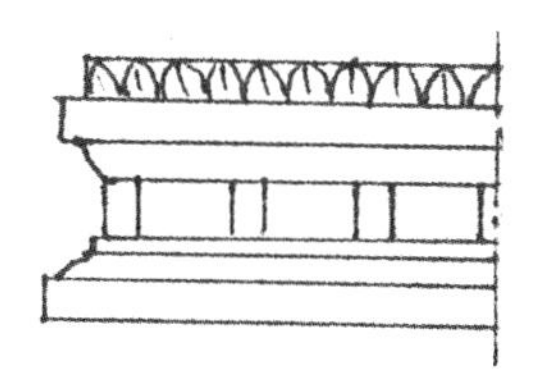

印度的须弥座

古印度建筑·石碑与雕饰

券门及柱头（1/2立面图）

带雕饰的基座

石碑两例

石质二方连续浮雕

莲花与摩羯鱼

古印度建筑·伊斯兰风格的陵墓与谒见大厅

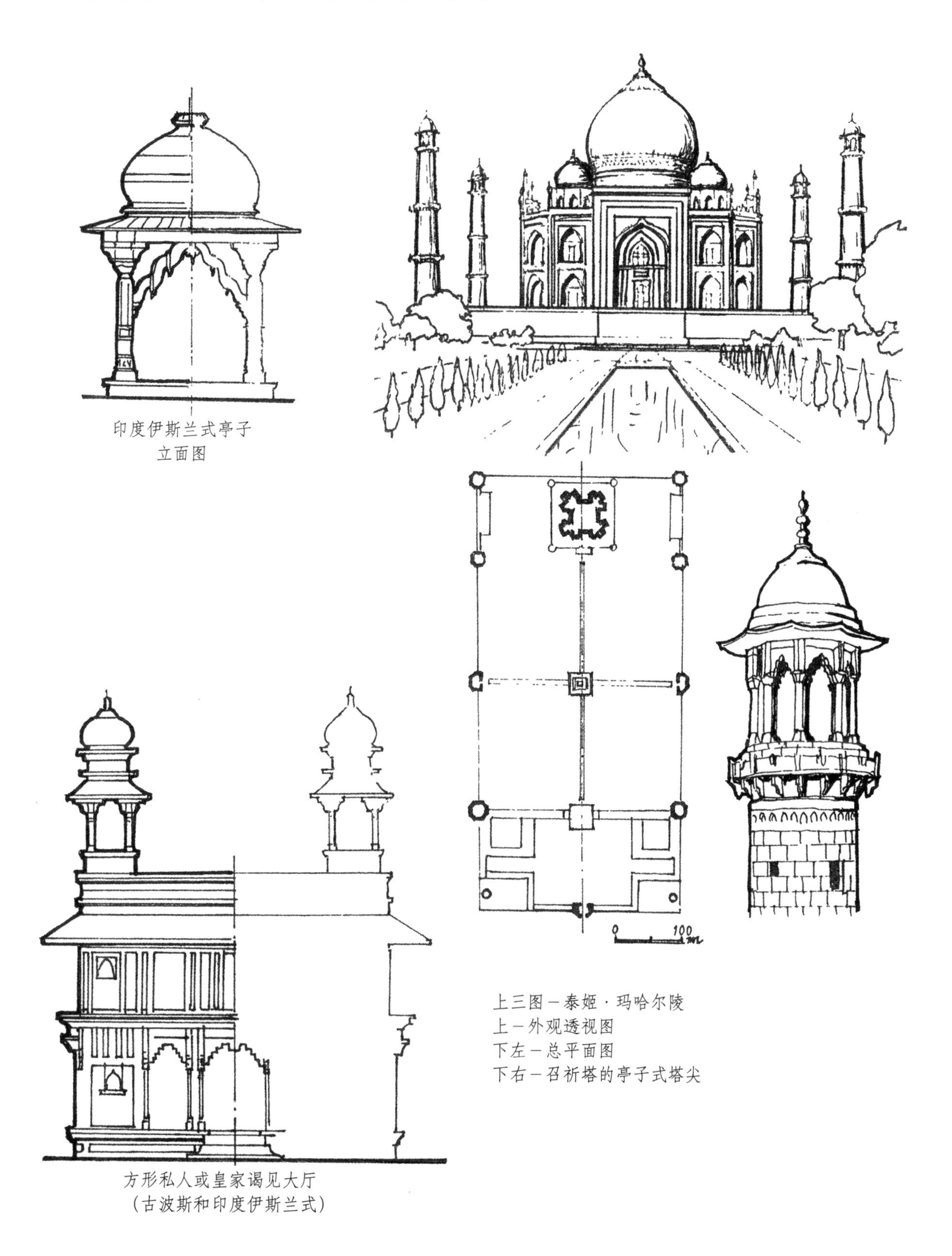

印度伊斯兰式亭子
立面图

上三图－泰姬·玛哈尔陵
上－外观透视图
下左－总平面图
下右－召祈塔的亭子式塔尖

方形私人或皇家谒见大厅
（古波斯和印度伊斯兰式）

古印度建筑·佛教影响与印度家具

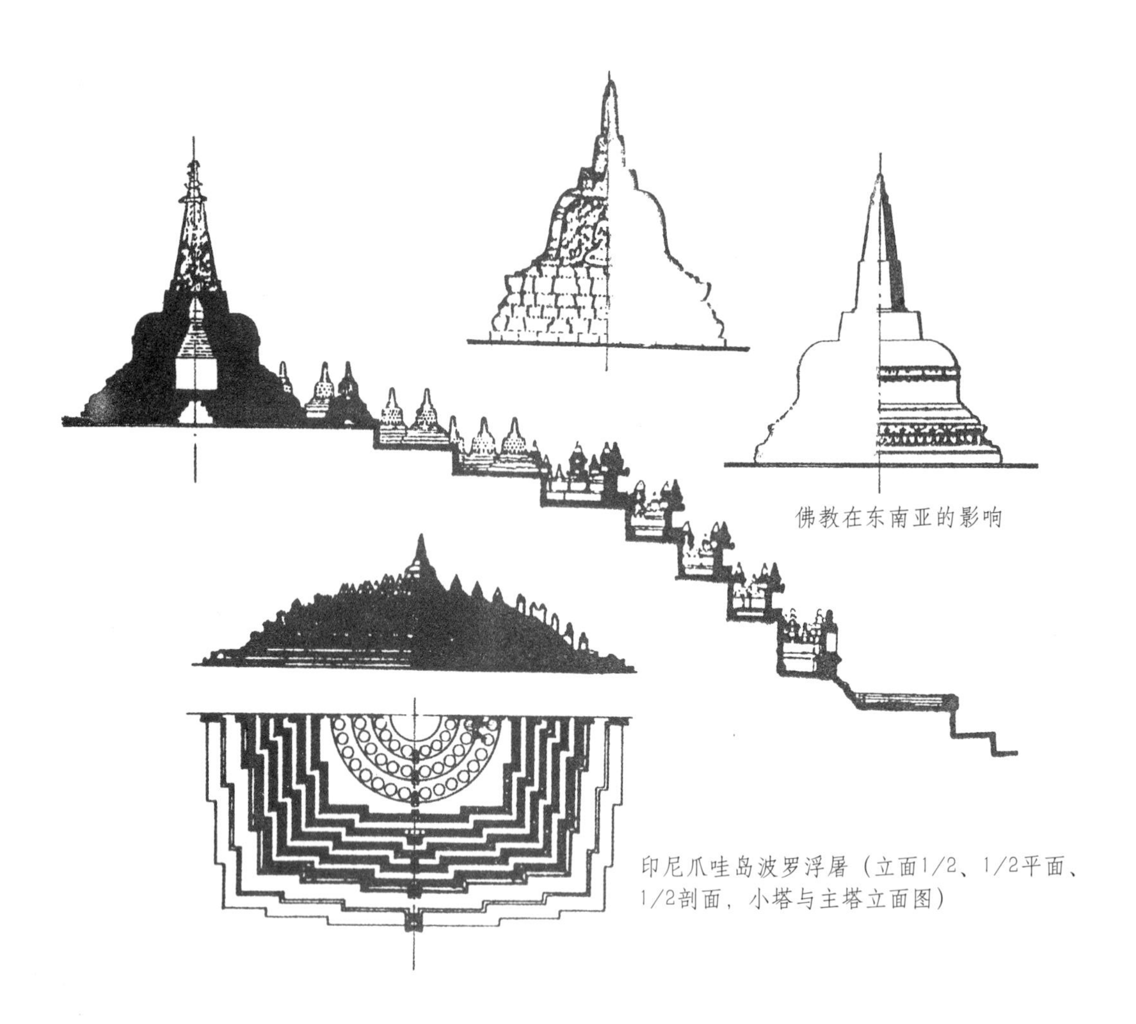

佛教在东南亚的影响

印尼爪哇岛波罗浮屠（立面1/2、1/2平面、1/2剖面，小塔与主塔立面图）

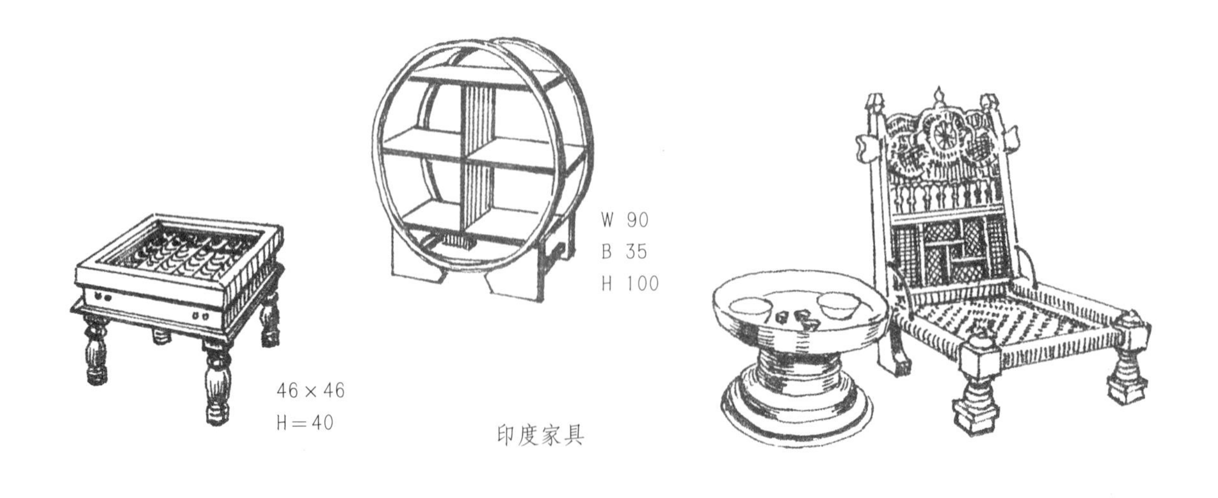

印度家具

第9篇　拉丁美洲古建筑
（公元前5世纪～公元16世纪）

美洲印第安人的祖先是经白令海峡到美洲的亚洲人。拉丁美洲的古文化中心有两个：

一、北美南部今墨西哥，中美洲的危地马拉、洪都拉斯和萨尔瓦多等地。在这里先后生活过托尔台克（Toltėk）人、玛雅（Maya）人和阿兹台克（Aztėk）人，他们都创造了高度文明；

二、南美洲西部的秘鲁和智利的部分地区。那里在公元12～16世纪，生活着印克（Ink）人，也创造了较高的文明。

1.建筑总的风格特点

北美和中美的古建筑规模宏大，庙宇是多种类型的金字塔。庞大、威严、压抑，内部空间狭小；宫殿有大台基、塔楼、围墙和壕堤，具有防卫性。南美的古建筑墙高大、带凸棱，墙顶有垛口，具有很强的防卫性，城市多建在高山上，气势宏伟。

2.建筑类型与特征

(1) 庙宇

庙宇多为阶梯形基座，上有两坡顶或平顶、带鸡冠脊的两坡顶、锥形（方或圆锥）顶的神堂，是祈祷神明或观星、瞭望、防守的场所。有的体形十分庞大，金字塔形状有多种变体。

(2) 宫殿

宫殿位于大台基上，有许多厅堂，有庭院和塔楼。用柱、壁柱、线脚和浮雕美化立面。房间不太大，是叠涩顶棚。

(3) 陵墓

陵墓有两种：一是隐蔽式的地下石砌墓室，内部装饰讲究，骨灰放入骨灰盒中；二是外露的陵墓，形状为圆丘或多级金字塔，内葬骨灰或棺柩，有的是木乃伊。

(4) 灌溉工程

有河渠、堤坝、水闸和输水管道等。

(5) 城市建设

城市有巨石砌造的围墙，南美有的城市有三层围墙，墙高35m；北美与中美在墙外有护壕。城中有广场、水池、军火库、灯塔、监狱、浴场、动物园和祭神的篮球场。城中道路为方格网状。有防卫用的高塔、祈祷用的庙宇、宫殿和民居。广场中有大平台。

(6) 防御工程

有围墙、护壕、碉塔，墙上有窥窗、垛口，墙上还有供神用或挂敌人首级的凹龛。

(7) 交通工程

南美印克人的交通工程很发达，公路遍布全国1万多公里。沿路建驿站、吊桥、跨河桥、登山石阶、食品仓库等。

3.建筑艺术

(1) 造型

庙宇神堂的屋顶有平顶、普通两坡顶、带鸡冠脊的两坡顶、圆锥顶或方锥顶。碉塔顶多为方锥顶。神堂内有多层墙包围的神舍。

金字塔逐级向上变矮和退缩，因为透视加强了宏大感。金字塔每层阶梯的水平划分很明显。

室内顶棚有平顶、叠涩顶棚和少量弧面顶棚。门的式样有方门（楣梁为水平的）、尖角门、叠涩尖券门、尖角门上有横楣梁的门和葫芦形门等多种。

居住性建筑是长方形平面的二至三层平顶建筑，门设在长边的一侧，内有多个房间。

防卫性的碉塔或塔楼，一种是圆柱形的二或三层建筑，上层向里收缩，外面为环形平台；一层四面有出入口门，里面是大小两个环廊。另一种是下大上小的3～4层方塔，一层有出入口门和楼梯间，二层以上的各层四面有窗。顶为平顶或截方锥形顶。

(2) 线脚

古代拉丁美洲建筑的线脚不多，只有平凸线、平凹线、1/4圆凸线、小圆凸线和圆凹线等几种。平凸线和阶梯线用得最多。

(3) 柱式

柱子有圆柱、方柱和方壁柱，没有明确的柱头、柱础（顶多起几条凸凹线）。柱身上往往有浅浮雕和象形文字。

(4) 装饰

古代拉丁美洲建筑的装饰以浮雕为主，在金字塔阶台石表面、柱身、门楣、建筑勒脚等处，多雕刻几何形或植物形花纹，花纹细碎、平整，犹如纺织品；几何形雕刻中穿插狮、蛇头高浮雕。其次，室内有色彩鲜艳、强烈的壁画，画面没有深度和阴影，人物身高较矮，是“浅”和“平”的效果，具有装饰性。第三，有三合土灰泥塑形装饰（浮雕，用于室内）。第四，有三合土灰泥粉刷或抹灰，用来装饰墙面、柱面。

4.建材和结构

最早的建材是黏土（夯筑墙）、土坯、风干砖、木材、石膏（抹面灰泥），后来以石料（花岗石、闪长岩、石灰石、斑岩等）为主，还有金属（青铜、铜、金、银）、彩釉填料块（圆锥形，砌墙时填充、加固）、白水泥（玛雅人使用）、土质混凝土（印克人将黏土、碎石、石灰混合而成）；粘结剂为石灰浆。

结构上：一是夯筑（墙、地基）；二是砌筑（砖、石规整地砌墙和地面；不规整的乱石砌筑）；三是浇筑（白水泥、土质混凝土）；四为填充筑（墙中加彩釉填料块）；五是叠涩搭筑。

复习题与思考题

1.拉丁美洲古建筑总的风格特点是什么?

2.拉丁美洲古建筑有哪些类型?建材与结构怎么样?

3.在建筑艺术上，拉丁美洲古建筑有哪些特点?

拉丁美洲古建筑·金字塔与装饰文字

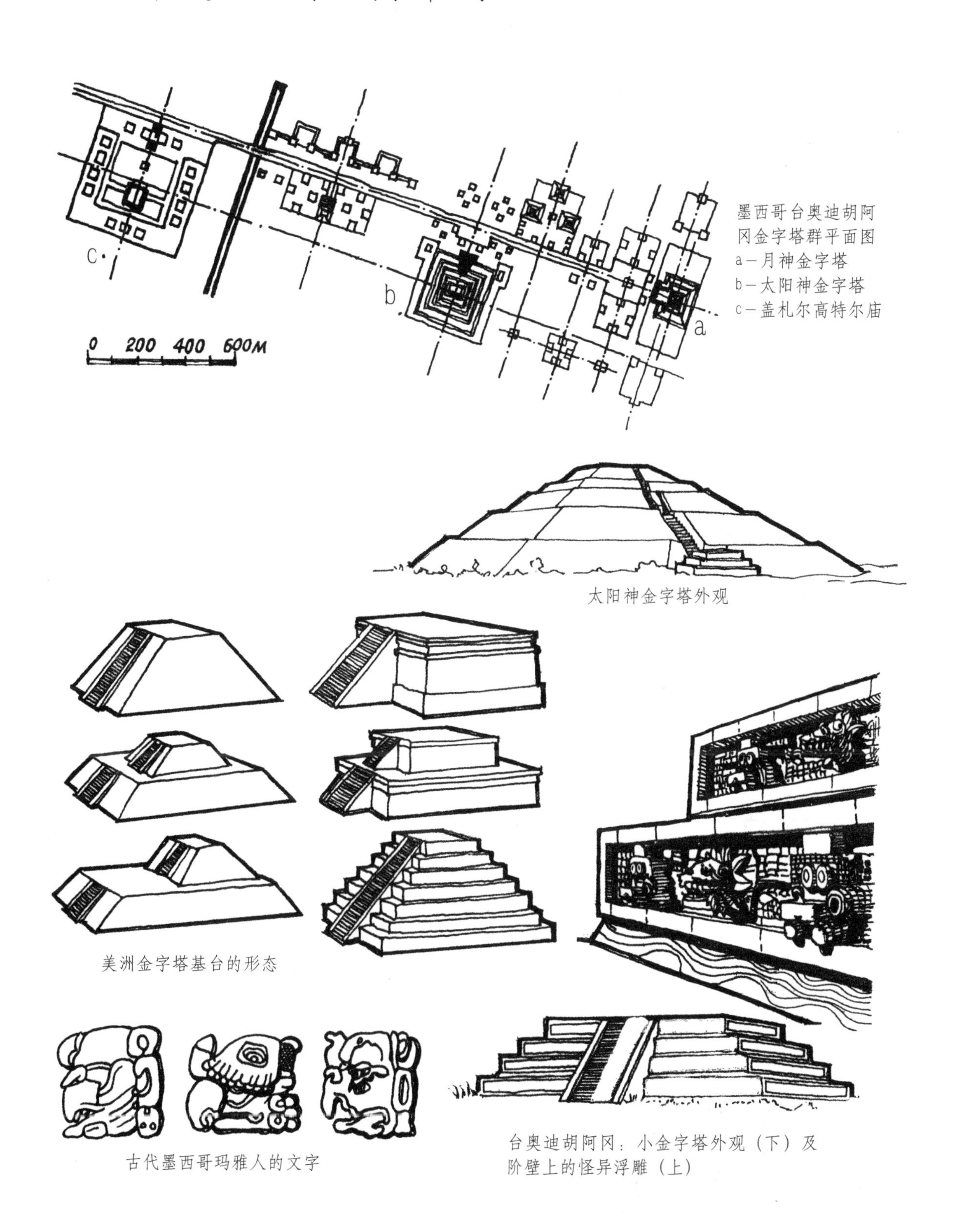

墨西哥台奥迪胡阿冈金字塔群平面图
a—月神金字塔
b—太阳神金字塔
c—盖札尔高特尔庙

太阳神金字塔外观

美洲金字塔基台的形态

古代墨西哥玛雅人的文字

台奥迪胡阿冈：小金字塔外观（下）及阶壁上的怪异浮雕（上）

拉丁美洲古建筑·金字塔形式及墙面装饰

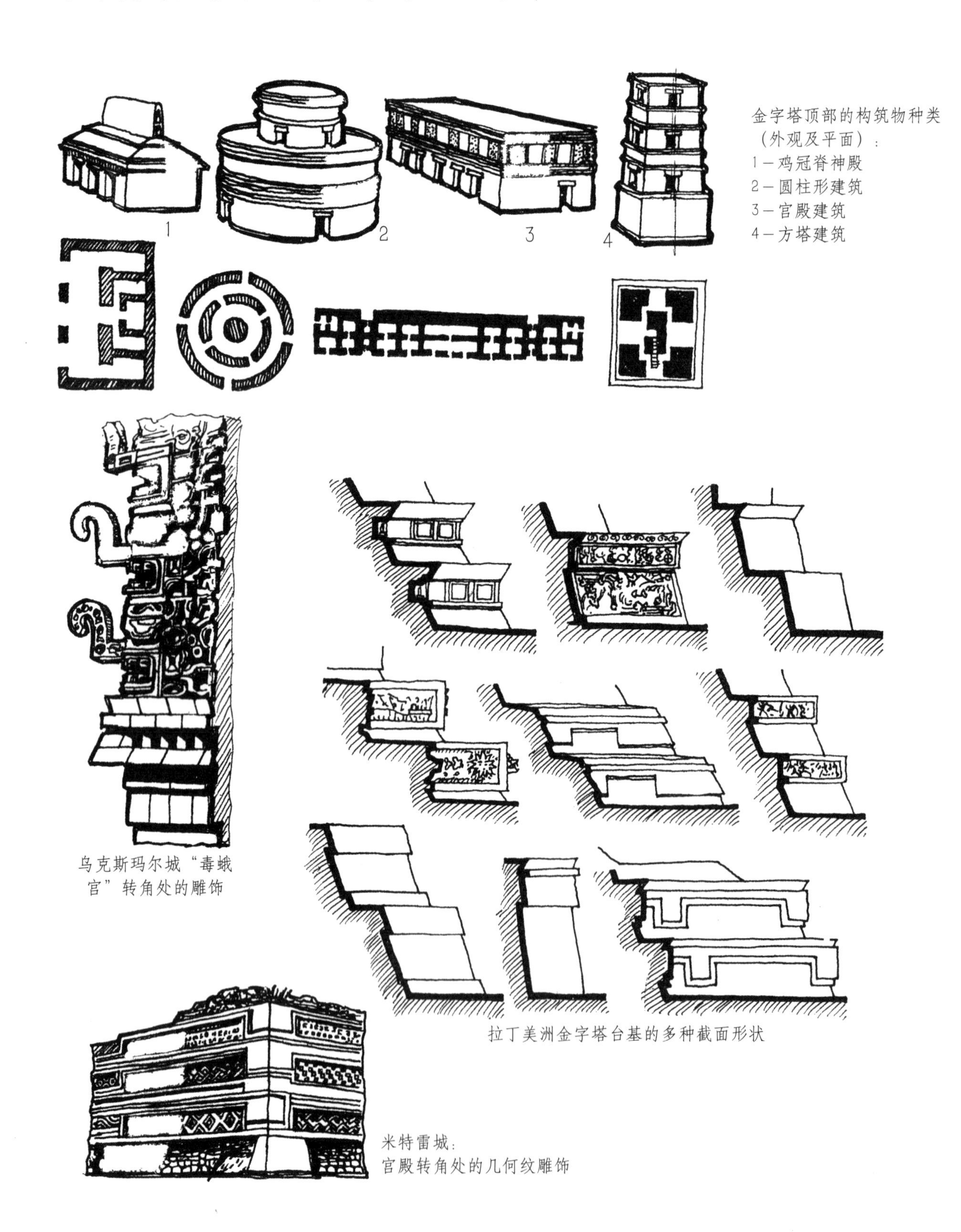

金字塔顶部的构筑物种类（外观及平面）：
1－鸡冠脊神殿
2－圆柱形建筑
3－宫殿建筑
4－方塔建筑

乌克斯玛尔城“毒蛾宫”转角处的雕饰

拉丁美洲金字塔台基的多种截面形状

米特雷城：
宫殿转角处的几何纹雕饰

拉丁美洲古建筑·金字塔与神像

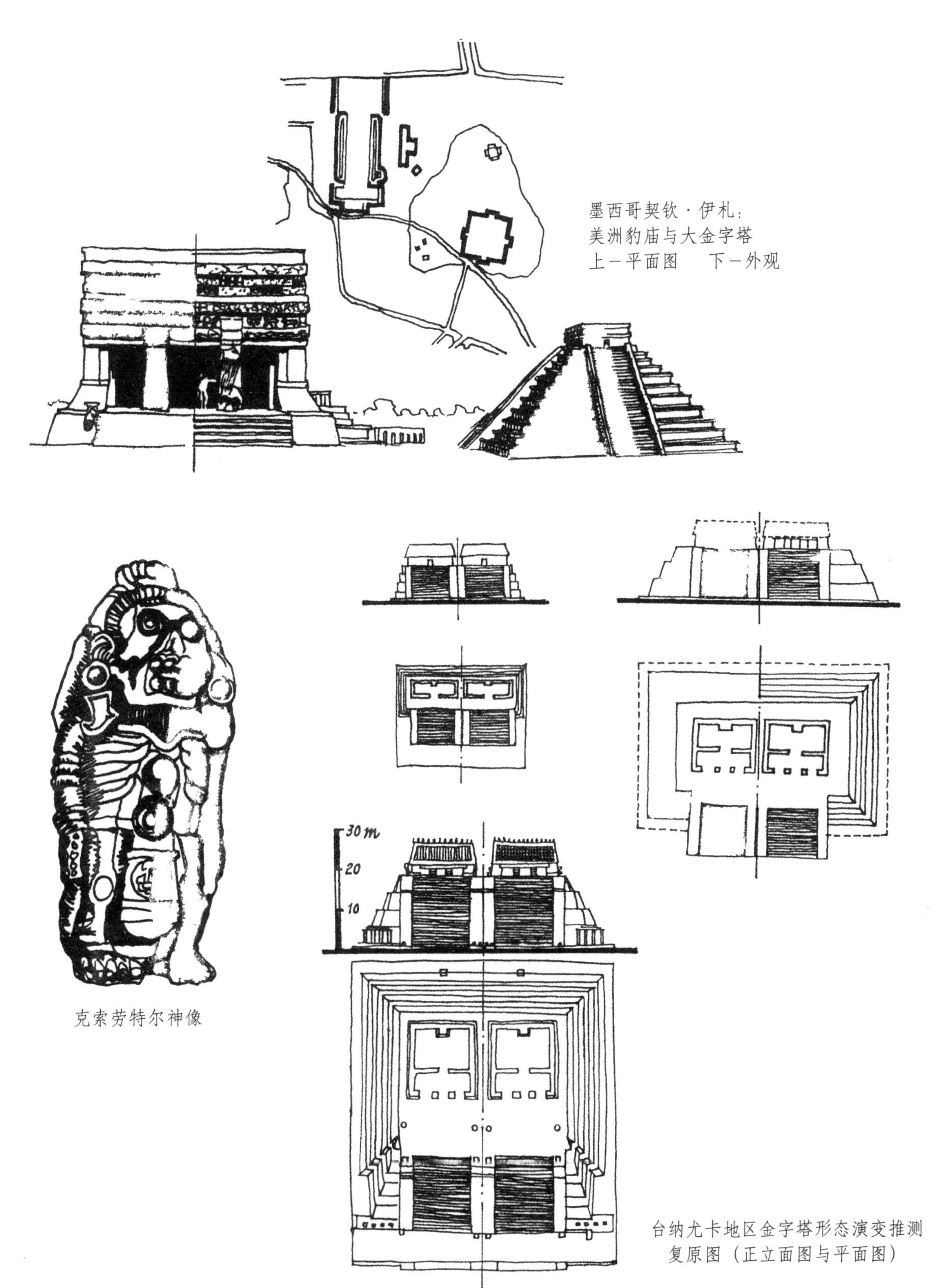

墨西哥契钦·伊札：
美洲豹庙与大金字塔
上－平面图　　下－外观

克索劳特尔神像

台纳尤卡地区金字塔形态演变推测
复原图（正立面图与平面图）

拉丁美洲古建筑·宫殿、神殿与浮雕

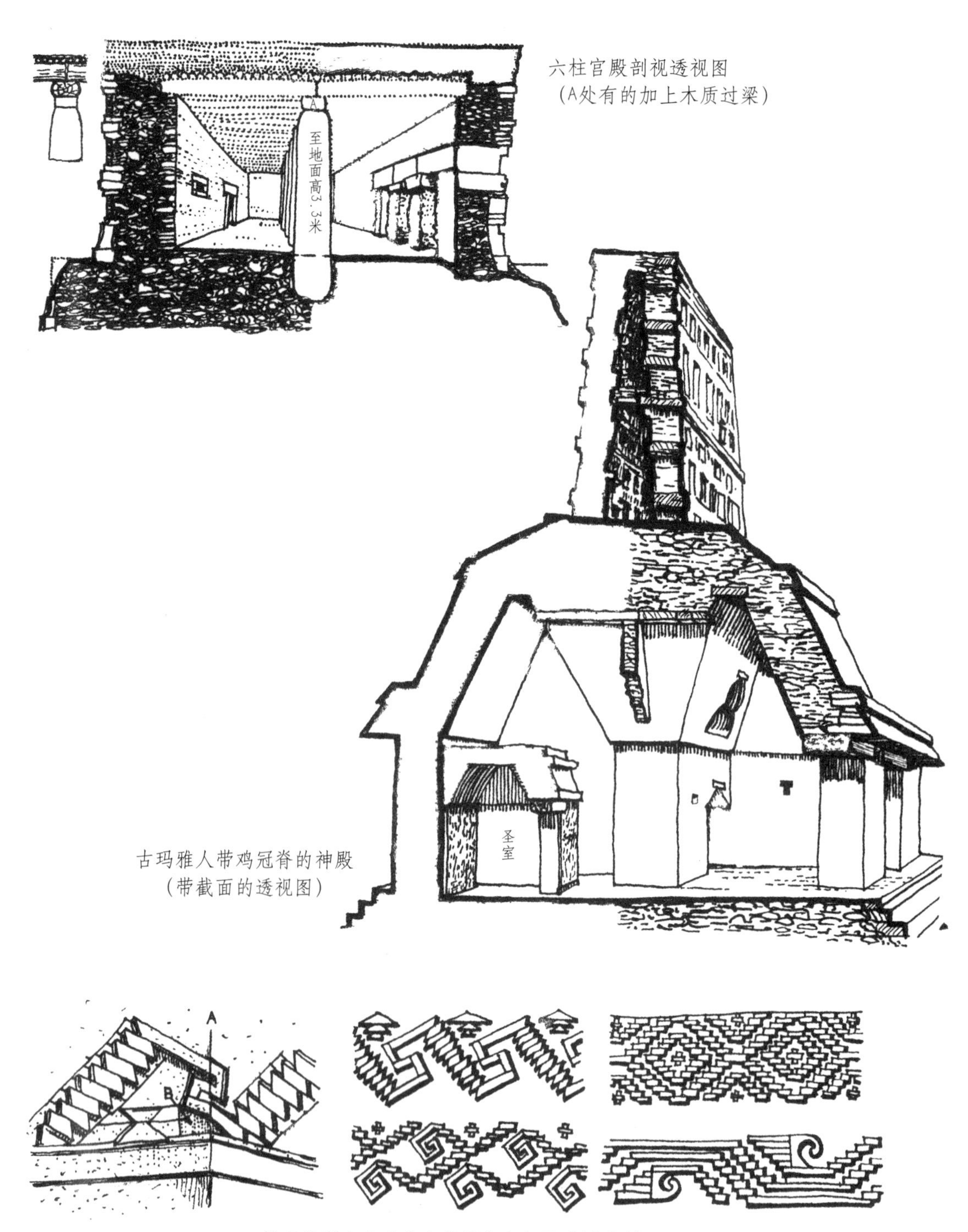

六柱宫殿剖视透视图
（A处有的加上木质过梁）

古玛雅人带鸡冠脊的神殿
（带截面的透视图）

拉丁美洲古代建筑中常用的几何纹浮雕选例

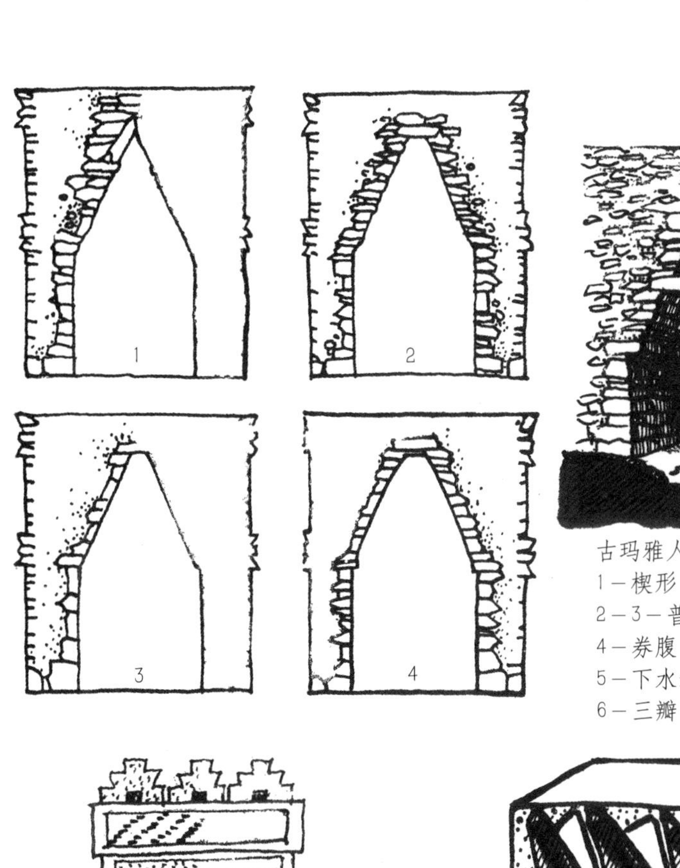

古玛雅人建筑中的各种叠涩券:
1—楔形
2—3—普通折边券
4—券腹呈弧线形
5—下水道券洞
6—三瓣叶形券门

墨西哥阿兹台克人的陶屋形象

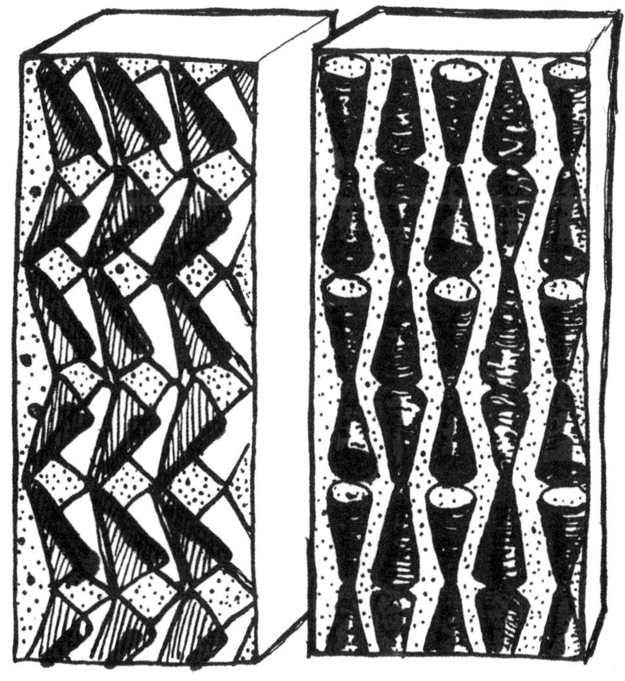

秘鲁北海岸古建筑的墙体内砌有圆锥体陶构件，作为加强筋

第10篇　俄罗斯古建筑

（公元10～18世纪）

在今日俄罗斯境内，先后经历三个重要时期：

一、基辅罗斯公国（公元10～14世纪）；二、莫斯科公国（公元15～16世纪）；三、彼得大帝开创的时代（公元17～18世纪）。前两个时期，形成俄罗斯独特的建筑风格；第三个时期以后，俄罗斯建筑与欧洲的建筑接轨、相融。

1.总的建筑风格特点

俄罗斯教堂建筑是拜占庭建筑艺术与俄罗斯民间木结构建筑相结合的产物，其特征是：最上为葱头顶，下接帐篷顶、鼓形座，再下是重叠连券过渡体，最下是方体。或上部中央是大洋葱头圆顶，四角是小洋葱头顶；都有较高的鼓形座。也有的在方基座上有9～13个圆顶的。教堂有户外楼梯与台阶。俄罗斯民居无葱头顶，但屋顶陡峭（两坡居多），有户外楼梯与阳台，原木搭建，显得朴素、自然和亲切，色彩明快、活泼，欧洲基督教建筑对它影响很小。

2.建筑类型与特征

(1) 教堂

由于俄罗斯人信东正教，所以教堂平面最初为希腊十字形，后来演变成方形，中部为高鼓座，上为圆顶。一般是五圆顶式，中央为大圆顶，四角为小圆顶。圆顶形状最初为卵形、凤梨形、盔形，后来为葱头形。圆顶上刷绿色或镀金、包铜，有的在葱头顶上做出竖棱条或螺形棱条、镶嵌彩陶或瓷片，有的包镀锡的铁皮。公元17世纪后，圆顶的颜色也有红、玫瑰红、蓝、紫、金和银色等色。方基座的檐部是半圆连券形。立面构图多为中间宽两边窄的“三扇屏式”，用凸棱、连续盲券、细壁柱和浮雕来装饰美化立面。公元17世纪后，教堂变成多层集中式。

(2) 寺院

寺院具有防御性，有围墙、碉塔，是庙宇及附属建筑的集合体（建筑群），注重构图的均衡，建筑有主次，风格多样又统一。

(3) 城堡

城堡里有宫殿、教堂、珍宝库、火药库、各种附属用房，有高大围墙和较多的塔楼，防卫性很强，很注意与周围环境、地形地貌的和谐关系，整个城堡是个有机的整体。墙上有垛口，碉塔上有射击孔。

(4) 民居与宫殿

民居是用圆木条砌筑：木条水平摞叠成墙体，在墙角两个方向的圆木互相交叉咬接，上下木条相接触的是较窄的刨光面和榫槽，严密不透风、保暖性好。二层的木屋，上层住人，下层作仓库、畜舍或停放车辆。屋顶是陡峭的两坡或四坡顶，使雪不能在屋顶站住脚。为了不浪费室内空间，所以用户外楼梯上下。多栋木屋连在一起的较大建筑，还利用设在户外的平台（廊道）与各栋木屋联系。在大厅中央往往有大柱子，柱下部设座椅，柱上部有格架摆放物品。木屋也多有阳台。门窗扇、阳台栏杆、户外楼梯廊道的立柱与栏杆、房山等处，都有木雕装饰，并漆上鲜艳的颜色。

宫殿建筑多为四合院式的建筑群，规模宏大，有满足各种功能需求的房间，用材主要是石料，装饰装修豪华。在彼得大帝时期，艺术造型与装饰更多地受到西欧的影响。

(5) 挂钟牌坊

在教堂旁边，建造由券柱中间挂钟的钟牌枋，高度最低为两层；高若有三至四层，由连券柱上下重叠，券柱中间挂钟。牌枋上部正中多建有高鼓座上加葱头顶的造型处理。这是俄罗斯古建筑特有的东西。

3.建筑艺术

(1) 教堂的平面立面

受拜占庭和瓦拉几亚建筑的影响较多；在立面设计上，帐篷顶、葱头顶则是受俄罗斯民间木结构建筑的影响。

(2) 向心式教堂

公元17世纪以后广为流行的“多层向心式”教堂，是多层高塔形、上为葱头顶、中为帐篷顶、最下为四或多棱体基座，这也是受俄罗斯民间木构建筑的影响。

(3) 户外梯及廊道

教堂设户外楼梯、廊道，这也是受俄罗斯民间木构房屋的影响。

(4) 券门窗

圆券形门窗从拜占庭建筑中借鉴过来。

(5) 连券过渡

从公元16世纪开始，在下面方基座和中部鼓座之间，使用重叠几层的连券过渡体，连券形状有半圆券和船背形券两种，连券数目下排多，向上逐排减少，形成截方锥形体。这种重叠连续盲券过渡体，因为像女人头罩（KOKOШKN），所以也可以叫做“女人头罩形过渡元件”。

(6) 色彩

建筑的色彩以红色为主，配以白色装饰线（白石的装饰条）。或以白色为主，葱头顶用铜皮包或镀金。也有将葱头顶漆成绿、紫或蓝色的，或包贴彩釉陶砖。

(7) 装饰

俄罗斯古建筑的装饰手法有：一是在建筑中使用浮雕和圆雕；二是在室内墙和顶棚上用湿壁画进行装饰；三是在内外墙上使用彩石镶嵌画，具有拜占庭的影响；四是在教堂和寺院里，用木板圣像画作装饰；五是在建筑中使用几何形、动植物纹样装饰。

(8) 受法意影响

公元17世纪以后，在建筑外观、建筑细部（柱式、线脚、门窗、栏杆等）上，受意大利和法国的影响越来越多。

4.建材与构造

(1) 俄罗斯古建筑的用材

民间建筑（住宅与小教堂）以木料为主材，以金属（铅、锡、铜和铁等）和石材为辅料。在宫廷建筑（宫殿、寺院、城堡和塔楼等）中，则以红砖、石料（大理石、花岗石、彩石碎块等）、金属（青铜、铜、金、银等）为主，木料、彩釉砖为辅。石灰、石膏作为粘结料或装饰材料。

(2) 榫卯结构

俄罗斯古建筑中，木屋圆木搭砌采用嵌入榫和咬接结构，门窗采用插入榫和嵌板结构。砖、石建筑采用多种砌筑法，并能砌多种不同的浮雕花饰。

复习题与思考题

1.俄罗斯古建筑总的风格特点是什么？有哪些建筑类型？

2.俄罗斯古建筑在建筑艺术上有哪些特点？

3.俄罗斯古建筑在建材与构造上有何特点？

公元17世纪末，彼得大帝为改变俄国的落后面貌，采取果断的改革措施，提倡学习先进的西欧，使建筑全盘西化，聘请意大利和法国的建筑师到俄国从事设计。但多层向心式、高鼓座和上为葱头顶的教堂，带针状高尖塔的钟塔，后来的海军部大厦的尖塔，伊萨基也夫教堂的顶部处理，等等，仍然顽强地表现出俄罗斯建筑的传统造型特点。

古俄罗斯建筑（莫斯科圣·布拉仁内教堂）1560年建成

古俄罗斯建筑·帐篷顶教堂与葱头顶教堂

尼各里斯卡亚教堂
（最早的帐篷顶教堂）

重檐帐篷顶教堂

波克洛瓦
圣母教堂

沃士涅谢
尼亚教堂

古俄罗斯建筑·葱头顶教堂

基雅村东正教教堂（木结构）公元18世纪初

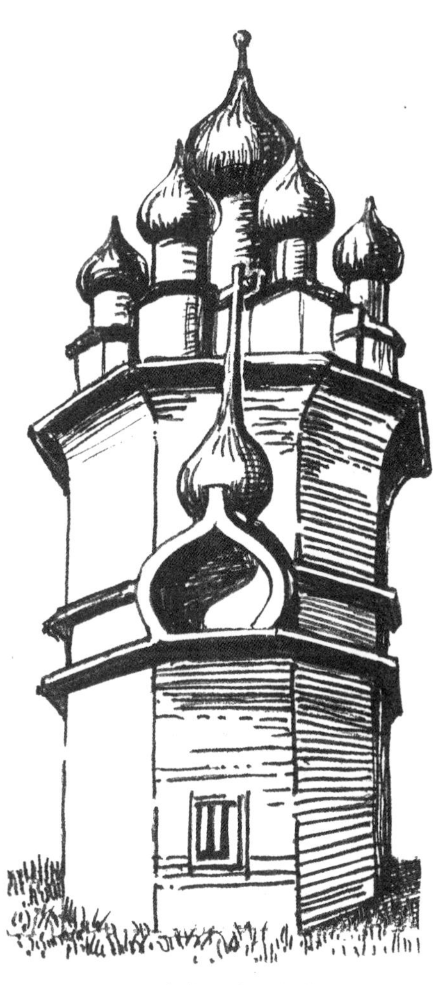

木构小东正教教堂

五个葱头顶教堂（受拜占庭艺术影响）

古俄罗斯建筑·重要遗迹

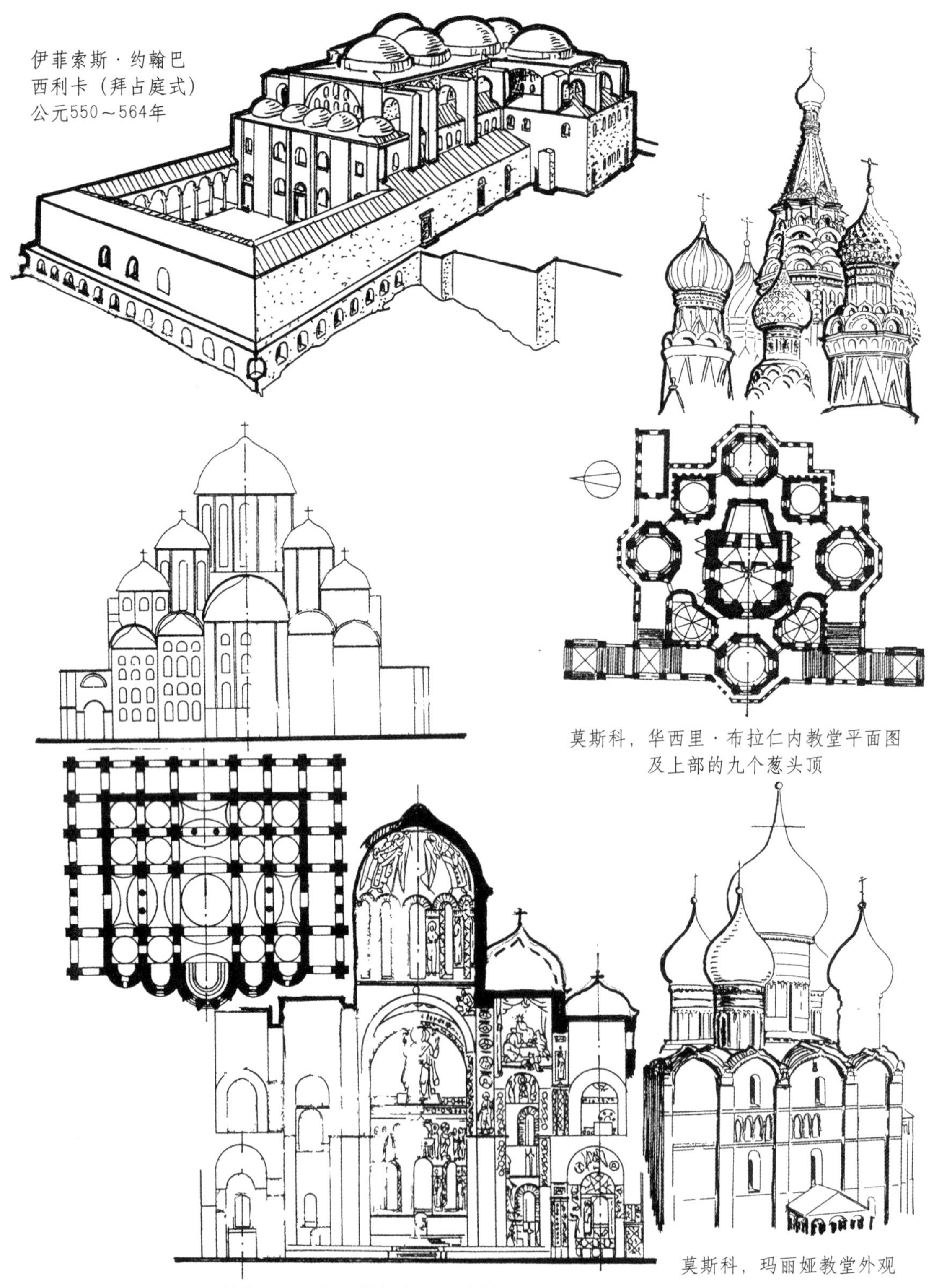

伊菲索斯·约翰巴西利卡（拜占庭式）公元550～564年

莫斯科，华西里·布拉仁内教堂平面图及上部的九个葱头顶

基辅，圣索菲亚教堂外立面（上）、平面图（中）和内壁马赛克壁画布置图（下）

莫斯科，玛丽娅教堂外观

古俄罗斯建筑·拜占庭式教堂遗迹

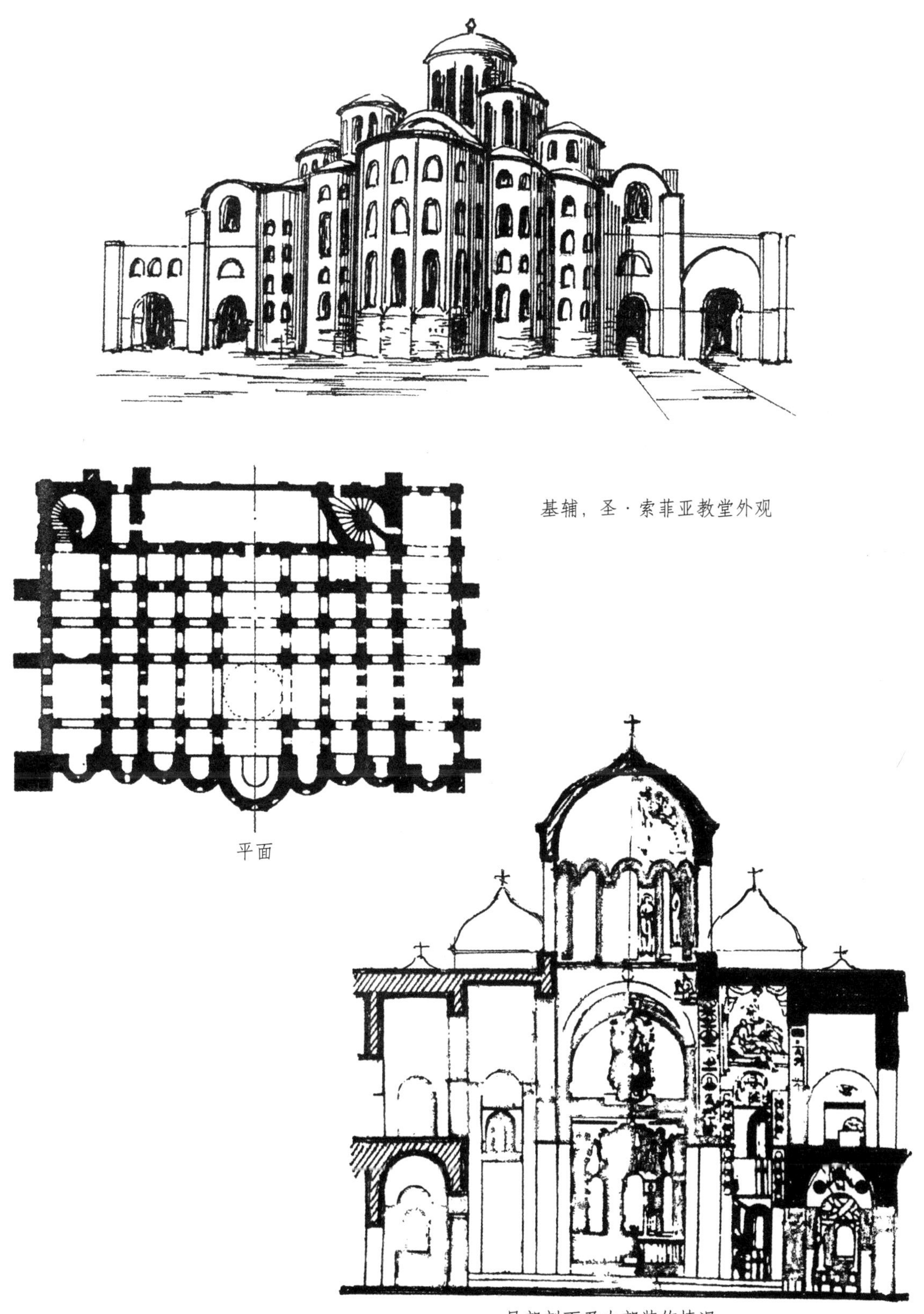

基辅，圣·索菲亚教堂外观

平面

局部剖面及内部装饰情况

古俄罗斯建筑·屋顶形式与户外楼梯

塔顶形式之一

东正教教堂侧立面图

带重叠连券的屋顶

俄罗斯式户外楼梯

莫斯科，华西里·布拉仁内教堂立面图

古俄罗斯建筑·柱子与屋顶上的装饰

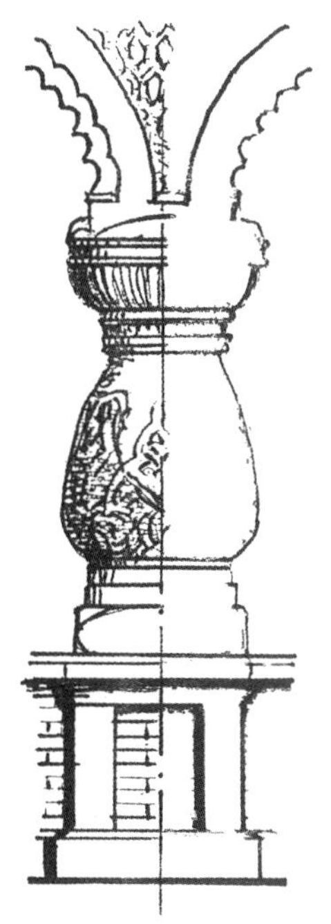

券柱及其表面浮雕

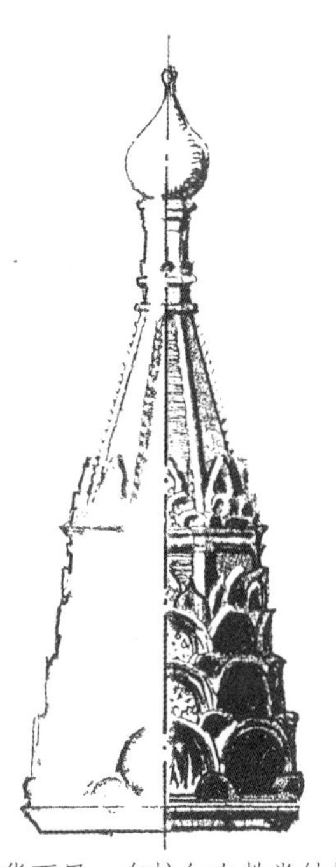

华西里·布拉仁内教堂钟塔
立面图

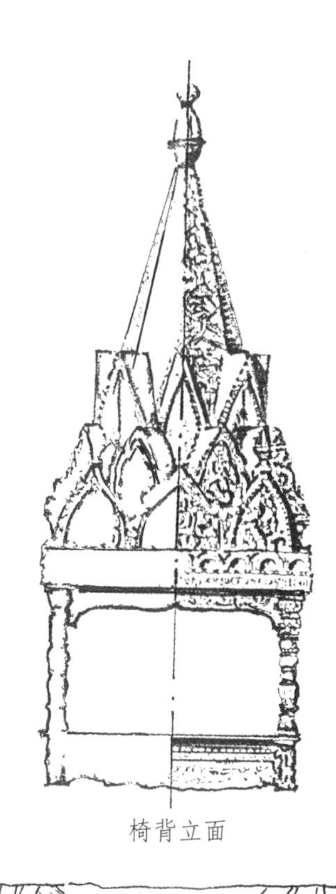

椅背立面

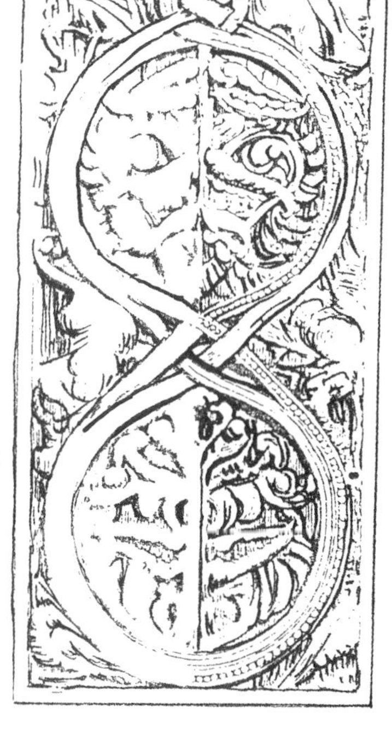

上左－受伊斯兰影响的柱子
上中－教堂尖顶（由重叠连券、帐篷顶、鼓座与葱头顶组成）
上右－宝座靠背呈尖塔形
中左－券身及柱头上的雕饰（受拜占庭艺术影响）
右－竖向浮雕饰件
左下－有天使图案的建筑装饰

古俄罗斯建筑·纪念柱、尖顶建筑、垛口与钟塔

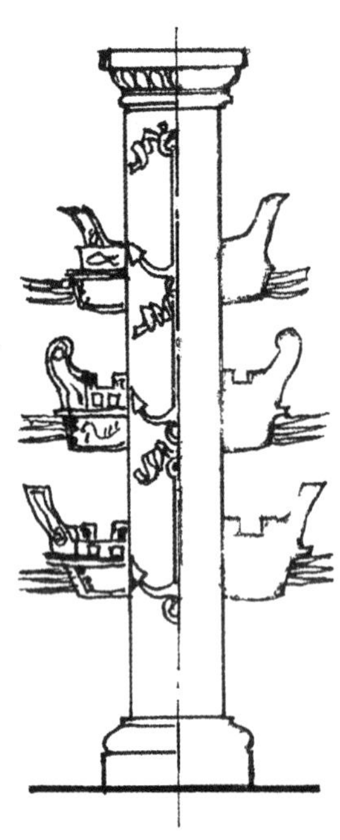

圣彼得堡海战胜利
纪念柱（模仿古罗马）

圣彼得堡海军部大厦

克里姆林宫围墙上的垛口（莫斯科）

克里姆林宫斯巴斯基钟塔

古俄罗斯建筑·建筑群与钟塔

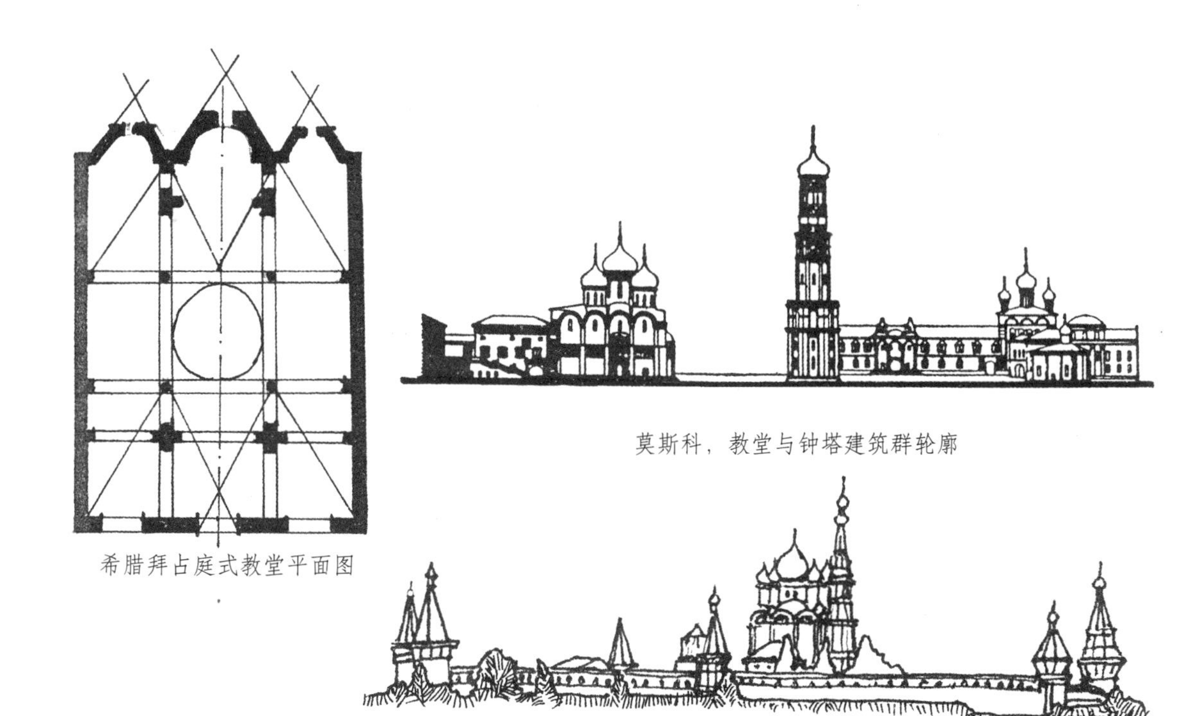

希腊拜占庭式教堂平面图

莫斯科，教堂与钟塔建筑群轮廓

雅西福·卧洛考姆斯基东正教修道院建筑群

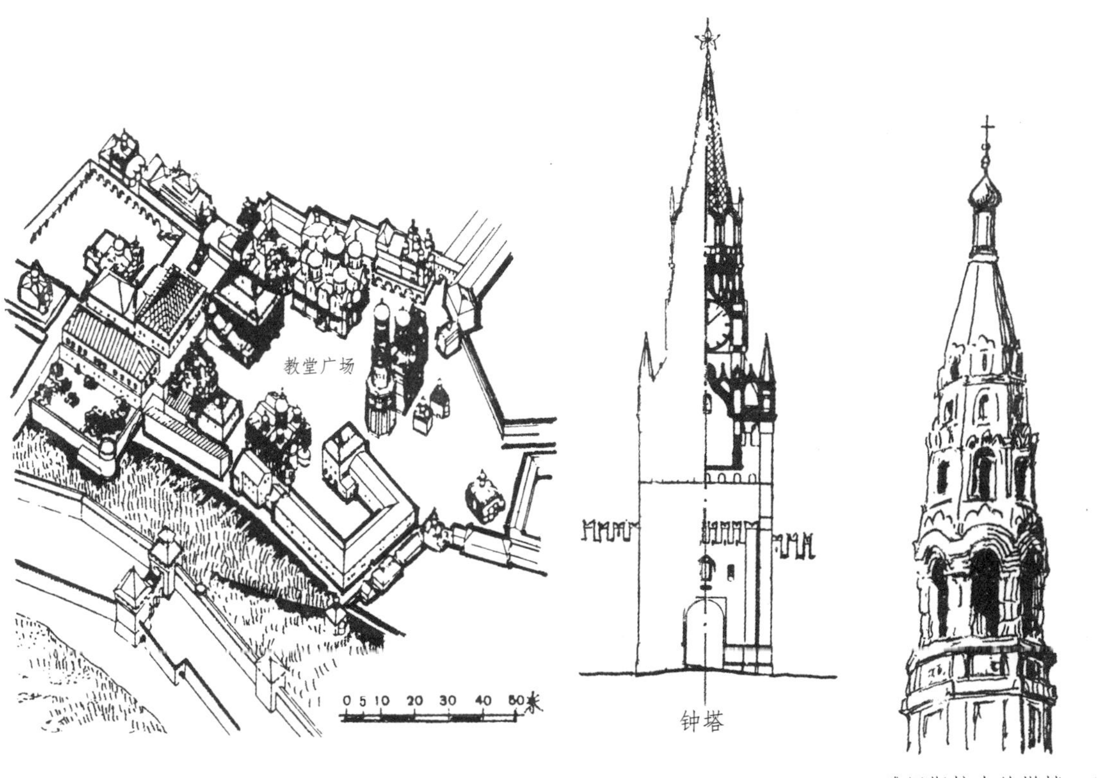

钟塔

雅罗斯拉夫的塔楼

古俄罗斯建筑·钟塔形式及室内陈设

古俄罗斯东正教重叠券柱式钟塔

东正教大型连券柱带葱头顶钟塔

莫斯科克里姆林宫皇宫大厅（中间为券柱，上为四个十字交叉拱顶；柱四周围为陈列架）

古俄罗斯建筑·木屋及其构造

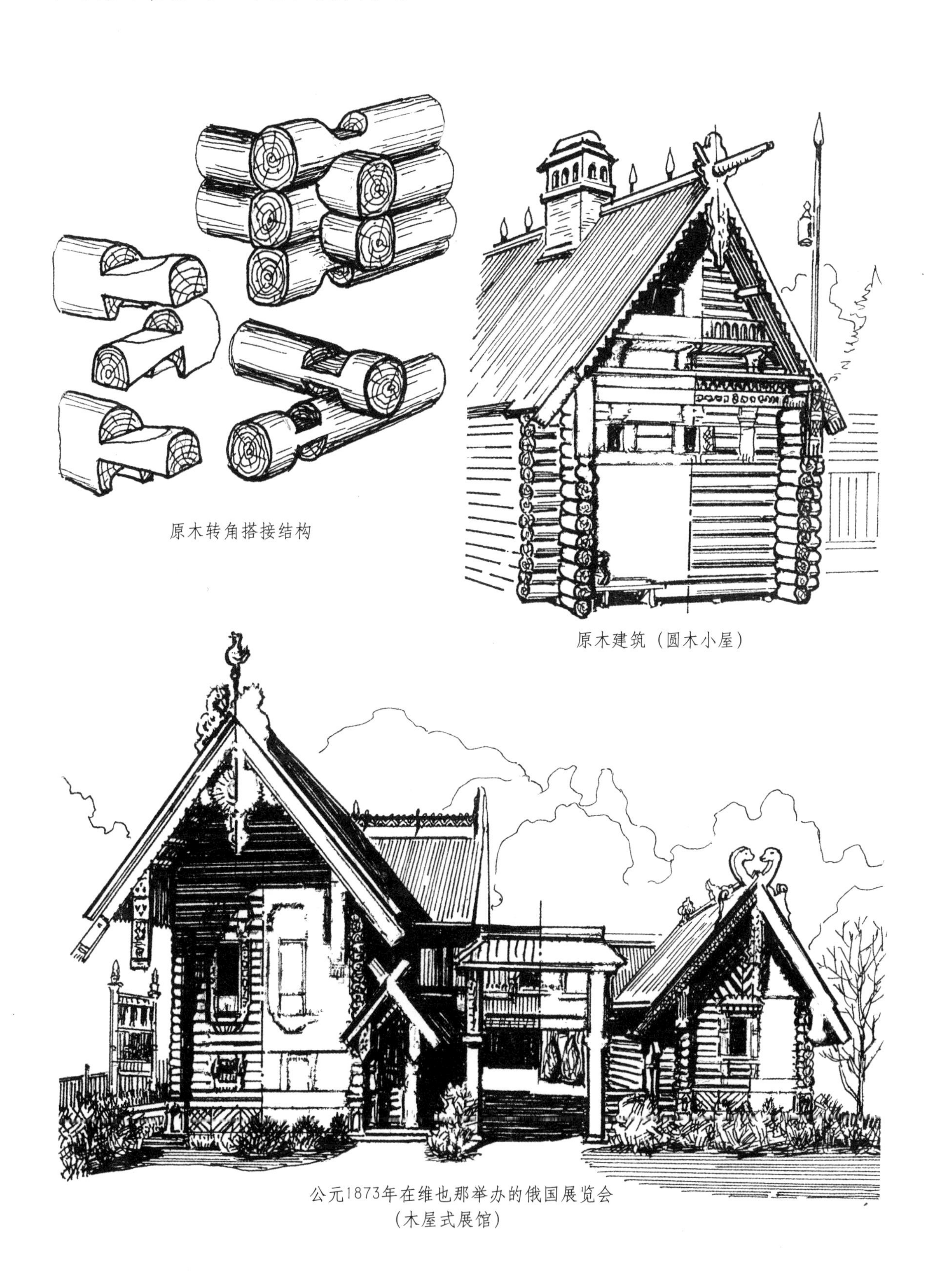

原木转角搭接结构

原木建筑（圆木小屋）

公元1873年在维也那举办的俄国展览会
（木屋式展馆）

第11篇　仿罗马式建筑与家具
（公元8～12世纪）

古罗马帝国于公元476年被日耳曼人灭掉后，整个欧洲处于民族大迁徙状态（哥特人受匈奴人侵扰，从黑海沿岸迁往欧洲，使得汪达尔人和克尔特人迁到西班牙，条顿人迁至易北河与莱茵河流域，盎格鲁人和萨克逊人迁到不列颠岛和北欧，法兰克人迁至塞纳河和卢瓦河流域），并建立起许多封建王国，它们相互争战、吞并。

在公元7～8世纪之间，法兰克王国陆续征服了周边的小国，统一了欧洲大陆，卡洛林王朝查理曼大帝为加强和巩固封建统治，扶植和发展文化艺术，向东罗马帝国（拜占庭）学习，形成了"卡洛林文化复兴"（在公元9世纪），虽未真正开展起来，也未产生重大影响（查理曼死后，大帝国很快又四分五裂），但为仿罗马式建筑艺术的产生打下了基础。

基督教产生于公元1世纪的罗马帝国统治下的耶路撒冷南郊伯利恒，起初是在地下墓室传教，较多地代表穷人利益，未被官方接受，所以只能秘密活动和发展。从公元313年它被罗马皇帝定为国教后，在统治者扶植下，在各地修建了许多大小不同的巴西利卡式（纵向平面构图）教堂。基督教也随着民族大迁徙和卡洛林王朝的统一欧洲而传遍欧洲，成为一统欧洲中世纪的宗教。

1.古基督教教堂建筑（公元4～10世纪）

(1) 地下墓室（Katakombé）

它是建在地下的廊道网空间，主廊道长的可达数公里，其两侧又挖凿出许多平行的次要廊道，廊道两侧挖凿出存放教徒灵柩或骨灰的凹龛很多，它也是举行宗教活的场所。所有廊道顶棚都是筒拱形，有的还开设天窗和气孔。有上下的台阶。

地下墓室的墙、棚上常绘有粗糙的壁画，把耶稣描写成和善的牧羊人，把教民画成羔羊，还画一些象征物。有石雕祭坛和灰泥浮雕，造型原始笨拙。

(2) 古基督教教堂（Basilika）

这种被称为"巴西利卡"的教堂，是从古希腊神庙和古罗马的法厅建筑演变来的，巴西利卡一般有3个或更多通廊，是矩形建筑，中央通廊既宽又高，外观为两坡顶，内棚最早为木构平顶，后来采用连续的十字交叉拱顶，两侧墙上有成排的高侧窗采光。两侧的次通廊相对来说较窄小低矮，外屋顶为单坡顶，内屋棚顶也是由平顶演变成筒拱（有些横隔墙加固），外侧墙上也开窗采光，内侧与主通廊共用一排连券柱支撑。柱子多采用爱奥尼式或科林斯式。

巴西利卡的内部装饰，有湿壁画、彩石镶嵌画装饰墙面，比较多地描写耶稣，将其神灵化。建筑上的雕刻比较粗犷。教堂外观并不豪华。建材主要为石材，其次是木料。

2.仿罗马式建筑（公元8～12世纪）

由于法兰克帝国卡洛林 — 奥顿文艺复兴的影响，欧洲各地都在建筑上模仿古罗马，开始普遍使用"罗马式方块石"砌墙和起拱，使用后期古罗马和早期基督教以及拜占庭的建筑艺术手法，所以人们把阿尔卑斯山以北、公元8～12世纪用方块石砌造的建筑统称为"仿罗马式"建筑。

虽然各地的条件不同、教派亦有区别，致使各地区的建筑都有地方特点。但因同属基督教，基本思想一致，建筑工匠也出身于僧侣教团，因此在形式风格上仍有共同之处。

(1) 卡洛林 — 奥顿文艺复兴期建筑

在公元8～10世纪，法兰克帝国的统治者自封为"古罗马帝国的继承者"，企图称霸于世，文化艺术上模仿古罗马和拜占庭。建造了许多庙宇与宫殿。

宫殿建筑没有保存下来，只发现一些遗址。

教堂建筑由于受到重视和保护，所以保存下来一些。教堂平面是沿用和发展了古基督教的巴西利卡教堂，从带前厅的巴西利卡，发展成拉丁十字形（延长了祭坛的空间），最后发展成两侧也加横翼的双横臂拉丁十字形，这是纵向式构图。另一种是平面为八角形或圆形的向心式平面。

(2) 仿罗马式建筑

a.总的建筑风格特点 — 教堂建筑规模宠大、气势雄伟。城堡设置碉塔、高围墙和护壕，具有很强的防卫性。建筑空间的组织是将方体、长方体和方或圆锥体、半球体、半圆柱体等几何形体的空间，进行拼联组合或摞叠，犹如许多结晶体的堆砌，所以教堂的轮廓极富变化，与古希腊古罗马建筑的庄重、平衡和宁静的风格形成鲜明的对照。由于建筑内部空间低矮、墙体很厚和柱身粗短，加上采光不佳，所以整个建筑具有沉重、压抑之感。

b.建筑类型及特征 — 有教堂、修道院、庄园、城堡和民居等。

教堂：平面为拉丁十字形，早期有三个通廊和一个横翼，中廊有五个方形跨间，横翼有三个跨间，在两者相交共用的跨间上盖圆顶或多角形塔顶。后来，在东面又增加一横翼，延长中廊与侧廊而出现回廊，或在半圆龛殿周围附加许多半圆形小礼拜堂而呈花瓣形（法国和英国南部的礼拜堂就是这样）。在莱茵河流域（德国、荷兰和比利时），教堂东西各有一个横翼和龛殿，龛殿为半圆、方形或多角形，东面中廊端部龛殿和横翼两端之龛殿合起来成为"三叶形龛殿"；除了在中廊和横翼交叉点上有圆顶或塔之外，在东西的正龛殿两侧多建有圆锥或方锥、多角锥形高塔，入口在纵向一侧。

仿罗马式教堂的纵向三通廊后来发展成五通廊，中廊与侧廊跨间宽之比为2:1，普遍采用方跨间上十字交叉拱的基本单元，从平面上看各跨间均互相联结，形成罗马式建筑平面设计中的"网结式体制"。

在法国南部，有单通廊式的教堂，用肋券将室内的筒拱顶棚分别成多进的厅堂，结构是科学合理的。

教堂屋顶形式，中通廊上为两坡顶；侧通廊和龛殿上为单坡顶；多角形龛殿及高塔多为多棱面的帐篷顶或圆锥顶。一般在西面入口的两侧建有两个钟塔。德国教堂的塔较多。意大利的钟塔多独立于一侧。法国北方两坡顶上的钟塔较多，西部塔顶为圆锥形，上覆鱼鳞片瓦；中廊与横翼交叉处的圆顶下为鼓形座（圆柱形或多棱柱形），上开圆券形窗；有的圆顶上以"灯笼幢"收顶。

除了巴西利卡式纵向构图的教堂外，还有向心式教堂：圆形平面、圆形加半圆龛、等臂十字（希腊十字）形或中为方厅四面加半圆龛的；屋顶为圆锥形上加灯笼幢，或为穹顶、半穹顶，有的圆顶下加鼓形座。

修道院：修道院往往与教堂的一个侧面相连，自成院落，庭院四周有连券柱围廊，围绕庭院布置宿舍、斋堂、客房、图书室、讲堂、静修室、各种作坊、厨房和餐厅等，有的还附有园圃。从公元11世纪起，修道院建筑较为盛行。

城市建设：无计划性，街道杂乱无章，路两旁房屋的底层为店铺或作坊，上层则为寝室和客厅。房屋多是木结构，只有少数掺杂砖石。

庄园府邸：封建王公和贵族的居所，多建成城堡式，有高围墙、碉塔和护壕、吊桥，具有鲜明的防卫特点。墙用砖或石砌成，顶有木顶棚（平顶），室内有壁炉，墙上有华丽的雕刻或绘画装饰，陈设也很豪华。门窗形式和装饰同教堂建筑。平民百姓和手工业者的住宅则十分简陋、质量低劣。

意大利威尼斯的富商府邸和仓库都有敞廊和阳台，显得开朗、活泼，成为文艺复兴时住宅建筑的范本。

c.建筑艺术——(1) 门窗洞是半圆券形状，门的平面呈阶梯状向里收缩，各拐角处皆有细圆壁柱，相对应的两柱均承托半圆券龛，外面的柱高券大，向里层层缩小；最小的券与横门楣之间是块上有浮雕的半圆形壁板。入口券门的数量1~5个不等，往往中间的复券门最大，装饰也较为豪华。大教堂正中大券门门洞中间加立柱，门楣是水平的。在法国和德国，有两个券门相连成的"复式门"；在法国和意大利等地，有的在券门上加三角顶（山墙顶）；有的受回教影响，在门上做成多瓣形券龛（例如西班牙）。

窗子是比较小的，北方的窗洞大些（采光的需要）。最初的窗子是狭长的单券洞，后来在大窗洞中间加1至多个小连券柱，成为"复式窗"。窗洞从墙心向内处逐渐扩大（墙截面为斜角形），这是由采光和结构需要决定的。在正门和龛殿的墙上部，往往设置由辐射状排列的小柱构成的"蔷薇花窗"（或称为"轮式窗"）。

(2) 柱式：仿罗马式建筑的柱子一般都较笨重。柱头基本上是将古罗马时的柱头简化成方块体或截锥体，起初方体下部削成圆弧形，块体表面平光，后来加上条带或小盲券，或编结纹、植物叶子等雕饰；后期柱头呈杯形体，表面刻满动植物雕饰和复杂的线脚。柱身多半是平光的圆柱，但正门上的壁柱和后期的柱身多刻有花纹或做成螺旋形。柱础类似阿提卡——爱奥尼式，但方柱脚的四角和圆柱础之间，多加有呈攀搭状的雕刻装饰（写实的叶子、兽爪和人头等）。在柱颈处多半有"戒环"（箍圈，即圆凸线）。承重柱墩的四棱处切削成半圆或棱角状凹槽，有的在凹槽中加上细小的附柱（截面为十字形，加附柱后则成为簇柱。在有古罗马遗迹的地区，柱头常仿爱奥尼式或科林斯式，雕刻纹饰也有古罗马遗风。

(3) 线脚：仿罗马式建筑的线脚并不多，只有平凸线、半圆凸线和半圆凹线、波纹线等，表面多有各种雕饰。内外墙面由水平线脚分划，檐下多使用连续小盲券；意大利北部教堂的连续小盲券沿山墙坡度排列成人字形，墙的束腰线脚下也接一排连续小盲券，并与以一定间距垂直排列的微凸棱条相结合。这种被称为"仑巴底绷带"式的墙饰，对德国产生了影响。在龛殿外檐下或正面墙上加建矮小柱敞廊的做法，起于仑巴底，流行于法德两国。此外，檐下也采用圈环、编结连续盲券、排齿、锯齿、绳纹、方形或菱形体链带、鳞片、棋盘格、成排的钉帽或小托拱等雕饰。

(4) 装饰：仿罗马式建筑外部的装饰主要是浮雕，门楣上为宗教故事浮雕，耶稣位于中央，四周是以天使、狮子、苍鹰和公牛为象征的四福音使徒。在柱身和券上也有浮雕。在祭坛上有重点浮雕。题材是动植物或几何形雕刻。圆雕很少用。

室内装饰主要是湿壁画和彩色玻璃窗画。湿壁画的题材多为圣经故事，色彩鲜艳，轮廓线很显著，不画阴影。绘画和雕刻都受蛮族艺术和东方基督教写本书插图的影响（稀奇的禽兽和怪物、笨拙的编织纹饰等）。

彩色玻璃窗用于教堂最早是从德国巴伐利亚州西部开始的。公元10世纪已经较普遍地用铁框和铅条把许多小块彩色玻璃镶嵌起来。最初是利用透明的彩色玻璃块，后来将颜色烙在普通玻璃上；色彩是半透明的，既鲜艳又柔和，有的施加几层不同的半透明颜色，常用大片蓝色作底，用绿、黄和红等色表现事物。阳光透过后，色彩华丽并有神秘感，一天从早到晚色彩变化无穷。因为是用烧热的铁针切割玻璃，所以玻璃块都很小。人物表情呆板犹如拜占庭的圣像画，花纹也具有东方特点。

西妥齐安（Cistercian）教派禁止教堂中用雕刻和绘画，所以只用铅条做成装饰纹样，不用彩色玻璃。因此形成“无色玻璃画窗”。

纹样除几何纹外，还用很写实的动植物纹饰，如卷须、叶子、蔷薇花、棕榈、葡萄、长青藤和柞树的枝、花组成编织纹，里面加上狮、猫、蜥蜴、海怪、蛇、龙、鸟、假面具和奇异的人体等。纹样色彩丰富、鲜艳，使用金色。纹样有浮雕的和彩绘的（画在墙上或玻璃窗上），钉在木门扇上的铁片呈带状或涡卷形。受回教影响的地区，大量使用纹样装饰，墙面用黑白石块砌成重叠交错的横饰带，圆券的键石也是黑白石块交错的。在古罗马遗风较浓的地区，纹样、雕刻与绘画都有古典传统特点。

爱尔兰和斯堪的那维亚一带的混杂编结纹样，根本看不出是由什么变化来的，离奇古怪。所以，被称为“北方蛮族式纹饰”。

d.各地区的主要特点 — 英国的仿罗马式建筑受法国北部建筑的影响。法国北部的仿罗马式建筑在结构、技术与装饰手法上，都为哥特式风格的产生奠定了基础；法国南部有明显的仿古罗马遗风；其他地区则受拜占庭、伊斯兰艺术和仑巴底的建筑影响。意大利中部受古罗马影响；南部和西西里岛则受拜占庭和伊斯兰教建筑影响；北方则形成仑巴底风格，略微受点阿拉伯的影响。德国仿罗马式建筑有自己独特风格，装饰手法上受仑巴底建筑的影响。

e.建筑材料与构造 — 仿罗马式建筑的用材主要是石材（大理石、花岗石等），此外还有砖、木、陶板、金属（铁、铅、青铜和铜等）、玻璃（普通玻璃、彩色玻璃和染色玻璃）和三合土灰泥（石灰、石膏、细砂）等。

构造上：自公元10世纪起，普遍用石材砌墙和拱顶。起初墙与拱顶都很笨拙、粗劣，墙很厚，屋顶的拱腹就有60cm厚。墙多半用不规整的石块加厚灰浆层砌成，墙上的窗也较小。在侧廊上用筒拱或十字拱。后来，在大跨度的中廊上砌筒拱或十字交叉拱，特别是加有肋券，十字交叉拱在对角线方向升高呈半圆形截面，减小了荷载的横推力。到最后，先砌肋券做骨架，然后在其上嵌覆薄而轻的石板。为了安全可靠，在矩跨间上再加一肋券成为“六肋拱项”。此外，为了解决力学上的问题，还开始使用尖券、尖拱、飞券和镇脚塔，在墙的内外附加凸棱或连续盲券柱、通贯全高的壁柱，在侧廊筒拱上加隔墙（或肋券）或使侧廊筒拱飞起，或外部加飞券，或将坡顶、塔顶坡度做得陡峭些等。这里已显露出不少哥特式建筑的要素。

门扇用木材或铜制作。在装饰装修上使用象牙、青铜、陶质贴面砖（彩釉或普通的），金属制品上有珐琅画。

f.家具 — (1) 家具的品种，有四足凳（直腿或弯腿）、交杌（马扎）、长凳、高靠背椅、扶手椅及脚踏、躺椅、宝座；壁橱、大立柜、碗柜、衣橱、箱子（可当凳子用）；写字桌、高脚桌、读经台、带半圆顶的餐具桌（架顶上可挂衣和佩带物）；有帘帐的床、带脚轮的床、可折叠的桁架床；立式烛台等。

(2) 家具造型，坐具的形状有古罗马遗风：椅子靠背顶为山墙形，靠背板上有圆券和圆弧元素，靠背立柱仿建筑柱式，椅腿为兽足或仿建筑柱式；三足靠椅和扶手椅则多用镟制的圆木棒做腿或枨；宝座的扶手上也雕有狮虎。柜橱的顶面有出挑的平顶、两坡顶或鞍形顶（源于古埃及）几种，柜子正面与侧面多用半圆券造型或连续盲券柱浮雕，还用扁铁环、铁门闩、铁合页来提高安全性，并且也作为装饰；柜子腿是平板形，或仿建筑柱式、连券柱。桌类家具造型与柜类家具类似。床有床头床尾之别，床头护板及栏杆柱较高；上有顶棚的可挂幔帐。烛台仿古罗马造型。

(3) 装饰：一是家具表面爱用圆券或连券柱浮雕；二用线刻和钉头饰；三用人物浮雕；四用动植物浮雕；五用十字架和几何纹雕饰（也有彩绘到木板上的）。

(4) 用材：仿罗马式家具主要用材为木料、石材、青铜、铁，少量使用铜、象牙等。

制作工艺有镟制木件（普通圆棒、有收分的圆棍）、铁件打制和铆接、雕刻、镂刻。锯割、刨光、打磨均属粗木工艺。

(5) 结构：插入榫用得较多，少量用格角榫。嵌板结构用在柜子和扶手部分。

复习题与思考题

1.古基督教建筑的特点是什么？
2.仿罗马式建筑总的风格特点是什么？建筑类型有哪些？建材与构造特点是什么？
3.仿罗马式建筑在建筑艺术上有什么特点？
4.仿罗马式家具在品种、造型、装饰、用材与结构上有什么特点？

仿罗马式建筑·早期基督教教堂

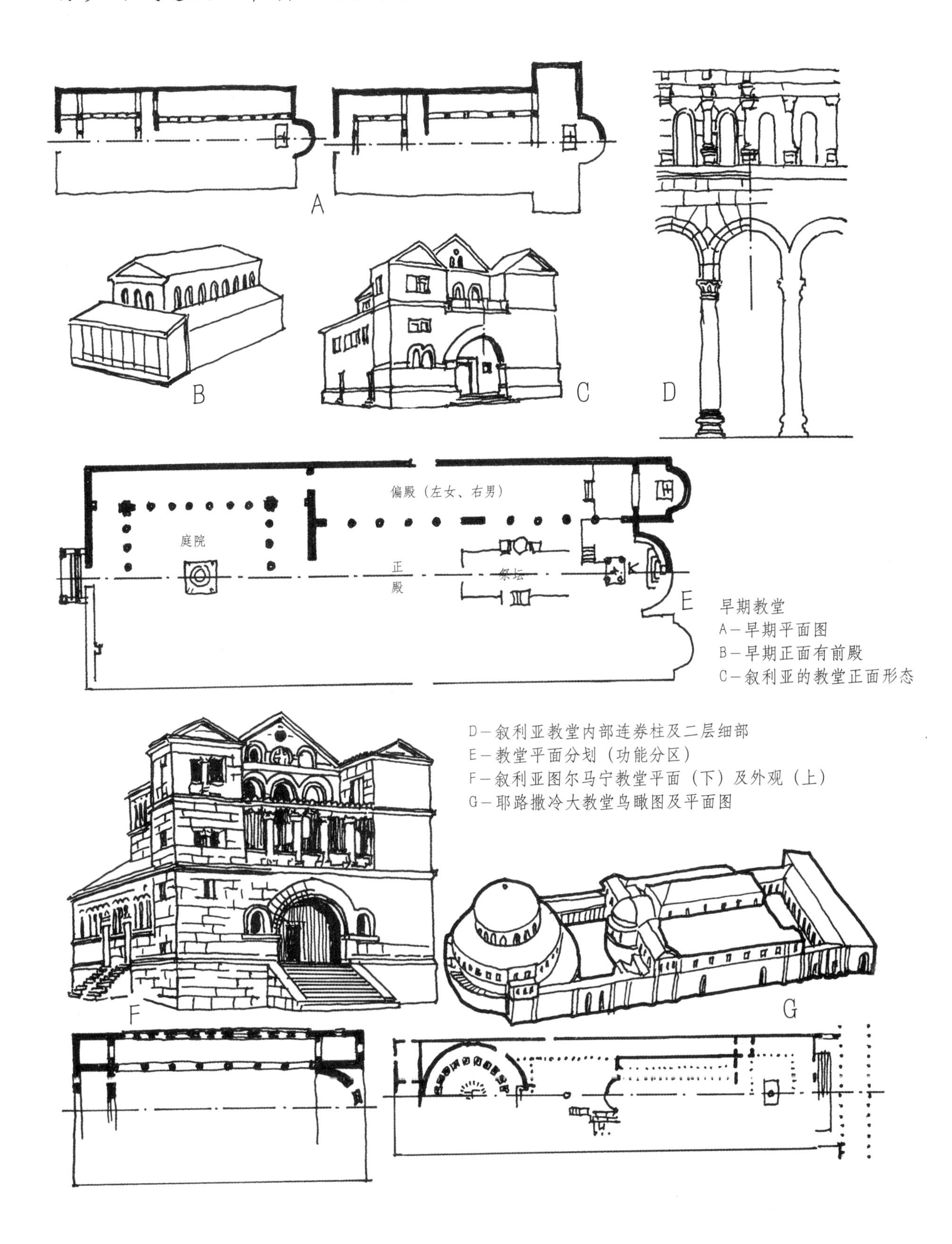

早期教堂

A—早期平面图

B—早期正面有前殿

C—叙利亚的教堂正面形态

D—叙利亚教堂内部连券柱及二层细部

E—教堂平面分划（功能分区）

F—叙利亚图尔马宁教堂平面（下）及外观（上）

G—耶路撒冷大教堂鸟瞰图及平面图

仿罗马式建筑·巴西利卡式（纵向式）教堂

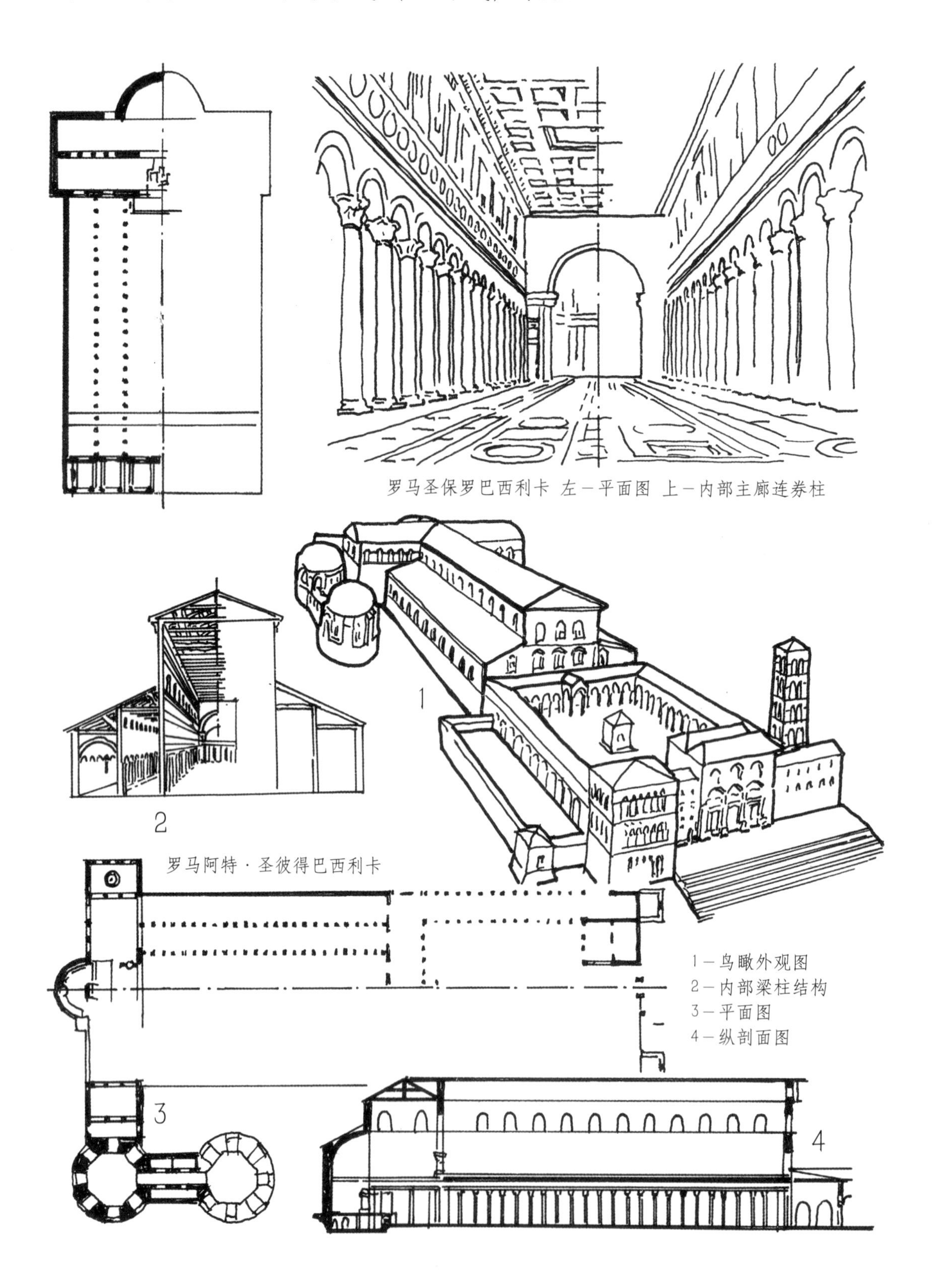

罗马圣保罗巴西利卡 左－平面图 上－内部主廊连券柱

罗马阿特·圣彼得巴西利卡

仿罗马式建筑·向心式教堂

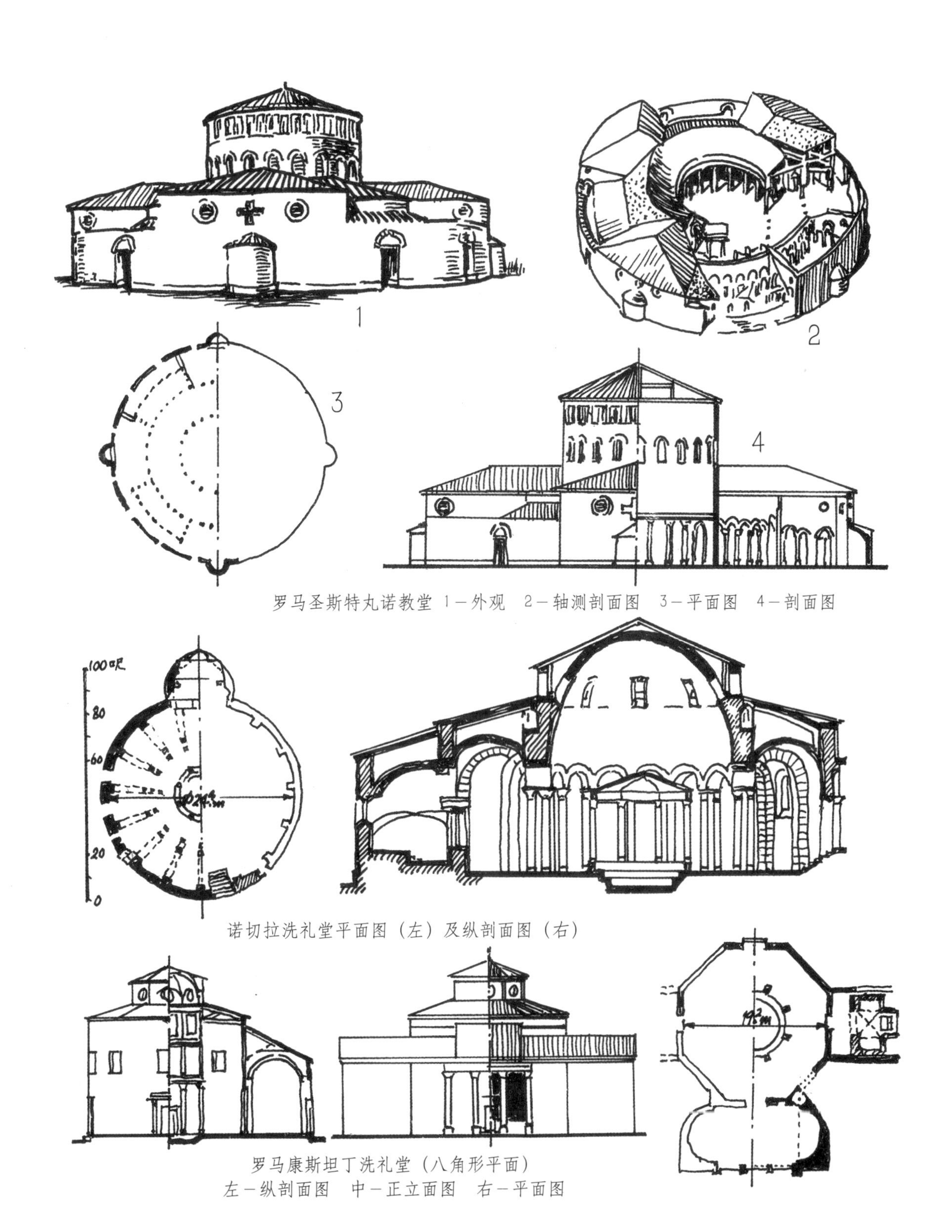

罗马圣斯特丸诺教堂 1－外观　2－轴测剖面图　3－平面图　4－剖面图

诺切拉洗礼堂平面图（左）及纵剖面图（右）

罗马康斯坦丁洗礼堂（八角形平面）
左－纵剖面图　中－正立面图　右－平面图

仿罗马式建筑·基督教堂、陵墓

罗马圣考斯坦札教堂
A
B
C
D
12.19M
22.56M
12.19M
A—外立面图　B—轴测剖视
C—a剖面图　　D—平面图
奥特马尔赛姆教堂平面及外观
叙利亚祭庙平面图
A
C
a
C
10.06M
11.89M
B
D
二层平面
79.78M
一层平面
b
拉温纳，台奥多里克陵墓
a—1/2剖面及立面图
b—两层平面图（各1/2）
c—外观透视图
拉温纳，卡拉·普拉契底亚陵墓（意大利）
A—外观　　B—平面图　C—内景
D—横剖面（1/2 ）及1/2立面图

仿罗马式建筑·基督教建筑细部

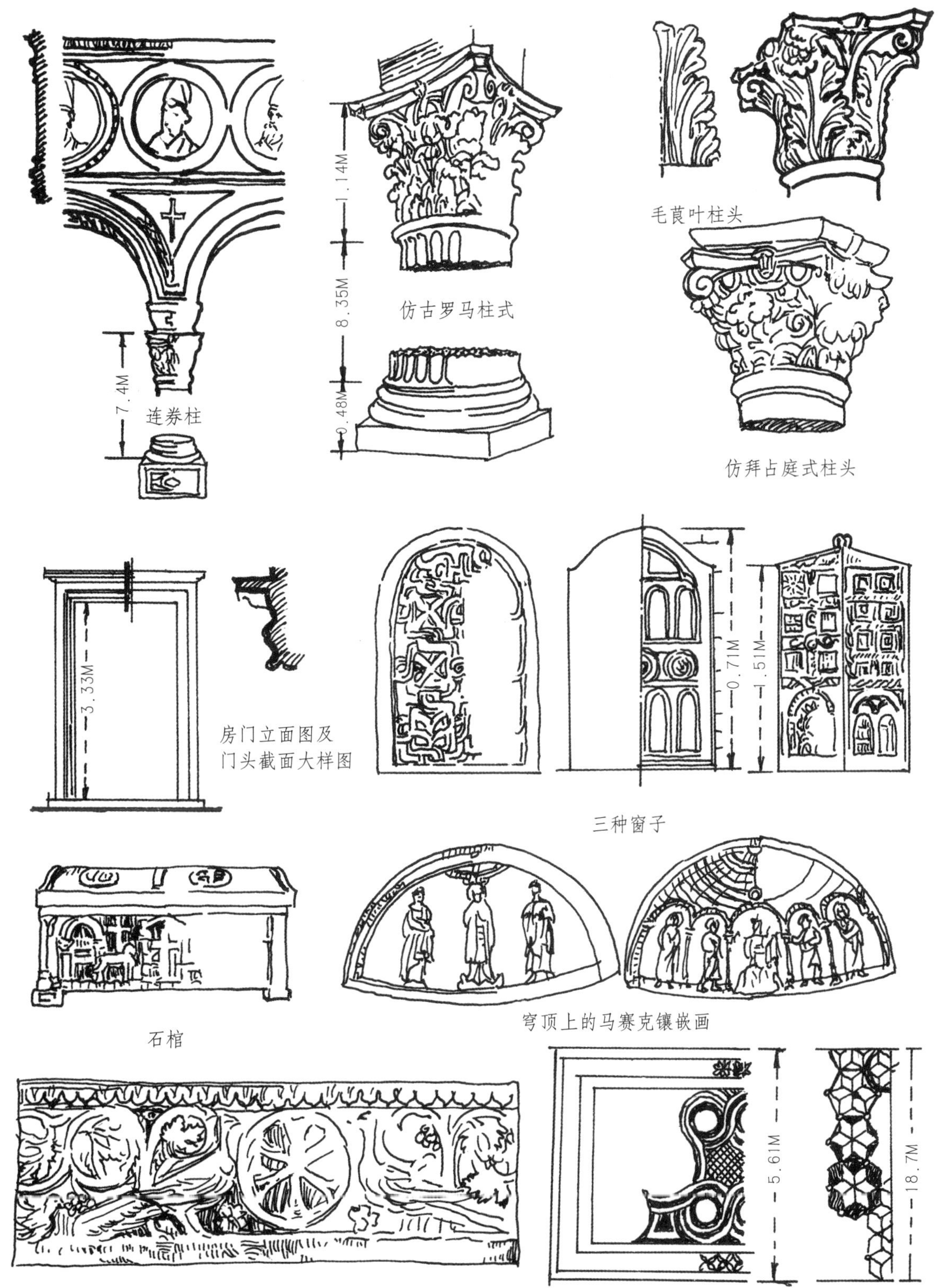

仿罗马式建筑·古基督教与卡洛林、奥顿时期建筑

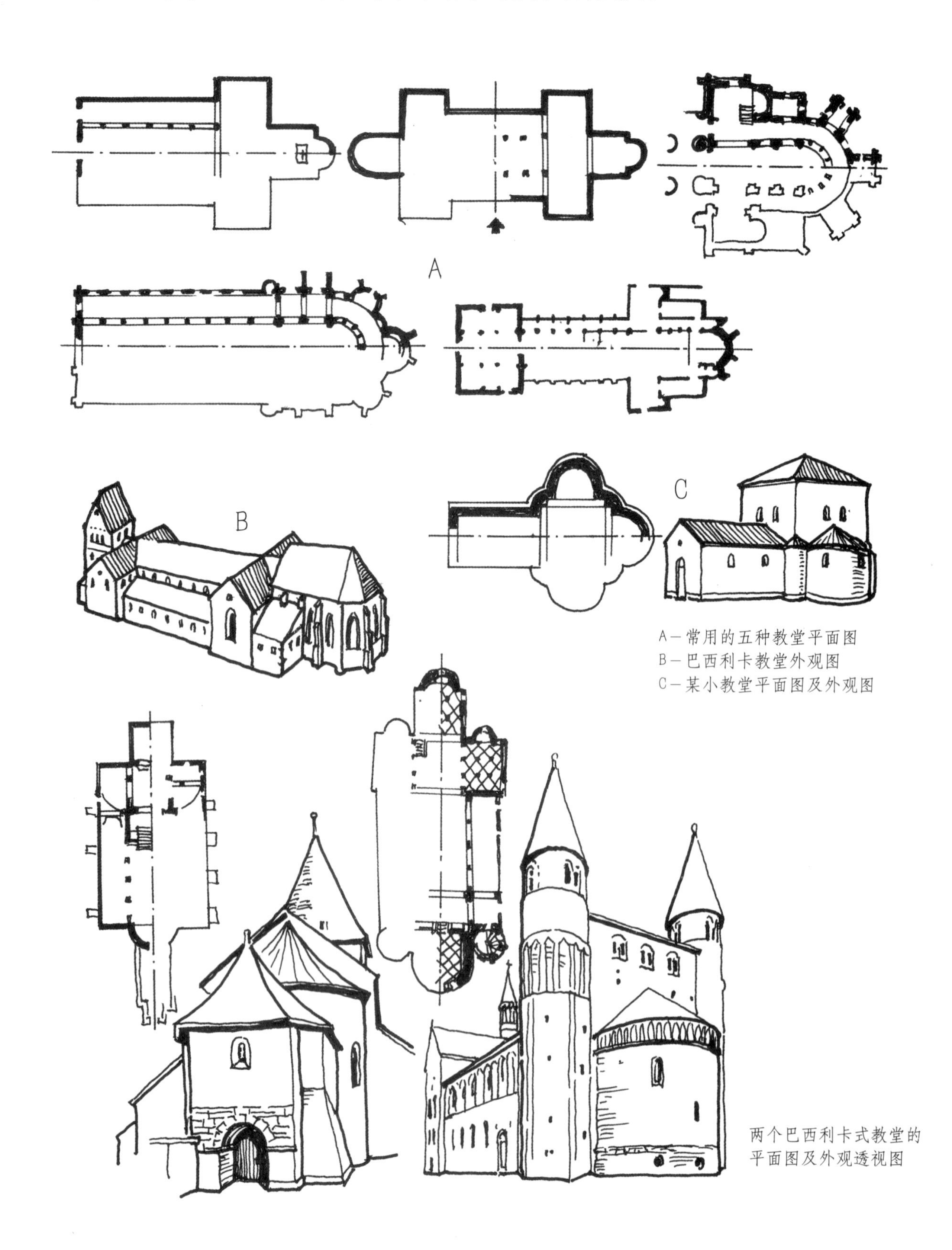

A—常用的五种教堂平面图
B—巴西利卡教堂外观图
C—某小教堂平面图及外观图

两个巴西利卡式教堂的
平面图及外观透视图

仿罗马式建筑·巴西利卡式教堂（卡洛林、奥顿时期）

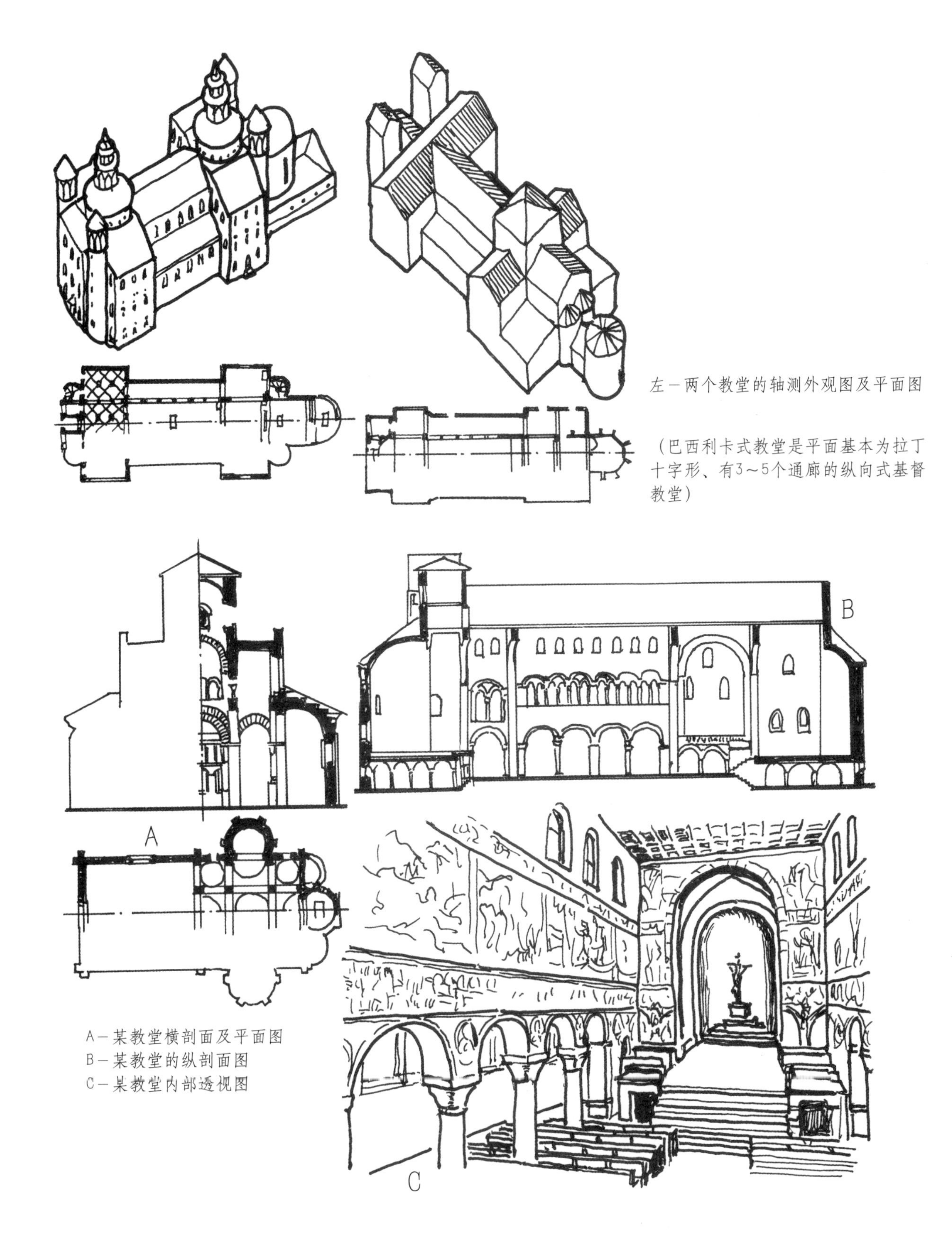

左—两个教堂的轴测外观图及平面图

（巴西利卡式教堂是平面基本为拉丁十字形、有3～5个通廊的纵向式基督教堂）

A—某教堂横剖面及平面图
B—某教堂的纵剖面图
C—某教堂内部透视图

仿罗马式建筑·卡洛林和奥顿时期的向心式教堂

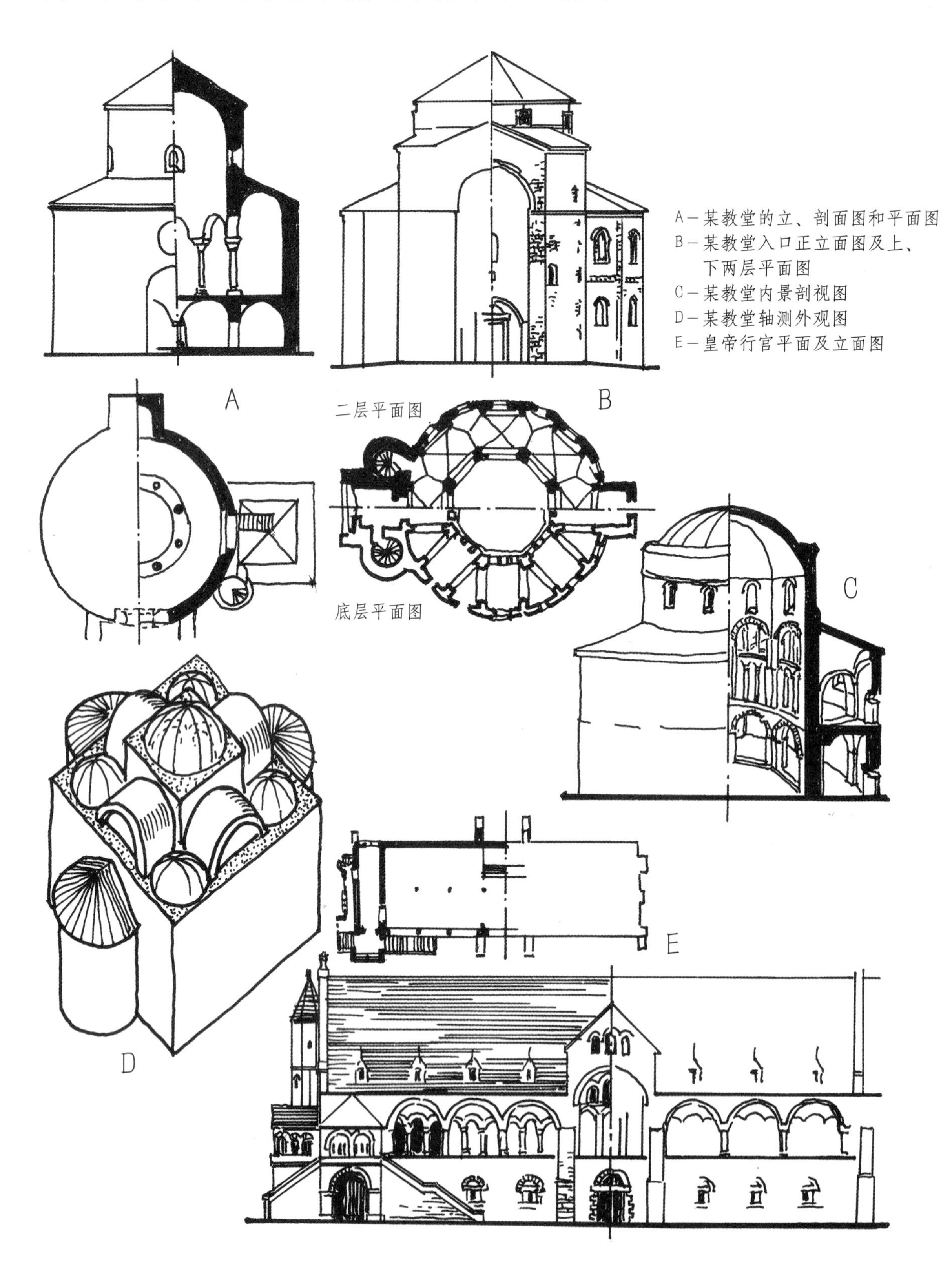

A—某教堂的立、剖面图和平面图
B—某教堂入口正立面图及上、下两层平面图
C—某教堂内景剖视图
D—某教堂轴测外观图
E—皇帝行宫平面及立面图

仿罗马式建筑·卡洛林与奥顿时期的行宫、柱子与券门

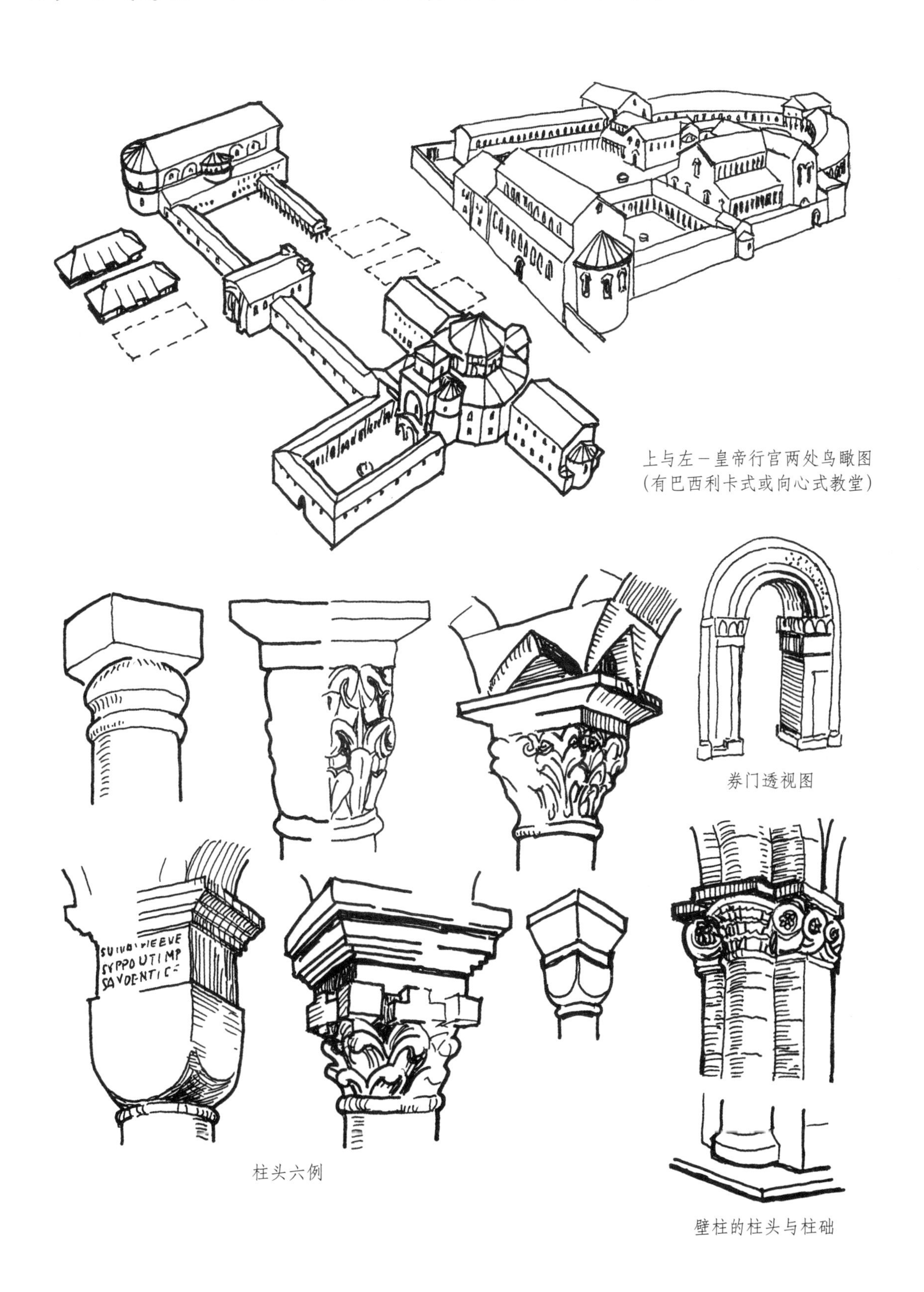

上与左—皇帝行宫两处鸟瞰图
（有巴西利卡式或向心式教堂）

券门透视图

柱头六例

壁柱的柱头与柱础

仿罗马式建筑·卡洛林、奥顿时期的建筑细部

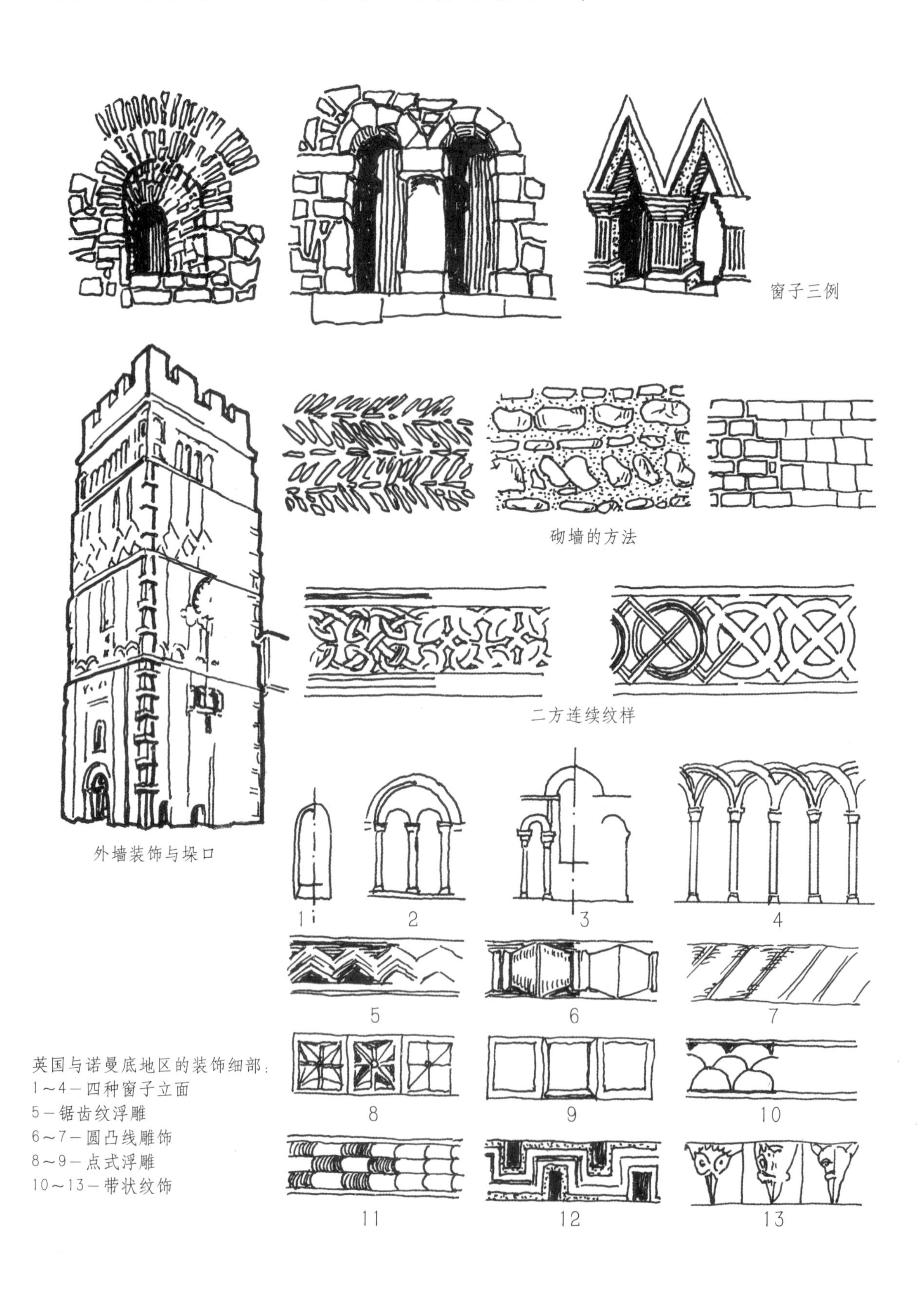

窗子三例

砌墙的方法

二方连续纹样

外墙装饰与垛口

英国与诺曼底地区的装饰细部：
1～4－四种窗子立面
5－锯齿纹浮雕
6～7－圆凸线雕饰
8～9－点式浮雕
10～13－带状纹饰

仿罗马式建筑·教堂平面图类型

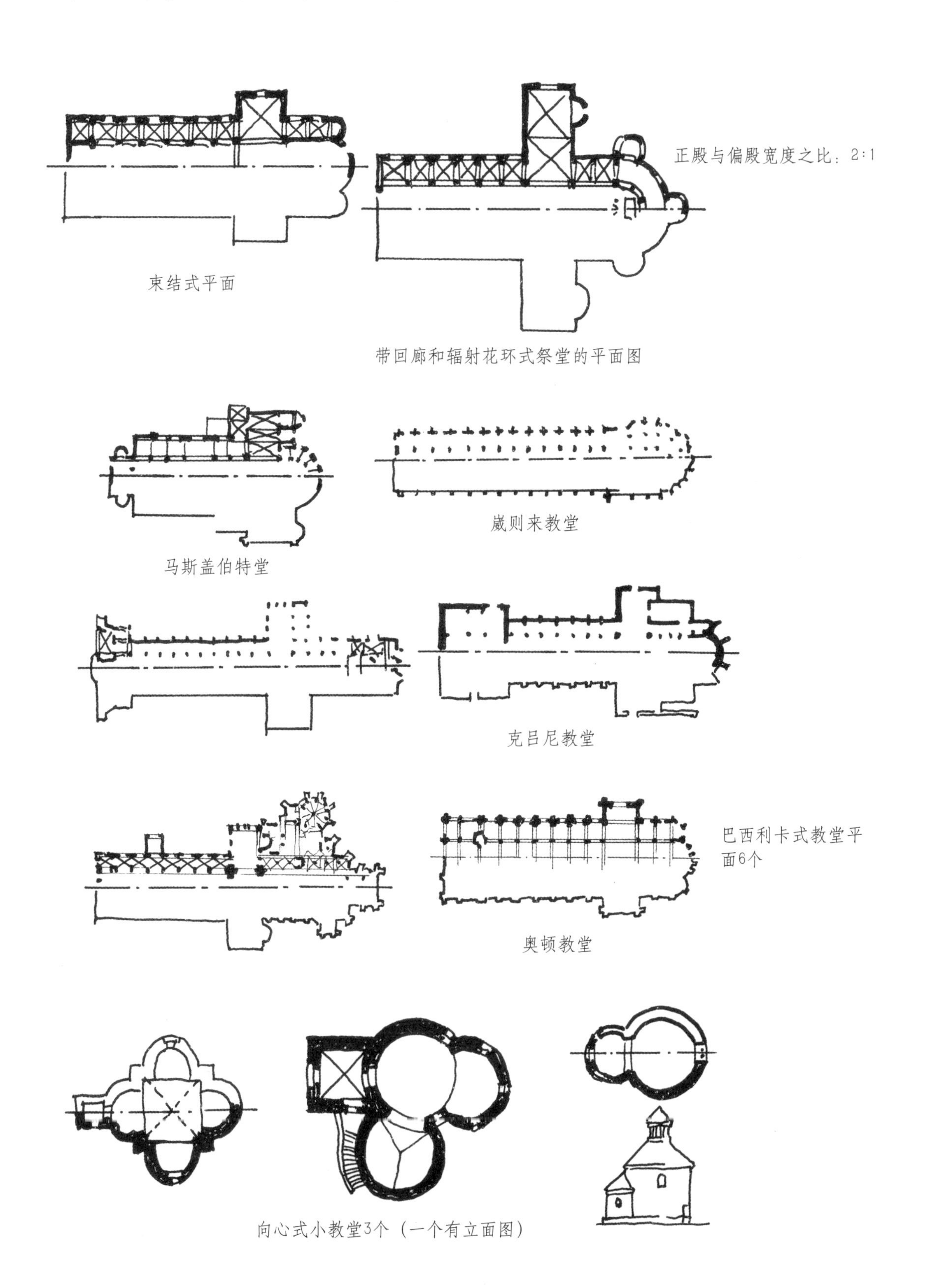

束结式平面

带回廊和辐射花环式祭堂的平面图

崴则来教堂

马斯盖伯特堂

克吕尼教堂

奥顿教堂

向心式小教堂3个（一个有立面图）

仿罗马式建筑 · 重要教堂遗迹

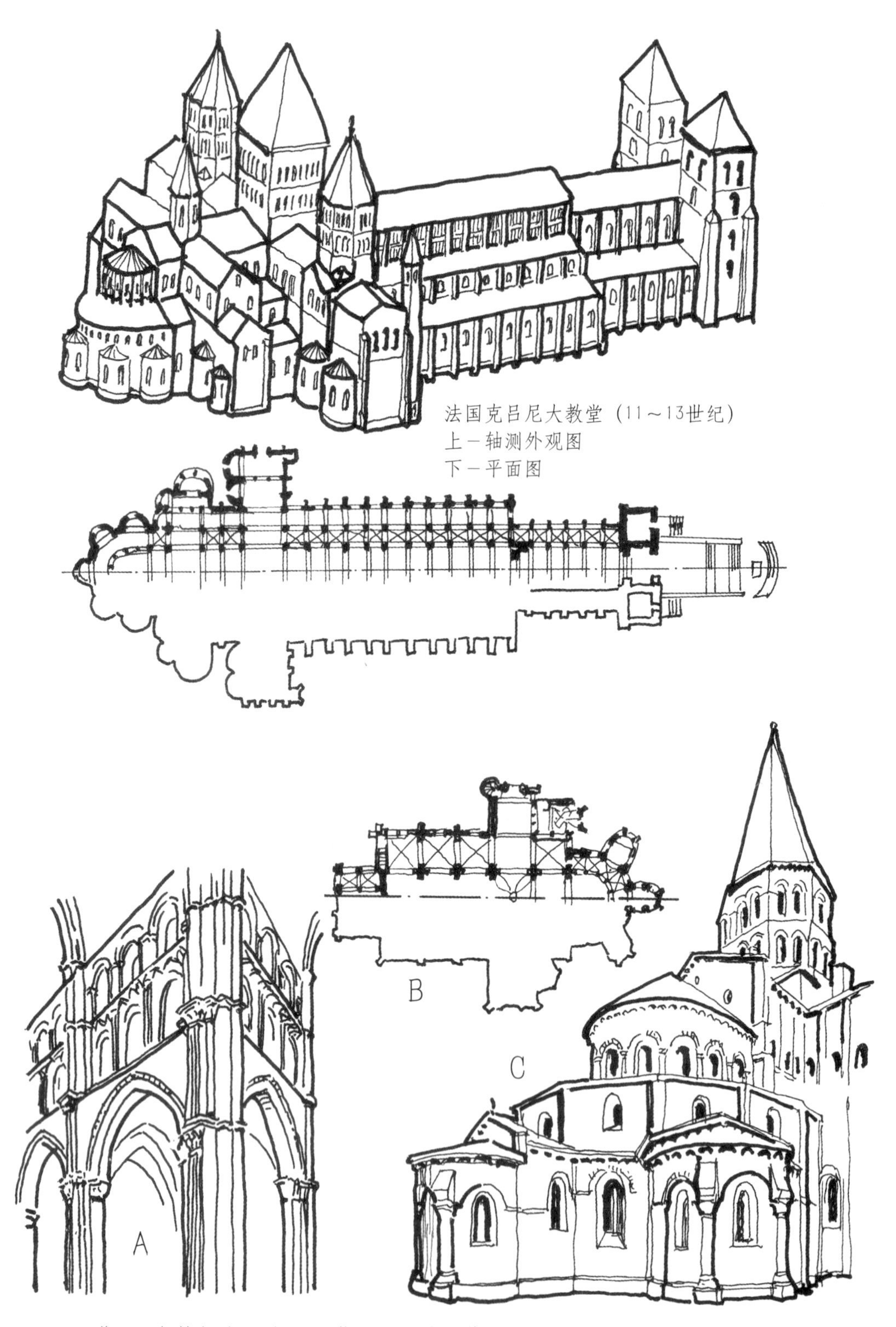

法国克吕尼大教堂（11～13世纪）
上—轴测外观图
下—平面图

B.L.莫尼阿尔教堂（法国），12世纪　A—内部簇柱与券柱　B—平面图　c—东部外观

仿罗马式建筑·重要教堂遗迹

仿罗马式建筑·重要教堂遗迹

德国窝姆大教堂

A—外观　B—半横剖面　C—平面图
D—东立面　E—中通廊纵剖面局部
F—壁柱立面及平图　G—连续盲券剖面及立面图
H—窗框立面及平面图　I—角柱平面图

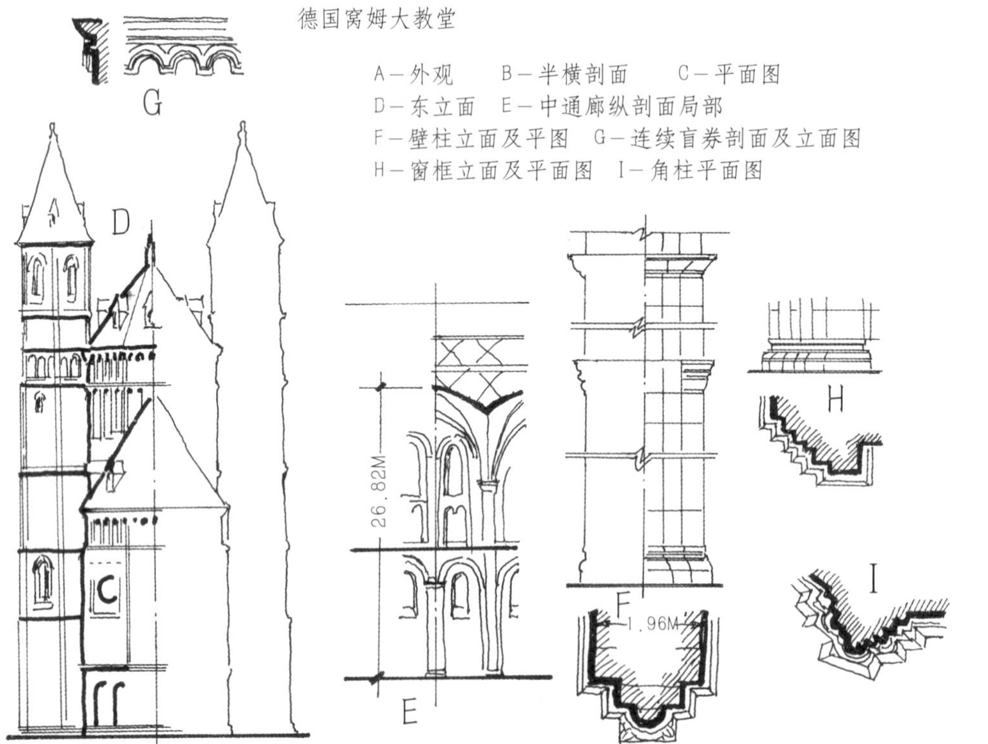

仿罗马式建筑·重要教堂遗迹

仿罗马式建筑·教堂的大门形态

仿罗马式教堂入口九种造型（有的有平面图和侧剖面图）

券门有单券、双连券和重叠券之不同

仿罗马式建筑·教堂大门形态

匈牙利的

法国的

西班牙的

法国的

意大利的

仿罗马式建筑·教堂、连券柱及其他

法国

法国

法国

法国

法国连券柱廊

意大利连券柱廊

祭坛

法国仿罗马重叠式券窗

券门立面（1/2）上有连续盲券饰带，券的截面图

仿罗马式建筑·教堂内外的连券柱

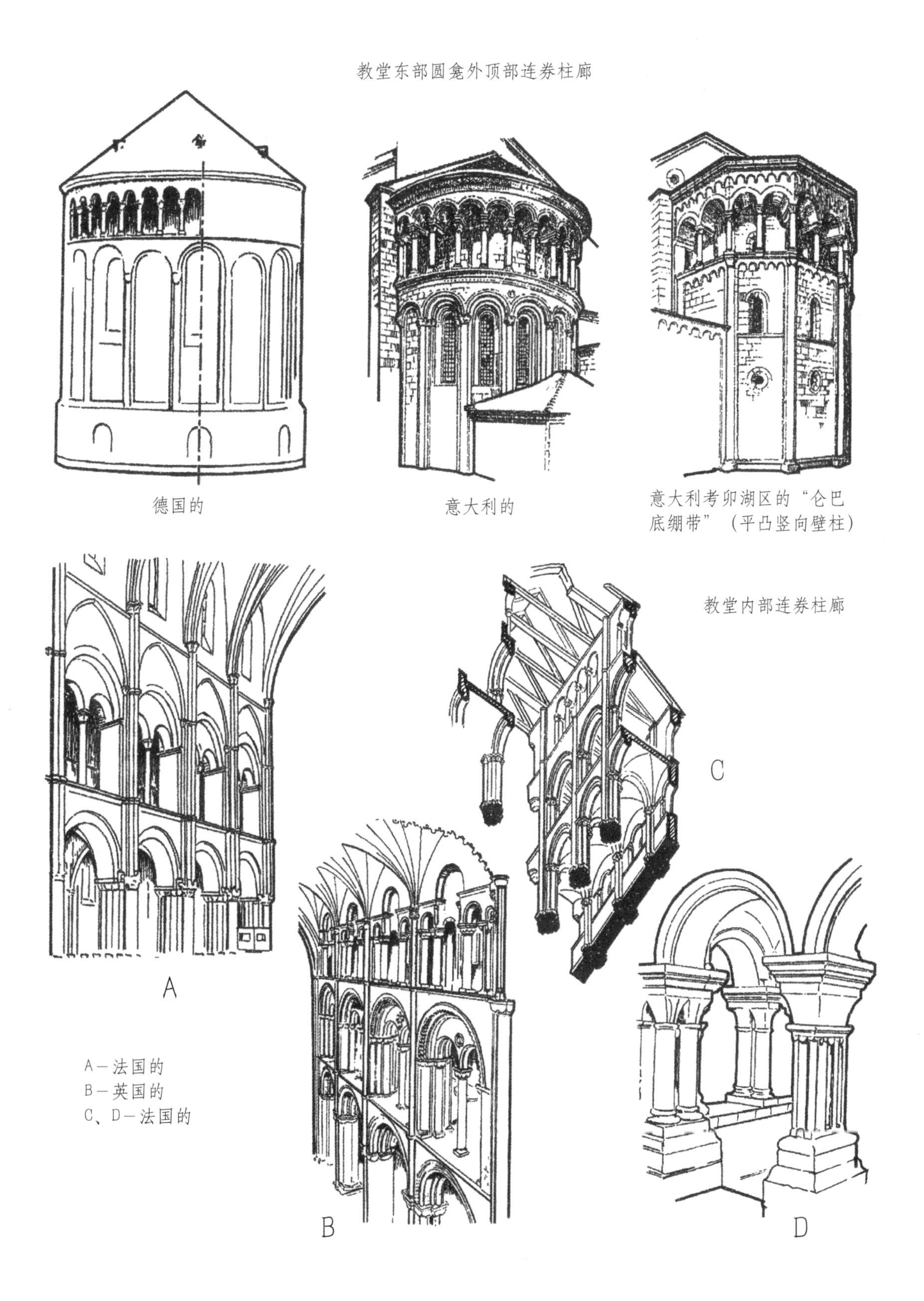

仿罗马式建筑·钟塔、斜塔与小教堂平面图

法国的钟塔：
圣莱奥纳多教堂

圣月斯教堂钟塔

莫林瓦尔教堂

意大利 比萨斜塔

意大利钟塔形象

德国钟塔形象

英国钟塔形象

捷克境内小型仿罗马式教堂平面图5例

仿罗马式建筑·特殊的形象与装饰

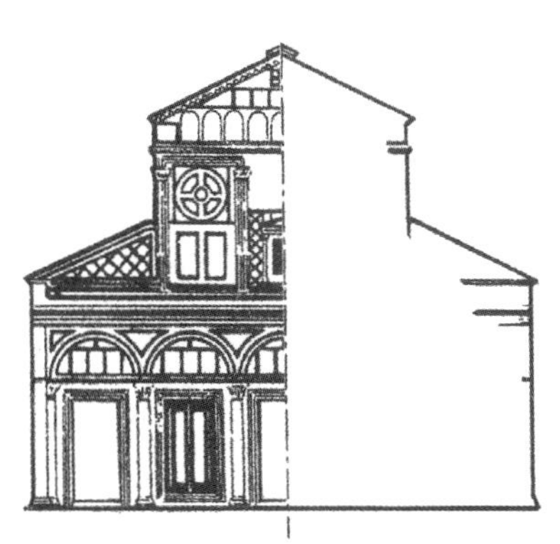

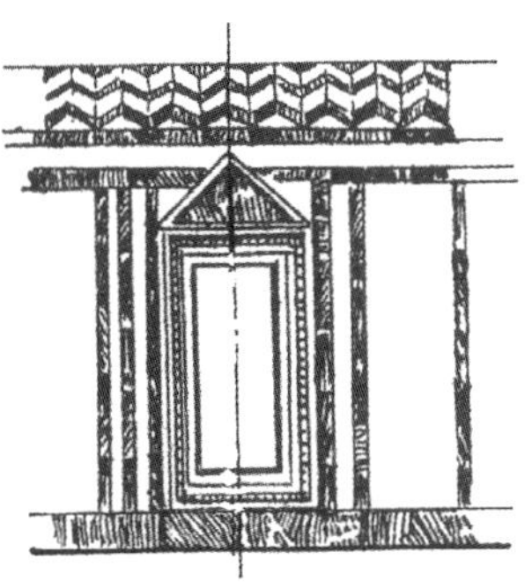

意大利佛罗伦萨，圣米尼阿多教堂
外立面图（左）建筑细部（右）

圣米尼阿多教堂内部透视图

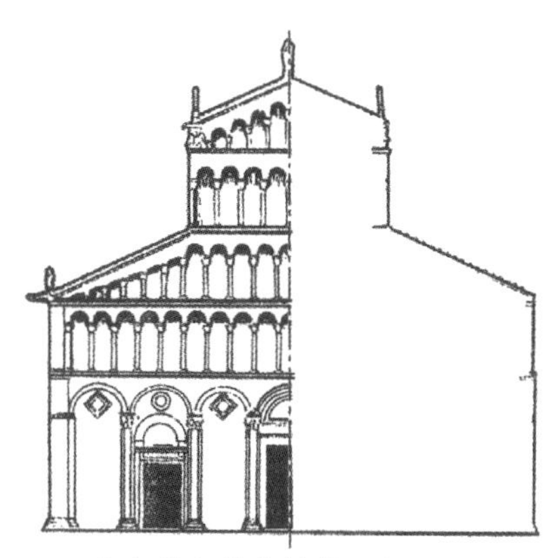

意大利比萨大教堂正立面图

法国圣特洛菲姆教堂柱上的雕刻

意大利帕多瓦市圣安东尼奥教堂外观

仿罗马式建筑·民居建筑外观及平面图

意大利民居遗址：a—12世纪的民居平面图（有走廊）　b—14世纪的民居平面图
c—12世纪小茅屋外观　d—有连券敞廊的民居外观图

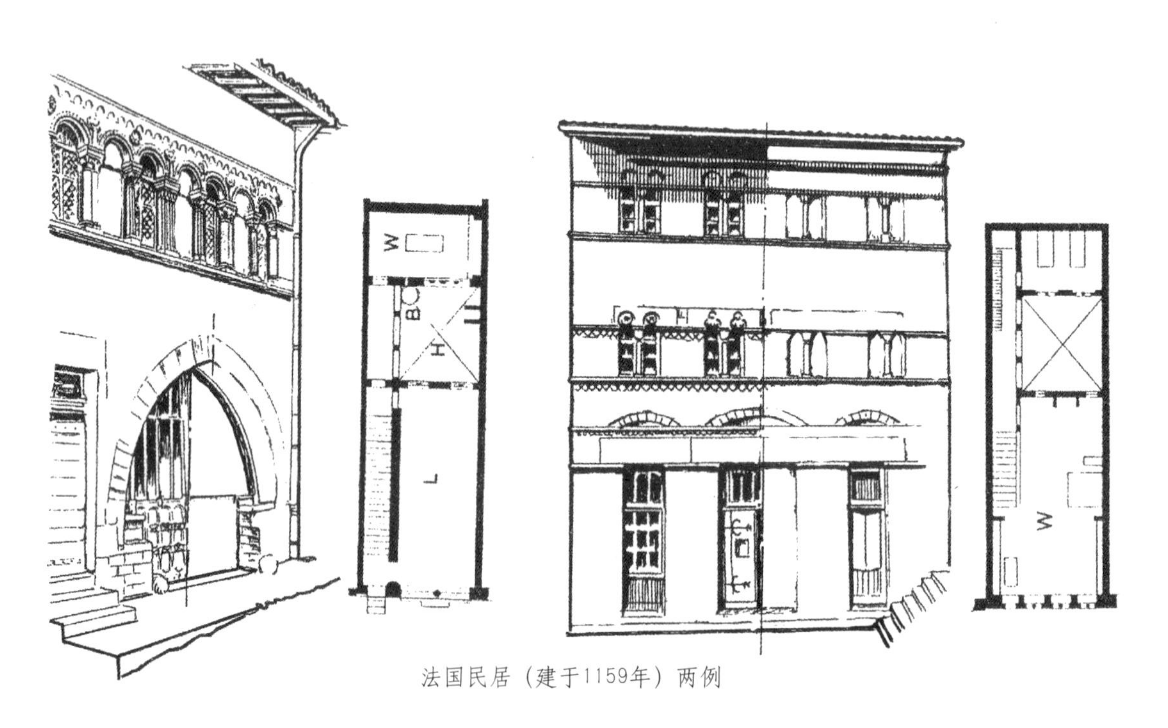

法国民居（建于1159年）两例

外观透视图及平面图　　外立面及平面图

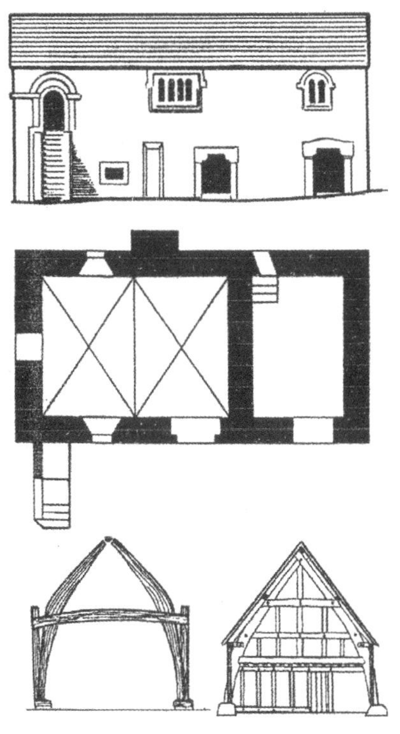

英国民居外立面、平面图（上）
和剖面构造图（下）

德国15世纪民居外立面与平面图

意大利达丸札迪宫（佛罗伦萨市）的外观（左图）及内部卧室装修陈设图（右图）

仿罗马式建筑·公共建筑遗迹

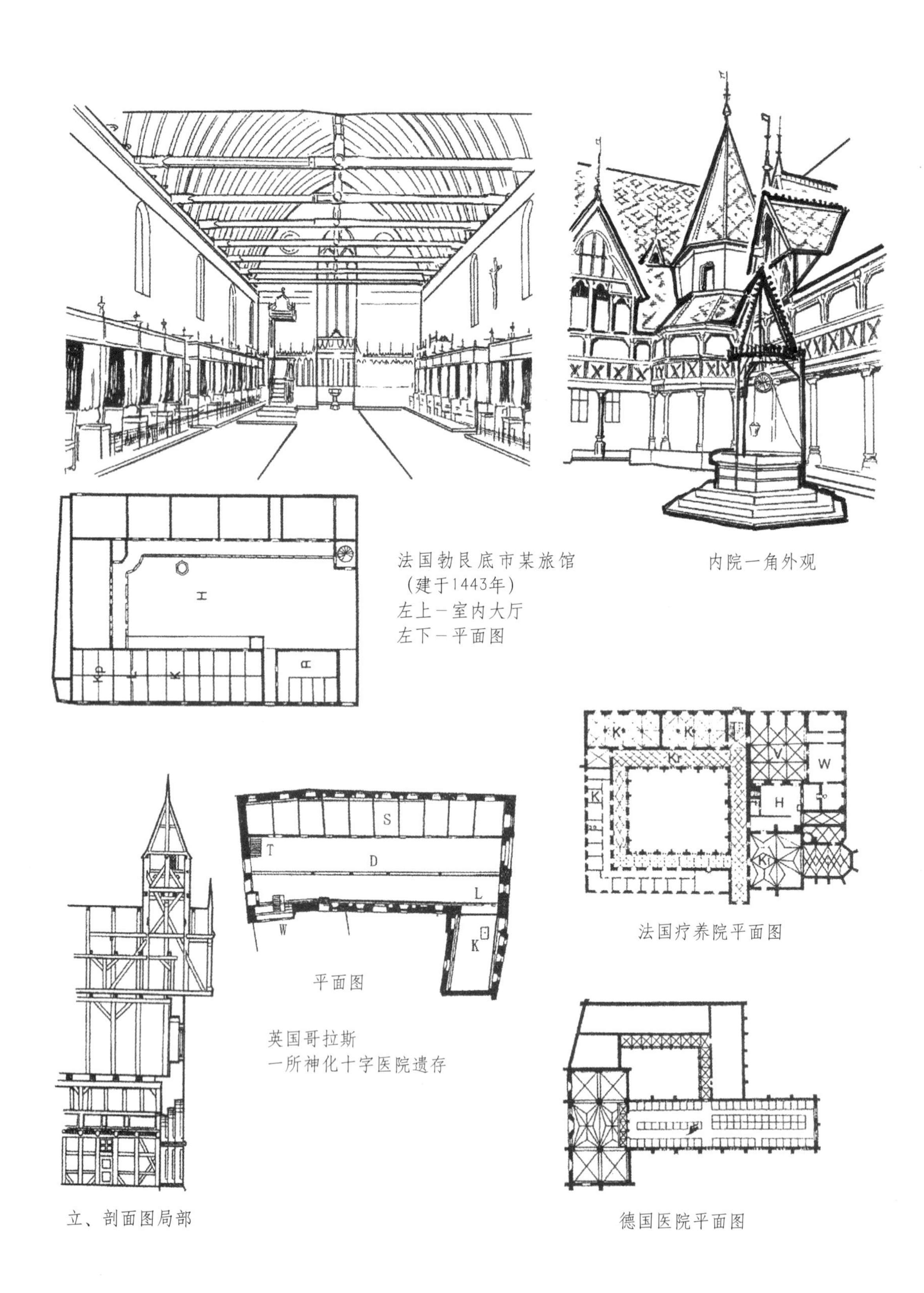

法国勃艮底市某旅馆
（建于1443年）
左上－室内大厅
左下－平面图

内院一角外观

法国疗养院平面图

平面图

英国哥拉斯
一所神化十字医院遗存

立、剖面图局部

德国医院平面图

仿罗马式建筑·挑廊·半圆凹龛及拱顶形式

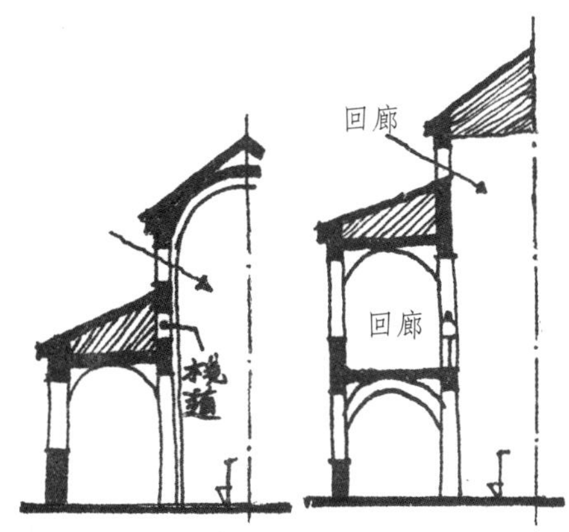

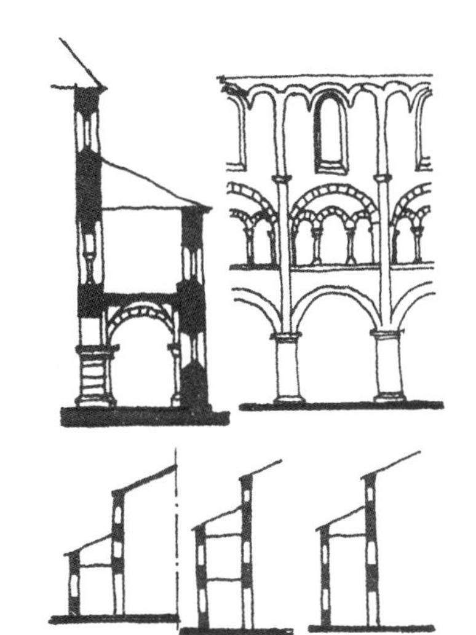

仿罗马式教堂挑廊形式
上、右下－剖面图　右上－剖面与立面图

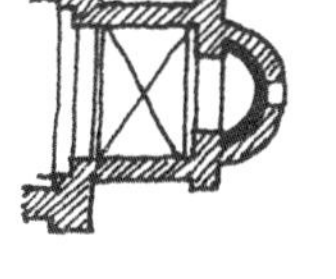

凹龛及顶部1/4圆顶
（剖面与平面）

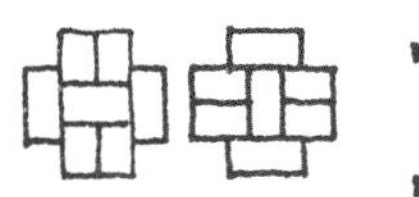

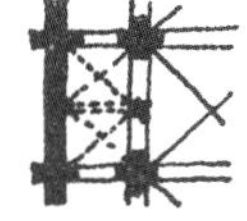

仿罗马式教堂中“十”
字形墩柱及其砌法

仿罗马式建筑中的拱顶类型（下）
1－筒拱　2－十字交叉拱顶）
3－带肋券的十字交叉拱顶
4－穹窿顶　5－圆顶、鼓形座及帆拱

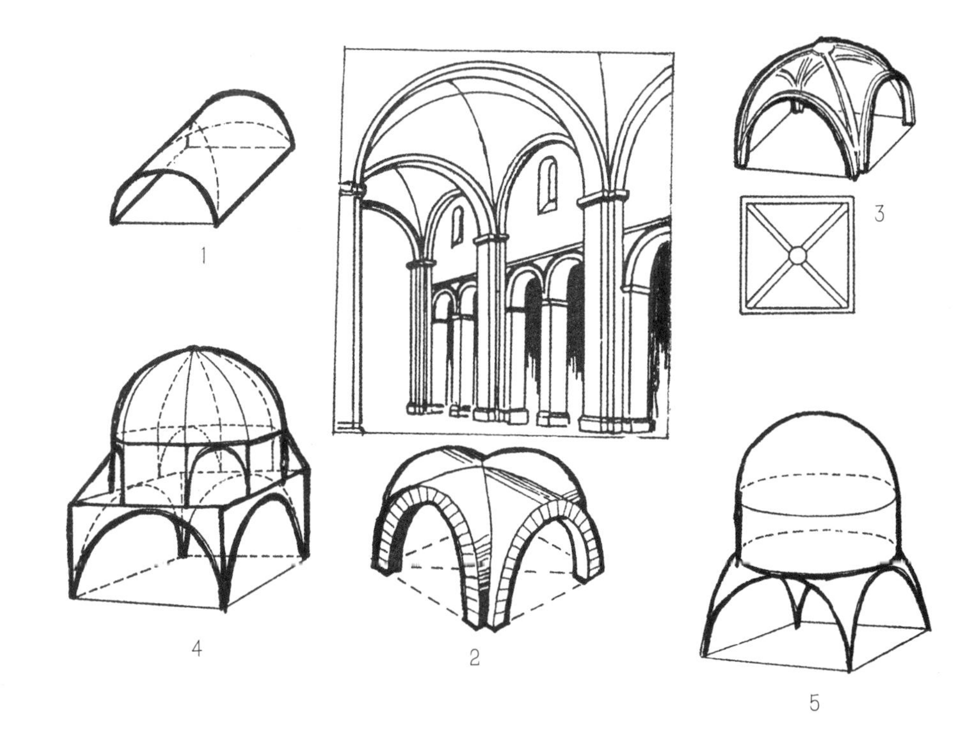

仿罗马式建筑·十字交叉拱顶（与哥特式拱顶比较）

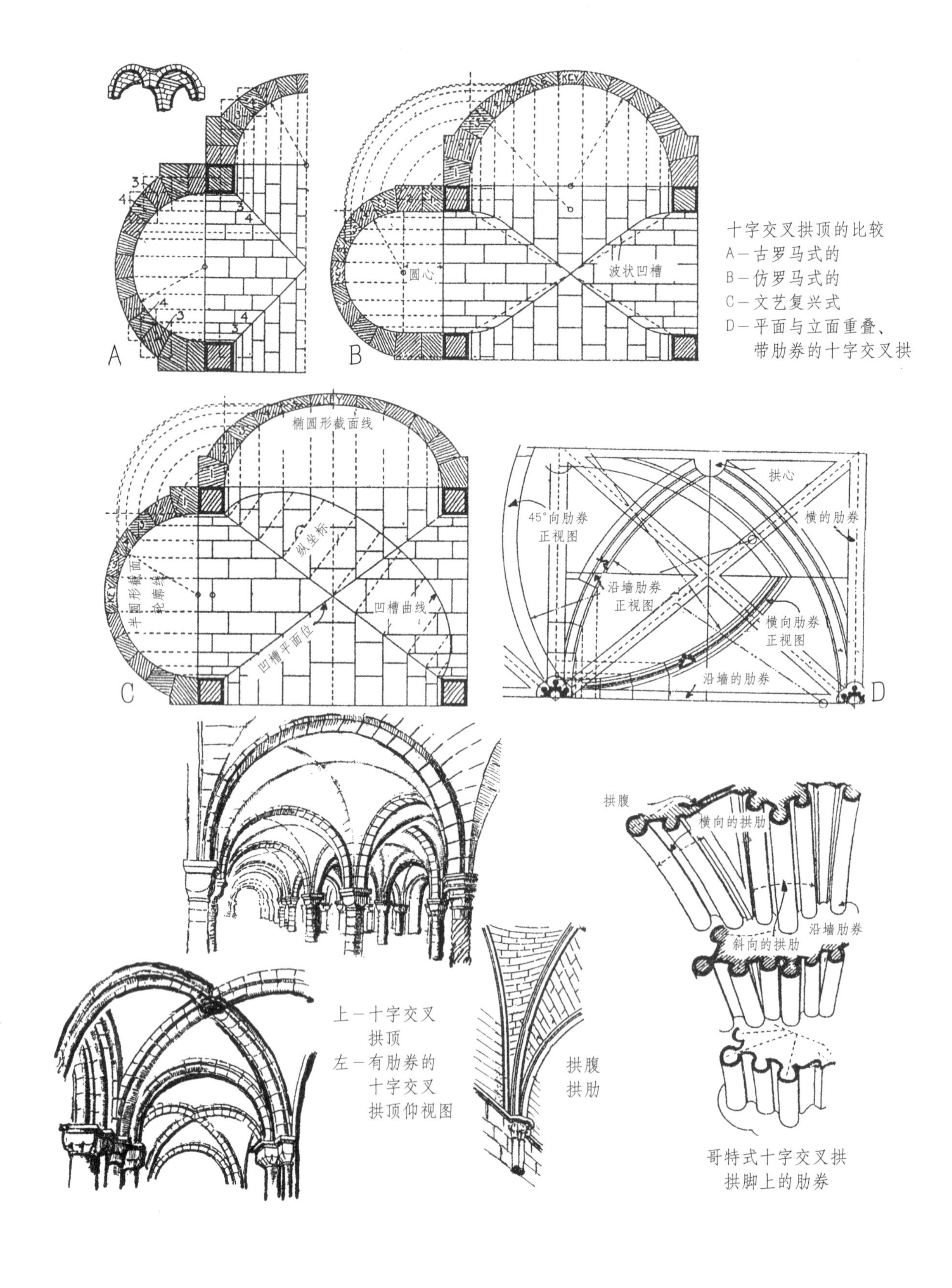

十字交叉拱顶的比较
A—古罗马式的
B—仿罗马式的
C—文艺复兴式
D—平面与立面重叠、带肋券的十字交叉拱

上—十字交叉拱顶
左—有肋券的十字交叉拱顶仰视图

哥特式十字交叉拱拱脚上的肋券

仿罗马式建筑·各式窗子

外立面
圆窗
轮式窗
花形窗
花形窗
券柱窗
连券柱窗
窗立面、
平面及立剖面图
连券窗剖面与立面图
连券窗与阳台
双券单柱窗
花瓣券窗两种
连券廊

仿罗马式建筑·柱式

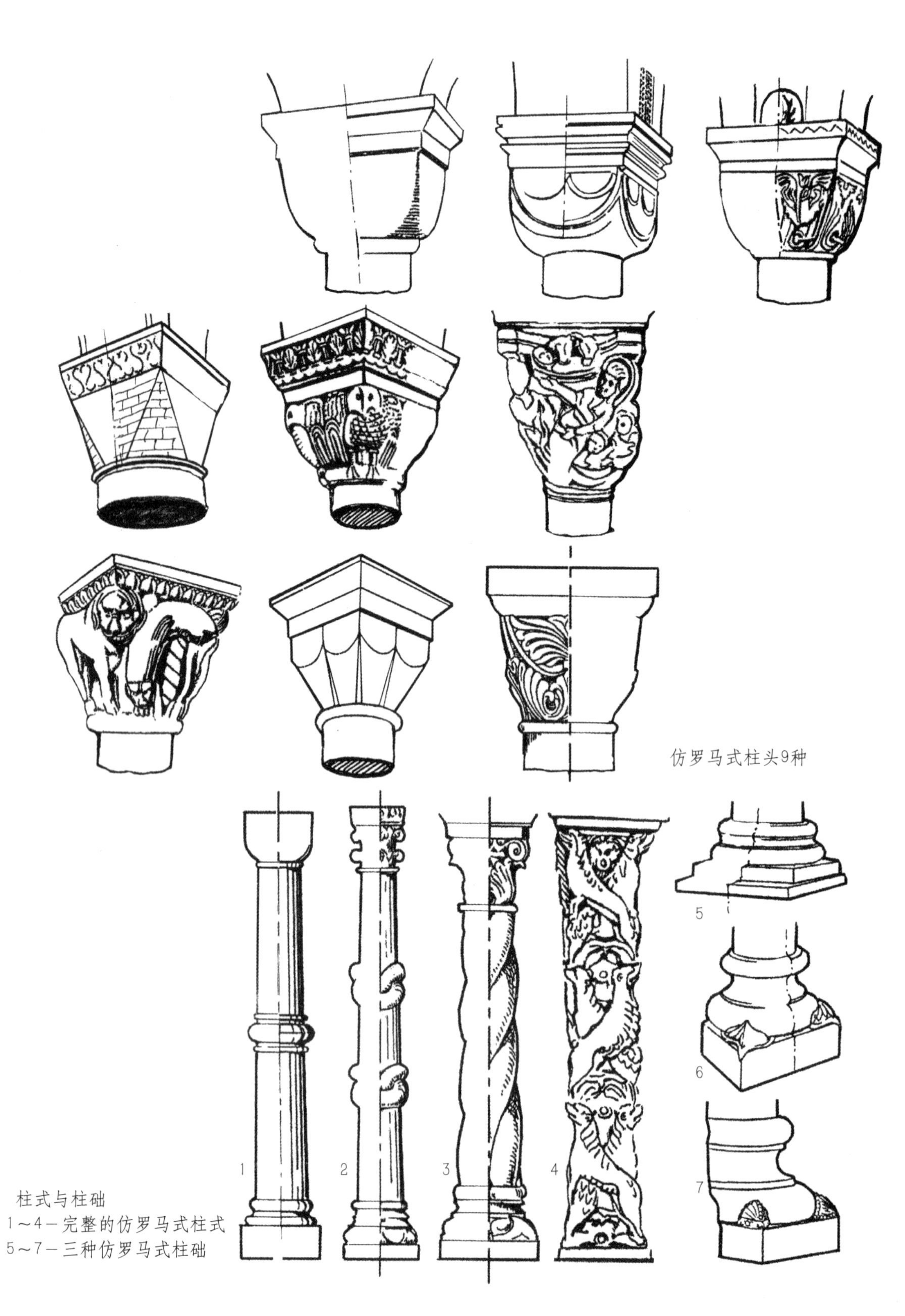

仿罗马式柱头9种

柱式与柱础
1～4－完整的仿罗马式柱式
5～7－三种仿罗马式柱础

仿罗马式建筑·柱式

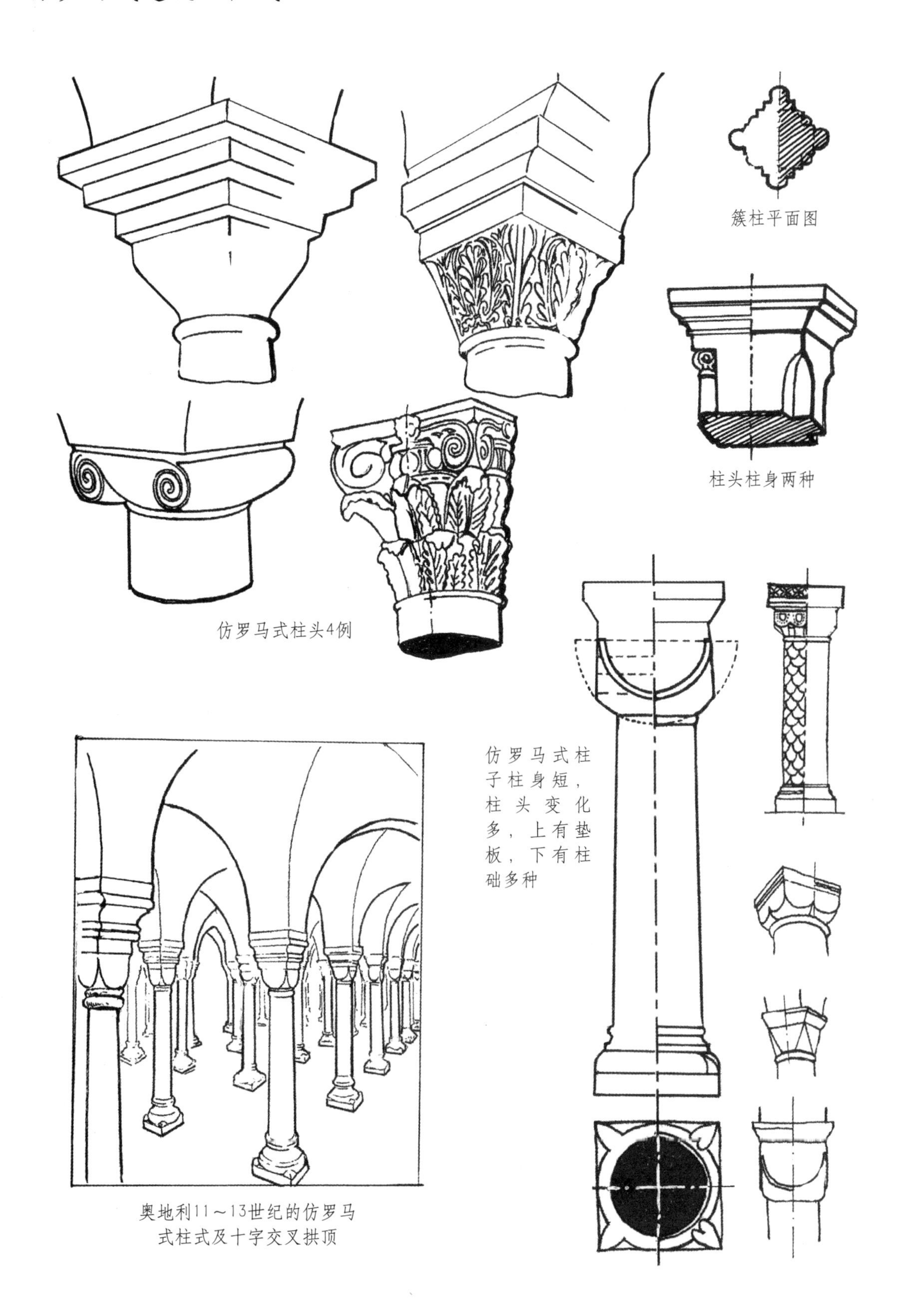

簇柱平面图

柱头柱身两种

仿罗马式柱头4例

仿罗马式柱子柱身短，柱头变化多，上有垫板，下有柱础多种

奥地利11～13世纪的仿罗马式柱式及十字交叉拱顶

仿罗马式建筑·建筑装饰（线脚表面雕饰及连续盲券）

仿罗马式建筑·法国此式建筑细部

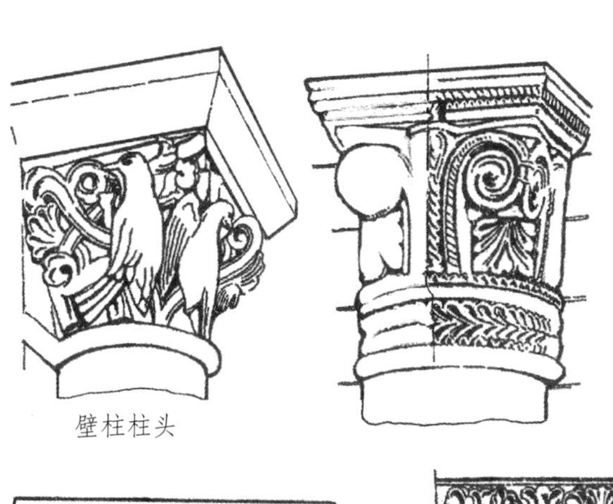

壁柱柱头

券中嵌板浮雕

单柱头

水平浮雕饰带

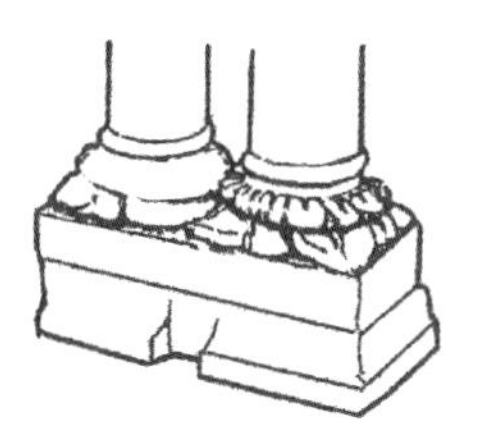

双柱共用柱座

双柱头

圆龛外墙壁柱与浮雕

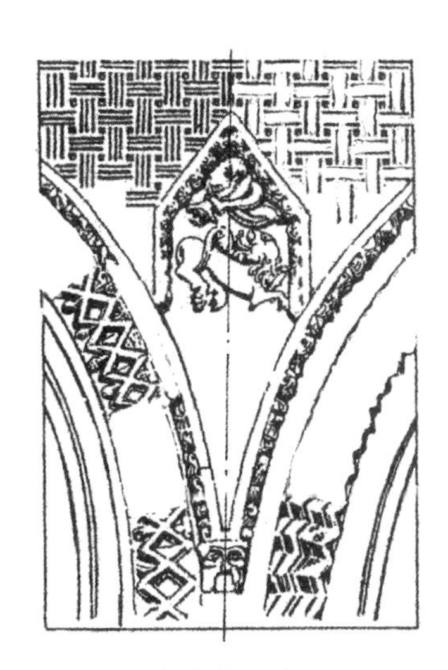

连券券脚上的雕饰

门外的独立有基座的柱式

券脚下的柱子两种

仿罗马式建筑·其他国家此式建筑细部

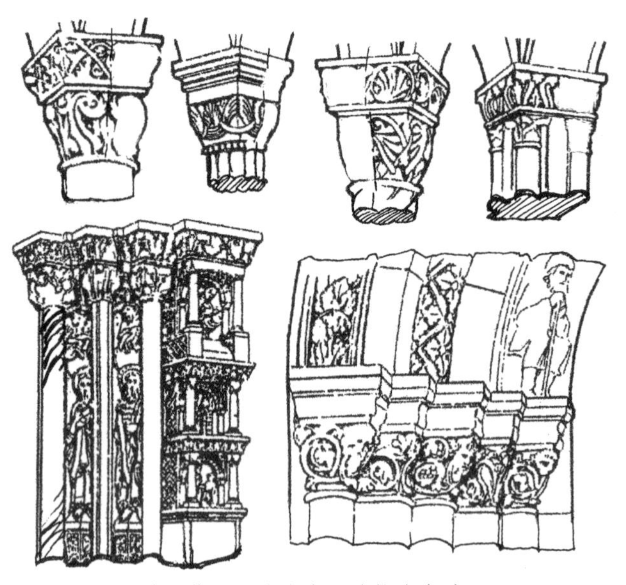

德国仿罗马式券脚下的柱头多种

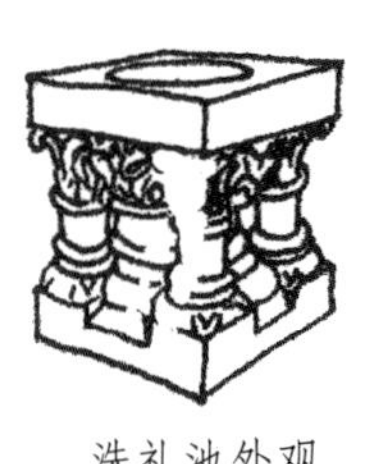

洗礼池外观

屋檐转角处的浮雕饰带

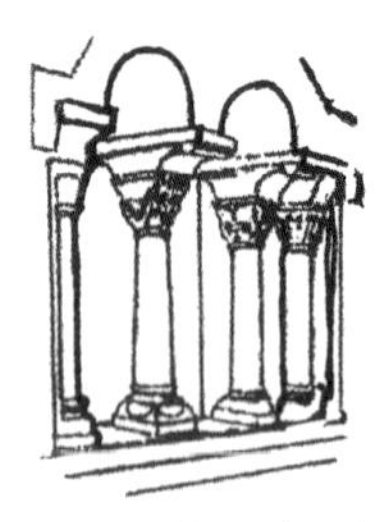

连券柱窗（德国）

意大利祭坛正立面图及侧剖面图

荷兰连券柱廊

带连券柱浮雕的洗礼盒（意大利）

仿罗马柱式

仿罗马式家具·各种坐具

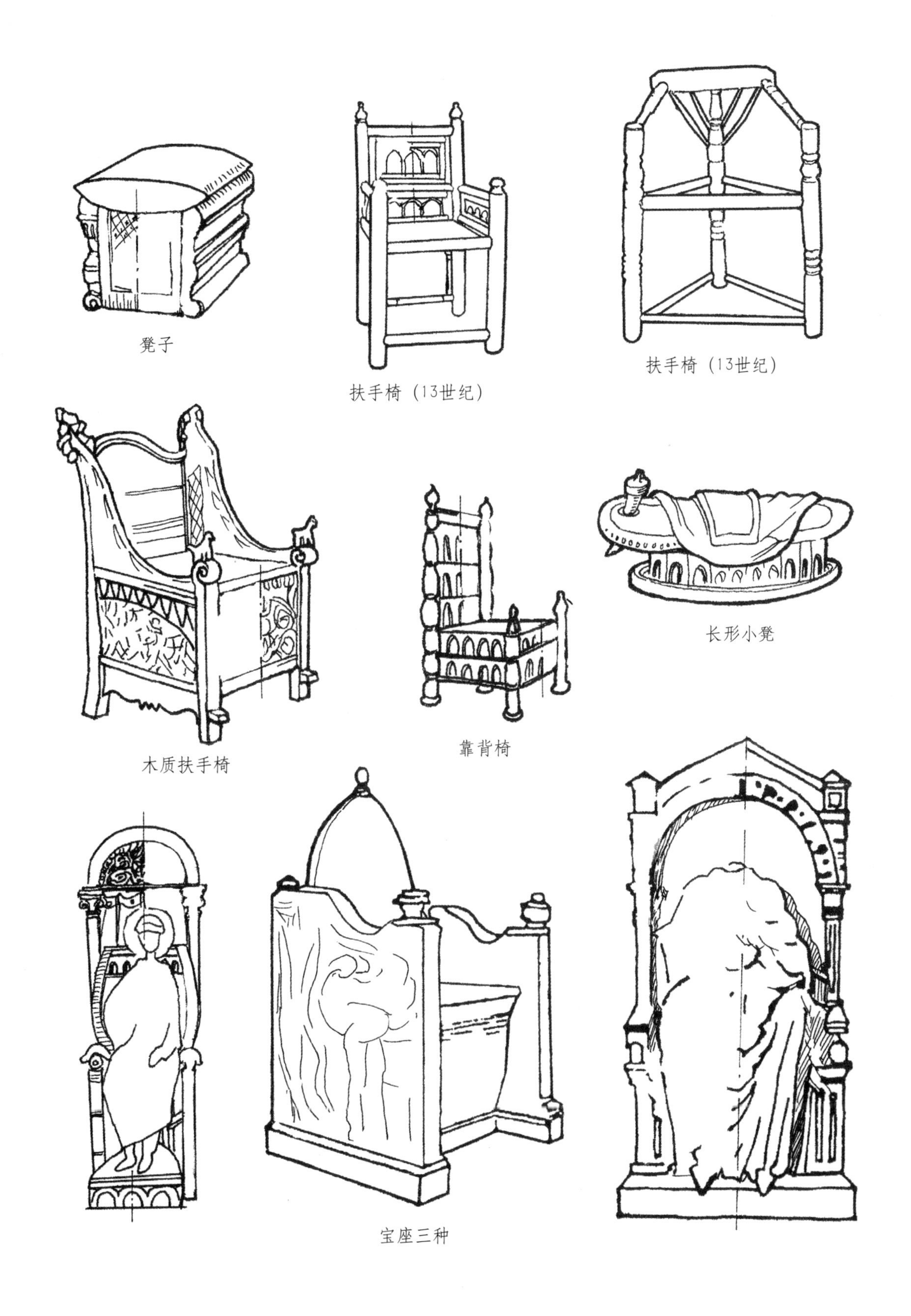

凳子
扶手椅（13世纪）
扶手椅（13世纪）
木质扶手椅
靠背椅
长形小凳
宝座三种

仿罗马式家具：扶手椅、讲坛、床榻、圣水池

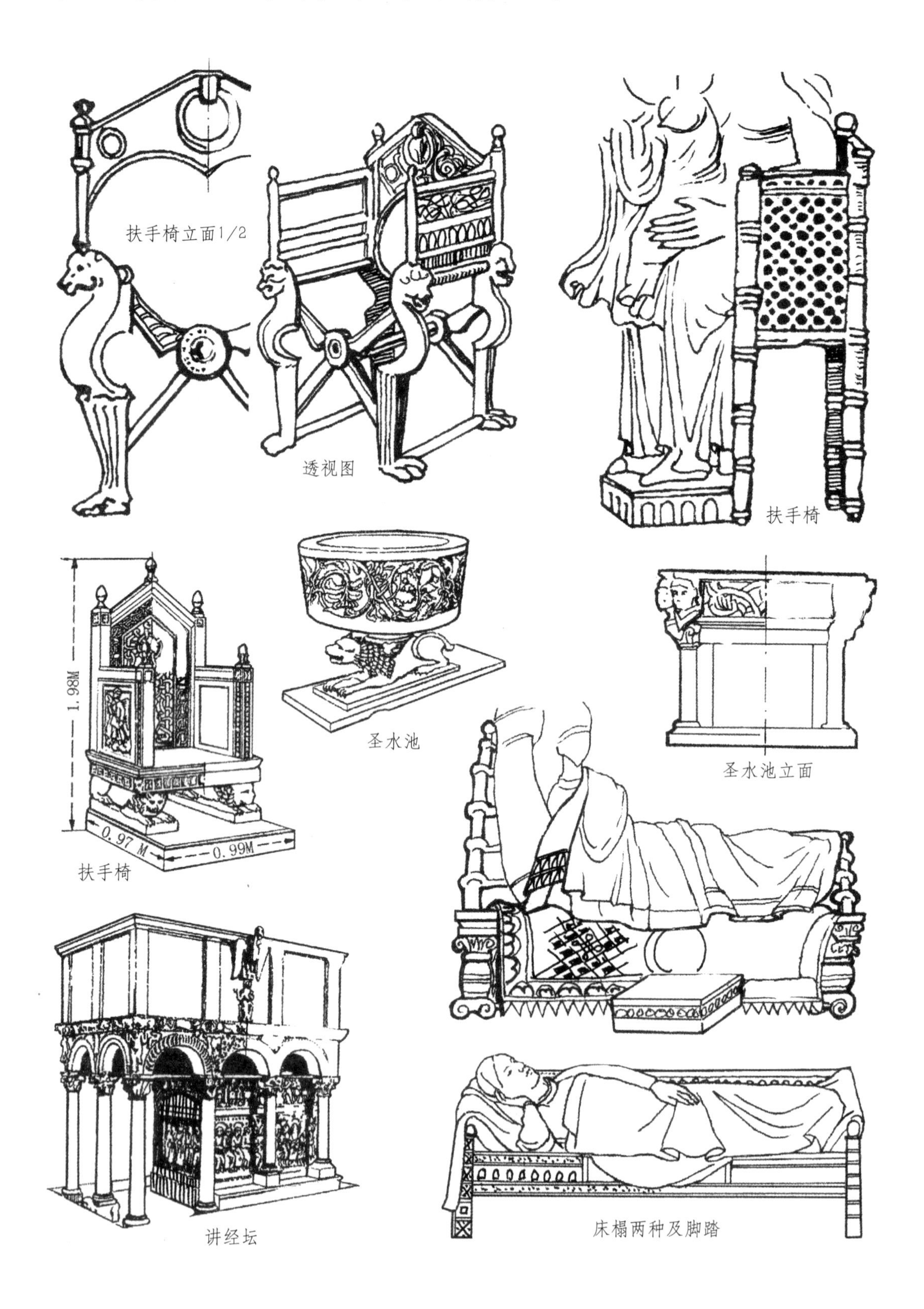

仿罗马式家具·各式箱、柜

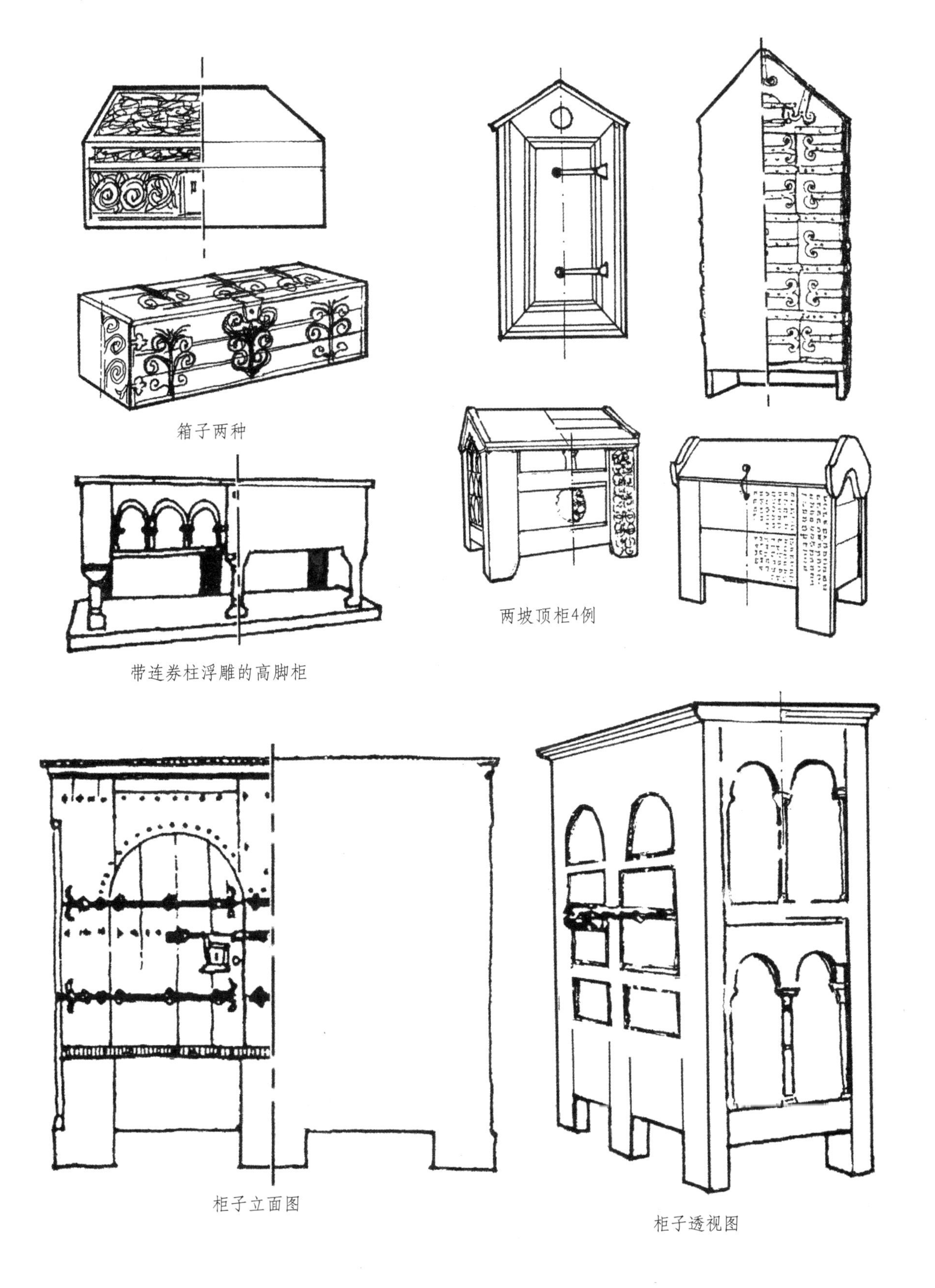

箱子两种

两坡顶柜4例

带连券柱浮雕的高脚柜

柜子立面图

柜子透视图

第12篇　哥特式建筑与家具
（公元12～16世纪）

在12世纪中叶，在法国仿罗马式建筑中，产生了用尖券、飞扶壁（飞券）、框架结构修造基督教堂的新方法。这种新型建筑是以垂直线、高大室内空间和跳跃飞升的动力感为设计的基本原则的，它正和古典建筑的“安定、平衡”法则相对立。因此，意大利人鄙视地称其为“哥蒂克”（Gothic，用当时被认为是“野蛮”民族的哥特人来称呼这种建筑）。这个称谓很不公正，实际应该叫“法国式”（因为是法国诺曼底人创造的建筑形式），法国人自己称它为“肋骨式”（Styl Ogival）。我国过去有人称其为“高直式”建筑。

1.总体建筑风格特点

建筑物犹如春笋，拔地而起，向上飞升，体现了教徒们“进入天国，接近上帝”的理想和愿望。由于使用簇柱、逐渐收缩的尖塔、尖券门窗和飞券等造型手段，造成强烈的升腾气势，创造出前所未有的室内空间高度和建筑物的绝对高度，是建筑发展史上的成功范例和建筑工程的奇迹。

2.建筑类型及特点

（1）教堂

当时由于宗教信仰达到空前狂热的程度，信徒们捐出大量的金钱并耗费巨大的精力，在建筑高大而华丽的教堂方面，表示虔诚和进行竞赛。

教堂平面基本型仍是拉丁十字形，多半有5～7个通廊，祭坛后面有花瓣形龛殿和回廊，还是高侧窗采光。它是以方形跨间和矩形跨间相结合的网格式平面，主通廊为矩形跨间，次通廊为方形跨间，采用高尖的尖券以减小拱的横推力。在室内顶棚建造中大量使用肋券，形成变化丰富的、既有结构意义又有很强装饰性的“花拱”：星纹肋拱、网纹肋拱、漏斗形肋拱、凹槽棱面拱、弓形肋条编结拱、扇形拱、花瓣拱和悬吊肋花拱等。

纵向式教堂有单通廊和双通廊的小型教堂。向心式教堂只是特例。

（2）世俗建筑

a.城堡、庄园、府邸——是封建贵族的生活用房，都具有封闭性和防卫性。城堡都有高围墙、护壕、吊桥、碉楼和箭楼等防御设施。门窗洞为尖券形。

庄园、府邸一层用尖券门窗及尖券连券柱廊，阳台有雕花栏杆（有哥特式特点），山墙多为阶梯形，用垛口、小塔尖和花格等作檐头装饰。一层室内顶棚为尖拱，多作为经济用房，二层客厅用井字格平顶，第三层为卧室。墙的护墙板（墙裙板）也强调垂直线，收口处为尖券形或小尖塔形，墙下部也有用大块石砌筑的，或绘出挂毯纹样。墙的上部为湿壁画，或白抹灰墙上悬挂盔甲、鹿角和旗幡。壁炉门上为瘦长梯形顶，上画湿壁画。有的在平顶棚下的墙上端画横向一条装饰画。顶棚一般为木质井字棚；有的是交叉拱顶，肋券和柱头涂金色，拱面涂蓝色；有的在拱面上嵌宝石或金球，犹如夜空中的繁星。有的也用彩色玻璃花窗。

b.民居——民居多采用木框架夹砌砖石的结构，以材料本色组成朴素的外观，屋顶坡度较大。少数民居在砖墙外抹白灰，并在木框架上加雕饰。室内装修简朴，没有高档陈设品。

个别府邸的外观也是这种木框架、白抹灰墙、陡峭坡顶的房子，顶层有阁楼和带尖顶的凸窗，房子较大、层数较多，楼层向外挑出。

c.城市建设——具有自发性质，没有规划。街道窄小、曲折，教堂是城中最高建筑物，其余房屋高只有两三层，房屋山墙多半面向街道，房屋是纵向式平面，底层为店铺或作坊，上层为起居间；有的还有地下室。街坊的布置，一种是按地形自由地安排；另一种是以市场或城堡为中心向四周发展。街坊是规则或不规则的周边式，或者是灵活布置。封建主除自己的住宅外，还有作坊、畜舍和仓库等附属建筑，佣人和侍从只能住在附属建筑内或庭院中。

d.医院、收容院——建筑外观形式与普通民居基本相同，只是平面布置不同和规模大些。

e.市政厅——多半是矩形平面，立面采用对称式构图。有的中央为一座高塔；有的屋顶有五座哥特式高塔，中央的又大又高，两侧的则矮小些，采用尖券形门窗，屋檐部分有哥特式垛口或小塔尖。塔身上有连续尖券柱和轮式花窗。矩形房子的屋顶多为坡度较大的四坡顶，有的上有尖顶凸窗。二层中央设阳台朝向广场，用来讲演。交易所也仿教堂建筑。

f.旅馆、学校、法院和市场——旅馆和学校建筑类似民居，也多为木框架夹砌砖石结构。法院建筑为陡峭的四坡顶，上有尖顶凸窗；檐部有哥特式装饰小尖塔。门窗洞由矩形演变成尖券形；有的一层为圆券形，二层以上为尖券形。还有专门的凸出的螺旋楼梯间（圆形或八角形柱体，最上为多棱尖锥形顶）。市场则是比较开放的木框架夹砌砖石的建筑。

3.建筑艺术

(1) 空间处理：将纵向拉长，横翼缩短，强调空间深度，宽度退居次要地位，形成窄而高的空间。教堂的宽高比为1：2.5～3.3。

(2) 突出垂直线：采用簇柱、拉高的尖券门窗、连续高券柱、瘦高的小尖塔等，强化了垂直线，造成高远的感觉。加上尖山墙、陡峭的坡顶、飞券体系、拉长柱头和将浮雕圆雕人物身子拉长等艺术处理，造成向上飞升的动势感。

(3) 强调深远：层层缩进的尖券门框，强调透视的幻觉效果。

(4) 分段式立面：室内立面上下的分划，早期为"四段式"(高侧窗、墙中窄回廊或称"栈道"、有三孔连券的挑廊、尖券连券柱)，后期由于增高尖券连券柱，删除不实用的挑廊，而变成了"三段式"构图。

(5) 高侧窗采光：采用主通廊顶部两侧的高侧窗和侧廊外侧上部的高侧窗采光。主通廊屋顶为两坡顶，两侧的次通廊屋顶为单坡顶(侧面有2～3个单坡顶)。

(6) 突出高与直：塔身和小尖塔下宽上窄，逐渐收缩，犹如竹笋，强调了建筑物的宏伟、高大。

(7) 飞扶壁：为使高大的教堂安全、坚固，在侧廊外侧及顶部，加建"飞扶壁"(飞券)体系来确保，既有结构意义，又增强了升腾的艺术效果。

在公元1145年，改建巴黎圣丹尼斯(S.Denis)教堂的歌坛时，首次使用飞券，因此一般认为这是哥特式建筑的起始。高大多通廊的教堂采用2~3层的重叠飞券，主廊拱顶的横推力可以抵消，主廊下的立柱仅承受垂直向的压力；侧廊拱顶的横推力也由飞券的券、立柱和镇脚塔抵消。

(8) 簇柱形粗柱：簇柱由地面钻出向上与拱顶的肋券相连，造成向上急剧飞升的动力感。

(9) 神秘感：高大的尖券窗镶装彩色玻璃画，造成神秘感，这正符合当时宗教思想的要求。

(10) 窗棂：尖券窗的窗棂形式多样，主要的有三种：垂直式、火焰式和花瓣式。

(11) 玫瑰花窗：教堂正立面中部多半有"玫瑰花窗"(也叫"轮式花窗"，也有轮廓为菱形的)。

(12) 塔尖：在飞券立柱顶部，往往雕成紫罗兰花式或十字形花束的塔尖，上面有"蟹状"浮雕。檐部有滴水饰件(禽与兽雕)、柱头上雕刻丰富。在尖券窗顶部及阳台栏杆上，常用圆弧形石条组成三瓣或四瓣花形；或用大小不同的圆弧形石条交织成花格，也有的是用半圆弧和1/4圆弧形石条构成花格。

4.都铎风格建筑之特点

都铎风格(Tudor Style)是于公元16世纪上半叶英国都铎王朝时期，在英国出现的从哥特式建筑向文艺复兴建筑过渡的建筑风格，它与哥特式建筑不完全相同，但具有一些相同的元素。同时，又具备一些文艺复兴建筑的要素。

(1) 外观特征

在一些庄园、府邸建筑的立面设计中，开始时追求对称式构图，后来不讲究对称了。立面的顶部都有女儿墙，墙头是垛口；不论是方塔、八角形塔，还是平顶，女儿墙都向外出挑，并且下面由连续盲券式托拱与下面墙身相连；或者是明显的水平向线脚。方塔或多棱塔在女儿墙的转角处多建成圆柱形小塔楼(顶部是小圆顶或垛口)，有的屋顶有烟囱。朝向正面的山墙顶部及左右两下角处有小尖塔。分划楼层的水平腰线比较明显。门窗洞起初为尖券形；后来则用矩形(横楣梁，有装饰框线)，并且窗洞加大、窗间墙变窄。

在用材上，受荷兰影响，多用红砖砌墙，灰缝较宽。而用灰白色石头砌檐顶、腰线、窗框等。柱子较少用。

(2) 室内造型与装饰特征

室内顶棚，一种是用三合土灰泥塑出由直线和曲线构成的网格状平顶，每个格子中间是悬垂的钟乳石状装饰。另一种则是用在重要厅堂的"悬锤式木屋架顶棚"：纵向顶棚的中央部分，由一系列平缓的木尖拱(类似船背形券)支承上部的木板平顶棚；两侧则由相对应的弧形木托拱与中央的木尖券券脚相接；相接点向下是垂花装饰(形如锤头)。

室内墙面，起初用深色木墙裙，上刻浅浮雕。门洞、壁炉口也是平缓的尖券形，后来采用水平楣梁。后期，墙面用湿壁画装饰，或在墙上悬挂盔甲、剑戟、兽头、鹿角或人像画。顶棚则作蓝色抹灰底色，上画金色玫瑰花。

都铎风格的建筑在英国以外的欧洲，具有一定的影响力，在用材上不完全与英国相同，在细部装饰上也有一定差异。

5.装饰手法与特点

哥特式建筑的装饰手法，外部主要有三种：一是砌石艺趣(凹凸起伏的线脚、纹饰等)；二是浮雕(几何纹、动植物纹、圣经故事人物)；三是有的正立面上有彩石镶嵌画。

内部的装饰手法有五种：一是浮雕(柱头、券脚、拱心、门楣及歌坛等处)；二是彩色玻璃画(纹样、圣经人物、宗教故事、景物等)；三是在某些墙面或券身上有彩石镶嵌画；四是在墙上画湿壁画(宗教故事)；五是在世俗建筑(城堡、庄园和府邸，市政厅与法院等)中，室内除悬挂兽头、盔甲、武器等之外，还有表现历史事件和家族兴盛的挂毯。

早期的人物浮雕神情呆板。柱头上的浮雕是非常写实的橡树叶、洋白菜叶、葡萄或草莓等。门、窗和栏杆上多用几何形纹饰。

6.建材

哥特式建筑的建造用材，教堂建筑主要用石材、木板及彩色玻璃、铁件。

世俗性建筑的用材有黏土砖、石材、木材玻璃和铁件等。

7.哥特式家具

(1) 家具品种

a.坐具——三腿凳（有枨）、四脚八叉长凳、靠背椅（四条直腿或弯腿的，三条腿的，形似交椅、不能折叠的高靠背“X形椅”）、普通扶手椅、带罩顶的扶手椅、带顶子的双人椅和宝座等。

b.箱与柜——平顶矩形箱（亦当凳子、桌子和床用）、有腿的箱子、矮柜、高脚的碗碟柜（餐具柜）、双层柜橱（门中间有抽屉）、长条形木箱、带扁铁加固件的高柜等。最初的箱子是用一段原木挖空制成的，切一片树干做盖子。后来用木板制成格架，再后于公元12世纪加上门扇成为柜子。还有仿建筑造型的柜子。

c.桌子——有四腿方桌和矩形桌、有枨并加楔子的板式腿桌子、十字腿的桌子，还有桌面为圆形或多角形下边为单立柱式腿的桌子，供桌，活面桌和随意移动的斜面箱形桌。有的桌子有抽屉；有的则没有抽屉，只有桌膛。

d.卧具——有带床头和床尾的四腿床、床头上部有罩的床、床头有板壁的带篷床、挂帷幔的床等。

e.脚踏与坐垫——木质脚踏是与高靠背扶手椅或宝座配套使用的。坐垫有的是活的，有亚麻布包棉花的，也有用灯芯草编成的。固定的软包座面是皮革或织物做面料，里为棉或麻絮。

(2) 造型特点与装饰

a.凳子造型简洁，是外撇腿。靠背椅方座面的居多，主要在靠背上采用哥特式建筑的造型元素：垂直木条及三瓣花形、尖券形收顶，并加有百合花或紫罗兰花小雕饰；或圆靠背形似轮式花窗。在前腿正面有三瓣券浮雕，在腿和座面板之间加有由圆弧组成的哥特式花牙子。腿与地面接触处为方头或箭头形、方座上面收缩的造型。扶手椅靠背为三瓣券形，扶手横木板下有连续尖券柱支承；望板处也做成连续尖券形。高靠背扶手椅，有的靠背板上刻有哥特式窗棂浮雕；还有的在靠背板顶端加上垂花罩；也有的在靠背板和前望板上，刻有“衣褶”浮雕。双人椅座面为六边形，腿与望板造型简洁，三面有背板，背板上部为垂花罩和六角形冠顶。

b.长条矮箱多半有四条宽板腿，两个侧面（窄边）一般来讲无装饰，而正面长边板上有装饰：一种是刻有连续尖券浮雕；另一种是用一些带涡卷的扁铁和钉头作装饰。箱盖是向上翻开的。长条形的高脚柜，下面为四条宽板形腿，或板式腿正面加牙板，两侧窄边无装饰；正面长边柜身上有哥特式浮雕（连续尖券、百合花等）并开设两扇门。还有一种带扁铁装饰条的立柜，中间上下有两扇门，门扇上雕出通风孔（是盛放餐具用的）。

c.桌子台面出挑较多，腿有板式腿（上有尖券形浮雕）、镶板腿（上有“衣褶”浮雕）、侧板上有壁柱和葡萄浮雕的写字台。还有板式腿加枨的桌子、十字交叉板式腿桌子。

d.床的样式较多：一是四条腿向上伸出，端部为尖塔形，床头镶板上部及浮雕是哥特式的，床尾板是带尖券的弧形板，腿下部是方座形。二是床头板较高，上加斜向上挑的罩板，由两条与床头板相连的竖围板支承，床尾板较矮。三是带棚顶的床，床尾部分有两根立柱支承顶棚，床头的两立柱之间用镶板封上；顶棚四面望板上有浮雕，腿下是方座。四是上有圆拱形棚板、床头有板壁支承、床尾壁板中间镂雕连续尖券柱、床两侧有围板，腿为条板形，板壁、围板上有浮雕。五是可挂帷幔的床，床头板两边柱顶有松塔形雕饰，三面有雕花栏板，正面两边有栏板、中间没有，腿为圆柱形，下为扩大的圆柱座；上面由天棚吊下铁棚架，用来悬挂帷幔。

(3) 使用材料及构造

a.哥特式家具的制作用材——主要是木材（橡木居多，还有椴木、胡桃木、松木、冷杉、梨木、柏木、苹果木等），还有石材（大理石、石膏石，用来雕刻宝座）、金属（铁、银、铜等）、亚麻、棉絮、灯芯草和兽皮等。

b.哥特式家具的结构作法——凳腿是木条削尖后插入座板再加楔固定；最初的箱子是将一段原木挖空做箱体，加铁条箍圈防裂；拼板做柜或箱子，再加铁件加固和装饰；柜门使用轴芯铰链；构件之间用榫卯接合后，再加木钉、铁钉固定榫头，不用胶粘；只用胶粘布料与皮革座面或护壁、靠背；三角形座面板、三条腿的椅子，后腿与靠背立柱是一根整料，上加横板条做靠背；桌、长条凳的板式腿之间有木枨，枨子用透榫外伸加楔锁固；有的桌面板能拆装，有的桌子上部的箱体可移动位置。

(4) 装饰工艺

a.雕刻——在家具表面刻出浅浮雕，或镂刻出连续尖券、花格等。

b.彩绘——在家具木面上先覆以石膏层，再描绘、烫金，绘出卷草花纹、动物或骑士人物等。

c.髹漆——在家具外表一般用1～2种色漆涂饰，以防腐烂。

d.绘雕结合——有的家具表面既有雕刻花纹，又有彩绘图样。

e.木片镶嵌——在西班牙最先流行用各种颜色与纹理的木片，在家具表面拼镶出各种图案（花草、人物、文字等）。

复习题与思考题

1.哥特式建筑总的风格特点是什么？建筑类型有哪些？使用哪些建材？

2.哥特式建筑在建筑艺术上有哪些突出的特点？

3.都铎风格建筑有什么独特之处？

4.哥特式家具在品种、造型、装饰、用材、构造与工艺上有什么特点？

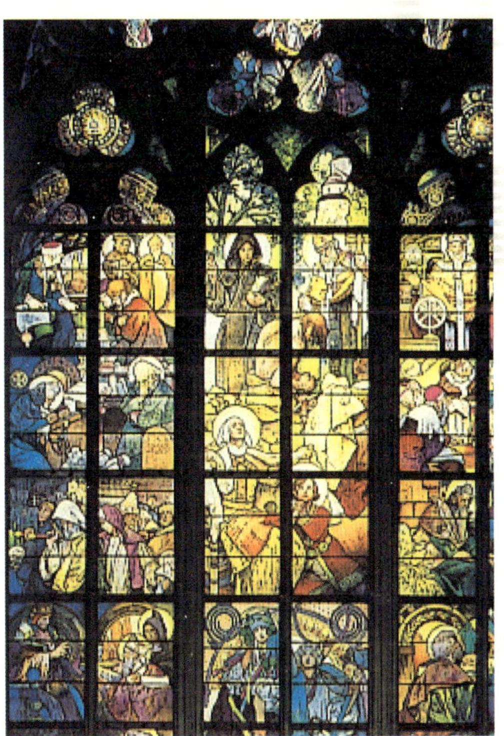

1	2
3	4

1. 哥特式教堂外观（捷克布拉格圣·维特教堂）
2. 法国巴黎圣母院（哥特式教堂）
3. 哥特式居室装修与家具陈设
4. 哥特式教堂内的彩色玻璃花窗

哥特式建筑·教堂平面图类型

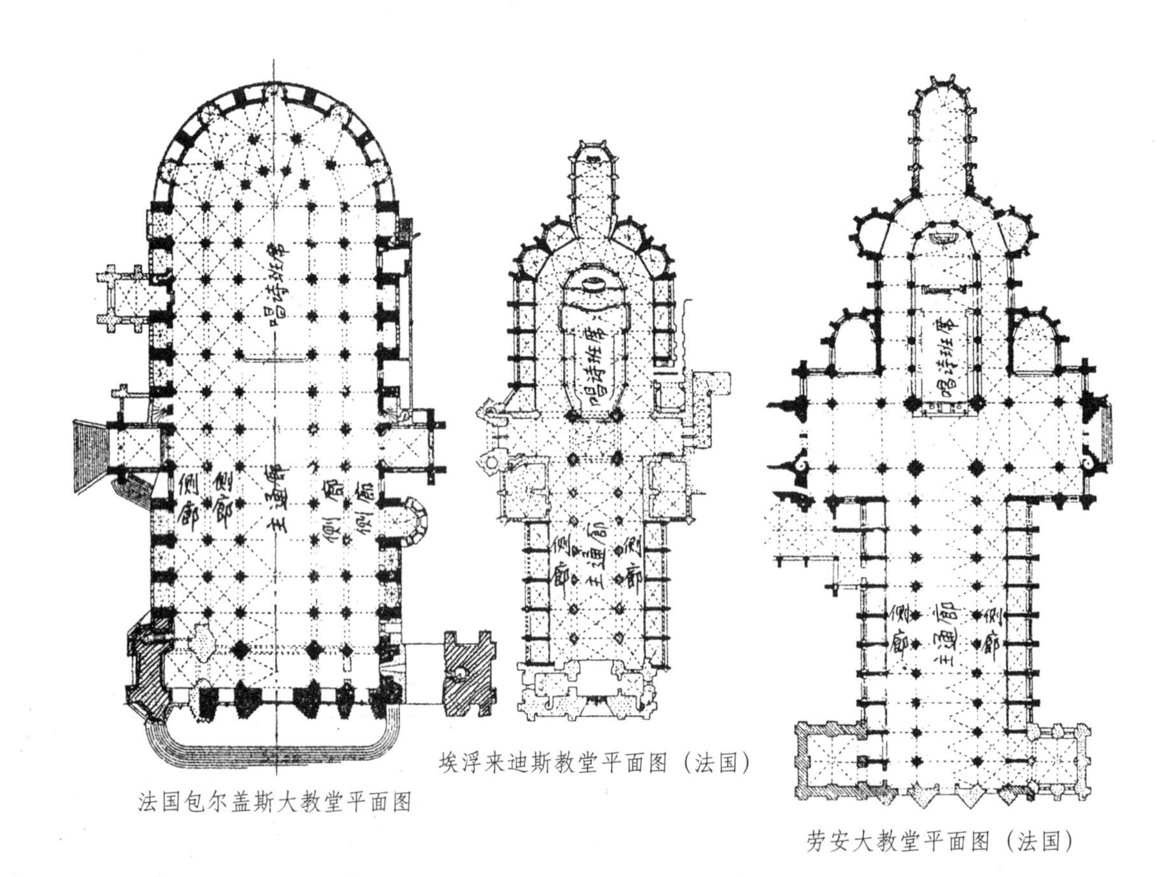

法国包尔盖斯大教堂平面图

埃浮来迪斯教堂平面图（法国）

劳安大教堂平面图（法国）

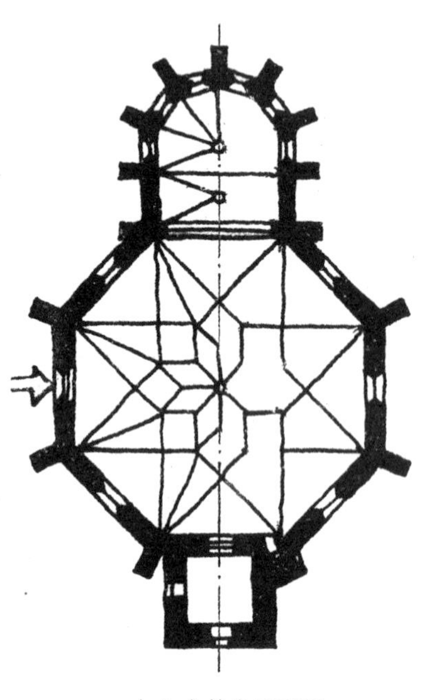

向心式教堂平面图

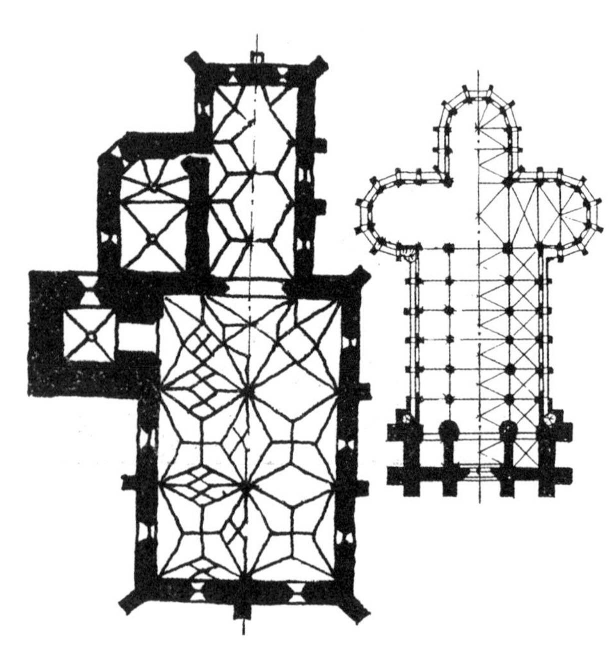

教堂平面图由矩形向拉丁十字形过渡

哥特式建筑·重要的教堂遗迹

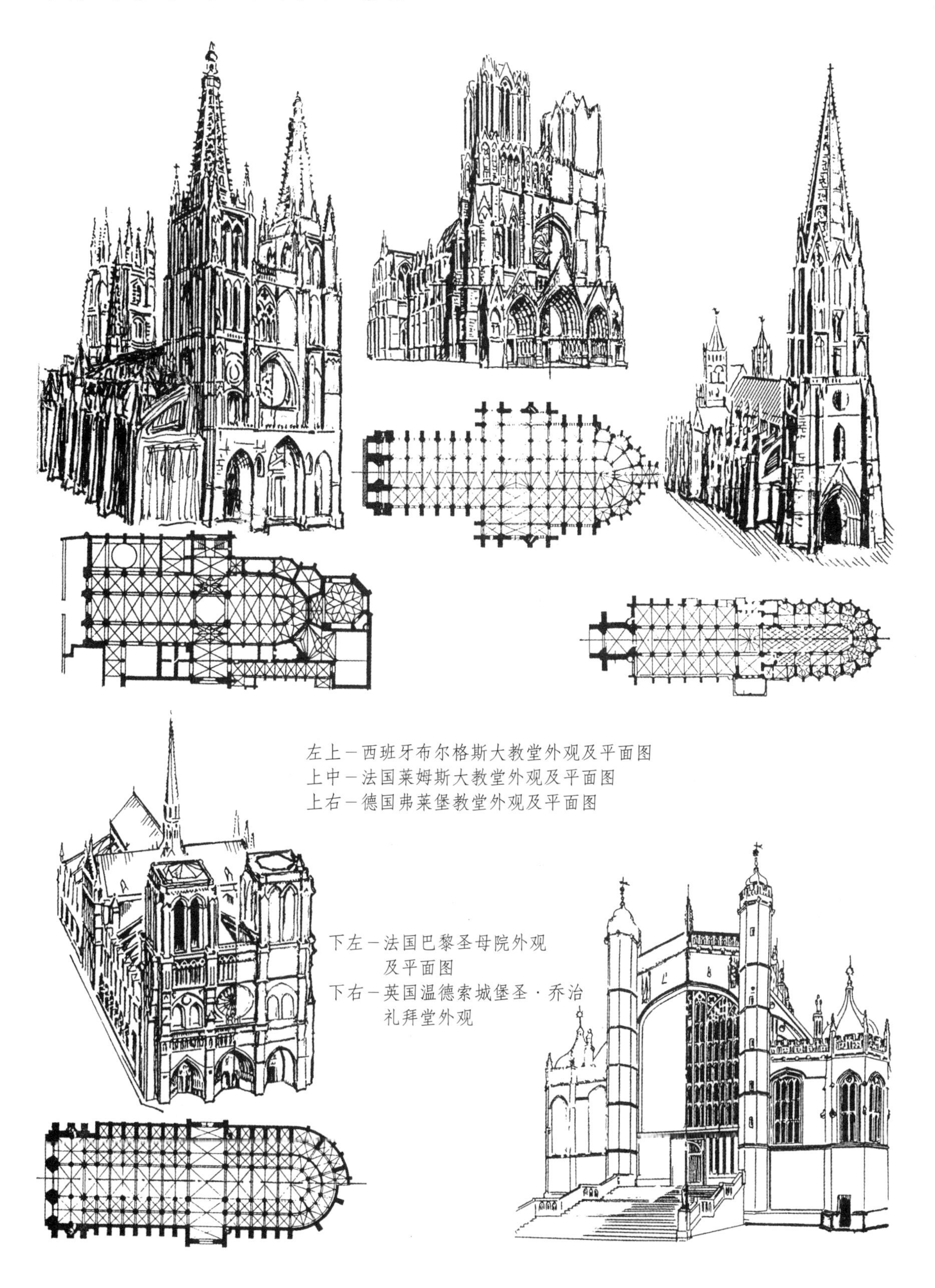

左上－西班牙布尔格斯大教堂外观及平面图
上中－法国莱姆斯大教堂外观及平面图
上右－德国弗莱堡教堂外观及平面图

下左－法国巴黎圣母院外观及平面图
下右－英国温德索城堡圣·乔治礼拜堂外观

哥特式建筑·重要的教堂遗迹

这是意大利境内唯一的纯哥特风格建筑

意大利米兰市大教堂外观（上）及内通廊透视图（下）

哥特式建筑·城堡与商业建筑

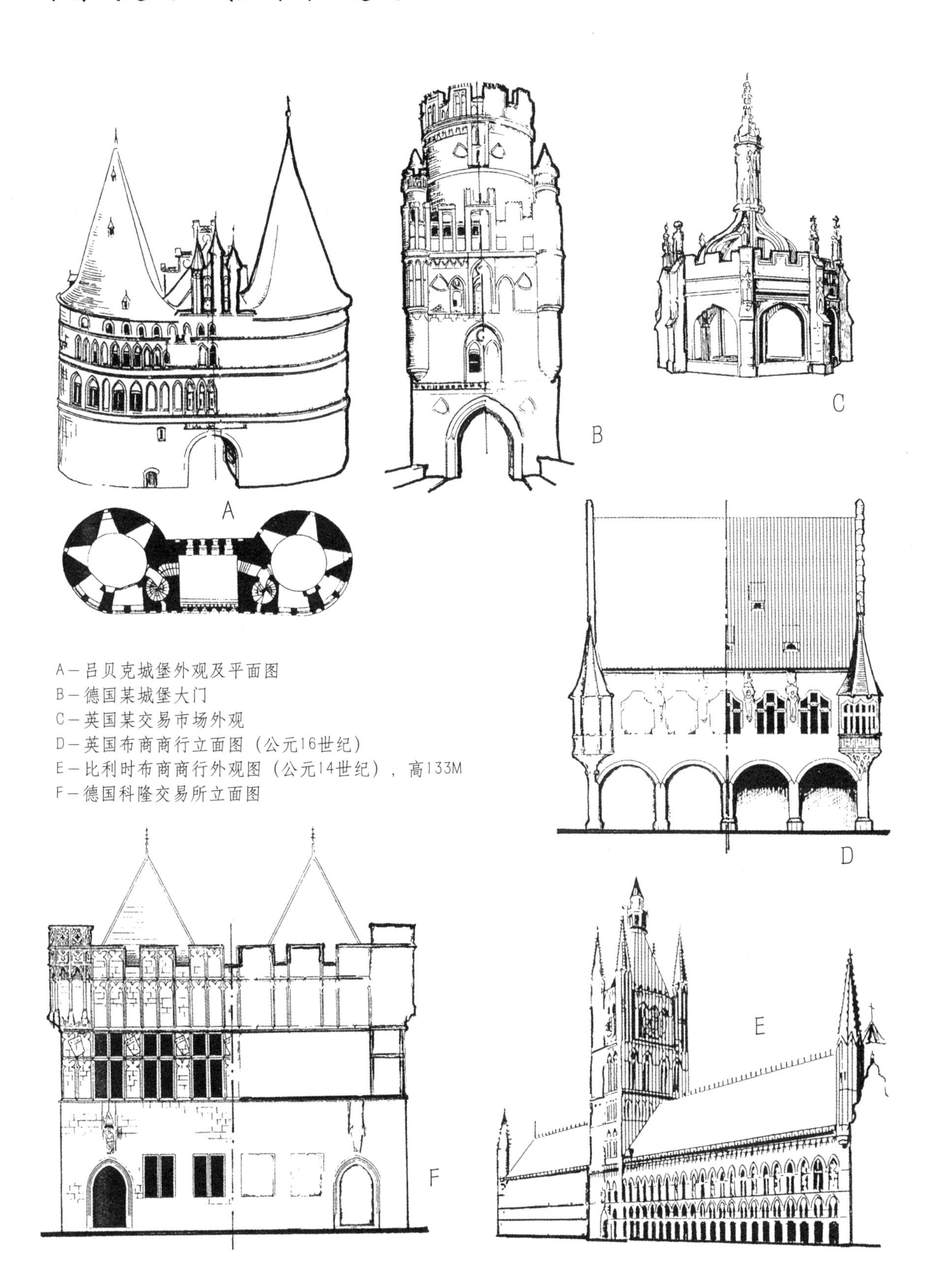

A—吕贝克城堡外观及平面图
B—德国某城堡大门
C—英国某交易市场外观
D—英国布商商行立面图（公元16世纪）
E—比利时布商商行外观图（公元14世纪），高133M
F—德国科隆交易所立面图

哥特式建筑·市政建筑

明斯特市政厅立面及平面图
(建于1335年)

德国某市政厅外观

英国某市政厅透视图

德国纽伊斯市钟楼

右－意大利沃尔拉市政厅外观
右下－意大利皮阿秦札市政厅外观
(仑巴底哥特式风格)

荷兰楼崴因市政厅外观图

哥特式建筑·比利时的市政厅

哥特式建筑·宫堡建筑

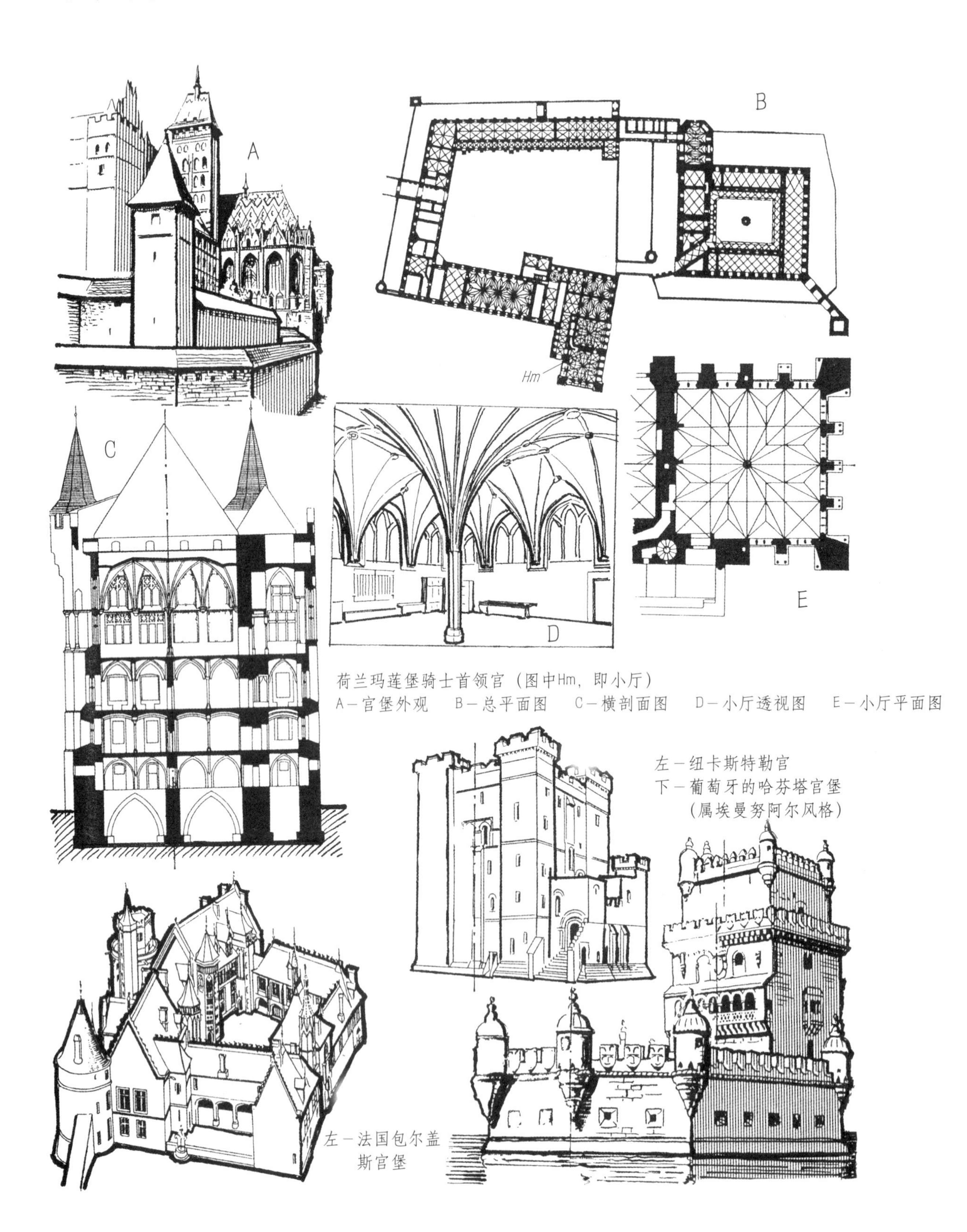

荷兰玛莲堡骑士首领官（图中Hm，即小厅）
A－宫堡外观　B－总平面图　C－横剖面图　D－小厅透视图　E－小厅平面图

左－纽卡斯特勒宫
下－葡萄牙的哈芬塔宫堡
（属埃曼努阿尔风格）

左－法国包尔盖
斯宫堡

哥特式建筑·重要的市政建筑

A—平面图
B—全景远眺

C—一层与二层连券廊近观
D—二层回廊透视图
E—一层柱廊的柱子及十字交叉拱顶
F—总督宫近观

哥特式建筑·民居与豪宅

A—15世纪典型桁架式民居立面图
B—意大利威尼斯比萨尼宫外观
C—意大利佛罗伦萨市比卡洛府邸外观
D—意大利威尼斯“黄金府邸”之外观形态

哥特式建筑·民用建筑

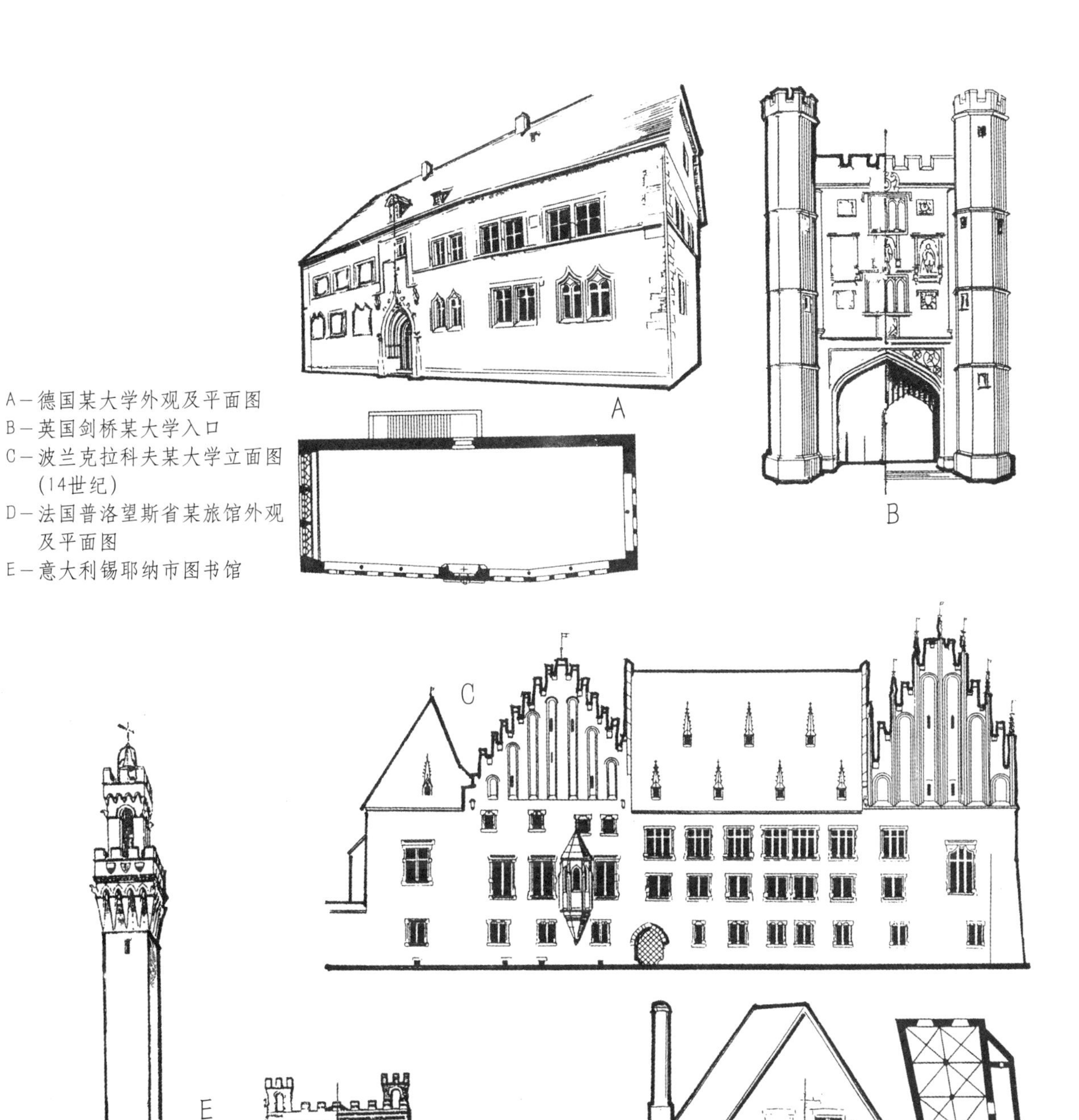

A—德国某大学外观及平面图
B—英国剑桥某大学入口
C—波兰克拉科夫某大学立面图（14世纪）
D—法国普洛望斯省某旅馆外观及平面图
E—意大利锡耶纳市图书馆

哥特式建筑·教堂大门的基本形式

教堂大门剖面与立面图（从左至右3种）

瑞典高特兰教堂大门

法国沙特尔大教堂的大门

德国科降教堂的入口

英国教堂的龛门

哥特式建筑·装饰型的教堂大门

西班牙教堂大门透视图

西班牙巴塞罗纳某教堂豪华大门

西班牙装饰华丽的大门

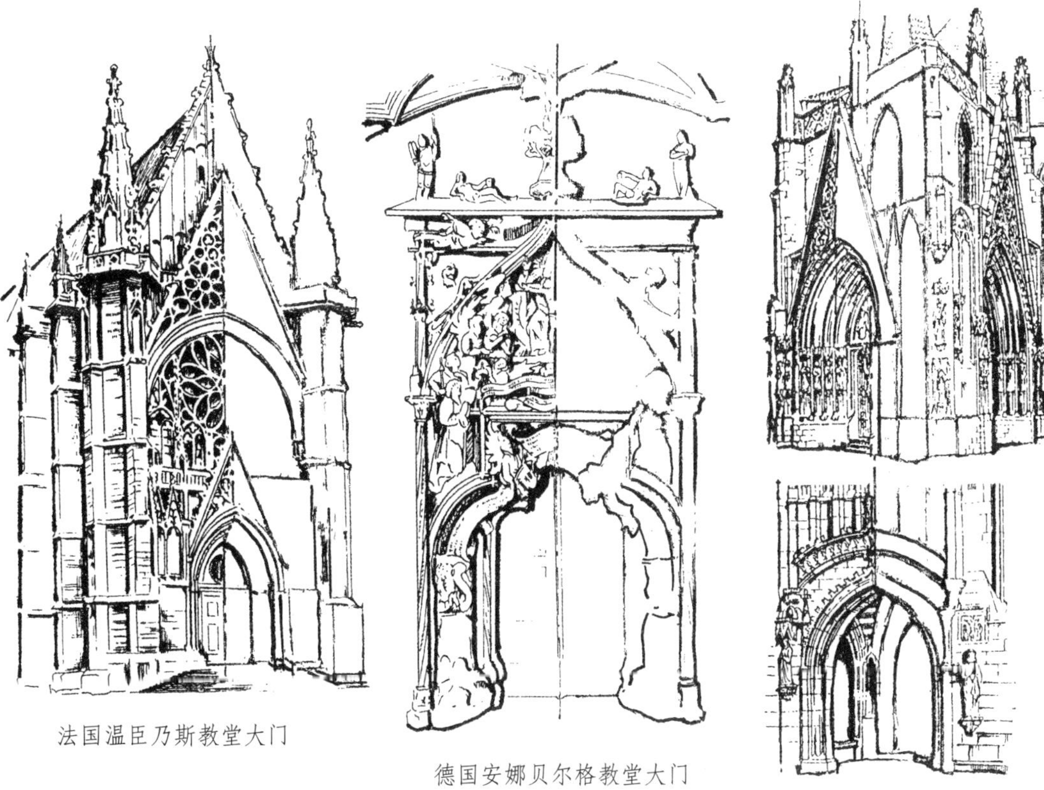

法国温臣乃斯教堂大门

德国安娜贝尔格教堂大门

德国两教堂的门（上两图）

哥特式建筑·拱顶的类别及变化

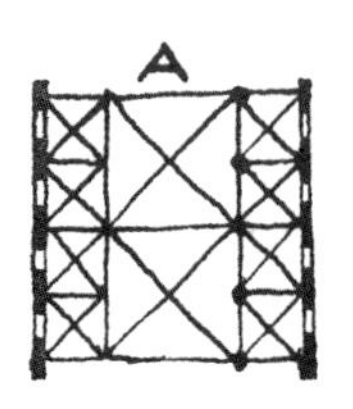

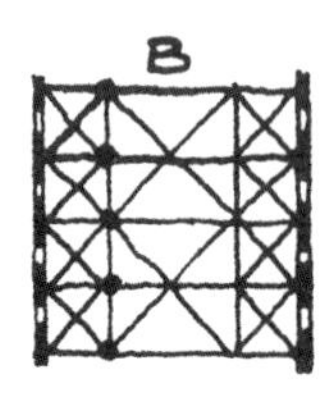

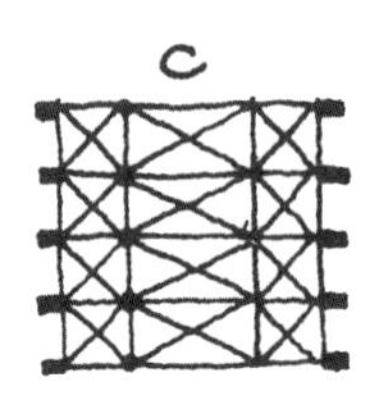

哥蒂克建筑空间组合的演变
A—罗马式的跨间结构
B—过渡时期的跨间，出现六肋券拱顶
C—哥蒂克的横通跨间

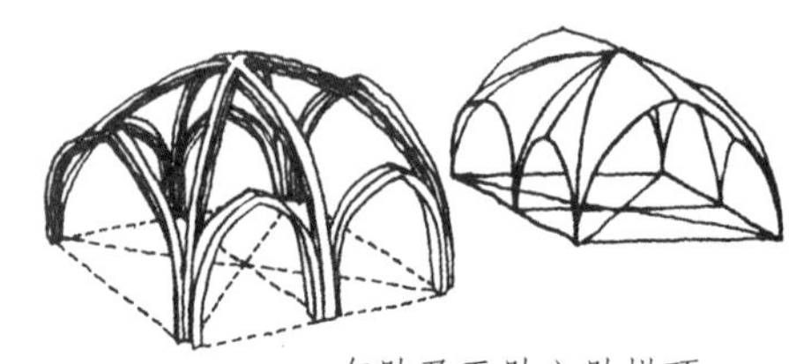

有肋及无肋六肋拱顶

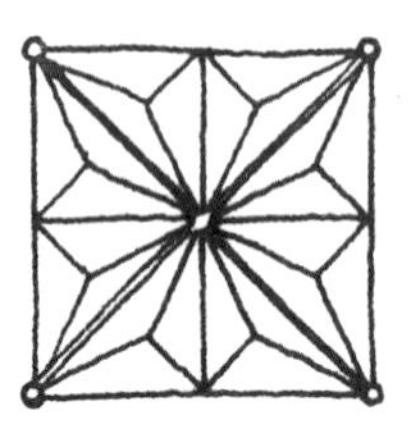
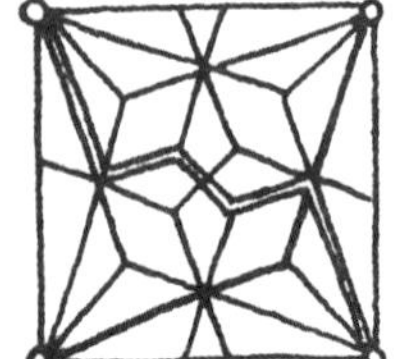

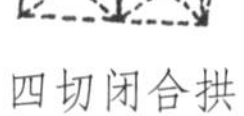

四切闭合拱

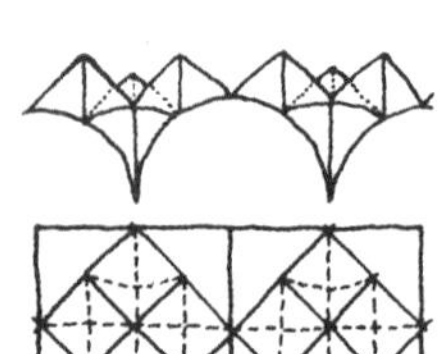

凹槽棱面拱（捷克）

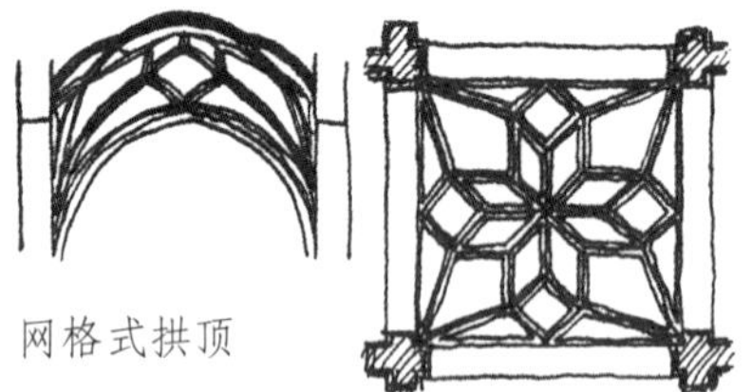
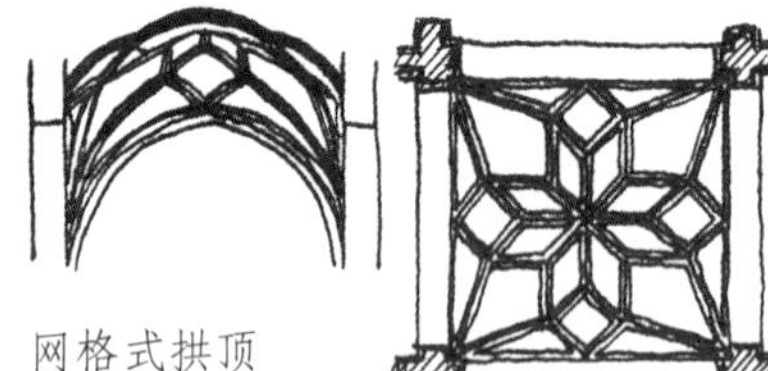

网格式拱顶

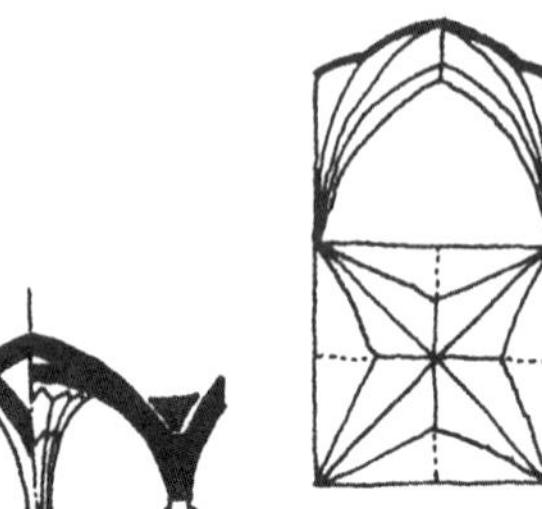

滴垂式拱顶（剖视图）

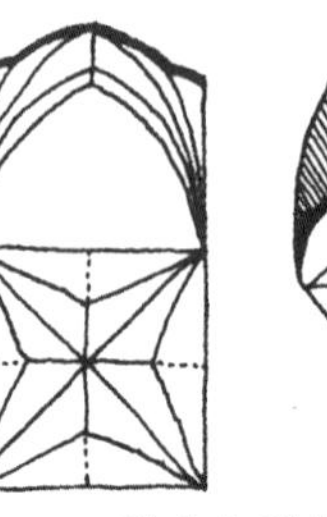
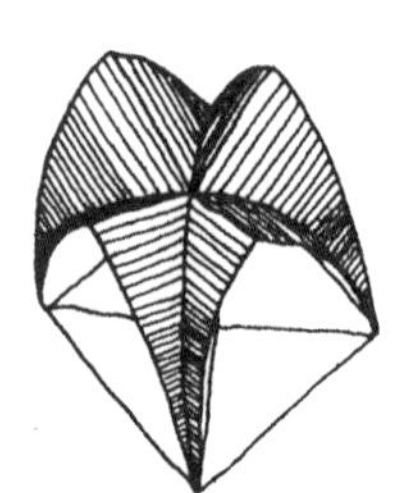

递升与递降交叉拱顶

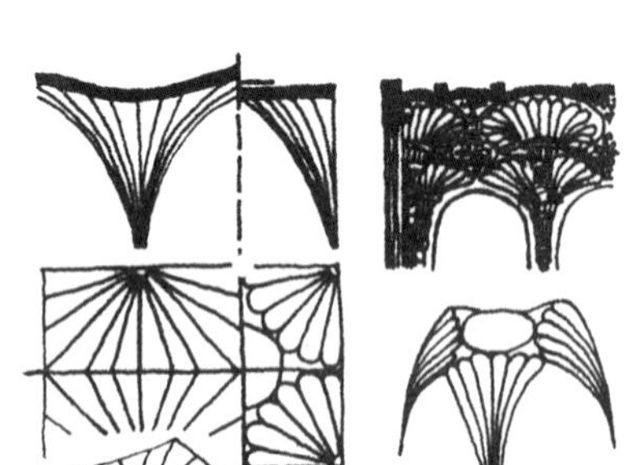
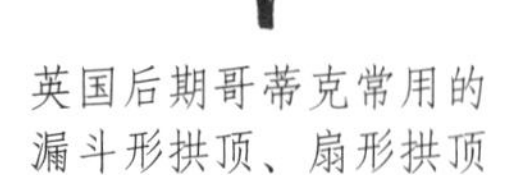

英国后期哥蒂克常用的
漏斗形拱顶、扇形拱顶

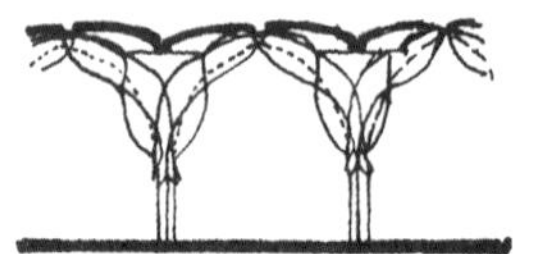

弓形编花拱顶及部分剖面（捷克）

哥特式建筑·十字交叉肋拱顶及编花肋拱顶

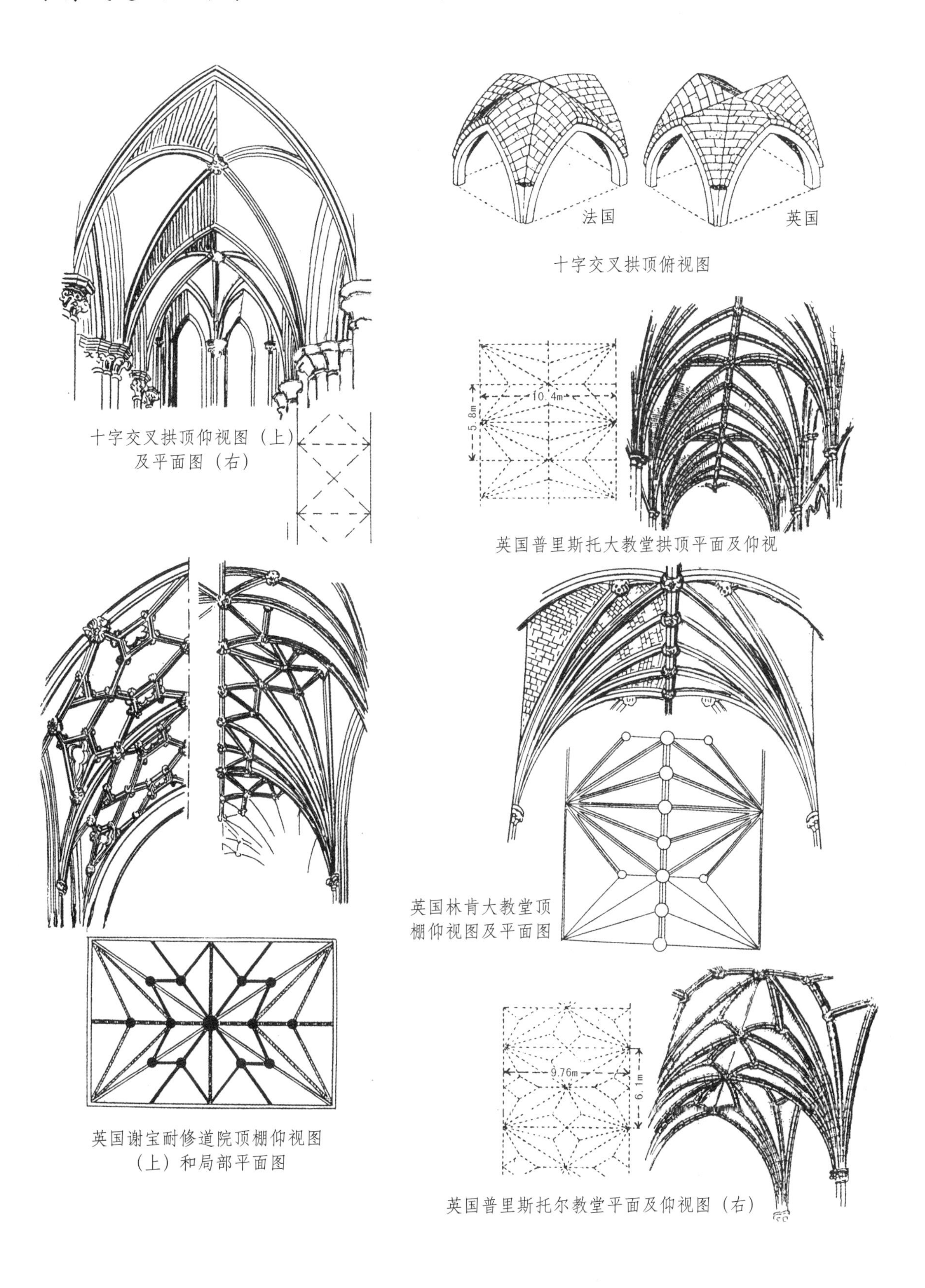

十字交叉拱顶俯视图

十字交叉拱顶仰视图（上）及平面图（右）

英国普里斯托大教堂拱顶平面及仰视

英国林肯大教堂顶棚仰视图及平面图

英国谢宝耐修道院顶棚仰视图（上）和局部平面图

英国普里斯托尔教堂平面及仰视图（右）

哥特式建筑 · 编花肋拱顶及漏斗形拱顶

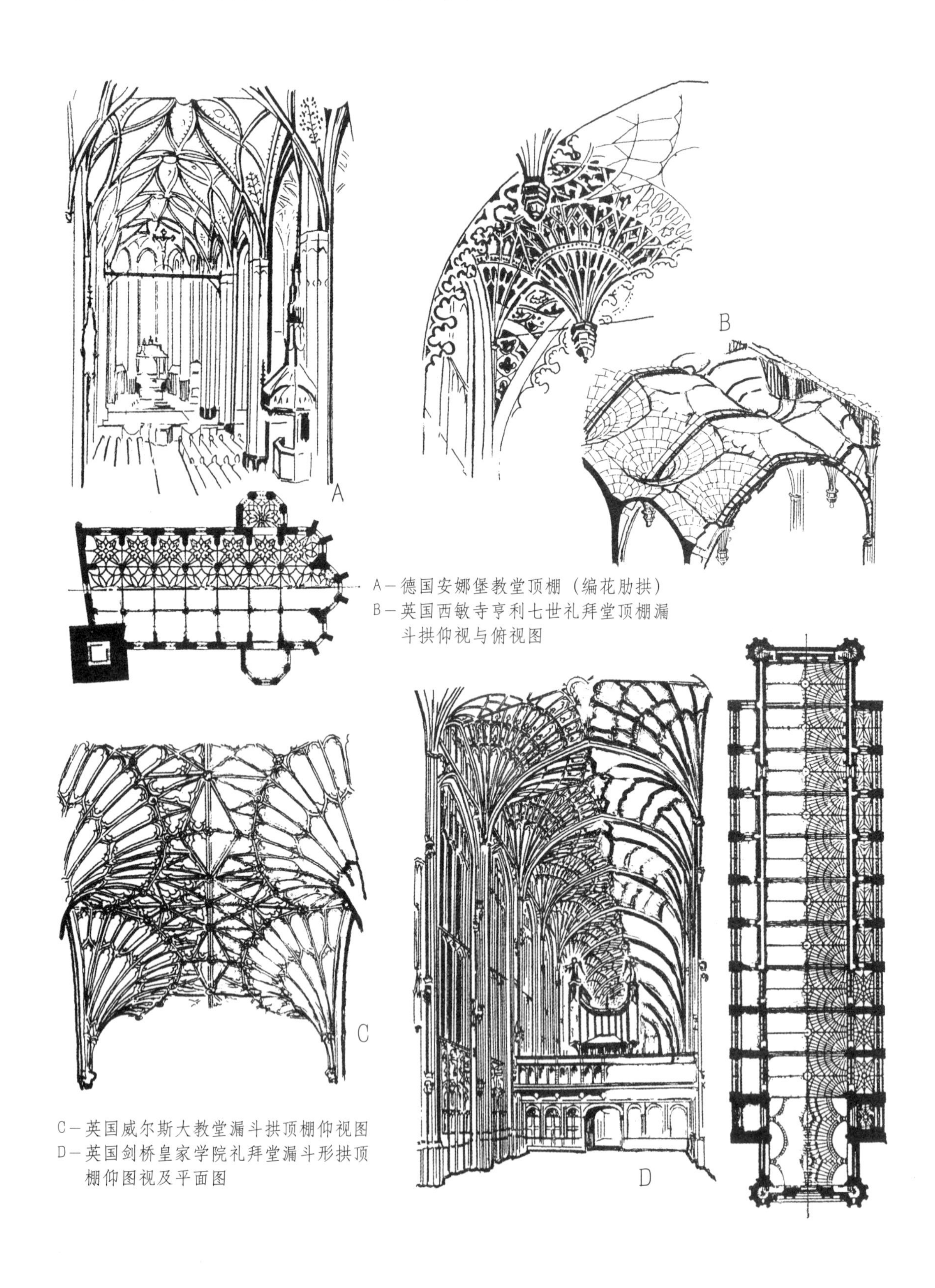

A—德国安娜堡教堂顶棚（编花肋拱）
B—英国西敏寺亨利七世礼拜堂顶棚漏斗拱仰视与俯视图

C—英国威尔斯大教堂漏斗拱顶棚仰视图
D—英国剑桥皇家学院礼拜堂漏斗形拱顶棚仰图视及平面图

哥特式建筑·教堂外观、室内顶棚

哥特式建筑·木顶棚的构造类型

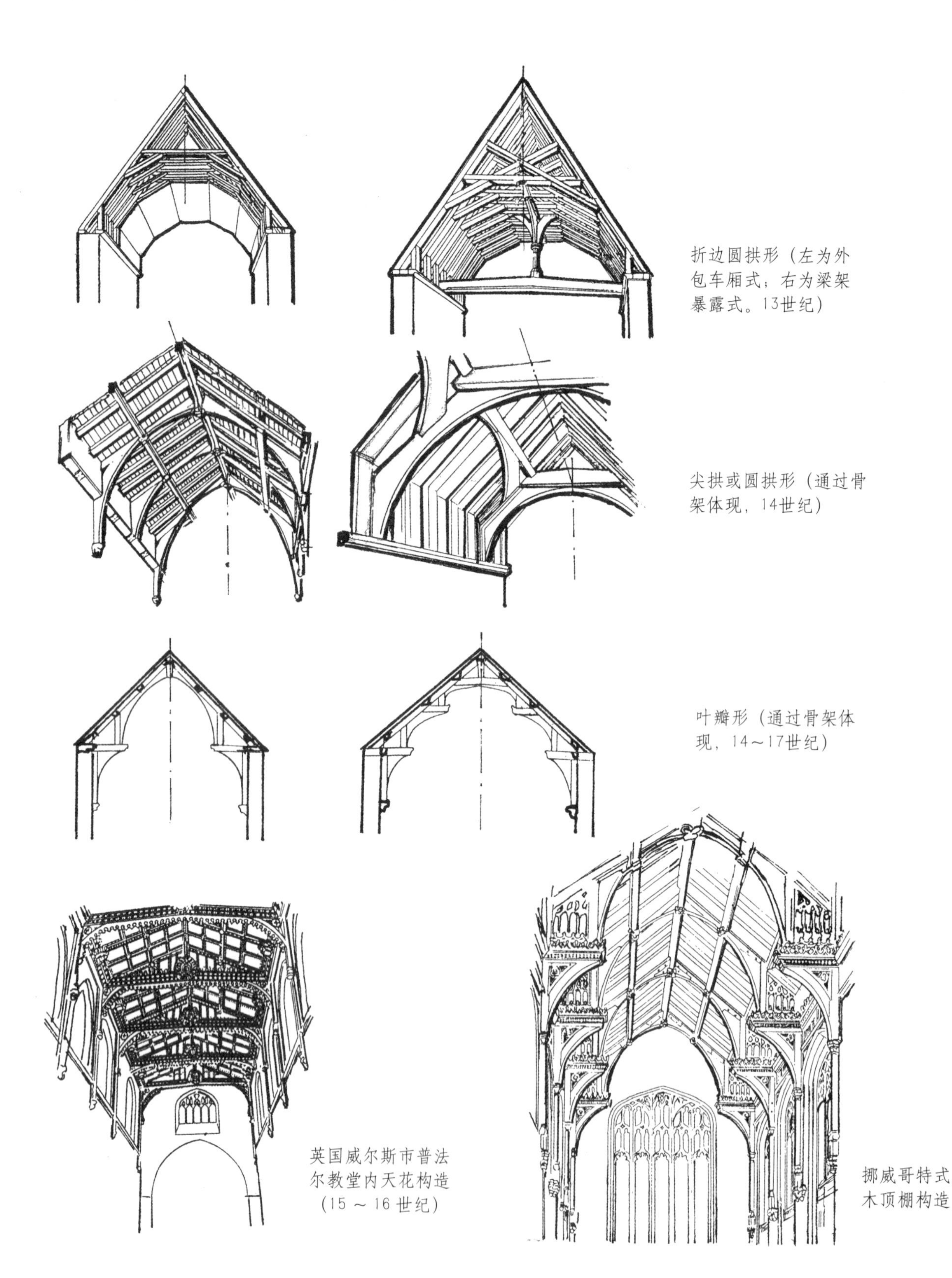

折边圆拱形（左为外包车厢式；右为梁架暴露式。13世纪）
尖拱或圆拱形（通过骨架体现，14世纪）
叶瓣形（通过骨架体现，14～17世纪）

英国威尔斯市普法尔教堂内天花构造（15～16世纪）

挪威哥特式木顶棚构造

哥特式建筑·塔顶型式

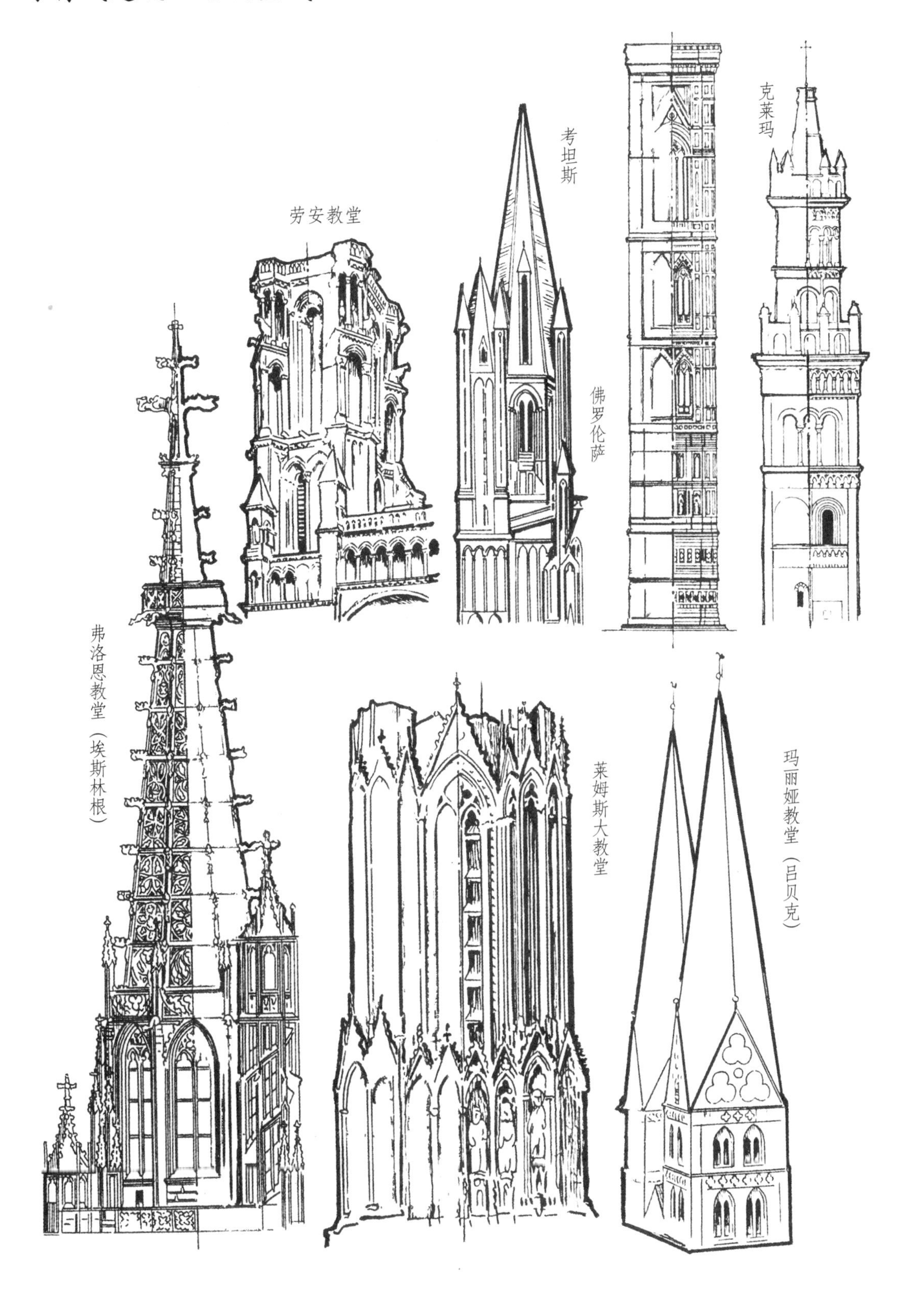

哥特式建筑·教堂建筑的细部

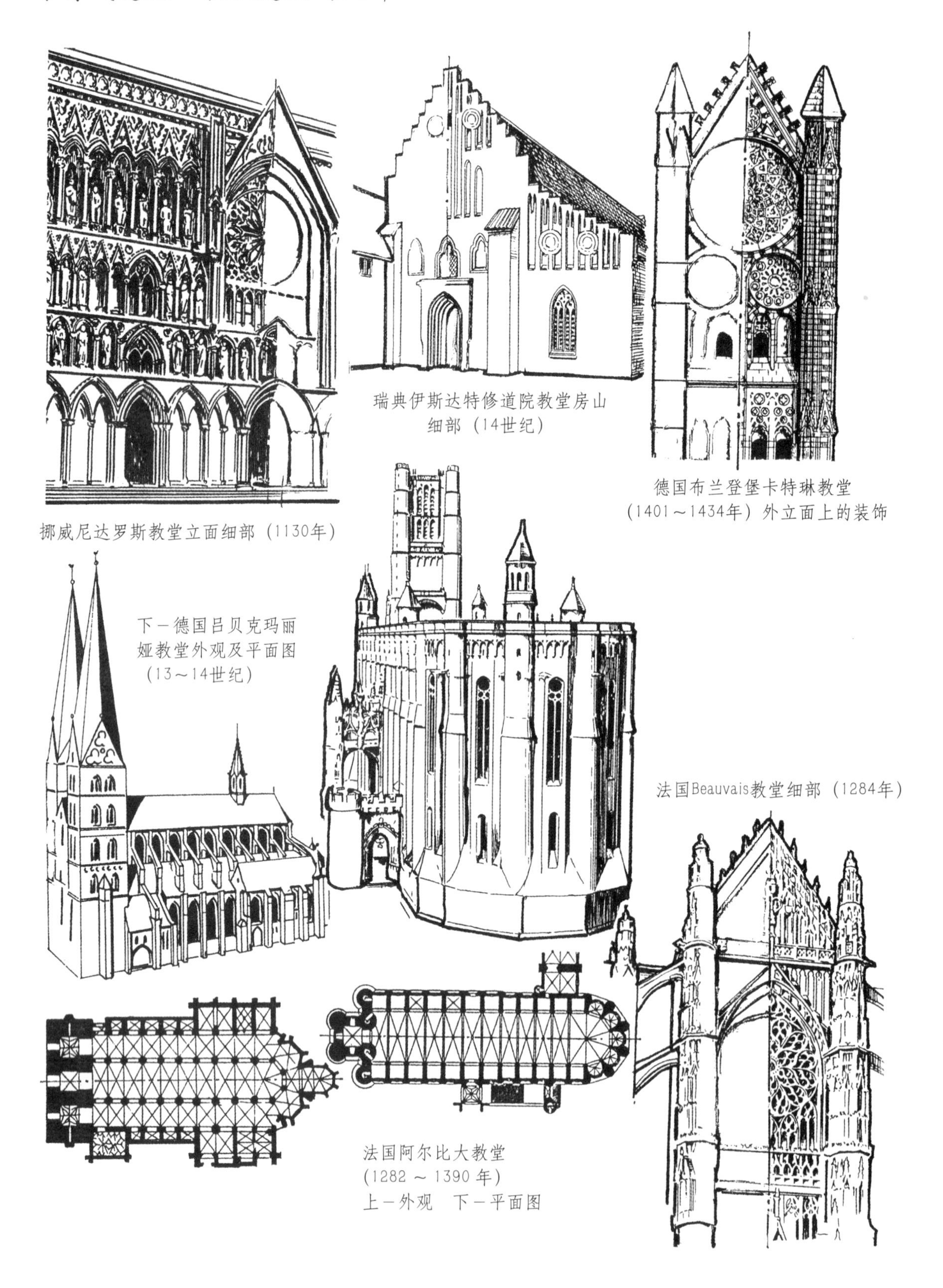

瑞典伊斯达特修道院教堂房山细部（14世纪）

德国布兰登堡卡特琳教堂（1401～1434年）外立面上的装饰

挪威尼达罗斯教堂立面细部（1130年）

下－德国吕贝克玛丽娅教堂外观及平面图（13～14世纪）

法国Beauvais教堂细部（1284年）

法国阿尔比大教堂（1282～1390年）
上－外观　下－平面图

哥特式建筑·飞扶壁、回廊及十字交叉拱构造

德国某教堂圆龛外的飞扶壁系统

英国的飞券与扶壁

法国亚眠大教堂回廊剖视图

法国莱姆斯教堂的飞扶壁

英国四种扶壁

拱顶与飞扶壁的构造

哥特式建筑 · 飞扶壁

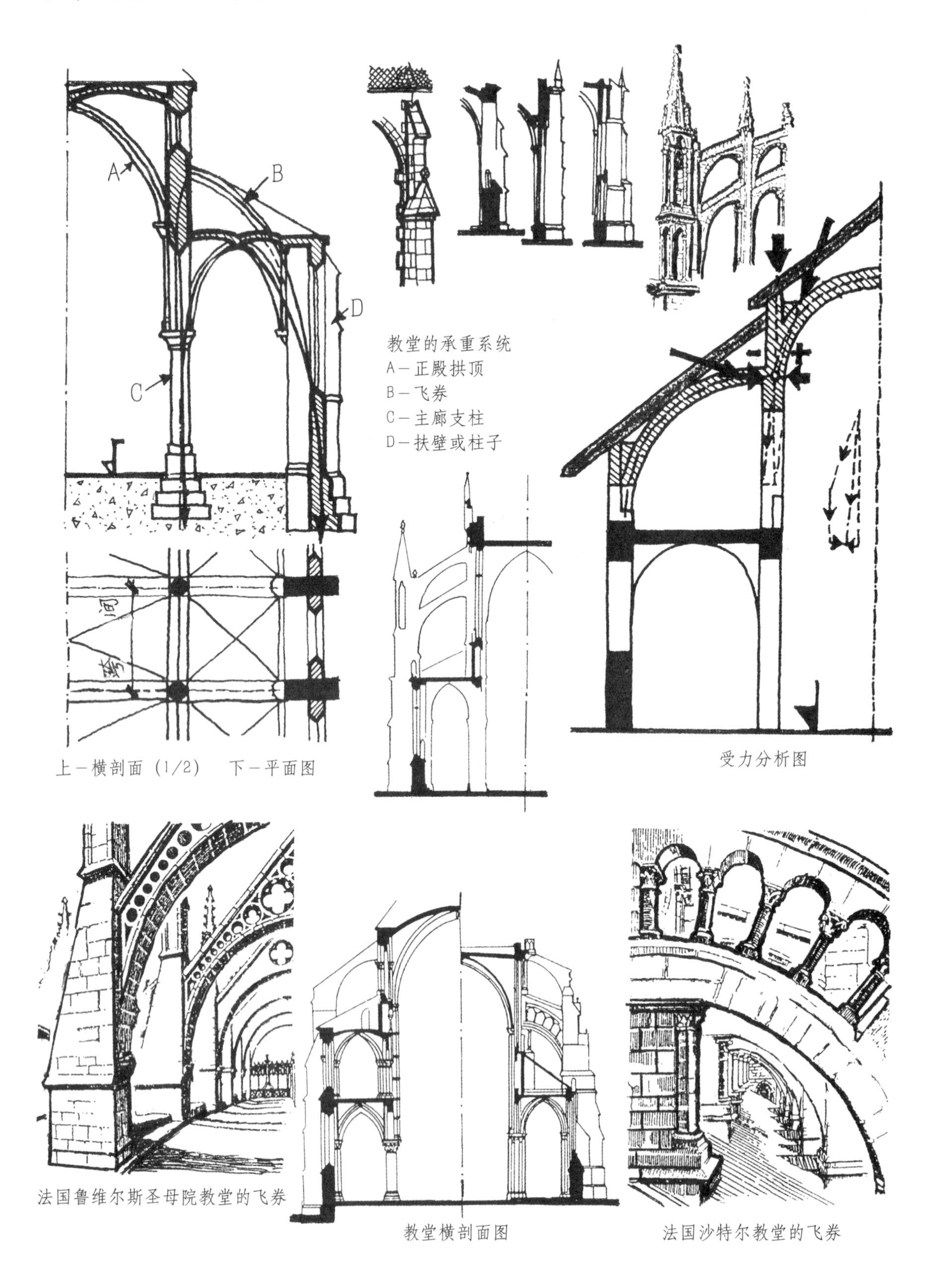

上—横剖面（1/2）　下—平面图

受力分析图

法国鲁维尔斯圣母院教堂的飞券

教堂横剖面图

法国沙特尔教堂的飞券

哥特式建筑·教堂空间比、内墙分段、簇柱与肋券

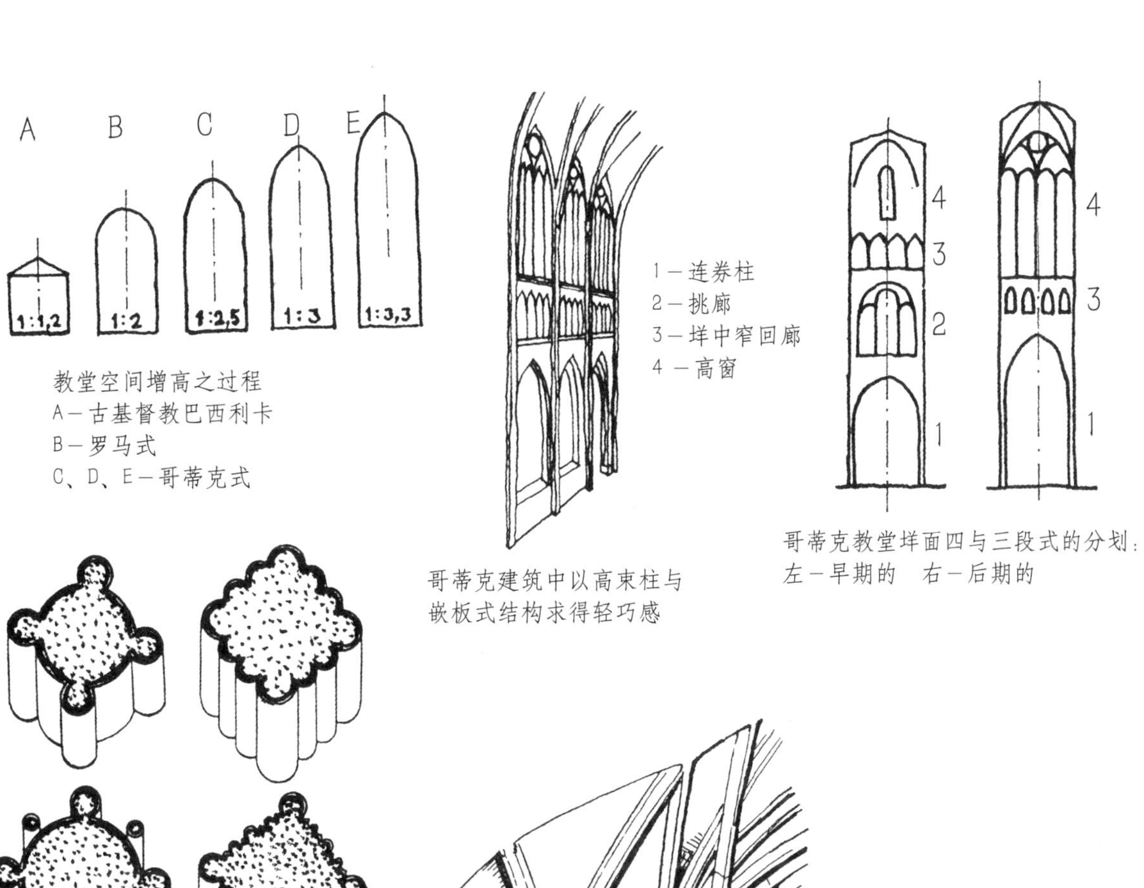

教堂空间增高之过程
A—古基督教巴西利卡
B—罗马式
C、D、E—哥蒂克式

哥蒂克建筑中以高束柱与嵌板式结构求得轻巧感

哥蒂克教堂垟面四与三段式的分划：
左—早期的　右—后期的

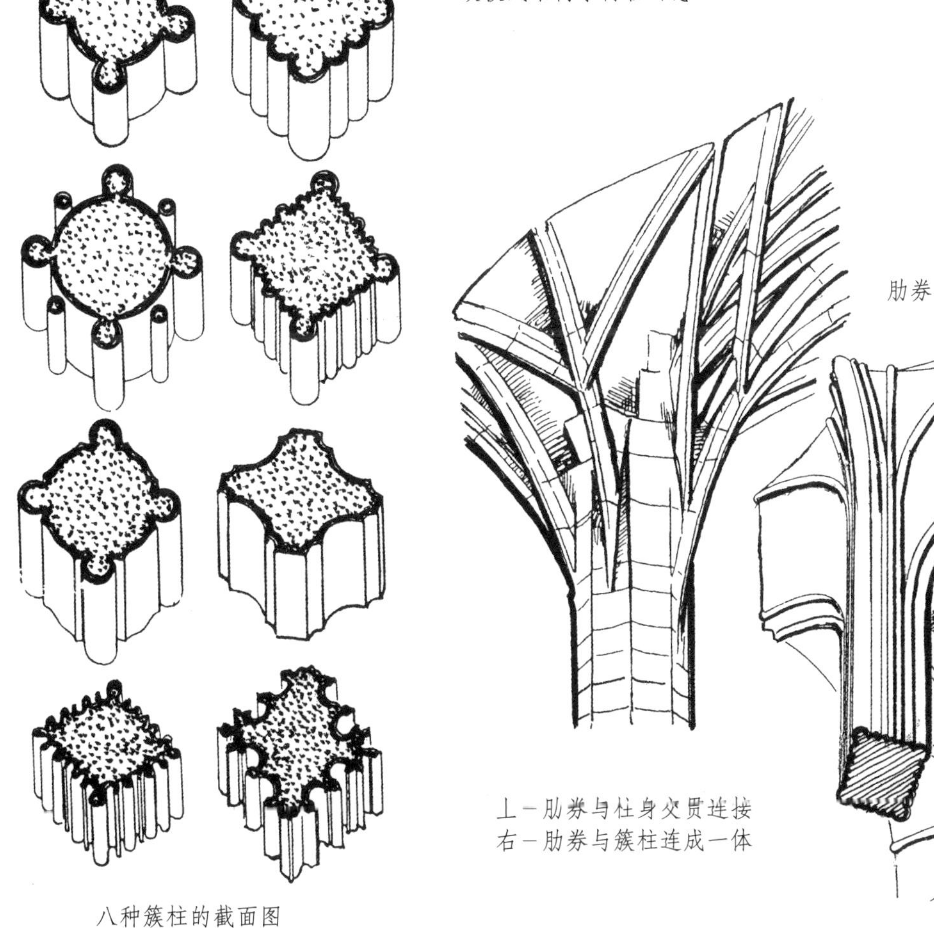

肋券

上—肋券与柱身交贯连接
右—肋券与簇柱连成一体

八种簇柱的截面图

哥特式建筑·教堂侧墙立面处理

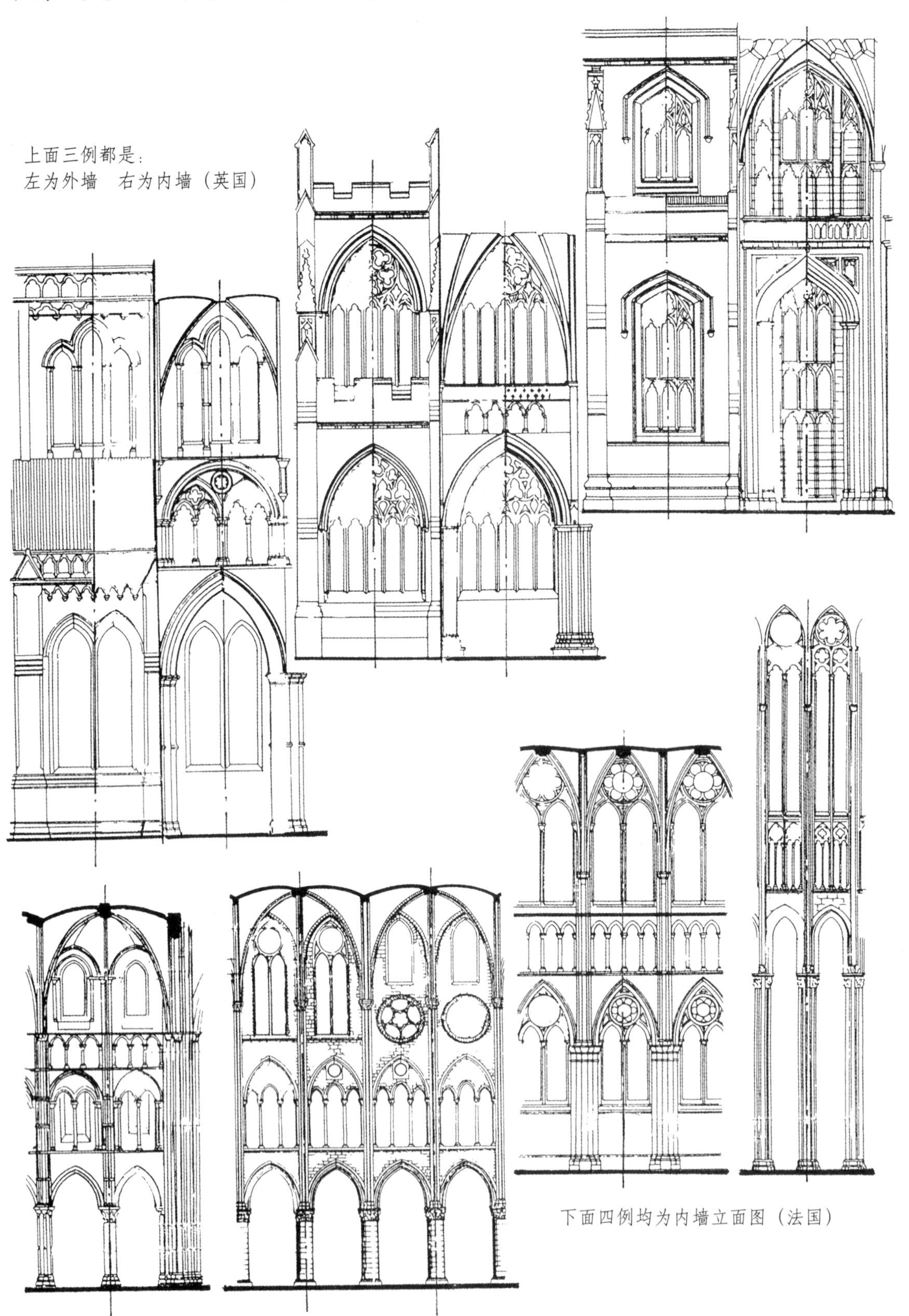

上面三例都是：
左为外墙　右为内墙（英国）

下面四例均为内墙立面图（法国）

哥特式建筑·券洞的种类

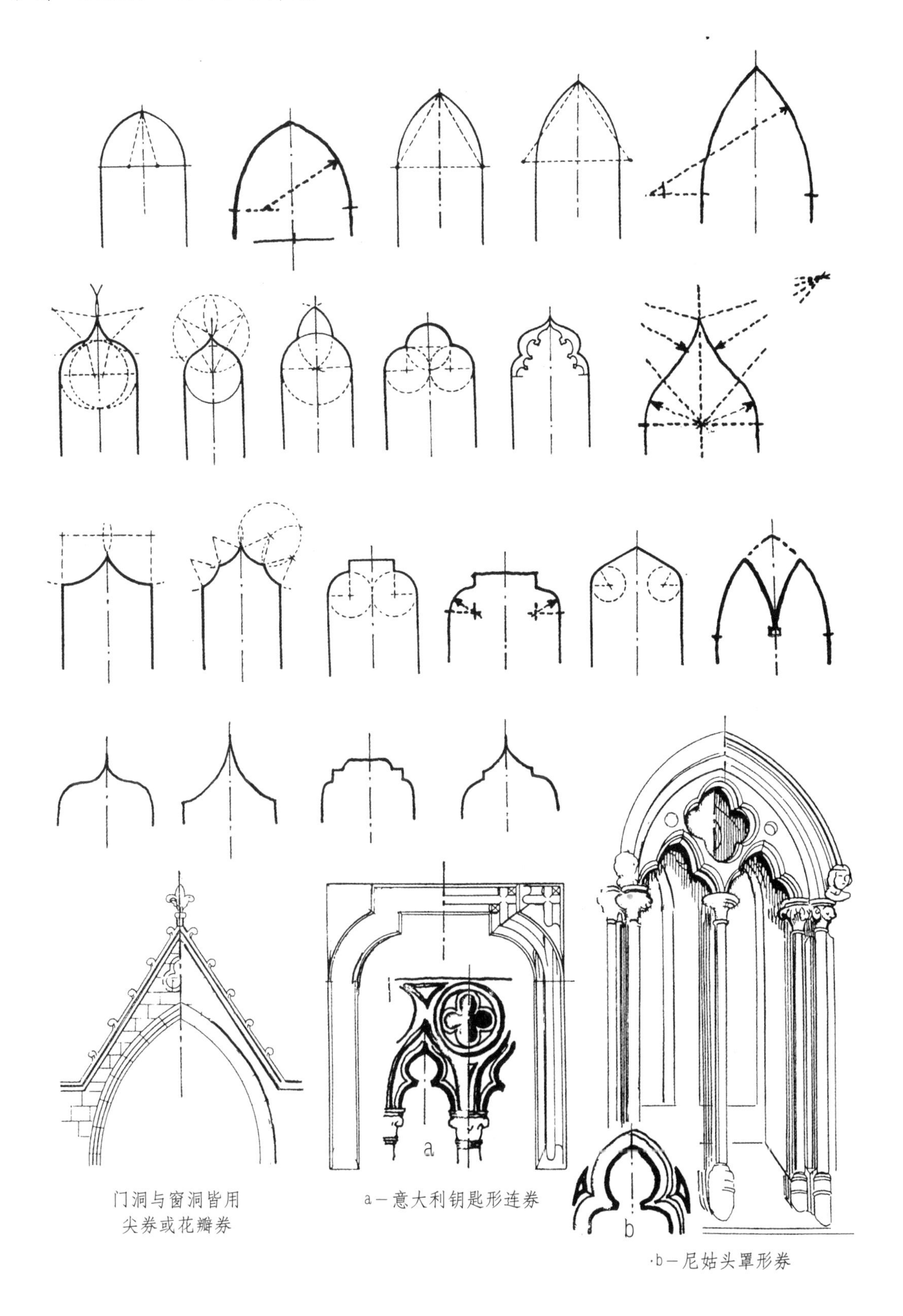

门洞与窗洞皆用
尖券或花瓣券

a—意大利钥匙形连券

b—尼姑头罩形券

哥特式建筑·窗棂的演变及其主要类别

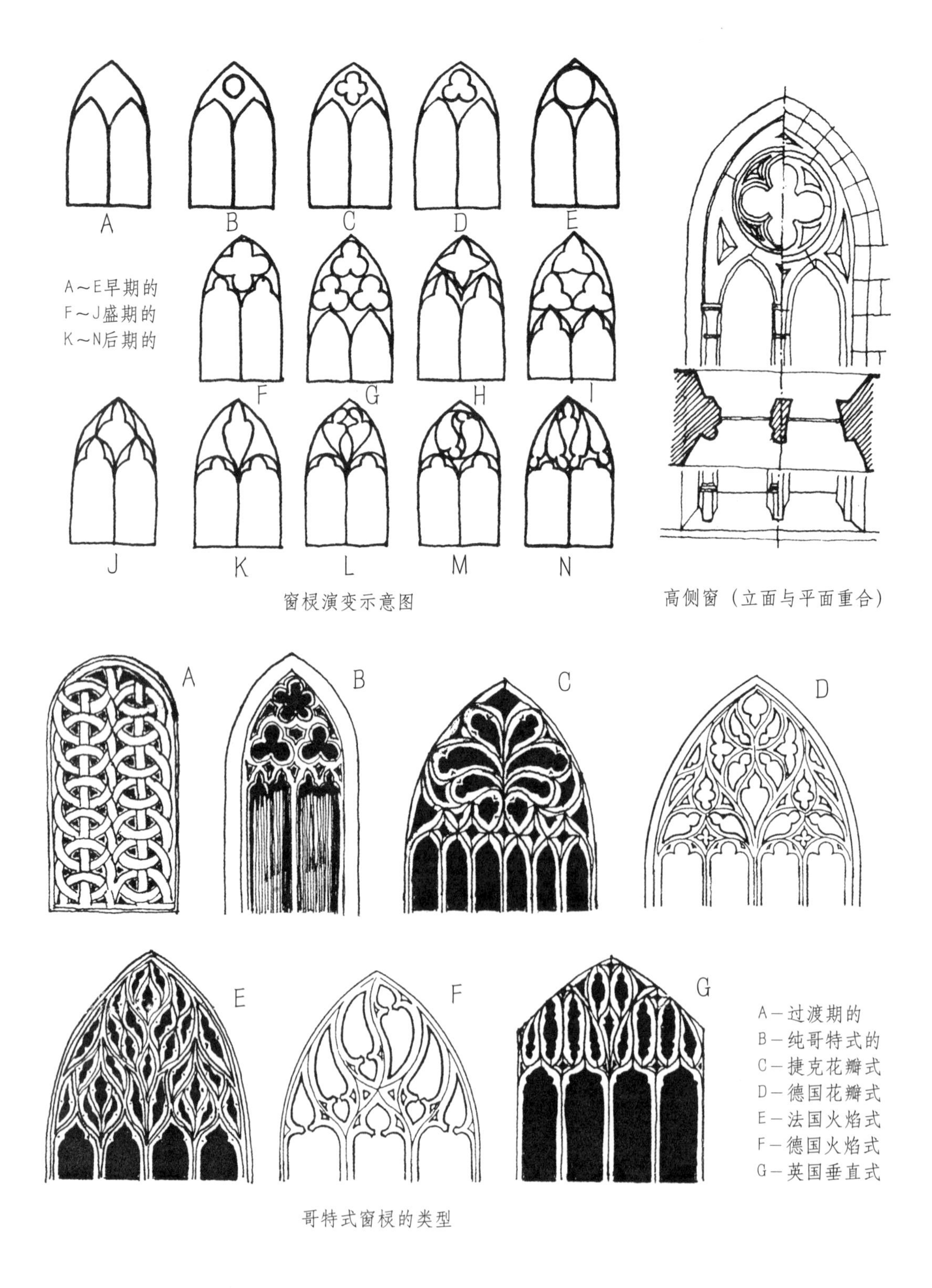

窗棂演变示意图

高侧窗（立面与平面重合）

哥特式窗棂的类型

哥特式建筑·各种圆形及三角形花窗

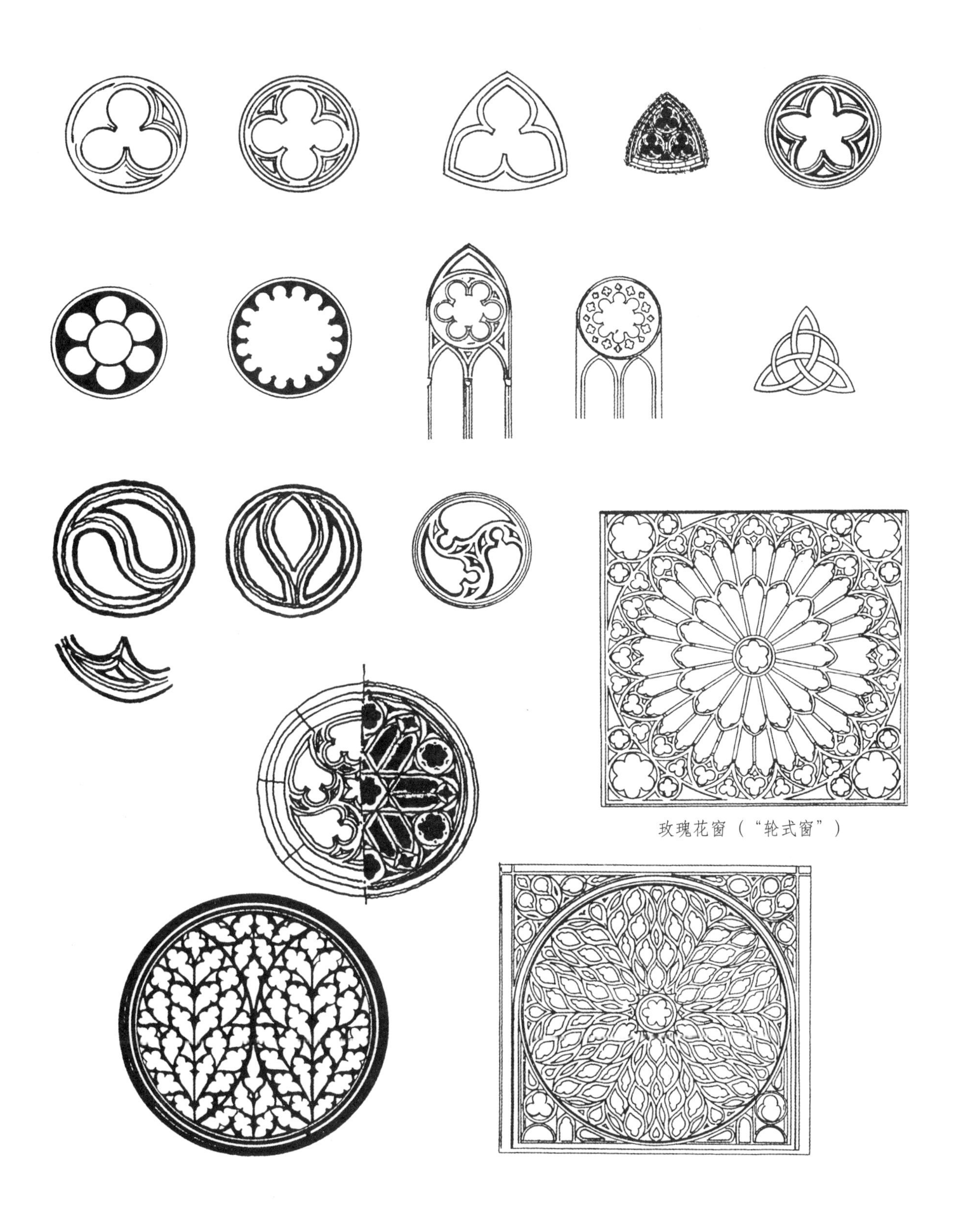

玫瑰花窗（“轮式窗”）

哥特式建筑·连续盲券柱、烟囱、转梯、花肋拱

A～E—连续盲券柱壁饰

F—英国的烟囱

G—巴黎圣母院中的转梯

H—某宫堡大厅的编花肋券拱顶

哥特式建筑·各种柱头

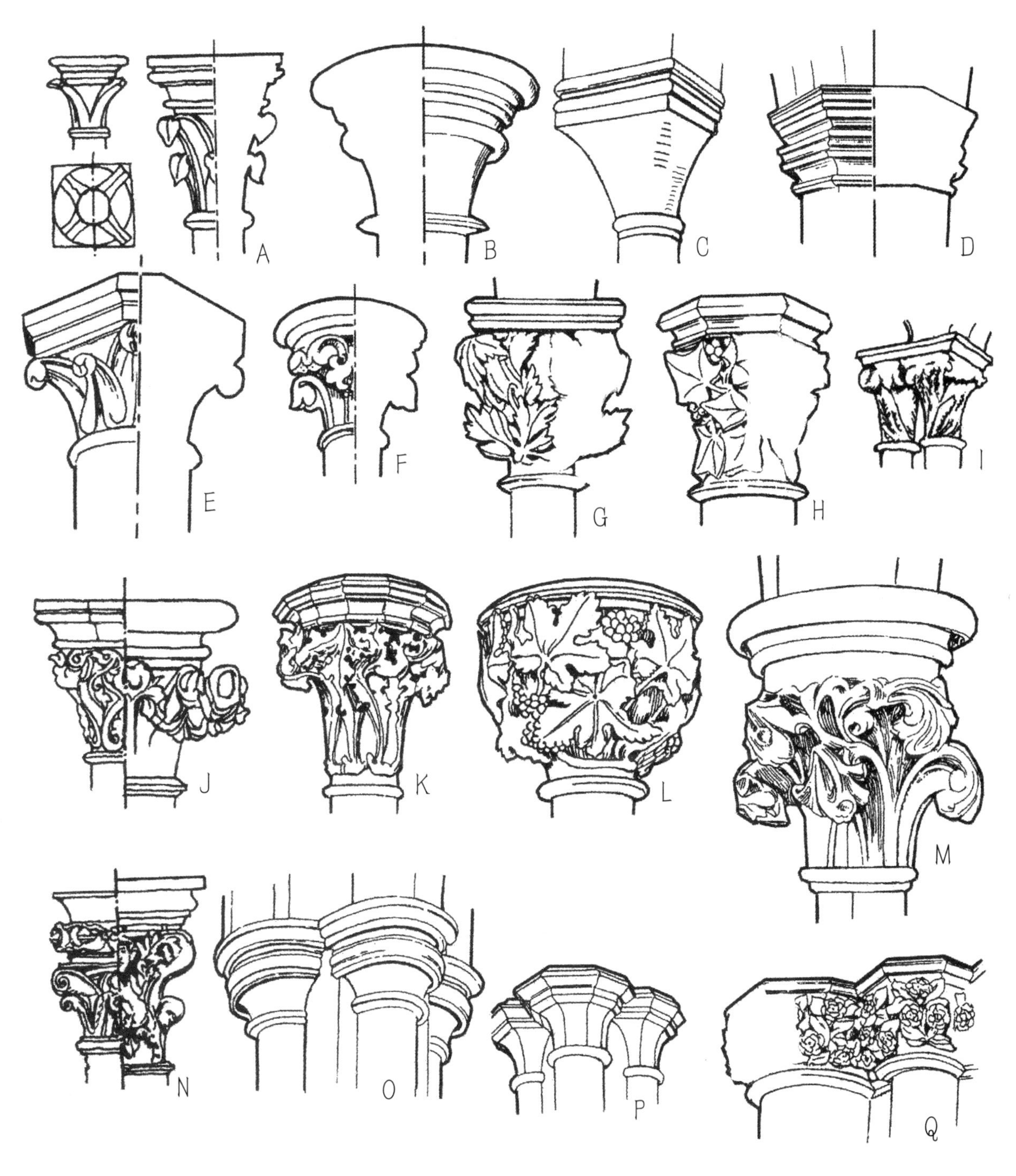

A~H—早期和常用的柱头式样
J~M—后期有大量雕饰的柱头式样
O~Q—簇柱柱头（从简洁的到有复杂雕饰的）

I—西班牙的柱头
N—意大利的柱头

哥特式建筑 · 簇柱平面类型、柱础与柱座

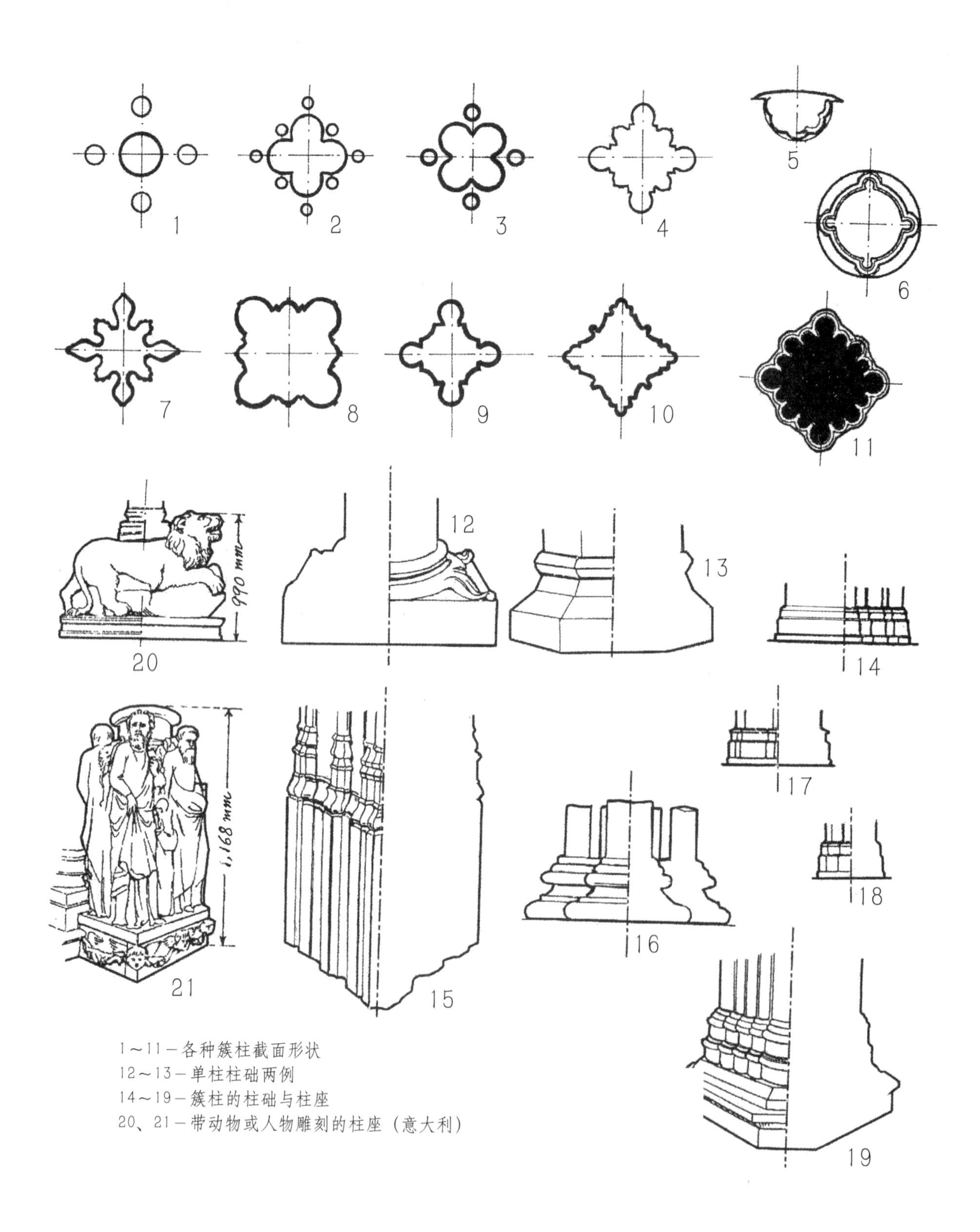

1～11－各种簇柱截面形状
12～13－单柱柱础两例
14～19－簇柱的柱础与柱座
20、21－带动物或人物雕刻的柱座（意大利）

哥特式建筑·各种拱心石及肋券收尾雕饰

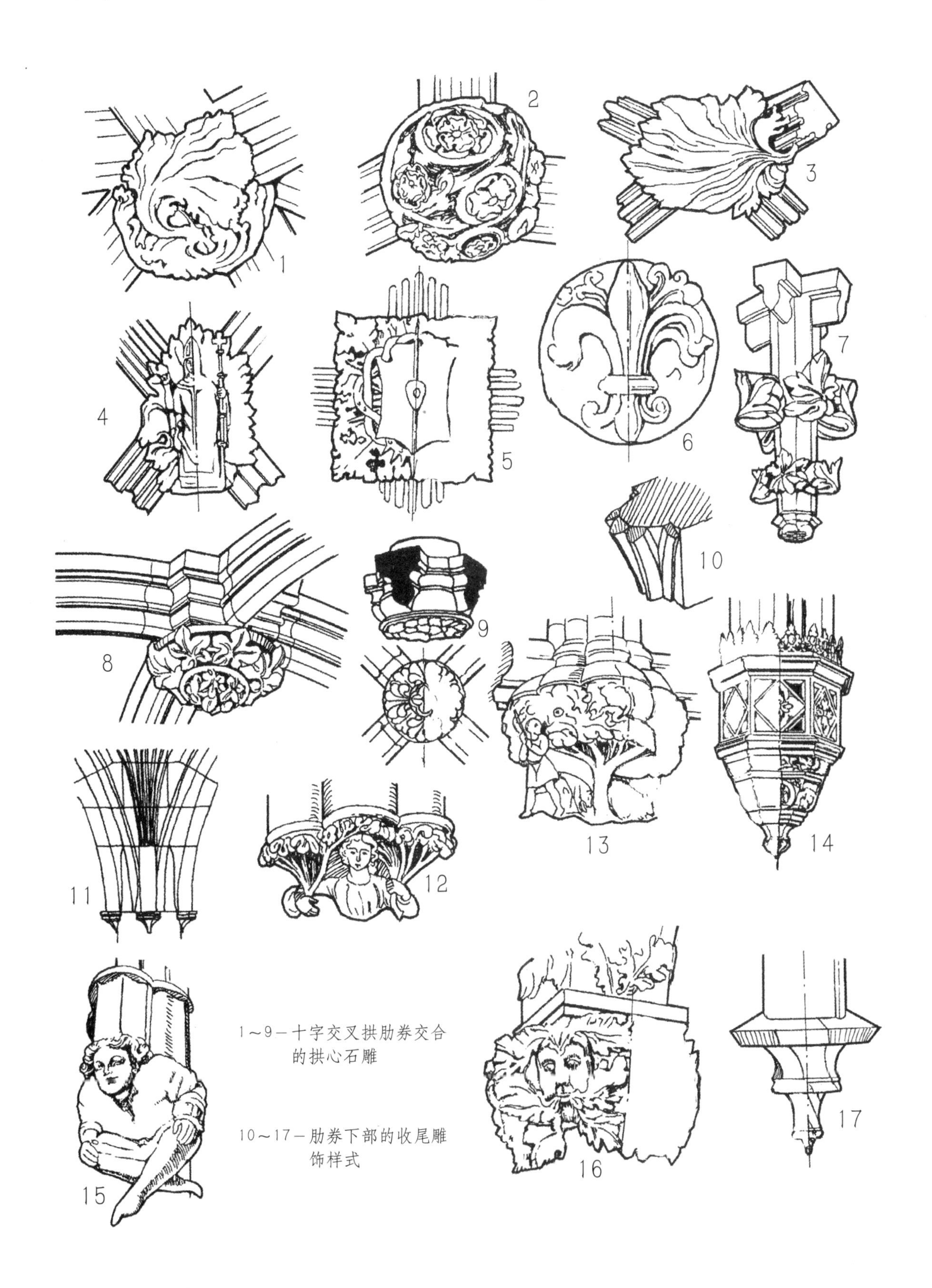

哥特式建筑·塔顶雕饰件、民居山墙及其它

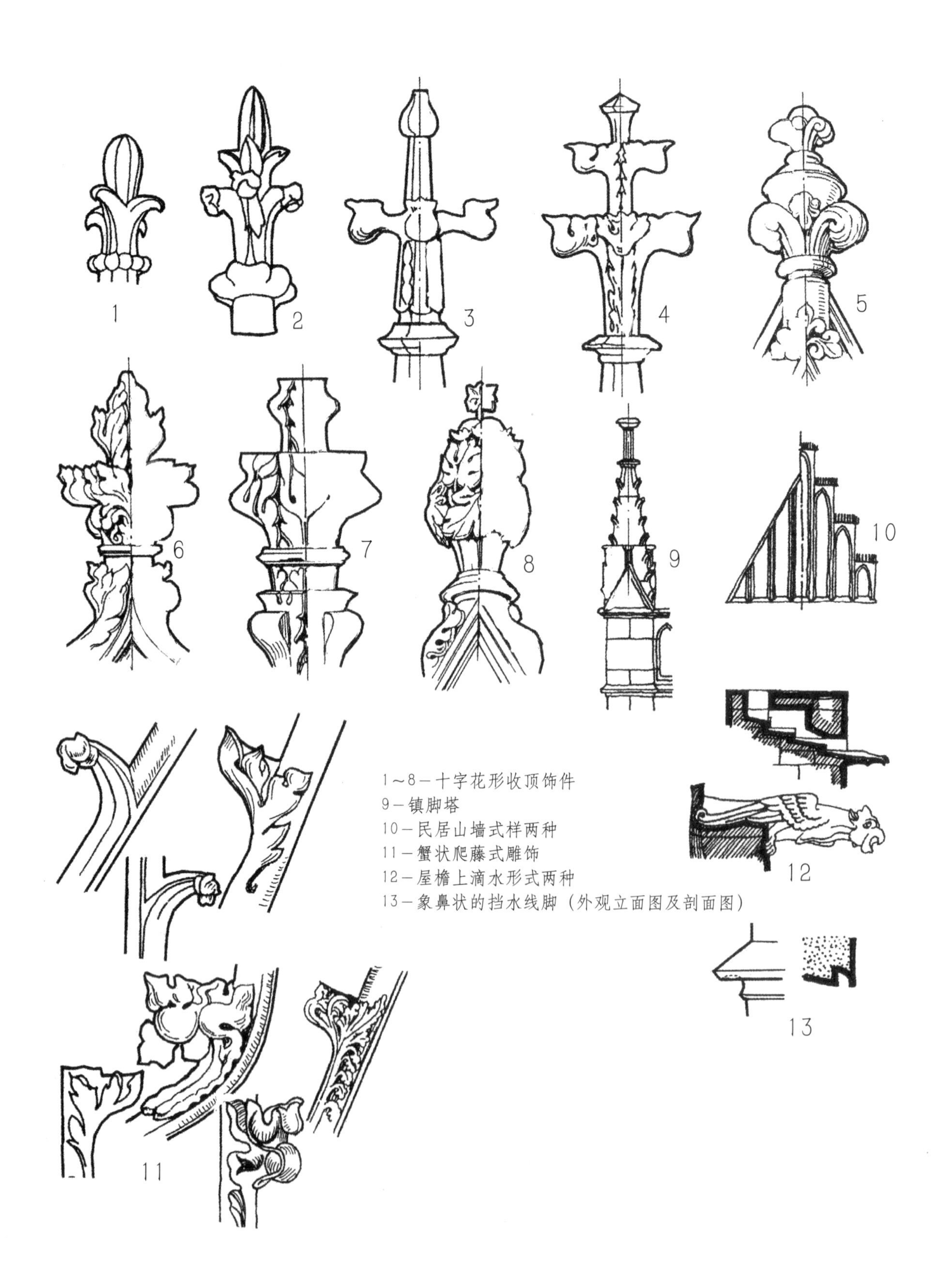

1～8－十字花形收顶饰件
9－镇脚塔
10－民居山墙式样两种
11－蟹状爬藤式雕饰
12－屋檐上滴水形式两种
13－象鼻状的挡水线脚（外观立面图及剖面图）

哥特式建筑·肋券截面、门头线及其收尾处理

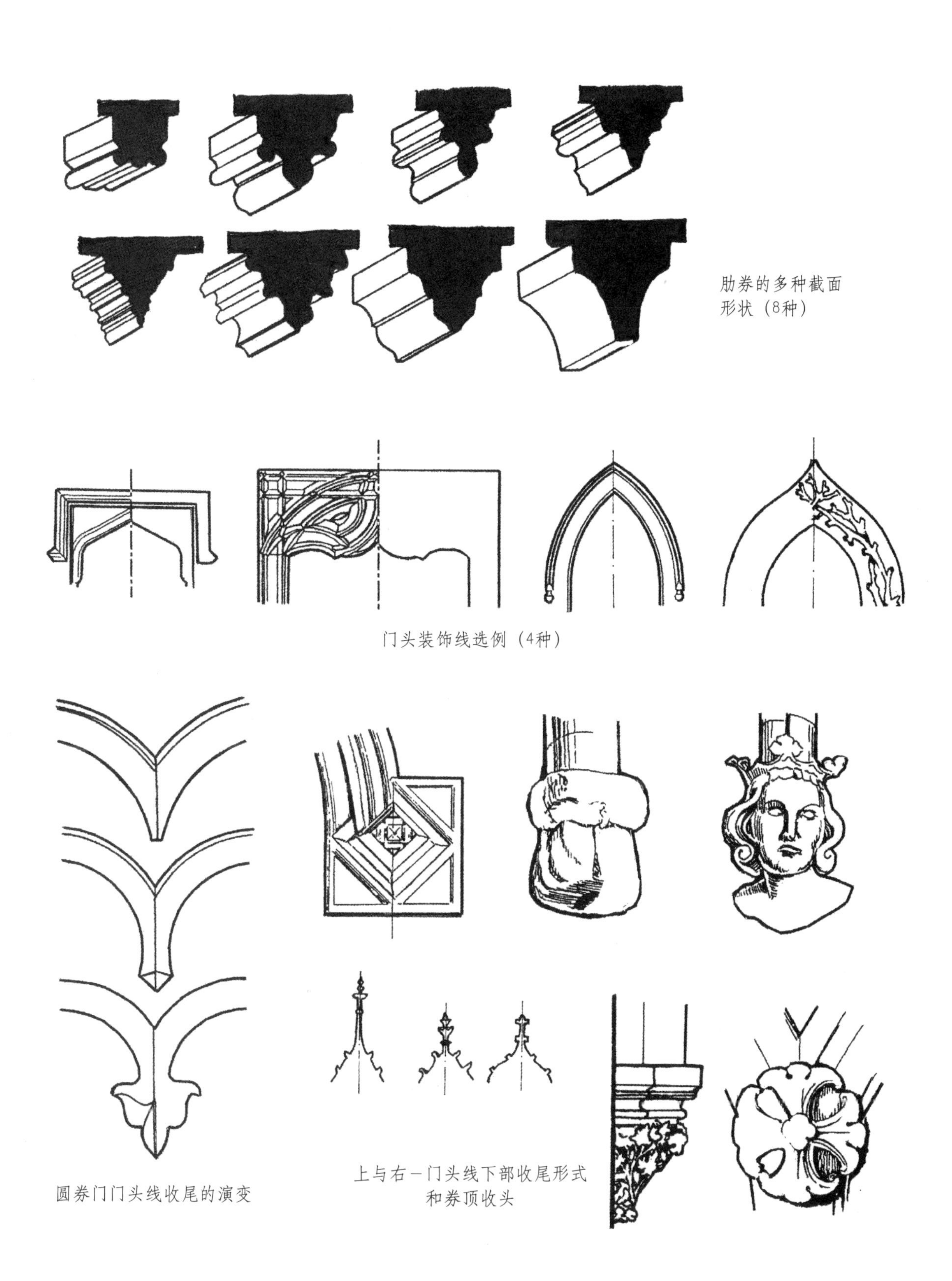

肋券的多种截面形状（8种）

门头装饰线选例（4种）

圆券门门头线收尾的演变

上与右－门头线下部收尾形式和券顶收头

哥特式建筑·线脚表面的带状雕饰

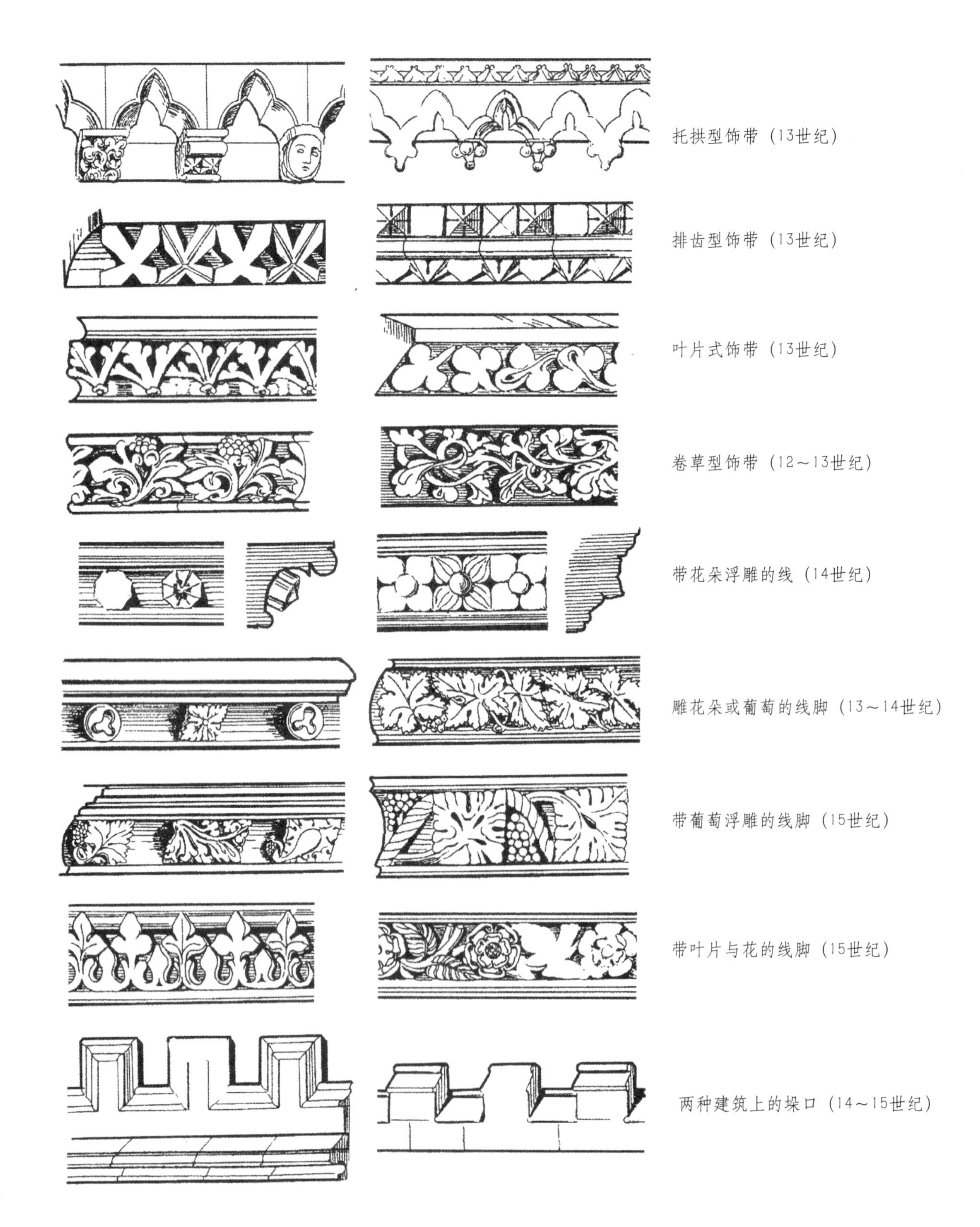

哥特式建筑·建筑上水平与垂直向的雕饰

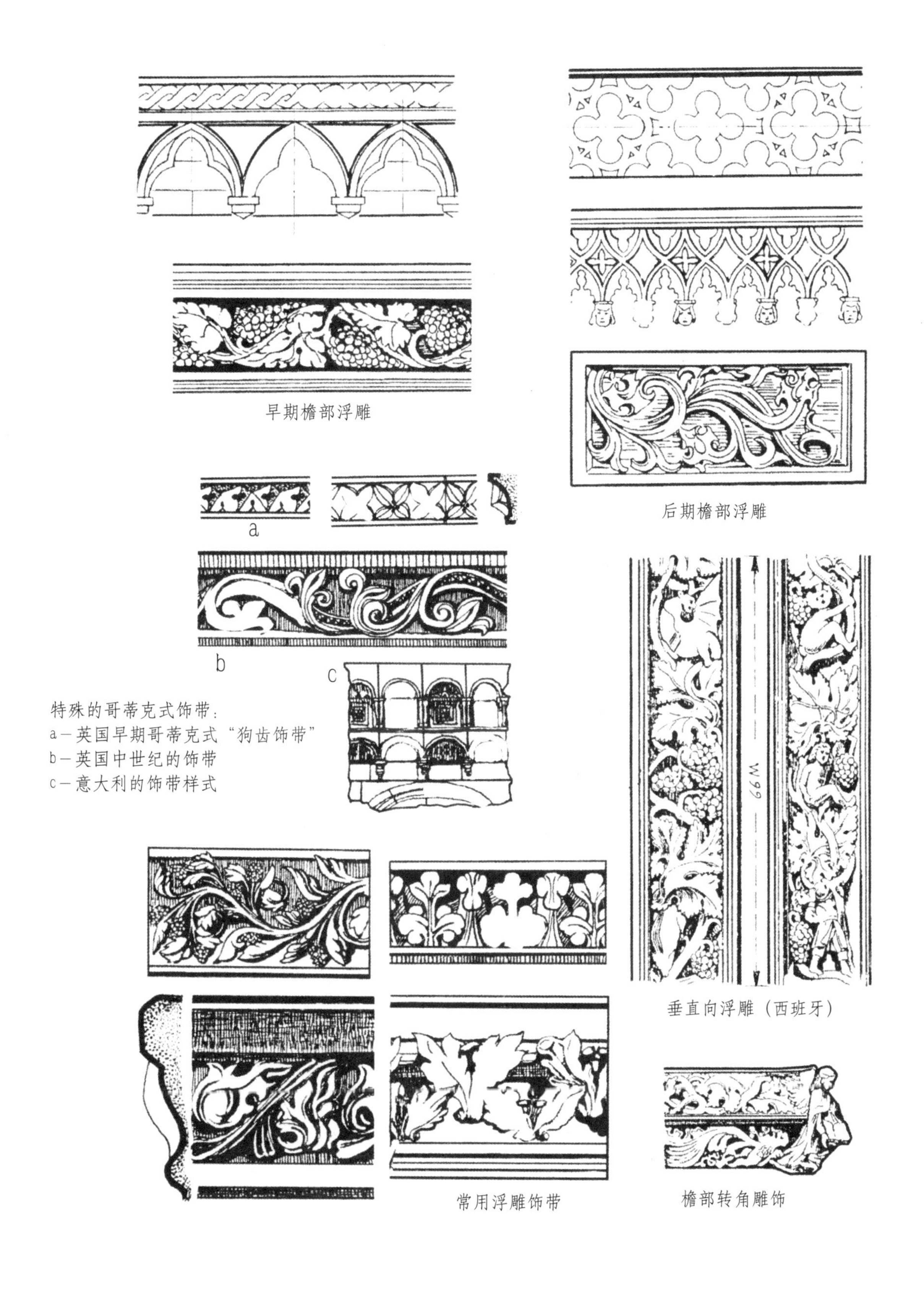

早期檐部浮雕

后期檐部浮雕

特殊的哥蒂克式饰带：
a—英国早期哥蒂克式“狗齿饰带”
b—英国中世纪的饰带
c—意大利的饰带样式

垂直向浮雕（西班牙）

常用浮雕饰带

檐部转角雕饰

哥特式家具·靠背椅与扶手椅

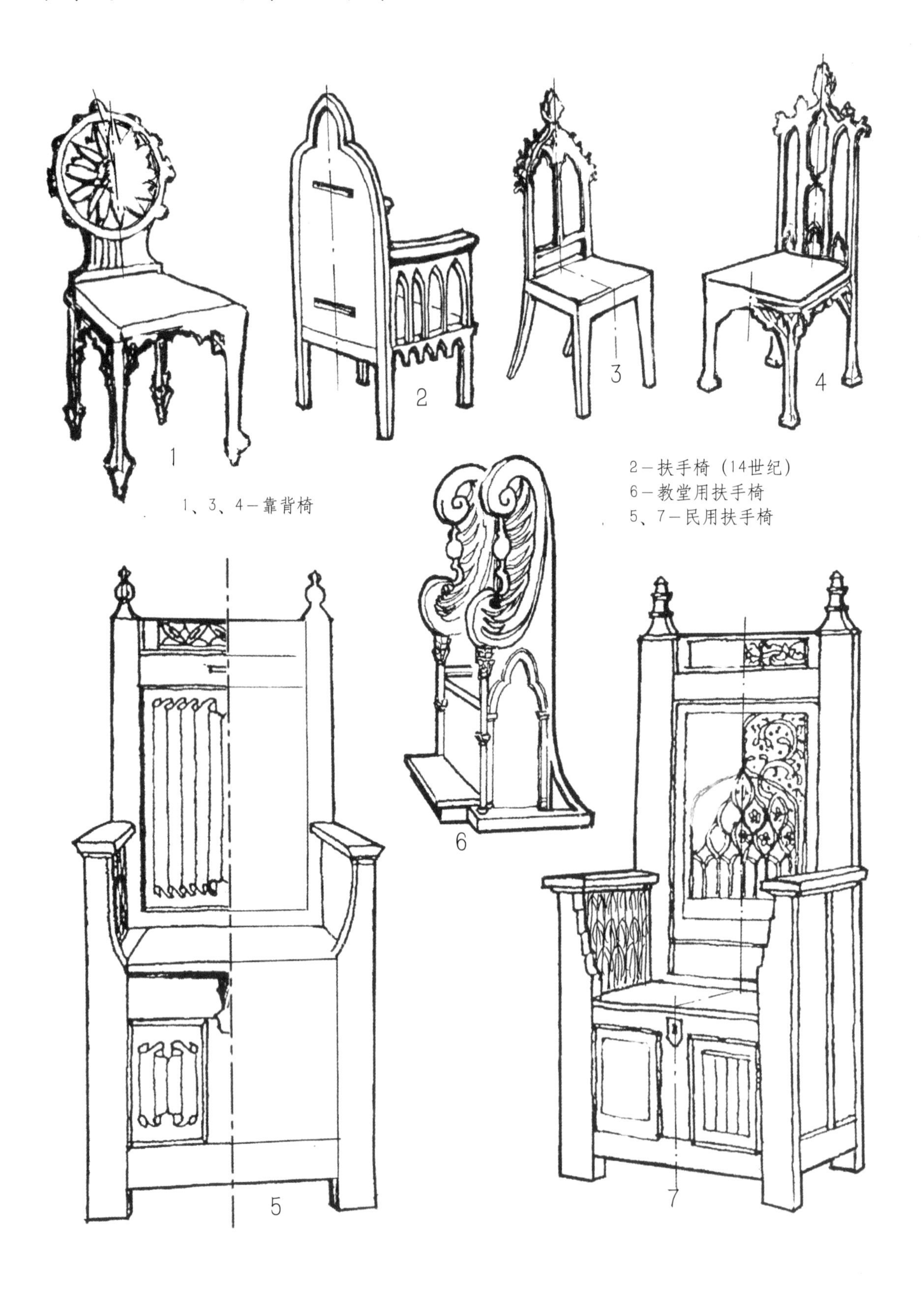

1、3、4—靠背椅

2—扶手椅（14世纪）
6—教堂用扶手椅
5、7—民用扶手椅

哥特式家具·扶手椅与灯笼幢

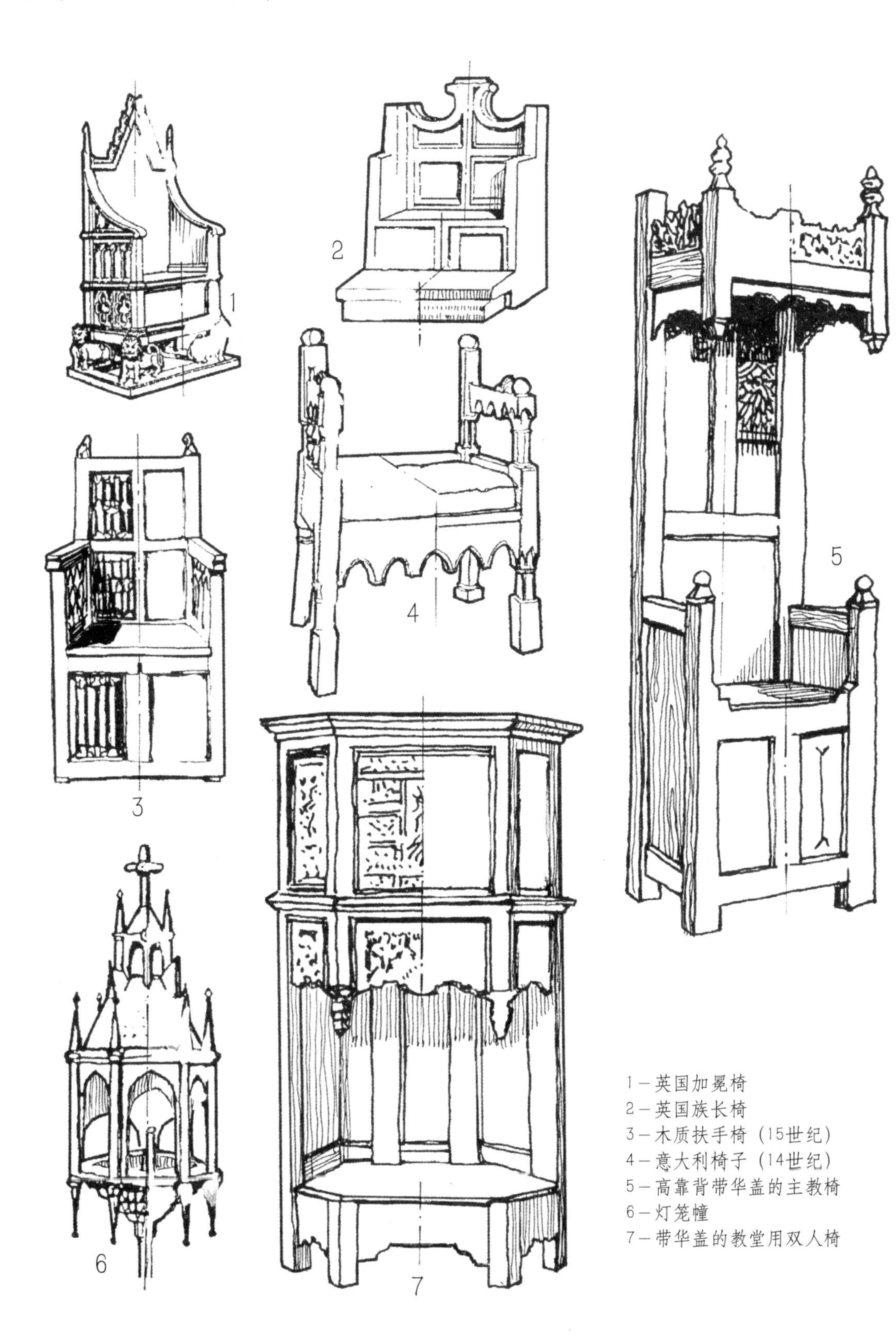

1—英国加冕椅
2—英国族长椅
3—木质扶手椅（15世纪）
4—意大利椅子（14世纪）
5—高靠背带华盖的主教椅
6—灯笼幢
7—带华盖的教堂用双人椅

哥特式家具·坐具、桌台与乐谱架

1、2—凳与靠椅
3、5—扶手椅
4—乐谱椅
6、7—桌台

哥特式家具·桌台及细部装饰

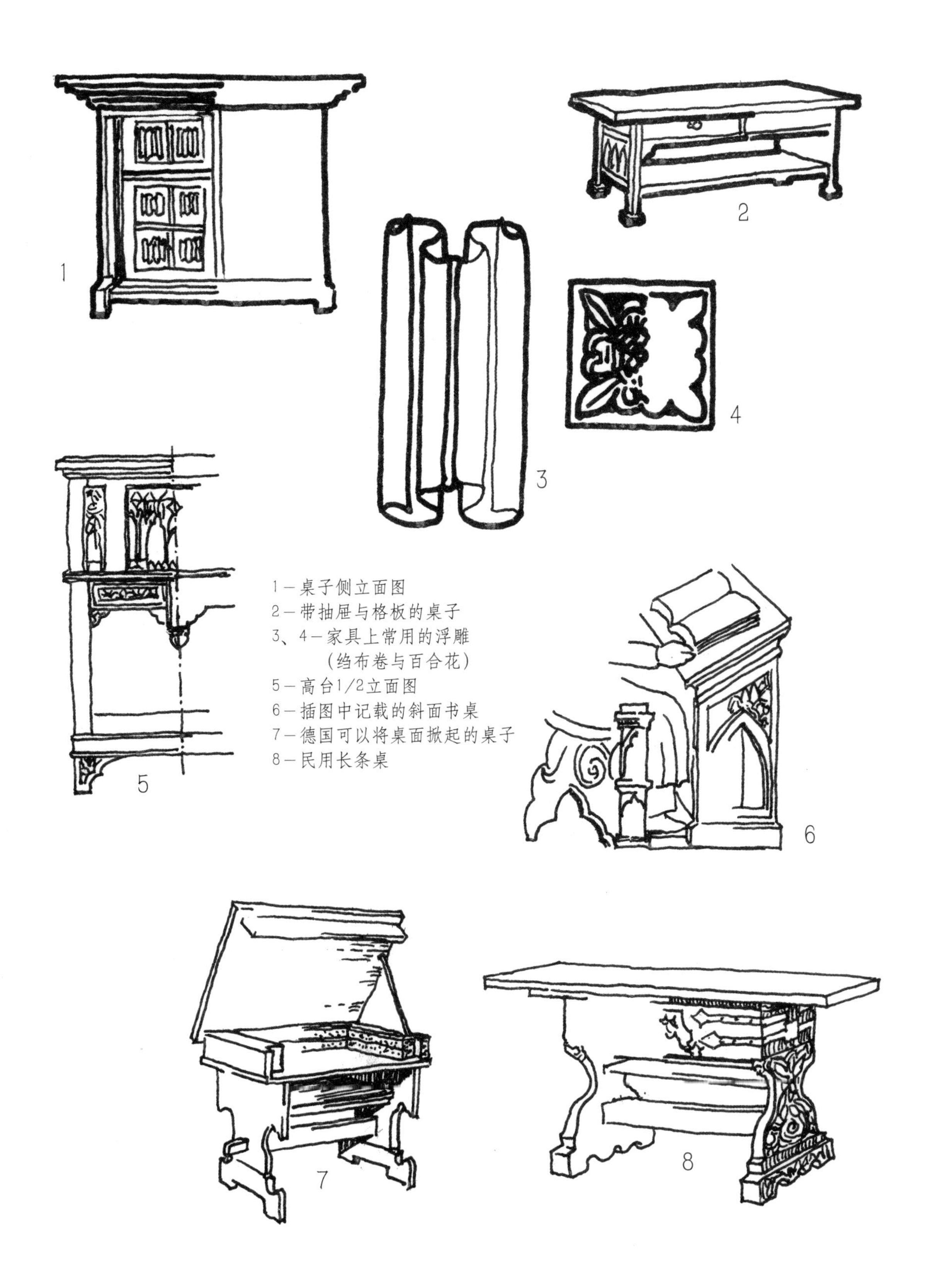

1—桌子侧立面图
2—带抽屉与格板的桌子
3、4—家具上常用的浮雕
（绉布卷与百合花）
5—高台1/2立面图
6—插图中记载的斜面书桌
7—德国可以将桌面掀起的桌子
8—民用长条桌

哥特式家具·各种柜子

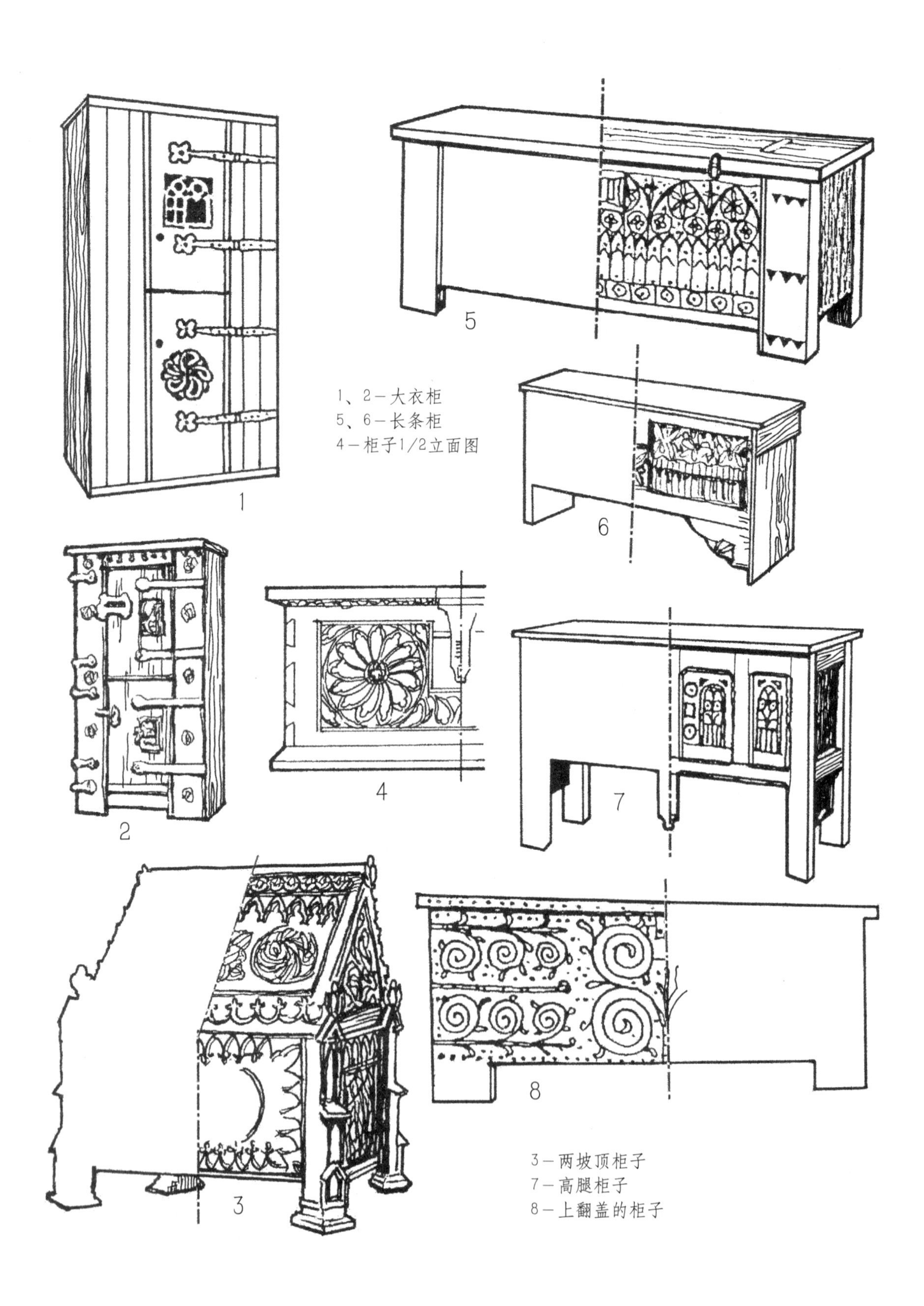

1、2－大衣柜
5、6－长条柜
4－柜子1/2立面图

3－两坡顶柜子
7－高腿柜子
8－上翻盖的柜子

哥特式家具·柜箱、隔栏与三扇屏等

1—法国柜子
2、3—受中国影响的柜子及细部
4—英国餐具柜
5—英国碗柜
6、7—英国餐具柜
8—箱子
9—贮物木箱
10—隔断栏墙
11—三扇屏雕刻

哥特式家具·各种床榻

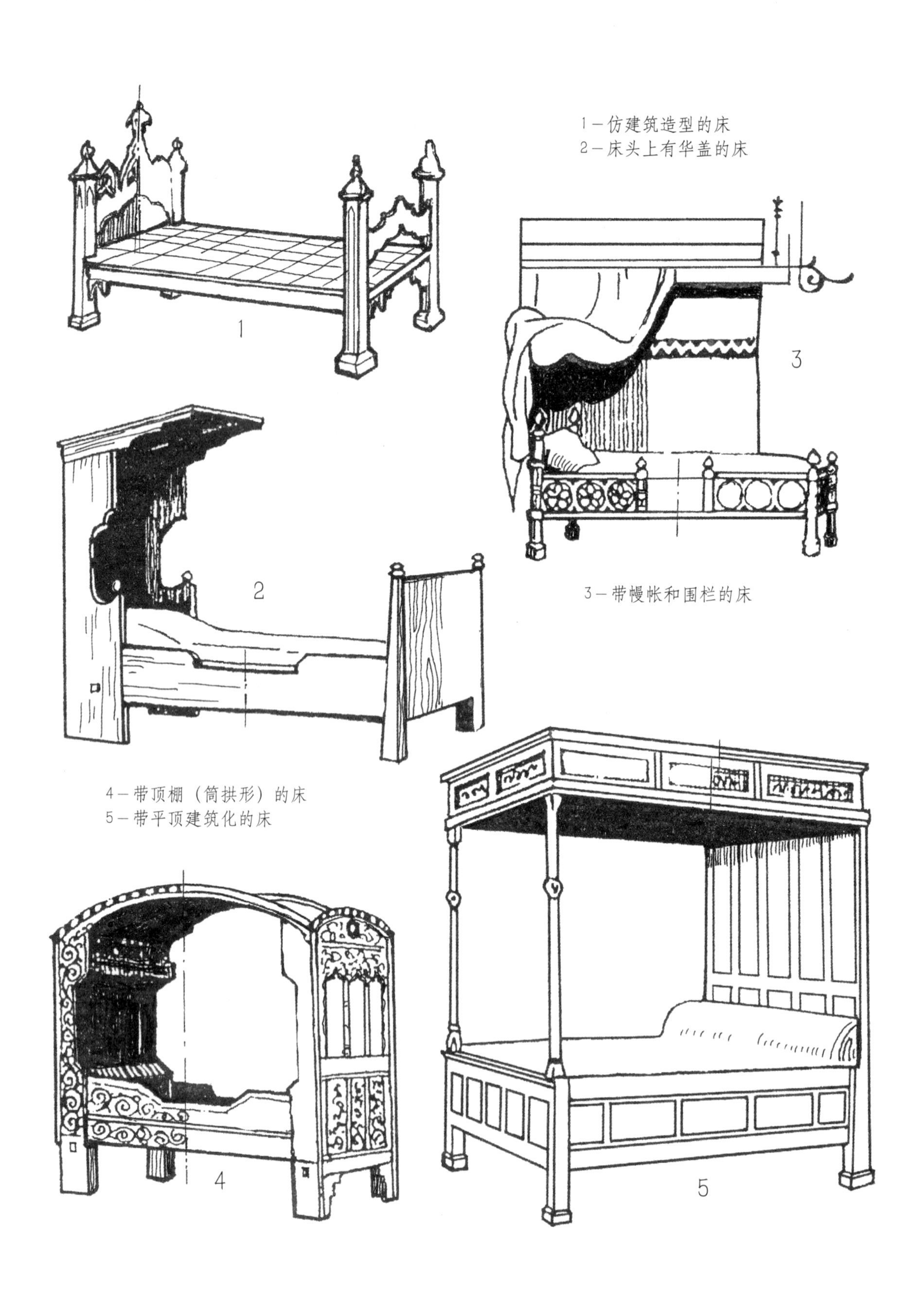

1－仿建筑造型的床
2－床头上有华盖的床

3－带幔帐和围栏的床

4－带顶棚（筒拱形）的床
5－带平顶建筑化的床

第13篇　文艺复兴建筑与家具
（意大利公元1420～1580年，其他欧洲国家约晚一百年）

西方文艺复兴的摇篮是意大利。意大利的许多城市在争取授爵的斗争中得到自由，并在东西方贸易过程中使经济得到发展，促使资本主义在意大利最先产生。

新兴的资产阶级正视现实、重视科学与文化，追求享乐和政治优势。他们为了打败愚昧和封建的贵族、禁欲主义的教会，取得政治地位和领导权，就极力宣扬“人文主义”，并从古典文化中寻找依据。君士坦丁堡的陷落使大量的希腊学者逃到意大利，古希腊古罗马建筑遗迹和建筑论著《建筑十书》的陆续发现，当代自然科学的发展，美洲新大陆的发现等，这些因素都促进了人们对古希腊古罗马的科学、文化和艺术的研究，由此就掀起了文艺复兴运动。

文艺复兴时代的艺术家们不是单纯地模仿古典的艺术式样，而是从现实生活出发，在艺术上有所发展和创造，成为后世的典范。由于资产阶级和教皇有意识地扶植和利用文艺，为自己服务，因此世俗建筑得到极大发展。随着人文主义思想和文艺复兴运动的广泛传播，意大利的建筑师和工匠被大批地招聘到国外，使意大利文艺复兴建筑风格对欧洲各国都产生了深远的影响。同时，欧洲不少国家的艺术家也被吸引到意大利，学习、考察和交流，促成全欧洲的文艺复兴运动。

1.总的建筑风格特点

文艺复兴建筑的风格特点有以下五点：

(1) 追求安定、均衡、和谐，强调水平线（檐口线、腰线明显）；

(2) 追求古希腊古罗马式建筑的庄严、宏伟、高尚与纪念性；

(3) 建筑具有开朗、明快的特点，体现出民主和人文主义精神；

(4) 在建筑形态和细部上，不是简单地模仿古希腊古罗马，而是有许多新的创造和发展，例如新的柱式、众多的装饰手法、新的建筑论著的出现等；

(5) 运用透视法则与规律来突出主体建筑，或利用透视原理增加建筑空间的深度感。

2.建筑类型及其主要特征

(1) 教堂

教堂仍然沿用巴西利卡式、拉丁十字形平面，十字交叉处上面是鼓座，鼓座上为穹窿顶。室内通廊顶棚为十字交叉拱顶；有的侧廊顶棚为筒拱，墙棚交界处是由连券与筒拱交叉形成的一排弦月形拱龛。祭坛、歌坛等处装饰华丽。

此外，还兴建一些向心式教堂，平面为方形，下为方基座，上部中央是鼓座支承大穹顶，四角为小鼓座支承小穹顶；或者圆形平面，首层有围柱廊，二层有环形晒台，中间鼓座支承穹顶。还有矩形平面上为穹顶的向心式教堂。

(2) 世俗性建筑

主要是资产阶级贵族们的府邸、资产阶级领主的庄园、教皇的别墅，还有育婴院、图书馆、市政大厦、钟塔和广场等。

a.府邸——在意大利基本都是四合院式平面布局，有的平面为方形；有的是带明显轴线的矩形平面。内院由连券柱廊环绕。门厅内加两排列柱和两排壁柱。外观上，顶部平顶檐板出挑较大，下有托拱支承。墙最初用大块粗糙石材砌筑，并有壁柱；后来，只在首层或勒脚部位、墙的转角处、门窗框部位，用石块砌筑，其他部分均采用抹灰做法。门、窗洞为水平楣梁，上加三角形或半圆形罩顶，两侧为壁柱；也有的门、窗洞为半圆券形，券中央有拱心石，券脚下接壁柱。房屋高为2~3层，水平腰线（分层）线脚比较明显。首层为经济用房与侍从用房，上层为客厅、卧室等房间。

室内地面铺装大理石或瓷砖、木板；墙上包贴大理石板或皮革、天鹅绒、丝绸；用青铜或硬木做门扇。装饰装修手法多样化，超过以前各个时代。

b.庄园——在法国，庄园建筑占很大比重。平面开始是规整的四合院，四角有塔，有护壕和吊桥；内部仍是哥特式风格，但在外观上采用意大利文艺复兴式样。后来发展出三合院式平面，叫“荣誉院”（Cour d' honneur），屋顶上有凸屋、老虎窗（凸窗）和许多烟囱，户外加有双跑楼梯或梯塔楼。

c.别墅——是资产阶或教皇、国王的夏宫，以四合院或三合院建筑为主体，四合院内设置花坛，并在四合院或三合院一侧，沿轴线布置花园、苗圃，其中穿插一些建筑小品（喷泉、柱廊、台阶、亭、花瓶、迭瀑等）和雕塑品。公元16世纪在意大利出现的园林——别墅花园，对法国、英国和荷兰园林都产生一定影响。

d.城堡——中世纪的城堡又流行起来，但外观上水平分划明显，也还保留垛口和碉塔。

e.宫殿——大型建筑群，大多为三层，由四合院、串连四合院和三合院组成，分层腰线明显，檐头常用栏杆做压檐墙（女儿墙），有的还加上人物圆雕。门窗洞为圆券形或平楣梁，有的阳台也用栏杆围护。四合院和三合院内有花坛、水池、树木等绿化设施。

f.图书馆——为2~3层建筑，顶部瓶式栏杆柱女儿墙上有人物圆雕和方尖碑，屋檐出挑较大，分层腰线明显，窗洞半圆券形，券脚下有小柱支承，窗间墙中间有高大圆壁柱，墙转角处为方壁柱，柱子下部均有基座，窗前有栏杆。首层门窗洞亦是半圆券形，小柱大柱与上层对应。大壁柱柱头上和拱心石上为水平线脚，再上至腰线或屋檐处的檐板部位有浮雕（古罗马的三垅板或悬垂花环）。

g.剧院——公元16世纪，在意大利最先出现剧院建筑（米兰的拉斯卡拉剧院）：3层高的矩形建筑，首先正中有向前伸出的连券柱廊（侧面为单券柱），顶部平台有栏杆围护；二层窗洞上有人字形罩顶，窗间墙上并列两根高大圆壁柱，墙转角处为两根高大方壁柱；三层的窗子较小，也是平楣梁，窗间墙上及墙的转角处都是矮小的方壁柱。三层正立面正中为人字形山墙；两边则是栏杆柱女儿墙，与下部壁柱对应的女儿墙上有装饰性花瓶雕塑。这种平立面构图形式成了后世剧院建筑的基本形制。

h.广场——文艺复兴时期，城市建设中广场增多，形状有方形、梯形、椭圆形、长条形等多种变化。广场周围往往有重要的建筑（教堂、博物馆、市政厅、元老院、档案馆、钟楼等），是举行公众集会、商业活动和宗教仪式的重要场所。

i.喷泉水池——从意大利文艺复兴开始，在城市里大小广场内，都设置大小不等的喷泉水池。小型的水池为花瓣形或方形、圆形；中央为一组可喷水的圆雕；水池周围有石柱铁条做成的栏杆围护。大型的喷泉水池往往以某座建筑朝向广场的立面做成大影壁：立面左右三段式，中央前凸，中间为大圆龛，两侧为高大的圆壁柱，顶部檐板及女儿墙上有圆雕；两侧退缩，上有女儿墙，墙上用方壁柱，窗两旁有小柱，窗上部有人字形或半圆形罩顶。影壁前为大型水池，水池中央及周边内有多组雕塑，均可喷水。水池周围有矮墙围护，人可坐在那里观赏。有的喷泉水池位于广场的中央。有的别墅、庄园中也建喷泉水池。

喷泉水池不仅可以改善广场的小气候，而且增加了都市的景观，供人消遣、娱乐。对后世的影响也很大。

3.建筑艺术

(1) 造型特点

a.从意大利开始的文艺复兴，在教堂建筑中，更多地受到东罗马（拜占庭帝国）的影响，采用向心式五圆顶的构图，这以罗马市的圣·彼得大教堂为代表。当然，在柱式、装饰、穹顶砌筑和线脚运用等方面，仍然是效法古代希腊和罗马。在世俗性建筑中，大挑檐和水平腰线（分层线）的运用，大量使用连券柱、圆券形窗洞，平楣窗上加水平罩盖或三角形罩盖、半圆形罩盖，台阶两侧建高护墙，柱础下面加基座，窗间墙上加壁柱，内院由围柱廊环绕，屋顶上建女儿墙和上面立圆雕人像等，都可以从古代希腊和罗马建筑中找到原型。在意大利文艺复兴晚期，建筑的檐部浮雕横饰带起伏不大，爱用托拱支承檐板或阳台，在檐壁及平楣窗上加开小圆窗，压檐栏杆有雕像、高柱式在意大利北方比较多用。还出现弧面四坡顶。

b.法国在文艺复兴早期（公元16世纪初至中叶），建筑的造型特点是：基础、骨架及内饰是哥特式的，外部采用文艺复兴式（凸出的檐口和分层腰线、连券柱、高壁柱等）处理；同时，也保留了本民族的特色（在屋顶上有一些凸屋或老虎窗、造型优美的烟囱，圆锥顶上有小亭子），作为装饰立面的要素。另外，还建有凸出墙外的圆柱形或多棱形的梯塔楼（有围墙、窗户与屋顶的户外楼梯）。庄园与宫殿最喜欢四角有塔的四合院，后来又发展成三合院。到了盛期和后期（从公元16世纪中叶到18世纪初），法国的文艺复兴建筑已经成熟。消除了哥特风格的一切影响，不是简单地模仿意大利文艺复兴式建筑，而是在学习古人和外国的基础上又有所独创：立面左右五段式的构图，陡峭的四坡顶和弧棱面盝顶（曼萨特式屋顶）；柱式严谨，上下分层采用叠柱；并创出新的柱式；粗面石在墙的立面上应用灵活；窗框似壁柱，石窗棂多半是单个十字或复合十字形，窗扇的窗格为网状（窗洞有矩形、圆券形和楣梁为弧形的）。墩柱柱身细长，但柱头、柱础是文艺复兴式。庄园与宫殿中的楼梯支柱装饰很华丽。

欧洲其他国家的文艺复兴建筑也都有一定的地方特色，但因影响力小，故此省略不谈。

(2) 柱式

a.古希腊古罗马的柱式：意大利文艺复兴早期爱用古希腊的科林斯柱式；盛期最常用的柱式是科林斯柱式和混合柱式，塔司干柱式和多立克柱式也用，柱身加有装饰；晚期用科林斯柱式较多，柱身平光的和有凹槽的、饰满花纹的都有，柱头花样繁多，有的爱奥尼式柱头的涡卷被假面具或海豚等代替。

b.帕拉第奥柱式：人称"帕拉第奥母题"（Palladio Motive），它是意大利文艺复兴晚期著名的建筑师安德烈·帕拉第奥（Andrea Palladio）创立的高柱与小券柱相结合的柱式。在一个开间里，水平梁下由两个高大柱子支承，在两柱之间，再分成三部分：中间部分较宽，做成圆券，券脚下由两个小柱支承；从券脚至左右两个高柱为水平额枋，间距也较小，在额上的墙正中开小圆洞。由于这种柱式在尺度上有层次变化，新颖别致，适应性强，所以后世被许多建筑师引用。

古罗马斗兽场的外立面上虽然也有高柱与小券柱相结合的处理，但与帕拉第奥柱式不同：开间小，高柱与小券柱相连，没有小圆洞。

c.变化的古典柱式：法国文艺复兴时期，最常用的柱式是科林斯柱式，柱头上有展翼怪兽支承垫板的雕饰。还常用女人身像柱、赫尔美斯胸像壁柱，或者柱座上有赫尔美斯头像，也有将人物雕刻作为柱子的一个部分来处理的。

d.法国柱式：公元1537年，法国著名宫廷建筑师劳尔迈（Philibert de L' Orme）在一个庄园的设计建造中，首次使用粗面石墙和柱身上有若干个箍环的立柱，柱头是塔斯干式，后来被许多人模仿。这种带箍的柱式后来被誉为"法国柱式"。

（3）线脚

文艺复兴时代的线脚完全沿用古代希腊和罗马的线脚，表面雕饰有少量不同。

（4）艺术手法

a.构图：意大利文艺复兴建筑多用对称式构图，强调立面效果，而不重视体量感。

b.巧用粗石：在建筑的底层和角隅处用粗面石砌筑，底层石块凸起较高、缝隙宽深，或者使石块正面四边有折面呈钻石形状，而向上逐层凸起变小、缝隙变窄。这种砌石墙给人的印象是粗壮有力，有坚固、安稳的感觉。

c.对比：运用对比的手法来表现主从关系，例如主体建筑居中，而且高大；而次要的附属建筑则位于两侧，而且比较矮小。在一组建筑群中，主次有呼应，风格和细部也采用一些统一的元素来处理。

d.楼梯：将楼梯作为空间过渡和突出主体的一种手段。楼梯和台阶是垂直的向空间连系部件，或某种过渡体。通过楼梯或踏步将人引向主体建筑物或主要厅室入口。

e.运用透视：重视和利用透视学规律，既可以强调和夸大主体建筑物（例如罗马市卡比多广场的倒梯形广场，突出了主体建筑元老院；这是由米开朗琪罗设计的。这也是从文艺复兴盛期开始使用的建筑设计手法），也可造成建筑高大宏伟之感（通过分层的腰线使层高向上逐次变小），还可以造成空间比实际深远的效果（壁画有较强的深度感）。

f.艺术融合：在文艺复兴建筑中，真正做到了建筑与雕刻、绘画以及工艺美术很好地结合，在坦比哀多小教堂、劳仑齐昂图书馆和梅迪奇墓等建筑中，都体现了这一点。

g.粗石墙与箍柱：法国文艺复兴建筑用粗面石砌筑整个墙面，并采用带箍环的粗面石柱，使建筑物显得异常坚固、安全。

h.户外楼梯：法国在宫殿、庄园和别墅建筑中，普遍建有户外楼梯，以此来突出主体建筑。

i.凸屋圆窗：法国在公元16世纪曾用凸屋来分划立面，凸屋正面上加圆窗。这种圆窗直到公元18世纪都是法国建筑特有的做法。

j.塔顶角亭：法国庄园拐角的碉塔改成正方形或多边形的角亭，也成为法国文艺复兴建筑的一个特征。

k.老虎窗与烟囱：法国文艺复兴建筑（庄园、宫殿）的屋顶上爱用老虎窗和烟囱。

意大利和法国的文艺复兴建筑对欧洲的许多国家产生深刻的影响。

（5）建筑论著

a.《论建筑的五柱式》（也有译为《五种柱式规范》的）——是意大利文艺复兴晚期的著名建筑师维尼奥拉（Giacomo Barozzi da Vignola）于1562年出版的，是欧洲建筑师们的学习教材，他还于公元16世纪末出版了《实用透视画法的两个规律》一书，后来被译成多国文本。他设计的耶稣（del Gesu）教堂成为后来巴洛克建筑的范本（该教堂被认为是第一个巴洛克建筑）。

b.《建筑四书》——是由与维尼奥拉同时代的意大利名建筑师帕拉第奥（Andrea Palladio）于1570年出版的专著；在此之前，于1554年他还曾出版了他绘成的古建筑测绘图集。这两本书是后世多国建筑师们的教科书，也影响到后来的古典主义建筑（他被认为是古典主义建筑的首倡者）。

c.赛松的著作——法国第一本论古典建筑的书、第一本论透视学的书、精确记录30个重要庄园的建筑图集，都是法国文艺复兴晚期的著名建筑师赛松（Jean Jacques Androuet du Cerceau）的著作，具有重大历史意义，特别是对了解毁于战火的建筑十分珍贵，影响超出了法国本土。

d.《关于建筑五种柱式的一般法则》——由法国文艺复兴晚期的重要建筑师和理论家布兰特（Jean Bullant）撰写，他曾任宫廷建筑师，设计了一些庄园。该著作在法国和欧洲都有影响。

（6）装饰种类与特点

文艺复兴时代由于经济繁荣、科技发展和艺术的兴盛，在建筑装饰装修手法上，不仅继承了以往时代的成果，同时又有许多新的发展与进步。

a.粗面石砌墙——起初为了坚固，使用粗面石块（后来将石块正面四面折边）砌墙，后期只在首层和墙的转角处用粗面块石砌筑，其他部分全部抹灰。这是外墙的做法。

b.粉刷墙——从文艺复兴中期，在意大利开始用粉刷的墙面（用石灰浆或石膏浆）。

c.白理石贴面——从意大利文艺复兴时代开始，在宫殿、府邸、陵墓等建筑中，使用白色大理石板做墙的贴面，也用白大理石做浮雕。

d.凿石涂色墙饰——在大理石墙面上，用凿子将纹饰轮廓线和骨架线凿呈砂粒状，然后涂颜色，以便使纹饰醒目。

e.釉砖贴面——当时流行粗瓷（或叫暗釉陶，Majolika）砖贴墙面，或铺地面。

f.暗衬地贵重石块镶嵌——在意大利佛罗棱萨最受欢迎的家具表面装饰做法：在黑色或暗红色漆地上，镶嵌贵重的大理石、花岗石块作装饰，意大利文叫Pietra dura(意为贵重嵌石)，这种做法在整个公元17世纪在欧洲很流行。

g.蜡色烫染——这种蜡色烫染（Enkaustika）自古希腊时就开始应用，到文艺复兴时期也受到重视。它是将颜色溶入蜡中，然后涂在木材或石材表面，再用烙铁熨烫，使颜色渗入木材或石材组织中。用这种方法制成装饰图画或纹样。

h.三合土灰泥塑形——最初是用细砂和至少存放十年的石灰调成灰浆，用来粉刷墙面或作抹灰。后来，采用1份细砂、2份陈石灰和4份石膏粉（或大理石粉）调成“三合土灰泥”（意大利文叫Stucco），用来做墙面抹灰，或者作内外墙上的浮雕（几何纹、动植物纹、人物雕塑）。近现代，在这种三合土灰泥中，掺进各种颜料后，通过电加热方法制成人造大理石或花岗石，用作建筑室内外装修材料。

i.湿壁画——古代已有的这种湿壁画（al fresco）在文艺复兴时代，得到进一步完善。在陈石灰泥抹灰八分干时，用矿物质颜料在抹灰层上作画，调颜料时除用胶料外，还配加鸡蛋清（使颜色鲜艳、持久）。最早在古埃及、古代希腊罗马时，就有湿壁画；在中世纪（公元8~14世纪）也曾使用这种装饰技艺；在后来的巴洛克时期成为主要的室内装饰手法。

j.壁刻——从公元16世纪初开始，文艺复兴时期出现了一种新的墙面装修手法叫“壁刻”（Sgrafito,意大利文Sgraffiare，意为刮去或刻掉）。抹灰墙面做两层抹灰：底层抹灰用粗砂、石灰加木炭粉，用水、胶调成灰浆。底层抹灰八分干时，再做表层抹灰（三合土灰泥——细砂、石灰和石膏粉或白色大理石粉调成）。墙上起好线稿，然后用针笔和刮刀，刮掉表层抹灰，露出底层抹灰的深色构成轮廓线、骨架线和暗色调部分，不仅能表现图案纹样（几何纹、动植物纹），而且可以表现人物画、风景画。不但有黑白线的区别，还有浮雕感。当时也有在底层抹灰浆中掺赭石颜料的。现代的壁刻颜色上有四五种之多，当然抹灰的层数也必然相应增多；装饰效果会更好。

k.彩石镶嵌画——用各种小石块或玻璃块、金属块、小木片等拼镶成的平面装饰，现代音译成“马赛克”（Mozaika），希腊语和阿拉伯文叫musaik,拉丁文叫opus musivum。最早用马赛克装饰地面的是古埃及人、古波斯人和古希腊人；古罗马人用马赛克装饰地面、墙面与天棚；拜占庭帝国和哥特艺术时期，都用马赛克装饰教堂的墙面和天花。用马赛克可以拼镶成各种纹样、人物、景象、动植物等。根据所用块料尺寸的大小，可以区分出板状马赛克、块状马赛克和钉头状马赛克三种。根据用材的不同，又可区分出彩石马赛克、彩玻璃马赛克、金属马赛克等多种。所谓威尼斯马赛克是组成各种物像图形的镶嵌画；所谓“粗野的威尼斯马赛克”是指由不规整的板状各色石料拼成的镶嵌画。

l.木片镶嵌——是用各色的薄木片拼镶成平面装饰的装饰工艺，外国统称木片镶嵌（Intarzie，来自意大利文intersiare,意为拼镶或镶嵌）。在欧洲的中世纪，人们已经掌握了这种装饰手法。在欧洲文艺复兴和巴洛克时期，木片镶嵌的应用十分广泛。今日俄罗斯保存有世界上最大的木片镶嵌墙板。在室内墙面、家具表面，用各种颜色的木片拼镶出几何图案、动植物图形，后来在“新艺术”时期还镶嵌出人物形象。木片可以染色、雕刻或烙烫，以便满足需要。还有用骨或角质片镶嵌的。

m.金属镶嵌——在欧洲文艺复兴时期开始、巴洛克和洛可可时期流行的装饰工艺叫金属镶嵌（Marketerie），它是用各种铜片、锡片、铁片和金片等来镶嵌花纹或图形，在墙面、门扇和家具表面作装饰。用钉子固定金属片。

n.玻璃花窗——这种从公元11世纪就出现的彩色玻璃花窗，直到哥特艺术时期，一直用在教堂里；从文艺复兴时期开始，玻璃花窗也用到城堡、府邸、别墅和庄园、宫殿中，除了用各种彩色玻璃块拼镶纹样、图形的彩色玻璃花窗外，还出现了“无色玻璃画窗”：玻璃是普通透明玻璃或腐蚀玻璃，无色彩，切割成大小不同、形状多样的块状，拼镶后由铁骨架和铅镶条勾勒出图形或画面，有高雅、清新的装饰效果。

o.软包墙面——从文艺复兴开始，在意大利首先用皮革或天鹅绒、绸缎做软包墙面的覆面材料，增强了室内装修的豪华感；用这些软材料包镶家具的座面、靠背与扶手，使用的舒适性更好。

p.装饰织物——文艺复兴时代，挂毯（也叫壁挂）很受欢迎，内容多为历史风俗画，在庄园、府邸、宫殿中，墙上都有挂毯；同时，也用东方风格（花纹）的地毯装饰室内空间。后来在巴洛克、洛可可时期应用挂毯、地毯更普遍。

q.*赤陶浮雕*——由于赤陶（Terrakotta）釉质较难溶化，所以浮雕起伏不大，装饰效果粗犷、简朴。

r.*白釉泥塑与白瓷雕刻*——意大利文艺复兴时期，在建筑中爱用白釉泥塑做圆雕或浮雕（全身人物圆雕、头像浮雕，上涂白色釉料，烧成后再放到适当部位）。当时也用白瓷的雕刻纹饰。洛比亚（Lucca della Robbia）制作的白釉泥塑很有名。

s.*室内油画*——在公元15世纪末，在意大利的威尼斯城，首先出现油画：将麻布绷在木框上，用油彩颜料在布上作画，再加外框。绘画内容有写实的风景、静物和肖像等。湿壁画不能移动位置，而这种新画种（油画）画幅大小随意，可任意变换位置，感染力强，作为室内装饰元素之一，广泛流传至今。

t.*木板烙画*——文艺复兴时代开始流行在木板上用烙铁、铁笔通过熨烫做装饰画，用在墙面、门扇、家具表面，朴实大方。

u.*纹饰*——在文艺复兴时代，用彩绘或雕刻的方法，在墙面、檐壁、门扇和家具表面，做出各种装饰纹样：一是用棕榈叶、毛茛叶组成编结纹、花环来装饰门窗，或作为横饰带；二是在植物纹中夹杂着徽记或人头狮、假面具、奇幻动物；三是徽章牌式的装饰，有盾牌外形，里面是纹样，姓名的大写字母放在纹样中间；四是用飘带或串结的花果叶子构成"悬垂花环"（Feston）浮雕，用石材或木材雕成，或用三合土灰泥塑出；五是在柱身或墙面上，常用植物长茎杆、绳索或飘带把武器、盔甲、乐器、工具、瓶、烛台、假面具和"富裕角器"（用海螺或牛角制成的号角）等串连成竖向的纹饰；六是在凸棱边框内用植物纹加器物、动物或人物组成填充纹样；七是带框边的单独纹饰（法文为cartouche，意大利文为cartoccio）：它是由椭圆形或圆形、其他任意形边框围成的区域，内里往往有文字词句、年代数字、标志或象征物等，个别也有里面是空的。这种装饰在文艺复兴、巴洛克和洛可可时期用得非常普遍，多半用三合土灰泥塑出或用木料雕刻而成。

悬垂花环浮雕最早产生于古希腊，后来被古罗马人继承下来。到了文艺复兴时代和以后的巴洛克时期，不仅广泛使用，而且还有所发展和变化；古典主义时期更作为古典主义建筑和家具的标志之一了。

v.*黑合金镶嵌*——在金属器物上用"黑合金"来填充花纹的凹槽，造成强烈的黑白对比，这种装饰手法最早产生在古波斯和叙利亚，后来传到拜占庭，用来做柱头装饰，有透雕的效果。这种装饰方法叫"黑合金镶嵌"（Niello），它是用铜、银、铅和硫磺等化合成黑色涂料（珐琅质釉料），然后将其嵌入雕刻的凹槽中。这种装饰技法在文艺复兴中得到广泛应用。

w.*金工制品*——在意大利文艺复兴时期，金属加工装饰业很发达。像青铜铸造门扇、门把手、灯架和家具等，铸铁花栏杆用在院门、阳台、窗扇和壁炉等地方。且里尼（Benvenuto Cellini）的金工制品非常有名，影响到欧洲各国和以后的巴洛克和古典主义建筑装饰。

x.*石榴形栏杆柱*——这种花瓶形栏杆柱在古希腊时就有，希腊文balaustereion意为未成熟的石榴。这种用石榴形栏杆柱组成的栏杆，在文艺复兴建筑的楼梯扶手、压檐女儿墙和阳台护栏等处应用很普遍；在古典主义时期也是这样。

y.*人像柱与胸像柱*——在公元前6世纪时，就已有了人像柱（在古希腊的Delf），后来在公元前5世纪在希腊雅典卫城上的伊瑞赫泰容神庙（Erechteion），爱奥尼柱式，也使用了女人全身雕像做立柱支承屋檐。在文艺复兴和古典主义时期，这种人像柱也很受欢迎。赫尔美斯（Hermes）胸像柱起源于远古时的拜物教和图腾崇拜，最初是树木或泉眼、石头、动物等，后来演变成人形；在古代希腊做成赫尔美斯神胸像柱，用在桩橛、杆柱或柱墩上（下部柱身变细），作为界碑、里程碑或装饰柱，在文艺复兴时期应用也较多，尤其在家具上。

(7)色彩

a.**意大利**：佛罗伦萨的建筑以白色调为主（白色大理石、石灰或石膏粉刷、三合土灰泥抹灰等）辅以少量黑、灰色。纹饰有只用灰或绿、褐一种颜色的，也有用多种鲜艳颜色的。北方仑巴底一带，除用粗面石砌墙之外，也较多使用红砖砌墙和用陶瓷贴面，具有显明的地方特色。在威尼斯，建筑上除用大理石、砂岩、石灰石之外，还喜欢用彩色大理石镶板墙，在天光水色映衬下，显得富丽、清新。

b.**法国**：文艺复兴建筑的色彩，外观以白色和米色（大理石）为主，坡顶上用灰色的瓦；民居则是砖墙白抹灰、红瓦顶。宫殿内部的墙用白色和浅紫色大理石贴面，以及用镜面包镶墙，用绿色大理石做柱身，柱头和柱础是铜质、镀金，浮雕也是金色的，天顶及墙上有的加湿壁画，显得富丽堂煌。府邸、庄园的柱身及墙面上用三合土灰泥做出精美的浮雕。

c.**捷克、德国与西班牙**：文艺复兴建筑外观色彩以白色、米色为主，屋顶为灰瓦或红瓦。外墙的壁刻精美犹如晶体砌块。德国南部建筑外观以白色为主（三合土灰泥浮雕、壁刻、白色抹灰）；北部建筑一种是勒脚砌石块上面为砖砌墙（红砖），另一种是块石基础上采用木框架夹砖石的做法。室内有木墙裙、抹灰墙。西班牙则有哥特艺术、伊斯兰艺术和文艺复兴风格相融合的特点。

4.建筑材料、结构与技术

(1) 建材：文艺复兴时期的建筑用材有石灰、石膏、细砂、大理石粉和由这些材料调成的三合土灰泥，灰色和红色的黏土砖、瓦，木材（松、柏、榉木、胡桃木、橡木等），石料（各色大理石、花岗石、石灰石等），金属（青铜、铜、铁、锡、铅、金、银等），陶瓷（粗瓷砖、赤陶、白釉泥塑、白瓷雕刻等），玻璃（平板透明玻璃、彩色玻璃、腐蚀玻璃等），皮革，织物（地毯、壁挂、天鹅绒、绸缎等），珐琅质等。

(2) 结构与技术：文艺复兴时期在结构与技术上有很大进步，首先在文艺复兴第一座建筑——佛罗伦萨主教堂中体现出来：文艺复兴第一个建筑大师布鲁乃列斯基（Fillipo Brunelleschi）为了突出穹窿顶，在50m的高柱墩上，又砌出12m高的八棱形鼓座。直径超过40m的穹顶立在鼓座上，必须减小穹顶的侧推力和自重。建筑师采用双层穹顶（里层半球形，外层是竖卵形，两层之间的空隙1.2～1.5m）、穹顶加肋券（两层穹顶间从八个角八个面向上砌出16条肋券，最上由八角形环肋收拢，每两个角的主肋券间，自下而上又加砌9道水平向肋券，形成球网骨架）和巧妙用料（穹顶弧面壳体下部用石材砌筑，上部改用砖砌，而且厚度向上逐渐减薄：外层下厚78cm，上厚61cm）的方法，最上建采光亭收顶。为了更加可靠，在穹顶底部加有一圈铁链，在1/3高处又加一条木箍圈，石块之间又加了铁扒钉、插销，石料之间有榫卯。这是超越古罗马和拜占庭的圆顶建筑，体现出人类科技的进步。

5.文艺复兴式家具

(1) 家具品种

a.坐具——有凳箱、长凳、镟木腿小靠背椅、三腿靠背椅、大椅子、扶手椅、折叠椅（交椅，有两种结构）、厢座（椅箱）、宝座（靠背顶部有华盖；在普通家庭里这种宝座叫“荣誉座位”，给客人和长辈坐的）。厢座是现代沙发的始祖（雏形）。

b.卧具——最初床顶上有华盖，上挂沉重的帷幔，下有低矮的台基。大约从公元1600年起，用镟制的或满布雕刻的四角柱取代了华盖。

c.藏具——有木箱（放衣物、珠宝、武器等）、柜橱、餐具柜。另外是既可存物又能乘坐的凳箱、椅箱。带翻板（可写字）和抽屉的柜子很受欢迎。

d.承具——有四条腿的方桌、两侧有带雕刻侧翼板的长条桌、面板下有抽屉的四腿桌、单腿圆桌、四腿圆桌、六腿圆桌、六边形台面桌、八边形台面桌和台面呈不规则曲线的桌子。此外，还有阅读台（下有台座，上有托拱支承的格架，可放烛台、盛珠宝的小箱和小画框）、八腿方桌。

(2) 造型特点与装饰

a.早期家具腿、枨子和扶手立柱爱用镟木制件（棱体与球体、瓶形交替）；

b.后期家具造型“建筑化”；桌面、柜顶和箱盖形如房屋挑檐；椅类家具腿为立柱形或连券柱形，靠背上也用连券柱，柜子立面用楣梁列柱或连券柱、赫尔美斯胸像柱（壁柱或独立柱式，有柱头、柱础或加柱座）；高脚柜和桌子则有八条柱形腿；有的在檐部（台口部分）加托拱或三垅板、浮雕纹饰；横向饰带做成排齿纹或绳纹、连续团花纹浮雕；

c.木箱平面为矩形，但正立面和侧立面则是曲线形，而且表面有许多浮雕，腿有的是兽足；

d.扶手椅的腿为兽足，扶手椅落地枨两端做成兽爪形，桌子两翼由狮身涡券翅动物圆雕支承；

e.椅子靠背做成奖牌形，上有雕刻；

f.扶手椅的扶手前端做成涡卷形或兽头形、人头形（也有平直的），立柱为柱形、涡卷形或镟成方圆体结合形；

g.法国桌子和意大利桌子爱用工字形落地枨，枨上起柱形腿，枨上有叶片浮雕和倒托拱造型；

h.法国高脚柜和双层柜橱最下面有很矮的基座；

i.软包的椅类家具用钉子固定，钉头就成为装饰；软包家具靠背和座面下部都配有流苏；交椅也配带流苏作装饰；

j.蛇形柱和枨子（也叫“麻花柱和枨”）在家具中也有应用；

k.纹样装饰爱用毛茛叶、卷草、涡卷、四瓣和八瓣花朵、绳纹、排齿纹等。

(3) 使用材料

a.木材——以胡桃木为主，还有松木、金合欢、橡木、榆木、榉木、椴木等；

b.石料——大理石、花岗石、玛瑙石等；

c.金属——青铜、铜、铁、金、银、锡和铅等；

d.螺钿——贝壳、龟甲、宝石和象牙等；

e.软包料——天鹅绒、皮革（真皮）、绳编等。

(4) 结构

a.插接榫——椅子腿与枨相连接、床腿与枨子连接使用插入榫，腿有榫眼的地方为方块形，其他部位为球形或瓶形、圆柱形，这很科学；

b.靠背插入座面板后下伸与后腿间横枨相连接，坚固牢靠；

c.靠背立柱与后腿是一体的，结构安全可靠；

d.前腿上伸穿越座面成为扶手支柱，也是很合理的，坚固耐用；

e.嵌板结构——在椅子靠背和望板部分，在柜子侧板、门扇部分，在桌子望板部分，都使用了嵌镶板结构；托拱也是两边嵌入的；

f.交椅腿相交处使用圆柱形枨中穿铁条轴的结构，既坚固又美观；

g.高脚柜和底层为柱廊式的柜子，下面加矮台基，是从坚固方面考虑的；

h.椅腿下加落地枨、桌子下加工字形落地枨，都是能确保坚固耐用。

(5) 工艺技术

a.普通木片镶嵌(Intarzie)——用各种不同颜色(还可染色)的薄木片，在桌面、门扇等处拼贴成各种花纹，建筑景观较多；

b.黑白木片镶嵌(Certosina)——在文艺复兴初期，在木箱上小面积地使用过，后来大面积使用。是用深浅两种颜色的木片拼镶成几何纹饰。这是根据其发源地切尔多萨(Certosa)而得名的；

c.浅浮雕——在家具表面雕刻起伏不大的浮雕纹饰(动植物、线条等)；

d.立体雕刻——在柜子顶部、靠背顶端、扶手端部、桌腿处、柜子转角处等地方，雕刻立体饰物(人头、兽头、花瓶、狮身等圆雕)；

e.包金——在家具表面先做三合土灰泥塑形，然后贴金箔，或在浮雕上包薄金皮；

f.镟木——用土镟床，手工镟出圆柱形、球串形、瓶形及蛇形家具腿、枨、靠背立柱、扶手立柱、扶手横木，作为装饰；文艺复兴后期用得较多。

6.文艺复兴期的室内装饰装修

(1) 顶棚

早期是木质平顶天棚，一种是由许多根直条的方木梁撑托的(梁两端有托拱与墙相连)，梁上是排得较密的小木方组成的骨架，在上面平铺木板；另一种是由相互交叉成井字格的梁构成骨架；上盖木板，在梁下沿表面有浮雕或线脚，在每个“井”底有单独纹样的浮雕。也有十字交叉拱顶、肋券上有雕饰、拱面上抹灰的天棚；肋券为石材，拱面用砖砌。棚中央吊挂青铜制成的枝形吊灯。府邸大厅也有筒拱天花或平顶，表面用三合土灰泥塑出浮雕。

教堂的室内空间用筒拱，拱脚与墙交接处是一排连续的月牙拱，拱面上画满宗教题材的湿壁画。穹顶内表面是井字格式的，或画湿壁画、镶嵌马赛克宗教画。

后期的世俗建筑室内天棚，多为井字梁木平顶或带三合土灰泥浮雕的平顶。有的在浮雕上贴金箔。

(2) 墙面

早期在民用建筑中，墙面作法有：一是全部抹灰墙；二是上部2/3是抹灰，下部1/3是木墙裙，抹灰墙上悬挂兽头、盔甲和武器等；三是整个墙面包木板；四是在墙上做湿壁画或做壁刻风景画。

中晚期，在世俗建筑高档装修中，使用布料(天鹅绒、锦缎等)和描金皮革做软包墙面。或者在大面积抹灰墙上吊挂大幅壁挂(历史题材)，也有在墙和壁柱上做三合土灰泥浮雕的。在接待厅与卧室中，多半有壁炉。所有家具都是成套的。墙上挂可移动的油画开始流行。

教堂的墙面多有湿壁画，或马赛克宗教画，玻璃窗上有彩色玻璃画。

(3) 地面

早期的世俗建筑室内地面铺瓷砖或木地板，瓷砖为主。中晚期使用花岗石、大理石铺地，在宫殿里更是如此。木地板用得多了起来，地上铺设带有东方式纹样的地毯。

教堂建筑室内地面多铺瓷砖或石板(大理石、花岗石)。

7.英国文艺复兴式家具(公元1509～1702年)

英国在亨利八世统治以前及他执政时期，家具风格更多地受哥特式家具的影响，但又有一些英国的特色，故被称为“都铎式”；又由于制造家具多用橡木，所以，又将这一时期叫作“橡木时期”。这是一个从哥特式向文艺复兴式的过渡期，因此开始有一些文艺复兴的特点。这个过渡期一直持续到伊丽莎白女皇时代(到公元1603年止)。

英国从雅各宾当政时起(1603～1640年)，家具风格就变成纯文艺复兴式的了。

(1) 雅各宾式家具(公元1603～1640年)

a.家具品种——坐具类有凳、靠背椅、扶手椅和长凳等；台案类有方桌、长条桌、台面可拉伸的长方桌和圆桌等；柜橱类有矮抽屉柜、长条形板式腿柜、高形柜和四脚条箱等；卧具类有榻、带华盖与装饰柱的床等。

b.造型与装饰特点——一是靠背椅造型方整，靠背上部有块方形嵌板，上下木方框及左右边框(下与后腿是一体的方腿)正、侧面有雕饰，两后腿间有一方木横枨；前腿是方块体、球体、方柱体、球体、最下是球体的鏇木腿，在中间偏上部位，有一两头方中间为串球形鏇木枨连接两前腿；左右侧的前后腿之间，都有两根方木枨相连；座面是由里外两层木框中间嵌条木制成。扶手椅的前腿连扶手立柱、后腿和靠背边柱一体化都有收分的鏇木圆腿，前腿脚部为涡卷形，横枨下部为镟制的圆木棒，上面是由弧形和涡卷构成的对称的雕刻枨板；扶手横木是三弯的，前端是涡卷形；后面靠背板是上下曲线轮廓、中间雕花的竖条嵌板；座面是花布软包镶。还有一种扶手椅，扶手立柱是有收分的鏇木柱，前腿是方、圆、方鏇木腿，脚部为方柱形，后腿是木方腿，在接近地面部位，前后左右各有一条木条板枨子（枨子外面有雕饰），扶手横木微呈曲线、前端涡卷状，靠背顶端是对称的两个涡卷中央花瓣，靠背嵌板充满整个靠背空间，上面满布浮雕。二是桌面规整（是方或是圆），望板上都有雕饰，最大特点是桌腿，有的上下是方柱中间是南瓜形，也有的上下是方柱形中间是圆花瓶形，还有的上面是爱奥尼柱头形中间为花瓶形下为方柱形的，也有的是蛇形柱式的腿；大部分桌子都有方木做的四个落地枨；有的台案在台面下还有两层台板，前面上下两层都是花瓶形立柱，后面是通高的方木腿。三是箱柜顶面向外出挑，正面抽屉和门扇上，有壁柱浮雕、圆券浮雕、花形或几何形雕饰，或者木片镶嵌；挑出的顶板下有雕刻。四是床的华盖为方柱直条栏杆式，在床头一侧是由大尺寸壁板支承：上为涡卷形托拱，下接楣板，再下三根立柱、中间有圆券雕饰，下接横楣板，最下为竖方骨架中间嵌板，直达地面。在床尾一侧，与床拉开一定距离，由两根独立的装饰柱支承华盖：柱子的柱头是带涡卷的斗形柱头，柱身从上到下是拉长的瓶形、南瓜形和球形；最下是方柱形柱座，柱座上下均为斗形体座顶和座础。五是有的凳椅或桌脚为圆球形或扁球形，上变方柱形，以便安装方木枨（枨子接近地面）。

c.用材——以橡木为主要家具制作材料。此外，用麻布、皮革做软包材料。用青铜、铜做拉手。

d.家具结构——最普遍使用的是插入榫（丁字连接、直角连接、三向连接等），还有格角榫（即直角45°连接）、嵌榫、企口榫等。还熟练地使用嵌板结构（有整板两边嵌入、三边嵌入和四边嵌入，还有四角局部嵌入）。

e.装饰工艺——主要的有：一是鏇木技术，在家具腿、靠背、枨子和扶手部分，鏇出有收分的圆木棒、方圆体交错的木件、南瓜形或球形构件；二是雕刻，在家具的靠背、望板、枨子、腿脚、门扇和抽屉面板上，雕刻出几何纹、植物纹、圆券纹等；三是镶嵌，有木片镶嵌、螺钿镶嵌和贴木皮。

(2) 玛丽女皇式家具（公元1689～1702年）

在雅各宾之后，英国在查理一世与二世当政时期，家具业没有什么新的创造。

但到了玛丽女皇（Queen Mary）时期，她与丈夫威廉（William，荷兰王子）关注和扶植家具业，使家具很有起色，但仍属于文艺复兴式风格，其特点是：

a.高形柜橱类家具顶部是半圆券山墙造型，上面有平凸线线脚；

b.高脚抽屉柜下面有八根鏇成花瓶栏杆柱形腿，互相之间用圆弧形枨子相连，腿上部的望板呈连续券洞形；台面前半部分为写字或放物品的台面，下有扁长抽屉；台面后半部分升高为抽屉柜，抽屉上下有四层：下面两层大抽屉，上面两层各有两个小抽屉，每个抽屉都有两个吊牌拉手和一个海棠花形钥匙孔；柜顶有出挑的线脚；

c.矮脚柜的脚是块方垫板，边腿内侧为弧线，内腿两侧都是弧线，腿之间的嵌板（望板）是用对称的S形曲线组成的臂形轮廓，或者用半圆弧线和S形曲线组成幕布形轮廓；

d.靠背椅后腿是方木条；前腿是鏇木件，形状是钟铃与喇叭相接的圆柱，最下为球形；用X形枨连接前后腿；靠背向后倾并有一定曲度，顶端是对称的曲线形，靠背用皮革或布料软包镶；整个座位也是软包的；

e.桌子腿都是木料鏇制的，一种从上向下是圆柱体、有收分的过渡体（杯形）、上粗下细的圆柱体、两个带圆凸线的松果体、最下为球体或扁球体。另一种从上向下是方柱体、杯体、上粗下细的八棱柱体、方柱体、最下为球体，有自己的特色；

f.扶手椅的扶手横木微呈曲线形，前端呈涡卷形，下面的支柱是鏇木件，形状从上到下是花瓶形接钟铃形，下为圆柱形；

g.中心的装饰纹样多为椭圆形，里面是花或叶子纹；在X形枨的交叉点上，往往有花瓶形圆雕作装饰；没有多余的装饰浮雕；

h.当时所用木料主要是胡桃木，所以也称为“胡桃木时期”。当时的家具讲究实用。

复习题与思考题

1.文艺复兴建筑总体风格特点是什么？有哪些建筑类型和特征？

2.在建筑艺术上（造型特点、柱式、线脚、艺术手法、装饰种类与特点）有什么突出的特点？

3.文艺复兴时期有哪些建筑论著？

4.文艺复兴时期建筑装饰手法有多少种？简要说明之。

5.文艺复兴式家具的造型与装饰特点是什么？

6.文艺复兴期室内装饰装修特点是怎么样的？

7.英国文艺复兴式家具（雅各宾式和玛丽女皇式）的特点是什么？

1.文艺复兴式民居外观

2.佛罗伦萨市主教堂（文艺复兴式）

3.文艺复兴式民居外观

1
2
3

1. 意大利公元16世纪的床（文艺复兴式）
2. 文艺复兴早期室内家具及壁挂
3. 公元16～17世纪英国三腿扶手椅

文艺复兴建筑·重要的教堂

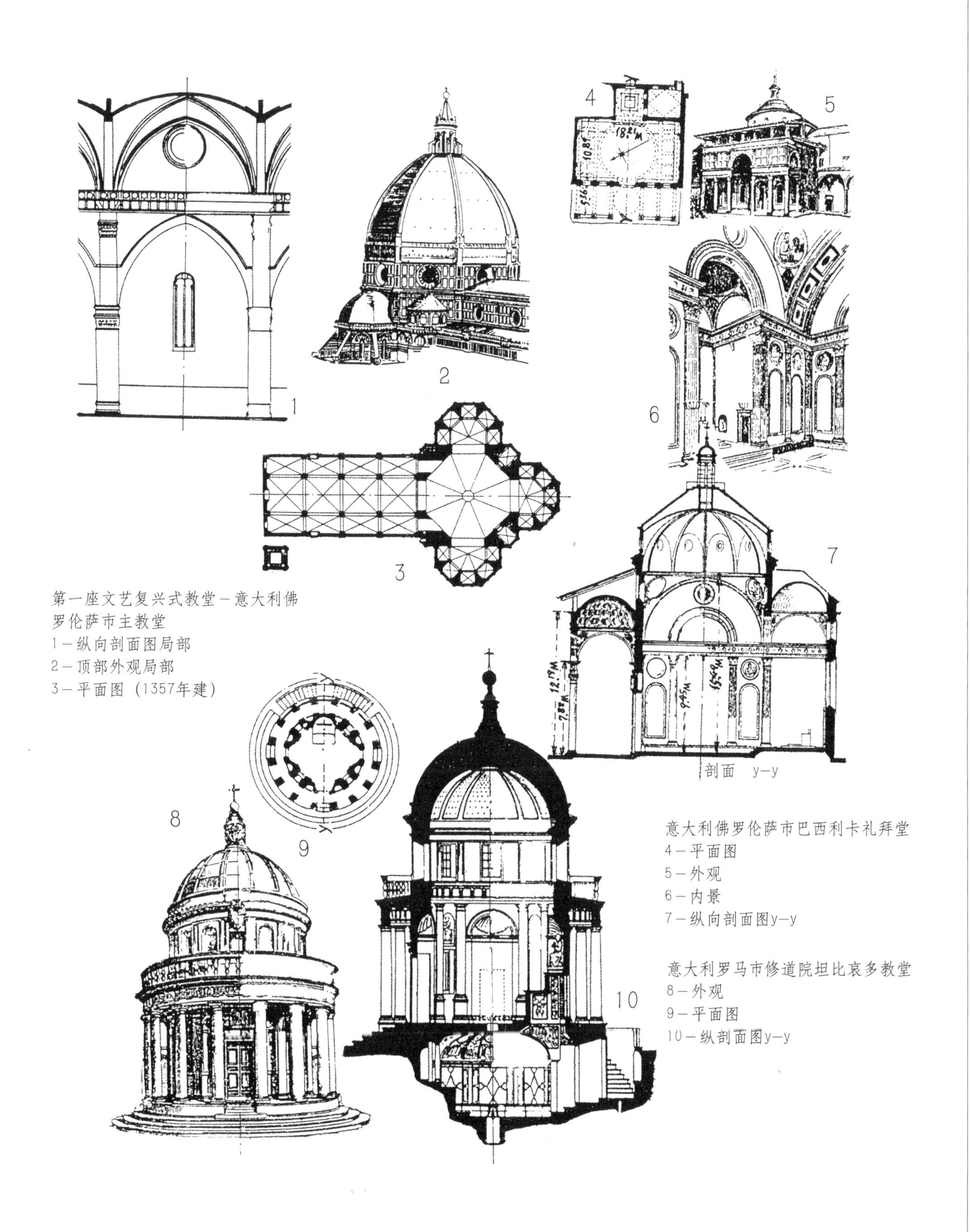

第一座文艺复兴式教堂—意大利佛罗伦萨市主教堂
1—纵向剖面图局部
2—顶部外观局部
3—平面图（1357年建）

意大利佛罗伦萨市巴西利卡礼拜堂
4—平面图
5—外观
6—内景
7—纵向剖面图y—y

意大利罗马市修道院坦比哀多教堂
8—外观
9—平面图
10—纵剖面图y—y

文艺复兴建筑·重要的教堂

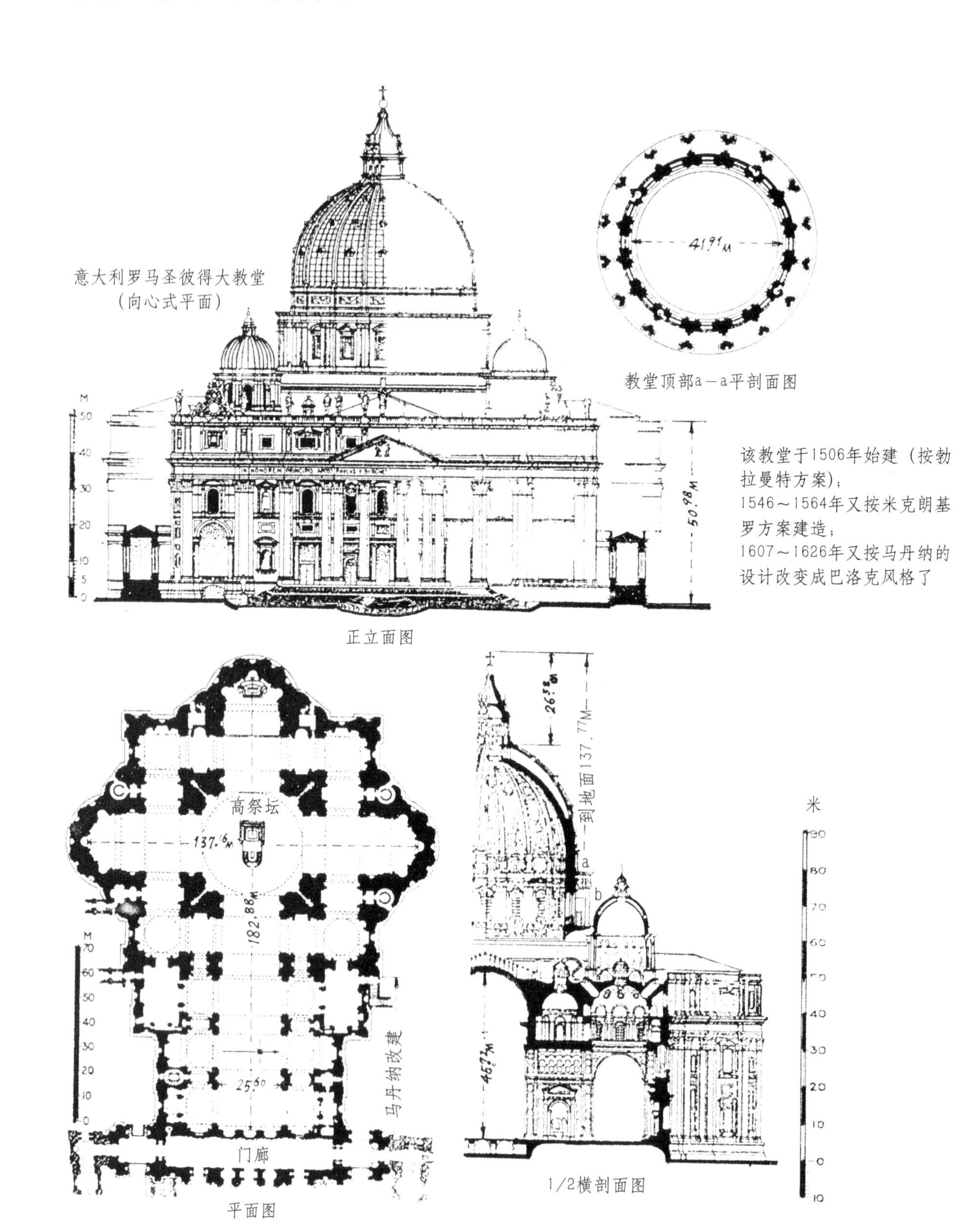

意大利罗马圣彼得大教堂
（向心式平面）
41.91M
教堂顶部a—a平剖面图
50.98M
该教堂于1506年始建（按勃拉曼特方案）；
1546～1564年又按米克朗基罗方案建造；
1607～1626年又按马丹纳的设计改变成巴洛克风格了
正立面图
高祭坛
137.16M
182.88M
25.60
马丹纳改建
门廊
平面图
26.58M
到地面137.77M
45.72M
米
1/2横剖面图

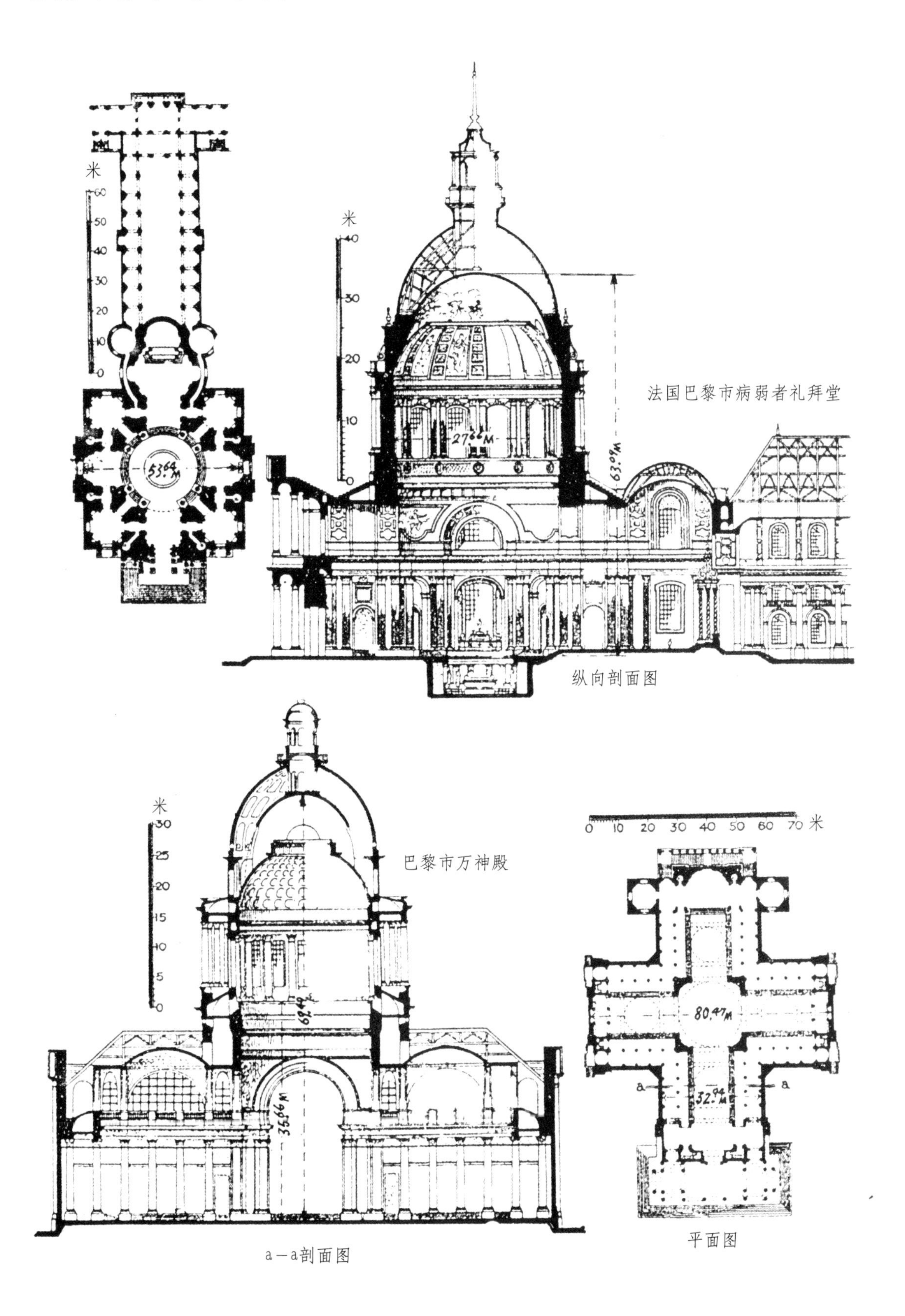
米
60
50
40
30
20
10
0
53.64M
米
40
30
20
10
0
27.66M
63.09M
法国巴黎市病弱者礼拜堂
纵向剖面图
米
30
25
20
15
10
5
0
62.40
35.66M
巴黎市万神殿
0 10 20 30 40 50 60 70 米
80.47M
a
a
32.94M
a—a剖面图
平面图

文艺复兴建筑 · 重要的教堂

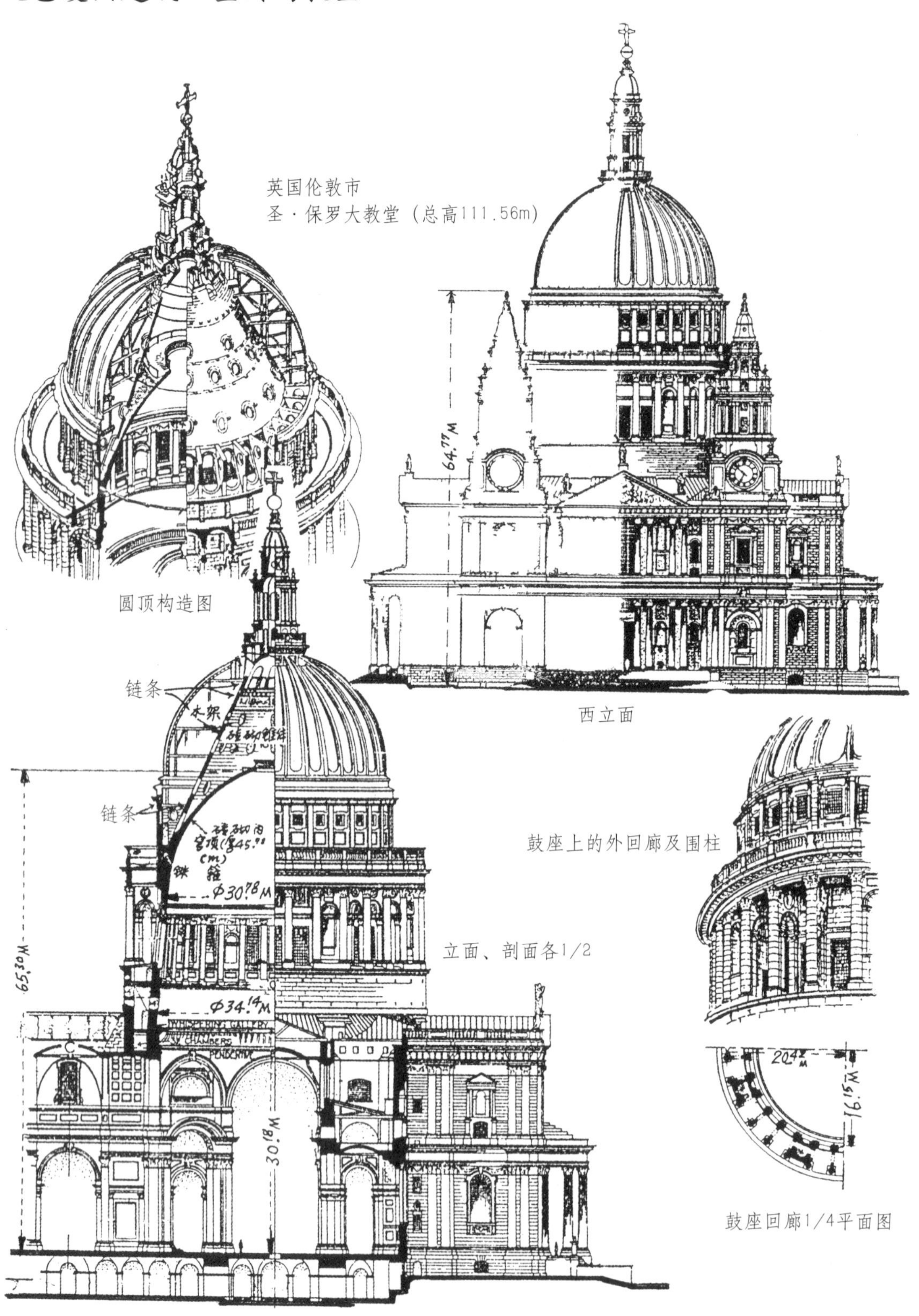

圆顶构造图

西立面

鼓座上的外回廊及围柱

立面、剖面各1/2

鼓座回廊1/4平面图

文艺复兴建筑·巴西利卡式教堂

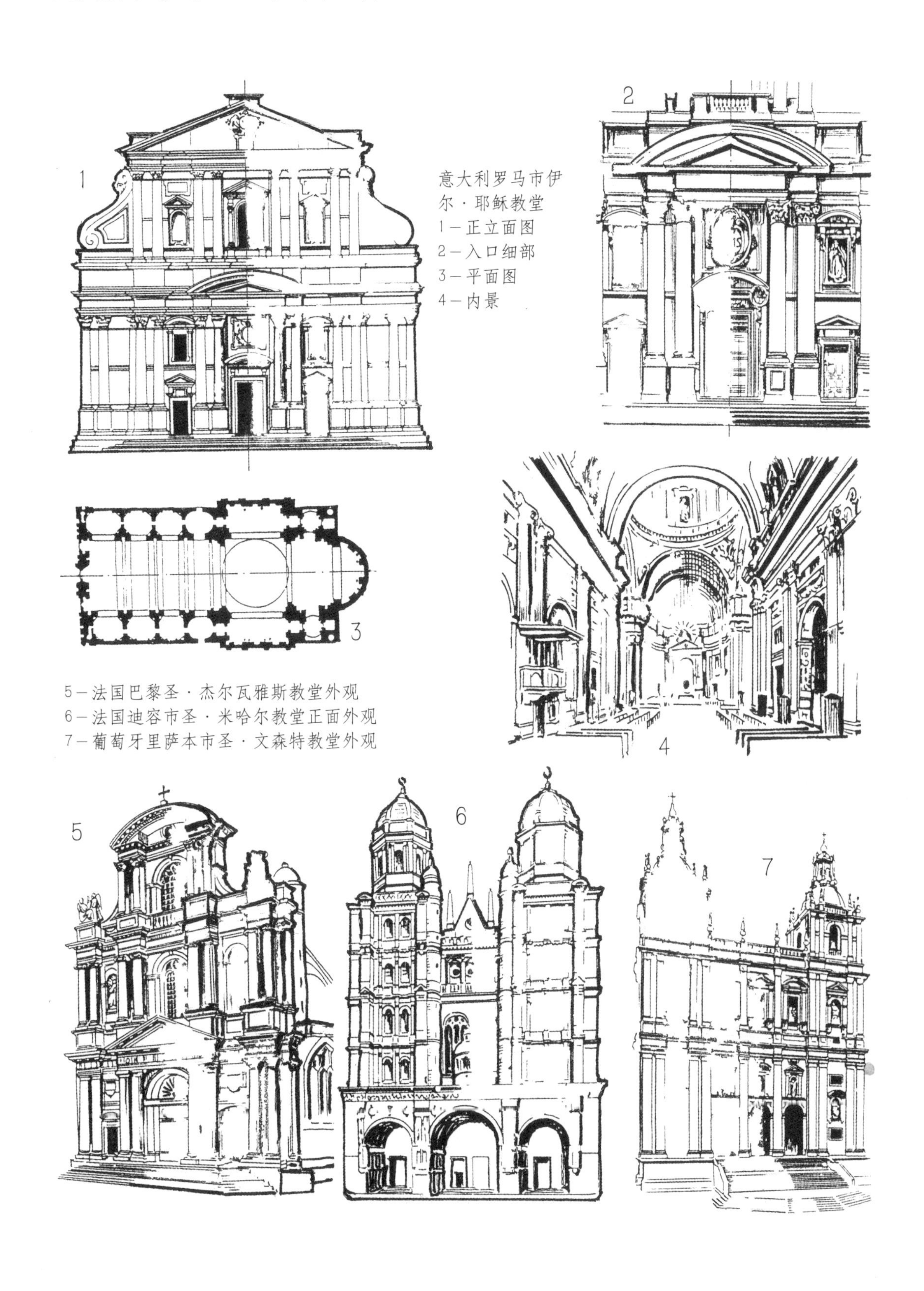

意大利罗马市伊尔·耶稣教堂
1—正立面图
2—入口细部
3—平面图
4—内景

5—法国巴黎圣·杰尔瓦雅斯教堂外观
6—法国迪容市圣·米哈尔教堂正面外观
7—葡萄牙里萨本市圣·文森特教堂外观

文艺复兴建筑·带有巴洛克元素的教堂外观

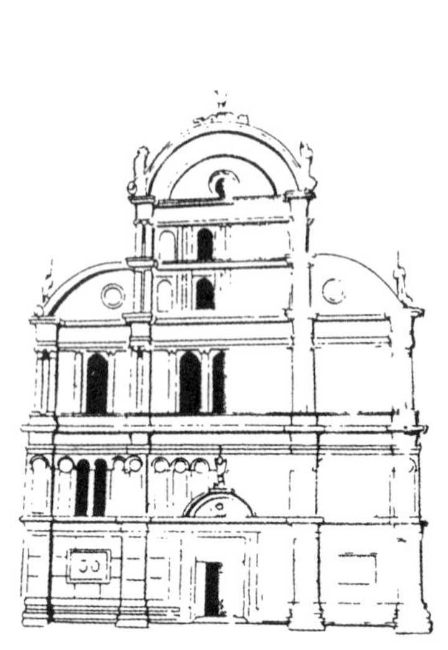

意大利，威尼斯，圣·札卡里亚教堂正立面图（1480～1515年）

荷兰，列本斯坦宫内小教堂外观（1590年）

荷兰，比根堡，国立教堂正立面图（1613年）

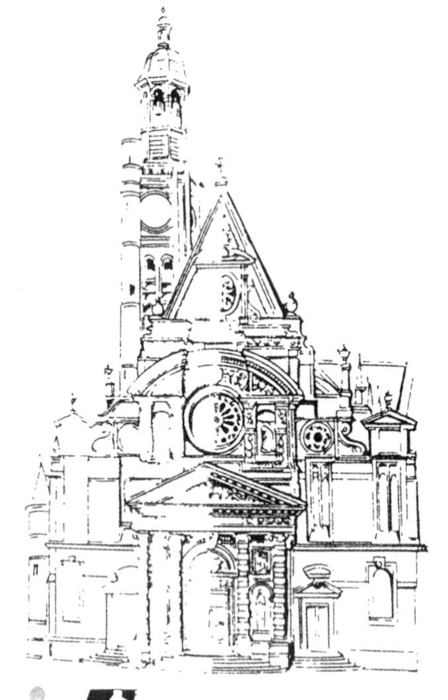

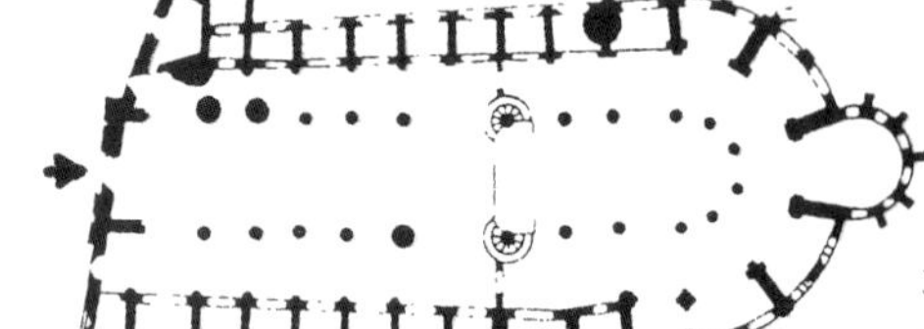

法国，巴黎，圣·埃丁乃都—蒙特教堂外观及平面图（1517年）

德国，慕尼黑，米哈伊尔耶稣教堂（1582～1597年）

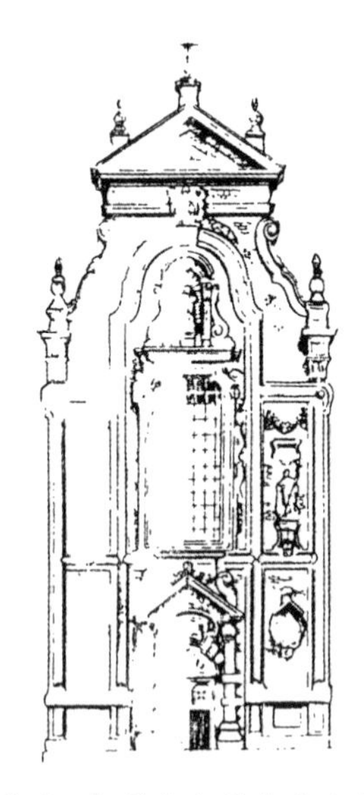

荷兰，阿维尔包德修道院教堂正立面图（1664～1701年）

文艺复兴建筑·教堂室内处理

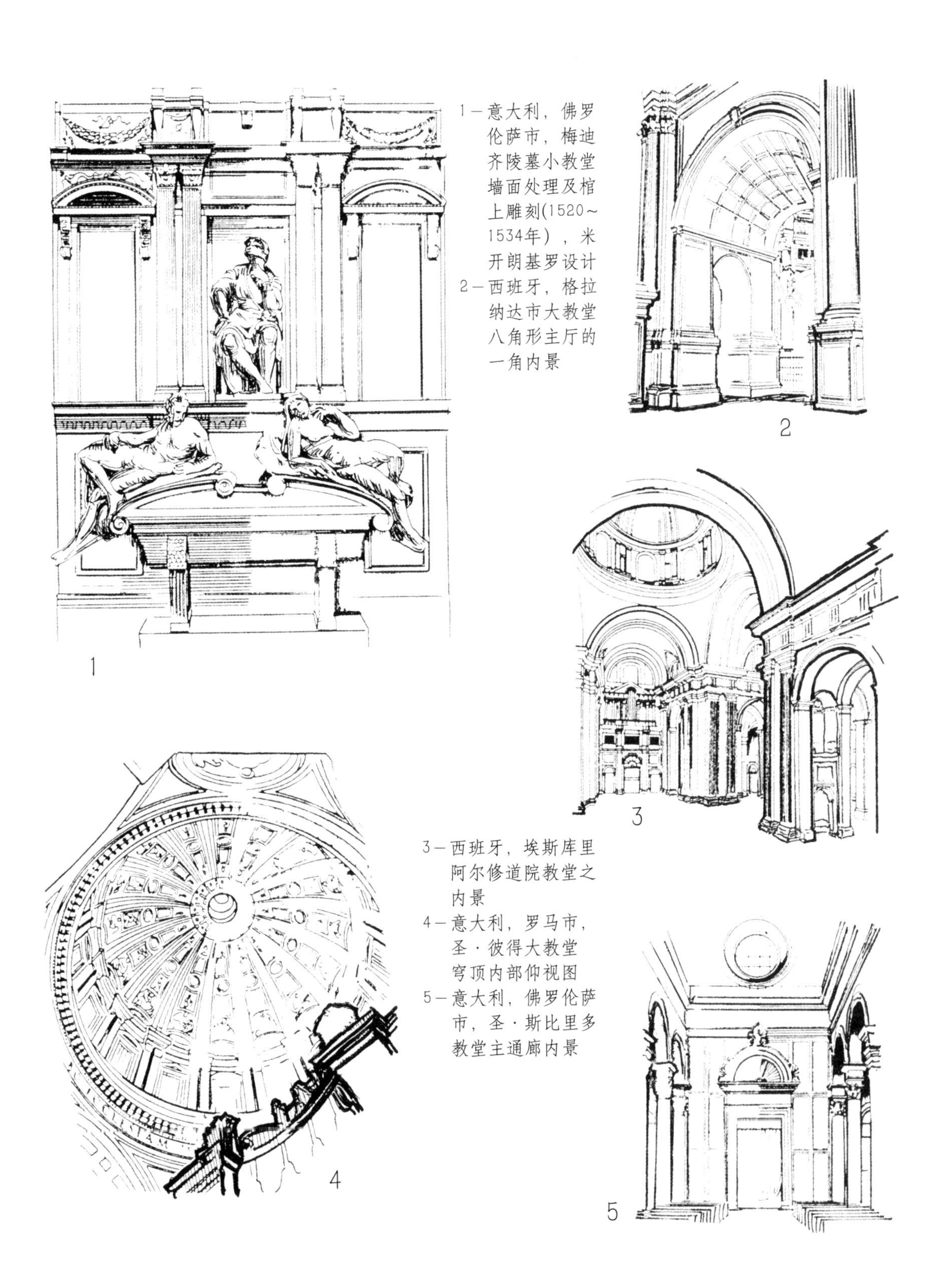

1—意大利，佛罗伦萨市，梅迪齐陵墓小教堂墙面处理及棺上雕刻(1520~1534年)，米开朗基罗设计

2—西班牙，格拉纳达市大教堂八角形主厅的一角内景

3—西班牙，埃斯库里阿尔修道院教堂之内景

4—意大利，罗马市，圣·彼得大教堂穹顶内部仰视图

5—意大利，佛罗伦萨市，圣·斯比里多教堂主通廊内景

文艺复兴建筑 · 教堂室内处理

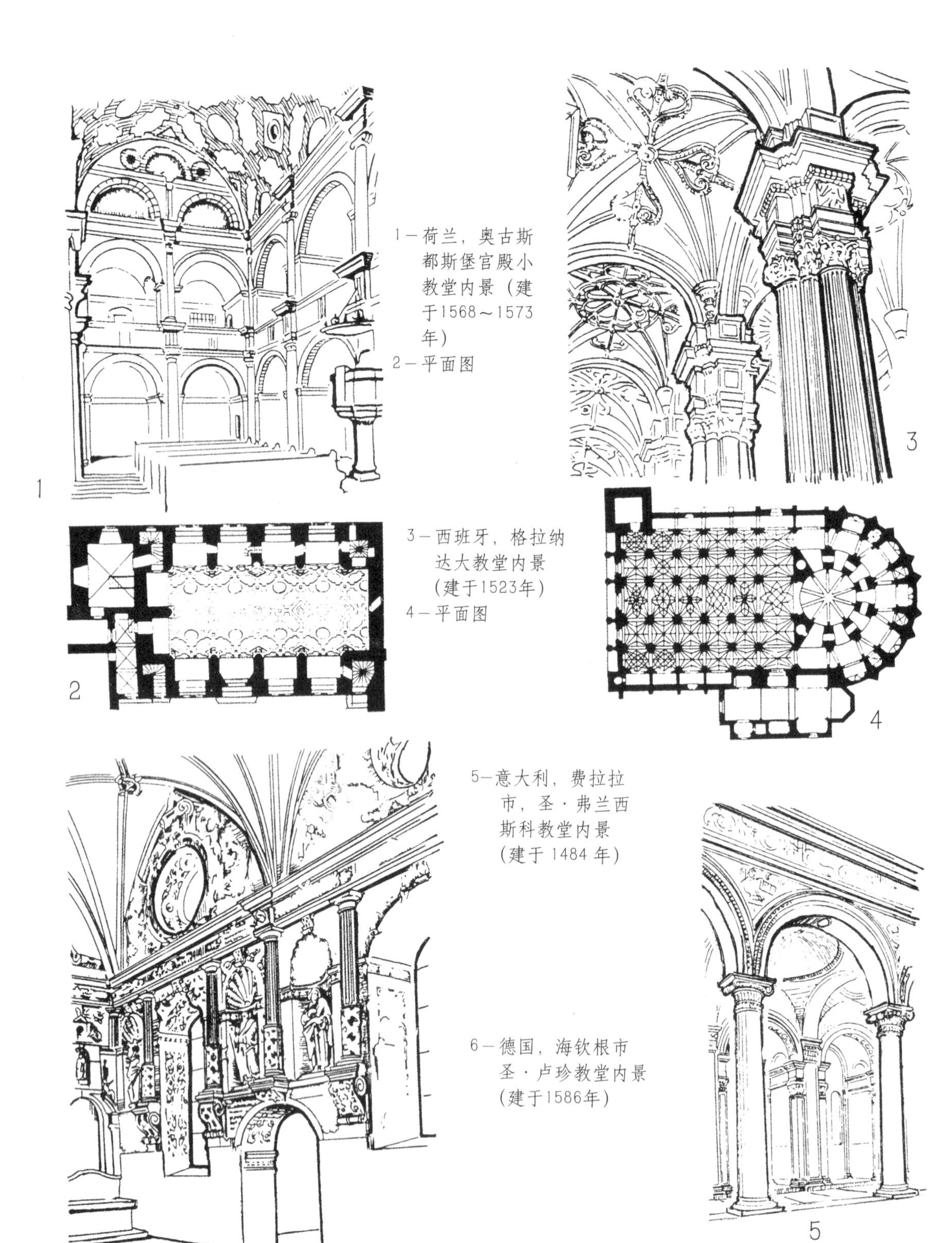

1—荷兰，奥古斯都斯堡宫殿小教堂内景（建于1568～1573年）
2—平面图

3—西班牙，格拉纳达大教堂内景（建于1523年）
4—平面图

5—意大利，费拉拉市，圣·弗兰西斯科教堂内景（建于 1484 年）

6—德国，海钦根市圣·卢珍教堂内景（建于1586年）

文艺复兴建筑·广场及建筑群组设计

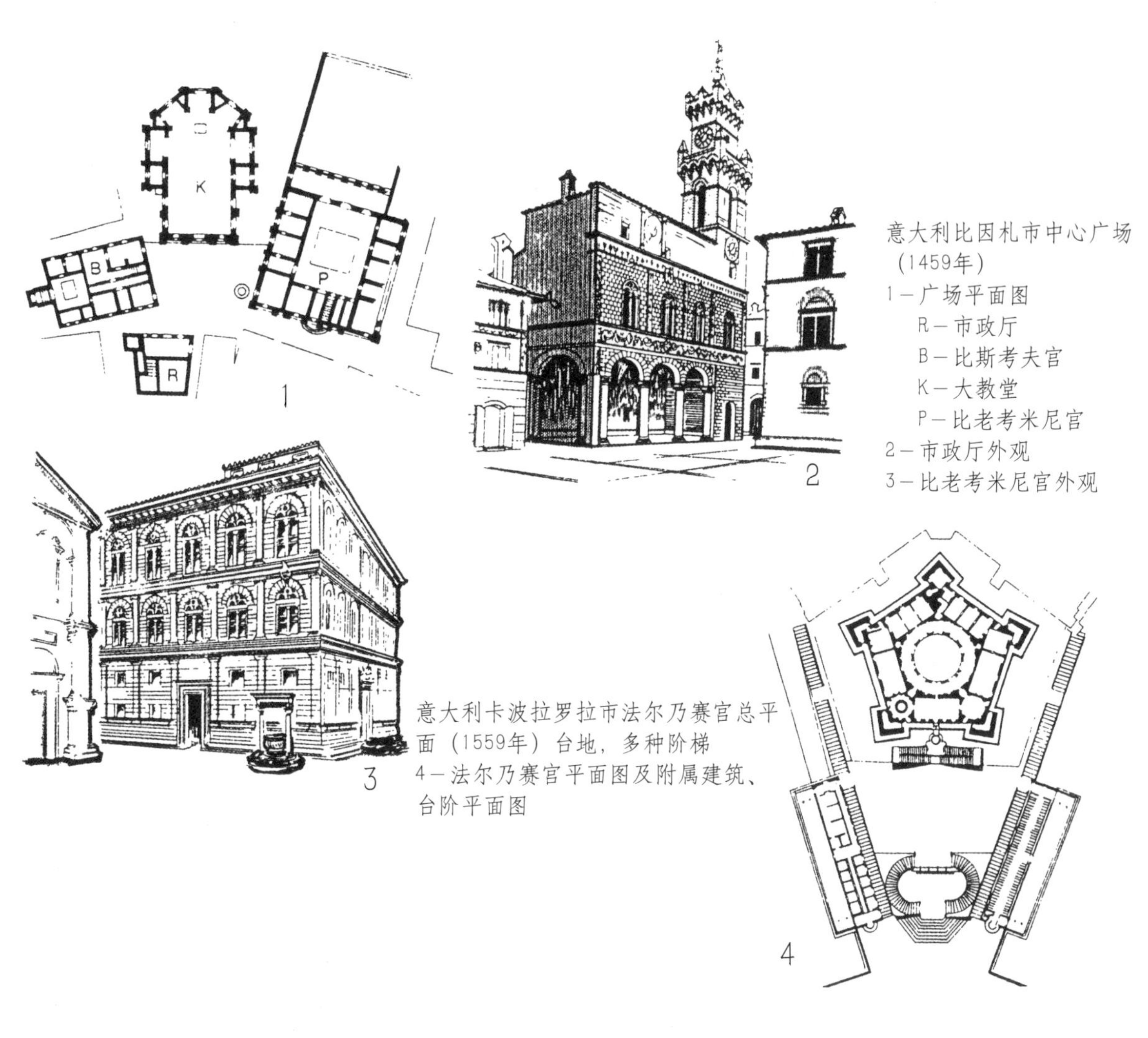

意大利比因札市中心广场（1459年）
1—广场平面图
R—市政厅
B—比斯考夫官
K—大教堂
P—比老考米尼官
2—市政厅外观
3—比老考米尼官外观

意大利卡波拉罗拉市法尔乃赛官总平面（1559年）台地，多种阶梯
4—法尔乃赛官平面图及附属建筑、台阶平面图

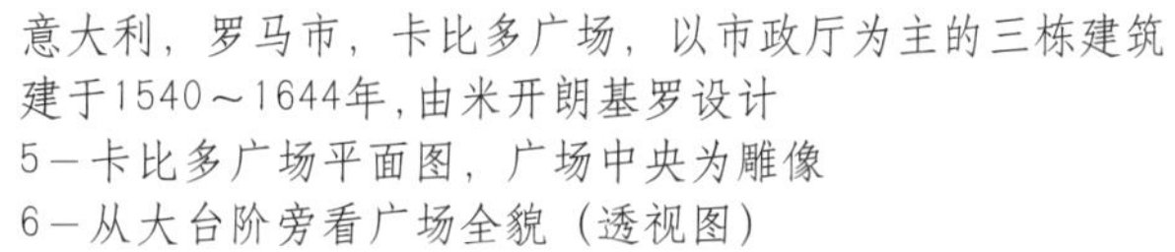

意大利，罗马市，卡比多广场，以市政厅为主的三栋建筑建于1540～1644年，由米开朗基罗设计
5—卡比多广场平面图，广场中央为雕像
6—从大台阶旁看广场全貌（透视图）

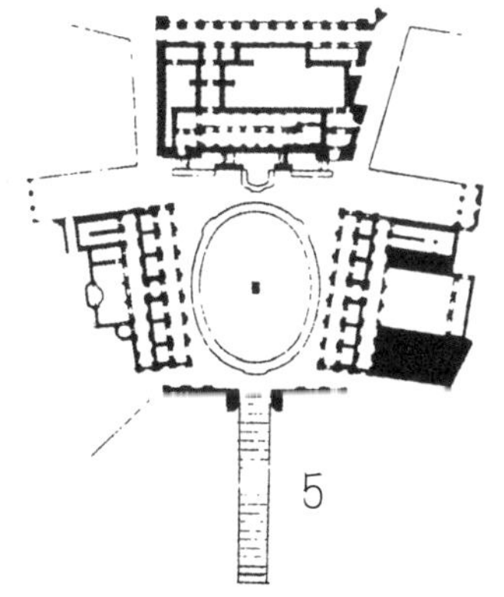

文艺复兴建筑·意大利圣彼得广场及教堂

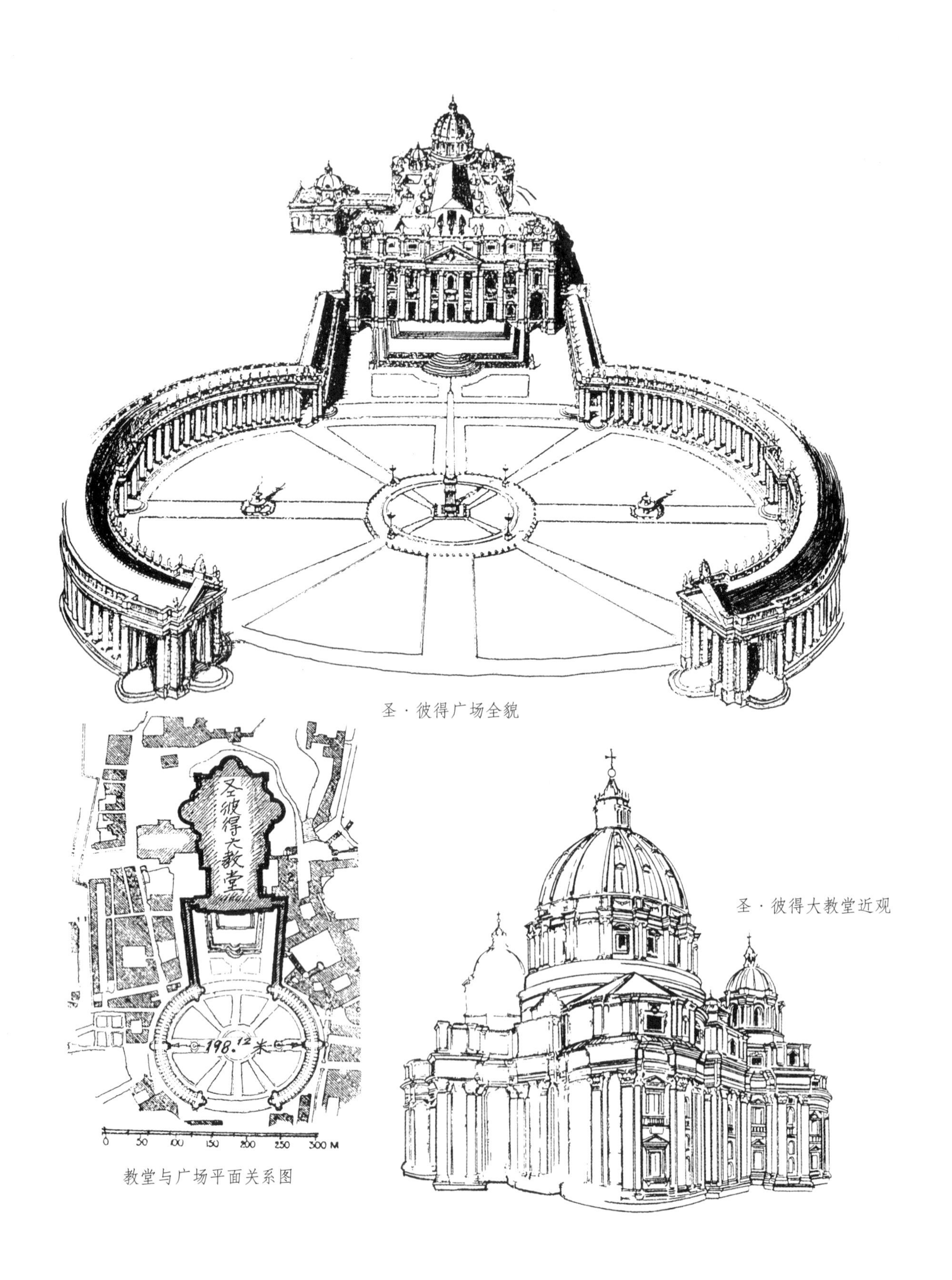

圣·彼得广场全貌

教堂与广场平面关系图

圣·彼得大教堂近观

文艺复兴建筑·市政建筑（16～17世纪）

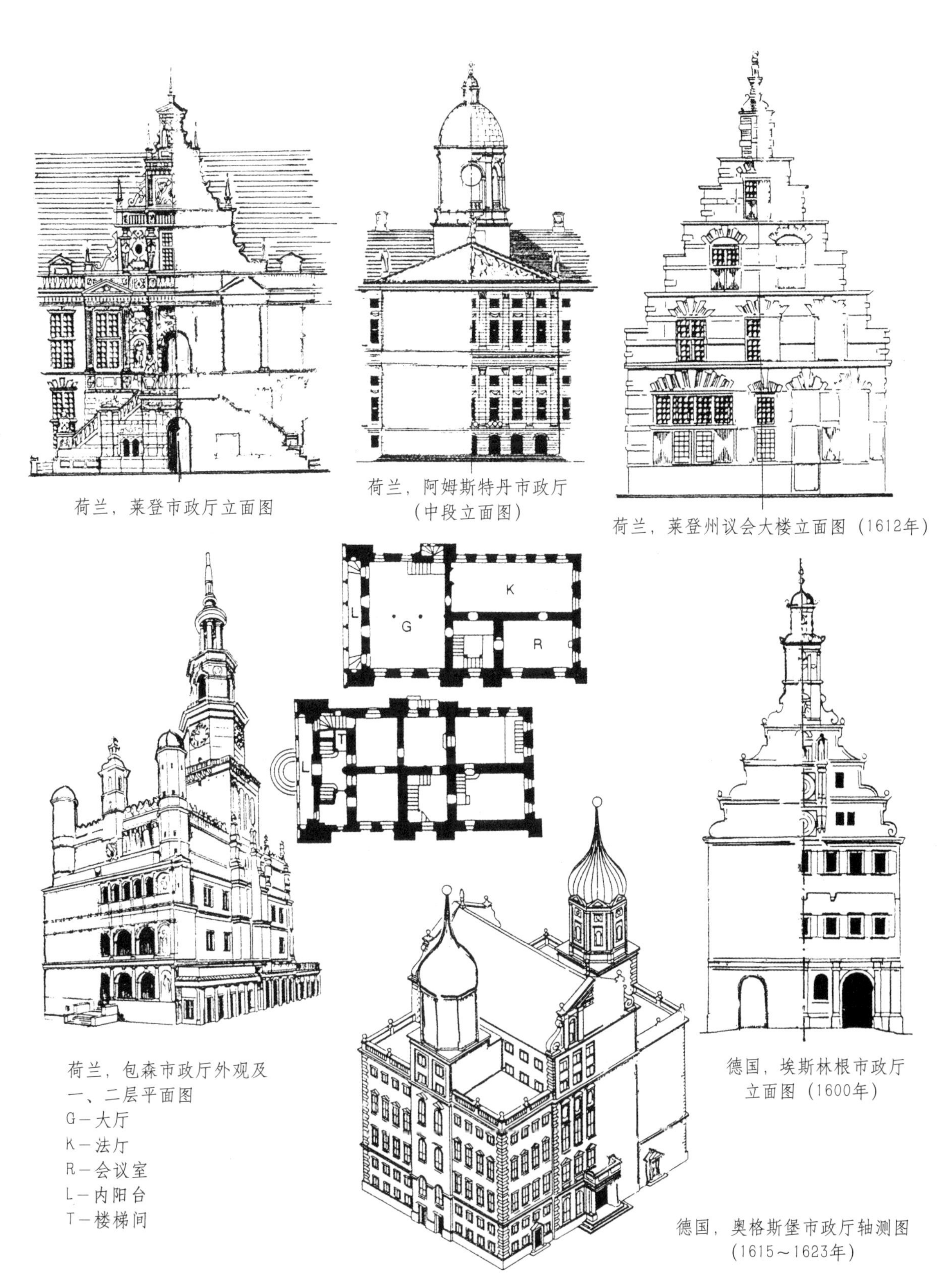

荷兰，莱登市政厅立面图

荷兰，阿姆斯特丹市政厅
（中段立面图）

荷兰，莱登州议会大楼立面图（1612年）

荷兰，包森市政厅外观及
一、二层平面图
G—大厅
K—法厅
R—会议室
L—内阳台
T—楼梯间

德国，埃斯林根市政厅
立面图（1600年）

德国，奥格斯堡市政厅轴测图
（1615～1623年）

文艺复兴建筑·市政建筑与民用建筑

1—德国，海登堡市，弗里德利希住宅外观局部（1601～1604年）

2—法国，阿奈特宫外观局部（1548～1559年）是典型法国文艺复兴式建筑

3—法国，巴黎某旅馆外观

4—比利时，雷登市市政厅正立面图（中段）

5—德国，巴德包棱市市政厅（17世纪）

1

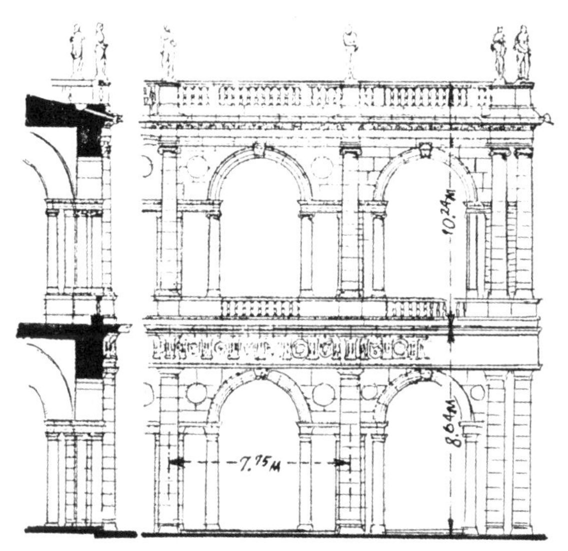

2

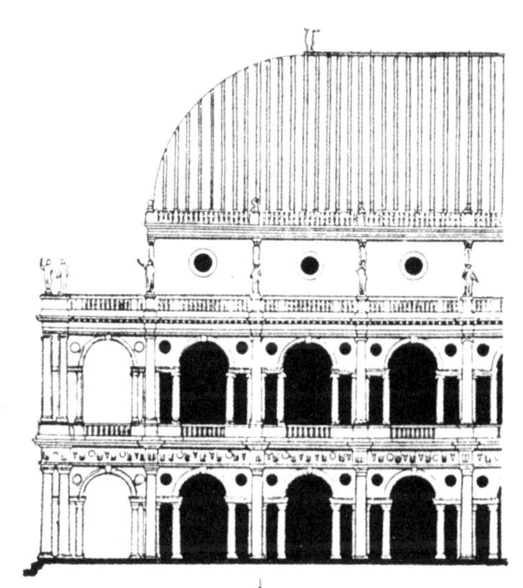
3

4

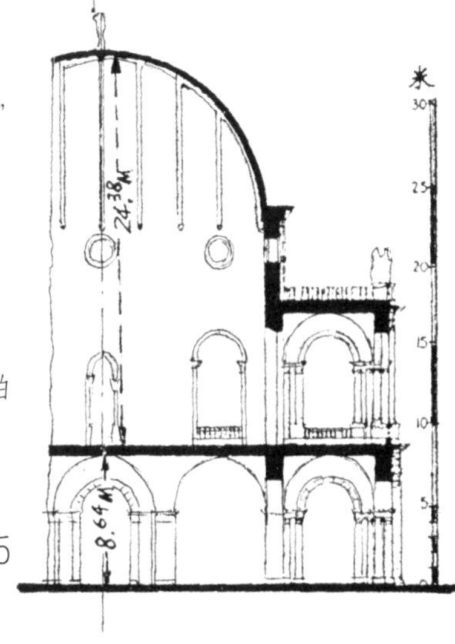

5

维钦札市的“巴西利卡”
1—外观
2—局部立面及剖面图
3—近乎1/2正立面图；“帕拉第奥母题”，即“帕拉第奥柱式”
4—平面图
5—1/2横剖面图（A·帕拉第奥设计）

文艺复兴建筑·宫殿与民用建筑外观

1—荷兰，某监狱西立面图（局部）
2—西班牙，托莱多市，阿尔卡札尔宫正立面图（局部）
3—英国，施莱夫斯堡油料市场外观透视图（1595年）

文艺复兴建筑·意大利高档居住建筑

1、2、3—罗马，法尔乃赛宫外观、平面图及屋檐

4、5—威尼斯，温得拉米宫正立面图及细部

6、7、8—佛罗伦萨，斯特罗齐府邸外观及窗子细部

文艺复兴建筑·意大利高档居住建筑与图书馆

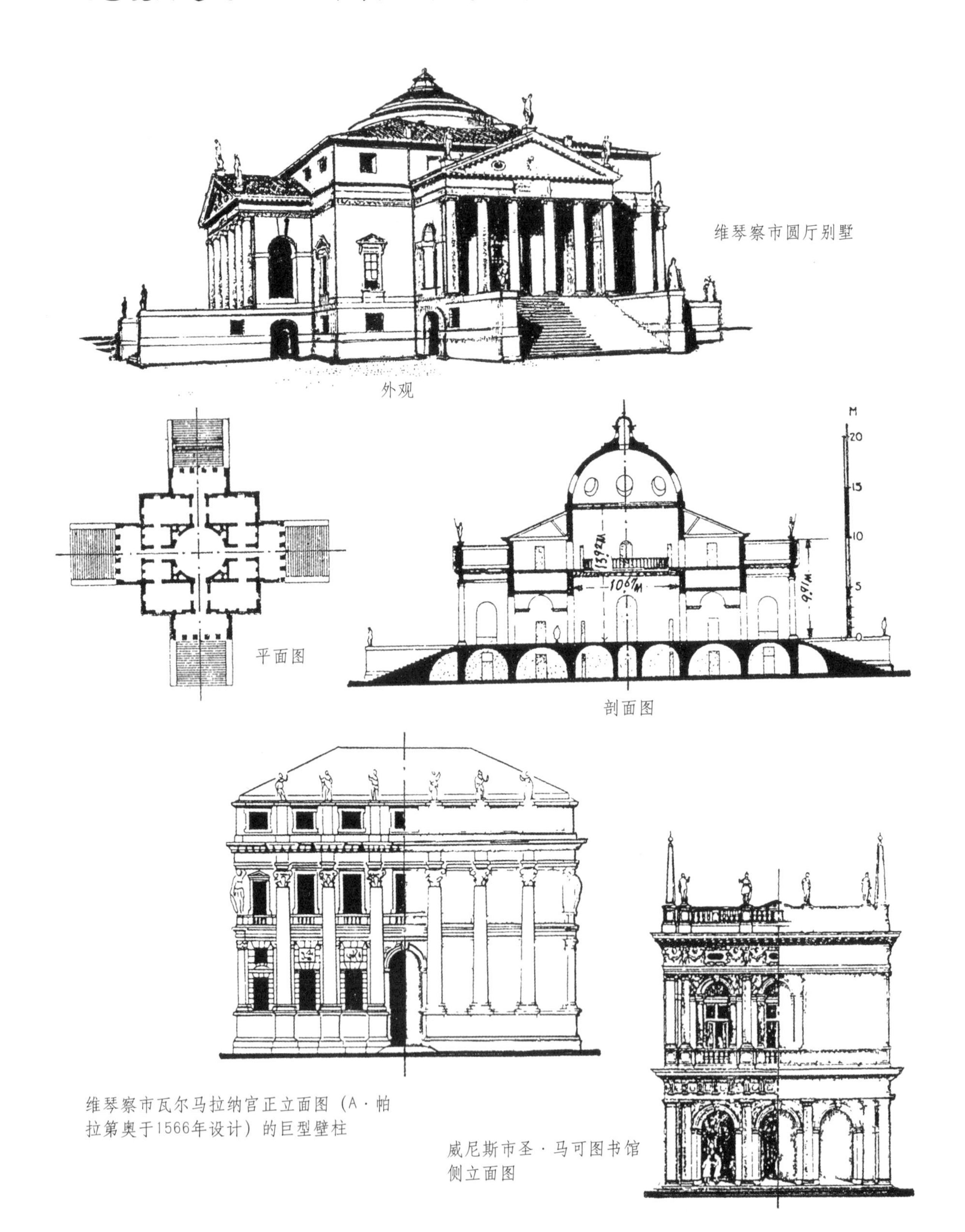

维琴察市圆厅别墅

外观

平面图

剖面图

维琴察市瓦尔马拉纳宫正立面图（A·帕拉第奥于1566年设计）的巨型壁柱

威尼斯市圣·马可图书馆侧立面图

文艺复兴建筑·意大利府邸天井与门厅

1—意大利，罗马，康切莱里亚府邸天井围廊
2—罗马，法尔乃赛宫门厅
3—罗马，法尔乃赛宫内天井围廊
4—佛罗伦萨，斯特罗齐府邸内天井回廊（含剖面图）
5—佛罗伦萨，里卡尔蒂宫内天井围廊

文艺复兴建筑·高档居住建筑外观

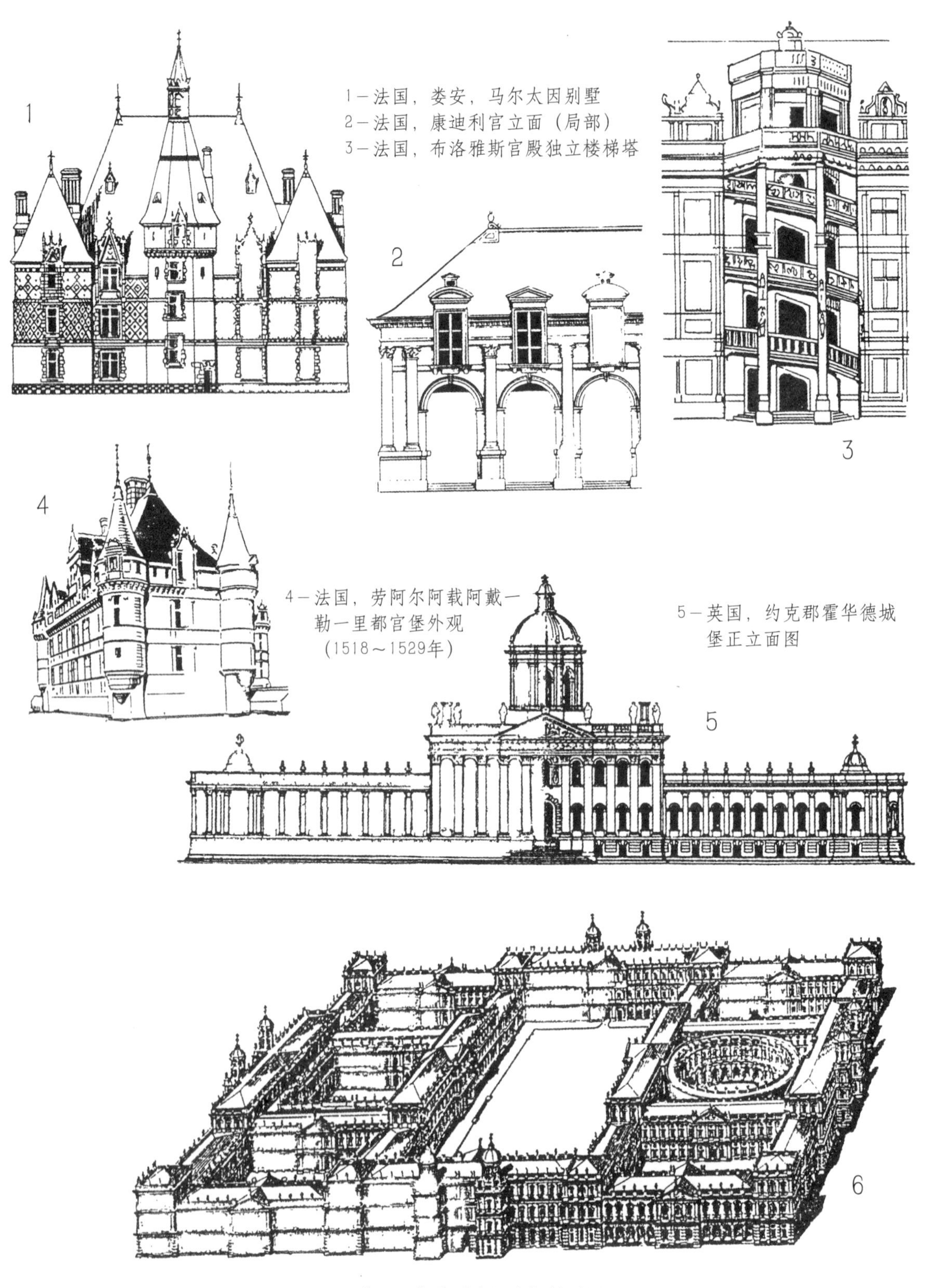

1—法国，娄安，马尔太因别墅
2—法国，康迪利宫立面（局部）
3—法国，布洛雅斯宫殿独立楼梯塔

4—法国，劳阿尔阿载阿戴—勒—里都宫堡外观（1518～1529年）

5—英国，约克郡霍华德城堡正立面图

6—英国，伦敦“白厅宫”轴测图

文艺复兴建筑·法国巴黎卢浮宫

从1546年起兴建，直至1878年，持续有330年。经历了文艺复兴、巴洛克、洛可可和古典主义几个时代，有很多创新，成为经典之作

北部两个侧翼入口立面图

侧翼入口透视图

文艺复兴建筑·法国特里阿农宫外观与室内

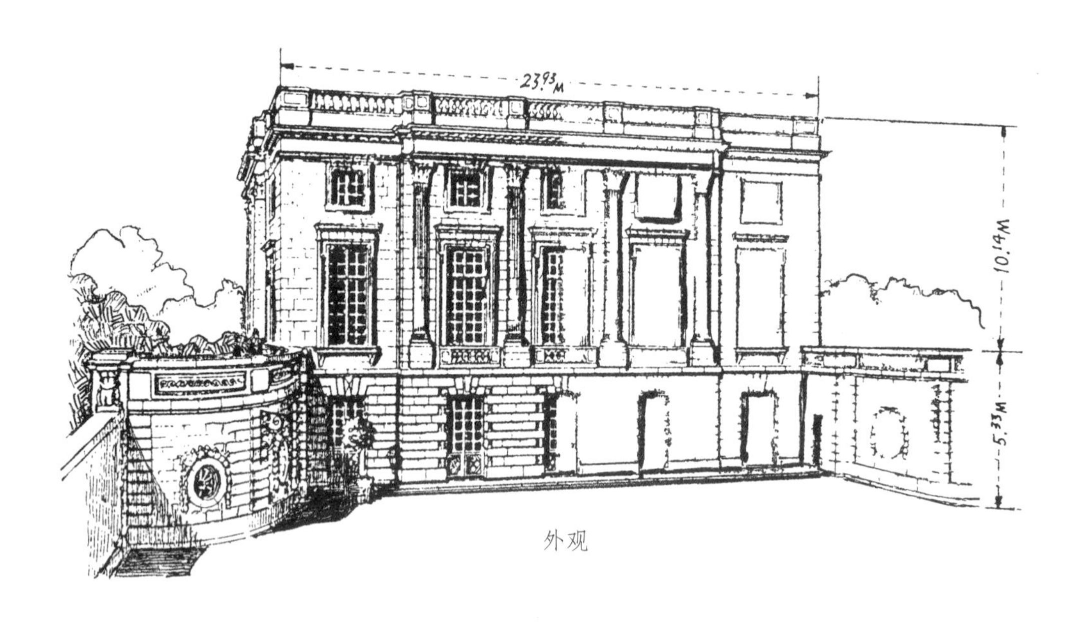

外观

大厅内景

凡尔赛的柏底特·特里阿农宫外观及内景

文艺复兴建筑·法国的城堡

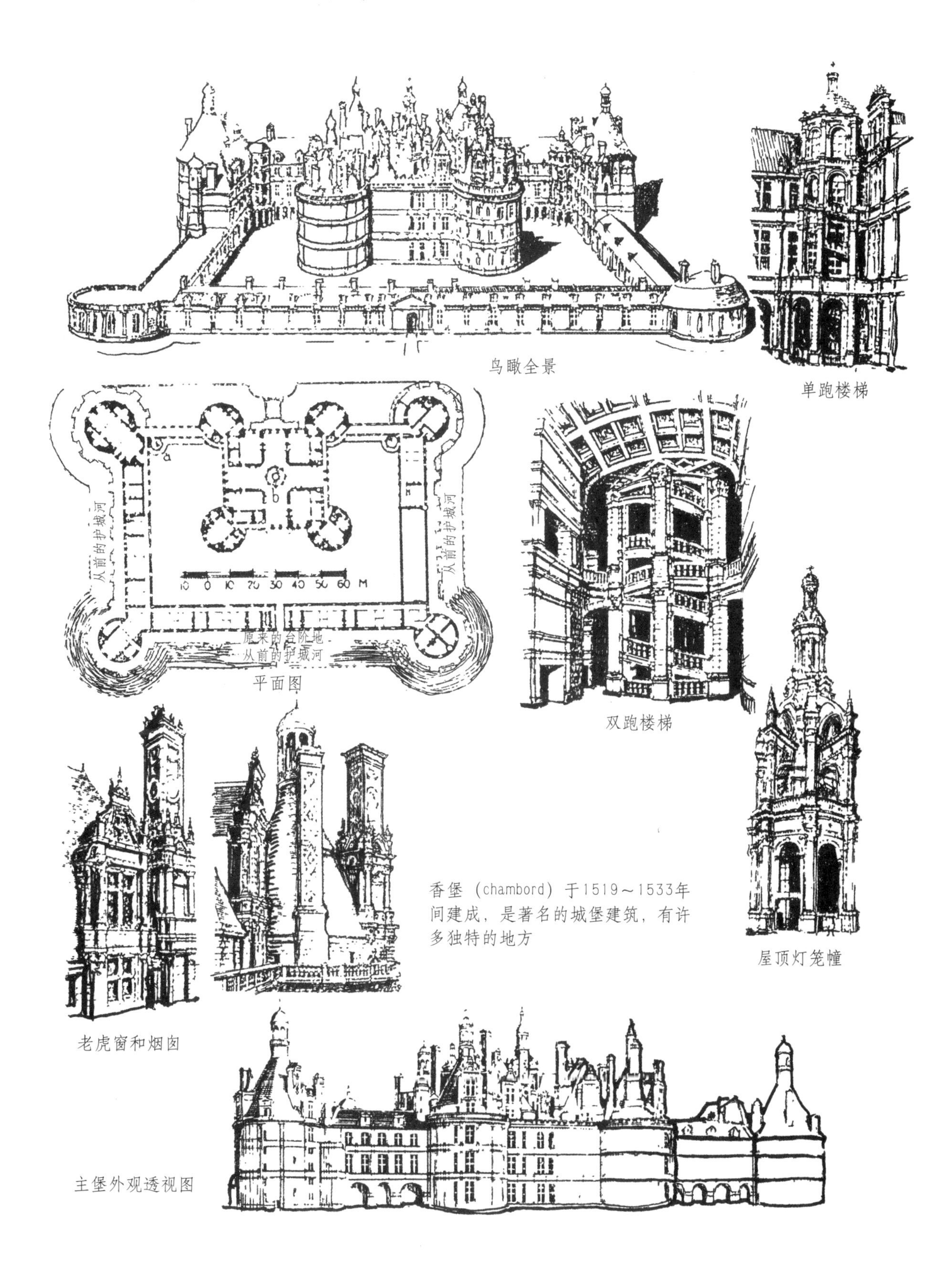

鸟瞰全景

单跑楼梯

平面图

双跑楼梯

老虎窗和烟囱

屋顶灯笼幢

主堡外观透视图

香堡（chambord）于1519～1533年间建成，是著名的城堡建筑，有许多独特的地方

文艺复兴建筑·城堡与别墅

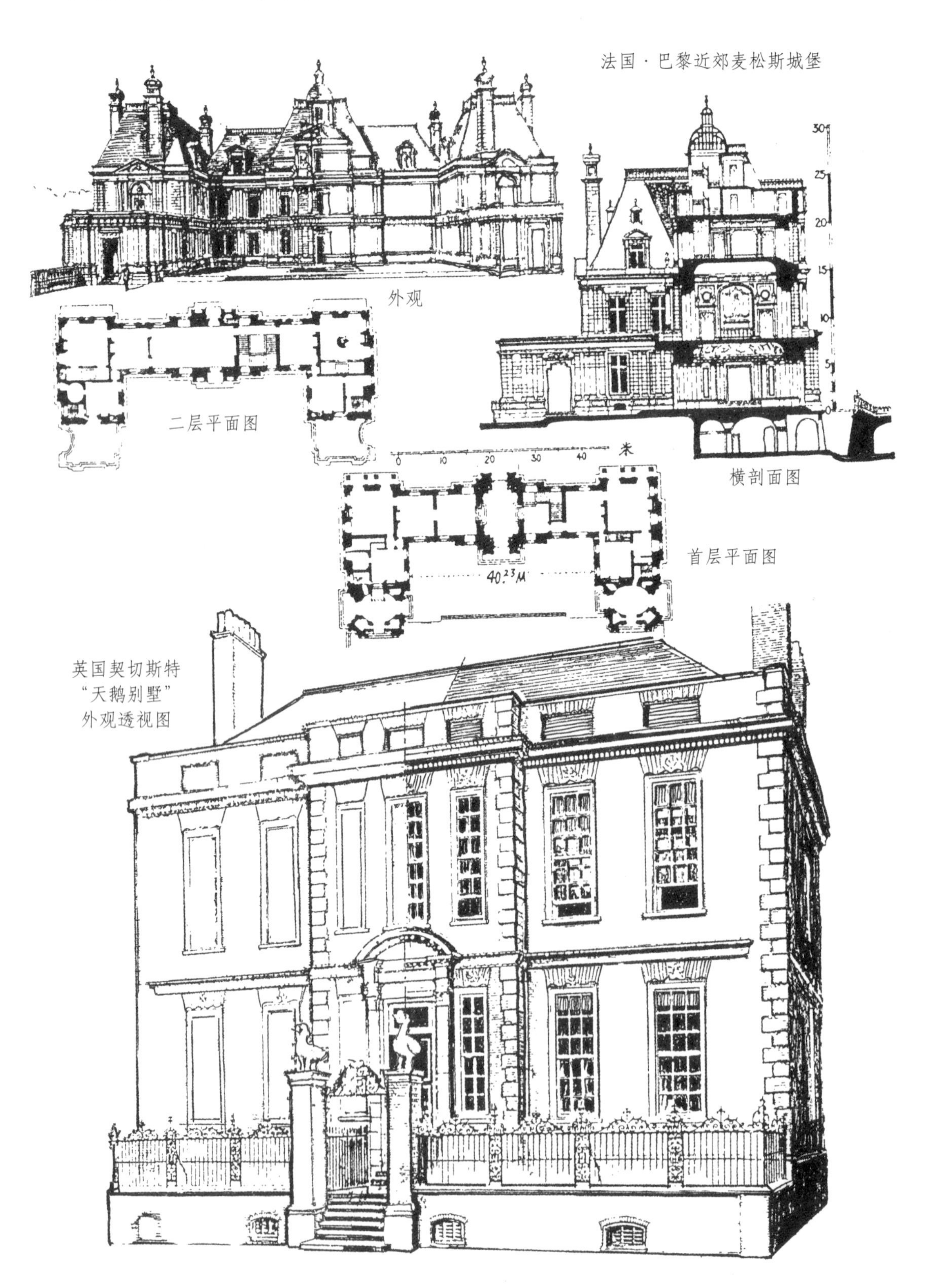

文艺复兴建筑·旅馆、住宅与宫殿

1—法国，巴黎，吐尔贝克罗农旅馆外观（1624～1640年）

2—法国，巴黎，作曲家卢利住宅外观（1671年），巨大的科林斯式壁柱

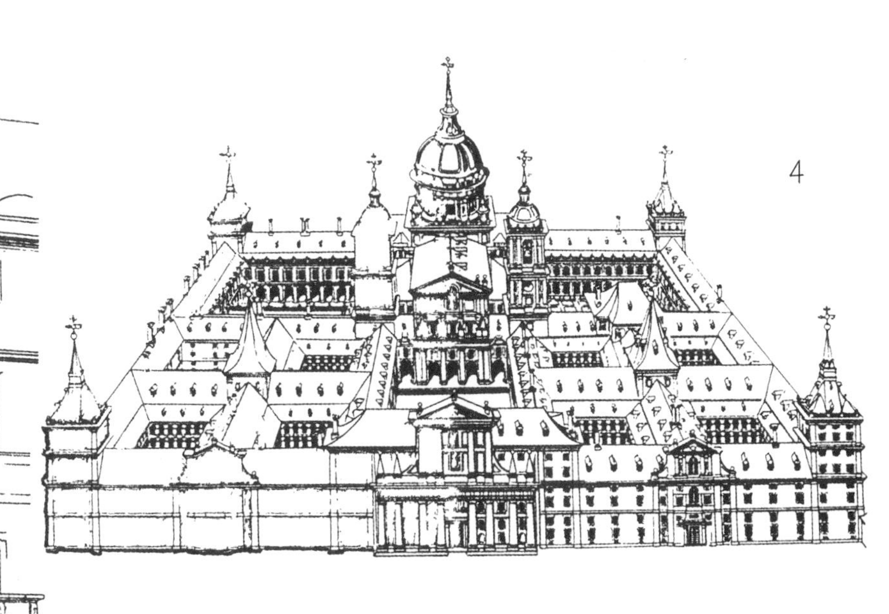

3—西班牙，多尔高，哈丹费尔斯官户外楼梯（1532～1544年）

4—西班牙，马德里附近，埃斯库里阿尔宫鸟瞰图（1563～1589年）

文艺复兴建筑·住宅外观

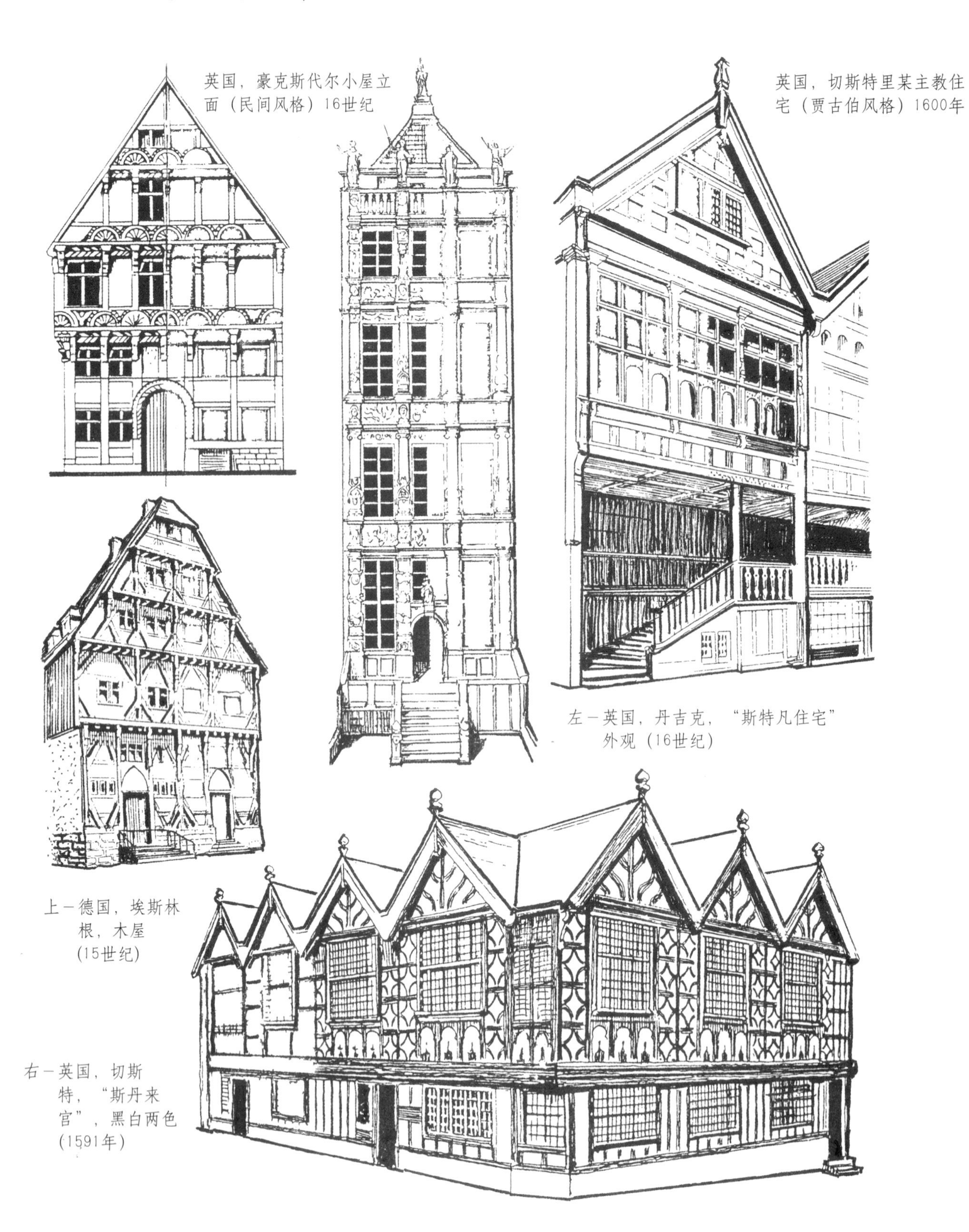

英国，豪克斯代尔小屋立面（民间风格）16世纪

英国，切斯特里某主教住宅（贾古伯风格）1600年

左一英国，丹吉克，“斯特凡住宅”外观（16世纪）

上一德国，埃斯林根，木屋（15世纪）

右一英国，切斯特，“斯丹来宫”，黑白两色（1591年）

文艺复兴建筑·宫堡与市政厅的柱廊与室内

A—意大利佛罗伦萨，公迪宫内院柱廊(1498年)

B—英国，海丁哈姆堡大厅内景

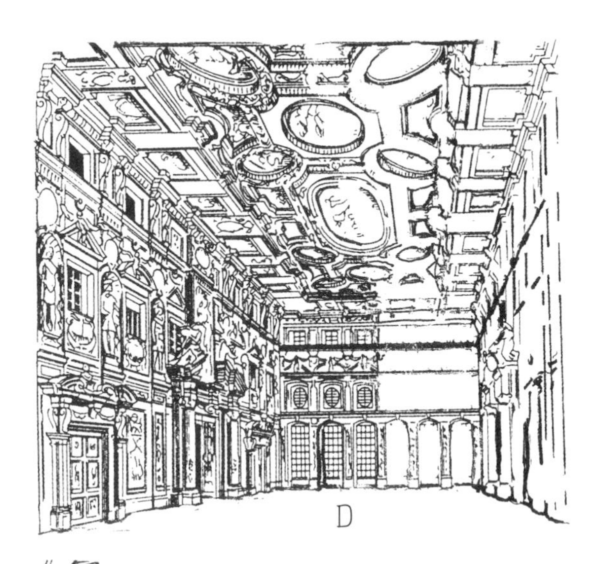

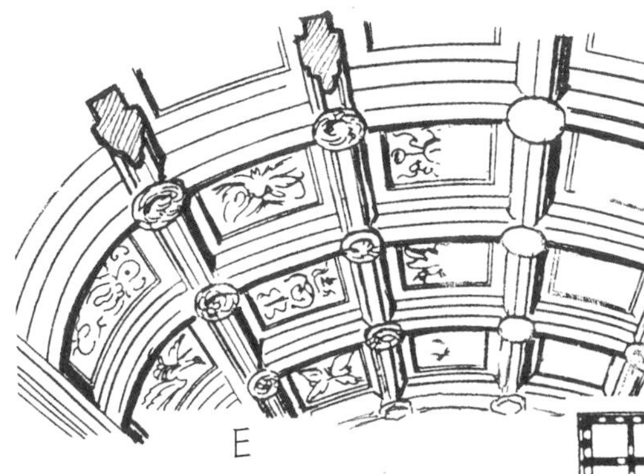

C—德国，斯特拉斯堡大厅（墙与棚全部木装修）

D—德国，奥格斯堡市政厅大厅内景(1615～1623年)

E—法国，香堡宫殿中筒拱顶棚

F、G—西班牙格拉纳达市查理五世宫圆厅柱廊及平面图

文艺复兴建筑 · 英国别墅与住宅室内

英国林克斯市柏尔东别墅的餐厅内景

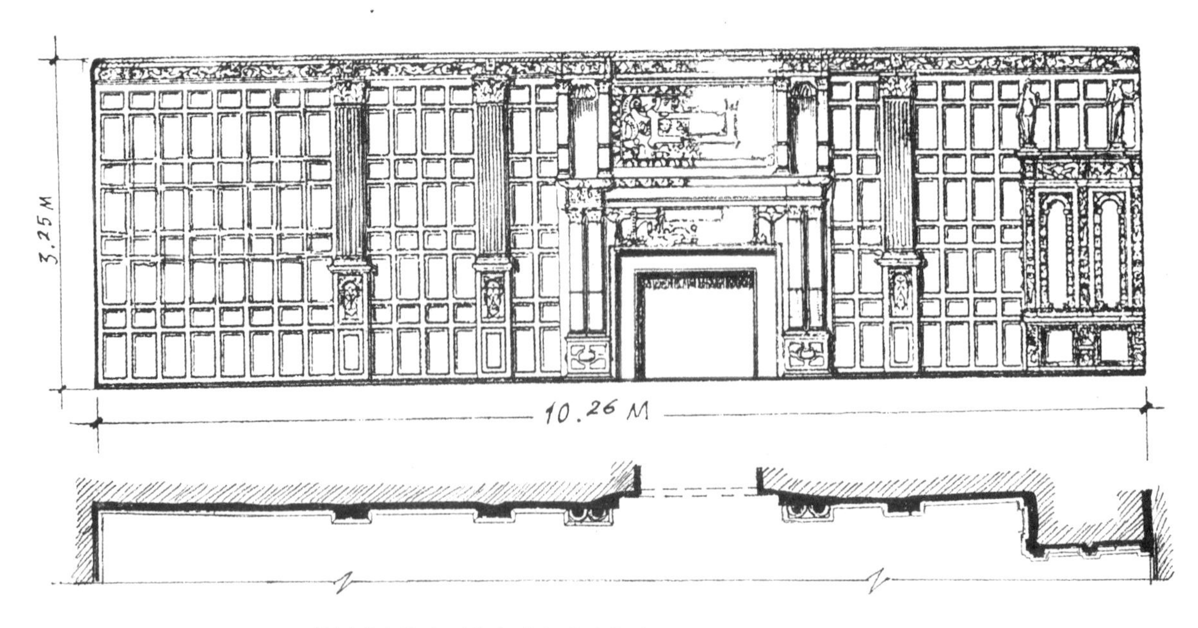

英国威尔斯市“斯托克顿住宅”客厅立面图及局部平面图

文艺复兴建筑·各式塔顶

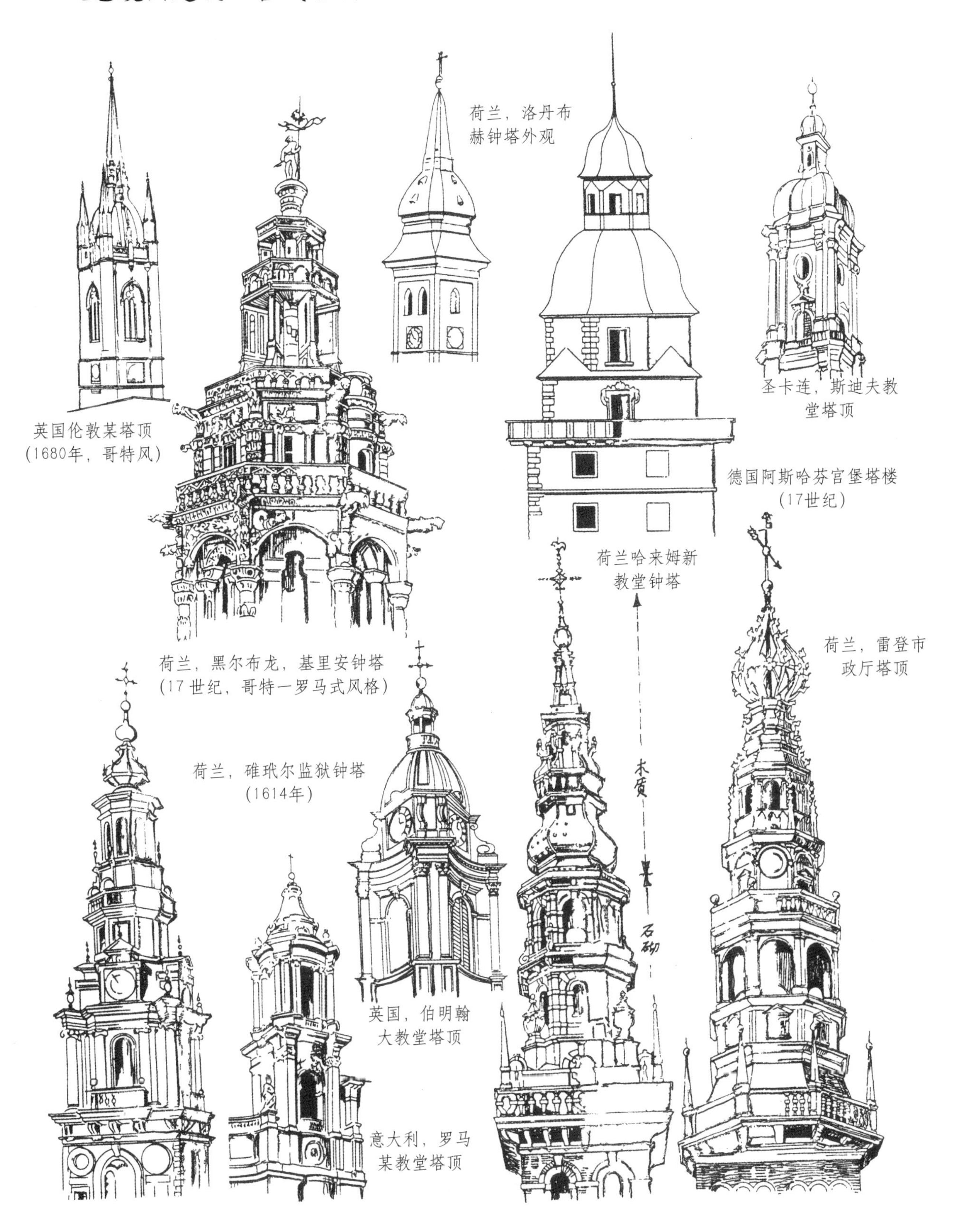

荷兰，洛丹布
赫钟塔外观
英国伦敦某塔顶
(1680年，哥特风)
圣卡连，斯迪夫教
堂塔顶
德国阿斯哈芬官堡塔楼
(17世纪)
荷兰哈来姆新
教堂钟塔
荷兰，黑尔布龙，基里安钟塔
(17世纪，哥特一罗马式风格)
荷兰，雷登市
政厅塔顶
荷兰，雉玳尔监狱钟塔
(1614年)
木质
石砌
英国，伯明翰
大教堂塔顶
意大利，罗马
某教堂塔顶

文艺复兴建筑·建筑的细部处理

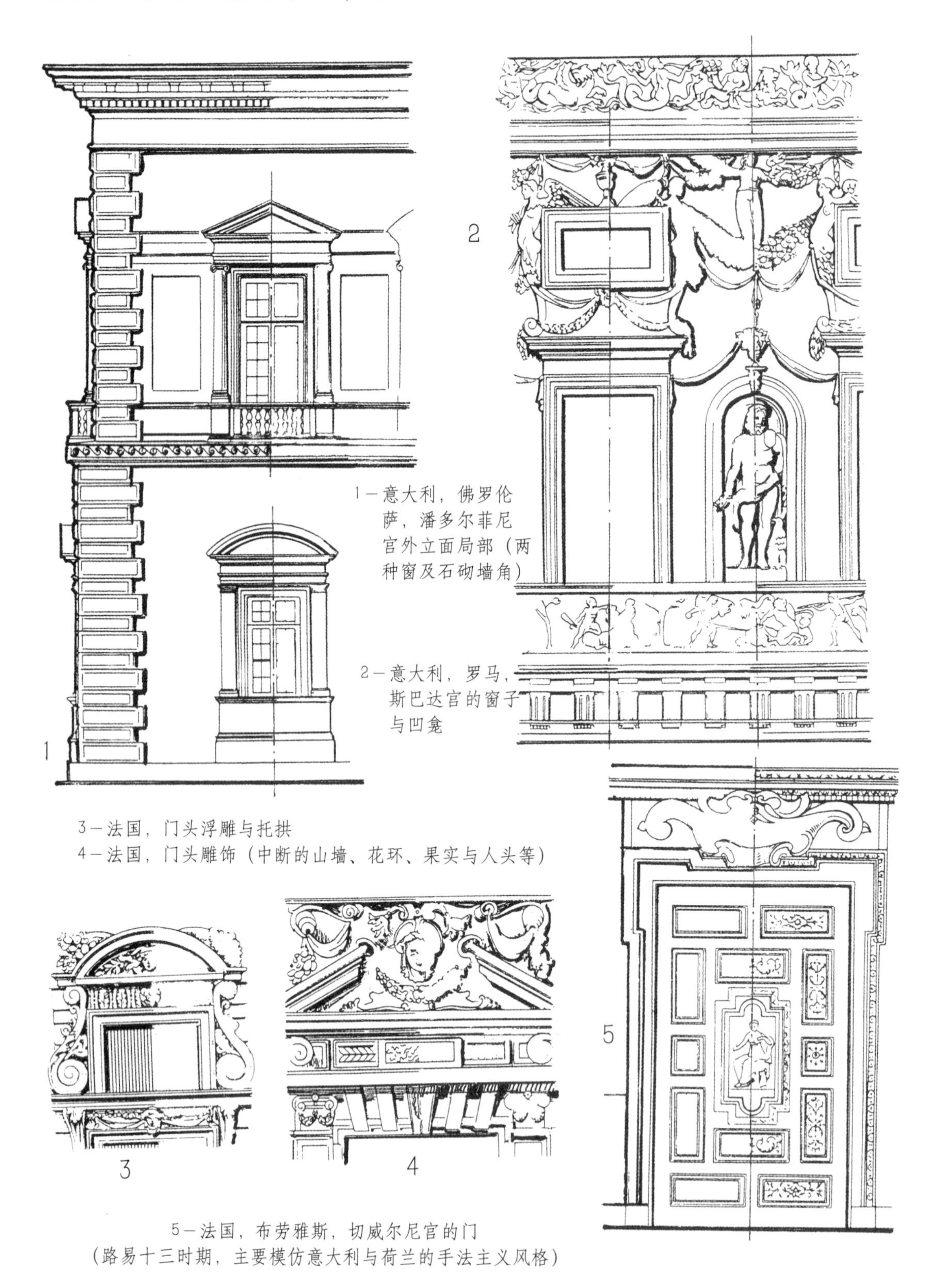

1—意大利，佛罗伦萨，潘多尔菲尼宫外立面局部（两种窗及石砌墙角）

2—意大利，罗马，斯巴达宫的窗子与凹龛

3—法国，门头浮雕与托拱

4—法国，门头雕饰（中断的山墙、花环、果实与人头等）

5—法国，布劳雅斯，切威尔尼宫的门（路易十三时期，主要模仿意大利与荷兰的手法主义风格）

文艺复兴建筑·建筑的细部处理

3—法国卢浮宫，阿尔姆班达大厅檐口及壁柱
4—法国拱心石
5—意大利的雕花托拱
6—法国的托拱正视与侧视图
7—意大利的阳台
8—德国北部与荷兰的手法主义门头（仿意大利的“弗洛里斯”装饰风格）

文艺复兴建筑·建筑的细部处理

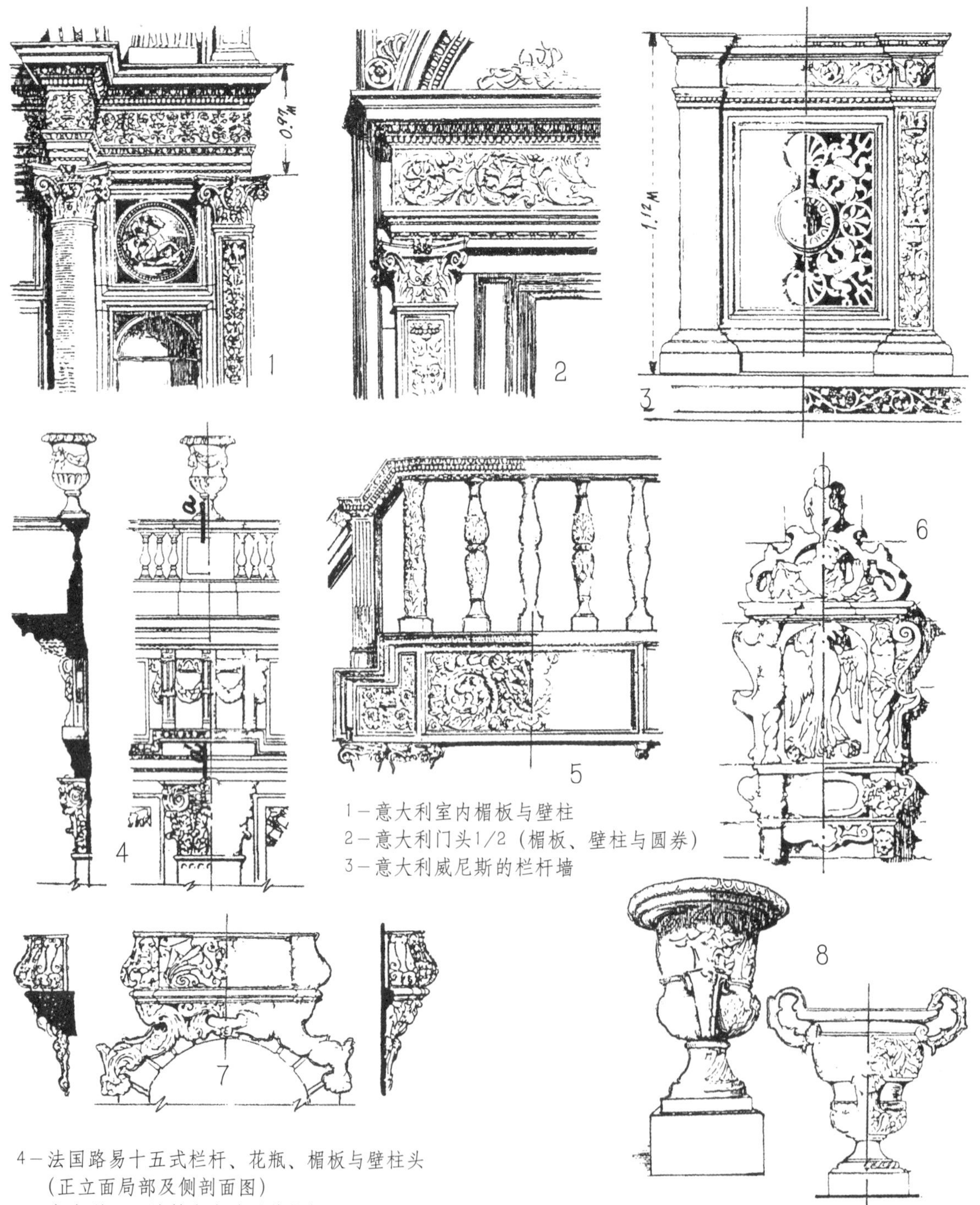

1—意大利室内楣板与壁柱
2—意大利门头1/2（楣板、壁柱与圆券）
3—意大利威尼斯的栏杆墙

4—法国路易十五式栏杆、花瓶、楣板与壁柱头
（正立面局部及侧剖面图）
5—意大利西耶纳教堂内的雕花护栏
6—法国墙上的浮雕

7—法国路易十四式阳台正立面及侧视图
8—英国与法国的石质或铅制花瓶

文艺复兴建筑·檐板、天棚与墙上浮雕

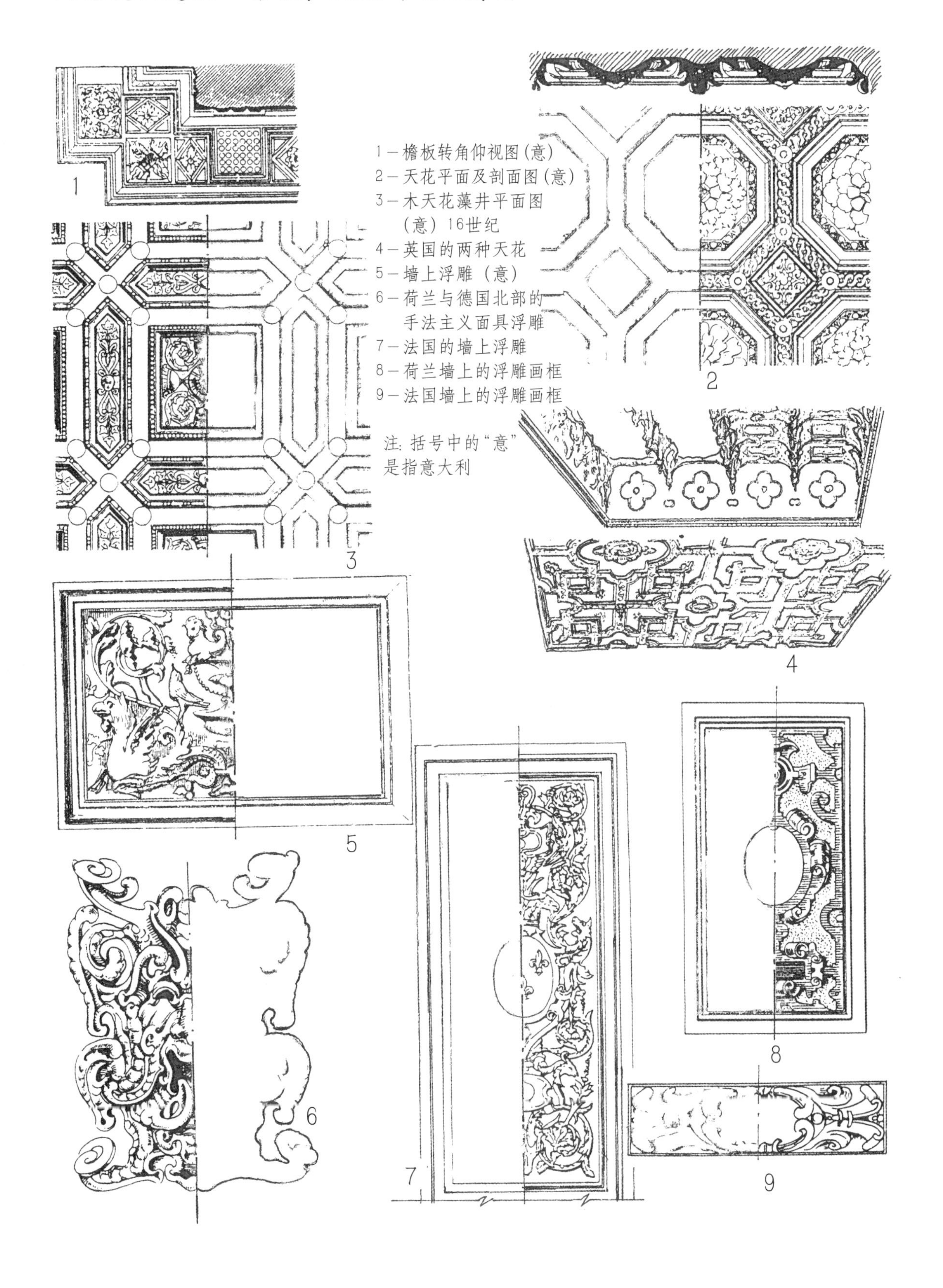

1—檐板转角仰视图(意)
2—天花平面及剖面图(意)
3—木天花藻井平面图(意) 16世纪
4—英国的两种天花
5—墙上浮雕（意）
6—荷兰与德国北部的手法主义面具浮雕
7—法国的墙上浮雕
8—荷兰墙上的浮雕画框
9—法国墙上的浮雕画框

注: 括号中的“意”是指意大利

文艺复兴建筑·门的多种式样

1～3－意大利

7－捷克

4、6－德国

5－法国大门平、立、剖面图

8、9－比利时的门

文艺复兴建筑·意大利的各种门

各种文艺复兴式门9种

文艺复兴建筑 · 英国的各种门

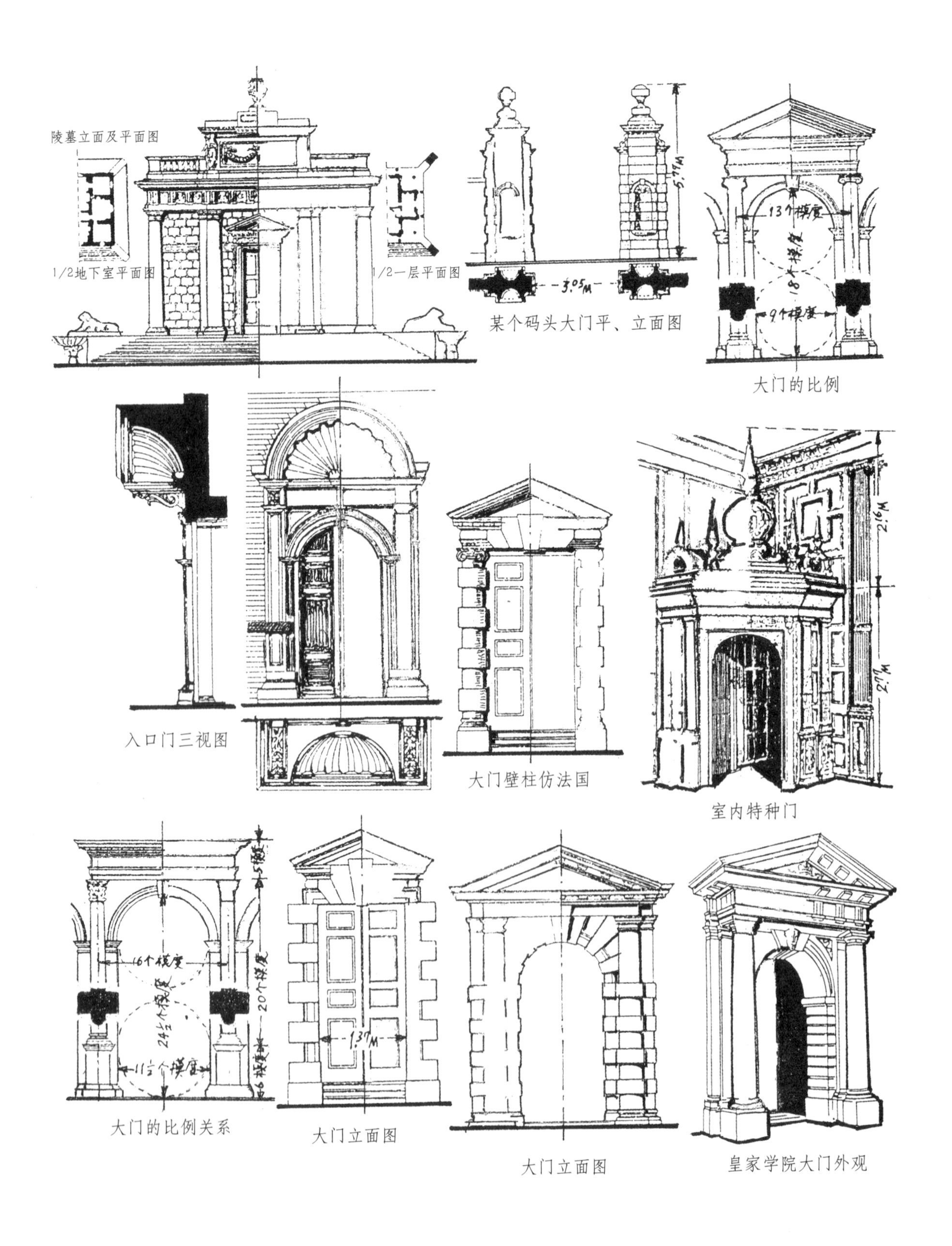

某个码头大门平、立面图

大门的比例

入口门三视图

大门壁柱仿法国

室内特种门

大门的比例关系

大门立面图

大门立面图

皇家学院大门外观

文艺复兴建筑·特殊的门

西班牙，西古安札修道院大门（铁门扇）

上与左—英国住宅入口门

凯旋门式大门

英国户外大门

西班牙，古安卡大教堂铁门立面与剖面图

文艺复兴建筑·意大利的各式窗子

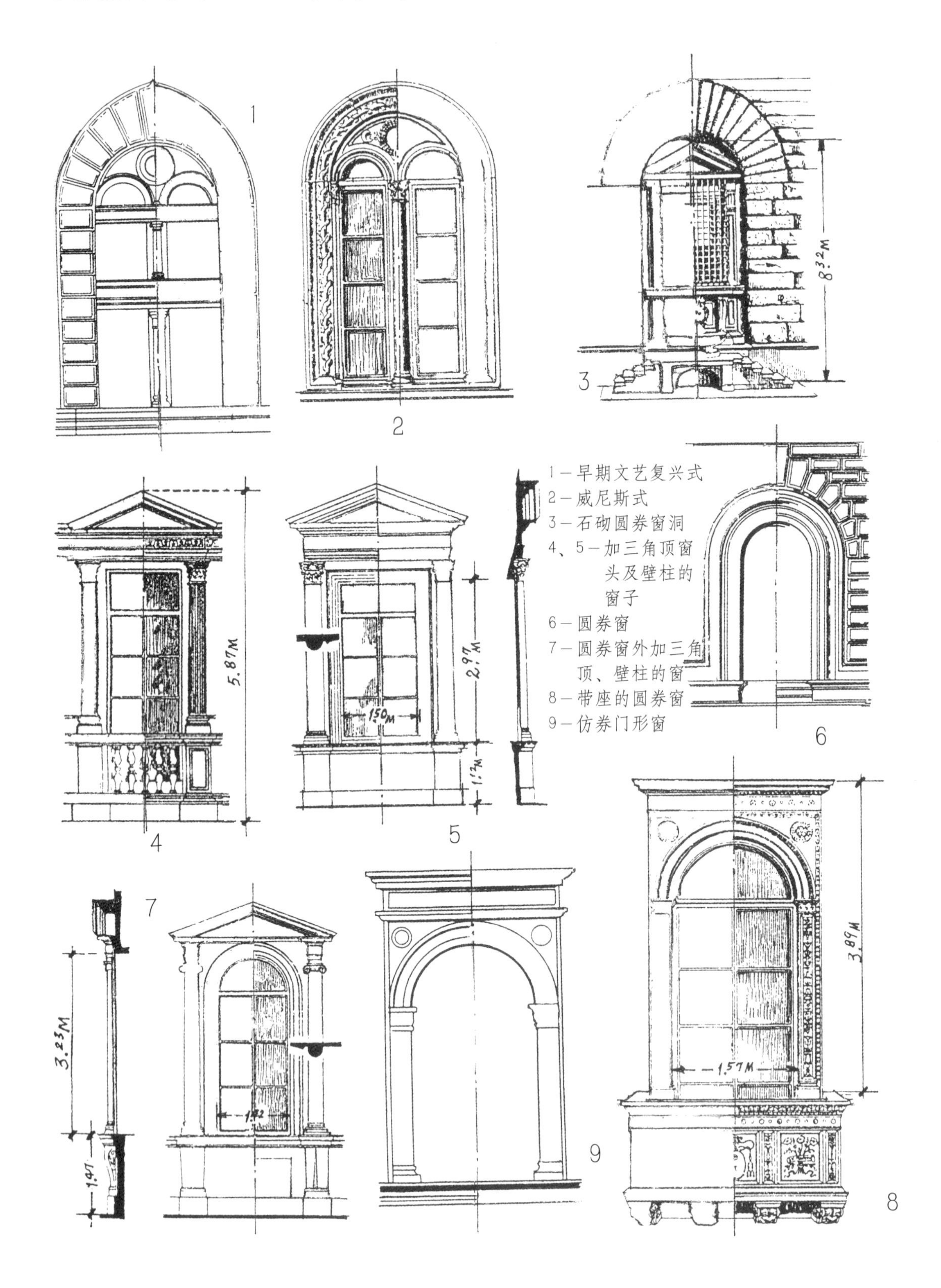

1—早期文艺复兴式
2—威尼斯式
3—石砌圆券窗洞
4、5—加三角顶窗头及壁柱的窗子
6—圆券窗
7—圆券窗外加三角顶、壁柱的窗
8—带座的圆券窗
9—仿券门形窗

文艺复兴建筑·德国与西班牙的窗子

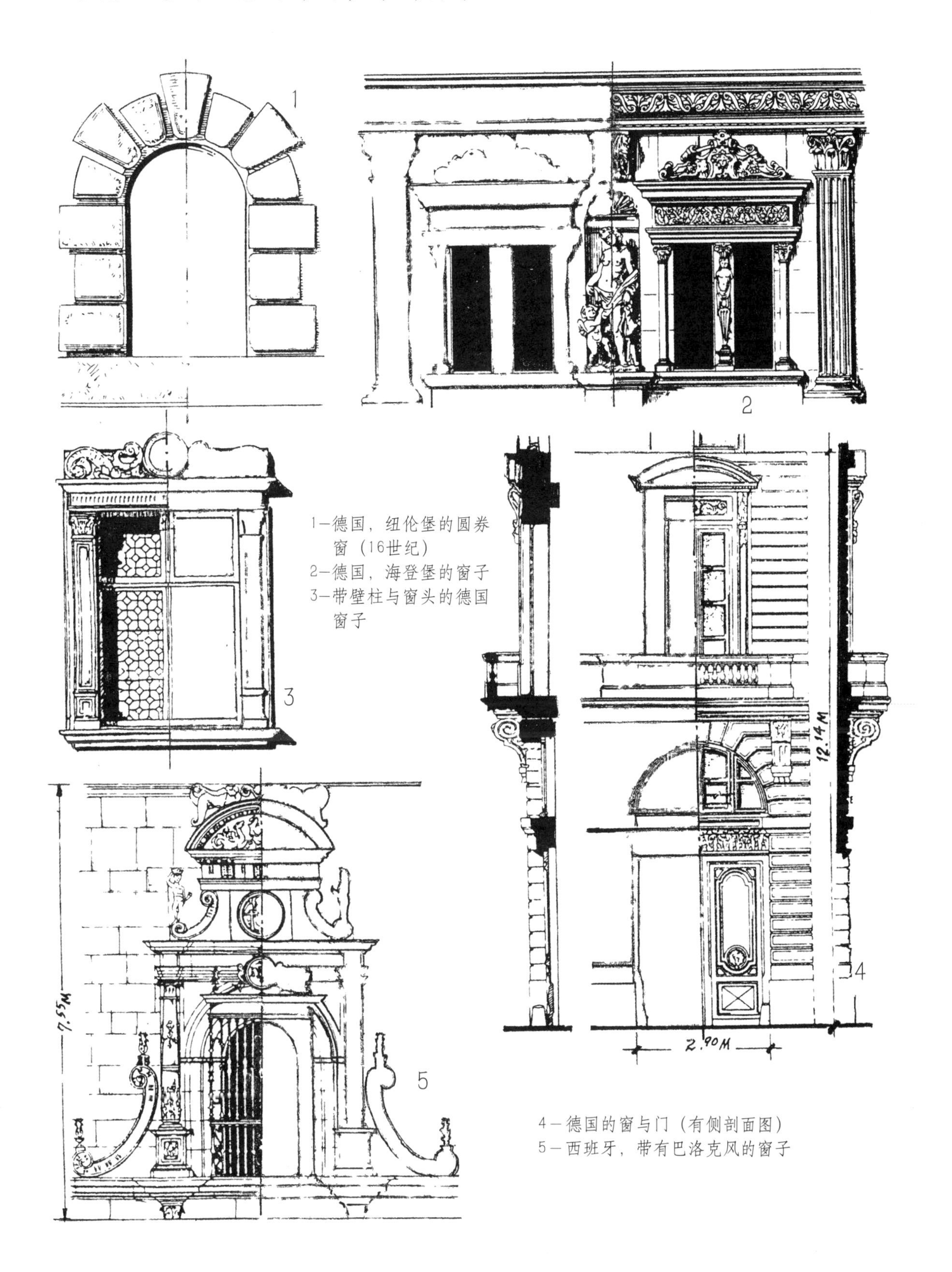

1—德国，纽伦堡的圆券窗（16世纪）
2—德国，海登堡的窗子
3—带壁柱与窗头的德国窗子

4—德国的窗与门（有侧剖面图）
5—西班牙，带有巴洛克风的窗子

文艺复兴建筑·法国和英国的窗子

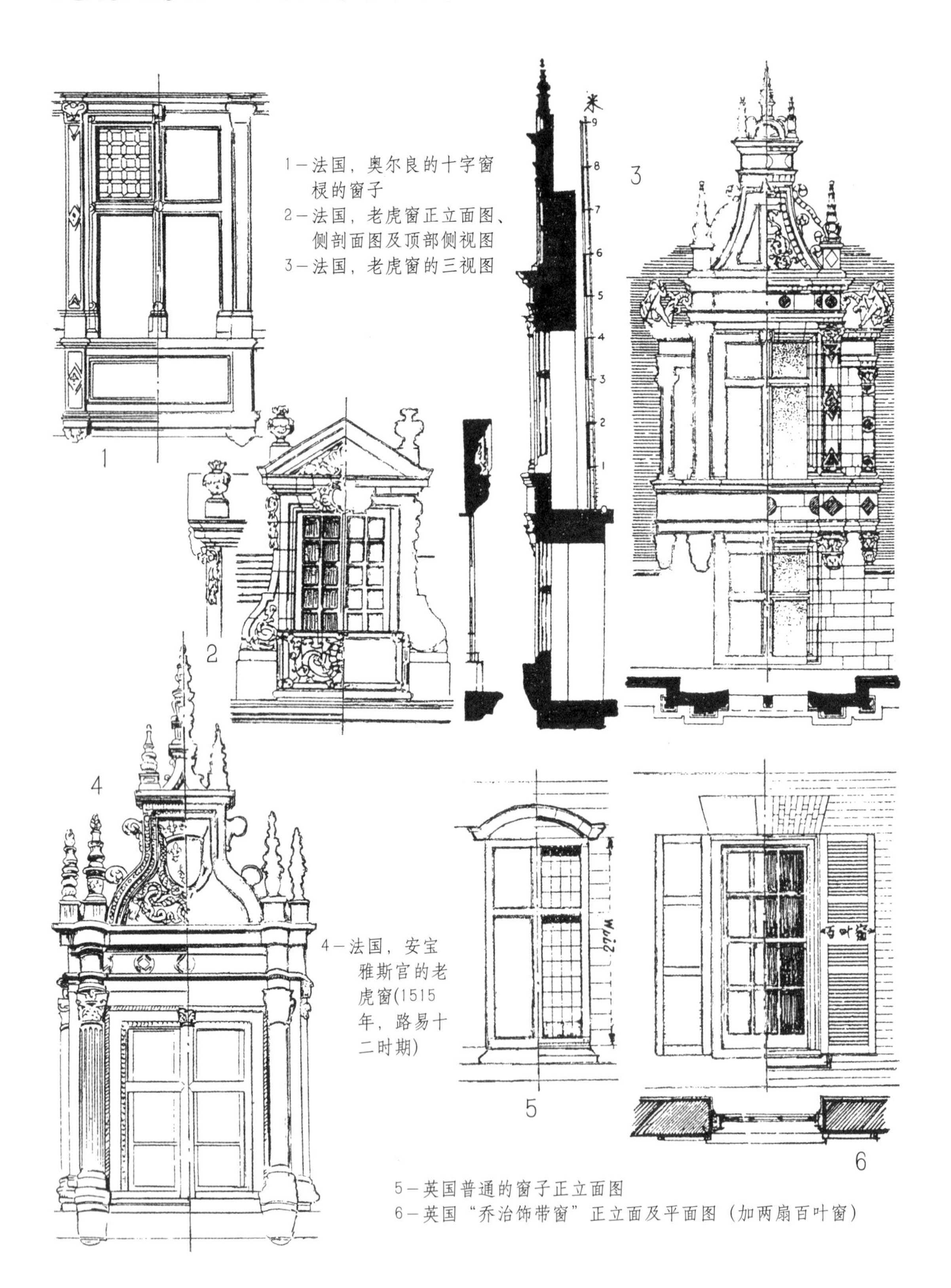

1－法国，奥尔良的十字窗棂的窗子
2－法国，老虎窗正立面图、侧剖面图及顶部侧视图
3－法国，老虎窗的三视图

4－法国，安宝雅斯宫的老虎窗(1515年，路易十二时期)

5－英国普通的窗子正立面图
6－英国“乔治饰带窗”正立面及平面图（加两扇百叶窗）

文艺复兴建筑·窗子与山墙

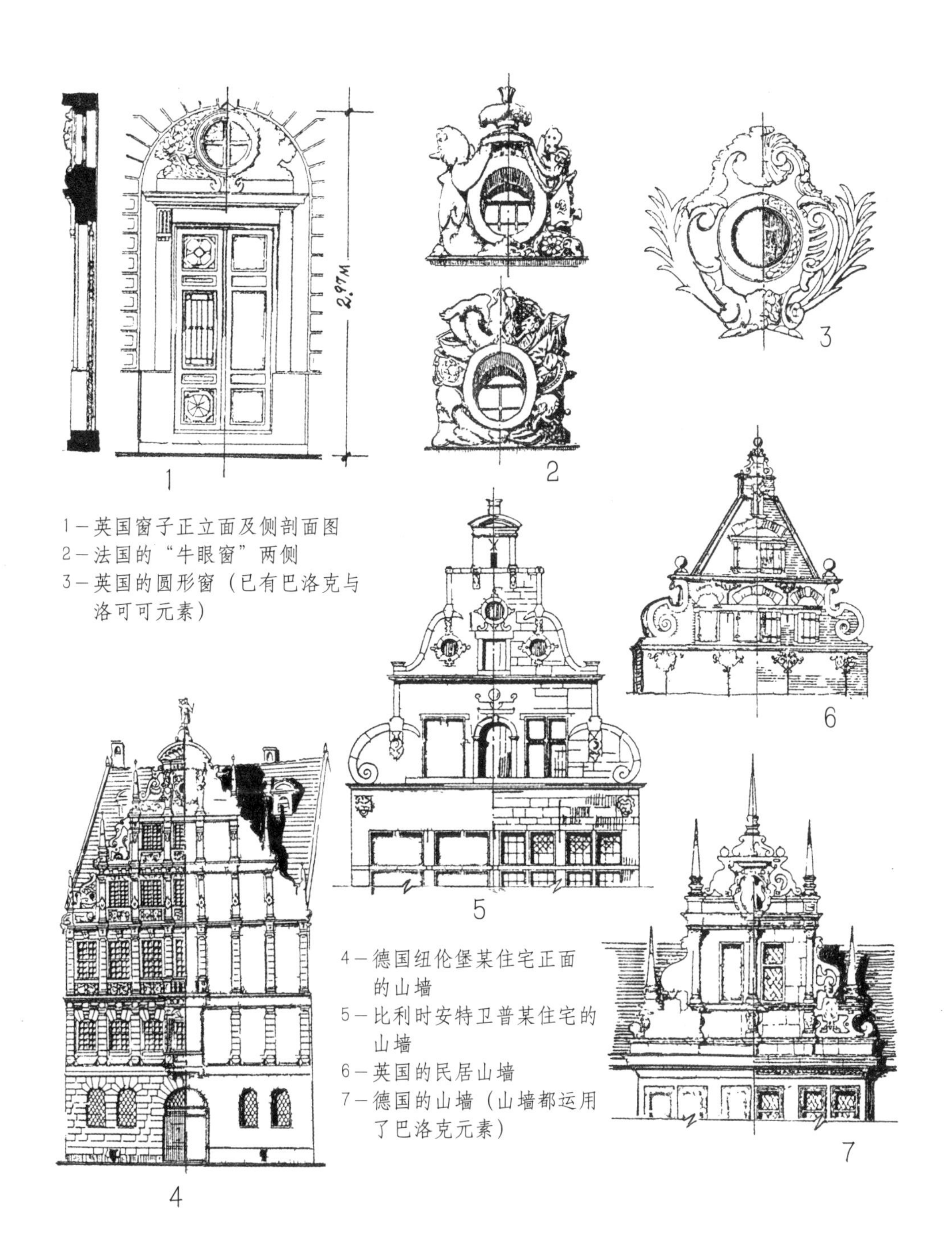

1—英国窗子正立面及侧剖面图
2—法国的“牛眼窗”两侧
3—英国的圆形窗（已有巴洛克与洛可可元素）

4—德国纽伦堡某住宅正面的山墙
5—比利时安特卫普某住宅的山墙
6—英国的民居山墙
7—德国的山墙（山墙都运用了巴洛克元素）

文艺复兴建筑·特殊的窗子和双层柱式

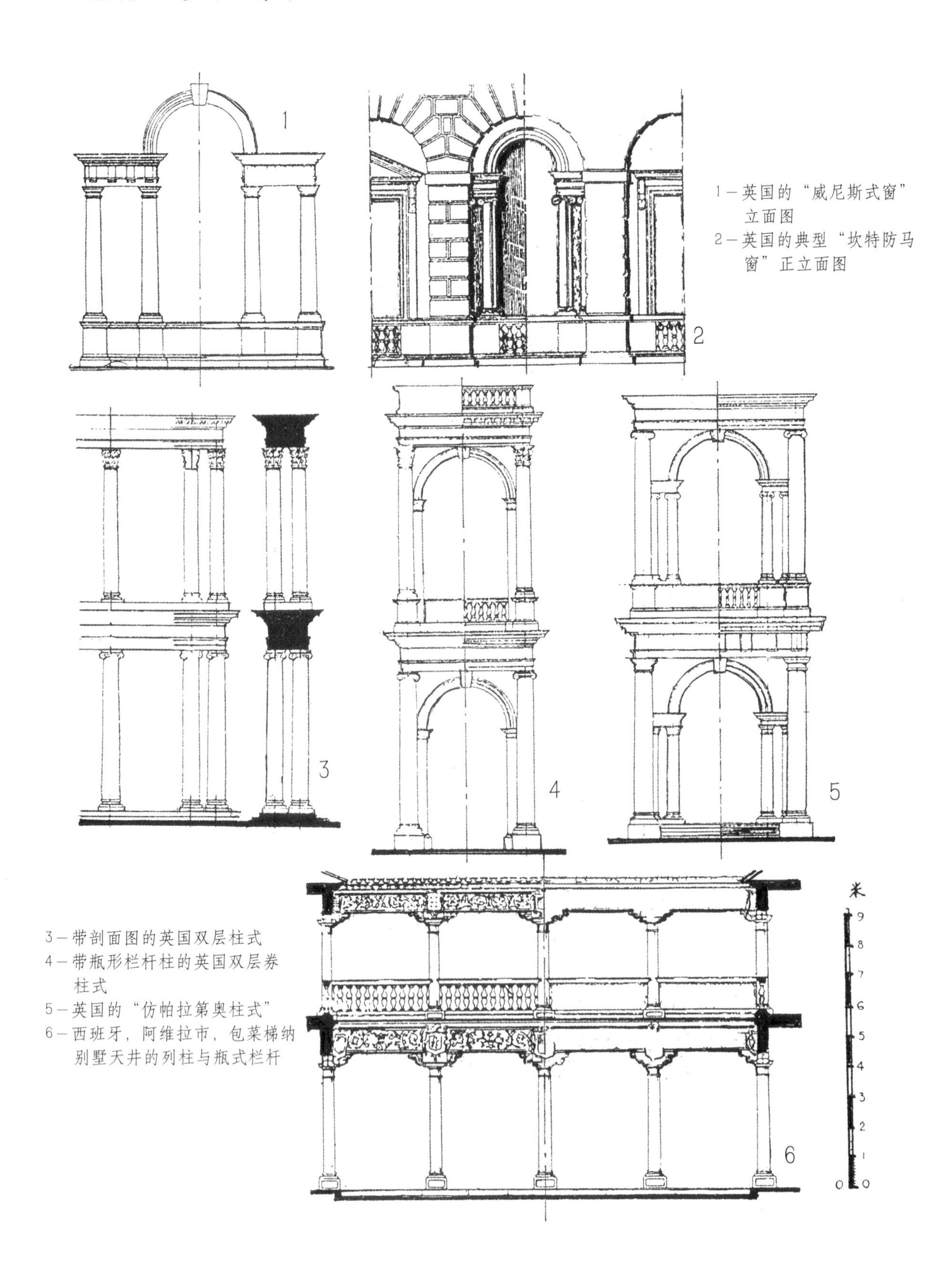

1－英国的“威尼斯式窗”立面图
2－英国的典型“坎特防马窗”正立面图

3－带剖面图的英国双层柱式
4－带瓶形栏杆柱的英国双层券柱式
5－英国的“仿帕拉第奥柱式”
6－西班牙，阿维拉市，包莱梯纳别墅天井的列柱与瓶式栏杆

文艺复兴建筑·柱式与柱头

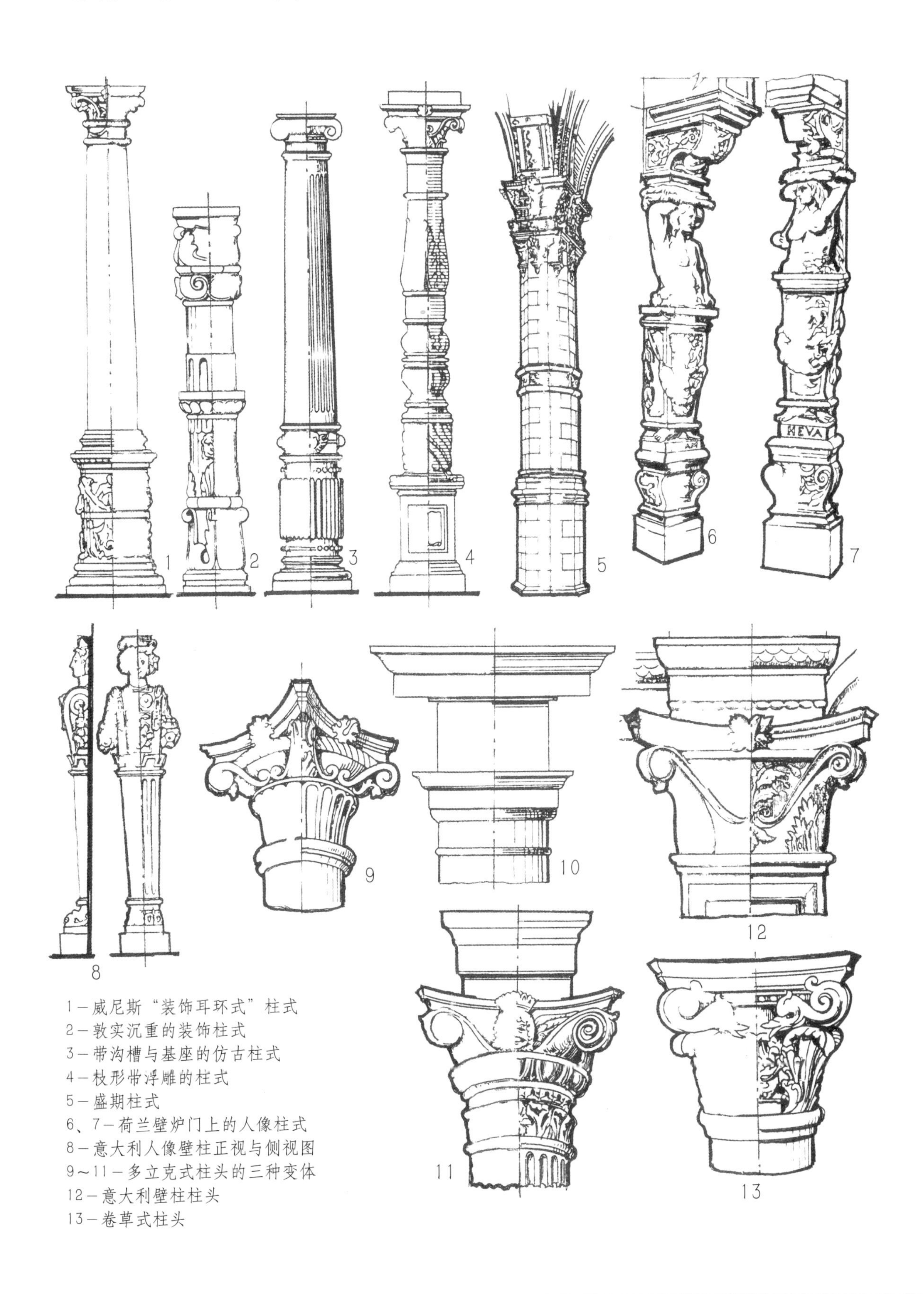

1—威尼斯“装饰耳环式”柱式
2—敦实沉重的装饰柱式
3—带沟槽与基座的仿古柱式
4—枝形带浮雕的柱式
5—盛期柱式
6、7—荷兰壁炉门上的人像柱式
8—意大利人像壁柱正视与侧视图
9~11—多立克式柱头的三种变体
12—意大利壁柱柱头
13—卷草式柱头

文艺复兴建筑·柱头式样多种

1、2—意大利不同于古希腊和罗马的柱头
3—意大利壁柱柱头
4、5—法国香堡柱头两例
6、7—法国枫丹白露宫柱头正立面及侧面图
8—典型意大利壁柱柱头
9—比利时的柱头
10、11—瑞士的两种柱头

文艺复兴建筑·室内楼梯及护栏

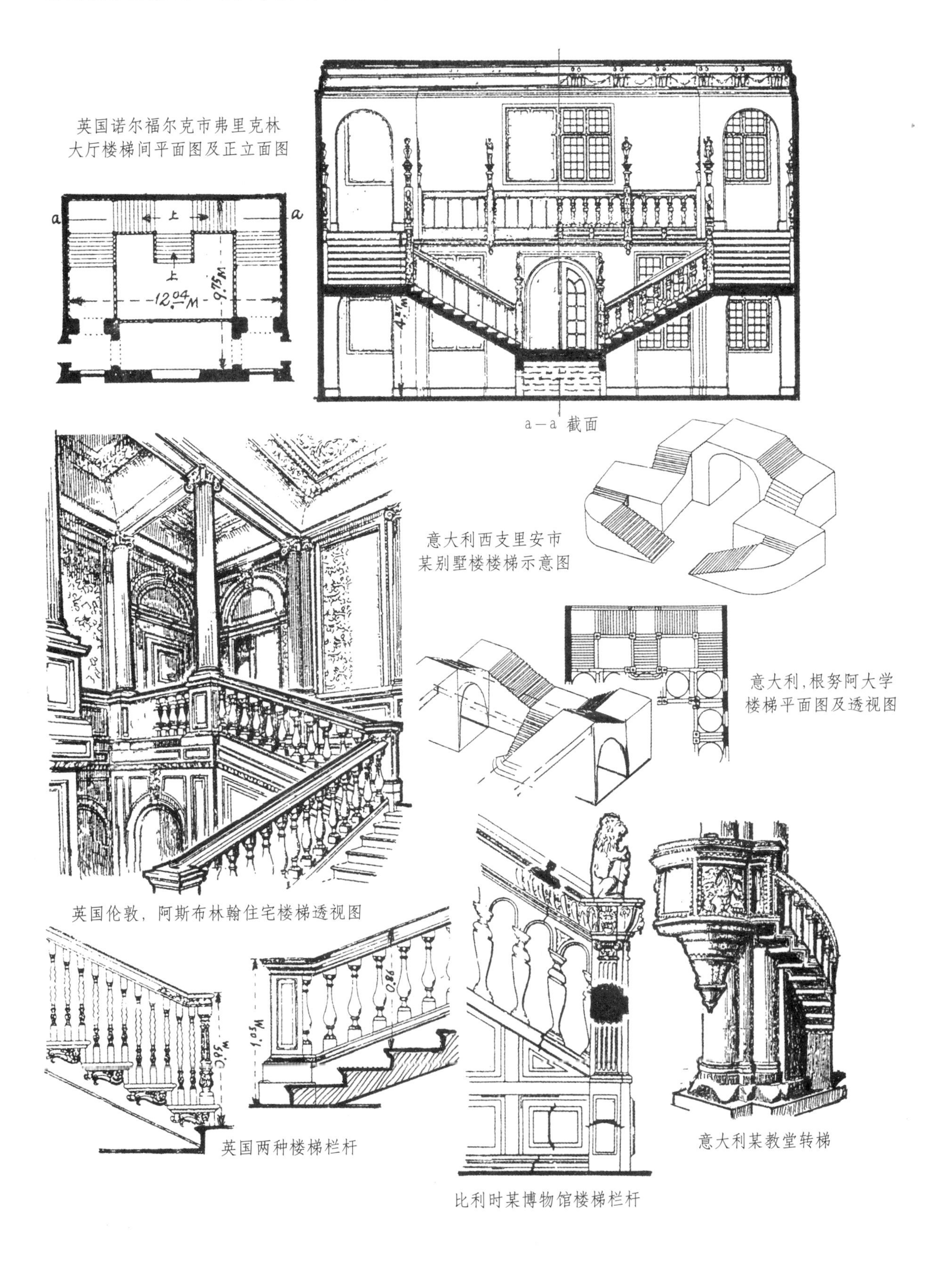

英国诺尔福尔克市弗里克林大厅楼梯间平面图及正立面图

a—a 截面

意大利西支里安市某别墅楼楼梯示意图

意大利，根努阿大学楼梯平面图及透视图

英国伦敦，阿斯布林翰住宅楼梯透视图

英国两种楼梯栏杆

意大利某教堂转梯

比利时某博物馆楼梯栏杆

文艺复兴建筑·多种壁炉式样

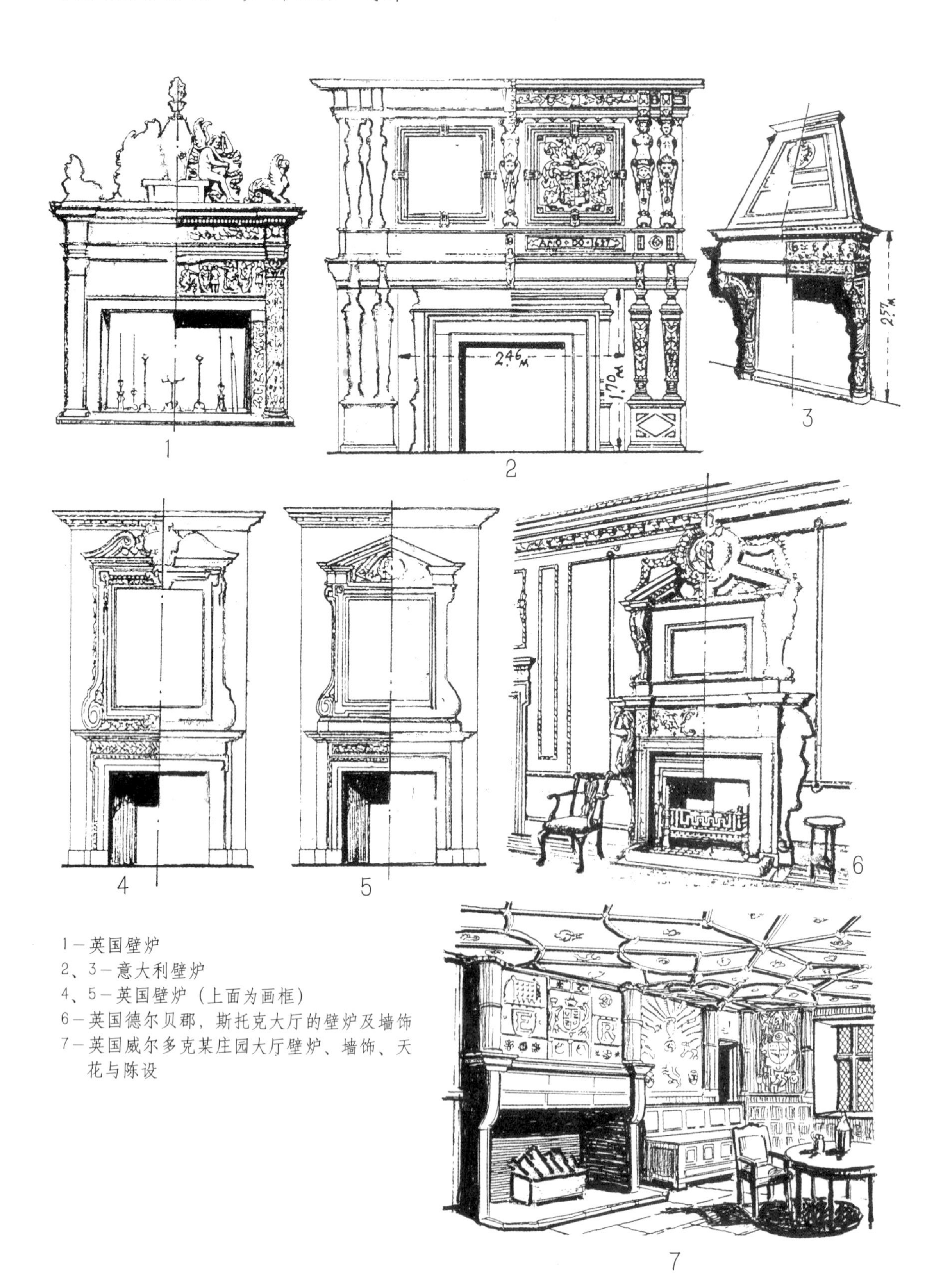

1—英国壁炉
2、3—意大利壁炉
4、5—英国壁炉（上面为画框）
6—英国德尔贝郡，斯托克大厅的壁炉及墙饰
7—英国威尔多克某庄园大厅壁炉、墙饰、天花与陈设

文艺复兴建筑·壁龛与喷泉

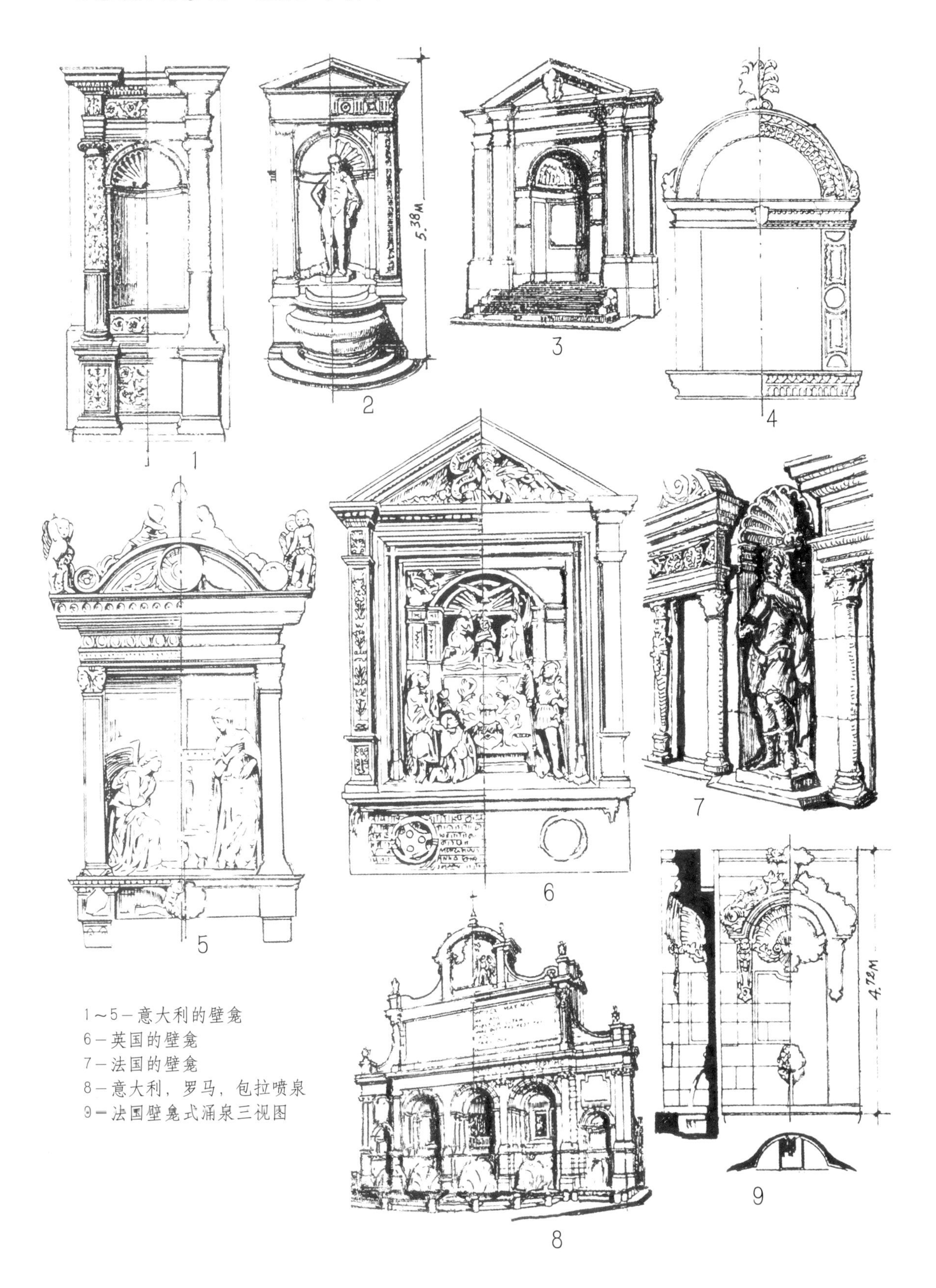

1～5—意大利的壁龛
6—英国的壁龛
7—法国的壁龛
8—意大利，罗马，包拉喷泉
9—法国壁龛式涌泉三视图

文艺复兴建筑·陵墓、讲经坛、唱诗坛与纪念碑

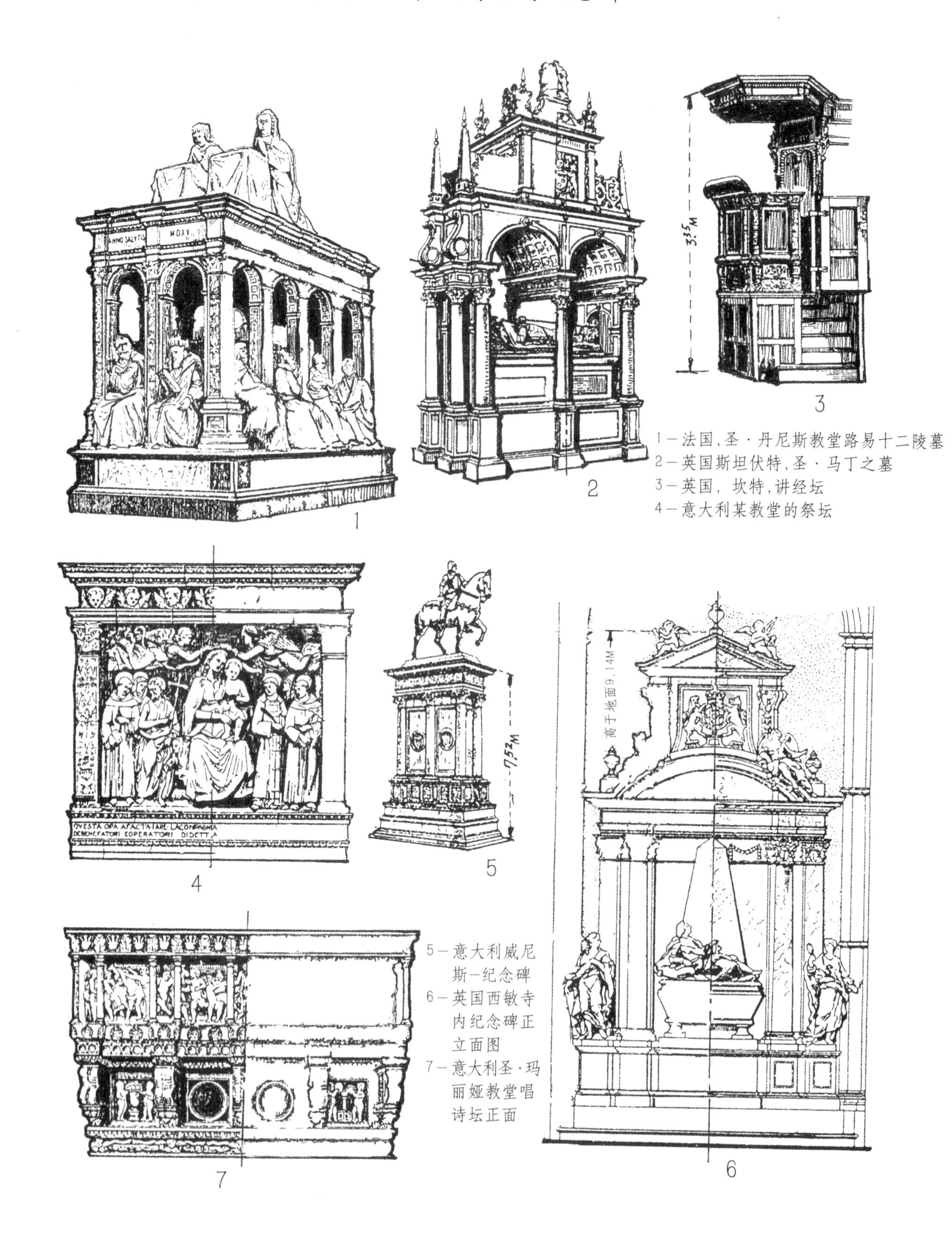

1—法国，圣·丹尼斯教堂路易十二陵墓
2—英国斯坦伏特，圣·马丁之墓
3—英国，坎特，讲经坛
4—意大利某教堂的祭坛
5—意大利威尼斯—纪念碑
6—英国西敏寺内纪念碑正立面图
7—意大利圣·玛丽娅教堂唱诗坛正面

文艺复兴家具·法国路易十三式

7种坐具，两种靠背椅，5种扶手椅(其一为双人椅)。前期多采用鏇木工艺，后期则用大量雕饰。

文艺复兴家具·法国路易十三式

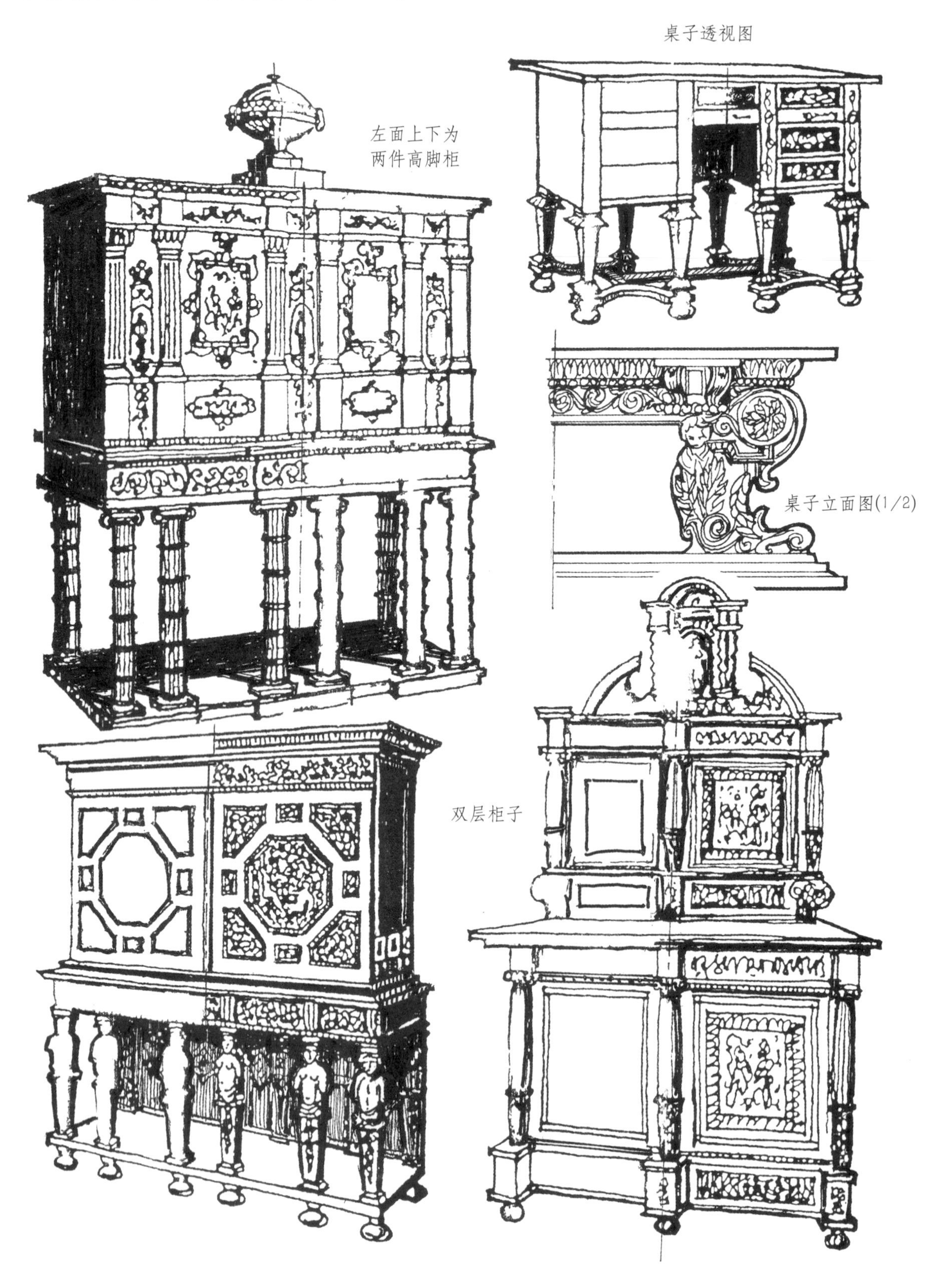

文艺复兴家具·法国的桌与柜

桌子侧视图（1/2立面）

桌子透视图

两种建筑化的柜子

文艺复兴家具·意大利的坐具

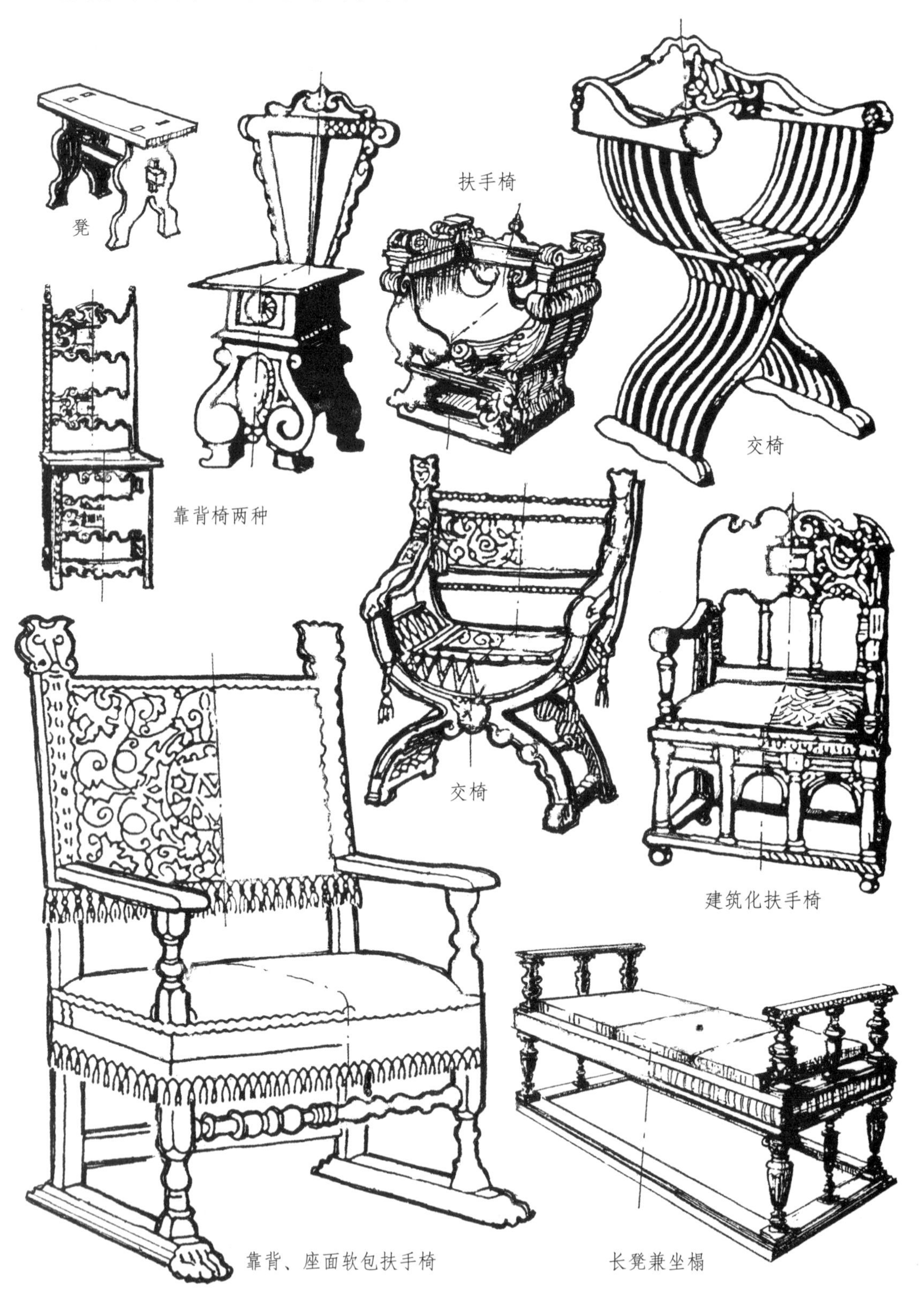

文艺复兴家具·意大利的台与柜等

文艺复兴家具·西班牙式

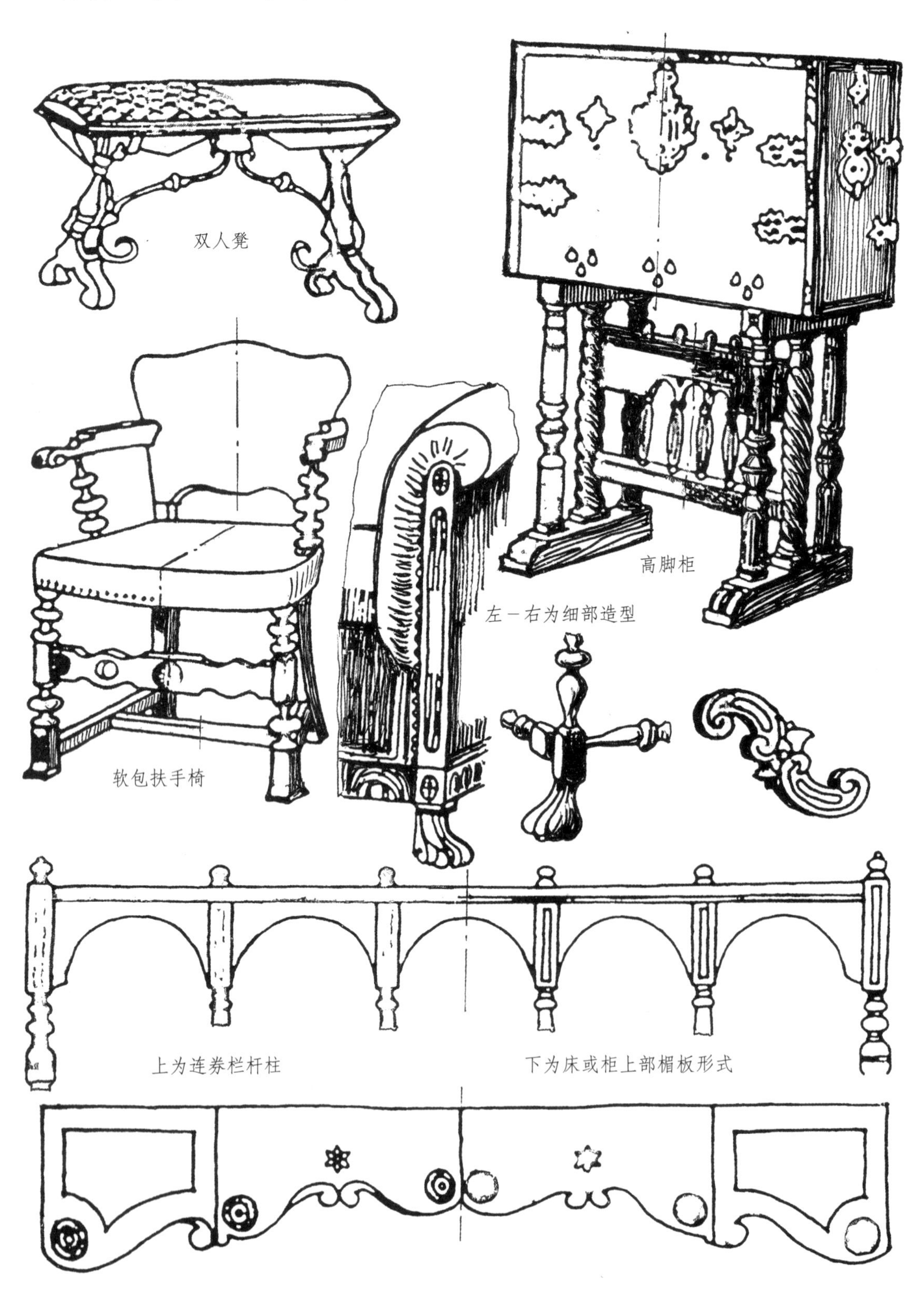
双人凳
高脚柜
软包扶手椅
左一右为细部造型
上为连券栏杆柱
下为床或柜上部楣板形式

文艺复兴家具·英国式

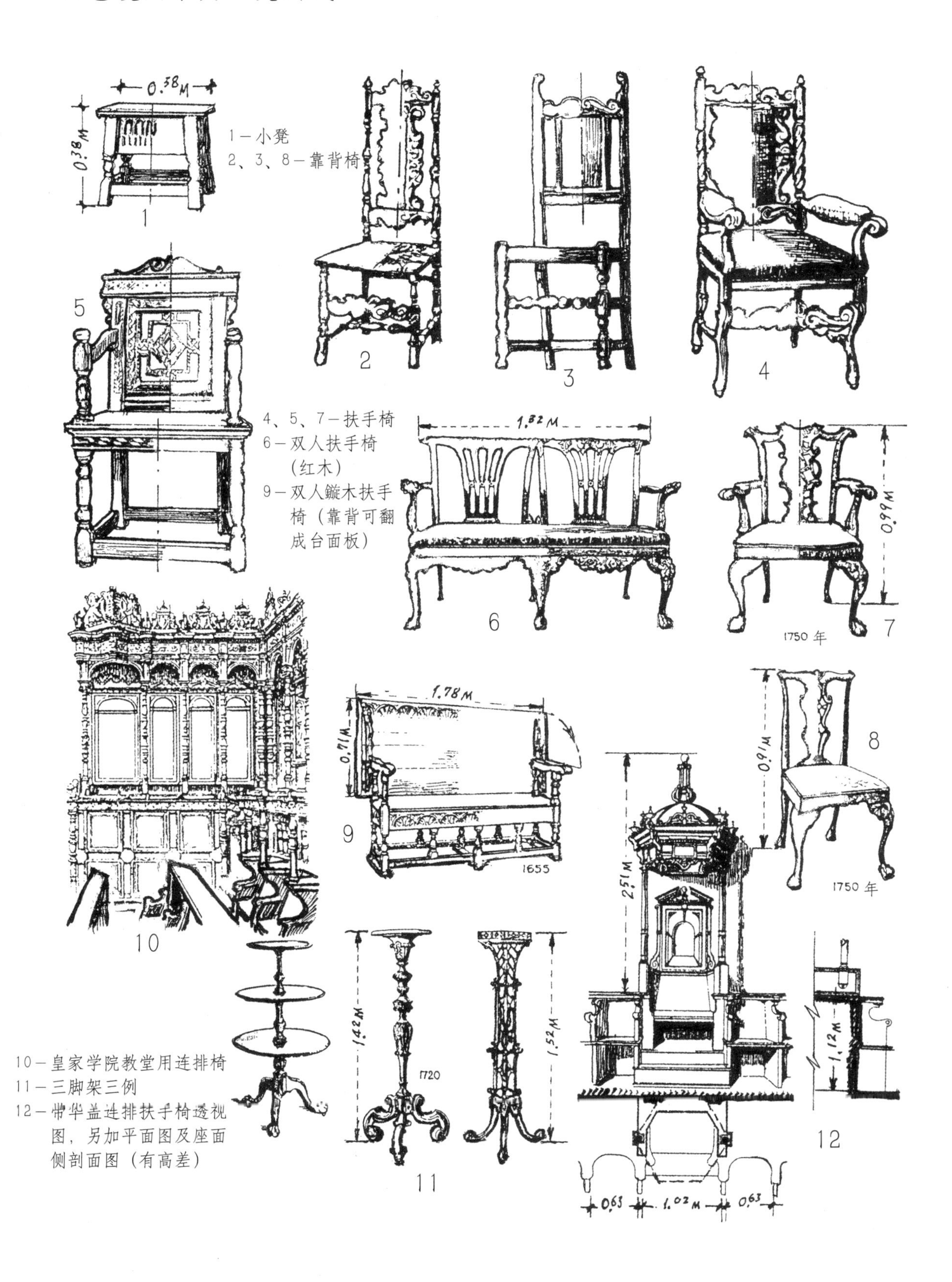

1—小凳
2、3、8—靠背椅

4、5、7—扶手椅
6—双人扶手椅（红木）
9—双人鏇木扶手椅（靠背可翻成台面板）

10—皇家学院教堂用连排椅
11—三脚架三例
12—带华盖连排扶手椅透视图，另加平面图及座面侧剖面图（有高差）

文艺复兴家具·英国式

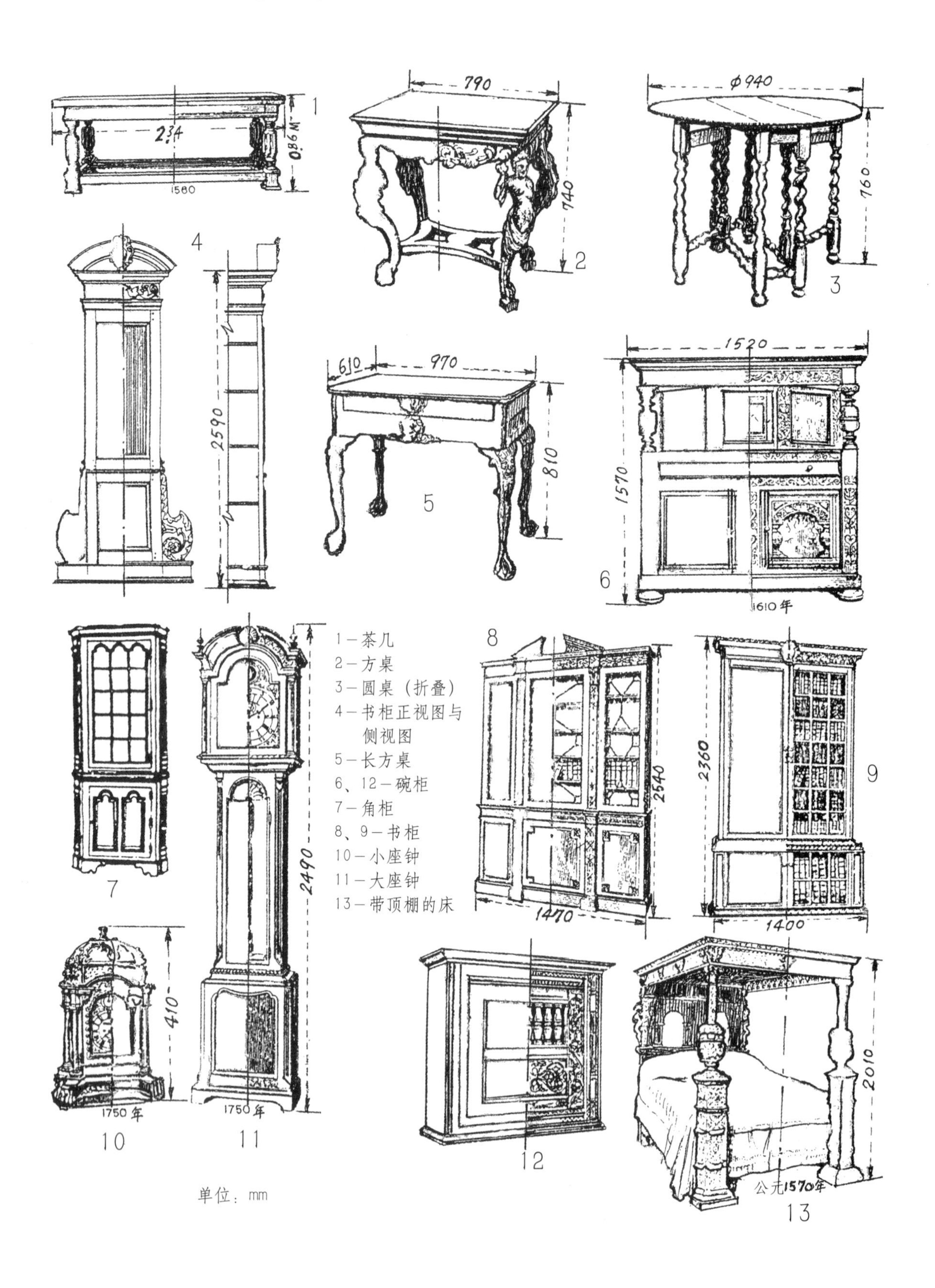

1
2.34
0.86 M
1580
790
740
2
φ940
760
3
4
2590
610
970
810
5
1520
1570
6
1610年
1—茶几
2—方桌
3—圆桌（折叠）
4—书柜正视图与侧视图
5—长方桌
6、12—碗柜
7—角柜
8、9—书柜
10—小座钟
11—大座钟
13—带顶棚的床
7
8
2540
1470
2360
1400
9
2490
410
1750年
1750年
10
11
12
2010
公元1570年
13
单位：mm

文艺复兴家具·坐具、桌与柜

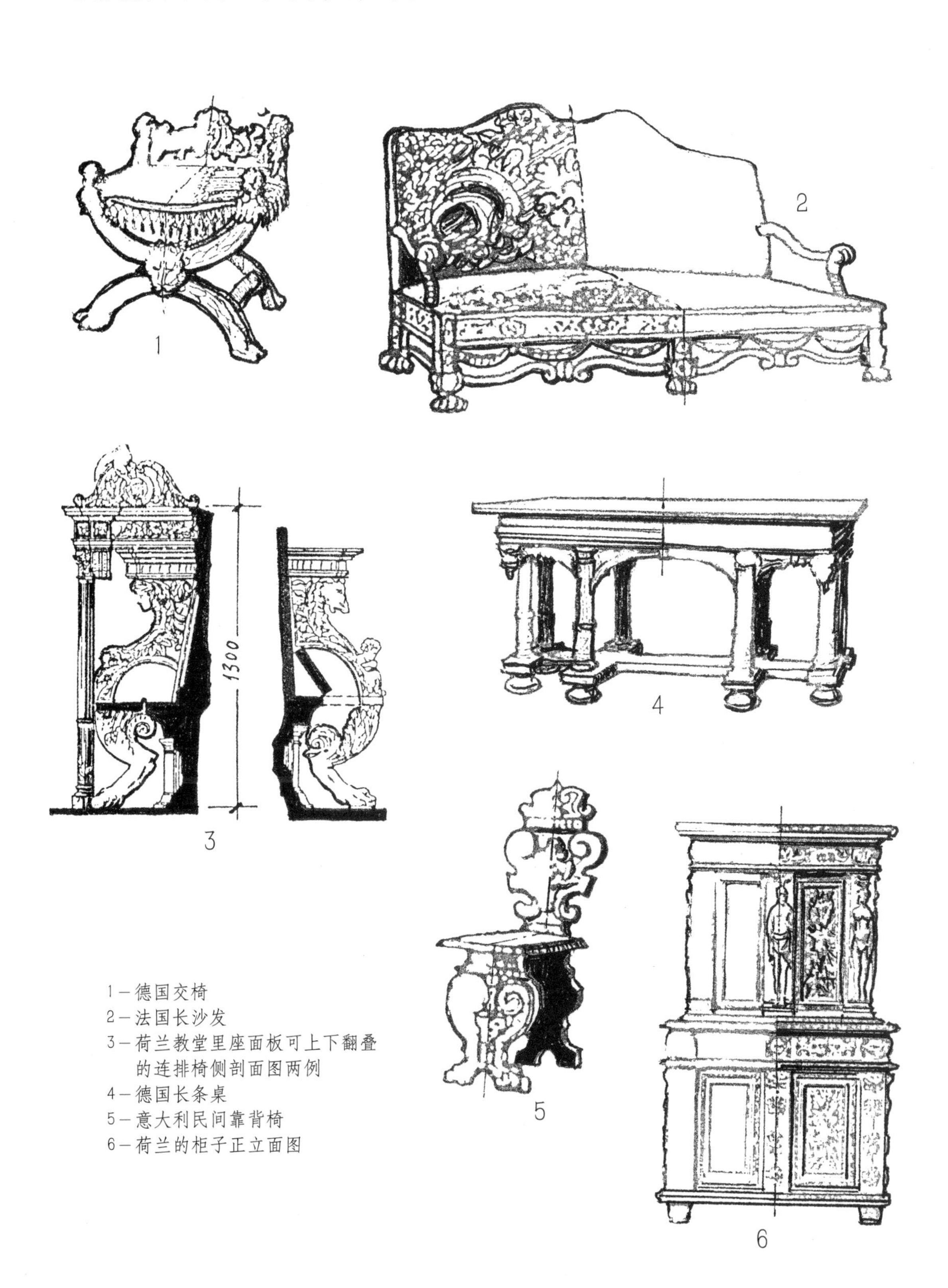

1—德国交椅
2—法国长沙发
3—荷兰教堂里座面板可上下翻叠的连排椅侧剖面图两例
4—德国长条桌
5—意大利民间靠背椅
6—荷兰的柜子正立面图

文艺复兴家具·坐具与床

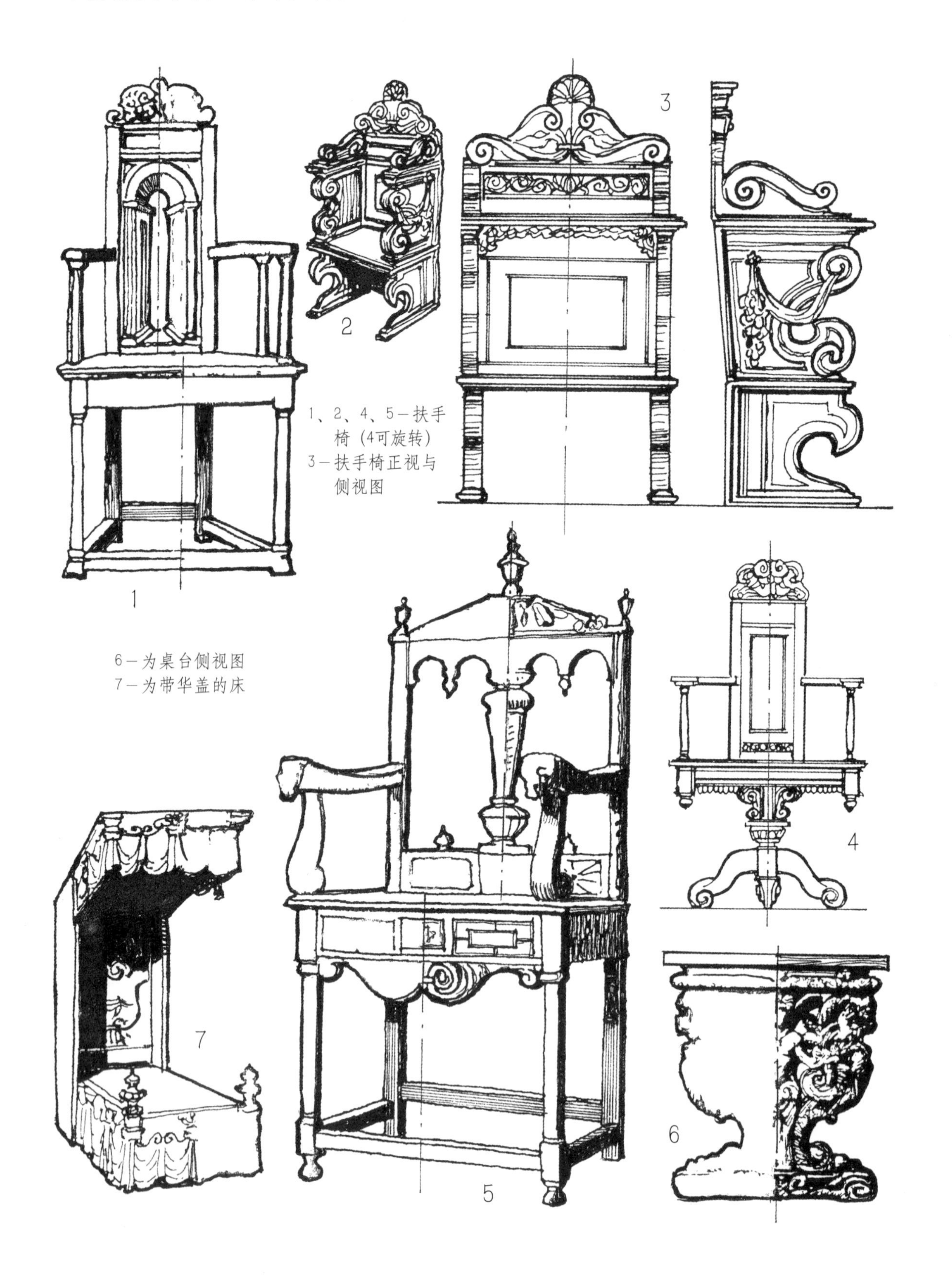

1、2、4、5－扶手椅（4可旋转）
3－扶手椅正视与侧视图

6－为桌台侧视图
7－为带华盖的床

第14篇　巴洛克与洛可可式建筑与家具

1.巴洛克建筑与家具（公元16世纪末～18世纪中叶）

由于耶稣教团的疯狂反动，使人文主义和现实主义思想受到摧残，宗教改革运动失败，中央集权政体得到加强，天主教会和封建贵族又取得优势。他们为恢复和巩固政治地位，就大力宣传神秘主义思想，并企图以文艺为手段，在欧洲重新唤起中世纪时的宗教信仰热潮。

天主教徒（尤其领导阶层）在淫逸奢侈方面并不亚于世俗的统治阶级，有的本身就是封建贵族，他们寻求刺激，想以新奇的艺术形式和光彩夺目的豪华来感染信徒，令人惊讶，以显示天主教的冠冕堂皇、富有、严格的教规和强力，使人感到自己渺小并屈从它的统治。

意大利后期文艺复兴时，由手法主义者创立的，追求新奇、变幻和动荡感的新建筑形式（即“巴洛克”式样），正符合耶稣教团的政治需求。所以，耶稣教团就把罗马市耶稣会教堂作为典范式样加以推广，因此，巴洛克建筑与家具形式也就传遍了欧洲，成为公元17和18世纪风靡全欧洲的艺术风格；同样，也随着西班牙的殖民扩展，使巴洛克风格也传到拉丁美洲。

(1) 总的建筑风格特点

巴洛克（来自葡萄牙文Barocco）本意是“畸形的珍珠”，后来成了“夸张、华而不实和拙劣”等词的同义语。公元18世纪，热衷古典主义艺术的理论家们对耶稣教团提倡和推广的建筑形式，鄙视和贬低地称呼为“巴洛克”。

其实这种建筑形式在古罗马帝国的末期就已经出现了；意大利文艺复兴期米开朗基罗又运用了这些法则；最后由手法主义艺术家使巴洛克建筑风格成型；在公元17和18世纪天主教称霸时得到发展和成熟。巴洛克艺术是天主教宗教狂和贵族享乐文化的综合产物。

巴洛克艺术（包括建筑、绘画、雕塑和工艺美术）在创造豪华的室内空间、扩展空间深广度和造成动感气氛等方面，有很多成功的范例，值得借鉴；完全否定和贬低巴洛克建筑是错误的。

巴洛克建筑风格的基本特点有三点：

a.*追求动力感*——巴洛克建筑打破了古典建筑安定与平衡的法则，追求动感：用各种曲线来代替简单的直线，用圆弧面或波曲面代替平直方整的体面；建筑物的平面由弧线和曲线组成；立面左右上下起伏呈波曲线而不是直线，正立面和侧立面不是垂直面而是凸凹的曲面；山墙不是完整的三角形或半圆形，而是中断了的三角形或中断了的半圆形，或任意曲线形并带有涡卷；屋顶爱用穹顶、梨形拱顶、葫芦形圆顶；窗洞为圆形或椭圆形、由若干个曲线组成的花朵形；柱子爱用蛇形柱；爱用螺旋体造型；建筑中所用雕塑是动荡的、扭动的；壁画的构图与细部也是富有动感的；装饰花纹也是各种卷草而且主体部分是贝壳的外观或内视图形。

b.*追求幻觉效果*——巴洛克建筑采用高柱式来加大空间尺度和体量感，利用透视学法则、色彩的冷暖和光影的强烈对比，造成空间无限深广、形体变幻无穷和不可捉摸的幻觉印象。不仅建筑本身利用透视手法（两墙不平行、柱子间距逐渐变小、楼层层高向上逐渐减小等），而且墙面和顶棚上绘出透视深度感很强的湿壁画（建筑中柱子实体与天顶画中的柱子连成一体、墙画中的建筑空间层次感强，让人感到可以走进去），更强调了空间的“扩展”与“延伸”。就连浮雕也有透视深度。

c.*追求华丽*——巴洛克建筑室内空间具有豪华、隆重和金碧辉煌的视觉效果。这种效果的取得是由于采用了以下手段：一是使用贵重的建筑材料（大理石、花岗石、真金和金箔、黄铜、宝石、象牙等）做建材或界面装修材料，做建筑构件；二是雕塑用铜、金制作；三是壁画和天顶画的色彩极其鲜艳；四是色彩组合为白、红、金和少量的黑色，以白色为主；五是空间界面上覆盖很多装饰纹样与雕像，而且是贴金或用铜、金制成的。以上各元素综合起来就形成了光彩夺目的诱人效果。

此外，还在教堂里演奏优美的音乐、举办魔术和戏剧表演，以便吸引和争取宗教信徒。

(2) 建筑类型与特征

巴洛克建筑形式一开始就有两种趋势：一种是“动力式巴洛克”，即前面提到的以追求动力感为惟一目的之建筑；另一种是“古典式巴洛克”，它是模拟古罗马巴洛克式样的结构特点，以追求宏伟感与纪念性为宗旨。

a.*教堂*——初期教堂平面以拉丁十字形为主，后来广泛地应用圆形、椭圆形、圆头十字形的平面，还有星花辐射状的向心式平面。

教堂顶部在穹顶下的鼓座有窗可采光，穹顶上部有“灯笼幢”（采光亭），这种造型很流行。即使是梨形圆顶或葫芦形圆顶，顶部都有采光亭。

教堂外立面爱用双柱式、壁柱、带雕像的圆龛、圆或椭圆形窗、带涡卷的山墙和中断式山墙，檐上有压檐花式栏杆（上面带雕像）。

教堂室内的中央通廊比较高大和宽敞，侧通廊则较低矮、窄小。但室内装饰装修很华丽（湿壁画、金色雕刻、白墙、红色大理石地面）。

b.宫殿、别墅、府邸和庄园——宫殿都有由连券柱廊环绕的内院。这些世俗性建筑大多是3层高，一般底层和第三层的窗子较小，作为次要用房和奴仆们的用房。第二层楼的房间高大、窗子也大，作为接待室和主人起居用房，设有装饰华丽的阳台，有的还建有豪华的户外楼梯（栏杆、雕像、花瓶都很讲究），压檐花栏杆和阁楼上多半有雕像。门贴脸和门厅的装饰都很下功夫。

c.剧院建筑——在巴洛克时期，剧院建筑得到发展。以前只有话剧和喜剧，这时首先在意大利的佛罗伦萨演出歌剧；第一座巴洛克式剧院是建于帕尔玛的法尔乃赛剧院（Teatro Farnese），它是以木结构为主的，平面、立面与拉斯卡拉剧院大体相同，但舞台布景却广泛地利用透视法则来加强深远的效果。

d.园林——游园避暑是当时上层统治阶级生活中不可缺少的内容之一，所以园林艺术得到大发展，在别墅和宫殿建筑设计中都少不了园林。在意大利、法国、荷兰、英国（受中国自然山水式园林的影响），园林建设都各具特色，自成一派，对欧洲各国园林和世界近现代园林的发展都产生了重大影响。详述请看本书最后一篇。

e.广场与喷泉水池——当时在城市广场建设和喷泉水池的修建，以及铁花栏杆门方面，都有突出的发展。

（3）柱式

柱子主要是起装饰作用，柱式不像古代希腊和罗马以及文艺复兴时那样严谨、规范。

a.蛇形柱：意大利文艺复兴盛期由伯尼尼（L.G.Bernini）创立的蛇形柱（螺旋形麻花柱）很流行，不论是宗教建筑还是世俗性建筑，都使用；

b.爱奥尼柱式：也用得较多，但在柱头上爱加花环浮雕或布幔浮雕作装饰；或加卷草浮雕；

c.科林斯柱式：也常用，而且在柱头上往往加假面具雕饰；

d.混合式柱式：也用，而且柱头雕饰变化较多，有柱础上也加浮雕的。

e.方壁柱：在墙上、门套、门柱和壁炉门等处都使用，不论柱头是传统式样还是新式样，柱身大多是平底上有浮雕作装饰；也有刻竖沟槽的；还有的下加带浮雕的柱座（在柱础之下）；

f.女人身像柱：是仿古希腊的形式，在宫殿、庄园和别墅里也多有使用；

g.胸像柱也受到欢迎，不论上部是男性胸像，还是女性胸像，都雕刻精细，下面柱身上多半有雕饰。

（4）装饰种类与特点

总体上看，巴洛克建筑上的装饰有些繁琐，不大注重实用性和结构性，只追求表面印象和效果，只讲装饰的豪华。

a.压檐栏杆逐渐成为编结纹式的花墙了；楼梯扶手栏杆成为曲线透雕，上面又有浮雕，而且栏杆上加人形灯柱和雕饰丰富的装饰花瓶；

b.雕刻人物都有紧张的动势感：头发和衣服在飘动，肌肉高高隆起，神情激昂；铜质或包金；

c.浮雕追求透视深度感，富有层次；涂金漆；

d.壁画采用螺旋式的动荡构图，色彩追求艳丽，强调明暗对比，通过建筑造型、透视法则的运用和色彩的冷暖，构成深广的虚假空间。宗教画的主要题材是宗教故事、神话和历史场景。世俗画主要是表现风俗、历史事件和人物肖像等内容的油画。画框也刻满卷曲形的花纹；

e.纹样装饰爱用无拘无束的各种曲线，富有动荡感与活力，没有固定的规律。工匠们在三合土灰泥墙上，随心所欲地绘制纹样。中国纺织品和瓷器上的纹样对巴洛克装饰产生重大影响；

f.壁纸在室内装饰中普遍应用：中国的壁纸已于公元16世纪传入欧洲，在巴洛克时期广泛使用壁纸贴墙，尤其在府邸、别墅和宫殿中，特别爱用金色花纹的壁纸，以体现豪华性；

g.壁布在巴洛克时期也受到欢迎，即用织锦做壁布，以显示奢华和富有。在公元17和18世纪交替时，在荷兰、法国和德国等国家开始用皮质壁布，或做软包墙面。在皮革上，用暖色和金色画出植物纹样，其中夹杂着人物和鸟兽；

h.木片镶嵌做装饰是继承文艺复兴时期的技法，在墙面、门头与家具上使用；

i.螺钿镶嵌也颇受欢迎，使用锡片、黄铜、贝壳和龟甲等做家具、器物表面的镶嵌；

j.铁艺很发达：壁灯、吊灯用青铜或铜做成多臂形；铁花栏杆很精美，有许多曲线与卷草纹样，其中有毛茛叶网纹、姓名缩写拉丁字母和胸像图形；铁花衣架上爱用毛茛叶形装饰；

k.壁炉很普及：不仅客厅（接待厅）里有壁炉，而且卧室里也有壁炉。壁炉不仅有实用功能（采暖），而且也具有装饰作用。当时壁炉门形状是曲线形的，门柱也多种多样，壁炉上部的镜框轮廓也是不规则形的，其中必有贝壳与涡卷的形象。有的壁炉上部墙面是湿壁画；

l.室内爱放陶瓷、玻璃器皿、珐琅和其他金属工艺品做装饰，特别爱用中国的陶瓷器。

(5) 高度重视透视法则

在巴洛克时期，建筑师们都非常重视对透视学的研究，并在设计中充分运用透视法则与规律，取得突出主体、增加空间深度的奇异效果。谁运用透视法则多而且效果好，就认为是最有才华的表现。当时重视透视是空前绝后的。

a.建筑师伯尼尼（G.L.Bernini）在圣·彼得大教堂前广场设计中，以及在梵蒂冈教皇接待厅前大阶梯（Scala Regia in Vatican）的设计中，就成功地运用了透视法则。前者突出了主体建筑圣·彼得大教堂，后者造成空间深远的效果。

b.意大利威尼斯的巴比耶纳（Babiena）家族，是专门从事剧院建筑设计的建筑师家族，在舞台布景设计上最善于运用透视法则与规律；意大利的大部分剧院是由他们设计的。对全欧洲产生很大影响。

c.巴洛克时期，建筑内墙上的湿壁画和顶棚上的湿壁画透视深远度都很高，这除了因为画中有较好的透视结构外，还因为色彩透视感强（色彩冷暖处理得好）和有强烈的明暗对比。

(6) 城市广场建设

罗马的天主教教皇为了向全欧洲各地来罗马市朝圣的人显示教会的富有和权威以及城市的壮美，修建了一些广场，把雕像、喷泉水池和纪念碑组织进去，采用对景的手法，来丰富景观或强调某处。还修了联系不同高差的丘陵广场的梯阶。喷泉中的雕刻动感很强，教堂立面墙波动不止，这些都体现了巴洛克的特点。对欧洲产生深远的影响。

a.圣彼得大教堂前的广场：该广场由伯尼尼设计，广场是由倒梯形和椭圆形两部分组成，由倒八字千步廊和抱厦围和，椭圆形广场部分的中心是方尖碑，横向椭圆形广场在方尖碑两侧各有一个喷泉水池。倒梯形广场地面向教堂方向逐渐升高。这种设计不仅能突出圣彼得大教堂，还能让全广场的信徒都看得到在教堂门前布道的教皇身影。这是巴洛克广场设计的代表作品。

b.波波罗广场（Piazza del Popolo）：由著名的建筑师芳塔纳（Carlo Fontana）设计，他开辟了三条辐射状的直路都通向波波罗城门，在三条路中轴线的交点上立根方尖碑，成为三条路的对景点，造成由此处可以通达全罗马市的错觉。后来，以方尖碑为中心，与三条路相垂直向左右伸展形成椭圆形广场。三条路相交的夹角处有两座向心式（穹顶）的巴洛克教堂。这种平面格局被欧洲其他许多国家模仿。例如法国巴黎西南的凡尔赛宫前的广场。

c.纳沃那广场（Piazza del Navona）：是意大利著名的巴洛克建筑师波洛米尼（Francesco Borromini）设计了广场一个长边上的圣阿格奈斯（S.Agnnese）教堂，该教堂立面随椭圆形广场弯曲波动，广场内有两个喷泉水池，喷泉的雕塑动感很强，充分体现了巴洛克的特点。

d.西班牙大台阶（Scala di Spagna）：它是连接西班牙广场（下面）和圣三一教堂前的广场（上面），解决两地高差不同的上下交通联系的最佳范例。台阶踏步及歇脚平台的整体形象是花瓶形，人在此上下，都会有合、分、合、分或分、合、分、合的感觉，方向不断变化，景观也随之不断改变，踏步有弧形和波浪形的不同变化，具有巴洛克特点。而且在西班牙广场正对台阶轴线处设置喷泉水池，而轴线的另一端圣三一教堂前的广场中央立方尖碑，形成统一的整体。

e.特列维喷泉（Fontana di Trevi）：因为喷泉水池最能体现巴洛克精神，所以巴洛克时期大量修造喷泉水池。宫廷建筑师芳塔纳设计的喷泉水池有25座以上。罗马市最著名的喷泉是特列维喷泉，它有布景式的大影壁，上有柱式、圆凹龛、圆雕、压檐栏杆，水池里的叠石、雕像富有动力感，构成广场的中心。

(7) 建筑材料

巴洛克时期的建筑材料（土建用材和装饰装修用材）有：

a.石料——主要用在宫殿、别墅、庄园、府邸、教堂和公共性建筑（剧院、学院、医院等）中，主要石料是大理石、花岗石、石灰石等；

b.黏土砖——主要用于民宅，公共建筑中也使用；尺寸规格有多种；

c.瓦片——民居、宫殿与庄园等建筑中都使用，质量、尺寸规格有不同；

d.三合土灰泥——三合土灰泥及其构成各元素（石灰、石膏、细砂或大理石粉），都是土建和装修不可缺少的材料。砖石的砌筑少不了石灰和石膏砂浆；墙面粉刷或抹灰也不能缺少石灰和石膏；绘制湿壁画的墙面抹灰层少不了三合土灰泥；

e.木材——用来做木地板、木墙裙、木顶棚、木雕、家具和栏杆等，主要用胡桃木、榆木、柞木和金合欢等，个别用进口木材；

f.金属——青铜、黄铜、铁、锡、黄金等，用来做灯具、栏杆、铁门、雕塑、建筑装饰、家具装饰等；

g.玻璃——平板玻璃、彩色玻璃做窗子，镜片做梳妆镜或作为装饰；

h.织物与皮革——当时高档室内墙面装修用锦缎或法兰绒、真皮做软包镶；

i.壁纸——在一般府邸、庄园、别墅中，墙面喜欢贴金色花纹壁纸；

j.陶片与瓷砖——有些档次较低的地面装修中使用陶片或瓷砖。

（8）巴洛克家具

a.家具品种——坐具有靠背椅、扶手椅、沙发、长沙发，扶手椅座面、靠背和扶手部分软包，座垫有活动的和固定的两种；柜类家具有普通抽屉柜、高脚抽屉柜、上下两层的抽屉柜、两扇门的柜子、陈列柜和书柜（有玻璃门扇）、高形衣柜、高形餐具柜、上层平开门下层为抽屉的双层柜、矮柜等；台案类家具有小桌、带托拱的长桌、大写字台、台座等；床多半有带浮雕的华盖（由双柱或四柱支承），从华盖上吊挂下厚重的帷幔来。

b.家具的造型特点与装饰——一是家具从平面上看为曲线轮廓，不是平整的直角形；二是正立面和侧立面轮廓线也变成曲线；三是柜子顶部爱用中断的圆弧山墙造型；四是桌子两腿间的望板是鱼肚形，上有涡卷与贝壳浮雕；五是桌类家具的腿有的是双层涡卷形，有的是三弯的（S形），也有的是花瓶栏杆柱；六是高腿柜和桌子腿和椅背上爱用蛇形柱造型，柜身上也用蛇形壁柱作装饰；七是路易十四时家具腿爱用下部收缩并带有方或圆的凸棱的方柱腿，枨子带涡卷造型；八是家具表面雕刻丰富多采，追求豪华；九是家具表面爱用镶嵌（贝壳、金属、象牙等）作装饰；十是家具中爱用带涡卷造型的X形枨；十一是也用木片镶嵌，整个色彩较阴暗。

c.家具用材——主要使用橡木、胡桃木、黑檀木做家具，后期开始用进口木材。软包镶材料是天鹅绒、锦缎和皮革等。五金件用青铜、黄铜制作。家具上的装饰件用黄铜、金、银、锡等制作。也有用瓷土烧成的抽屉柜。

d.家具结构——家具中常用的结构有：插接榫、嵌入榫（底座与柜身、床体及柜腿的连接）和格角榫（45°直角连接）等，嵌板结构应用很广（柜门、柜子侧板、靠背板、床头板等）。

e.工艺技术——巴洛克时期，家具上的装饰工艺技术主要有以下六种：一是彩石镶嵌，叫“佛罗伦萨马赛克”，即在家具表面镶嵌各种颜色的石块，组成图案；二是乌木镶嵌（Ebenista），用黑色的乌檀木片或木皮在家具表面贴粘，再配以螺钿镶嵌，柔和精美，取代雕刻；三是在家具表面镶嵌贵重金属（金、银、铜、锡等）、象牙与龟甲，金属上做精美的线刻，以青铜铸成人形或植物再嵌在家具上；四是在家具表面采用漆地描金工艺，画出风景、人物、动植物纹样，这是受中国清朝描金漆家具的影响；五是在德国偏爱在家具表面进行各色木片镶嵌的图案装饰，而且拼贴后要磨光；六是在家具的雕饰上包金箔，皇室更用黄金做家具表面的装饰（浮雕式卷草、嵌金线、拉手等）。当时的世界艺术中心已移至法国，法国宫廷已从1650年起设立皇室家具作坊，专门为宫廷服务。

（9）英国安娜女皇式家具（公元1702～1715年）

英国虽然没有纯粹独特的巴洛克式建筑，但在法国巴洛克时期（路易十四执政时期）和摄政时期，在英国正是安娜女皇（Queen Anne）当政，在家具造型上具有巴洛克、洛可可风格，被美术史家命名为“安娜女皇式家具”，简称“安皇式家具”。

但由于英国与欧洲大陆被海洋隔断，它的艺术发展具有较强的独立性，例如安皇式家具既不同于路易十四式家具，也不同于路易十五式家具：

a.高型柜顶是中断的椭圆山墙造型，中间与两侧是顶有蛇形柱的花瓶装饰矮柱，山墙顶底部有连续盲券装饰凸线；柜的下部是左右三段式构图：中间是横条板，两侧方板上有贝壳浮雕，整个是用圆凸线划分成三段的。

b.扶手椅的靠背是圆弧外形，中间的竖靠背板是花瓶形，靠背顶部正中有贝壳（海扇贝）浮雕，花瓶形靠背板上部两侧是涡卷；后腿微向外撇，上部与靠背立柱连成一体，脚为外翻马蹄形；前腿是S形，上宽如叶状，下部收缩脚为外翻马蹄形；扶手立柱及扶手横木都是三弯的木方，扶手横木前端为涡卷形；座面是布料软包镶，框板上面下沿有曲线轮廓。造型简洁，无枨子，雕刻很少。

c.抽屉桌的台面是方正的直角形，但四面的望板下沿却都是曲线轮廓；抽屉拉手是青铜曲线造型；四条腿也是三弯的，上宽、曲线轮廓、中间为带垂花的海扇贝浮雕，向下逐渐收缩、脚为外翻马蹄形，腿与上部望板用榫卯相接。

d.柜子是矮脚型，往往脚的外边是垂直线，而内边开槽嵌曲线形牙板：牙板中央是下凸的海扇贝形浮雕，两边是对称的由弧线和涡卷组成的轮廓。脚和牙板上部是用圆凸线分划成三段式（两边是扇贝形浮雕）的底托。双层组合抽屉柜用得较多。此外，还有高脚抽屉柜，其腿子造型、装饰和连接方式都与椅腿、桌腿相似。抽屉前脸是素光面或者用木片镶嵌。金属拉手和钥匙孔挡片的造型装饰性强。

e.床的上面有华盖，向下四面吊挂纹饰豪华的布帷幔。

f.应该强调的是：当时出现了“温德索椅”（Windsor Chair），由于它造型简洁、实用性强，所以成为殖民地式家具中最受欢迎、最为流行的家具品种。温德索扶手椅的特点是：腿是鏇制的有收分的圆木棍，四腿八叉地安装在座面板之下部，有工字形的鏇木枨联结四条腿（左右各一个前后枨，中间一根横枨连接两根前后枨）；座面板顶面中间下凹以适应臂部体形，四周围是弧形边沿儿；靠背部分由7～9根细长的圆木棒安插在座面板后部，顶部是弧形的横木板将圆木棒串连起来；每侧的扶手都有三根短圆木棒和一个鏇木棒做支柱，扶手横木板是从左经靠背下腰部到右呈U字形，结构上更可靠。另一种是带书写板的温德索椅，它与上述温德索扶手椅不同的是：左侧扶手横木到靠背时变成圆券形，转到右侧向前逐渐变成宽板，供写字的宽板除了下面有四根小圆木棒支承外，外侧又加一个较粗的圆木棒，该木棒坐落在由右侧望板伸出的小块木板上；座面板下四面都有望板插接在腿的上部。其他部分都与温德索扶手椅相同。

安娜女皇执政时期由于偏爱用胡桃木制作家具，所以历史学家将这段历史称做“胡桃木时期”。

安皇式家具在造型上比较像路易十五风格，而不像路易十四风格的家具，但局部造型与装饰（像中断式弧形山墙顶、海扇贝浮雕、圆券造型与涡卷雕饰等）与路易十四风格的家具相同。再者，在英国，在安娜女皇以前的各时期的家具，都没有巴洛克特点，而是比较像文艺复兴式样。所以，本人将安皇式家具并到巴洛克家具后面来叙述。

安娜女皇之后的乔治王时期，家具造型仍保持英国特点，但装饰上更多地采用法国式样；室内的色彩搭配强烈、鲜艳。这一直持续到18世纪中期。

2.洛可可室内与家具风格（公元1720～1770年）

法国在路易十四统治的晚期已开始衰落，到路易十五时情况更加严重；君主专制和国家观念已很淡薄，统治阶级极端腐化堕落和追求尽情的享乐，要求文艺来美化他们空虚的生活，因此艺术中出现了与此相适应的“洛可可风格”。

洛可可（Rococo）一词由Rocaille变来，它本来是指一种形状像贝壳或火焰、畸曲小木梳的涡卷形装饰纹样，后来转义为小贝壳。由于后期的巴洛克建筑大量使用这种纹样做室内装饰，因此得名为“洛可可风格”。

洛可可实际上只是一种室内装饰风格，建筑外观与巴洛克建筑没有多大区别。洛可可建筑的构思原则是：外观简朴，内部装饰装修和家具陈设要豪华。洛可可风格的代表人物包弗朗（G.Germain Boffrand）在他的《论建筑》一书中清楚地说明了这一点。

（1）总的建筑风格特点

洛可可建筑风格特点概括起来有以下八点：

a.建筑外观简朴，室内装饰装修、家具及陈设品则要求尽量豪华；

b.根本上忽视建筑的逻辑性，强调随心所欲；反对理性的、“刻板的”柱式，室内列柱式样随意、墙上没有壁柱，只有微凸的横竖装饰线；

c.文艺复兴和巴洛克常用的厚重、凸起很大的线脚和雕饰，到洛可可时期变得细小和微薄起来；

d.圆雕和高浮雕被湿壁画和三合土灰泥塑纹饰代替；

e.文艺复兴和巴洛克常用的肥硕的悬垂花果花环浮雕，到洛可可时期变成微凸的花环、小花朵和垂穗浮雕；

f.用柔和光亮的色彩代替了巴洛克时期的色彩与光影的强烈对比；

g.造型上尽量避免水平线和直角转折，爱用飘逸的曲线和各种涡卷曲线，把S形和C形曲线作为构图和装饰的基本要素，没有严格的法规限制，形式与构图无拘无束；

h.追求非对称性，避免表现建筑的结构，表面装饰掩盖建筑内在结构。

（2）建筑类型与特点

a.主要修建小巧舒适的府邸，大型的纪念性建筑停建；

b.封建贵族府邸的建筑外观是简朴的，只在柱子上、窗框与门廊等处，谨慎地使用一些纤细和微凸的纹样装饰；若用柱式也是古代希腊或罗马式的；外墙凸凹起伏不大（只在德国和奥地利等国，在建筑外立面上才有较多的高凸的雕饰）；

c.洛可可建筑室内空间虽很狭小，但却很精巧、舒适和亲切，过去那种旷冷的豪华大厅已不受欢迎。室内空间界面到处都布满极富幻想和变化的、自然主义的装饰纹样；曲枝和卷草纹都很细巧，它们旋卷和波动着，中间掺杂有贝壳、器具或动物等；也爱用垂穗式和钟乳石式的纹饰，纹样的空隙处多半做成各种网格形状。

顶棚：多为平顶，喜欢刷天蓝色，或者上面画出透视感很强的彩画，也有用三合土灰泥塑出洛可可式浮雕纹样。顶棚与墙的过渡（转折）呈弧形。

墙面：墙面多为白色，也有刷成浅灰、玫瑰、淡绿或浅蓝等柔和颜色的；用三合土灰泥塑制的纹样和细线边框多漆成金色或银色；有的墙面用织锦做软包镶；门、窗多挂有带垂穗花纹的幔帘，也有在室内随意吊挂帷幔的（中国的纺织品非常受欢迎）。墙的转角呈弧形。室内墙面爱用装饰嵌板和大块镜子。室内一般不用柱式；即便用柱式也往往被纹饰遮盖而不明显。

地面：讲究的用大理石、花岗石或木板铺地，较差的是用陶片或瓷砖铺地。大部分室内都铺有柔软的地毯。

陈设：室内每件家具都是一个独立的装饰品，造型和装饰纹样都是飘逸的曲线，精致华美；纹饰掩盖了家具的结构。室内喜欢摆放瓷器和镀金制品，中国瓷器和丝织品备受喜爱。铁栅门和栏杆都很精细、华丽。

（3）建筑论著及其影响

《公元1752~1756年的法国建筑》一书，是法国第一位建筑史专家勃朗台（J.F.Blondel）撰写，他给予法国中世纪建筑以很高的评价，这就为后来与古典主义相对立的浪漫主义风格（公元18世纪中到19世纪后半叶）的产生打下了理论基础。

勃朗台在公元1750年建起私立的建筑学院，在建筑教育方面起了不小的作用。其父老勃朗台（Frangois Blondel）在路易十四执政时（巴洛克时期），在世界上成立最早的建筑艺术学院，担任首任院长和主要教授。当时受意大利文艺复兴的影响，古典风气很浓，甚至有教条主义特点。但对建筑教育的普及和培养建筑师、为后来法国古典主义风格的产生，做出贡献和准备。

（4）洛可可风格产生的前提和艺术本质

a.洛可可艺术风格的产生条件和前提是封建贵族的腐朽和享乐生活的需求，是他们走向衰落和死亡时的穷奢极欲、生活上的无限空虚和矫揉造作。

b.洛可可艺术的本质是为末落的封建贵族服务的，它的基本追求是奢侈、豪华、富丽，而表现出的情调和趣味是娇纵、庸俗和充满胭脂气的。装修用材追求高档次，装饰过于繁琐。当然，在局部处理上（色彩搭配、用镜面扩展空间、飘逸曲线所产生的轻巧感等）和施工制作精良方面，都有值得肯定的东西，对于我们今天的室内设计都有裨益。

（5）装饰种类与特点

与巴洛克时期基本相同。最突出的特点是起伏大的高浮雕被纤细微凸的浮雕和装饰线代替；色彩既鲜艳又柔和、没有强烈的明暗对比；金色和黑色的搭配用得较多。

（6）建筑用材及构造

基本与巴洛克相同，贵重、高档材料用得最多。

（7）洛可可建筑名迹

a.法国巴黎市内的苏俾斯府邸（Hotel de Soubise）在路易十五时建成，其中的椭圆形沙龙是洛可可室内装饰风格的典型，也是洛可可室内装饰设计名家包弗朗（Gabriel Germain Boffrand）的杰作。该建筑外观简朴，内部装修奢华无比。

b.德国茨温格尔宫（Zwinger），在德累斯顿，建于公元18世纪上半叶，它是供王公贵族聚会用的庭园建筑，建筑风格是文艺复兴式并掺杂巴洛克、古典主义，室内装饰是洛可可式。

c.德国布鲁萨的主教宫（Palace of the Archbishop,Bruchsal），建于公元1760年，其中沙龙的室内装修是比较典型的洛可可风格。

（8）洛可可家具风格

a.家具品种——坐具类有靠背椅、扶手椅、单人安乐椅、双人沙发椅、拐角沙发椅等；柜橱类有各种抽屉柜、矮柜、高脚柜、高柜、玻璃门陈列柜等；台案类有长条桌、方桌、圆桌、椭圆桌、写字台和办公桌等；卧具有单人床、双人床、小榻等。

b.造型特点——一是不论平面或正立面，还是侧立面，都是由自由渐变和潇洒飘逸的曲线来造型的；二是追求用材与造型的轻量感，创造轻巧的视觉效果；三是追求装饰细腻与柔和，纹样的造型与结构也用优美的曲线；四是家具的腿都是S形的三弯腿，而且带有青铜质的护脚套；五是绝大多数家具腿之间没有枨子，只有个别的桌子有带雕饰的X形枨子，腿和望板多半采用一体化处理方式；六是爱用非对称的构图形式；七是床已取消华盖，但有雕饰精致的床头板和床尾板；八是大量应用各种贝壳形和小木梳形纹样，成为洛可可装饰的一大特色；九是还爱用花环、绶带、卵形、花叶、果实和小天使图形作家具表面的装饰。

c.家具用材——制作家具的主要用材是木材（以胡桃木为主，另外还有橡木、柠檬、玫瑰、桃花芯木、黑檀木，还有进口的红木、黄花梨等），还有用芦苇编织的坐具。软包坐具座位、背靠和扶手，做枕头、靠垫、坐垫，使用皮革（牛皮、羊皮、马皮等）、织物（锦缎、天鹅绒等）。家具上的雕刻用青铜、黄铜和黄金，镶嵌则用乌木、彩石、贝壳、龟甲、象牙、金、银、铜和锡等。还有用瓷土烧制柜橱的。

d.家具装饰工艺技术——一是彩石镶嵌（各种颜色的石块，用来拼成图案）；二是乌木镶嵌大放异彩，是乌木、彩石和贝壳镶嵌，再配以青铜镀金浮雕，十分华丽。当时法国有两位最著名的洛可可乌木镶嵌艺术家：克莱珊特（Ch.Cressent）和奥埃本（J.F.Oeben），他们的家具创作（抽屉柜、写字台等），不仅装饰精美，而且造型轻巧、优雅，对欧洲不少国家产生影响；三是在家具表面使用木片镶嵌工艺（主要在德国）；四是受中国描金漆家具的影响，在家具表面绘出东方题材的漆画（花鸟、人物、建筑等）；五是在家具上使用镀了金的铸铜雕塑（野兽、花环、贝壳和花纹等）；六是用烧制瓷器的办法烧制抽屉柜和餐具柜，白瓷上绘彩色花纹，也很受欢迎。

(9) 英国的洛可可式家具(齐彭代尔式)

从公元18世纪30年代起，英国家具风格开始以设计师的名字命名，并且英国家具的影响也逐渐扩大。第一个有重大影响的家具设计师是齐彭代尔(Thomas Chippendale)，他创造的“齐彭代尔风格家具”的特点是：

a.家具品种——他设计的家具品种包括各类家具，坐具有靠背椅、扶手椅、沙发椅(安乐椅)、长沙发椅(有2~4个靠背，有2~4个前腿，座面、靠背软包)等；柜橱类有带底座的大柜、高脚抽屉柜、中间两门外凸的四扇门柜、普通抽屉柜、玻璃门扇的柜子、高架书柜、陈列柜等；台案类有三腿桌、折叠桌、带翻板的小桌、带卍字纹平浮雕的写字台等；床都带有华盖和帷幔，有的华盖仿中国建筑房顶。

b.造型与装饰特点——有以下五个方面的特点：

一是在造型上有鲜明的巴洛克和洛可可特点：柜子的平面是曲线轮廓，抽屉前脸和门扇面板是凸凹的曲面；高形柜顶用中断式山墙形式；高脚柜、桌的腿采用三弯腿，脚为涡卷形或龙爪抓球形，腿间望板下沿为曲线牙板形，抽屉拉手和钥匙孔挡片是曲线造型；椅子靠背轮廓为曲线形，中间靠背板为花瓶形，上有透雕或浮雕花纹，靠背上有涡卷或花朵浮雕；靠背椅、扶手椅的前腿都是三弯腿，脚是外翻兽爪形、马蹄形或涡卷形；椅子后腿有方柱形、外撇的扁方形、三弯的等多种；沙发椅座位、靠背和扶手横木中部都是软包的，兽爪下是小球；

二是家具造型受哥特式风格影响：椅子靠背上部采用哥特建筑中三瓣叶形尖券窗棂形式和小尖塔装饰；扶手椅靠背和扶手支柱有哥特窗棂的造型；椅子前腿是束柱形式，有的四腿皆是四棱形，上有微凸浮雕，下有四爪形脚；

三是家具造型与装饰仿中国建筑和家具：高脚柜的顶部似中国建筑屋顶或轿顶，有的最上是四坡顶小亭子，亭檐四角吊挂风铃；玻璃柜门上的花格仿中国窗格；方柱形腿上有卍字浮雕，腿与望板间有中国式花牙子；陈列格架的顶部也是中国轿篷顶，翘檐，四角挂风铃，左右侧壁及背部都做成中国窗格或花窗形式，腿是方柱形；椅子靠背、扶手椅靠背及扶手都做成中国窗格形式，方柱形腿，腿与望板间有中国式透雕牙条，后腿下部向后撇，使用横向工字枨，后腿间多加一条横枨；床的华盖也仿中国建筑屋顶式样；

四是自创的椅子靠背造型与装饰：梯形椅背中间的靠背板透雕成丝带攀结在由C字形组成的瓶形骨架上；倒梯形椅背中间为Y形骨架，两侧由卍字组成花格，Y形骨架上部是花形雕饰；梯架形椅背，靠背顶部为波浪形横木，三峰两谷，上有雕饰，下面的三根横木也是三峰两谷的波浪形，也带雕饰；椅子后腿的线形与截面形状都有很多变化；

五是家具上的装饰既有巴洛克、洛可可式的，也有哥特式、仿古典主义的和中国式的：弯曲的小木梳浮雕、火焰形纹饰、团花加卷草、涡卷、写实的花朵与叶子、龙爪圆雕、绶带、垂穗、花瓶形、尖券形和三瓣叶形，还有卍字纹(这种雕饰被称作“齐彭代尔式平浮雕”)。

c.用材——最初他比较喜欢用桃花心木制作各类坐具(靠背椅、扶手椅、沙发椅等)，因为这种木材坚硬、纹理与色泽优美，可以使家具构件的截面小巧，由此产生轻快感。后来，使用的材料就比较广泛了，比如橡木、胡桃木、椴木及进口木材(红木、紫檀、黄花梨木等)。另外，用青铜、铜做家具拉手和钥匙孔挡片，用锦缎、麻布和皮革做软包材料。

d.结构——常用的榫卯结构有插接暗榫、嵌入榫、格角榫和企口榫等。也常用嵌板结构和包镶结构(一种是包镶的座面与边框处于同一平面的，另一种是包镶座位高于边框的，第三种是把座面边框全包在里边的)。

e.装饰工艺——最爱用的是雕刻，多半用在高柜冠顶中央、靠背中间、三弯腿上部及足部、椅子前望板正中、高脚柜与桌子的台口线脚上。种类有平浮雕、起伏明显的浮雕、圆雕、线刻与透雕等。其次是少量、局部使用镶嵌，有木片镶嵌、螺钿和彩石镶嵌。第三受中国家具影响，在某些家具表面使用漆绘描金工艺。

复习题与思考题

1.巴洛克建筑总的风格特点是什么？有哪些建筑类型和特征？使用哪些建筑材料？
2.巴洛克建筑在柱式、装饰种类上有哪些？
3.简述巴洛克时期对透视学及广场建设的重视情况。
4.巴洛克家具的特点是什么？
5.英国安娜女皇式家具有哪些特点？
6.洛可可室内建筑总的风格特点是什么？建筑类型及特点有哪些？建材与构造怎样？
7.洛可可时期的建筑论著怎么样？
8.洛可可家具的风格特点是什么？
9.英国的洛可可式家具(齐彭代尔式)的特点是什么？

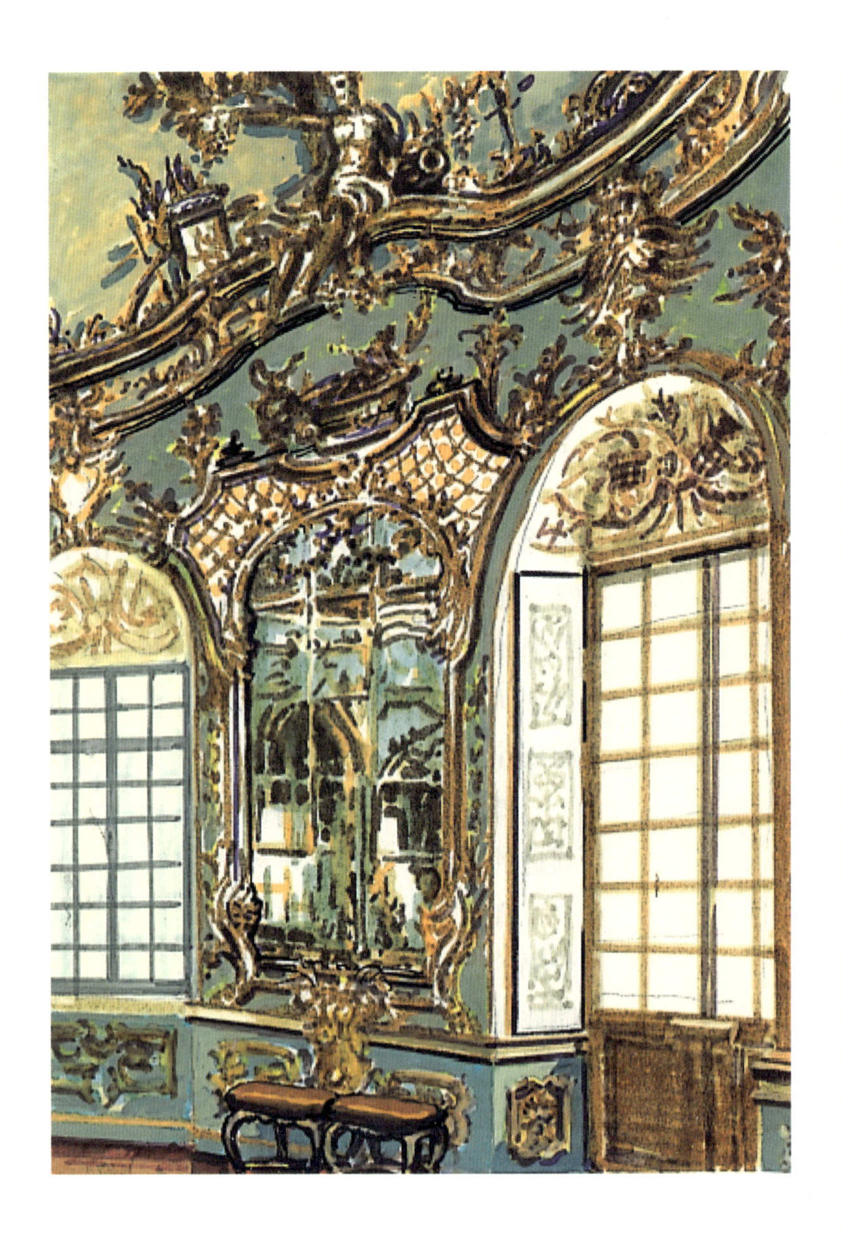

1	2
	3
	4

1. 慕尼黑某城堡中的镜厅(巴洛克式，1739年)
2. 英国人亚当设计并在齐彭代尔作坊加工的扶手椅（为L·顿达斯爵士所有，1764年），属于洛可可风格的“乔治式”
3. 葡萄牙椅(1725年)，用从巴西进口的花梨木制造，属洛可可式
4. 中国风经荷兰影响到英国的靠背椅，英国18世纪早期巴洛克式

1. 路易十五(1760～1769年间制)时的卷帘盖办公桌(J.F 奥埃木制作)，洛可可式
2. 巴洛克时期的胡桃木牡蛎银嵌桌(x形枨)
3. 受中国影响的绶带靠背"双人扶手椅(英国齐彭代尔洛可可式)
4. 齐彭代尔设计的“中国篷床”(实际应是伊斯兰风格)，1775年·嘎瑞克夫人别墅存)
5. 萨尔特雷住宅中的“中国卧室”，两把椅子是典型的“中国齐彭代尔式”
6. 齐彭代尔式洛可可梳妆台(1760年，美国)

1	2	3
4		

1. 中期巴洛克室内与家具陈设
2. 巴洛克式教堂内饰（白、金、红三色搭配）
3. 公元18世纪中叶由W · 肯特设计的折叠桌
4. 巴洛克建筑外观

巴洛克建筑·纵向式平面的教堂(矩形或拉丁十字形)

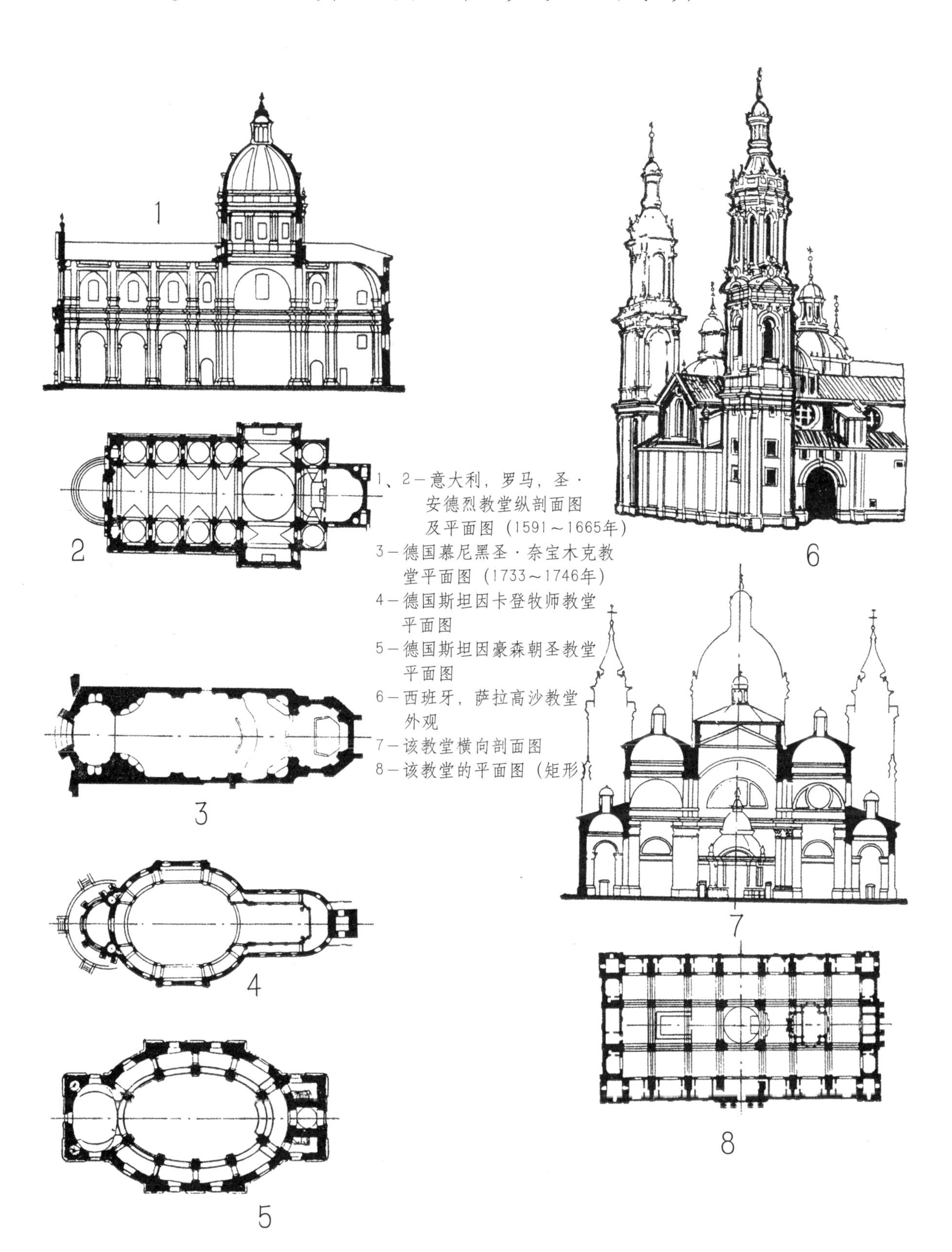

1、2－意大利，罗马，圣·安德烈教堂纵剖面图及平面图（1591～1665年）
3－德国慕尼黑圣·奈宝木克教堂平面图（1733～1746年）
4－德国斯坦因卡登牧师教堂平面图
5－德国斯坦因豪森朝圣教堂平面图
6－西班牙，萨拉高沙教堂外观
7－该教堂横向剖面图
8－该教堂的平面图（矩形）

巴洛克建筑·纵向式平面的教堂

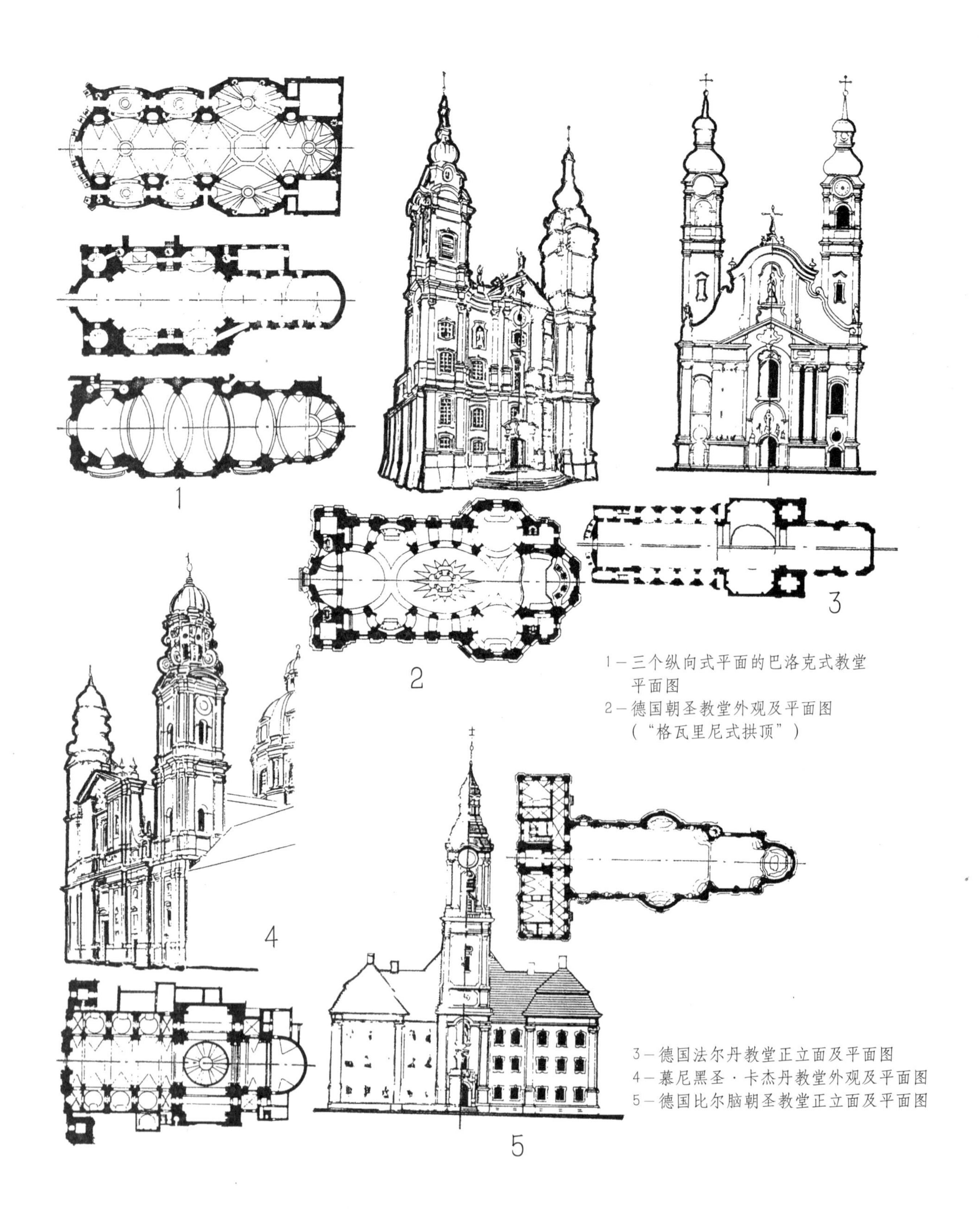

1—三个纵向式平面的巴洛克式教堂平面图
2—德国朝圣教堂外观及平面图（“格瓦里尼式拱顶”）
3—德国法尔丹教堂正立面及平面图
4—慕尼黑圣·卡杰丹教堂外观及平面图
5—德国比尔脑朝圣教堂正立面及平面图

巴洛克建筑·纵向式平面的教堂和向心式平面的教堂

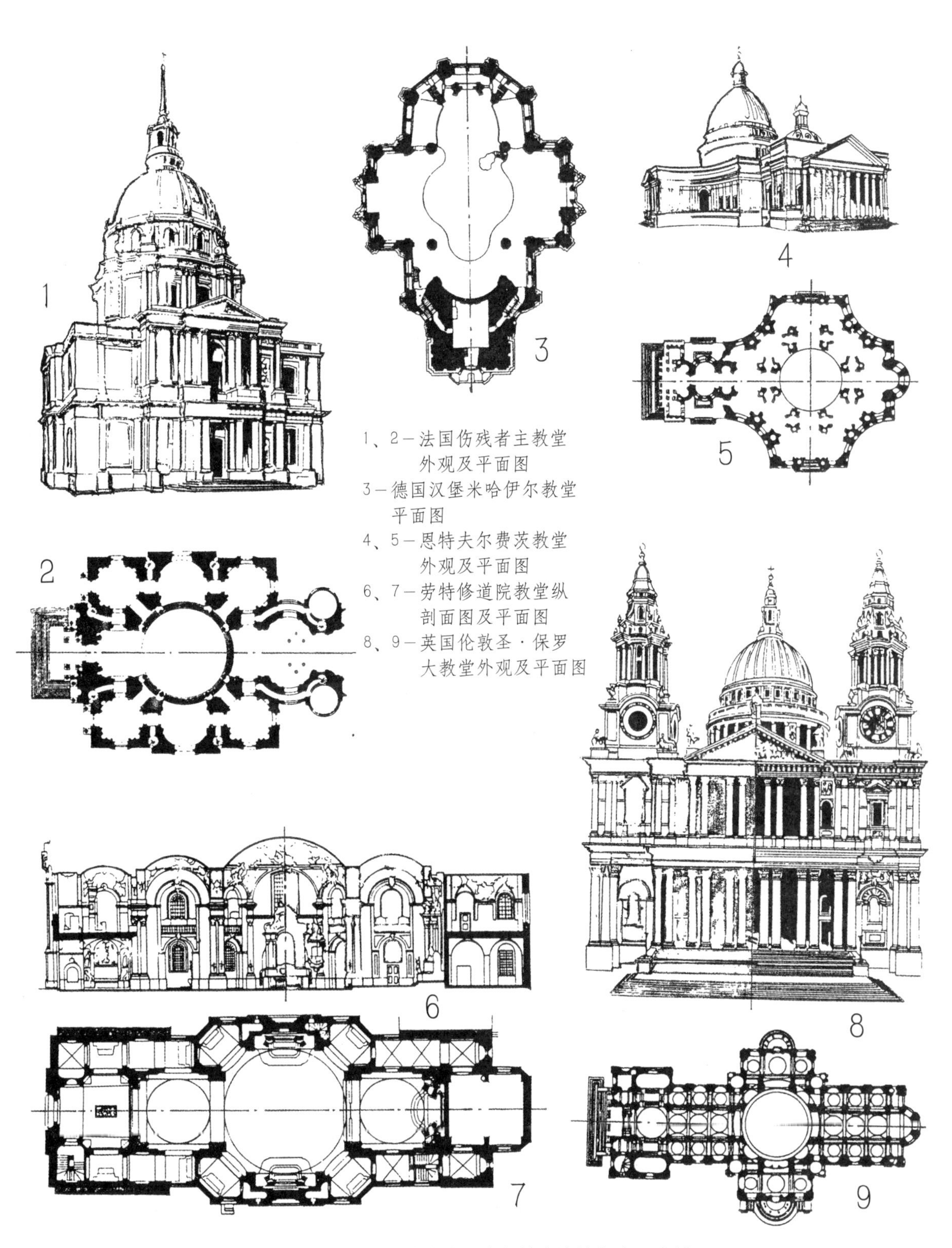

1、2—法国伤残者主教堂外观及平面图
3—德国汉堡米哈伊尔教堂平面图
4、5—恩特夫尔费茨教堂外观及平面图
6、7—劳特修道院教堂纵剖面图及平面图
8、9—英国伦敦圣·保罗大教堂外观及平面图

（6、7和8、9属于纵向式与向心式相结合的教堂平面形式）

巴洛克建筑·向心式平面的教堂（方形、圆形或八角形）

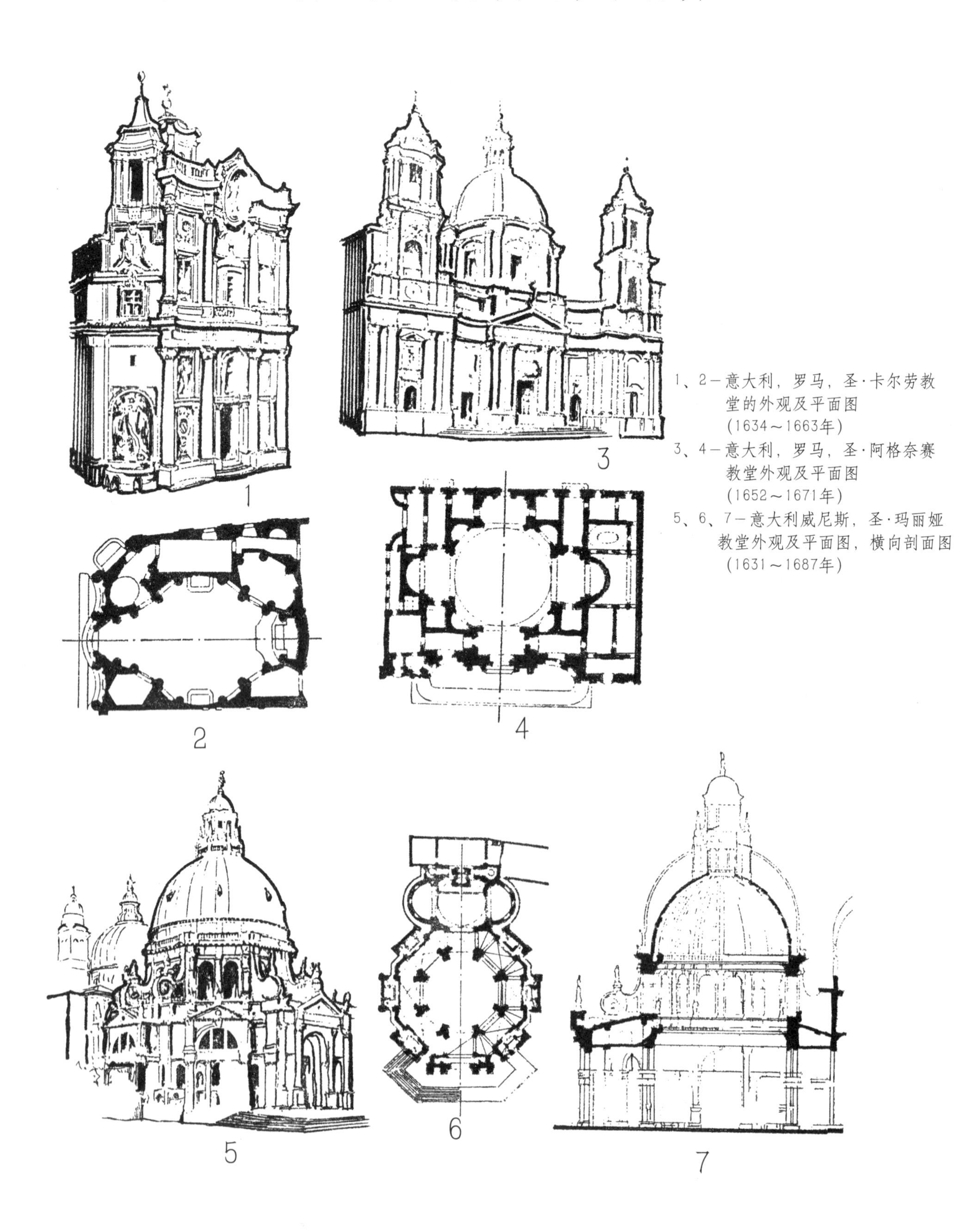

1、2—意大利，罗马，圣·卡尔劳教堂的外观及平面图（1634～1663年）

3、4—意大利，罗马，圣·阿格奈赛教堂外观及平面图（1652～1671年）

5、6、7—意大利威尼斯，圣·玛丽娅教堂外观及平面图，横向剖面图（1631～1687年）

巴洛克建筑·教堂外观

巴洛克建筑外观特征是：
凸凹起伏的墙面，山墙多S形曲线，椭圆形窗子
半圆或椭圆形台阶，富有变化的塔顶，追求动感，多用装饰浮雕、铁花栏杆门等

1—罗马，圣·玛丽娅教堂外观（1656～1657年）
2—西西里岛圣·乔尔乔教堂正面（1744～1775年）

3—圣地亚哥大教堂正面（1738年）
4—斯坦因豪森朝圣教堂外观（1728～1733年）
5—慕尼黑圣·奈宝木克教堂入口（1733～1746年）
6—斯坦因卡登牧师教堂外观（1746～1754年）

巴洛克建筑·教堂内部装修与装饰

1—罗马，圣·安德烈教堂内景（1591～1665年）
2—罗马，圣·卡尔劳教堂内景（1634～1663年）
3—斯坦因卡登教堂内景局部（1746～1754年）
4—巴黎伤残者主教堂内景局部（1675～1706年）
5—比尔脑朝圣教堂内部装饰很典型（1747～1749年）
6—慕尼黑圣·奈宝木克教堂内饰也很典型（1733～1746年）

巴洛克与罗可可建筑·穹顶与天棚形态（教堂）

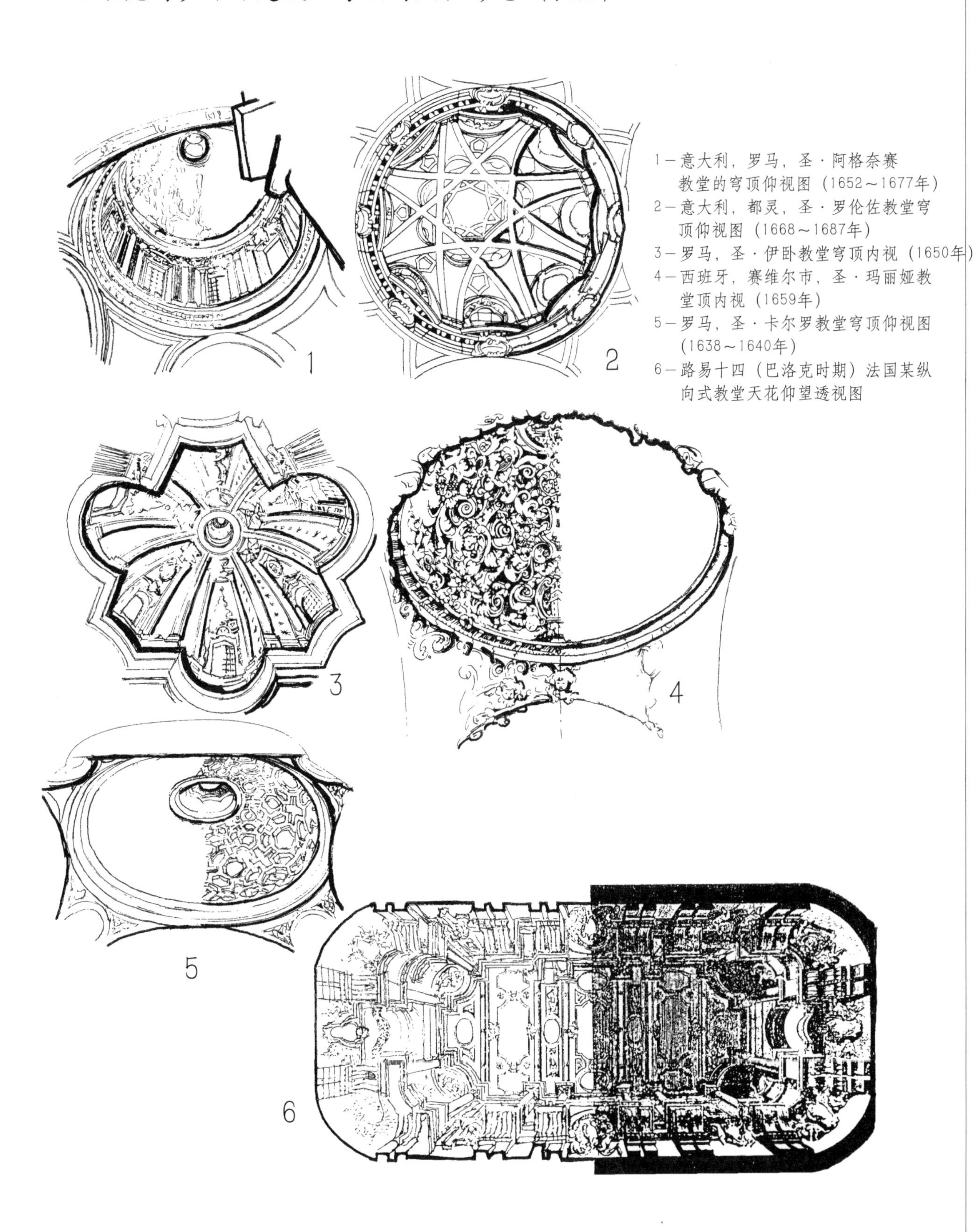

1－意大利，罗马，圣·阿格奈赛教堂的穹顶仰视图（1652～1677年）
2－意大利，都灵，圣·罗伦佐教堂穹顶仰视图（1668～1687年）
3－罗马，圣·伊卧教堂穹顶内视（1650年）
4－西班牙，赛维尔市，圣·玛丽娅教堂顶内视（1659年）
5－罗马，圣·卡尔罗教堂穹顶仰视图（1638～1640年）
6－路易十四（巴洛克时期）法国某纵向式教堂天花仰望透视图

巴洛克建筑·法国宫殿

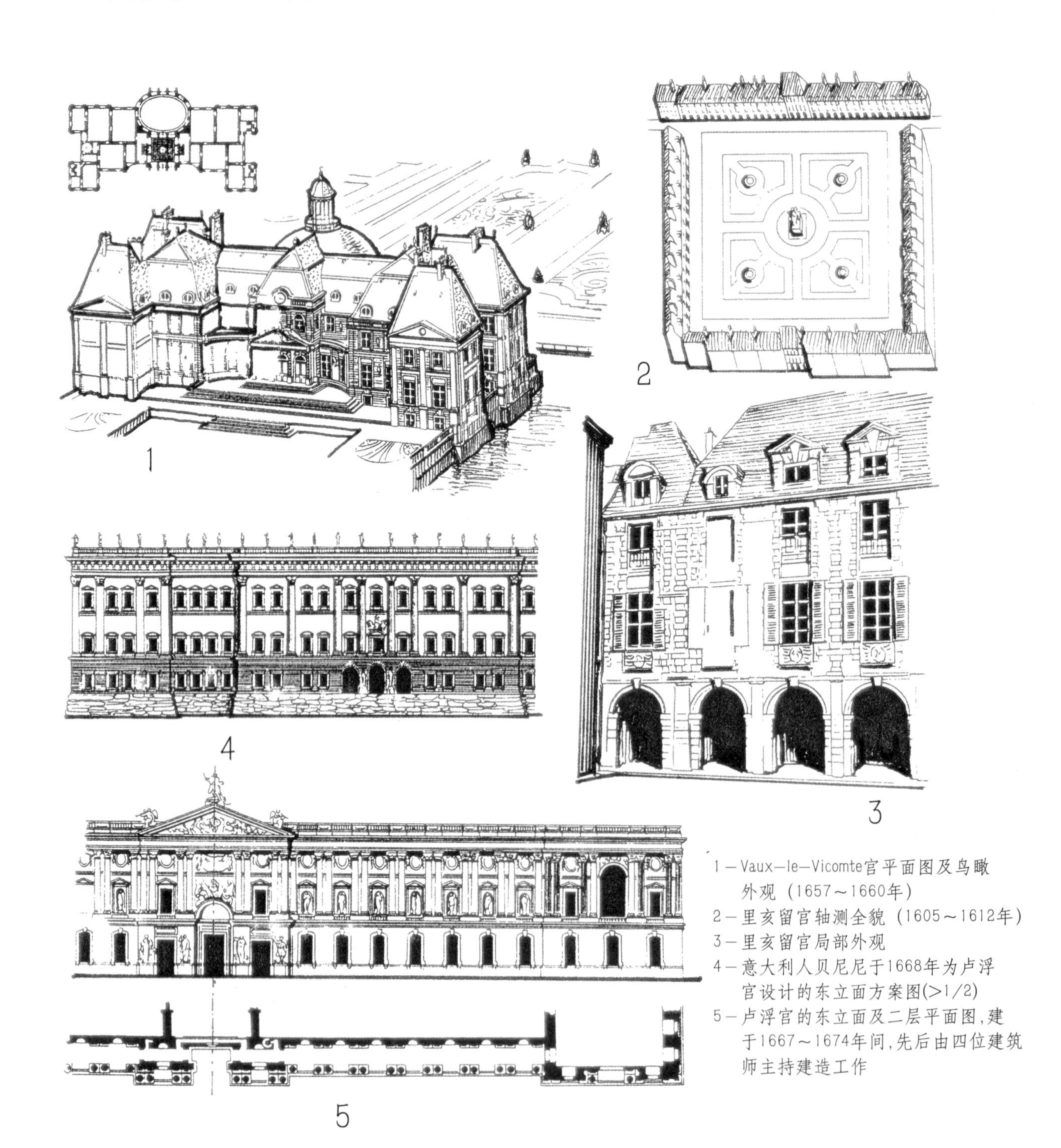

1—Vaux—le—Vicomte宫平面图及鸟瞰外观（1657～1660年）
2—里亥留宫轴测全貌（1605～1612年）
3—里亥留宫局部外观
4—意大利人贝尼尼于1668年为卢浮宫设计的东立面方案图(>1/2)
5—卢浮宫的东立面及二层平面图，建于1667～1674年间，先后由四位建筑师主持建造工作

巴洛克建筑·意大利与德国的宫殿

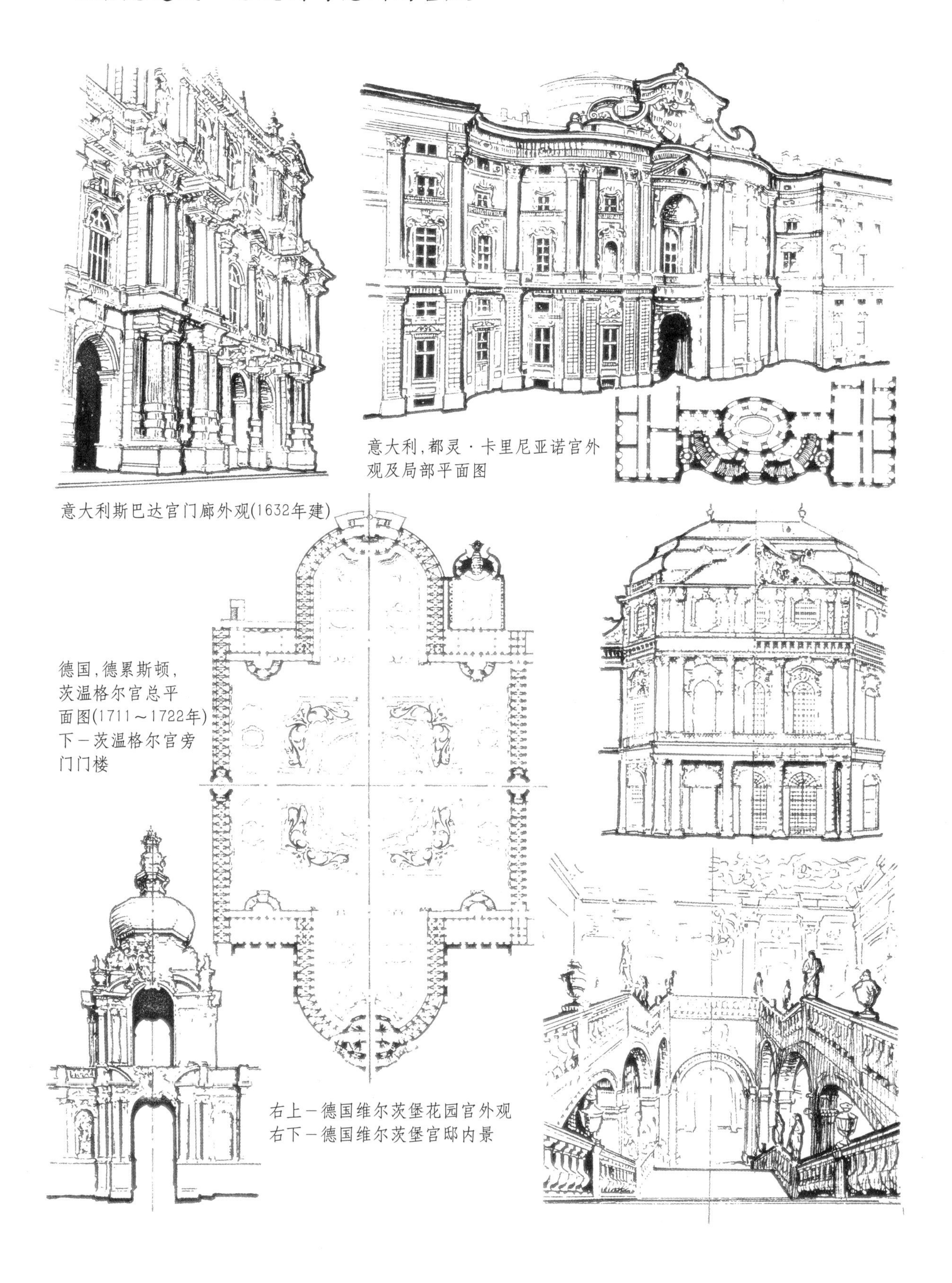

意大利，都灵·卡里尼亚诺宫外观及局部平面图

意大利斯巴达宫门廊外观(1632年建)

德国，德累斯顿，茨温格尔宫总平面图(1711～1722年)
下－茨温格尔宫旁门门楼

右上－德国维尔茨堡花园宫外观
右下－德国维尔茨堡宫邸内景

巴洛克建筑·宫殿与住宅

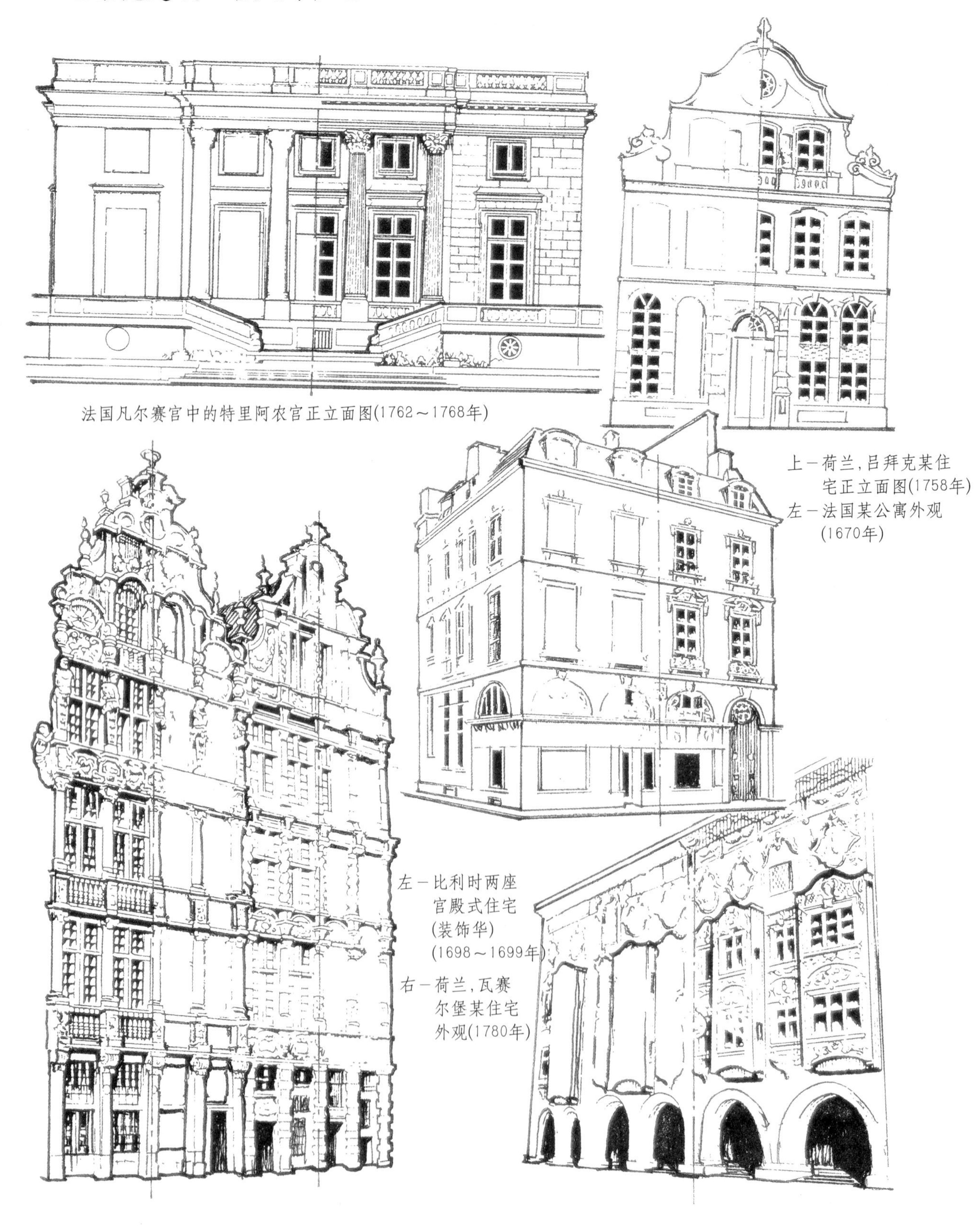

法国凡尔赛宫中的特里阿农宫正立面图(1762～1768年)

上—荷兰,吕拜克某住宅正立面图(1758年)

左—法国某公寓外观(1670年)

左—比利时两座宫殿式住宅(装饰华)(1698～1699年)

右—荷兰,瓦赛尔堡某住宅外观(1780年)

巴洛克建筑·别墅、宫殿与民用建筑

意大利,罗马·包尔盖赛别墅外观(1613～1615年)

德国奥格斯堡军械库立面图
(1602～1607年)

俄国沙皇堡内的卡特琳宫外观
(1752～1756年)

法国苏俾斯公馆,外表为巴洛克式,内饰为罗可可式(1730年)

德国纽伦堡市储蓄所天井景观(1592年)

意大利,罗马圣·伊回教堂顶部(手法主义代表作)

巴洛克建筑·凯旋门、喷泉水池、旅馆与金楼梯

1—法国巴洛克风格的凯旋门

2—意大利罗马特烈维喷泉

3—法国巴黎苏俾斯大厦(旅馆),建于1726～1735年,外观巴洛克式,内部是典型的罗可可风格.建筑师是包弗兰(G.Boffrand)

4—意大利,罗马,梵蒂冈中的“金楼梯”平面及透视图。有意识利用透视规律，建筑师：贝尼尼

巴洛克建筑·广场设计

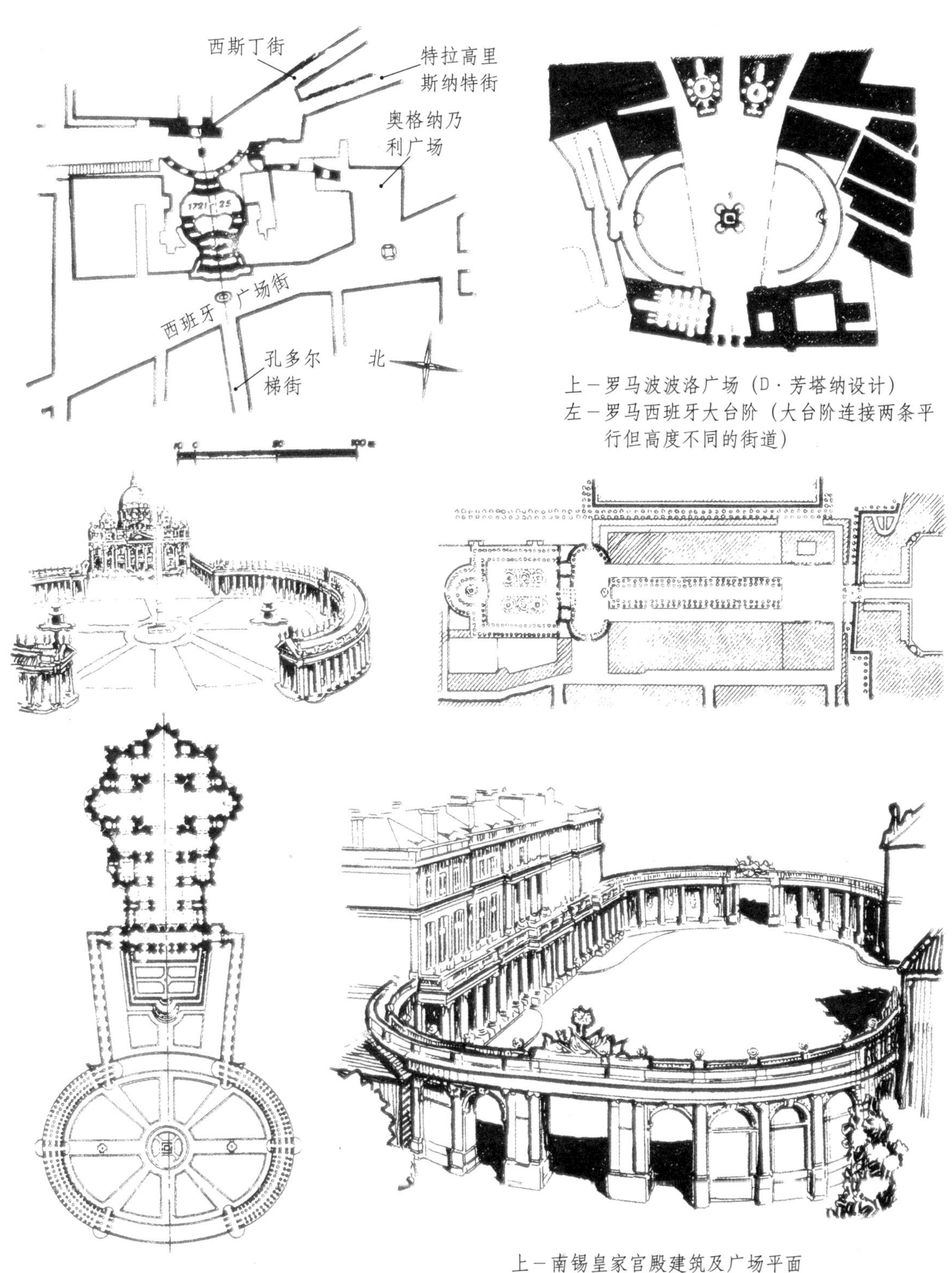

上—罗马波波洛广场（D·芳塔纳设计）
左—罗马西班牙大台阶（大台阶连接两条平行但高度不同的街道）

圣·彼得大教堂前的千步廊与抱厦（透视图与平面图）

上—南锡皇家宫殿建筑及广场平面
下—南锡宫殿建筑群中的椭圆形柱廊广场鸟瞰图

巴洛克与洛可可建筑·室内顶棚类型与柱子

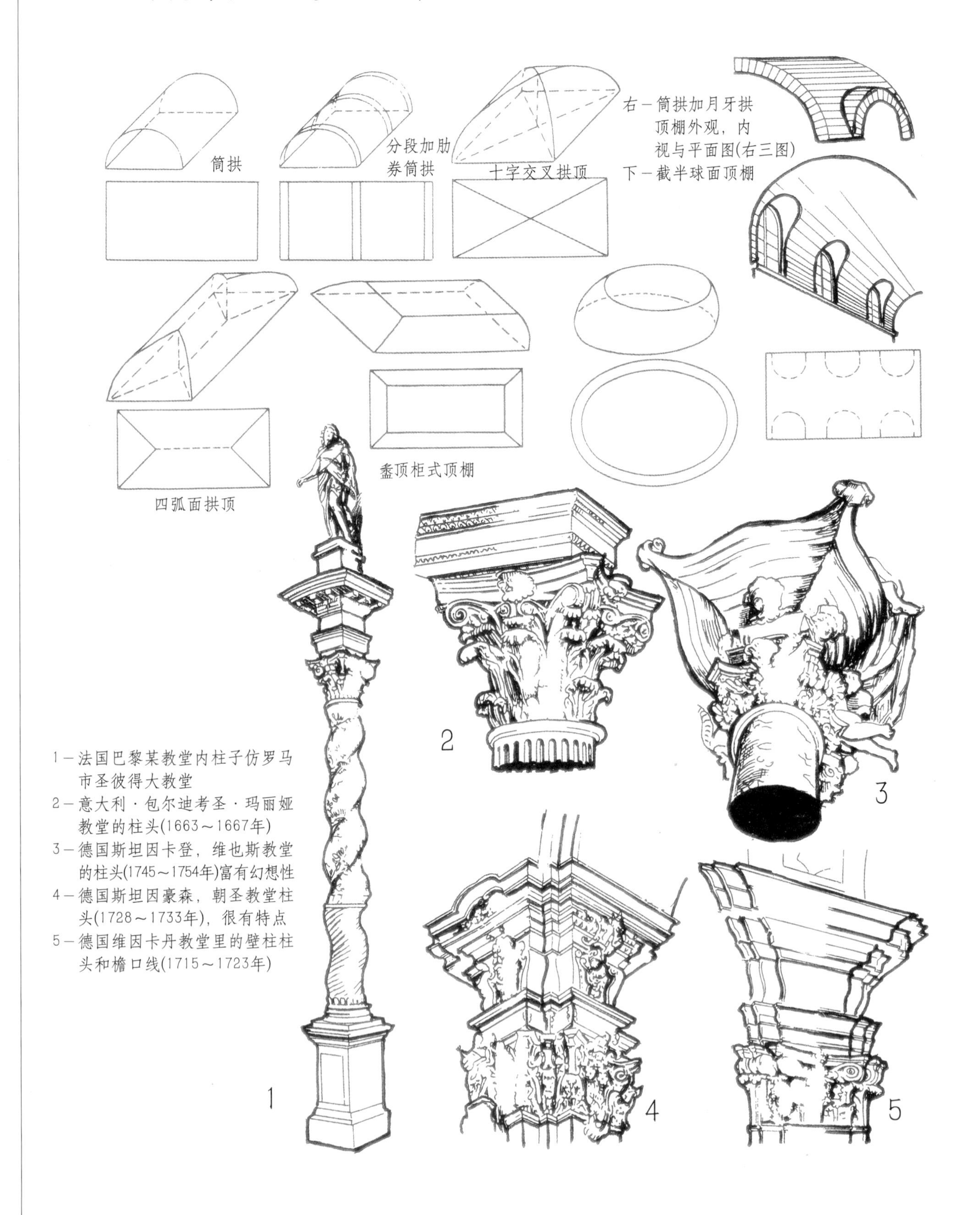

1—法国巴黎某教堂内柱子仿罗马市圣彼得大教堂
2—意大利·包尔迪考圣·玛丽娅教堂的柱头(1663～1667年)
3—德国斯坦因卡登，维也斯教堂的柱头(1745～1754年)富有幻想性
4—德国斯坦因豪森，朝圣教堂柱头(1728～1733年)，很有特点
5—德国维因卡丹教堂里的壁柱柱头和檐口线(1715～1723年)

巴洛克与洛可可建筑·内墙的装饰装修

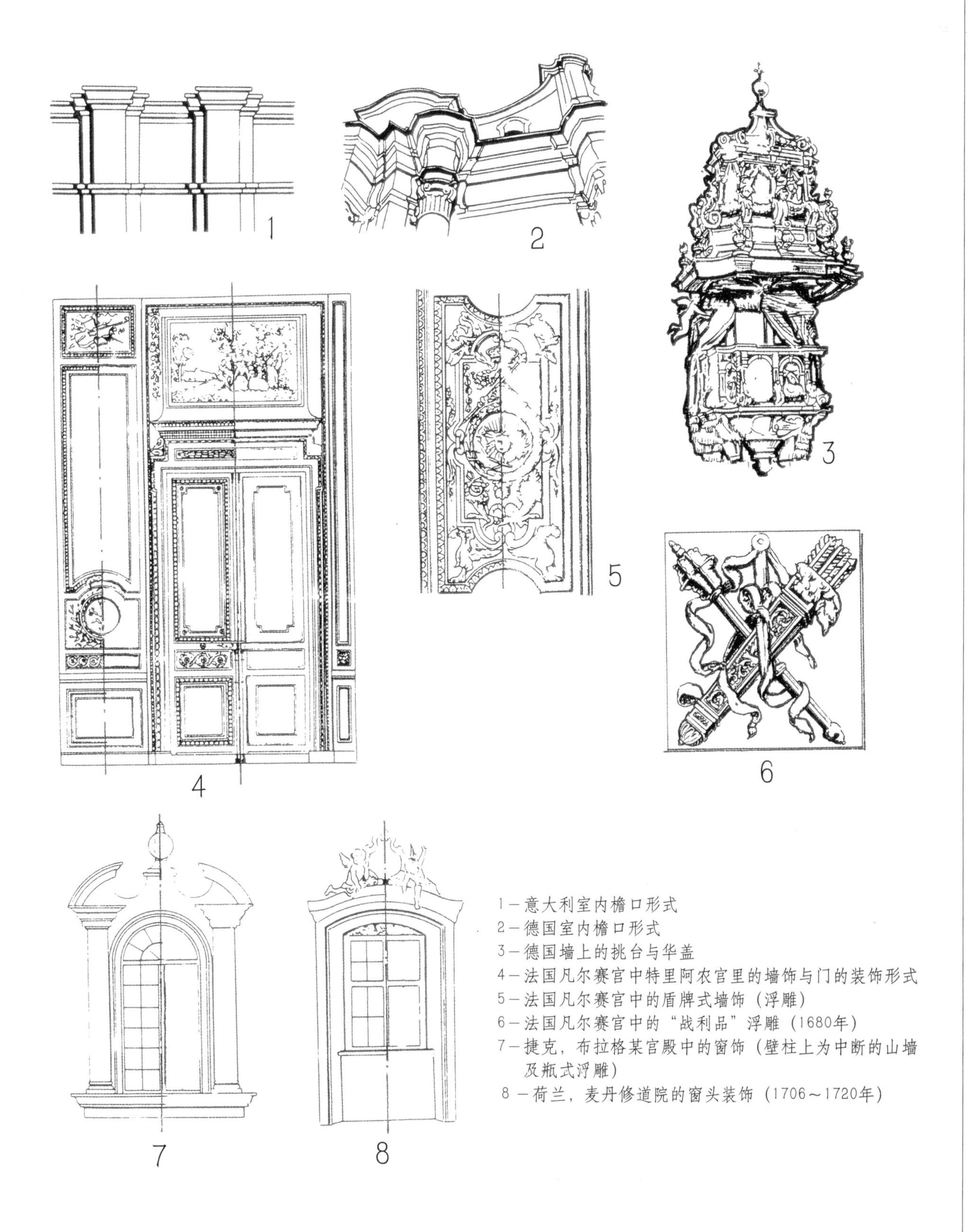

1—意大利室内檐口形式
2—德国室内檐口形式
3—德国墙上的挑台与华盖
4—法国凡尔赛宫中特里阿农宫里的墙饰与门的装饰形式
5—法国凡尔赛宫中的盾牌式墙饰（浮雕）
6—法国凡尔赛宫中的“战利品”浮雕（1680年）
7—捷克，布拉格某宫殿中的窗饰（壁柱上为中断的山墙及瓶式浮雕）
8—荷兰，麦丹修道院的窗头装饰（1706～1720年）

巴洛克家具·椅、桌、床

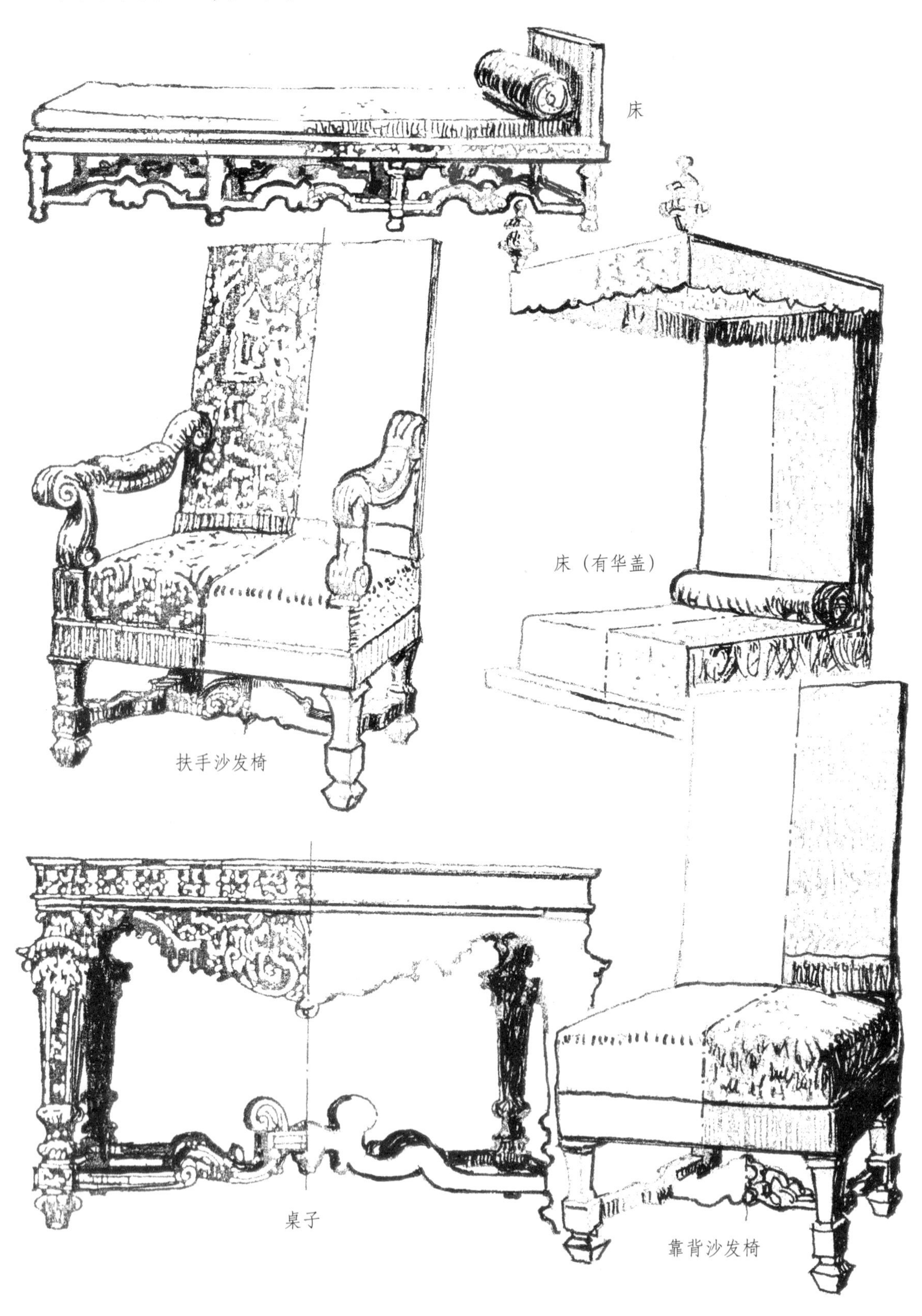

巴洛克家具·英国安娜女皇式家具（1702～1715年）

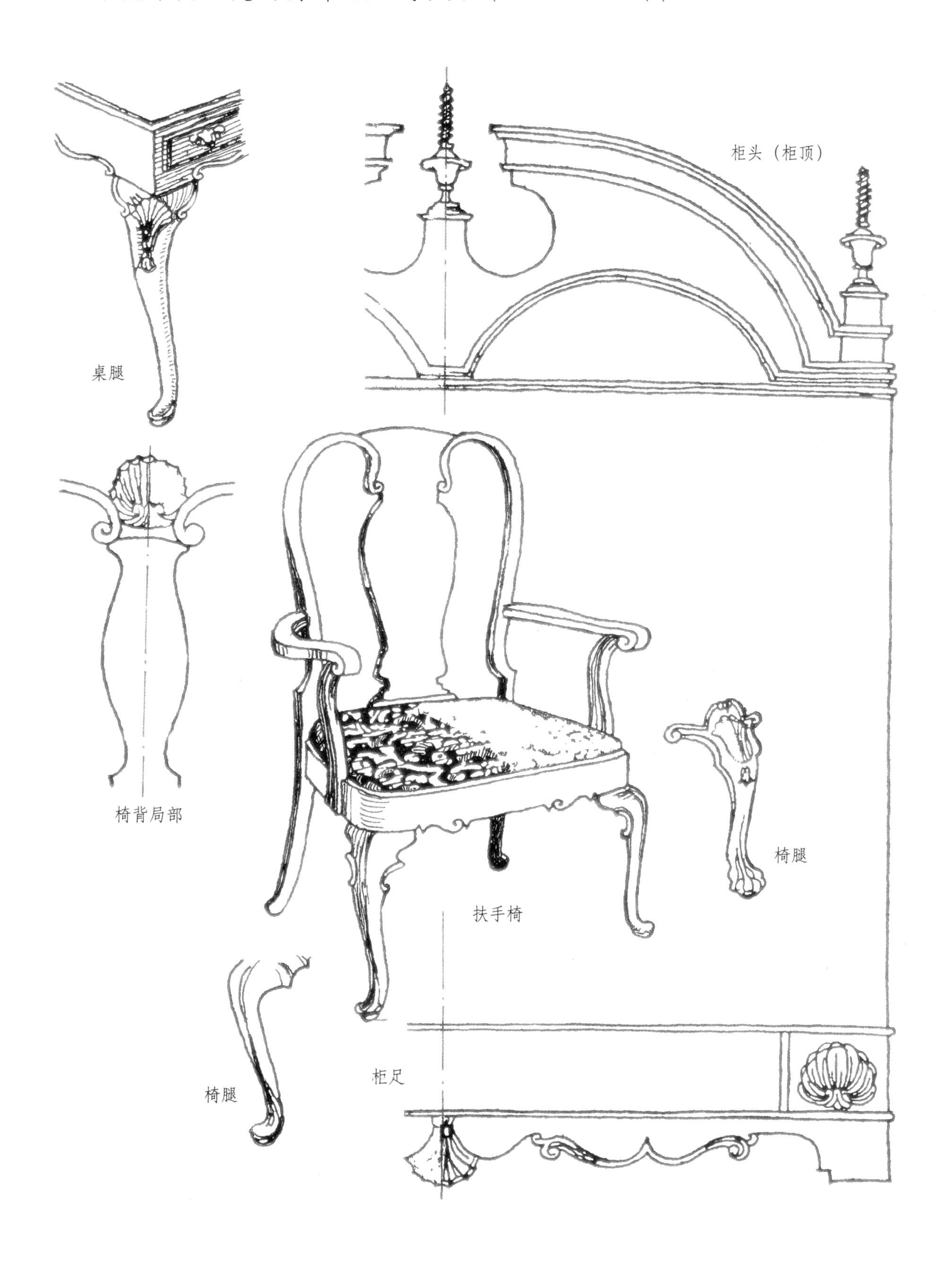

洛可可建筑·建筑内外墙装饰装修与窗型

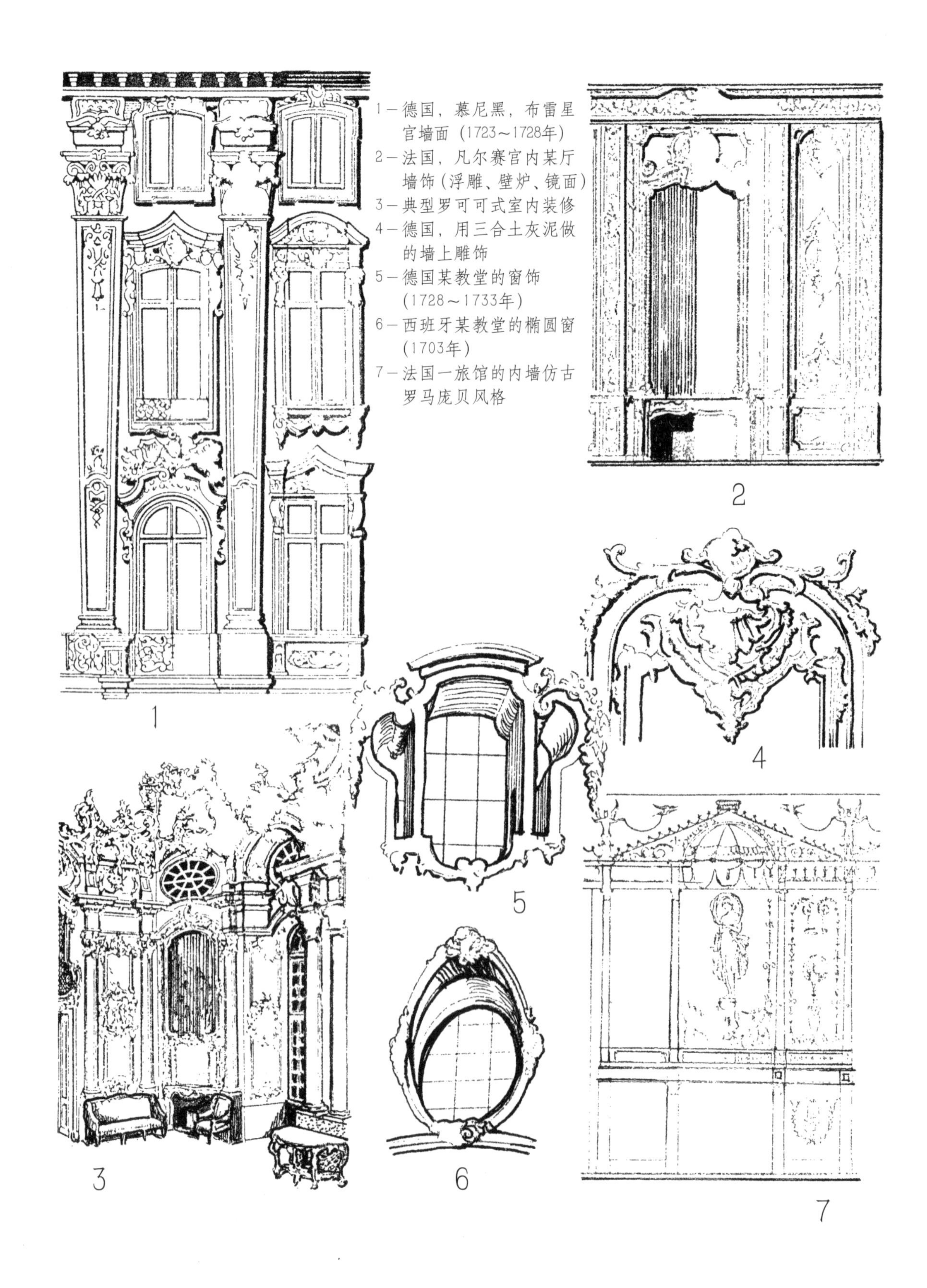

1—德国，慕尼黑，布雷星宫墙面（1723～1728年）
2—法国，凡尔赛宫内某厅墙饰（浮雕、壁炉、镜面）
3—典型罗可可式室内装修
4—德国，用三合土灰泥做的墙上雕饰
5—德国某教堂的窗饰（1728～1733年）
6—西班牙某教堂的椭圆窗（1703年）
7—法国一旅馆的内墙仿古罗马庞贝风格

洛可可建筑·建筑细部的装饰

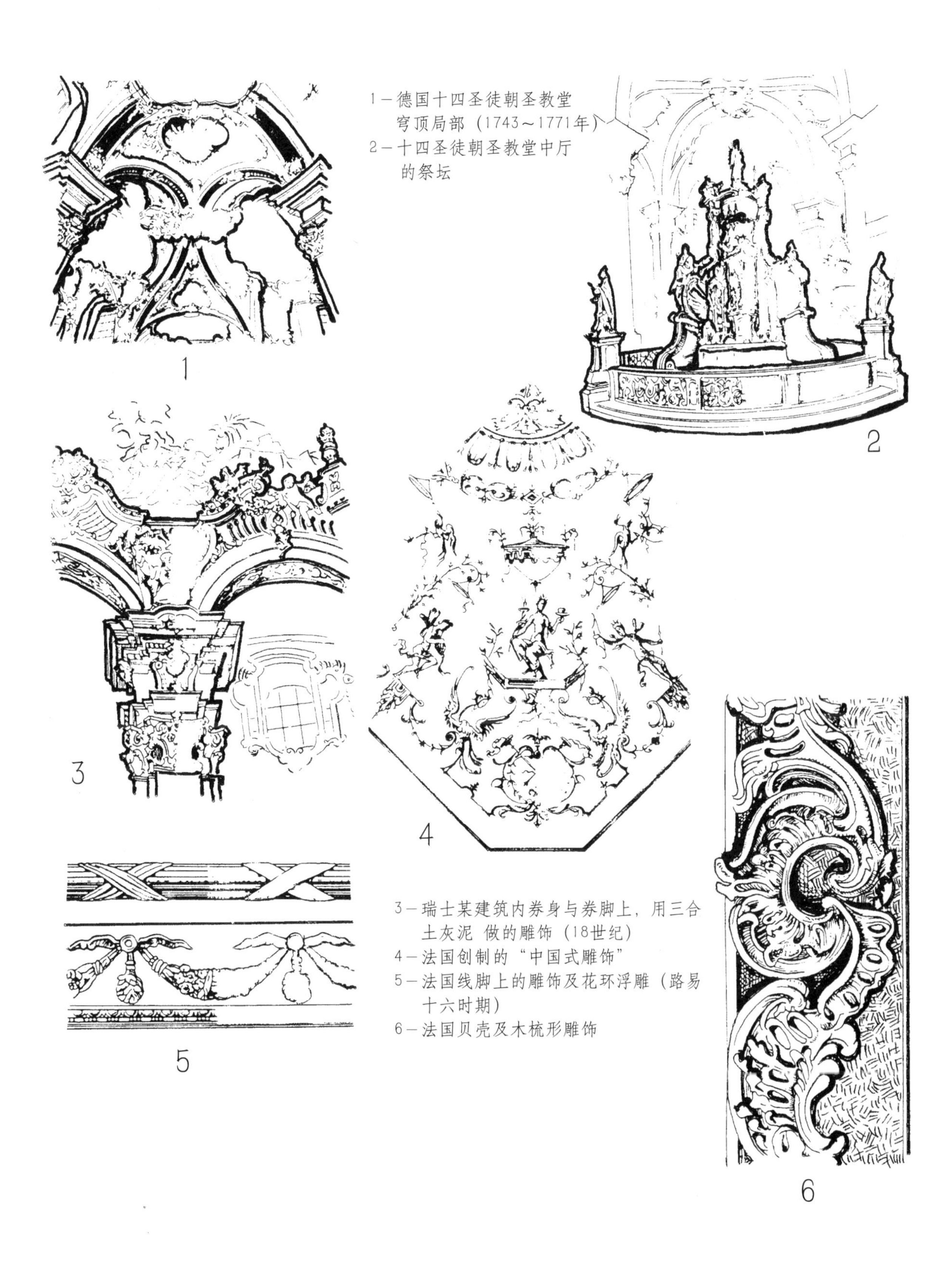

1－德国十四圣徒朝圣教堂穹顶局部（1743～1771年）
2－十四圣徒朝圣教堂中厅的祭坛

3－瑞士某建筑内券身与券脚上，用三合土灰泥 做的雕饰（18世纪）
4－法国创制的“中国式雕饰”
5－法国线脚上的雕饰及花环浮雕（路易十六时期）
6－法国贝壳及木梳形雕饰

洛可可建筑·建筑细部的装饰

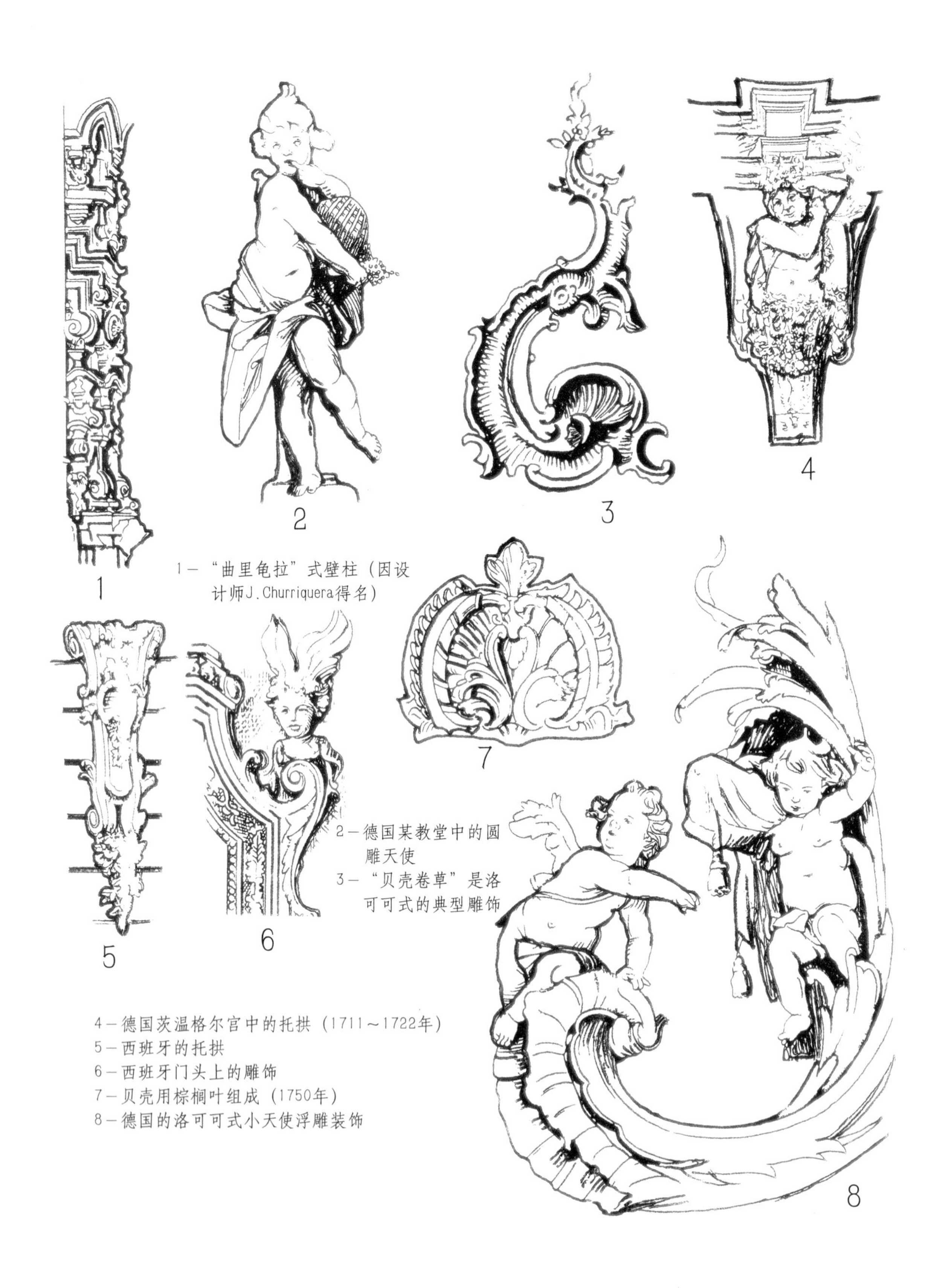

1—“曲里龟拉”式壁柱（因设计师J.Churriquera得名）

2—德国某教堂中的圆雕天使

3—“贝壳卷草”是洛可可式的典型雕饰

4—德国茨温格尔宫中的托拱（1711～1722年）

5—西班牙的托拱

6—西班牙门头上的雕饰

7—贝壳用棕榈叶组成（1750年）

8—德国的洛可可式小天使浮雕装饰

洛可可家具·路易十五式家具

洛可可家具·路易十五式家具

洛可可家具·英国齐彭代尔式家具（1718～1779年）

靠背椅与扶手椅6种

洛可可家具·英国齐彭代尔式家具

中国式靠背椅（上）与扶手椅

哥特式靠背

梯形靠背

靠背的装饰

中式腿

涡卷足

鹰爪足

洛可可家具·英国齐彭代尔式家具

第15篇　古典主义建筑与家具
（公元17世纪中叶～19世纪中叶）

意大利文艺复兴中、晚期的建筑师与理论家们充分肯定古希腊，特别是古罗马的建筑，并制定出严格的规范，这为古典主义风格建筑的产生奠定了基础。

在15世纪末和16世纪初，法国曾几次侵入意大利北部地区，意大利文艺复兴建筑文化使法国国王倾慕，这对法国古典主义建筑的兴盛具有促进作用。

16世纪上半叶起，法国中央集权制政体得到加强，国王对古罗马建筑、意大利盛期文艺复兴建筑更加喜爱，因为古罗马建筑、意大利文艺复兴盛期建筑的宏伟感、庄严性和纪念性，非常符合君王中央集权的政治需求。所以在宫殿建筑中，突出中轴线，讲究对称，构图上强调主与从，反映出显著的等级观念。

在王室的倡导下，聘请大量的意大利建筑师与工匠到法国工作，又派大批法国建筑师去意大利学习、考察，这就促成了古典主义建筑风格在法国产生，反过来对意大利和欧美多国发生深远的影响。

1.古典主义建筑与家具

(1) 古典主义建筑风格特点

a.宏伟感

古典主义建筑采用宏大的尺度，以粗面块石砌造的整个底层，作为统辖二三层的巨柱的基座，气势雄伟。

b.纪念性

古典主义建筑采用明确的几何形构图，造型简洁明快，纪念性很强。在设计构图和组合上，讲究唯理主义、逻辑性、庄严性和纯净性，是通过造型与构图为绝对君权的国王树立纪念碑，歌功颂德。

c.程式化

古典主义建筑采用一些程式化的构图手法：立面巨柱式（底层为基座层，占全高1/3；上面两层外为巨柱柱廊，加上檐板及女儿墙，占全高的2/3），也就是“上下三段式”，立面还用“左右五段式”（中央与左右两端均向前凸出；未向前凸出的部分上部为巨柱式柱廊；两端上部为巨柱式壁柱；中央部分上为三角顶即三角形山墙，下为巨柱式倚柱），用来反映以君王为主导的封建等级制的国家体系。

d.强调轴线

古典主义建筑不论立面还是平面，在构图上都强调轴线，轴线上和轴线两侧的建筑物主从有别，眉目清楚。

e.崇尚柱式建筑

古典主义者将柱式建筑奉为高雅无上的，认为非柱式建筑都是卑劣低俗的。在建筑上区分贵贱雅俗正是宫廷文化的典型特征。

f.装饰上的矛盾性

早期的古典主义建筑很少有装饰，古典主义理论家也主张纯净，反对装饰；在中后期，却大量使用巴洛克和洛可可式装饰，例如凡尔赛宫中的“大镜廊”的装修。当然，在纪念性建筑中，装饰还是有节制的。

(2) 建筑类型与特征

古典主义时期，以宫廷建筑（其中包括宫殿和皇家园林）为主，其次是封建贵族和资产阶级的府邸或别墅，再次是纪念性建筑和市政建设。

a.宫殿

最初在公元16世纪上半叶，法国统一后的第一座宫廷建筑是商堡（Château de Chambord），在它的立面设计上采用“左右五段式”构图，对称、庄严。虽然屋顶上仍采用法国传统的高形四坡顶、圆柱形塔楼的圆锥顶（最上为采光亭）、许多烟囱和老虎窗（凸窗），但用水平线脚分划出明显的三层楼层，用意大利的柱式作墙面装饰，显然是受意大利文艺复兴建筑的影响。这也可以说是法国古典主义建筑的起始。

与商堡同时期的宫殿建筑还有枫丹白露宫（Chateau de Fontainbleau），建筑形式也差不多。

16世纪中开始兴建的卢浮宫（Palais du Louvre）是个四合院，立面构图也是“左右五段式”，三个楼层的水平腰线分划明显，用圆券、柱式、门窗框边装饰立面，中央及两侧向前凸出，顶为圆弧形山墙，装饰较多。两坡顶檐边有栏杆墙，没有凸窗，只有少量烟囱。

公元17世纪下半叶，重建的卢浮宫东立面，成为典型的古典主义建筑形式：立面处理“左右五段式”、“上下三段式（中段为巨柱）”。虽然成对的巨柱与古典主义法则是相违背的，但是这个立面的设计十分成功。还有凡尔赛宫的建筑设计，都在世界上产生重大影响。

b.园林

早在商堡行宫建设中，户外园林已有大面积的草坪，树木经过修剪（剪成圆锥形），已经开始有了法国几何化园林的某些特征。

在公元17世纪下半叶，在巴黎郊外建成了沃克斯·勒·维贡特府邸（Chateau de Vauxle Vicomte），首次将古典主义建筑原则运用到园林建设中去：府邸建筑轴线和花园的轴线连成一线，花园的宽而直的轴线长1km，沿轴线设若干个喷泉水池或飞瀑，并将台阶、雕像、假山洞、草坪和花畦穿插其间，轴线两侧是茂密的树木，林中小路和大道、小径组成几何形图案，所有路径上都有喷泉、雕像、柱廊作对景，草坪、水池和花畦都是对称的，用各色的草和花组成图案纹样，将园中的树木修剪成几何形体。这样就形成了“法国人工化和几何式园林”的成型之作。它也成为凡尔赛宫大花园的模仿标本。

1661年动工、1756年完工的凡尔赛宫，原是国王路易十三的行宫，只有一个砖砌的三合院。路易十四下令以此为中心扩建成大型宫殿，平面布局参照沃克斯·勒·维贡特府邸，规模宏大超前。园林设计由当时最著名的园林设计家勒·诺特乐（André le Notre）承担。园林的中轴线东西向，长3km，东接凡尔赛宫建筑群，在中轴的中央有一短的南北横轴，另有与中轴路垂直的三条2km以上长直的南北路，其余有许多条东西向、南北向和长短不一的斜向小路，交叉形成十几个中心场地，在这些交叉点上，设置喷泉、水池、台阶、雕像、叠瀑等，路中间是草坪、花坛，整个花园围墙长达45km。树木修剪成几何形体，灌木剪成树墙。凡尔赛花园是法国几何式园林的代表作。

c.府邸

早期的府邸在平面上采用了意大利的四合院形式，但内院四周无柱廊（因气候寒冷），而设内走廊，正房是主要的，上有阁楼，下有地下室，厢房较低。屋顶是陡峭的四坡顶或两坡顶，上有凸窗和烟囱；采用柱式水平分划立面，在立面中央和两端向前凸出呈棱体，流露出法国传统碉楼建筑的影响。

中后期府邸受洛可可风格的影响，平面和前期的相似。但台阶、庭院和许多小房间常采用圆形、椭圆形平面，讲究实用、舒适和方便，不讲排场了。增设小楼梯和采光通风用的小天井，卧室附设厕所、浴室、储藏室。有的在进大门后的院子两侧又开辟两个小院（一个专停车马，都有自己的大门。这种形制从17世纪中叶开始直至18世纪广为流行。室内装饰装修采用洛可可风格，以求温馨亲切和宁静，排除巴洛克的喧闹和古典主义的刻板严肃。

d.广场

从公元18世纪上半叶开始，直到中叶，法国城市中的广场设计，采用开敞、宏大的格局。最著名的是南锡市的中心广场群和巴黎市的协和广场。

南锡市中心广场群是从北部的王室广场（由长官宫和东西两侧半圆形柱廊围成横长圆形广场，中间向南敞开），中间与狭长的跑马广场衔接（跑马广场南端是座凯旋门），再向南是宽30多米、长60多米的河坝（坝东西两侧是建筑物），最南端是路易十五广场（横长方形，有一条东西向大道穿过广场，与这条南北总长约450m的中心广场群主轴线垂直相交，交叉点建有面朝北的路易十五立姿雕像）。通过王室广场上两侧的柱廊，可以看到远处的大片绿地；路易十五广场的四个角也是敞开的，北面的两个角设喷泉（靠河取水方便），南面两个角隅处均与城市道路相连。这三个广场串连在一起，周围的建筑处理也富有变化，广场平面形状也不同，广场之间的联系（过渡）有变化。

巴黎协和广场是建筑师戛勃利埃尔（J.A.Gabriel）设计，南北长245m、东西宽175m，四角抹斜，在塞纳河北岸，是个开敞性很强的广场。广场中央是路易十五骑马铜像，铜像南北各有一个喷泉。铜像于1792年被拆除，1836年在该处竖起方尖碑（从埃及掠夺来的，连碑座总高228m）。此广场西、西北、西南、南、北都是开敞的，东面正中是通向丢勒里花园的大门。后来沿南北轴线不断延伸，使该广场成为巴黎市中心枢纽。

在修建协和广场之前，在巴黎建成的旺多姆广场（Place de Vendome），也是当时流行的抹去四角的矩形，广场中央最初建路易十四骑马铜像，后来换成为拿破仑歌功颂德的纪功柱（仿古罗马图拉真皇帝纪功柱式样。广场四周全是三层楼的古典主义式建筑物：底层为连券柱廊（廊后是店铺；上为巨柱统辖二三层；四角和长边立面正中顶部为三角形山墙（山墙后为坡顶），其他顶部是有成排凸窗的坡顶。沿矩形广场长轴，一条大道在此穿过。整个广场具有很强的封闭性，与协和广场形成明显的对比。

e.教堂

第一个纯古典主义风格的教堂建筑是因瓦立德教堂（Dôme des Invalides），即残废军人新教堂），它接在原有巴齐里卡式教堂南端，平面为方形（边长603m）顶部是重叠三层的穹顶；内部大厅平面为十字形，四角各有一圆形祈祷厅。外观造型挺拔、庄严、雄伟。内部穹顶设计是将古罗马万神殿天窗和意大利巴洛克天顶画巧妙地结合起来，对后来的教堂建筑产生影响。建筑师是J.H.曼萨特（Jules Hardouin Mansart），他是法国古典主义时期主要建筑师之一。

f.市政厅

古典主义初期的市政厅建筑仍然保留着一些法国传统建筑的特点：屋顶陡峭，中央及四角常有凸出的尖塔，凸窗多半突破檐口线；有的还使用哥特式装饰。立面上窗洞较大，也使用一些意大利柱式。

荷兰的市政厅建筑明显地是受法国影响。西班牙和德国的市政厅也都有意大利柱式、水平腰线以及自己独有的一些特点。

其他世俗性建筑（行会大楼、学校、旅馆等）也都是既接受了意大利文艺复兴和法国古典主义建筑手法，又保留某些本国的传统建筑形式与装饰。

g.剧院

剧院建筑于16世纪产生于意大利米兰市，平面为马蹄形、有多层包厢。到了公元18世纪中后期，这种剧院建筑在法国得到大发展。最重要的是波尔多（Bordeux）大剧院，它在空间组织、交通联系上，在出入口和平面设计上，采用了规格化的柱网，是比较先进的。是欧美剧院建筑发展史中的重要里程碑。

h.帝国时期的建筑类型

拿破仑执政时期，为发展资本主义经济、颂扬侵略战争的胜利和把自己比作古罗马帝国的皇帝，通过建筑来美化自己：照搬古罗马帝国建筑形式的整体或局部，古希腊、古埃及和埃特卢斯克等建筑元素也拿来为自己服务，还特别设计了一些代表拿破仑权威的象征性标志（火炬、雄鹰、王冠等）。

纪念性建筑——演兵场凯旋门照搬古罗马的赛雅鲁斯凯旋门，军功庙是古罗马围柱廊式神庙的摹品，雄师柱是复制古罗马图拉真皇帝的纪功柱。它们体形庞大，给人一种压抑感。

公共建筑——当时建造的交易所，规模宏大，它是仿古罗马的围柱廊式建筑，采用的是克林斯柱式。商业用的公共建筑采用庄严的纪念性建筑形式，是前所未有的。

宗教性和宫廷建筑也具有纪念性。

多层公寓——普通居住建筑的主要类型是多层公寓，它们高5～6层，沿街排列，底层是商店，店前是连券柱廊，供人行走，可避雨遮阳。楼层是供出租的公寓。这成为资本主义商业街的样板。

(3) 建筑艺术

a.平面形制

宫殿平面——法国宫殿平面最初为三合院；后来受意大利和古罗马影响，变成四合院、几进的四合院（平面为日字形或目字形）；轴线明显；但最后的平面还是三合院形式，即由3个四合院建筑组合成三合院，并在两翼向前扩建单排建筑物。院中设花坛、喷泉等。例如卢浮宫、凡尔赛宫建筑群。

府邸平面——在内院前部的左右又加有单独出入口的两个小院（其中一个是车马院）；这种府邸平面很有特色。普遍设置小楼梯、内走廊，减少或避免穿堂的干扰；还设可采光、通风的小天井，功能分区和组织比较合理。这类住宅建筑轴线明确。如巴黎阿默劳府邸。

广场平面——四角抹去的矩形平面，中央设置雕像或方尖碑，沿长轴一条大道穿过广场，由封闭变成开敞。

b.立面形制

不论是宫殿建筑，还是行政性建筑，在立面设计上，都采用“左右五段式”和“上下三段式”的构图形式。中段巨柱占满二三两层。

府邸、别墅类建筑上面两层为叠柱式，或巨柱式。这些都对不少国家产生影响。

c.柱式

叠柱式——在古典主义早期，建筑立面按楼层采用叠柱式，上下对正。这是仿意大利和古罗马帝国的做法。底层多采用塔斯干柱式，二、三层为爱奥尼柱式、科林斯柱式（或混合柱式）。

巨柱式——此式起源于古罗马，在意大利文艺复兴期也经常使用。到了法国古典主义时期，巨柱式成为建筑立面的主要内容，成为固定的格式：底层为粗面石砌的券廊或带券洞门窗的首层墙面，作为巨柱的基座；巨柱通贯二层和三层，多用科林斯柱式，用巨柱做成柱廊或壁柱、倚柱，也有用双根巨柱一组的，三层的窗子比二层的矮小；最上一段为两坡顶和一些老虎窗，或前面是栏杆墙带雕塑和三角顶（山墙顶）。这种巨柱式能产生宏伟感，使建筑具有纪念性。

叠柱与巨柱并用式——古典主义传到俄罗斯以后，出现底层也用柱式、二三层为巨柱、上部为坡顶带栏杆墙和雕像三角顶（或带巴洛克式中断山墙）的做法。有的柱子是倚柱。在立面构图上，多采用左右十一段或十三段式。总之，立面显得过于复杂和零乱。

d.艺术手法

纵深对称的轴线——是构图的根本法则。府邸、宫殿的平面，城市广场的平面规划，轴线都十分明显。

模仿古罗马的建筑形式——拿破仑时建造了许多直接模仿古罗马的纪念性建筑：凯旋门、围柱式平面的神庙、矮山墙配多立克立柱的正立面，以此来美化自己。

造型简洁——用几何形来处理立面，以求得庄严、宏伟和纪念性。注重严密的数学和几何关系。

大尺度——采用大尺度，以创造宏伟、气魄的外观和壮观、排场的室内空间。

高档建材——使用高档的装修材料。古典主义时期的建筑使用大理石、花岗石作为主要土建材料，装饰装修材料则使用黄铜、黄金、银等贵重材料，以显示国王的富有和权威。

e.装饰种类与特点

浮雕——在建筑的内外墙面上，使用悬垂花环浮雕或完整的花环浮雕（由小碎花、花叶串连在一起组成）。除此之外，还将一些时髦的器物（盔甲、盾牌、卵圆奖牌、刀、箭、天鹅、海马、美人鱼；猎奇来的古埃及和土耳其的艺术元素；代表拿破仑王权的火炬、王冠、展翼雄鹰、N字母、带葡萄的拐杖等）做成浮雕。

沿用古希腊古罗马的装饰母题与造型——如棕榈、忍冬和毛莨叶纹饰或雕饰，带翼的神兽等。

绘画——室内墙面的湿壁画模仿意大利庞贝城古罗马的形式。

线脚——窗框、壁炉门、镜子、图画边框都是直线，很少用曲线，只在中央和转角处有一点花纹。

使用圆形有节制——只用半圆券和圆形框边，其他弧线不使用。

像柱——古典主义时期，古希腊的女像柱和胸像柱也普遍使用。

圆凹龛——墙上常用半圆凹龛，凹龛里为带底座的圆雕人像，或者是带悬垂花环浮雕的石花瓶。

装饰织物——室内爱用珍贵的装饰织物：壁挂、地毯。

色彩——当时常用的色彩有金、银、黑、猩红、绿、黄。拿破仑当政时期，多用黑和金或银，猩红和金、黑的色彩组合。

(4) 建材与结构

a.建材种类

土建材料——砖（红色黏土砖为主）、石材（大理石、花岗石）、木材、金属（铸铁、青铜与黄铜、铅皮）、玻璃、石灰等。

装修材料——大理石、玻璃镜、黄铜、黄金、石膏和炭粉等。

b.结构做法

墙面——一种是黏土砖砌筑，外表做普通抹灰或拉毛，或者用三合土灰泥做高档抹灰、浮雕装饰。另一类是石砌墙，一种是光面石块砌筑，再一种是粗面石砌筑，第三种是砖墙外贴石板。

穹顶——当时穹顶开始采用三层结构：最里层用石块砌筑；中层用黏土砖砌筑；外层穹顶做法，一种是石砌，另一种是木骨架外包铅皮。在拿破仑执政时期，使用铸铁做穹顶的骨架，外包铅皮或铜板，或包石板。

屋顶——一般坡顶是木屋架，上覆盖瓦片或铁皮。特殊屋顶（曼萨特屋顶）则外包铅皮和铜板。

(5) 古典主义风格的家具

a.家具品种

坐具类——有凳、靠背椅、扶手沙发椅、长沙发等。有专门为宫廷设计制作坐具的御用匠师，他们技艺高超、远近闻名。

藏具类——有普通柜橱、矮抽屉柜、小匣、高脚抽屉柜和陈列柜等。也有专门的御用柜橱匠师。

台案类——有小桌、桌（方、圆）、写字台、工作台和办公桌等。当时流行"筒状写字台"（台面上部有个1/4圆柱体，可旋转，弧形罩盖；下有三个抽屉）。办公桌具有柜子特点，可翻转的台面下有抽屉和格板，台面上可写字、办公。

床榻类——有带华盖和帷幔的床（华盖、帷幔不与床连在一起）、床头板与床尾板同高的床和沙发椅拼合榻（Chaiselongue）。

其他类——还有烛台、座钟、纸篓、脸盆架、花架和壁炉护栏等。

b.造型与装饰特点

法国古典主义家具主要指路易十六和拿破仑执政时期的家具。其在造型与装饰上的特点有下13点：

椅背多为椭圆奖牌形和竖琴形——扶手沙发椅、靠背椅除了用方或矩形靠背处，更多地使用圆形或椭圆形、竖琴形靠背。

家具腿为下溜式直腿——所有家具的腿都是上粗下细的圆柱或方柱形，最下部着地处为球形或截方锥形、葱头形（拿破仑时期有仿古罗马的兽爪脚或腿、上粗下细的方后弯腿、落地工字形脚等），腿上有竖向凹槽，少数也有雕刻其他纹饰的。桌腿最上部有的雕出人头及胸肩的，下接上粗下细的方腿。

长沙发椅和扶手沙发椅的扶手有曲线——长沙发椅的扶手有的前支柱为弧线形，有的扶手横木为弧线形。单人扶手沙发椅的扶手支柱和横木都是弧线形。拿破仑时期的扶手椅，其扶手支柱及横木是连成一体的S形曲线。

拿破仑时期扶手椅后腿向后撇——帝国式扶手椅的前腿是直腿（多为上粗下细，少数从上到下有收分变化，有雕饰）；后腿为上粗下细向后弯出的方腿，有的有雕饰。扶手立柱有的是带收分的圆柱，有的则是展翅人头狮做扶手支柱。也有的扶手椅前后腿都是下部向前后弯曲、上粗下细的方腿。靠背椅也是前腿为下溜式直腿，而后腿则是下溜式向后弯的方腿。扶手椅有的扶手支柱和前腿是一体的：上为人头，中为狮脖、胸，下为狮腿爪，后腿则为方直腿。

帝国式坐凳仿古罗马——坐凳采用交椅式的腿，软座垫两侧为端部带涡卷的弧形旁板。

柜门装饰适当——路易十六时，柜子立面上有壁柱和花环浮雕，门扇上也有纹饰。拿破仑时期，柜门是平直的大块面儿，有的上加一点儿青铜装饰件。立面的竖棱面上有古希腊罗马的青铜装饰件，或有带人物柱头的壁柱、古希腊罗马的列柱，与顶部台口线脚相接。

桌子用象形腿——帝国式桌子有的下有粗大的枨子或厚重的装饰板块。小型桌子爱用动物形的腿（天鹅、蛇等），或其他物象腿（如竖琴、柱式腿等），单腿圆桌也曾受到欢迎。

坐具腿与望板交接处为方形"节点"——路易十六和拿破仑时期，所有坐具（凳、靠背椅、扶手沙发椅、长沙发椅）和桌子，下溜式腿与望板交接处，多做成方块体或矩形体，上有花朵浮雕。这既是为了美观，更主要的是为了结构可靠（榫接，桌、椅无枨子）。个别台子下有X形连腿枨。

爱用直条形雕饰——在方形靠背四边、坐具望板、桌子望板和台口部分，喜欢用小花朵或飘带、悬垂花环、条带缠叶片连成的水平饰带，或竖条饰带（浅而平的浮雕）。有的是珍珠串形的条板。

花篮和花环浮雕——古典主义家具上爱用圆或椭圆形花环浮雕，还有中间是希腊式花篮两侧是悬垂花环和垂穗的浮雕，对称式构图。

燃烧的火炬纹饰或雕饰——路易十六时，在坐具靠背立柱顶端雕出立体的火炬。在拿破仑时期，火炬纹饰或雕饰特别多，有和花环结合的，也有与卷草结合的，更有在家具正立面和转角处雕出立体的火炬作装饰的。因为火炬是拿破仑的象征物。还有在单独纹样中间加字母N或拿破仑头像的。

人像柱与胸像柱——在路易十六时期，在高脚柜上部门扇及抽屉两侧，爱用胸像壁柱；在桌子腿上部也用人头和胸肩；在台案下部X枨中间、装饰柱顶用花瓶造型。在拿破仑统治时期，全身女像柱做桌子腿，举翅人头狮做半圆桌腿，比较多用。

色彩——路易十六时，家具以亮色（白色、象牙色、淡木本色）为主，再加一些铜和镀金的装饰件。拿破仑时期，家具爱用深色（黑色、深绿色、红褐色），上面用铜、金、银线或花环、火炬等来点缀，华丽而沉着。

c.家具用材

石材——桌面用大理石板，还有台案、装饰柱、花瓶等，用大理石或花岗石雕刻。

木材——路易十六时期，用木材以胡桃木为主。拿破仑时期则爱用红木、紫檀木、黄花梨木和黑色的桃花芯木。

金属——青铜、铜、金、银等，用作家具上的装饰。拿破仑时，腿与望板交接处用青铜装饰"节点"，腿脚下加青铜底托。

玻璃——拿破仑时期，陈列柜的正面都装玻璃门（有的侧面也镶装玻璃）。当时镜架与镜台也很普遍，镜子是用平板玻璃背面涂水银制成的。

陶瓷——路易十六时期，柜橱类和台案类家具的柜门、抽屉前脸上镶装带花卉图案的瓷板。当时法国赛夫尔（Sèvres）城的瓷板画特别著名。

镶嵌材料——家具上的镶嵌材料有乌木、彩石、宝石、贝壳、贵重金属、象牙和龟甲等。用这些材料拼镶出几何形或写实性的图案装饰。

包镶材料——沙发椅的座面、靠背以及扶手中段是软包镶，软包的布料有带长条纹或小碎花的锦缎、壁毡和挂毯（芯为壁毡，外皮为锦缎或挂毯）。

d.家具结构

榫卯结构——常用的榫卯为插入榫，有单向的、两向的（从两个方向插入榫头）、三向的（从三个方向插入榫头）。有格角榫，直角连接，接缝为45°线。还有全嵌入的圆棒榫头。

折叠结构——交椅腿的凳子使用金属轴芯，坚固、耐磨。

嵌入结构——靠背板、柜与桌的侧面芯板全是四边嵌入的镶板，门扇、穿衣镜也使用嵌板结构。桌腿上部与台面板交接有单向或双向托拱，使用的是两邻边嵌入式结构。

推拉门结构——高脚柜上部的柜门分左中右三部分：中间部分较宽，在前，固定在中央或可左右滑动；左右两扇门较窄，在后，可左右滑动。

弯木技术——弧形的靠背横木、椅子前或后腿、奖牌形靠背边框、弯曲的扶手（横木及支柱）和圆座面望板以及圆桌面望板等，一种是将板锯出弧形再加工平整，这样材料浪费较大。另一种是巴洛克时期开始采用的"蒸煮木件、弯曲后固定成型法"：木件煮后弯曲成型后，用模板或夹具、卡具固定，定型后再加工和装配。

e.装饰工艺与技术

木雕——在木件上雕出浮雕或圆雕，或将雕好的浮雕或圆雕饰件固定到家具某部分上。

镶嵌——有乌木镶嵌、彩石镶嵌、螺钿镶嵌等多种变化，为家具增添豪华感。

漆绘——受中国描金漆家具的影响，在家具柜门上、抽屉前脸和望板等地方，用彩漆金漆绘出花卉、人物、风景或花

纹。这在路易十六时很流行。

三合土灰泥塑——在柜门、桌子望板等处，四周有浮雕框边，中间平地上用三合土灰泥塑出浮雕，在路易十六时也很盛行。

瓷板装饰——柜门、抽屉前脸等处，镶装绘有花卉、景物的瓷板作装饰。

青铜饰件——家具上的人头狮、火炬、花环与花篮等，用青铜铸成后安装到家具上。也有用黄铜制成家具腿的（女人头柱、带翼动物腿）。

镀金雕饰——有些家具的装饰线、花环浮雕、火柜等，用青铜或黄铜制成，再镀金。拿破仑时期更用黄金来作宫中家具上的装饰。

f.著名家具匠师

早在路易十四时期，就设有御用家具作坊，汇集了许多著名的艺术家与工匠，如安·查·鲍莱（Andrè Charles Boulle）是乌木镶嵌匠师。克莱珊特（ch.Cressent）是雕塑家兼乌木镶嵌大师，奥埃本（J.F.Oeben）也是著名乌木镶嵌艺术家。后两位服务于路易十五。他们都为皇家设计、制作了许多精美的家具。

在路易十六统治时期，也出现了一些著名的家具匠师：J.利斯纳（J.Riesner）是著名的柜橱匠师，他本是德国人，曾与奥埃本一起工作过，他善于乌木镶嵌，与优秀的青铜铸造工合作，制造出不少漂亮的柜橱与桌子。还有玛丽娅·安多阿乃达（Marie Antoinetta）也设计制作了一些精美的柜橱和工作台，她的技术很全面，使用了多种装饰工艺。还有著名的坐具匠师贾古博（G. Jacobs）设计制作的靠背椅、扶手沙发椅、长沙发椅座面和靠背都是软包的，造型优美，别具特色。当时，在德国有伦琴（David Rontgen），他也是著名的乌木镶嵌家具匠师，与法国的家具匠师齐名。

2.简朴式建筑与家具（公元1800~1890年）

(1) 简朴式建筑外观及室内特点

简朴式（Biedermeier）建筑与家具风格是在德国产生的，具有鲜明的德国民族特点，与法国拿破仑推行的古典主义风格相抗衡，在欧洲产生很大影响，受到广泛的欢迎。

a.简朴式风格的成因及风格特征

风格的成因——拿破仑执政后，向四周扩张，并在被征服的国家和地区，推行法国古典主义后期的“帝国式”（Empire Style）建筑与家具。当时的德国经济落后、人民贫穷，就连封建贵族和新兴的资产阶级也没有经济实力，去用高档、贵重的材料，建造大尺度、豪华的府邸和宫殿，制造讲排场的家具。这是德国建筑与家具不效法法国的第一个原因。第二个原因是：德国人民族自尊感非常强，对拿破仑的入侵深恶痛绝，从情感上不愿学法国那一套；他们对本民族传统建筑和家具情有独钟，从民族、民间的建筑和家具中吸收营养，并加以创新与发展，最终形成了“简朴式”风格的建筑与家具，令人耳目一新。

风格特征——简朴式建筑外观朴素，尺度可使人亲近（不是大尺度，不是盛气凌人），不用高档和贵重材料，建筑造型与装饰有德国民族唯理性的特点（简洁、素雅、平易近人，装饰适度）。室内空间尺度小，有亲切感，装修材料平常、价格低廉，色调柔和。家具采用近人的小尺度，使用舒适，造型简洁、新颖，装饰很有节制，不用贵重材料。

b.简朴式建筑外观及室内特点

建筑外观特点——德国中产阶级的住宅，在16世纪时仍和中世纪相似：建筑物首层用砖石砌筑，楼层用木构架夹砖石，屋顶陡峭，多有阁楼与凸窗；楼梯间是凸出来的八角形或圆柱形建筑，上有尖顶；也有的楼层个别房间向外挑出，上面也加尖顶。建筑物没有内院。临街的民房顶为山墙，楼层是住宅，底层为店铺或作坊。

后来引进意大利的柱式，房顶为梯阶式山墙，有分层的水平腰线，随意地使用柱子。

公元17世纪以后，出现一类造型简洁、讲究实用和装饰得当的住宅、公用建筑：上部山墙上有涡卷，红砖墙，窗门有石灰或石膏框，门窗洞是平楣梁或圆券形；或是抹灰墙，窗框砌石条，门头门柱为石质，朴实无华。

室内装修特点——室内空间大小合适，具有亲切感，不使人感到空旷、冷漠。

顶棚为水平顶或抹灰平顶，没有奢华的装饰。个别的是十字交叉拱顶，有肋券。

墙面多数为抹灰墙，讲究一点的用三合土灰泥抹灰后，画上湿壁画（风景或花卉）。极个别的用木板包墙或做墙裙。墙上贴壁纸的也不少（色彩清新，纹样精美）。抹灰墙上挂小幅画框。

地面最多的是用黏土砖铺装，或做陶砖铺地。少数的地面铺木板，用大理石、花岗石铺地的极少。

(2) 简朴式家具的特点

a.家具品种

坐具——有凳、靠背椅、扶手椅、沙发椅和长沙发等，靠背椅式样繁多。

藏具——有矮柜、高形柜、书柜、书架、箱等，造型简朴。

台案——几、圆桌、方桌、梳妆台、写字台和餐桌等。

床榻——单双人床都没有华盖，有床头和床尾板。还有软包的榻，造型轻巧。

b.造型特点

坐具——靠背椅座面为方形或梯形，大部分为软包；靠背的变化十分丰富，顶部有平头、圆头、扇形、花篮形的，最具特色的是鸡心形和竖琴形靠背；腿全部是上粗下细的方或圆腿，有全部是直腿的，也有前腿或后腿向外弯曲，还有四条腿下部都向外撇的，无枨子，无雕饰，但造型优美。长沙发种类也较多：有露出木骨架的软包长沙发（座面、靠背、高扶手内外侧软包，扶手木方正面有壁柱，靠背两端有小火炬圆雕装饰）、靠背高扶手低的长沙发（靠背轮廓为方角或圆弧形，有的扶手为圆柱形，全部软包，蒙面料颜色及花纹素雅）。

台桌——圆面几桌带有小抽屉，两个竖琴形腿下有方底板连接，最下有四个脚轮，造型别致。梳妆台上部为带盖的矩形盒体，盖掀开直立、底面装镜片，下部盒体中有大小不等的格子可放化妆品和用具。下部是四根下溜式外撇方腿，无枨子，十分轻巧美观。方桌、圆桌的造型十分简洁，腿是方或圆形下溜式直腿，或用竖琴形组合腿。

柜架——柜子多为方正的形体，无雕饰，腿较矮，有的是平开门的柜门，镶板颜色较浅亮；有的是抽屉柜；也有上下为门扇中间夹抽屉的高形柜。

床榻——床有床头和床尾板，腿为方或圆腿，没有床帐子，没有华盖和帷幔。软包的小榻头部较高有圆枕，直腿（有的加脚轮），造型轻巧。

c.用材

木材——主要是浅色的木材（橡木、椴木和榉木等），也使用浅色的树根做家具。镶嵌用的木料则较多样：乌木、枫树、檀香木、金合欢和胡桃木等。

金属——青铜、黄铜、铸铁等，用得不多（只做五金件或装饰件）。富有的贵族及皇家才较多使用青铜、黄铜及黄金。

石材——桌、台面板用大理石板制作，个别的用石料做雕饰。

陶瓷——柜门芯板有的使用瓷板，餐具柜有的用陶瓷烧成。

软包材料——椅子座位、长沙发的表面都用布料软包（有麻布、绒布、织锦等），里面用棉花、毡子做衬垫。还有绳草编织的坐垫。

d.常用结构

单边插接榫、双边插接榫用得最多，而且都是暗榫。直角插接45° 接缝的格角榫也有。

嵌入榫应用也较多，在桌台类家具中，腿与台板、腿与底托板的连接，都用全嵌入榫。

嵌板和拼板结构也普通使用：柜门芯板、柜子侧板嵌板、台面和座面拼板、床板拼接等，都用榫槽，或用企口榫拼接。

e.装饰工艺技术

镶嵌——各色和不同纹理的木片镶嵌，用在家具表面，从文艺复兴时就开始采用，简朴式家具中仍然采用，但有节制。乌木镶嵌当时也受到欢迎，德国也有自己的优秀乌木镶嵌匠师，如D.伦琴。

雕刻——简朴式家具上的雕饰极有节制，坐具的靠背上、桌台的腿上和台口部位，有一些平弱的浮雕或线刻，几乎不用高浮雕和圆雕。

3.公元18世纪的英国家具（公元1750～1800年）

英国的古典主义建筑运动大约从公元17世纪下半叶开始，从17世纪上半叶直到18世纪中叶，一直推崇意大利文艺复兴晚期的建筑师帕拉第奥风格。

英国的家具从贾各宾时代起直到威廉·玛丽女王时期（1603～1702年），风格上比较近似于意大利文艺复兴式家具。在18世纪上半叶，即从安娜女皇执政直到乔治王统治的前半期，英国家具风格是仿法国的巴洛克和洛可可式家具，其中包括世界闻名的家具设计大师齐彭代尔的作品（当然与法国不完全相同，他有自己独创的设计）。

(1) 以设计师名字命名的英国古典主义家具风格

与齐彭代尔同时代的R.亚当、G.赫泊尔怀特，还有稍晚些时候的T.谢拉通，都是成就卓著的、享有盛名的家具设计大师。由于他们的作品独具特色，而且产生深远影响，所以就以他们的名字来命名家具的风格：亚当式家具、赫泊尔怀特式家具和谢拉通式家具。

法国的巴洛克、洛可可和古典主义家具以其优美的造型、豪华的雕饰和精美绝伦的工艺影响欧洲大陆的时候，英国的木匠独立自主地创造了不同于法国的家具风格。美国18世纪的家具造型简朴大方，讲究实用，少用雕饰和其他类型的装饰，极具魅力。

某些西方学者把亚当、赫泊尔怀特和谢拉通设计的家具划定为洛可可式，我认为是不妥的。本人则认为应属古典主义风格，故将其放在古典主义建筑与家具这一章末尾来叙述。

(2) 亚当式家具的风格特点

a.坐具造型

靠背——除方直、通透的形态外；长沙发的靠背与扶手连成一体，弧形轮廓，靠背与扶手上部向左、后、右弯曲，全部软包。靠背椅和扶手椅的靠背则大多上部为椭圆形、下部为梯形板与座位连接。

腿脚——有的椅子后腿与靠背边柱是一体的，腿是直立的下溜式方或圆柱，而前腿则是下部向左右弯曲的下溜式方腿。绝大多数椅子前腿是直立的下溜式方或圆柱形，后腿则是下部向后或向左右倾斜的下溜式方或圆柱形；有的无枨子，有的是横向工字形枨，后腿间再加一横枨。与地面接触的脚形有：后脚是方头、前脚为特形；或前后脚都是特形（圆球形或大肚瓶形、官印包形、厚边小花盆形等）。有的长沙发前腿与扶手连为一体雕成美人鱼圆雕。前腿呈X形交叉的椅子显然是受古希腊和罗马的家具造型影响。

扶手——亚当设计的扶手不论支柱或横木都是弧线形，大多横木前端为涡卷形，有的扶手支柱和横木是连成一体的。大多数扶手横木中段上部有软垫。

座面——绝大多数的座位是软包的。座位的平面形状有梯形、卵圆形。有的软包座位包住望板；有的望板外露，在腿与望板交接处有"方形装饰节点"（类似路易十六式坐具）。

b.柜橱造型

书柜、陈列柜——式样上深受齐彭代尔式柜橱的影响：高脚、玻璃框架门、橱顶有盖或檐头；但多半镶嵌古希腊或罗马题材的装饰。

抽屉柜——从平面上看前部有多种曲线变化，表面也有丰富的镶嵌装饰。

柜子台口及基座——水平直条形的台口或基座有横向线脚，表面雕刻古希腊或罗马的纹饰。若有竖向凸棱时，其正面也有花朵浮雕。

柜顶——一种是加圆券形或中断式山墙造型，另一种是对称地加有圆雕花瓶装饰（中央的高大、精美，两侧的矮小、简朴），并加有悬垂花环配饰。

c.桌台的造型

写字台——是个庞大的组合体：两侧是上有大花瓶的柱座形体（四棱抹小斜面，为柜体可盛物），中间是带抽屉和小柜格的工作台（台面后部是较高的栏杆架，上有装饰镶板和烛台座；台面前面中间向内凹进；下部有前后各两根下溜式圆腿将台面下的空间分成中间大两旁小的三部分），表面镶嵌或雕饰较多。

矮餐台——当时流行的矮餐台（Sideboard）用来取代已往的高形餐具柜，它是一种两头沉式的桌子，有四道隔板和较多的抽屉，通常前面有四条腿，后面是两条腿，都是下溜式。既是餐桌，又是餐桌柜，所以这种矮餐台极受青睐。

d.床的造型

华盖——R.亚当的床之华盖较复杂：上为圆伞盖形，下接矩形檐座。圆伞盖顶上有花瓶圆雕，圆檐边上有一圈花瓶式圆雕排列，檐下浮雕及垂帘为古希腊式。矩形檐座四角还向45°方向伸出一段（下由柱子支承），这四段顶上有翼人头狮圆雕，檐板上有一排掌状叶圆雕，檐板线脚浮雕为古希腊毛茛叶等，檐板下有连排奖旗形布帘，下有垂穗作装饰。

柱子——床尾两根立柱，床头是四根；前后有四根柱子位于四段45°斜伸出的檐板下。柱是细高的圆柱，柱头有叶片浮雕，小柱础下有方基座。

床头板——整体为阶梯形，最上及两侧有人物和卷草雕刻，床头板上有人像及悬垂花环浮雕，还有连券形装饰。

帷幔——在檐头奖旗形布帘里悬挂帷幔。夜里放下帷幔围罩床及上部空间，白天帷幔分别集束悬垂在床的四角处。

e.装饰与色彩

装饰——亚当式家具中爱用古希腊罗马的纹饰，带状纹有排舌纹、串珠纹、毛茛叶及花环连券纹和绳纹等，大都雕刻在台口线或基座上。竖凸棱和方节点正面雕菊花或毛茛叶。在门扇和抽屉面板上，爱用花环浮雕和太阳纹浮雕。此外，爱用花瓶圆雕装饰件、展翼人头狮圆雕件和美人鱼圆雕构件，也用圆券、圆形、方形四角挖圆、菱形和梯形做构图元素。

色彩——色彩搭配较雅致，浅色与金色为主，显得富丽堂皇。

R.亚当（Robert Adam）和其弟J.亚当都是建筑师兼家具师，家具与室内作品具有轻盈、华美和清新之特点，只是装饰显得多了些。因为他们想最大限度地使用装饰和追求轻巧。家具的色彩也很淡雅，爱用木本色，软包布料的颜色也很柔和。室内墙面多抹灰成淡绿或淡蓝、浅橙色；壁柱、腰线及檐口线则是古希腊罗马的石膏浮雕饰带（毛茛叶、排齿、联列卵等）；门头及托栱也是白色石膏的；壁柱用古希腊柱式（爱奥尼式、克林斯式较多用）；墙上往往做出圆凹龛，龛内设带底座的人像圆雕或花瓶，花瓶上雕出悬垂花环。也用券柱，柱下有基座。墙上也用三合土灰泥浮雕，墙和棚上也常用扇形的分割。壁炉用大理石砌造，装饰简洁。

(3) 赫泊尔怀特式家具的风格特点

赫泊尔怀特（Georg Hepplewhite）是R.亚当的门生，也创造了很多新的家具式样。对殖民地式家具产生很大影响。

a.坐具的造型特点

靠背——椅子靠背的整体设计成圆形、椭圆形、鸡心形、盾牌形和鸡心花瓣重合形的较多，少数靠背是方直的造型。靠背中央用羽毛、飘带和扇形雕饰，或下溜式装饰柱。靠背绝大

部分是通透式的。后腿上部与整体性靠背相插接，交接点超过座面高度。个别椅子的靠背与后腿是一体的。长椅靠背有许多瓶形栏杆柱。

腿脚——椅子的前腿是直立的下溜式圆柱形或方柱形、多棱柱形，下部有竖向沟槽。后腿则是下部向后弯曲或微呈S形的方腿（有的上下粗细一致，有的是下溜式）。脚型有斗形、倒圆截锥形、花篮形和倒置葫芦形等。

扶手——扶手椅的扶手支柱与横木连成一体，或是下直上部向外弯的侧墙式。长椅扶手的支柱是直立上溜式圆柱，扶手横木微呈S形并且前端是前伸的涡卷。

座位——几乎全部坐具的座位都软包，一种是将望板全遮住，只看到包布与垂穗；另一种是望板外露，软垫固定在座板上。长椅座面部分是藤编的。

方节点——椅腿与望板交接处也是方块形或矩形，正面雕出花朵或花叶，与亚当式相同。

b.柜橱的造型特点

矮餐台——基本同亚当式，由六条瘦高腿支承有较多抽屉的矮柜，平面形状有多种曲线形，台面板用大理石制作，后面加黄铜棒制成的护栏，用来放挂盘。餐台两侧安放各自独立的窄柜，用来放置餐具和盛水器皿等物品。

衣柜——专用衣柜有两种形式：一种上部是外平开柜门、下部是一些抽屉；另一种是上下两排平开柜门。门里有格板。衣柜平面带一些弧线。

c.桌台造型特点

圆桌——圆桌面出挑较大，下面是四条下溜式圆柱腿或方柱腿，最下的脚形似坐具。四腿根部为方直望板，抽屉面板中间向外凸。桌面镶嵌花纹（中央太阳纹，周围是悬垂花环纹。腿与望板、抽屉交接处，是矩形“节点”，正面刻出花朵；腿上雕竖凹槽或浅平的花叶纹。

方桌和矩形桌——台面有方正平直的，也有背面平直、前面为曲线（左右两角为凹线，中间为外凸弧线）的。望板上雕二方连续图样或卷草纹，也有的是镶嵌。望板下沿线有平直的，也有带连续垂花线板的。抽屉拉手为圆饼形。桌腿全是下溜直立式圆柱或方柱形，脚型多为倒圆截锥形或倒截方锥形。圆柱形腿的上部靠近望板处为方块体，两个外面刻花朵。

d.床的造型特点

床的造型比较简洁，华盖也简朴、轻巧，床尾两根立柱上部圆柱形、下部方柱形（都有收分），床顶三面挂幕布形檐幔（下为弧形缨穗，上用布折成花朵），床顶为圆弧形轮廓。腿下有脚轮，床可移动。

e.装饰

靠背——在整体鸡心形或盾牌形、椭圆形、心形与花瓣重合形的基础上，加有扇形雕饰、三只翎毛雕件、悬垂绫带饰件、百合花朵、花柱和团花形装饰雕件，有的加花瓶形栏杆柱。

扶手——扶手上有浅平浮雕，端部雕成涡卷形。

腿柱——家具腿上的装饰，一是竖向凹槽，二是竖向圆凸棱，三是花朵浮雕。

色彩——早先爱用深红色的桃花芯木或红木，后来改用浅色木料（橡木、胡桃木等）做家具。爱用青铜和黄铜做拉手、护栏等。

装饰手法——装饰手法一是圆雕装饰件，二是浅浮雕或线刻，三是木片镶嵌和其他镶嵌（螺钿、贵重金属等），四是充分利用蒙面料的色彩与花纹。

(4) 谢拉通式家具的风格特点

谢拉通（Thomas Sheraton）是英国古典主义时期扬名世界的最后一位家具与室内设计大师。他的作品风格直接继承了赫泊尔怀特的特点，也吸收了文艺复兴的营养，并有新的创造。

a.坐具的造型

靠背——形式多种多样：第一种是平直通透的靠背，在顶部横板上有花环浮雕，或在靠背中央加有竖琴形雕件；第二种是品字形屏栏式，靠背中央有花形雕件，或瓶式栏杆柱顶着三片翎毛雕饰，花瓶顶部也是三片翎毛，花瓶肩头挂有悬垂绫带；第三种是靠背整体为盾牌形，靠背中央由装饰柱、竖弯枨、斧形座组成的奖杯形，上有悬垂绫带，杯口有五片翎毛。下部与后腿的连接结构与赫泊尔怀特椅相同；第四种是靠背顶部为上弓的圆弧形，边柱是瓶式栏杆柱形，靠背中央是竖条框内夹竖琴形雕件，下有涡卷和底座，竖琴上部变成羽毛形涡卷，上压悬垂绫带，靠背下部有一横枨；第五种是靠背中央为上凸的半圆弧，两肩是平直的横木，与边柱呈圆弧相接，下有一横枨，靠背中央是由弧形木条组成的瘦高瓶形，瓶顶插三片翎毛，左右两边各有两根竖枨；第六种是靠背顶部中央为上弯的弧形，两肩是下弯的近似1/4圆弧框与边柱相接，从肩头向下有两根竖枨，与靠背下部横枨相接，在靠背中央由直木条与弧形木条组成花瓶形，瓶口插有七片翎毛，瓶腹有悬垂绫带；第七种是长沙发靠背顶端为中央上凸的圆弧线，与扶手交接处为尖菱形，整个靠背软包。有的靠背两肩处做方块“节点”，上有雕花或方框线刻。

扶手——侧视为S形横木，前端向下弯卷，下接上溜式圆支柱（有的支柱也是有收分的S形），扶手横木后部向后上方延伸，左右侧与靠背顶横板连接，下部与靠背边柱（与后腿一体）

连接。大部分扶手支柱与椅子前腿是一体的（长沙发椅也是这样），也有的扶手整体是S形（横木连支柱），下有多根竖柱与座面侧框相接。

长沙发椅扶手前端与一般椅子相同（支柱与前面边腿一体化，扶手横木前端下弯），横木向后不远有一方立柱，立柱的扶手全部软包，方立柱前到扶手支柱之间是空的。

腿脚——所有坐具的后腿都是下溜式的方柱（有的下部向后微弯）；而前腿多半是下溜式的圆柱（有的有收分变化，有的加多道箍环），是镟制的。前腿与望板交接处，也是做成方块形节点，或者较粗的圆柱体，与亚当式、赫泊尔怀特式一样，既美观又坚固。

前腿下的脚形有：倒置葱头形、圆柱形、高腰身斗形或花瓶形（身有分瓣线）。

座面——有些椅子座位软包，望板被遮，腿的上端也做成方块节，下面是下溜式圆柱。

b.柜橱造型

柜头——柜橱顶部是上凸的弧线形，中央有方或矩形凸棱，上雕悬垂绫带并有浮雕边框，两边是向边上逐渐缩小的一排圆券形装饰板，下为水平线脚多种。柜顶中央有圆雕花瓶（两边垂下花环）；有的在顶子两端也加小花瓶圆雕。

水平檐板的柜顶正面多加二方连续浮雕（花环、叶子、卷草等）。

抽屉——抽屉轮廓线纤细，面板上多用凸线围成方框（随抽屉面板形状，也可以是矩形，离边沿儿较近），爱用圆饼形拉手。

柜门——书架玻璃门扇外，有用弧线木条、装饰横柱枨、椭圆花板和多片翎毛组成的棂格。木门扇有圆凸线方框，中央为椭圆形花环镶嵌，贴木皮在门扇四角形成45°的接缝。

门框边——上下两层的柜子，上层门框做成壁柱形（上有柱头，柱身刻竖槽，柱础为方块形）。底层双扇平开门的框木，上为方块体，中段刻浮雕或镶嵌，下为弧线下溜式腿，脚型是小斗形。

c.桌台造型

桌子——办公桌、写字台、矮餐台等，台面方直，台口线为水平线脚（有平凸线、圆凸线、叠涩线、反波纹线等），望板上有雕饰。腿脚造型基本同坐具，上有方块节点，下为下溜式圆柱或方柱，脚型为小斗形或倒圆截锥形。也有的腿形似门框的壁柱形象。

梳妆台——台面两端是大半圆形、中央为矩形，中央上有后部可支起的镜板，下有可装化妆品、用具的大抽屉，两端圆台面下各有一个小抽屉。在整个台面抽屉下，悬挂带缨穗的帷幔帘。在圆台面下部是竖琴形的腿，两个竖琴形腿之间用枣核形板状枨连接，可踏脚在上。幔帘遮住了竖琴形腿的上部。

d.床的造型

普通床——上有华盖，古建筑檐板式，上有花盆及掌状叶圆雕，下挂悬垂绫带。立柱似椅子前腿造型。

沙发榻——榻头似扶手沙发椅，床头板软包，扶手也基本软包。榻尾为圆头无护墙，整个榻身软包，下有连续倒圆券形垂悬布帘，下有六条下溜式圆柱形腿，下装脚轮，可随意移动位置。

e.装饰手法

线脚——檐口、台口、分层处、底座等处都有某种线脚做装饰和强调。门扇、抽屉面板和望板以及檐板上，也常用圆凸线框作装饰。

雕刻——竖琴、翎毛、花瓶、瓶式栏杆柱和悬垂绫带等，都雕得活泼生动，为圆雕。花环与悬垂花环、花朵和连排掌状叶，以及凹槽等多作为浮雕。

镶嵌——主要是木片镶嵌，少数用螺钿镶嵌，用在抽屉面板、柜门、台面和望板等平面上。

总之，谢拉通设计制作的家具品种十分广泛，除前面提到的四大类家具的主要品种外，还有夜用小桌（后来的床头柜）、可扩展台面的圆餐桌、带翻板的办公桌和抽屉柜等。壁炉的设计与装修也是他的重点工作之一。

谢拉通式家具的风格特点是：造型新颖、精巧、别致，线型简练、平直，装饰高雅、适度，结构形式多样、可靠，讲究实用，具有独特的魅力。

谢拉通式家具风格影响了不少国家，特别是影响到殖民地式家具的产生与流行（主要在北美洲）。

复习题与思考题

1.古典主义建筑的风格特点是什么？建筑类型与特征有哪些？建材与结构怎么样？

2.古典主义建筑在平面、立面、柱式、艺术手法、装饰种类方面都是什么样的？

3.古典主义家具的风格特点是什么？

4.简朴式建筑外观与室内的特点是什么？这种风格形成的原因是什么？

5.简朴式家具的风格特点有哪些？

6.公元18世纪英国家具的特点是什么？分别说明亚当式、赫伯尔怀特式和谢拉通式家具的特点。

1	2
3	

1. 巴黎凯旋门（1806～1836年）高50m 宽45m 厚22.3m
2. 古典主义风格的接待厅（1765年）
3. 巴黎先贤祠（1789年）古典主义风格

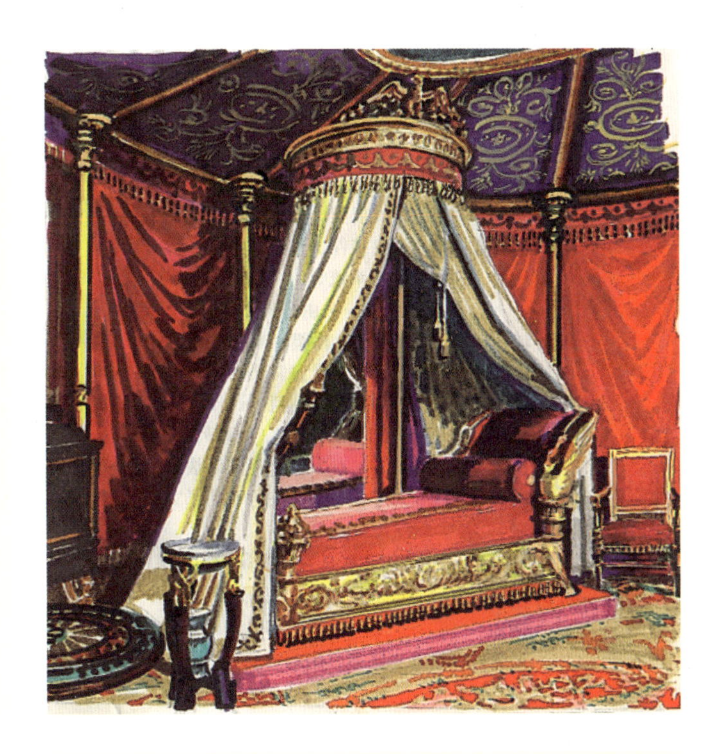

1	2
3	4

1. 凡尔赛宫中的三角柜（G.交伯特设计，1763年）
2. 拿破仑的帝国式卧室（在玛尔麦松城堡，贝尔切与芳丹纳设计，仿古希腊式样）
3. 英国1815年的“帝国式”扶手椅（仿古希腊的Klismos椅）
4. 路易十六时的古典主义家具（1785年）

1. 帝国式床榻

2. “简朴式风格”的梳妆台

3. 简朴式风格的圆桌（帝国式后期）

1	
2	3

1.俄国卡特琳二世时（1770～1790年）的"新古典主义"扶手椅（仿古罗马的装饰纹样）

2.1746年在美国费城生产的仿英国"赫伯尔怀特"风格靠椅

3.19世纪初的"帝国式"柜子（贾古伯和代斯玛尔特设计）

古典主义建筑·法国与英国的教堂

法国巴黎万神殿
(1764～1790年)
左－外观（局部）
上－平面图
右－内景（穹顶与券柱）

法国巴黎 圣·苏尔比教堂
(1646～1777年建)

英国伦敦 潘克拉斯教堂外观，
仿古希腊式样（1819～1822年）

法国巴黎，马代尔奈教堂（1806～1824年）
上－外观　　下－平面图
（仿古希腊神庙，古罗马科林斯柱式）

古典主义建筑·意大利、英国与俄国的教堂

意大利那不勒斯 圣·弗兰西斯科教堂（1816～1824年）
（仿罗马的万神殿和圣彼得大教堂）

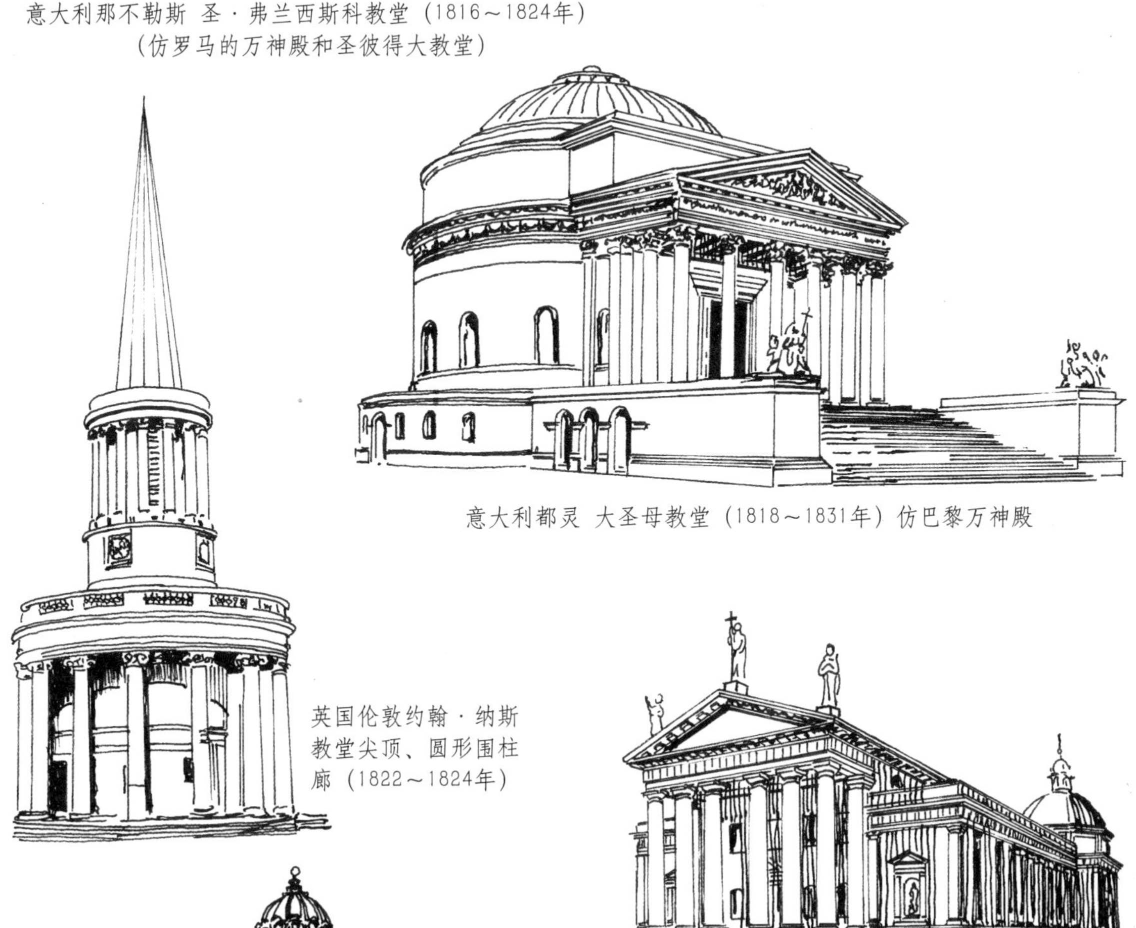

意大利都灵 大圣母教堂（1818～1831年）仿巴黎万神殿

英国伦敦约翰·纳斯教堂尖顶、圆形围柱廊（1822～1824年）

立陶宛 维尔塔大教堂巴西里卡式平面、古罗马多立克柱式（1769～1801年）

俄国 彼得堡大教堂（1801～1811年）仿罗马圣彼得大教堂的抱厦与柱廊，科林斯柱式，巴洛克装饰（纹饰、浮雕 ）

古典主义建筑·丹麦与德国的教堂

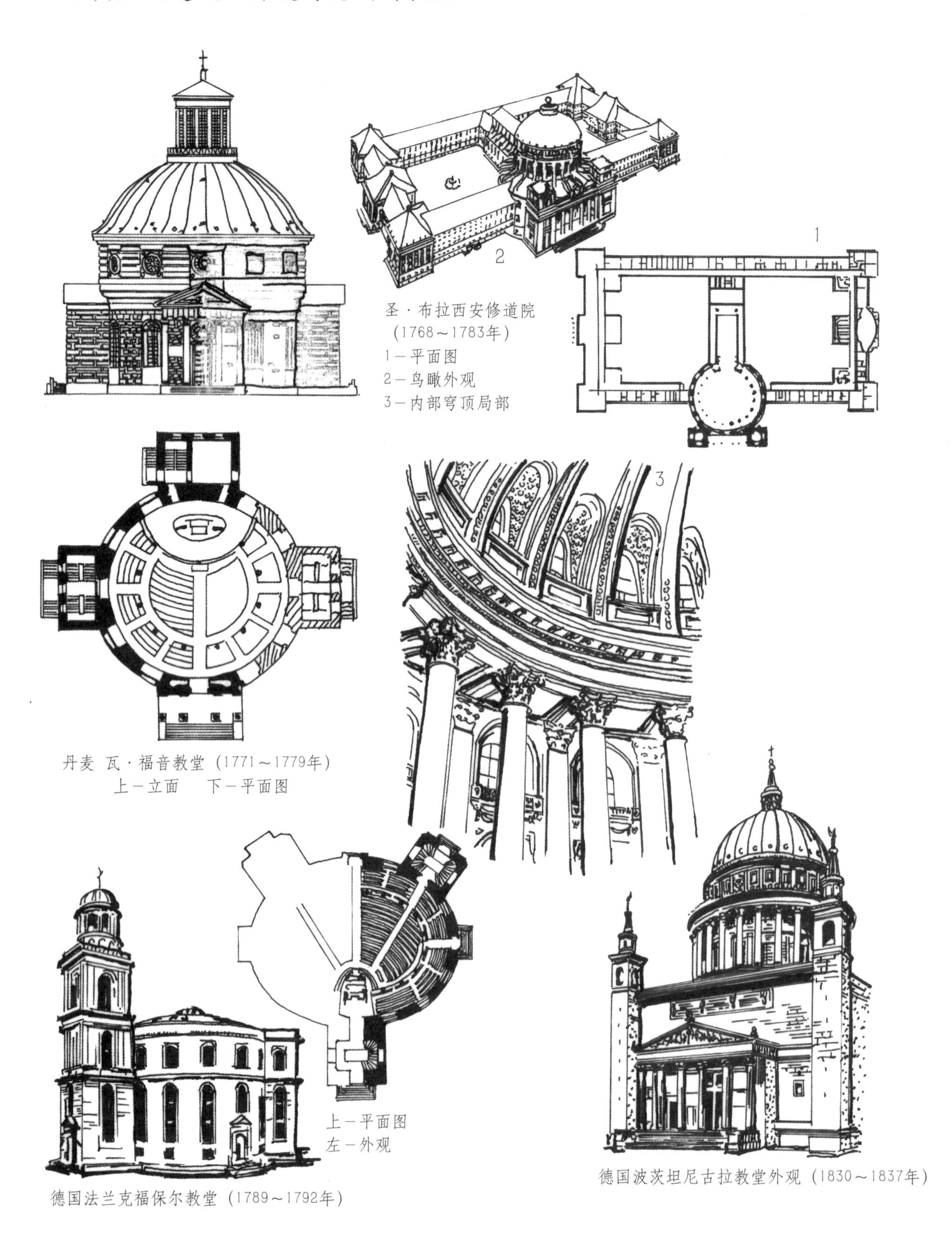

圣·布拉西安修道院
（1768～1783年）
1—平面图
2—鸟瞰外观
3—内部穹顶局部

丹麦 瓦·福音教堂（1771～1779年）
上—立面　下—平面图

上—平面图
左—外观

德国法兰克福保尔教堂（1789～1792年）

德国波茨坦尼古拉教堂外观（1830～1837年）

古典主义建筑·帕拉第奥风建筑

在公元17世纪里，在英国、荷兰兴起摹仿帕拉第奥设计手法的风潮；之后一直持续到古典主义时期。

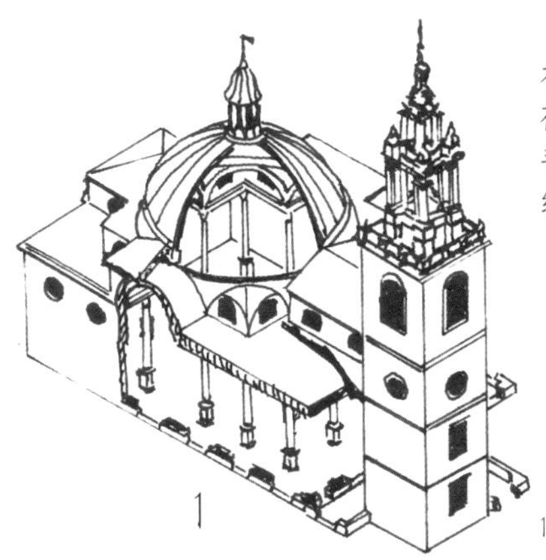

1

5

1－英国伦敦圣·斯特凡教堂（1672～1687年）
2－该教堂平面图
3－英国坎特埃尔塔姆小屋平面图（1664）属于"荷兰式帕拉第奥主义"作品

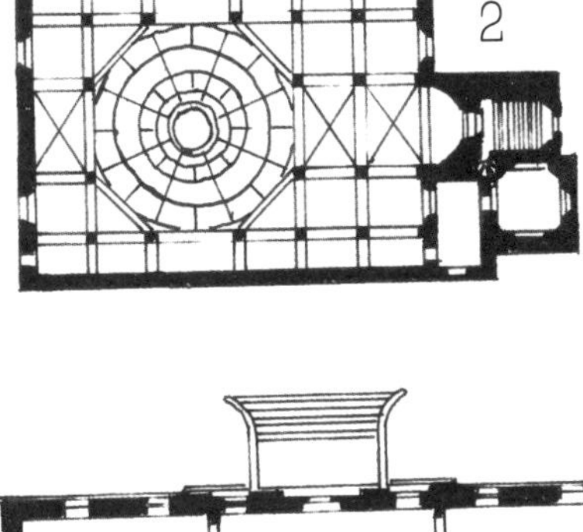

2

6

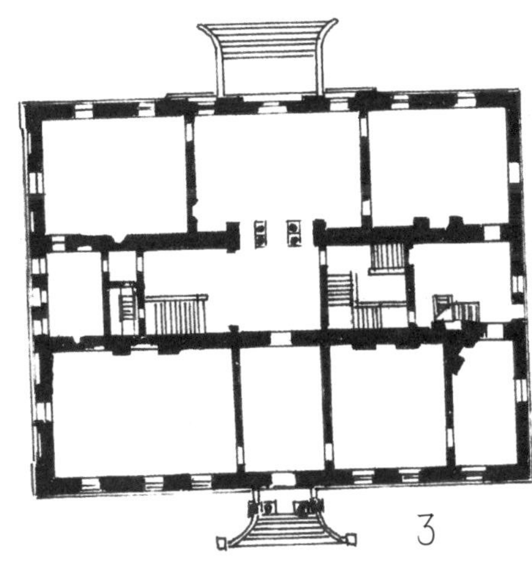

3

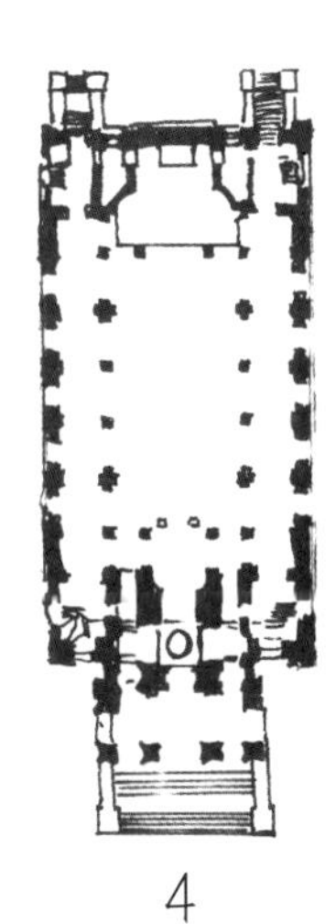

4

7

4－英国伦敦耶稣教堂平面图（1723～1739年）
5－英国伦敦圣·马丁教堂内景（1722～1726年）
6－英国伦敦圣·约翰教堂内景（1714～1728年）
7－该教堂中央大厅穹顶

古典主义建筑·英国、荷兰的“帕拉第奥风建筑”

英国布隆斯堡圣·乔治教堂（1720～1730年）

英国伦敦耶稣教堂（1723～1739年）

英国伦敦圣·马丁教堂（1722～1726年）

英国伦敦圣·约翰教堂正立面图（1714～1728年）

英国格林威治—住宅外观（1616～1618年）

荷兰式的帕拉第奥主义作品
上—英国坎特，埃尔塔姆小屋正立面图（1664年）
右—英国霍尔宝棱厨师小姐住宅正面透视图（1619年）

古典主义建筑·园林与广场、桥梁等

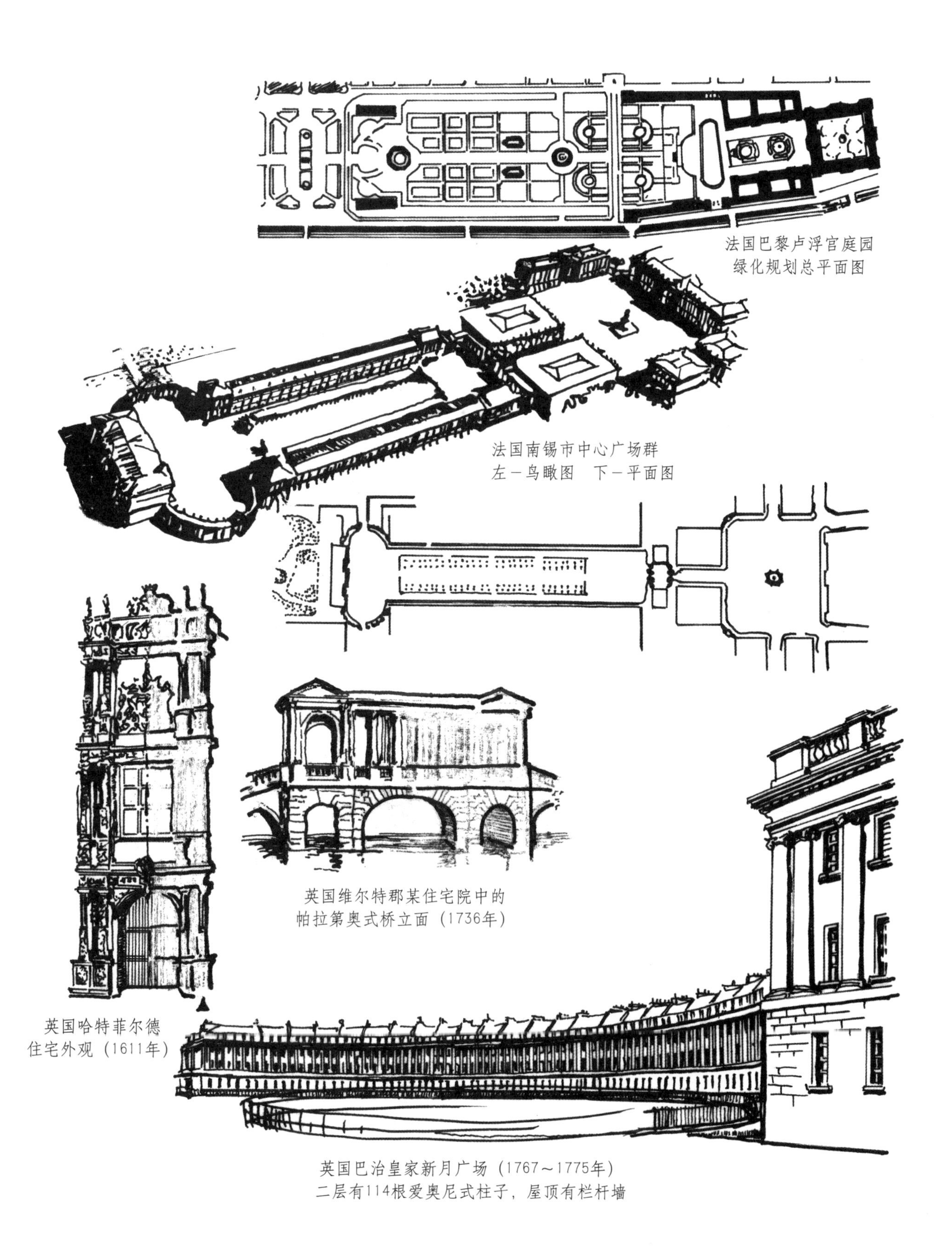

法国巴黎卢浮宫庭园
绿化规划总平面图

法国南锡市中心广场群
左—鸟瞰图　下—平面图

英国维尔特郡某住宅院中的
帕拉第奥式桥立面（1736年）

英国哈特菲尔德
住宅外观（1611年）

英国巴治皇家新月广场（1767～1775年）
二层有114根爱奥尼式柱子，屋顶有栏杆墙

古典主义建筑·凯旋门

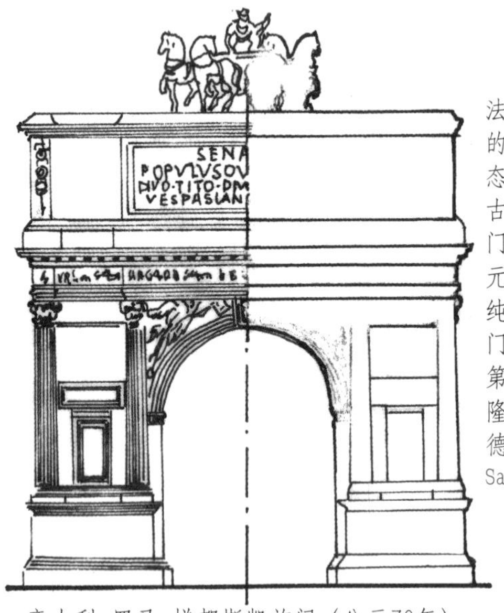

法国古典主义时期的凯旋门，从形态上更多地摹仿古罗马时代的凯旋门式样。一直到公元1672年，才有了纯法国式的凯旋门——由建筑学院第一任院长F·勃隆台设计的巴黎圣德丹尼斯门（Porta Saint Denis）。

意大利 罗马 梯都斯凯旋门（公元70年）

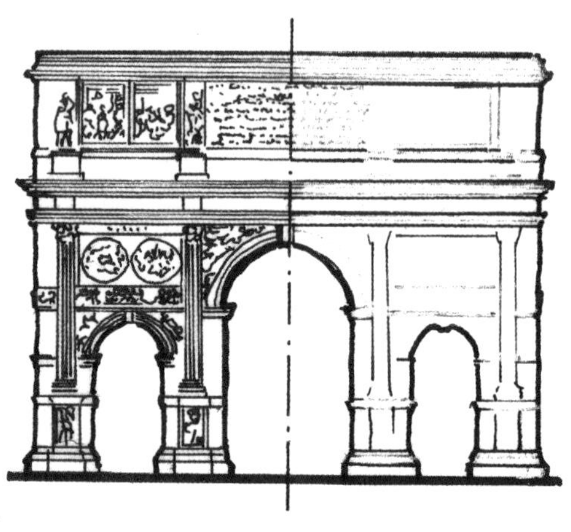

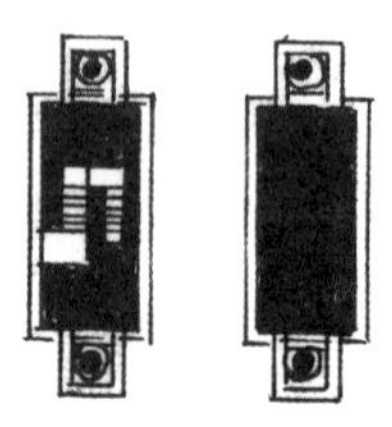

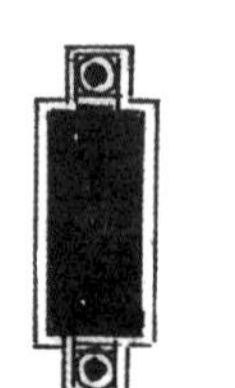

意大利 罗马 康斯坦丁凯旋门
（公元312年建，浮雕是后来的）

法国巴黎埃多阿尔凯旋门
（1806～1836年，H50m,B45m）

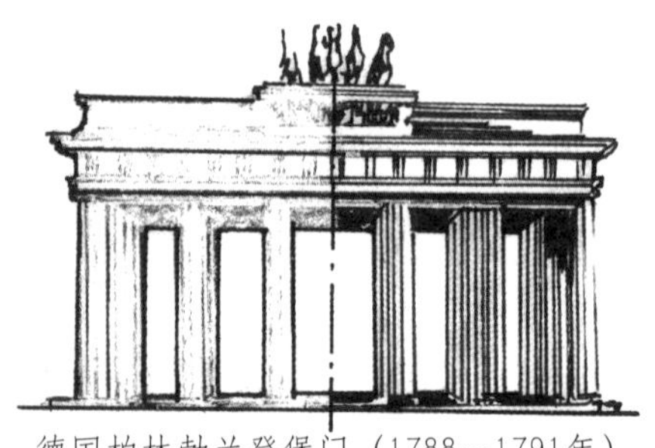

德国柏林勃兰登堡门（1788～1791年），
德国古典主义风格凯旋门的代表

法国巴黎卢浮宫附近的凯旋门
（1806～1808年）帝国式风格

古典主义建筑·宫殿及礼堂建筑外观

英国伦敦白厅宫，
仿帕拉第奥风格（1610～1622年）

英国布兰海姆宫主入口

英国布兰海姆宫厨房入口

英国代尔贝郡凯特莱斯顿礼堂
（1765年）R·亚当设计

英国拉因哈姆某宫殿
（仿帕拉第奥风格）

英国布兰海姆宫轴测图全景
（仿帕拉第奥风格）

古典主义建筑·宫殿与剧院、卫戍楼等

德国柏林剧院（1818～1821年）

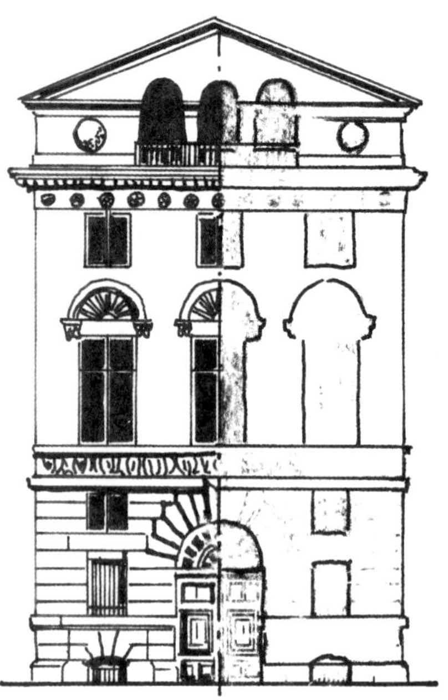

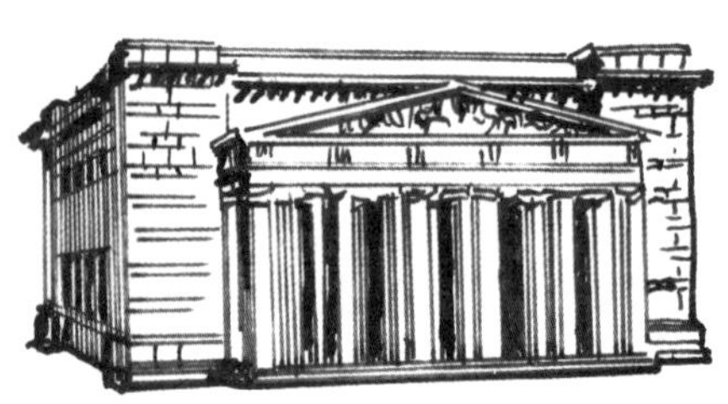

德国柏林新卫戍楼（1816～1818年）

法国巴黎国家宫立面图（1798年）是五人内阁时的典型风格；英国的“亚当风格”同此式

法国卢浮宫东立面，是古典主义时期“三段式立面”构图

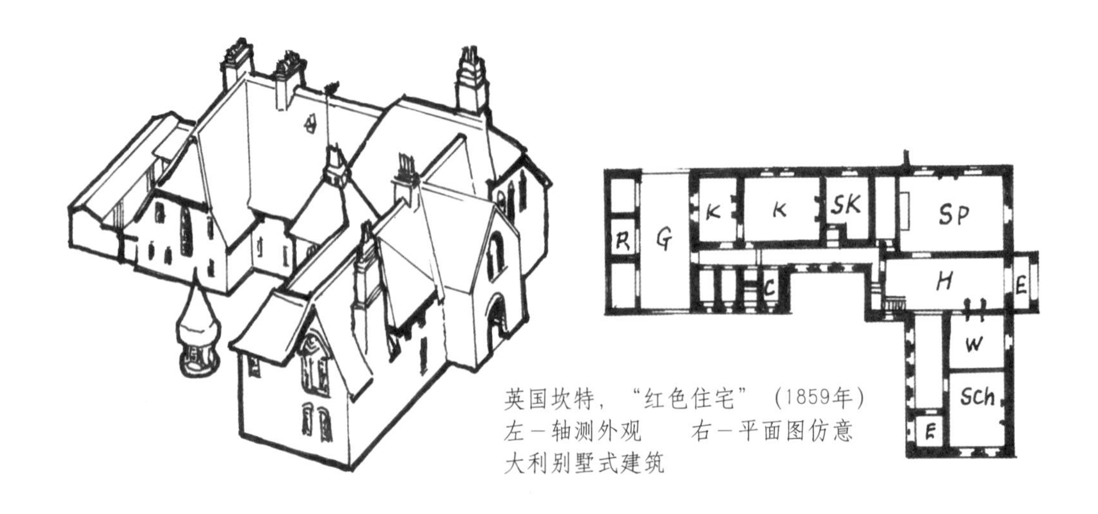

英国坎特，“红色住宅”（1859年）
左－轴测外观　　右－平面图仿意大利别墅式建筑

古典主义建筑·住宅外观及平面图

英国布灵顿，契斯维克住宅外观（上）和平面图（右上），1726年，仿帕拉第奥作品

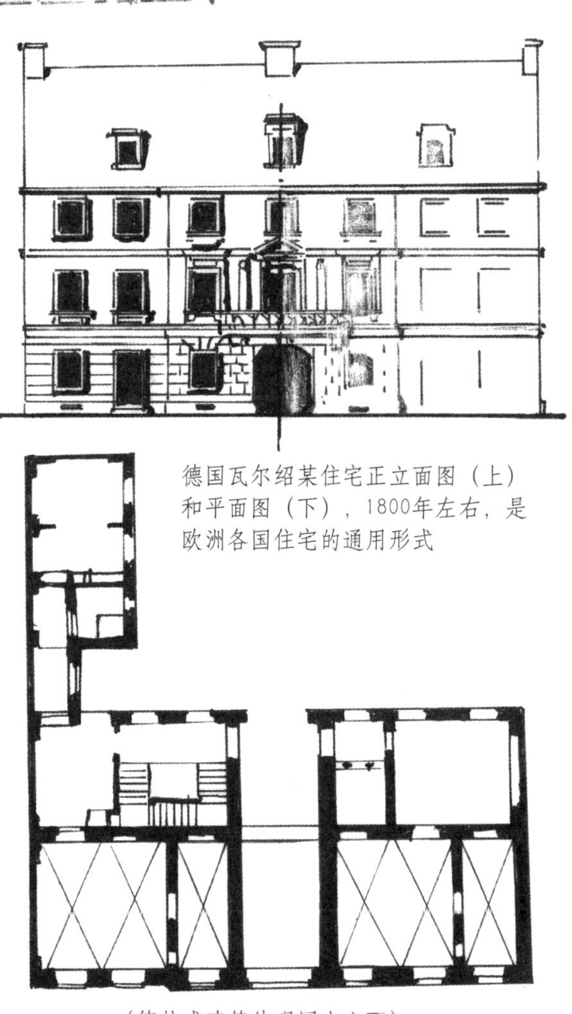

德国瓦尔绍某住宅正立面图（上）和平面图（下），1800年左右，是欧洲各国住宅的通用形式

（简朴式建筑外观同上立面）

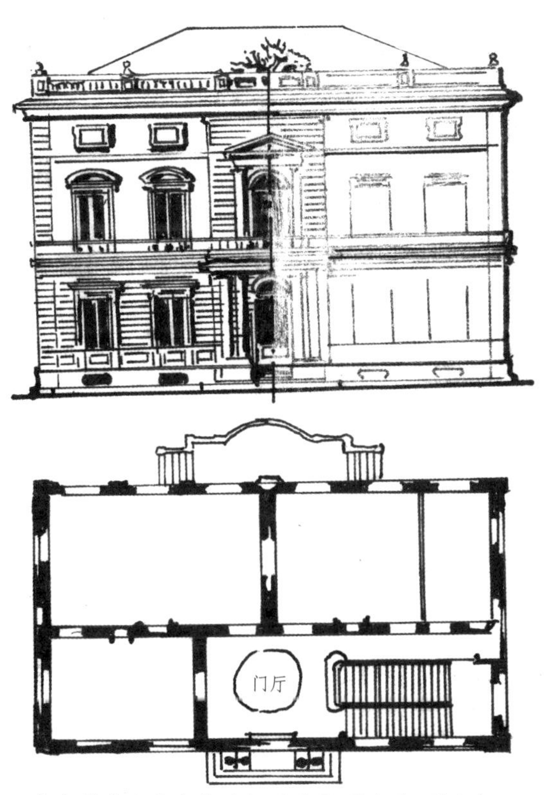

意大利私人住宅典型立面及平面图（19世纪）

古典主义建筑·室内装饰装修

法国巴黎某沙龙中的墙饰（帝国式）
仿古罗马庞贝的装饰手法，是拿破仑专用的房间

英国哈尔来姆某住宅内部装修（帝国式）

英国布兰特福尔德，西容住宅内装修，R·亚当设计（英国的古典主义风格）

英国豪尔克哈姆大厅（1734年）仿维特鲁威的设计风格

瑞士巴赛尔某庄园室内装饰（1810年），帝国式

古典主义家具·路易十六式家具

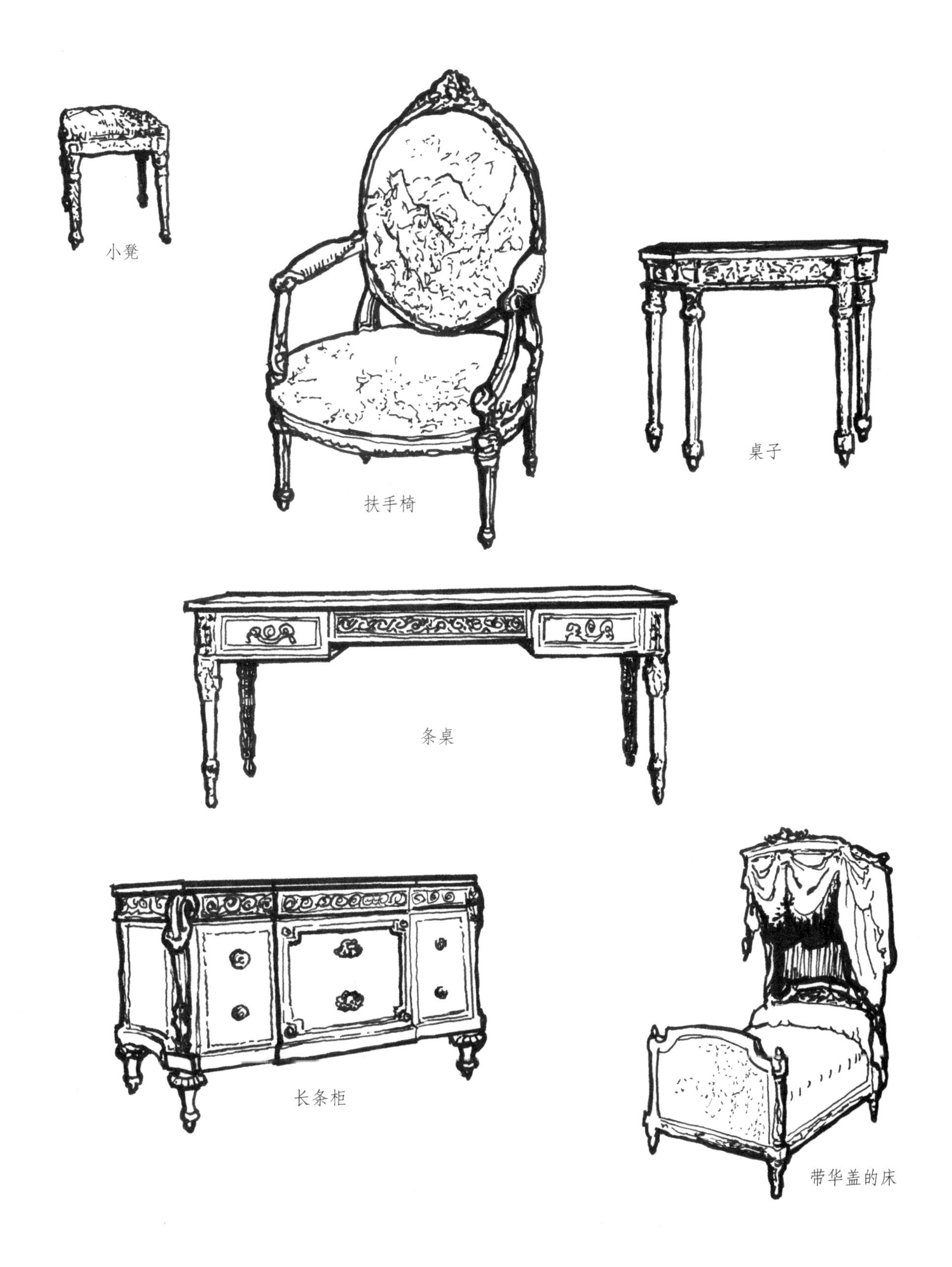

古典主义家具·路易十六式家具

扶手椅

圆靠背靠椅

竖琴形靠背靠椅

长沙发椅

古典主义家具·路易十六式家具

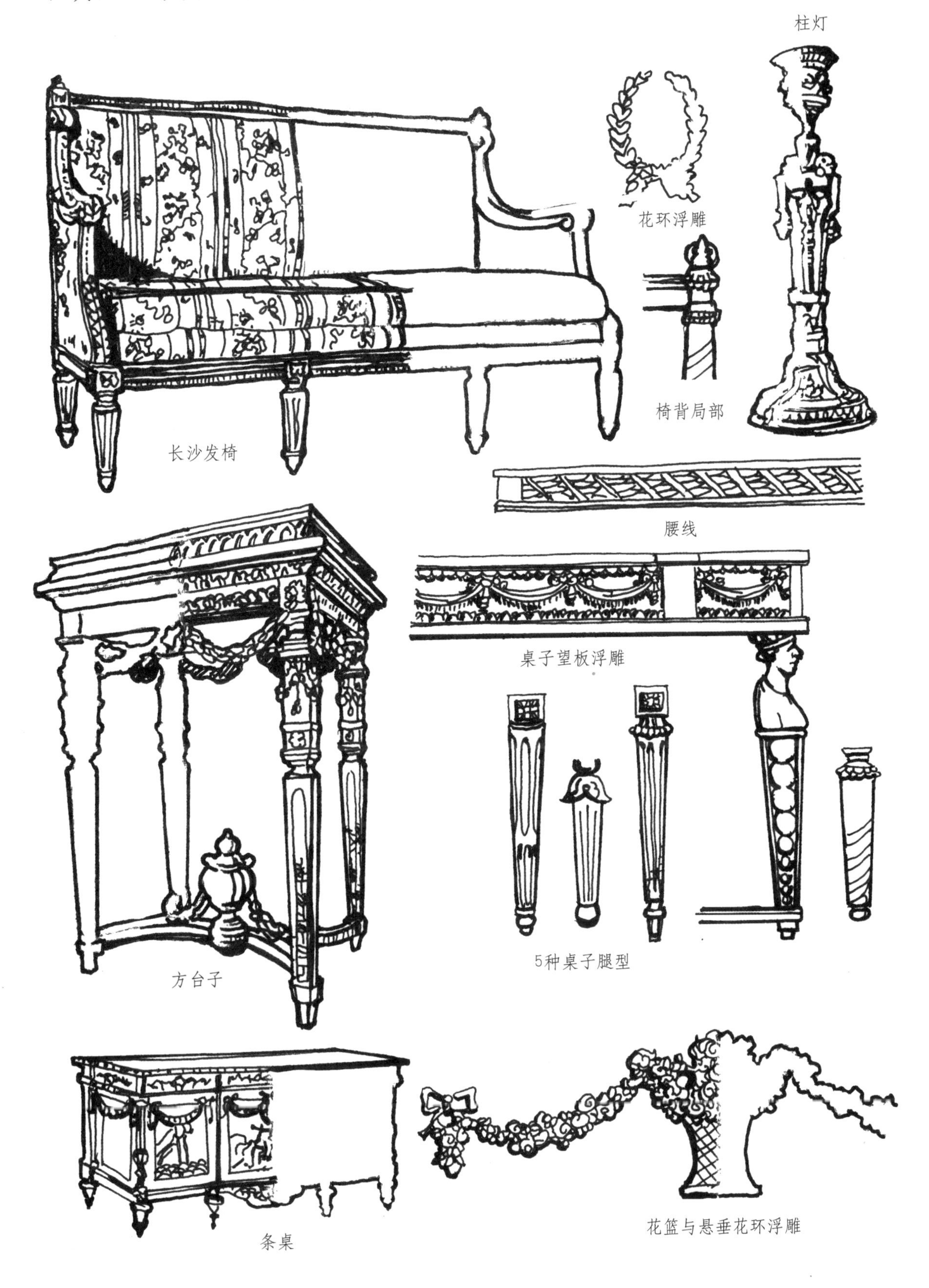

古典主义家具·帝国式家具

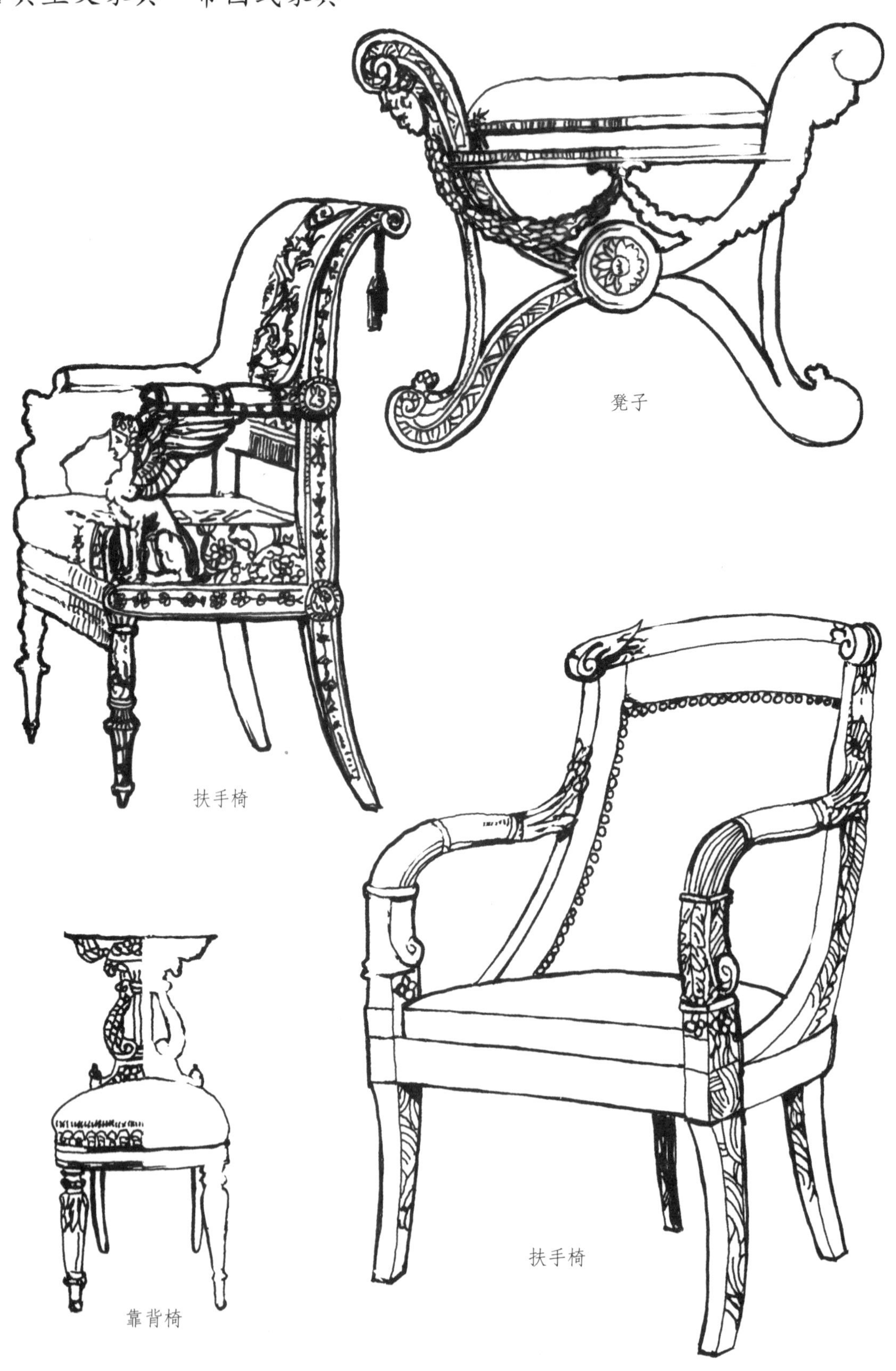

凳子

扶手椅

扶手椅

靠背椅

古典主义家具·帝国式家具

软包长沙发椅

拿破仑专用沙发椅

柜子

人形柱腿桌台

带人头展翼狮雕饰之圆台

床榻

古典主义家具·帝国式家具及纹饰

古典主义家具·简朴式家具

古典主义家具·英国亚当式家具（1742～1782年）

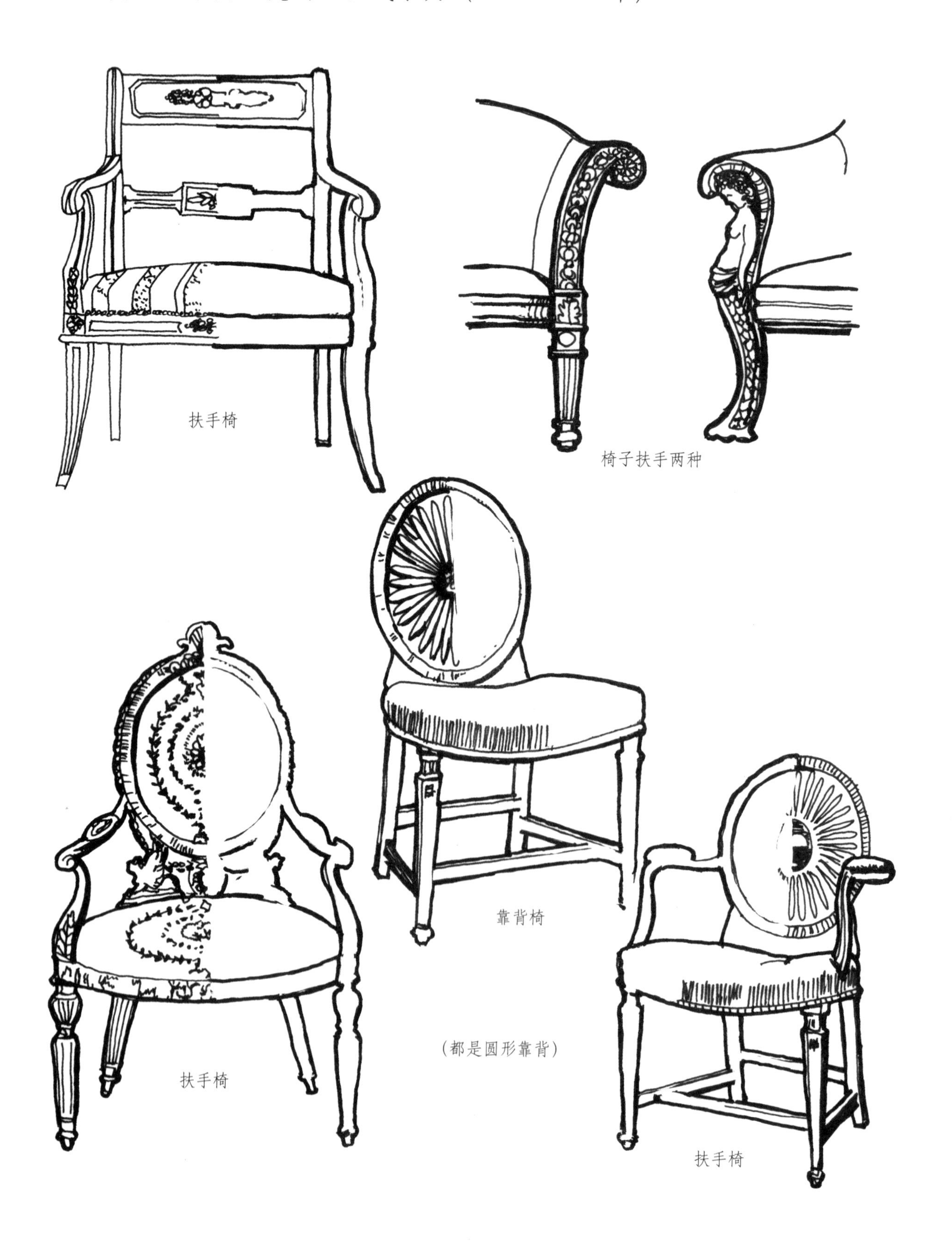

古典主义家具·英国亚当式家具

柜顶雕饰

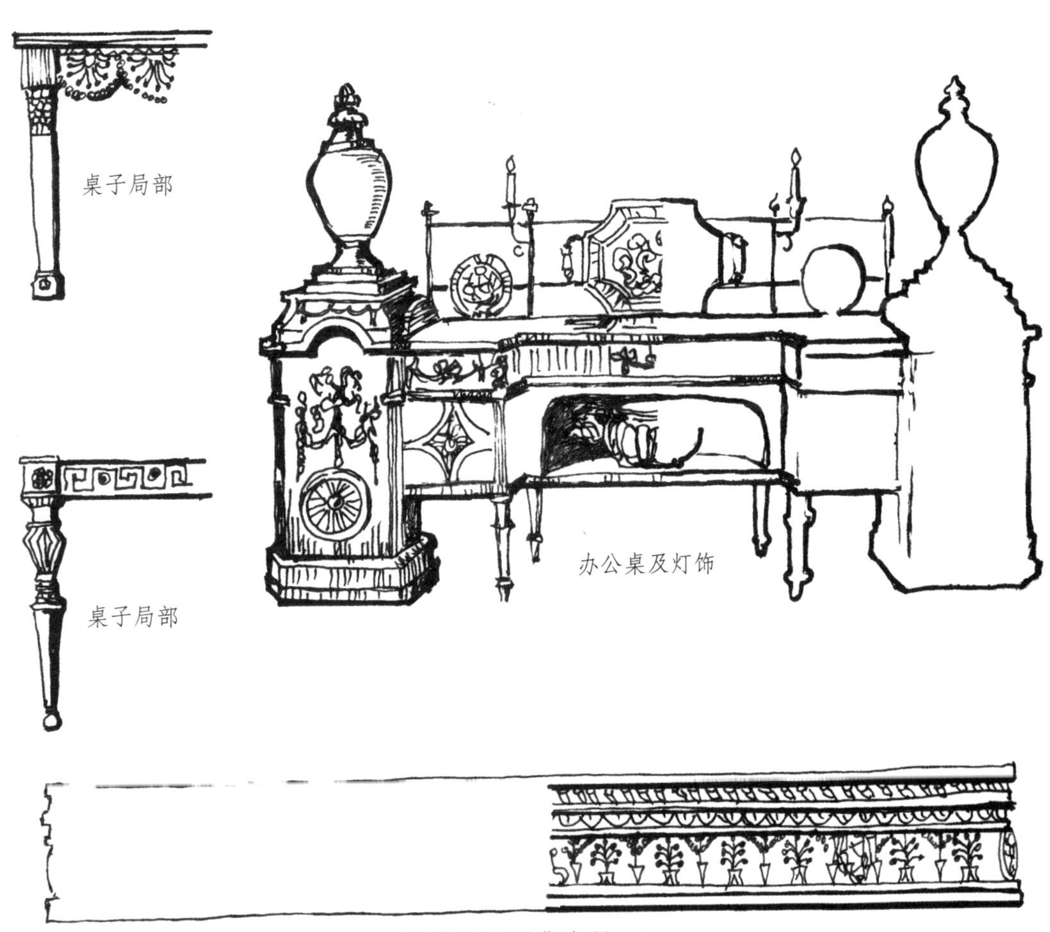

桌子局部

办公桌及灯饰

桌子局部

装饰性腰线（带浮雕）

古典主义家具·英国赫伯尔怀特式家具（1745～1786年）

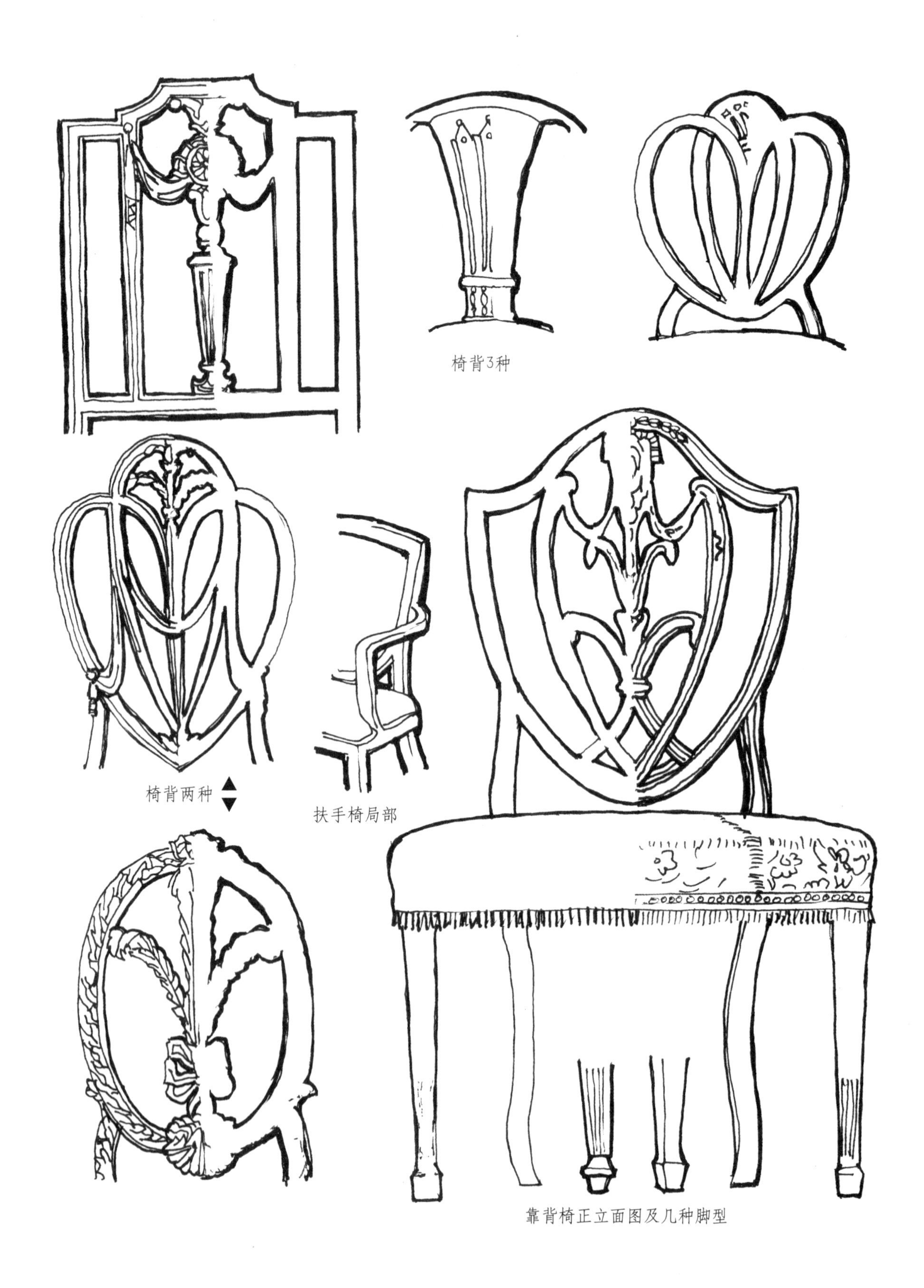

古典主义家具·英国赫伯尔怀特式家具

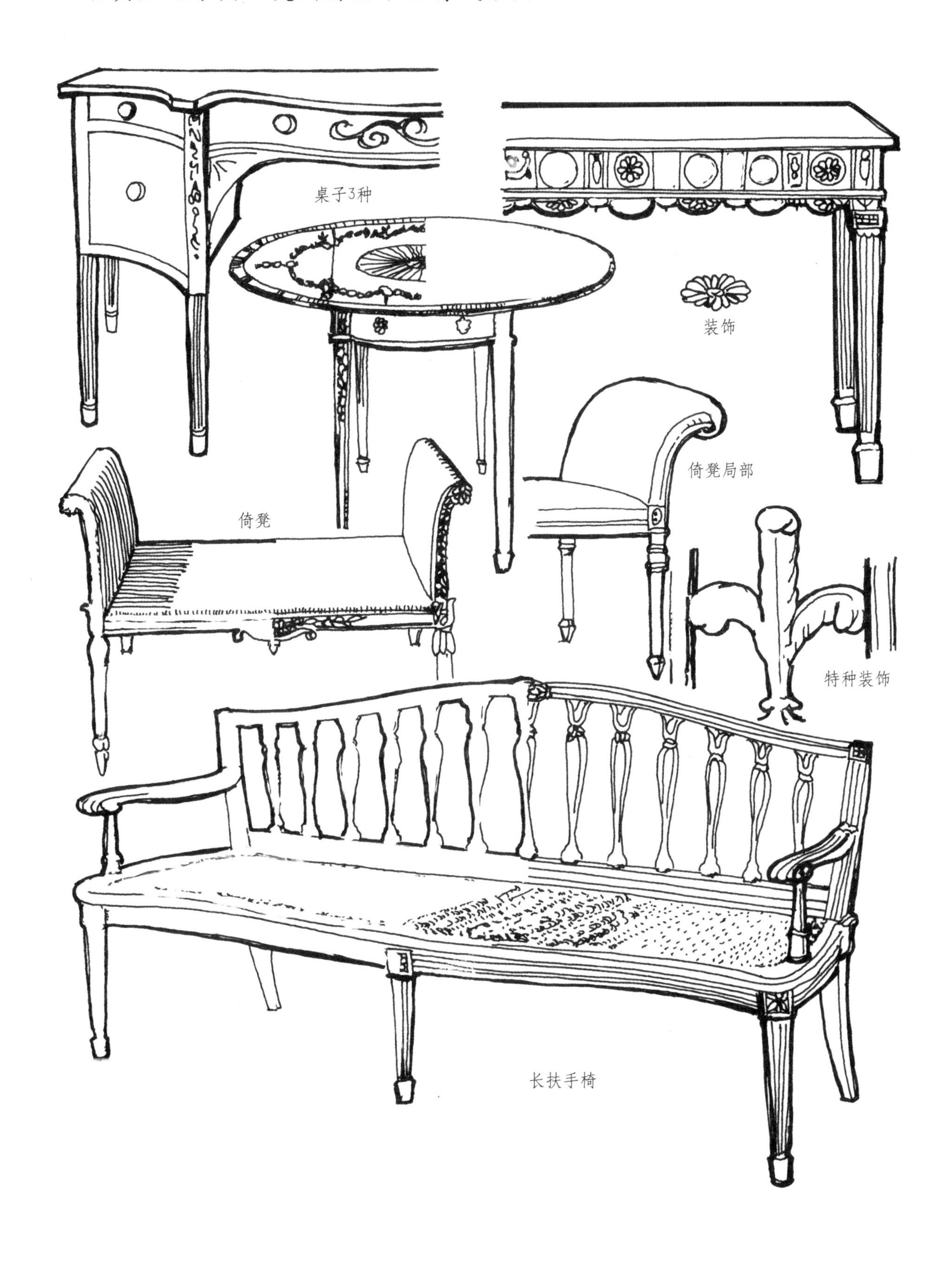

古典主义家具 · 英国谢拉通式家具（1751—1806年）

3把椅子5种靠背

古典主义家具·英国谢拉通式家具

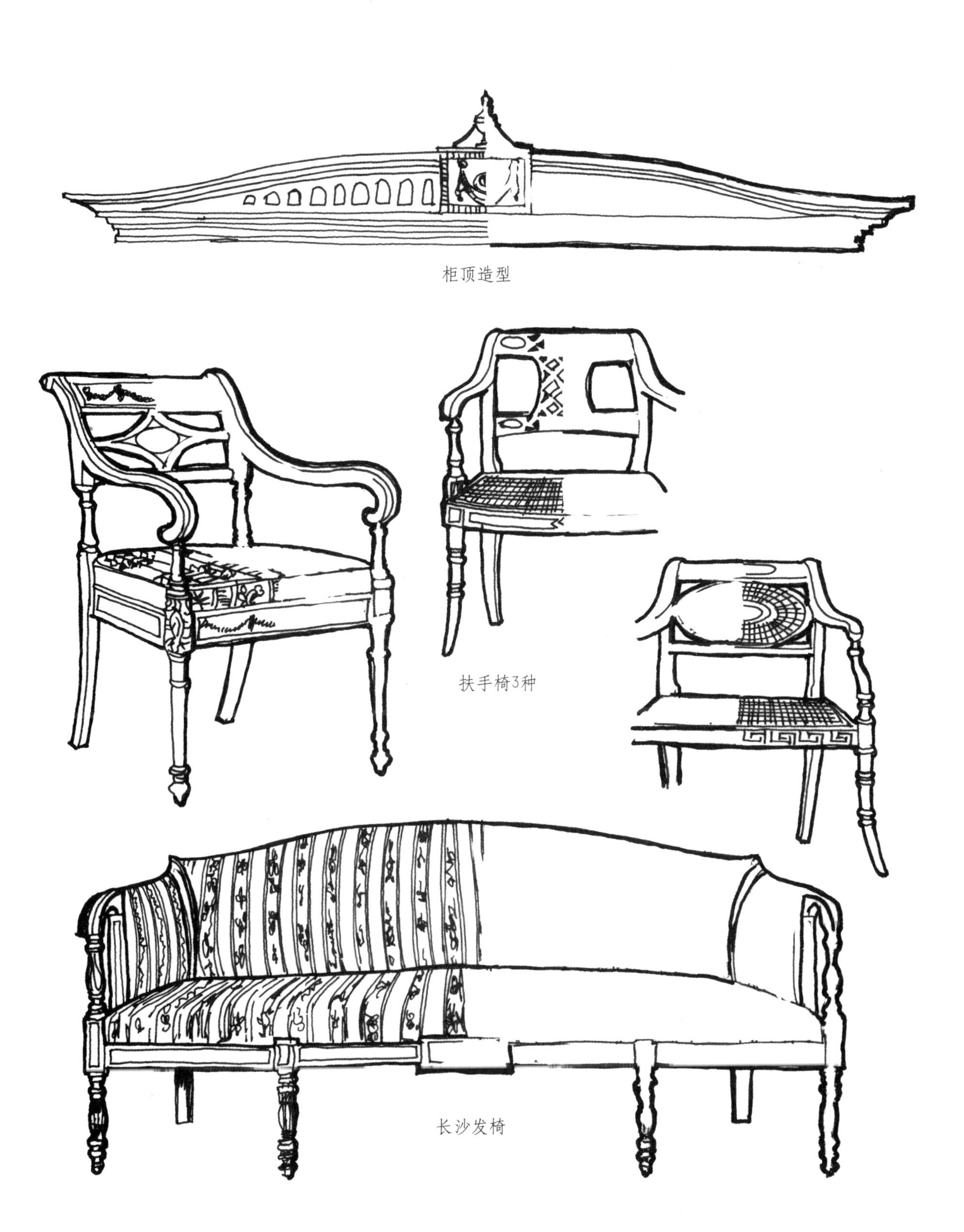

柜顶造型

扶手椅3种

长沙发椅

第16篇　浪漫主义、折衷主义建筑与当时的家具

1.浪漫主义建筑 (1760～1880年)

浪漫主义建筑思潮于18世纪后半叶最先在英国出现，从19世纪上半叶起得到发展和传播，并一直沿续到19世纪末。

(1) 浪漫主义建筑的风格特点

a.推崇中世纪的建筑风格，例如仿罗马式、哥特式和拜占庭式建筑风格，由于以复兴哥特式建筑为主，所以浪漫主义又被称为“哥特复兴”。

b.追求异国情调，在建筑风格上搞猎奇，例如建造古埃及式、中国式、印度伊斯兰式和土耳其式的建筑物，使之富有浪漫主义色彩。

c.复兴具有民族特色的建筑文化，抵制当时流行的古典主义建筑风格。所以，有人又将浪漫主义叫做“历史主义”。

(2) 浪漫主义建筑产生的原因

浪漫主义建筑产生和发展的主要原因有三点：

a.*封建贵族伤感和悲观情绪的表现*——由于资本主义的发展，资产阶级的政治地位不断提高，封建贵族丧失政权和地位，并日渐没落。但封建贵族又不甘心失败，他们迷恋过去的黄金时代，所以通过建造中世纪的仿罗马式、哥特式城堡或府邸，或修建异国风情的建筑，表示对资产阶级的反抗和对现实的不满，使自己从中得到安慰。教会也想借此来反对异教。

b.*爱国主义和民族情感的流露*——许多民族在反拿破仑的战争中培育和激发了爱国主义情感，希望保持和发扬具有民族特色的建筑文化，因此促进了对中世纪建筑的研究，修复、续建和新建了不少仿罗马式和哥特式建筑，以抵制拿破仑推行的古典主义建筑风格。

c.*启蒙主义者卢梭的作用*——启蒙运动对君主专制的批判，提倡“平等、自由”，特别是卢梭提倡的“返回自然”和“个性解放”的思想，对建筑设计产生重大影响。当时流行的古典主义建筑公式化、呆板和色彩贫乏令人生厌，而色彩丰富、形式活泼多样和构思自由的中世纪建筑，正符合资本主义的“自由经济”、“个性解放”、反对权威和教条主义的思想需要。一些建筑师也渴望摆脱学院派古典主义清规戒律的束缚，创造设计一些有感情的世俗性建筑。

(3) 浪漫主义建筑类型

a.*庄园、府邸*——一种是模仿中世纪的城堡或要塞，平面布置灵活自由，立面不对称，注重功能需求；另一种外形上模仿哥特式教堂。例如渥尔波尔府邸 (Castle of Horace Walpole)、封蒂尔“修道院” (Fonthill Abbey) 等。

b.*市政建筑*——英国的议会大夏、维也纳的市政厅和匈牙利布达佩的议会大厦都是哥特复兴式建筑。

c.*教堂*——新建的教堂，如德国斯特拉斯堡主教堂、奥地利维也纳的虔信教堂等也是哥特复兴式建筑。

d.*东方情调的建筑*——模仿中国、印度、阿拉伯、土耳其乃至古埃及式样的建筑；还特别建造“中国式园林”，成为风尚，在英国、法国、德国和俄国都有体现。例如中国式宝塔和园林，英国布莱顿皇家别墅 (Royal Pavilion)。

e.*威尼斯哥特式建筑*——19世纪下半叶，在英国曾流行仿意大利威尼斯哥特式建筑的“哥特复兴”式建筑，被命名为“维多利亚哥特式”建筑，在居住建筑中极受欢迎。

(4) 浪漫主义时期的重要建筑师

a.*钱伯斯* (Sir William Chambers) ——英国18世纪下半叶的重要建筑师之一，曾两次到中国，在意大利罗马学习建筑专业，1757年撰写出版了《中国建筑设计》(Designs for Chinese Buildings) 一书，在别的著述中也多次介绍中国建筑艺术，尤其推崇中国的园林，并为英国王室设计过中国式花园 (凯夫花园Kew-Gardens)。

b.*拉斯金* (John Ruskin) ——英国19世纪“艺术与手工艺运动”的代表人物，对中世纪的哥特式建筑和手工艺品十分崇拜，主张建筑、家具和工艺品设计与制作都应以中世纪为榜样。他坚持的“建筑的功能性要好、形式要活泼多样、外形应美观”的观点还是正确的。这在他的《建筑七灯》(Seven Lamps of Architecture) 中有表述。

c.*勒·杜克* (E. Viollet Le Duc) ——法国19世纪浪漫主义建筑理论家和著名建筑师，他修复的一些哥特式建筑往往不忠于原设计 (例如庇莱丰塞堡Pierrefonds Castle)。但他对哥特式建筑的结构体系和新兴的铜铁结构建筑十分赞赏，在他的许多著述中，都强调结构的重要性，主张建筑的有机性。这

些理论对近现代建筑的发展产生了不小的影响。

2.折衷主义建筑（1820～1930年）

在拿破仑独裁时期，法国就出现了折衷主义建筑，把古埃及的狮身人面像、埃特卢斯克的和古希腊的陶瓶、古罗马柱式、文艺复兴的湿壁画等混杂在一起。英国则从出现浪漫主义时起，也产生了折衷主义。到了公元19世纪下半叶，在欧美盛行折衷主义建筑。

（1）折衷主义建筑的风格特征

a.风格不纯——没有自己的独特风格，多半是以往几种建筑风格的拼凑组合，所以艺术性较差。

b.宏大与豪华——有不少折衷主义建筑在规模和尺度上都很宏大，装饰上也很讲究，这些都是很明显的。

（2）折衷主义建筑产生的原因

a.由于资本主义经济的发展——资本主义发展使城市建设脚步加快，资本家和企业主竞争加剧，城市人口恶性膨胀。要求建筑业多快好省，建筑设计成为商品，采用折衷主义的设计，最适应社会发展的需求。

b.为迎合顾客的口味——建筑师为了迎合商人、银行家和工厂主的欣赏趣味，采取直接搬用东方或西方的历史风格建筑式样，或者进行拼凑，既省时又省力。

c.为满足急迫的社会需求——当时，由于多种原因，造成许多城市发生大的火灾，急待恢复的城市建设，不容许建筑师花费较长时间去创造新颖的建筑样式后再动工兴建。只有对已有的各种建筑形式与手法随意选用或组合，才能解决快速修复城市创伤的问题。

（3）折衷主义建筑类别

a.功能上——不论是居住建筑、商业建筑、公共建筑（剧场、纪念堂、学校等），还是宫殿、市政建筑（法院、议会大厦、市政厅等），都是在满足特定的功能需求这个前提下，再给它们穿上某种历史风格或混杂风格的外衣。有些建筑在功能设计上有很大的进步，例如法国巴黎歌剧院，音响效果、视线设计、车道设计（拉布景的车可直达后台，左面出入口车道通达剧场底层，右面出入口车道可到达池座层）都很优异，化妆间有卫浴设施，这些都是应该肯定的。

b.形式上——在建筑外观形态上，不仅有以文艺复兴式样、巴洛克式和洛可可式为蓝本的，叫“新文艺复兴”、“新巴洛克”、“新洛可可”；也有以回教（伊斯兰）式、中国式、印度式和拜占庭式为样板的“东方式”外观或内饰。

（4）折衷主义建筑主要遗迹

a.在法国——巴黎歌剧院、圣心教堂和法院。

b.在英国——伦敦旅行家俱乐部。

c.奥地利——维也纳犹太教堂、歌剧院和皇堡建筑。

d.德国——柏林的帝国议会大厦、工业博物馆，德累斯顿的宫廷剧院和画廊，慕尼黑的艺术学院和法院。

e.意大利——罗马市的曼努埃尔二世纪念堂。

f.比利时——布鲁赛尔市的法院。

g.捷克——布拉格市的民族剧院和民族博物馆。

h.俄国——莫斯科的大克里姆林宫、圣彼得堡的伊萨基也夫教堂。

i.美国——以1893年在芝加哥举办的“哥伦布博览会”的展览建筑为代表。

（5）建筑业中的进步因素

折衷主义时期，虽然设计上抄袭、拼凑和搞一些虚假的装饰，但也有些进步的因素表现出来，预示着新建筑风格的产生：

a.钢铁和玻璃逐步广泛应用——钢铁、玻璃古代就作为建材之一，但大量使用是从18世纪末开始的。例如，1851年英国伦敦第一届国际博览会的展馆“水晶宫”（Crystal Palace），就是用事先预制好的钢骨架、平板玻璃和曲面玻璃装配而成的世界上首座由钢铁与玻璃构成的宏大建筑物。

b.生产性和交通性建筑采用新兴材料——当时不仅民用建筑使用钢铁、玻璃建造（别墅、剧院、展览馆、图书馆、市场和百货商店等）；而且桥梁、厂房、植物园温室和仓库等，也以钢铁、玻璃作主要建材。

c.新结构形式产生——新材料的使用，促成新结构的产生，从而创造出前所未有的大跨度和大净高的建筑空间。例如，巴黎艾菲尔铁塔高达328m；1889年巴黎世界博览会的机械馆长420m、跨度115m，在结构上首次使用三铰拱支承结构；芝加哥第一座按现代框架结构原理建造的家庭保险公司大厦高度10层，用生铁框架代替承重墙。

d.升降机和电梯出现——世界上第一部蒸汽动力升降机是由美国人奥蒂斯（E.G.Otis）发明成功，曾于1853年在世界博览会上展出，并于1857年将此升降机安装到纽约市的一座百货商店中。水力升降机是在1870年由纽约人贝德温（C.W.Badwin）发明的。在欧洲，升降机出现较晚：1867年在巴黎国际博览会上安装了一部水力升降机，1889年在艾菲尔铁塔内安装了四部水力升降机，供人们参观用。在美国，从1887年开始应用电梯到所有高层建筑中。

e.混凝土与钢筋混凝土被发明、推广——最早在公元1774年，英国用石灰、砂子、铁渣和黏土建成原始的混凝土灯塔。接着在1824年最先发明和生产出真正的混凝土材料：胶性波特兰水泥。后来又生产出混凝土楼板（把混凝土作为铁梁中的填充物）。1850～1868年间，法国人拉勃娄斯特（Henri Labrouste）首先做出钢筋混凝土拱顶（巴黎圣日内维夫图书馆）。自1890年起，钢筋混凝土在欧美得到广泛应用。这使建筑结构方式和内外观形态产生巨大变化。

f.予制化、装配化——1851年在伦敦举办的第一届国际博览会展览馆"水晶宫"，就是全部采用预制好的直、曲铁骨架，铁柱和平板玻璃、曲面玻璃，现场安装而成的。1889年的艾菲尔铁塔和巴黎国际博览会机械馆也采用了同样的施工方法。

g.设计学的进步——首先是重视功能性，设计中，功能分区的合理性、采光的优良、交通的分流和视线的舒适性等，都取得优异的成绩。其次，设计上开始采用模数制："水晶宫"的柱距采用8英尺（即24m）为模数。

3.殖民地式家具（公元17世纪中叶～18世纪末）

从公元16世纪起，欧洲的殖民主义者入侵美洲，后来又侵占澳大利亚、南非及印度等地，为巩固殖民地的统治，接着就向这些地区移民。所以，殖民地的建筑与家具风格受欧洲移民国家的影响。但由于材料、气候不同，还有其他原因，建筑与家具逐渐形成了自己的风格，即"殖民地风格"（Colonial Style）。

(1) 家具品种

起初家具品种很少，后来才多样化起来。

a.坐具——靠背椅、扶手椅、全包的沙发椅和长沙发等。

b.藏具——木箱、柜橱、抽屉柜、餐具柜等。

c.承具——饭桌、翻板桌、办公桌、梳妆台和格架等。

d.卧具——小榻、单人床、双人床（有围帐和无围帐的，四柱式的较受欢迎）。

(2) 造型特点与装饰

a.总体上讲，殖民地式家具造型简朴，讲究比例、尺度，装饰不多。

b.造型上，最初是仿英国的都铎式家具（直线轮廓、有哥特式某些特点）和雅各宾式家具（腿与靠背为镟木、扶手带涡卷、蛇形立柱、方圆交替的腿等）；中期又仿英国的威廉—玛丽式和安娜女皇式（圆券造型、瓶式栏杆腿、喇叭形圆腿或八棱腿；中断式山墙顶、提琴形或花瓶形靠背竖板、弯形兽腿上刻海贝浮雕），后期则仿齐彭代尔式家具（梯形靠背、兽腿、卷曲形的五金件等）或赫泊尔怀特式（瓶式栏杆柱、上粗下细的方腿、盾形靠背）、谢拉通式（栏杆式靠背、涡卷形扶手等）家具。

在西班牙殖民地，家具造型也仿宗主国的式样：连券柱护栏、蛇形柱、有收分变化的圆腿、兽爪形脚、串珠形支柱、对称的双涡卷基座等。

在法国与荷兰的殖民地里，家具造型也是受宗主国中世纪直到古典主义风格的家具式样影响。

c.总的来说，家具腿镟木制的比较多。在英国安娜女皇时代出现的"温德索"椅（Windsor Chair）是鏇木制的曲背扶手椅，在18世纪中叶的殖民地十分受欢迎，在英美也很流行。

d.殖民地式家具的雕塑感是靠凸起或凹进的门扇、抽屉和抽屉面板上卷曲多变的五金件（拉手）取得的。

e.椅背边柱和床帐立柱的顶端多为波萝形圆雕，柱身用毛茛叶浮雕或刻有稠密的螺纹线。

f.椅背中间的竖靠板为花瓶形或琴形。有的靠背为心形或盾牌形、栏杆式。

(3) 家具用材

a.木材——各地所用木材不同，北美主要是栎木和松木，栎木即是橡木。澳大利亚、印度和南非都有各自特有的木材。

b.石料——大理石、花岗石。

c.编结料——灯芯草、麻绳等，用来编座面。

d.软包材——布料、皮革，包坐具的座位与靠背，或包床面板。

e.玻璃——用作玻璃柜门、桌子垫板或梳妆镜镜片。

(4) 常用结构

a.插接榫——家具结构中最常用的，有两向插接和三向插接，也有单向插接。

b.嵌入榫——涡卷形扶手与座面框条的交接、装饰件与构件的连接，使用嵌入榫。

c.企口榫——木板拼接采用企口榫。

d.嵌板结构——靠背板、柜门等，都使用嵌板结构。

e.靠背立柱与后腿一体化结构——靠背椅、扶手椅绝大多数是靠背边柱与后腿用一根整料，这确保了椅子的坚固、安全可靠。

(5) 工艺技术

a.鏇木工艺——椅子腿、靠背、杌子、桌腿和床帐立柱等，鏇制，既快速又美观。

b.雕刻——雕刻有圆雕、浮雕、线刻和透雕几种不同表现形式。

c.编织——坐具的座面用灯芯草或麻绳编结。

d.软包镶——沙发椅、长沙发和床面等，用绒布、麻布或皮革软包，内充棉花或旧布。

4.夏克式（Shaker Style）家具（公元1775～1800年）

夏克式家具是公元18世纪最后的25年里，在美国基督教震教派（Shakerism）的教徒（Shaker）聚居区广泛流行的一种家具式样，“夏克”是Shaker的音译。

这种家具式样在19世纪上半叶曾一度消失，到20世纪初又受到设计界的青睐，认为它是未受到欧洲影响的“纯美国式”家具风格。

(1) 家具品种

a.坐具——长凳、小凳、靠背椅、扶手椅、扶手沙发椅等；

b.承具——写字台、条桌、讲经台等；

c.藏具——抽屉柜、高脚柜、木箱等；

d.卧具——小榻、单人床、双人床等。

(2) 造型特点

a.朴实无华，坚固耐用；

b.以木板、木方做主材，没有线脚和雕饰；

c.爱用楔形板做家具构件，如靠背椅的楔形靠背板、床榻的楔形板式柱腿、长凳与条桌的楔形板式腿（上部有折角处理）等；

d.在板形构件上常常开方形孔或矩形孔，如靠背椅的靠背板上和板式腿上、床榻的头与尾部的挡板上。因此，椅子可以挂在墙上，床榻可以用杆件吊架在室内顶部空间；

e.在家具的腿脚上，木方脚平直方正；板式腿的脚是中间挖缺成弧线形，或弧线加斜线形；

f.某些地方使用折线，如椅子前望板、长凳板式腿的上部；

g.板条形枨子伸出板式腿外侧后，加木楔钉锁紧。

(3) 家具用材

制作家具的材料以木材为主，而且是价格低廉、材质较软的木料，如红松、白松、马尾松和红杉等。

(4) 结构

a.插接榫——有单向和双向插接榫两类，有暗榫和明榫之别。

b.销钉榫——在靠背椅、条桌和长凳的腿部使用销钉榫；板条形枨子两端穿透板式腿后，在外侧打孔加木楔销钉。

c.嵌板结构——床头、床尾栏板，桌子侧望板等，使用嵌镶板的做法。

d.板式腿——在家具制作中，除了使用木方材之外，使用实木独板的板式腿也较多。

e.开方孔——在家具某些板形构件上常常开出方形或矩形孔，以便悬挂、架空或搬运方便。

(5) 工艺技术

a.以车工技术为基本手段，用机械加工成平光表面或棱面，不起线，也没有任何雕饰。

b.软包镶，沙发背和座面、凳面和床面有的采用软包工艺。外皮用布料或皮革，内芯用棉花或毡垫。

5.曲木家具

早在1856年，奥地利人托奈特（M.Thonet）最先开发生产了曲木靠背圆椅，1870年又生产了圆座面曲木扶手椅和曲木摇椅，采用水煮木棒、模具成型的方法，使家具轻盈、俏丽。实现规格化和批量化生产。

6.艺术与手工艺运动时期的家具

在1865~1898年间，由英国人莫里斯（W.Morris）、拉斯金（J.Ruskin）等人发起的“艺术与手工艺运动”（Arts and Crafts Movement），反对用机器制造产品，主张产品手工艺化，强调古趣盎然，主张设计师到工场亲身参加制作的全过程，对选用材料、结构形式、造型、装饰与配件等，都要慎重处理，重点放在手工制作的精良上，以确保家具产品的优质和好的信誉。

英国的沃依塞（C.F.A.Voysey）、斯科特（I.E.Scott）和美国人斯蒂克利（G.Stickley）都受莫里斯影响，家具设计质朴、单纯、大方；戈德温（E.W.Godwin）、吉姆森（E.Gimson）和希尔（A.Heal）的设计典雅、清新。总的来看，都体现出19世纪后半期浪漫主义的“哥特式复兴”的特征。

莫里斯设计的靠背可调节倾斜度、活动的靠垫和坐垫、扶手上也装软垫的安乐椅，被命名为“莫里斯椅”，用旋木部件较多，椅子正面有木片镶嵌，形式上也具有“哥特式复兴”的特征。

复习题与思考题

1.浪漫主义建筑的风格特点是什么？其产生的原因是怎样的？有哪些建筑类型？

2.简介浪漫主义时期的重要建筑师。

3.折衷主义建筑的风格特点及其成因是什么？

4.折衷主义时期建筑业中有哪些进步因素？

5.殖民地式家具的品种、造型、装饰、用材与结构特点都是什么？

6.夏克式家具在品种、造型、用材、结构与工艺材料上的特点是什么？

7.曲木家具是何时产生的？其特点如何？

8.艺术与手工艺运动时期的家具特点是什么？

1. 在1851年生产的“浪漫主义”家具，由豪夫迈斯特和贝伦斯设计
2. I.E.斯考特于1875年设计的胡桃木书柜（属浪漫主义，仿英国，保存在美国）
3. 仿印度伊斯兰式的浪漫主义建筑物（英国布莱顿皇家亭楼，1821年）
4. 仿哥特式的浪漫主义室内（1890年）
5. 方特希尔教堂中的布道厅（1812年，英国）
6. 曲木摇椅
7. 曲木摇椅（19世纪中叶）
8. 英国1893年扶手椅（红木） G·贾克设计，莫理斯制作

浪漫主义建筑·教堂与展馆外观

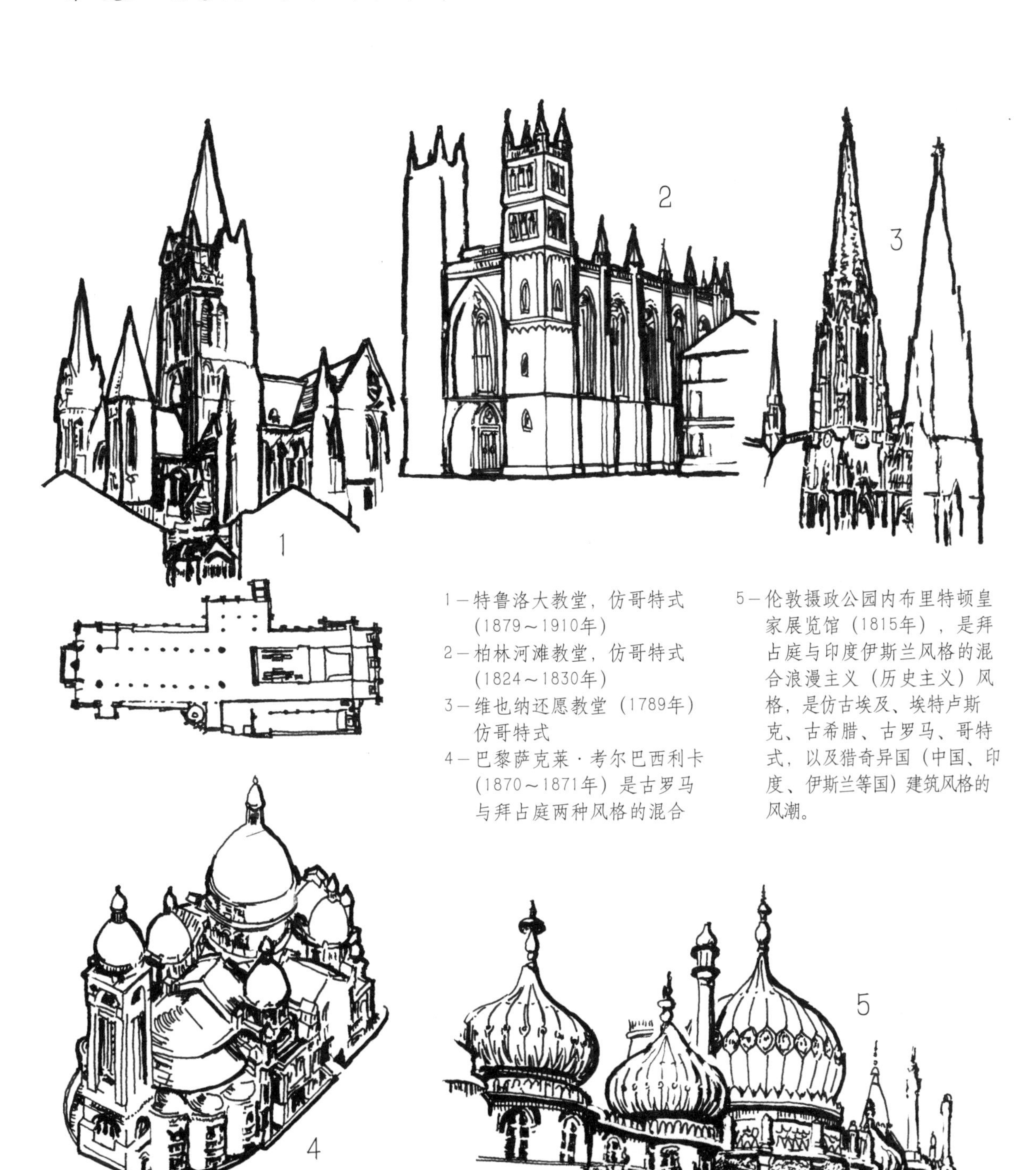

1－特鲁洛大教堂，仿哥特式（1879～1910年）

2－柏林河滩教堂，仿哥特式（1824～1830年）

3－维也纳还愿教堂（1789年）仿哥特式

4－巴黎萨克莱·考尔巴西利卡（1870～1871年）是古罗马与拜占庭两种风格的混合

5－伦敦摄政公园内布里特顿皇家展览馆（1815年），是拜占庭与印度伊斯兰风格的混合浪漫主义（历史主义）风格，是仿古埃及、埃特卢斯克、古希腊、古罗马、哥特式，以及猎奇异国（中国、印度、伊斯兰等国）建筑风格的风潮。

浪漫主义建筑 · 外观与室内

丹麦、哥本哈根 弗利德里克教堂
(1749年)，仿罗马的圣彼得大教堂

英国别莱菲尔德市政厅 (1901年)，仿文艺复兴风格

英国斯特莱德 施里夫特住宅室内 (1841年)，仿哥特风格，A·W·普金设计

折衷主义建筑·建筑外观

比利时布鲁赛尔 司法宫（1866～1888年），综合了文艺复兴与巴洛克式样

法国巴黎歌剧院正面（1861～1874年），Ch·卡涅设计，综合了意大利与法国的文艺复兴式样

折衷主义建筑·公共建筑与民居

1—法国巴黎圣心大教堂
2—法国巴黎歌剧院门厅中的楼梯
3—民居外观

浪漫主义家具·殖民地式家具（1620～1790年）

早期（1620～1700年）造型简朴、粗糙。

后期（1700～1790年）造型上仿安娜女皇式或仿齐彭代尔式、仿法国式。但都有所简化和改动；各地区又受不同国家流行风格的影响。所以，殖民地式家具没有统一的模式。

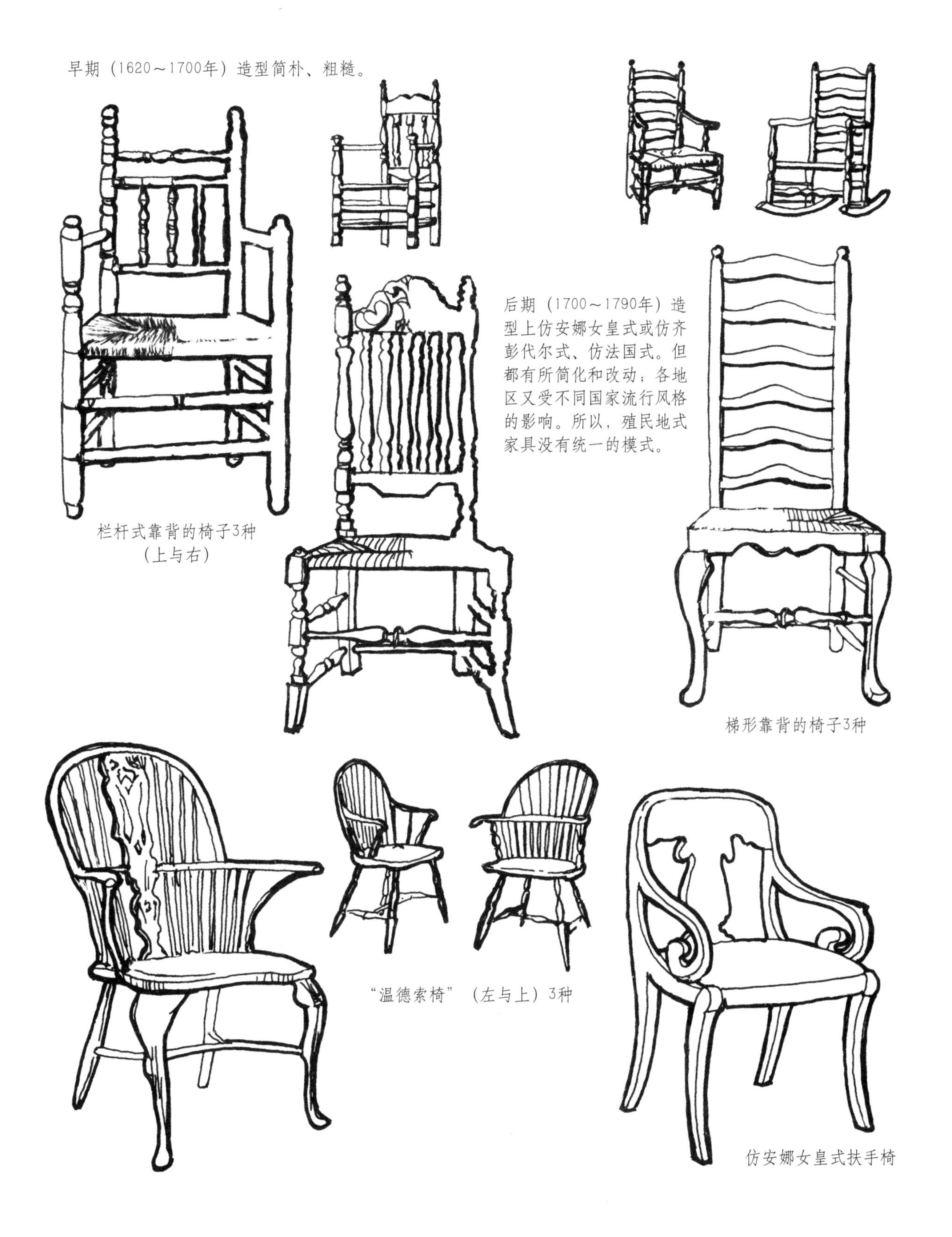

栏杆式靠背的椅子3种（上与右）

梯形靠背的椅子3种

“温德索椅”（左与上）3种

仿安娜女皇式扶手椅

浪漫主义家具·殖民地式家具

浪漫主义家具·夏克式（教会式）家具

折衷主义时期建筑·艺术与手工艺运动建筑

英国曼彻斯特毛织品工厂外观（1830年），是英国19世纪工厂建筑的典型风格

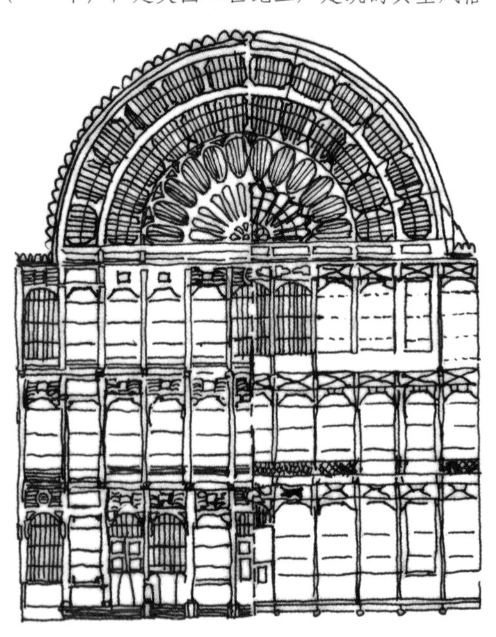

英国水晶宫（1851年）上－平面图（540m×140m）
左－外观　　右－立面局部（帕克斯顿设计）

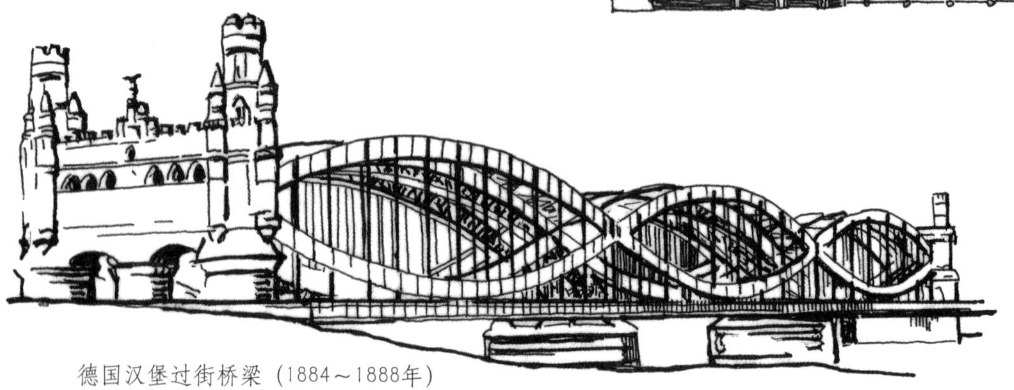

德国汉堡过街桥梁（1884～1888年）
桥头堡为新哥特式风格（采用钢铁与混凝土建造）

折衷主义时期建筑·艺术与手工艺运动建筑

新建筑结构草图（Violletle 杜克创意1860年）

埃菲尔铁塔（G·埃菲尔设计，1889年）高312m

“红屋”（W·莫里斯设计，1860年）

洛杉矶“根堡住宅”
（美国格林兄弟设计，1904年）

折衷主义时期家具·曲木家具、艺术与手工艺家具

左与右—托奈特（Thonet）设计、生产的曲木靠背椅与摇椅（1850～1860年）
靠背椅（1851年）
莫里斯椅
扶手椅（1875年）
1900年 A·海尔设计的柜子
艺术与手工艺运动，是在1865～1898年间，由英国人W·莫理斯和J·拉斯金倡导发起的，他们反对工业化，强调艺术性、实用性和手工技艺，对“新艺术”的产生起了作用。
1886年由A·H·玛克姆岛设计的小桌
E·吉姆森设计的柜（1891年）

第17篇　新艺术派建筑与家具
（公元1885～1917年）

从公元19世纪下半叶起，在欧洲和美国，都开始出现了探寻建筑与家具新风格的思潮，这是向现代建筑演变的过渡时期，具有承前启后的作用。

1.新艺术派建筑的风格特点

从一开始，建筑风格上就表现出两种不同的形式和倾向：

(1) 装饰派特点

在建筑外观上，追求建筑物影廓之动荡和起伏不平，造型多仿自然形（植物、山峦等），装饰上，常用卷曲的植物叶子、茎杆或肥硕的大花朵作装饰。不重视材料或结构的选用是否合理，忽视材料（铸铁、玻璃、水泥和陶瓷等）的固有特性。只注重二维空间的设计和各种单线条的装饰。指导思想是求新、求异，与复古主义、折衷主义决裂。

正因为此流派不注重功能，不讲究材料与结构使用的合理性，只重视装饰性，所以它没有生命力，很快也就消亡了。这类建筑设计实例以建筑师郝达（V.Horta）、高迪（A.Gaudí）和恩德尔（A.Endel）等人的作品为代表，如布鲁塞尔市都灵路12号住宅的内饰、巴塞罗那市米拉公寓的建筑外观。

(2) 功能派特点

新艺术派中的功能派，追求建筑表里一致，注重功能与结构的合理性，从不用装饰到反对一切装饰，认为由结构产生的新形式才是自然的、合理的，主张发挥材料的特性，崇尚机器美学。

由于此派注重功能、讲求实用，合理使用材料与结构，提倡艺术上严格的唯物主义和“有机建筑”（Organic Architecture）理论，为现代建筑风格的形成与发展奠定了基础，使此派成为从古典建筑向现代建筑过渡的关键环节。

此派的代表人物是奥地利人瓦格纳（O.Wagner）、霍夫曼（J.Hoffmann）、万得维尔德（Henry vande Velde）和美国人詹尼（William Le Baron Jenney）、理查森（H.H.Richardson）、沙利文（Louis H.Sullivan）。典型建筑实例有维也纳市邮政储蓄银行营业厅、布鲁塞尔市司陶克莱公馆（Palais Stoclet）、达姆什达特城的美术家聚居点和婚礼塔、美国芝加哥市高7层的莱特尔栈房（Leiter Building）、会堂大厦（Auditorium Building）和高13层的保证大厦（Guaranty Building）等。

2.新艺术派建筑产生的原因

(1) 折衷主义和复古主义令人厌恶

在折衷主义后期，只重建筑的外表形态，胡乱拼凑和到处使用装饰，甚至在居住建筑中也用石膏、石灰和水泥制作装饰件，模仿石质的纪念性建筑，这些虚假的线脚、托拱和其他装饰件又经常脱落下来。虚假的装饰主义、材料浪费，模仿古典建筑、民间艺术和异国情调，引起人们的反感。开明的建筑师也反对这样做。

(2) 具有革命性的建筑师也渴望创新

他们企图摆脱僵化的古典建筑、法规和装饰手法的束缚，探求实用和具有“现代感”的崭新形式。

(3) 前辈艺术家思想和学说的影响

浪漫主义时期，英国“艺术与手工艺运动”（Arts and Crafts Movement）的代表人物莫理斯（W.Morris）和拉斯金（J.Ruskin）建造田园式住宅、摆脱古典建筑形式羁绊的主张与实践；法国建筑师勒·杜克和德国建筑师森培（G.Semper）的“关于功能、结构和材料是建筑决定性因素”的学说；都对新艺术派建筑师产生深刻影响。

(4) 日本建筑与绘画的启发

日本木构建筑形式及室内设计风格，日本浮世绘版画作品的格调，对新艺术派艺术家有很大的启发作用。

(5) 法国绘画的刺激作用

高更（Paul Gauguin）油画的鲜亮色彩、索拉（G.Seurat）作品的简练概括、劳特里克（H.Toulouse—Lautrec）作品的富有表现力的线条，都与古典的绘画有区别、有创新、有发展。这也间接地启发和刺激了新艺术流派的形成。

3.新艺术派建筑的特征

(1) 外观特征

a.外观上多为简洁的几何形——在欧洲的多数国家，新艺术运动时期的建筑物，外观多由一些几何形体组成，像立方体、圆球体、方锥体、方柱体等，造型简洁；在外墙和球形顶外表往往有曲线形植物浮雕纹饰。户外标牌、铁门，窗棂等，除用直线外，也多加上弧线、植物形曲线造型构件。

b.雕塑式外观——在西班牙，新艺术运动时期的建筑物，外观具有雕塑感，墙体呈波动的曲面（有凸凹），腰线也不规整统一，阳台、凸窗和烟囱塑成自然形（鸟笼、鸟巢、山峰等），富有浪漫主义幻想和巴洛克神韵。这是由建筑师的怪诞思维和偏爱造成的，它只在形式上与传统建筑决裂，在实用功能和技术上并没有革新；只能表明外形上可以随心所欲。

c.美国的高层建筑——美国芝加哥学派的建筑，造型简洁，没有植物自然纹饰浮雕，发展了框架结构，在功能性、新材料和结构、技术设备上都有创新，成为现代建筑的基础。欧洲的新艺术运动功能派的建筑外观，也是除了简洁的几何形体以外，也没有植物形及曲线装饰浮雕，为现代建筑的产生作了准备工作：出现了大面积的光墙、窗子大小有变化、出现了联列式窗、窗子的横竖向排列都有别于古典建筑的排列、平面形状按功能需求来确定，等等。

(2) 内部装修特征

a.大量使用模拟自然形的装饰——在建筑室内的墙面、楼梯栏杆、窗棂、壁炉和吊灯设计上，喜欢用动感很强、富有生命力的曲线，例如用植物的茎、蔓和分杈枝条，海浪，云彩等，作装饰。而且大量使用可以弯成各种曲线的铁质构件。这是新艺术运动装饰派的室内装修特点，对功能性和实用性不大注重。

b.少用或不用装饰——欧洲新艺术运动的功能派和美国芝加哥学派，在室内设计上则很少用或不用装饰，特别是不用仿花木生长的曲线装饰，注重功能合理和实用方便，反对浪费。

4.新艺术运动在各地的发展状况

探寻新建筑风格、摆脱古典建筑的束缚的思潮和努力，在欧洲和美国几乎同时在19世纪后半叶中出现。虽在各地名称不同，兴起的时间不一，主张也不完全相同，但在大方向上是一致的。所以，后来艺术史家用“新艺术”这个名词统称这个时期欧美的建筑与家具风格。

(1) 欧洲各国的新艺术运动

a.比利时的“新艺术”派——“新艺术”（Art Nouveau）运动最早于19世纪80年代在比利时的布鲁塞尔开始的，是真正探求新建筑形式的起步。此派的创始人有郝达、万得维尔德。英国的“艺术与手工艺运动”思想最先传入比利时，比利时于1881年开始出版《摩登艺术》（L'Art Moderne）周刊，宣传新观点和主张，在该杂志的影响下，出现了由激进派艺术家组成的“二十人团”（Les XX），“二十人团”的首领毛斯（O.Maus）成为“新艺术”派的中坚分子。新艺术派的活动从1884年起，一直持续到第一次世界大战前后。该派的宗旨是解决建筑与工艺品（含家具）的艺术风格问题，处理好建筑结构与形式之间的关系，排除一切传统历史风格，探寻和创造前所未有的新式样。但它只局限于表面形式与装饰，功能与技术上并无建树。万得维尔德于1894年曾出版《艺术之净化》（Le Deblaiement d'Art），产生一定影响。

b.德国的“青春风格”派——“青春风格”派（Jugendstil）是德国在新艺术运动时期探求新建筑风格的流派名称，也有译成“少壮派”的。它的主要活动地点是慕尼黑，1896年在慕尼黑创刊《青春》（Jugend）杂志，宣传自己的观点。该派的主要建筑师有贝伦斯（P.Behrens）、穆特修斯（H.von Muthesius）和恩德尔等人，建筑外观简洁，有少量装饰，注重功能和实用性。

c.奥地利的“分离派”——在奥地利，受新艺术运动的影响，最初形成了以建筑师O.瓦格纳为首的维也纳学派，接受森培的思想观点，主张建筑设计与风格应适应时代的需要来个大转变，建筑创作源于时代生活，新用途、新结构产生新式样，新材料、新造型要与生活需求协调，1895年出版《摩登建筑》一书，他设计的维也纳邮政储蓄银行营业厅，十分简朴、素雅，已没有装饰。1897年以装饰为主的建筑师与画家、雕塑家合伙成立了“分离派”（Secession），成员有一部分原是维也纳学派成员，如奥尔布利希（J.Olbrich）、霍夫曼、路斯（A.Loos）等。他们主张建筑造型简洁，运用大面积光墙面和简明的几何形体（方块体、球体等），集中使用直线型装饰；路斯更反对一切装饰，说“装饰就是罪恶”。分离派的努力使建筑造型趋向简洁。

d.荷兰的“净化派”——“净化派”（Purify）的建筑特点是造型简洁，以几何形体作为构成的要素，注重材料的质感与肌理，爱用清水砖墙（继承了荷兰的传统砌砖墙做法），在檐部和柱头位置改用白色石材。室内大厅采用钢质拱架的玻璃顶棚，是新材料、新结构。但外观上多少有点中世纪仿罗马式建筑的影子（连券门和窗、圆形窗、连续盲券及排齿雕饰等）。在城市规划上，主张合理规化道路、适量地安排绿化和户外公共活动场地、从整体出发、建筑风格统一、要满足民众的生活需求。代表性建筑师是贝尔拉格（H.P.Berlage），他对折衷主义深恶痛绝，终生探索新的建筑形式，并注意学习外国的建筑新理论和新经验。

e.英国的“摩登派”——在英国，新艺术运动的流派叫“摩登风格”（Modern Style），建筑的外观造型简洁，装饰少用，注重功能；建筑与家具多采用简明的几何形和直线条。该派继承了英国“艺术与手工艺运动”的优良传统，对奥地利的维也纳学派和分离派产生了影响。代表人物是建筑师麦金托什（Ch.R.Mackintosh），他设计的格拉斯哥艺术学院图书馆就是明证。

f.法国的“新艺术”派——法国受新艺术运动影响较晚，因为古典建筑传统根深蒂固。英国的“艺术与手工艺运动”先进思想和观念，是经比利时传入法国的。法国的“新艺术”与比利时同名，Art Nouveau就是“新奇、流行和时髦的艺术”之意。最早于1895年，宾格（S.Bing）开办工艺美术品商店，是受比利时的万得维尔德、英国人玛克牟多(A.H.Mackmurdo）和日本家具与服饰的影响。当时在巴黎、南锡和加莱三个城市形成新艺术运动的据点，从事新艺术形式的探索，设计建筑与家具。代表性的建筑师有圭马德（H.Guimard）、盖拉德（E.Gaillard）、马交瑞勒兄弟（Louis Majorelle和Evan Majorelle）和亨特悉尔(G.Hoentschel）等人，尤以圭马特影响最大，巴黎地铁站和铁门的铁标牌、栏杆被称为“圭马特风格”或“地铁风格”，他是以富有生命力的植物形曲线，仿真的枝茎、叶子或果实来作造型与装饰的，属于装饰派新艺术建筑师。

g.意大利的“自由派”——意大利的新艺术流派叫“自由风格”派（Il Stile Liberty），1902年在都灵市曾举办新艺术展览会，反映出探求新风格的思潮。代表性的设计师有布嘎梯（Carlo Bugatti）和芬脑格里奥（Pietro Fenoglio），他们涉猎建筑、室内与家具领域，形式古怪异常，不注重功能，属于装饰派新艺术设计师，喜欢使用有色木材、象牙和羔皮等材料。

h.西班牙的“雕塑式建筑”——在西班牙，探索新建筑形式的新艺术思潮与流派，与比利时的“新艺术”派没有直接的渊源关系，而是走的另一条道路：通过浪漫主义幻想，使雕塑艺术融入建筑空间设计中去，令建筑形态具有巴洛克韵味。建筑师高迪（A.Gaudi）从东方艺术和哥特艺术中吸收一些东西，又受家乡石灰质山峦的启发，创造出极富雕塑感的建筑形式，巴塞罗那的米拉公寓（Casa Mila）是典型的例证。高迪的建筑探索没有体现出功能与技术的进步，只是以自己的偏爱追求奇异的新形式而已。

i.芬兰的“净化派建筑”——芬兰受荷兰的“净化派”的影响，建筑造型简洁，用几何形构成（浮雕也几何化），在空间的组合上灵活多变，注重实用。以老沙里宁（Eliel Saarinen）为代表，他设计的赫尔辛基火车站是芬兰新艺术时期的典型作品。

(2) 美国的新建筑探索

芝加哥学派的高层建筑——美国的“芝加哥学派”（Chicago School）是于19世纪70年代兴起的，由于工业、经济和交通的发展，人口激增，再加上1873年遭遇大火，所以高层建筑应运而生。芝加哥学派在探索新建筑形式、解决功能与新技术以及新结构上有明显的成就，对现代建筑的产生与发展起了巨大的作用。在技术上的突出成就和贡献是：高层金属框架结构和箱形基础。外观上典形的立面形式是“芝加哥式窗”（由横长方形窗组成的网格式墙面）。材料以钢筋混凝土、钢骨架、大玻璃为主，辅以石块和贴面砖。芝加哥学派的创始人是工程师詹尼（William Le Baron Jenney），著名的建筑师有理查森（H.H.Richardson）、沙利文（Louis Henry Sullivan）、布伦汉姆（Daniel H.Burnham）和鲁特（John Wellborn Root）等人。为适应高层建筑垂直交通的需求，美国人奥蒂斯（E.G.Otis）于1853年发明了蒸汽动力载客升降机，并于1857年安装到纽约一家百货商店中。1870年，美国人贝德温（C.W.Badwin）又发明了水力升降机。从1887年起美国已普遍应用电梯在楼房建筑中。

5.重要的理论著述

(1) 前人著述对新艺术运动的影响

德国人森培于1852年撰写、出版的《工业艺术论》一书，主张艺术与工业生产相结合，建筑形式应符合时代精神。1861~1863年，他又撰写《技术与构造艺术中的风格》两卷，阐述了：手段决定形式，新的建筑形式应反映功能、材料与结构特点，装饰与材料、技术的应用有直接关系，功能要在建筑平面、外观和装饰构件上反映出来。这些论点对新艺术运动的建筑师们产生了影响。

(2) 新艺术运动时期的著述

a.《摩登建筑》（Modern Architektur）——在1895年，奥地利人瓦格纳出版此书，1914年印第三版时，改名为《当今建筑艺术》（Die Baukunst Unserer zeit）。该书指出：建筑艺术源于时代生活，新用途、新结构会产生新的建筑形式。这对现代建筑的产生、发展有影响。

b.《装饰与罪恶》（Ornament and Verbrchen）——奥地利建筑师路斯于1908年撰写的论文，他认为适用的东西都不必美观，建筑不属于艺术范畴，反对一切装饰（说“装饰就是罪恶”）。认为建筑应以实用为本，建筑不是依靠装饰而是以形体自身之美而为美的。这种反对一切装饰的观点虽然过于偏激，但对新建筑的发展（现代建筑的形成）起到积极作用。

6.新艺术时期的家具风格

(1) 家具品种

a.坐具——凳子、靠背椅、扶手椅、长沙发等。

b.承具——书桌、办公桌、梳妆台、摆物台和壁台(从墙上挑出台板，下有斜撑支承)等。

c.藏具——抽屉柜、高脚抽屉柜、高脚柜、高型书架等。

d.卧具——木床、铜架子床(上挂帷幔)。

(2) 造型与装饰特点

a.装饰派家具——具有动感的造型，运用具有植物生长特点的曲线，装饰仿自然形的枝杈、植物叶子、茎蔓、花朵和果实，不注重结构的合理性。家具腿犹如主枝，枨子是生出的支杈。用金属(青铜、银等)制造家具上的仿植物形的装饰件。

b.功能派家具——采用几何形的造型，以直线为主，少量用些规范化的曲线(半圆线、1/4圆弧线、抛物线等)，装饰不多，具有动感的纹饰很少用。

以上风格特点与新艺术时期的建筑相同。

(3) 家具用材

a.木材——主要用橡木、乌木和红木。

b.金属——有青铜、黄铜、银和铁等，用做骨架、装饰件和五金件。

c.软包料——用布料、皮革做外皮，内充棉花和布料或毡片。

(4) 家具构造

a.插接榫——有单向插接、双向插接、斜向插接等多种。

b.嵌榫——嵌入圆榫或方榫。

c.45°格角榫——插接榫的接缝不是垂直线或水平线，而是45°线，用在靠背、门扇框架上。

d.夹接榫——护条包裹腿脚用夹接榫。

e.企口榫交连——椅子斜枨从靠背至前腿，经座面处，用企口榫交接。

f.穿透榫——靠背横档板条穿透靠背立柱与扶手立柱，结构简单，可加钉锁固。

g.嵌板技术——门扇、靠背、座面等处，都使用嵌板做法，省料并减轻重量。

(5) 工艺技术

a.雕刻——有圆雕(仿真植物茎叶果花)，浮雕有起直条木凸线、木雕聚点状花卉、二方连续卷草、二方连续几何纹和人像等。

b.木片镶嵌——在门扇上、钢琴立面上用木片拼出写实的图景。

c.铜质装饰——家具拉手是铜质花形，在柜门上有铜片做成的植物形象，在家具上使用植物形铜透雕装饰件，在家具腿和枨上使用铜质护套，在家具腿的上、下部加铜质花卉圆雕。

d.皮革加工——在皮革软包靠背上烙出花饰图案，包皮的边缘用成排的泡泡钉固定，也起装饰作用。

e.镟木——家具上有些部件(如腿、枨等)是镟制的，有的还带有一定锥度。

7.立体派与表现主义建筑

在新艺术运动的末期，在中欧与北欧出现了立体派建筑与家具风格，主要是在外形和局部强化规整的几何形，追求棱面的转折与变化以及光影效果，忽视结构的合理性，造成材料浪费，给人冰冷、生硬的感受。所以未得到流行。

表现主义是20世纪20~30年代曾在德国和北欧流行的建筑风格，代表人物是门德尔松、托特等，他们提倡设计思想自由和个性化，主张创造具有民族性、富有象征性和动力感、体现自然奇观的建筑形象，反对折衷主义，也反对构成主义的过分规格化；与表现主义绘画一样，用建筑形态表现建筑师的个人情感。表现主义建筑没有受到普遍欢迎。但其理论思想却受到后现代主义建筑师赏识。

复习题与思考题

1.新艺术派建筑的风格特点是什么？其产生的原因有几个？

2.将新艺术派建筑在欧洲及美国的发展状况概述一下。

3.新艺术运动时期重要的理论著述有哪些？

4.新艺术时期的家具在品种、造型、装饰、用材、构造与工艺上有什么特点？

5.立体派与表现主义建筑的特点是什么？立体派家具的特点有哪些？

1	4
2	
3	

1. 1900年巴黎展览会新艺术派家具是玛交瑞尔设计制作的（L.Majorelle）
2. 纽约，1820～1830年，夏克式，成衣2人专用裁剪台
3. 夏克式扶手摇椅（公元18～19世纪流行，生产两种样式，叫“姊妹椅”或“兄弟椅”）
4. 西班牙新艺术派教堂

1.布鲁塞尔冯·艾特维特住宅楼梯间（新艺术，1893年）
2.A·高迪设计的屋顶烟囱
3.A·高迪设计的住宅外观

1.立体主义家具（捷克，1911年）

2.新艺术时期德国"青春派"彩色玻璃花窗

新艺术派建筑

布鲁塞尔 冯·艾特维特住宅楼梯
（V·霍塔设计，1900年）

巴塞罗纳“米拉公寓”（A·高迪设计，1906年）

柏林威赛姆百货公司立面（A·梅瑟尔设计，1896年）

维也纳分离派展览馆（J·奥布里奇设计，1898年）

布鲁赛尔，斯托克列宫（J·霍夫曼设计，1911年）

新艺术派建筑·建筑整体及细部

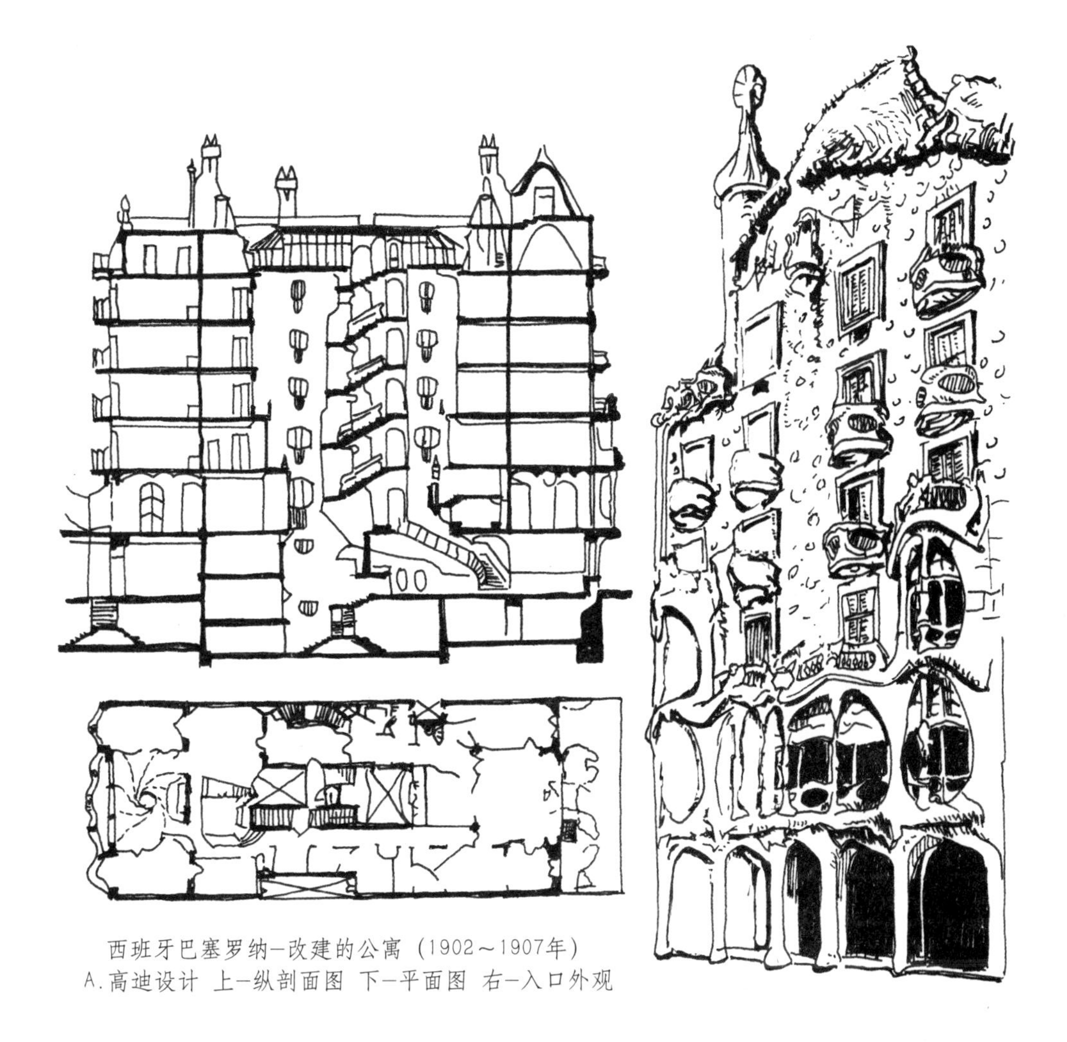

西班牙巴塞罗纳–改建的公寓（1902～1907年）
A.高迪设计 上–纵剖面图 下–平面图 右–入口外观

法国南锡市胡奥特住宅入口（1903年）

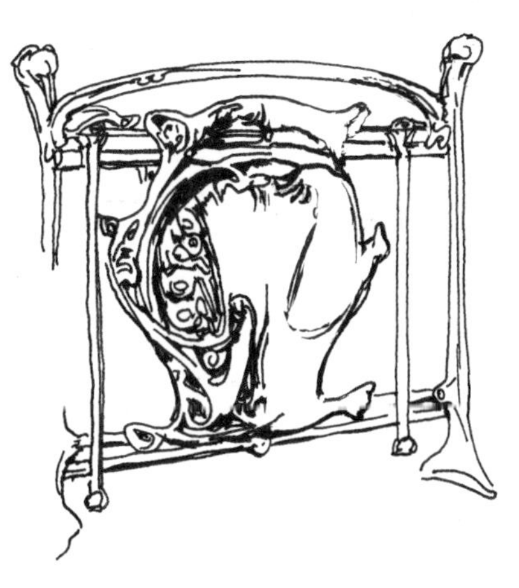

法国巴黎地铁入口之装饰细部
（H·圭马德设计）

新艺术派建筑与室内

法国南锡市某住宅室内装饰及家具（1903～1906年）

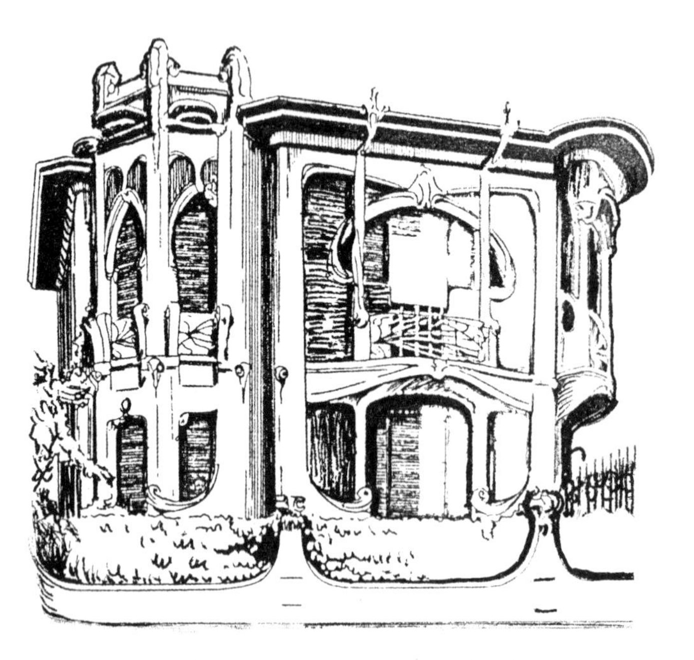

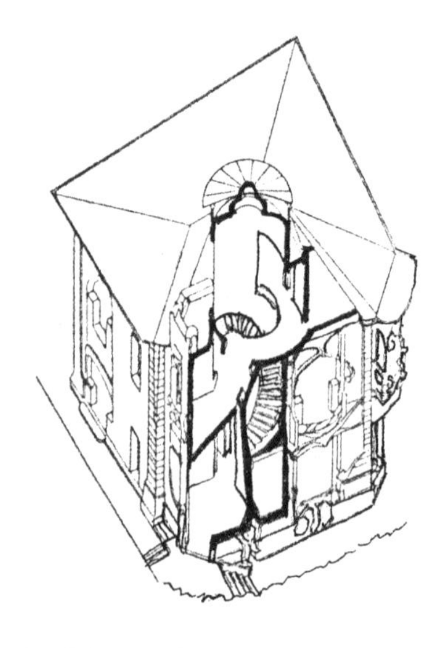

意大利佛罗伦萨市　施·卡拉切尼住宅外观（上图）及全楼轴测图带剖视（右上图），1900年建由郝塔（Horta）和圭马德（Guimard）设计，采用了自由曲线造型

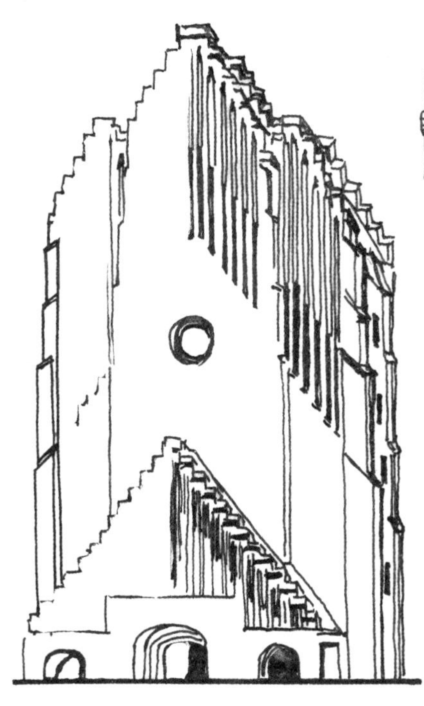

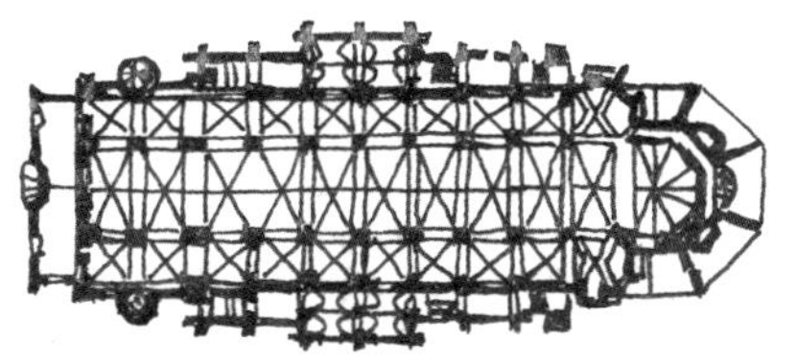

丹麦哥本哈根基础教堂
(1913～1940年建)
仿哥特式风格
左—入口外观
中上—平面图
右—教堂内景

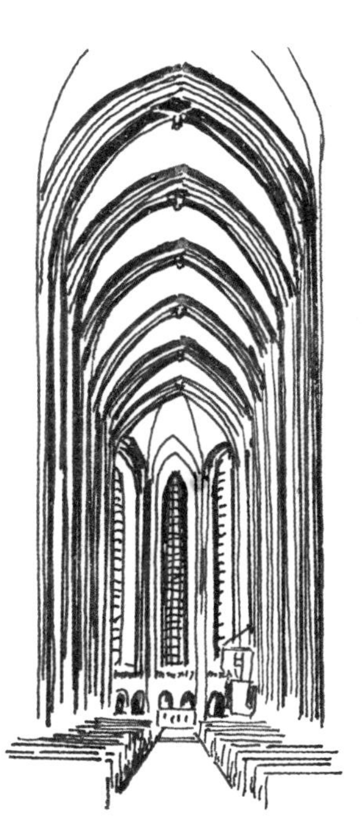

法国巴黎拉因西区圣母教堂（1922～1925年）A·佩莱特设计 混凝土结构、玻璃窗
左—外观　中上—平面图　右—教堂内景

新艺术派建筑·风格派

荷兰乌特勒支　施罗德住宅（风格派）1924年　G·里特维尔德设计
左－3/4侧面透视图　　右－正面透视图

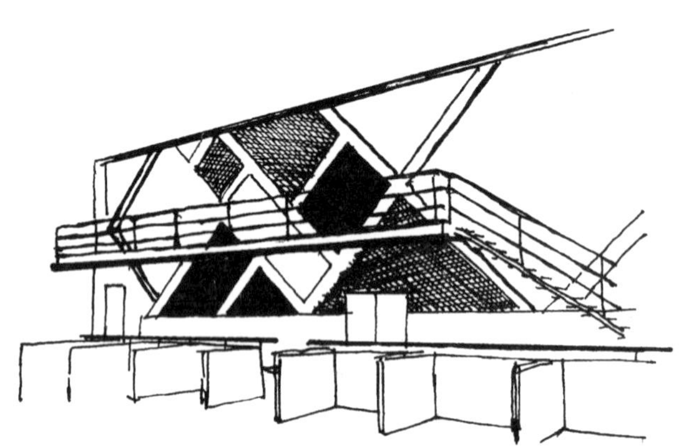

荷兰某电影院餐馆（1928年）V·都埃斯堡尔格设计用色块装饰，富有动感

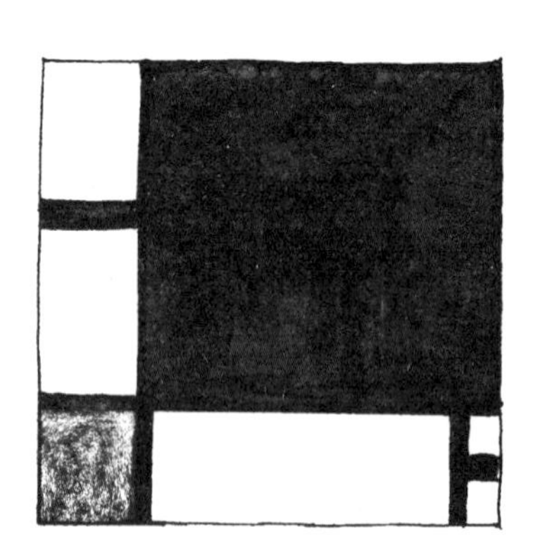

荷兰P·蒙德里安的色彩构图（1930年）

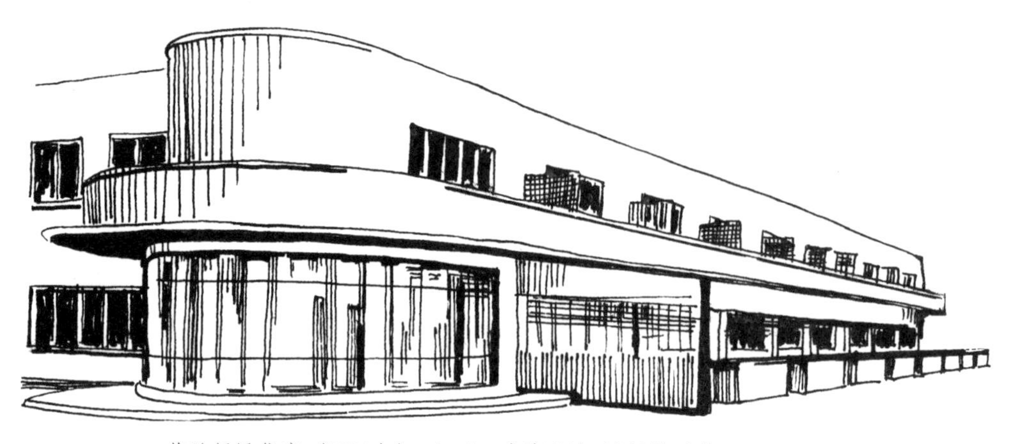

荷兰居民住宅（1924年）J·J·欧德设计 属风格派作品

新艺术派建筑·功能派

芝加哥“卢比住宅”（“草原住宅”风格） F·L·赖特设计 1909年

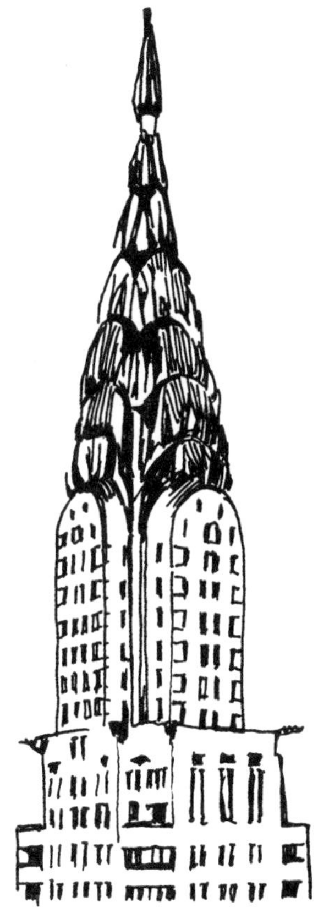
纽约克莱斯勒大厦（1927～1930年）
W·Van 阿伦设计 属于装饰艺术派

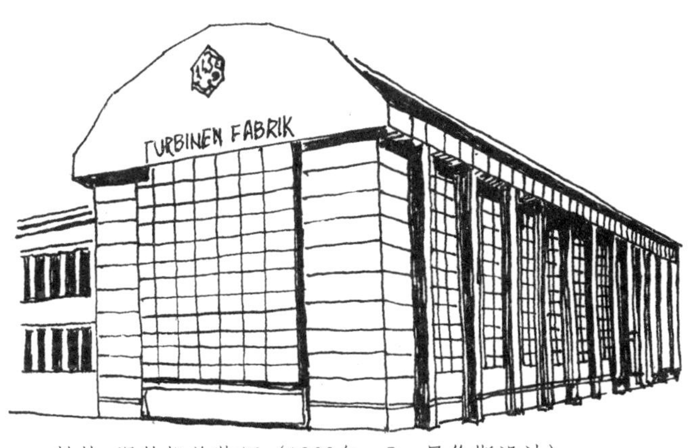

柏林 涡轮机总装厂（1909年，P·贝伦斯设计）

阿尔弗莱德 法古斯鞋楦厂
（W·格罗庇乌斯设计，1911年）

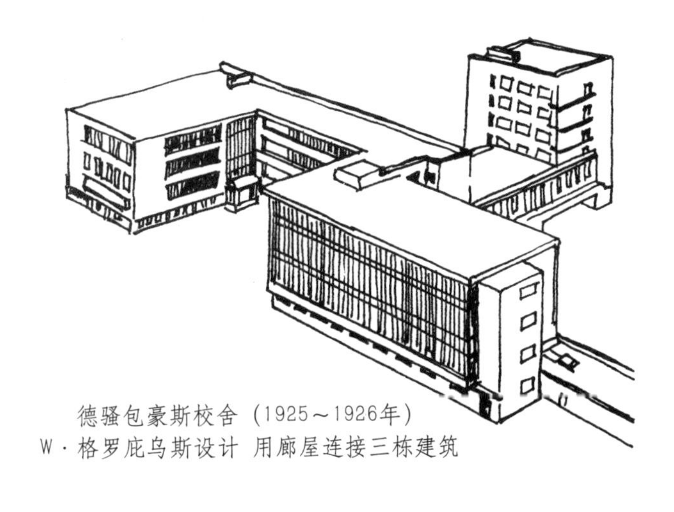
德骚包豪斯校舍（1925～1926年）
W·格罗庇乌斯设计 用廊屋连接三栋建筑

新艺术派建筑·芝加哥学派

芝加哥瑞莱斯大厦（1890～1894年）
布纳姆、卢特设计

纽约渥尔华斯大厦（C·基柏特设计），1913年

芝加哥百货公司大厦
（L·H·沙利文设计），1904年建

新艺术派家具

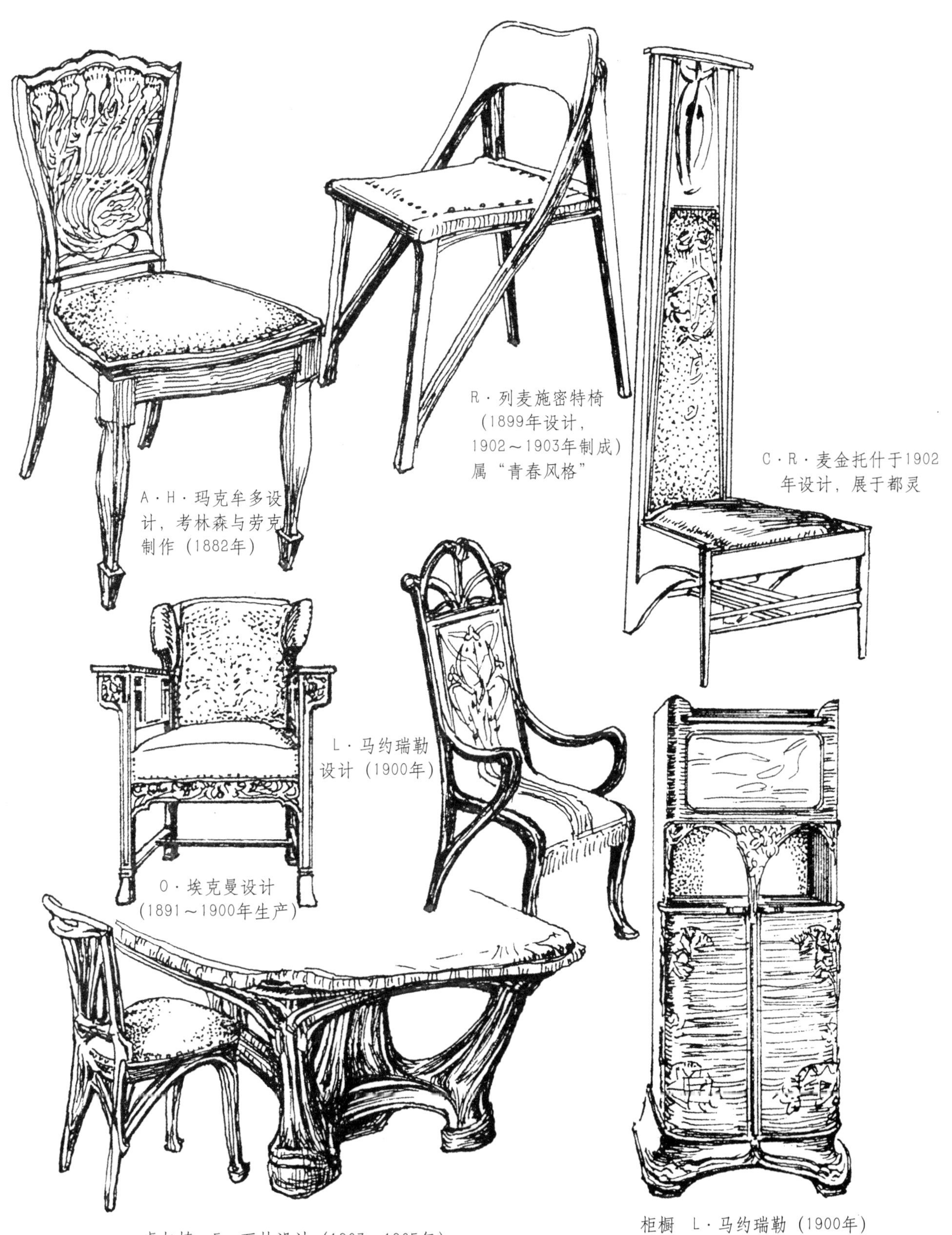

A·H·玛克牟多设计，考林森与劳克制作（1882年）

R·列麦施密特椅（1899年设计，1902～1903年制成）属“青春风格”

C·R·麦金托什于1902年设计，展于都灵

O·埃克曼设计（1891～1900年生产）

L·马约瑞勒设计（1900年）

桌与椅　E·瓦林设计（1903～1905年）

柜橱　L·马约瑞勒（1900年）

新艺术派家具

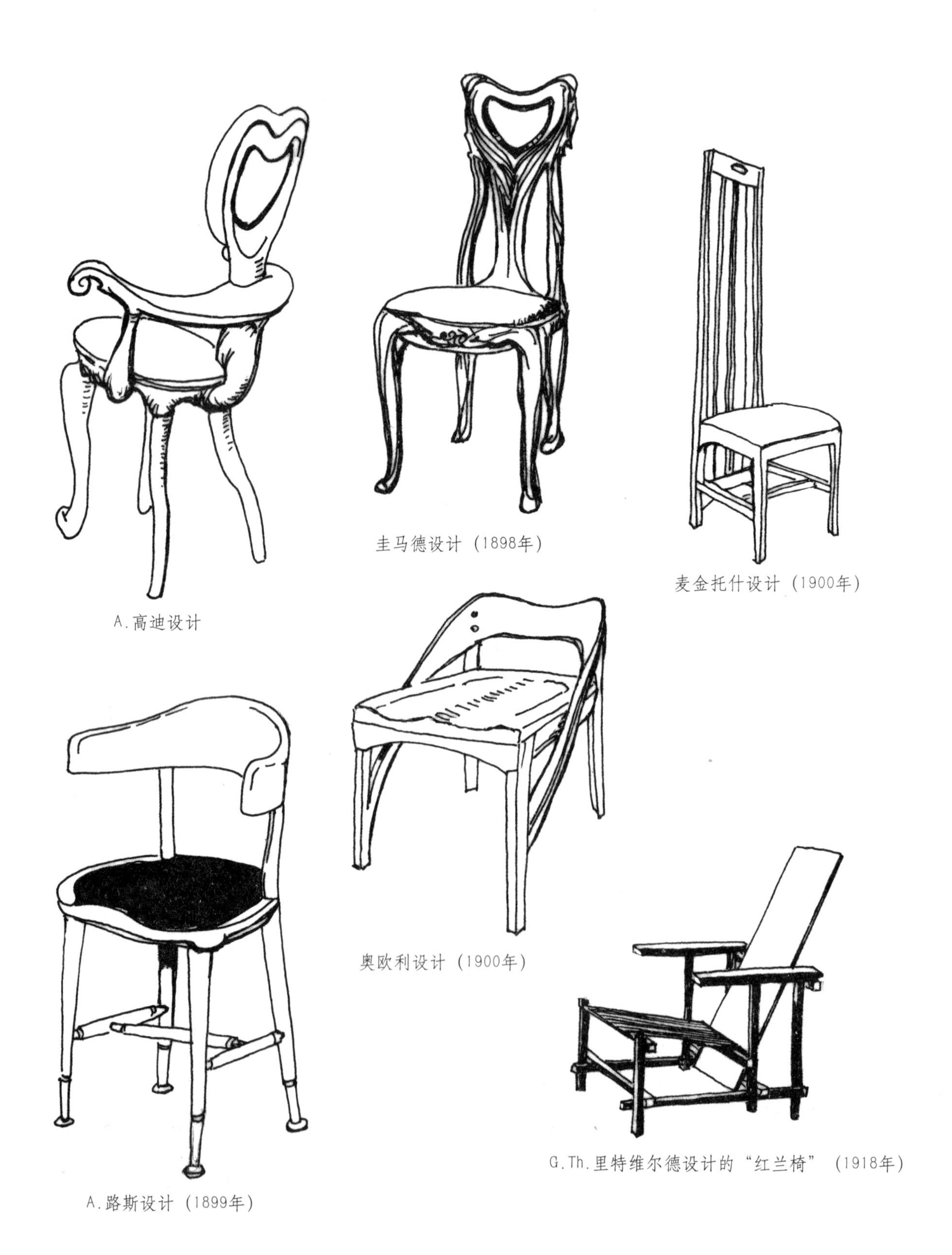

A.高迪设计

圭马德设计（1898年）

麦金托什设计（1900年）

奥欧利设计（1900年）

A.路斯设计（1899年）

G.Th.里特维尔德设计的“红兰椅”（1918年）

新艺术派家具

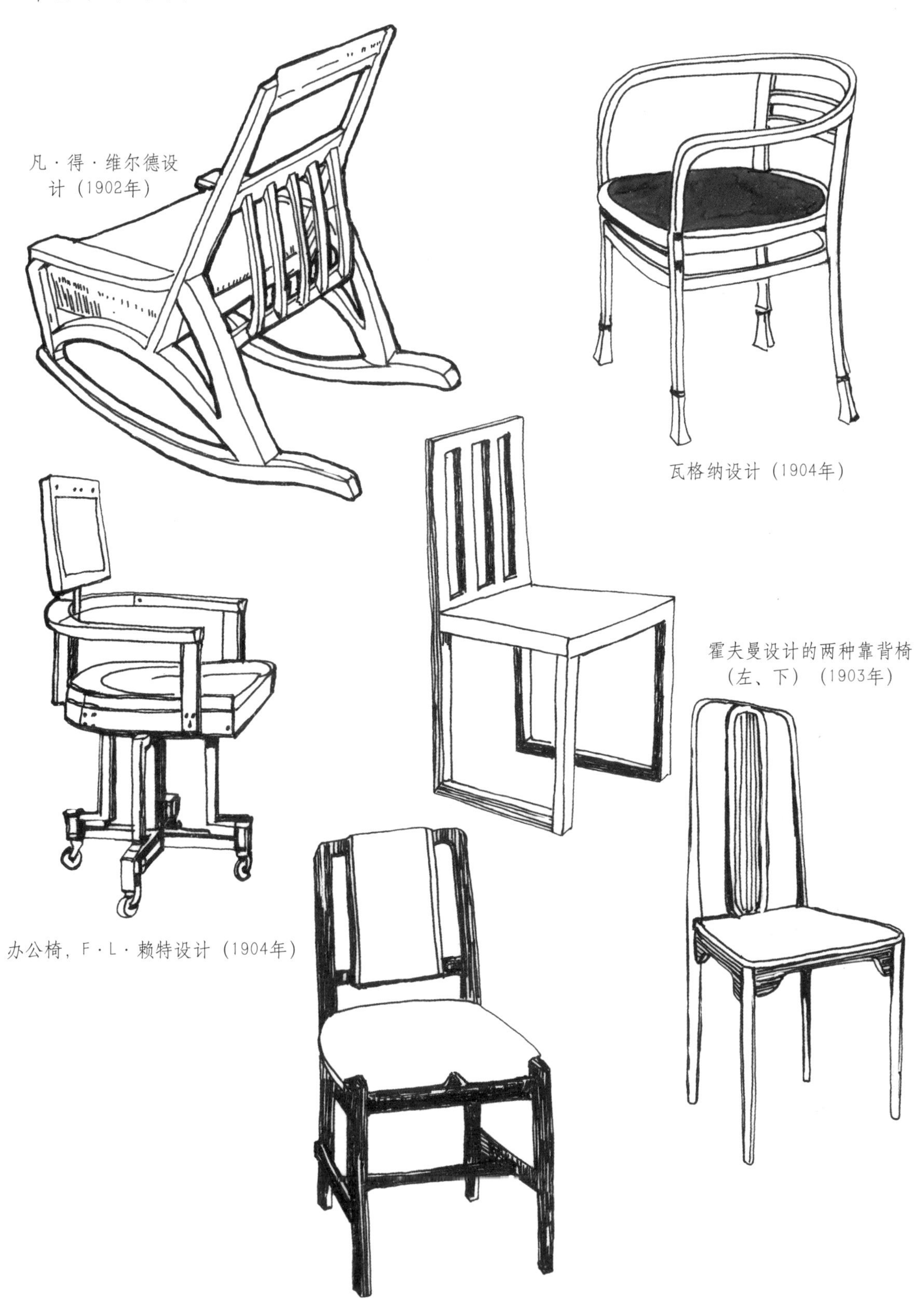

凡·得·维尔德设计（1902年）

瓦格纳设计（1904年）

霍夫曼设计的两种靠背椅（左、下）（1903年）

办公椅，F·L·赖特设计（1904年）

靠背椅，伯拉基设计（1907年）

立体主义建筑

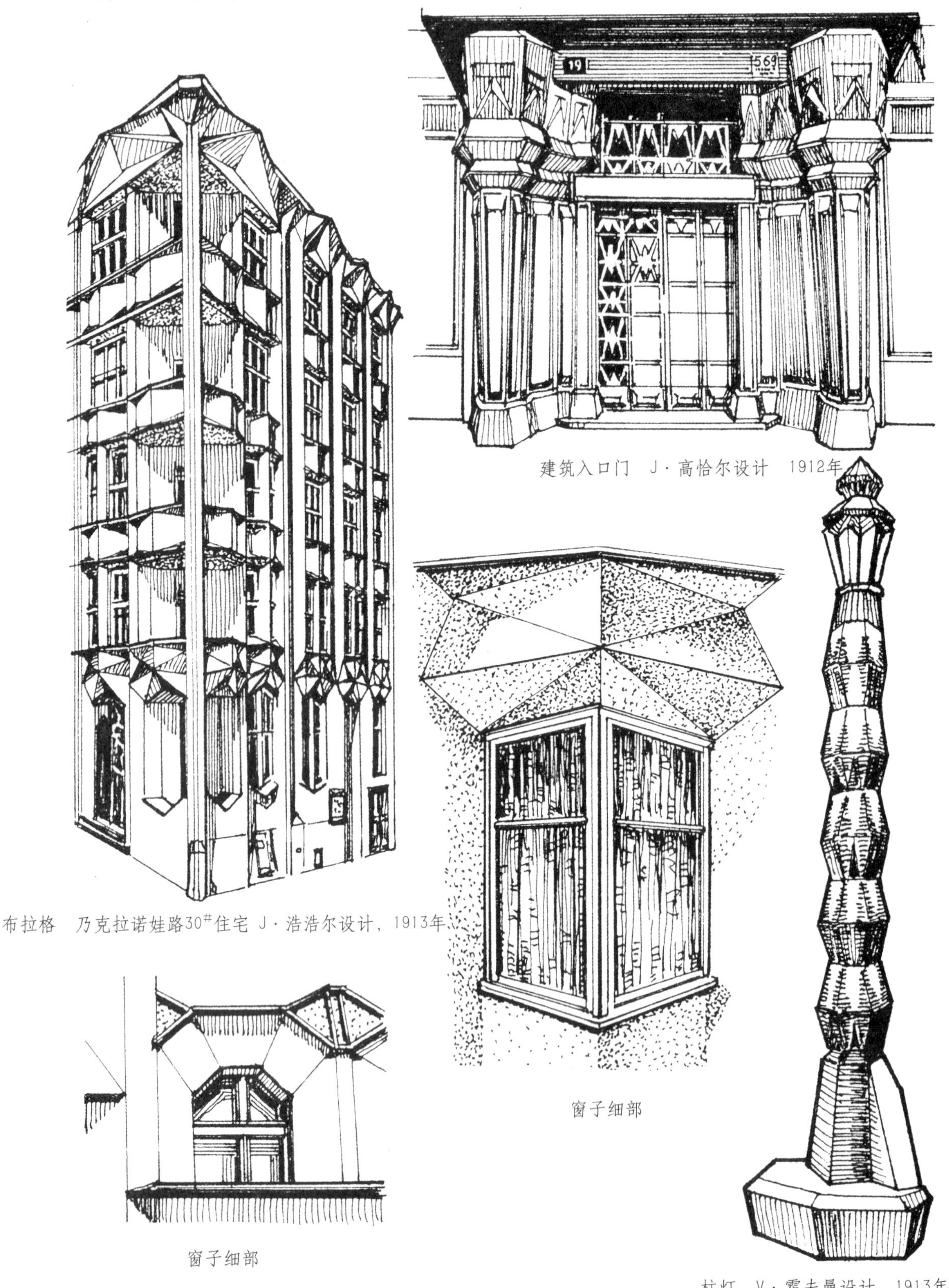

建筑入口门　J·高恰尔设计　1912年

布拉格　乃克拉诺娃路30#住宅　J·浩浩尔设计，1913年

窗子细部

窗子细部

柱灯　V·霍夫曼设计　1913年

立体主义与表现主义建筑

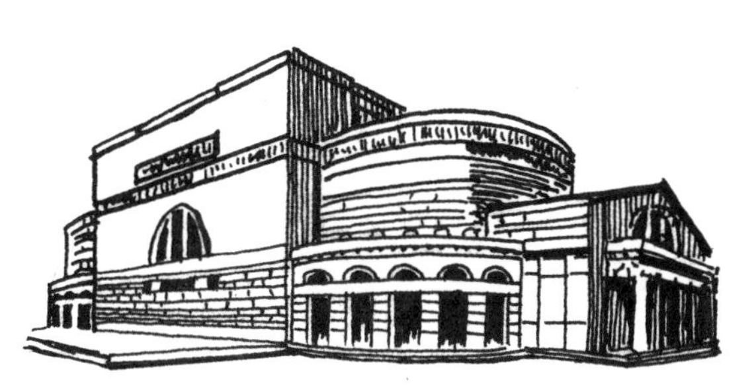

柏林　民族剧院（1800年）　立体主义建筑

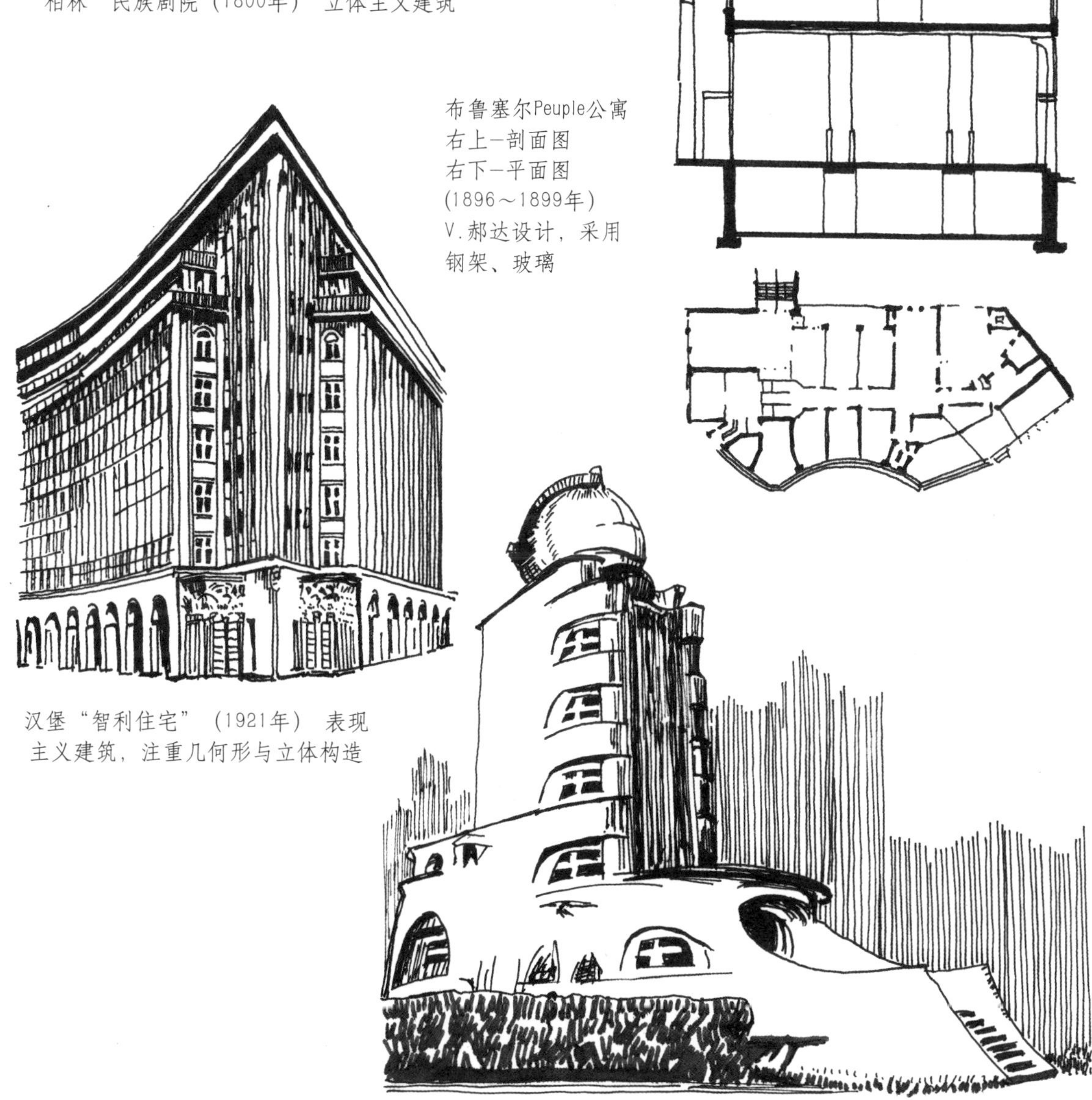

布鲁塞尔Peuple公寓
右上—剖面图
右下—平面图
(1896～1899年)
V.郝达设计，采用
钢架、玻璃

汉堡“智利住宅”（1921年）表现主义建筑，注重几何形与立体构造

波茨坦　“爱因斯坦天文台”，表现主义建筑（E·门德尔松设计，1920年）

立体主义家具

捷克·J·高恰尔设计（1913年）

捷克·P·杨纳克设计（1911年）

J·高恰尔设计（1914年）

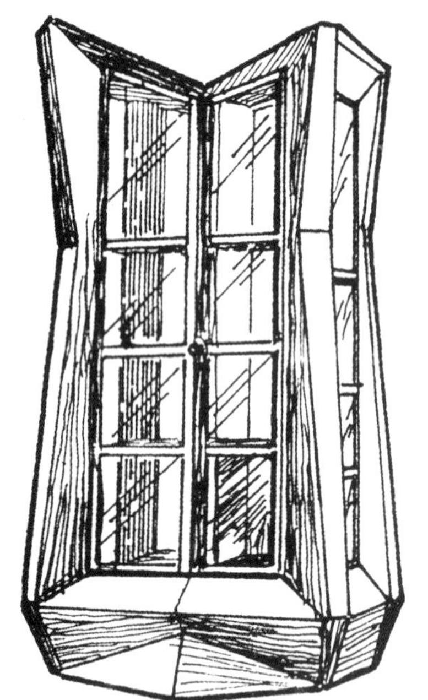
作者与年代同上

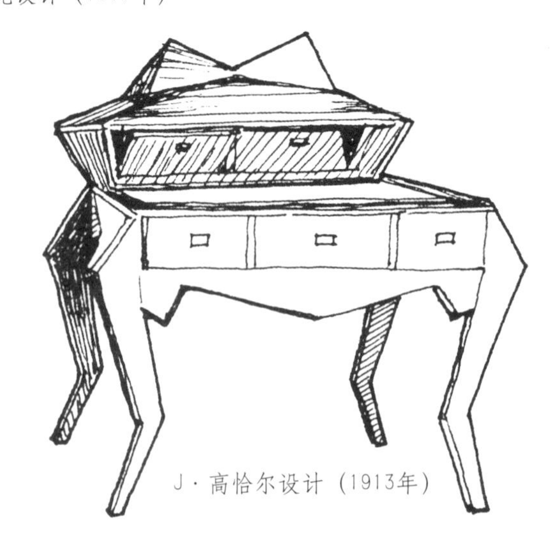
J·高恰尔设计（1913年）

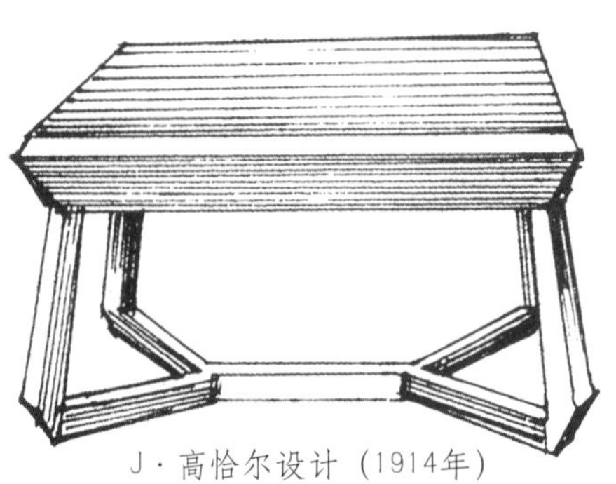
J·高恰尔设计（1914年）

第18篇　20世纪的建筑与家具

经过欧洲新艺术功能派和美国芝加哥学派的探索，促成现代建筑在20世纪初开始成型。虽然流派和论点众多，但共同点都是寻求适应现代生活方式和社会需求的新建筑形式。从现代主义建筑、后现代主义建筑到解构主义建筑，曲折变化，多元共生，各有短长。

1.现代主义建筑（19世纪末～20世纪60年代）

(1) 总体风格特点

a.流派纷呈，风格多变：在近一个世纪中，产生的流派很多。自1909年和1911年出现真正的新建筑（现代主义建筑）以来，所有现代建筑师都在探寻不同于历史传统建筑、紧跟时代发展的新的建筑形式，这是共同的。尽管由于观点不同造成建筑风格的不一样，有的甚至为求新奇使建筑怪诞、离奇，但多数流派还是有值得肯定的地方。有些建筑师前后期风格也有变化。

b.造型多简洁大方：现代主义建筑与传统建筑风格迥异，其造型特点是使用简洁的几何形体（立方体、长方体、圆柱体、方形、矩形、圆形等）作为建筑设计构图的基本元素，墙面平光、没有或很少装饰雕刻，平面和立面设计多采用非对称的构图，注意发挥建筑材料的特性，建筑具有鲜明的现代感，与传统的建筑没有任何共同的地方。在20世纪50～60年代，流行外形简洁的高层和超高层玻璃幕墙商用建筑，被称为"密斯风格建筑"（Miesian Architecture）。

c.多追求与自然融合：强调功能和结合自然环境。以美国建筑师赖特（F.L.Wright）为代表的"自然的建筑"（Natural Architecture），也称为"有机建筑"，因地制宜，建筑与环境结合绝佳，他早期的"草原式住宅"、"流水别墅"（亦称"考夫曼住宅"）和"西塔里埃森"基地，充分证明这一点。

d.只追求雕塑感与象征性：有些现代建筑师，比如丹麦建筑师伍仲（John Utzon）设计的悉尼歌剧院，是较早打破"形式服从功能"这个现代主义建筑信条的，八个壳体屋顶象征着式船只的风帆、白色花朵和洁白的贝壳。50年代设计、始建，70年代建成。

现代主义建筑中，还有其他流派，如"野性主义（毛石砌墙、粗犷水泥罩面，追求古拙）、"高技术派"（High Tech）以充分暴露结构和显示高科技设施为目标，还有"光亮派"、新古典主义（倡导现代建筑与古典建筑融和）等。

(2) 现代主义建筑的源流

a.欧洲

英国的艺术与手工艺运动——建筑师韦伯（P.Webb）设计的"红屋"，从平面到立面都打破了传统的住宅式样，红砖红瓦，功能合理，对现代建筑产生影响。

新艺术运动功能派的实践——瓦格纳、霍夫曼、路斯、郝达和贝尔拉格等人的设计实践，对现代主义建筑的产生起了奠基作用。

德国贝伦斯设计事务所的贡献——贝伦斯本人及在他的事务所工作过的格罗庇乌斯（W.Gropius）、密斯（Mies van de Rohe）和柯布西耶等，对现代主义建筑的产生与发展都作出了贡献。

b.美国

芝加哥学派的探索与实践——建筑师詹尼、沙利文、理查森、布伦汉姆和鲁特等所设计的高层建筑，在解决建筑功能，使用新材料、新结构、新技术上，都为现代主义建筑的形成，作出有益的探索和尝试。

欧洲人在美国和美国人的努力——移居美国的格罗庇乌斯、密斯在美国教育培养了一批现代派建筑师，他们的设计实践对现代主义建筑的形成与发展，功不可没。美国建筑师赖特的理论与实践，丰富和发展了现代主义建筑。

(3) 现代主义建筑的基本特征

a.柯布西耶（Le Corbusier）最先提出的"五个特点"

法国现代建筑大师柯布西耶最早在1923年提出，认为现代主义建筑应具备五个特点：

建筑的首层使用立柱，让底层通透；

平屋顶上建有屋顶花园，让人接近自然；

采用框架式结构，以便使内部布局灵活；贯通上下两层的起居室，使用坡道、旋转楼梯和弧面墙包围小空间等；

骨架结构使建筑外观设计自由；

使用水平带形窗（也叫"联列式窗"），没有窗间墙，可提供大量自然光。

b.现代主义建筑所具有的其他特点

平面按功能需求灵活布局，打破传统建筑的对称式构图；

为开扩视野，使用角窗（也叫“转角窗”），早在1911年，格罗庇乌斯就采用钢骨架，省去角柱，而采用玻璃转角窗；

使用大小不等、排列不成行的窗子；

使用落地玻璃窗和玻璃幕墙，从而改善采光和使外观玲珑剔透；

使用大面积光板墙，有的墙面不设窗子；

粗犷的水泥外表，建筑墙面、顶棚拆下水泥模板后，不加任何装修；

建筑构件预制化、标准化，批量生产；

建筑施工装配化，工期短；

玻璃幕墙与承重幕墙相结合的形式；

高技术派采用暴露结构的作法，以处理工业建筑的手法来设计公共建筑的外观，歌颂高科技，突出水、电、暖通及交通设施，有意与传统建筑形成鲜明的对比；

采用薄壳结构及外观形态，创造轻盈、优美的视觉效果；

采用球形网架结构，谋求使用最少的材料，但却可取得最大的跨度与室内空间。其中科技起着关键作用；

使用悬索屋顶，创造大跨度的室内空间，科技也是关键；

使用充气结构，减轻自重，外形新颖、轻盈。

因为现代主义建筑涉及人类生活、生产的各个方面，建筑类别多种多样，所以在外观形态上也是丰富多彩的，不可能是一种模式。

(4) 现代主义建筑的代表作品

a.早期

德国的阿尔费德（Alfeld）市郊的法古斯（Fagus）鞋楦工厂，建于1911年，由格罗庇乌斯设计；

德国的德绍市（Dessau）的包豪斯（Bauhaus）校舍，建筑于1925～1926年，由格罗庇乌斯设计；

法国巴黎市郊的萨沃伊别墅（Villa Savoye），建于1928～1930年，由勒·柯布西耶设计；

西班牙巴塞罗那国际博览会中的德国馆，建于1929年，由密斯设计；

芬兰帕米欧肺病疗养院（Paimio Sanatorium），建于1929～1933年，由阿尔托（Alvar Aalto）设计；

美国宾州的“流水别墅”（Falling Water Villa），建于1936年，由赖特设计；

美国纽约世界商展中的芬兰馆，1939年，由阿尔托设计。

b.中期

美国纽约市西格拉姆酿造公司办公楼，高38层，建于1958年，由密斯设计；

比利时布鲁塞尔国际博览会中的美国馆，1958年，由斯通（E.D.Stone）设计；

法国朗香（Ronchamp）教堂，50年代建成，由勒·柯布西耶设计；

美国纽约古根海姆（Gugenheim）博物馆，建成于1958年，由赖特设计；

加拿大蒙特利尔国际博览会中的“插挂式住宅”（Plug in Habitation），1957年，由赛弗迪（M.Safdie）设计，当时名为“栖息地”（Habitat）。

c.后期

美国纽约惠特尼博物馆，建于1966年，由布鲁叶（M.Breuer）设计；

美国芝加哥西尔斯百货公司办公楼，建于1970年，SOM公司设计；

法国巴黎卢浮宫主庭院中的玻璃金字塔，1987年建成，由美籍华人贝聿铭设计，是解决新旧建筑和谐、妥善接待观众的范例；

法国巴黎拉·德方斯巨门，1989年建成，由斯普莱凯尔森设计。

(5) 现代主义主要建筑论著

a.《走向新建筑》（Vers une Architecture）：是勒·柯布西耶于1923年根据《新精神》杂志中自己写过的有关建筑的专栏文章，整理成书的。书中首次提出新建筑应该具备的五个特点（见前述），对现代主义建筑的发展产生巨大影响。该书很快被译成英文和德文版。

b.《风格与时代》（Style and Epoch）：是由金斯伯格（M.Ginzburg）于1924年撰写出版，由于他是“社会主义构成派建筑师协会”的成员，主张功能至上，是苏联建国初期的现代主义建筑师，认为建筑可以解决社会问题，而不必通过革命手段。这与构成派首脑里士斯基（E.Lissitzky）和柯布西耶的观点相近。认为时代变了，风格也必须改变。

c.《国际建筑》（Internationale Architektur）：是由格罗庇乌斯于1925年写成，做为包豪斯丛书14集的第一集，该书认为新建筑必将流行于各国，形成“国际”风格，并将成为新建筑的主流。谋求适应时代生活的新建筑，主张造型简洁和崇尚功能是新建筑的本质。

d.《国际风格》（The Internationale Style）：1932年由约翰逊（P.Johnson）和建筑史家希其考克（H.R.Hitchcock）合著，对新建筑的推广起很大作用，把当时风行于世的现代主义的建筑式样（苏联和德国除外），用“国际风格”一词来定义。这种国际风格一直流行到20世纪50年代。

e.“雅典宪章”(Athens Charter)：1933年在希腊雅典召开的国际现代建筑会议(CIAM)，会议专题是讨论城市规划问题，宪章是由柯布西耶一人撰写的，提出城市功能的四要素为居住、工作、交通与休憩，城市规划的素材是阳光、空间、绿化、钢材与水泥。会议还草拟了城市建设法规。该宪章对城市的功能论述不完全、不深刻，四个功能要素也适合乡村。对城市的历史、人文因素忽略了，对于城市人口的激增也没有相应对策。

f.《城市能存在下去吗?》：1942年由建筑师塞特(José L·Sert)撰写，“雅典宪章”中的不足与缺憾，由此书予以阐明。

g.《新城市规划创议》：是日本的“新陈代谢派”于1960年印发的小册子，认为城市与建筑是在不停地变化和发展着，社会是具备生命的有机体，成长、衰老也有周期性，所以生产和生活设施也要不断改进以适应发展的需要。城市中可以用“插挂式”建筑与立交方式，根据再生率分若干级，可将过时的建筑单体或设备拿掉，换上更先进的替代物。此观念主要源自日本现代主义建筑师丹下健三。

2.后现代主义建筑(20世纪60年代至80年代)

后现代主义建筑(Post Modern Architecture)从20世纪50年代就开始萌芽，到70年代成形。它是对现代主义建筑的部分修正和补充，是现代主义建筑的延续，是使现代主义建筑丰富和多样化发展的一种努力，是建筑师创作方向改变的一种表现，是对当时风靡世界的“国际风格”的现代主义建筑的批判与改良。

⑴ 后现代主义建筑产生的原因

a.现代主义建筑外观单调：现代主义建筑形成“国际风格”后，外观千篇一律，不论功能与用途、性质上有多大差别，处理方式完全一致，没有任何个性特点与差异，看了令人生厌；

b.现代主义建筑割断历史：现代主义建筑与传统建筑没有任何造型与艺术上的传承关系，既中断了文脉，又忽视了现代主义建筑与历史环境文脉(历史上保留下来的各式建筑)的和谐，束缚了建筑艺术的发展；

c.现代主义建筑缺乏人情味：现代主义建筑排除装饰，视住房为机器，忽视人的感情需求，实际上是对人格、人权的侵犯。这种冷酷无情的新建筑令人望而生畏，没有亲切感；

d.现代主义建筑过分推崇技术：现代主义建筑过于标准化、机械化，过分强调技术，缺少变化和多样，缺少个性化和情趣，造成简单化和枯燥。

⑵ 后现代主义建筑的特征

a.后现代主义建筑只重视建筑形式和风格：后现代主义建筑师是想克服和扭转传统现代主义建筑的缺点，所以只关心建筑的艺术形式与风格问题；

b.后现代主义建筑的美学观是追求建筑艺术中的多样化、复杂性和矛盾性：要打破单调乏味的建筑形式，突破古典美学的和谐、完整与统一的法则，追求多样性，故意不完整、不统一；

c.后现代主义建筑注重文脉：后现代主义建筑师不赞成割断建筑历史，主张新建筑应与历史传统有延续性(提出“文脉主义”观点)，要能看出传承关系，新老建筑要彼此兼顾；

d.后现代主义建筑主张运用装饰：后现代主义建筑师不喜欢“纯净”、无人性和冷酷无情，反对简单化，喜欢丰富和有生气，要求建筑有人情味，提出“少不是多”和“少即是枯燥”的论点；

e.后现代主义建筑运用二元论的设计方法：主张在同一座建筑物上，采用不同比例与尺度、不同的方向性以及不和谐韵律感来设计，甚至让互相对立的建筑元素并列或重叠，主张通过非传统的方法对传统的建筑部件进行组合；

f.后现代主义建筑讲究隐喻：后现代主义建筑师往往采用某种简明的符号作为造型的元素，用简单而有个性的装饰，以及艳丽强烈的色彩，隐讳地表示与传统建筑形式的关联，或某种设计思想，而不是率直和一目了然。

⑶ 后现代主义的代表性论著

a.《建筑的复杂性与矛盾性》(The Complexity and Contradiction in Architecture)：美国建筑师文丘里(R·Venturi)于1966年撰写出版，它是后现代主义建筑流派的宣言书。书中强调建筑的复杂性和矛盾，抨击“国际风格”的现代主义建筑千篇一律、简单化、标准化和排斥建筑传统，提出了一系列与正统现代主义建筑截然不同的建筑艺术观和创作主张：倡导复杂和有活力的建筑，主张兼容并蓄，引用历史与乡土风格的语言，推崇模糊性、象征性、讽喻性、装饰性、民族性和地方特色、大众趣味和个性鲜明、丰富多彩和兼容性强的建筑外观形式。

b.《后现代建筑语言》：英国建筑理论家詹克斯(Ch·Jencks)于1977年撰著，书中宣称：现代主义建筑已于1972年7月15日下午3时32分寿终正寝，从那时起则属于后现代主义时代。指出：后现代主义建筑体现出多义性与模糊性，将精英文化与大众趣味、历史性与现代性融为一体，是“激进的折衷主义”建筑形式。在建筑形式上突破了现代主义建筑的单一性格式。

c.《什么是后现代主义?》：英国建筑理论家詹克斯于1986年出版的专著。他给后现代主义建筑下的定义仍沿用自己在20世纪70年代的提法：后现代主义建筑是“双重译码”，即现代科技与别的什么东西(通常是传统式的房子)的组合，以便使现代的建筑艺术能与广大的公众（含建筑师）对话、情感交流。该书在建筑界产生一定影响。

⑷ 后现代主义建筑的代表作品

a.澳大利亚悉尼市歌剧院：由丹麦建筑师伍仲设计，1973年建成。该建筑采用隐喻和象征的手法，八个壳体屋顶象征老式船只的风帆、白色的花朵和洁白的贝壳。

b.巴黎蓬皮杜国家艺术与文化中心：由皮亚诺和罗杰斯（R.Piano & R.Rogers）于1969年设计，1977年落成。该建筑用透明体（玻璃幕墙）象征富有活力的智慧宝库，以工业建筑手段（突出水、电、暖通设备管线、透明管状户外自动扶梯、工厂式的外观）处理公共建筑设计，以炼油厂的外貌、水晶宫式的内观，表示现代文化与艺术中心有别于古典的文化艺术建筑。

c.维也纳奥地利旅行社、德国法兰克福现代艺术博物馆：均由奥地利建筑师霍莱因（H.Hollein）设计。

d.纽约美国电话电报公司总部新楼：由美国建筑师约翰逊（P.Johnson）于1978年设计，直到1984年落成。该建筑联系历史、采用象征和地方特色、运用装饰：圆券门洞、齐彭代尔式断裂山花等。强生自称为“新传统主义者”（New Traditionalist）。

e.美国波特兰市市政厅大楼：由美国建筑师格雷夫斯（M.Graves）于1980年设计，1982年落成。该建筑采用古典柱式的符号隐喻，侧墙上的带状装饰、顶部的模拟老虎窗，以及强烈的色彩对比等手法，摆脱了过去现代主义建筑一元化的局限。

后现代主义建筑的流派很多，有新朴野主义（Neo.Brutalism）、新历史主义（Neo—Historicism）、新纯洁主义（Neo—Purism）、新方言派（Neo—Vernacular）、激进折中主义（Radical Eclecticism）、新理性主义（Neo—Rationalism）、后期功能主义（Post Functionalism）、新构成主义（Neo—Constructivism）、高技术派（High Tech）、光高派和怪异建筑派等。

3.解构主义建筑（20世纪80年代起）

解构主义建筑（Deconstructivism Architecture）简称Decon Architecture，这“解构”是来自20世纪60年代法国哲学家德里达（J.Derrida）等人提出的“解构主义”哲学思想，批判此前在西方影响很大的“结构主义”（Structuralism）哲学，观点激进和极端，在许多领域产生了影响，在建筑界就出现了“解构主义建筑”。

⑴ 解构主义建筑产生的原因

a.受法国哲学家德里达的解构主义哲学思想的影响和启发；

b.现代主义建筑的单调形式，后现代主义建筑的过分装饰化和商业化引起人们的反感；

c.现代主义建筑强调的统一和整体性，构成主义建筑强调的表现有序的结构感，解构主义建筑师都持否定态度；

d.解构主义建筑师企图进一步突破传统建筑在形式设计上的禁忌（完整、统一、整齐、规则、严谨有序、谐调等构图章法），试图创造前所未有的全新的建筑风格。他们要“解构”的其实是建筑构图之“构”，而不是建筑工程结构之“构 ”，那些“解构式”地处理只是外观形式设计。

⑵ 解构主义建筑的特征

a.极度地采用错位、扭曲或变形的手法，使建筑物显露无序、松散、奇险、偶然性，造成失衡失稳的状态；打破传统的构图法则；

b.建筑与室内的形态多表现为不规则的几何形体的拼合，以求创造视觉上的复杂性和丰富感，或者为了造成凌乱、错综复杂的混沌状态；

c.在建筑外观和室内设计上，都追求各局部构件与立体空间的明显分离效果，表现局部构件的独立特性。因为解构主义建筑师认为：建筑设计应充分地表现局部的特征，建筑的真正完整性应该寓于各个构件的独立表现之中。

⑶ 解构主义建筑代表性作品

最著名的解构主义建筑师是美国人盖里（Frank Gehry），他的代表作品有巴黎的美国中心、洛杉矶的迪斯尼音乐中心、西班牙毕尔巴鄂的古根海姆艺术博物馆等。他认为：基本部件本身就具有表现的特征，完整性不在于建筑本身总体风格的统一，而在于部件的充分表达，在于追求建筑的艺术个性和审美价值，并缩小建筑与艺术之间的鸿沟。他的作品反映出立体派、达达派和超现实派的成分。

还有美国建筑师埃森曼（Petet Eisenman）设计的俄亥俄州立大学美术馆、瑞士建筑师屈米（Bernard Tschumi）设计的巴黎拉维莱特公园、德国建筑师本尼什（Gunter Behnish）设计的斯图加特大学太阳能研究所等，都是典型的解构主义建筑实例。

4.20世纪的家具

20世纪的家具犹如建筑一样，形式多样、变化很快，新材料、新技术应用较多，新的结构方式也是前所未有的。共同特点是比以往的时代更重视实用功能、人情化和艺术个性，造型简洁，使用方便。

⑴ 家具品种

a.20世纪初，家具品种有沙龙型（客厅、聚会厅用的靠椅、扶手椅、沙发、茶几、酒柜、衣柜和桌案)、餐饮型(餐桌、餐椅、餐具柜等)、男士用房及办公型(靠椅、坐凳、长凳、桌、办公桌、皮圈椅、银器柜、书架、垫脚凳等)、卧室型(床、床头柜、衣柜、梳妆台、梳妆凳等)和厨卫型家具(洗涤桌、备餐台、洗菜池、碗柜、坐凳、吊柜等)。

b.后来,一些家具设计师和厂家侧重开发某种用途或某种材料与结构的家具,如圆钢管椅和躺椅、扁钢沙发椅、方钢管家具、模压胶合板坐具、注塑成型的塑料桌椅等。

(2) 家具的造型特点与装饰

a.带雕饰的木线、串珠线脚、卵形线脚等,全是机械加工后再钉或粘贴到家具上去的;

b.深色与黑色家具曾一度流行(20世纪初);

c.金属装饰元件(嵌线、浮雕等)受帝国式风格的影响;

d.餐饮家具仿巴洛克或齐彭代尔式;

e.男士及办公家具造型与装饰是仿意大利文艺复兴式;

f.卧室家具形态则仿路易十六式风格;

g.圆角造型在家具中十分普遍,特别是曾用玻璃条组装成圆角(由于积尘和使用不便被淘汰);

h.20世纪之初,"起居室"作为一种功能空间(会客或聚会、休闲、听音乐、杂务,后来看电视等)出现了。

20世纪家具的不同风格和流派后面将介绍。

(3) 家具用材

a.玻璃:用平板玻璃做推拉门、镶入门扇中,或做台面、全玻璃家具,有模板喷绘玻璃、喷砂玻璃(风景、几何图案、花卉等)、彩色玻璃、乳白玻璃、磨花玻璃、磨砂玻璃等。

b.木材:常用的有橡木、柞木、赤杨和高加索胡桃木,做家具骨架和板材。

c.人造板:开始生产大芯板(细木工板),后来又有了蜂窝空心板、酚醛人造板、多层胶合板、刨花板、纤维板和中密度板等。

d.薄木贴皮:将木材刨成0.1~0.3mm厚的薄木皮,用来贴家具表面,或多层粘贴后再弯成曲形部件。

e.照相仿真木纹薄木皮:50年代初,出现照相木纹的木皮,从纹理到色泽都非常"真实"。

f.大理石:台面板有的仍然用大理石材。

g.金属:五金件采用铜、铝、不锈钢,少量用金、银或镀金,钢管家具镀铬。

h.塑料:热塑性和热固性的塑料都使用,节约并替代了木材,并且轻便、耐腐。

i.竹藤:在中国、越南、印度和南美,竹藤是传统的家具用材。后来在欧美许多国家也喜爱竹藤家具。

j.皮革:动物的真皮做家具坐垫、靠背、门扇、墙裙等包镶材料,又出现人造革做外包材料,花色品种多样。用皮板、皮条做座面和扶手、靠背,柔软舒适,适合体型曲线。

k.绳索:用棉、麻、丝、尼龙等纤维制成绳或织带,甚至用强度高的塑料管线,编织成座片、靠背、扶手,也有特殊的效果。

l.气囊:用布基橡胶或聚乙烯原膜制成不透气囊袋,充气后制成床、沙发、躺椅等,携带方便,适宜于旅游。

(4) 家具的构造

a.20世纪初出现成套的软包家具:单件沙发椅、长沙发椅、角台与角柜、酒柜等。

b.圆钢管弯曲结构:在20世纪20年代,出现圆钢管弯曲成形的椅子,是由布鲁叶(M.Breuer)首创,后来密斯、柯布西耶和斯塔姆也有设计。1925年由布鲁叶设计的钢管扶手椅叫"瓦西里椅",也是第一把镀铬钢管椅,是为纪念康定斯基而命名的。弯曲钢管椅接点少,整体感强,轻便耐用,有弹性,充分发挥了材料的特性,打破了传统家具的结构观念和形态特征。

c.扁钢架结构:1929年,密斯首先设计生产了扁钢骨架软包座面与靠背的单件沙发椅和长椅,开发了坐具的新品种和新形象。被称为"巴塞罗纳椅"。

d.胶合层板模压结构:从20世纪20年代末开始,经过30年代、40年代、50年代直至今天,用胶合板模压成形的椅子、扶手椅、沙发椅、凳子,一直很受欢迎。芬兰建筑师阿尔托(A.Aalto)首建奇功,后来美国人诺尔(H.Knoll)、瑞典人马茨逊(B.Mathsson)和丹麦的尼尔森(H.Nilsen)等人,都设计生产了胶合板模压靠背椅和扶手椅。这种结构节点少,造型轻盈,有弹性,轻便,节省材料。

e.铁木结合结构:从20世纪30年代开始,直到40年代、50年代以至现代,用钢管、圆钢做骨架,胶合板做靠背和座板的靠背椅,得到广泛应用,既节约了木材,又坚固耐用、轻巧别致。

f.组合结构:将家具设计成几种单体作为基本单元,然后进行拼联、摞迭组合,使家具布置可以变化,拆装、运输、移动方便。

g.拆装式结构:由板件、杆件、箱体、抽斗等散件,通过一定的连接方式,组装成柜类、书架、床、坐具。后来又出现网架、篓筐(均由铅丝焊成)加联结件,组成格架。不用时或搬家时,可以拆成零配件,节省空间,便于贮存与运输。

h.扩展式结构:二战后,出现多种可扩展的餐桌,其台面可通过拉伸、旋转翻开、四面上翻等形式得以扩大,用后再缩回到原来的大小。其中,有不少是采用了折叠结构(用普通合页和后来的特种合页),如折叠餐桌、折叠椅等。

i.注塑或模压成形结构：以煤、石油、天然气和植物性原料，以及食盐、石灰石为原料，生产通用塑料或工程塑料，并且用于家具制造业，起始于20世纪40～50年代，后来逐渐普及。加工成型方法有压延成型、挤出成型、注射成型、吹塑成型和真空成型等多种。此外，塑料还可以车、铣、刨、磨、刮、钻和抛光。

j.充气结构：在20世纪80年代，出现充气的床、沙发与坐凳等，使用密不透气的尼龙或特种塑料布做囊，适合周末郊外渡假或旅游。

k.板式家具结构：由板状部件组装后承担荷载的家具，关键是板状部件本身的构造、板状部件之间的连接结构。这类家具拆装方便、包装与运输方便。

l.规格化与标准化：在20世纪50年代以后，为满足需求多样化、生产批量化的需求，许多设计师与生产厂家，都注重使自己的家具规格化和标准化，以便实现批量化生产。

此外，在20世纪60年代以后，多用途家具、悬挂式家具流行，以适应狭小的居住空间。柔软材家具或构件（竹藤编织家具，或藤编座垫、靠背，真皮座垫，麻或毛线编织的座垫、靠垫等）倍受欢迎，是因为人们对舒适性、个性化的要求提高了。

(5) 工艺技术

a.镶嵌与木片镶嵌的装饰工艺很少采用了：因为镶嵌金属、螺钿、象牙、宝石及木片无法实现批量化生产，生产成本太高。

b.仿画木材纹理：在20世纪30年代，曾一度流行仿画木纹的装饰手法，后来贴木纹纸。

c.漆绘家具及模板喷花也逐渐减少：乡村的人对在家具表面漆绘风景，或喷花和几何形图案还有需求。

d.用薄木片贴面：用最美纹理的薄木片做家具的贴面，提高档次、增加美感。

e.木材表面处理：二战后，在家具表面的抛光、浸染技术得到进一步完善和成熟，使家具外观更加漂亮。

f.照相仿真木纹胶合板：20世纪50年代，出现了照相仿真木纹胶合板，比手绘木纹效果更好、更受欢迎，因为从纹理到色泽更真实。

g.喷镀与喷塑：在20世纪后半期，家具表面的喷镀（镀铬、镀镍等）和喷涂塑料保护层，不仅增强了美观，而且也延长了家具的寿命。

5.20世纪家具设计的主要流派

(1) 风格派 (De Stijl)

第一次世界大战后，在荷兰出现"风格派"，受抽象主义画家蒙德里安 (Piet Mondrian) 的影响，设计师以直线、面、中间色（黑白灰）和三原色（红黄蓝）来构成物象，用基本的几何形和几何形组合来组织构图，代表人物是里特维尔德 (G.T.Rietveld)，他在1917年设计的"红蓝扶手椅"是典型家具作品；他设计的施劳德住宅 (Schroeder House) 也是代表性建筑。1934年，他又设计"Z形椅"，打破了传统。另一骨干人物是万杜艾斯堡 (Theo van Doesburg) 崇尚"机器美学" (Mechanical Aesthetic)。该派于1917年成立于阿姆斯特丹，机关刊物为《风格》(De Stijl)，主编是万杜艾斯堡。

(2) 装饰艺术派 (Art Deco)

因为首次参加于1925年在巴黎举办的"装饰艺术和现代工业国际博览会"，被人称为装饰艺术派家具而得名。从20世纪20年代起直至第二次世界大战，曾一度占主导地位。其特点是：造型简洁明快，外表呈流线型，装饰多为抽象的几何形。用材多为高价天然材，也用一些人造材，多靠手工生产，很难大批量生产。60年代后期又引起人们的重视。这一流派最早受新艺术派、包豪斯学派和立体派的影响；在装饰上除师法大自然之外，还受原始艺术、古埃及和印第安文化的影响。主要的法国设计师有否洛特 (P.Follot)、卢赫尔曼 (J.Ruhlmann)、杜南德 (Dunand) 和恰尔本第耶 (Charpentier)，英国有格瑞 (E.Gray)，美国有戴斯凯 (D.Deskey)。这种家具风格曾被称为"现代爵士" (Jazz Moderne)。

(3) 现代派（又叫"国际式"）

在20世纪20～30年代，先后在欧洲和美国发展起来的与现代主义建筑相谐调的家具，叫现代式家具，它源于包豪斯 (Bauhaus) 学派，由流亡欧美的德国建筑师领导。该派注重功能，造型简洁，以几何形构图为主，讲究材质与肌理上的对比，钢管家具充分发挥了材料的特性，完全摆脱了传统结构与造型的束缚。代表人物是布鲁叶、密斯、勒·柯布西耶和斯塔姆。

(4) 斯堪的纳维亚派（又称"北欧风格"）

在20世纪初，瑞典、芬兰、丹麦等斯堪的纳维亚国家，开始合作开发家具。他们以资源丰富的木材作为主材，将功能性和人情化结合起来，用乡土感、地方特色和简洁的形式，使手工艺与现代工业化生产完美地结合，以有机形态作为造型基础，加上严谨的轮廓线、细微的局部处理和木材的优良质地，使家具形态洗练、纯朴、优雅，别具特色，受到普遍欢迎。到了30年代，芬兰的阿尔托，瑞典的马尔姆斯坦 (C.Malmsten) 和马茨逊，丹麦的克林特 (K.Klint) 等人，在家具设计上就已成绩卓著。到了50年代，成立质监机构以确保家具的质量，设计师们更注重木材、皮革、织物和藤编的质感搭配，又吸收中国明式家具和英国18世纪家具的某些造型与装饰手法，使家具设计达到很高的境界。丹麦的威格纳（H.Wegner）、马德森（L.Madson）等人的实木家具，雅各布森（AJacobson）的层板模压家具，都很有名。到了80年代，挪威的尼尔森（T.Nilsen）和奥斯维克，芬兰的纽梅斯尼米（A.Nurmesniemi）、汉尼南（O.Hanninen）、库卡普罗（Y.Kukkapuro）等人，也都设计出很新颖实用的家具。

(5) 意大利现代派

在20世纪50年代，由米兰和都灵两市的家具设计师开创现代派和后现代主义风格家具，到了70年代誉满全球。此派家具的特点是：以几何形作为造型基础，构思奇巧，形式多变，追求功能合理性、人文和环境意识、艺术的个性化和材料的可塑性，运用新材料、新技术，在结构上求新。为促进设计的发展，50年代开始的"米兰三年汇展"，设有"金罗盘奖"，对意大利家具业的发展有巨大促进作用，也吸引了世界多国的设计师。著名的意大利现代派家具设计师有庞蒂（G.Ponti）、特列蒂（M.Tretti）、贝里尼（M.Bellini）、索特萨斯（E.Sottsass）、柯伦波（J.Colombo）和罗西（A.Rossi）等人。

(6) 现代有机派

1940～1941年起，美国现代艺术博物馆曾多次举办"家具有机设计"展览与竞赛，由此形成了源于美国并波及世界的"有机家具"（Organic furniture）设计潮流，直至50年代。这类家具的特点是：造型简洁、轻快，以直线为主，辅以少许曲面，追求形式变化和特异，具有可分可合的结构和有机组合的特性，尺度小巧，可移动和随意组合，主要用材为人造板、胶合层板、塑料、钢管与钢筋。现代有机派家具多出自美国米勒公司和诺尔公司，主要的家具设计师有依姆斯（C.Eames）、尼尔松（G.Nelson）、萨利宁（E.Saarinen）、贝托亚（H.Bertoia）和诺尔（H.Konll）。在欧洲，著名的有机家具设计师有：丹麦的克雅霍尔姆（P.Kjaerholm）和潘顿（V.Panton），芬兰的纽梅斯尼米。另外，英、法、德和瑞士等国的设计师，也设计了不少壳体模塑、层压板弯曲、钢管、钢网和钢藤结合类的有机家具。

(7) 晚期现代派

20世纪60～70年代，由于人造板材、薄木（刨切薄木、合成薄木、0.2mm以下的微薄木）、塑料薄膜、高分子合成材和复合板材、乳胶海绵覆面、泡沫塑料包衬以及聚酯泡沫塑料注塑成型工艺的广泛应用，促成晚期现代派家具的流行。晚期现代派家具的特点是：形态简约、精练、新颖，以新技术和工艺手段来塑造家具，有的形态抽象，有的夸张，有的令人迷惑不解，有的采用雕塑形式，装饰具有隐喻性特点。家具品种主要有办公家具，用模数制构成系统性组合家具。后来，又用纤维玻璃模塑出球形椅、用聚乙烯原膜或布基橡胶做囊袋的充气家具、皮革囊袋内充聚酯泡沫小球的软家具、硬纸板家具等。著名的家具设计师有意大利的柯伦波、马萨里（Massari）、贝里尼和索特萨斯，德国的柯拉尼（L.Colani）和艾斯林格（H.Esslinger），丹麦的潘顿等。

(8) 后现代主义

20世纪80～90年代在世界流行的家具风格。这种家具具有现代新技术形式语言和传统因素符号语言相结合的双重性特征。后现代主义设计师为克服工业社会造成的单调乏味和缺少人情化的后果，通过深层的文化思考、刻意的追求、超前的意识和模糊逻辑的推理，采用借鉴历史、使用隐喻、相互渗透、幽默和象征、分割或夸张等多元化的手法，进行设计。从家具形态上看，大致有四种表现：一是注重新材料和新技术的运用，追求结构上的创新；二是仍以功能性、人情化和有机性为准则，但更着重夸张和趣味性；三是追求将手工艺引入现代工业技术中去，追求式样和符号的新颖，或采用元素重构的方式；四是以极端个性化的构图，将大众化的、朴素的、甚至原始的和诙谐的形态和色彩，任意进行组合，以体现情感。代表性的设计师有：贝里尼、特列蒂、纽梅斯尼米、尼尔森、格雷夫斯（M.Graves）、文丘里、库卡普罗等。

6.包豪斯学院

公元1919年在德国的威玛城，成立了"国立建筑艺术学院"（Staatliches Bauhaus），是将魏玛美术学院和魏玛工艺美院两校合并而成的。

包豪斯学院的教学计划、教学内容和体制等，都是由德国著名的建筑师格罗庇乌斯（W.Gropius）确定的，其主导思想是：在理论与实践上，探求一般空间构图的和谐统一问题，也就是要使每一个空间和日用器物在造型上和谐统一、有机构成，成为"条件、手段和社会意义的综合产物"。后来由他的同事穆赫（G.Muche）更确切地归纳为：通过系统的试验，运用所有科研成果、技术发明和近十年来艺术运动的成果，在理论与实践上，使该学院在建筑艺术事业中起主导作用。

包豪斯学院在教学上"主张完整性和统一性"、"理论与艺术实践有机地统一起来"，这种培养年轻的设计师的教学理论是应该给予肯定的。这对建筑艺术、工艺美术和其他艺术门类，都有重要的指导意义；它远远超出了欧洲公元16世纪出现的学院派式的美术设计学校的性质，而是更具科学性和实用性。它是联系古代艺术教育与现代艺术教学的桥梁，是历史发展的必要阶段。

包豪斯学院吸收了英国"艺术与手工艺运动"（由拉斯金和莫里斯发起的）的合理部分，看到了新时代的巨大生命力，不是把工业化看成艺术的"敌人"，而认为"工业和艺术是朋友”。认为不能只搞特种工艺美术，而应该搞普及的、大众化和标准化的设计，特别看重工业品的艺术质量。对莫里斯（W.Morris）的正确观点（“艺术品是一定合作的产物”）是遵崇和效法的。

格罗庇乌斯聘请他在慕尼黑求学时就很有影响的“蓝衣骑士”（Der Blaue Reiter）先锋小组的成员来院当教师，他和穆赫、伊顿（Itten）是学院的奠基人。

⑴ 教育方针与指导思想

包豪斯的教学原则主要有以下几条：

a.手工艺与艺术之间的关系——基于“建筑艺术就像乐队一样，是集体创作”的思想，建筑艺术与绘画、雕刻、工艺美术是不可分离的最密切关系，抬高了工艺美术的地位。

b.理论与实践的关系——既注重系统的理论教育（包括基础和专业两个方面），又注重手工技艺（动手能力）的培训。手工技艺不仅给各种具体的艺术实践奠定基础，而且也是艺术家在社会中物质存在的保证。格罗庇乌斯宣称：“艺术家应经过严格训练，掌握一种具体的用于社会生活的技能。”、“艺术家必须实践，真刀真枪”，“艺术与生产要密切联系”。

c.人与材料、工具的关系——古典主义学院派只满足于图纸效果与石膏模型，忽视材料的意义和作用。包豪斯学院承袭了拉斯金和莫里斯的正确观点：材料是在工具的帮助下取得工作经验的根本条件。但认为：材料并不起决定性的作用；艺术家的智慧和巧手才是起关键作用的东西。同样，工具也是体现意图的重要手段，但工具是由人（艺术家）操纵的。所以，学生在作坊里劳作具有重大意义。

d.工艺教育与工业化——格罗庇乌斯认为：手工艺与工业生产是密切相关的，“机器与工具之间没有质的区别，只有量的差别；机器与工具作用于物质材料并使之成形。所以，培养艺术家也应从使用工具过渡到使用机器。实际上，工业化并没有使手工艺消亡，相反却使手工艺得到发展。”他与贝伦斯（P.Behreus）教授共同推出的《予制构件备忘录》，比法国早了十四年。此外，对标准化、装配化等工业化问题都做过探索研究。

e.充实技术教育——认为艺术教育应该充实技术教育（增加技术、结构与工艺知识），要了解最新科研成果；不能只会画图，还应懂得构造，应使艺术成为“科学的美学”。

f.一专多能——包豪斯学院主张：“既要专，也要博，即一专多能、博学多才”。各艺术门类不仅是互相补充的，而且能互相促进；各艺术门类紧密配合的话，会成倍地增强艺术效果。博学多才的艺术家才会取得辉煌的成就。

⑵ 学制与教学体系

a.学制——先上半年的预科，学习美术知识和基本功，包括熟悉各种工具、材料和方法。

然后上三年制的本科，主要是学习造型设计、工艺做法与结构。本科是按材料分设专业工作室，例如石料、木材、金属、黏土、玻璃、颜料、纺织和色彩学等。在工作室，老师讲艺术规律，日用品的用途与造型知识，以及它们在居室中的地位，建筑空间构图与室内陈设风格的统一问题。在作坊里，师傅讲材料的特性、加工方法、造型与结构的一致性、机械原理、工具的使用与保养等。

最后是不定期的硕士研究生班（时间可能是一年，或一年半，最长两年），主要学习建筑学方面的课程和设计实践，学习时间与院方商定，或按实际情况确定。

b.教学体系——预科、本科与研究生阶段，除上课听讲外，都有设计室、实验室和实习作坊，供学生利用，以便理论联系实际。

⑶ 课程设置

绘画基础课有：速写、素描写生、色彩写生、创作练习；

专业基础课有：造型基本知识、色彩基本知识、机械制图、土建制图、建筑细部构造、材料基本知识、塑造课、织物常识、结构学等；

专业课程有：空间构成理论、色彩学、构图学、造型设计规律、建筑设计与施工、建筑工程技术知识、关于和谐与统一的知识等；

文化辅助课程有：数学、化学、机械学、工具知识等；

劳作课：在作坊熟悉各种专业工艺与技术要领，制作完成自己的设计作品，有专职技师辅导、传授技艺。

在整个教学中，建筑与室内设计一直起着主导作用。

复习题与思考题

1.现代主义建筑总的风格特点是什么？它的源流有几个？它的基本特征有哪些？

2.现代主义建筑的主要论著有哪些？

3.后现代主义建筑的特征及产生的原因是什么？

4.后现代主义建筑代表性论著有几部？

5.解构主义建筑的特征及产生的原因是什么？

6.20世纪的家具特点及主要流派有哪些？

7.包豪斯学院的教育方针、学制与教学体系、课程设置有哪些？

20世纪建筑·早期现代派建筑

从新艺术运动开始，在欧洲与美国，同时开始了“新建筑”的探索，促进了现代主义建筑的发展，造型简洁、功能性好的建筑增多，新结构、新材料不断涌现。

荷兰，西维苏姆公共浴池（立体派建筑）
（都多克，1920年）

单身或新婚夫妇住宅（H·夏隆设计，1929年）

纽约世界商展，芬兰馆内部（A·阿尔托设计，1939年）

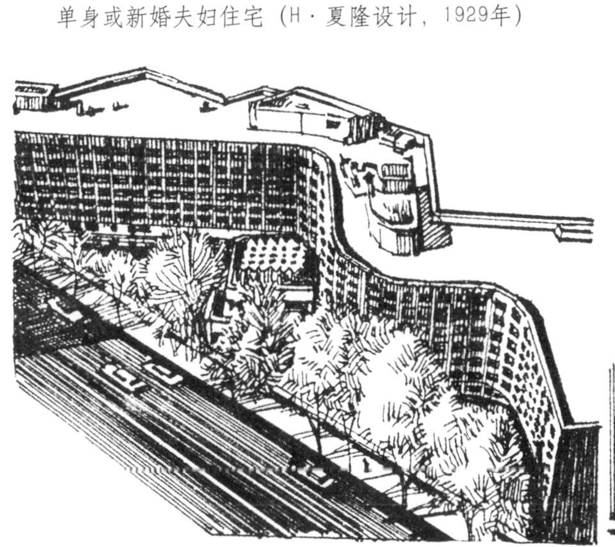

美国麻省理工学院学生宿舍楼（A·阿尔托设计，1948年）

范斯沃斯住宅（密斯设计，1949～1951年）

20世纪建筑 · 早期现代派建筑

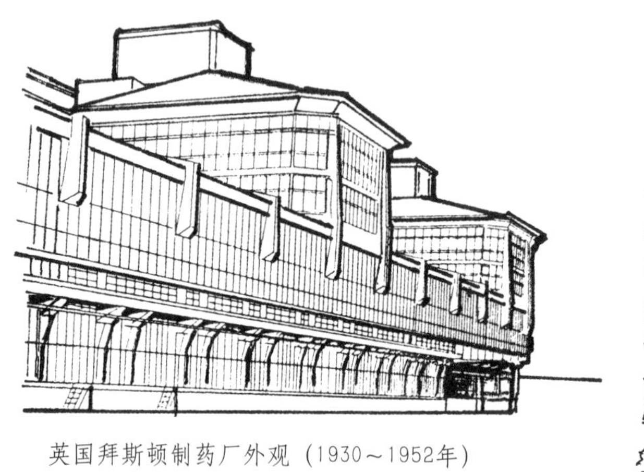

英国拜斯顿制药厂外观（1930～1952年）
W · 威廉姆斯设计　钢筋混凝土结构

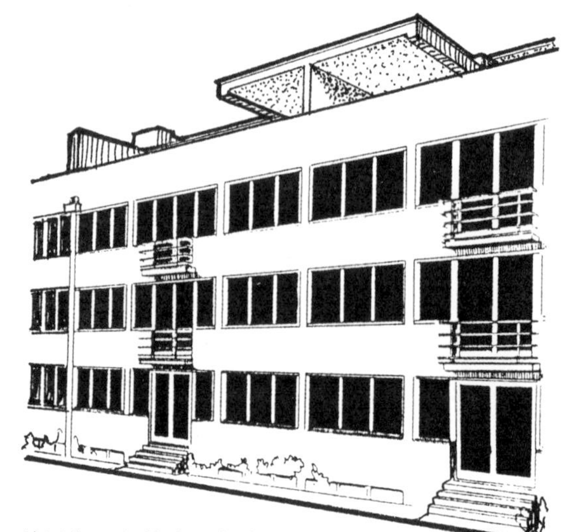

德国斯图加特某公寓外观（局部）
1926～1927年　密斯 · 凡 · 德罗设计

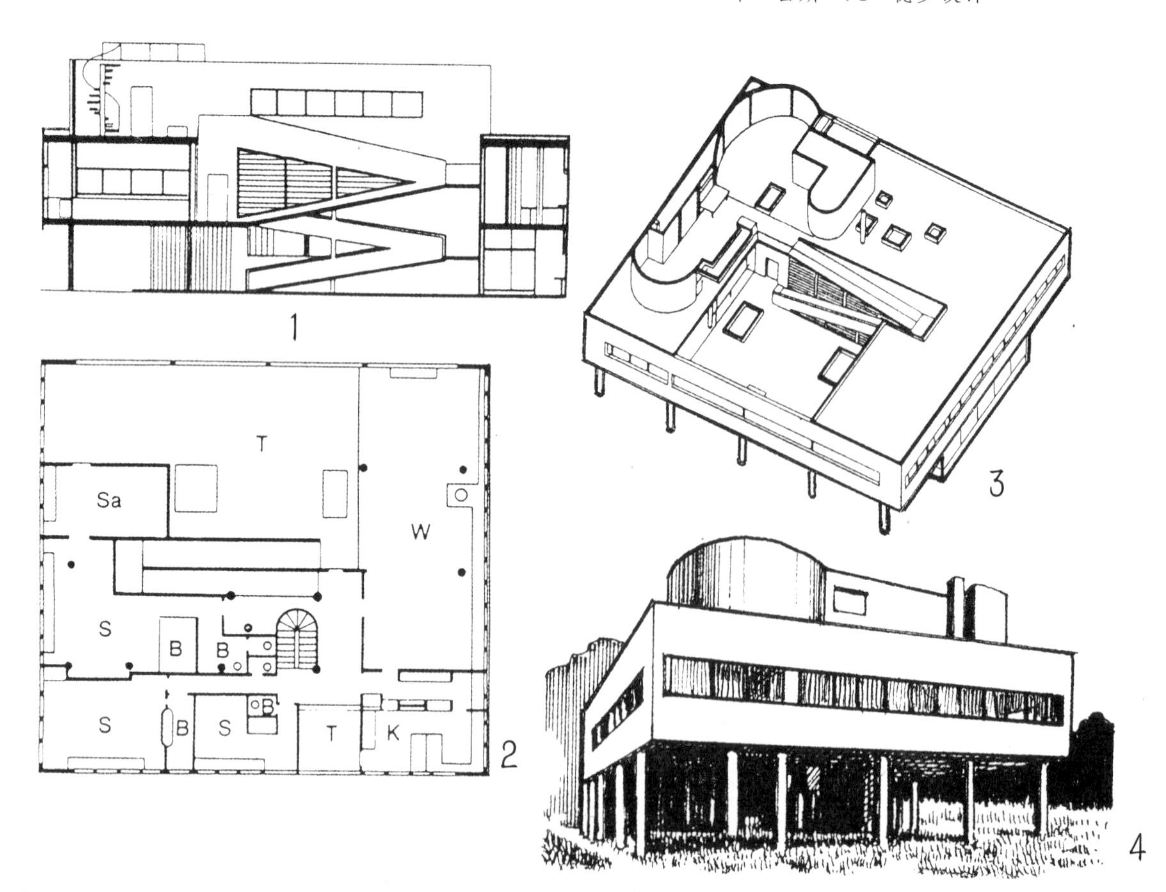

法国布瓦西“萨沃伊住宅”（1929～1931年）L · 柯布西耶设计　1－剖面图；2－平面图；3－轴测外观图；4－外观透视图

20世纪建筑·早期现代派建筑

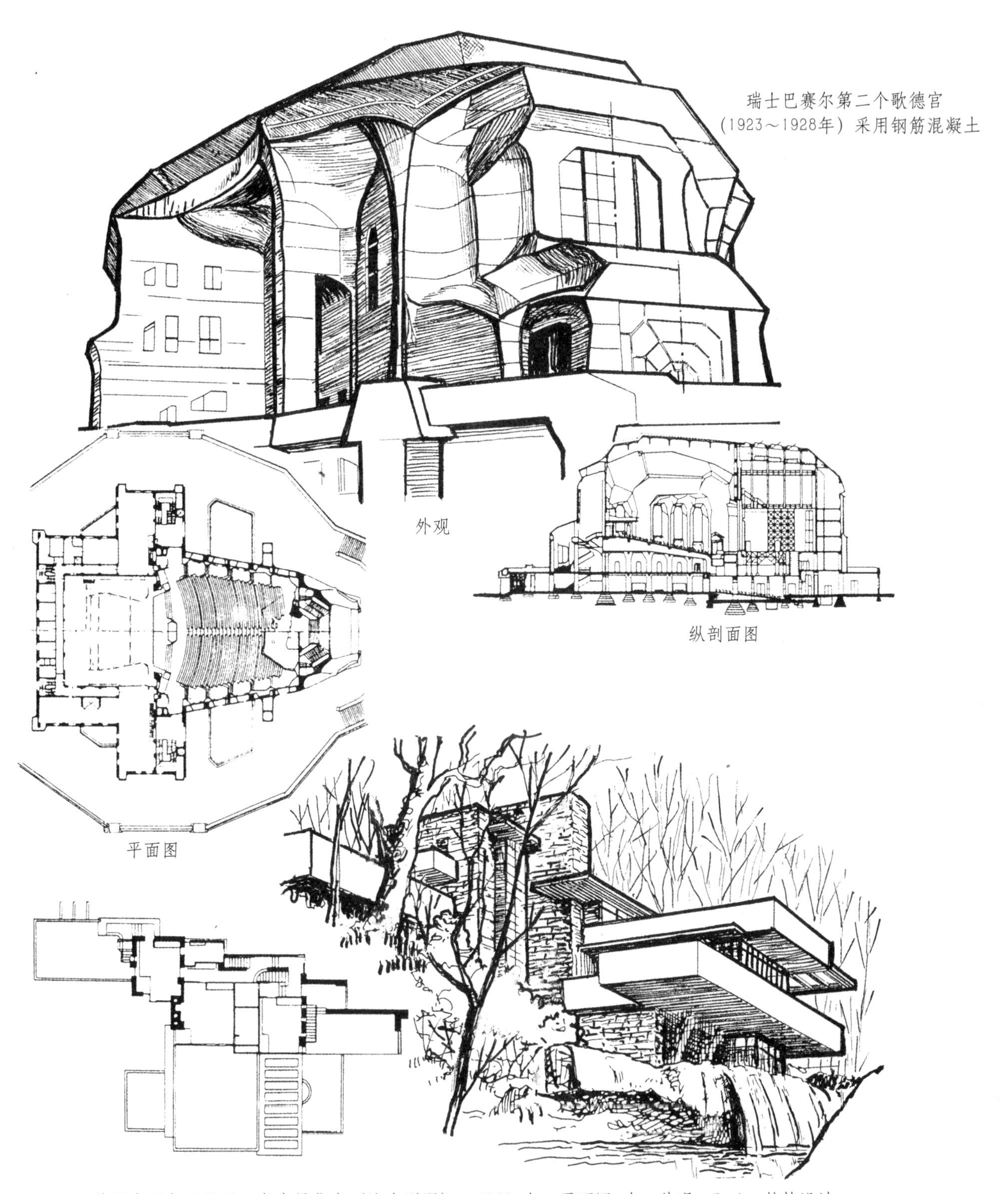

瑞士巴赛尔第二个歌德宫（1923～1928年）采用钢筋混凝土

美国奔西尔瓦尼亚，考夫曼住宅（流水别墅），1936 左－平面图 右－外观 F·L·赖特设计

20世纪建筑·俄国的结构主义建筑

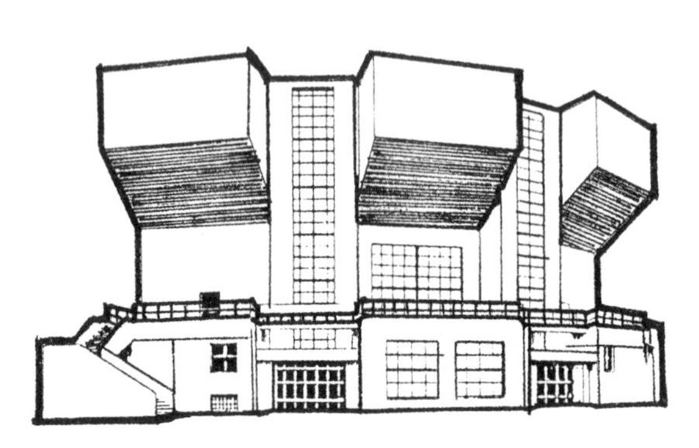

·莫斯科 卢沙柯夫俱乐部（1927～1929年）采用象征手法

莫斯科消息报大楼外观
（1925～1926年）钢筋混凝土结构

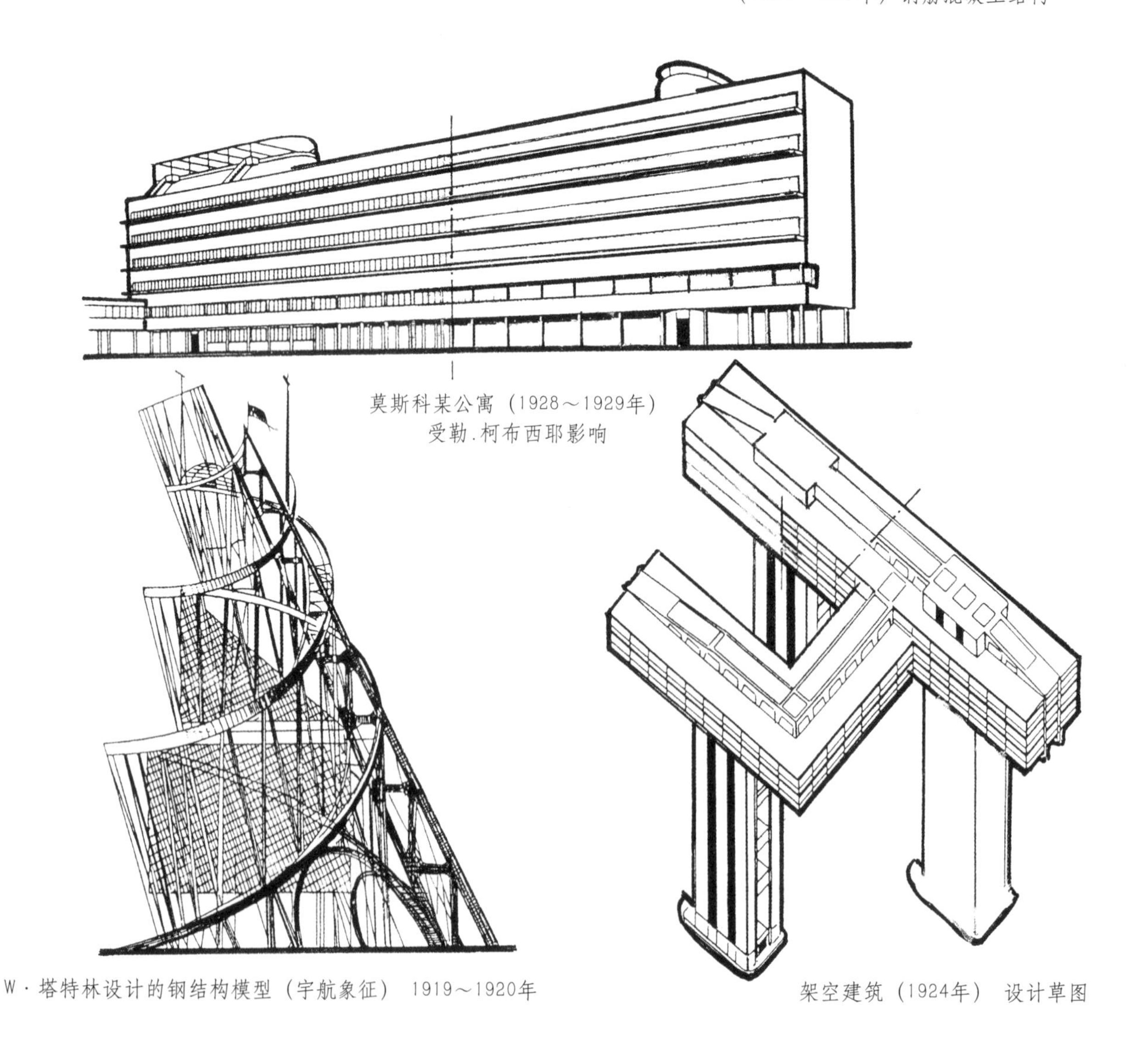

莫斯科某公寓（1928～1929年）
受勒.柯布西耶影响

W·塔特林设计的钢结构模型（宇航象征） 1919～1920年

架空建筑（1924年） 设计草图

20世纪建筑·中期现代派建筑

丹下健三家宅（受L·柯布西耶影响，又具日本风格）1953年

纽约“勒维大厦”SOM设计事务所 1952年

巴西利亚“黎明宫”（O·尼迈耶设计，1960年）会议中心大楼

日本香川县厅舍（丹下健三设计，1958年）

20世纪建筑·中期现代派建筑

纽约，肯尼迪航空港环球航空公司候机楼（E·沙里宁设计，1962年）

明尼苏达州圣阿比教堂（M·布鲁叶设计，1961年）

柏林 包豪斯档案馆（W·格罗庇乌斯设计，1965年）

20世纪建筑·建筑构造型式

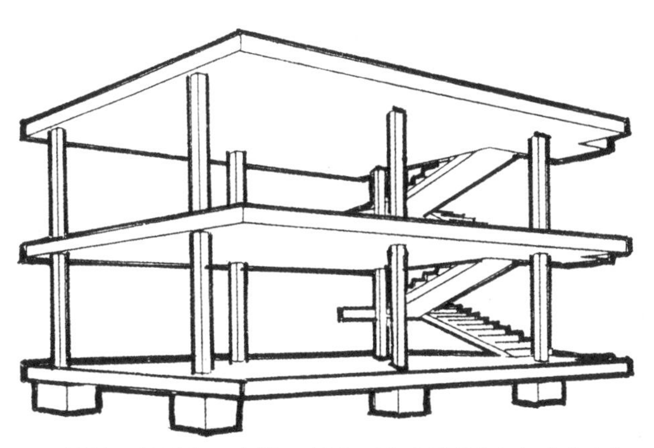

1914～1915年，由勒·柯布西耶设计的"多米诺住宅"（钢筋混凝土结构，予制化、装配化，玻璃幕墙）

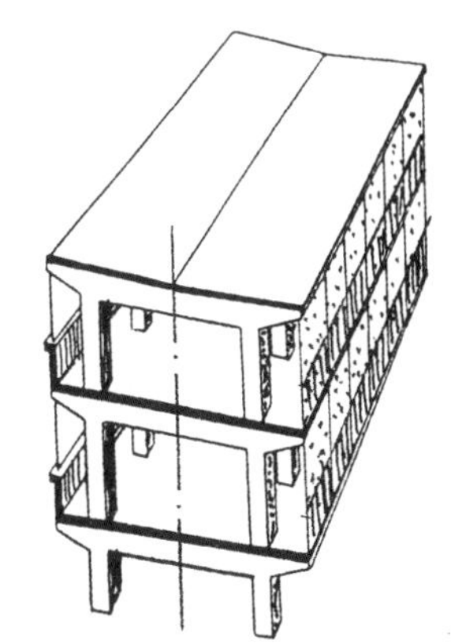

鸡腿式，预制楼板，玻璃幕墙

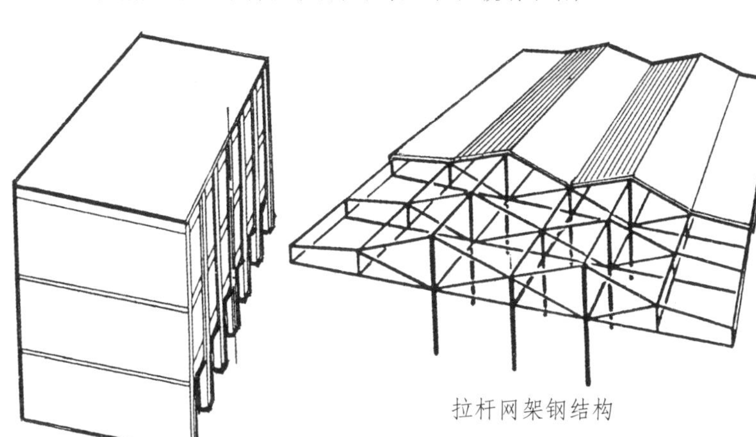

拉杆网架钢结构

骨架支撑的钢结构

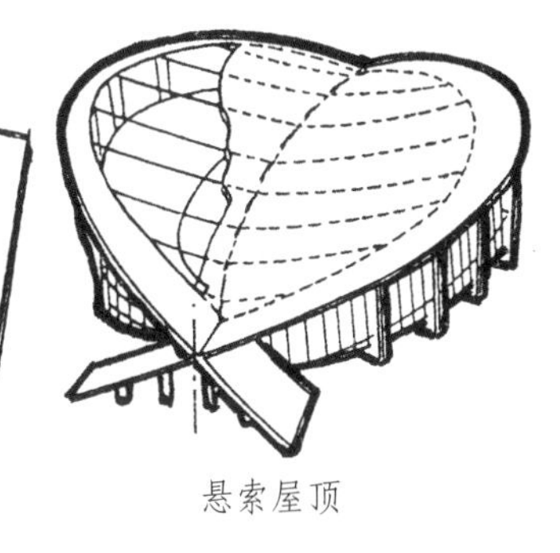

悬索屋顶

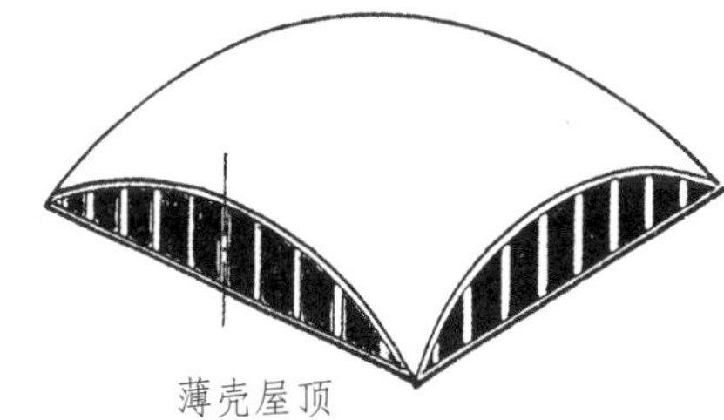

薄壳屋顶

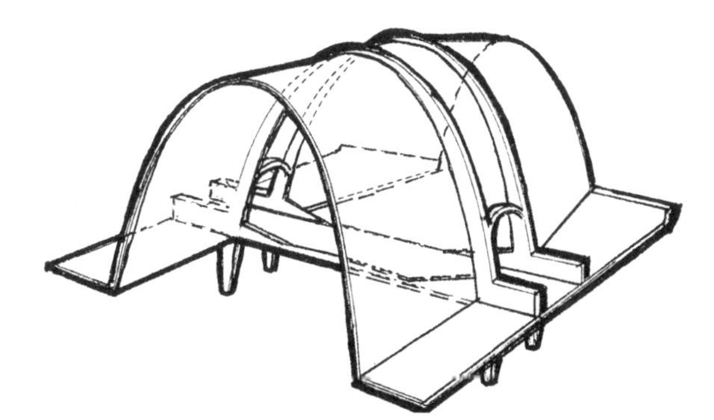

苏黎世，钢筋混凝土大厅（展览馆），1939年由R·迈拉特设计

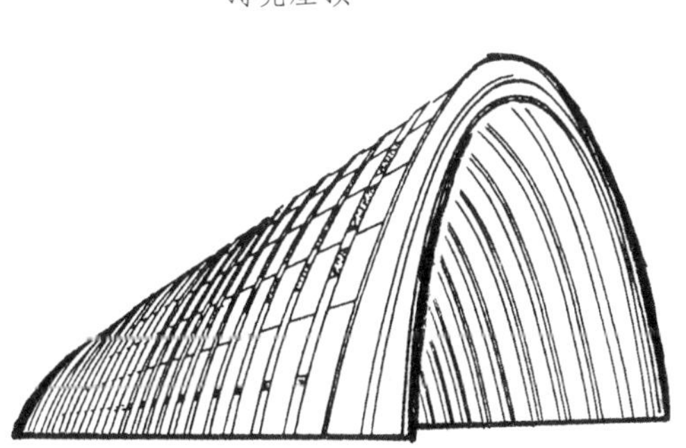

筒拱建筑（钢筋混凝土或金属结构）

20世纪建筑·常用的支承方式

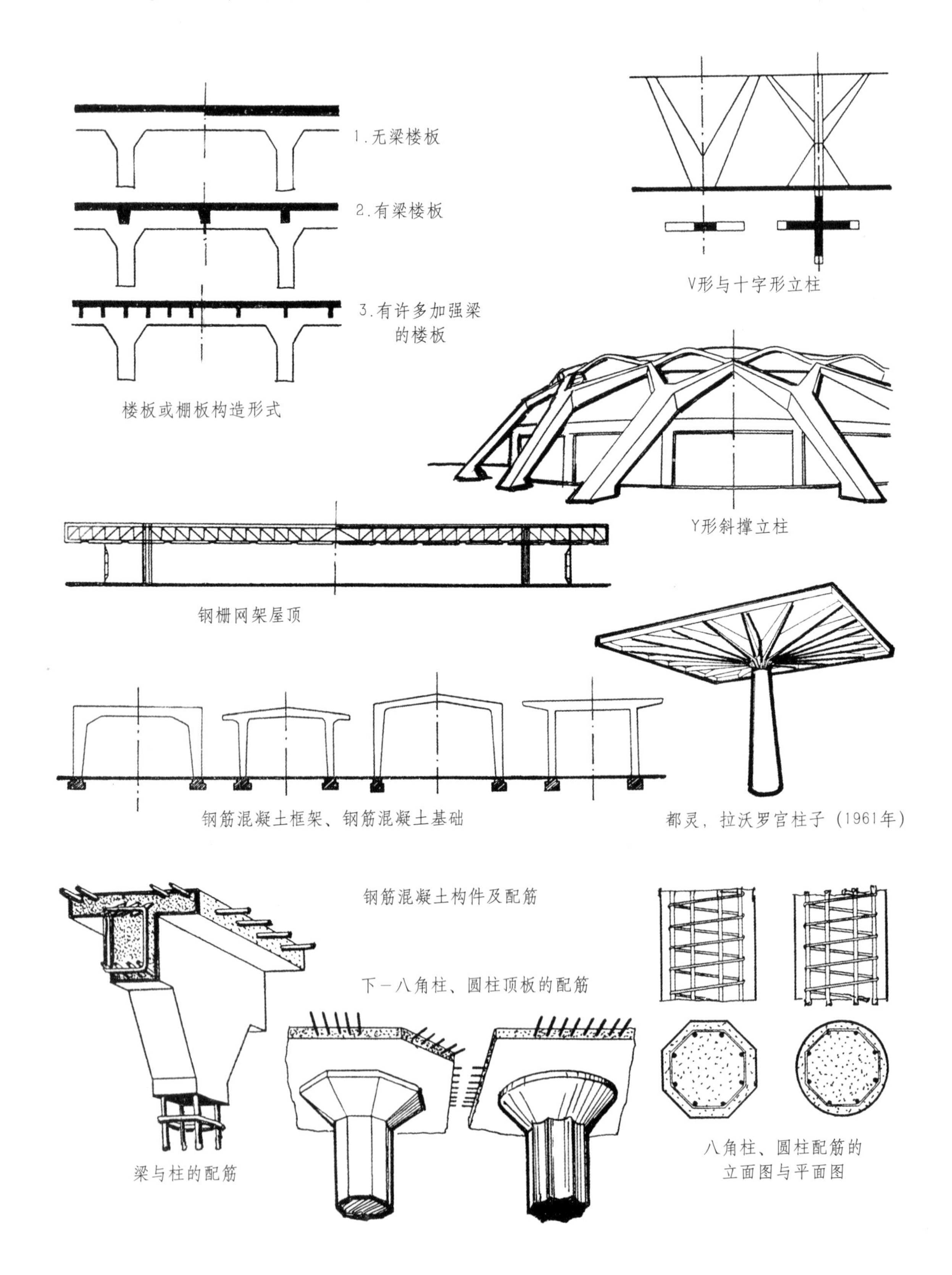

20世纪的家具·早期现代派家具

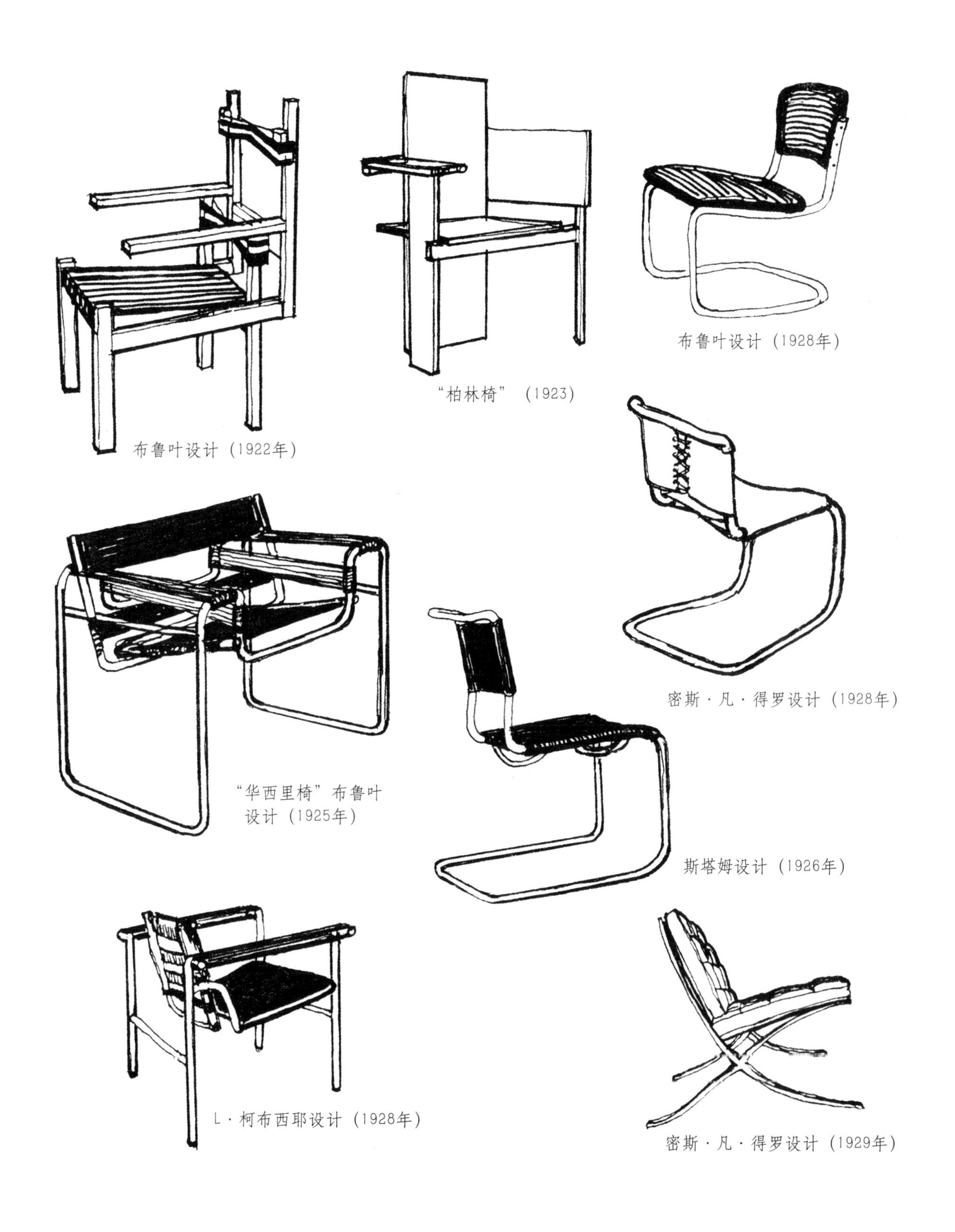

布鲁叶设计（1922年）

“柏林椅”（1923）

布鲁叶设计（1928年）

密斯·凡·得罗设计（1928年）

“华西里椅”布鲁叶设计（1925年）

斯塔姆设计（1926年）

L·柯布西耶设计（1928年）

密斯·凡·得罗设计（1929年）

20世纪的家具 · 早期现代派家具

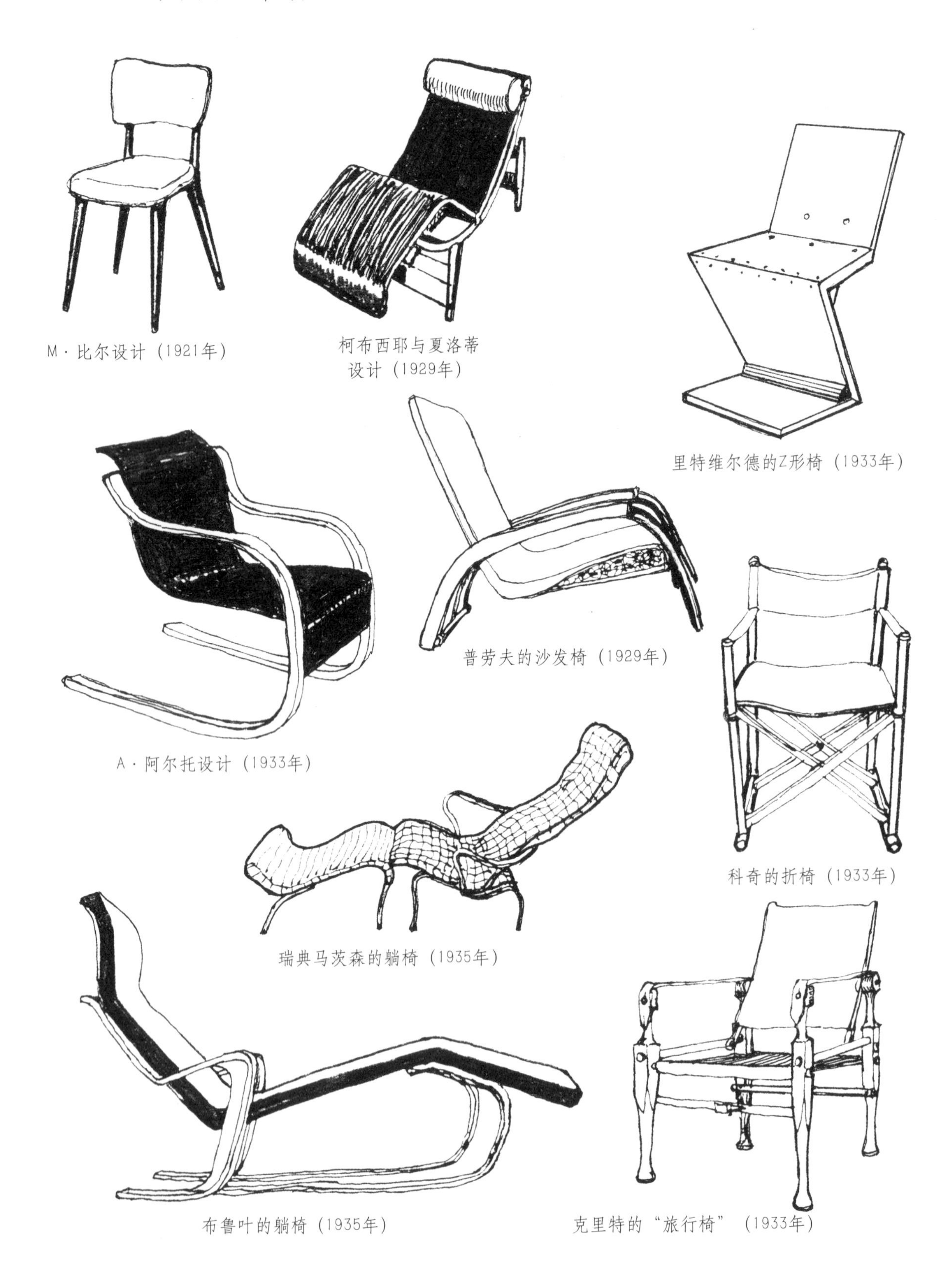

M · 比尔设计（1921年）

柯布西耶与夏洛蒂设计（1929年）

里特维尔德的Z形椅（1933年）

A · 阿尔托设计（1933年）

普劳夫的沙发椅（1929年）

科奇的折椅（1933年）

瑞典马茨森的躺椅（1935年）

布鲁叶的躺椅（1935年）

克里特的“旅行椅”（1933年）

20世纪家具·中晚期现代派家具

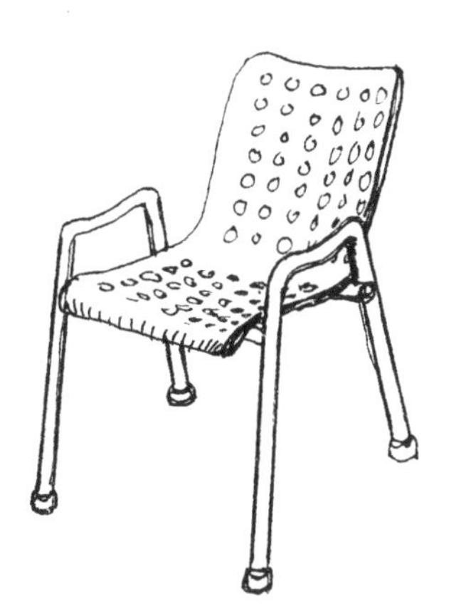

科雷设计（1939年），铝合金

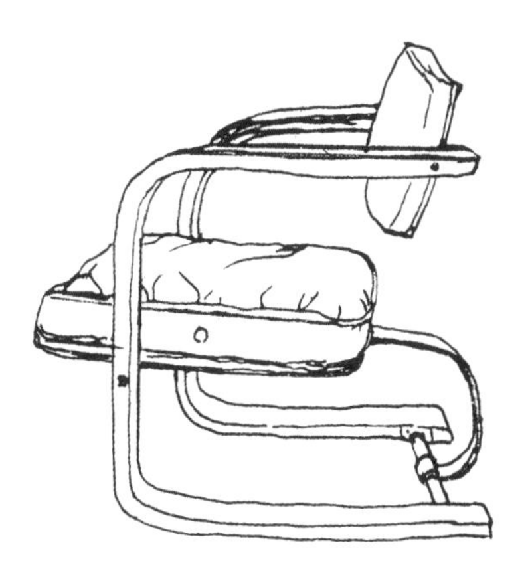

诺依特拉设计（1940年）

侯斯曼设计（1951年）

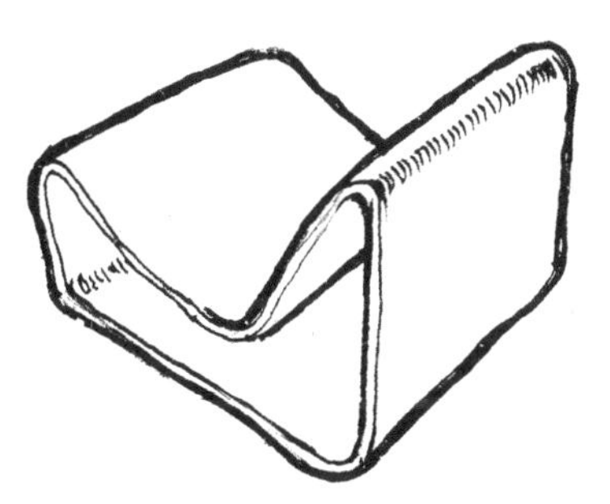

古尔设计（1954年） 水泥石棉椅

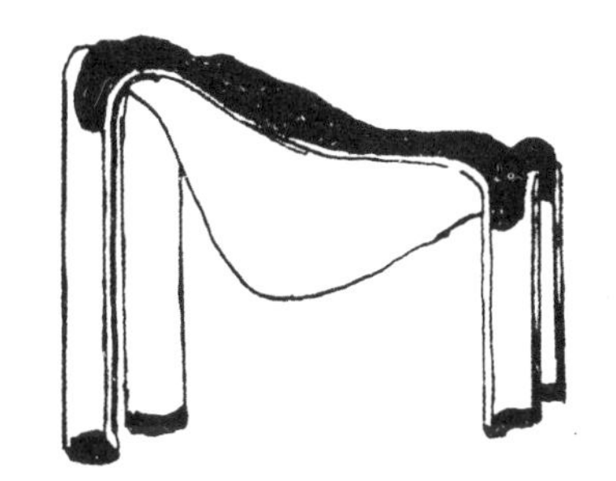

泡林设计（1965年） 塑料椅

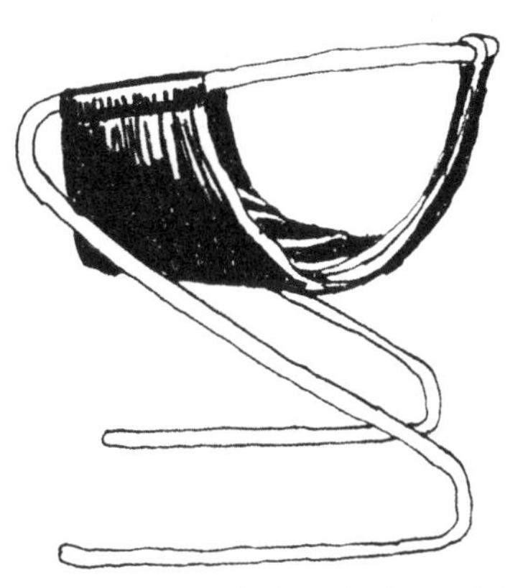

贾纳考斯设计（1965年）

波洛克设计（1965年）

霍尔达威设计（1966年） 硬纸板椅

20世纪家具·装饰艺术派家具（1925～1940年）

自1925年巴黎国际展览会起，就出现了“装饰艺术”风格（实际从1920年就开始了），它被称为“摩登爵士”。它采用新材料、新技术，吸收异国情趣，追求现代感，追求美观和工艺精良。受Bauhaus影响。

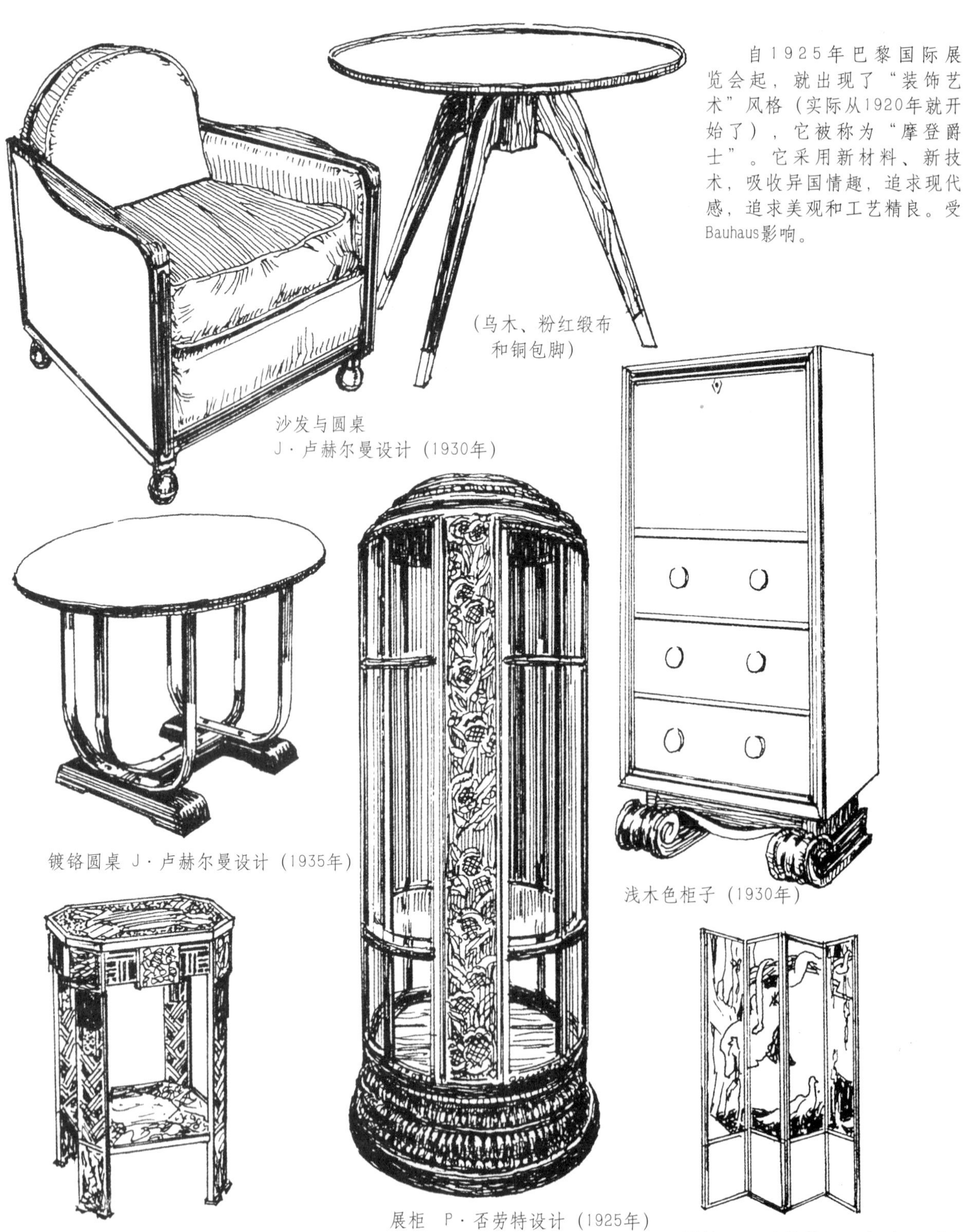

（乌木、粉红缎布和铜包脚）

沙发与圆桌 J·卢赫尔曼设计（1930年）

镀铬圆桌 J·卢赫尔曼设计（1935年）

浅木色柜子（1930年）

日本风（石块镶嵌金属栅格）台

展柜 P·否劳特设计（1925年）

屏风 F·布朗维因设计（1920年）

20世纪家具·装饰艺术派家具

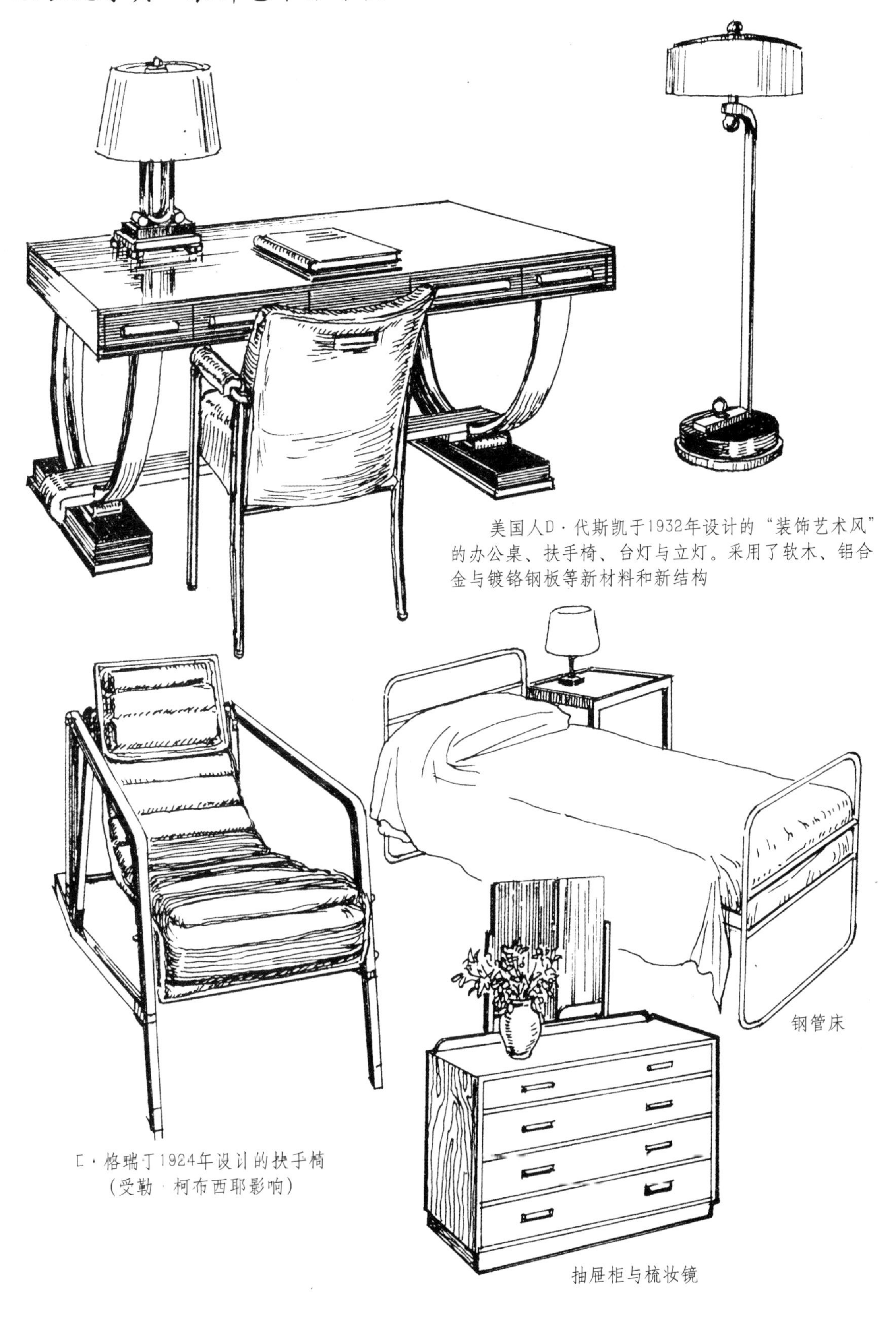

美国人D·代斯凯于1932年设计的"装饰艺术风"的办公桌、扶手椅、台灯与立灯。采用了软木、铝合金与镀铬钢板等新材料和新结构

钢管床

E·格瑞丁1924年设计的扶手椅（受勒·柯布西耶影响）

抽屉柜与梳妆镜

20世纪建筑·晚期现代派建筑

纽约，古根海姆美术馆（F·L·赖特设计，1952～1958年）

悉尼歌剧院（J·伍仲设计，1956～1959年设计，1973年建成）
上－外观 中右－平面图 下－纵剖面图

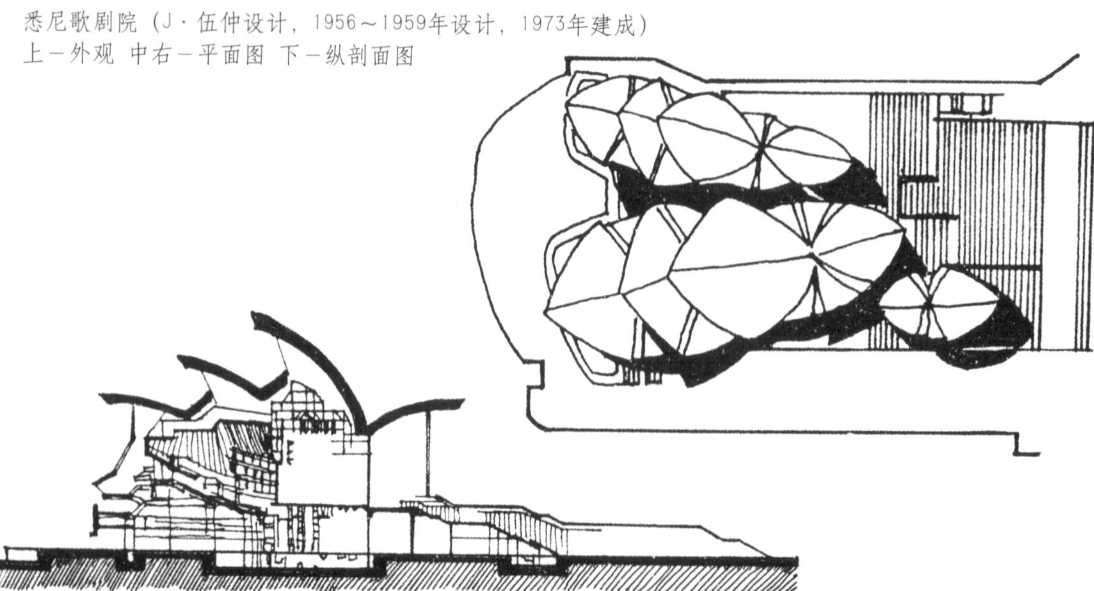

20世纪建筑·晚期现代派（“典雅主义”）建筑

美国驻印度大使馆 E·斯东设计 1954年

底特律魏恩大学麦克格里戈会议中心室内（山崎实设计，1958年，典雅主义代表作）

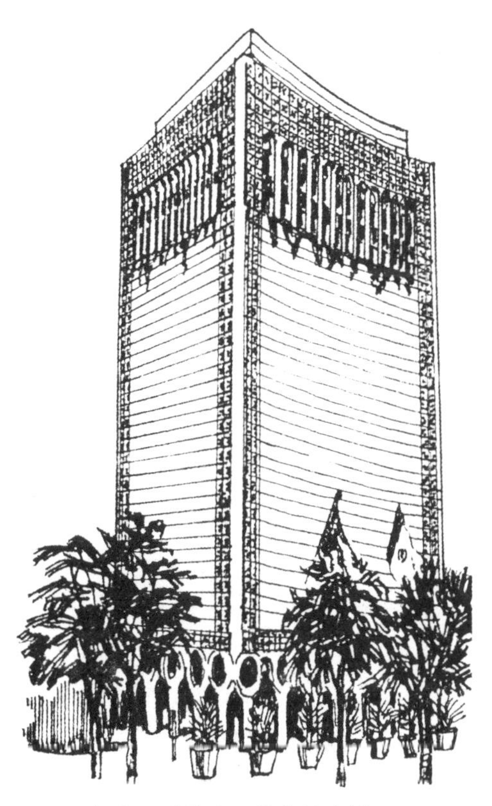

纽约，哥伦比亚博物馆大楼
（E·斯东设计，1961年）

20世纪建筑·晚期现代派建筑

罗马小体育宫（P·L·奈尔维设计，1957年）

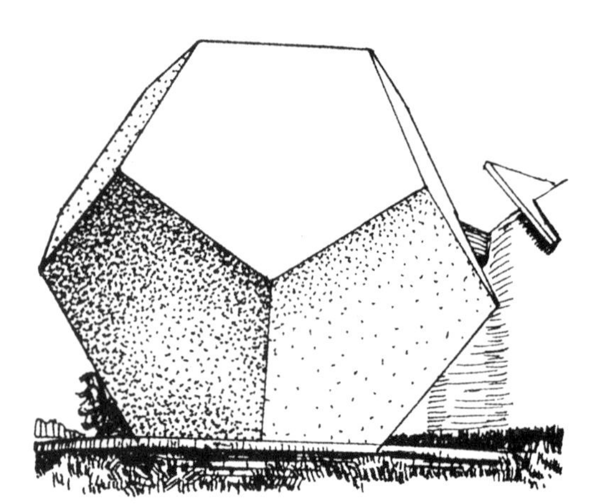

倒覆式贮煤库（E·托洛加设计，1958年）

玛拉尼阿列斯餐馆（F·坎德拉设计，1958年）

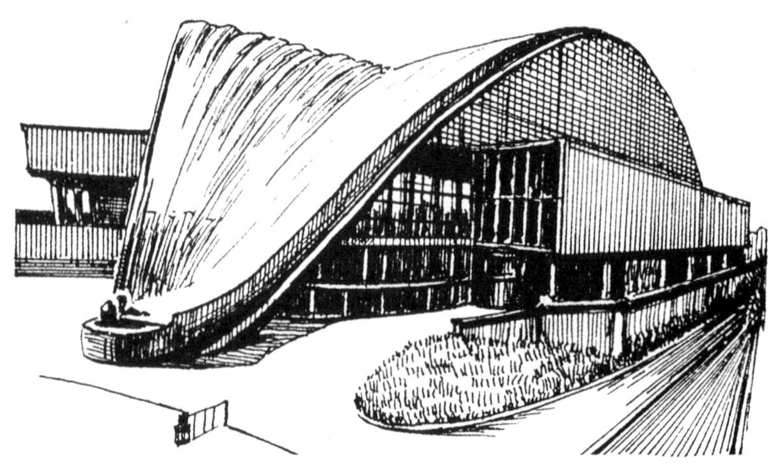

巴黎国家工业与技术中心陈列馆（R·卡麦洛特、J·De麦利、B·宅尔夫斯联合设计，1959年）

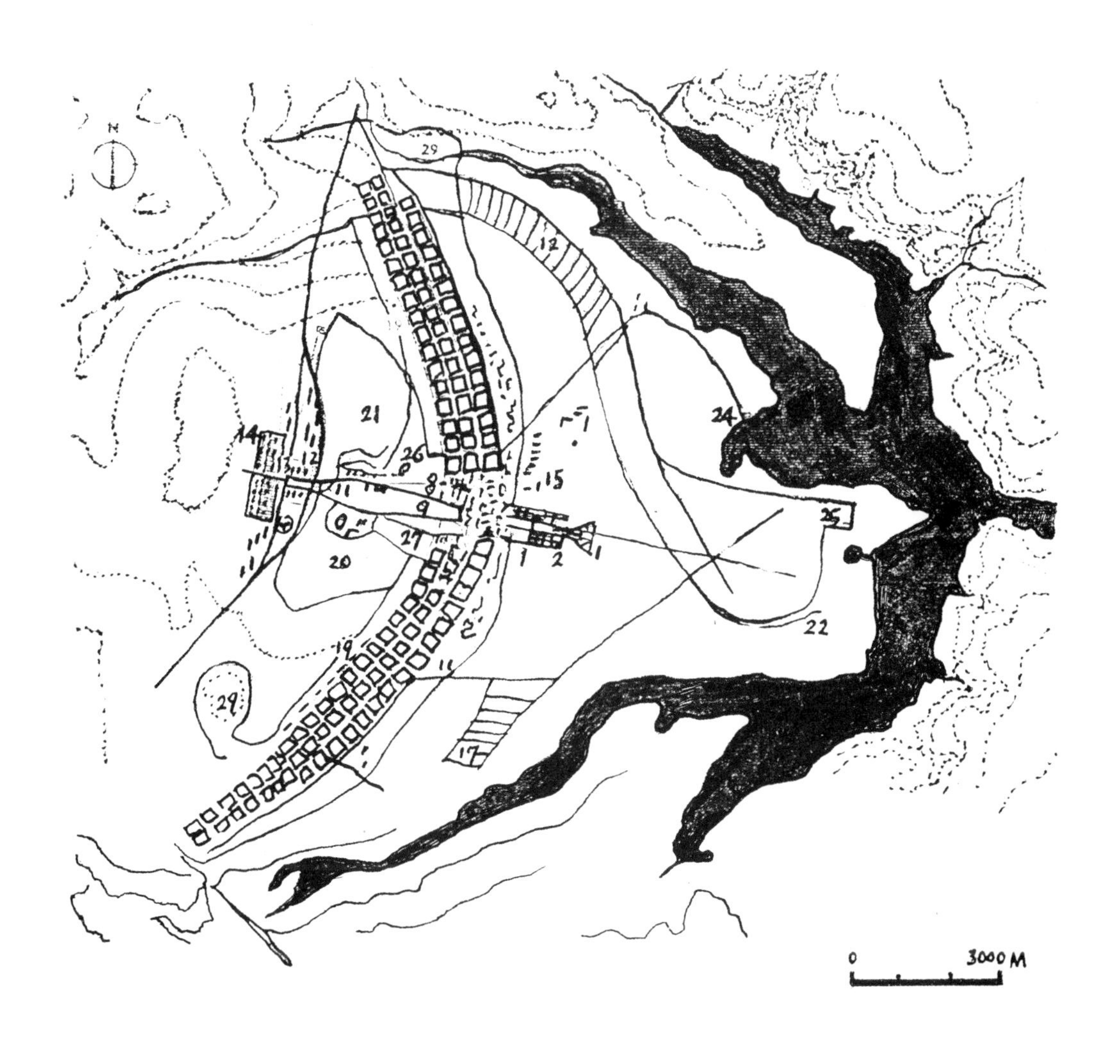

巴西新都巴西利亚市
上—平面图（飞机形状）
下—总统府一角及远处小教堂
外观（1957～1958年）
设计人：
O·尼迈耶（Oscar Niemeyer）

20世纪建筑·晚期现代派（粗野主义）建筑

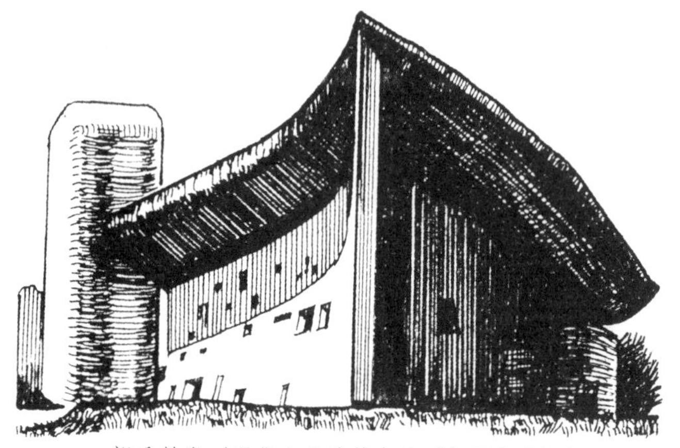

朗香教堂（现代主义建筑中的“粗野主义”）
L·柯布西耶设计，1950～1955年

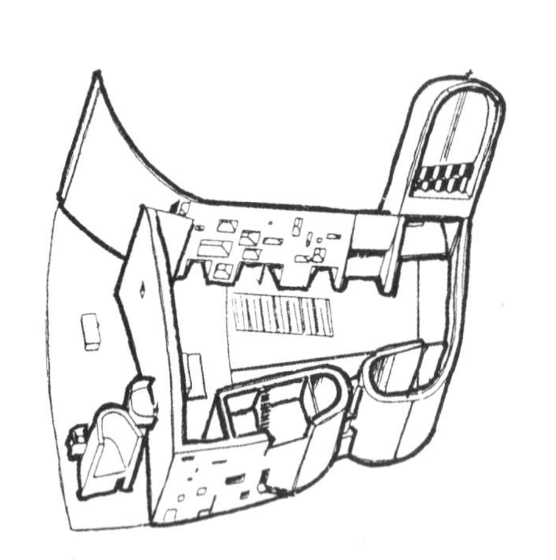

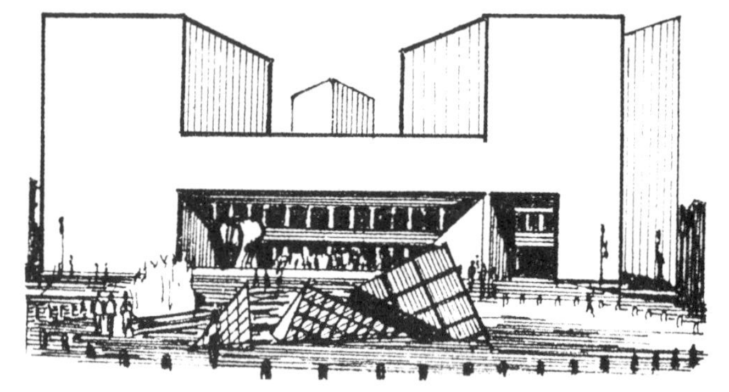

华盛顿美国国家美术馆东馆（贝聿铭设计，1972年）

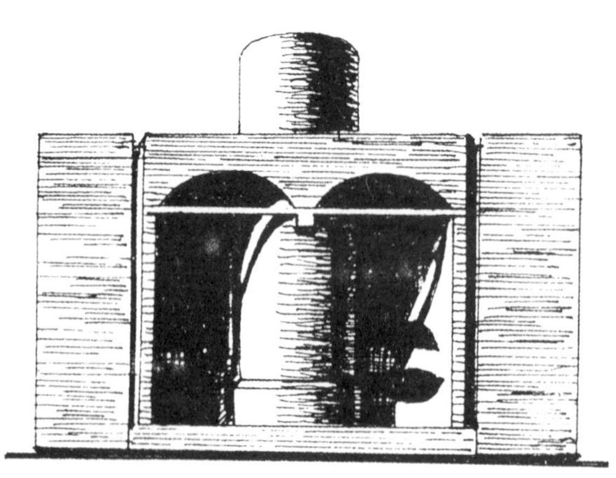

印度阿默达巴德管理学院大楼（L.康设计，1974年，粗野主义）

阿默达巴德管理学院大楼内一角

20世纪家具·晚期现代派家具

手形沙发（意大利）（三人设计）

科伦波设计（1970年）

马伦考设计（1971年）

美女马里琳唇形沙发（1972年）

大桥晃朗设计（1978年）

靠背椅

德兰格尔、胡尔特合作设计

奥瓦尔设计（1976年）层板折椅

矶崎新设计（1974年）

沙发椅

20世纪家具·晚期现代派家具

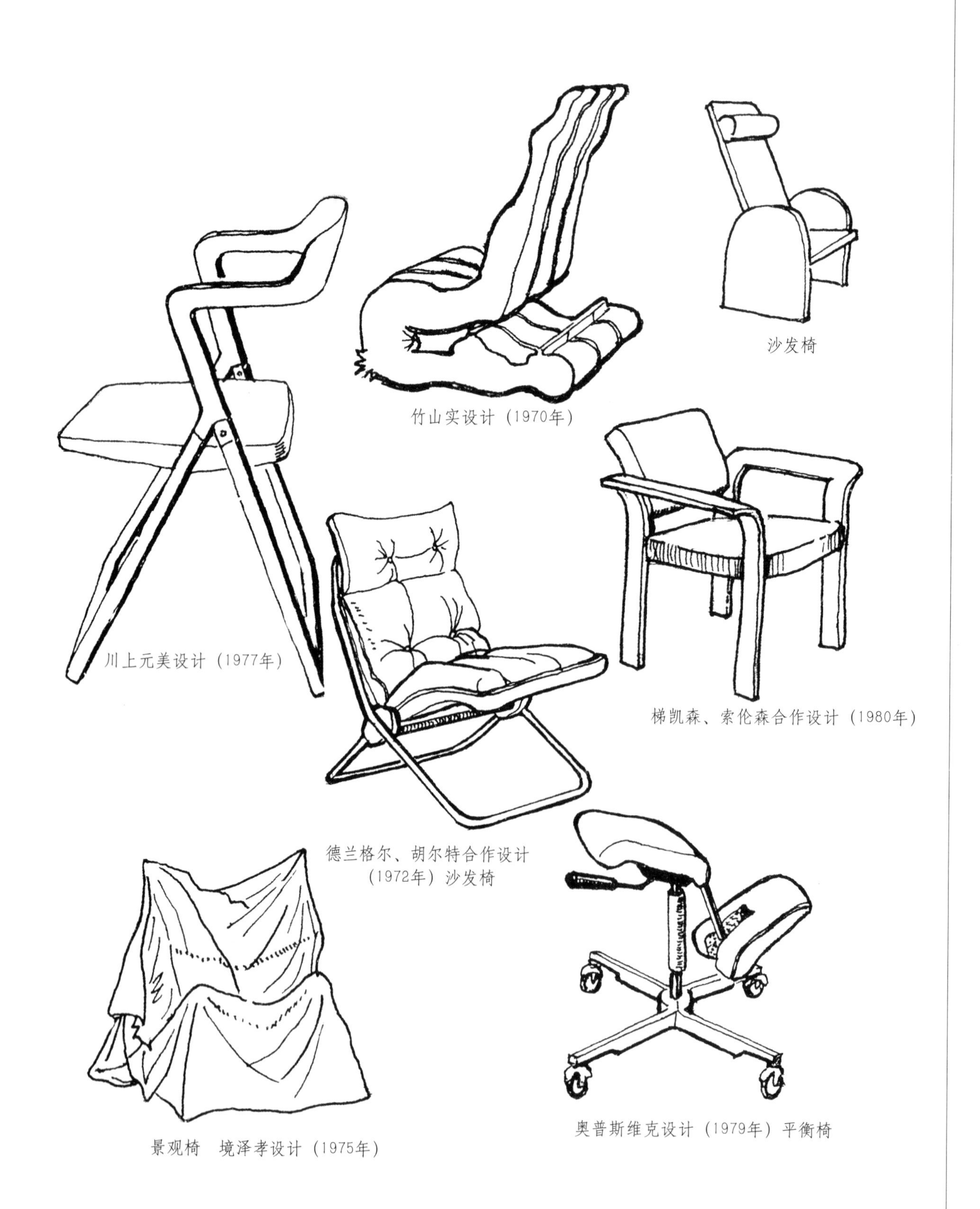

竹山实设计（1970年）

沙发椅

川上元美设计（1977年）

梯凯森、索伦森合作设计（1980年）

德兰格尔、胡尔特合作设计（1972年）沙发椅

景观椅　境泽孝设计（1975年）

奥普斯维克设计（1979年）平衡椅

20世纪家具·斯堪的纳维亚派家具

贾可布森设计（1951年）

贾可布森设计（1955年）

库卡普罗设计（1965年）玻璃钢沙发

克雅霍尔姆设计（1960年）

层板平衡椅（1979年）

潘顿设计（1966年） 层积木椅

扒椅 贡德斯鲁特设计（1980年）

埃克斯特龙设计（1980年）肠形沙发椅

20世纪家具·意大利现代派家具

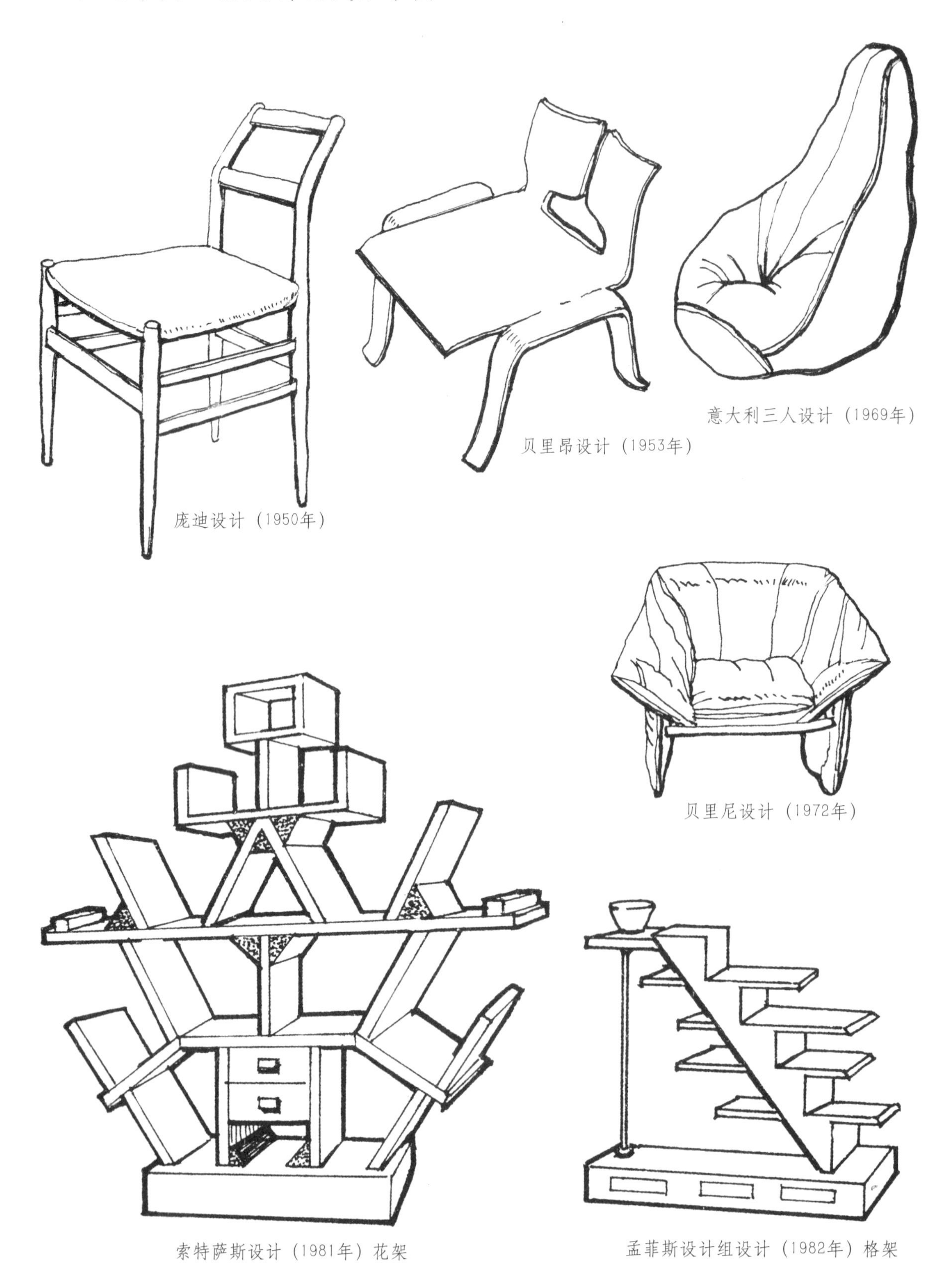

庞迪设计（1950年）

贝里昂设计（1953年）

意大利三人设计（1969年）

贝里尼设计（1972年）

索特萨斯设计（1981年）花架

孟菲斯设计组设计（1982年）格架

20世纪家具·现代有机派家具

叶尔曼设计（1953年）

萨林恩设计（1948－1955年）

克雅霍尔姆设计（1956年）

尼尔森设计（1956年）

伊姆斯设计（1956年）

伊姆斯设计（1958年）铸铝椅

贾可布森设计的“天鹅椅”（左下）和“蛋壳椅”（右下）

贝托亚设计（1952年）

20世纪家具·现代有机派家具

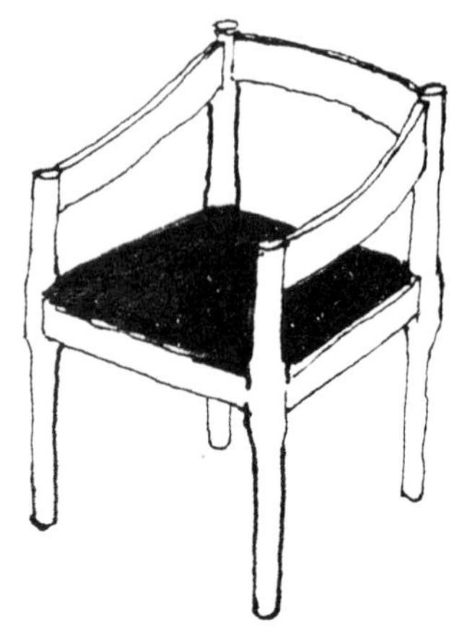

马吉斯特来蒂设计（1960年）

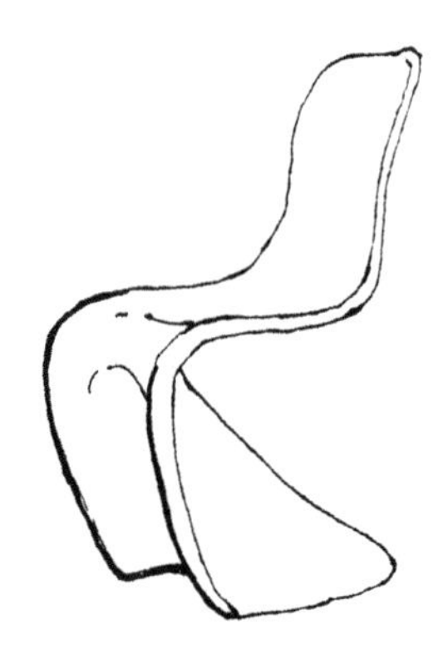

潘顿设计的玻璃钢椅（1960年）

斯卡尔巴设计（1961年）

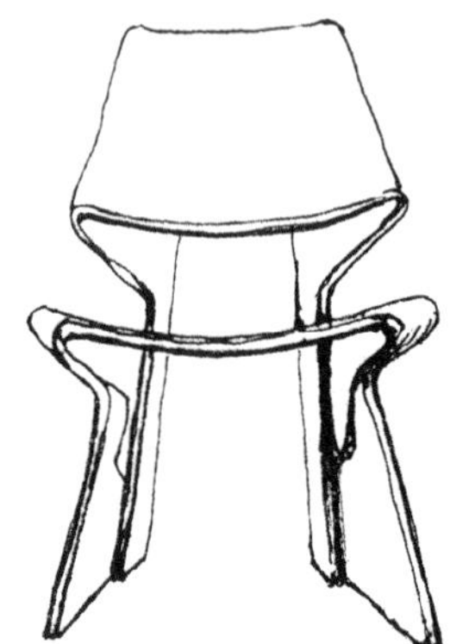

贾尔克设计（1962年）

克雅霍尔姆设计（1962年）

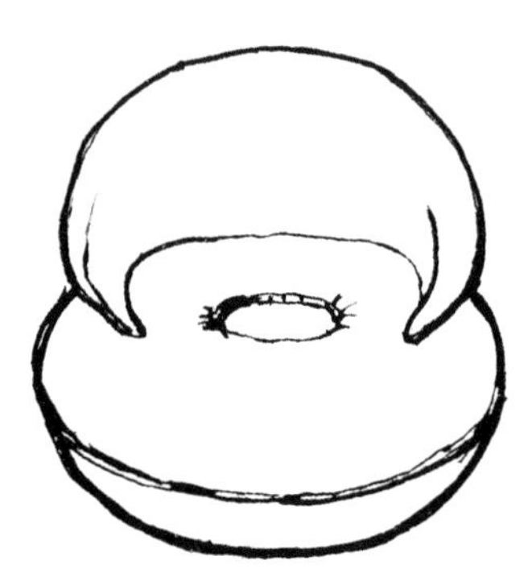

昆廷设计（1963年） 充气椅

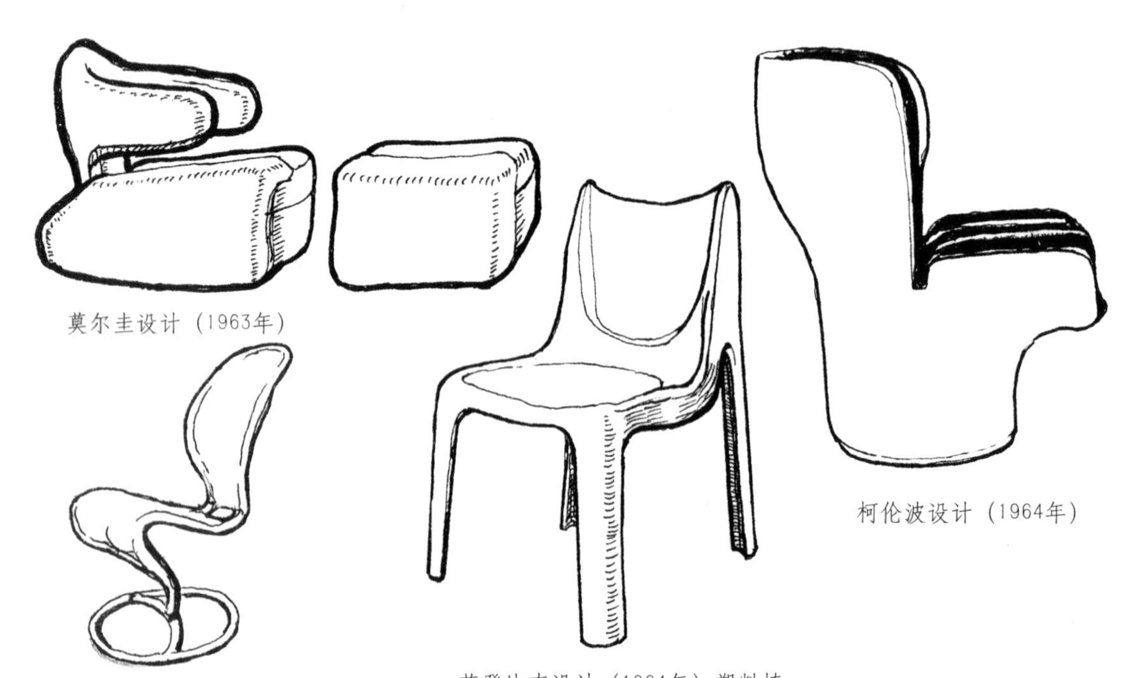

莫尔圭设计（1963年）

靠背椅

范登比克设计（1964年）塑料椅

柯伦波设计（1964年）

20世纪家具·现代有机派家具

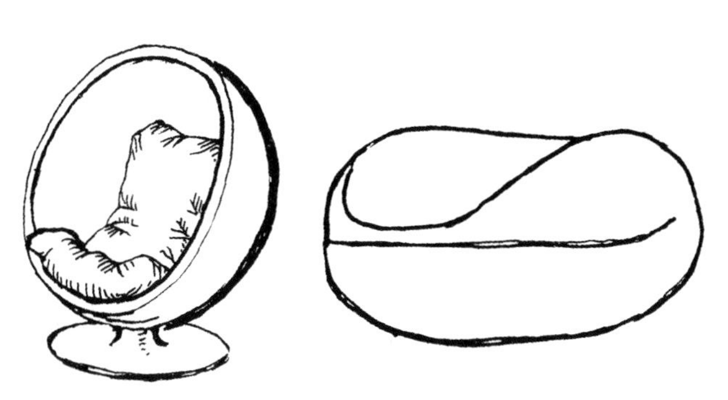

耶罗设计（1967 年）“球形椅”（左）、香锭形椅（右）

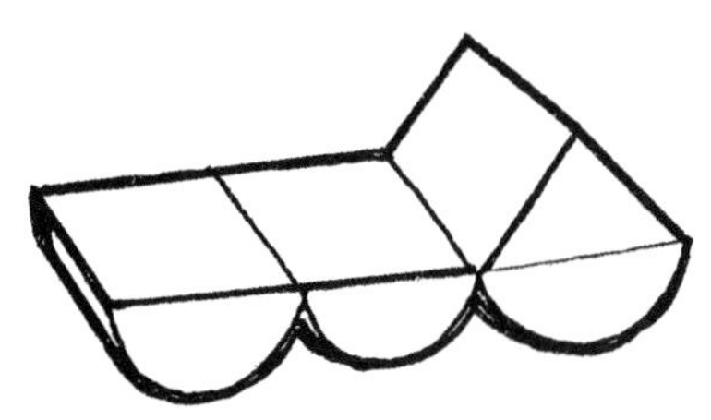

拉尔森设计（1967～1968年）

戴·帕斯设计（1967年）充气沙发

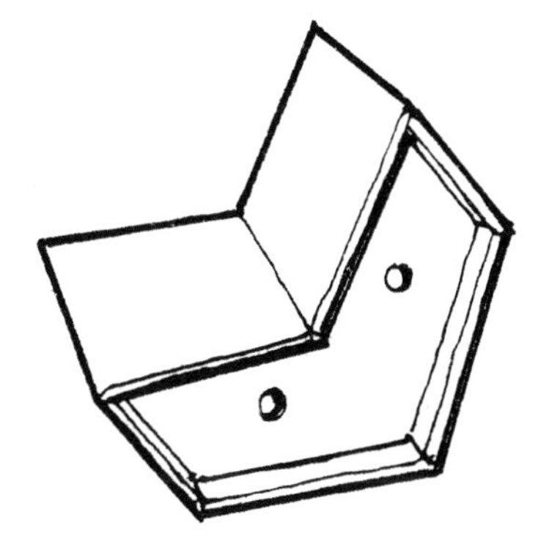

雷克设计（1967年）硬纸板椅

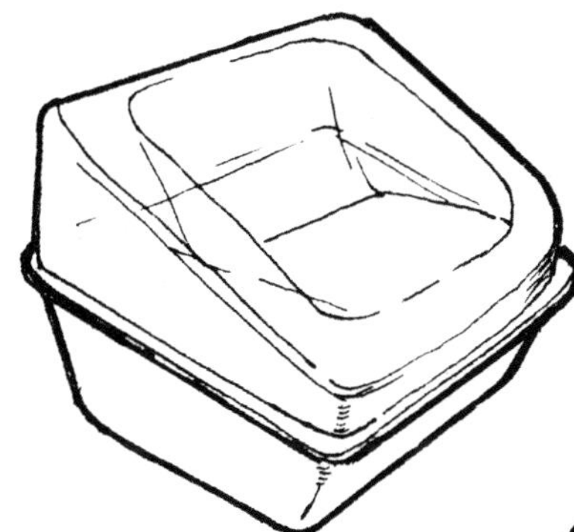

特娄顿设计（1967年）
真空成形塑料椅

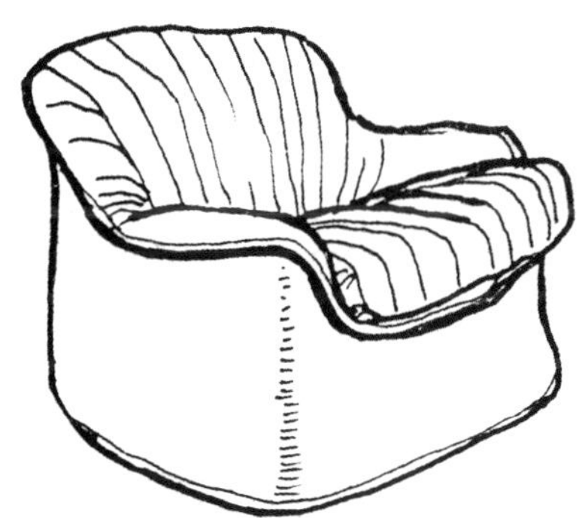

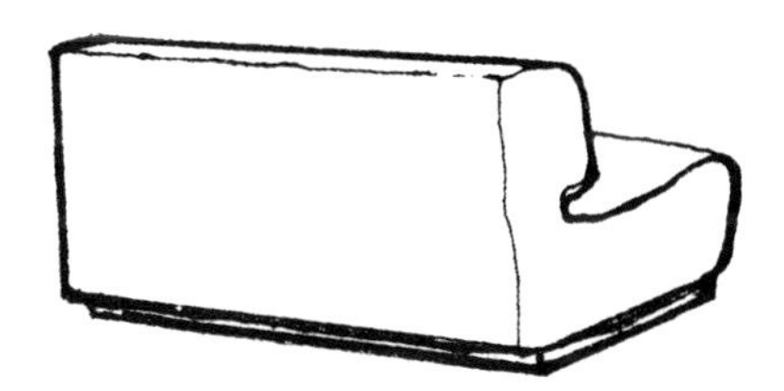

博埃里设计（1968年）长沙发椅

斯卡巴夫妇设计（1968年）

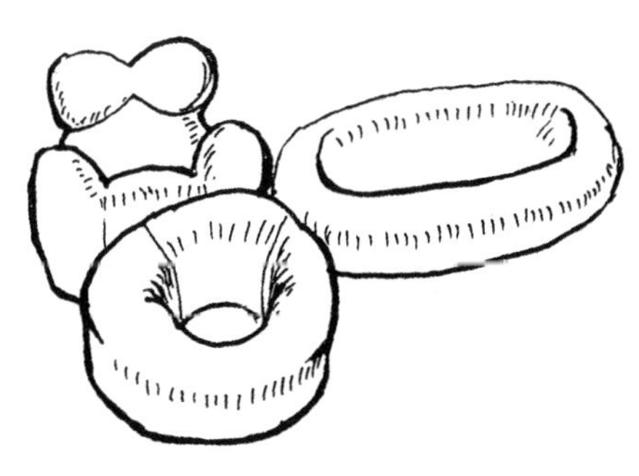

贝斯切设计（1969年）

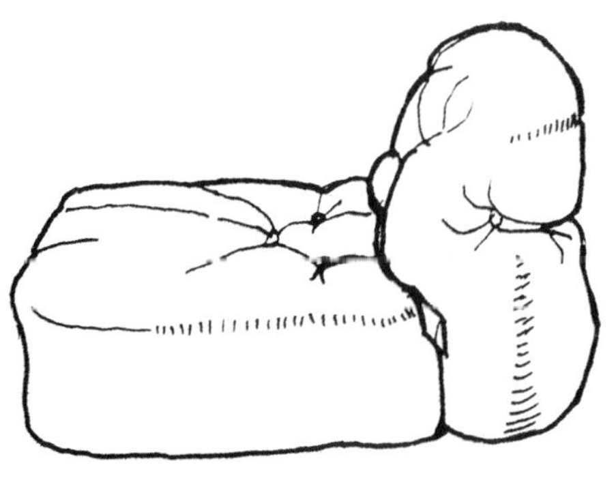

斯卡巴夫妇设计（1968年）

20世纪建筑·后现代主义建筑

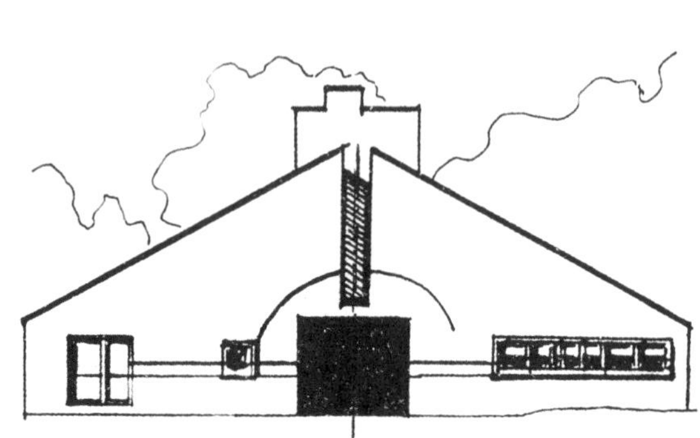

文丘里母亲住宅（宾夕法尼亚，1966年）

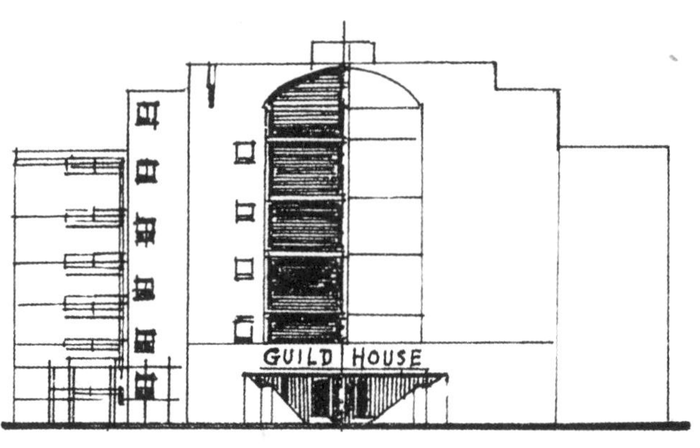

费城退休老人公寓（文丘里设计，1963年）

美国电报与电话公司大楼
（P·约翰逊设计，1976年，纽约）

俄勒冈州波特兰市政中心大楼（M·格雷夫斯设计，1982年）

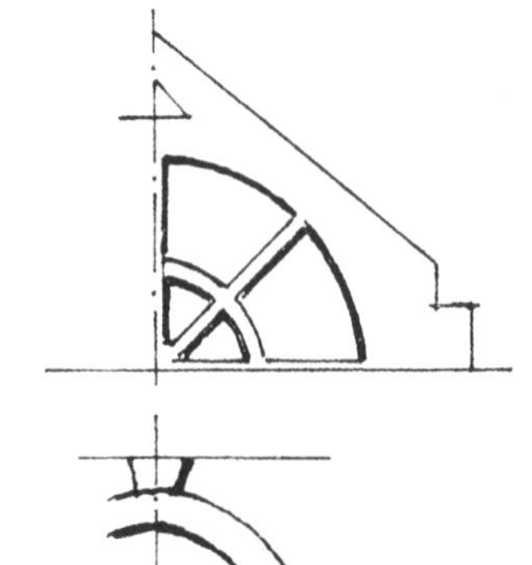

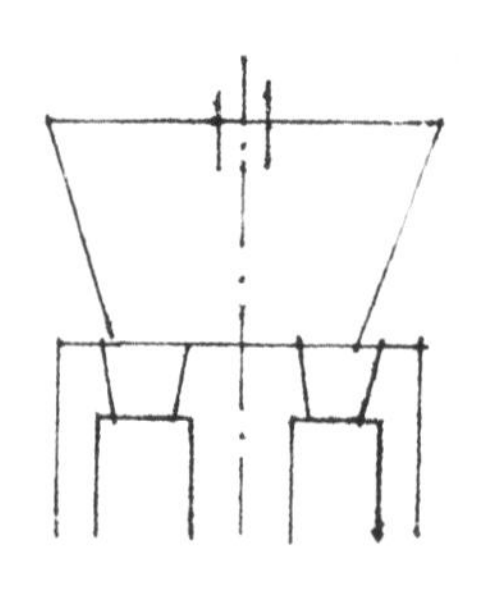

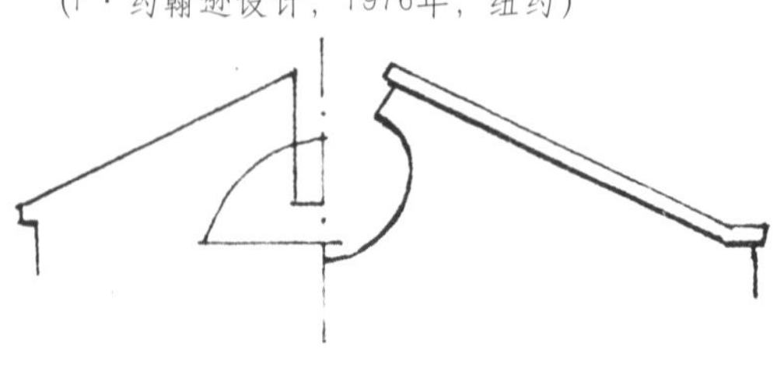

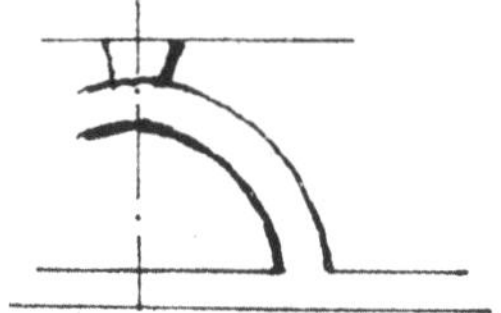

后现代主义建筑的造型元素
（左、上）

20世纪建筑·后现代主义建筑

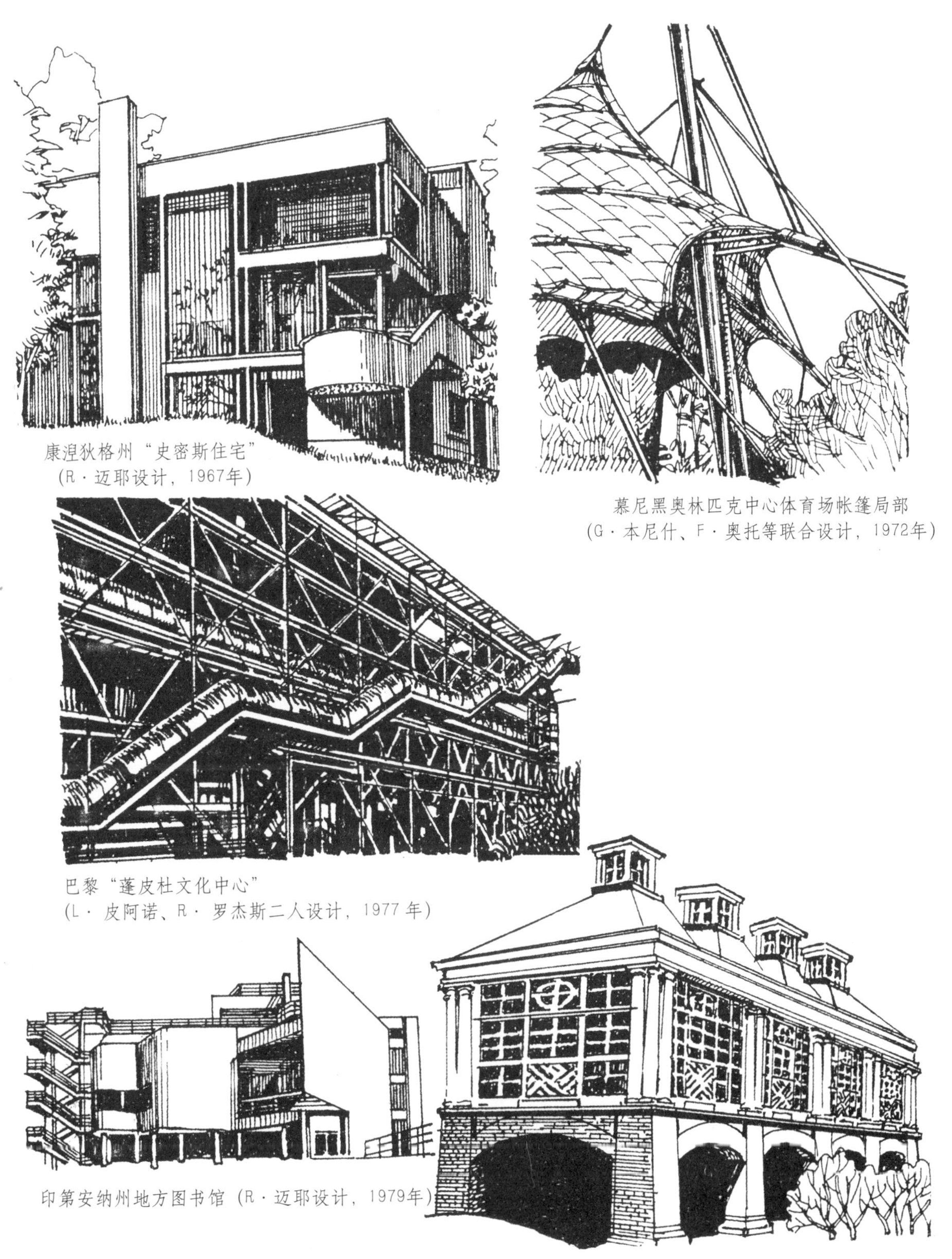

康涅狄格州“史密斯住宅”
(R·迈耶设计，1967年)

慕尼黑奥林匹克中心体育场帐篷局部
(G·本尼什、F·奥托等联合设计，1972年)

巴黎“蓬皮杜文化中心”
(L·皮阿诺、R·罗杰斯二人设计，1977年)

印第安纳州地方图书馆（R·迈耶设计，1979年）

弗吉尼亚大学天文台山餐厅（R·斯特恩设计，1948年）

20世纪建筑·后现代主义建筑

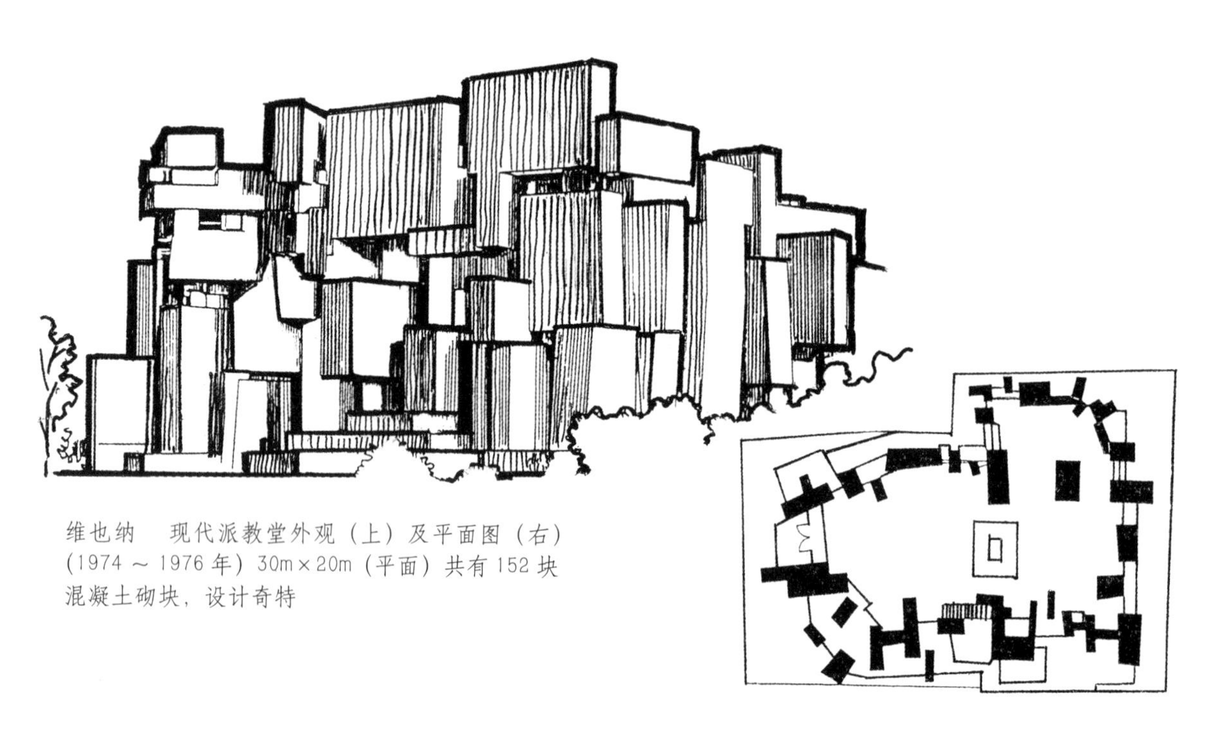

维也纳　现代派教堂外观（上）及平面图（右）（1974～1976年）30m×20m（平面）共有152块混凝土砌块，设计奇特

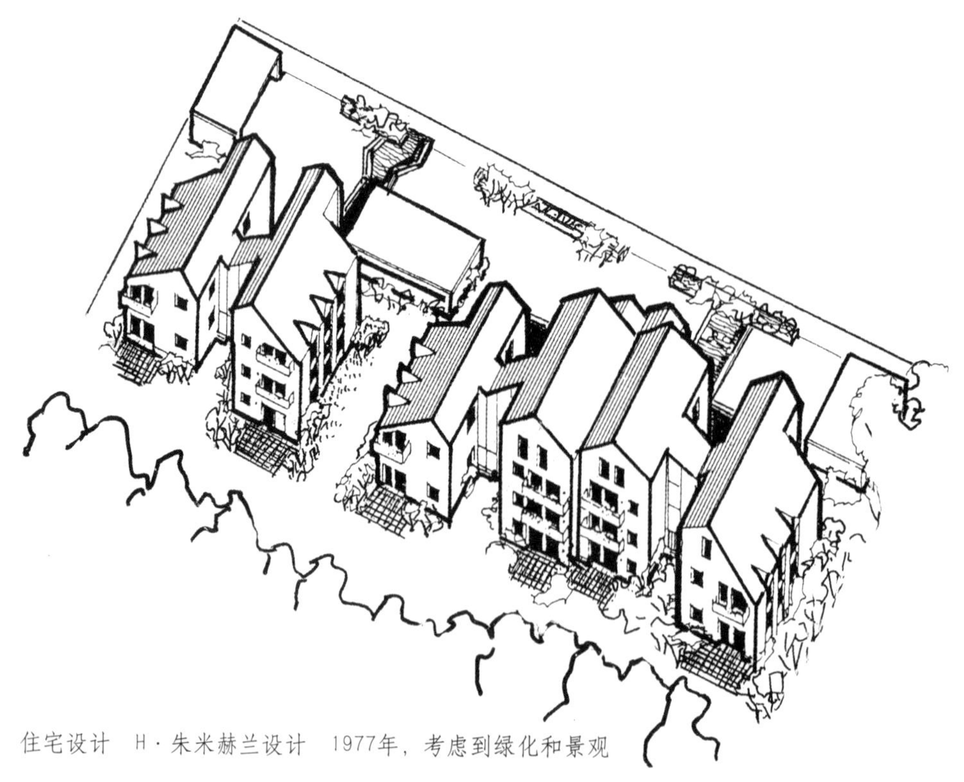

住宅设计　H·朱米赫兰设计　1977年，考虑到绿化和景观

20世纪建筑·后现代主义建筑

加拿大，蒙特利尔国际博览会中的美国馆
（R·B·富勒设计，1967年）

芝加哥南拉塞尔大街190#大楼（P·约翰逊，1983年）

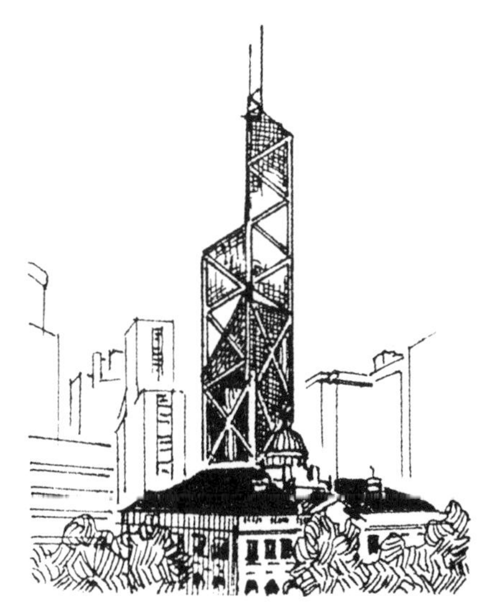

香港中国银行大厦（贝聿铭设计，1988年）

巴黎卢浮宫前的“水晶金字塔”（贝聿铭，1990年）

20世纪建筑·后现代主义建筑

新奥尔良“意大利广场”（C·莫尔设计，1974年）

加利福尼亚大道580#公寓（P·约翰逊设计，1984年）

日本的“积木公寓”（相田武文设计，1979年）

伦敦劳埃德保险公司和银行大楼（ R·罗杰斯设计1986年）

20世纪建筑·后现代主义建筑

瑞士“一家居”住宅（M·博塔设计，1980年）

瑞士卢加诺某办公大楼（M·博塔设计，1985年）

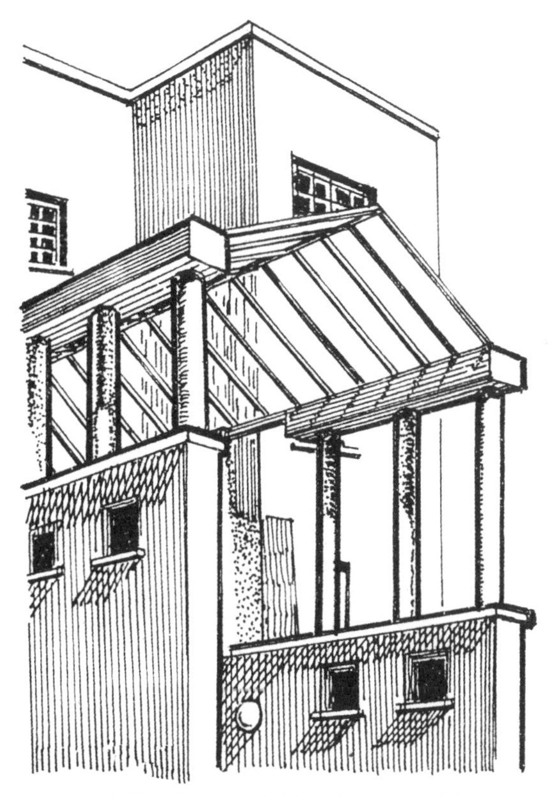

曼迪奥拉住宅（M·加利设计 ，1978年）

伦敦某公园凉亭（D·波菲罗斯设计，1981年）

伦敦泰特博物馆扩建部分（J·斯特林设计1986年）

20世纪建筑·后现代主义建筑

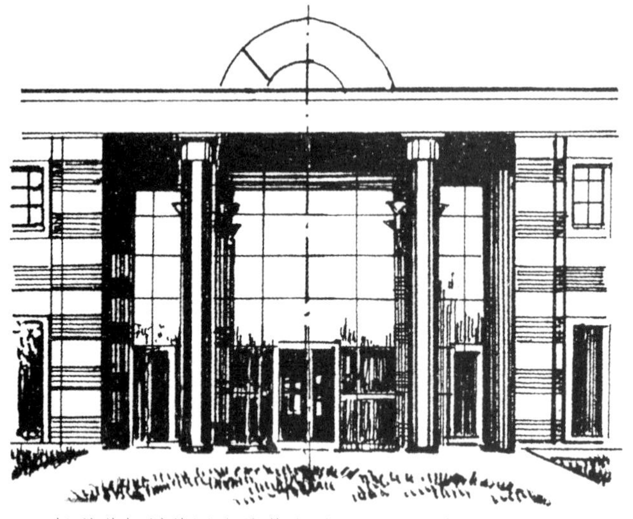

伊利诺伊州美国儿科学院（T·必比设计，1984年）

“巴洛克村”住宅（西班牙R·波菲设计，1986年）

肯塔基州路易斯维尔的“人文大厦”
（M·格雷夫斯设计，1986年）

休斯敦共和银行大楼（P·约翰逊设计，1984年）

20世纪建筑·后现代主义建筑室内

奥地利柏斯托斯多夫市市政中心内大会议厅（H·霍兰设计，1976年）

日本“纳基当代艺术馆”室内（矶崎新设计，1994年）

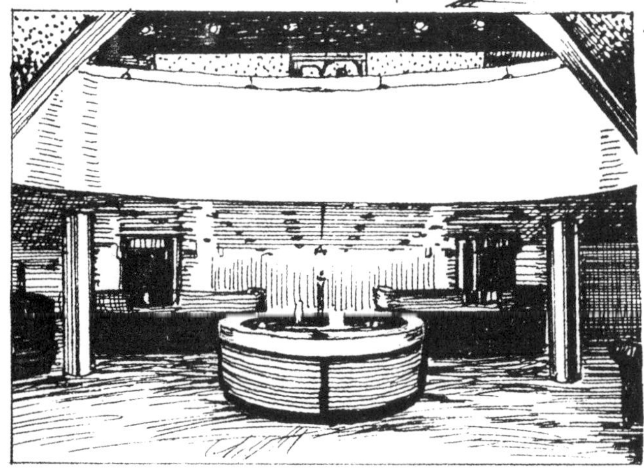

卢加诺市戈塔多银行内部（M·博塔设计，1988年）

20世纪建筑·后现代主义建筑室内

弗赖堡国家银行大厅（M·博塔设计，1982年）

西班牙 塞贵拉市医疗中心室内
（J·I·里纳木索罗设计，1985年）

香港“半岛酒店”顶层酒吧（P·斯塔克设计，1995年）

英国国家博物馆圣斯伯利画廊室内（R·文丘里设计，1986年）

自己的伦敦住宅室内（C·詹克斯设计，1985年）

得州克里斯蒂市政大楼室内 塔夫特（TAFT）设计事务所（1987年）

20世纪家具·后现代主义家具

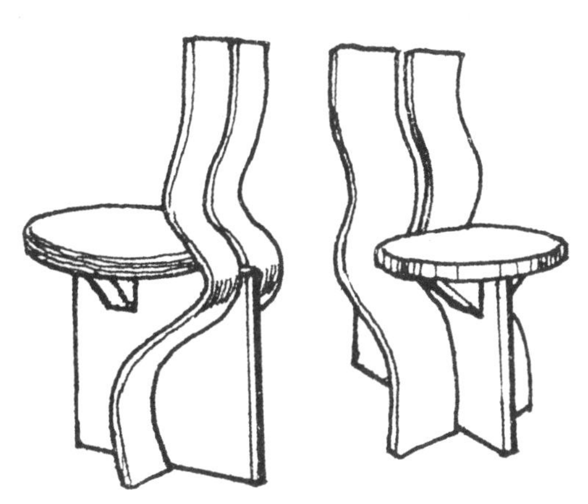

美国，格拉斯设计，人形椅（1986年）

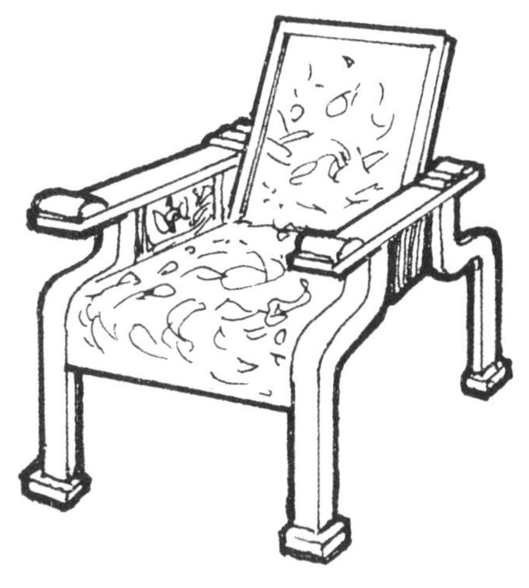

意大利索夫登和巴斯奎尔设计，扶手椅

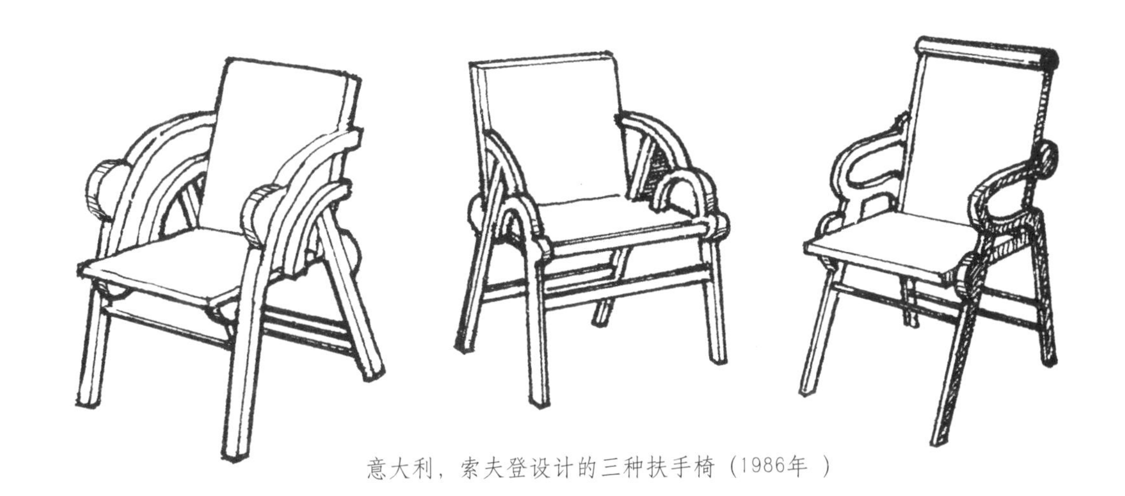

意大利，索夫登设计的三种扶手椅（1986年）

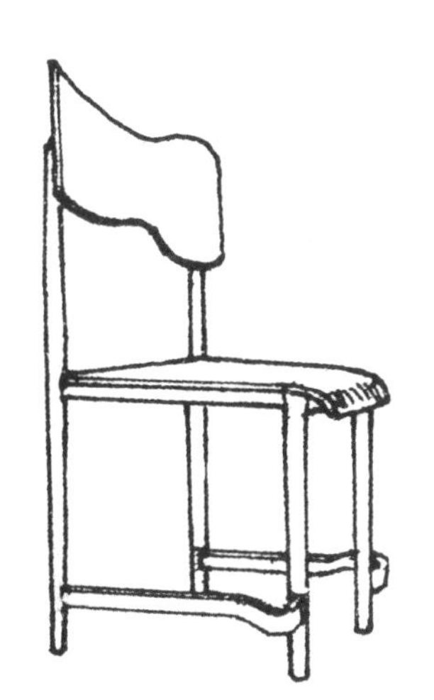

芬兰，靠椅　塔什基恩设计

意大利流线型躺椅（1986年）

20世纪家具·后现代主义家具

（挪威）伊考尔乃斯公司生产（1983年）

（丹麦）赫里斯丹森设计（1984年）

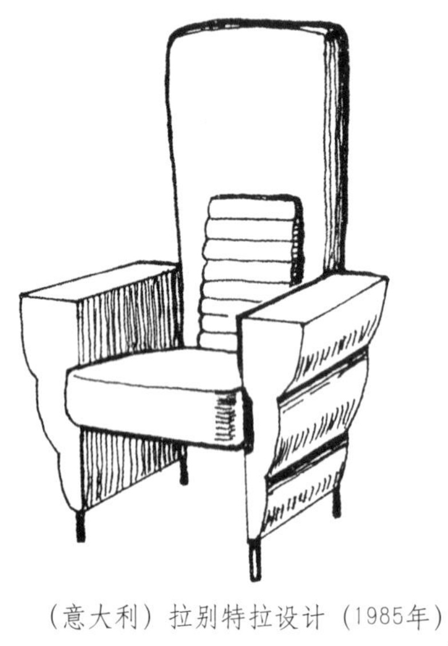
（意大利）拉别特拉设计（1985年）

（德国）门泽尔设计（1985年）

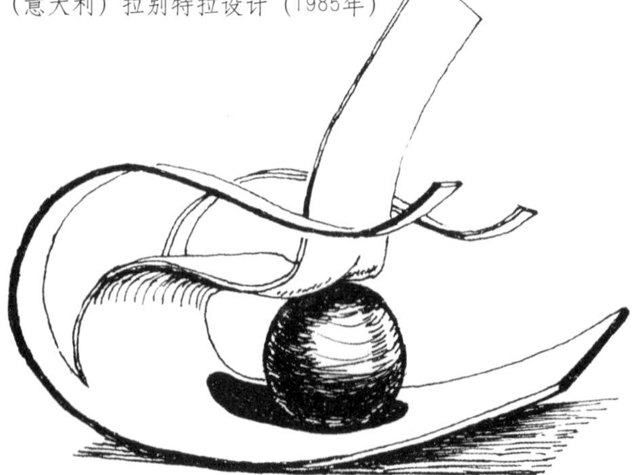
（日本）雅马考考设计（1985年）

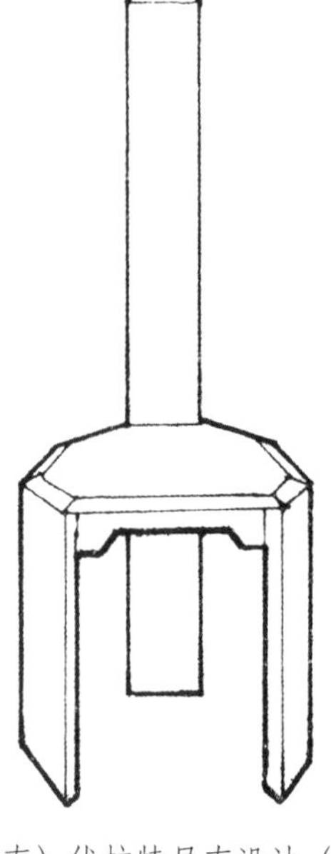
（捷克）伏拉特尼克设计（1986年）

20世纪家具 · 后现代主义家具

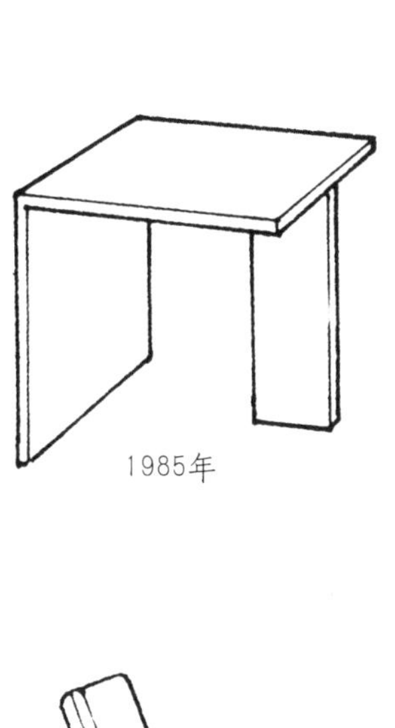

1985年

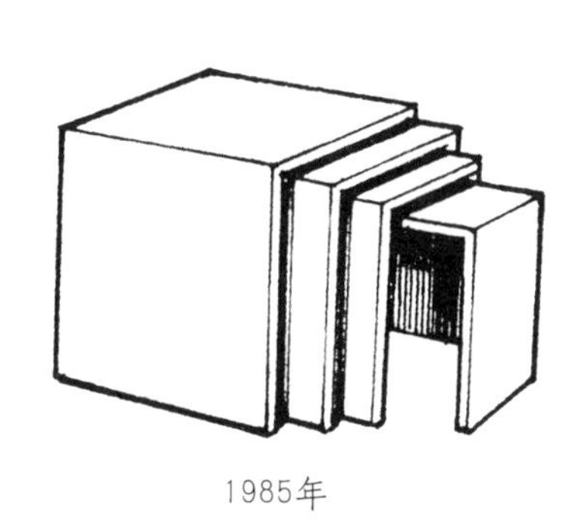

1985年

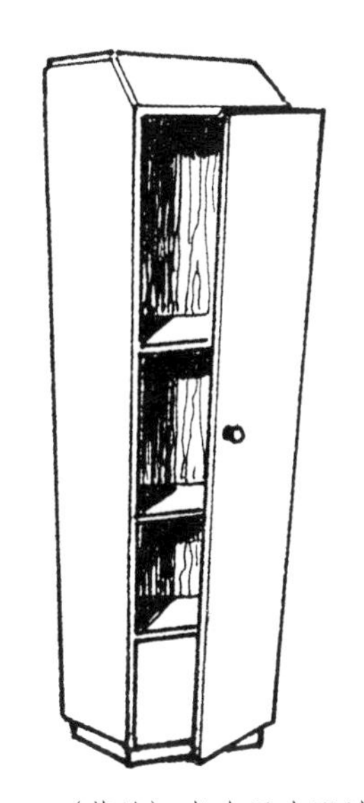

（芬兰）米哈里克设计
碗柜，1986年

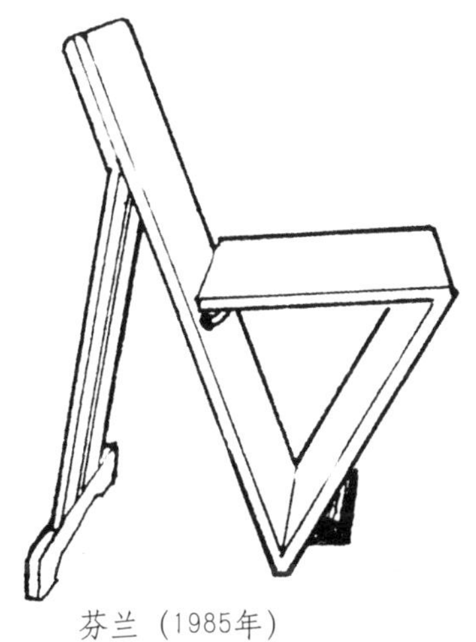

芬兰（1985年）

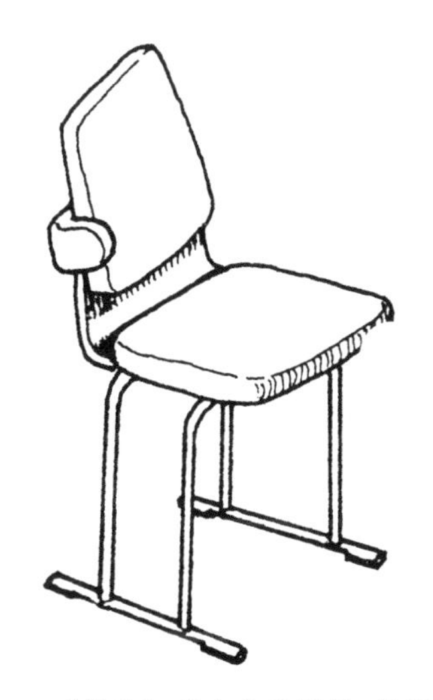

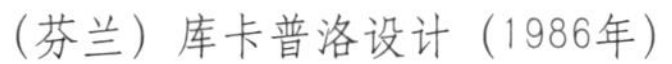

（芬兰）库卡普洛设计（1986年）

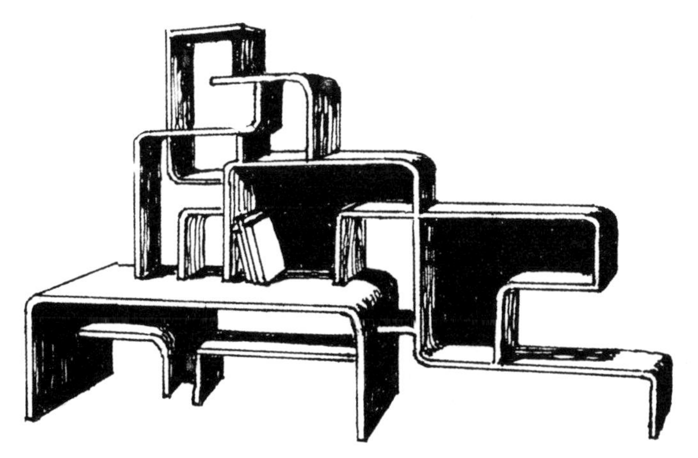

（芬兰）塔什基恩夫妇设计　层压板书架（1986年）

（芬兰）雅尔维沙罗设计（1986年）

20世纪家具·后现代主义家具

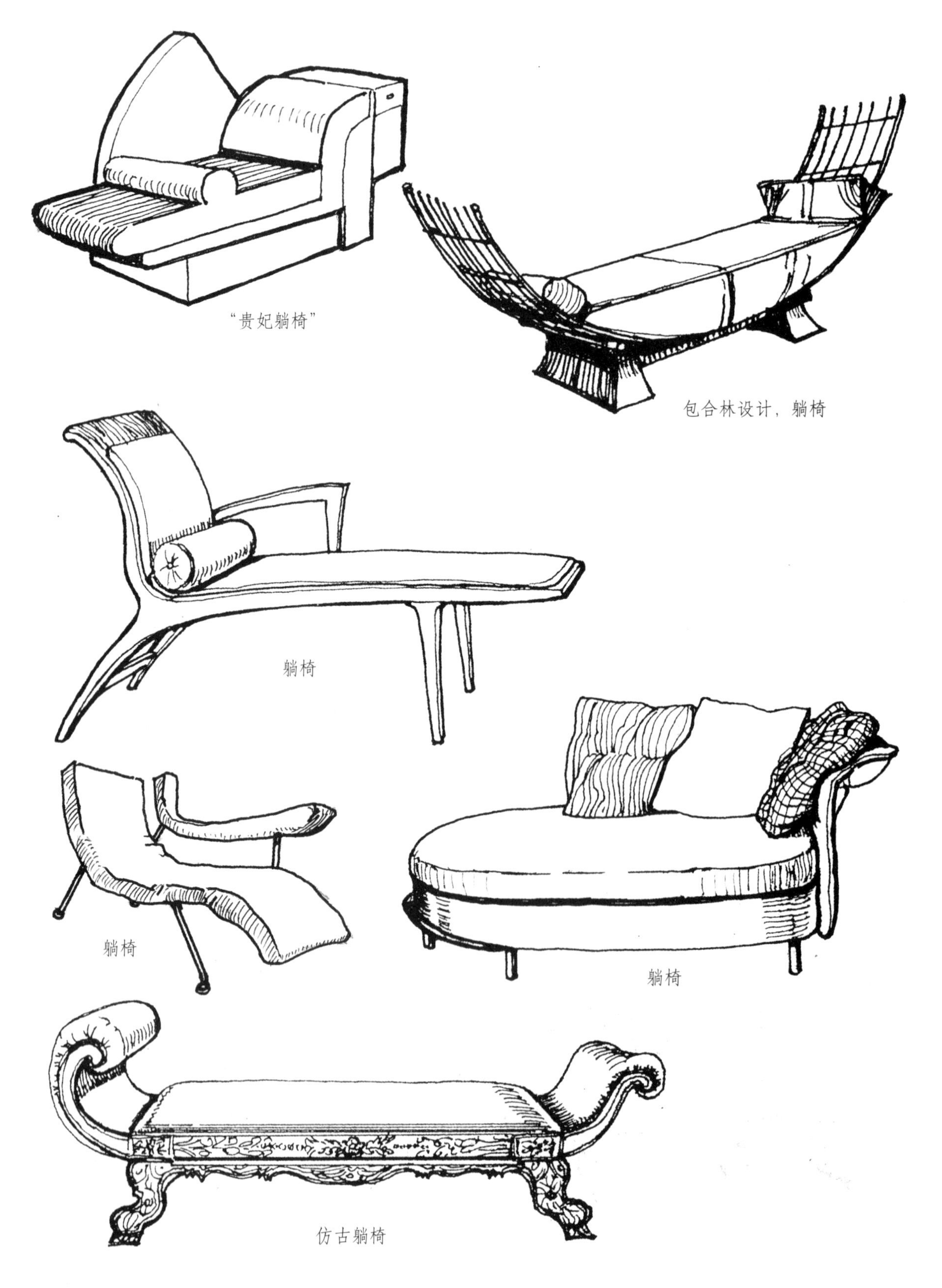

"贵妃躺椅"

包合林设计，躺椅

躺椅

躺椅

躺椅

仿古躺椅

20世纪建筑·解构主义建筑

解构主义建筑细部（J·罗斯设计，1993年）

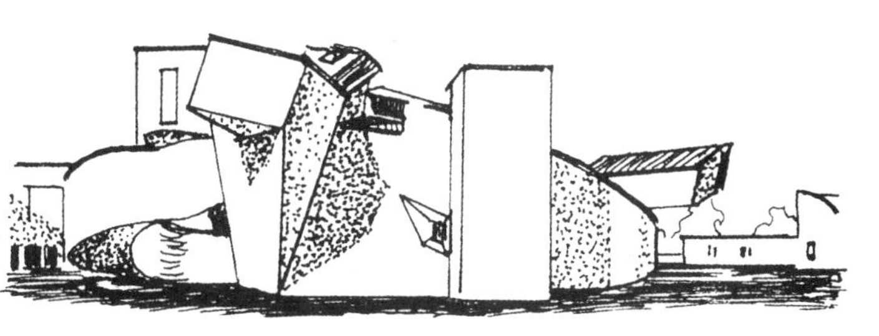

德国维特拉国际家具设备博物馆（F·盖里设计，1989年）

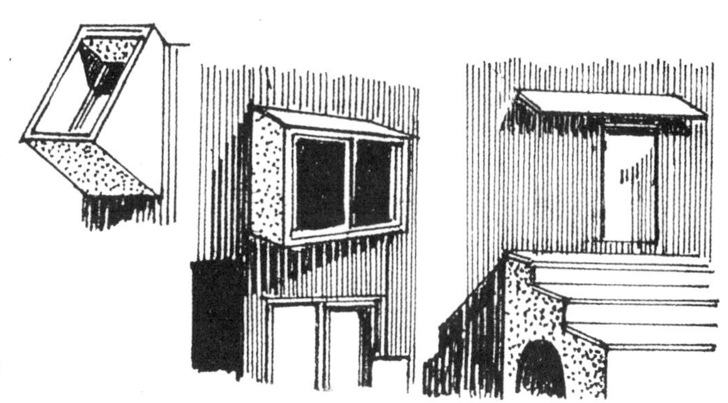

筱原一男住宅外观的细部（1984年）

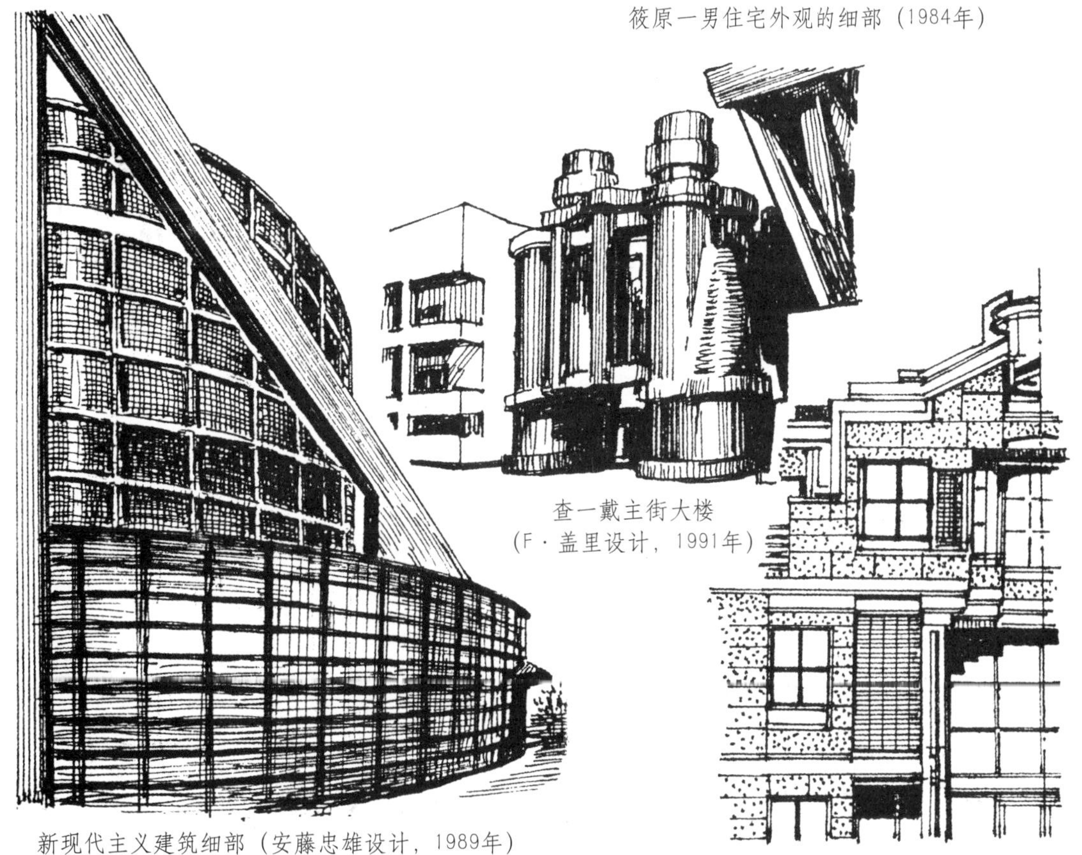

查一戴主街大楼
（F·盖里设计，1991年）

新现代主义建筑细部（安藤忠雄设计，1989年）

斯科布朗德保险公司加建楼层
（挪威三位后现代建筑师于1986年设计）

20世纪建筑·解构主义建筑

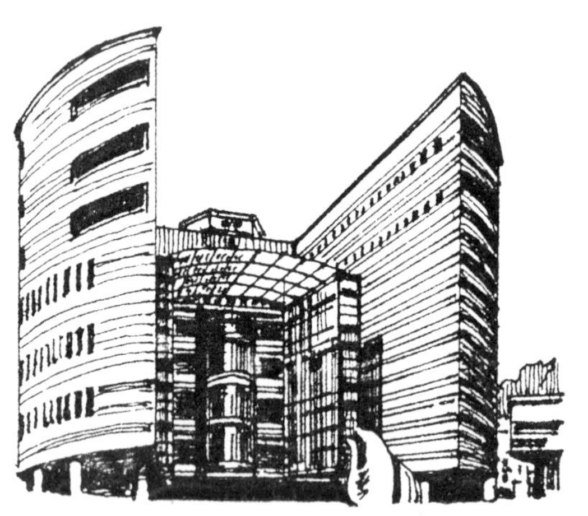

卢加诺商业与住宅综合体（M·博塔设计，1991年）

巴黎西区音乐城（C·D 鲍赞巴克设计，1990年）

新墨西哥州“米德/平霍尔住宅”（B·普林斯设计，1993年）

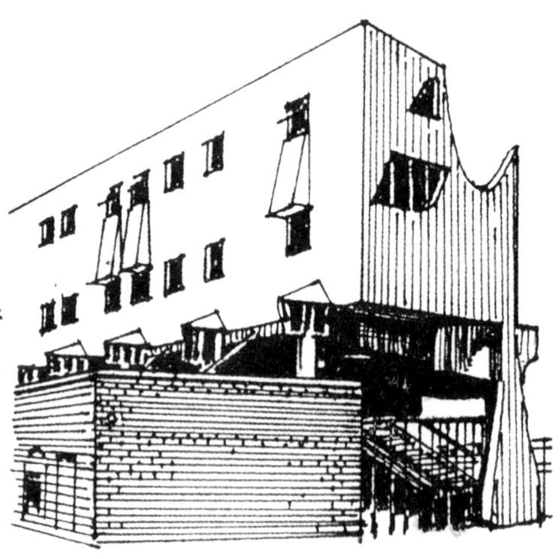

洛杉矶“萨米陶公寓”（E·O·莫斯设计，1996年）

巴黎美国文化中心（F·盖里设计，1989年）

美国联合银行（贝聿铭设计，1995年）

20世纪建筑·解构主义建筑

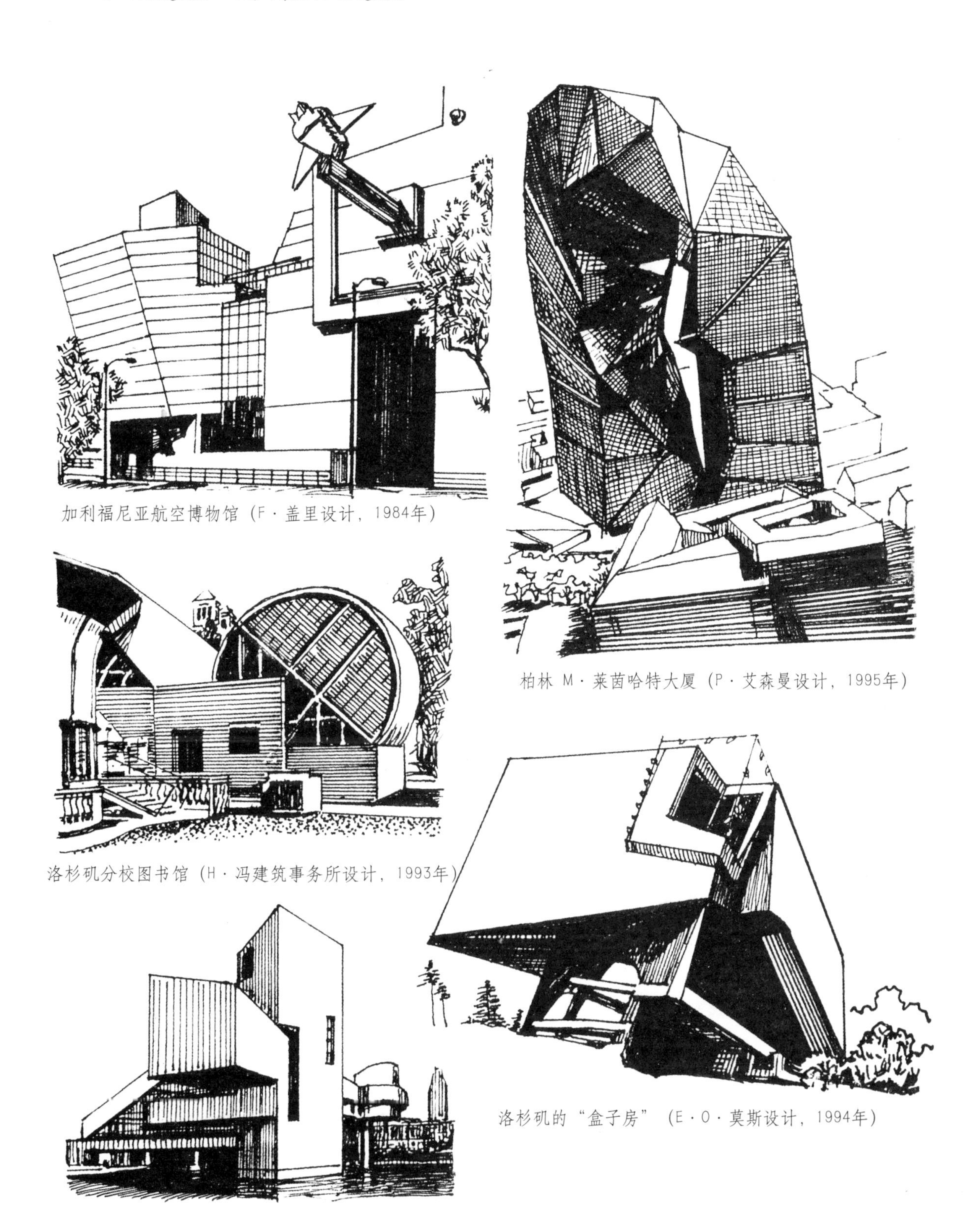

加利福尼亚航空博物馆（F·盖里设计，1984年）

柏林 M·莱茵哈特大厦（P·艾森曼设计，1995年）

洛杉矶分校图书馆（H·冯建筑事务所设计，1993年）

洛杉矶的“盒子房”（E·O·莫斯设计，1994年）

克里夫兰摇滚乐名人堂（贝聿铭设计，1995年）

20世纪建筑·解构主义建筑室内

弗吉尼亚州“发明技术中心”
(阿奎特克托尼卡建筑设计所设计，1988年)

德国维特拉国际家具博物馆（F·盖里设计，1989年）

洛杉矶“劳逊/威斯订”住宅楼梯间
(E·O·莫斯设计，1993年)

布莱尔路住宅内楼梯（R·何设计，1996年）

20世纪建筑·解构主义建筑细部

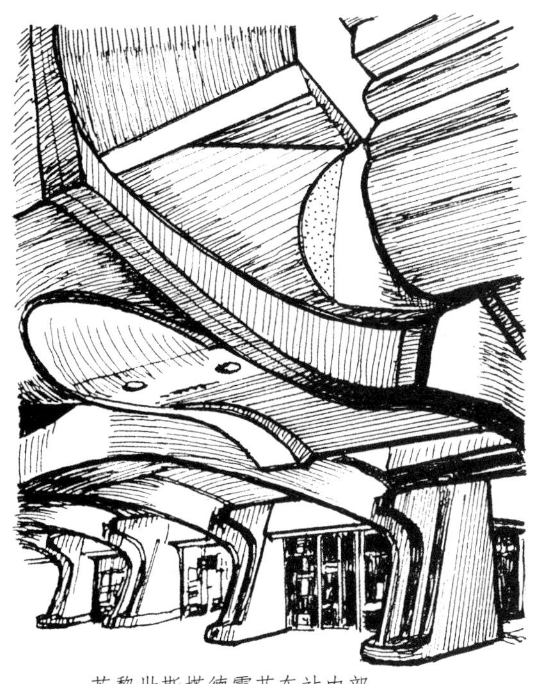

苏黎世斯塔德霍芬车站内部
（S·卡拉特拉瓦设计，1990年）

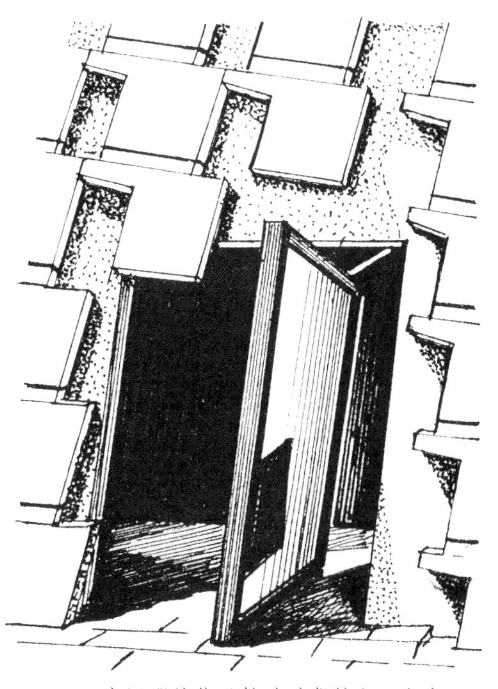

巴塞罗那的依瓜拉达殡仪馆入口细部
（C·皮诺斯、E·米拉勒斯二人设计，1991年）

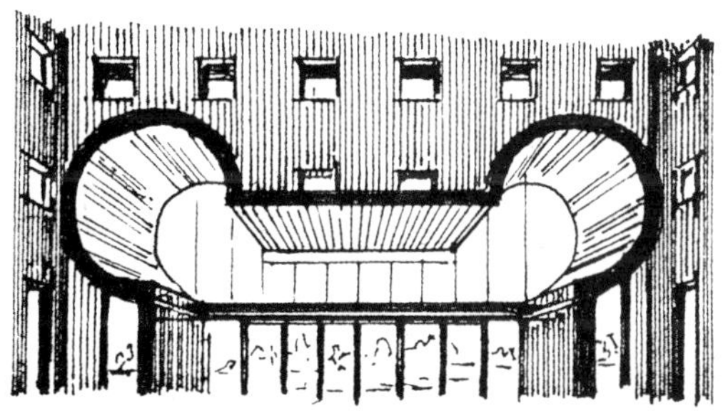

佛罗里达州迪斯尼管理大厦内部
米老鼠形窗洞（矶崎新设计）

季风家庭旅馆内大厅
（毛纲毅旷设计，1991年）

美国加州普莱斯住宅（B·普林斯设计，1990年）

20世纪家具·解构主义家具

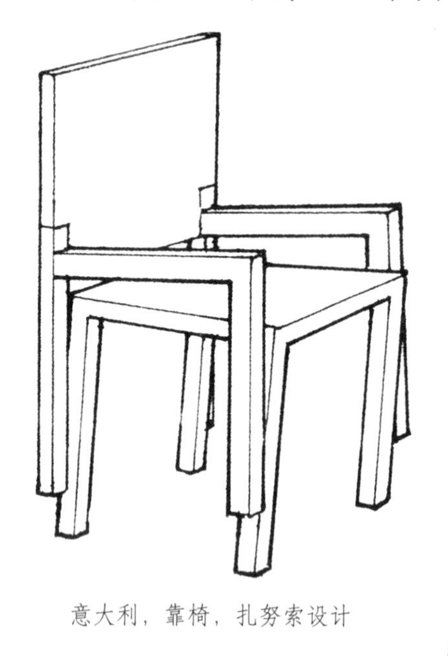

意大利，靠椅，扎努索设计

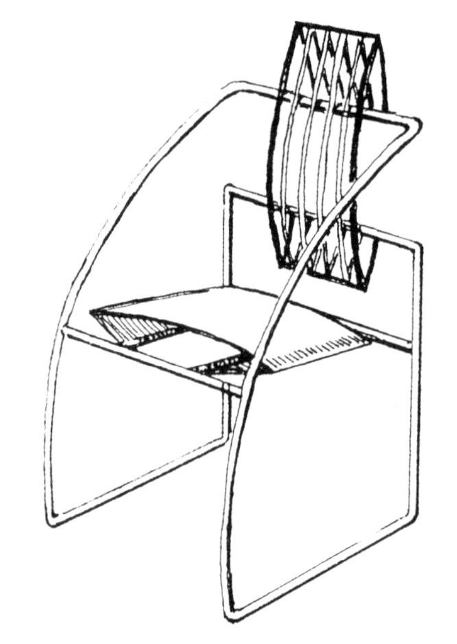

意大利，包塔设计，“兰球架式椅”

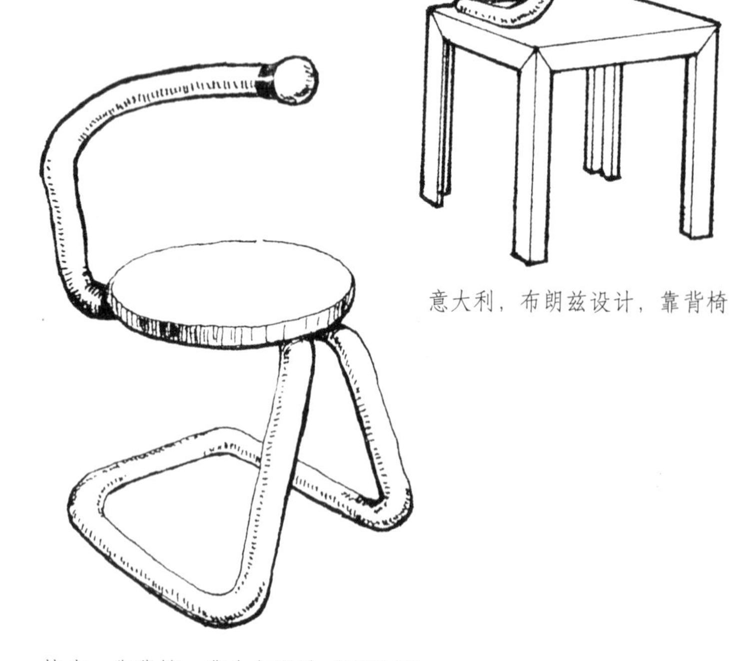

意大利，布朗兹设计，靠背椅

捷克，靠背椅，费舍尔设计（1986年）

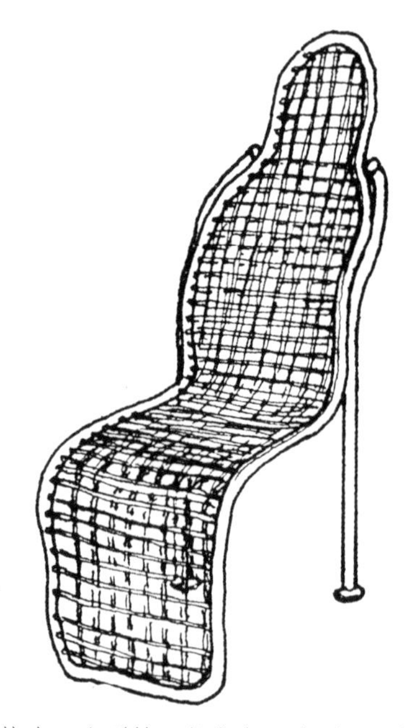

捷克，人形椅，侯斯卡设计（1986年）

20世纪家具·解构主义家具

意大利，皮瓦设计，扶手椅

捷克维奇达尔设计，摇椅（1987年）

意大利·索特萨斯设计，靠椅

单件沙发

意大利，代卢奇设计，扶手椅

意大利，帕尕尼设计，“和谐造型椅”

20世纪家具·解构主义家具

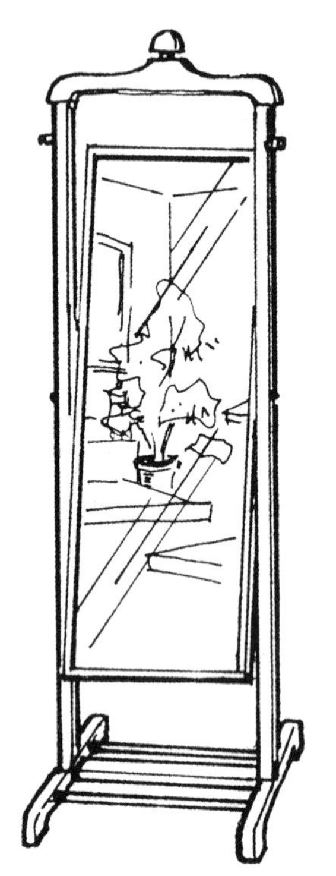

捷克，哈耶克设计，衣架镜架结合体（1987年）

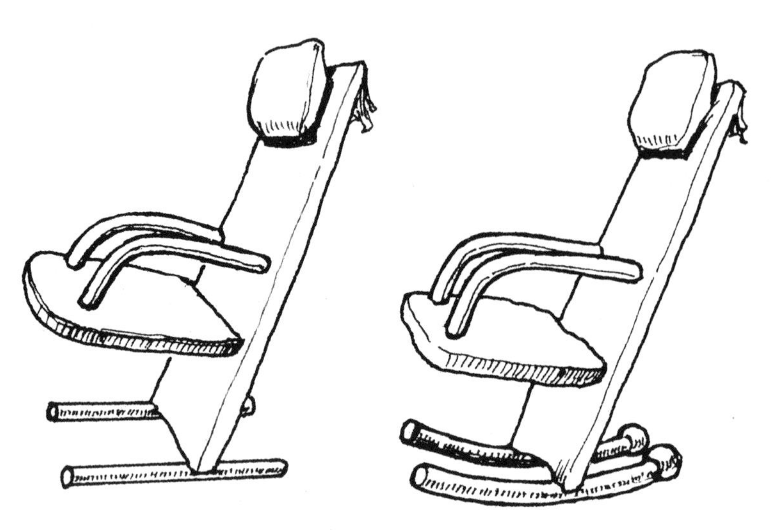

德国，沃格特尔设计，“T系列扶手椅”两种

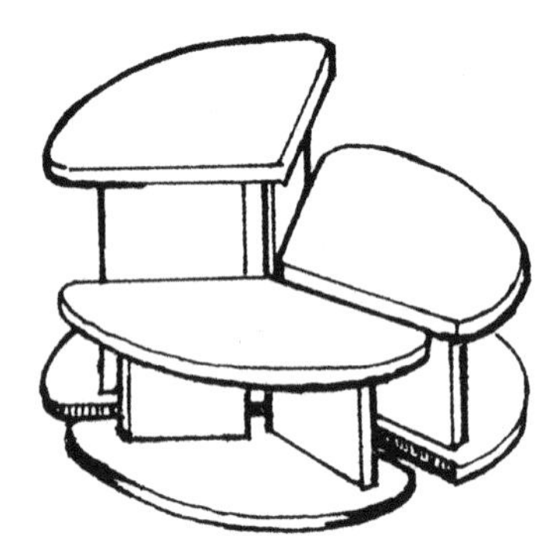

捷克组合小桌（1987年）

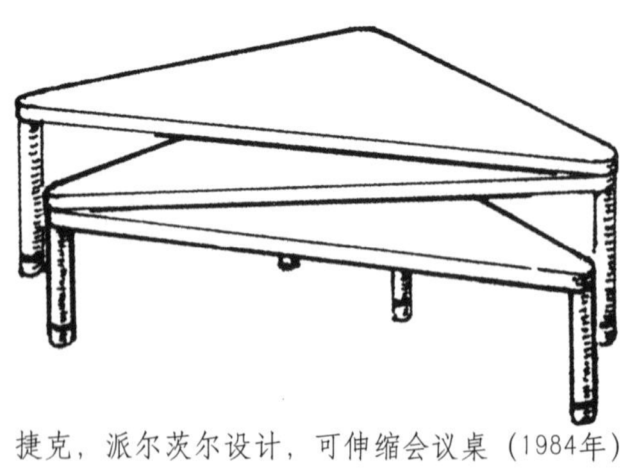

捷克，派尔茨尔设计，可伸缩会议桌（1984年）

捷克，层板椅，雅伏莱克设计（1986年）

20世纪家具·解构主义家具

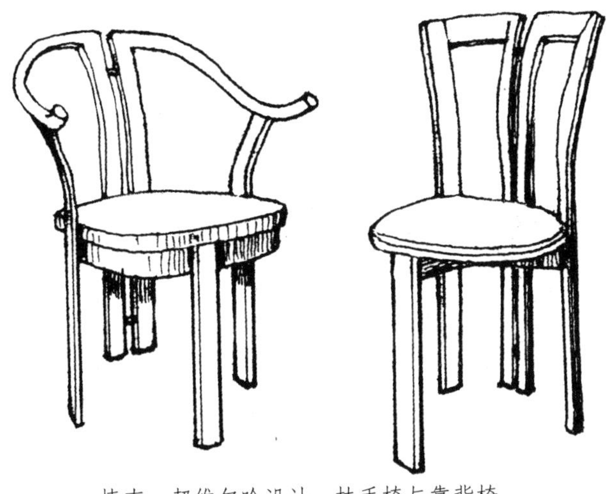

捷克，契维尔哈设计，扶手椅与靠背椅

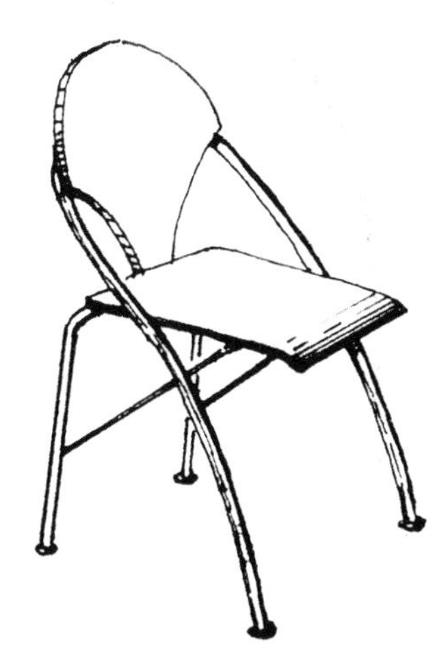

芬兰，努梅斯涅米设计（1988年）

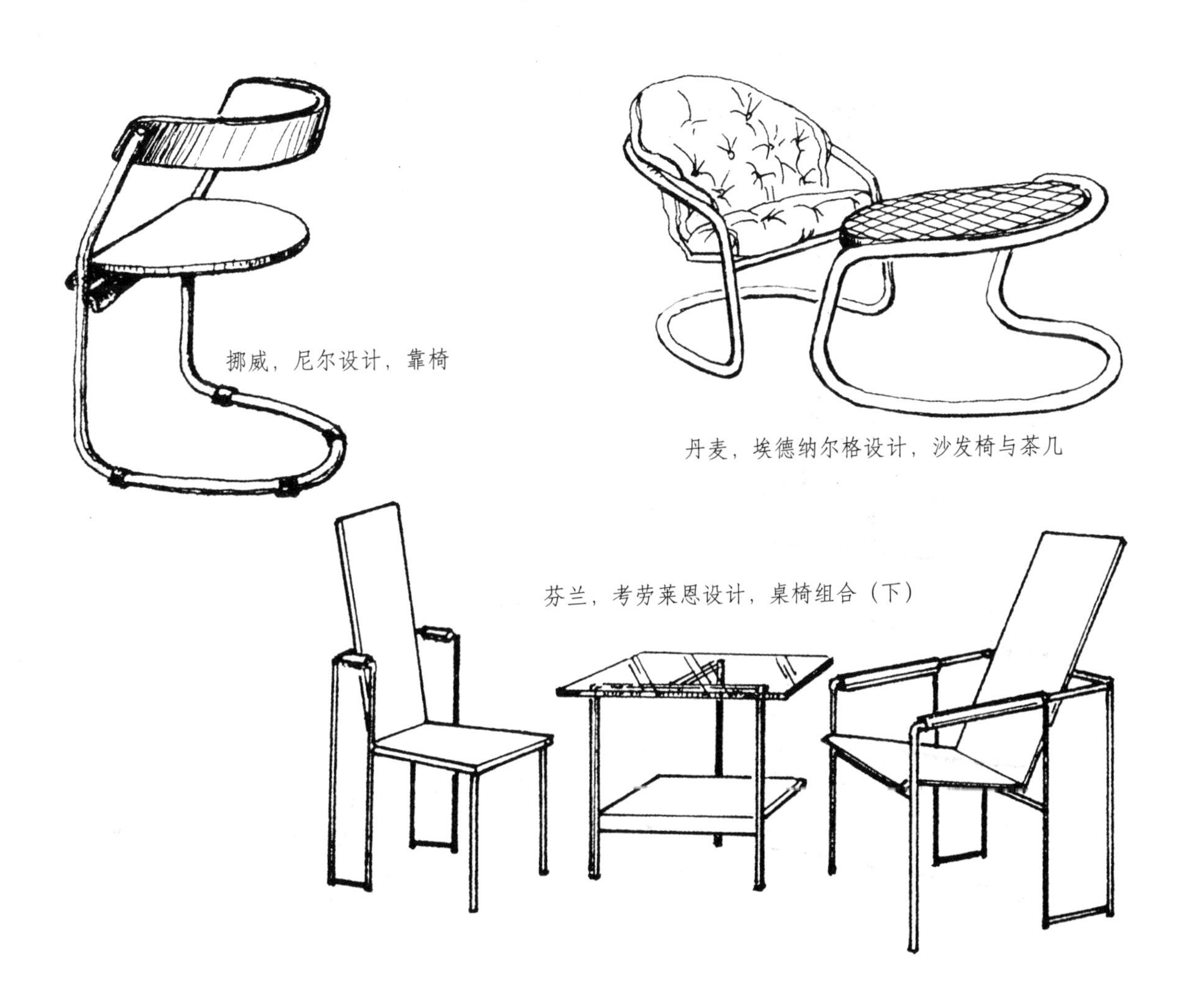

挪威，尼尔设计，靠椅

丹麦，埃德纳尔格设计，沙发椅与茶几

芬兰，考劳莱恩设计，桌椅组合（下）

20世纪家具·解构主义家具

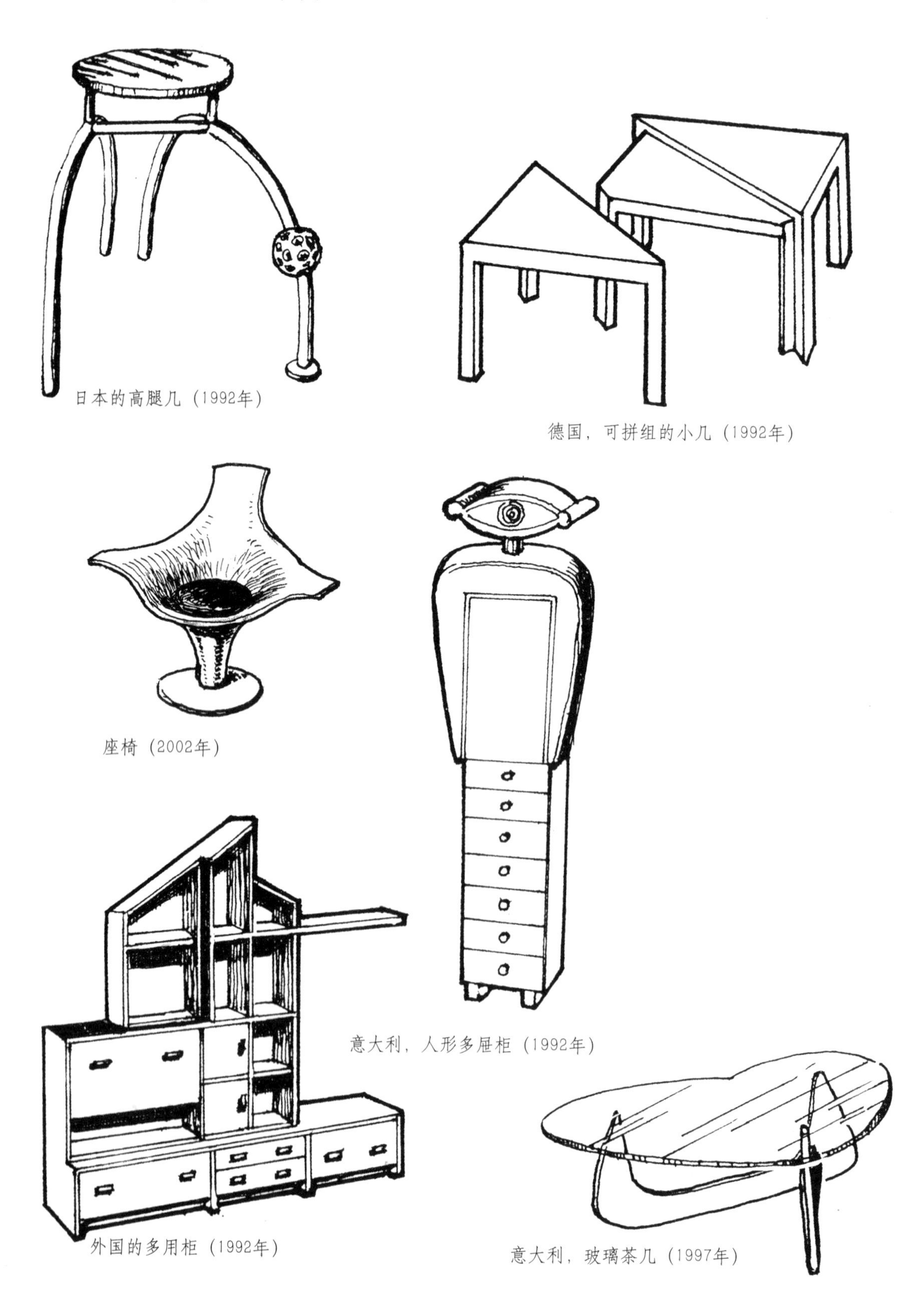

日本的高腿几（1992年）

德国，可拼组的小几（1992年）

座椅（2002年）

意大利，人形多屉柜（1992年）

外国的多用柜（1992年）

意大利，玻璃茶几（1997年）

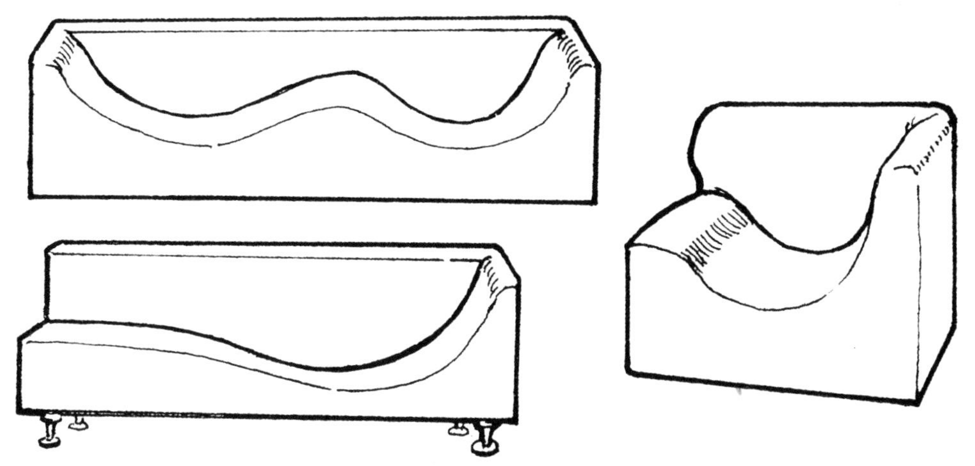

意大利，莫里森设计的三种沙发（1997年）

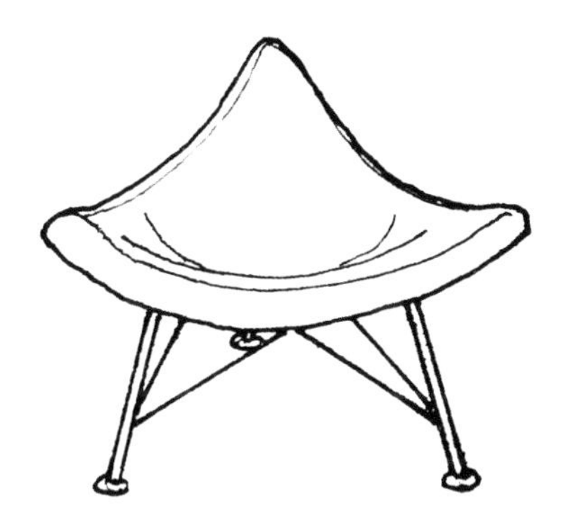

意大利，轻便沙发椅（1997年）

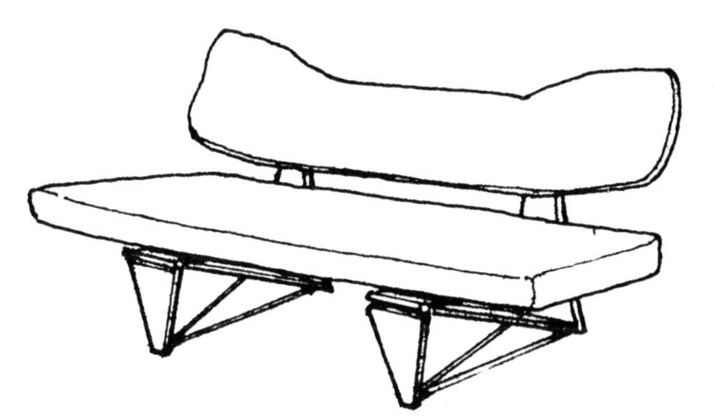

意大利，长沙发椅（1997年）

意大利，单件沙发（1997年）

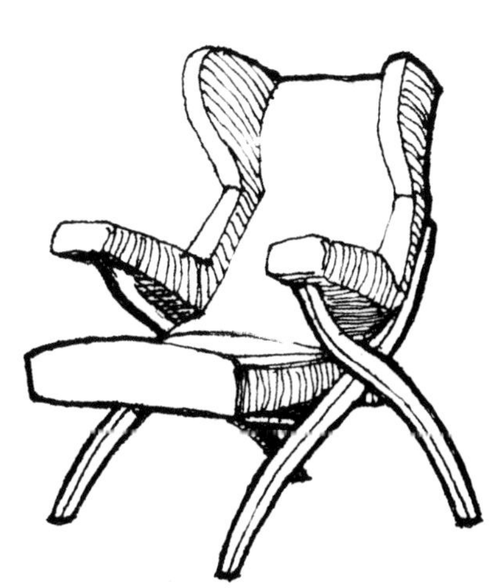

意大利，沙发椅（1997年）

20世纪家具·解构主义家具

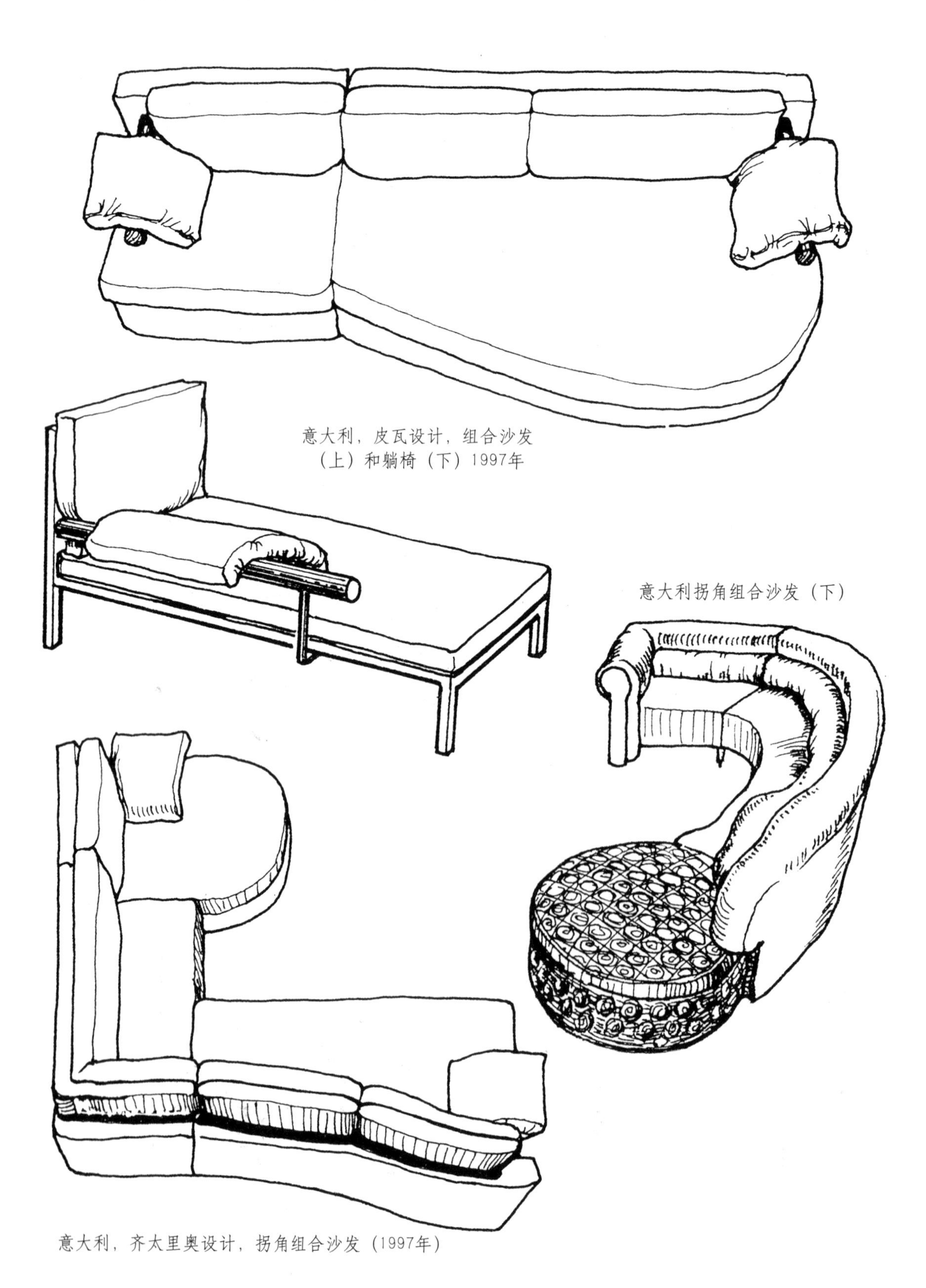

意大利，皮瓦设计，组合沙发（上）和躺椅（下）1997年

意大利拐角组合沙发（下）

意大利，齐太里奥设计，拐角组合沙发（1997年）

20世纪家具·解构主义家具

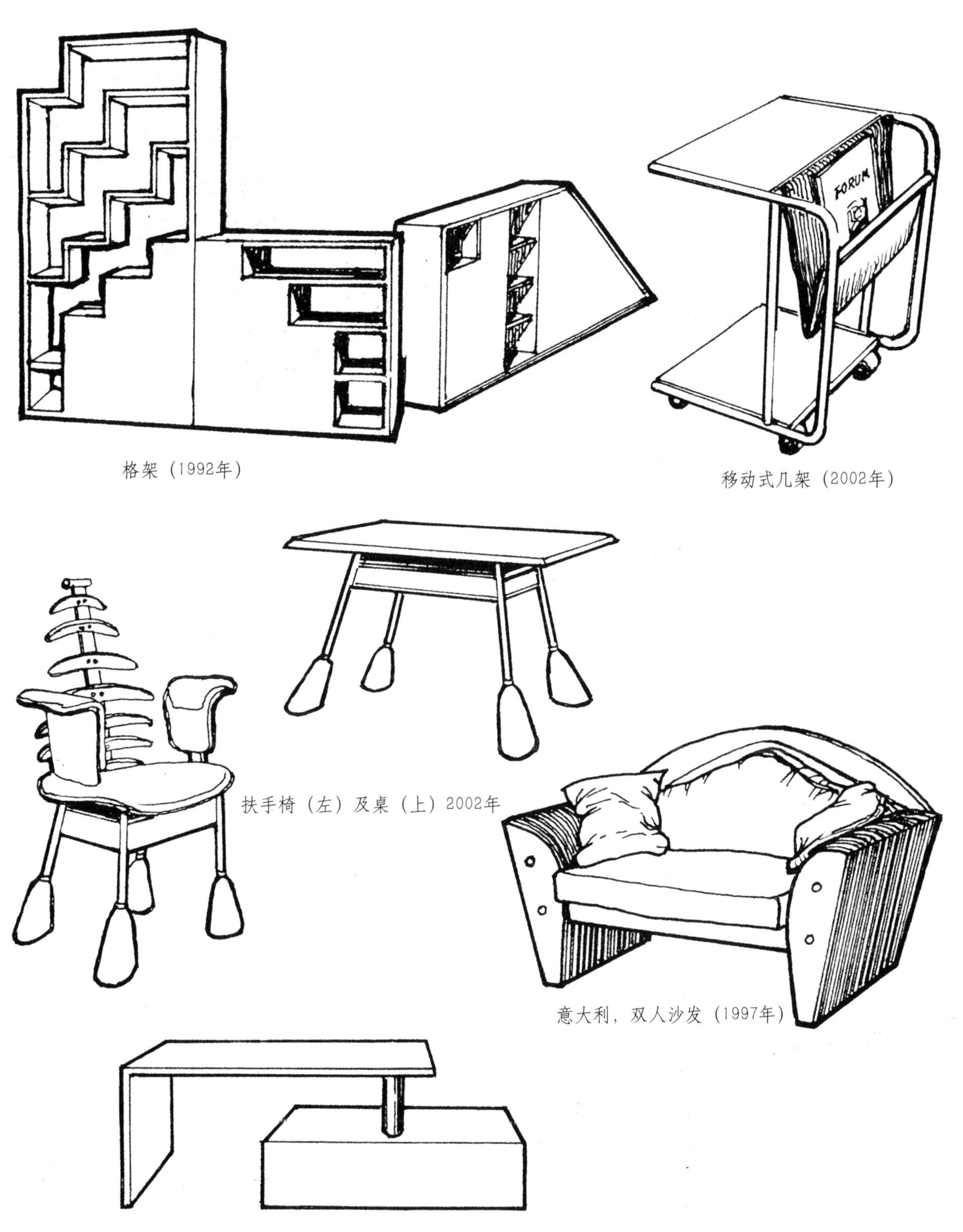

格架（1992年）

移动式几架（2002年）

扶手椅（左）及桌（上）2002年

意大利，双人沙发（1997年）

西班牙，可旋转的电视桌（2000年）

“爵士摩登式梳妆台凳”
(1930年，英国）现代主义风格

扶手椅，(A · 阿尔托于 1930 年设计)
多层胶合板木架，现代主义风格

装饰艺术派沙发椅

1930年巴黎装饰艺术展上的柜子

后现代主义风格建筑

解构主义风格建筑

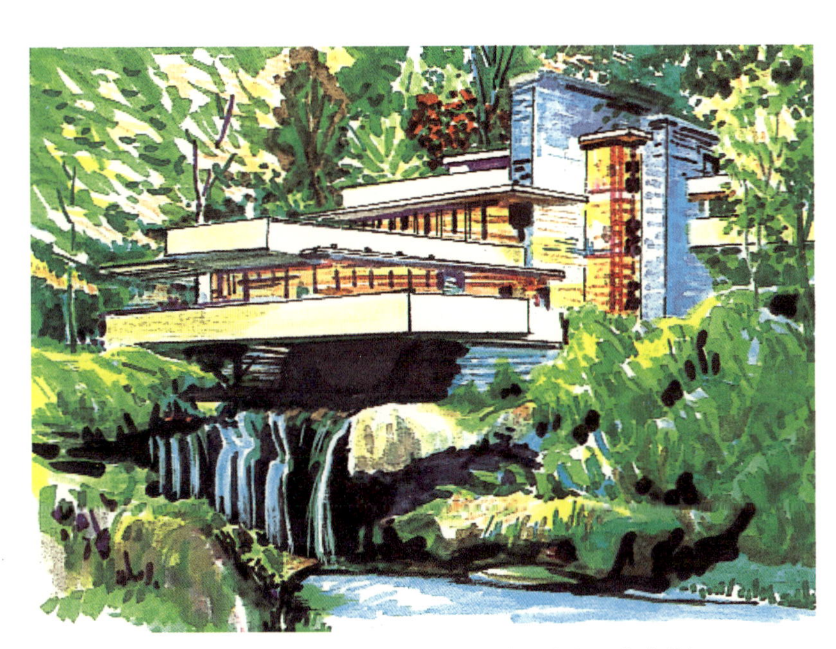

F·L·赖特设计的“流水别墅”（早期现代主义代表作）

美国波特兰公共服务大楼（后现代主义，1982年）

G·T·里特维尔德设计（早期现代派）

A.黑尔设计，1935年生产，镀铬钢架、白色皮革、白线绳（受1925年巴黎展览会影响）中期现代派

躺椅　勒·柯布西耶和江乃莱特设计（1924年），早期现代派

F·L·赖特设计的流水别墅中的办公室（木装修）1937年，披斯堡（中期现代主义室内风格）

F·L·赖特设计（中期现代主义）

F·L·赖特设计（中期现代主义）

孟菲斯风格书架，E·索特萨斯设计（属于解构主义，1981年）

意大利孟菲斯风格扶手椅（G·骚丹、N·帕斯奎尔设计，1985年属于解构主义家具

M·博塔设计（解构主义）

身形靠椅（解构主义风格）T·L·格瑞斯设计

两件解构主义扶手椅（G·骚丹设计）

意大利躺椅（解构主义家具，1986年）

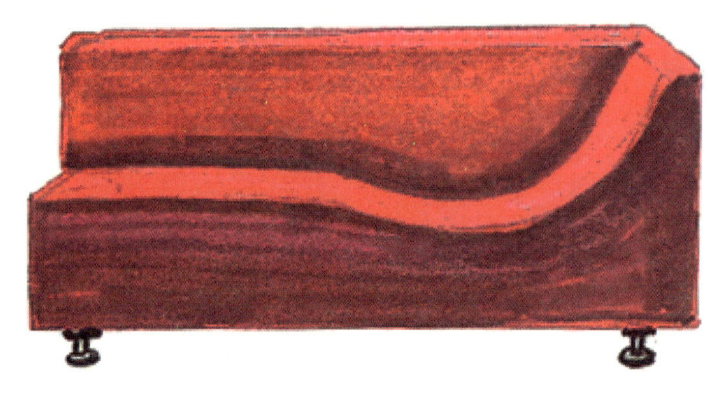

意大利莫里森设计的解构主义组合沙发（1998年）

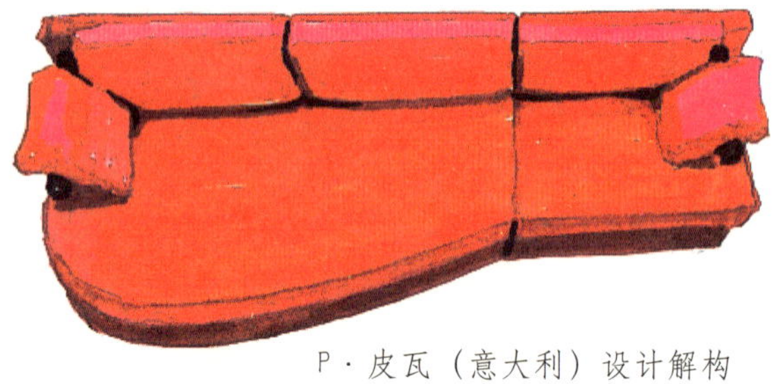

P·皮瓦（意大利）设计解构主义长沙发

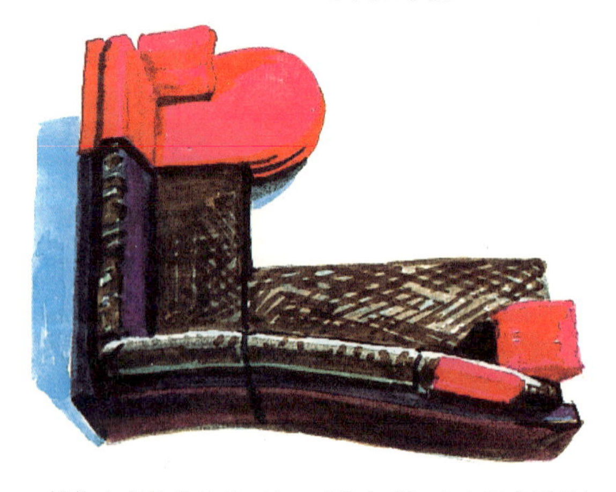

解构主义转角沙发（A·（意大利）齐太里奥设计）

解构主义组合沙发（（意大利）莫里森设计）

第19篇　中国古代建筑与家具
（公元前5500～公元1911年）

中国是世界上五大文明之一，而且是惟一延续至今的人类文明，历史悠久。中国又是多民族国家，建筑种类与形式繁多，建筑形态、构造、色彩和装饰在世界上都独树一帜，建筑、家具、园林、盆景艺术、工艺美术和绘画等都对外国产生重大影响，中国古代的科技、发明与发现是对全人类的伟大贡献。由于明、清两朝的腐败和闭关锁国政策，帝国主义列强的入侵，半殖民地半封建的社会使中国在近代落后于世界。

1.总体建筑风格特点

(1) 中国古建筑形态丰富多采

中国是个多民族的国家，各民族的建筑也因为地域不同、生活习惯有别、信仰不一、建筑材料和技术上的差异、历史文化传统各异，而呈现出千姿百态的形式：蒙族的蒙古包（帐篷式住宅）和另一种形式的喇嘛教寺庙、藏族宏大的高层建筑和喇嘛教特有的装饰以及佛塔、回族的清真寺与唤醒楼（驴背券和几何纹装饰）、壮族的程阳桥楼、傣族的缅甸式佛塔与庙宇、侗族的多层重檐钟楼等。但由于长期交流与往来，各族建筑又有不少共同的特点，反映出互相之间的影响。

(2) 中国古建筑有着鲜明的等级差别

中国古代的建筑从开间大小、进深多少、高低、造型、用材，到装饰纹样、色彩搭配和家具陈设等方面，皇家与民间、官级的大小、贫富之间，有着十分明显的等级差别。

(3) 中国古建筑立面为三段式

中国古代建筑多有高低不同的台基，这对建筑的坚固、防潮都很有利；加上中部的屋身（墙、柱及槅扇窗等）和上部的屋顶（从梁枋向上含斗栱、屋架、屋瓦及脊吻、兽饰），形成三段式立面构图。

(4) 中国古建筑采用框架结构

中国古代建筑采用由柱子支承屋架的框架结构，墙只起分隔空间而非承重的作用，构件间是榫卯接合。

(5) 大挑檐和翘檐是科学的

中国古建筑的柱、梁间的过渡件是“斗栱”，采用复杂的斗栱体系使屋檐出挑较大，可遮阳、避雨，保护梁架，加大体量；屋檐翘曲可以排雨、保护建筑基础和尽量容纳冬日阳光。

(6) 中国古建筑做到与环境融合

中国古代建筑与周围的环境结合得非常好，根据庄子的“天人合一”的理论，建筑、园林都与自然环境有机地融合在一起，使建筑与环境相得益彰。

(7) 中国古建筑色彩强烈

中国古代建筑使用强烈的原色，对比鲜明，与使用的材料、礼制规定、身份地位的象征有关：白为金、绿为木、黑为水，红为火、黄为土；黄色象征权力，成为皇家专用色。清朝规定：黄色琉璃仅限用于宫殿、陵墓、庙宇，王公府第只能用绿色琉璃瓦。蓝绿色也象征水。

(8) 中国古建筑受礼制与玄学影响

中国古代建筑深刻地受《周礼》、《仪礼》、《礼记》和《三礼图》等著作，以及“阴阳五行说”和“风水学”的影响。例如：“北屋为尊，两庙次之，倒座为宾”、宅舍的布局必是“前堂后室”、宫殿中的“前朝后寝”（三朝五门、六宫六寝）等，就是礼制精神在建筑中的反映。

(9) 中国古建筑很早就实行了标准化

中国古代建筑的个体多采用标准化设计，所有构件实行标准化、系列化，各个部分和每个构件都有严密的比例尺寸，有统一的规范，便于制作、安装，提高了工效，又能根据需要进行组合、变化。最早的规范性著作有《周礼·考工记》，后来有宋代的《木经》和《营造法式》，元、明、清各朝也都有关于制式规定的法规文本。

(10) 中国古建筑结构与装饰并重

中国古代建筑的结构件同时也具有很强的装饰作用，这一点十分突出。例如须弥座、栏杆、柱础、格扇花格、斗栱、挂落、驼峰、悬鱼与惹草等构件，本身既有结构作用，同时在造型与装饰上也有美化的功能。

2.建筑类型及其特征

中国古代建筑品类齐全，有很多世界领先的成就。

(1) 居住建筑

中国古代最早称住宅为“宫室”，后来叫“居处”，是指人生活起居和进行一切户内工作的处所。

最高级的住宅叫“寝”，皇帝的住所叫“燕寝”，庶民的居室叫“正寝”。寝的平面是：前后分成两部分，前室称“堂”，后室叫“室”。住宅的私密性较强。

四合院式的住宅在汉代（公元前200多年时）就已经很普遍了。后来发展为多进的四合院（沿轴线布置），或围绕多个院子来布置房间。

由于人口增多，多层的组合式住宅（楼房）在中国也出现得很早，有多层重檐塔式，也有一字形和圆形平面的多层楼房，如保存至今的福建省永定县的圆形或方形土楼。

中国古代属于别墅一类的高级住宅是轩和斋：斋是幽居的房屋，轩是屋顶似半圆形马车的蓬盖，是休闲的居所。

⑵ 宫殿与皇城建筑

早在三千多年前的周代，皇宫建筑就实行“六宫六寝”制度（前院是左中右六宫，后院是左中右六寝），后来又有改变，但仍以此为基础。

历代宫殿建筑的平面格局有两种形式：一是周代确立的沿中轴线排列宫寝（居多）；另一种则是秦汉时确立的两宫分立的制式（东西二堂、南北二宫的成对地布置建筑）。

周代确立的沿中轴线排列的宫殿型制，也叫“三朝五门”制：前朝后寝，由南向北依次设置前朝（皇帝接待贵宾和举行庆典的场所）、中朝（皇帝与群臣议政的地方）和燕朝（皇帝寝宫，即生活起居之地，燕朝一般有六宫，至少三宫；内有御花园），要经过五道门。从宋代起以后的各朝都是这种平面形式，北京故宫的设计就是以南京的明代皇宫为蓝本的。

以皇宫为中心建设皇城，是一系列的层层向外扩展的城墙与城门，南北中轴线保持并得到强化，区域规划、集市的布局、道路与城门的功能等确定，都以为皇家服务做依据。如唐代长安（今西安）和明清两朝的北京，都是很好的例证。

⑶ 礼制建筑

为适应礼仪之需所建的构筑物有很多。例如祭祀用的各种坛（祭拜天地、封禅、拜将、誓师、庆典等）、祭祀祖先的宗庙（皇家为太庙，在皇宫内采用“左祖右社”的布局，即左为宗庙右为社稷；庶民为先祖祠堂）、华表、牌楼、钟楼、鼓楼、阙楼和陵墓等。

还有辟雍，它的职能是宣传、教育（是对民众“行礼乐、宣德化”的地方）。后来成为太学。

⑷ 宗教建筑

自汉代佛教传入中国（公元1世纪），公元3世纪佛教流行，后受到皇家的扶植，规模不等的佛寺、佛塔建筑遍布中国各地。特别是从东晋（公元366年）时起，开始建造石窟寺，最早的是敦煌石窟；公元398年北魏道武帝又建大同附近的云岗石窟；在其他地方也修建石窟。在建筑风格、雕塑与壁画方面，留下大量宝贵遗产。

⑸ 商业建筑

中国最早的商业建筑也是内向的四合院建筑物。后来变成外向的沿街建筑叫“市楼”，底层是店铺（前店后坊），楼上为住宅。

起初是将店铺集中到指定的坊中，成为固定的集市。后来（宋代起）冲破“市”的局限，变成线状的“街市”了。“前铺后居”和“下铺上居”的这种混合型的建筑，在宋代已很普遍。还出现了骑楼。当然，也有独立的大酒楼或大商行。

⑹ 公共建筑

中国古代的公共建筑多以“堂”或“殿”来称谓，都是立于大台基之上的。有的主体建筑也称堂或殿。

还有多层的楼和阁（阁的首层多为柱廊）也是公众聚合之所。

⑺ 交通建筑

中国古代修建的旱桥、跨河桥、涵洞很多，桥的造型有直桥、拱桥、曲桥、亭桥、廊桥、楼桥和敞肩桥等多种，最早出现的是“汀步桥”（古称“矼”或“跳墩”）。还有竹索桥和铁索桥。

河北省的越州桥（又称安济桥）建于隋代（公元610年），跨度37.5m，是世界上第一座敞肩桥，领先欧洲七百多年。

广西三江的程阳桥、扬州瘦西湖的亭桥、四川万县的屋桥和竹索桥、北京颐和园的玉带桥、亭桥和十七孔桥等，都是十分有名的。

⑻ 水利建筑

中国古代的治水成绩也十分卓著。世界闻名的是都江堰，它是战国时（公元前5世纪）蜀国郡守李冰主持修建的巨大水利工程。它凿通玉垒山，由鱼嘴将岷江分成内、外江，以飞沙堰与宝瓶口配合，自动调节内江的水位，并淘出淤沙到外江，从而确保成都平原免受洪水之害，又获得灌溉之利。至今两千多年仍在为民造福，是世上绝无仅有的水利工程。

其次是京杭大运河，它始凿于春秋末期（公元前5世纪），后经隋、元等朝代的扩建而成。它北起北京市的通州，经河北、天津、山东、江苏和浙江等省市，南达杭州拱宸桥，沟通了海河、黄河、淮河、长江和钱塘江五大水系，全长1800km，是世界上开凿最早、流程最长和规模最大的人造运河。现山东济宁以南的河段仍在通航。

第三是永济渠，它是隋代（公元608年）开凿的古运河，从黄河支流沁水下游（河南省武陟县境内）起，北接漯水（今永定河，北京城区西南隅），全长1000km。

其他，还有灵渠、郑国渠等堤坝、灌溉工程。

(9) 观景及旅游建筑

中国古代观赏风景的建筑有台和观，都是登高望远用的，还有楼。

在水旁有台观景的建筑叫“榭”，它本是射箭的防卫性建筑，在园林中它有借景作用。船形的建筑叫“舫”。

接待客人食宿的建筑叫馆或亭，公路上的餐馆叫“庐”。庐也有故居和贤者之居的含义。

(10) 防卫性建筑

中国古代最早的防卫性建筑是万里长城和南长城，是防御外敌入侵的军事设施。

其次是瓮城，在城门外又建蔽护城门的小城，有屯兵、围攻、射击等各种设施。如南京的瓮城、苏州的盘门等保存都十分完好。

此外，汉代盛行的阙，最早是防卫性的宫门，是由古代部落入口两侧的岗楼发展来的。

古代射箭的地方叫“榭”，它有台基，由立柱支承屋顶，设有围墙，是内外空间连通的建筑。

(11) 科技性建筑

中国在公元3～13世纪时，科学技术处于世界领先的地位。

在两千多年前，中国就有了观星象的天文台。现保存在河南省登封县告成镇的观星台建于元代，至今已有七百多年的历史，它高12m，地上筑有带刻度的“量天尺”，设计合理、巧妙。

(12) 工业性建筑

中国古代的采矿、冶炼、铸造、谷物加工及灌溉等方面都很发达，生产上使用井架、窑、炉、烟囱、水磨和水轮作坊等，都出色地满足了使用要求，科学性很强。

3.建筑艺术特色

(1) 平面形式

a.中国古代单体建筑的平面有两大特点：一是采用柱网来设计，即标准化、模数化的方法；任何一座建筑都可以用几间几架来表述（左右叫开间，前后进深叫步架），可以改变柱距，多为奇数间（只有商代是偶数间）。二是实行“减柱造”做法，这是辽、金代之后，即用大檩架替代柱网中的柱位，使室内柱子减少，从而让室内视野开阔，令人感到空间宏大宽广。

中国古代殿堂的开间最多为11～13间，步架最多为5～6架。当然，庑廊的开间与步架就比较多了。

中国古建筑中的墙是只起分隔作用的“幕墙”，由立柱支承屋顶。明代以后才出现承重的砖砌墙体，内部仍以间和架来设计。建筑的正面（南侧）全是门和窗。

建筑的平面形状多为矩形（常有凹进或凸出的处理），口与田字形的也不少，唐宋时流行十字形平面，元代盛行工字形平面。园林建筑的平面形式十分丰富，有三角形、圆形、双环形、六角形、八角形、扇形、十字形、方胜形和梅花瓣形等。有标准化的设计，也有非标准化的“随意式”设计。

b.中国古代建筑的群体平面设计：早在夏和商代，东西南北用房子围成内院，即形成四合院式。在石器时代，建筑群是采用向心式布局。

自周代起，因受礼制和儒家思想影响，重要的建筑群都采用中轴线对称排列的形式：“王座朝南，左右对称”、“北屋为尊，两厢为次，倒座为宾，杂屋为附”。阴阳五行说对建筑设计也有深远影响。

除了强调南北轴线、均衡对称的这种主要构图形式之外，中国古代建筑群设计中，也采用自由灵活、因地制宜的非对称形式。在某些殿堂、庙宇和园林建筑中都有所体现。

建筑平面除了纯粹的人工环境空间外，也有将人造环境与自然环境很好地结合的处理，而且更重视这后一种平面设计。

(2) 立面特点

a.中国古代建筑的立面是“三段式”构图：下为台基，中为墙柱，上为屋顶。皇家建筑与民间建筑基本都是如此。

b.三段均可独立发展：单独的台基演变成坛，台基上又加踏步或坡道和栏杆；有台基和柱或墙的成为碑碣；有台基、屋顶而无墙（有柱）的成为亭、榭或廊。

c.在立面设计上有组合的观念：重檐的殿堂、楼阁和塔等，就是将某些元素进行摞迭组合。还有几个屋身（墙柱）共用一个台基，用走道式的长台基连接乾清宫和乾清门，都是组合。

d.中国古建筑立面设计讲究比例与平衡：台基的大小与高度是按模数来确定的，与整座建筑的比例相谐调。台基最初是简单的平座（方直造型），后来出现“须弥座”（开始时是迭涩状，隋唐时才有莲座式和波纹线脚，宋以后须弥座上出现小柱和壶门，再后束腰变窄、雕饰增多）。

e.台基上的踏步形式：从周代至汉初（公元前11至3世纪），殿堂前台阶实行“两阶制”（西为宾，东为主）。以后则是“两阶一路制”（中间是坡道、两侧是台阶）。

f.中国古建筑立面设计也讲究韵律和对比：构成屋身的梁柱或墙体、门和格扇窗，排列上有节奏和对比，柱距从中央向两侧逐渐变小，同时采用“柱升起”的作法，造成韵律感，檐口的曲线产生飘动感。

g.中国古建筑的屋顶形式多样、造型优美：最早的屋顶是两坡顶（叫“两注”）和四坡顶（叫“四阿”和“四霤”），后来演变成庑殿、歇山、悬山、硬山、卷棚和攒尖这常用的六种屋顶，还有不多见的十字形屋脊。后来又发展出重檐屋顶：重檐庑殿式、重檐歇山式和重檐攒尖式（方或圆、六角形）等。用彩色琉璃瓦覆盖屋顶使建筑增强了魅力。屋顶的坡度多半采用1/4或1/3的比率，清代有1/2坡度的。

(3) 梁柱形式及屋顶装饰

中国古代建筑实行标准化和模数制，以模数确定各部件的比例尺度（以材定分）。“材”是宋代的模数名称，所有木件的截面高宽比都是3:2，共分八等，作为不同大小房屋的模数。每个模数的高分15分，宽（厚）分为10分。另外还有辅助模数叫“栔”，它高6分、宽4分。“材”上加“栔”为“足材”。“分”是最基本的单位，宋尺的三分为1“分”，最小的“材”高为$4\frac{1}{2}$宋寸。

清代则将斗栱的“斗口”作为模数，1斗口等于宋式的十分（3分×10=宋尺3寸）。斗栱共分11等，用材截面的高皆为两个斗栱。

a.柱子的径高比：中国很早就规定了柱径与柱高的比例。唐朝与辽代的径高比为1:8或1:9；宋与金代，内柱为1:11或1:14，而檐柱 1:8或1:9；元与明朝为1:9～1:11；清代则为1:10。

柱子有直柱和梭柱两种：宋代为梭柱，即柱子上部的1/3向上逐渐收缩，柱子下部向外倾斜（叫“侧脚”，是按1/100或8/1000来定）。清代则采用直柱，即柱子没有收分，也无侧脚；柱径为6个斗栱，柱高为60斗栱。

除了圆柱之外，还有方柱、八棱柱、梅花柱和雕龙柱等柱身。

b.柱础形式：在汉代以前，八棱柱下有莲花形柱础或无柱础但有雕刻；圆柱下有扁覆盆形柱础。汉代圆柱下有较高的缽形柱础，八棱柱下有带棱面的较高柱础。唐代的柱础较大，状如覆盆，上下有方或圆凸线，有的表面带浮雕装饰。宋代，在扁覆盆形柱础与柱身下端之间，有一叫做“锧”的过渡件，木纹是水平向的，可保护柱身，柱础较大。清代柱础下为方块埋入地下，上部为弧面圆盘形，顶部直径大于柱身直径。

c.柱头的演变：中国古建筑中，最早从周到汉代的柱头为斗形，叫“栌斗”，上加冠板叫“枅”。后来，枅演变成“曲枅”，最后发展为“斗栱”。

d.斗栱：斗栱系统不仅用在柱的顶部，而且也用于檐部（含重檐），既有结构作用（支承荷载），又有很强的装饰美化功能。

斗栱的结构作用是抵消或减弱剪应力、使檐部出挑更远，是一种托架系统。因为斗栱从左右双向发展成前后左右四向，由单层发展为多层，适应性更强。还有只用于外檐或内檐的“悬臂式斗栱”。

一组斗栱叫“朵”（也叫“攒”），清代的朵间距为11斗口。宋时，除柱上的斗栱外，明间有两朵斗栱，次间只有1朵。明代的补间增至4至6朵斗栱；清代多达8朵。总的来看，斗栱的发展逐渐变小成为装饰构件。

e.梁架：宋代有直梁和月梁两种，截面的高宽比也是3:2。清代的梁厚等于柱径加2寸，再以厚的6/5定高，截面高厚比是6:5或5:4。

f.雀替：中国古建筑在梁柱之间，既起结构作用、又有美化功能的过渡构件是“雀替”。它最早产生于北魏（公元4世纪）；明代以后大量使用；清代发展成熟。它由形状狭长变成宽厚硕大，按大小和造型可分为七大类：大雀替、小雀替、通雀替、龙门雀替、骑马雀替、雀替和花牙子。室内装修中的“罩”（也叫“挂落”）就是由雀替发展来的。

g.驼峰：上下迭梁之间、纵横交错梁架间的支承和联接构件，多采用小短柱或支墩，这种构件叫“驼峰”。它既有结构作用又有装饰价值，是梁架中不可少的结构件。造型简单的有梯形、毡笠形、花瓣形，复杂的则有斗形、云卷形和斗栱形等多种。

h.梁枋彩画：为保护建筑木构件免受日晒雨淋，中国至少从战国（公元前5世纪）时起，在建筑上就使用油漆彩绘。除柱子刷成红色或黄色外，梁枋上及柱顶部则用多种色彩绘制纹饰。唐、宋、辽、金各代的遗存极少，但有宋代官修的《营造法式》记述了作法和图例。元、明尤其清代的遗存较多，清代颁布的《钦定工部工程做法》，使建筑彩画发展达到盛期。

梁枋彩画以青绿色为主色，画上藻类水生植物，寓意以水防火。最早（东周时，公元前8世纪）建筑上广泛使用铜构件，例如保护梁枋用的“金釭”铜斗栱；战国时有铜门楣。

清代的官式彩画分五大类，即和玺彩画、旋子彩画、吉祥草彩画、苏式彩画和海墁彩画。和玺彩画是等级最高的，用于宫廷建筑。

i.屋顶的雕饰：屋顶上加水生动物雕饰，是将屋面寓意为湖海，有水即可防火。屋顶脊端的“正吻”是鸱尾（鲸鱼）或龙头可喷水。象征吉祥的瑞兽（龙、凤、狮、天马、海马、狻、猊、獬豸、斗牛、行什等）也做成套兽放在屋顶。房山有“悬鱼”、“惹草”，也都是水中生物，象征可以灭火。后来发展为蝙蝠和如意，寓意吉祥。

(4) 栏杆的特点

栏杆古代也叫“钩阑”、“阑干”，竖杆为栏，横木为杆，起阻拦、保护的作用。最先有木栏杆，后有石栏杆。唐宋以后，栏杆的用材比较丰富，有木栏杆、竹栏杆、木石混合栏杆、砖砌拦杆、铁铜质栏杆等。

栏杆按结构形式分很多种：直棂栏杆、叉子式栏杆、方格网栏杆、万字棂条栏杆、实心栏板栏杆、栏板开光式栏杆、寻杖栏杆、坐凳栏杆、靠背栏杆和阶梯用栏杆等。栏杆最矮的52cm，最高的110cm；望柱最高可达165cm。

宋代的石栏杆，望柱顶端是莲花座上蹲狮子雕塑，柱身八棱；柱间距6～7尺；寻杖顶面距地3.5～4尺；寻杖与栏板之间，中央是瘿项上顶云拱，右和左与望柱身相连的是半个瘿项顶云拱；下部栏板上有雕饰。

辽代木栏杆的造型与宋代近似：望柱为圆柱，顶端为松果形收尾；寻杖与栏板间，中间有瓶形矮柱，两侧与望柱相连处各一瓶形矮柱；下部栏板上有与上面矮柱相对应的蜀柱凸起。

清代的石栏杆大体上仿宋式：以望柱至地面的总高为基数，其他各部分都是基数的几分之几，如望柱间距为11/10、望柱的圆柱形柱头高为4/11、寻杖距地为5/9、寻杖至地栿为4/9、栏板厚为2/15、望柱截面边长或直径（上圆下方）为2/11等。与宋式不同的是：望柱的间距小；以两个望柱中轴线限定的矩形，连对角线后，交点正是中央完整的瘿项与云拱。

栏杆的起始或结束的建筑元件为各式的“抱鼓石”。栏杆用于台基四周、台阶两侧、桥梁和楼层挑台或走廊。

(5) 槛框与门窗

中国古代建筑的南面无墙，而是整面的格扇门或窗。在柱子之间需要再装设立木框条和门槛、门楣框架，然后才能安装门窗。横向木条为上、中和下三档；竖向木框条有的叫抱柱或左右柱、间框。

在竖向木框条间安装高宽比为4∶1或3∶1的门或窗（窗也可以打开），叫“格扇”或“槅扇”，它实际上是落地式长条窗或门扇，其下部为裙板（镶嵌的），中间是带雕饰的嵌板叫“腰华板”，上部为木花格窗芯叫“花心”，可采光。花心的高度一般是裙板高的两倍。花心格条的花样繁多，一类是平直棂条型的，另一类是菱花纹的。

在中国古代，门与窗在功能上、形式上可以通用。当然，也有专用的大门，以门的形式、门扇上门钉多少和门环种类、门扇颜色等，来代表和区别等级和身份地位。宋代有实心门（叫版门）、嵌板门（叫软门）和官门（叫乌头门）三种。明清的格扇门是嵌板门的发展演化。

窗的构造形式有：左右推拉窗、平开窗、向上下左右拉开的窗、支撑窗、中悬窗（叫翻天印窗）和垂直旋转窗等多种。不落地的格扇叫“槛窗”（下有槛墙）。宋代开得较低的窗为确保安全加上护栏，叫“阑槛钩窗”。固定的“通花格子”（在格扇上部）也起照明和通风的作用，可以算是固定窗。

中国古代窗格（窗棂的组合式样）形式丰富多彩。宋和唐以前，窗格较简单，明清两代的窗格种类繁多，有豆付块、码三箭、井口字（风车纹）、八块柴、方胜、盘长、正万字、步步锦、灯笼框和冰裂纹等，给人丰富的美感。

4.分隔空间的措施

中国古代，在室内空间分隔上，采用完全隔断、半通透隔断和可移动式隔断这样三类方式和方法。

(1) 完全隔断

用砖石墙、木框架土墙或版筑墙、木板实墙等固定式墙体，来分隔室内空间，空间完全隔断。私密性、安全性要求较强的房间，都采用这种隔断方法。

(2) 半通透隔断

a.门窗式隔断：格扇式的门窗，既可全部打开，也可局部开启、局部隔开，既可通风、照明，使用上又可以随意分合。

b.太师壁：中间为花格板壁隔断，两侧设门的，既分隔又通透，也是很好的一种隔断形式。

c.博古架：用博古架（也叫“多宝塔”）、书架来分隔室内空间，既有分隔又有联通，在中国古代有很多实例。

d.各种罩的运用：罩也叫“挂落”，是视觉上有分隔、但空间上仍然连通的一种隔断形式，它是由建筑梁柱间的花牙子发展来的，是中国人对人类建筑文明的一大贡献。起初有“几腿罩”、天穹罩，后来有落地罩、栏杆罩、门洞式花罩和博古架罩等，做到空间既有分隔又不完全封闭，十分巧妙。明清时用罩很普遍。

(3) 移动式隔断

a.帘幕：用布料或竹、苇、薏苡仁等做帘幕，用来分隔空间，视觉上做到隔断，但空间仍然连通。这种帘幕的位置可以随意改变，又可开可闭；既有分隔作用，又富有装饰意义。

b.帷帐：它是由古代的“步障”发展来的，用木骨架嵌装夹板（上可加浮雕或绘画），制成可移动的“障壁”，用来分隔空间，又可移开，使用方便。

c.屏风：屏风古时称“扆”是可移动的分隔室内空间的道具。按构造，屏风分座屏、插屏、联屏、折屏和组合屏等多种，上面可加绘画、雕刻和文字装饰。这也是中国人对人类文明的一大贡献。

5.线脚

中国古代建筑中的线脚有十多种，概括可分为三类。

(1) 平直类

这类线脚有小平凸线（也叫皮条线）、平凸线、迭涩线几种。

(2) 曲面类

曲面类线脚有1/4圆凸线、1/4圆凹线、正波纹线（下凸）、反波纹线（上凸）、颏颈凹线、花瓣线（分仰莲型和合莲型两种）、覆盆线、碗形线和多棱圆凸线等。

(3) 斜面类

有大小的下斜面线和上斜面线两种，中国古代叫“罨涩”。

6.建筑装饰

中国古建筑中的装饰也是用雕刻、绘画和图案纹样来实现的，使结构件也具有装饰作用。

(1) 雕刻

a.圆雕：建筑中使用圆雕人物、动物和花草等，雕刻精美、生动传神。有的贴金施色。

b.浮雕：在建筑结构件上，做出线刻或浮雕，有的还贴金箔、施彩绘。

c.透雕：将板材施行透雕，用做隔断或透窗，既实用又有装饰美化作用。

(2) 绘画

a.彩画：在建筑的梁枋、斗栱和藻井天花上，用油漆彩绘龙凤、人物、花草或几何形图案，既保护了木质构件，又有很好的装饰效果。

b.壁画：在建筑的内与外墙上，在石窟的墙与顶棚上，用矿物质颜料画出宗教故事、历史传说和英雄人物的事迹等，用以教化民众。

(3) 图案纹样

在中国古代建筑的室内外构件上，用颜色绘出写实的或抽象的图案纹样（有的是雕刻成的），既保护了建筑构件，又美化了环境。有的还包金或贴金。

中国古代建筑装饰使用材料有木材、石材、粘土砖、琉璃和金属（铜、铁、金、银等），绘画颜料有矿物质颜料、油漆和立粉贴金箔等。装饰的原则是：用吉祥如意的象征符号、图案为使用者祈福，表示使用者的身份和地位，用鱼、龙和水草寓意安全防火，使结构件同时具有装饰性。

7.城市规划

中国是世界上城市规划理论与实践产生最早、成就最卓著的国家。《周礼·考工记·匠人》中记述了古代官方理想的城市规划模式。最迟在周代（公元前11世纪），中国就按一定的规则来兴建城市了，并纳入礼制之中，对城市的规模大小、类型、城墙的高度和长度等，都有明确的规定。就是说，中国古代是先建城墙、后建街坊，从建城开始就有整体的规划，城市不是随意发展的。

中国古代城市规划主要有两种形制：一是适合平坦地区的规整的棋盘式布局；二是适宜于复杂地形的因地制宜的不规则布局。另外，在公元四世纪时，中国在世界上最早建成了“带形城”（甘肃省陇东的平凉市，因形状似龙，故称“卧龙城”）和“卫星城”（叫“四城厢”，即有四个卫星城）。北魏郦道元所著的《水经注》对此有记载。到了20世纪，西方才热衷于这两种城市模式。

中国古代在商朝已确定了“重城制”（有内城和外城的“城郭之制”），内城是城主人的居住和活动之所，外城居住市民。城市有严格的功能分区：特定的手工业作坊区、集市，由道路分隔成街区。唐代主干道间距为500～700m，小的为210m；唐长安城的朱雀大街宽达150m。

8.园林建筑

中国古代园林是自成一体的“自然山水式园林”，是将大自然的美景，经过提炼、归纳，保留其精华而成的，是世界园林之母，对很多国家和地区产生影响。详见本书第21篇所述。

中国造园最迟也产生于周代，以后各代都建御园，五代时又出现私家园林。在明、清两代，中国园林取得辉煌成就。

中国园林设计的基本理论与原则：一是“不必令人一览无余，只要若隐若现”；二是“令有限的空间产生无限的感受”；三是“水体是不可缺少的造园要素，而且水面要大”；以水池替代庭院的做法，是中国园林特有的手法；四是“人工仿效自然”、“创造自然”，对自然美景不是表面的模仿，而是追求神韵；五是“步移景异”、“曲径通幽”；六是“忌用大面积草坪”（只在临水的斜坡上植少量草坪）；七是“借景”和“对景”（利用各式各样的门洞与花窗来借景，甚至将园外的山峦、高塔等引入园景中；八是“表现诗情画意”，文学家、诗人、画家参与或主持园林设计，使园林与文学、绘画融为一体。

中国园林的构成元素有“六法”（山、石、水、树、屋、路）之说，也有人归纳为“花木、水泉、山石、点缀、建筑和路径”这六点。花、树、竹、藤和草，池、塘、泉、溪、涧、潘流和瀑布，堆土或迭石造山和置石于园中，石墩、石案、石床、石盆、石屏和石灯笼，各种门洞和漏窗，各种路径（石板路、虎皮石路、彩石子图案路），曲桥、廊桥、桥亭、亭、榭、石舫、游廊、馆、阁、楼和堂等，都是常见的元素，丰富多采。

保存至今的中国古代园林，皇家的有颐和园、北海、承德避暑山庄等；私家的有苏州的拙政园、狮子林、沧浪亭、网师园，无锡的寄畅园，扬州的个园，北京的清华园、勺园和半亩园等。

9.建筑论著

中国古代的建筑论著流传下来的较少，但也充分反映出中国人的聪明与智慧。

(1) 周代的建筑论著

中国古代最早关于建筑的著述是《周礼·考工记》，从礼制的角度，对各类建筑制式和城市建设规划等，做出明确的规定。

(2) 汉代的建筑论著

汉代郑玄所著的《三礼图》也是十分有价值的古代建筑论著，也是以礼制来规范建筑，其中的明堂图是平立面图综合起来表达的，比较直观。

(3) 南北朝时的建筑论著

南北朝时的《世说新语》中，载有关于造园的理论著述：不必令人一望无余，只要若隐若现，就会引起对自然美景的联想。

(4) 隋朝的建筑论著

宫廷建筑师宇文恺曾著有《东都图记》20卷、《明堂图议》两卷和《释疑》一卷，均刊印成书。但未能流传至今。

(5) 宋代的建筑论著

a.《木经》：建筑匠师喻皓所著，共三卷，是侧重建筑理论的著述，现仅存残片。

b.《营造法式》：李诫（李明仲）所著，共36卷，其中关于施工制作分12类，即壕寨（整地与土方）、石作、木作、雕作、旋作、锯作、竹作、瓦作、泥作、彩画作、砖作和窑作。制定了周密的模数制。绘图精美，有正投影图和轴测图两类，是奉命编制的国家建筑规范类的、颁布全国实行的政令书籍。初刊行于公元1065年，当时居世界领先地位。

c.《花经》：张翊所著的园艺专书。

(6) 元代的建筑论著

当时有政府组织编写的《元内府宫殿制作》，是技术规范的汇编。

(7) 明代的建筑论著

a.属于技术规范类的书籍有：《营造正式》和《梓人遗制》两种。

b.属于园林建筑的著作有：《园冶》，由计成所著，它被认为世界上首本园林方面的专著，对世界产生重大影响。

此外，还有《长物志》（文震亨著）、《瓶花谱》（张谦德著）、《遵生八笺》（高濂著）等有关园林与盆景的著述。

c.《鲁班经》：由午荣汇编，其中论及建筑与家具。

(8) 清代的建筑论著

a.技术规范类：有《钦定工部工程做法》、《工部工程做法则例》。

b.建筑考古类：有《宫室考》（任啓运著）、《唐两京城坊考》（徐松著）和《历代帝皇宅京记》（顾炎武著）等。

c.园林与园艺类：《笠翁一家言》和《闲情偶记》（均为李渔著）、《花镜》（陈老莲著）等。

古代中国各朝各代的大量文学著作（如东汉班固的《东都赋》、隋代的《东都图记》、宋代李格非的《洛阳名园记》、明代孟元老的《东京梦华录》、清代的《红楼梦》等），以及地方志（如唐代韦述著的《两京新记》、唐代宋敏求的《长安志图》等）、古典籍（《尔雅》、《释宫》与《释名》）、类书（唐代欧阳询的《艺文类聚》）等著作中，都有关于建筑与造园、盆栽方面的论述。

10.建筑材料

中国古代所用的建筑材料是多种多样的。

(1) 竹木

用竹材与木料做建筑的屋架、立柱、门窗和隔断，加工方便，令人有亲切感。因为竹木属阳，有生命感。

(2) 石材

用各种石材（大理石、花岗石、云石、石灰石等）做台基、栏杆、石柱、围墙、雕塑（圆雕、浮雕或透雕）、叠石造山、铺路和建桥梁，坚固耐久。

(3) 灰土

用黏土、石灰、砂做土方工程（地基、版筑的墙、夯实地面等），经济、简便。

(4) 砖瓦

中国人因很早就掌握了制陶技术，所以砖和瓦产生很早。早在春秋战国时，就有烧制的陶瓦和排水管。所谓“秦砖汉瓦”，实际是说当时使用黏土砖和瓦已经十分普遍了。

后来，制造技术不断提高。明代制砖要掺糯米浆。清代的“金砖”制法是：将黏土泡水沉淀较长时间后，再制砖，再向砖表面抹香油或桐油。这样制成的砖十分坚硬耐磨，而且不渗水不反潮。

(5) 琉璃

由大月氏人将古巴仑制造琉璃的技术传入中国，在北魏

(公元386～534年)时开始制造琉璃瓦，从明代起大量生产和使用，到清代可生产27种颜色的琉璃。现存北京故宫的"九龙壁"和香山的琉璃塔，河南开封宋代铁色琉璃塔等，都是优秀的琉璃建筑物。

琉璃耐气候性强，寿命长，是非常好的建筑材料。中国人将琉璃技艺发扬光大。

(6) 金属

中国古代建筑中，一是使用金属件来保护木构件（加固、防火），同时又有装饰作用。如东周时（公元前8世纪）宫殿普遍使用铜构件，如铜斗栱；战国时（公元前5世纪）有铜门楣、"金釭"（包在柱和梁交替的节点上，或伸出的横木上的铜件）、"钩"（包在堂屋正面外侧柱身上的铜件）；以后各代门上的"钷"（铜钉）和"铺首"（兽面的铜环拉手）等。清代在屋顶里面加铅板，还有铜质镏金屋瓦。二是用铜铸构件装配成建筑，如武当山上的"金殿"、山东泰安孔庙中的铜殿；也有铸铁的佛塔、雕塑等，使建筑寿命长久。

11.中国古代的家具

中国古代家具在世界上独树一帜，品类齐全，设计具有独创性，制作精良，用料考究，结构科学合理，对东方和西方的家具业都有巨大的影响。

(1) 家具品种

中国古代家具有七大类：藏具、承具、庋具、卧具、坐具、屏具和杂项。

a.藏具：即柜箱类家具，有衣柜、碗橱、书柜、矮柜和柜格等。还有大小箱、匣和盒。

b.承具：是台案类家具，有桌(长、方、圆和半圆形)、案（画案、条案、翘头案等）、几（香几、花几、瓶几和凭几等）和供桌等。

c.庋具：即放物品的格架类家具，像书架、花架、博古架、三角架和吊架等。

d.卧具：即床榻类家具，有双人床、单人床、榻、罗汉床、架子床等。

e.坐具：就是椅凳类家具，有凳、墩、马札、长凳、交椅、圈椅、靠背椅和扶手椅，种类繁多，名目各异。

f.屏具：即屏障类家具，有座屏、插屏、折屏、组合屏，最早还有步障和障壁。

g.杂项：上述六类以外的家具，如座灯（台灯）、立灯（柱灯）、提灯和挂灯，还有"滚凳"（带滚轴的脚踏）、普通脚踏（也叫"足承"），衣架、面盆架、镜台等也属此类。

(2) 造型特点与装饰

a.中国古代家具比例尺度适度：从整体到局部、各局部构件之间都非常和谐，给人美的感受，并符合功能需求。

b.造型简朴淳厚：中国古代家具借鉴中国古建筑的结构型式，构造合理、符合力学原理，造型简洁、朴实，坚固、稳定、耐用，没有虚华的纯装饰构件。

c.注重使用的舒适性：中国古代家具许多地方是按人体的曲线进行设计的，如椅子靠背板的S形弧线、圈椅的弧形靠背、椅子搭脑的弧线造型、扶手椅扶手横木的弯曲等，都使人坐用舒适。

d.细部处理精巧：中国古代扶手椅的靠背横楣、扶手横木及支柱的截面粗细变化，枨子的变化，花牙子与圈口的细部，腿柱截面上素混面或素凹面（单打挖或双打挖）、起线（混面压边线、起两柱香即平面双皮条线、起一柱香等），罗锅枨、裹脚枨和霸王枨的处理等，都十分精美、得当。

e.装饰适度：中国古代家具在设计上，构件主次分明，使用装饰十分有节制，不是到处使用装饰，只是画龙点睛地用小面积浮雕或透雕（龙虎风纹、花卉、鸟兽等），或在结构件上做一下装饰处理（在牙条上、圈口上、枨子上等），就达到很好的装饰效果了。

f.五金配件精美：中国古代家具的五金配件（吊牌、提环、钮头、拉手、合页、包角、面页等）制作精良、设计优美，既有功能意义又有装饰作用。

g.用材合理：中国古代家具恰当地选用硬性与中性木材，充分发挥材料特性，充分地显现木材的色泽、纹理和硬度。

h.色彩纯朴天然：中国古代家具基本保持木材的本色，不施人工色。用大漆或蜂蜡、树蜡漆饰表面，以保持木材的天然色泽与花纹，令人感到亲切自然。

(3) 使用材料

a.木材：中国古代家具主要制作用材是木料，硬性木材黄花梨、红木、紫檀、杞梓木、铁力木，中性木材有楠木、榆木、胡桃木、樟木和杨木、榉木等。

b.竹藤：在中国长江流域和长江以南地区，特别是在民间，大量使用竹藤制造家具。中国竹材有200多种，主要的有毛竹（南竹）、慈竹、桂竹、刚竹、淡竹、石竹（东竹）和水竹等。藤材有广藤、土藤和野生藤三类，用来捆绑竹架，或用来编织座面、靠背或屏风。

c.石材：在中国古代家具中，使用大理石或花岗石做桌面、墩面、椅凳座面、靠背嵌板和装饰墙画等。

d.金属：合页、面页、吊牌、提环等五金件都用铜（以白铜为主）制作。明代以前则多为青铜、黄铜。

e.其他材料：清代时，用象牙、角质、玉石、瓷片、珐琅和螺钿等，在家具表面作镶嵌装饰，以追求华贵。还使用油漆彩绘或填漆、雕漆作装饰。明与清代还使用平板透明玻璃及镜片。

(4) 构造

a.框架式结构：中国古代家具受中国古代建筑的启发，也主要是采用框架式结构体系，以榫卯巧妙地连接各个构件，使家具坚固耐用，而且美观大方。

b.多种榫卯结构：中国古代家具匠师们创造发明了许多榫卯结构做法，科学、合理、坚固、美观，有些是世界上独一无二的。格角榫、嵌榫、综角榫、燕尾榫、银锭榫外国家具中有；而夹头榫、勾挂榫、包肩榫、挂榫、抱肩榫、长短榫和托角榫等，则是中国古代家具特有的结构。

c.独特的作法：因为有了勾挂榫，才有了“霸王枨”这种连接腿与桌面的作法；有包肩榫结构，才出现了“裹脚枨”这种形式；“罗锅枨”、腿与牙板望板连接的“夹头榫”、“步步高枨”、“束腰”结构、翘头案、“壶门式圈口”等，都是既科学又美观的做法。

d.嵌板技术：中国古代家具中，许多台面（桌面、座面、几面等）、望板、圈口（含壶门）和牙条等，都采用嵌板结构，即格角榫攒边、内镶木板，既美观又能充分利用材料。

e.拼板技术：中国古代家具中，用窄板拼接成宽板，一是采用齐头碰拼接，二是采用企口榫接，但都用一个或两个隐形穿带，使用燕尾榫。制作精细，不用胶粘剂。

(5) 工艺技术

a.髹漆：早在春秋战国时，髹漆就很发达。先是髹朱饰金，后来是黑漆描金，披灰抹漆十多道工序。

b.雕刻：在家具表面进行雕饰，有线刻、浮雕、透雕或圆雕。

c.镟制：家具上的圆杆形构件除用刨子刨成外，还用镟木工艺制作，速度与质量都有很大提高。

d.镶嵌：用象牙、螺钿、牛角、瓷片、玉石和金属等，嵌在家具上作装饰。

e.鎏金：采用中国特有的鎏金技术，在铜件表面镀金，效果很好。

f.编织：家具中的靠背、座面和格扇等，用竹藤、棕丝或麻绳等，编织而成。使用舒适、重量减轻。

g.雕漆、填漆：将工艺品装饰技术用到家具上去，在清代较多。造价高，不适用。

h.蜡饰：在家具表面打蜡、烘烤，使木材色泽和纹理清晰、美观。使用蜂蜡或树蜡。

中国古代家具在明代和清初达到了高峰，在造型、装饰、构造、用料及制作上，都是世界一流的。这对中国近现代的家具设计，对20世纪欧美的“有机”家具设计，都产生了深刻的影响。

复习题与思考题

1.中国古建筑总体风格特点有哪些？建筑艺术特色是什么？建筑装饰有什么特点？

2.中国古建筑有哪些类型？使用什么建材？

3.中国古建筑空间分隔的措施有哪些？中国古代城市规划的特点是什么？

4.中国园林建筑有什么特点？

5.中国古代的建筑论著有哪些？

6.中国古代家具的品种、造型特点、装饰、用材、构造与工艺技术是什么？

1. 官帽椅与方几（中国明代）
2. 清乾隆时的刻漆宝座（1900年被抢走，现存英国伦敦，原陈列颐和园中）
3. 公元19世纪早期的中国清代硬木桌子
4. 中国　罗汉床
5. 中国清代梁枋彩画（上—梁架，下—枋间细部）
6. 扬州瘦西湖五亭桥

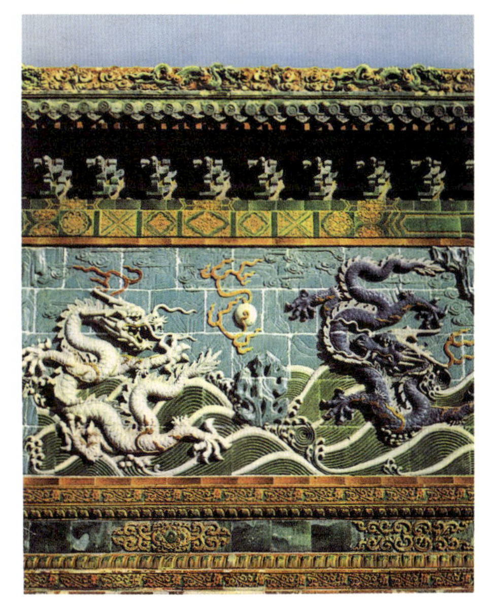

1. 北京天坛祈年殿
2. 我国西双版纳的八角楼
3. 福建永定县圆形土楼
4. 北京北海九龙壁局部

中国古代建筑·建筑平面图

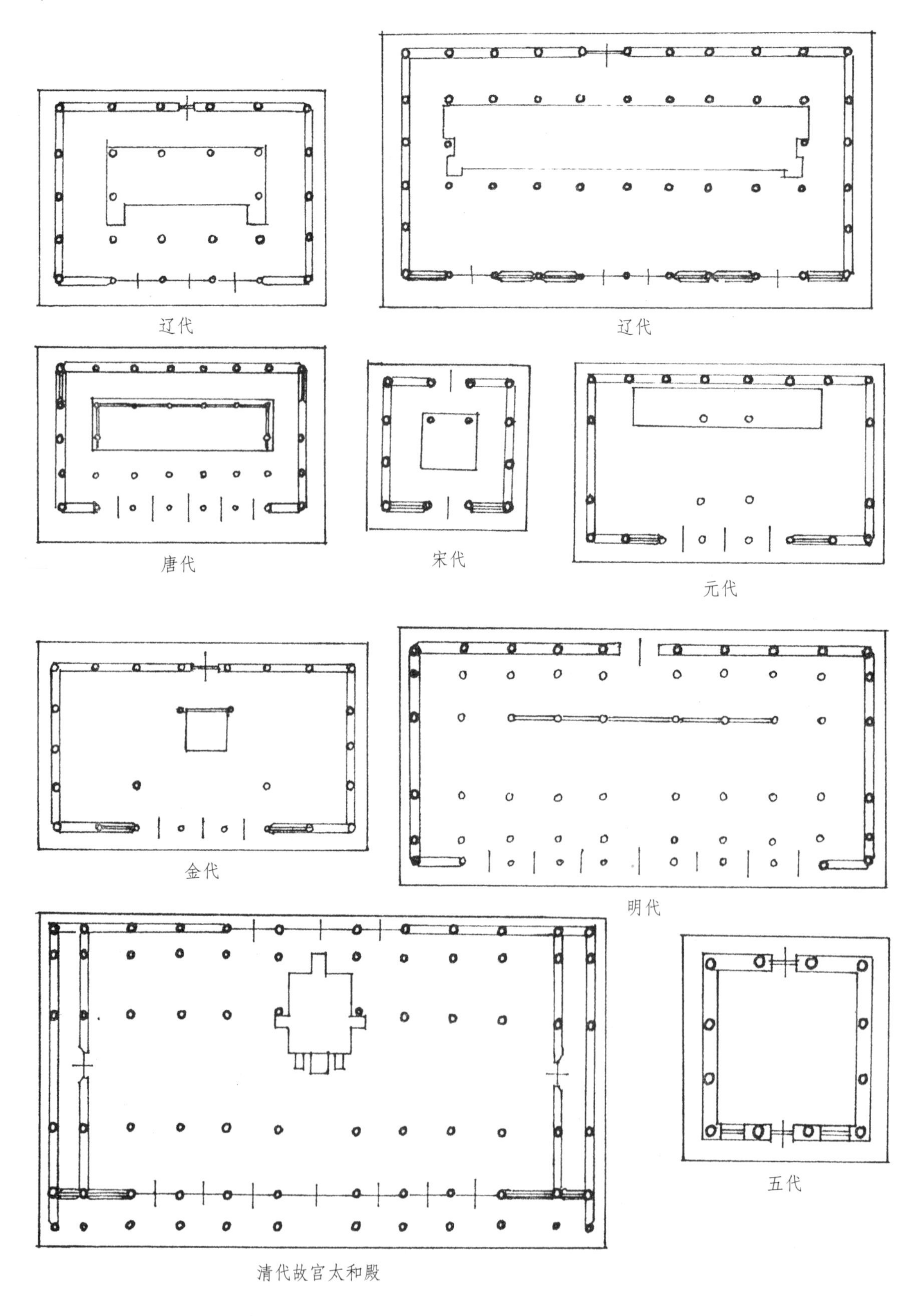

中国古代建筑·屋顶的形式

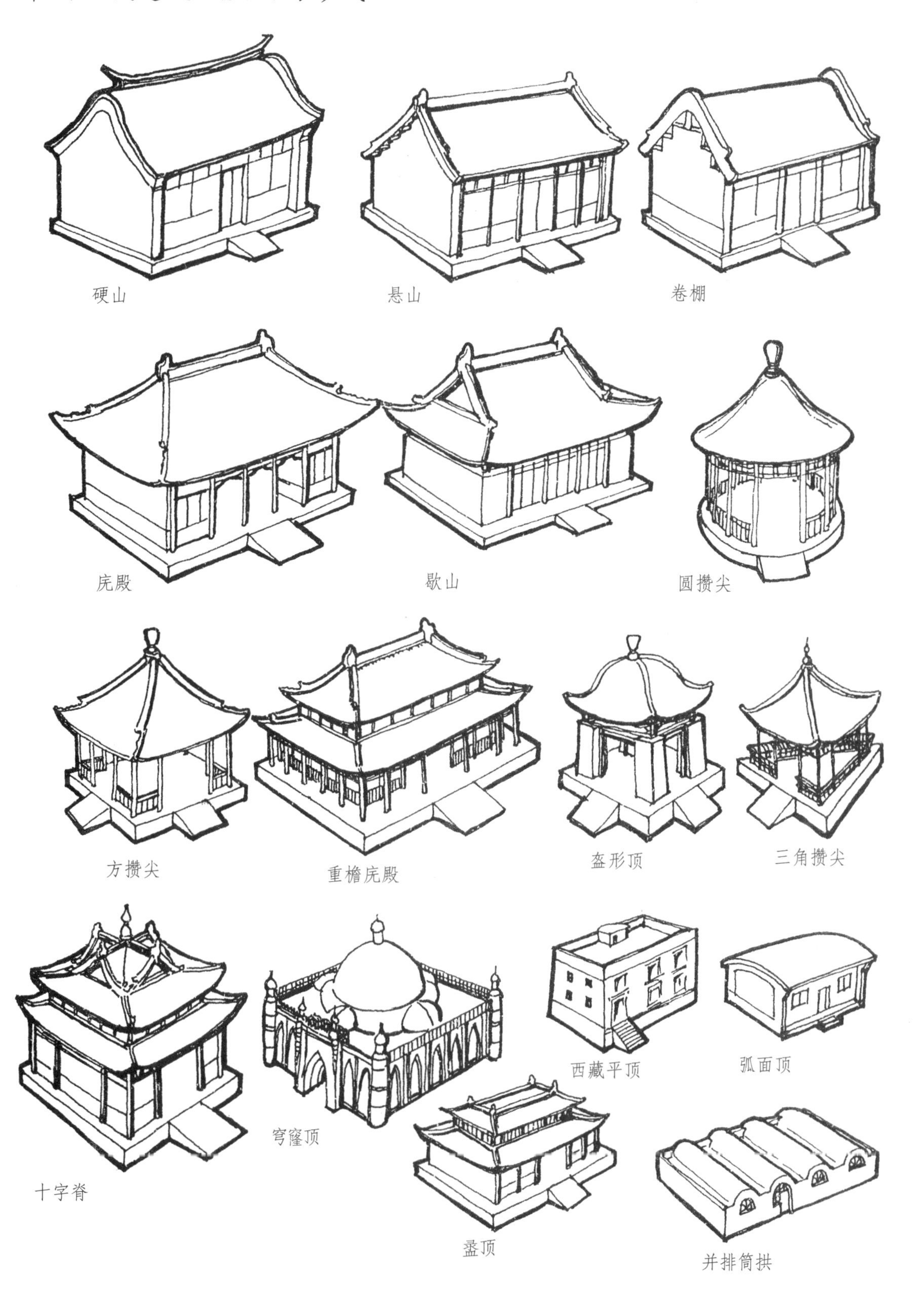

中国古代建筑·屋顶的形式

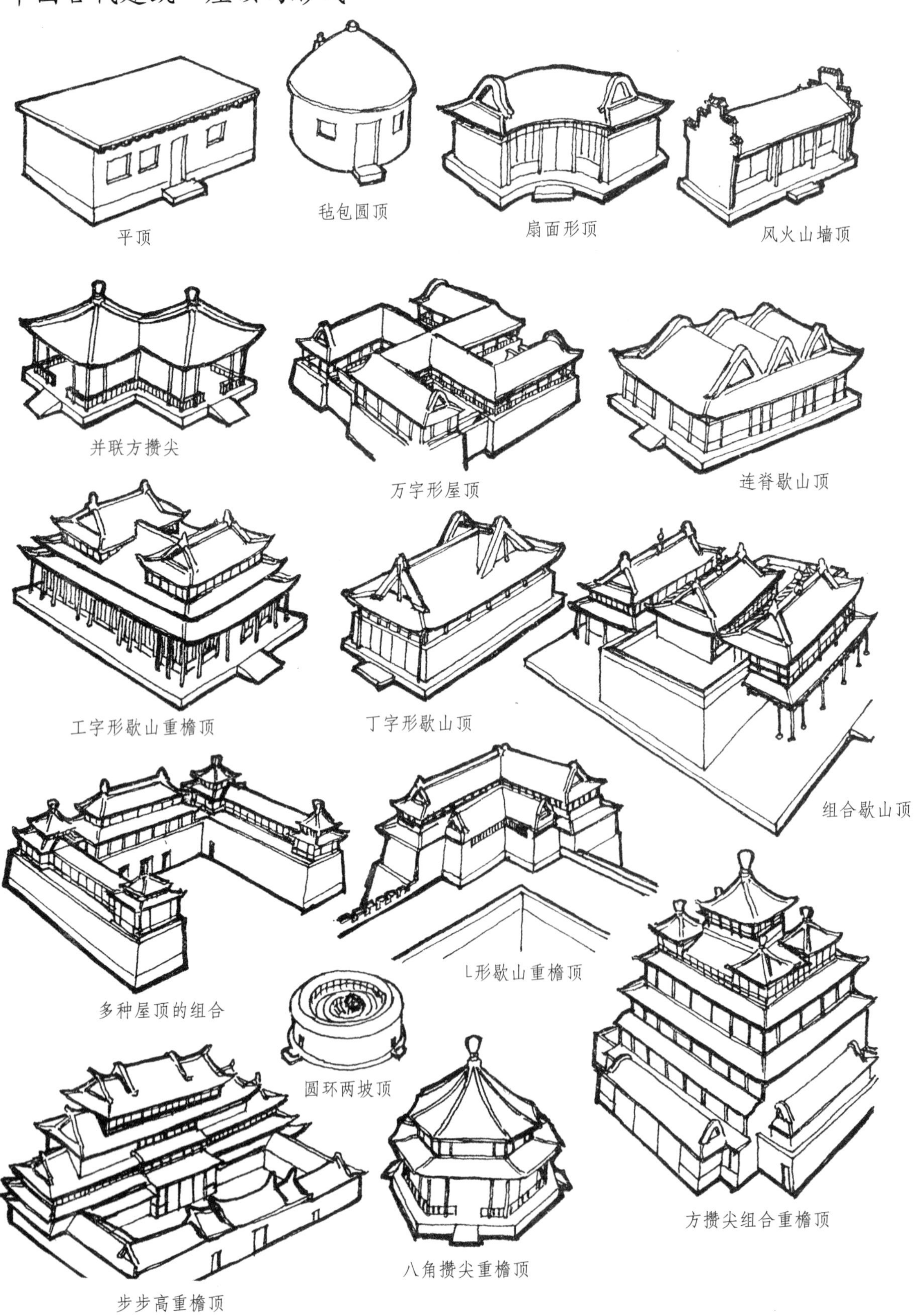

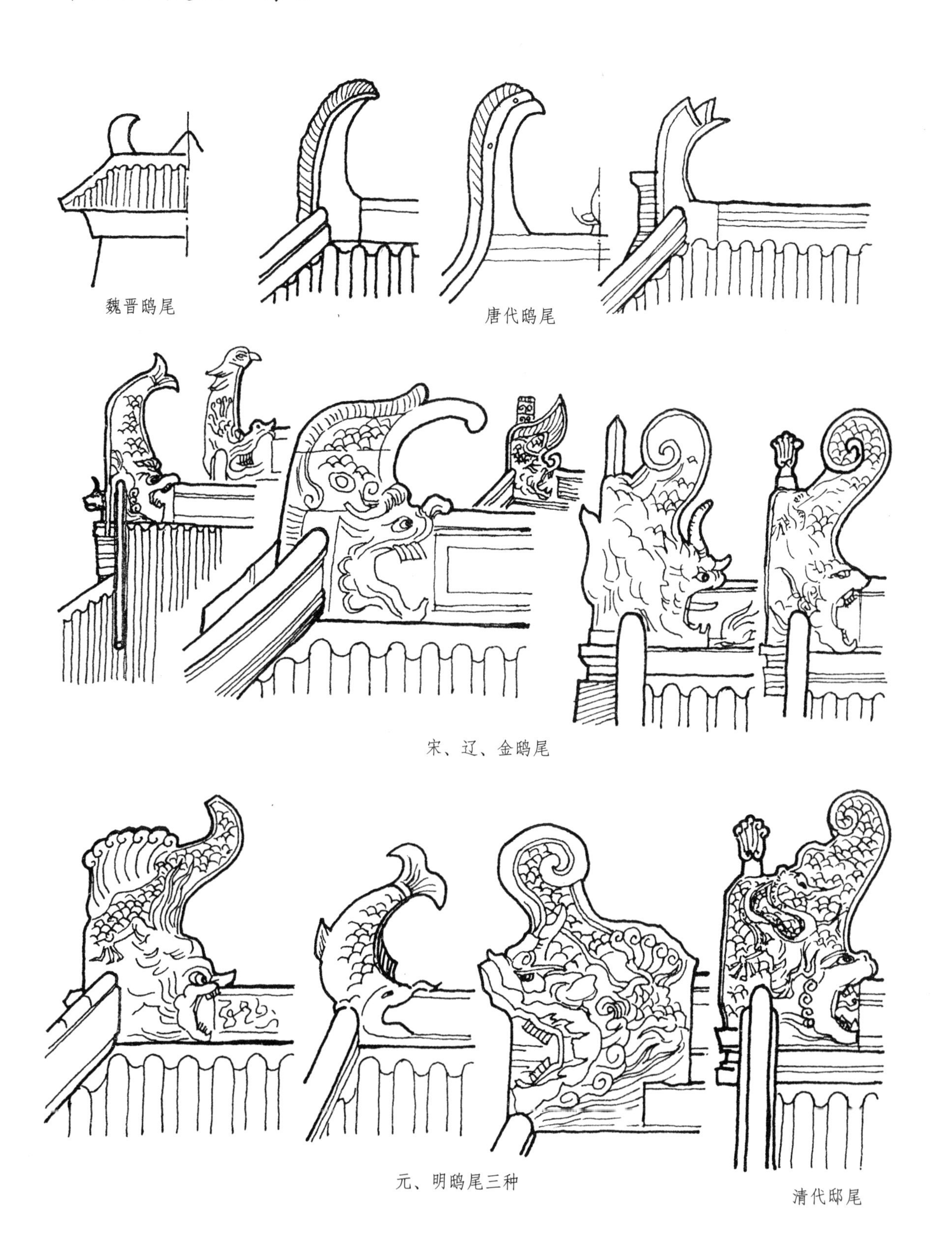
魏晋鸱尾
唐代鸱尾
宋、辽、金鸱尾
元、明鸱尾三种
清代邸尾

中国古代建筑·斗栱与柱头（1）

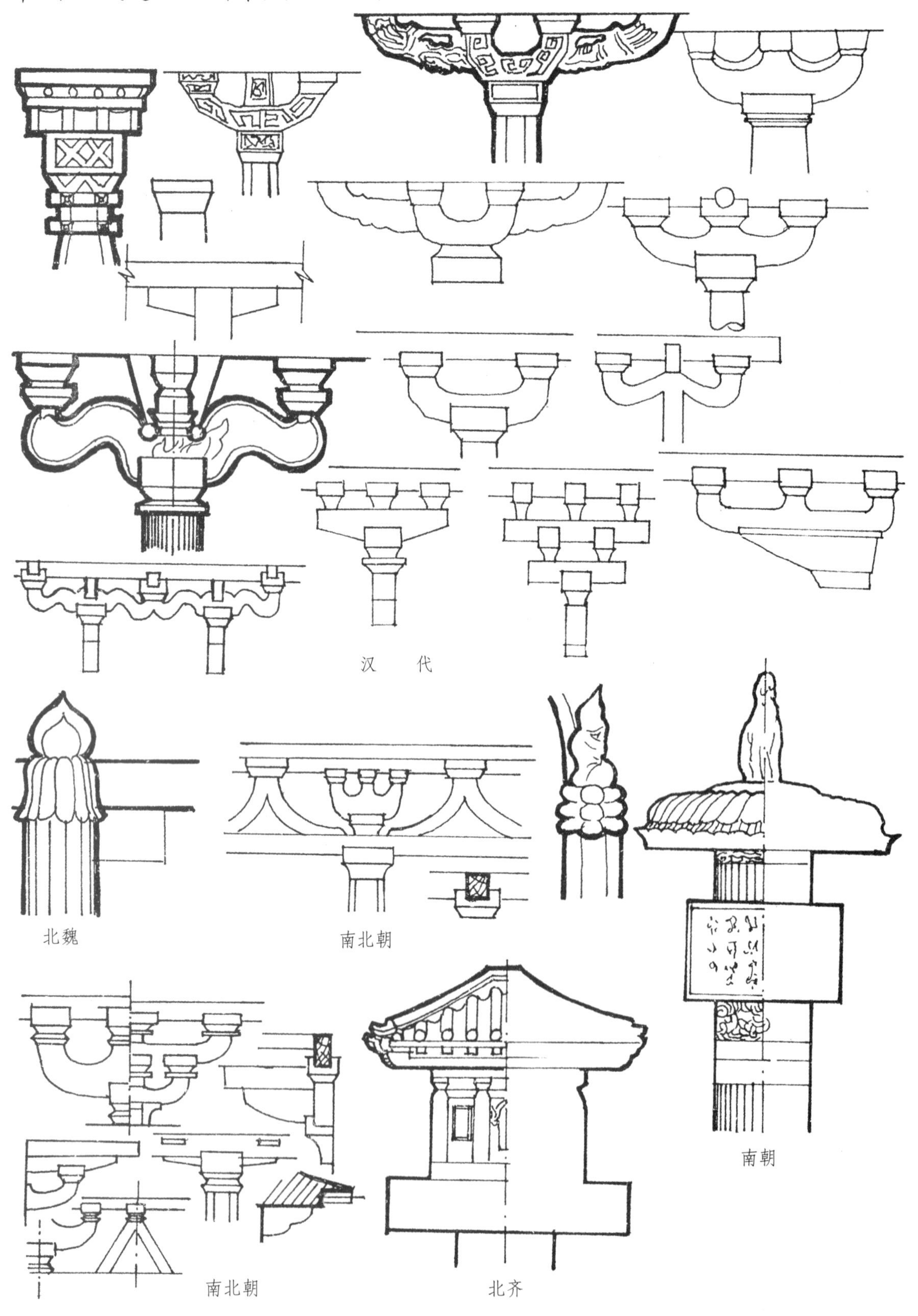

中国古代建筑·斗栱与柱头（2）

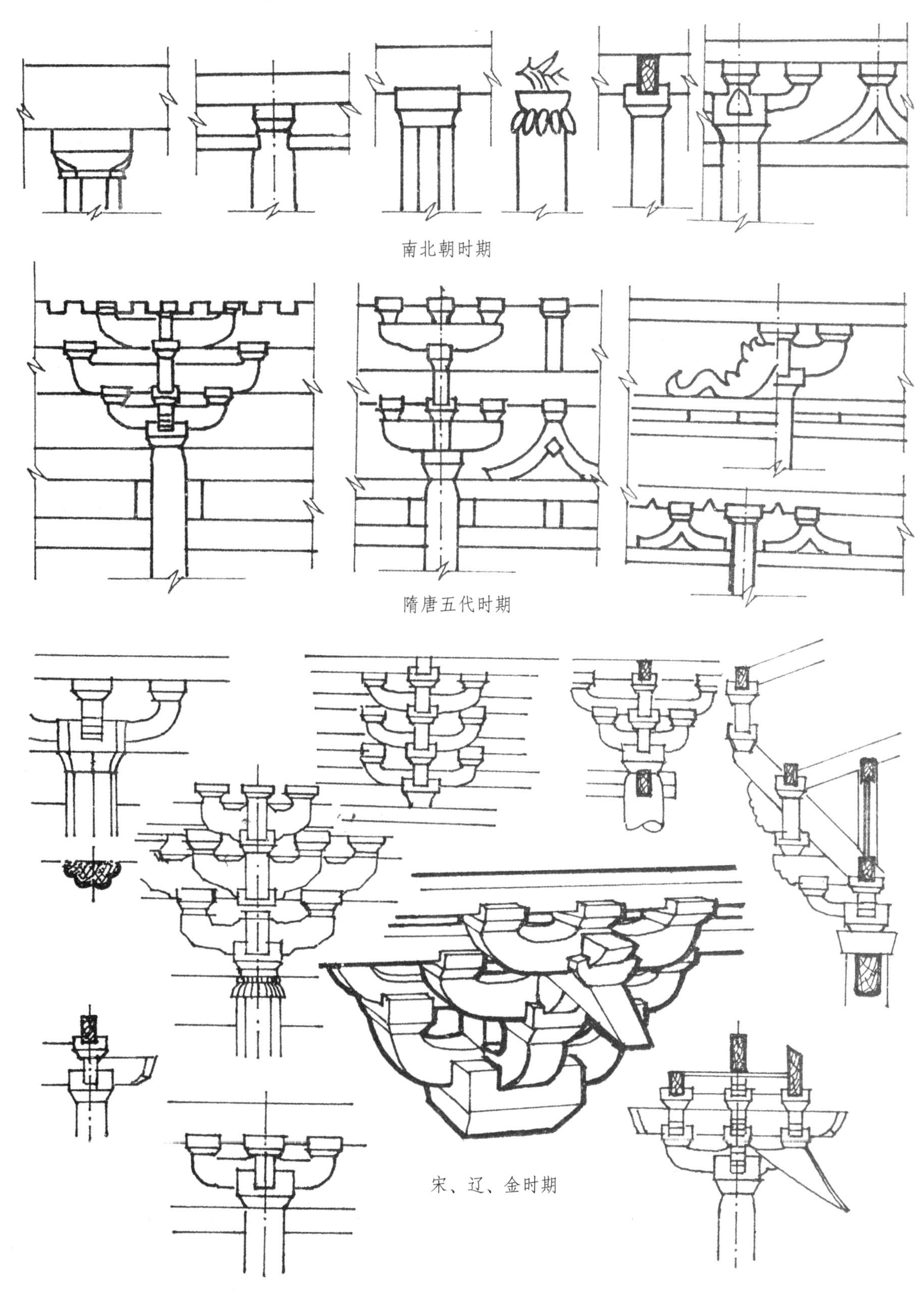

中国古代建筑·斗栱与柱头（3）

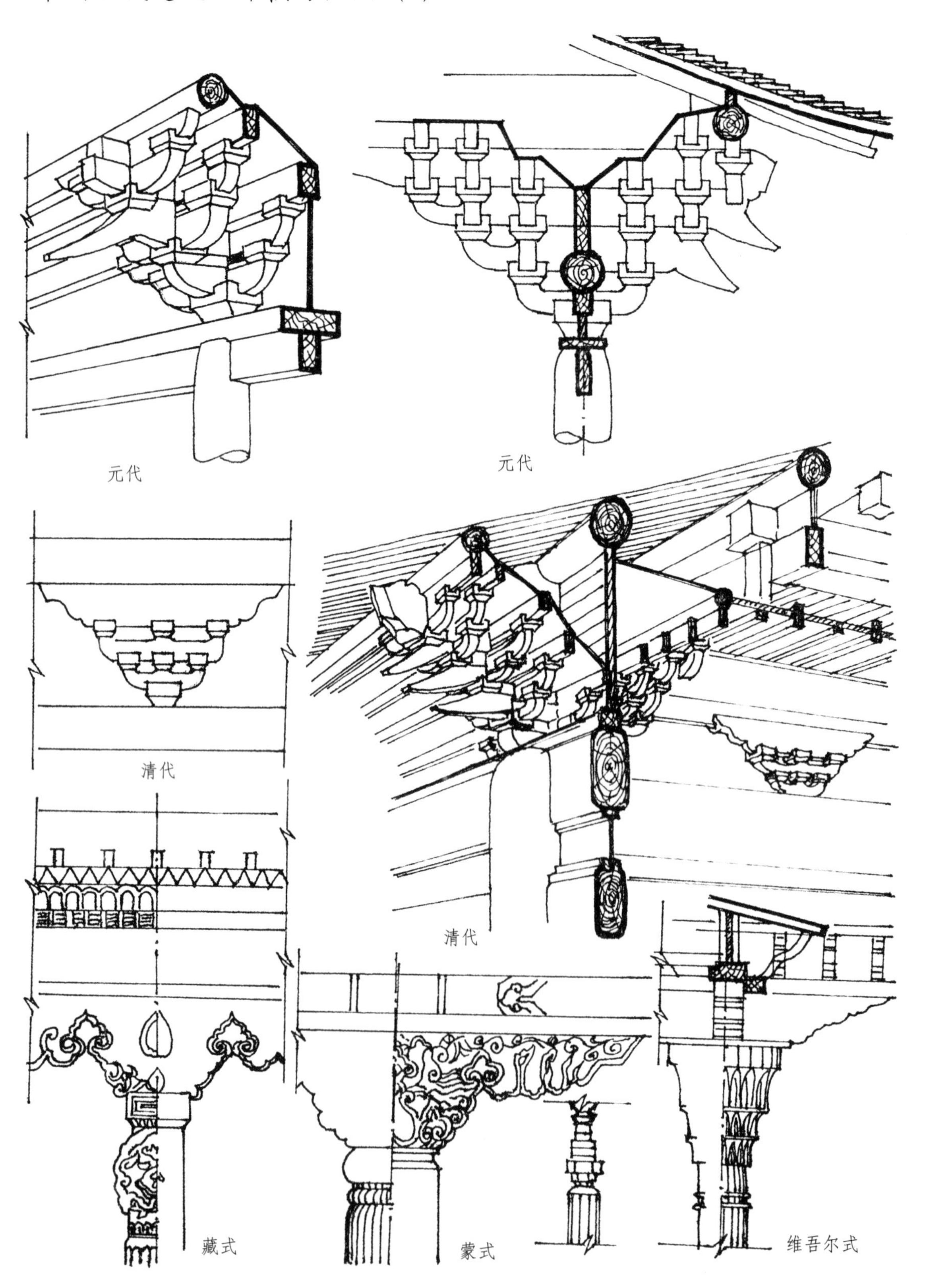

中国古代建筑·柱础

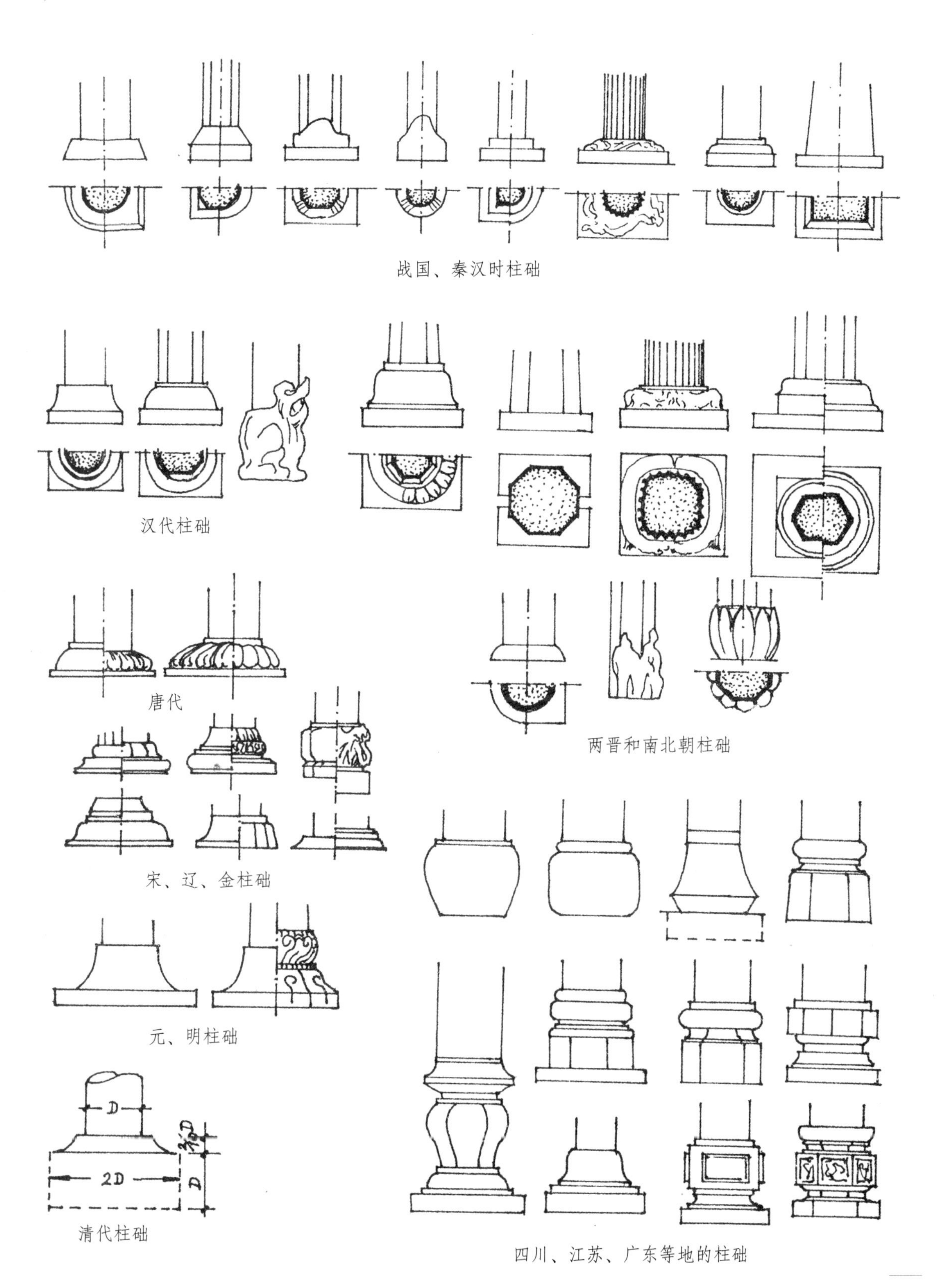

战国、秦汉时柱础

汉代柱础

两晋和南北朝柱础

唐代

宋、辽、金柱础

元、明柱础

清代柱础

四川、江苏、广东等地的柱础

中国古代建筑·雀替

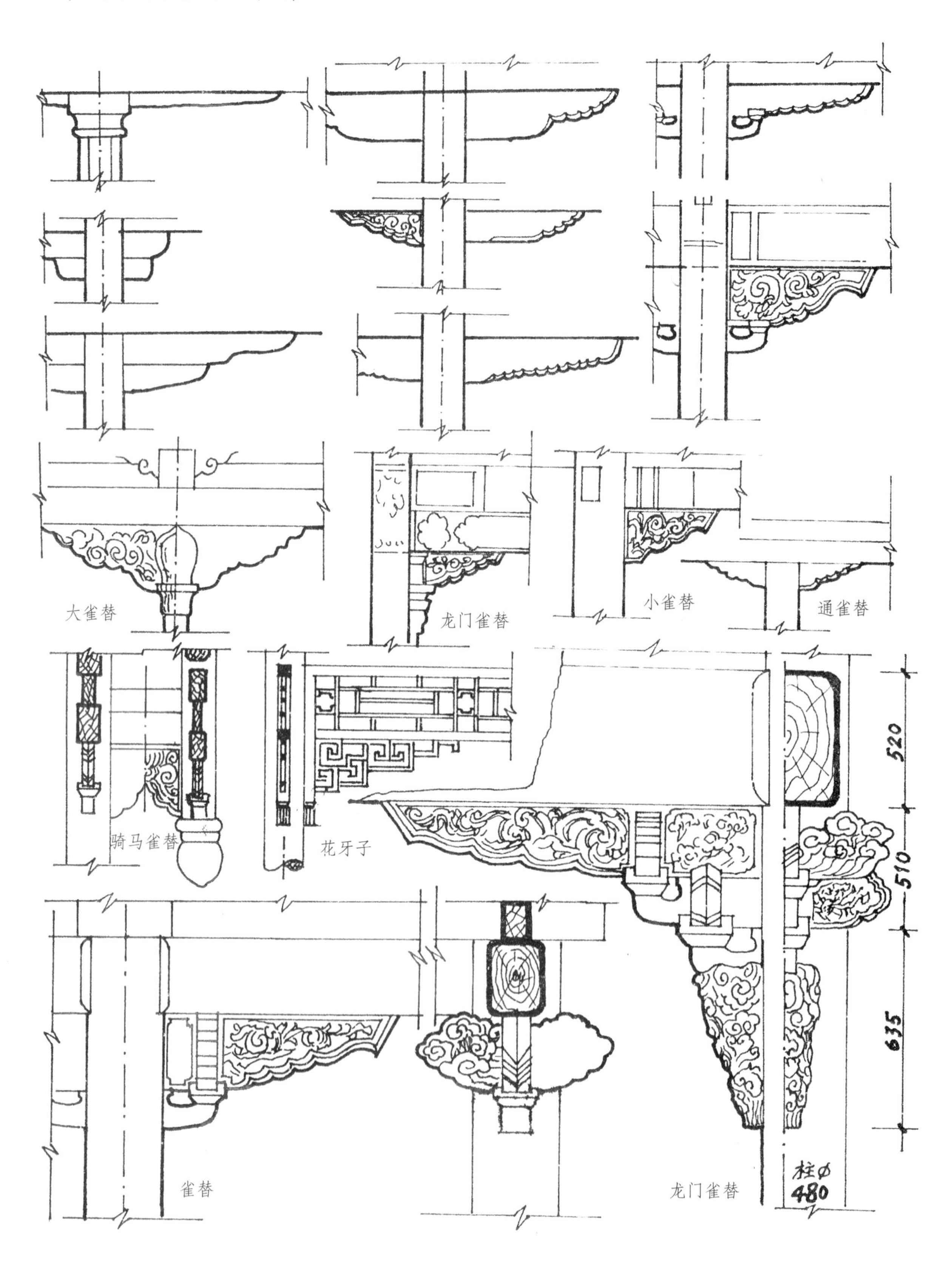

中国古代建筑·栏杆（1）

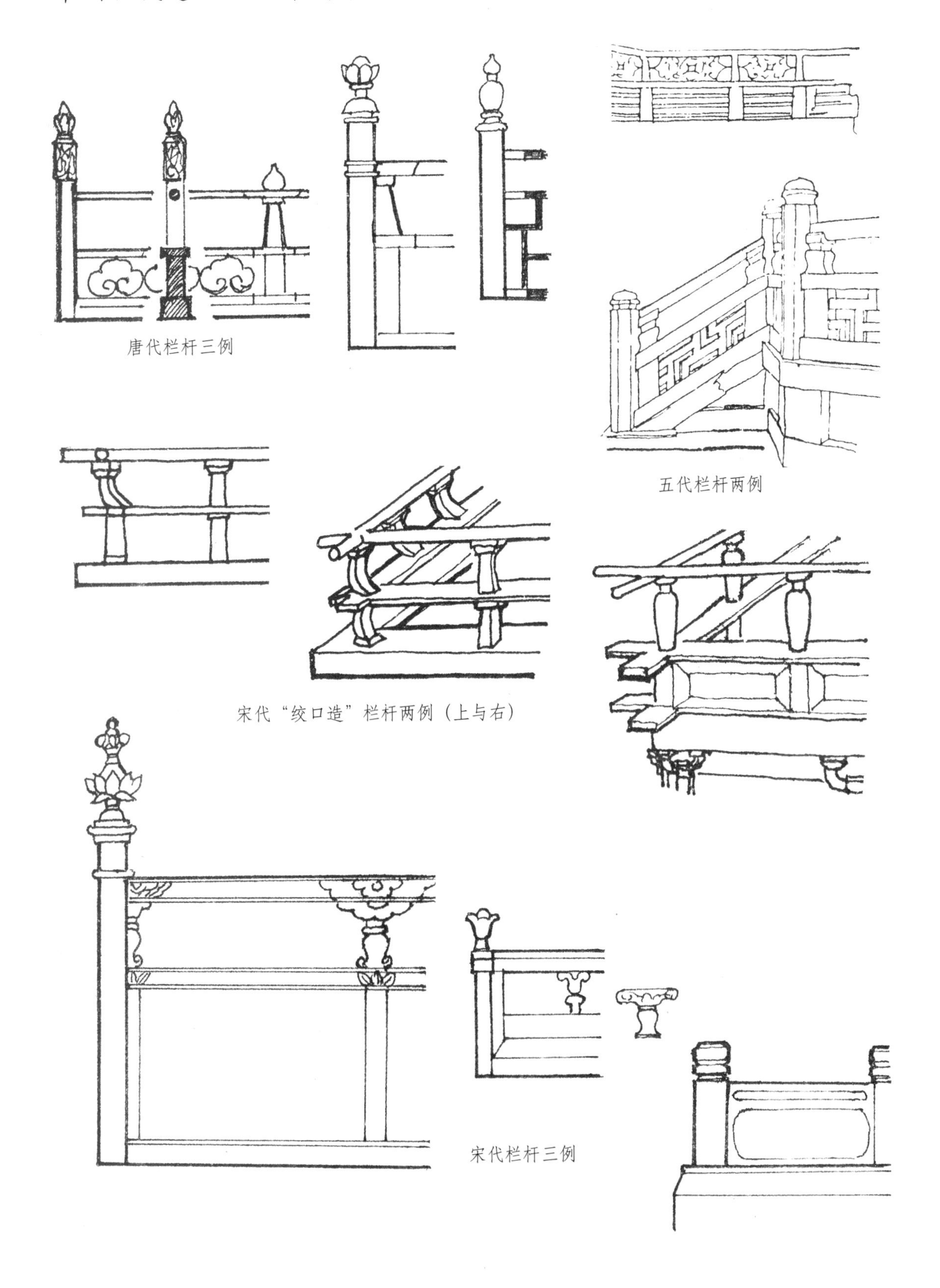

唐代栏杆三例
五代栏杆两例
宋代“绞口造”栏杆两例（上与右）
宋代栏杆三例

中国古代建筑·栏杆（2）

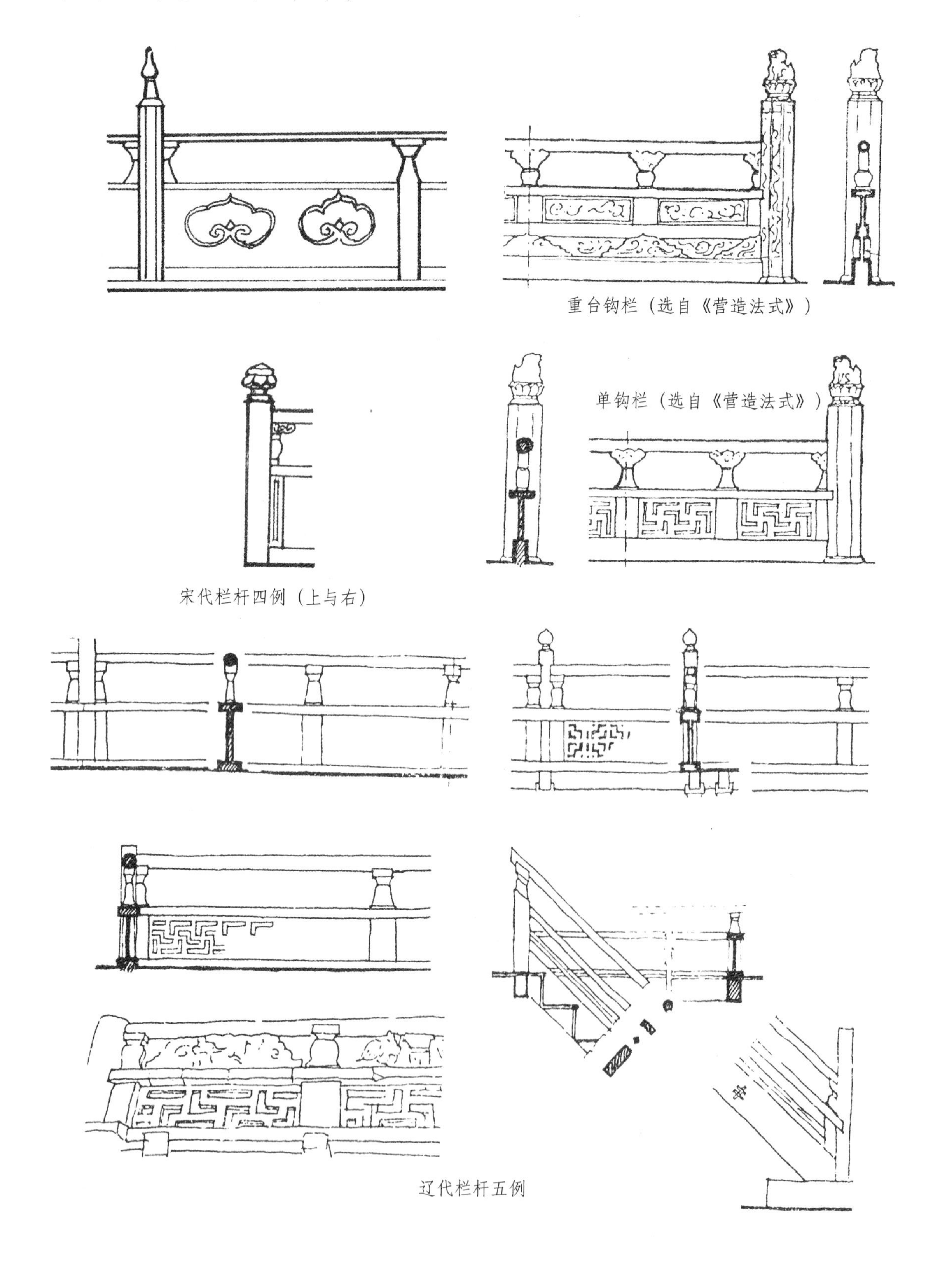

重台钩栏（选自《营造法式》）

单钩栏（选自《营造法式》）

宋代栏杆四例（上与右）

辽代栏杆五例

中国古代建筑·栏杆（3）

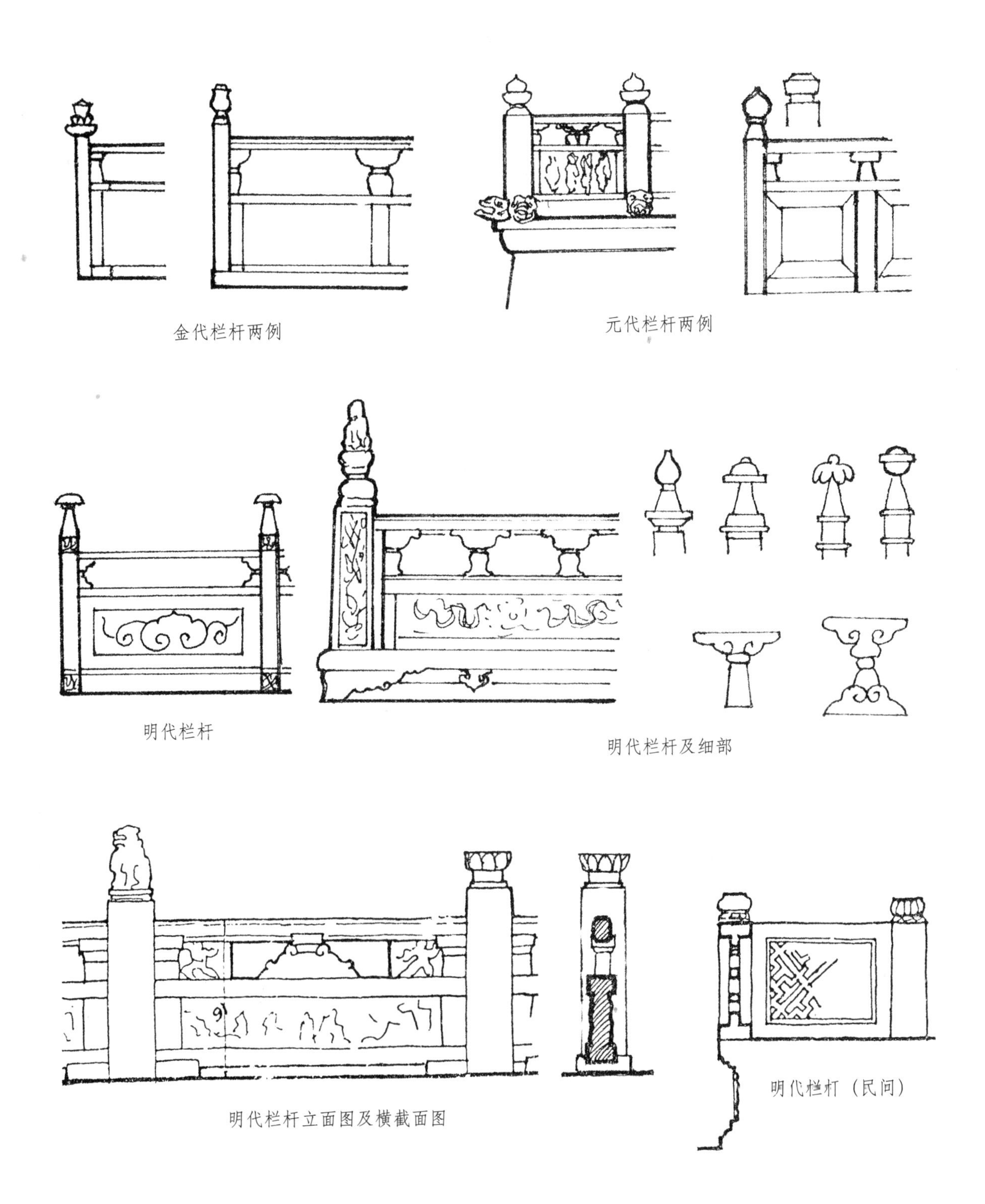

金代栏杆两例
元代栏杆两例
明代栏杆
明代栏杆及细部
明代栏杆立面图及横截面图
明代栏杆（民间）

中国古代建筑·栏杆（4）

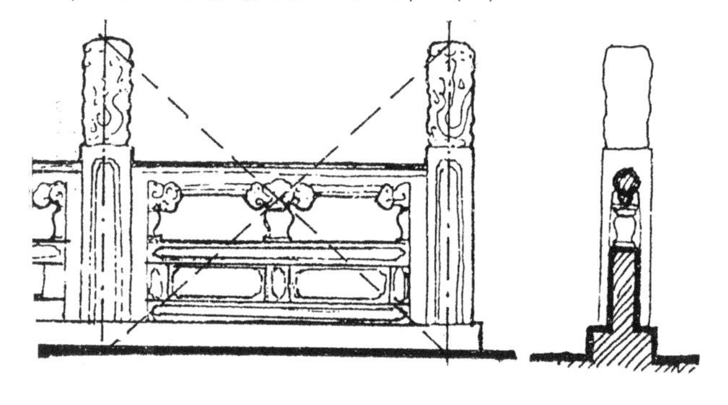

清代栏杆三例（左与上）

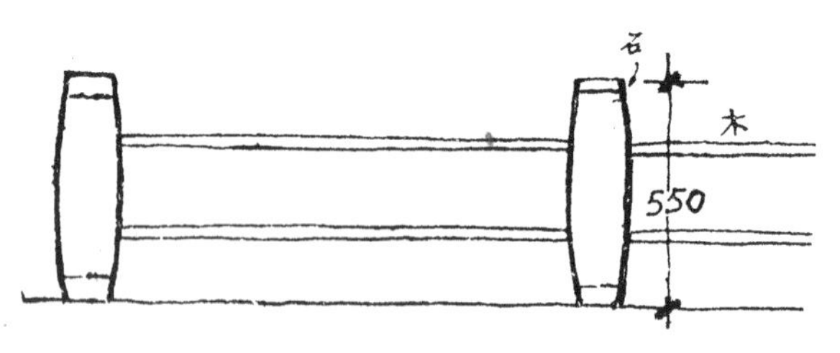

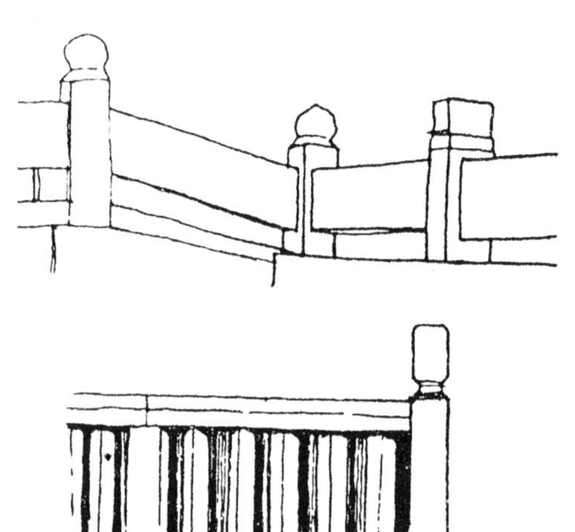

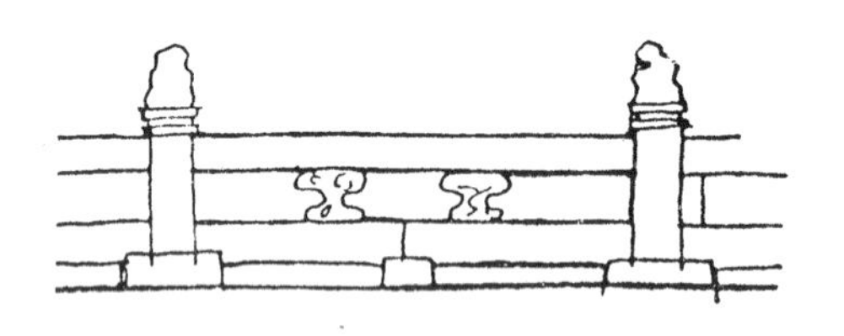

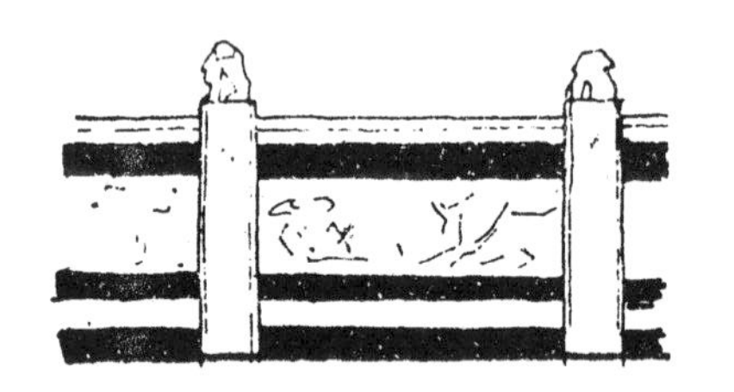

河南省石桥栏杆

福建省栏杆

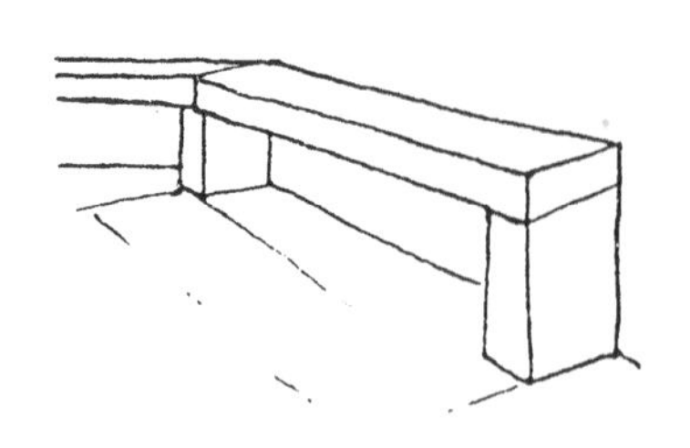

石质坐凳栏杆

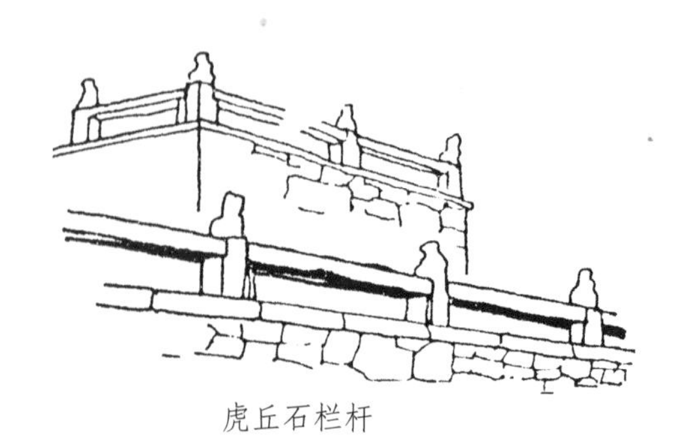

虎丘石栏杆

中国古代建筑·栏杆（5）

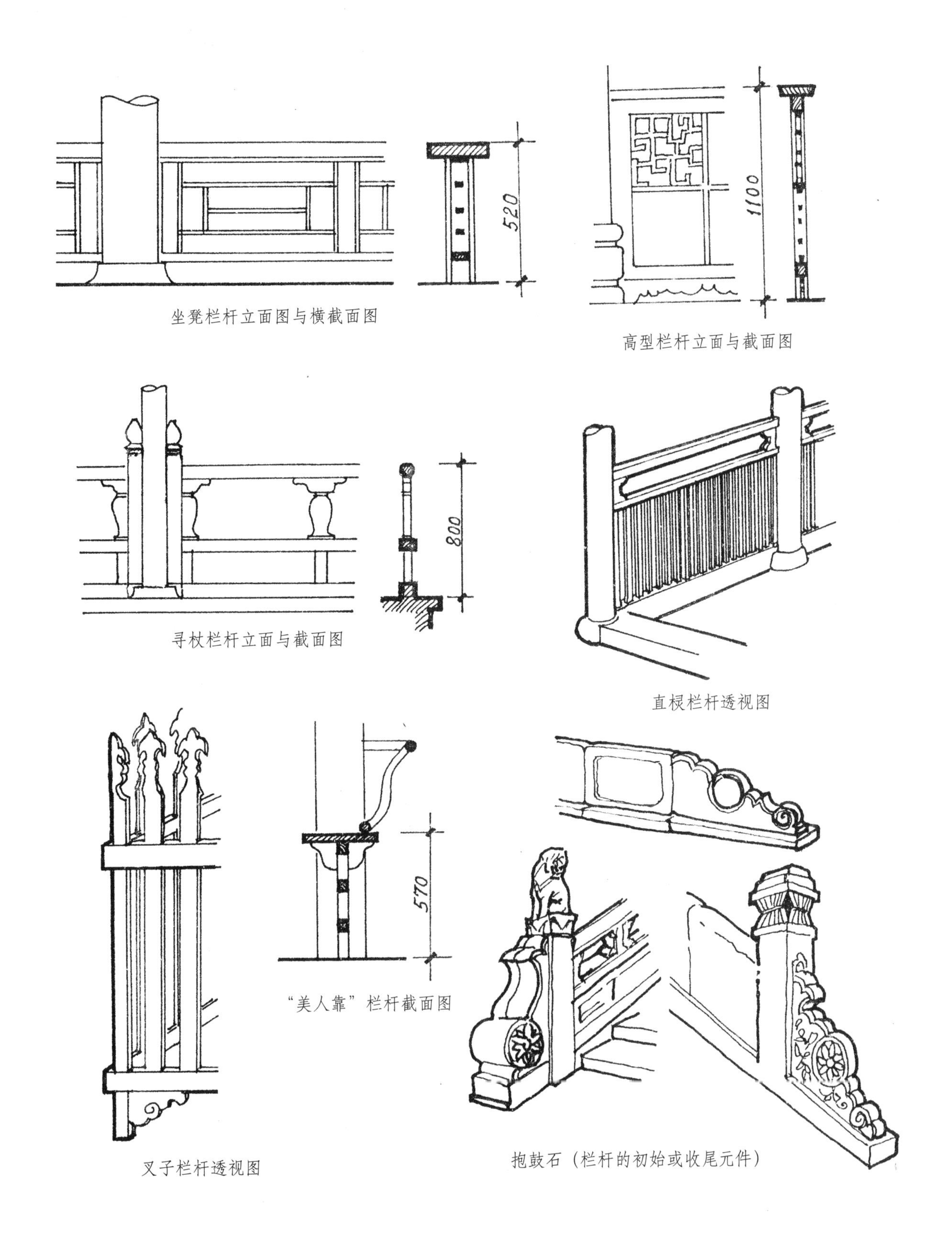

坐凳栏杆立面图与横截面图

高型栏杆立面与截面图

寻杖栏杆立面与截面图

直棂栏杆透视图

叉子栏杆透视图

“美人靠”栏杆截面图

抱鼓石（栏杆的初始或收尾元件）

中国古代建筑·须弥座（1）

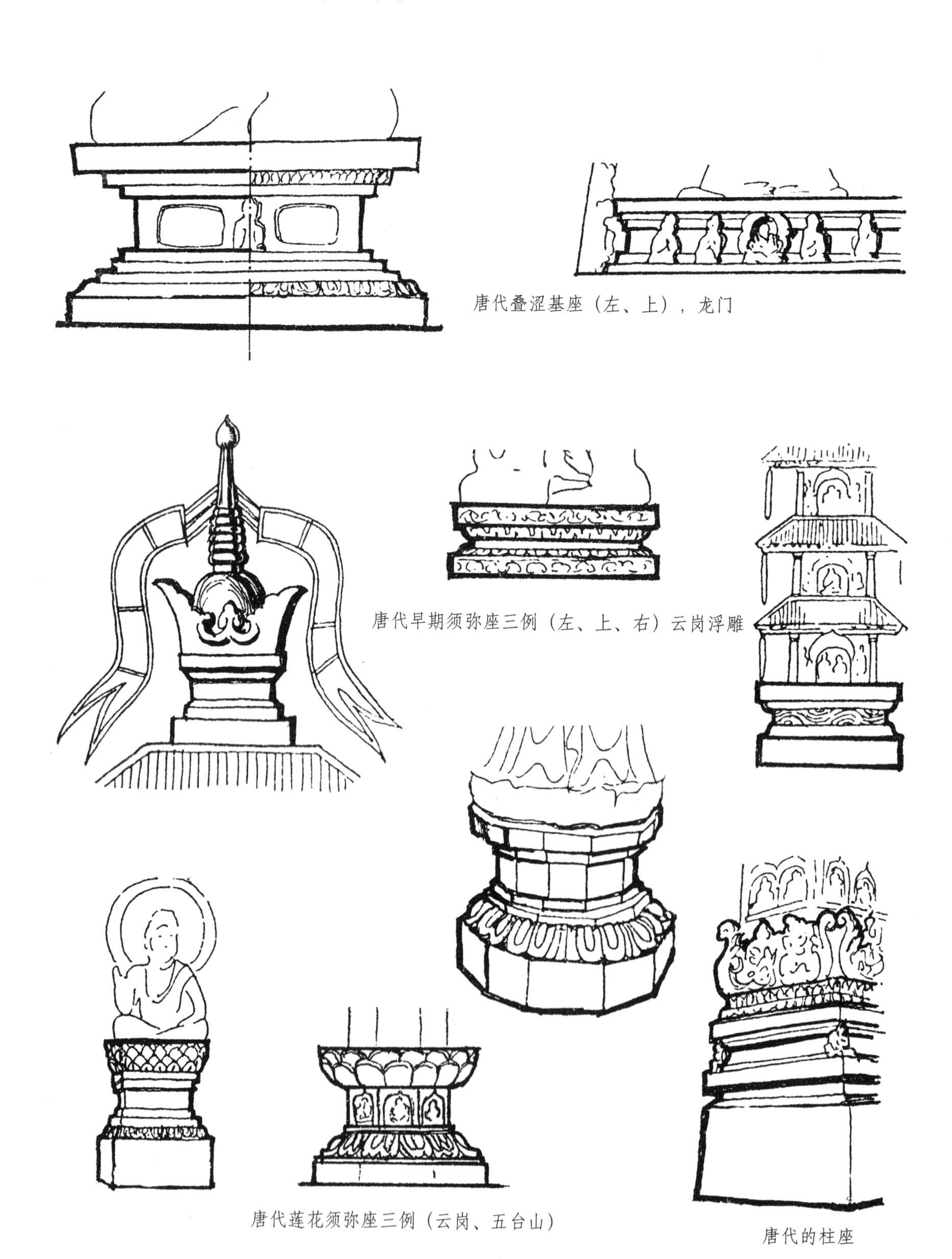

唐代叠涩基座（左、上），龙门

唐代早期须弥座三例（左、上、右）云岗浮雕

唐代莲花须弥座三例（云岗、五台山）

唐代的柱座

中国古代建筑·须弥座（2）

五代时的须弥座三例（上与右）

宋代须弥座四例（左、上、右）

宋代须弥座三例（左与上）

辽代须弥座三例（右）

中国古代建筑·须弥座（3）

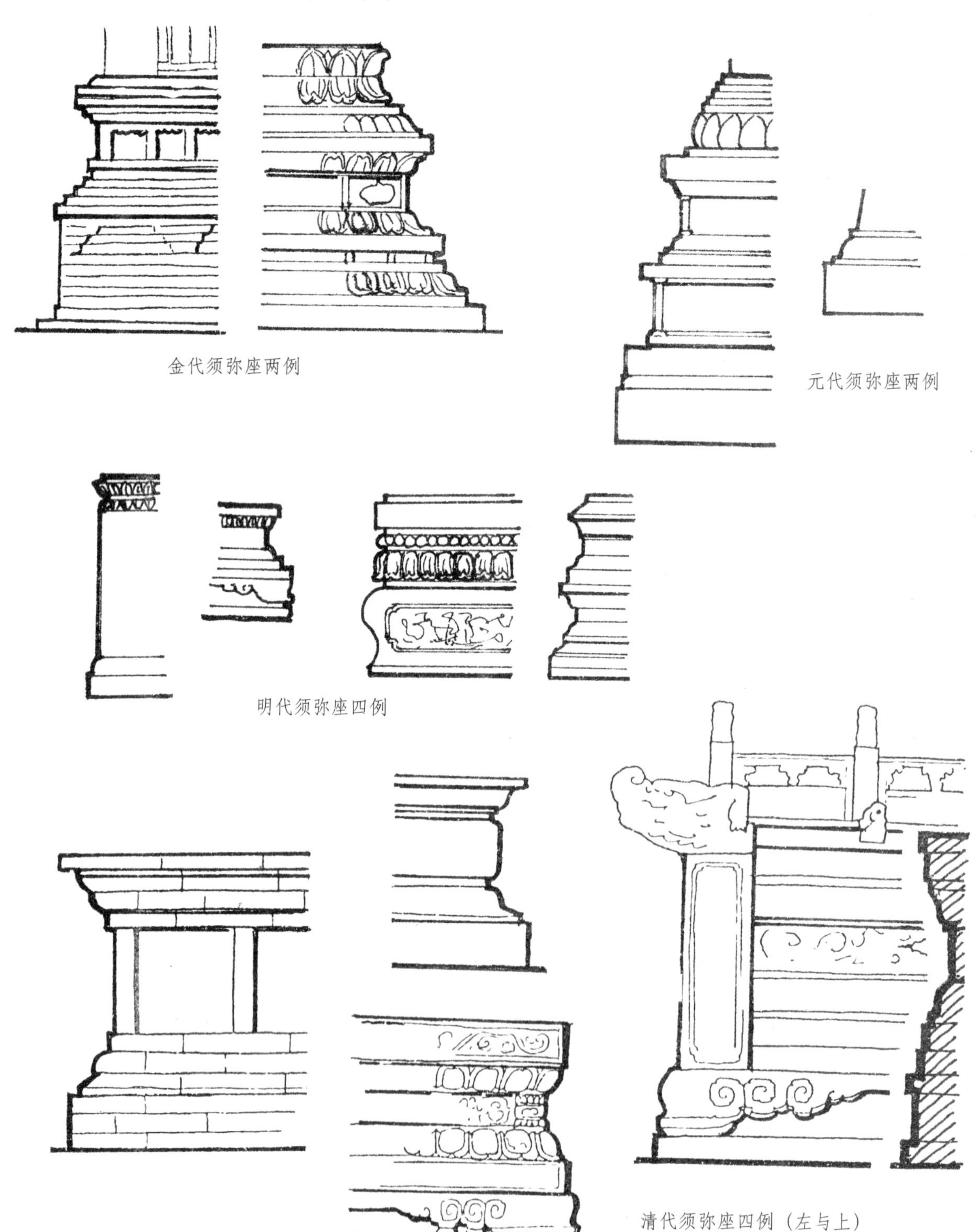

金代须弥座两例

元代须弥座两例

明代须弥座四例

清代须弥座四例（左与上）

中国古代建筑·漏明墙选例

中国古代建筑·窗格选例

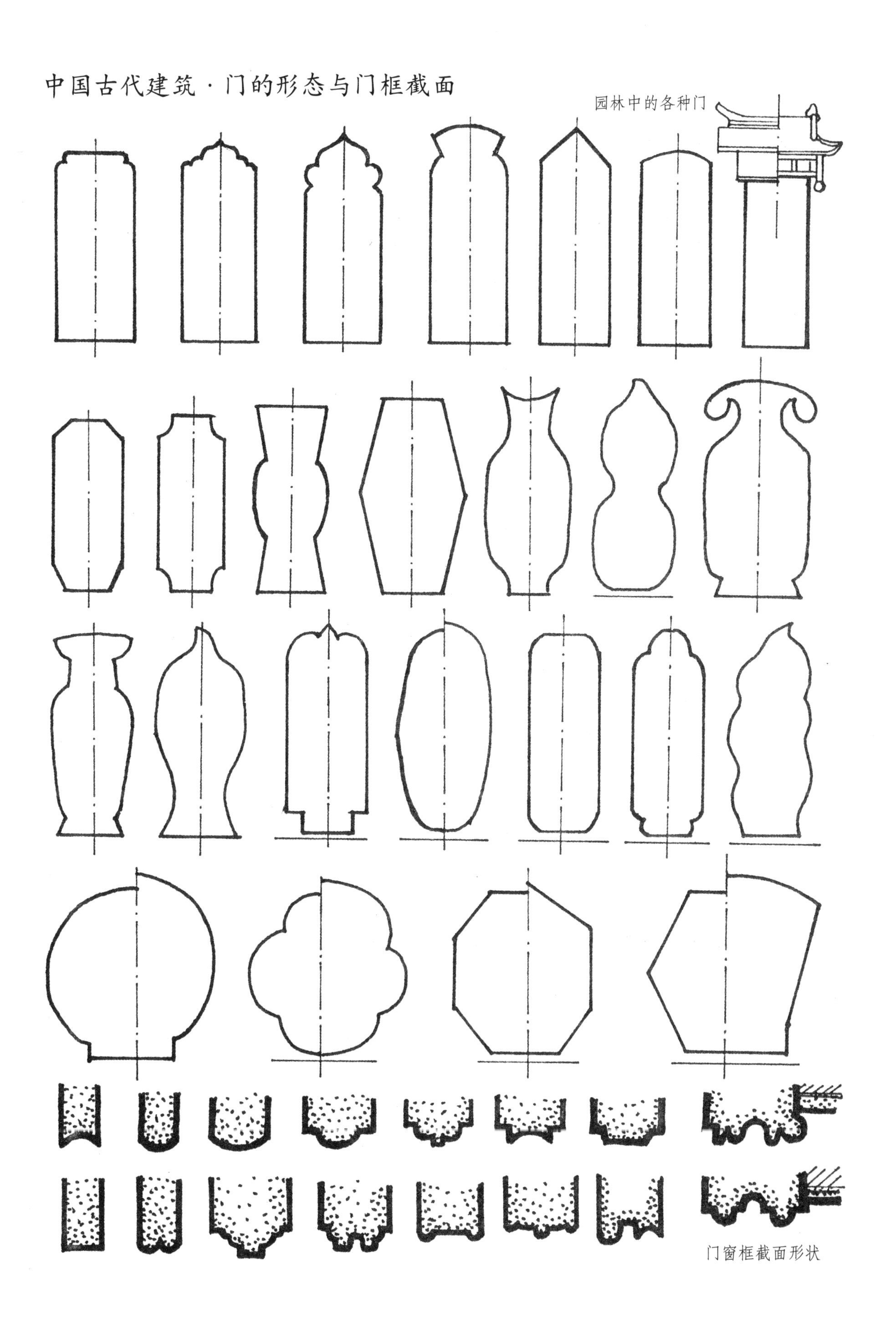
园林中的各种门
门窗框截面形状

中国古代建筑·各种罩

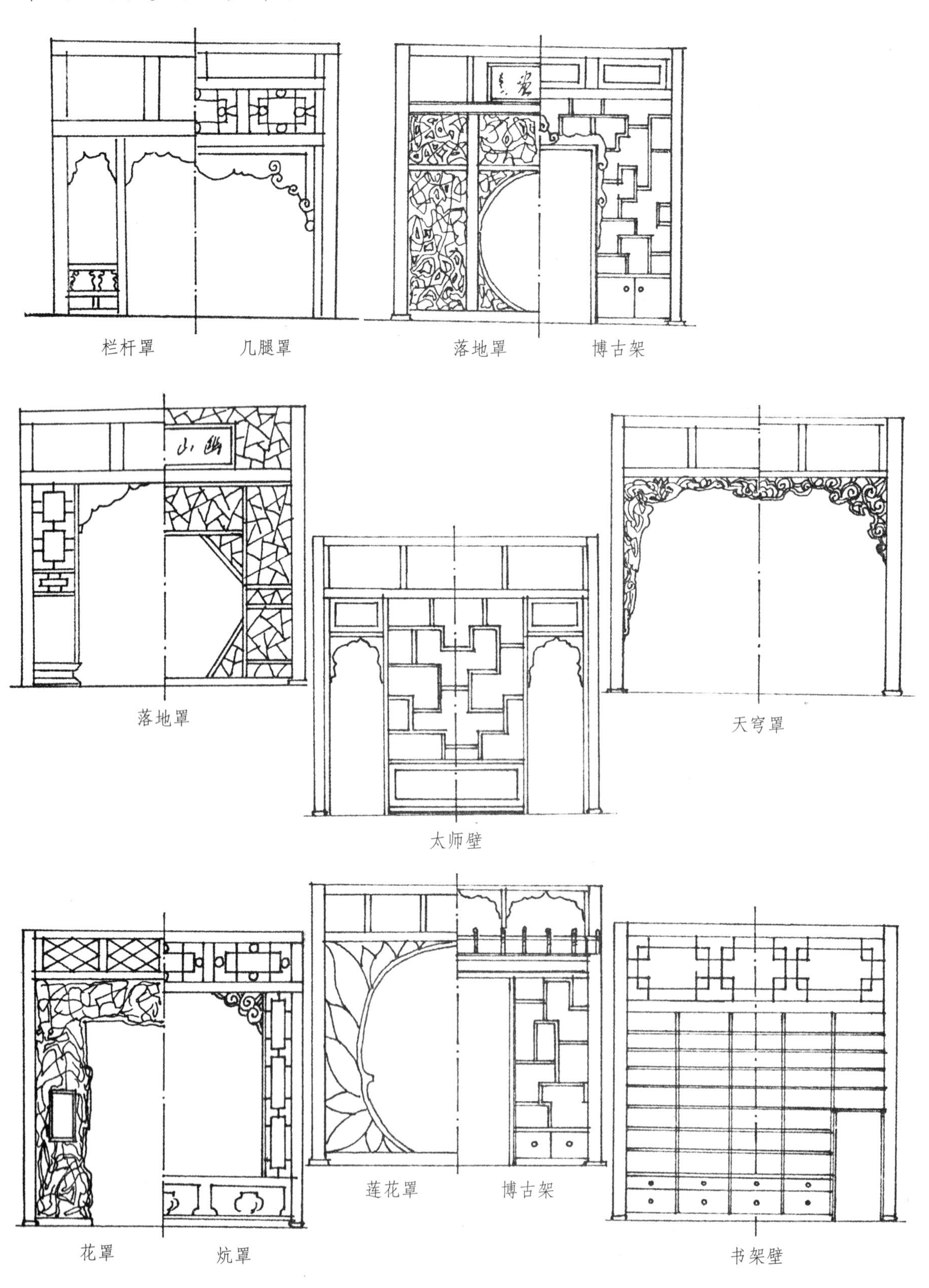

苏州狮子林

苏州西园

中国古代中国建筑 · 园林平面图与透视图

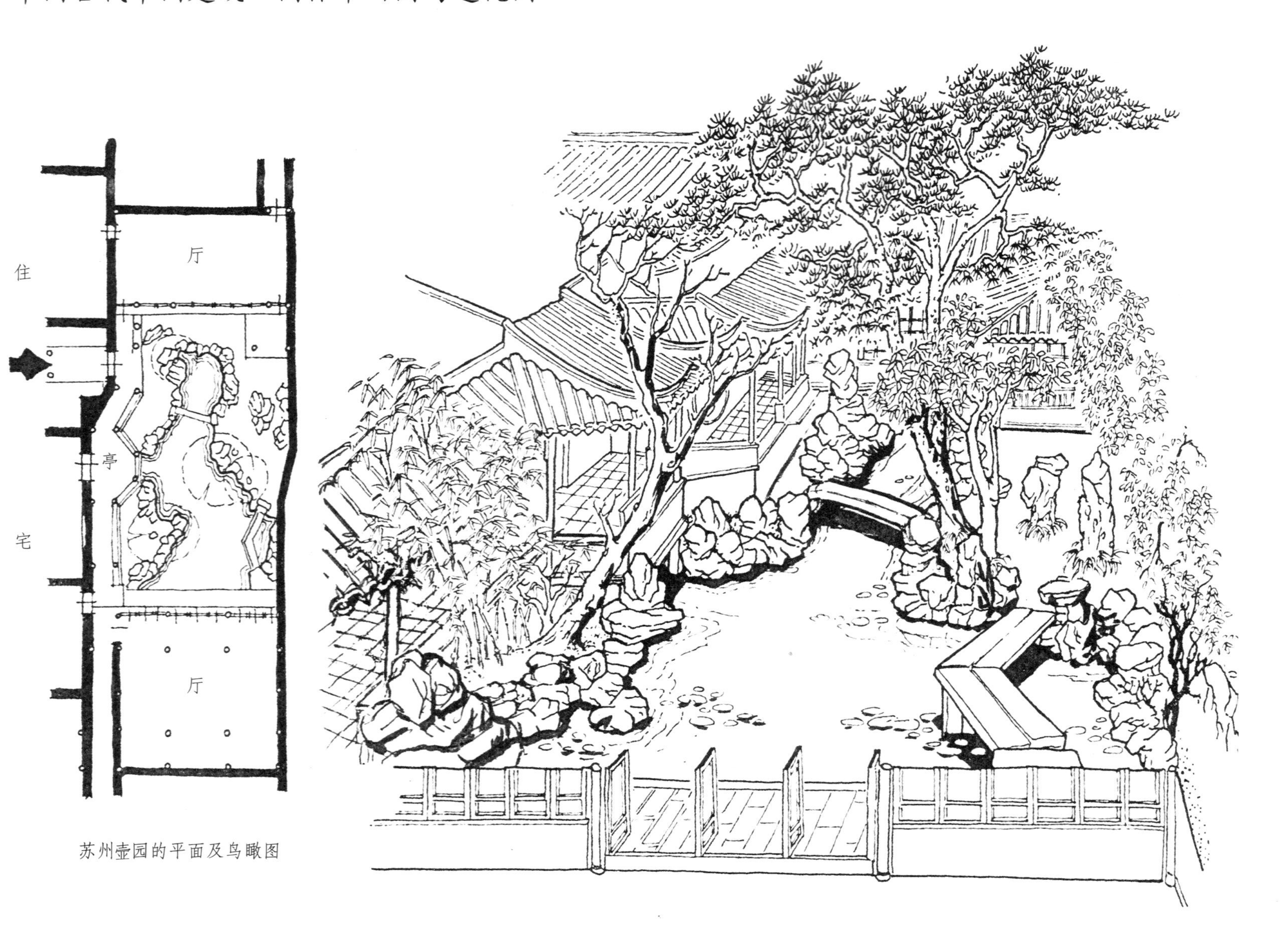

苏州壶园的平面及鸟瞰图

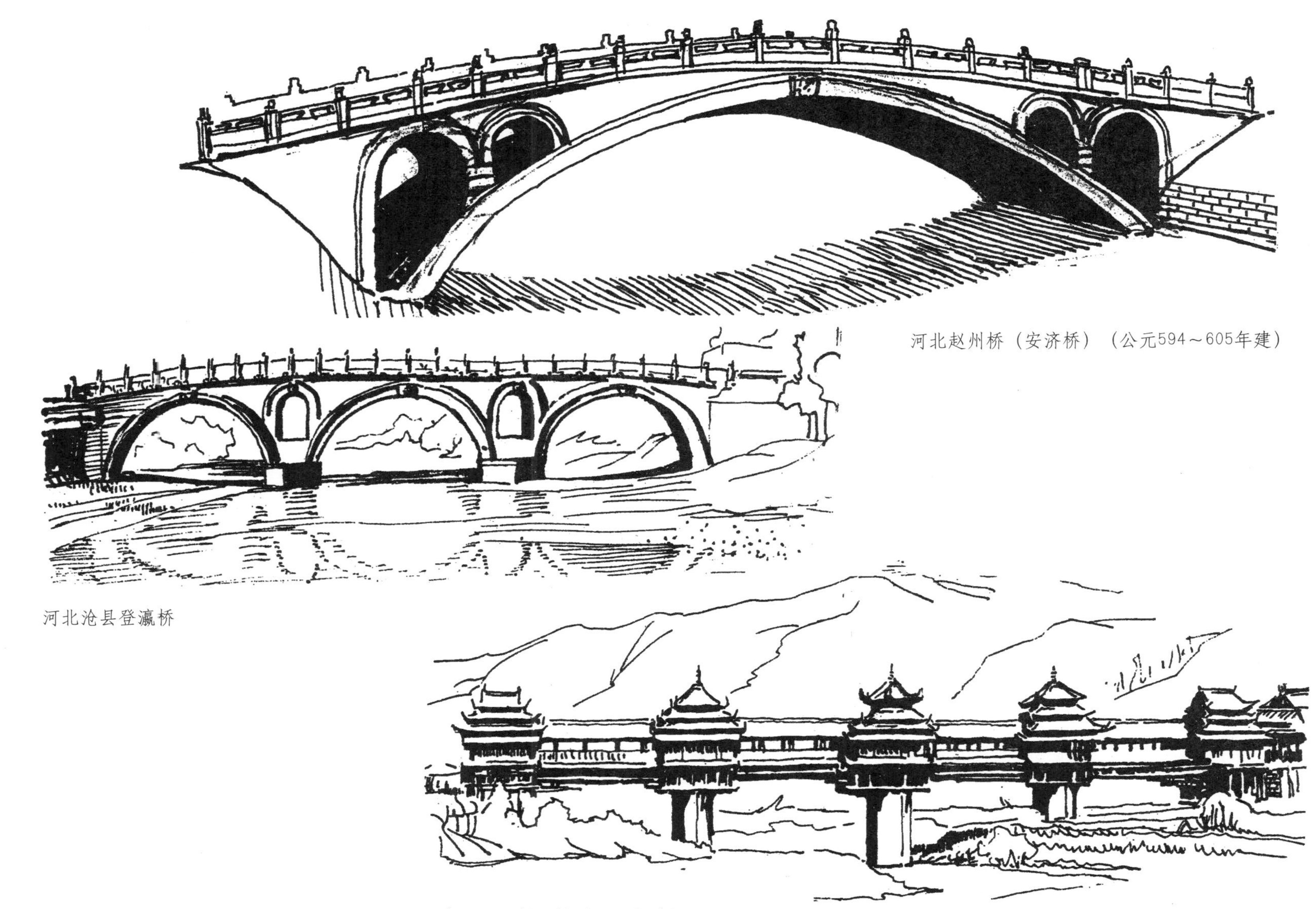

河北赵州桥（安济桥）（公元594～605年建）

河北沧县登瀛桥

广西三江程阳桥（1917年建）

中国古代建筑·桥梁（2）

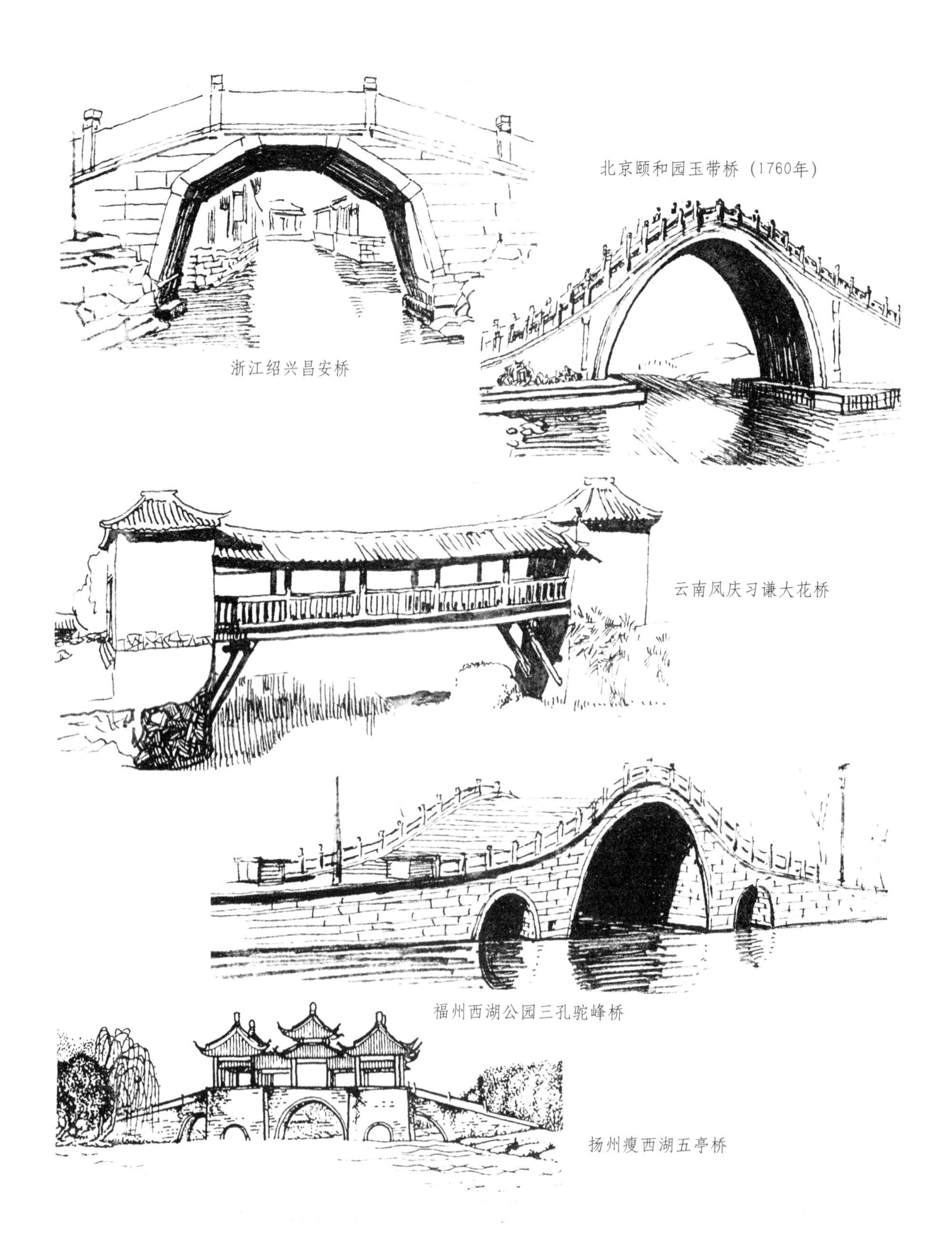

北京颐和园玉带桥（1760年）

浙江绍兴昌安桥

云南凤庆习谦大花桥

福州西湖公园三孔驼峰桥

扬州瘦西湖五亭桥

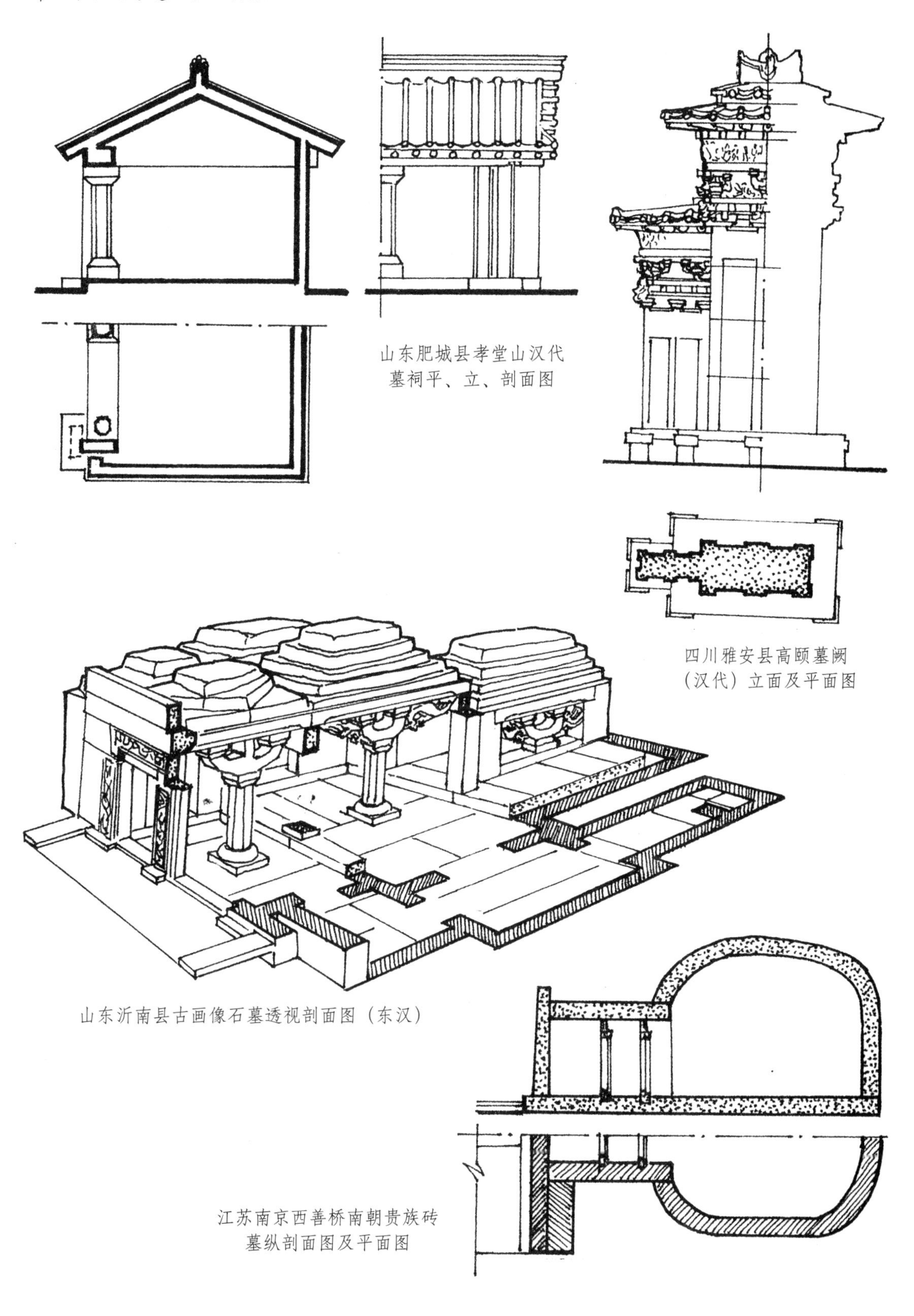

山东肥城县孝堂山汉代墓祠平、立、剖面图

四川雅安县高颐墓阙（汉代）立面及平面图

山东沂南县古画像石墓透视剖面图（东汉）

江苏南京西善桥南朝贵族砖墓纵剖面图及平面图

中国古代建筑·陵墓

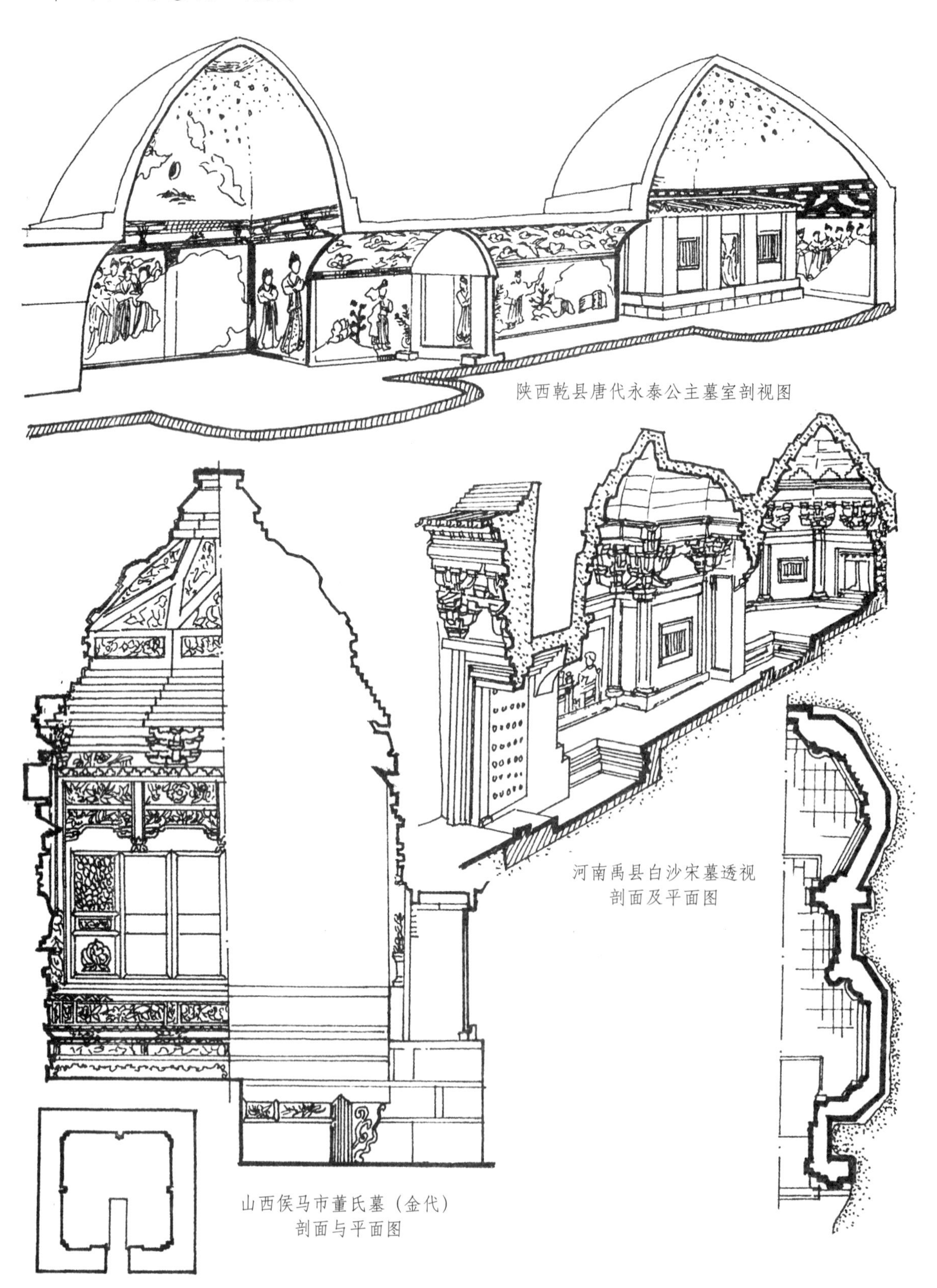

陕西乾县唐代永泰公主墓室剖视图

河南禹县白沙宋墓透视剖面及平面图

山西侯马市董氏墓（金代）剖面与平面图

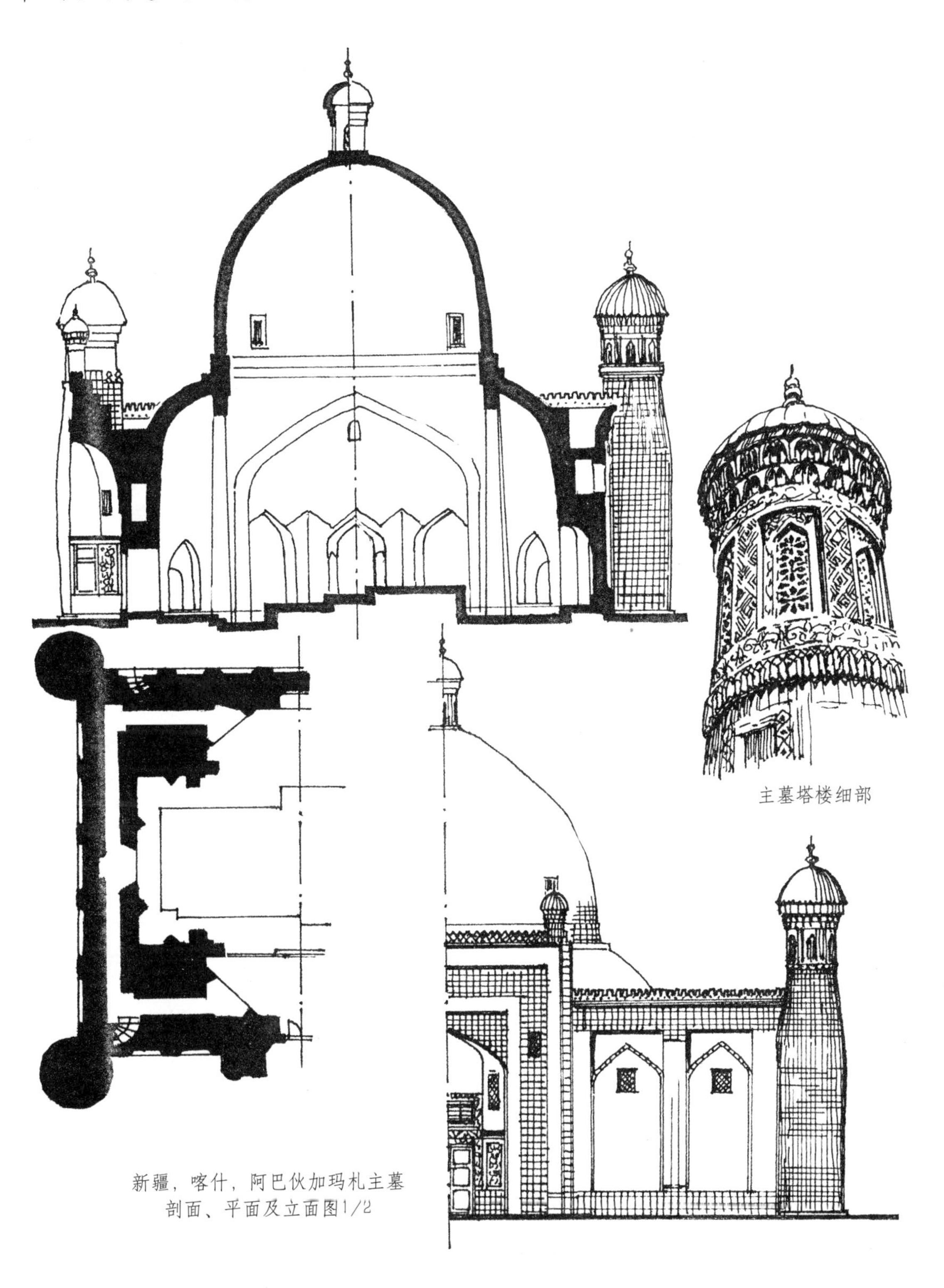

主墓塔楼细部

新疆，喀什，阿巴伙加玛札主墓
剖面、平面及立面图1/2

中国古代建筑·北魏的塔

云冈石窟心柱形窟塔

北魏九层石塔

细部

平面（1/2）

立面

河南登封县嵩岳寺塔

中国古代建筑·唐代的塔

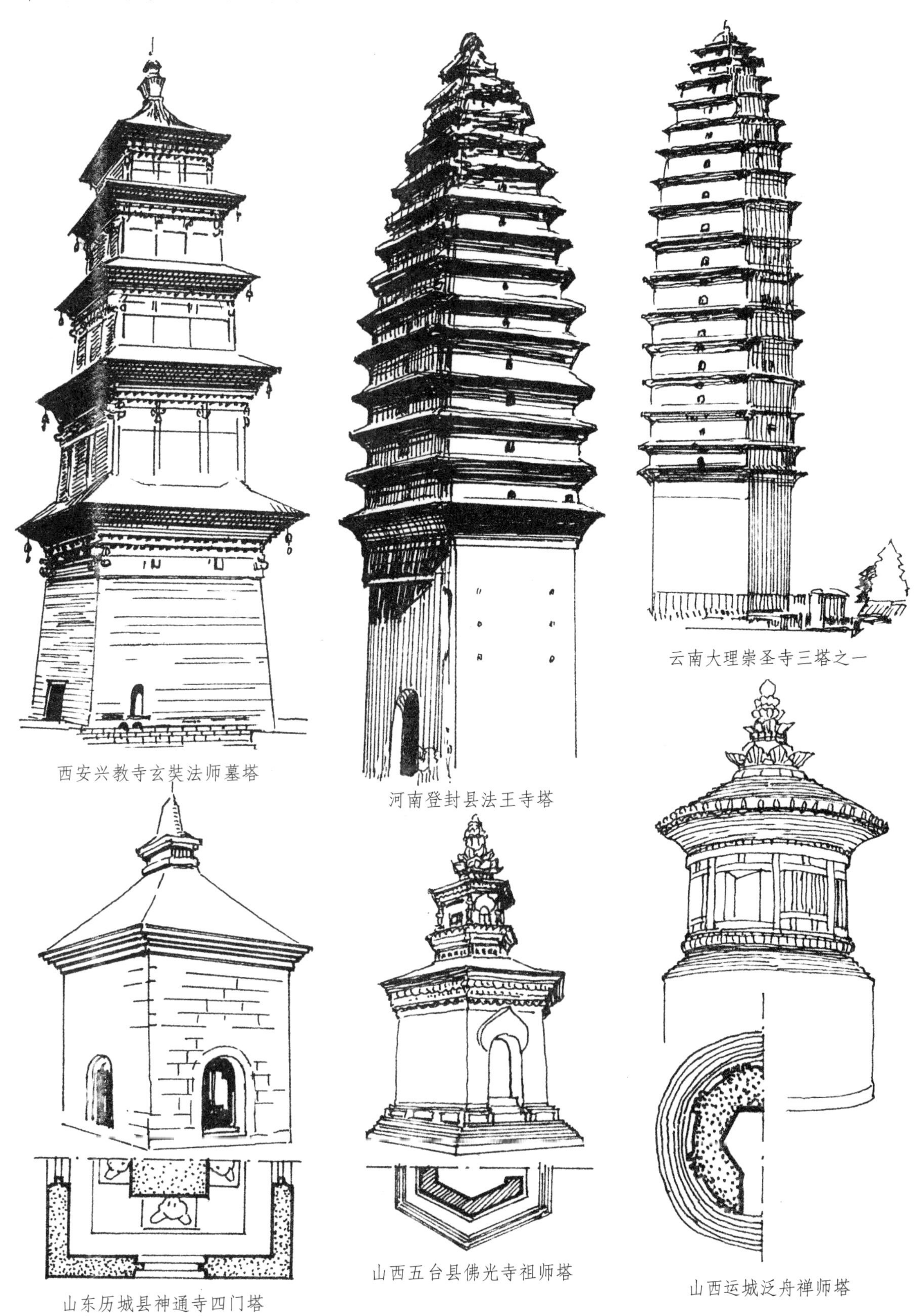

西安兴教寺玄奘法师墓塔

河南登封县法王寺塔

云南大理崇圣寺三塔之一

山东历城县神通寺四门塔

山西五台县佛光寺祖师塔

山西运城泛舟禅师塔

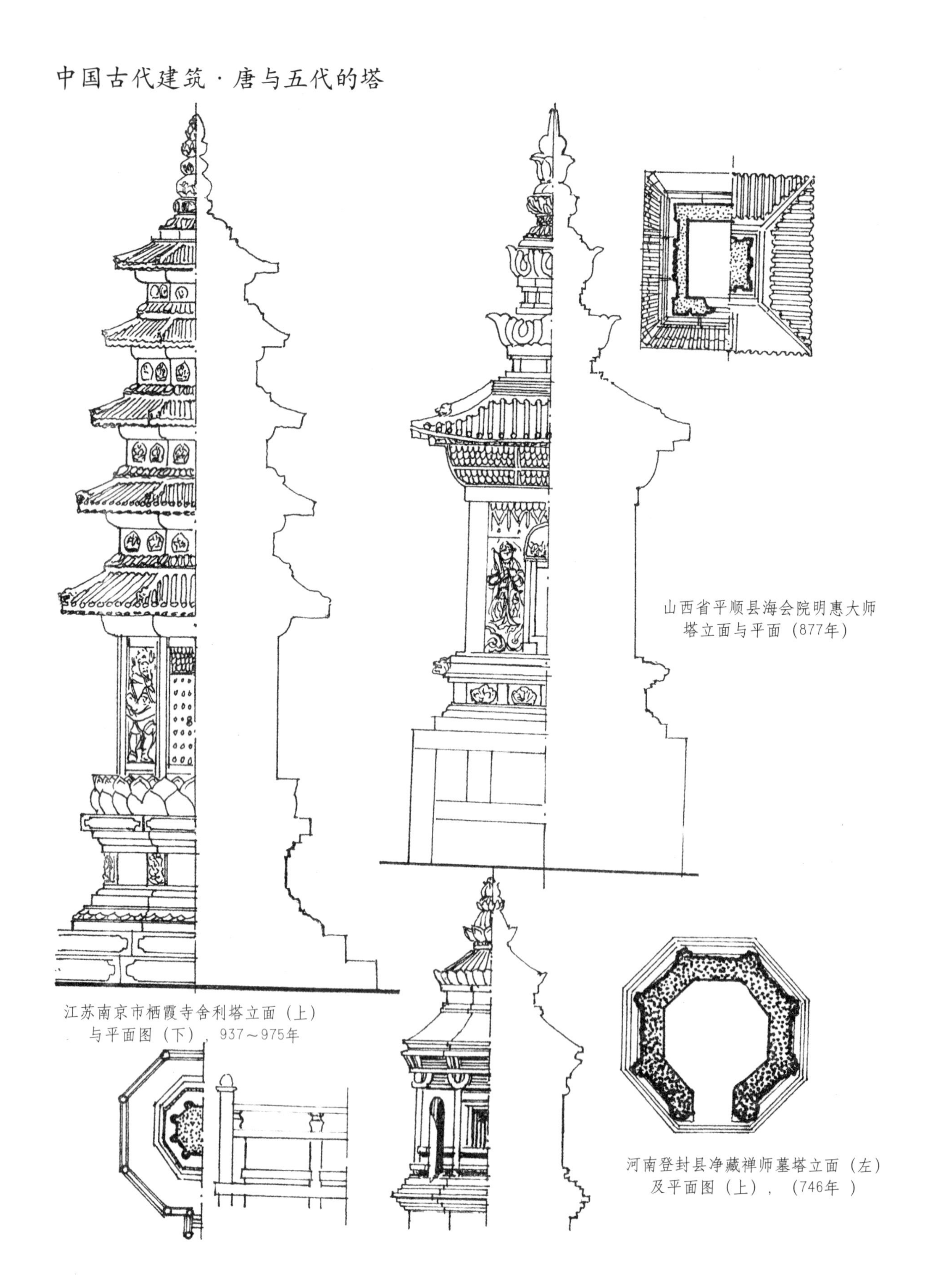

山西省平顺县海会院明惠大师塔立面与平面（877年）

江苏南京市栖霞寺舍利塔立面（上）与平面图（下），937～975年

河南登封县净藏禅师墓塔立面（左）及平面图（上），（746年）

中国古代建筑·宋塔

山西应县佛光寺释迦塔 上—外观 下—平面图

河北省定县开元寺塔外观与平面图

中国古代 建筑·元塔

北京市妙应寺白塔立面图（元代，1271年）

西藏江孜白居寺班根塔外观

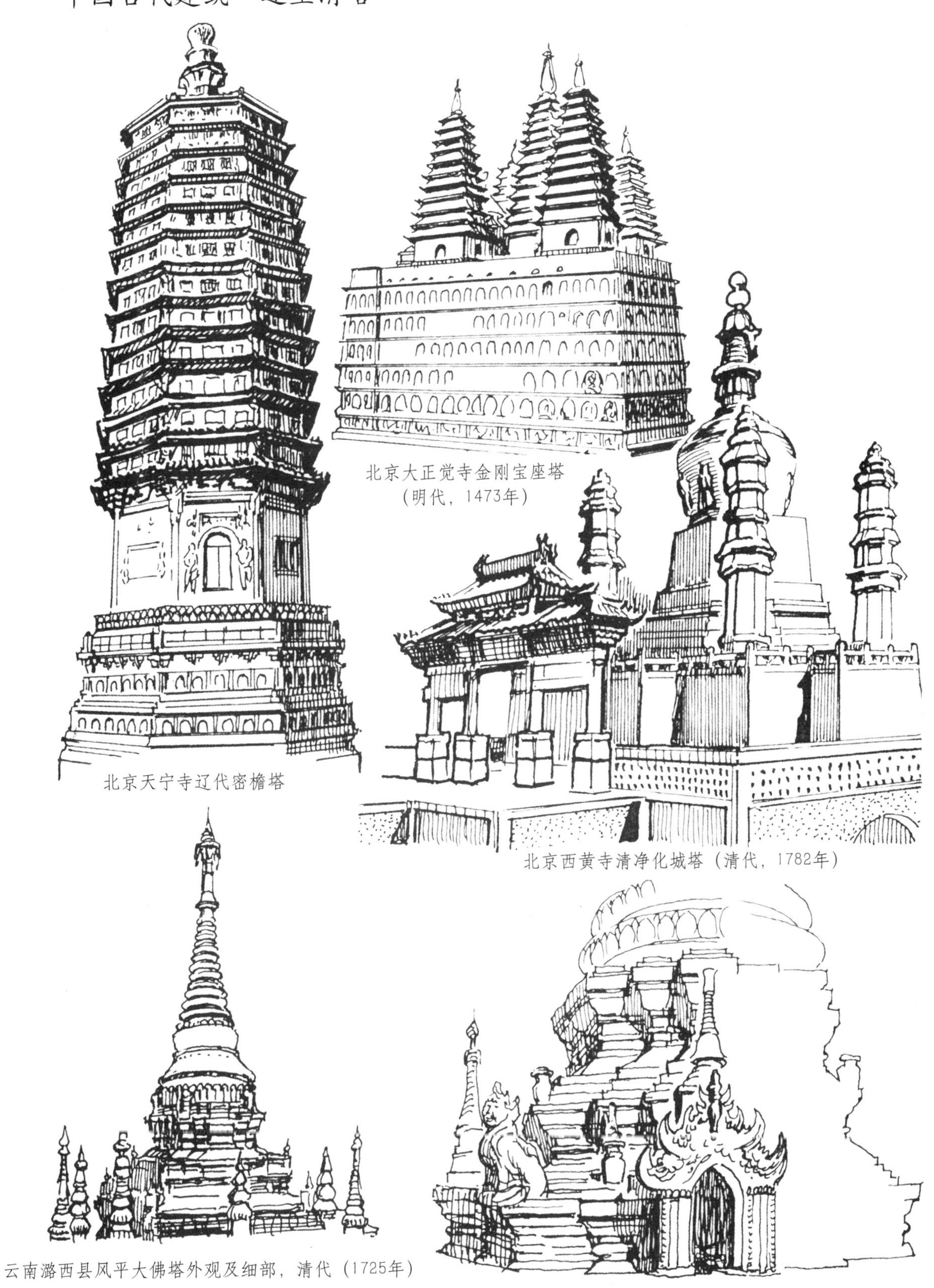

北京大正觉寺金刚宝座塔
(明代，1473年)

北京天宁寺辽代密檐塔

北京西黄寺清净化城塔（清代，1782年）

云南潞西县风平大佛塔外观及细部，清代（1725年）

中国古代家具 · 商周时期家具

商周时代夔蝉纹铜禁（上放各种酒器）

H形黑漆木几（春秋）

商代饕餮蝉纹俎

小俎（战国）

战国铜俎

战国涡纹案

战国案

战国案

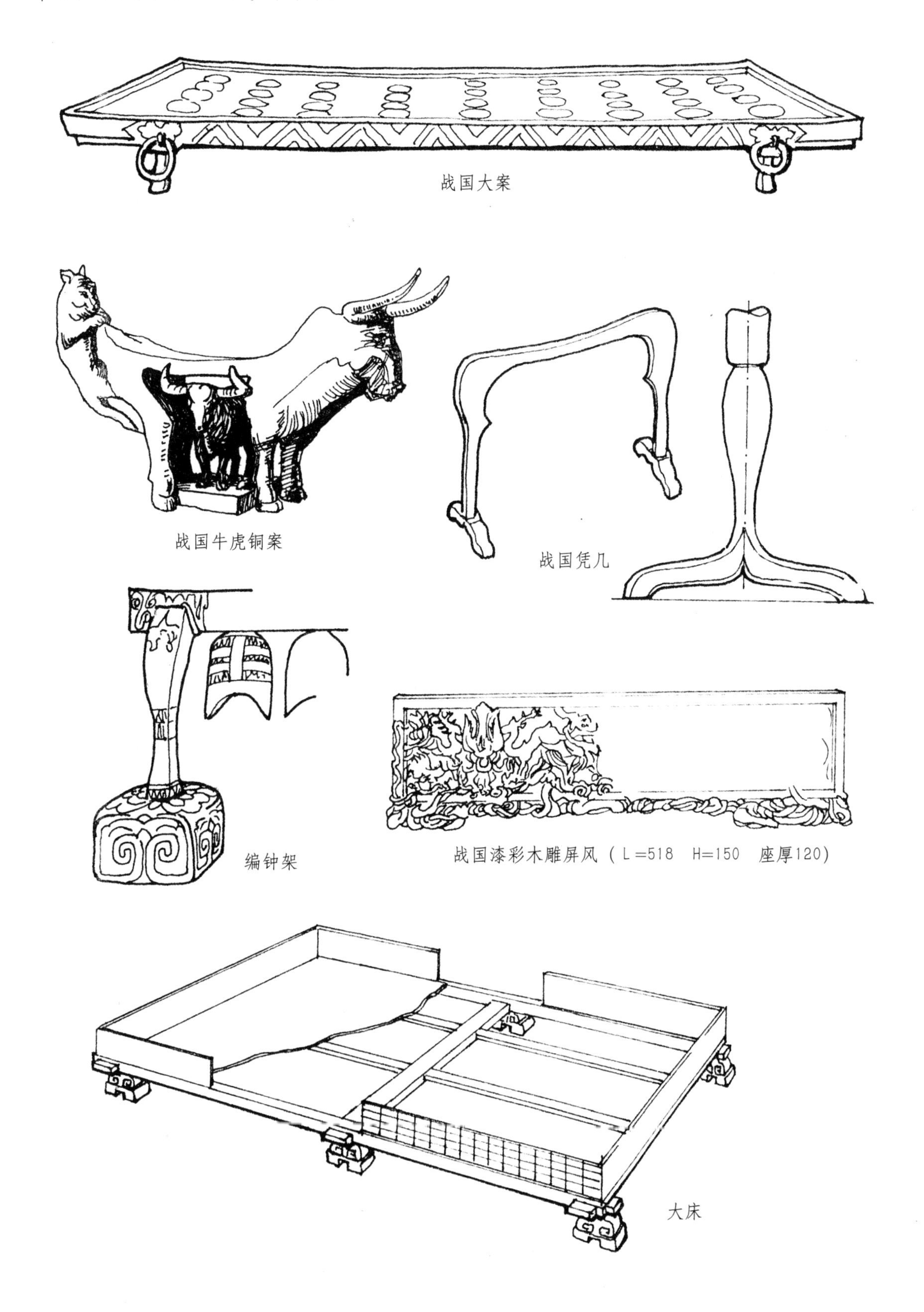
战国大案

战国牛虎铜案

战国凭几

编钟架

战国漆彩木雕屏风（L=518 H=150 座厚120）

大床

中国古代家具 · 战国家具构造、汉代家具

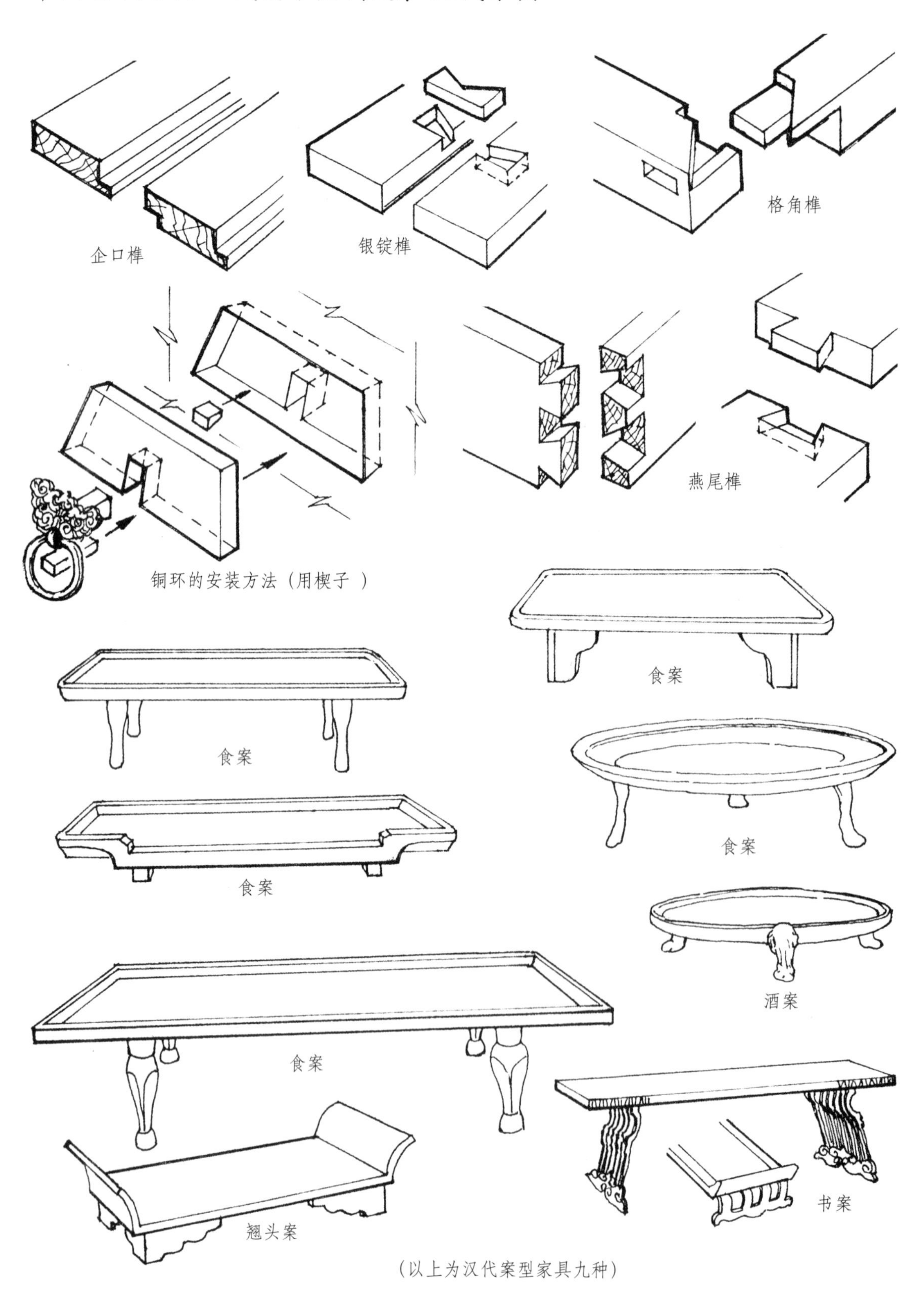

（以上为汉代案型家具九种）

中国古代家具·汉代家具

中国古代家具·南北朝家具

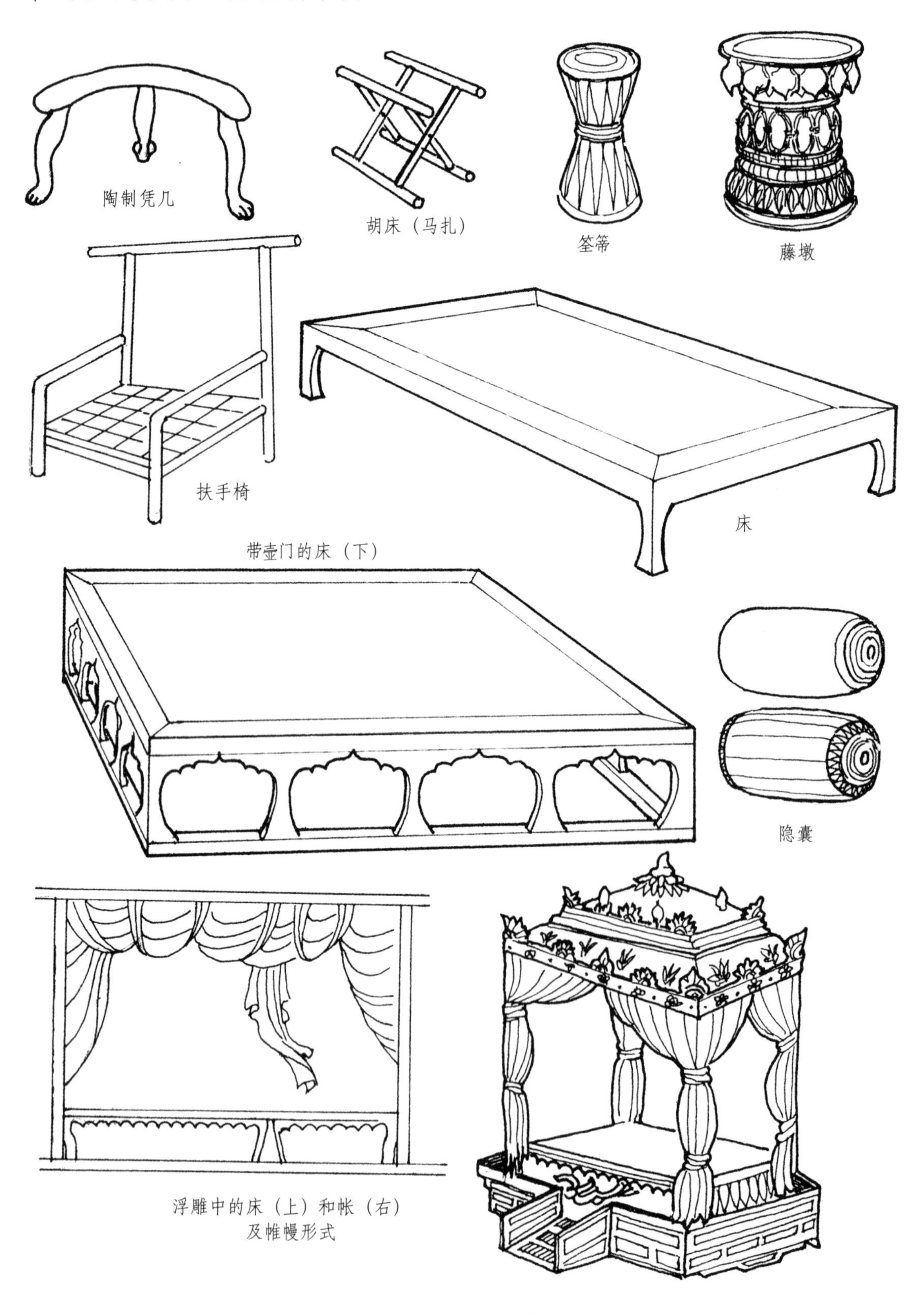

浮雕中的床（上）和帐（右）
及帷幔形式

中国古代家具·隋朝与唐代家具

(以上为隋代的家具)

(以上为唐代家具)

中国古代家具 · 唐代家具

中国古代家具·唐代与五代家具

中国古代家具·五代家具

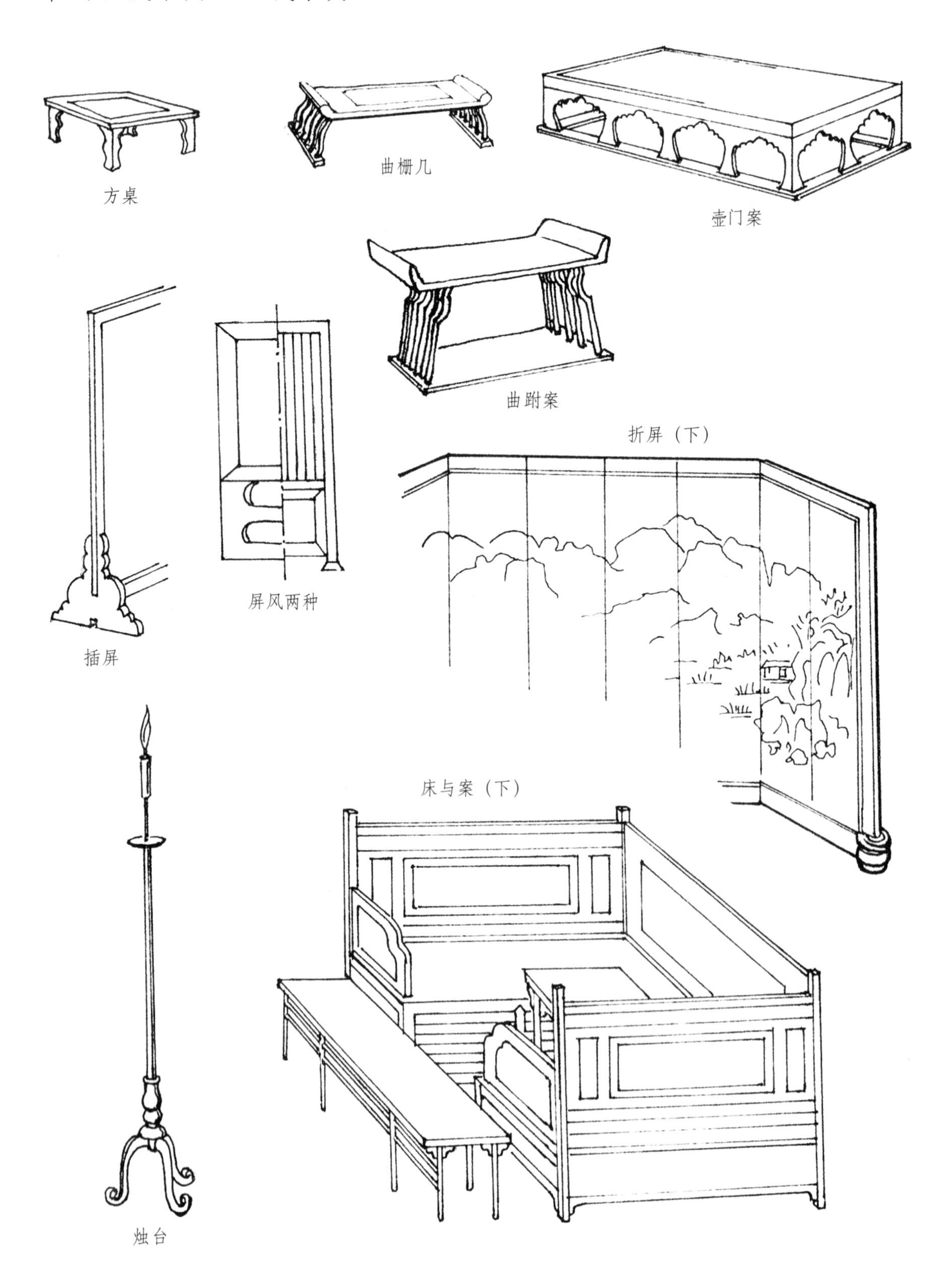

中国古代家具·宋代家具

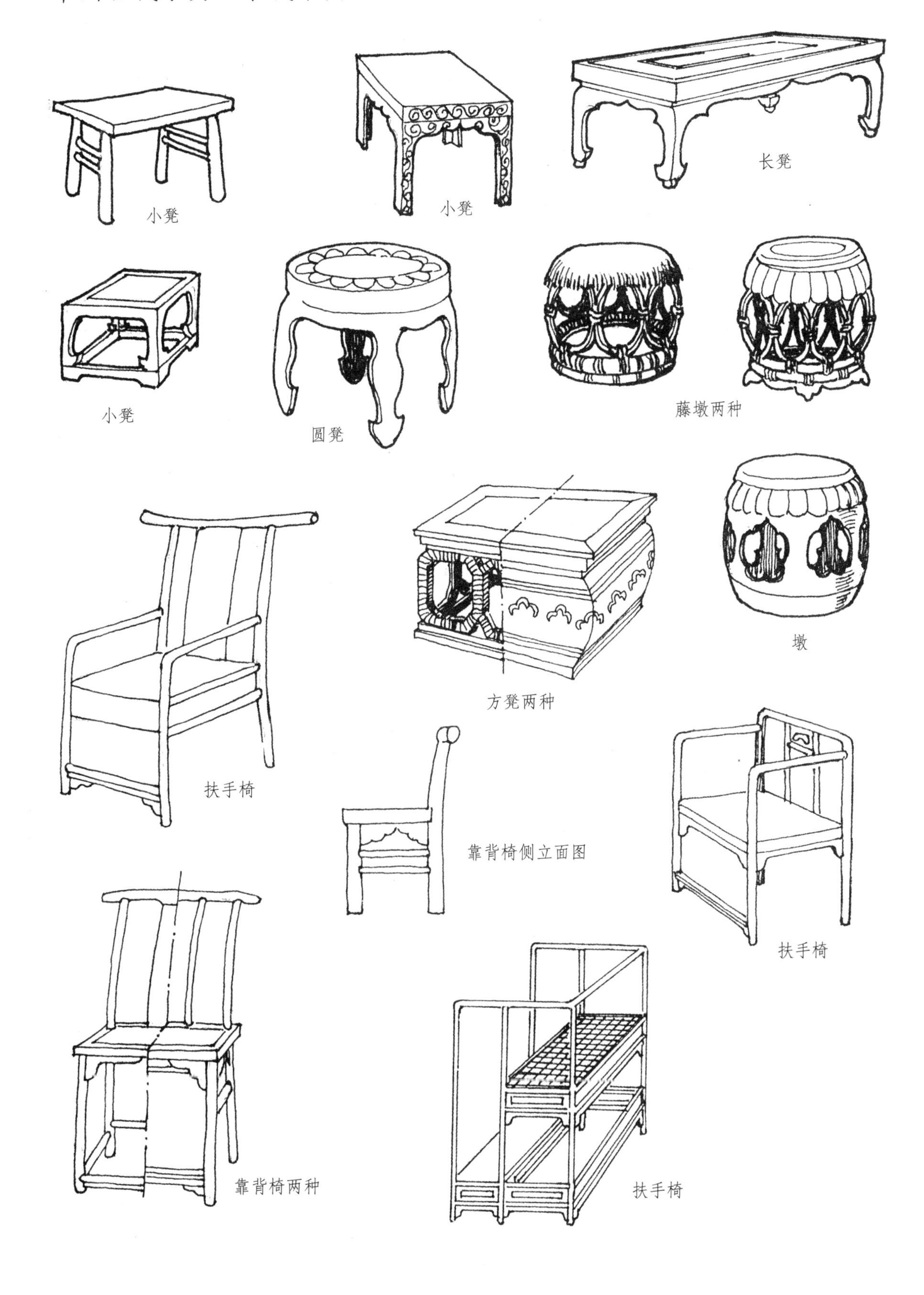

中国古代家具·宋代家具

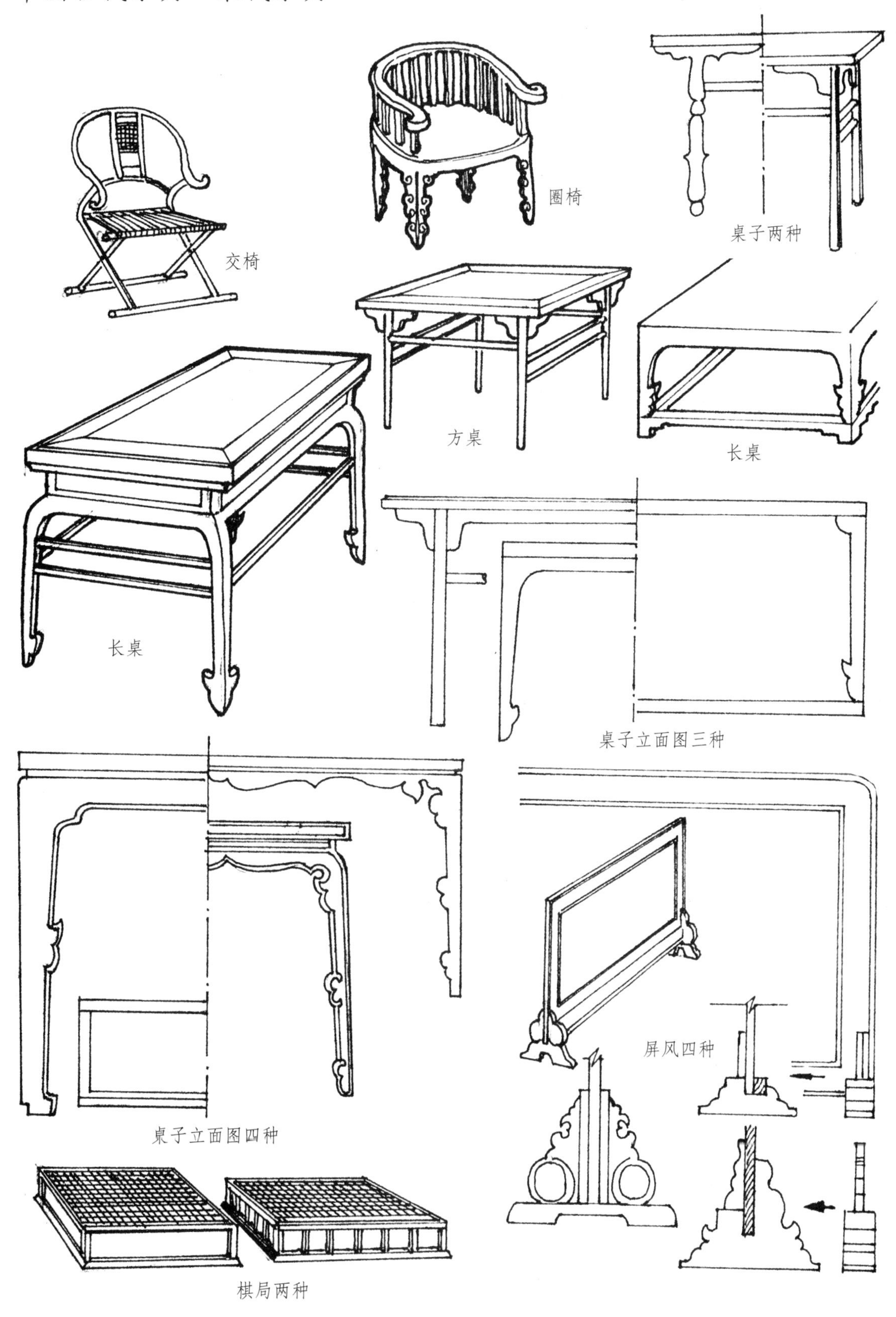
圈椅
桌子两种
交椅
方桌
长桌
长桌
桌子立面图三种
桌子立面图四种
屏风四种
棋局两种

中国古代家具·宋与辽代家具

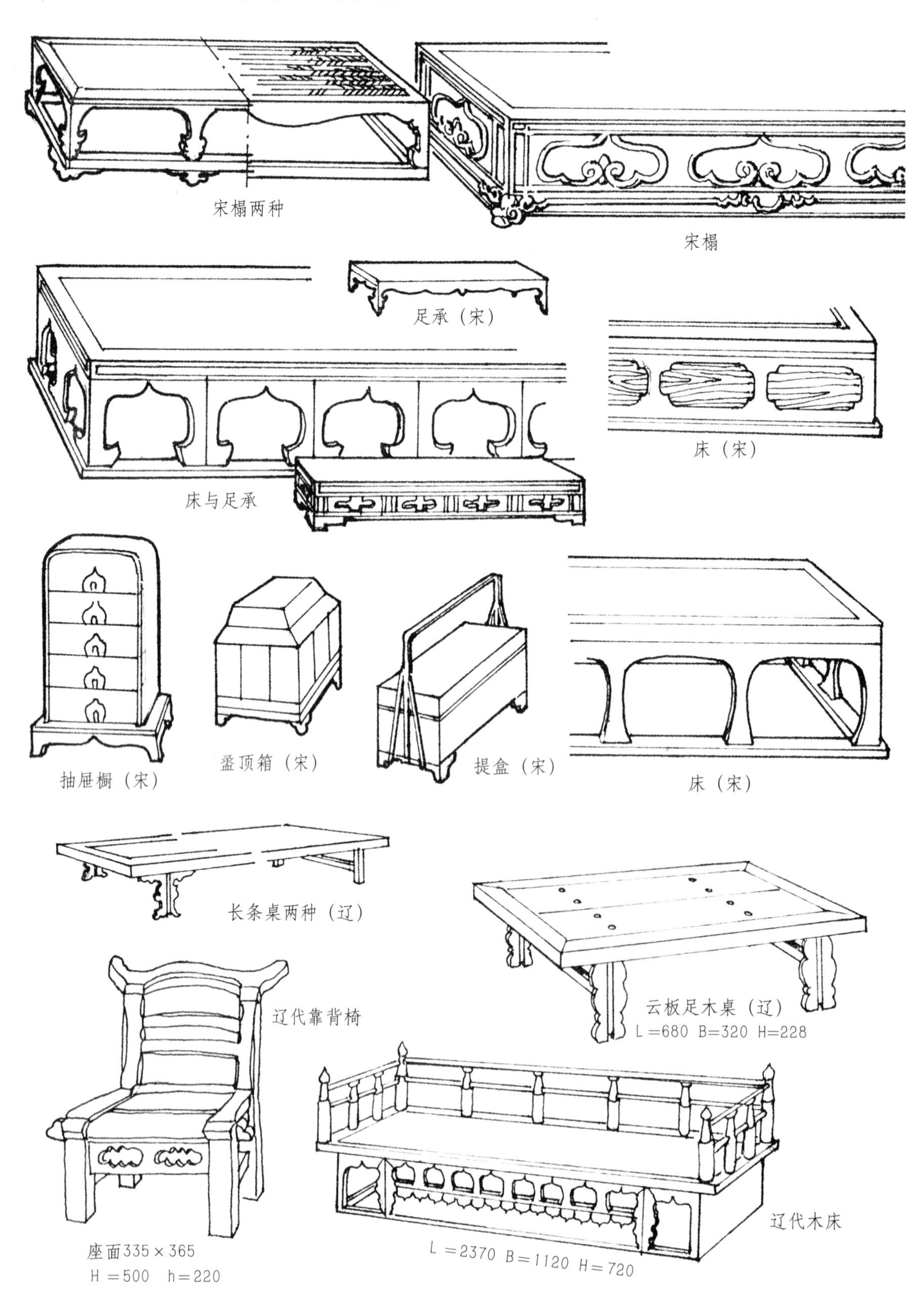

靠椅（金）

方几（金）

方桌（金）

长桌（金）

床（金）

抽屉桌（元）

文足盆架（元）

桌子立面图四种（元）

提盒（元）

罗汉床（元）

元代桌案的四种摆法

中国古代家具·明代家具

交杌（马扎）
瓜墩
栅柱鼓形墩
方凳
罗锅枨加矮老凳
罗锅枨凳
十字枨凳
背靠椅
灯挂椅
靠背式交椅
三弯腿凳
裹腿枨凳
罗锅枨加矮
老束腰凳
裹腿劈料凳
双罗锅枨凳
南官帽椅两例
四出头官帽椅两种
矮背四出头官帽椅
圈椅两种
玫瑰椅
炕桌三种
条案三种

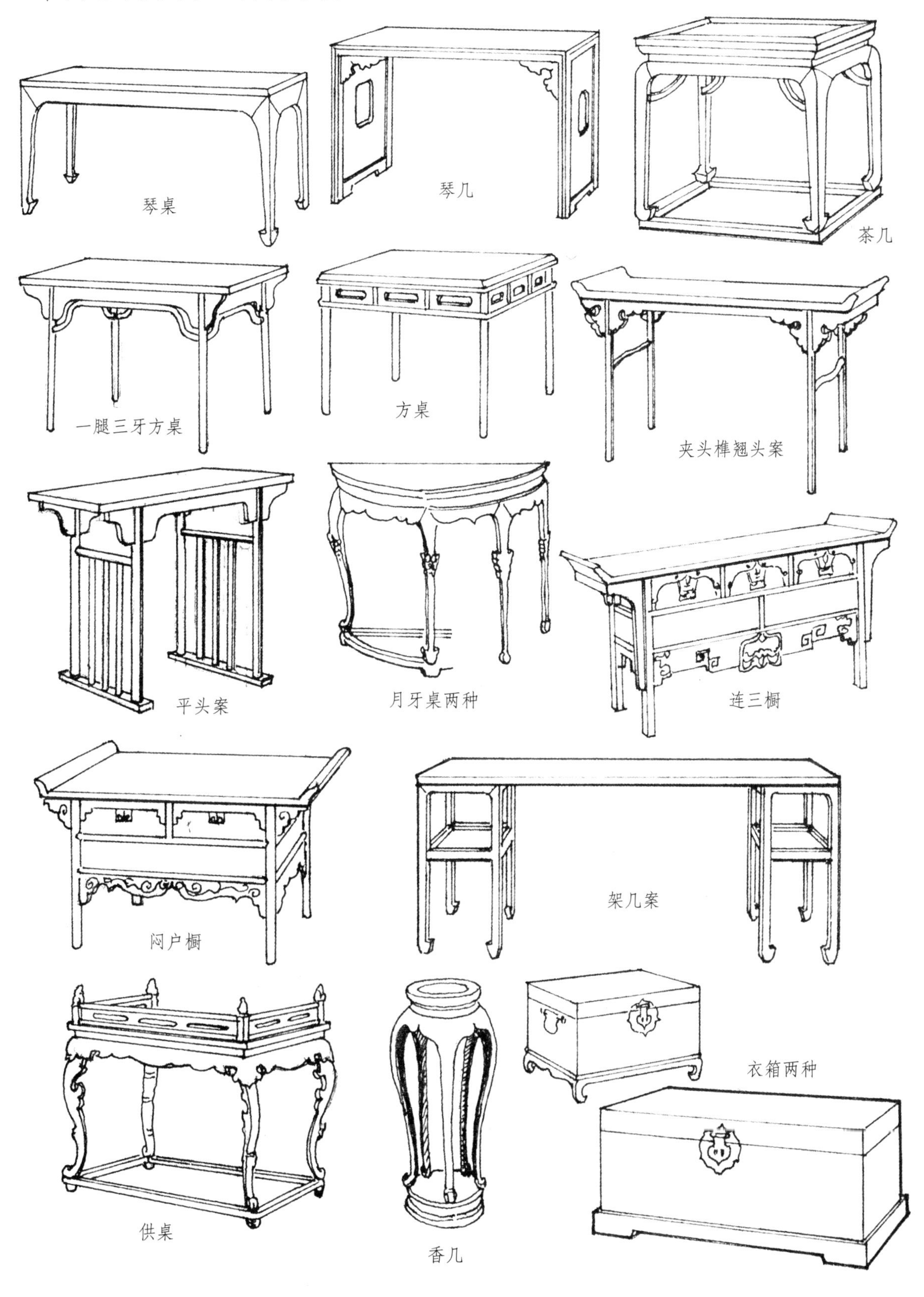
琴桌
琴几
茶几
一腿三牙方桌
方桌
夹头榫翘头案
平头案
月牙桌两种
连三橱
闷户橱
架几案
衣箱两种
供桌
香几

中国古代家具·明代家具

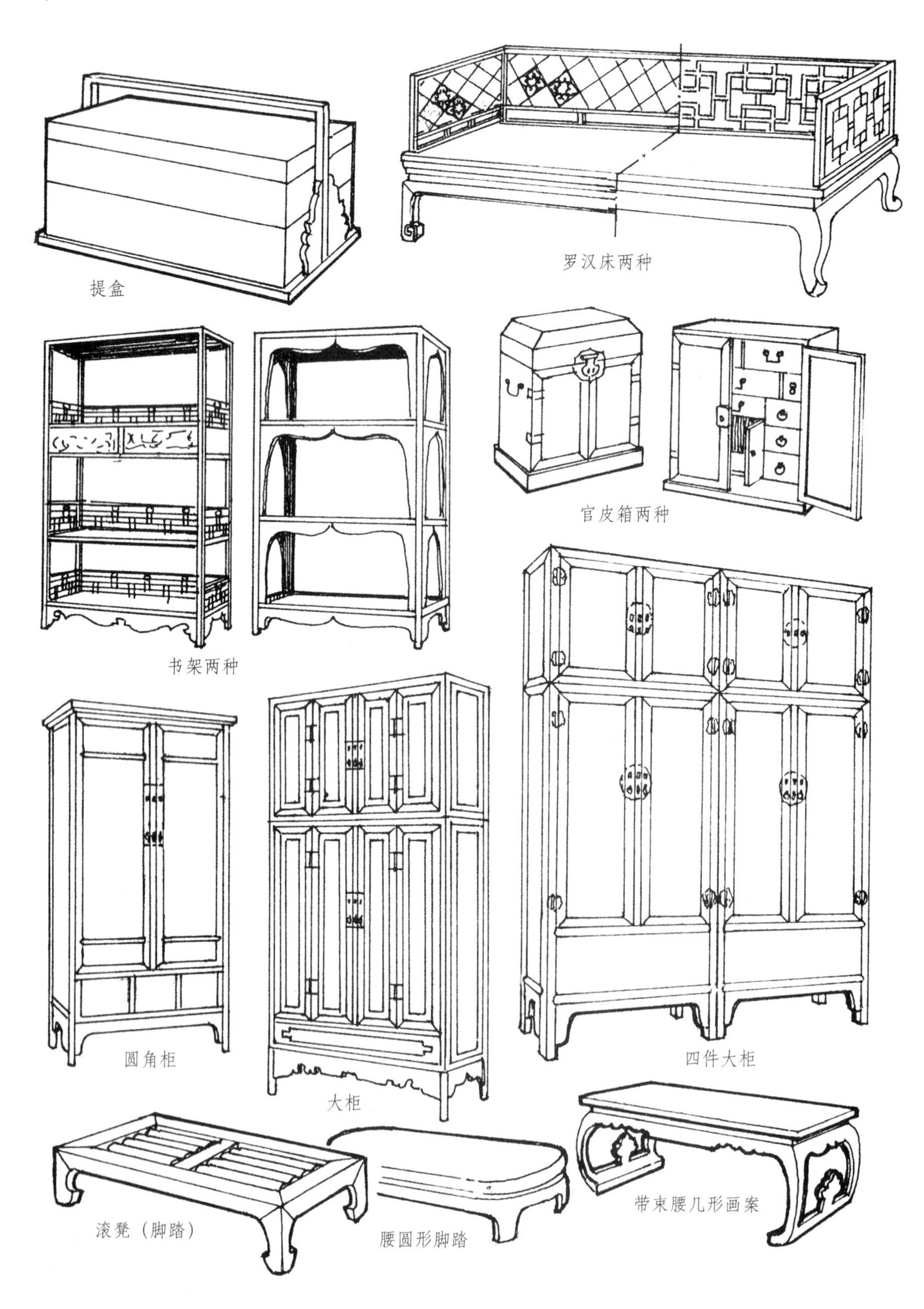

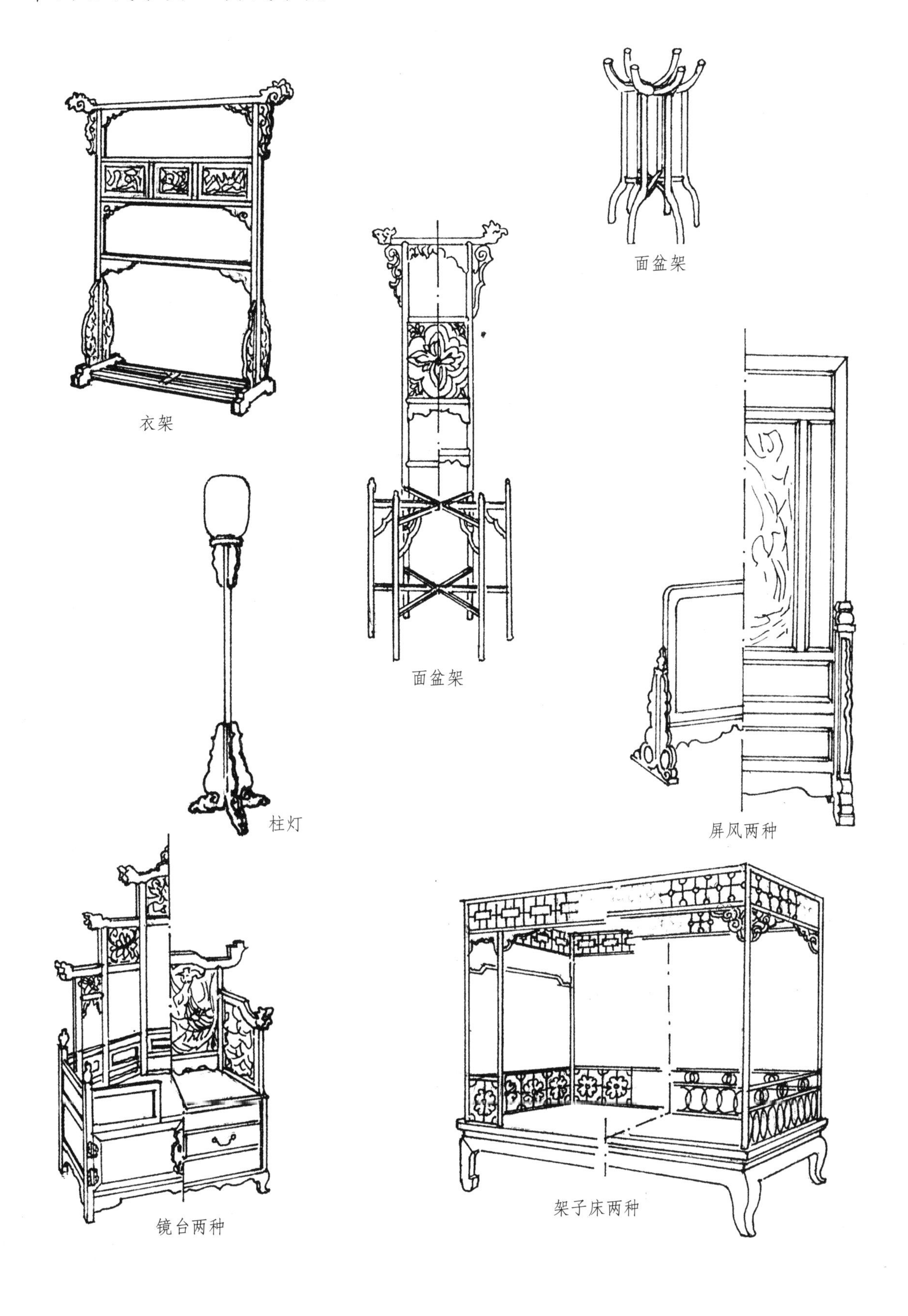
衣架
面盆架
面盆架
柱灯
屏风两种
镜台两种
架子床两种

中国古代家具·明代家具构造做法

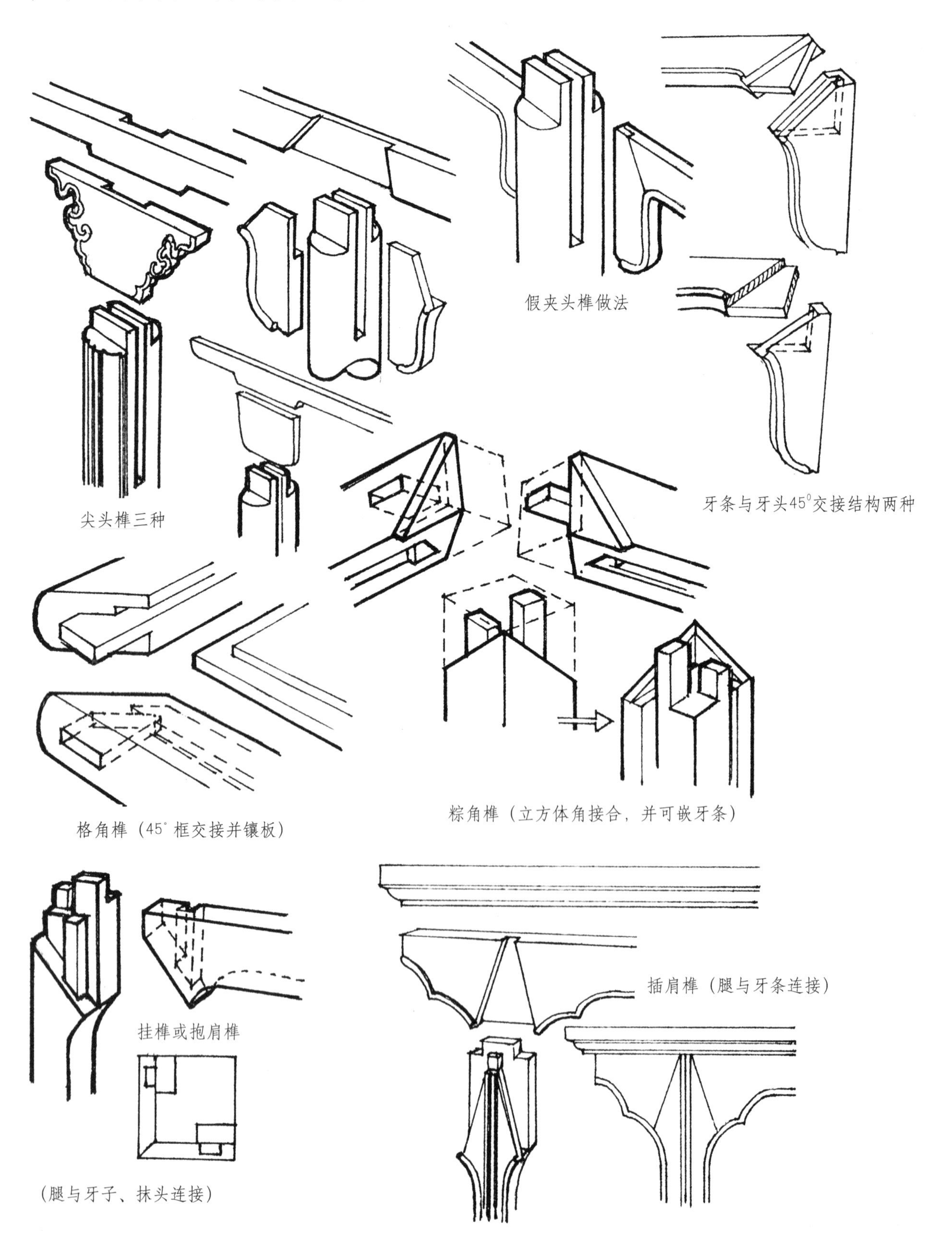

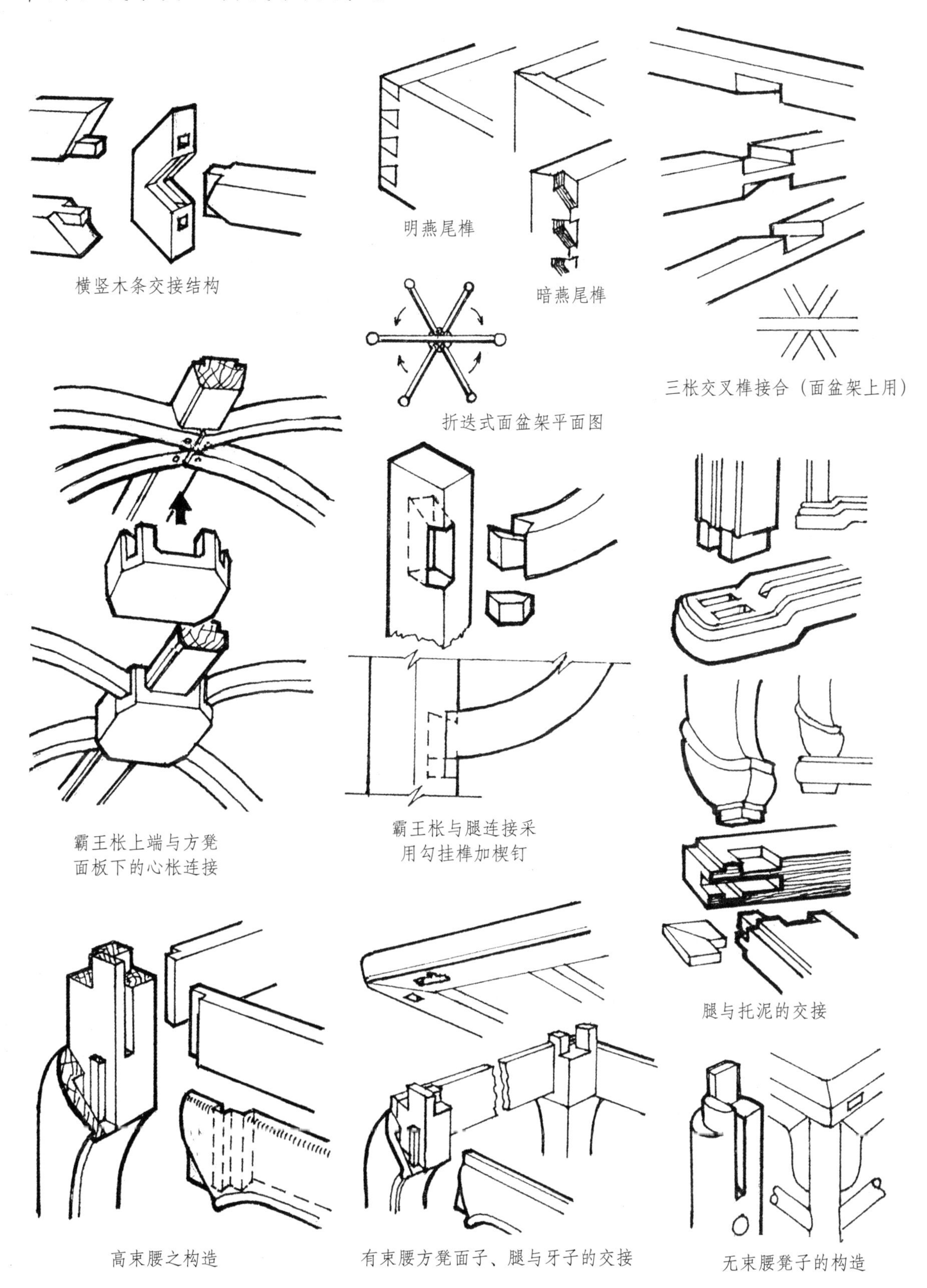

横竖木条交接结构

三枨交叉榫接合（面盆架上用）

霸王枨上端与方凳面板下的心枨连接

霸王枨与腿连接采用勾挂榫加楔钉

腿与托泥的交接

高束腰之构造

有束腰方凳面子、腿与牙子的交接

无束腰凳子的构造

中国古代家具·明代家具构造与线脚

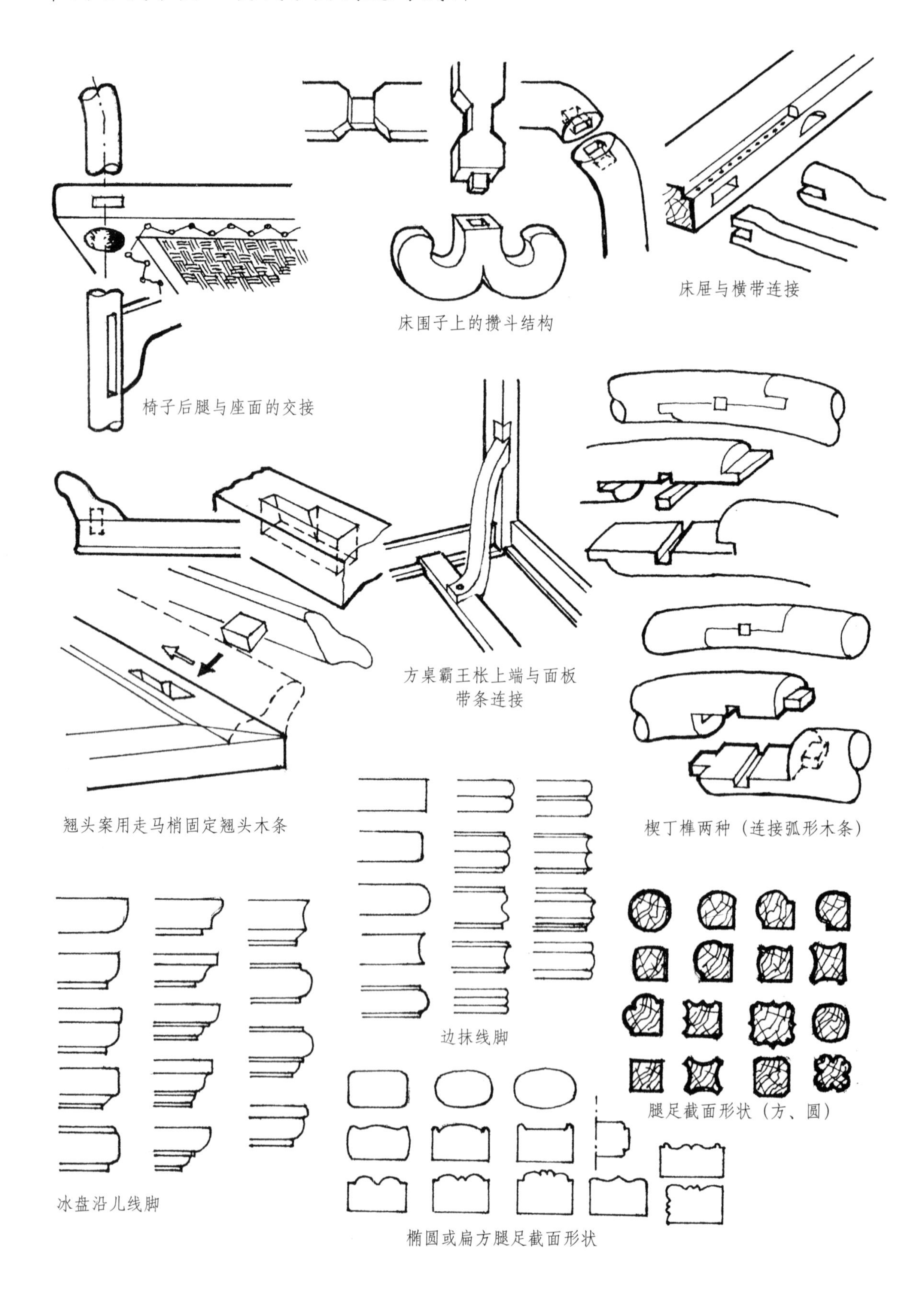

上举收折马札
小条凳
灯挂椅
圆凳
圈椅
雕花鼓墩
墩
圆桌三种
太师椅三种
月牙桌 Φ=1300 H=850

中国古代家具·清代家具

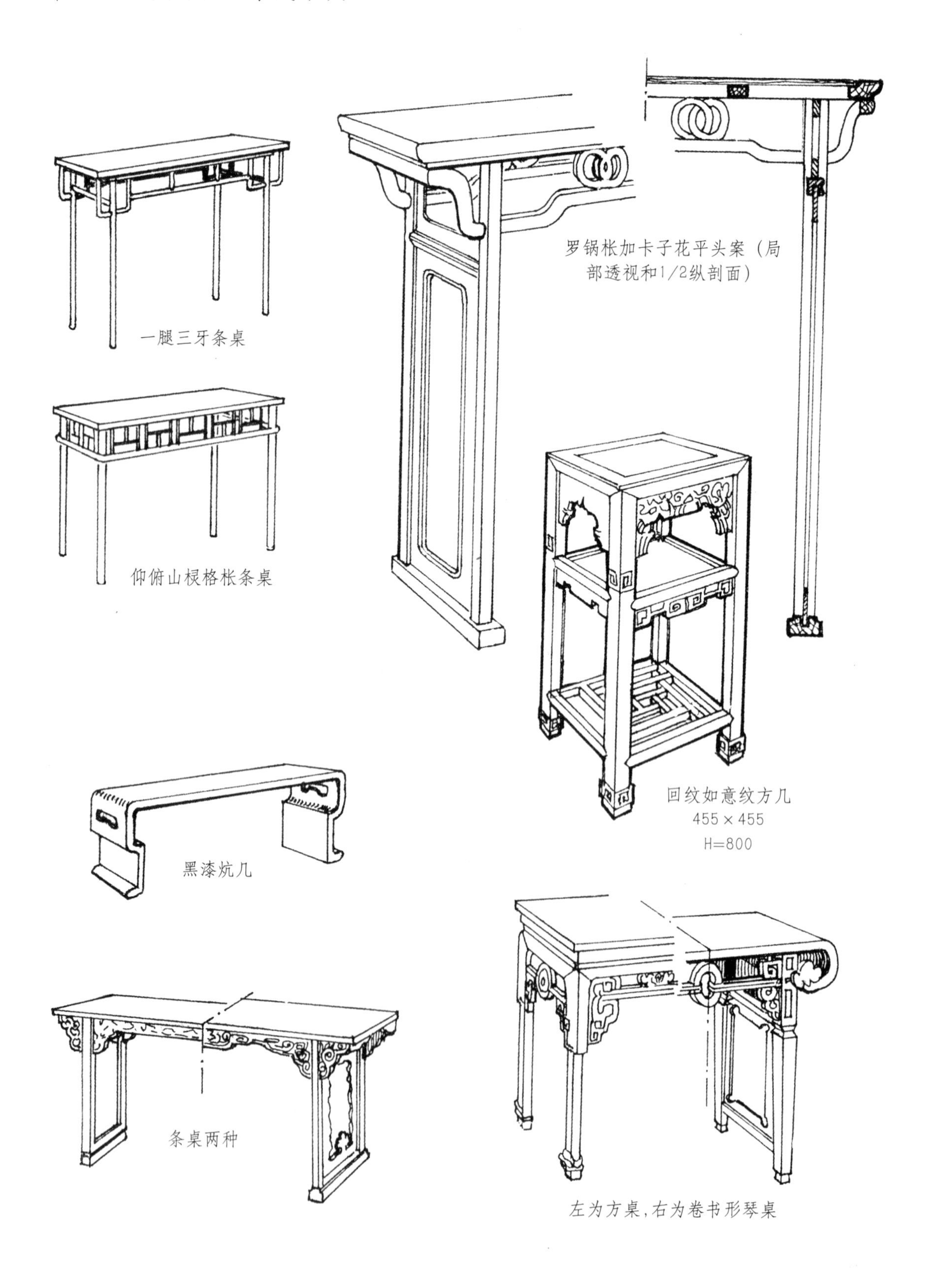
一腿三牙条桌
罗锅枨加卡子花平头案（局部透视和1/2纵剖面）
仰俯山棂格枨条桌
回纹如意纹方几
455×455
H=800
黑漆炕几
条桌两种
左为方桌，右为卷书形琴桌

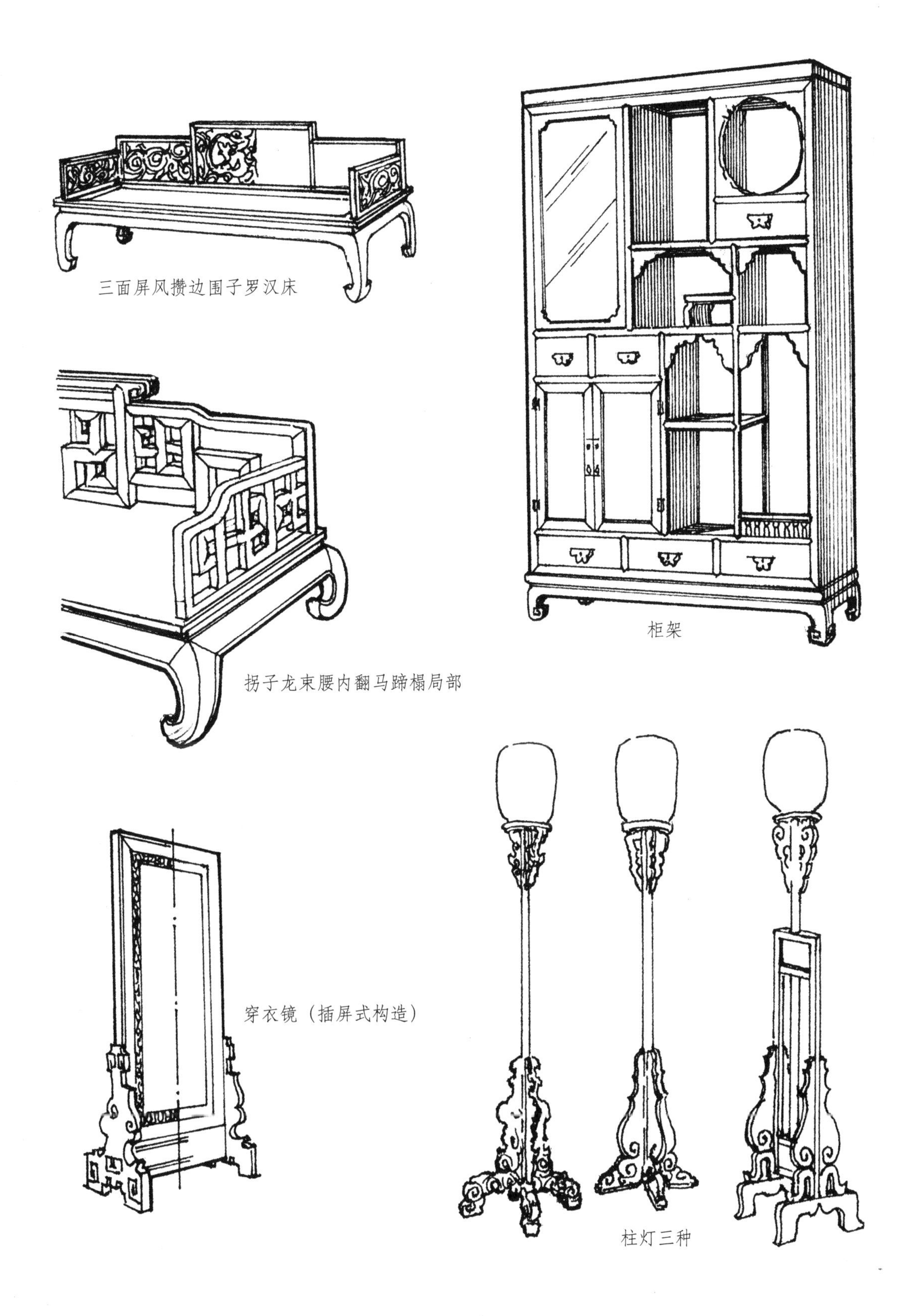
三面屏风攒边围子罗汉床

柜架

拐子龙束腰内翻马蹄榻局部

穿衣镜（插屏式构造）

柱灯三种

中国古代家具·家具用五金件

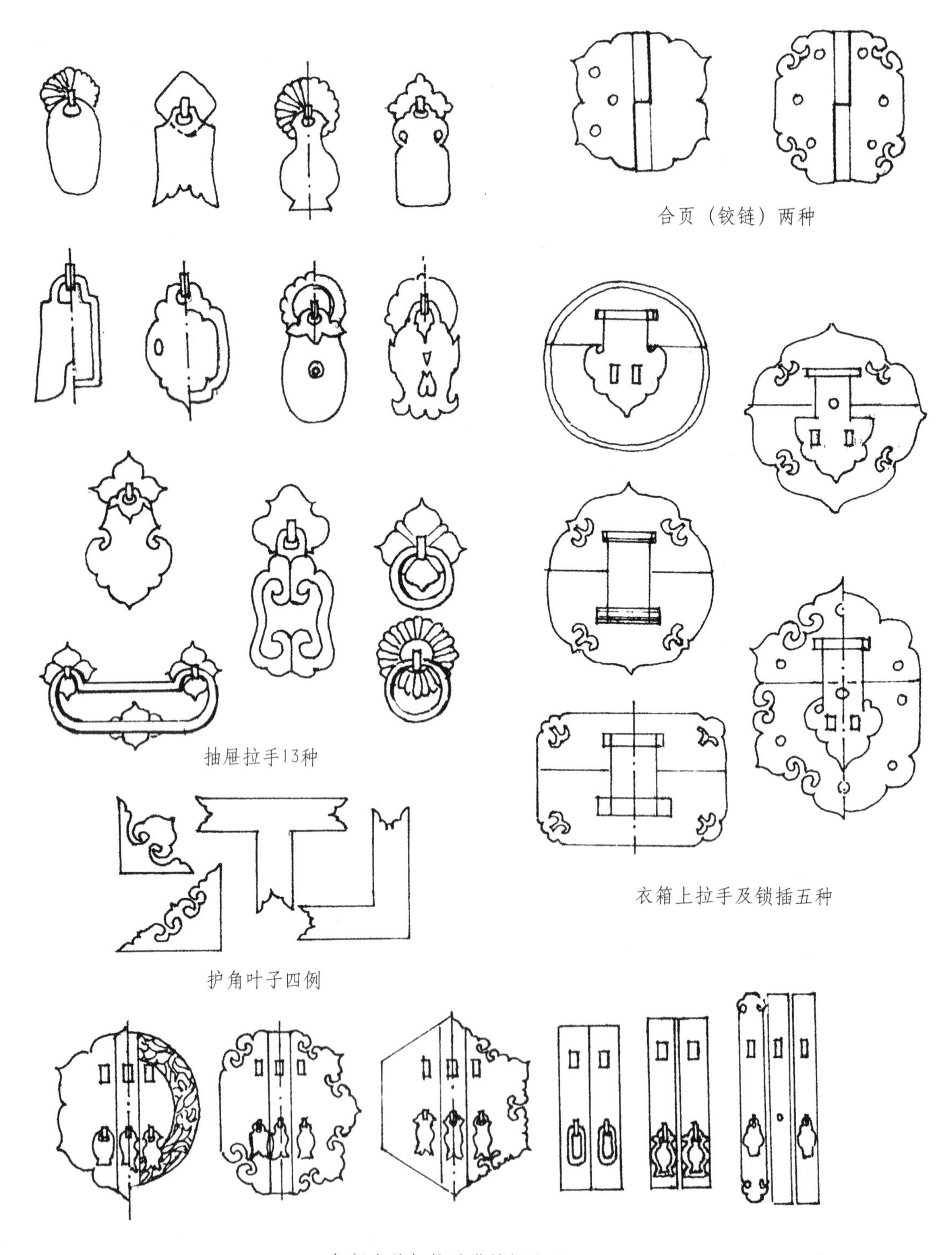

合页（铰链）两种

抽屉拉手13种

衣箱上拉手及锁插五种

护角叶子四例

柜门上的铜拉手带锁插十种

中国古代家具·民间竹家具选例

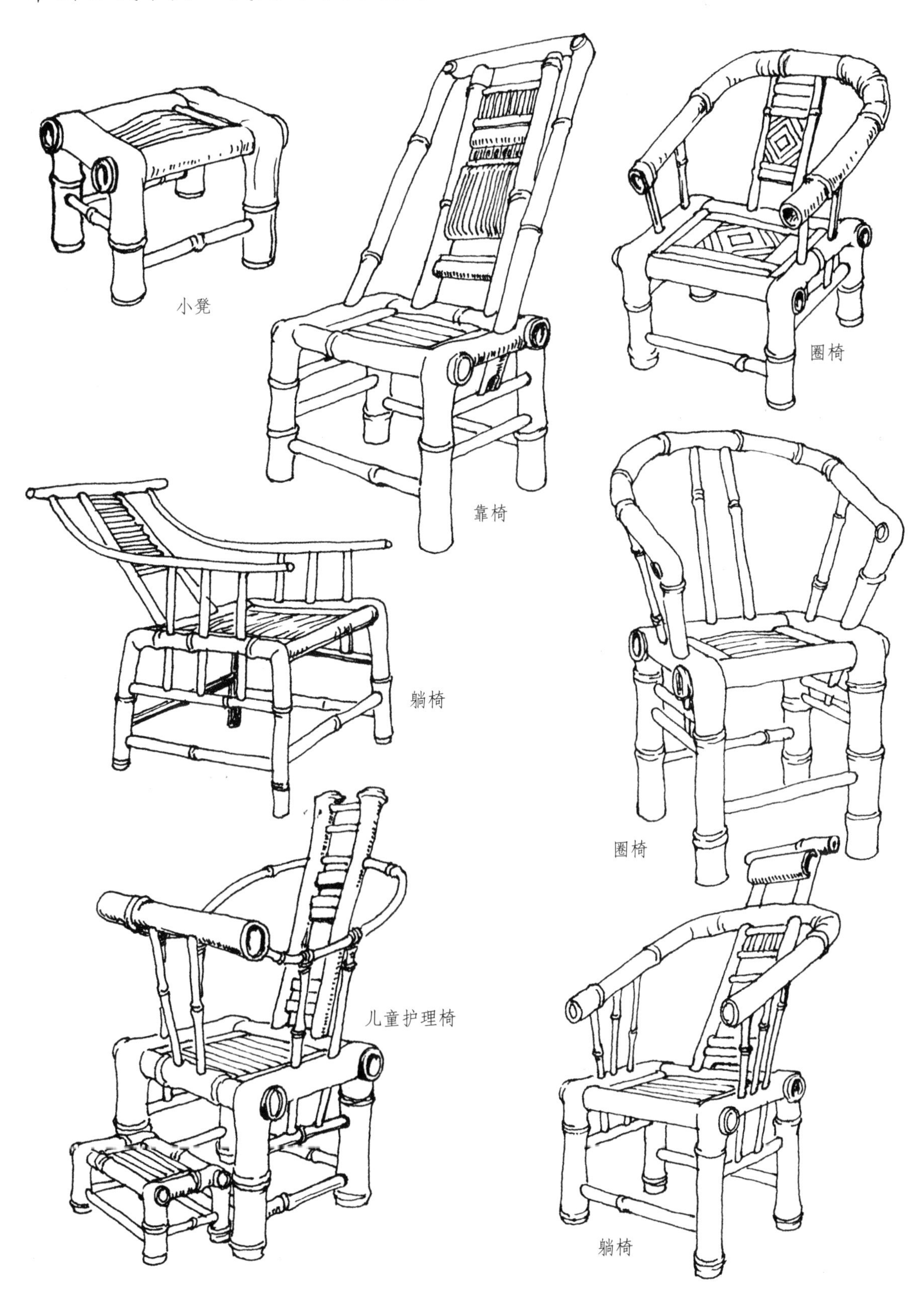

第20篇　日本古代建筑与家具
（公元6世纪中~19世纪中）

日本古代建筑发展大致为三个历史时期：A.早期（6世纪中叶到12世纪末），即飞鸟、奈良和平安时代；B.中期（12世纪末到16世纪中叶），即镰仓、室町时代；C.后期（16世纪中叶到19世纪中叶），即桃山、江户时代。各时代系按其首府所在地而命名。

1.日本古代建筑总的风格特点

日本古代建筑有以下八个突出的特点：

(1) 日本古建筑虽不以雄伟、壮观和宏大见长，但却以造型优雅、制作精巧而著称。

(2) 日本古建筑受中国古建筑（特别是隋、唐和宋代建筑）的深刻影响，像悬山式两坡顶、庑殿顶、歇山顶、攒尖顶和重檐顶，斗栱、梁枋彩画、隔扇窗、栏杆，室内藻井形式和图案纹样等，都仿中国。当然，也有不同：建筑规模较小、屋顶较大、屋身显矮、出檐很大、用草或桧树皮做屋顶和偷心造单层斗栱等。

(3) 日本古建筑总的来说外观简朴，装饰简约、洗练（屋顶青瓦、无雕饰，白色壁板和斗栱间枋，棕色木柱与梁枋，蓝绿色或木本色棂格窗等），有的建筑内部华丽（佛寺彩绘藻井、梁枋、斗栱，铜金装饰件、镶嵌螺钿，书院造府邸的天花彩画和障壁上的"金碧障壁画"等）。

(4) 日本建筑的突出特色是俭朴素雅，比如皇宫的屋面覆以桧树皮，神社屋面是厚30cm的草，梁枋和斗栱用原色木料，地板也是木本色，板壁漆成白色。日本居住建筑也是突出木骨架的原木色，地板架空较高，木地板向四外伸出形成廊檐下的平台，横纹木板壁外墙，门扇和板障都是木构，质轻可推拉。

(5) 日本古代神社建筑很独特：木构架，悬山式两坡草顶，正殿屋脊木上压一排横置挑出的圆木，脊两端各有一对斜向上伸出的方木。地板架高一米多，有的向四周伸出平台。门前设木质梯阶，梯阶和挑出的平台均有护栏。

(6) 日本古建筑书院造的主间在室内装修上别具特点：此主间的地板比其他所有房间都略高，正面墙分成左右两个龛格，左面是较宽的格架，里面墙上挂中国卷轴画或书法作品；右面是博古架。左侧墙最里面也有一龛格。向外凸出，上开窗，原是读书之处，后来变窄，用来摆放文房四宝。右侧墙设门：四大扇的两边扇固定，中间两扇可推拉，人在此出入。正面墙的龛格、博古架下层面和左侧墙龛格底层面都比主间地面高一些，但它们的顶面均比主间的天花低好多。

(7) 日本古代园林发展深受中国园林的影响，但日本人进一步发展创造出独有的"枯山水庭园"。详见本书第21篇《世界园林流派简介》。

(8) 日本古建筑在室内外设计上，深刻地体现出设计师对天然建材（木、竹、树皮、原木、茅、草、毛石和泥土等）的充分认识和理解，材料的运用和搭配得当，既充分发挥了材料的性能，又很好地显现出材料的材质美和色彩美，给人亲切自然的感受。

2.日本古代建筑类型及特点

日本古代建筑有神社、佛寺、佛塔、宫殿、府邸和住宅、茶室、城市规划和园林八类。

(1) 神社

早在公元6世纪前开始，直到封建社会，以至近现代，日本一直流行神道教（崇奉各种自然神灵），所以神社遍布全国各地。

神社平面为矩形，沿纵向轴线为多进院落，主殿（正殿）和两配殿（东宝殿、西宝殿，在正殿后并列）在最大的一进院落，正殿前庭院较大。正殿与配殿造型基本相同（见前述），只是正殿高、大，有四面出挑的平台和入口台阶。整个长条院南北有六道门，东西面各有一道门。另有附属建筑。墙外四方建有"鸟居"（日本牌坊式门）。典型神社有伊势神宫和严岛神社。

(2) 佛寺

佛寺建筑最初仿中国唐代式样：围柱廊院中央是大殿，前面东西侧各有一塔，北回廊正中是讲堂，南面回廊正中是正门。大殿为两层重檐歇山顶，出檐大。典型是奈良的法隆寺。

另有奈良的唐招提寺，单层庑殿式屋顶，出檐较大，是中国高僧鉴真和尚主持建造的。

自公元10世纪中叶开始，佛寺建筑平面改变为一正两厢、中间用柱廊连接的，平面为门字形的形制，叫"寝殿造"。正殿两层，上层屋顶为歇山式大挑檐。两厢及廊也是两层，较矮。两厢为两坡顶，廊子转角处上建攒尖顶楼层。这种敬佛与居住相结合的形式叫“阿弥陀堂”。典型的建筑是京都的平等院凤凰堂。这是把佛寺建筑世俗化和日本化。

佛寺建筑根据布局形式、斗栱做法、柱子粗细与高矮等不同，有“和式”（日本式）、“唐式”（也叫“禅宗式”，实为宋式）、“天竺式”（又称“大佛式”）和“折中式”多种。

(3) 佛塔

日本佛塔是木构五层重檐方攒尖顶，出檐很大，塔内中心柱从地坪直通塔顶，宝顶高耸入云。典型是奈良法隆寺五重塔。

也有三层的佛塔，如奈良的药师寺东塔，它虽三层，却有六层屋檐，因为每层都有大小两层重檐。

(4) 宫殿

起初是沿中轴设计成几进的院落：第一进院子进深较小，东西各一栋“朝集殿”（大臣上朝等候处）；第二进院子叫“十二堂院”，进深较大呈矩形，左右各六座典仪用房；进“重阁门”到方形大院，院中央是举行仪典的“大极殿”，殿前左右有“苍龙楼”和“白虎楼”。这是宫殿的主要部分，叫“朝堂院”。每个院落都有围柱廊。

在朝堂院之西有“丰乐院”（供宴饮、乐舞之用）；在东北方是皇宫院，由围墙及复廊环绕。皇宫院沿中轴前后排列紫宸殿、仁寿殿和承香殿：紫宸殿是皇帝登基、庆典用房，左右有配殿；仁寿殿是皇帝家宴、观赏相扑的地方，它西侧的清凉殿是皇帝日常起居、处理政务之所；最后面是皇后起居用的常宁殿和贞观殿。皇宫之西、朝堂院正北是中和院（内有祭祀用的神嘉殿）；中和院之北是御膳房和宫女们的住所。

早期宫殿及宫城的典型是京都的宫城。后来的皇宫也基本是这种布局，建筑群平面除有“寝殿造”之外，还有“书院造”形式（见前述）。

(5) 府邸和住宅

日本古代府邸有四种类型：

a.寝殿造：大贵族的府邸是一正两厢并用柱廊连接的“ㄇ”字形平面，正房（叫“寝殿”）的地板架空较高，并向四周伸出平台，南面装隔扇或挂帘子，其余三面用板壁封住。后来向北扩展隔成小间供生活起居用。其他房间作为接待、聚会场所。

b.主殿造：是一正一厢一廊的简化了的布局，是非对称的，寝殿进深加大，用推拉隔扇或障壁分成大小不同的房间以满足不同的功能需求，卧室和佛堂居中，各间互通，采用非对称布局。有的边上四、五间并连对外敞开；后来在这里设门厅。幕府制时，武士阶层的府邸都是这种主殿造型式。

c.书院造：是在主殿造的平面布局基础上，在正屋或厢房中都有一间“书院造”室内装修（见前述）。这种布局与室内装修最早在禅宗寺院里形成，后来被广泛采用。在公元16世纪末到17世纪初，由于社会安定和经济繁荣，书院造式府邸里盛行豪华装修，天花上有彩画，障壁和门扇上画“金碧障壁画”，隔扇上部嵌透雕华板，门把手上挂金、红色流苏。

d.数寄屋风府邸：建筑平面规整，讲究实用，在室内障壁上画水墨画，木质梁柱多漆成黑色，与白障壁形成对比。柱础、散水和路径都用天然毛石。地板架空，挑出的平台、护栏保留木材的天然纹理。这是一种仿田舍和茶室的府邸，皇室、贵族和平民都对此有所选择。

(6) 茶室

在公元15至16世纪时，日本盛行茶道。最先由禅僧在佛寺里举行茶道，形成一套规则。后来在豪绅和武士阶层里，也竞相效仿，以显示自已有情趣和高雅的品位。为举行茶道兴建专门的建筑：起初，武士们按照书院造的主间（叫“上段”）的格式，建独立的小茶室，但未流行起来。后来，“草庵风茶室”广为流行，成为特有的建筑类型：面积不大（一般190cm×428cm，或380cm×380cm，约合四个半地席的面积），采用非对称的分隔与立面构图。房子盖茅草顶、用木柱、砌泥墙、糊纸门窗、用整竹做窗棂、用苇席做障壁、用天然石块架设茶炉和砌入口台阶踏步；梁、檩、椽和柱子木材多用带皮的树干，保持自然形态。室内有仿书院造主间的处理。室外环境则设计成野趣庭园，采用自由灵活的布局，园中树木、置石（铺路或用作装饰）、青苔和草丛、竹篱和门等，都具有自然、朴实的情调。这种草庵式茶室在皇宫和大型府邸中也多建在花园的一角。

(7) 城市规则

a.日本的都城规划：在公元7世纪前，没有古城遗存，只有简单的记载。公元7世纪后，都城的建设，街道是棋盘式方格网，显然是受中国唐代长安城的影响：近似于方形的城中，正中为南北向的朱雀大道，将城市分成东西两个部分，每个部分又各有四条南北向大道；东西向大道也有九条。大路交叉形成方形居住区，每个方形区又被纵横各三条小路分成16个更小的区（叫“町”，每町120m见方）。

朱雀大道北端是宫城，宫城里为皇宫、中央各部建筑及附属建筑。在东、西城区各有一集市，还有佛寺几座，都突破了町的局限。

在奈良修建的“平城京”、在京都修建的“平安京”的城市规划都是仿中国长安城。

b.卫城及天守阁的建设：在公元16世纪中叶至17世纪中

叶，日本的各封建诸侯在自己的领地，以城中较高的山丘为基础修建卫城：在山丘上建高楼叫“天守阁”，在天守阁周围从里向外，修筑五层石墙和濠沟，以确保安全。天守阁是藩王的宫殿兼军事堡垒。每个城郭内居住不同身份和地位的人。

最杰出的天守阁是姬路城天守阁：它是四阁连立式，有三个矮天守阁护卫着高大的天守阁，它们之间相连接的是武器库或空中廊桥。大天守阁高33m，高五层，最上为歇山顶，有“千鸟破风”（弓形山花），下面亦有；中间重檐上建凸碉堡，两层山墙上有“唐破风”（歇山式山花），成对的叫“比翼山花”。山花与腰檐重叠交错，十分美观。天守阁多立在石砌高台基上，向上逐层往里收缩，所以十分稳固壮观。大阪天守阁高34.2m。

在松本城、名古屋、大阪和东京等地都有天守阁的遗迹。这种卫城和天守阁是日本古建筑中的特殊类型，是惟一以宏伟壮观著称的。

(8) 园林（详见本书第21篇《世界园林流派简介》那一编中的介绍。）

3.日本的建筑艺术

(1) 造型特点

a.出檐大，地板架起并向四周伸出成檐下平台（回廊走道），下由柱支承，造成浮动、飘逸的视觉效果。对遮阳、避雨、防潮也都有利。

b.有的建筑首层上有大小两层屋檐，有的每层都有重檐，大小屋檐重叠交替，形态特殊。这种做法只有中国南北朝时期有过。还有“双流造”屋顶形式。

c.高层建筑（天守阁）上面各层逐渐向里收缩，下面是石砌大台基，造型稳定，给人安全感。

d.外墙多用板壁，不用砖石墙，南面木隔扇窗和推拉门，轻便安全，不怕地震频繁。

e.角椽平行布置，所有后尾交汇固定在角梁上，而不是呈扇形排列。这是日本的传统做法。

f.总的来说，日本的民族建筑重在大的比例与尺度关系，而不侧重装饰，有的甚至没有装饰，显得纯朴自然。

(2) 斗栱特点

a.和式建筑的斗栱基本都是单栱，斗栱呈云形，极少数用重栱。做法都是“偷心造”。栱间壁和垫板漆成白色。补间没有斗栱，只有斗子蜀柱；当心间有蛙腿形柱（有的次与稍间也有）。和式建筑中柱子较粗。虹梁与直梁间用大瓶束(瓶形驼峰)连接。

b.唐式建筑是仿中国宋代，斗栱是重栱，有下昂，采用“计心造”做法，补间也有斗栱，柱子、梁架和斗栱的用材都比和式小巧（“材和栔”——基本模数较小）。翼角翘曲明显，角椽作扇形排列。隔扇门窗的棂格装饰性强。

c.天竺式建筑屋架近似穿斗式，采用“插栱”（丁字栱），即在高大柱子的上部向外上下伸出六跳插栱（是前、左、右三个方向），可使出檐远达6m；内檐只有一或两跳插栱与梁或枋的端部相接。没有飞檐椽，全部采用彻上露明的室内屋顶做法。

(3) 山花样式

a.唐破风：在歇山顶的山墙顶部加有悬鱼和惹草（有的只有悬鱼），既起保护作用，又增强装饰效果。因其形式与做法与中国宋代做法相同，所以叫“唐破风”（日本管山花叫“破风”）。

b.千鸟破风：在檐部正中（明间上部）做成弓形隆起的檐口，檐下加类似悬鱼那种装饰。或在有正脊的卷棚顶的山墙上部也做成弓形檐头。这种弓形檐头叫“千鸟破风”，是日本建筑中所特有的造型。

(4) 装饰手法

a.彩画：在早期建筑梁枋上、室内藻井天花上，采用中国的彩画做法，纹样也是中国的。颜色有蓝、绿、红、金搭配黑、金组合，红、黄、绿组合等多种。

b.金碧障壁画：在公元16世纪末到17世纪初，在书院造府邸里的障壁上、主间的墙和门扇上，多画有花草、树木和翎毛，勾金线或涂金色背衬，因此称为“金碧障壁画”，反映出豪绅和武士们追求奢华的情趣。

c.圆雕：佛寺里的各种佛像、屋顶上的动物雕刻（正脊两端的正吻、垂脊下端的兽雕等）。

d.浮雕：在某些建筑构件上有浮雕（花草、人物、动物、几何形等）。

e.透雕：隔扇窗及门上的透雕华板，装饰性也很强。

f.图案花纹：在藻井和梁枋彩画中，有抽象和具象的花纹。

g.镶嵌与金饰：在早期建筑的藻井和梁枋上，还有螺钿镶嵌和镀金的铜装饰件。勒脚、栏杆漆成黑色，上描金线，或包铜饰件。

(5) 鸟居

鸟居（日本式的大牌坊门）多设在通往神社的路上，或设在神社周围与木栅栏相邻。

它由两根粗大的木门柱和柱顶上的楣梁、梁下的枋组成。楣梁向左右挑出，后受中国建筑影响，两端上翘，有的还有斗栱。柱上部及梁枋上有的加雕饰。著名的是伊势神宫的鸟居。

4.建筑用材

日本古建筑使用的建筑材料有竹木、茅草、毛石、砂砾、金属、和纸、泥土、灰浆和螺钿等。

(1) 竹与木

竹材做窗棂、板壁、栅栏、屏风等。多用榅柏做建筑的屋架（梁、柁、檩、椽、枋、柱、地板及出挑平台、斗栱等）和隔扇、板壁、推拉门骨架及棂格。特别爱用桧木皮和柏木皮修葺屋顶。

(2) 茅草

古代神社的屋顶、草庵风茶室屋顶和有些宫室的屋顶，均做成茅草顶，以求自然朴实。

(3) 毛石

建筑物的基础、踏步石阶、石板（或块）铺路和架设茶炉等，所用石料均不做任何雕琢；庭园中置石欣赏，也保留石材自然状态。石柱础较规整。

(4) 砂砾

枯山水式庭园的地坪上，大量铺装粒径均匀的白砂或黄砂，耙出平行的沟痕，象征海洋或河湖。在水池岸边除任意布设大块石头外，也随意铺些砾石；在曲水的边沿上也堆砾石。

(5) 金属

建筑中用铁构件加固，用铜镀金做装饰件和保护件。银和铅等也有应用。

(6) 和纸

造纸也受中国影响，用麻纸糊隔扇窗和推拉门、障壁等。

(7) 泥土

用黏土、石灰、砂夯实地基，用黏土烧制瓦片覆盖屋顶，或制成黏土砖砌地基、铺路、砌院墙。

(8) 灰浆

用石灰、石膏调浆，既可做粘接料，又能粉刷成白墙。还掺糯米浆使砌体坚固，或用米汤使青苔容易滋生。将贝壳熔烧成白色来漆柱和梁。

(9) 螺钿

用作建筑中的镶嵌装饰，像室内藻井上、屏风上和障壁上等处。当然，其他珍奇材料（宝石、象牙和龟甲等）也有使用。

5.日本古代的家具

(1) 家具品种

a.箱柜类：其中包括小匣、盛放衣物的箱和柜，尺寸有大有小。还有带提梁的小匣。早期受中国影响，有平开门矮柜、上翻盖箱、抽屉柜、外有门扇的抽屉柜。公元18世纪后，受西欧影响，出现了高脚柜（柜体下部为抽屉，中部为双扇门，最上为推拉门矮柜格）、受葡萄牙影响的烟具柜。

b.台案类：有方桌、矩形饭桌、长条书案、镜台、圆形或方形花几与瓶几、棋局、琴桌和供桌等。这些台案大多为矮型，以适应跪坐方式。

c.格架类：有博古架、花架、刀剑架、笔架和衣架等，还有上下三层台板的茶道架，都受中国影响。公元18世纪又受西方影响出现阅读架（上为斜面阅读板，下面有一落地小抽屉，中为两根立柱）。

d.屏障类：日本的障壁与屏风均受中国同类家具的影响。早期的障壁不高而且多呈直角放置，也有呈“冂”字形放置的，每牒宽度与地席（日本叫“榻榻米”）宽相同，高80多厘米。后来高度增加到190cm（等于两个地席宽），宽高比为1:2。屏风按构造分，有座屏、联屏和折屏等多种，折屏每牒宽度由宽向窄演变。

e.灯具类：有带底座的立灯、可移动的地灯、提灯与挂灯。灯具造型简朴，灯罩为方柱形、圆筒形和拉长的枣形，有自己的特色。

日本从公元18世纪起，各方面学习西方，所以高型家具也在日本得到流传。但绝大多数民众还是热衷于古代的生活方式。往往是某些家庭两类家具共存。佛像放在双层柜的上层，门是四扇折叠门；下层是抽屉柜。家具式样和装饰仍是传统风格。

(2) 造型特点与装饰

a.造型简洁大方：日本古代家具的外形多为规整的几何形（方体、长方体居多，曲线形体的较少）。曲线造型受中国和欧洲的影响（壶门曲线、内弯腿、束腰形式和三弯腿等是中国式的；三弯高脚柜腿、曲线形工字枨等则受西欧影响）。

b.家具比例匀称：日本古代家具讲究比例与尺度，整体与局部、各局部构件之间，从实用角度出发，经过推敲，处理得当。

c.崇向自然美感：日本古代家具在色泽、花纹和肌理上，尽量保持材质的天然美，显得朴实、亲切。

d.注重装饰和坚固耐用：日本古代家具早期受中国唐、宋家具影响，使用装饰还是有节制的。但后来受巴洛克、洛可可和中国清代家具的感染，只求奢华，装饰过于繁琐。

(3) 家具制作用材

a.木与竹：日本古代家具用材以木料为主，多用国产木材，进口木材少用。竹和藤材在家具中也有应用。

b.金属材：主要用黄铜、白铜，也用铜镀金和白银做五金件和装饰件。此外还有青铜和铸铁构件。

c.*石材*：用作台面、屏风、底座，或做镶嵌装饰。主要是大理石和花岗石。

d.*辅助材*：镶嵌用的宝石、陶瓷、螺钿、铜丝，还有纺织品和麻绳等，用作装饰、坐垫等。

(4) 工艺技术

a.*榫卯结构*：常用的透榫、暗榫、格角榫、企口榫、综角榫等都已有了。

b.*嵌板技术*：家具台面、侧面望板、背板等，已采用嵌镶板技术。

c.*雕刻*：有浮雕、圆雕与透雕以及线刻等装饰手法，工艺精制。

d.*漆画*：在家具表面，包括门扇内外，采用黑漆地描画金色花纹的漆饰工艺。还有在屏风上使用各色漆绘成市井风俗画。这都受中国影响。茶盘、茶杯和茶叶盒等器物表面也用漆饰。

e.*镶嵌*：在家具表面镶嵌宝石、铜或金丝、银丝、瓷片、螺钿等，以提高家具的档次。

f.*金属饰件*：箱柜类家具的合页、面页、角页、三通包角、插锁环扣、圆或吊牌形的拉手（门扇或抽屉上）、提手（装在箱柜左右两侧）等，都用黄或白铜制造，造型优美、做工精良。

g.*烫蜡*：此工艺从中国学来，将蜂蜡或树蜡烫进家具表面，进行打磨，间或掺进髹漆，使家具表面光亮，而且色泽、纹理自然清晰。

复习题与思考题

1.日本古建筑总的风格特点是什么？有哪些建筑类型？使用什么建材？

2.日本古建筑的艺术特点有哪些？

3.日本古代家具品种、造型特点、装饰、用材和工艺技术都有哪些？

1.日本和式室内陈设

2.商用收银柜（古典式）

3.阶梯形格架（传统）

4.受欧洲影响的日本柜子（公元18～19世纪之间）漆绘并镶嵌陶瓷

5.日本松本城城楼

日本古代建筑·神社

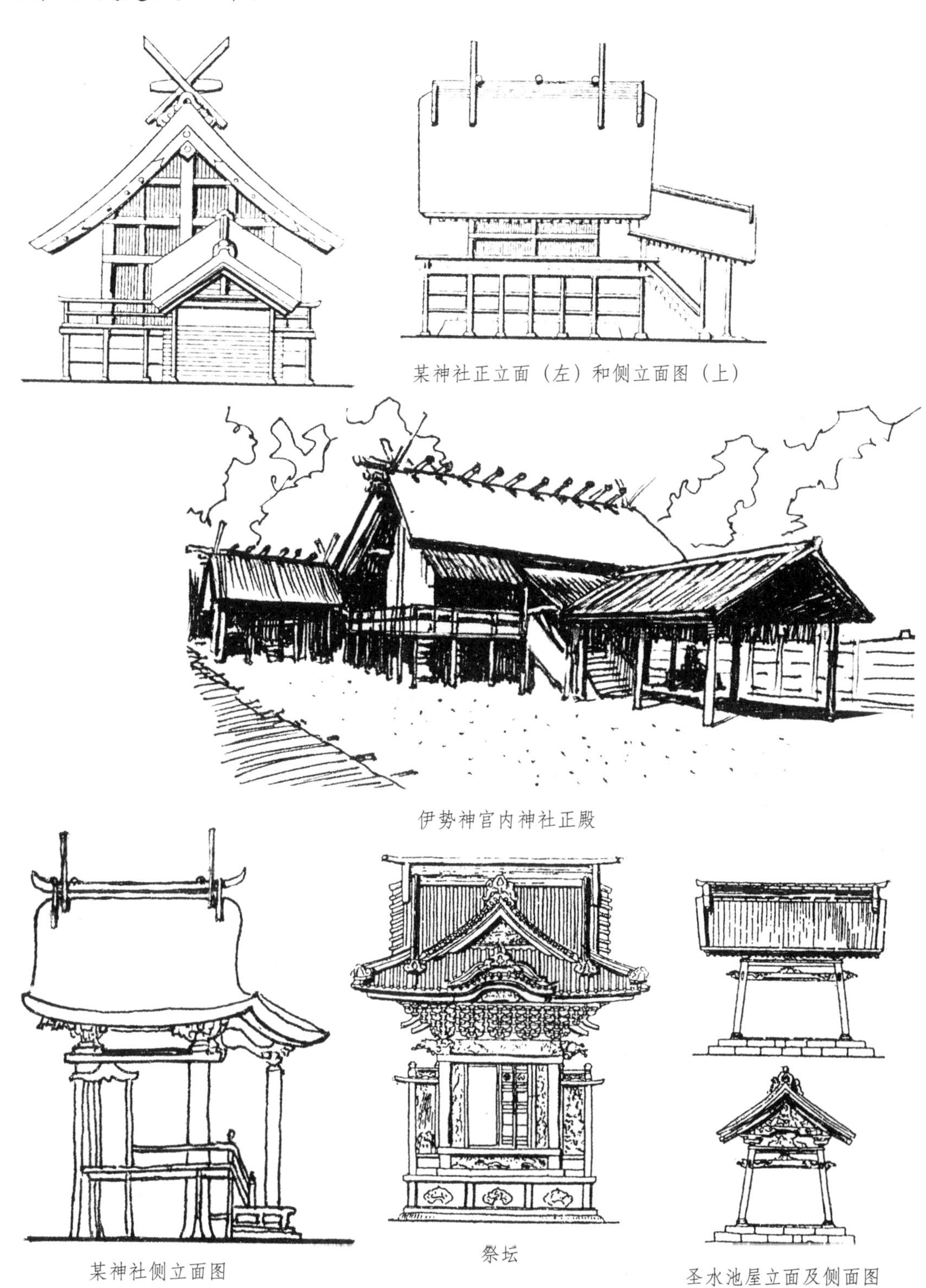

某神社正立面（左）和侧立面图（上）

伊势神官内神社正殿

某神社侧立面图

祭坛

圣水池屋立面及侧面图

日本古代建筑·神社

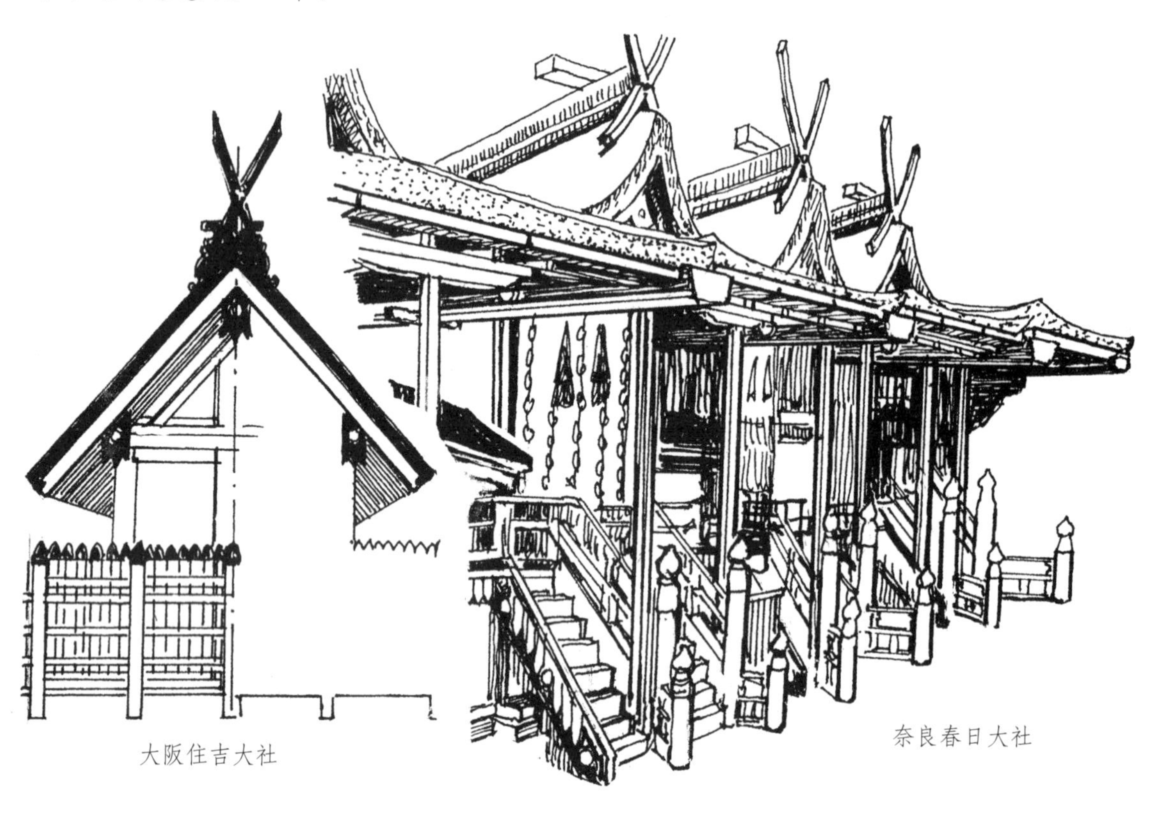

大阪住吉大社

奈良春日大社

严岛神社全貌鸟瞰（广岛县）

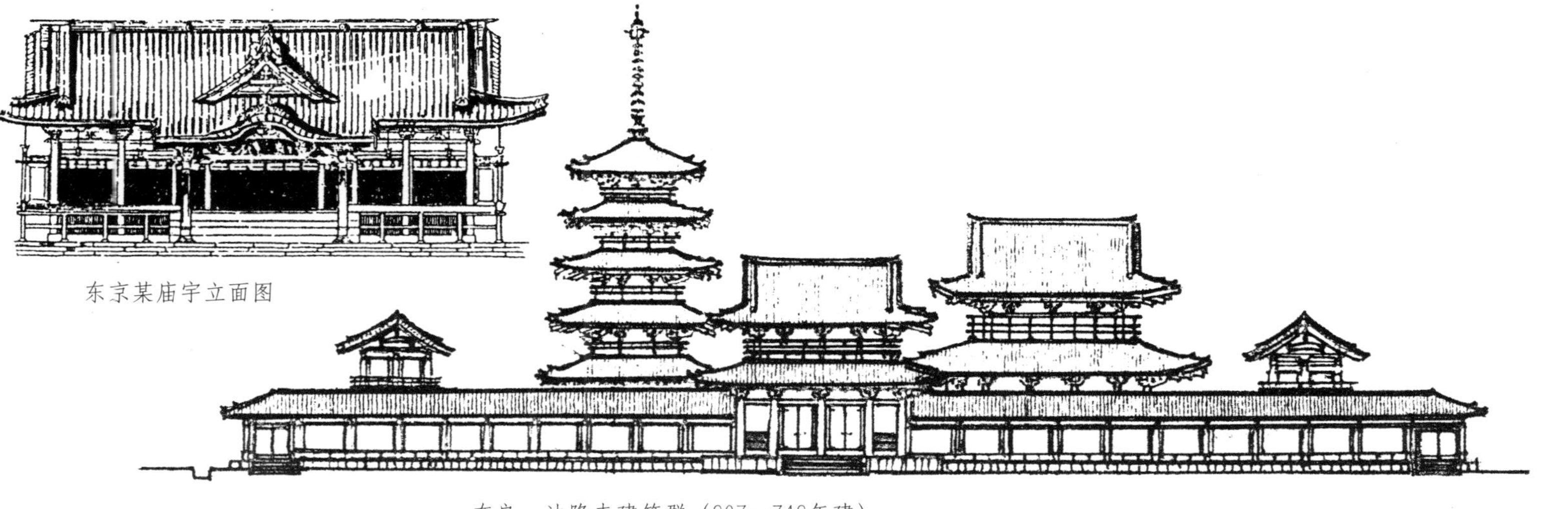

东京某庙宇立面图

奈良　法隆寺建筑群（607～746年建）

四天王寺（大阪）

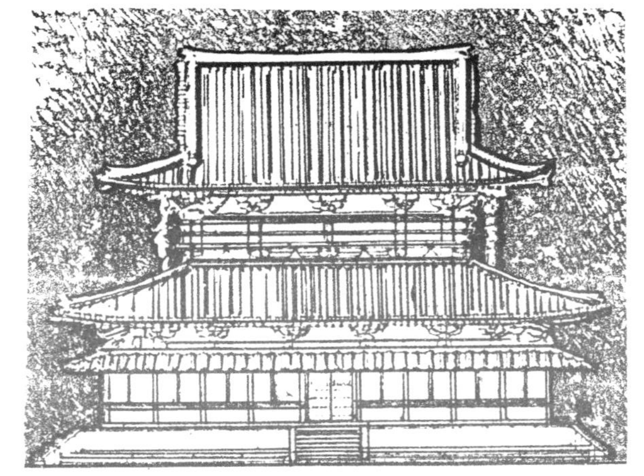

奈良法隆寺中亭

日本古代建筑·庙宇

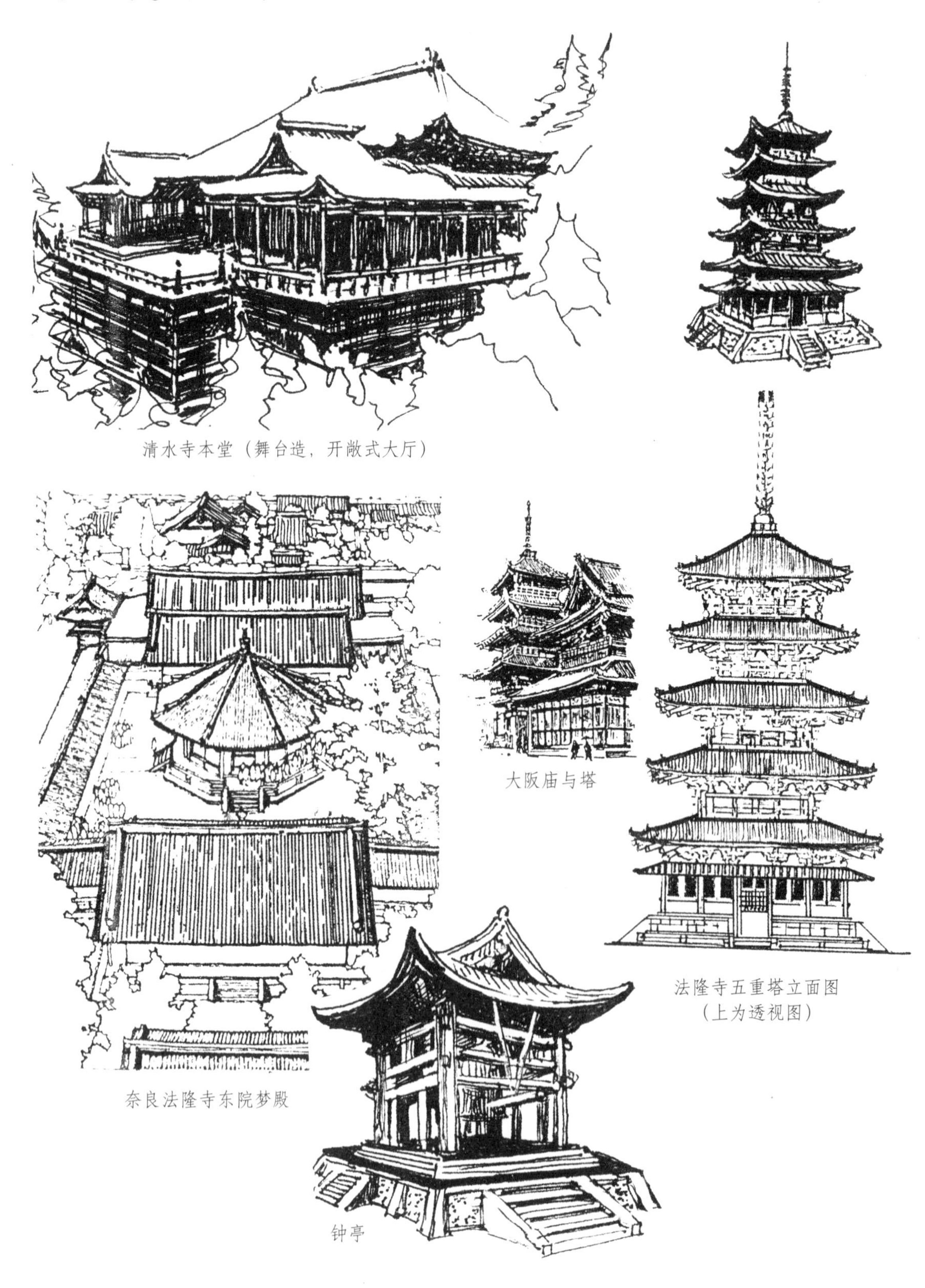

清水寺本堂（舞台造，开敞式大厅）

大阪庙与塔

法隆寺五重塔立面图
（上为透视图）

奈良法隆寺东院梦殿

钟亭

日本古代建筑·鸟居（牌坊门）

奈良春日大社的鸟居

大阪住吉大社门外的鸟居

枥木县东照宫山门鸟居（1636年）

从严岛神社看海上的鸟居
广岛县

日本古代建筑·千鸟破风（日本特色的山花）

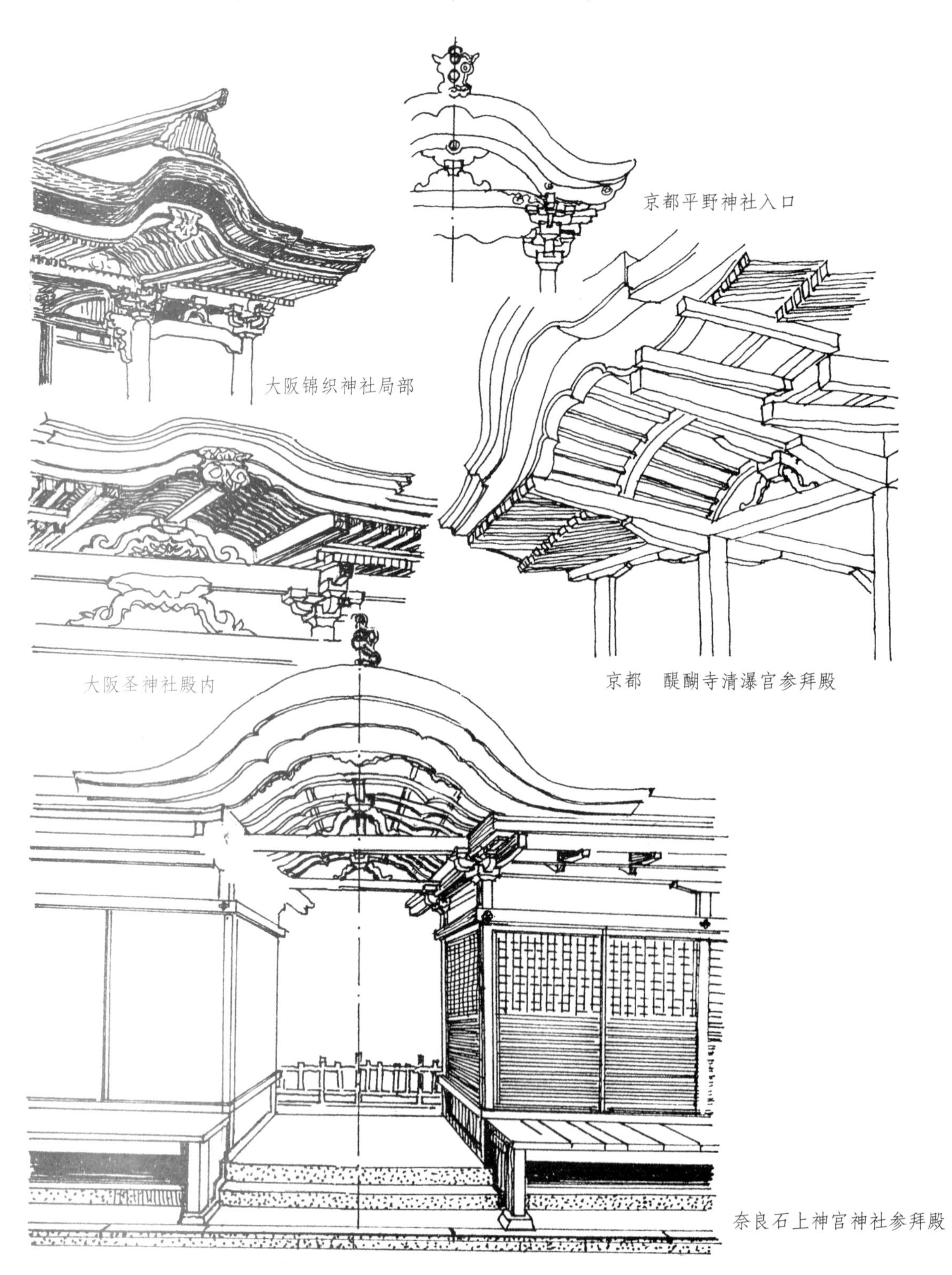

各式栏杆

日本古代建筑·檐柱与斗栱

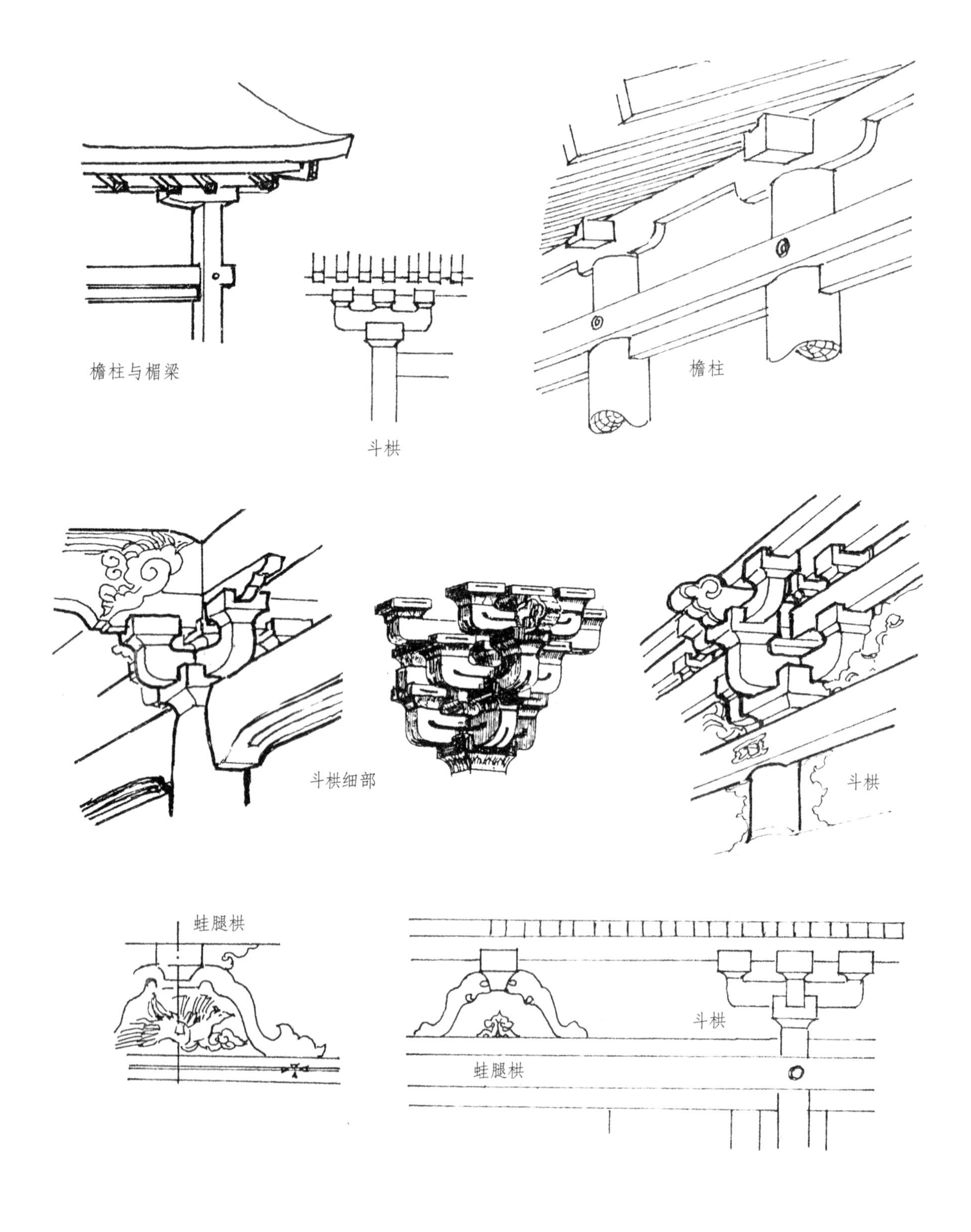

日本古代建筑·建筑细部与城楼建筑

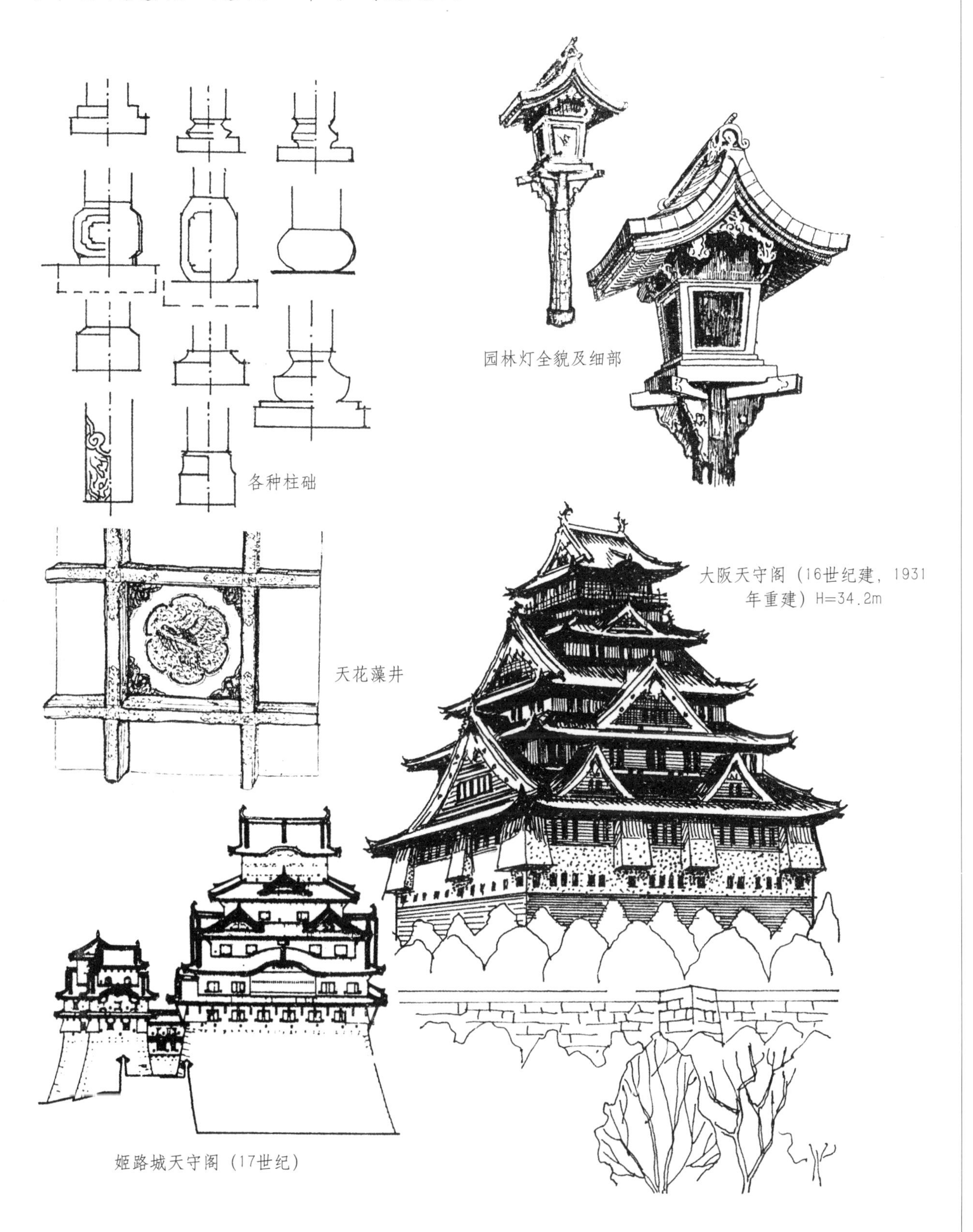

日本古代建筑·建筑细部处理

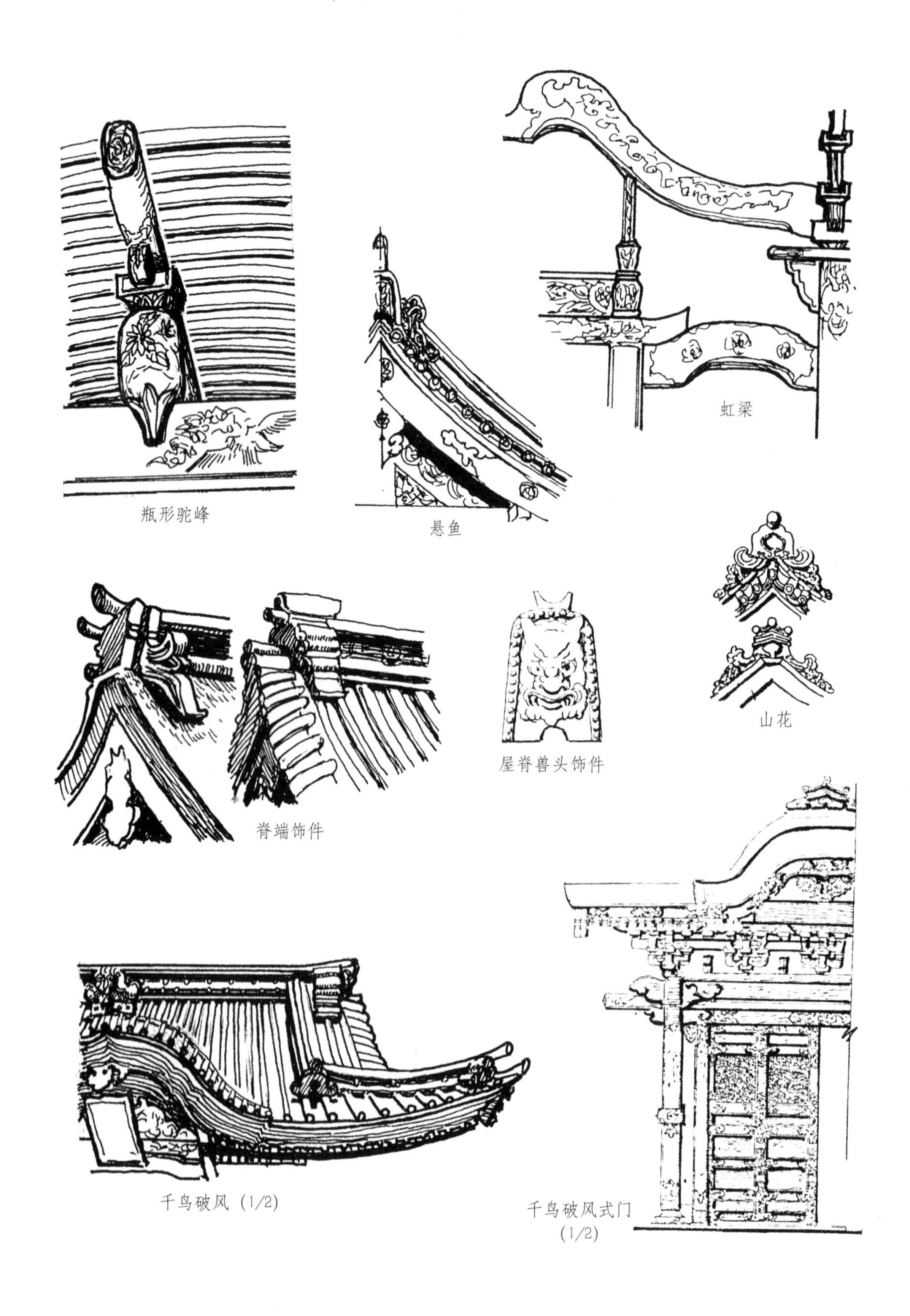

瓶形驼峰

悬鱼

虹梁

脊端饰件

屋脊兽头饰件

山花

千鸟破风（1/2）

千鸟破风式门
（1/2）

日本古代建筑·枯山水园林

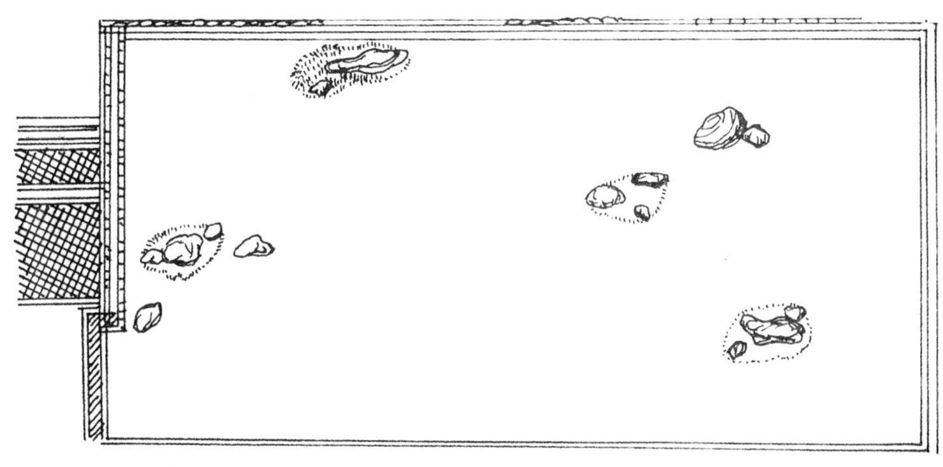

京都龙安寺方丈院
(平面及透视图)

山口县桂邸庭园的“月桂庭园”（枯山水园）

日本古代建筑·公共建筑外立面及室内设计

茶楼立面图

草庵风茶室（如庵茶室内景）

书院造一之间

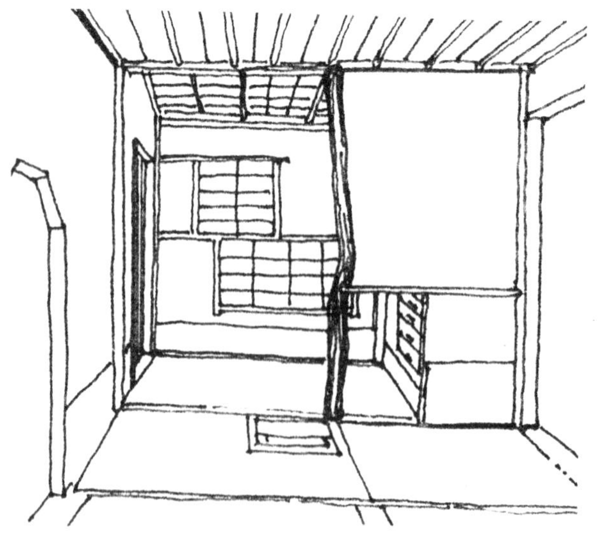

桂离宫的松琴亭室内（京都）

公共浴池建筑立面图

和式室内六例

日本古代建筑·可观外景的室内及茶室

京都大德寺大仙院庭院（1513年）

炉灶口

京都大德寺孤篷庵茶室

奈良慈光院庭园

日本古代建筑·居住建筑中的窗子、门与护栏等

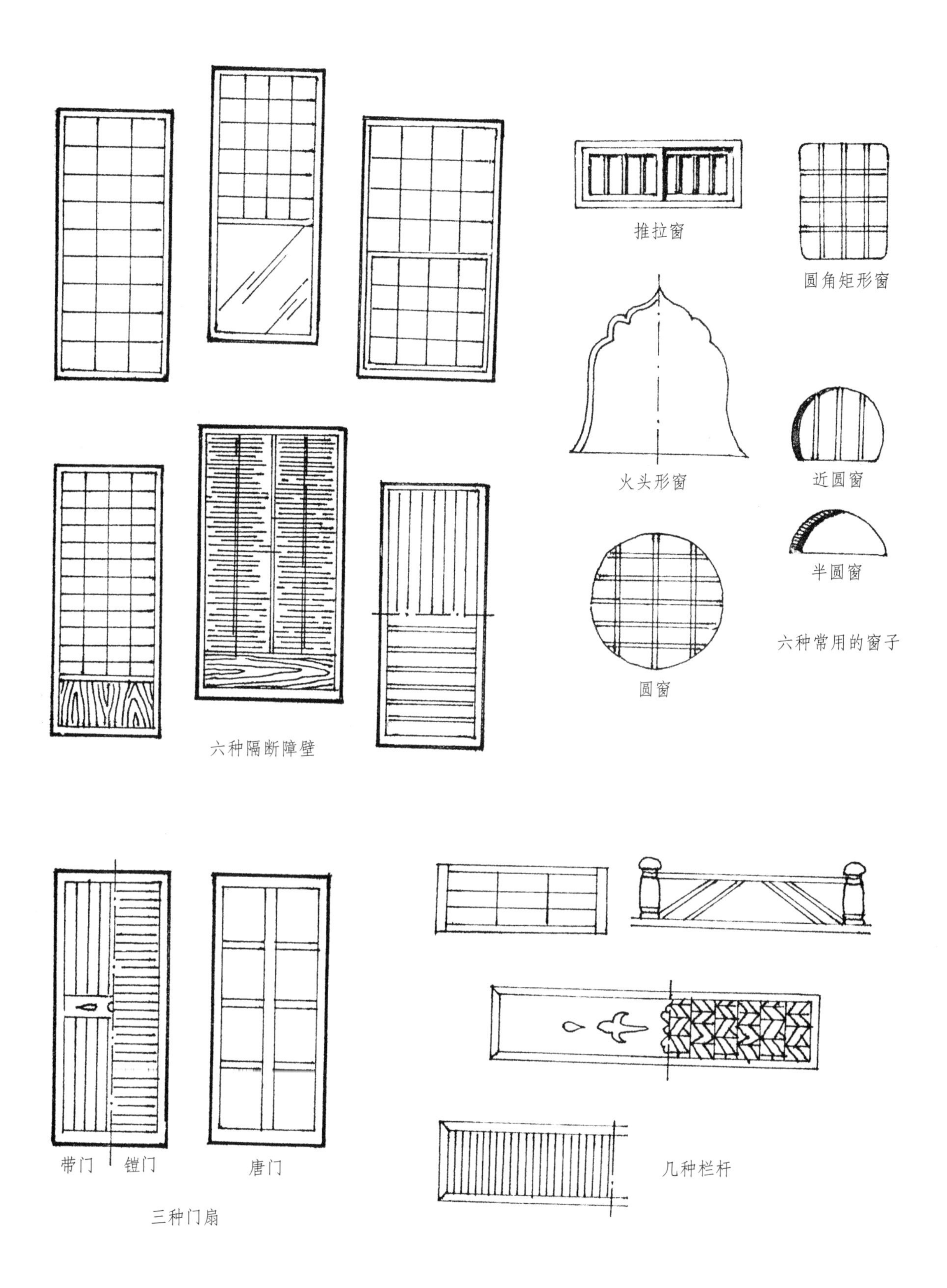

日本古代家具·受外国影响的箱柜

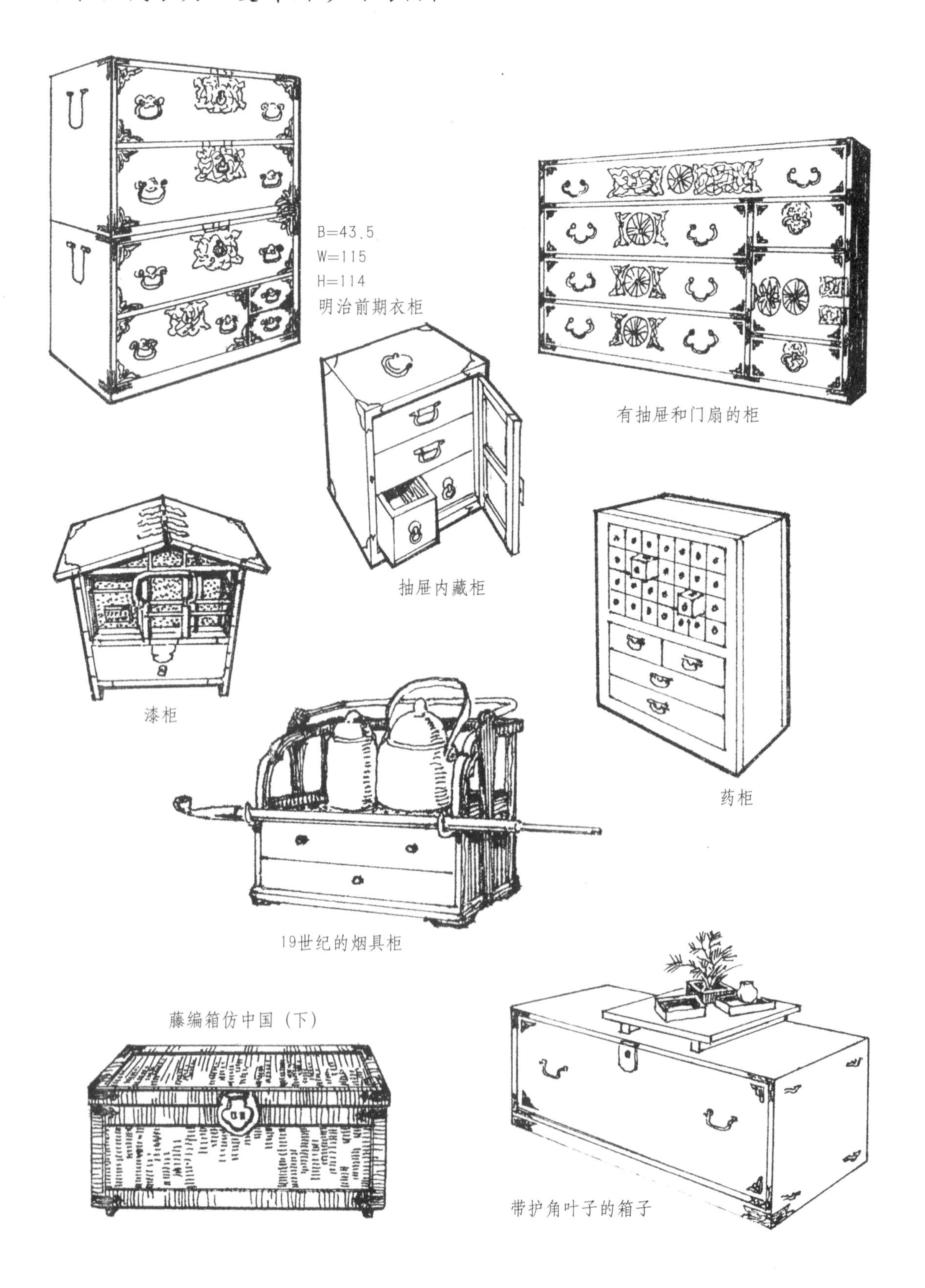

明治前期衣柜

有抽屉和门扇的柜

抽屉内藏柜

漆柜

药柜

19世纪的烟具柜

藤编箱仿中国（下）

带护角叶子的箱子

日本古代家具·受外国影响的柜子

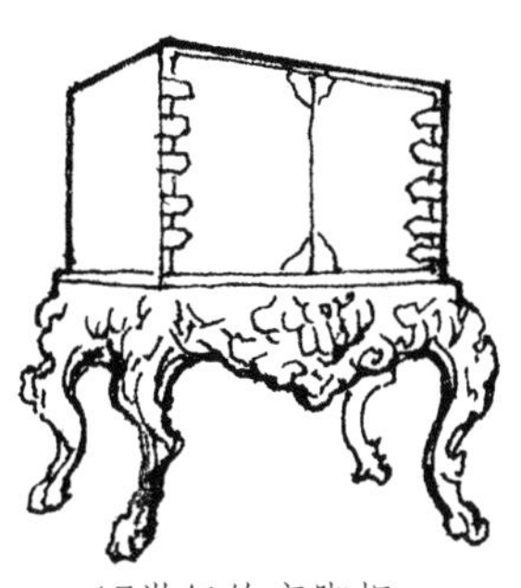

17世纪的高脚柜

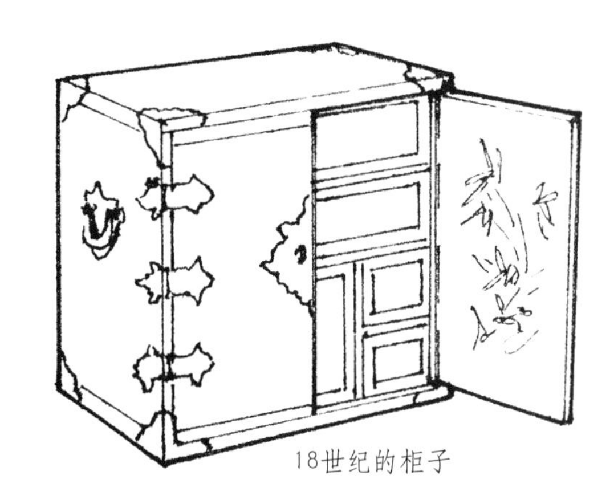

18世纪的柜子

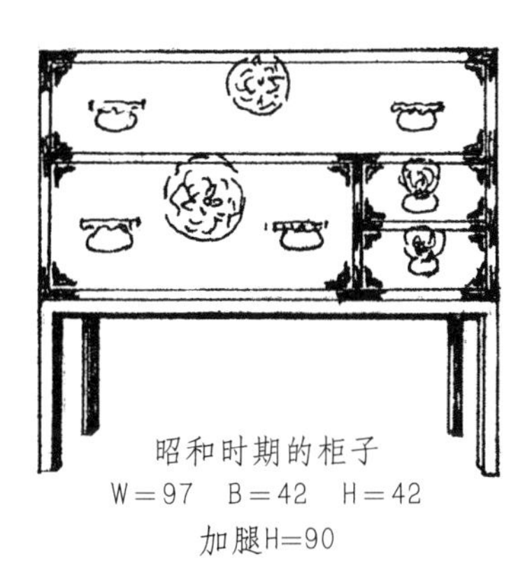

昭和时期的柜子

W=97　B=42　H=42

加腿H=90

橱柜（H=2330）

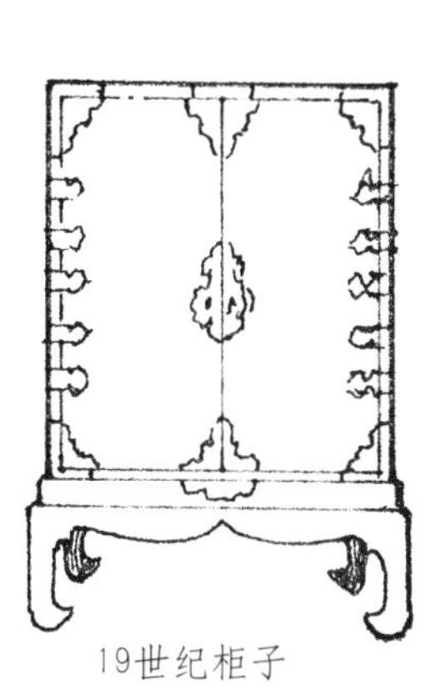

19世纪柜子

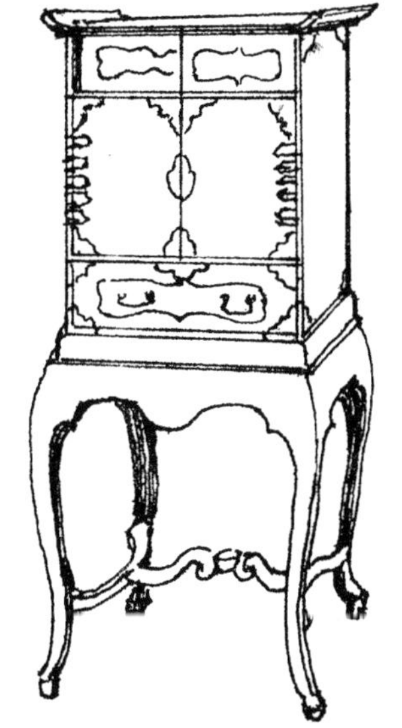

18～19世纪的高脚柜

19世纪的漆柜

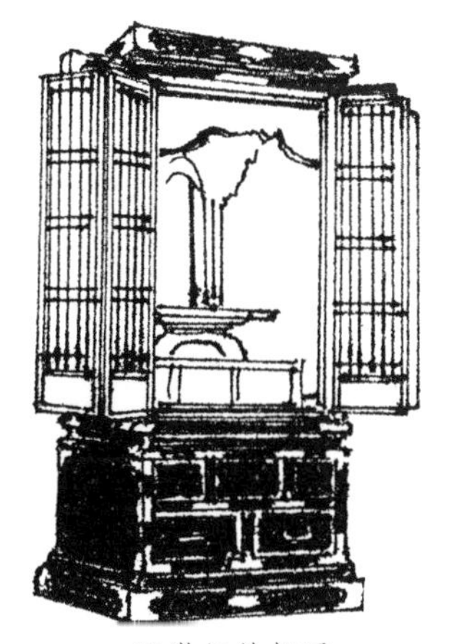

19世纪的柜子

日本古代家具·阶梯形柜子与格架

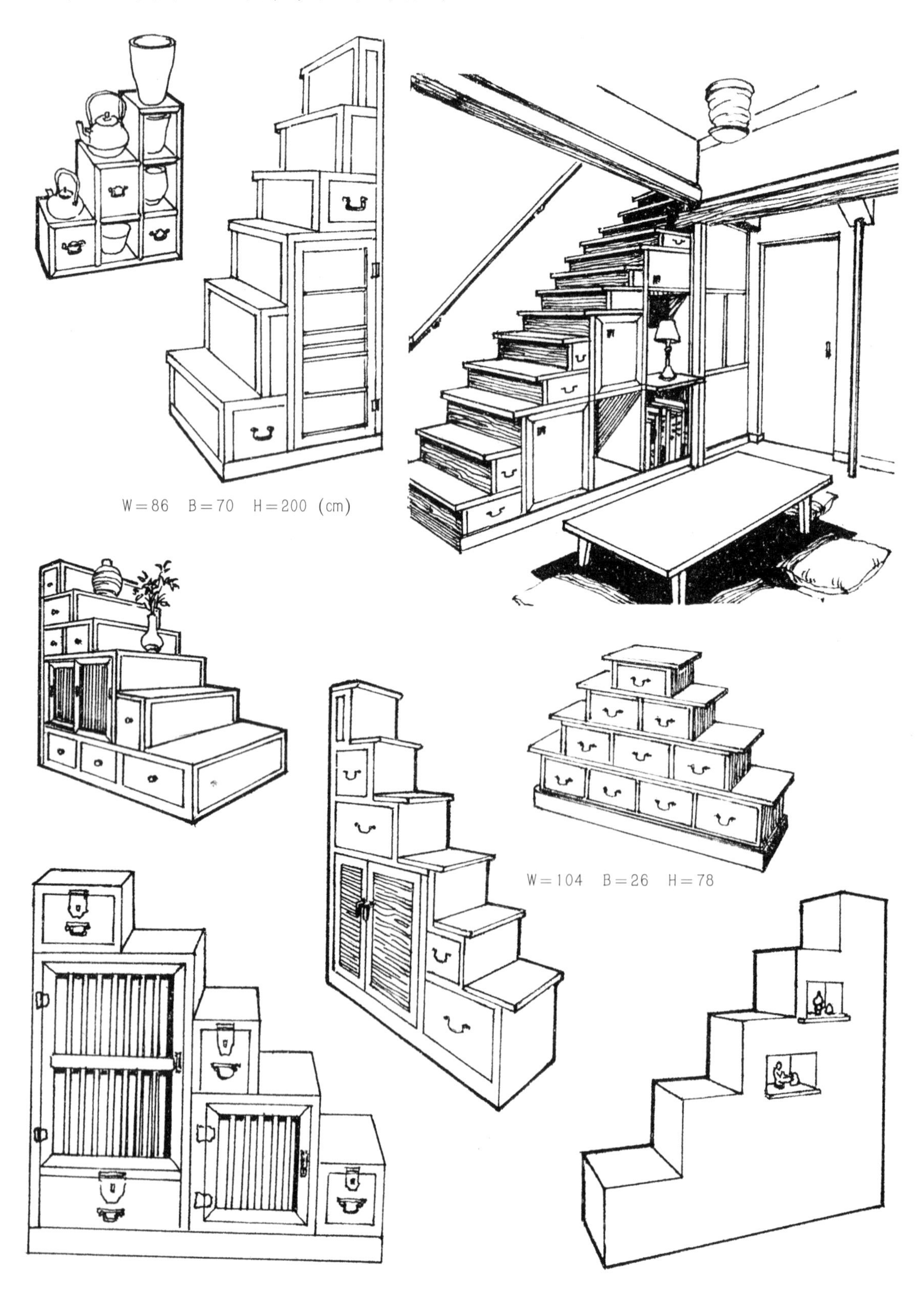

日本古代家具·具有本民族特点的柜子

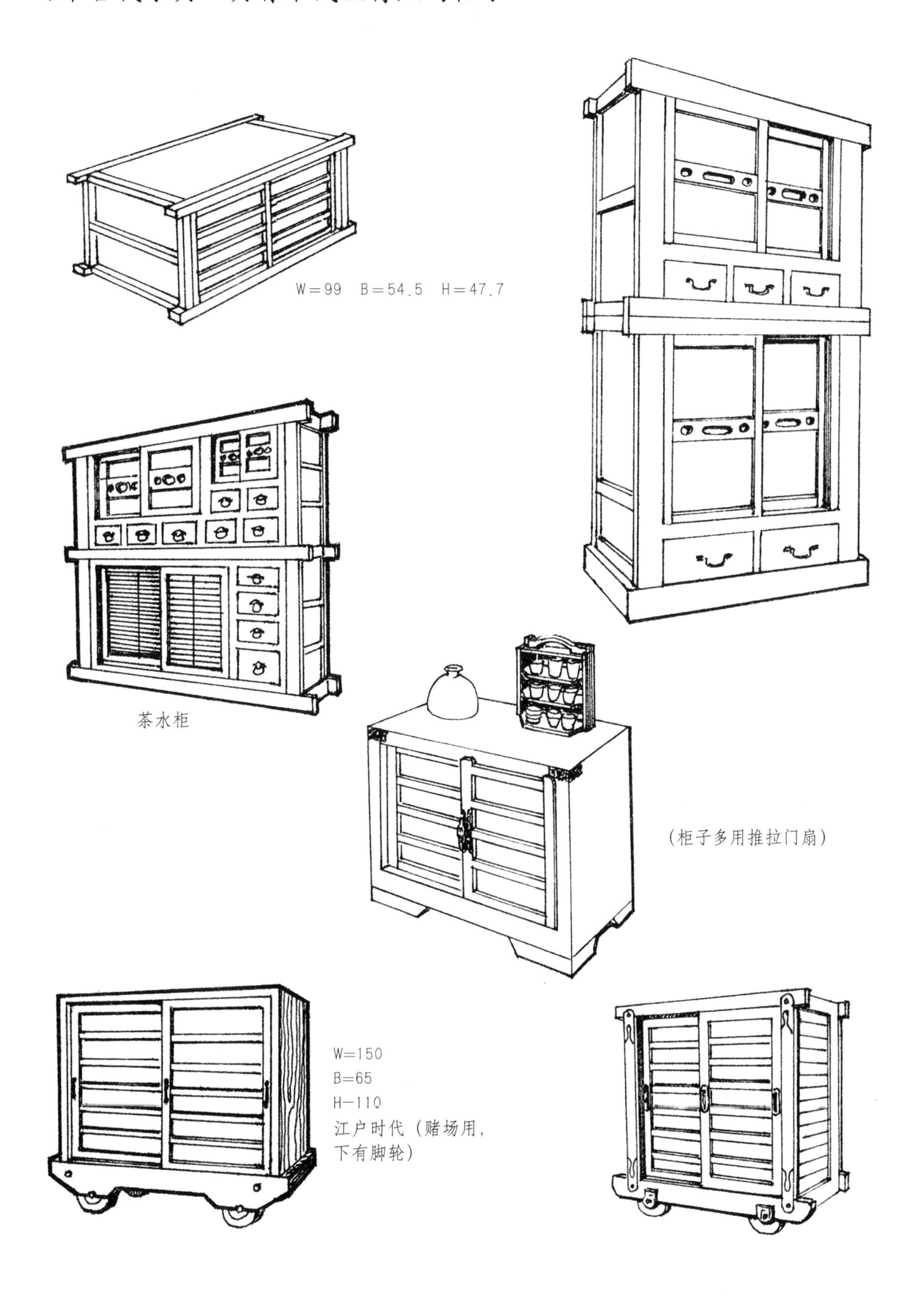

日本古代家具·多种柜格

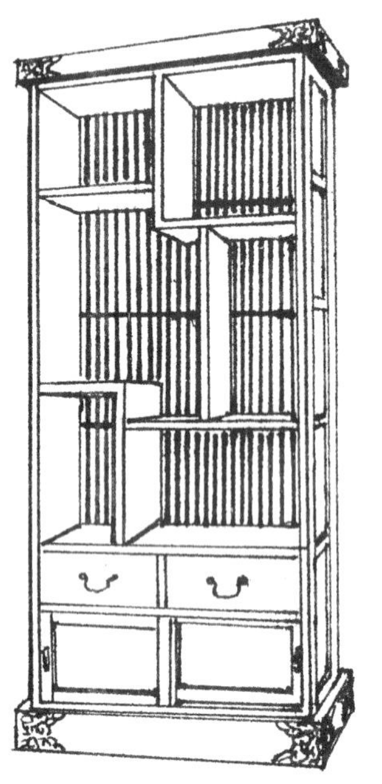

W=72 B=35.5 H=122.5

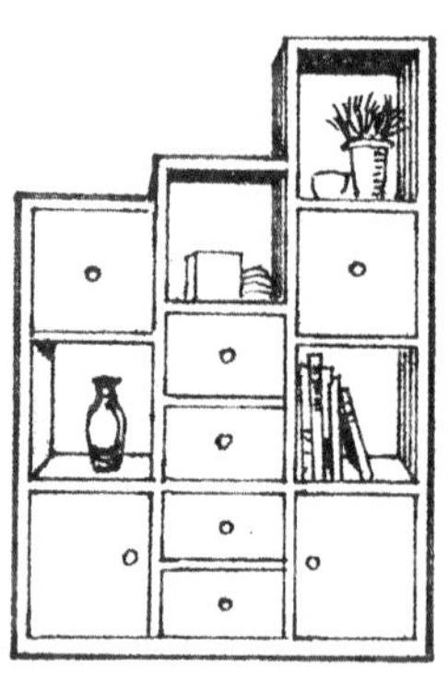

W=117 B=39 H=143

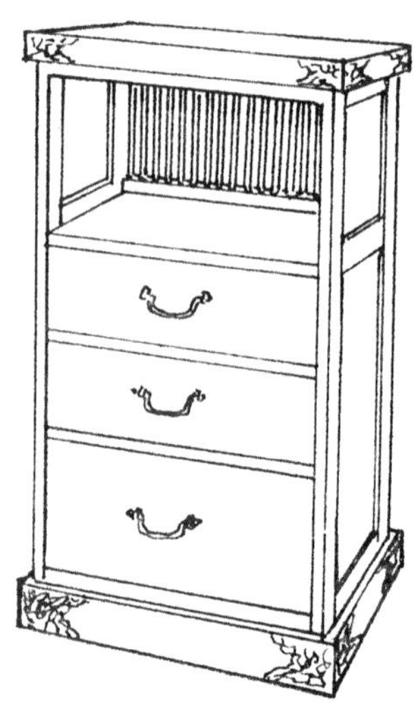

W=48 B=40.5 H=82 (cm)

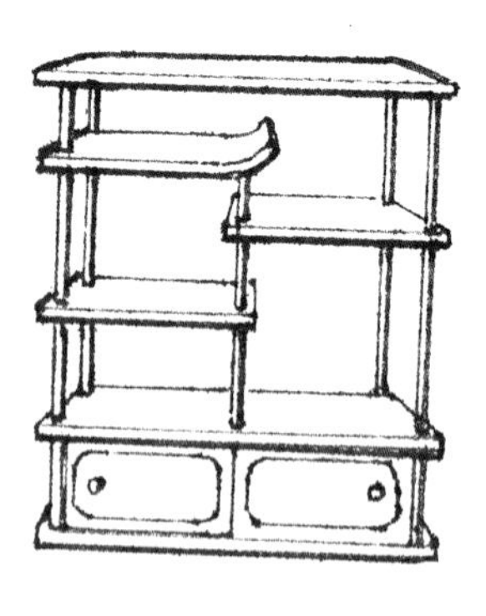

W=150 B=41 H=89

日本古代家具·各种桌台

日本古代家具 · 桌台、梳妆台匣、榻与几腿

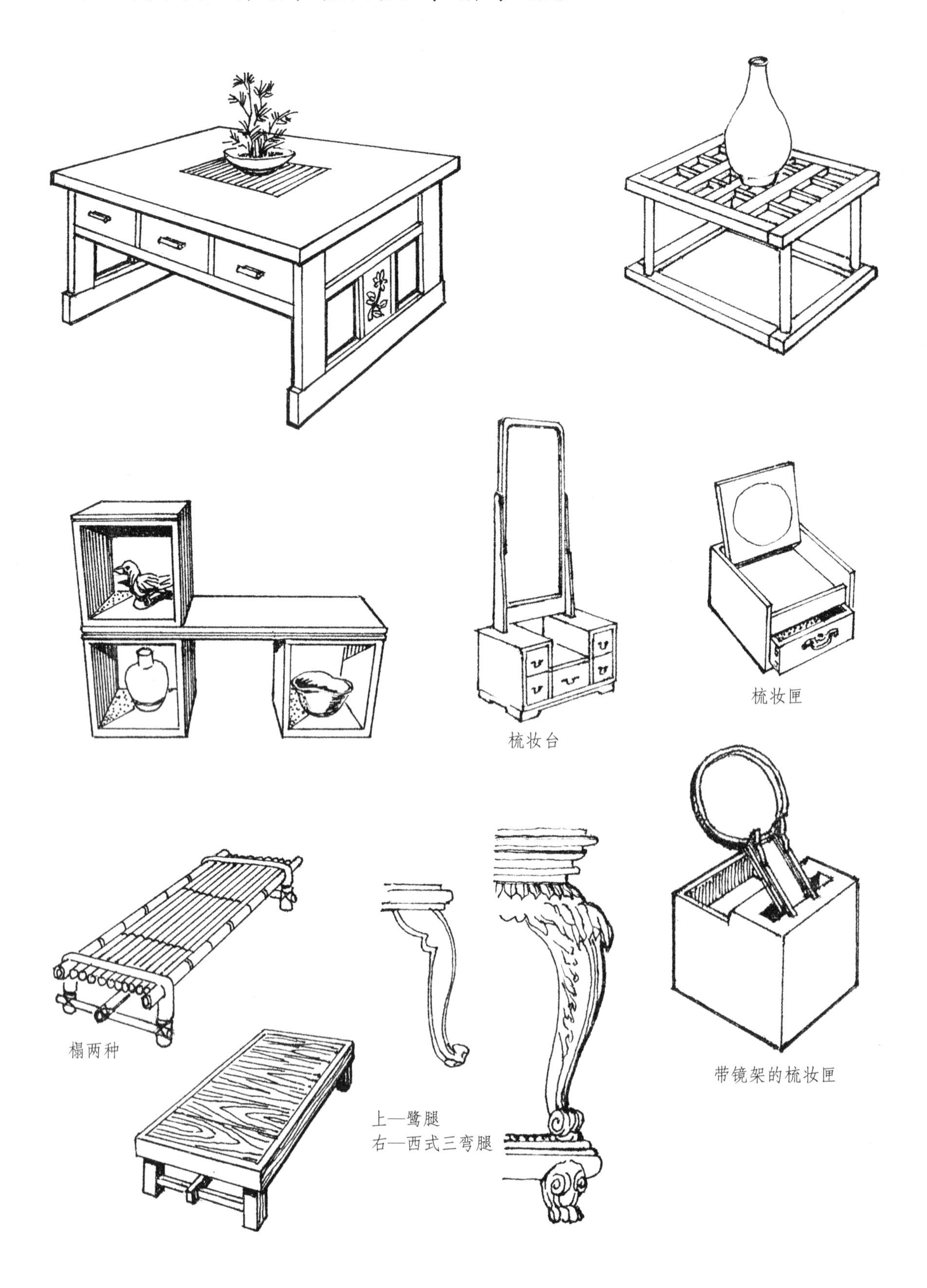

日本式家具 · 桌炉、桌、烟灰缸与座椅等

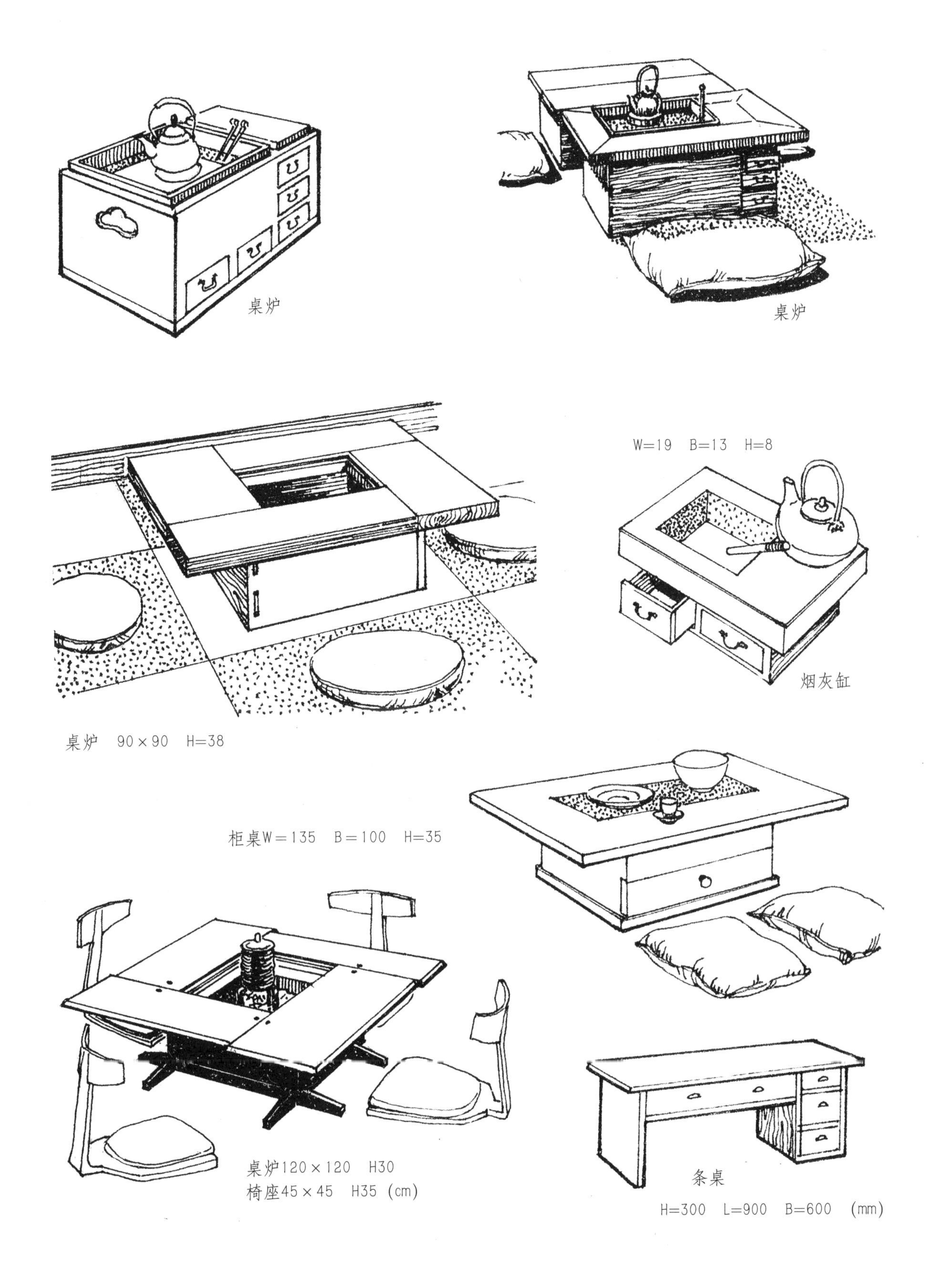

日本式家具·各式坐具

W=55.5 B=45.5 H=51 h=12.5
W=46 B=47 H=38.5 h=1.8
靠座四种
W=50 B=59 h=44 h=2
W=49 B=60.5 H=53.5 h=13.5
条桌与长凳
矮座面靠椅两种
W=55 B=66.5 H=65 h=29
L=172 B=72 H=69 h=38
沙发两种
W=150 B=83 H=57 h=25.5

日本式家具·各式屏风

H＝50～70cm　平安时代枕屏风

矮屏风十例

总宽　W＝44　H＝39

日本式家具·屏风、衣架与读书架

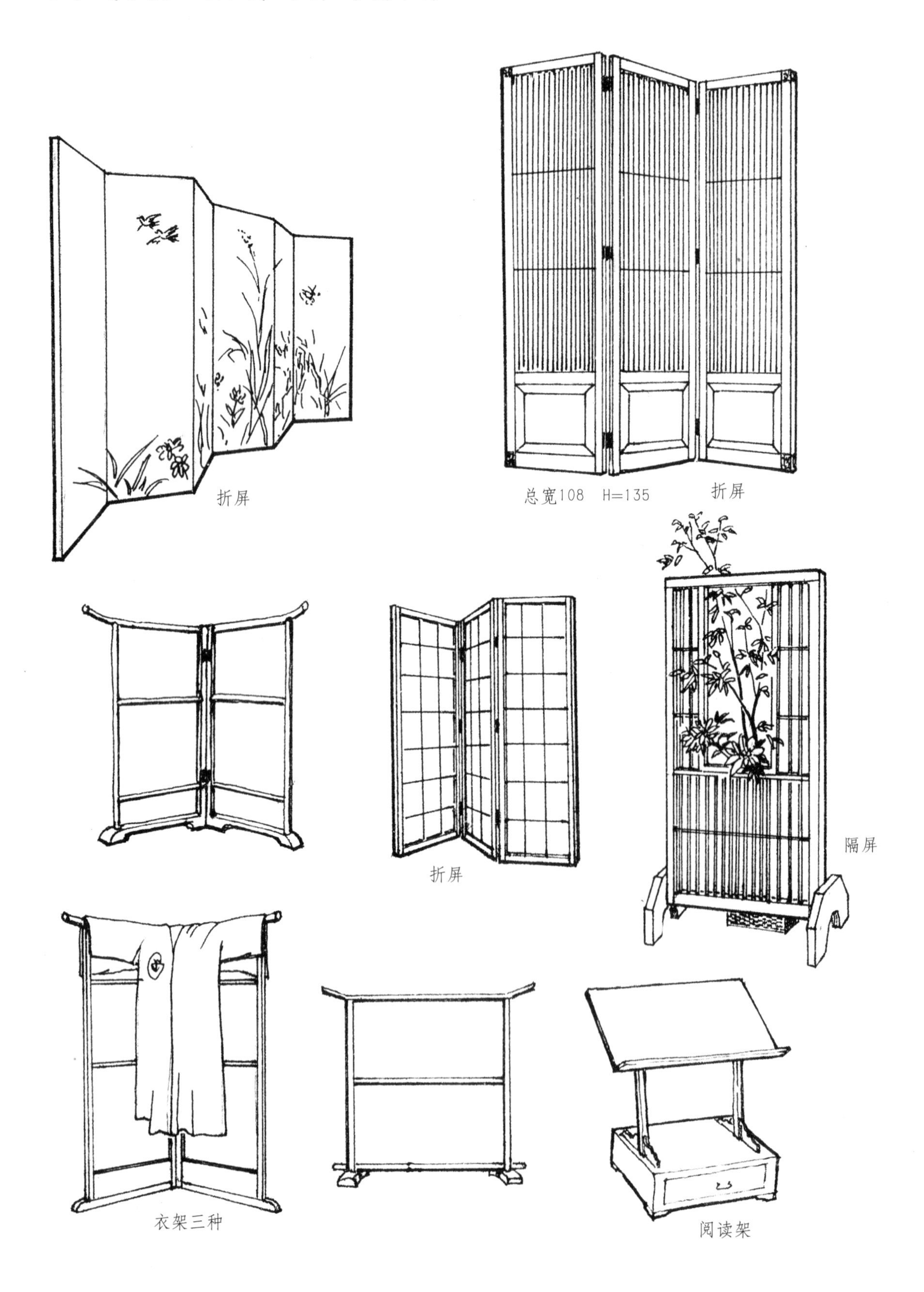

日本式家具·各式灯具

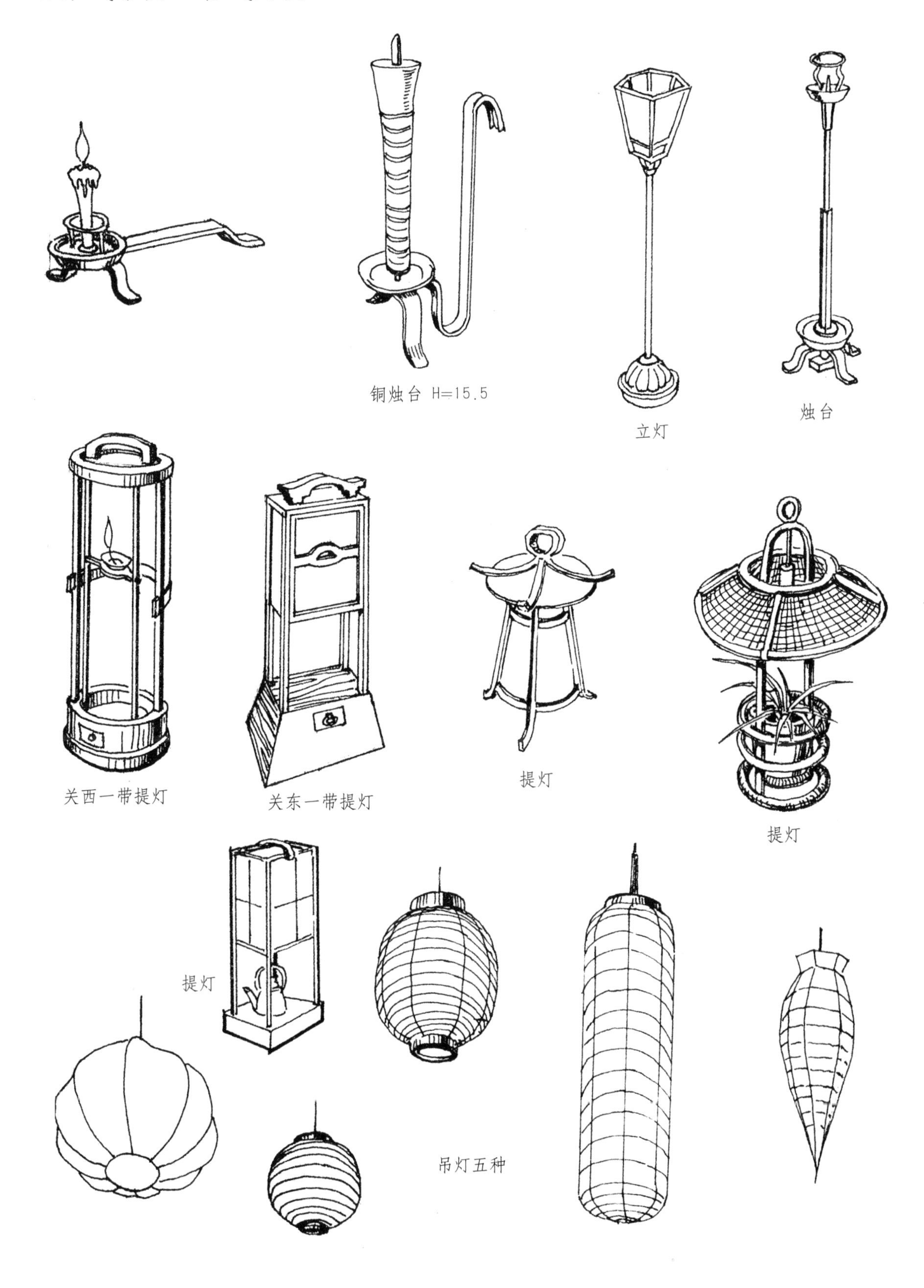

日本式家具·各式灯具

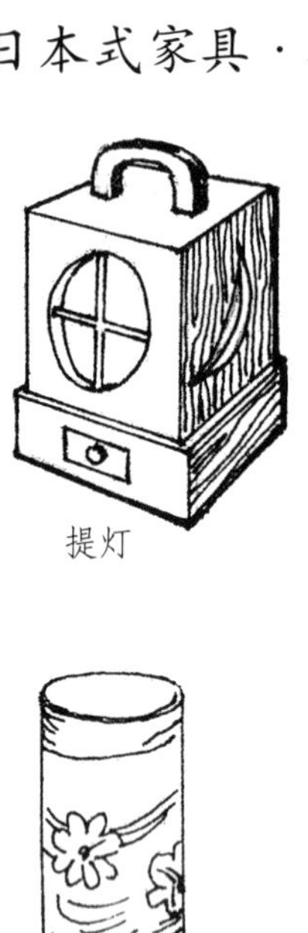

提灯

昭和初期座灯（可挂）
W＝32　B＝12　H＝32

行灯
W=32
B=27
H=52.5
（cm）

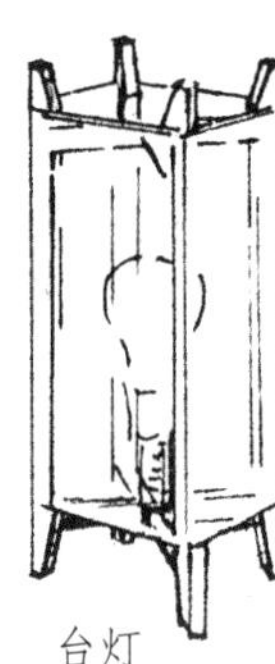

台灯

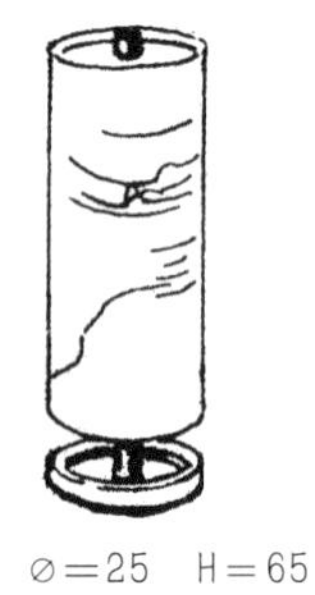

⌀＝25　H＝65
台灯

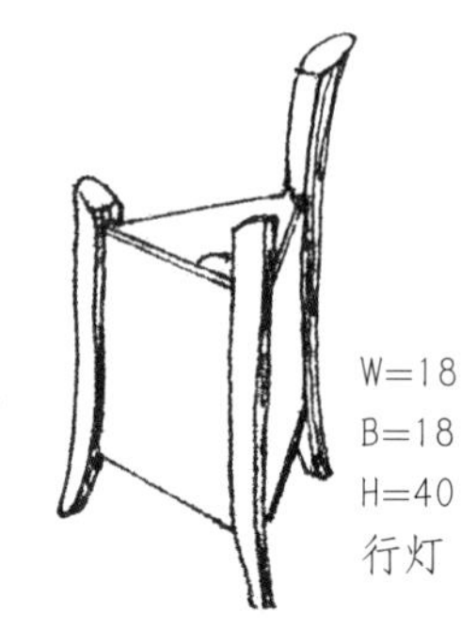

W=18
B=18
H=40
行灯

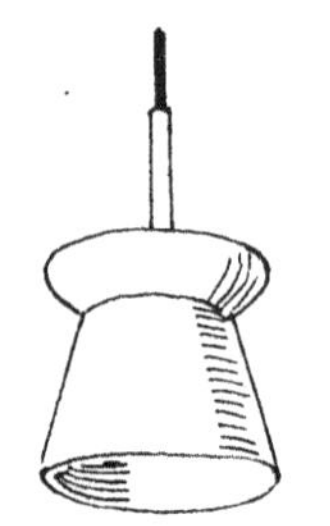

吊灯

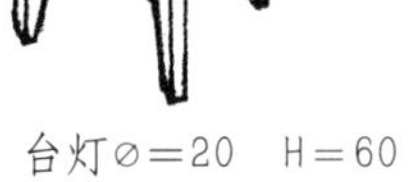

台灯⌀＝20　H＝60

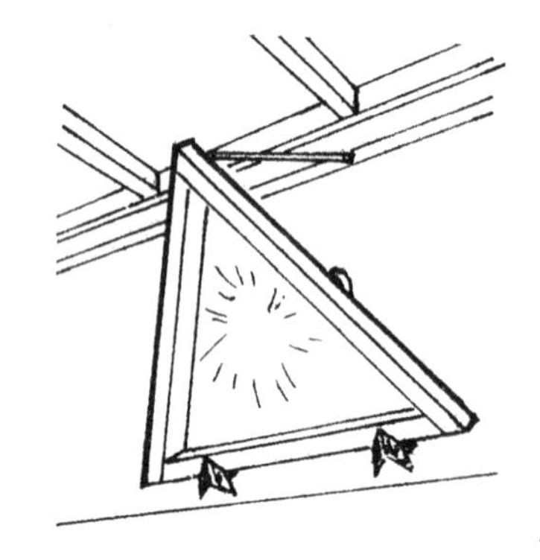

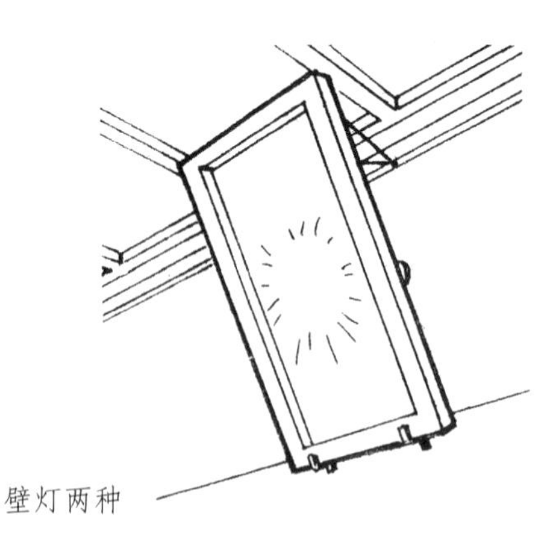

壁灯两种

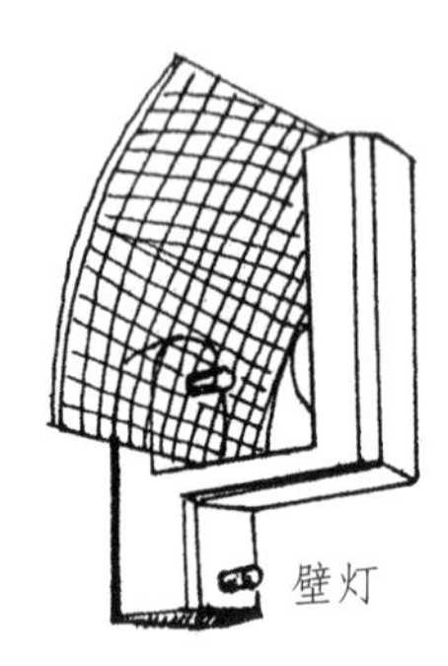

壁灯

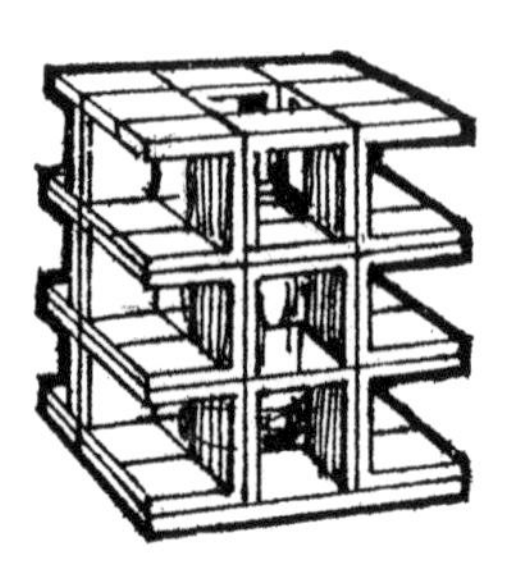

组合座灯 21×21　H=23

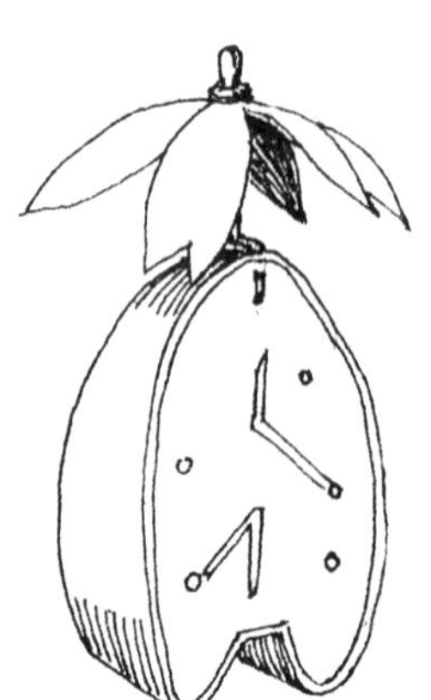

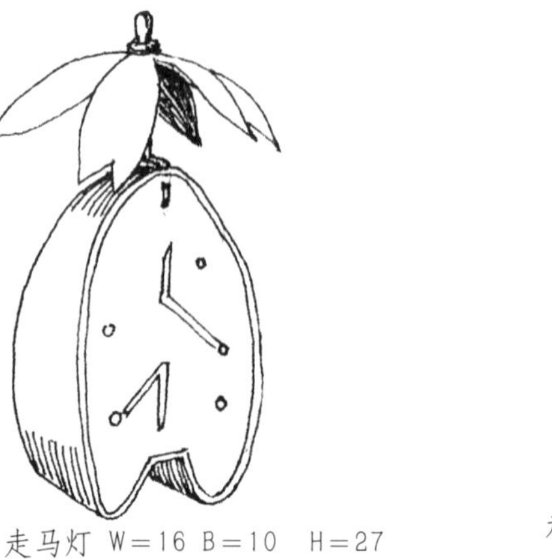

走马灯 W＝16 B＝10　H＝27

走马灯

日本式家具·格架、提盘与小餐台等

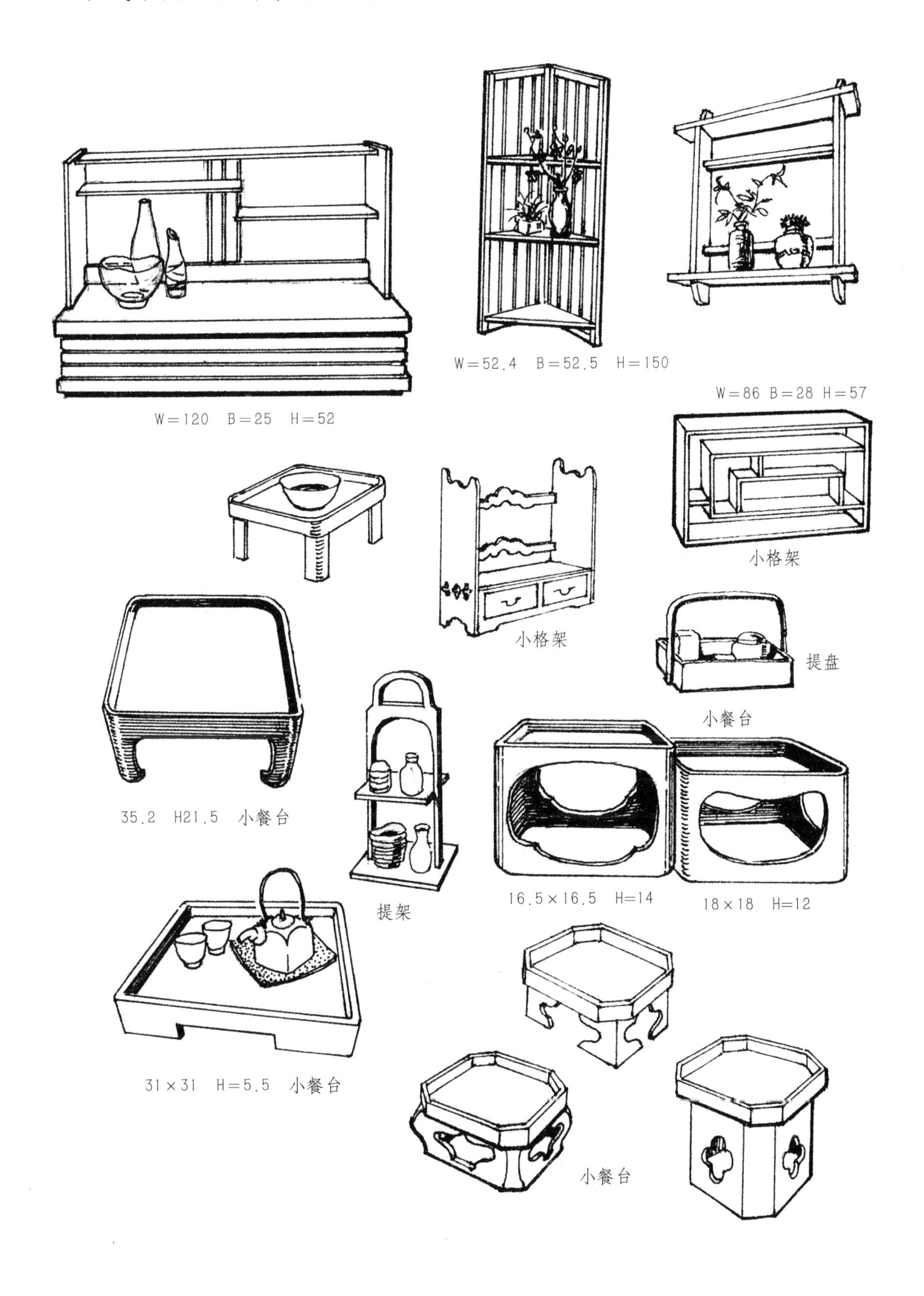

日本式家具·餐盒 、购物柜、花器、盆架等

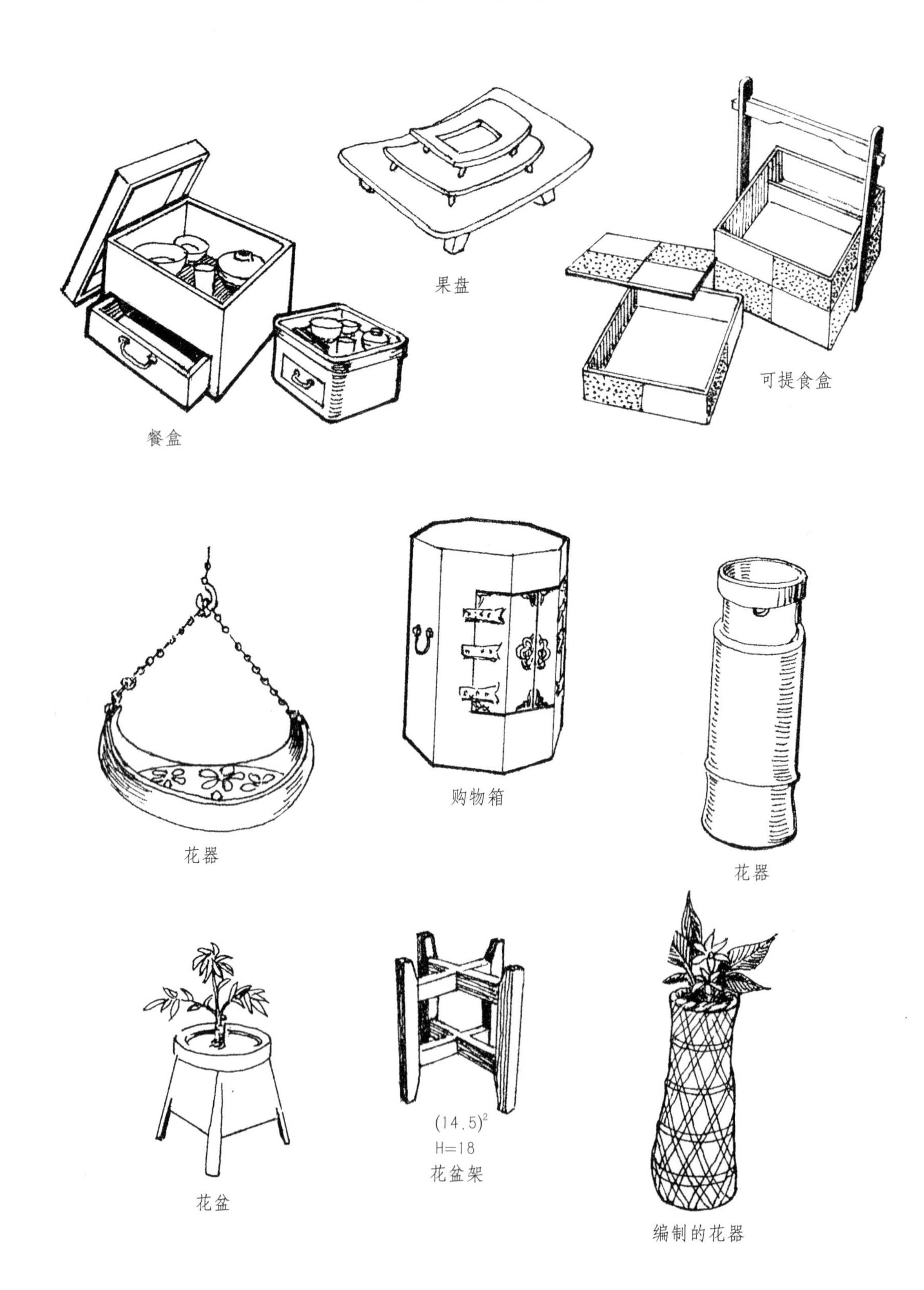

第21篇　世界园林流派简介

在古代和现代，世界各国各民族都有自己的园林艺术和发展史。但随着一些古代文明的消亡，致使有些园林艺术也消亡了；也有绵延不断的，或被别的民族或国家继承发扬了的。

1.园林艺术的分类

从平面布局和空间处理不同上，可以将世界上各国的园林划分为三种类型：规则式园林、自然式园林和混合式园林。

(1) 规则式园林

公元前三千多年的古埃及、公元前两千多年的巴比伦、公元前1000年时的古希腊、公元前600年建国的古波斯、公元前300年兴起的古罗马帝国、公元前2500年起始的古印度、公元7～17世纪的阿拉伯世界、公元8～15世纪的西班牙摩尔人帝国和公元17世纪的印度莫卧尔帝国，都曾建成优美华丽的规则式园林：对称的平面布局，园中有阶梯式台地，有方形或长条形水渠、喷泉、花坛、草坪、树篱和主景配景建筑，水池是平静的水体，或是流动的叠瀑，是休闲和观景的好去处。虽经历多次战乱和变迁，保存下来的遗迹也不多，但造园手法与原则还是被继承下来或被人借鉴。直到欧洲文艺复兴时期，由意大利园林继承和发展。在文艺复兴和古典主义时期，这种严谨规则的造园手法达到了顶峰，发展形成了"法国几何式园林"（吸收了意大利园林手法），影响到周围的国家。

(2) 自然式园林

这种不规则式园林，也叫"自然风景式园林"。开创这种园林风格的是中国，早在公元前11世纪的周朝，文王时就建造了巨大的御园"灵台、灵沼"；以后各代各朝的统治者都修建独立的御园，养花、种果树和饲养禽兽，同时使皇家的住宅园林化（皇宫内建御花园，内种花草和树木，修水池、假山和廊榭等）。从汉代开始，受老庄学说"菲薄人为，返求自然"和"天人合一"的影响，中国造园更加注重仿效自然景色，创造人工的山水树石风景，以便让人"回复自然"和"创造自然"。隋唐时期，园林和盆景都很洗练，以少胜多，突出树、石、丘、池的自然美。唐代以后，在园中加进亭台楼阁等；在民间也广泛建造私家园林。中国在明、清两代，园林和盆景艺术达到鼎盛，皇族与官商富贾都热衷于造园，所以创造出大量的名园："万园之园"（北京皇家的圆明三园）是世界上惟一存在过的"花园城市"，还有苏州、无锡、扬州和北京等地的许多私家园林。

在不断实践和总结造园经验的基础上，中国古代还出现了一些有关造园的理论著作或游记：南北朝（公元5～6世纪）时的《世说新语》、隋朝的《东都图记》（公元6世纪至7世纪初）、唐代的《艺文类聚》（居处部）、宋代的《都城记胜》和《洛阳名园记》、明代的《园冶》和《长物志》、清代的《笠翁一家言》和《闲情偶寄》以及《红楼梦》（第十七回）等，这些著述对中国及外国的造园实践，都产生了深远的影响。从汉、唐时起，中国造园术和盆景深刻地影响了日本与东南亚国家，公元14～17世纪，在日本形成"回游式庭园"和"枯山水庭园"；通过丝绸之路，由马可·波罗等欧洲人的介绍，使中国的园林艺术又传遍了欧洲，许多国家都陆续修建中国式园林，特别是"英国风景式园林"直接受中国园林的影响，在公元18世纪中叶形成。

(3) 混合式园林

从公元19世纪60年代起，兴起了在一个园中，同时采用规则式和自然式两种造园手法的园林。这种类型的园林被世界各国广泛采用。

当然，20世纪在欧美又出现了屋顶花园和城市街区水景园、国家森林公园等。

2.中国自然山水式园林的特点

"回复自然"和"创造自然"是中国园林设计的指导思想。中国园林追求对大自然深邃本源的理解与感受，以唤起人们对原始自然的联想。中国自然山水式园林是游山玩水经验的反映，是对大自然景观的模拟。中国园林与文学、绘画有着内在的联系，它们互相影响，往往表现出一些共同的意境与情怀，在中国园林中经常追求文学或绘画所描写的境界，将诗情画意变成具体的现实场景。

中国园林有以下突出的特点：

(1) 人工仿效自然

中国园林参照自然景色，创造人为的山水树石风景。但绝不是自然主义地照搬，不求表象形似，而重在神似和深层意境的表现，对自然景物经过取舍和提炼，虽由人作，宛如天成。

(2) 以水体为主

中国园林往往以水面为主，并围绕水体来灵活地布置山石、树木、花草，平面多采用不规则和非对称的布局。水面约占1/3。

(3) 不使人一览无余

中国园林追求若隐若现和变化，不使人一览无余，而是让人感到丰富多采，令人保持“寻幽探胜”的兴趣，使有限的空间产生无限的感觉，是“小中见大”的设计手法。

(4) 步移景异

中国园林采用弯曲路径、桥呈九曲和曲廊等，达到“曲径通幽”和“步移景异”的目的。园林的各个立面高低错落、蜿蜒起伏，景观变化多，引人入胜。

(5) 善用对景与借景

中国园林中的亭台楼榭和桥等多作为构图的中心，成为对景的景物主体；而围墙、隔断上形式多样的门与花窗则是用作借景或对景的取景画框。不仅可借园中景物，而且可将园外的远山、高塔等借入景中，令人心旷神怡。

(6) 建筑密度较小

中国园林理论中有“三分水，二分竹，一分屋”的原则，也就是说建筑密度不准大于总面积的16%。有的园林则以偏取胜，比如只重山石，或者以水竹为主。但建筑物（人工的东西）都比较少。

(7) 构成园林的元素很多

中国造园的元素很多，有泥土的堆砌、水体、岩石、砂、树木、花草、苔藓、围墙与门洞、格子木作、栏杆、桥梁、曲径、石铺地、亭、榭、庑廊、馆阁、楼台、雉园、灯笼幢、竹篱笆和各种石作（石案、石墩、石屏、石床、石碑、石坊和石盆等）。中国园林中有“以水池代替建筑中封闭的庭院”的做法，例如北京北海公园的画舫斋、杭州西湖的“玉泉观鱼”等。叠石造山或置石于园中造景，太湖石最佳（具有漏、透、瘦、皱的特点），罗浮石、天竺石和青石等次之。

(8) 花木保持自然形态

中国园林中的花草、树木的栽植不追求图案化，树木也不修剪成规则的几何形体（近代才流行各种“树雕”）。中国园林中也没有大面积的草坪，因为它只能一览无余，不能达到若隐若现。

(9) 巧于理水

中国园林中的水体有池、塘、泉、溪、涧、潘流和飞瀑等形式。不仅可以引水入园，还可以利用地下水源（暗河、喷泉等），让水流动（创造飞瀑、流泉、曲水、迭水等），水上再架拱桥或曲桥、汀步桥，或水中建石舫、石灯笼和雕塑等，让欣赏和体验（过桥、划船、吟诗作赋和休息等）结合起来，使人心情舒畅。

(10) 精于规划

中国园林匠师精明干练，挖土既可造山又能形成湖池，也能将整个园地分成几个景区。山可构成登高远眺的处所。叠石成假山，既可分隔空间，使园中有屋（假山中的石廊、石室），屋中有园（假山内有水体、青苔和草木）。单独置石可形成特殊的景观（构成抽象的天然雕塑艺术品）。水体可供人欣赏和亲身体验游玩的乐趣。这种一举数得的规划设计是少有的。

3.日本园林的特点

日本园林与中国园林有着密不可分的血缘关系，也是典型地再现大自然的美。

(1) 日本园林种类与特点

日本园林大致分为两类，都受中国影响。

a.回游式园林：这种园林占地较大，园中景点密集，路径曲折，园中水体也多曲折，不使人一览无余。还注重分区设景，使各景区的景观差异明显，有按四季的特点设景的。也使用借景手法。局部也有采用写意手法的。这种回游式园林是模仿中国自然山水式园林手法。这种园林在日本占很大比重。

b.写意园林：也叫“枯山水”园林或“盆景式园林”、“日本禅宗派园林”。因为早在公元7世纪，中国皇帝送给日本天皇一个盆景，漆盘内放置几块石头。日本的写意园林（“枯山水”园林）实质上就是由此发展形成的盆景式园林。再加上一些日本的禅僧受中国佛教禅宗“寂寞静修与归隐”教义的影响，以暗示、省略和象征为本，形成“残山剩水”的造园理论。此外，还深受中国古代山水画论的影响（唐代王维的《山水诀》、北宋郭熙画论《林泉高致集》和《三远构图法》等著作），在公元14世纪下半叶至17世纪之间，在日本最终形成了“枯山水园林”（即盆景式园林）。

“枯山水园林”的特点：用很少的石块象征山峦，以白砂象征湖海水面，只点缀极少的灌木，或苔藓、蕨类植物，不种树木与花草。不用石块堆砌假山，而是注重石块形状的雄浑壮峭和纹理的走向；不用大小相近、形状相似之石，也不作直线排列，更不作飞梁悬石；而是将石块单独摆放，或适当地组合，造成峰峦迭起，并使石块在脉络、联接、结构和起伏上自然朴实。将铺在地上的白砂用耙子耙成平行的曲线痕迹，象征波浪万重；沿石块根部将白砂地耙出平行的环形痕迹，表示惊涛拍岸。片石搭放在两块石基上，在片石下的砂地上耙出平行的波浪线痕，象征小桥下有流水。

(2) 日本园林与中国园林的差别

a.日本园林中的建筑比重更小，而建筑物的体量也较小，建筑物本身往往不对称，色彩淡雅，风格简朴。中国园林中建筑比重为1/6，建筑体量大、造型对称、色彩华丽。

b.日本园林中用石概括、洗练，突出石材自然纹理和结构，不作石块的摞叠，这与中国汉唐两代的造园风格接近。中国园林用石，到了明清两代，走向衰败，堆砌石块做假山，里面再加走道，供人穿爬，造型臃肿，不精练。

c.日本园林中很少开花的树，树木经常修剪；特别是公元17世纪以后，受西方规则式园林的影响，多将树木修剪成几何形体。中国古代园林中，开花的树木较多，而且不修剪，使树木保持自然形态美。

d.日本园林中的曲水是用大小不同的石子围筑在水道边界，只供观赏。而中国园林中的曲水则是用方整石块砌成，水流蜿蜒，水道两侧设石凳，供文人吟诗作对。

4.西方国家园林的特点

公元17世纪时，在欧洲已形成意大利式、法国式和荷兰式三种园林类型。这三种园林各有自己的特色，也互相影响。但共同的缺点是：人工化的成分过多，过于严整刻板，缺乏自然美感。

(1) 意大利台地式园林的特点

花园别墅的建设是多层台地式，布局有明确的中轴线，主要建筑在轴线的一端，主要的道路是直的，纵横组成几何形，交叉点上往往是小广场，内设柱廊、梯阶或喷泉。园中有水渠，每层台地边沿都有流水下泻形成迭瀑。园内栽种穿天杨、柏树和石松，灌木丛修剪成树墙，有面积相当的草坪，里面种花卉。建筑小品还有门洞、石雕栏杆、半圆阶梯状水池、人像柱、联组贮水池和兽头饮水盆以及石花瓶等。附属建筑、树木和花圃等多采用对称式配置。尽管能造成壮丽的景观，但保留自然地形和生态原貌的成分较少。

(2) 荷兰地毯式园林的特点

荷兰园林中都开凿几何形的水渠（方、圆和长条形），还栽种橙树（既有观赏价值，又可食用），将灌木修剪成树墙，还多建有培养热带植物的钢骨架玻璃暖房。道路也多是规整的布局，但道路多铺石块或石子，图形自由灵活。有意识地利用地面高差设置栏杆、台阶或道路。在斜坡上植草坪和花卉。在大面积的草坪上，利用各色花和草种植成某种图案纹样，使草坪和花坛宛如巨幅地毯。花坛的平面形状多种多样（有苹果形和梨形等）。由于荷兰园林草坪花坛这一突出的特色，所以被称为“荷兰地毯式园林”。

(3) 法国几何式园林的特点

法国几何式园林既吸收了意大利中轴对称式布局和多用建筑小品的观念，又吸收了荷兰地毯式草坪花坛的造园手法，再加上自己独创的几何形体的树雕，从公元16世纪初形成，到18世纪中叶（路易十四执政时期），成型为“法国几何式园林”风格。

法国几何式园林的具体特点是：

a.花园的轴线与宫殿建筑的轴线重合，道路是规整的几何形，多呈对称式加星状辐射形构图，场面宏大壮观；

b.在中轴线上建长条形或大面积水池，或建造迭瀑，以水体作镜面来表现建筑与雕塑的倒影，在道路交叉点上还修造多种喷泉，来增加景观的活力；

c.在主次路径的交叉点上，多建造柱廊、雕像、台阶与护栏、喷泉水池或花坛等，形成许多个大小不等的广场；

d.路径中间为大面积草坪，用不同颜色的草和花卉，或加种矮灌木后修剪，形成多种图案花纹，宛如一块块地毯；

e.在平直和斜坡的路径两旁是栽种灌木并修剪成树墙，地毯式草坪的周边也多为灌木树墙；有的树墙中修剪出券门洞；

f.法国几何式园林周边栽种的树木是保持自然形态的，但向园内过渡的树墙、地毯式草坪、雕像和各种建筑小品（喷泉水池、迭瀑、柱廊和台阶等）等，都是人工化的产品。特别是园内的数量不多但排列有序的树木都修剪成某种几何形体（圆柱、圆球、圆锥和方锥等），或仿自然形（伞形、蘑菇形、葫芦形和瓶形等）；

g.受荷兰和英国影响，有的法国园林中也种橙树、建“橙园”，或由灌木树墙围成迷宫，供人们赏玩。

法国几何式园林的代表作品是凡尔赛宫花园，它是由著名的宫廷园林建筑师勒·诺特尔（Le Notre）设计的。法国几何式园林深刻地影响了欧洲许多国家。

(4) 英国自然式园林的特点

在公元18世纪中叶，由于法国启蒙思想家卢梭提倡“返回大自然中去”的思想影响到英国，风景画家华托的田园绘画和当时在欧洲兴起的“中国热”也深刻地影响了英国，使一些英国人接受了中国造园理论与手法，并模仿中国园林造园，从而形成了“英国自然式园林”。

英国自然式园林的特点：

a.具有浪漫主义情调，追求田园绘画般的色彩与光影效果，园内人工化成分不多；

b.受中国造园学说影响，采用自由灵活的平面布局，道路是曲折的，多半利用和保留天然的环境条件（有高差的地形地貌、丛林、孤树、湖泊、小溪、小岛、瀑布、岩石和废墟等自然形态），建少量的建筑（围柱式圆亭、局部石铺路等）和建筑小品（台阶、栏杆、花瓶等）；

c.英国自然式园林中，还建一些猎奇的异国风情的建筑物，如中国的拱桥、多层宝塔、灯笼幢和雉园，阿拉伯和印度伊斯兰风格的建筑，等等。

受英国自然式园林的影响，在18世纪末到19世纪初，在欧洲还出现了人工化极少的“德国自然式园林”，对其他欧洲国家也产生了影响。

5.伊斯兰国家的园林特点

伊斯兰教《可兰经》认为宇宙由四个部分组成，所以最标准的伊斯兰风格的园林平面是：在方形花园中，用十字形水渠或道路，将整个花园划分为四个正方形花坛（方形四周植树，中间为草坪与花卉。有的还将正方形花坛用十字形路径又划分为更小的四个花坛)，这就是《可兰经》中描述的“天堂乐园”。这种规整的庭院式园林具有宁静和内敛式特点。宫殿、陵墓中的园林多为这种形式。

此外，还有供王室狩猎或供人游玩的园林，平面虽不像“天堂乐园”那样固定化，但也采用对称式布局，地层为台阶式，有迭瀑、喷泉和长条形水渠，或多个几何形水池联在一起。园中有大片树林，或灵活栽种树木，有草坪和花卉组成的花坛。有的建有林阴道、柱廊或凉亭。

(1) 伊朗的伊斯兰园林

伊朗是古波斯帝国的领地，所以吸收和保留了古波斯的某些造园手法。因为伊朗属于阿拉伯世界，因此又有伊斯兰教的影响。

伊朗园林有三类：

a.天堂乐园：十字形水渠将庭院分成四个花坛，花坛由草和花组成，水渠两旁与花坛周围种植低矮的多花树木和高大雪松。园中建有穹顶建筑。也有用十字路径将花园分划成“田”字，正中设矩形水池。

b.王室猎园：平面是非对称的，内有大面积树林和草地，有湖泊和供人休息的建筑等。

c.城市绿化：城中央有大矩形广场，周围是林荫道，再外是环状柱廊。这个广场是举行比赛和盛大宴会用的。郊区有中为水渠的阶梯形大道，上下层台阶的水池形成迭瀑，路两端建有凉亭。古都伊斯法罕城就是这样的。

(2) 印度的伊斯兰园林

公元17世纪，东征的伊斯兰教徒在印度建立了莫卧尔帝国，建造了一些伊斯兰式园林。

印度伊斯兰园林有两类：

a.规整对称式：受古波斯与伊斯兰教义影响，修建“天堂乐园”式的园林。这类园林建在平原上，用十字形水渠将花园分成四个方形花园，水渠交叉点上建喷泉，四个方形花园又被十字交叉的路径分成四个小方形草坪花坛，水渠两旁及草坪花坛周围栽种较高的树木。建于阿格拉 (Agra) 的泰姬·玛哈尔 (Taj Mahal) 陵园就是这种园林的典型代表。

b.水渠主轴式：这类园林地坪有高差，属台阶式，水渠有宽有窄，纵横交叉，渠中有迭瀑，宽渠上设平桥或渠边建多级台阶，台阶两侧为方形花坛。宽窄水渠交叉点上有三层重叠的花瓣形喷泉，方或矩形畦中分块栽植草本或木本花卉。有天然的棒形和剪成半球形树冠的树，有大小不同的草坪，上下层地坪用踏步连接。宽条水渠两侧的布置不是绝对对称。典型例子是克什米尔的斯利那加莫卧尔皇家园林。

(3) 西班牙伊斯兰园林

信仰伊斯兰教的摩尔 (Maur) 人，在公元8至15世纪，在西班牙建立了帝国，在考尔多瓦 (Cordova) 和格拉纳达 (Granada) 两地区，修建有大型宫殿和清真寺，同时其中也修建了精美的花园。

西班牙伊斯兰园林分两类：

a.天堂乐园式：矩形庭院被十字形水渠分成四个矩形草坪(草坪中栽有开花的矮树)，窄水渠交叉点上为圆形喷泉，窄水渠两侧是石铺路径，喷泉的水从喷泉下的环形池，通过东西南北向的窄水渠，流入东西的柱廊中和南北两柱廊里的方厅中，起到降温作用，水可以循环。这也是“天堂乐园”的平面形式。这类园林的典型是格拉纳达市阿尔罕伯拉 (Alhambra) 宫中的“狮子院”。

b.水渠中轴式：矩形庭院中央为纵向布置的长条水池，水池两侧设喷泉水咀，再向外侧则是左右两排灌木丛(长条灌木丛中间成排栽植石榴树)，院子两个短边建有船背形券柱廊，院子两个长边是由矮墙围成；矮墙与灌木丛之间是路径。这种园林是受古波斯和古希腊庭园的影响。在西班牙，这种水渠中轴式园林的典型是阿尔罕伯拉宫中的“石榴院”和阿尔罕伯拉山上的格内拉里弗水渠庭院。

* * *

由于古埃及、古美索不达米亚、古希腊和古罗马、古波斯以及古印度几个古代文明的消亡，造园艺术没有独立和充分地发展，更由于频繁的战乱和统治者的更迭，这些地区的古代园林遗存极少。但是，可喜的是：古埃及、古希腊园林中有矩形水池的庭院式，古巴比伦山形露台式，古波斯的用十字形水渠将庭园分成四个景区和迭瀑等这些造园手法和精髓，都被欧洲和伊斯兰世界的国家继承下来，并且有所发展。

当人类文明进入工业社会 (19世纪下半叶) 后，美国承袭了英国自然风景式园林风格，并将这种造园手法引入现代城市生活之中，形成“城市公园”类型 (1854年美国建立了850英亩的城市公园)；美国又于1872年设立黄石公园，首创以保护天然景观和生态环境为目的的“国家公园”类型，并被许多国家仿效。这表明对园林建设提出新的更高的要求。

复习题与思考题

1.世界园林艺术分几类？各类的特点是什么？
2.中国自然山水式园林的特点有哪些？
3.日本园林有几种？每种园林的特点是什么？
4.意大利台地式园林有什么特点？
5.荷兰地毯式园林有哪些特点？
6.法国几何式园林有什么特点？
7.英国自然式园林有哪些特点？
8.伊朗、印度和西班牙伊斯兰园林各有什么特点？

1.苏州园林（拙政园中的“海棠春坞”，明代1509年始建之名园）

2.苏州园林（艺圃的“浴鸥庭院”明代）

3.日本京都日莲宗玉泉院茶室

4.苏州园林（网师园中的“月到风来亭”，南宋始建）

1 | 2
3

1. 苏州园林（沧浪亭中的“汉瓶式洞门”，宋代，1045年）
2. 日本京都大德寺龙源院方丈东庭里的“东滴壶”院（16世纪中叶）
3. 日本东京浜离宫中的恩赐园（德川将军别墅中的“海潮池”，17世纪末）

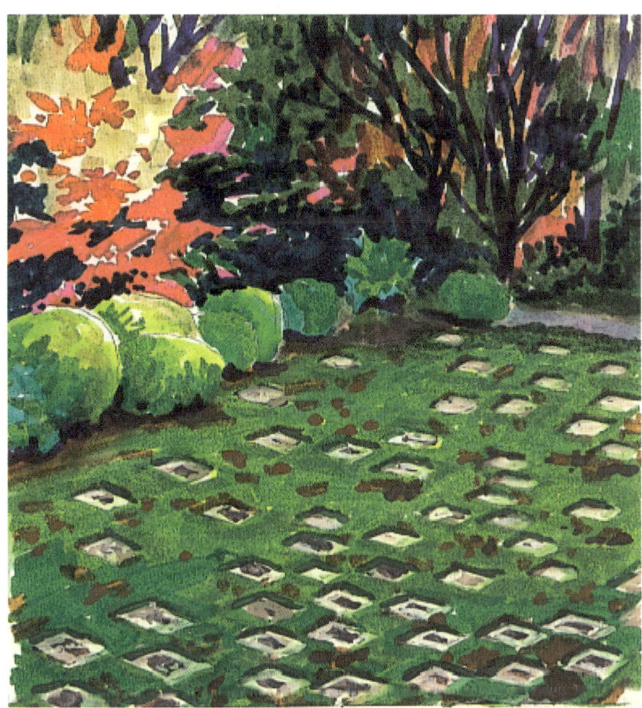

1. 日本“枯山水园林”典范（京都的大云山龙安寺方丈院）1525年

2. 日本京都东福寺北庭，<昭和>时代，用苔藓、松针与白砂铺地

3. 方丈东庭北斗七星柱（日本京都东福寺禅宗枯山水庭园，1243年）

世界园林流派·中国园林

墙上的花窗构成取景框

园林中的月洞门

白墙加上前面的石、竹，形成一幅山水画

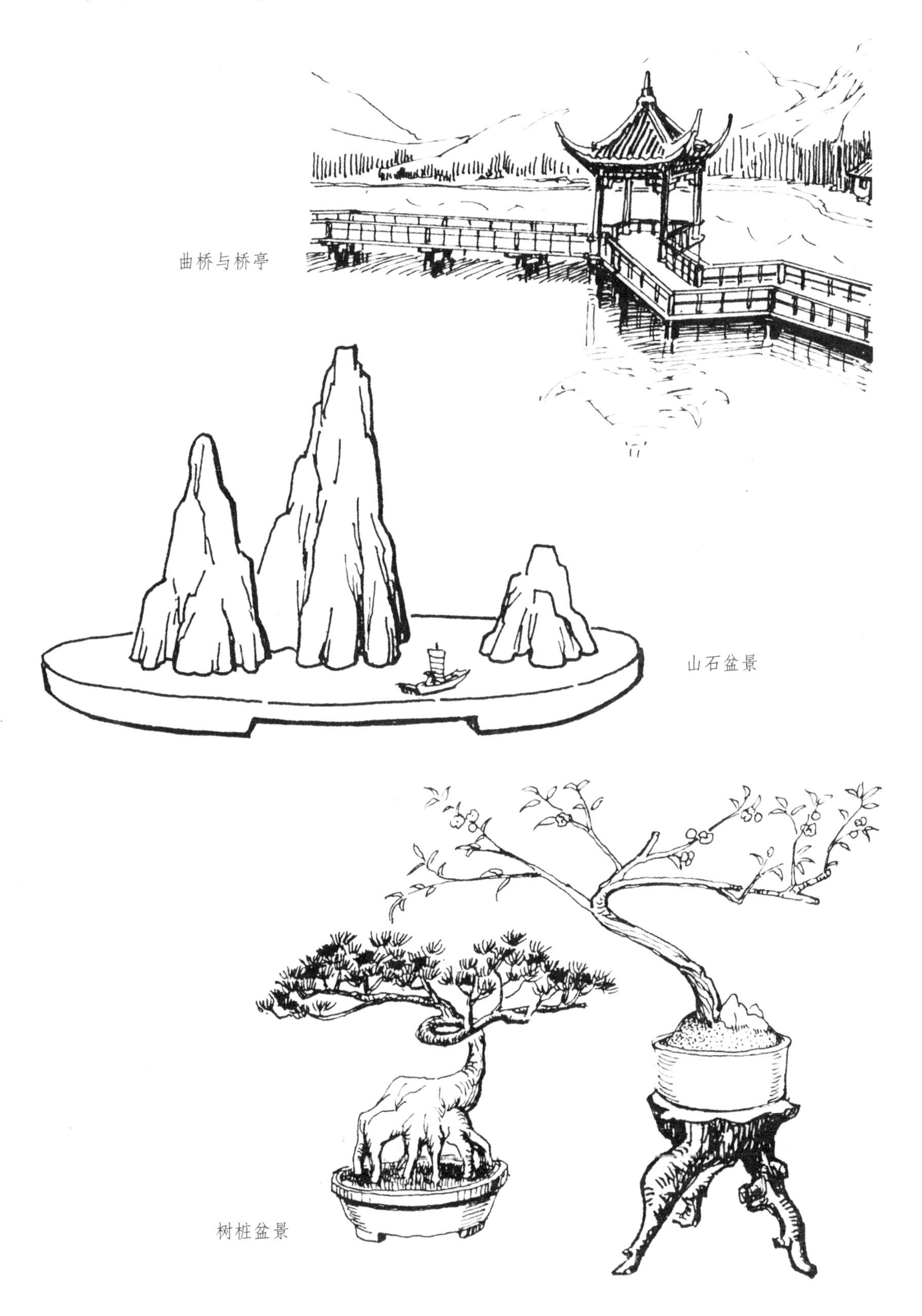

曲桥与桥亭

山石盆景

树桩盆景

世界园林流派·中国四合院与插花

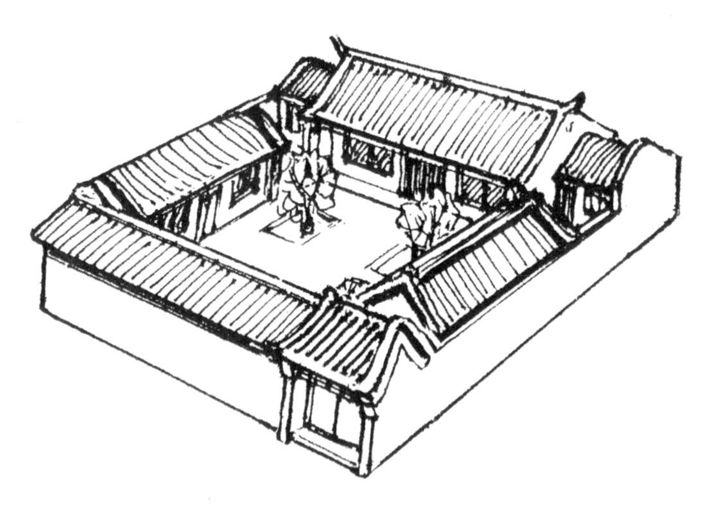

中国四合院内植树

室内插花作品两例

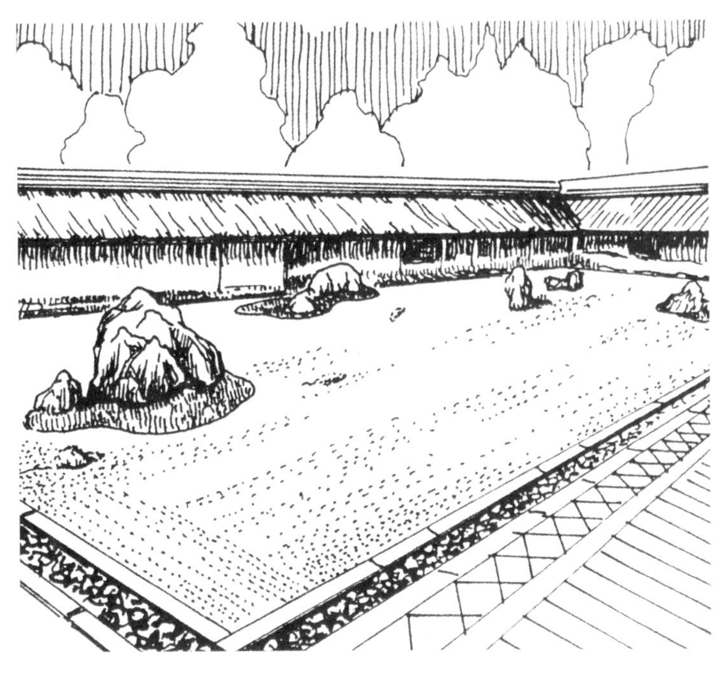

枯山水庭园

枯山水意境（树丛剪成卵石状）

世界园林流派·日本的叠石与理水

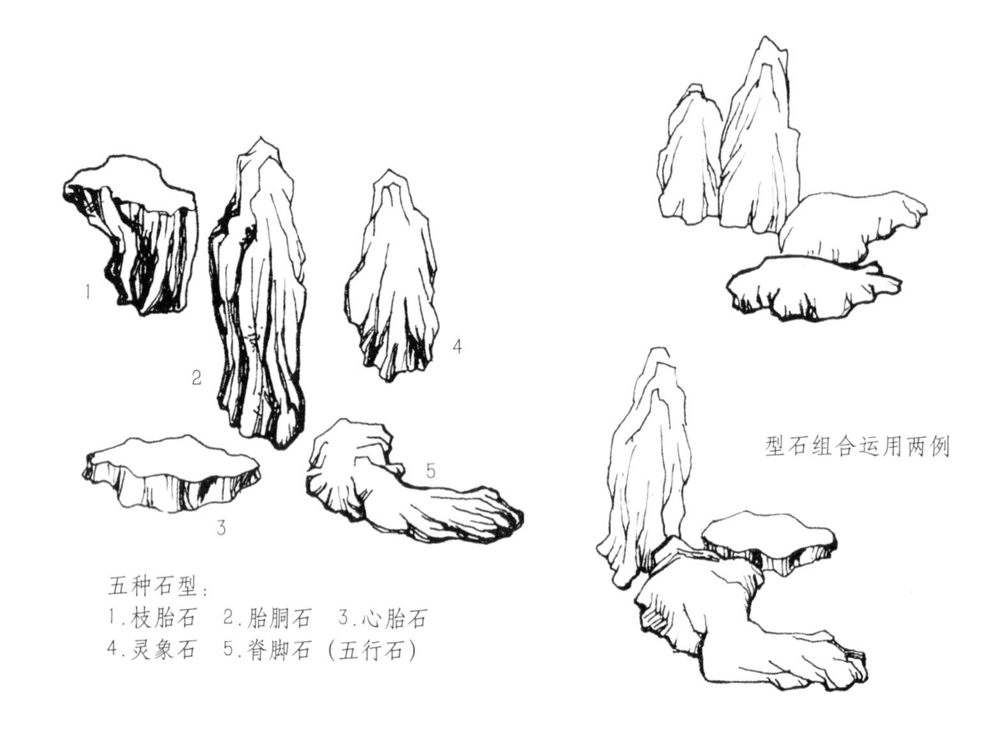

五种石型：
1.枝胎石　2.胎胴石　3.心胎石
4.灵象石　5.脊脚石（五行石）

型石组合运用两例

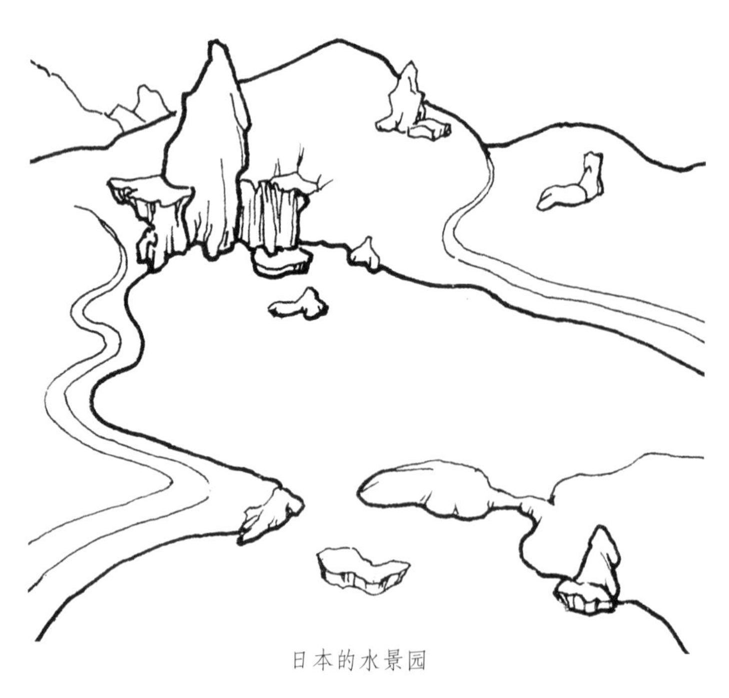

日本的水景园

世界园林流派 · 英国与伊斯兰园林

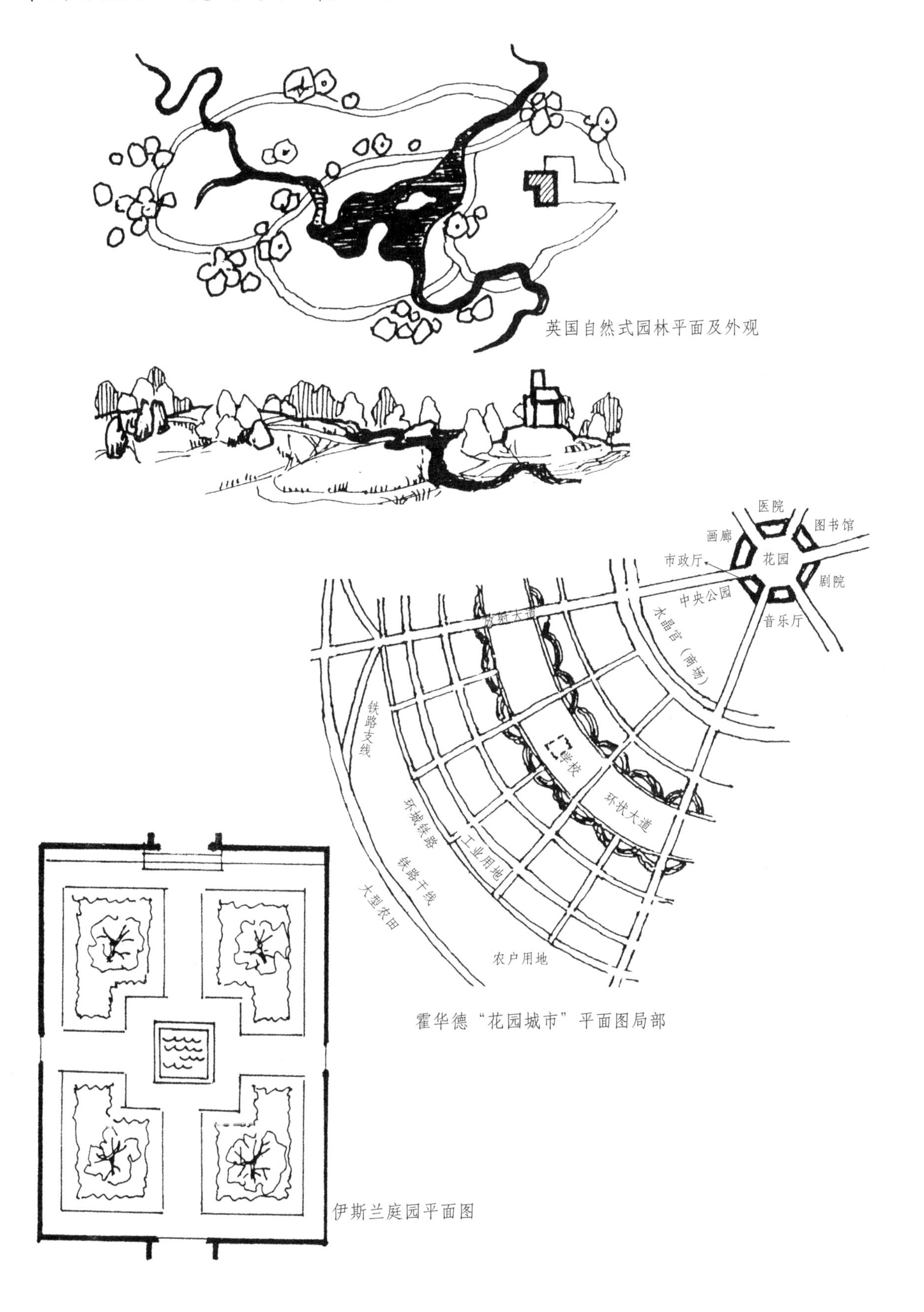

英国自然式园林平面及外观

霍华德“花园城市”平面图局部

伊斯兰庭园平面图

世界园林流派·意大利与法国园林

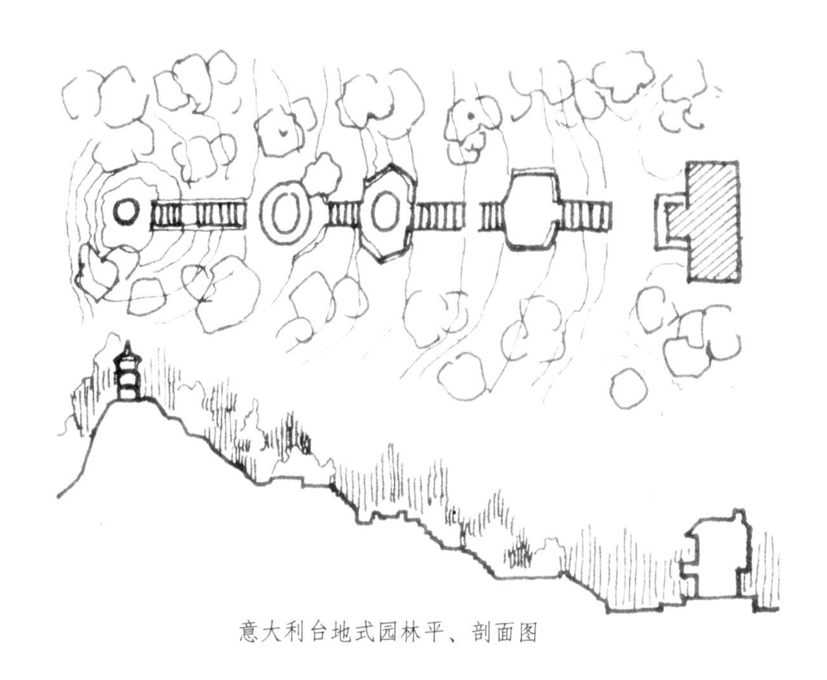

意大利台地式园林平、剖面图

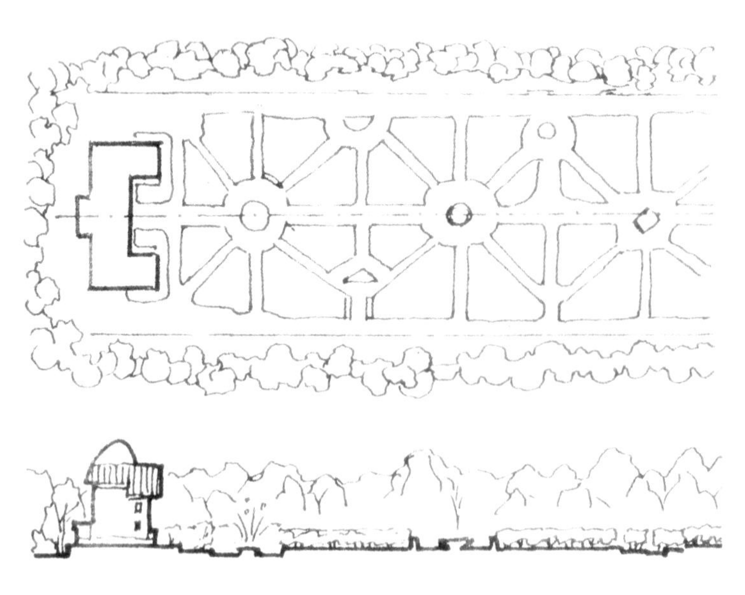

法国几何式园林平、剖面图

按法国园林风格建成的景观

荷兰园林中的剪树造型

世界园林流派·现代的环境景观设计

“流水别墅”，F·L·赖特设计

加拿大的屋顶花园

公共室内环境中的水景（叠瀑与飞瀑）

玻璃容器盆景四例

世界园林流派·中国居住环境的绿化

居住小区的环境美化

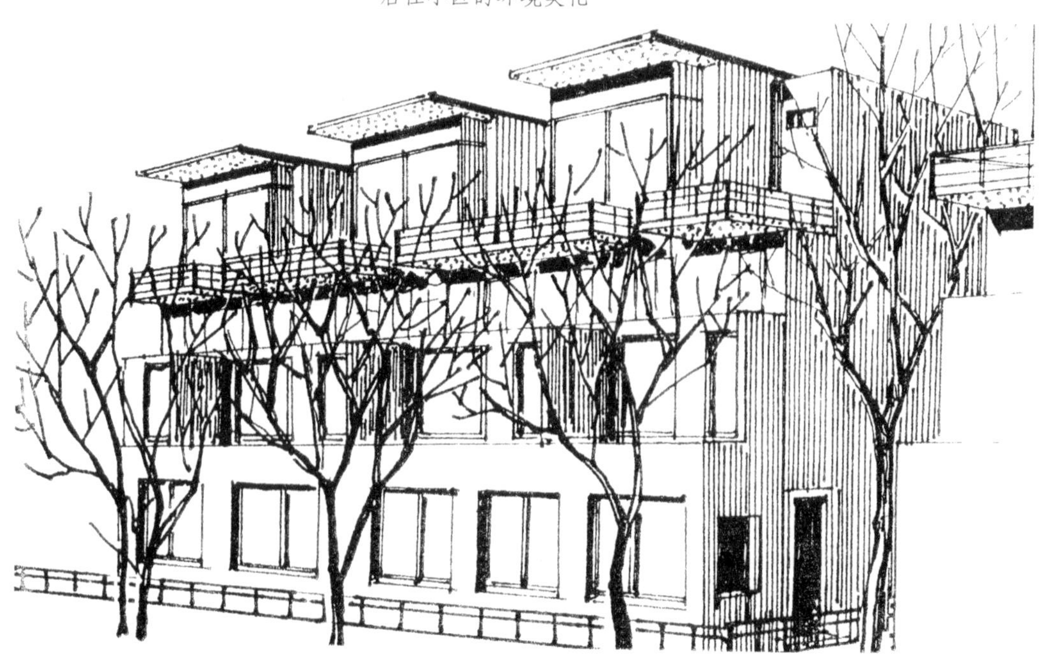

联列式别墅住宅

第22篇　历史给予我们的启示

我们学习、了解古代及近现代的建筑发展（建筑类型、建筑技术、建筑材料、建筑装饰装修特点与风格、家具类别、家具构造、家具形态特点与装饰风格等），不是为了好玩，也不必死记硬背历史年代和众多名人的姓名，而是为了继承和借鉴古人的优秀设计思想，继承和发扬好的装饰装修技法和经验，进一步提高建筑、室内外装饰和家具设计的质量，改善人类的生活品质，使古代及近现代建筑与家具的遗存发挥更大的教育与启示作用。

1.设计思想与理念方面

古代和近现代的建筑与家具设计师，在设计思维和理论方面，值得我们现代人学习和效法的有很多。

(1) 建筑与家具设计是为人所用、为人服务的

早在远古时期，原始人为了生存和发展，建造了多种不同的建筑物，都是为了满足人类的物质生活和精神生活的需要：建筑物不仅能遮风避雨、抵御野兽和敌人的袭击，而且能起到祭祀、崇拜和美化生活环境、表达自己情感的作用。建筑与家具设计师以及工匠是人中之精英，他（她）们在创作中，更是有意识地贯彻上述两方面的原则，所以才使建筑和家具设计成为艺术设计中的重要门类。

周恩来总理在上个世纪50年初，代表我国政府提出的"建筑设计三原则"——实用、经济，在可能的条件下注意美观。可见"实用与美观"是建筑与家具设计与生俱来的创作原则，是满足人们物质生活和精神生活两方面需求的问题。说到"经济"，古代的为民众服务的设计师，都是精打细算、力戒浪费的（御用建筑师、家具设计师与工匠极尽奢华，则是为了使皇帝和贵族喜欢）。所以，我们现代人必须全面贯彻这个设计的三原则，不可过分地强调其中某一项或某两项，使我们的设计作品不遭后人唾骂。

(2) 弘扬地方特色与民族风格

从世界各地古代与近现代建筑与家具遗产方面来看，都是讲究实际、就地取材、具有浓郁的地方特色与民族风格的；即便在同一个时代在总体风格统一的情况下，也是如此。远古时期，由于各地区气候条件、容易得到的建筑材料的不同、生活方式不一样，所以在建筑形式上会有多种不同。再拿哥特式教堂与民居来作例子，英国的与发源地法国不一样，西班牙的与法国和英国的也不一样，捷克的与法国的也不同……但建筑师都有着共同的创作思想，建筑上都体现出同一种精神，有着共同的造型与装饰语言即统一的风格。在风格统一的前提下，各国、各地区在建材使用、造型与装饰的细节上，流露出鲜明的地方特色与民族风格。所以在建筑风格史上都为世人所肯定与赞赏。

再如，中国古代建筑在世界建筑史上独树一帜，建筑、园林与家具影响到日本、朝鲜与越南等国，但是日本古建筑和园林、朝鲜与越南的建筑与中国的不完全一样，都有地方特色和民族特点，在世界建筑史上都占有一席之地。

这恰好证明了现代绝大多数人都认同的一条真理："只有民族的，才是世界的"。日本的现代建筑，虽然也是用钢筋混凝土、金属和玻璃所建，但具有明显的民族建筑风格特点。芬兰的近代建筑具有地方和民间建筑特色（红砖砌墙）。所以都被世人称赞和肯定。

(3) 不断改进和提高设计质量

纵观人类的建筑与家具设计史，我们可以清楚地看到：人类随着生产力水平的不断提高，文明程度和生活需求的深入与广泛地发展，在改善生活质量、提高设计水平和质量方面，一直都在不断地探索和创新，从来没有停滞不前和满足已经取得的成就，而是不断有所追求。例如原始人的居住建筑空间比较单纯，到了封建社会就有了满足不同功能需求的多种空间；在资本主义社会和近现代，人们的居住建筑类型和空间的多样化是前所未有的。在建筑形制（类型）上，原始社会只有居所、共用厅、陵墓和祭祀（或祈祷）场所。到了奴隶社会，就增加有宫殿、别墅、2～3层的民居、神庙、堤坝、水渠、水位观测站、输水道、河桥、旱桥和堡垒。封建社会又出现了教堂或清真寺、城堡或宫堡、店铺与集市、学校、图书馆、体育馆和运动场、旅店、剧场、浴池、斗兽场、赛马场、水上游戏场、交易所、瞭望塔和灯塔、手工业作坊、仓库、船坞、法庭或官衙、长老会议大厦、市政厅、音乐堂、广场、敞廊、画廊、俱乐部、山门、凯旋门、纪念柱与纪念碑等。到了资本主义社会，又增加一些新的建筑类型：贵族府邸、庄园、育婴院、钟塔、医院、监狱、剧院、喷泉水池、博物馆、工厂、园林建筑、多层的公寓、议会大厦、纪念堂、展览馆、百货商店、植物温室和天文台等。建筑类型逐渐增多，就是同一类型的建筑，也有所发展与变化。

此外，在建筑材料、结构技术、装饰装修技法、家具设计与装饰等方面，也流露出改善与进步的足迹。

(4) 借鉴和学习先进

我们从世界建筑与家具的发展上，可以认识到：对于外国的先进文化、设计理论、建筑技术、建筑材料、装饰技法和工具等，一定要借鉴、吸收，绝对不可以拒绝和抵制；当然也不能丝毫不加批判地盲目地全盘接受。

例如哥特时期，法国的建筑师与工匠曾被欧洲其他国家聘用，承担著名大型教堂的设计与施工。在文艺复兴时代，意大利的许多建筑师与石匠，被法国、德国、西班牙和英国皇家聘为宫廷建筑师。在古典主义时期，意大利和法国的著名建筑师被俄国皇家长期聘用。这些聘请的国家在建筑艺术方面都取得了巨大成绩，改变了原来落后的面貌，而且还有创新与发展。

再如，中华民族学习佛教文化，不是盲目地模仿古印度佛教建筑，而是结合并融入了本民族的艺术观和建筑技术，所以别具一格，并深深地影响了日本、韩国和越南的建筑。中国的先民从大月氏人那里，学到了古巴比伦的制造琉璃的技术，但不是墨守陈规，而是发扬光大了琉璃艺术。这是值得中国人自豪的，我们应该继承和发扬这种精神：不仅要学习，而且要创造开拓。

(5) 设计要与时俱进

从世界建筑与家具发展历史来看，我们还可以总结出“设计要与时俱进”的规律。

随着时代的进步与发展，建筑与家具设计师只有反映当时人民的意愿与要求，运用先进的设计理念，及时利用科技新成果（新技术、新材料、新结构），才能创作设计出进步的、符合新的功能需求的、超越前一个时代的建筑精品。如果建筑师、家具设计师因循守旧，拒绝接受新事物，不思进取、缺乏创新精神的话，就跟不上时代的发展，就会被社会淘汰。中外古代和近现代的著名建筑师、家具设计师，像古埃及的伊姆霍台波、中国的宇文恺和李春，古罗马的维特鲁威，意大利的布鲁乃列斯基、阿尔伯蒂和达·芬奇，法国的勒·诺特尔和勒·柯布西耶，德国的格罗鸲斯，美国的赖特和布鲁叶、诺尔，等等，他们所以能在历史上留名，就是因为他们善于总结、勇于创新、紧跟时代的脚步，为人类留下建筑（家具）精品或好的创意、理论著作等宝贵遗产。

2.艺术设计与装饰装修技巧方面

古人在建筑艺术设计、装饰艺术元素和装饰装修技巧等方面，给我们留下了极为珍贵和丰富的遗产，值得我们现代人学习、借鉴和发扬。

(1) 在建筑艺术上

远古时代的原始人就已经认识和运用了艺术设计的形式法则，像“主与次”、“节奏与韵律”、“比例与尺度”、“统一与变化”等。到了奴隶社会，除了有意识地运用上述法则之外，又在“安定与生动”、“视错觉之矫正”、“装饰的简与繁”、“对比与协调”等方面，有所成就。再后来，建筑师有目的地运用透视学规律来突出主体建筑物，或者创造深远的空间；利用不同的视距达到不同的视觉效果。

这些不断深化、完善的艺术形式法则，从理论到实践，为后辈的设计师们提供了学习的范例。

在建筑形态（造型）设计上，从古至今，各民族由于宗教信仰、文化传统、地域与建材的制约，生活方式与风俗习惯、社会思潮及政治原因等的不同，致使建筑与家具外观及细部装饰上出现了多种不同的风格，例如古埃及、古巴比伦、古希腊、古罗马、古印度、古代中国、穆斯林世界、古俄罗斯、古代拉丁美洲等国家或地区的建筑与家具，欧美各历史时期建筑与家具风格的演变，为后世的建筑师留下极为丰富和珍贵的遗产；这些财富值得后人学习、借鉴并从中得到启示。

(2) 在建筑语言（建筑元素）方面

纵观世界古代建筑，任何一种建筑语言（建筑元素）的出现和流行，不是出自政治原因，就是由于安全的需要，或者是为了实用和美观。随着时代的发展，建筑语言（元素）不断地增多。例如古埃及的神庙塔门、虚假建筑、门楣上的日盘与飞鹰和仿野兽形的家具，古希腊和古罗马的多种柱式、凯旋门与纪念柱，哥特时期的尖券门窗、窗棂和彩色玻璃画，文艺复兴时代的瓶式栏杆柱、户外楼梯和喷泉水池，巴洛克时期的牛眼窗、曲面的墙和动感的装饰浮雕，古典主义时期的壁龛、花环浮雕和胸像柱，中国古建中的斗栱、雀替、梁枋彩画、驼峰 、悬鱼和惹草等。

也就是说，根据人的需求，建筑类型会逐渐增多，建筑元素（语言）也会不断地丰富，不会停滞不前，不会一成不变。因为任何事物都是在不断地发展着。

(3) 建筑装饰装修技巧上

古代建筑的装饰装修手法，许多都是卓有成效的，值得我们后人借鉴和发扬的。

从墙面装饰装修上看，最古老的是石灰抹灰（有的掺石膏粉）；古希腊时是蜡色烫染（Enkoustika）；古罗马、拜占庭及哥特时期，采用彩石镶嵌（Moseika，马赛克）、早期湿壁画；伊斯兰世界也用马赛克、湿壁画和“黑合金镶嵌（Niello）；文艺复兴时代，使用三合土灰泥抹灰或塑形(Stucco)、湿壁画（Fresko）、壁刻（Sgrafitto）、家具与墙上常用木片镶嵌（Intersie）、用布料和皮革包墙面、用釉砖或石板贴面、用赤陶（Terrakotta）或洋瓷（粗瓷，Fajáns）贴面、上部三合土灰泥抹灰下部做木墙裙，还用白釉雕饰、“切里尼”（金属墙饰，Cellini，以金工艺术家B · Cellini的名字命名）等；巴洛克到古典主义时期，除了大量使用三合土灰泥浮雕、湿壁画之外，还使用金属镶嵌（Marketerie）、暗釉陶（Majolika）、贵重石块镶嵌（Pietra dura，即衬地为暗色的"佛罗伦萨马赛克"）、家具上的乌木镶嵌（Ebenista）、壁纸和镜面墙等。

在地面装修上，最早是夯土、三合土、砌砖；后来是石子、石板铺地；文艺复兴时代用釉面砖、木板铺地；巴洛克以后的时代用大理石、花岗石铺地，并配以地毯（当然，早在公元7世纪就开始使用地毯了）。

在顶棚装修上，最早是抹灰、早期湿壁画；后来是彩石镶嵌（马赛克）；再后来是木质平顶、藻井雕饰或彩绘；再后来是三合土浮雕和鲜艳的湿壁画；再后来是钢铁穹顶和钢筋混凝土楼板等。

古代的装修做法至今仍在沿用，有的还有所发展和创新。文艺复兴时代的壁刻墙画或壁刻墙砖只有两种色彩（黑与白、褐色与白），现代的壁刻画可以是五颜六色；哥特时期的彩色玻璃窗画，发展成为现代的彩色玻璃屏风或隔断（可移动或固定式）；彩色石块镶嵌、木片镶嵌在现代建筑中仍然使用；室内墙顶的浮雕式石膏线脚就是模仿古罗马和古典主义建筑装饰手法；人造石板就是受古代三合土灰泥塑的启示；蜡色烫染在墓碑和家具装饰上至今仍在使用；彩色三合土灰泥（细砂、石灰、石膏粉加颜色）早在古罗马时期，就用来做浮雕纹饰，古典主义时期则用来做内外墙的抹灰，现代的彩色水泥就是受古代的启发；湿壁画在古罗马时就已很成熟，在半干的陈石灰抹灰层上，用矿物质颜料作画，黄色含氧化铁，红色含氧化铁与朱砂（或氧化汞），白色由石灰岩制成，黑色由煤灰或炭制成，颜色里加皂化石灰粉，或白色大理石粉。所以颜色耐久并且光亮。到了文艺复兴时代，改用鸡蛋清调颜色，所以颜色鲜艳、持久和牢固。古代建筑装修中有很多技巧值得我们去学习、挖掘。

(4) 建筑空间中的装饰用品方面

古代建筑内墙上，起初是绘制壁画、制成浮雕、马赛克，都是固定和不能移动的。

东正教教堂中的圣像画（画在木板上）、文艺复兴时开始出现的油画（用油彩画到绷在木框上的粗布表面）、古典主义时期的人像画和再后来的个性化照片（人像或风景等），都是可以移动位置的，给人们带来了方便。

有些陈设品是随着时代产生的，具有鲜明的时代特征。例如文艺复兴时期的枝形吊灯、墙上挂的兽头；巴洛克和洛可可时期的瓷质高脚曲面柜；工业革命后的曲木家具、钢管家具；20世纪初的塑料家具、胶合板模压家具等；如果超越时代，是绝不会产生的。

3.包豪斯对现代艺术设计教育的启示

包豪斯（Bauhaus）是德国人在20世纪初到20世纪30年代，创办的国立建筑艺术设计学院。由于受到纳粹党的摧残，该教学体制和教育思想在1933年以后，在美国得以贯彻；后来影响到世界各国的艺术教育。

包豪斯对现代艺术设计教育的启示主要有以下三点：

(1) 设计师与艺术家必须有较全面的修养

在包豪斯以前的西方艺术教育中，建筑单设学院，或设在美术学院中。美术院校中还有绘画与雕塑系科，实用美术受到忽视；学生也只学习本专业的东西，缺乏广泛的知识修养，所以不会有大的作为。

包豪斯设有预科，在预科学习阶段，让学生学到广泛的基础知识，然后再分专业深造。这样不仅提高了教学质量，而且为学生成才打下了坚实的基础。

(2) 要提高实用美术的社会地位

在包豪斯之前的英国、法国的学院派教育当中，实用美术一直是被歧视的，是没有社会地位的；只有建筑、绘画、雕塑是美术，工艺美术不属于美术范畴，工艺美术师被人看成下九流的艺人或工匠。

从包豪斯开始，把实用美术的地位抬得与建筑、绘画、雕塑一样高；认为建筑创作和人的生活是不能缺少实用美术的。

(3) 教育要与生产实际相联系

包豪斯以前的艺术教育基本是脱离实际的，学生只学习具体的表达技巧（制图、效果图画法，素描、速写技法，雕塑的技法及工具的使用等），还有一些抽象、空洞的理论，没有实践的知识与技能，不熟悉材料、加工工艺和结构做法，没有实际工作经验，不能胜任工作，却眼高手低、夸夸其谈。

而包豪斯学院里设有各种实习作坊（木工、金工、编织、印染、印刷等），每个作坊里都有专业技师传授技艺、指导学生实习。这样，才有可能使学生成为合格的设计师。

包豪斯的这种教学思想和体制是非常正确的、值得肯定的。我们的党和国家提出的"教育必须与生产实践相结合"的方针，就是总结历史经验、教训的结果。

4.科技进步推动了建筑业与家具业的发展

科技的发展与进步，不断推出新材料、新结构与新技术，以及新的装备，不仅使建筑与家具形态发生了变化，而且也改变了人们的生活方式，给人们的工作与生活带来了方便。

(1) 钢铁与玻璃使建筑改观

在公元19世纪，由于钢铁与玻璃（曲面和平板玻璃）在桥梁、剧院、别墅、图书馆、植物温室、瞭望塔和展览馆等建筑中广泛应用，不仅使建筑结构和外观有了巨大的改变，而且也延长了建筑物的寿命；特别是向人们提供了全新的空间形象、愉快的体验与感受。

例如19世纪早期的英国皇家别墅（1818~1821年，印度伊斯兰屋顶，属于浪漫主义建筑风格），1833年建成的巴黎植物园温室；19世纪中期的英国伦敦的水晶宫（1851年）、美国纽约的哈帕兄弟大厦（1854年，生铁框架）；19世纪晚期的法国巴黎埃菲尔铁塔（1889年）、巴黎世博会的机械馆（1889年）。这些建筑在规模上、高度上和建设速度上都是空前的，对近现代建筑的发展起到了推动作用，对钢管家具、扁铁家具的出现给予了启示。

(2) 混凝土与钢筋的出现使摩天楼盛行

早在古代中国就出现过许多高层建筑，保存至今的还有山西应县木塔（高67.3m）、河北定县开元寺塔（高84米多）和藏区的碉楼等。在公元13~14世纪时，意大利南部的桑基米格纳诺（Sangimignano），就建有许多方塔形高层建筑。上述高层建筑是用木材或砖石建造的，高度受到局限。

美国的芝加哥学派（Chicago School）从公元19世纪70年代起，采用金属框架结构和箱形结构，使用钢铁与钢筋混凝土，设计建造了许多真正意义上的摩天楼。英国首座钢筋混凝土框架结构的摩天楼在利物浦（高度为98.15m），德国法兰克福商业银行大厦高259m。现在，在许多国家都建造了一些摩天楼，都是因为新材料、新技术提供了保证。

高层建筑能节省地皮、节省经费、节省材料，促进建筑构件标准化、建筑工业化和施工机械化，有它的优点。但也存在一些弊病，不能无限制地发展下去。

(3) 升降机的出现改善了高层建筑的交通

公元1853年，美国人E.G.奥梯斯（E.G.Otis）最先发明了蒸汽动力升降机，并于1859年起在纽约一商店中使用。1870年，另一位美国人贝德文（C.W.Badwin）又发明了水力升降机。从1887年起才开始应用电梯，后来逐步推广到全世界，减轻了人们上下楼的体力消耗。

此外，“滚梯”（自动扶梯）产生于公元1859年，由美国人埃密斯（N.Emis）发明，1892年制成实品，于1893年在芝加哥世博会上首次亮相；到1906年首次应用于纽约和英国伦敦的地铁中。后来，滚梯的应用得到普及，受到人们的普遍欢迎，在垂直和水平交通方面为人类造福。

在现代社会，电梯与滚梯的应用十分广泛，像酒店、写字楼共享大厅中的观光电梯，地铁与商场中的滚梯，火车站、码头、机场中的电梯与滚梯，大大地方便了人们的出行。这些都是科技进步带给人类的建筑装备；假如缺少了它们，势必严重地影响现代人的生活与工作。

(4) 塑料与复合材料的产生使建筑家具多改变

在20世纪中，塑料、复合材料及其他新兴材料，被大量地用到建筑业和家具业中。由于材料的特性和加工工艺有别于传统的石、木、竹和金属等材料，所以在建筑与家具的形态上、构造方式上、色彩上都有不小的变化。

例如塑料按性质分热固性和热塑性两大类，可以用注塑成型或模压成型等方法加工生产，也可局部用焊接方法，所以可以一次成型或只有很少的工序。不像木结构中必须有榫卯或粘接的结构，要有锯、刨、开榫、组装、打磨、油漆等许多道工序；也不会像金属材料要经过锻造、切割、弯曲、打孔、螺接（或铆接、焊接）、涂漆（或电镀、电泳等）那样复杂。这样一来，工效提高了、可以批量化大生产、节约大量的天然资源（综合利用）、降低成本与售价，又做到轻量化、实用与美观相结合。

工程塑料和复合材料强度高、寿命长，有的还具备特殊的功能（防潮、防火、阻燃、抗菌、隔热、隔声、不吸尘、抗辐射、自发光等），这就给现代的建筑、家具品质的提升奠定了基础，使现代人生活得更舒适、愉快。这都是科技发展带来的成果。

(5) 从曲木家具到钢管椅

早在公元1859年，欧洲就出现了曲木家具。但到了1870年，奥地利人托奈特（Thonet）才开始批量生产曲木家具（靠背椅、扶手椅、摇椅等），改变了传统木家具的形态，给使用者带来美感和乐趣。

随着钢铁的普遍应用，在1925年，布鲁叶（M.Bruer）在包豪斯学院，设计制造了第一把钢管扶手椅（用弯曲钢管和皮革），即“华西里椅”，使人耳目一新。之后，在1926年，密斯（Mies van de Rohe）和英国的斯塔姆（Stam）设计了钢管靠背椅。1927年布鲁叶又设计制造了钢管靠背椅。1928年，法国的柯布西耶（Le Corbusier）也设计制作了钢管靠背椅。这些椅子各具特色。1929年，密斯用扁钢设计制成了单人靠背椅和长椅，座面与靠背用软包，摆在巴塞罗那世博会的德国馆中。柯布西耶又设计了躺椅。

这些探索和创新，表明新材料会改变家具的形态；同时也揭示出一条真理：同样的材料在不同的设计家手里，创造出来的家具形态是绝对不一样的，反映出艺术家的不同才华和气质。艺术必须有个性，必须创新。

复习题与思考题

1.学习古建筑、家具，在设计思想和理念方面，我们能受到哪些启示？

2.在艺术设计与装饰装修方面，我们能从古建筑、家具上学习和继承什么？

3.包豪斯对现代艺术设计教育有哪些启示？

4.科技进步与建筑业家具业的关系怎么样？